大连北方分析仪器有限公司

North Dalian Analytical Instruments Co., Ltd.

公司简介 Company Profile

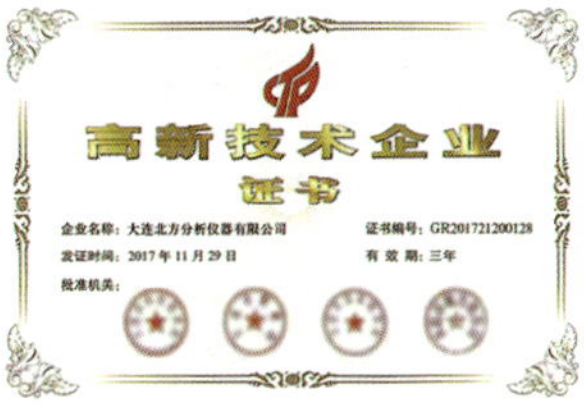

大连北方分析仪器有限公司成立于2004年，现已通过ISO9001国家标准质量体系认证，是国家高新技术企业、ASTM标准协会会员单位，中国石油化工工业协会润滑脂专业委员会成员单位，曾成功为酒泉卫星发射基地、辽宁号航空母舰、“雪龙号”北极科考队配备相关检测设备，也是中国石油、中国石化、中国海油、中航油、中燃油、解放军后勤保障部等单位的优质供应商。

定制研发 Customization

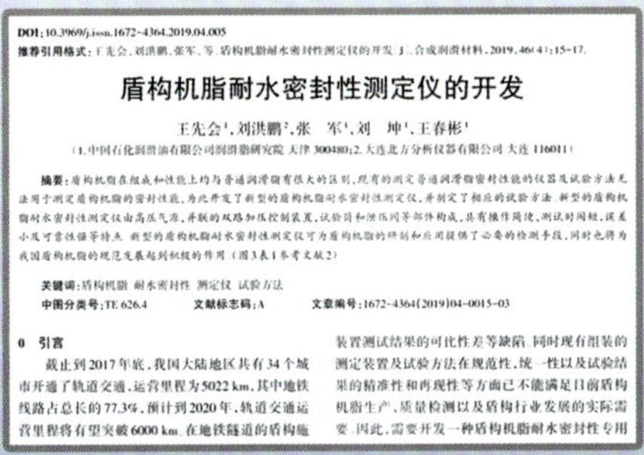

DOI:10.3969/j.issn.1672-4364.2019.04.005

推荐引用格式：王先会，刘洪鹏，张军，等. 盾构机脂耐水密封性测定仪的开发[J]. 合成润滑材料，2019，46(4)：15-17.

盾构机脂耐水密封性测定仪的开发

王先会[1]，刘洪鹏[2]，张　军[1]，刘　坤[1]，王春彬[1]

（1.中国石化润滑油有限公司润滑脂研究院 天津 300480；2.大连北方分析仪器有限公司 大连 116011）

摘要：盾构机脂在组成和性能上均与普通润滑脂有很大的区别，现有的测定普通润滑脂密封性能的仪器及试验方法无法用于测定盾构机脂的密封性能，为此开发了新型的盾构机脂耐水密封性测定仪，并制定了相应的试验方法。新型的盾构机脂耐水密封性测定仪由高压气源、并联的双路加压控制装置、试验筒和泄压阀等部件构成，具有操作简便、测试时间短、误差小及可靠性强等特点。新型的盾构机脂耐水密封性测定仪可为盾构机脂的研制和应用提供了必要的检测手段，同时也将为我国盾构机脂的规范发展起到积极的作用（图3表1参考文献2）

关键词：盾构机脂　耐水密封性　测定仪　试验方法

中图分类号：TE 626.4　　文献标志码：A　　文章编号：1672-4364(2019)04-0015-03

0　引言

截止到2017年底，我国大陆地区共有34个城市开通了轨道交通，运营里程为5022 km，其中地铁线路占总长的77.3%，预计到2020年，轨道交通运营里程将有望突破6000 km。在地铁隧道的盾构施装置测试结果的可比性差等缺陷。同时现有组装的测定装置及试验方法在规范性、统一性以及试验结果的精准性和再现性等方面已不能满足目前盾构机脂生产、质量检测以及盾构行业发展的实际需要。因此，需要开发一种盾构机脂耐水密封性专用

强大的技术团队具备丰富的定制研发经验，为您提供专业的润滑脂分析检测解决方案

* 2019年与中国石化润滑油有限公司润滑脂研究所（天津）开展盾构脂相关检测方法的科研项目合作，图为《合成润滑材料》学术期刊上发表的相关论文。

主推产品 Products

BF-320　润滑脂相似黏度测定器

BF-38　润滑脂锥入度测定器

BF-38B　润滑脂万次剪切试验机

BF-48　润滑脂抗水淋测定器

BF-205　润滑脂抗水喷雾测定器

……

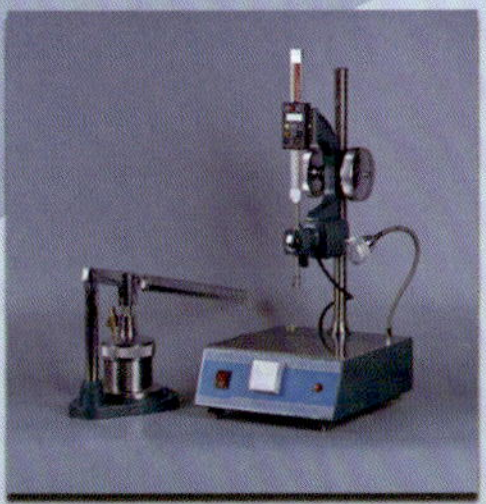

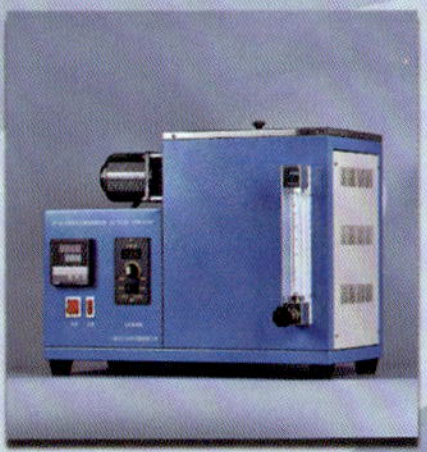

联系电话：0411-84754555 0411-84754333

公司地址：大连市高新区七贤路学子街2号荣伸工业园4-1, 116023

公司官网：www.beifang8.com

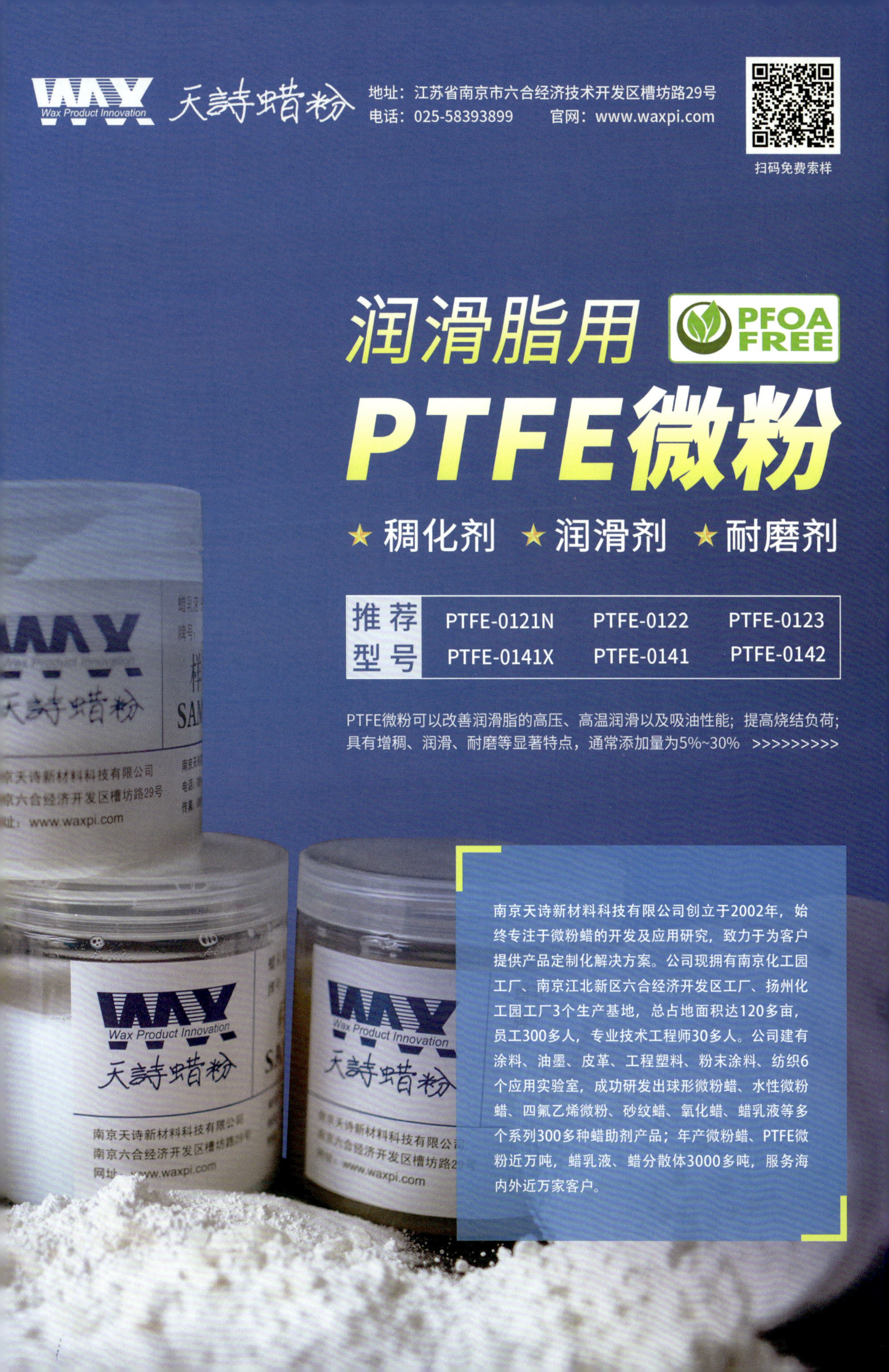
WAX Wax Product Innovation 天詩蜡粉
地址：江苏省南京市六合经济技术开发区槽坊路29号
电话：025-58393899 官网：www.waxpi.com
扫码免费索样
润滑脂用
PFOA FREE
PTFE微粉
★稠化剂 ★润滑剂 ★耐磨剂
推荐型号
PTFE-0121N PTFE-0122 PTFE-0123
PTFE-0141X PTFE-0141 PTFE-0142
PTFE微粉可以改善润滑脂的高压、高温润滑以及吸油性能；提高烧结负荷；具有增稠、润滑、耐磨等显著特点，通常添加量为5%~30% >>>>>>>>>>
南京天诗新材料科技有限公司创立于2002年，始终专注于微粉蜡的开发及应用研究，致力于为客户提供产品定制化解决方案。公司现拥有南京化工园工厂、南京江北新区六合经济开发区工厂、扬州化工园工厂3个生产基地，总占地面积达120多亩，员工300多人，专业技术工程师30多人。公司建有涂料、油墨、皮革、工程塑料、粉末涂料、纺织6个应用实验室，成功研发出球形微粉蜡、水性微粉蜡、四氟乙烯微粉、砂纹蜡、氧化蜡、蜡乳液等多个系列300多种蜡助剂产品；年产微粉蜡、PTFE微粉近万吨，蜡乳液、蜡分散体3000多吨，服务海内外近万家客户。

中国石油和化学工业联合会
润滑脂专业委员会

中国石油和化学工业联合会润滑脂专业委员会，是由润滑脂行业及其相关行业从事润滑脂产品、生产设备、原材料、分析仪器、包装容器及润滑脂应用基础理论的生产、科研和应用单位按照自愿、平等原则组成的行业社会团体。本专业委员会的前身为成立于 1985 年并挂靠在石油炼制分会的润滑脂协会，2009 年根据民政部关于对协会、学会等社团组织的政策规定，呈报民政部批准加入中国石油和化学工业联合会，更名为中国石油和化学工业联合会润滑脂专业委员会。

本专业委员会的宗旨和业务范围是：根据国家有关社团法规和《中国石油和化学工业联合会章程》《中国石油和化学工业联合会分支机构、代表机构管理办法》的规定，在国家有关政策指导下，通过开展行业信息调查、收集、分析和发布；研究和制定本行业发展规划，研究和讨论本行业重大问题；组织技术、管理交流研讨活动，举办技术培训、技术咨询和技术服务等活动，为协会会员、成员单位服务，发挥桥梁与纽带作用，促进本行业技术和管理进步与创新，提高企业经济效益，增进国内外交流与合作，促进润滑脂产业的发展。

本专业委员会将按照承续、创新、开放、服务的基本工作思路，努力践行宗旨的各项要求，促进行业的繁荣、进步。

润滑脂及相关产品采购指南

郭小川　主编

中国石化出版社

内 容 提 要

《润滑脂及相关产品采购指南》概述了中国润滑脂工业的发展现状和趋势，其主要内容包括润滑脂的品种、分类、分析试验方法、基本性能及润滑脂选择及使用，润滑脂原材料，润滑脂分析仪器及生产设备，我国及国外公司在国内销售的润滑脂产品介绍等。

本书可帮助读者了解市场、掌握行情，可作为从事工业生产的相关技术人员和设备设计、维护管理人员选择润滑脂的工具书，也可供润滑脂及相关产业的产品开发、生产、销售、采购及管理人员参考使用。

图书在版编目(CIP)数据

润滑脂及相关产品采购指南／郭小川主编. — 北京：中国石化出版社，2020. 1
ISBN 978-7-5114-2123-4

Ⅰ. ①润… Ⅱ. ①郭… Ⅲ. ①润滑脂-基本知识
Ⅳ. ①TE626. 4

中国版本图书馆 CIP 数据核字(2019)第 202393 号

中国石化出版社出版发行
地址:北京市东城区安定门外大街 58 号
邮编:100011　电话:(010)57512500
发行部电话:(010)57512575
http://www. sinopec-press. com
E-mail:press@ sinopec. com
北京科信印刷有限公司印刷
*
787×1092 毫米 16 开本 34 印张 18 插页 858 千字
2020 年 2 月第 1 版　2020 年 2 月第 1 次印刷
定价：228. 00 元

前　言

中国的润滑脂工业从起步、发展，尤其是自改革开放以来经过润滑脂人的不懈努力，取得了巨大的进步。逐渐建立起与中国现代工业基本配套的润滑脂工业体系，在产量及生产能力、产品结构升级、工艺及设备、研发及质量控制能力和应用技术等方面都取得了举世瞩目的成绩，在世界润滑脂行业中占有重要的地位。

但我国润滑脂行业的发展水平与发达国家相比，还存在一些差距，需要迎头赶超。当前我国润滑脂行业正处于“调结构、转方式”的战略实施关键时期，中国润滑脂行业也明确提出今后十年的发展目标和对策，即“推进我国由润滑脂生产大国向技术强国转变”。并提出实现这一目标的具体对策，那就是力争做到四个一流：技术一流、质量一流、装备一流、人才一流。

今天我们编辑此书并出版，力求反映当代润滑脂的发展动态，推介我国润滑脂产品及相关配套产品，希望能为广大从事工业设备润滑设计、设备润滑技术和管理人员，以及润滑脂从业人员提供帮助。该书的编辑也凝聚了中国润滑脂全行业尤其是企业的心血，姚立丹、吴宝杰、肖继国、吴凤华参与了该书的编写，何燕、王晶、康军等协助进行了审校，在此一并表示感谢！

编　者

目　　录

第一章　润滑脂概论

第一节　润滑脂发展概况

一、润滑脂的概念

润滑脂是润滑剂的一种，用于减少相对运动(或有相对运动趋势)物体表面之间的摩擦与磨损。它由基础油、稠化剂及添加剂组成，常温下是一种呈半流体或半固体状态的塑性润滑剂。

润滑脂的作用主要是润滑、防护和密封。绝大多数润滑脂的主要作用是润滑，这类脂称为减磨润滑脂，它们同时还兼有防护及密封防尘作用，如汽车轮毂轴承润滑脂等。有一些润滑脂则主要起防止金属锈蚀的作用，称为防护润滑脂，如工业凡士林等。此外，还有少数润滑脂专作密封用，称为密封润滑脂，如7903密封脂等。

与润滑油相比，润滑脂有很多优点。如：使用寿命长，甚至与设备零部件同寿命；可用于不便使用润滑油的部位；适用于重负荷、低速、高低温等苛刻条件；在金属等材料表面保持能力强，防护及密封性好；使用时不需要复杂的供油和润滑系统，设备结构简单等。但润滑脂也有缺点，如冷却散热不良、设备起动力矩大、更换麻烦等。

二、润滑脂现状及发展

近十年来，世界润滑脂年产量在100万~110万吨(NLGI统计)，总体趋势是稳中有升，但中国近年来润滑脂年产量略有下降。各地区年产量构成情况如表1.1所示。

表1.1　世界润滑脂年产量及地区构成　　万吨

国家/地区	2015年	2016年	2017年	2018年
北美	21.8	21.0	21.4	20.7
欧洲	20.0	21.4	22.0	23.4
加勒比和中南美洲	3.2	2.9	3.6	3.5
非洲及中东	5.0	5.2	5.7	5.4
印度及印度半岛	7.5	10.0	8.2	10.5
日本	8.0	8.1	8.3	8.3
太平洋和东南亚	6.8	7.0	7.1	7.1
中国	40.1	40.8	40.8	38.2
全球	112.6	116.5	117.3	117.3

一个国家或地区的润滑脂水平主要看其润滑脂品种构成是否合理，复合皂(锂、钙、铝)、聚脲、膨润土等高滴点润滑脂所占的比例被视为主要标志。

北美(美国、加拿大)地区和欧洲各国以发展复合皂基润滑脂、聚脲基润滑脂和膨润土基润滑脂为主，近年来北美地区重点发展磺酸复合钙基润滑脂；欧洲重点发展复合钙基润滑脂；日本重点发展聚脲基润滑脂，发展其他高滴点润滑脂较少；印度重点发展复合钛基润滑脂，高滴点润滑脂总体较少。

近年来中国在改善润滑脂品种结构上也取得长足的进步，目前各种高滴点润滑脂都有生产，其中以复合锂基润滑脂和聚脲润滑脂为主，但总体比例较低，如表 1.2 所示。

表 1.2　2016~2018 年全球高滴点润滑脂所占比例变化　　%

国家/地区	2016 年	2017 年	2018 年
中国	27.46	27.76	32.14
北美	64.34	67.27	69.38
欧洲	37.08	38.10	39.85
日本	34.75	35.65	35.23
印度	9.78	11.53	11.77
全球	34.54	36.02	38.12

三、中国润滑脂工业发展情况

改革开放以来，中国润滑脂工业在生产能力、产品结构升级、工艺设备、研发及质量控制等方面都取得巨大进步。资料显示，润滑脂产量由 1985 年的 7.8 万吨增长到 2018 年的 38 万吨，30 多年增长了 5 倍，跃居世界润滑脂头号生产大国。润滑脂产品种类齐全，高滴点润滑脂比例由 1985 年的 9.00%增长到 2018 年的 32.14%，30 多年增长了 3 倍。近几年中国高滴点润滑脂比例如表 1.3 所示。

表 1.3　2015~2018 年中国高滴点润滑脂比例　　%

润滑脂类型	2015 年	2016 年	2017 年	2018 年
复合铝基润滑脂(滴点>230℃)	1.06	1.1	1.39	1.42
磺酸盐复合钙基润滑脂(滴点>230℃)	1.42	1.46	1.51	2.71
复合钙基润滑脂(滴点>230℃)	0.44	0.19	0.27	0.37
复合锂基润滑脂(滴点>230℃)	16.62	17.52	16.79	19.41
聚脲基润滑脂(包含复合聚脲基润滑脂)	5.08	5.18	4.54	5.44
膨润土润滑脂	1.88	1.47	2.58	2.79
合　计	26.5	26.91	27.07	32.14

近年来随着氢氧化锂价格的飙升，其他类型的复合皂润滑脂、混合皂润滑脂、脲基润滑脂及膨润土润滑脂等也将有较大的发展。

在生产工艺和设备方面也取得较大进步，通过技术研发，普遍采用接触器、稠压剂压力皂化釜和调和釜、真空脱气装置等高效制脂单元设备以及均质机、胶体磨、节能热媒炉和新型润滑脂输送泵等先进节能设备，同时采用生产过程自动控系统等生产润滑脂，实现了润滑脂新产品、现代润滑脂生产单元设备及成套生产装置先进生产工艺技术的自主研发和应用。

此外，在润滑脂生产规模大型化、包装规格多元化、基础油和添加剂等原材料高性能等方面也取得长足进步。

目前我国润滑脂行业建立了与润滑脂产品和评价需求基本配套的较完善的标准体系，已颁布实施润滑脂的试验方法国家标准(GB)10 项、行业标准(SH)39 项；润滑脂产品国家标准(GB)7 项、国军标(GJB)24 项、行业标准(SH)20 项以及大量地方标准和企业标准。同时我国还自主研发生产供应配套的润滑脂理化性质分析仪器和部分性能分析评价仪器。

我国润滑脂行业与相关行业共同构建配套的润滑脂产业链。包括与原材料、生产设备和包装机械等上游企业，以及钢铁、交通、机械、建材、纺织和军工等下游行业，基本满足了我国各行业对润滑脂的需求。

通过长期以来的不懈努力，我国润滑脂行业培养和造就了一支技术精良、经验丰富、勇于开拓、敢于创新的人才队伍。在新产品开发、新设备和新工艺研究和推广、试验方法标准化和基础理论研究、生产经营管理等方面取得令人瞩目的成就。

但从客观来看，我国润滑脂行业的发展与发达国家相比，还存在一定的差距。主要体现在产品质量有待提高，产品结构体系亟待完善，高档基础油在所用基础油中比例偏低，产品质量标准中性能试验方法还较少，高效、节能的生产工艺及设备使用较少，润滑脂应用技术和润滑知识普及与推广不够，等等。

四、我国润滑脂工业的发展方向

按照我国工业强国、制造强国的发展战略，实现目标分为四步：2020 年进入工业化后期；2025 年进入工业强国和制造强国方阵；2035 年位居工业强国和制造强国方阵前列；2045 年成为具有全球引领影响力的工业强国和制造强国。在国家强国战略中列举了重点发展的十大行业：新一代信息技术产业、新材料、生物医药及高性能医疗器械、高档数控机床和机器人、航空航天装备、海洋工程装备及高技术船舶、先进轨道交通装备、节能与新能源汽车、电力装备及农机装备。这十大行业要取得创新和技术突破，均离不开高性能的润滑脂同步发展。因此，润滑脂行业在国家战略中也应紧跟步伐，国家发展战略也为我国润滑脂行业发展指明方向和目标。为此，我国润滑脂行业提出“十三五”的发展目标和规划，即“推进我国由润滑脂生产大国向技术强国转变”。怎样才能把我国从润滑脂生产大国转变为技术强国，那就是力争做到四个一流——“技术一流、质量一流、装备一流、人才一流”。

1. 技术一流

技术一流的重要标志是在确保产品质量一流的基础上实现的，润滑脂新产品和技术的创新要遵循低碳经济发展模式，即绿色、环保、节能、高效益的可持续发展模式。实现技术一流的重要途径是进行技术创新，重点是技术移植和综合集成创新。

当前技术移植即是在润滑脂技术创新工作中，将其他学科成熟的先进技术直接用于润滑脂的研发、生产和应用或进行改进、消化和再创造。例如，同属胶体结构体系的其他物质，高分子和聚合物搅拌分散装置，涂料和食品均化设备，制药单元设备，纳米技术和纳米材料，石墨烯，等等。

综合集成创新是在润滑脂新产品、新工艺和新技术研发中采用综合集成创新的模式，对相关学科和相关行业已有的技术进行综合集成创新。例如，为某一特定领域研发的高性能润滑脂产品，延伸至其他高端领域应用；改善复合钙基润滑脂表面硬化的综合集成创新性研发；改善高温钠基润滑脂抗水性的综合集成创新性研发；混合稠化剂(皂/皂、皂/非皂)润滑脂综合集成创新；膨润土新型覆盖剂和润滑脂生产工艺技术综合集成；新材料和新技术在润滑脂中的应用；研发具有较短生产周期的润滑脂生产工艺新技术；改进现有和设计新型润滑脂生产单元设备、搅拌器结构和搅拌方式，以提高传质传热效率；研发新型节能、高效加热设备和技术；充分利用余热与需要预热的物料换热；采用清洁燃料；加强管理体制创新，降低能耗、减排增效等综合集成创新，在某些润滑脂技术课题方面，实现中国技术领跑战略。

在实现技术一流的进程中，润滑脂应用技术是非常重要的环节。作为专业化的行业主体，润滑脂生产企业应高度重视润滑脂应用技术的研究。例如，对旧有产品进行评价，提高产品质量和服务质量；把应用技术研究作为市场竞争的有力武器；建立更能反映产品使用性能的技术指标和试验方法，提高润滑脂企业标准水平；强化与用户的合作，达成应用技术研究的战略同盟；培养各应用领域的润滑技术专家队伍。

2. 质量一流

质量一流是实现润滑脂技术强国的基础。在“十三五”期间，中国润滑脂行业质量一流的目标是：

（1）开发和推广高滴点、高质量、长寿命润滑脂产品品种和应用，将高滴点高质量润滑脂产量提升至润滑脂总产量的40%以上。这其中的重点是发展复合锂、复合铝基润滑脂和复合磺酸钙等复合皂基润滑脂，同时均衡发展聚脲、膨润土润滑脂。聚脲润滑脂具有优良的性能和广泛的用途，被认为是最有发展前途的高滴点润滑脂之一，产量将继续稳步增长。文献显示，近年来聚脲润滑脂在抗剪切安定性、短工艺流程和生产环保安全性方面有较大改进。这在氢氧化锂价格居高不下的背景下，势必会促进聚脲润滑脂的发展。膨润土润滑脂具有良好的性能和简捷的生产工艺，加之我国膨润土性能的持续改进，将是我国今后增长较快的高滴点润滑脂产品。

（2）制订内控高端质量标准是实现质量一流的重点。润滑脂企业应结合市场需要和技术发展，制订本企业主要产品的内控高端标准。标准中应包含更多的“国标”及“企标”中未涵盖的润滑脂性能指标和模拟台架试验测试指标。确保企业产品具有高品质和强的市场竞争力，提升我国润滑脂整体质量水平。

（3）润滑脂原材料的选择与使用是保证润滑脂质量与性能的关键，要提升润滑脂基础油质量和普及各类添加剂的使用，确保润滑脂达到应有的水平。

（4）与发达国家相比，我国润滑脂技术水平的差距之一是理化指标多，而贴近润滑脂实际使用要求的性能指标偏少。因此，要持续完善和新建润滑脂性能评价试验方法和模拟台架试验设备。

（5）质量一流的重要内容也是过去很多润滑脂企业不知或易忽视的问题，那就是做好润滑脂的全面质量管理，即从生产、出厂、使用完毕整个环节的质量管理。目前亟待创新质量管理体系和技术服务体系，提升技术服务质量。

（6）培育创建知名品牌。

3. 装备一流

装备一流是实现润滑脂技术强国的重要手段。主要要实现两个“先进和配套”，即生产设备先进、配套；科研试验仪器先进、配套。在采用国际先进润滑脂生产单元设备的同时，结合我国国情，设计研发低碳、节能、环保、高效和降低生产成本的润滑脂生产单元设备和先进的生产工艺技术，提高工艺过程的控制和自动化水平。新建和完善对润滑脂产品和研发具有巨大作用的现代分析仪器设备和方法，如SRV高频线性振荡试验机、PDSC润滑脂氧化安定性测试仪、润滑脂高温轴承寿命试验机等。此外，结合我国国情和实际工况，建立全尺寸润滑部件实物台架试验机，是一种简单可行且有效的润滑脂使用性能评价手段。同时配置润滑脂研发相关现代分析仪器设备，如透射电子显微镜TEM、扫描电子显微镜SEM、X射线能普仪XPS、傅立叶红外光谱仪FTIR、差示扫描量热仪DSC、热失重分析仪TGA及射线衍射分析仪XRD等。

4. 人才一流

人才一流是实现润滑脂技术强国的根本保证。实现人才一流是要培育和造就技术创新人才和管理创新人才，创新人才短缺和创新文化的缺失，被认为是当今中国企业创新的主要障碍。培养和建立企业的科技人才队伍，有赖于企业的创新文化，即鼓励创新、宽容失败、奖励成功，成为营造企业创新氛围和培养创新人才的指导思想。企业实施人才一流战略的实效性应在以下几个方面做到领先：

(1) 研发成果数量在行业中是否领先；

(2) 研发成果工业转化率在行业中是否领先；

(3) 专利和专有技术、培养品牌、制订高端标准在行业中是否领先；

(4) 研发成果给企业带来的经济效益增长在行业中是否领先；

(5) 发表的技术论文和研究报告的数量和质量在行业中是否领先。实现中国润滑脂技术强国梦、实现润滑脂技术强国的核心是技术创新，要突破创新人才的瓶颈。

除了努力做到四个一流，当前润滑脂企业还应尤为重视转型升级。转型就是从要素拉动向创新驱动转型，从粗放低效向集约高效转型，从规模扩张向内生增长转型，从根本上转变发展方式，提高增长的质量和效益。如何实现转型，首先要优化组织结构。我国润滑脂行业有以中国石化和中国石油为代表的一流生产企业，有完备的润滑脂生产、研发和市场体系，产量和市场规模在国际上也名列前茅。但在我国更多的是润滑脂中小企业，应该走专业化、差异化的发展道路，成为产业链某个环节的强者；精细化发展，生产精良产品，提供精致服务；特色化发展，做到人无我有，人有我特；新颖化发展，技术、工艺创新，产品、服务创新，以新取胜，以“专、精、特、新”产品占领市场。其次是优化技术结构，构建技术创新平台，打造核心技术。国家提出打造工业强国的基础是工业强基，基础理论研究是创新的前端，没有基础理论研究的突破难以实现创新。因此首先要加强技术创新平台建设，如企业技术创新中心、工程研究中心、工程实验室、博士后科研工作站、院士工作站等，探索构建行业基础理论和关键共性技术研发平台的途径。升级就是全面实现组织结构、技术结构和产品结构的优化升级。通过组织结构优化升级打造核心能力，通过技术结构优化升级打造核心技术，通过产品结构优化升级打造核心产品，全面提高由核心能力、核心技术和核心产品构成核心竞争力，实现由大到强的转变。转型是前提、是基础，升级是转型的落脚点。润滑脂行业要力争在我国工业和制造业由大到强的战略转变中率先取得突破。用通俗的话来讲：“宁可脂等装备、不让装备等脂”。

第二节　润滑脂分类

润滑脂应用领域与使用场合很广，致使其种类繁多，分类方法各异，主要有按组成、按应用和按性能等分类方法。目前，我国润滑脂的分类标准(GB/7631.8—1990)等效采用了国际标准化组织(ISO)的分类方法(ISO 6743.9—1987)。

一、按组成分类

润滑脂按照基础油的种类可分为矿物油润滑脂和合成油润滑脂。按中国石油和化学工业联合会润滑脂专业委员会的统计，我国 2018 年矿物油润滑脂占整个润滑脂产量的 92.18%，是占绝对数量的润滑脂类型，可满足一般情况下各种机械设备的润滑要求；而合成油、半合成油及生物质油润滑脂主要用于一些特殊情况下的润滑，如航空航天、精密仪器仪表等。

用润滑脂所含稠化剂的类型命名是目前最通用的方法，润滑脂的稠化剂类型如表 1.4所示。

表 1.4　润滑脂稠化剂的类型

皂基	单皂	钙皂、钠皂、锂皂、铝皂、钡皂、铅皂等
	混合皂	钙-钠皂、锂-钙皂
	复合皂	复合钙皂、复合钠皂、复合铝皂、复合锂皂
非皂基	有机稠化剂	聚脲、酰胺、阴丹士林、酞菁铜、聚四氟乙烯
	无机稠化剂	膨润土、硅胶
	烃基稠化剂	石蜡、地蜡、石油脂

二、按作用分类

润滑脂按主要作用可分为减磨润滑脂、防护润滑脂和密封润滑脂。

三、按应用分类

润滑脂按应用进行分类也比较普遍。主要有：按适用范围分为通用润滑脂、专用润滑脂和多效润滑脂；按适用的部件分为轴承脂、齿轮脂、阀门脂、螺纹脂、钢丝绳脂等；按使用温度范围分为低温润滑脂、高温润滑脂和宽温润滑脂；按应用领域分为汽车润滑脂、航空润滑脂、船用润滑脂、钢铁工业用润滑脂、食品机械用润滑脂等；按承受的负荷分为普通润滑脂和极压润滑脂。

我国曾经试图参照日本润滑脂的分类方法，即按润滑脂的应用将润滑脂分为七大类，如表 1.5 所示，但这样的分类方法不便于组织生产，所以未正式发布执行。

表 1.5　润滑脂按用途分类

类别	种类	使用温度/℃	适用举例
一般用脂	1	-10~60	一般机械低负荷的各种轴承和滑动部件的润滑，抗水
	2	-10~80	一般机械中等负荷的各种轴承和滑动部件的润滑，中等抗水
	3	-10~100	一般机械中等负荷的各种轴承和滑动部件的润滑，不抗水
滚动轴承脂	1	-55~90	低温用，轻负荷仪表机械轴承
	2	-20~120	工业通用
	3	-40~150	宽温度范围，工业用
	4	-40~180	冶金、机械等高温轴承
汽车用脂	1	-10~60	汽车轮毂轴承、底盘、水泵
	2	-45~100	寒区汽车通用
	3	-30~120	汽车通用
	4	-10~150	盘式刹车汽车通用
集中供脂	1	-20~100	集中润滑，低、中负荷
	2	-10~120	集中润滑，高负荷
	3	-10~150	集中润滑，中负荷
	4	-10~150	集中润滑，高负荷
高负荷用脂	1	-10~60	一般温度，冲击负荷
	2	-10~120	冲击负荷
	3	-10~120	高负荷，冲击负荷
	4	-10~150	高温高负荷，冲击负荷

续表

类别	种类	使用温度/℃	适用举例
防护密封脂	1	-30~50	用于钢丝绳的封存
	2	-30~40	用于钢丝绳麻芯的浸渍
	3	—	用于软化鞍挽具、皮革零件及皮革制品金属部件防护
	4	-10~40	用于飞机发动机系统和润滑系统的开关及螺纹结合处密封
	5	-40~80	用于密封甘油、乙醇、水和空气导管系统的结合处的密封帽、螺纹及开关
专用脂	1	-10~65	用于船舶机械
	2	-40~80	适用于铁路机械制动缸润滑
	3	-10~100	食品机械润滑
	4	-10~120	砖脂，用于铁路机车大轴及高压低速摩擦界面润滑

四、按使用性能分类

我国于1990年等效采用ISO 6743—9：1987，制订了国家标准GB/T 7631.8—1990《润滑剂和有关产品(L类)的分类 第8部分：X组(润滑脂)》。该标准的特点是按性能结合使用条件来进行分类。使用性能包括：最低使用温度、最高使用温度、抗水和防锈水平、极压抗磨性能和稠度级号。这样，润滑脂代号可表示为：

L—X(字母1)(字母2)(字母3)(字母4)(稠度级号)

代号中字母的意义如表1.6和表1.7所示。

表1.6 润滑脂按使用性能的分类代号(GB/T 7631.8—1990)

适用范围	使用要求									标记	备注
	操作温度范围				水污染③	字母4	负荷EP	字母5	稠度		
	最低温度①/℃	字母2	最高温度②/℃	字母3							
用润滑脂的场合	0 -20 -30 -40 <-40	A B C D E	60 90 120 140 160 180 >180	A B C D E F G	在水污染的条件下，润滑脂的润滑性、抗水性和防锈性	A B C D E F G I	在高负荷或低负荷下，表示润滑脂的润滑性和极压性，用A表示非极压型脂；用B表示极压型脂	A B	000 00 0 1 2 3 4 5 6	由代号字母X与其他4个字母及稠度等级号联系在一起来标记的	在包含在这个分类体系范围里的所有润滑脂彼此相容是不可能的。而由于缺乏相容性，可能导致润滑脂性能水平的剧烈降低，因此，在允许不同的润滑脂相接触之前，应和产销部门协商

注：①设备起动或运转时，或者泵送润滑脂时，所经历的最低温度。

②在使用时，被润滑的部件的最高温度。

③如表1.7所示。

表 1.7 水污染(抗水性和防锈性)代号的确定(GB/T 7631.8—1990)

环境条件①	防锈性②	字母 4	环境条件①	防锈性②	字母 4
L	L	A	M	H	F
L	M	B	H	L	G
L	H	C	H	M	H
M	L	D	H	H	I
M	M	E			

注：①L 表示干燥环境；M 表示静态潮湿环境；H 表示水洗。

②L 表示不防锈；M 表示淡水存在下的防锈性；H 表示盐水存在下的防锈性。

代号示例：

一种润滑脂在下述条件下使用：

最低操作温度：-20℃；

最高操作温度：+160℃；

环境条件：经受水洗；

防锈性：不需要防锈；

负荷条件：高负荷；

稠度等级：2；

这种润滑脂的代号应为 L—XBEGB 2。

这种分类法最大的特点是用户只要知道分类代码，所选润滑脂满足代码条件，就可以选用适宜的润滑脂品种，且可以选择满足其设备使用的多个润滑脂品种。但其缺点是非润滑作用的润滑脂不能用其进行选择，如防护脂、密封脂等特种润滑脂。

第三节 润滑脂的性能

润滑脂品种繁多、应用领域广泛，从润滑脂所发挥的三大作用(润滑、防护、密封)来看，要满足机械设备不同的使用需要，润滑脂须有针对性地具备不同的性能。

润滑脂的性能主要以指标来体现，指标又包括理化指标和性能指标。理化指标通常反映润滑脂的基本物性，如滴点、稠度、分油、相似黏度等；而性能指标则与润滑脂实际使用性能相关性更强，如抗极压、耐水冲刷、轴承性能等。主要性能包括高低温流变性、胶体安定性、机械安定性、化学安定性、热安定性、润滑性、防护性、抗水性和使用寿命等。

一、高温性能

润滑脂在受热时，性质会发生多方面改变，例如，从不流动状态变成流动状态，稠度发生变化、分油和氧化等，这些变化都会影响到润滑脂在高温下的使用性能。润滑脂的高温性能通常用滴点、高温流动性、蒸发、胶体安定性和氧化安定性等理化指标来表达。

滴点是润滑脂规格中重要的质量指示之一。润滑脂在一定的条件下加热时，从仪器的脂杯中滴下第一滴液体时的温度，即为该润滑脂的滴点。滴点是一个实验性指标，间接反映润滑脂能否在高温下使用，本身没有绝对的物理意义，它的数值也因仪器设备和测定条件而异。润滑脂的滴点主要取决于稠化剂的种类，还受到稠化剂含量、基础油种类和黏度、添加剂和制备工艺的影响。非皂基润滑脂滴点高，例如膨润土、硅胶等无机润滑脂无滴点，而聚脲、酞青铜、阴丹士林等有机稠化剂制成的润滑脂滴点可高达 260℃或 300℃以上。复合皂基润滑的滴点可达 260℃或 300℃以上；普通皂基润滑脂的滴点则随皂的种类而异，其滴点与脂肪酸皂中的金属种类和制皂用的油脂、所用脂肪的饱和程度、碳原子数多少有关；烃基润滑脂滴点较低因其稠化剂地蜡的熔点较低。润滑脂的滴点和稠化剂的高温相转变有关，不同皂基润滑脂因稠化剂高温相转变温度不同而滴点不同；同种稠化剂，其含量较多的润滑脂的滴点也较高；添加剂的加入对润滑脂滴点会有影响，影响程度随添加剂种类而异，极性添加剂对润滑脂滴点影响通常较大。此外，生产工艺的控制对润滑脂的滴点也有一定的影响。

利用润滑脂的滴点可大致区分润滑脂的类型、估计润滑脂的最高使用温度，如表 1.8 所示。一般润滑脂的使用最高温度比其滴点低 15~30℃，但有的润滑脂因受基础油蒸发或因体系发生相转变以致最高使用温度比滴点低得多。需要注意的是，滴点并不是润滑脂的最高使用温度，润滑脂不应在温度达到甚至高于其滴点时使用，否则会熔化流失。滴点最直接的作用是作为初步选择润滑脂的质量指标，此外还经常作为润滑脂研制、生产和储存中的质量控制指标。

表 1.8 润滑脂的滴点与最高使用温度的关系

润滑脂		滴点/℃	最高使用温度/℃
基础油	稠化剂		
矿物油	铝皂	70~90	50
	钙皂	75~100	55~65
	无水钙	140	110~120
	钠皂	140~180	100~120
	锂皂	170~190	120
	膨润土	无	130
	复合钙	250	130
	复合铝	250	130
酯类油	锂皂	170~190	130
	膨润土	无	150~200
	有机物	250	150~200
硅油	锂皂	170~200	130~150
	有机物	250	200

润滑脂的滴点只反映了润滑脂在试验条件下从不流动态转变成流动态的温度，而不能表示润滑脂在某一温度范围内流动特性或稠度的变化。实际上润滑脂在温度升高时，稠度、强度极限、相似黏度以及机械安定性等都会发生变化。润滑脂要满足高温使用要求，不仅要求滴点高于使用最高温度，而且要在使用温度范围内，不因过分软化或硬化等状态变化而丧失润滑性。一般来讲，润滑脂在没有发生相转变时，稠度随温度升高而改变；多数润滑脂稠度是随温度升高而减小；也有一些润滑脂(如复合钙基润滑脂)在温度升高时稠度增大，发生所谓热硬化倾向；润滑脂的相似黏度也会发生变化。此时可通过测试润滑脂的表观黏度和流变参数来表征润滑脂的高温流动性。

润滑脂在高温或真空条件下基础油会蒸发损失，基础油蒸发损失过大，会使润滑脂的稠度增大，摩擦力矩增大、使用寿命缩短，所以高温、真空下或精密光学仪器中使用的润滑脂,要求有低的蒸发损失。润滑脂的蒸发，几乎完全取决于基础油种类、性质、馏分组成和分子量，不同种类和不同黏度的基础油制成的润滑脂，其蒸发特性各有不同。润滑脂的蒸发对润滑脂使用寿命会产生不利的影响，尤其是对于在高温、宽温度范围或高真空条件下使用的润滑脂显得特别重要。

润滑脂使用温度很高或长期在高温下使用，会发生氧化变质，因此，氧化安定性是润滑脂的重要性质之一，对润滑脂的贮存和使用都有影响，尤其是对于高温、长期使用的润滑脂，更具有重要意义。润滑脂氧化后性质改变，会对使用和贮存产生不良后果，因而氧化安定性是关系润滑脂最高使用温度和使用寿命长短的一个重要因素。随着机械的发展，对润滑脂的高温性能和延长寿命的要求日益提高，氧化安定性的重要意义更为突出。润滑脂的氧化主要取决于它的组分的性质，与稠化剂、基础油和添加剂都有关系，通常无机、有机和烃基稠化剂的氧化安定性优于皂基润滑脂；合成基础油优于矿物基础油，而矿物基础油精制程度又对氧化安定性影响很大；润滑脂的氧化安定性主要依靠抗氧剂来实现。润滑脂氧化后其性质会发生改变，首先润滑脂氧化以后会产生酸性物质以及醛、酮等其他氧化产物，致使酸值增加；其次润滑指的氧化会使其滴点降低、强度极限下降、针入度、颜色、外观、相转变温度、介电性能及结构发生变化。因此，润滑脂的氧化可引起一系列的性质变化，从外观、理化指标到内部结构都发生不同程度的改变，从而影响润滑脂的使用性能。因此，为保证润滑脂的使用，抗氧剂的添加是非常必要的。

二、胶体安定性

润滑脂在长期贮存和使用中，抵抗分油的能力叫做润滑脂的胶体安定性。润滑脂的胶体安定性好则不易分油，胶体安定性差则易分油。

润滑脂胶体安定性取决于它的组成和结构。不同组成配方及制脂工艺条件都会使所形成润滑脂的胶体安定性改变。例如稠化剂的种类和含量、基础油的种类和黏度、不同的冷却工艺及外界条件(温度、压力、时间)等都对润滑脂胶体安定性的影响。

分油和润滑脂的使用关系很大。润滑脂在机械部件中使用时，微量的分油是有利的，润滑脂的使用寿命较长，特别是在密封轴承中预先填充好润滑脂，要求一直用到轴承寿命终了为止。润滑脂在轴承中使用时，微量分油对润滑有利，分出的油可起润滑作用，但如果分油速率太快，在规定的时间内分油量过大，则润滑脂中基础油损失过多，会缩短润滑脂的使用寿命。试验表明，润滑脂在轴承中使用时，其中的含油量是逐渐减少，当润滑脂中的含油量减少到原含量的一半左右时，就失去润滑作用。

三、润滑脂的轴承寿命

滚动轴承使用范围很广，约有80%以上的滚动轴承是依靠润滑脂润滑。因此，润滑脂的轴承寿命是一项极其重要的性能，它直接关系到设备维护保养和提高经济效益，尤其是对一些密封轴承更为重要，由于要求“终身润滑”，润滑脂应和轴承同寿命。所以，润滑脂又被称为轴承的第五大组件。润滑脂的轴承寿命长，可减少设备停工维护时间、提高生产效率、节约润滑材料等。当前，润滑脂的发展趋势之一是开发和使用长寿命润滑脂。

影响润滑脂轴承寿命的因素很多，润滑脂本身的组成和性质以及使用条件都会影响润滑脂的轴承寿命。稠化剂种类不同，润滑脂轴承寿命也不一样，脲基润滑脂和酰胺润滑脂在高温下(150℃)比复合锂基润滑脂轴承寿命长，而12-羟基硬脂酸锂基润滑脂在高温下寿命相对较短。不同种类基础油制成的润滑脂在高温时的轴承寿命也不相同，通常合成基础油比矿物基础油制成的润滑脂轴承寿命长。基础油的黏度也对轴承寿命有影响，黏度的选择则应根据轴承的尺寸、转速、承受的负荷及工作温度等因素综合考虑。轴承寿命还与润滑脂的高低温性、机械安定性、胶体安定性和氧化安定性等有关，需从润滑脂和轴承两方面综合考虑。

由于轴承类型非常多，使用条件差异很大，润滑脂在轴承中的润滑状态是非常复杂的，因此，评价润滑脂轴承寿命的手段也很多。除了列为 ASTM、JIS 等标准方法外，还有很多润滑脂及轴承公司建有自己的轴承试验台架评价方法及设备用于轴承或润滑脂寿命试验。

此外，部分中小型轴承特别是微型精密轴承还对润滑脂有降低噪音的要求。一般噪音每增加 6 分贝，轴承的寿命就降低一半。另外，噪音对在设备周围工作与生活人员的健康也是有害的。因此，通常要求轴承涂脂后产生的噪音应较低。降噪要求的高低与轴承的类型和应用场合密切相关，如家用电器、精密仪器仪表、中小型电机、部分汽车等轴承，对降低噪音有不同程度的要求。降低轴承的噪音除跟轴承本身的材料、设计、配合度等相关外，从润滑脂的角度来看与润滑脂的组成、结构、性质及后处理工艺有关。润滑脂的组成方面，目前主要采用聚脲、锂皂等稠化剂，基础油以酯类油为主，基础油黏度中等偏小。轴承噪音有起始噪音和噪音寿命，通常中低端轴承只考虑起始噪音，即评价初始前 5s 的噪音低即可，这主要跟润滑脂的结构均一和机械杂质少有关；而噪音寿命则需要润滑脂使轴承的噪音长期保持在较低的水平，且不产生异音、啸叫等现象，这就需要润滑脂必须有良好的润滑性、胶体安定性、机械安定性和防锈性等综合性能。润滑脂的后处理对降低噪音关系密切，目前国内主要采用三辊研磨机对润滑脂进行均化处理，但三辊研磨机工作效率低，可尝试多功能的高效均化设备。值得注意的是，很多润滑脂企业为追求初始的噪音低，而对润滑脂进行过度的后处理，必将影响其综合性能。

四、润滑脂的低温性能及流变性能

润滑脂的低温性是在较低的温度环境下，能否满足设备润滑、防护和密封的性能。通常由润滑脂的稠度、强度极限、相似黏度、表观黏度、低温转矩等来表征。由于润滑脂是具有结构性的非牛顿流体，其黏度不仅与温度有关，也和其结构受到的剪切应力有关。因此，润滑脂在受到外力作用时所表现出来的流动和变形的性质称之为润滑脂的流变性能。流变性能是润滑脂的重要基础性能，与润滑脂的使用关系密切，尤其是在高温和低温环境下使用时往往要考虑润滑脂的流变性。

1. 润滑脂的稠度及牌号

稠度是指润滑脂在受力作用时，抵抗变形的程度。稠度并无明确的物理意义，它仅是反映润滑脂对变形和流动的阻力的一个笼统概念。润滑脂在受外力小时，由于稠化剂结构骨架的作用，润滑脂的流变性能主要表现为弹性和黏弹性。随着外力的增大，润滑脂结构骨架逐渐被破坏，润滑脂的黏性转占主导地位，开始产生流动。影响润滑脂稠度的因素有稠化剂种类及其含量、基础油类型、生产工艺（冷却工艺、后处理工艺等）等。润滑脂的稠度用锥入度（针入度）来表示。锥入度是润滑脂的一项重要的基础性指标，用以划分润滑脂稠度级号。锥入度越大，表示润滑脂的稠度越小，润滑脂越软。反之，锥入度越小则表示稠度越大，润滑脂越硬。国内外广泛采用润滑脂在 25℃，工作 60 次的锥入度来划分商品润滑脂的稠度等级。我国标准按工作锥入度范围，将润滑脂分为 9 个系列（见表 1.9），系列号即通常所说的牌号，号数越小，润滑脂越软，锥入度越大。

表 1.9 按工作锥入度范围划分润滑脂的级号

NLGI 稠度级号	工作锥入度范围/0.1mm	状态	NLGI 稠度级号	工作锥入度范围/0.1mm	状态
000	445~475	流状	3	220~250	中
00	400~430	半流体	4	175~205	较硬
0	355~385	半流体	5	130~160	硬
1	310~340	非常软	6	85~115	极硬
2	265~295	较软			

选用润滑脂须考虑适宜的锥入度。工作锥入度是选择使用润滑脂必须考虑的因素之一。选择润滑脂的稠度需要根据机械使用条件及加脂方法决定。例如，在选择轴承用润滑脂的稠度时，若轴承的速度因数[*DN* 值，以轴承内径(mm)×转速(r/min)表示]在 75000~300000 时，一般使用 3 号润滑脂是适宜的。但如用压力脂枪加注，或用集中给脂系统给脂时，特别是操作温度低于正常温度，或集中给脂系统的管线较长时，可用较软的润滑脂。当速度因数小于 75000 时，一般推荐用 1 号或 2 号润滑脂；在极低温度使用特别是用压力脂枪加注润滑脂，可使用稠度为 0 号的润滑脂。在寒区冬季用脂枪加注润滑脂时，如润滑脂稠度过大(锥入度过小)，将会造成加注困难。

但须注意，锥入度本身没有特定的物理意义，只是在指定条件下说明稠度的相对数值，不能单纯用它来预示润滑脂的使用性能。因为有些润滑脂稠度相近，但其他与使用有关的性质(如黏度、强度极限等)却截然不同。润滑脂的使用性能，受许多因素影响，如工作条件、污染等。不能将锥入度认为是和润滑油黏度相当的一个参数，例如，对重载或低速的机器需使用黏度较大的润滑油，但并不需要较稠的润滑脂。此外，锥入度和润滑脂使用温度的关系也不能一概而论，不能认为越硬的润滑脂越适于高温。

在润滑脂研制中筛选配方和生产中控制质量。锥入度用来评定比较稠化剂在基础油中的稠化能力、筛选配方；用非工作锥入度和工作锥入度来检查产品的均一性。

润滑脂锥入度变化还用来表示润滑脂的其他性能，如机械安定性、抗水性、硬化倾向、储存安定性等。

2. 润滑脂强度极限

使润滑脂开始产生流动所需的最小剪应力，称为润滑脂的剪切强度极限，或简称为强度极限。半固体或半流体状态的润滑脂具有弹性和塑性。在受到较小的外力时，像固体一样表现出弹性，保持不流动状态；在增大外力时，稠化剂粒子或皂纤维间较弱接触点的联系开始被破坏，当外力逐渐增大到某一临界数值时，润滑脂开始产生不可逆的变形(即开始流动)。

润滑脂的强度极限实际上反映了润滑脂结构骨架的强度，主要受稠化剂(种类、含量)、添加剂及生产工艺的影响。强度极限对润滑脂的使用有较大的意义，由于润滑脂有一定的强度极限，所以润滑脂用于不密封或垂直的摩擦部件中不会流出或滑落，在高速旋转的机械中不会被离心力抛出。此外，润滑脂的高、低温性能也与强度极限有关，在高温下能保持适当的强度极限，则不易滑落或流失；在低温使用时，要求润滑脂在低温下强度极限不应过大，否则会引起机械起动困难，或消耗过多的动力。因此润滑脂在较高温度下工作时规定其强度极限不小于某一数值，而在低温下工作时规定其强度极限不大于某一数值。对于集中供脂的场合，则希望强度极限不宜太大，这样利于管道输送，但同时又有较好的触变性，即在剪切停止后润滑脂结构能够较好地恢复，便于使用。

3. 润滑脂的相似黏度

润滑脂在所受剪应力超过它的强度极限时，就会产生流动。润滑脂流动时也会出现内摩擦，用相似黏度表征它的内摩擦特性。润滑脂的黏度和润滑油的黏度不完全一样，润滑油是按牛顿流体定律运动的，其黏度在一定温度时是一个常数，只随温度的变化而改变，不随剪切速度而改变；而润滑脂属于非牛顿流体，它的黏度不仅随温度变化而改变，而且随剪速而变化。为便于比较润滑脂的黏度，也按牛顿流体处理。将润滑脂和其他非牛顿流体流动时剪切应力与剪切速率的比值称作相似黏度，常用 η_a 表示。因此，润滑脂有黏度一温度特性和黏度–剪切特性。

润滑脂的黏度是随着温度而改变的，但比润滑油的变化复杂，一般来说，在温度升高时黏度减小，在温度降低时黏度增大。在皂的相转变对体系没有多大影响的温度范围内这一点是适用的，但如体系发生相转变，也会出现在某一温度范围内黏度随温度上升的现象。润滑脂的黏温特性比润滑油的黏温特性好，因为润滑脂流动时的阻力一部分是由结构骨架的强度决定的，而结构骨架强度和温度的关系较小，润滑脂的黏度随温度的变化只有基础油变化的十分之二至数百分之一。但润滑脂的低温黏度比它常温时的黏度大很多。润滑脂的黏温特性主要与其基础油的黏温特性有关，用低黏度、黏温特性好的基础油可改善润滑脂的黏温特性。

润滑脂的相似黏度随剪速变化而变化，随着剪速的增加，润滑脂的黏度减小，但减小的程度渐趋减弱，在高剪速下润滑脂的黏度与其基础油相近，并且几乎不随剪速而变。不同剪速下黏度的数值均随稠化剂含量的增多而加大，但在低剪速时，含皂量对润滑脂黏度的影响特别显著，而在高剪速时稠化剂含量的影响比低剪速时小。

润滑脂的相似黏度是一项重要的基本特性，对润滑脂在机械中的使用性能有很大关系。如果使用的润滑脂黏度较大，摩擦损失也较多。润滑脂的黏度对使用润滑脂的机械的动力(尤其是起动时)消耗有很大影响，尤其是在低温时，润滑脂的黏度增大会增加起动阻力，因此，相似黏度通常作为润滑脂低温性能的考核指标之一，尤其是应用在非转动部件(如轴承)时。润滑脂黏度随剪速变化的性质，使它在速度经常变动的机械上使用时有特殊的适应性。当速度高时，要求润滑剂的黏度低，这时润滑脂结构破坏历害纤维定向，恰好黏度变低。当转速慢时要求润滑剂的黏度较大，而润滑脂剪速低时黏度也较大。润滑脂黏度随剪速的变化基本符合机械转速变化对润滑剂黏度的要求。

4. 润滑脂的触变性

润滑脂的触变性是指润滑脂受到剪切作用时稠度下降发生软化，而在剪切作用停止后就开始表现出稠度上升的性质。触变的恢复程度是不完全可逆的，润滑脂经剪切后放置，其黏度(或稠度等)不一定恢复到与剪切前同样的程度，多数是低于剪切前原来的数值，也有和剪切前相等或更高的情况(如脲基润滑脂在储存一段时间后稠度增大)。不同润滑脂的恢复速度不同，恢复程度也各不相同，与受剪切破坏程度也有很大关系。重新形成的结构骨架也可能与原来的结构有差别。润滑脂的触变性对于润滑脂的使用有实际意义，润滑脂有轻微的触变性是有益的，因为润滑脂在机械作用下产生轻微的触变，强度极限、稠度、黏度下降，可使润滑脂容易被压送，而且在机件中运动时阻力降低。但当外力停止时，润滑脂的结构逐渐恢复，它的强度极限、稠度、黏度又加大，使它在机械不转动时或在机件不转动的部件上不易流失。但过大的触变性会导致润滑脂在机械作用下流失。因此，可根据使用部位的要求，通过润滑脂组成和生产工艺调整其触变性。

5. 润滑脂的低温转矩

润滑脂在轴承中使用时，其低温性能主要用低温转矩评价。润滑脂的低温转矩是指在低温时，润滑脂阻滞低速滚珠轴承转动的程度。低温转矩是一项试验性指标，是在一定低温下，以试验润滑脂润滑 204 型开式滚珠轴承，当其内环以 1r/min 的速度转动时，阻滞该轴承外环所需的力矩。用启动转矩和运转转矩来表示。低温转矩的大小关系到轴承低温起动的难易和功率损失，如果低温转矩过大将使起动困难并且功率损失增多。低温转矩对于在低温使用的微型电机、精密控制仪表等尤为重要。精密设备要求轴承的转矩小而稳定，以保证易起动和灵敏、可靠地工作。

由于润滑脂本身具有强度极限，要使润滑脂润滑的轴承开始运转，必须克服润滑脂的强度极限，而润滑脂的强度极限、相似黏度以及稠度在低温时都会增大，这些因素都会使润滑脂在低温下阻滞轴承运转的程度增大。通常润滑脂基础油对上述性能起着主导作用，润滑脂的低温转矩随基础油的种类而异，尤其是起动转矩，通常适用作低温润滑脂的有双酯、硅油和聚醚等。而润滑脂运转转矩除受基础油影响外，与稠化剂也有一定的关系。

6. 润滑脂的低温泵送性

润滑脂的低温性能除用低温相似黏度、低温转矩表示以外，还有低温泵送性。低温泵送性是指在压力作用下，将润滑脂送到分配系统的管道喷嘴和脂嘴等处的能力。集中润滑和设备自动加注等方式对润滑脂低温泵送性能有要求。润滑脂的低温泵送性与基础油和稠化剂都有关系，基础油的凝点低、黏度小制备成的润滑脂的泵送性好；稠化剂的种类不同，其泵送性不同。此外，相似黏度会影响润滑脂在集中润滑系统中的流动性及在轴承中的运转力矩等，一般要求低温用的润滑脂在低温下的相似黏度不得大于某一数值。润滑脂的低温泵送性能可通过低温泵送性试验进行评定。

五、润滑脂的抗磨极压性能

大多数润滑脂以降低摩擦、磨损为主要目的，要求具有良好的抗磨极压性能，如在冶金、汽车、造纸、水泥、风电、工程机械等行业的轴承、齿轮等部件中。润滑脂的润滑性能主要源于其组成，基础油、稠化剂及添加剂都能发挥润滑作用。通常在负荷较低的工况条件下，依靠润滑脂的基础油和稠化剂就能起到减摩作用，但在较高负荷的工矿条件下，则需要在润滑脂中添加油性剂和抗磨极压剂。随着设备工况要求愈发苛刻，润滑脂中需大量使用油性剂和极压剂以提高其抗磨极压性，某些场合还需要加入固体润滑添加剂。润滑脂的基本组成及添加剂的润滑作用机理是通过在摩擦表面形成物理吸附膜、化学吸附膜或者在一定的温度和负荷条件下与摩擦副表面发生化学反应而形成化学反应膜，从而起到抗磨极压作用。

改善和提高润滑脂的润滑性能首先是选择适宜的润滑脂组分，基础油的种类和黏度对润滑脂的润滑性能具有影响，不同种类基础油中，全氟烷基聚醚有优良的润滑性能，但价格昂贵。矿物油和酯类油润滑性能好，硅油润滑性能具较差，特别是甲基硅油和甲基苯基硅油在钢–钢间润滑性能较差，如要制备润滑性能好的润滑脂，需要选择润滑性能良好的基础油，当一种基础油的润滑性能不够理想时，可根据需要选用适当的混合油，以提高润滑脂的润滑性能。在稠化剂中，皂基稠化剂有较好的润滑能力，复合钙基润滑脂因本身含醋酸钙而极压性很好，复合磺酸钙基润滑脂在不加添加剂的情况下就拥有很好的极压性。此外有些稠化剂本身就是固体润滑剂，如聚四氟乙烯、氮化硼等。

要提高润滑脂在混合润滑、边界润滑条件下的润滑能力常需加入抗磨极压添加剂或添加固体润滑剂才能满足要求。抗磨极压剂通常包括有机氯化物、有机硫化物、有机磷化物、金属盐类等，通过抗磨极压添加剂和金属摩擦表面产生化学反应，生成熔点较低、剪切强度较小的化学反应膜，从而起到减少摩擦、磨损和防止擦伤及熔焊的作用。抗磨极压添加剂在提高润滑性能的同时，其组成和活性对润滑脂的胶体结构有着不同程度的影响，从而使润滑脂的性能发生改变，如降低润滑脂的滴点、强度极限、黏度和胶体安定性等。因此，在研制润滑脂时，除了筛选效果好且副作用小的添加剂以及用量适宜外，还可采用改变配方或改变制脂工艺等措施来减少添加剂的不良副作用。例如，为了减小抗磨极压剂对润滑脂结构和性质的影响，可以加入部分非极性稠化剂以减少添加剂的副作用，也可选择一些填料或对润滑脂结构影响小的固体添加剂，强化润滑脂的结构，同时发挥抗磨极压的作用。

微动磨损是磨损的基本类型之一，它是摩擦副表面在压力作用下表面凸起部分黏着，并被外界小振辐引起的摆动所剪切产生表面氧化，生成三氧化二铁的过程。大量的三氧化二铁趋向于金属表面分离出来，导致局部高应力和最后的点蚀。陷落在两摩擦表面间的氧化磨损，又在摩擦表面之间形成磨粒，进一步导致金属疲劳和额外磨屑的产生。当振动应力足够大时，微动磨损处能发展成疲劳裂纹，造成完全破坏。

微动磨损涉及许多部件，特别是飞机和汽车工业的各种紧件、压紧件、万向节、齿槽配合、发动机轴承、钢丝绳、飞机控制机构、螺栓组合体、滚珠或滚柱轴承的滚道，以及各种电接触器等。因此，润滑脂抗微动磨损性能好，能有效降低摩擦副的微动磨损，减少由其造成的经济损失。

润滑脂的防微动磨损性能在很大程度上取决于其稠化剂和基础油的性能，与稠化剂的种类、浓度、基础油的类型、黏度以及润滑脂的稠度都有关系。据研究，矿物油的防微动磨损性能比合成油好，与聚烯烃油相当，比苯基硅油、聚苯醚、全氟聚醚等差，酯类油居中，高精制矿物油或全部为烷烃的合成烃油制成的润滑脂，防微动磨损性能较好。相同的基础油中，不同稠化剂的润滑脂防微动磨损性能不同，25℃时聚脲润滑脂防微动磨损性能较好，12-羟基硬脂酸钙润滑脂和12-羟基硬脂酸润滑锂脂居中，膨润土润滑脂和复合铝基润滑脂最差；稠化剂含量增加引起微动磨损加剧。添加剂对润滑脂防微动磨损性能不起主要作用。

六、润滑脂的防护性能

润滑脂在金属表面起防锈、防腐蚀作用。防护效果的好坏与润滑脂的黏附性、保持能力、脂膜厚度、氧化安定性、胶体安定性、抗水性以及润滑脂是否含游离酸/碱、水分等有关，还与润滑脂中加入的防锈剂、防腐剂、金属钝化剂有关。

通常各类型的润滑脂都能起到一定的防护作用，要根据防护要求的高低使用不同类型的润滑脂。对于主要用于防护的润滑脂，则需要通过金属腐蚀、防腐蚀性、温热试验、盐雾试验等来评价其防护性能。

七、润滑脂的抗水性能

润滑脂的抗水性是指润滑脂在使用过程中与水或水蒸气接触时抗水冲洗和抗乳化的能力。润滑脂的抗水性主要取决于稠化剂的类型。烃类稠化剂既不吸水又不乳化，因此，烃基润滑脂抗水性最好。皂基润滑脂的抗水性取决于金属皂的水溶性，金属皂的水溶性随皂的阳离子不同而异。一般情况下，K>Na>Li>Mg>Pb。钠基润滑脂的抗水性差，钙-钠基润滑脂的抗水性较差，钙基、锂基、锂-钙基润滑脂和复合钙基润滑脂吸水后稠度变化较小，铝基、钡基、复合铝基润滑脂都有良好的抗水性。复合锂基润滑脂和复合钙基润滑脂也属于抗水性较好的润滑脂，但前者的水安定性不如复合铝基润滑脂，后者易吸收微量水致使润滑脂表面出现硬化。

八、润滑脂橡胶相容性

润滑脂与橡胶的相容性又称橡胶适应性，是指润滑脂与橡胶接触时不使橡胶体积、质量、硬度等发生过大变化的性质。橡胶在设备中通常作为密封元件，润滑脂在使用中难免会与橡胶密封件接触，橡胶与润滑脂接触一定时间后，可能发生体积膨胀或收缩、质量增加或减少、硬度变大或变小以及其他力学性能变化。在润滑脂兼起润滑和辅助密封作用的要求下，使橡胶适当、少量地膨胀对润滑和密封有利，如果它与橡胶相容性差，橡胶发生过分溶胀、变软变黏，或过分收缩、硬化，都会影响橡胶密封件工作性能。因此，欲满足金属与橡胶间的润滑与密封要求，润滑脂及其基础油应具有良好的橡胶相容性。橡胶相容性在实际使用中具有重要影响，但因其非润滑脂的主体性能，往往容易被润滑脂研发和使用者所忽视。

润滑脂和橡胶的相容性取决于基础油和橡胶的类型，不同基础油和不同橡胶的相容性各不相同。橡胶与矿物油接触，橡胶体积通常会增加，顺序如下：天然橡胶>丁苯橡胶>丁基橡胶>氯丁橡胶。橡胶在矿物油中的膨胀都随油的苯胺点的增大而减少，只有丁腈橡胶在矿物油中体积基本上不变。天然橡胶不耐油，矿物油对一般橡胶的膨胀作用主要是由芳香烃或无侧链的多环环烷烃引起的，因为它们最容易极化并与橡胶的极性基相互作用，而烷烃和带长侧链的环烷烃会导致橡胶质量减轻。当油品与橡胶接触时，同时进行两个过程：增塑剂(溶于油中)的析出和芳香烃的吸收。橡胶被浸泡后是减重或增重取决于哪种过程占优势。芳香烃特别是多环短侧链芳香烃含量增加，橡胶对增塑剂的溶解增强，形成许多微小空穴，这些空穴被烷烃和环烷烃占据，它们阻拦了橡胶分支分子，从而使橡胶弹性变差。同时，由于烷烃和环烷烃的密度比原有增塑剂的密度小，所以橡胶表现出减重。至于油品中芳香烃的含量可由苯胺点的高低反映，苯胺点较高的油品芳香烃含量较少，对橡胶的溶胀性低，甚至有使之收缩的倾向。不同类型油品对各种合成橡胶在苛刻条件下的相容性情况：酯类油和芳烃油对丁腈橡胶有很强的膨胀作用，且不稳定；矿物油几乎对丁腈橡胶不起作用；硅油对丁腈橡胶起收缩作用。

要制备与某种橡胶相容的润滑脂，需选用适当的基础油，或选用橡胶膨胀性能不同的油品按适当比例混合来制取符合使用要求的润滑脂。

九、润滑脂的机械杂质

润滑脂中的机械杂质是指溶剂不溶物的含量。润滑脂内如果混入机械杂质，在使用时就会带入摩擦部位，造成摩擦和磨损，增大轴承噪音，金属屑或金属盐还会促进润滑脂氧化等。使机械设备运转时产生振动和使用寿命缩短。因此对机械杂质应严加限制。

十、润滑脂的水分

润滑脂中的水分有两种：一种是结合的水分，它是润滑脂中的稳定剂，对润滑脂结构的形成和性质都有的影响；另一种是游离的水分，是润滑脂中不希望有的，须加以限制。因此，根据不同润滑脂提出不同含水量的要求：一般烃基润滑脂、铝基润滑脂及锂基润滑脂均不允许含水分；钠基及钙基润滑脂仅允许含极少量水分；钙基润滑脂的水分依不同牌号润滑脂含皂量的多少而规定在某一范围，水分过多或过少均将影响润滑脂的质量。

十一、润滑脂灰分

润滑脂灰分是指润滑脂经燃烧将固体残渣煅烧成灰，以质量分数表示。测定灰分没有太大的实际意义，但在一定程度上说明了润滑脂成分的特性，对控制润滑脂组分和制备工艺有一定作用。润滑脂灰分中含有皂的金属氧化物、矿物油中的无机物和原料碱中的杂质。从灰分可以大致估计润滑脂含皂量及含游离碱量。皂基润滑脂的灰分含量较高，约达4%。烃基润滑脂灰分很少，约0.02%~0.07%，含无机组分(如石墨等)的润滑脂，其灰分含量较高。

十二、润滑脂的抗辐射性

在有核辐射场所使用的机械设备中，润滑脂需具有抗辐射性能。润滑脂的抗辐射性取决于稠化剂和基础油。

通常当射线总量在 5×10^4J/kg 以下时，对润滑脂无影响；但在 5×10^4 ~ 5×10^5J/kg 的范围内皂的结构被破坏，会发生如下变化：开始软化，颜色变深，氧化发臭，产生气体，酸值增大，逐渐变为凝胶，最后形成软质的冻胶状固体。基础油和稠化剂对辐射的抵抗力，决定于它的芳香烃含量，芳香烃含量越多，其抗辐射性越强。所以抗辐射润滑脂使用的基础油有含芳香烃多的矿物油、聚苯醚和烷基萘；而稠化剂通常选择阴丹士林、芳基脲、酰胺盐、酞菁铜等。值得关注的是，核辐射场站的金属对应力腐蚀需求很高，润滑脂在具备抗辐射能力外，不能带入产生金属应力腐蚀的元素或物质。

十三、润滑脂的贮存安定性

润滑脂贮存过程中，性质可能发生一些变化。国外润滑脂规格中常规定贮存安定性的指标。规定润滑脂在38℃条件下放置6个月后，针入度的变化值不得超过30。目前国内执行的是润滑脂贮存安定性试验方法(SH/T 0452—1992)。国产润滑脂一般规格中未作贮存安定性的规定，但许多润滑脂做过加速和实际贮存试验。国产11种合成润滑脂在38℃±1℃存放6个月后，测定针入度、相似黏度、压力分油及腐蚀性。

第二章　润滑脂的原料

润滑脂一般由稠化剂、基础油和添加剂三大部分组成，结合润滑脂的制造工艺技术形成了影响润滑脂性能的四大因素。不同类型和档次的润滑脂所使用的稠化剂、基础油和添加剂不尽相同，变化多样的原材料赋予了润滑脂不同的性能。了解原材料的种类是识别润滑脂性能的基础，从润滑脂原材料组成可以大致判断润滑脂的性能优劣。对原材料的介绍是冀望普及润滑脂原材料的基本知识，使读者练就一双能够从鱼龙混杂的市场中识别优质产品的慧眼。

第一节　稠化剂的原材料

稠化剂是润滑脂中不可缺少的固体组分，其含量约占润滑脂质量的 5%～30%。稠化剂能在基础油中分散并形成结构骨架，使基础油被吸附并固定在结构骨架之中，形成半固体状的润滑脂，稠化剂粒子或纤维是胶体结构分散体系中的分散相。润滑脂的稠化剂是润滑脂区别于润滑油最主要的部分，也是润滑脂能够表现出触变性的根本原因。稠化剂的耐高温特性很大程度上决定了润滑脂的耐高温性能。不同类型的稠化剂具有不同的微观形态，无论稠化剂的微观形态有多么的不同，它们都是以形成三维立体网络结构将流体态的基础油束缚于其中而形成膏状形态。

图 2.1 列出目前应用较为广泛的 4 种不同类型的稠化剂扫描电子显微镜照片，放大倍数为 15000 倍，采用日本 Hitachi S-3400N 型扫描电子显微镜拍摄。从图中可以看出不同类型的稠化剂形貌上具有明显的差异。癸二酸复合锂、十二羟基硬脂酸锂、脂肪族二聚脲的稠化剂纤维结构都具有明显的双螺旋结构，但是形貌上有所差异，癸二酸复合锂由于使小分子二元酸其纤维更加粗大，抗剪切性能也更优良。聚脲稠化剂根据所用有机胺种类的不同稠化剂显微结构明显不同，芳香族二聚脲具有短棒状结构而脂肪族二聚脲与锂系列稠化剂较为接近，这是由于有机胺的分子结构对聚脲稠化剂的分子组装方向具有重要影响。另外，锂系列稠化剂与聚脲系列稠化剂分子形成纤维结构的原理也不同，锂系列稠化剂依靠锂键将分子组装在一起，而聚脲稠化剂则依靠氢键[42]，因为分子间形成的键能不同，所以不同类型稠化剂的耐高温性能也不同。而赋予润滑脂稠化剂以上性能和结构差异的正是其所采用原材料的差异。

稠化剂的种类有很多，大体可分为四大类：皂基、烃基、有机和无机稠化剂。润滑脂的性能很大程度上取决于稠化剂的种类。皂基稠化剂是目前制备润滑脂用的最多的一类稠化剂，它是高级脂肪酸的各种金属盐，即金属皂，其结构式可用 $(RCOO)_nM$ 表示。皂分子一端是极性羧基，另一端是非极性烃基。在适当条件下，皂分子在基础油中能借助羧基端的离子力和烃基端的范德华力吸引聚结成皂纤维。皂分子的羧基端相互吸引在纤维内部，烃基则指向纤维表面，因而使纤维表面具有亲油性。皂纤维靠分子力和离子力相互吸引形成交错的网格骨架，使油被固定在结构骨架的空隙中、吸附在皂纤维的表面和膨化到皂纤维的内部，从而形成润滑脂。皂基稠化剂有单皂、混合皂和复合皂，常见的单皂有：锂皂、钙皂、钠皂、铝皂、钡皂等。目前常见的通用锂基润滑脂、无水钙基润滑脂等为单皂润滑脂，是脂肪酸与金属碱反应后形成金属皂再稠化基础油而制成的。单皂润滑脂是国内外使用最多的一类润滑脂。

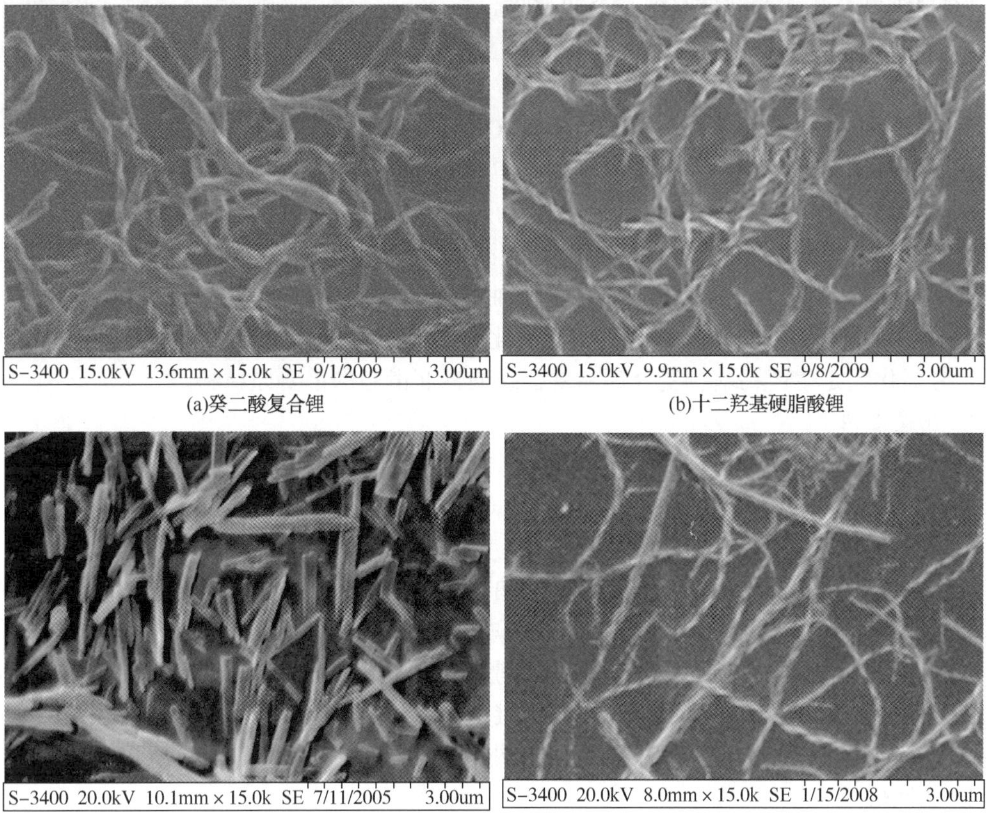

(a)癸二酸复合锂　(b)十二羟基硬脂酸锂

(c)芳香族二聚脲　(d)脂肪族二聚脲

图 2.1　不同类型润滑脂的 SEM 照片

烃基稠化剂主要是地蜡、石蜡及石油脂。这类稠化剂做成的润滑脂常作防护和密封润滑脂，它的滴点和使用温度较低。有机稠化剂是相对于金属皂和无机稠化剂而定义的，是一些有机化合物或聚合物，常见的有聚脲、酰胺、酞菁、阴丹士林、聚四氟乙烯等。现今发展最快的是脲基稠化剂，尤其是在氢氧化锂价格居高不下的情况下，会进一步促进脲基润滑脂的发展。无机稠化剂包括膨润土、炭黑、硅胶和氮化硼等，这一类润滑脂的突出优点是有极好的耐温性。

一、碱类

碱类是生产皂基稠化剂的重要原材料，包括单皂、混合皂和复合皂等。在润滑脂生产过程中碱类与酸(多数为有机酸，在复合皂中也可能包括小部分无机酸)发生中和反应生成相应的有机酸金属盐和水，润滑脂行业通常称这种有机酸金属盐为脂肪酸皂。

1. 氢氧化锂

化学式：

$$LiOH \cdot H_2O$$

分子量：41.96

性质：氢氧化锂为白色单斜细小结晶，有刺激性气味，强碱性，在空气中能吸收二氧化碳和水分，溶于水，20℃时溶解度为12.8g/100gH_2O，微溶于乙醇，不溶于乙醚。1mol/L溶液的pH值约为14，相对密度为1.51，熔点为471℃（无水），沸点为925℃（分解），有腐蚀性，用于制锂皂及锂基类润滑脂。

2. 氢氧化钙

化学式：

$$Ca(OH)_2$$

分子量：74.09

性质：氢氧化钙在常温下是细腻的白色粉末，微溶于水，其水溶液俗称澄清石灰水，且溶解度随温度的升高而下降，20℃时氢氧化钙的溶解度为0.166g/100g水，100℃时为0.08g/100g水。不溶于醇，能溶于铵盐、甘油，能与酸反应，生成对应的钙盐。固体密度为2.211g/cm^3。俗称熟石灰、消石灰。氢氧化钙是一种二元中强碱，对皮肤、织物有腐蚀作用。氢氧化钙是生产钙基、复合钙和复合磺酸钙润滑脂的重要原材料。

3. 氢氧化钠

化学式：

$$NaOH$$

分子量：40.00

性质：氢氧化钠俗称烧碱、火碱、苛性钠，为一种具有强腐蚀性的强碱，一般为片状或块状形态，易溶于水（溶于水时放热）并形成碱性溶液，另有潮解性，易吸取空气中的水蒸气（潮解）和二氧化碳（变质），可加入盐酸检验是否变质。氢氧化钠在水处理中可作为碱性清洗剂，溶于乙醇和甘油，不溶于丙醇、乙醚。与氯、溴、碘等卤素发生歧化反应。与酸类起中和作用而生成盐和水。氢氧化钠是生产钠基润滑脂的原材料。

4. 氢氧化钡

化学式：

$$Ba(OH)_2 \cdot 8H_2O$$

分子量：315.47

性质：氢氧化钡为无色单斜晶体，加热失水变成无水氢氧化钡，相对密度为2.18，熔点为78℃（纯氢氧化钡的情况下大于408℃），沸点为780℃，有毒。相对密度为2.188，折射率为1.471。在硫酸干燥器中能失去7分子结晶水，在约78℃时失去全部结晶水。20℃时在100g水中溶解度为3.89g。可溶于水、甲醇，微溶于乙醇，几乎不（难）溶于丙酮，有强腐蚀性。主要用于生产钡基润滑脂和复合钡基润滑脂。

二、酸类

稠化剂原料中，酸通常是脂肪酸或短链的有机酸或无机酸。

1. 硬脂酸

化学式：

$$CH_3(CH_2)_{16}COOH$$

分子量：284.48

性质：硬脂酸即十八烷酸，纯品为白色略带光泽的蜡状小片结晶体。熔点：56～69.6℃，沸点为232℃（2.0kPa），相对密度为0.9408，360℃时分解，90～100℃下慢慢挥发，微溶于冷水，溶于酒精、丙酮，易溶于苯、氯仿、乙醚、四氯化碳、二硫化碳、醋酸戊酯和甲苯等，无毒，具有一般有机羧酸的化学通性。

工业硬脂酸广泛用于制化妆品、塑料耐寒增塑剂、脱模剂、稳定剂、表面活性剂、橡胶硫化促进剂、防水剂、抛光剂、金属皂、金属矿物浮选剂、软化剂、医药品及其他有机化学品。同时也是生产润滑脂的重要原料。

2. 十二羟基硬脂酸

化学式：

$$CH_3(CH_2)_5CH(OH)(CH_2)_{10}COOH$$

分子量：300.48

性质：十二羟基硬脂酸呈白色或蜡黄色片状固体，熔点为74~76℃，不溶于水，溶于乙醇、乙醚和氯仿。高温时易失去羟基，既具有醇的性质也具有酸的性质，是用于用于生产皂基润滑脂的主要原材料。

3. 癸二酸

化学式：

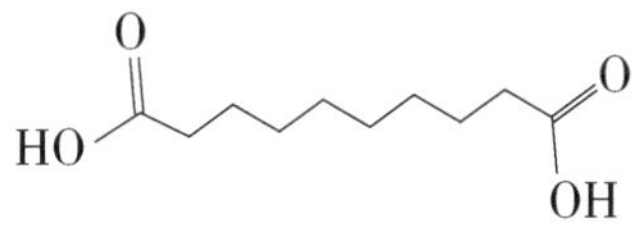

分子量：202.25

性质：癸二酸呈白色叶片状结晶或晶体粉末。相对密度为1.207(25℃)。熔点为134.5℃，沸点为352.3℃(分解)、295℃(13.33kPa)。折射率为1.422(133℃)。难溶于冷水，易溶于甲醇、乙醇、乙醚，不溶于苯。本品为直链二元羧酸，与其他脂肪酸一样，也有酰胺化、成盐化、酯化的能力。用作尼龙6和尼龙66的原料，也可用于制造耐寒增塑剂、醇酸树脂、香料、化妆品、表面活性剂等。是复合锂基润滑脂的主要原材料之一。

4. 壬二酸

化学式：

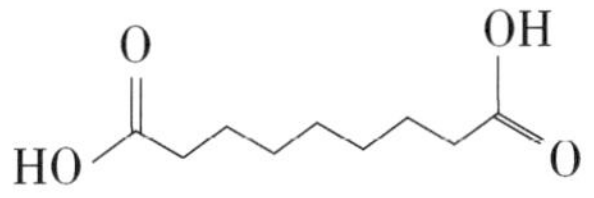

分子量：188.22

性能：壬二酸呈白色至微黄色单斜棱晶、针状结晶体或粉末。熔点为106.5℃，沸点为287℃(13.3kPa)，相对密度为1.225(25/4℃)，折光率为1.4303(111℃)。微溶于冷水，溶于热水、乙醚，易溶于乙醇。用作增塑剂，并用于醇酸树脂、漆和化工合成。对皮肤、眼睛、黏膜和上呼吸道有刺激作用，吸入或摄入对身体有害。对环境有危害，会对水体和大气造成污染。是复合锂基润滑脂的主要原材料之一。

5. 硼酸

化学式：

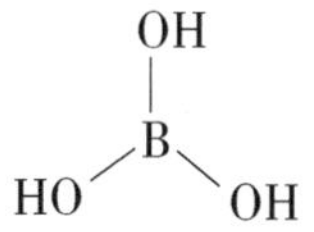

分子量：61.83

性能：硼酸呈白色粉末状结晶或三斜轴面的鳞片状带光泽结晶，有滑腻手感。相对密度为1.4347，溶于水、乙醇和甘油。水溶液呈酸性，为一元弱酸，0.1mol/L水溶液的pH值为5.1。在水中溶解度随温度升高而增大，随盐酸、柠檬酸和酒石酸的加入而增加。熔点为184℃（分解），沸点为300℃。加热至100～105℃时失去1分子水而形成偏硼酸，于104～160℃时长时间加热转变为焦硼酸，更高温度则形成无水物。与强碱中和得偏硼酸盐，在碱性较弱条件下得到四硼酸盐。溶于水、酒精、甘油、醚类及香精油中，无气味，味微酸苦后带甜。与皮肤接触有滑腻感。露置空气中无变化，能随水蒸气挥发。是复合锂基润滑脂的主要原材料之一。

6. 醋酸

化学式：

$$CH_3COOH$$

分子量：60.05

性能：纯的无水乙酸（冰醋酸）是无色吸湿性固体，凝固点为16.6℃，沸点为117.9℃，凝固后为无色晶体，其水溶液中呈弱酸性且腐蚀性强。能溶于水、乙醇、乙醚、四氯化碳及甘油等有机溶剂。是生产复合钙基润滑脂的主要原料之一。

7. 水杨酸

化学式：

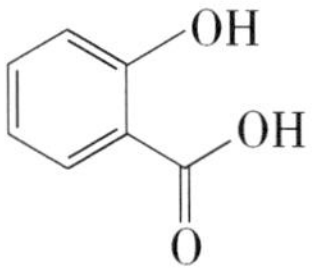

分子量：138.12

性能：水杨酸为白色结晶性粉末，无臭，味先微苦后转辛。存在于自然界的柳树皮、白珠树叶及甜桦树中。熔点为157～159℃，在光照下逐渐京变色。相对密度为1.44。沸点约为211℃（2.67kPa），在温度为76℃时开始升华。常压下急剧加热分解为苯酚和二氧化碳。易溶于乙醇、乙醚、氯仿、苯、丙酮、松节油，不易溶于水，但溶于沸水。加入磷酸钠、硼砂等能增加水杨酸在水中的溶解度。水杨酸水溶液的pH值为2.4。水杨酸与三氯化铁水溶液生成特殊的紫色。是复合皂基润滑脂的主要原材料之一。

8. 苯甲酸

化学式：

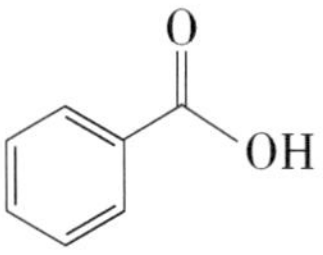

分子量：122.12

性能：苯甲酸呈白色单斜片状或针状结晶，无气味或微有类似安息香或苯甲醛的气味，能随水蒸气挥发。在温度约为100℃时开始升华，加热至370℃分解成苯和二氧化碳。相对密度为1.0749，熔点为122.4℃，沸点为249.4℃，折射率为1.5397，闪点为121～131℃。天然存在于橙花油、风信子油、丁香油、茴香油、岩兰草油、安息香树脂中。微溶于冷水、己烷，溶于热水，易溶于乙醇、乙醚和其他有机溶剂。水中溶解度随碱性物质（如硼砂、磷酸三钠）的存在而增加。苯甲酸有工业用、食品用、医药用等不同规格。食品级苯甲酸应符合国家标准GB 1901—2005，含量在99.5%以上，熔点为121～123℃，并对易氧化物、易碳化物、含氯化合物、灼烧残渣、重金属、砷含量等质量指标作了规定。苯甲酸是制作复合铝、复合钛基稠化剂的原材料，两者都可以达到食品级润滑脂的要求。

9. 对苯二甲酸

化学式：

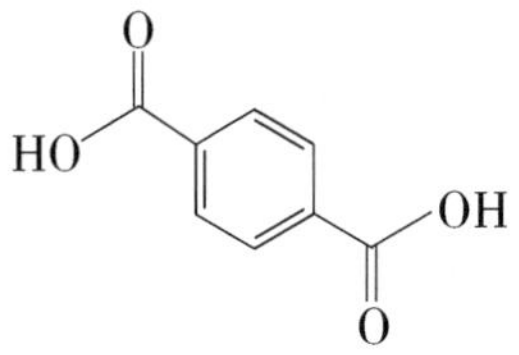

分子量：166.13

性能：对苯二甲酸，又称 *p*-苯二甲酸，主要由对二甲苯制得，是生产聚酯的主要原料。该品为白色晶体或粉末，低毒，可燃。若与空气混合，在一定的限度内遇火即燃烧甚至发生爆炸。常温下为固体，加热不熔化，在温度为 300℃以上升华，密度 1.55g/cm^3。若在密闭容器中加热，温度达 425℃时熔化。常温下难溶于水，溶于碱溶液，微溶于热乙醇，不溶于水、乙醚、冰醋酸、乙酸乙酯、二氯甲烷、甲苯、氯仿等大多数有机溶剂，可溶于 DMF、DEF 和 DMSO 等强极性有机溶剂。是复合皂基润滑脂的主要原材料之一。

三、胺类

胺类是脲基稠化剂的主要原材料，通常有脂肪胺、芳胺、二胺等。

1. 辛胺

化学式：

$$C_8H_{19}N$$

分子量：129.24

性能：辛胺是无色有强烈刺激性气味的液体。密度为 0.78g/mL(20℃)，沸点为 179.6℃，折射率为 1.4292，闪点为 62℃。略微溶于水，易溶于乙醇或乙醚。具有毒性，对鱼类有剧毒，属于易燃、腐蚀性液体。是聚脲润滑脂稠化剂的原材料。

制法：由辛酸与氨反应，然后脱水、加氢后制得。

2. 癸胺

化学式：

$$C_{10}H_{23}N$$

分子量：157.30

性能：癸胺是一种无色油状液体，有氨类刺激性气味，低温时凝固。相对密度为 0.7936，熔点为 15~17℃，沸点为 216~218℃，折射率为 1.4369，闪点为 85℃。能与乙醇、乙醚、苯、氯仿混溶，微溶于水。本品有毒，能刺激皮肤引起皮炎，对中枢神经有一定的刺激作用。是聚脲润滑脂稠化剂的原材料。

3. 十二胺

化学式：

$$C_{12}H_{27}N$$

分子量：185.35

性能：十二胺是一种白色蜡状固体。熔点为 28.20℃，沸点为 259℃，相对密度为

0.8015。溶于乙醇、乙醚、苯、氯仿和四氯化碳，难溶于水。有毒，能刺激皮肤，会引起亚急性皮炎，对中枢神经有一定的刺激作用。可做聚脲润滑脂稠化剂的原材料。

4. 十六胺

化学式：

$$C_{16}H_{35}N$$

分子量：241.46

性能：白色片状结晶粉末。相对密度为0.8129，折光率为1.4496，闪点为140℃，熔点为46.77℃，沸点为332.5℃，25℃时蒸气压为0.0003kPa，燃烧热为56.4kJ/mol。溶于乙醇、乙醚、丙酮、苯和氯仿，不溶于水。是聚脲润滑脂稠化剂的原材料。

5. 十八胺

化学式：

$$C_{18}H_{39}N$$

分子量：269.52

性能：白色蜡状固体结晶。熔点为53.1℃，沸点为348.8℃，相对密度为0.8618，折射率为1.4522，闪点为149℃。易溶于氯仿，溶于乙醇、乙醚、苯，微溶于丙酮，不溶于水。本品属高级烷基胺，毒性比低级烷基胺小，对皮肤和黏膜有刺激性，勿与皮肤接触。是聚脲润滑脂稠化剂的主要原材料。

6. 环己胺

化学式：

$$C_6H_{13}N$$

分子量：99

性能：无色至黄色液体，有强烈刺激性氨味。具有强碱性，在空气中吸收二氧化碳生成白色晶体的碳酸盐。能与酰氯、酸酐、酯反应生成*N*-酰化物，与亚硝酸反应得到醇，在碱性溶液中与甲醛反应生成羟甲基化合物，与二硫化碳反应生成二硫代氨基甲酸。熔点为-17.7℃，沸点为134.5℃，相对密度为0.86，相对蒸气密度为3.42，20℃时饱和蒸气压1.2kPa，辛醇/水分配系数为1.49，闪点为26℃。溶于水，可混溶于多数有机溶剂。该物质对环境有危害，应特别注意对水体的污染。吸入蒸气可发生急性中毒，对皮肤、眼和黏膜有刺激性和腐蚀性，经皮肤吸收能引起过敏症。是聚脲润滑脂稠化剂的主要原材料。

7. 苯胺

化学式：

$$C_6H_7N$$

分子量：93.13

性能：无色至浅黄色透明液体，有强烈气味。苯胺和脂肪族胺相比碱性较弱，能与盐酸生成盐酸盐。暴露在空气中或在日光下会变成棕色，能随水蒸气挥发。易燃，能与蒸气或空气形成爆炸混合物，爆炸极限1.2%~8.3%（体积分数）。化学性质活泼，可以进行烷基化、磺化等反应。特别易氧化，根据条件不同可生成硝基苯、对苯等。熔点为-6.2℃，沸点为184.4℃，相对密度为1.02，相对蒸气密度为3.22，25℃时饱和蒸气压2.00kPa，辛醇/水分配系数为0.94，闪点为70℃，折射率为1.5860。稍溶于水，与乙醇、乙醚、氯仿和其他大多数有机溶剂混溶。

苯胺能因口服、吸入蒸气、皮肤吸收而中毒，且皮肤吸收苯胺液体和蒸气常是造成中毒的主要原因。苯胺对血液和神经的毒性非常强烈，能形成高铁血红蛋白。急性中毒的症状表现在头痛、发绀、严重时致死亡。人吸入的浓度达 406~619mg/m^3，少于 1h，对健康无损害。GBZ1—2010 规定车间空气中最高容许浓度为 5mg/m^3。是聚脲润滑脂稠化剂的原材料。

8. 对甲苯胺

化学式：

$$C_7H_9N$$

分子量：107.15

性能：白色至黄褐色结晶体。有碱性，与酸生成盐。用水或含水的醇重结晶甚至在空气中放置时，能得到含 1 分子结晶水的晶体。熔点为 44.5℃，沸点为 200.4℃，相对密度为 1.05，相对蒸气密度为 3.90，饱和蒸气压为 0.0346kPa，辛醇/水分配系数为 1.39，闪点为 86℃，微溶于水，溶于乙醇、乙醚、苯、盐酸。是聚脲润滑脂稠化剂的原材料。

9. 乙二胺

化学式：

$$C_2H_8N_2$$

分子量：60.12

性能：无色或微黄色黏稠液体，有类似氨的气味。在空气中放置时吸湿或吸收二氧化碳生成氨基甲酸盐(白色固体)。化学性质活泼，溶于水放热，水溶液呈强碱性。与无机酸反应生成结晶性、水溶性的盐。熔点为 8.5℃，沸点为 116~117.2℃，相对密度为 0.90，相对蒸气密度为 2.07，20℃时饱和蒸气压为 1.43kPa，辛醇/水分配系数为-2.04~-1.2，开口杯闪点为 43.3℃。溶于水、乙醇，不溶于苯，微溶于乙醚。是聚脲润滑脂稠化剂的原材料。

四、异氰酸酯类

该类化合物也是脲基稠化剂的原材料。

1. TDI

化学式：

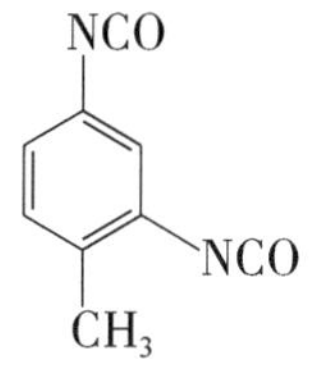

分子量：174.16

性能：甲苯二异氰酸酯简称 TDI，常温下为无色至浅黄色液体，有刺激性气味，结晶温度为 13.2℃，沸点为 249.9℃，相对密度为 1.22，闪点为 132℃。吸入、食入或经皮吸收有毒。作为商品的主要产品是 2，4 及 2，6-甲苯二异氰酸酯。和水反应会生成固态的脲的聚合物和二氧化碳气体。超过 160℃，自发反应分解生成碳化二亚胺和二氧化碳气体，温度大于204℃，TDI 会聚合，产生二氧化碳。是聚脲润滑脂稠化剂的主要原材料。

2. MDI

化学式：

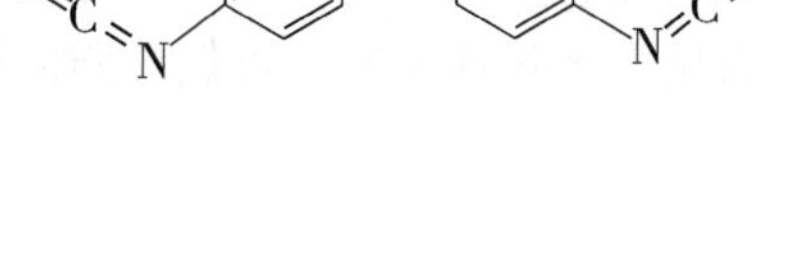

分子量：250.24

性能：二苯基甲烷二异氰酸酯简称 MDI，有 4，4'-MDI、2，4'-MDI、2，2'-MDI 等异构体，应用最多的是 4，4'-MDI。常温下呈白色 2 或微黄色固体状态，熔化为无色至微黄色液体。相对密度为 1.19(50℃/4℃)，熔点为 40～41℃，沸点为 156～158℃(1.33kPa)，闪点(开口)为 202℃，折射率为 1.5906。溶于丙酮、四氯化碳、苯、氯苯、煤油、硝基苯、二氧六环等。极易与水发生反应，生成不溶性的脲类化合物，并放出二氧化碳。

常温为固态，蒸气压较低，40℃蒸气压($<10^{-4}$mmHg)，在呼吸吸入和皮肤吸收方面毒性较低；低挥发性，使之在通常条件下短时间暴露接触(如：少量泄漏、撒落)所产生的毒害性较少。存在一定毒性，可导致中度眼睛刺激和轻微的皮肤刺激，可造成皮肤过敏，在空气中最大允许浓度(TLV)为 0.02μg/g。当物料温度被加热到 40℃以上时(如熔化时)或是工作环境通风不良，将会增加其蒸气毒害性，在类似环境中作业应佩戴防毒面具和呼吸器，否则，反复吸入超标浓度的蒸气会引起呼吸道过敏。是聚脲润滑脂稠化剂的主要原材料。

五、其他

1. 异丙醇铝

化学式：

$$Al[OCH(CH_3)_2]_3$$

分子量：204.15

性质：白色固体。相对密度为 1.035，熔点为 128～132℃，沸点为 138～148℃，具有吸湿性。溶于乙醇，异丙醇、苯、甲苯、四氯化碳和石油烃。遇水分解。主要用于铝基润滑脂和复合铝基润滑脂的制造。

2. 异丙醇铝三聚体

化学式：

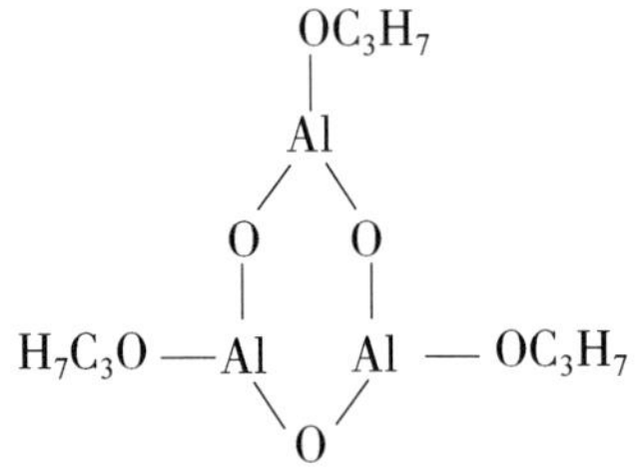

分子量：306.20

性质：白色粉末，用作润滑脂原料时往往含有部分稀释油，呈淡黄色透明黏稠液体。溶于石油醚、苯、醇和石油烃。主要作为铝基润滑脂和复合铝基润滑脂的稠化剂原料。

3. 二氧化硅

化学式：

$$SiO_2 \cdot nH_2O$$

分子量：60.08

性能：白色蓬松粉沫，分为亲水型和疏水型两类，不溶于酸，但溶于氢氟酸及热浓磷酸，能和熔融碱类起作用。广泛用作添加剂、催化剂载体、脱色剂、消光剂、橡胶补强剂、塑料充填剂、油墨增稠剂、金属软性磨光剂、绝缘绝热填充剂，高级日用化妆品填料及喷涂材料，也用于医药、环保、石油化工等各种领域。可做硅脂的稠化剂。

4. 膨润土

膨润土具有层状的晶格结构。膨润土润滑脂在轴承中不常用，它们的优点是稠化剂颗粒在高温下不熔化，因此润滑脂无滴点，使用温度可达150~200℃。机械稳定性较好，但其结构对极性添加剂非常敏感，应谨慎筛选适宜的极压抗磨剂和抗腐蚀添加剂。基础油被氧化或者出现严重分油后残留的膨润土会成为磨料造成额外的磨损。此外，膨润土润滑脂防腐蚀性能很差，而泵送性良好。由于稠化剂的结构特性，抗微动磨损性也很好。膨润土润滑脂主要用于高温、低速条件，不适合在重载荷和高速条件下使用。

5. 聚四氟乙烯

PTFE(聚四氟乙烯)稠化剂是惰性的，可以与惰性的基础油一起用于腐蚀性环境，也可以用于极高温度(连续在250℃或更高温度下使用)，还可以用在低气压(宇宙空间)场合。PTFE不建议用于承载高载荷的工况，温度超过300℃时会产生有害的热分解产物。

6. 钛酸四丁酯

化学式：

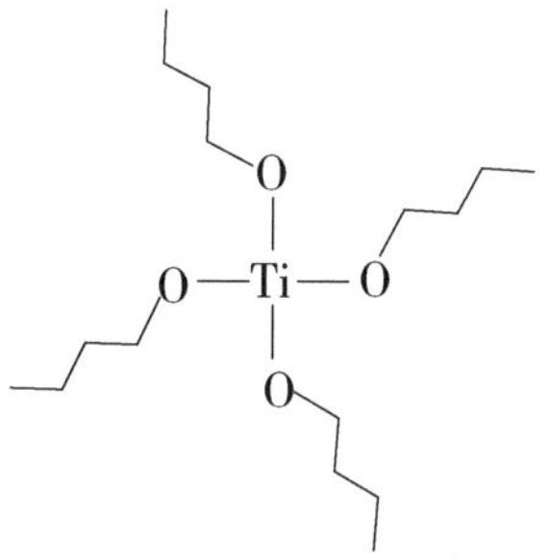

分子量：340.33

性能：无色至浅黄色液体，低于-55℃时为玻璃状固体，遇水分解，低毒。相对密度为0.996，沸点为310~314℃，折射率为1.486，闪点为76.7℃，溶于除酮类外大部分有机溶剂。遇热或明火易燃，热分解后产生辛辣刺激烟雾。主要用于酯交换反应和缩合反应的催化剂，可用作高强度聚酯漆改性剂、耐高温涂料的添加剂、医用黏合剂、交联剂等。也可用于制取金属与橡胶，金属与塑料的改性黏合剂。是制作复合钛基润滑脂的原材料。

7. 钛酸四异丙酯

化学式：

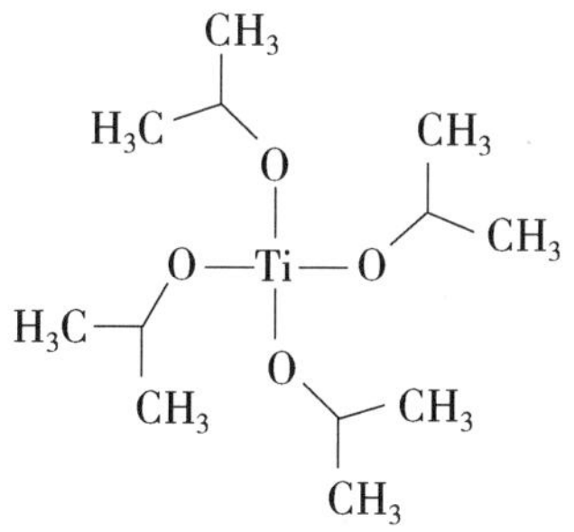

分子量：284.22

性能：无色至淡黄色液体，在潮湿空气中发烟。熔点为20℃，沸点为220℃，相对密度为0.96，相对蒸气密度为9.8，饱和蒸气压为1.33kPa(104℃)，辛醇/水分配系数为1.03，闪点为23℃，溶于多数有机溶剂。主要用于有机合成中的酯交换反应和缩合反应的催化剂，可用作酯交换反应和聚合反应的催化剂，也可用作制药工业的原料及制取金属与橡胶，金属与塑料的黏合剂等。是制作复合钛基润滑脂的原材料。

第二节　基础油

从润滑脂中渗出的液体能够在动压下形成减小滚动轴承和机械元件摩擦的流体润滑膜。基础油的流体黏性一定程度上决定了润滑脂的润滑性，在工作温度和赫兹接触压力范围内，基础油应保持为流体状态。最理想的状况是，在轴承运行的速度和温度范围内，基础油的黏度应能确保摩擦副处于全膜润滑状态。

影响润滑性能的基础油的物理性质有许多。倾点是基础油能够流动的最低温度；黏度指数(VI)是基础油黏度随温度变化而变化的量度，高黏度指数的基础油随温度变化，其黏度变化小，主要影响着润滑脂的高低温性尤其是低温性能；黏压系数是基础油黏度随(赫兹接触)压力变化的量度，很大程度上决定了润滑剂形成流体膜的能力；基础油的蒸发性、热稳定性和氧化安定性，是决定润滑脂最高使用温度的重要因素。在滚动轴承中(及其他通用机械零件)，这些参数对维持弹性流体动力润滑(EHL)是非常重要的。

一、矿物油

润滑脂大多数使用矿物油做为基础油，矿物油对于机械元件来说是出色的润滑材料，具有成本低、来源广、黏度范围大的优点，矿物油的黏度特性主要由烷烃分子量、分子链长度和分子支链结构共同决定。

矿物油在很宽的温度和压力范围内都处于流体状态，能够形成良好的流体润滑膜。常温下具有良好的水解稳定性和良好的氧化安定性，具有的疏水性能防止金属部件生锈和腐蚀，与大多数润滑脂稠化剂和添加剂体系的相容性较好。矿物油所组成的分子中一般含有 25 个及以上的碳原子。假设这些碳原子以共价键连接，C—C 键的键长为 0. 154nm，则分子长度大约为 3nm。碳原子的范德华力半径为 0. 17nm，因此这样的分子“厚度”应该在 0. 2nm 的量级。典型的 EHL 膜厚在 500nm 左右，这意味着相当于 2500 个分子叠加起来的厚度。

矿物油根据化学组成可以分为三种类型：石蜡基、环烷基、芳香基。不同类型矿物油的分子结构示意图如图 2. 2 所示。矿物油的实际组成取决于原油的产地和原油中石蜡烃、环烷烃和芳香烃的比例。事实上，原油经常减压蒸馏获得的产品是含有烯烃、杂环化合物、芳香烃、石蜡、直链和带支链的烷烃以及环烷烃的复杂混合物。原油的常减压蒸馏组分需要进一步精制，除去不需要的芳烃、杂环化合物和石蜡才能得到矿物油。溶剂精制可以去除芳香烃和石蜡，加氢或加氢精制可以进一步减少常减压精馏馏分中芳烃和烯烃的含量，深度加氢处理可以使直链烷烃裂化或异构化为凝点低、带有支链的异构烷烃。这种重整和异构化的工艺

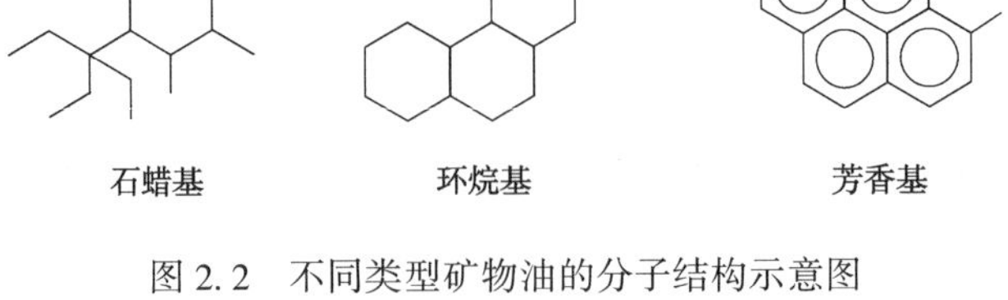

图 2. 2　不同类型矿物油的分子结构示意图

过程不仅能够提高矿物油的低温流动性，还能保持较高的黏度指数。API(美国石油学会)对基础油分类的定义如表 2.1 所示。润滑油的精制级别和质量通常与原油持续稳定的供应有相应的关系。矿物油精制工艺流程如图 2.3 所示。

表 2.1 API 的基础油分类

基础油级别	特性	饱和烃含量/%	硫含量/%	黏度指数(*VI*)
API Ⅰ	溶剂精制	<90	>0.03	80~120
API Ⅱ	加氢处理	>90	<0.03	80~120
API Ⅲ	深度加氢	>90	<0.03	>120
API Ⅳ	聚 α-烯烃(PAO)	>99	<0.01	>120
API Ⅴ	酯类和其他基础油	—	—	—

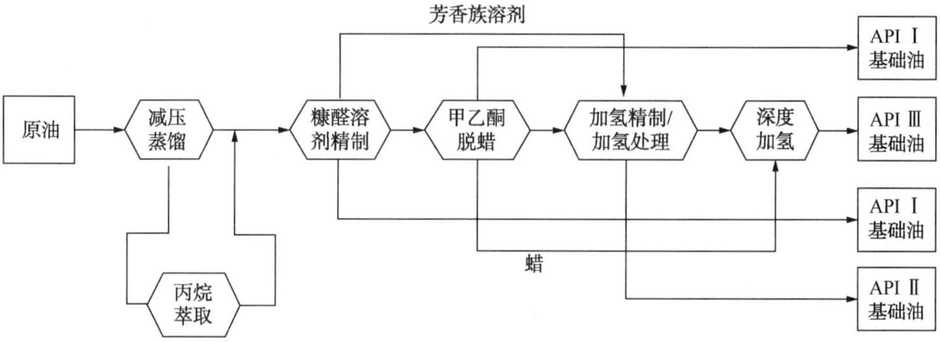

图 2.3 矿物油精制工艺流程图

1. 石蜡基基础油

石蜡基基础油是矿物油中应用最广泛的基础油，它是各种支链烷烃的混合物，其极性非常弱，不像环烷基油那样对极性润滑添加剂具有非常好的溶解能力，石蜡基基础油具有良好的氧化安定性、高黏度指数和较高的倾点。分子结构支化的程度决定了基础油的黏温特性。直链烷烃具有最好的黏温性能(最高的黏度指数)，但是对润滑油而言，直链烷烃比例高会使其凝点高，在低温下会形成石蜡晶体而凝固。

2. 环烷基基础油

环烷基基础油的特征是含有一个或多个五元和六元环组成的碳氢化合物。与石蜡基基础油相比，环烷基基础油与润滑脂中极性组成部分具有良好的相容性和亲和力，例如稠化剂和添加剂。环烷基油与直链烃相比，倾点低、密度大且基本上不含蜡。环烷基油广泛用于低温下的润滑和液压系统、变压器或冷冻机等。环烷基基础油的黏压系数高于石蜡基基础油，但环烷基基础油的黏温特性差，氧化安定性差，在高温应用中受到一定的限制。

3. 芳香基基础油

芳香烃是以交替的或共轭的 C—C 单键和 C═C 双键组成的烃类体系，共轭双键体系是芳香性的基础。由于芳环大 π 键的存在芳香烃的 C═C 双键比脂肪族 C—C 单键更稳定，单纯的芳烃化合物表现出良好的热稳定性、氧化安定性和较高的密度。从石油中提炼的芳香基基础油是由烷基苯、烷基萘和其他高分子量的烷基芳烃等组成的混合物，但是芳环上的烷基侧链容易被氧化。通常芳香基基础油的热稳定性要好于环烷基油和石蜡基油，由于不含蜡，芳香基油的熔点低、低温流动性好、黏温特性很差，且由于其极性强，有溶解于水的倾向。

芳香基基础油具有优良的溶解性能，广泛用作橡胶填充油以及0℃以下的柴油机油、低温液压油以及冷冻系统的润滑油中。由于具有良好的热稳定性，芳香基基础油也广泛用于生产导热油。这类物质中的芳烃含量高，特别是含有稠环芳烃的芳香基基础油是具有毒性的，因此，这类矿物油的需求越来越少，大多数已经被毒性低、性能更好的合成油所替代。

二、合成油

合成油是用一种或多种原料经过化学反应而合成的润滑油。部分合成基础油源自天然存在的化合物，如合成酯类油所用的脂肪酸就来自植物油和动物脂肪，是可再生资源。其他的合成技术，例如费托合成技术(Fischer - Tropsch)，是利用煤化工的副产物煤气来生产润滑油。绝大多数合成油还是用天然气和石油作为基础原料来合成的，合成油与从原油中直接获得的矿物油不一样的是合成润滑剂具有确定的分子结构、分子量分布、物理性能和化学特性。尽管合成油要比矿物油更为昂贵，但是在很多应用场合多使用合成油。

用于润滑脂的合成油主要有酯类油、聚 α-烯烃(PAO)、聚亚烷基二醇(PAG)、聚硅氧烷(硅油)、全氟聚醚(PFPE)和硅油等。与矿物油相比，合成油具有使用温度范围宽、蒸发损失小、黏度指数高、低温性和高温抗氧化性优良的特点。采用合成油的润滑脂通常应用于苛刻工况环境。如酯类油或矿物油与PAO的混合油经常用作滚动轴承润滑脂的基础油。

1. 合成烃(PAO)

合成烃也叫聚 α-烯烃(PAO)，是由低分子量的 α-烯烃单体共聚形成的聚合物。所谓 α-烯烃是指烯烃双键在分子碳链端部的烯烃，一般来源于石油工业。所获得的聚合物要通过加氢处理，最终形成完全饱和的碳氢化合物。采用癸烯齐聚的聚 α-烯烃分子结构见图2.4。合成烃的特点是具有非常高的黏度指数(大于140)、较低的黏压系数、较低的牵引系数、非常低的倾点和优良的低温流动性以及优良的热稳定性，同时对抗氧剂的响应性非常好，全PAO润滑剂表现出极好的氧化安定性。PAO是一种纯度非常高的碳氢化合物，水解稳定性非常好，是疏水性物质，与水的亲和性非常小。与相同黏度的矿物油相比，PAO的蒸发损失要低很多，这与矿物油相比有了极大地改善，因为在高温下为使矿物油的蒸发损失降低，往往需要提高基础油的黏度。与矿物油一样，PAO润滑剂的黏度、倾点和黏度指数是随主链长度的增加而升高，随着侧链的增加而降低。由于PAO基础油的极性低，因此对添加剂的溶解性差。PAO基础油也会使与其接触的密封件产生收缩，也可能使密封件中的添加剂析出。在PAO润滑剂配方中加入酯类油就可以提高PAO对添加剂的溶解性，有时也可以提高与密封材料相容性。

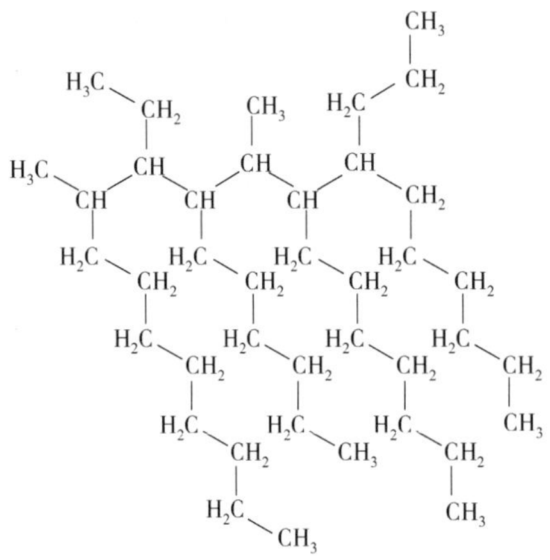

图2.4 采用癸烯齐聚的聚 α-烯烃分子结构

2. 有机合成酯(酯类油)

有机合成酯是一类重要的合成润滑剂，在合成油中具有较好的润滑性，在很宽的温度范围内都具有良好的使用性能。有机酯是氧烷基[—O$(CH_2)_nCH_3$]至少取代有机羧酸中的一个—OH(羟基)而生成的化合物。因此，酯类油的分子极性强、蒸发损失低、闪点高。酯类油的强极性也会影响极压抗磨剂的应用效果，这是因为酯类油的极性基团也易于吸附在金属表面，与添加剂形成竞争吸附从而使添加剂不能充分发挥作用。酯类油可以用范德华方程对其极性进行分类：

$$非极性指数=\frac{总碳数\times相对分子质量}{羧基数\times100}$$

非极性指数越高，与金属表面的亲和力越低，防止擦伤和磨损的能力就越强。酯类油热稳定性好(-60~200℃)，可用于高温高速的运转条件。一般情况下，酯类油与矿物油、PAO和大多数添加剂都能混溶，分子结构合理的酯类油是可生物降解润滑材料。

酯类油具有良好的金属润湿性(表面张力低)和剪切安定性。最常见的酯类油有两种类型——双酯和多元醇酯。这两种酯类油都常用于润滑脂中。酯是在催化剂作用下，醇或多元醇与无机酸或有机酸经过酯化反应生成的产物，醇和酸在高温下反应生成酯和水。酯化反应在有水的条件下是可逆的，酯类油也会水解为酸和醇。酯类油在润滑脂中也可以作为溶解添加剂的助溶剂。

3. 双酯

双酯是由二元酸与醇经过酯化反应得到的，分子结构如图2.5所示。脂肪族二元酸酯具有优良的低温流动性和黏温特性，具有高黏度指数。在常用的合成基础油中，双酯的黏压系数比较低，双酯的黏压系数低与其牵引系数低有关。因此，双酯在赫兹接触压力下和低温下都能保持流体状态。研究表明与其他各种润滑脂相比，双酯锂基润滑脂具有很低的摩擦转矩。早期的航空涡轮发动机润滑油就是在双酯中加入3%~5%的磷酸三甲酚酯制成的，这种涡轮机油具有良好的低温性能，倾点低至-60℃；双酯具有良好的高温性能，其热稳定温度高达200℃。

4. 多元醇酯

多元醇酯是由饱和的一元脂肪酸与多元醇经过酯化反应生成的产物，所用的多元醇主要是新戊二醇、三羟甲基丙烷、季戊四醇和双季戊四醇。分子结构如图2.6所示。多元醇酯比双酯的黏度高，具有非常好的黏温特性，黏度指数大于140；牵引系数低、黏压系数低、润滑性好，高温热稳定性和氧化安定性也比双酯基础油好。多元醇酯基础油可以在高于250℃的温度下使用，目前多元醇酯一般是应用在高温高速的操作条件下。对高端涡轮发动机的润滑，复合多元醇酯比双酯油表现出更好的高温稳定性。但是，多元醇酯基础油和双酯基础油一样会引起密封件溶胀，容易使金属表面的涂层脱落。

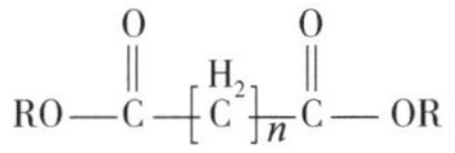

图2.5　双酯分子结构示意图

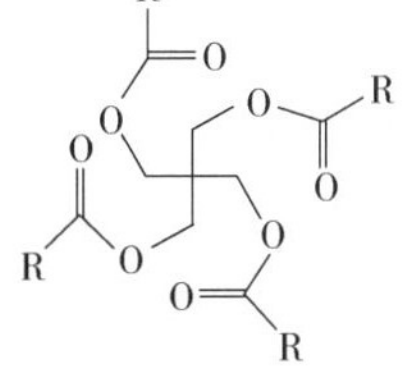

图2.6　多元醇酯分子结构示意图

5. 邻苯二甲酸酯

芳香族二元酸酯是很好的溶剂，成本低，常用作增塑剂。最常用的芳基二元酸酯是邻苯二甲酸酯，它是邻苯二甲酸和间苯二甲酸与2-乙基己醇和其他醇反应的产物。分子结构如

图 2.7 所示。邻苯二甲酸酯具有高温挥发性低、热安定性好和氧化安定性好、倾点低等特点。但是邻苯二甲酸酯的黏温性能却非常差，这主要取决于构成酯分子结构中的醇的结构类型，一般来说，邻苯二甲酸酯会比双酯或多元醇酯的黏度稍高一些。值得注意的是邻苯二甲酸酯是具有生殖毒性的，因此要避免在润滑脂中的应用，润滑脂的使用者更应注意这一点。

6. 偏苯三酸酯

偏苯三酸酯是偏苯三酸的三元酯，是由偏苯三酸酐与一元醇反应而生成的产物。分子结构如图 2.8 所示。由于其具有较强的溶解性，通常用作增塑剂。这种酯类油具有热稳定性高、抗氧化性好和最低的蒸发损失等特性，它们的黏度一般要比双酯或多元醇酯高，可实现更高的 ISO 黏度级别。

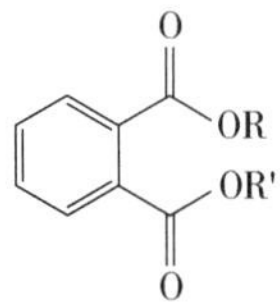

图 2.7　邻苯二甲酸酯

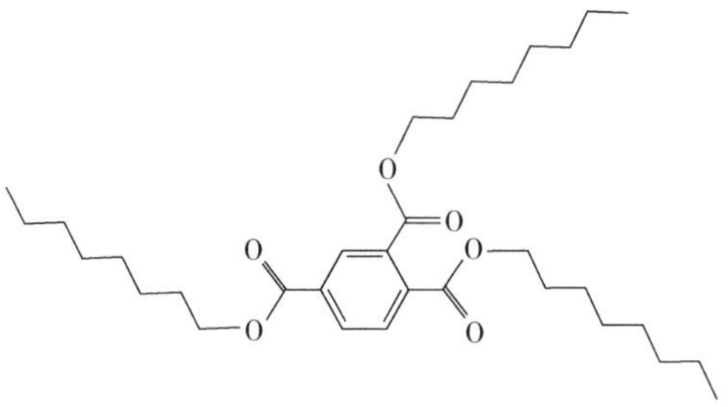

图 2.8　偏苯三酸酯

7. 聚酯

聚酯是由丙烯酸和烷基丙烯酸单体聚合而成，用于改善润滑脂和润滑油的性能，一般用作黏度指数改进剂和降凝剂。分子结构如图 2.9 所示。黏度指数改进剂的黏度指数改进能力大小与添加剂的分子量相关，在润滑脂中主要用作稠化剂结构改进剂和粘附剂，来提高基础油的黏度指数，提高润滑脂的黏附性和内聚力。

8. 磷酸酯

磷酸酯是磷酸与醇的反应产物，实际生产中采用三氯氧磷(磷酰氯)在催化剂作用下与烷基取代酚或醇反应而生成，分子结构如图 2.10 所示。三芳基磷酸酯具有良好的氧化安定性和热稳定性，也呈现出良好的低温流动性。磷酸三苯酯(TPP)的热氧化稳定温度可以超过 340℃，与矿物油相比，它的可压缩性低，特别适用于生产难燃液压液。三芳基磷酸酯的黏压系数很高，但黏温性能较差，黏度指数一般为负值，为提高黏温性能，通常需要加入添加剂。磷酸酯的蒸发损失低，也具有抗燃性和阻燃性的特点。烷基芳基磷酸酯和三芳基磷酸酯一般用于抗燃液压油和阻燃增塑剂，但其水解稳定性差，在水中会迅速水解为强酸。用于润滑油脂添加剂的磷酸酯主要是二丁基苯基磷酸酯和二苯基异癸基磷酸酯，在重载荷的边界润滑条件下能够提供减摩和抗磨性能。使用磷酸酯时需特别注意与其接触的密封、软管、垫片和涂料的选择，大多数与矿物油相容的密封和垫片都不能与磷酸酯接触，这是因为磷酸酯具有很强的溶解性，会导致这些材料发生溶胀、强度降低。

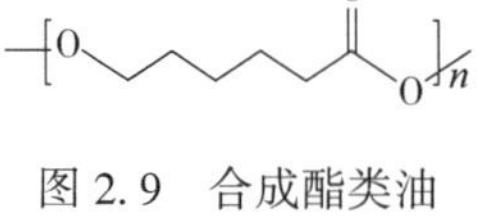

图 2.9　合成酯类油

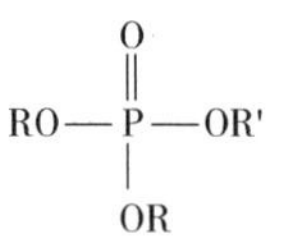

图 2.10　磷酸酯

9. 聚亚烷基二醇(PAG)

聚亚烷基二醇(聚醚)的分子式如图 2. 11 所示。聚醚是由环氧化合物及其衍生物在催化剂作用下，通过共聚或均聚而成的主链中含有醚键结构的高分子聚合物。常用的单体包括环氧乙烷(EO)、环氧丙烷(PO)或环氧丁烷(BO)，EO、PO 和 BO 单体的比例对聚合物的水溶性影响很大。聚氧化乙烯(PEO)的水溶解性最高，常用作表面活性剂和洗涤剂；聚氧化丙烯(PPO)和聚氧化丁烯(PBO)不溶于水。聚醚的末端羟基可以自由存在，也可以与脂肪酸反应生成复合酯，这种复合酯可以作为润滑剂、乳化剂或表面活性剂。PAG 润滑剂的倾点非常低，既适合在高温也适合在低温环境中(-50~200℃)应用。此外，它的黏度指数非常高，一般在 140~200，甚至以上。PAG 的黏压系数低，仅有 $12GPa^{-1}$。PAG 的热稳定性比精制矿物油稍好，但是热氧化稳定性并不十分优越。在高温氧化作用下，聚醚醚键容易断链，生成羧酸和羰基化合物，并最终分解为小分子化合物而迅速挥发掉，因此，聚醚在高温下不会生成沉积物和胶状物质。作为润滑剂，PAG 的分子结构中的醚键与钢表面亲和力高，因此其润滑性好。它们的高极性提供了极好的边界润滑性能。它的吸湿性强(亲水)，会从暴露的潮湿空气中吸收大量的水(1%~10%)，这是由于分子链中的氧原子能与水形成氢键的缘故。绝大多数聚醚类润滑剂与矿物油是不能混溶的，而且需特别注意的是，与其接触的密封件、软管、垫圈和涂料是需要认真选择的，因为聚醚与这些材料的相容性较差。

10. 烷基芳香烃

烷基苯和烷基萘基础油是由原油中分离出的苯或萘通过 Friedel-Crafts 反应(傅里德-克拉夫茨烷基化反应)得到的产物。分子结构如图 2. 12、图 2. 13 所示。芳环中的 C═C 键比烷基合成烃中的 C—C 单键更为稳定，因此这类基础油的热稳定性非常好。烷基芳烃化合物的性能主要取决于烷基取代基的数量和长度，通常具有非常好的氧化安定性，在高温下的蒸发损失也非常低，还具有低温流动性好和低倾点的特性，而黏温特性与精制的石蜡基矿物油相似。烷基萘的黏压系数比 PAO、酯类油或石蜡基油高。烷基芳烃具有对极性添加剂溶解性好、苯胺点低和水解安定性好的特点。烷基萘也表现出非常高的抗辐射性能。烷基芳香烃的典型性能如表 2. 2 所示。

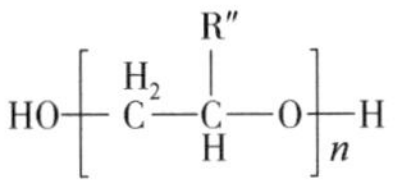

图 2. 11　PAG 的分子式

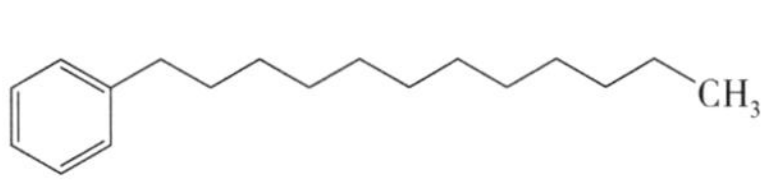

图 2. 12　烷基苯

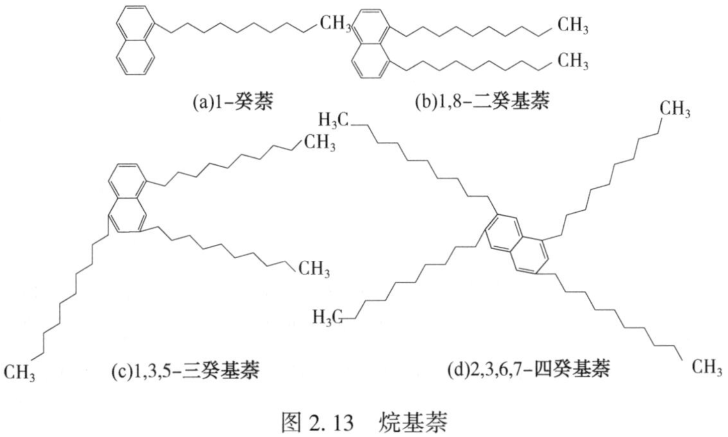

图 2. 13　烷基萘

表 2.2　烷基芳香烃的性能

名称	运动黏度(40℃)/(mm^2/s)	运动黏度(100℃)/(mm^2/s)	黏度指数	倾点/℃	苯胺点/℃
二烷基萘	114	13.5	110	-39	94
多烷基萘	177	18.7	118	-26	103
Synesstic 5	29	4.7	74	-39	32
Synesstic 12	109	12.4	105	-36	90

11. 聚异丁烯

聚异丁烯(PIB)是很好的润滑剂，并且可以用于一些特种润滑脂的生产。分子结构如图 2.14所示。聚异丁烯的黏度指数较低，在 70~110，其典型黏压系数 $\alpha=3.59\times10^{-8}Pa^{-1}$，要比 PAO 或酯类油都高；氧化安定性也不如 PAO 或酯类油，但燃烧后没有残余物，可用于生产无灰分的润滑剂，热氧化稳定温度为 290℃。

高分子量的聚异丁烯经常与其他基础油共同使用，常常作为黏度指数改进剂；也可以用来提高润滑脂的黏附性和内聚力；对金属表面的润湿性好，并且与矿物油、PAO 和大多数酯类油相容，但与 PAG 聚醚油和硅油不相容。

聚异丁烯也可以在高温润滑脂中用作固体润滑剂(石墨、MoS_2)的载体。

12. 聚苯醚

聚苯醚目前是热稳定性最高和具有抗辐射性能的高温润滑剂之一，其价格非常昂贵，蒸发损失低，闪点高于 300℃。聚苯醚通常用于温度在 300℃以上的原子核反应堆、高速飞机和火箭。聚苯醚 7P6E 的热分解温度为 460℃，5P4E 为 466℃，4P3E 为 446℃，它们都具有优良的氧化安定性和抗辐射性能。聚苯醚的黏压系数高，能够增进 EHD 膜的形成能力，但是聚苯醚的芳香基团会导致黏温性变差。聚苯醚的低温流动性差，在室温下有的是固体状态。间位桥联的聚苯醚大多为液体，邻位和对位桥联的聚苯醚是高熔点的固体。某些经化学改性的聚苯醚比纯的聚苯醚的倾点低(-15~-20℃)。聚苯醚润分子结构如图 2.15 所示。

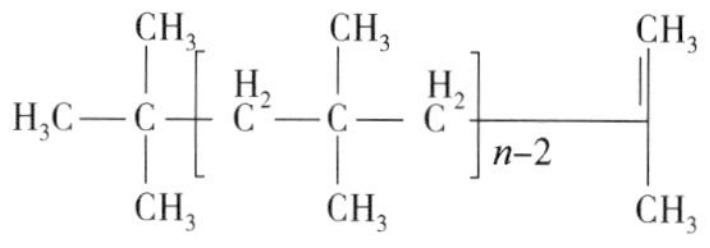

图 2.14　聚异丁烯的分子结构

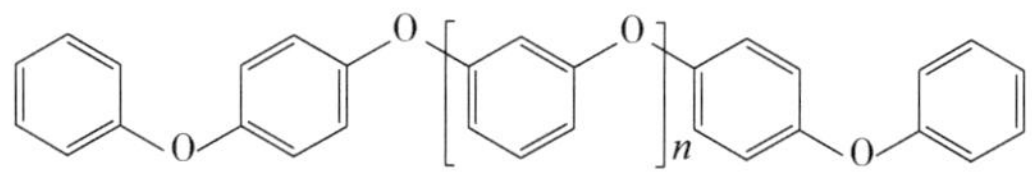

图 2.15　聚苯醚分子结构

13. 聚硅氧烷

聚硅氧烷(硅油)是真正的人工合成材料之一。聚二甲基硅氧烷(二甲基硅油)是由二氯二甲基硅烷单体与水发生反应而生成的物质，以硅氧键(Si—O)为主链，甲基直接连接到硅原子上，如图 2.16 所示。二甲基硅油具有化学惰性，可在-60~250℃的温度范围内使用；它的表面张力低、蒸发损失低、热稳定性好和抗氧化性好。二甲基硅油疏水性好、无毒无味，一般用于纤维和纺织品，以提高其疏水性能。二甲基硅油的黏度指数在所用基础油中是最高的，可达到 300 以上；也具有良好的抗剪切性能，分子量小于 1000 时，在高剪切应力下

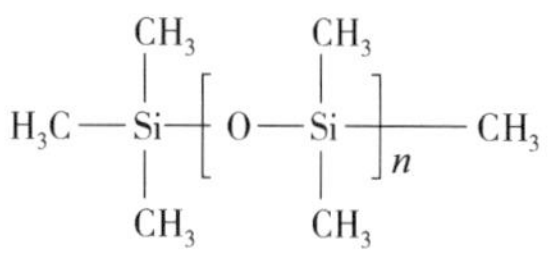

图 2.16　二甲基硅油的分子结构

黏度几乎没有损失。二甲基硅油通常用作热载体、低温制动液、超低温润滑剂和高温润滑脂。遗憾的是，二甲基硅油的边界润滑性差，载荷承载能力很低；与其他有机材料相比，硅油的润滑油膜容易被压缩，抗磨性能很差，对极压抗磨剂的感受性差。硅油作为滚动轴承的润滑剂时，轴承保持架非常容易失效。化学改性的硅油、氟硅油和苯基硅油与二甲基硅油相比，表现出较好的边界润滑性和流体成膜性能。硅油是一种成本很高的润滑剂，一般仅限于在特殊润滑条件下使用。硅油有时也作为消泡剂。硅油应用于滚动轴承的润滑仅适用于载荷极轻的条件，否则将引起轴承的异常磨损，因为其润滑性很差，芳香基的硅油在这方面表现略好。

14. 全氟聚醚

全氟聚醚油(PFPE)是为数不多的为超高温应用工况而设计合成的润滑剂之一。根据组成和侧链的不同，全氟聚醚可分为4种不同的类型。PFPE的分子结构中仅由碳、氧和氟原子组成，没有氢原子，如图2.17所示。全氟聚醚是由六氟环氧丙烷单体通过阴离子聚合而成，分子量为2000~6800。全氟聚醚具有非常高的化学惰性，不与氧气和大多数化学试剂反应；在很宽的温度范围内能保持流体状态，倾点可低于-90℃，热分解温度可超过450℃，在空气中的热氧化稳定温度可超过400℃；黏压系数高，PFPE的黏温特性在很大程度上取决于支链的数量，直链型PFPE的黏度指数可超过200，侧链型PFPE的黏度指数一般在120~150。PFPE的高温性能受到限制的一个重要因素是这种材料与金属表面的化学反应活性，由于氟与金属会发生化学反应，因此在高温下应用PFPE是受到限制的。PFPE在288℃的温度下，对52100钢是稳定的，高于此温度会形成金属氟化物，因此要限制这种润滑剂的应用。PFPE对镍和钴合金表现出最好的化学稳定性，它们在一起使用时，在大约370℃温度下仍然是稳定的，没有发生降解。全氟聚醚润滑脂的防腐蚀性非常差。

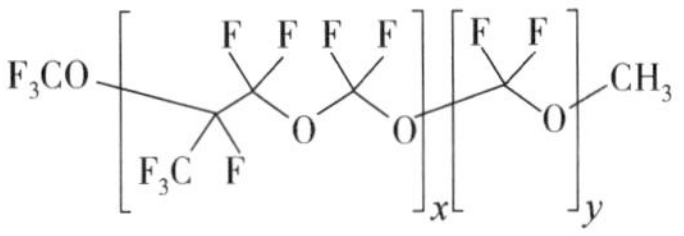

图2.17　全氟聚醚的分子结构

第三节　添加剂

润滑脂添加剂是添加到润滑脂中以改进其使用性能的物质，它可以改进润滑脂本身的性质或增加其原来不具有的性质。例如优化的抗氧剂配方使得润滑脂得以延长使用寿命，优选的防锈剂配方使得润滑脂能够满足潮湿或者濒临海水工况下的轴承润滑，合适的极压抗磨剂配方能够使低速重载的轴承正常使用，等等。由于润滑油脂使用的实际工况是复杂的，往往需要多种添加剂的复配才能达到较好的使用效果，不同类型的添加剂可能是互相矛盾的，一个出色的润滑脂必须针对工况设计合理的添加剂配方。当然，选择和使用添加剂首先应考虑润滑脂对添加剂的感受性，即加入的添加剂对润滑脂结构不应产生大的影响，而影响的大小通常通过检测润滑脂滴点、稠度等基本指标来判定。随着机械设备使用工况的愈发苛刻，要满足使用需要也愈来愈依赖润滑脂中的各类添加剂发挥作用。因此，从某种意义上讲，在油品的技术发展中添加剂技术的发展占据了很大的权重。润滑脂添加剂的种类如表2.3所示。

表 2.3　润滑脂添加剂

种类	化合物举例	用量/%
抗氧剂	苯基-α-萘胺 二苯胺 2，6-二叔丁基对甲酚 二丁基二硫代氨基甲酸锌 二芳基硒	0.1~1.0 0.1~1.0 0.05~1.0 0.11~1.0 2.0~5.0
抗腐剂	磺酸钠 山梨糖醇单油酸酯	0.2~3.0 1.0
防锈剂	牛脂脂肪胺	0.01~6.0
金属钝化剂	巯基苯并噻唑	0.01~0.05
极压剂	氯化石蜡 二硫代磷酸锌 二苄基二硫化物	2.0~15.0
颜色安定剂	对苯酚衍生物 呋喃吖嗪	0.01~0.1 0.01~0.1
增黏剂	聚异丁烯	0.02~1.0
染料	油溶性红或绿	0.01~1.0
结构改善剂	丙烯乙二醇 甘油	0.1~1.0 0.1~1.0

一、抗氧剂

在氧化过程中基础油受到氧化后首先生成氢过氧化物(R—OOH)，氢过氧化物从两个氧原子间断裂生成烷氧自由基(RO·)。烷氧自由基一方面可以从基础油分子中夺取氢原子生成含羟基的醇类物质，另一方面也可以发生断链生成更小分子量的烷基自由基，同时生成含羰基的醛、酮类物质。生成的醇类物质在氧化过程中会进一步被氧化为含羰基的醛、酮类物质。在氧化过程中一些自由基生成小分子量物质并在高温作用下挥发。醛、酮类物质进一步被氧化为酸、羟基酸、酯等物质。这些含羰基化合物的聚合导致黏度增大最终形成胶质、沥青质、漆膜等氧化产物。

按照分子结构有酚类、金属钝化剂、芳香胺类、二硫代磷酸盐和亚磷酸酯、硫化促进剂和醇胺等。润滑脂中常用的抗氧剂有二芳基仲胺、二烷基二硫代磷酸锌、二硫代氨基甲酸锌、硫代酸酯和受阻酚。有机磷酸酯、噻唑和噻吩嗪也用做润滑油脂的抗氧化添加剂，不同抗氧剂配合使用可实现协同增效性能。

抗氧剂按照功能可分为两类：自由基捕获剂和过氧化物分解剂。受阻酚和仲胺为自由基捕获剂，通过终止链自由基而阻止基础油的氧化。氨基甲酸酯、二烷基二硫代磷酸盐、有机硫化物或有机硒化合物为过氧化物分解剂，通过分解氧化过程中产生的过氧化物而起到抗氧化作用。不同类型的过氧化物分解剂和自由基终止剂配合使用，彼此之间在抗氧性上具有协同增效作用。金属离子通过催化作用加速润滑油脂的氧化，金属钝化剂和金属离子螯合剂的使用能够抑制氧化。常用的抗氧剂如表 2.4 所示。

表 2.4　润滑油脂中常用的抗氧剂

商品名称	公司名称	化学成分
Ethanox 4740	Albemarle	丁基苯酚/苯二胺的混合物
Ethanox 4705	Albemarle	*N*，*N*-二亚水杨基-1，2-二氨基丙烷
Irganox L 57	BASF	辛基/丁基二苯胺
Irganox L 153	BASF	液体，高分子量的酚类抗氧化剂
Irganox L 06	BASF	辛基取代的 *N*-苯基-1-萘胺
Irganox 3114	BASF	二丁基羟基甲苯
Irganox 30	BASF	三氮唑衍生物
Irgamet 39	BASF	三氮唑衍生物
Irgamet BTZ	BASF	苯并三氮唑，金属钝化剂
Cuvan 303	RT Vanderbildt	苯并三氮唑衍生物
Cuvan 484	TR Vanderbildt	2，5-二巯基-1，3，4-噻二唑衍生物
Cuvan 826	TR Vanderbildt	2，5-二巯基-1，3，4-噻二唑衍生物
ROKON	RT Vanderbildt	苯并噻唑-2-硫醇
Vanlube AZ	RT Vanderbildt	二戊基二硫代氨基甲酸锌
Vanlube EZ	RT Vanderbildt	二戊基二硫代氨基甲酸锌和铵盐
Vanlube NA	RT Vanderbildt	烷基二苯胺
Vanlube E 81	RT Vanderbildt	高纯的二辛基二苯胺
Vanlube 961	RT Vanderbildt	辛基和丁基取代的二苯胺
Vanlube 7723	RT Vanderbildt	亚甲基双-二丁基二硫代甲酸盐
Vanlube BHC	RT Vanderbildt	酚类抗氧剂
Vanlube 601	RT Vanderbildt	杂环含硫含氮化合物
Vanlube 601E	RT Vanderbildt	杂环含硫含氮化合物
Benefos 1680	Mayzo	三(2，4-二叔丁基苯基)亚磷酸酯
Irgafos 168	BASF	三(2，4-二叔丁基苯基)亚磷酸酯
Irgafos 1135	BASF	辛基-3，5-二叔丁基-4-羟基-氢化肉桂酸盐
Irgafos 1093	BASF	二硬脂基-3，5-二叔丁基-4-羟基苄基膦

二、金属钝化剂

金属钝化剂本身并不抗氧化，但能消除和润滑脂接触的金属对氧化过程的催化作用。防止金属氧化的添加剂分为两类：一类是金属减活剂，它本身和金属皂离子反应生成催化不活泼的化合物，如双水杨酸叉乙二酸、草酸酰亚胺、某些金属皂的油酸盐等，用量不超过0.001%~0.5%；另一类是金属钝化剂，它能在金属表面上形成阻止金属和润滑脂接触的膜，常用的钝化剂有硫化物和磷化物，如巯基苯并噻唑、三芳(烷)基磷酸酯等。

三、防锈剂

防锈剂是一些有机极性化合物，如金属皂、有机酸、酯、胺等。这些化合物由于极性基可吸附在金属表面上或是与金属发生化学反应而生成盐，它们在金属表面上形成致密而稳定的薄膜使金属表面与水分和空气相隔离而产生防锈作用。

防锈剂主要有磺酸钡、环烷酸钡、环烷酸铅、咪唑啉、金属羧酸盐、山梨糖醇单油酸酯、三乙醇胺和氧化石油脂等。

四、防腐剂

防腐剂是指保护有色金属如铜、银、锡、镁、铝及其合金等免遭腐蚀的化合物，如表2.5所示。防腐剂除能抑制氧化中酸性物质的生成外，或者吸附在轴承及其表面上形成一层保护膜，或者与金属表面生成化学膜，从而减少对油品的催化氧化作用。有的防腐剂主要是起着消除金属对润滑脂氧化的催化作用，铜对烃类氧化的催化作用较大，有机铜盐对润滑脂的氧化催化作用也较大，所以，铜钝化剂是一种重要的腐蚀抑制剂，苯并三氮唑及其衍生物是常用的铜腐蚀抑制剂。

表 2.5　润滑脂防腐剂

化合物类型	用量/%	备　注
环烷酸铅	1.0	适用于复合皂基脂
环烷酸镁或锌	0.5~2.0	适用于锂基脂
环烷酸钡和磺酸钡混合物	1.0~5.0	
磺酸钠	0.2~3.0	
油酸镁	1.0~5.0	适用于锂基脂、膨润土脂
酰胺	0.1~5.0	适用于锂基脂
烯基-双丁二酰亚胺	0.1~3.0	适用膨润土脂
碱金属、碱土金属的铬酸盐	0.01~5.0	适用于硅油脂
亚硝酸钠	0.25~3.0	适用于膨润土脂和其他脂
山梨糖醇单油酸酯	1.0	

五、拉丝性添加剂

拉丝性添加剂是用来提高润滑脂黏附性能的添加剂，常用的如聚异丁烯、聚甲基丙烯酸酯、聚正丁基乙烯基醚和天然橡胶等。

六、极压抗磨剂

极压和抗磨添加剂一般用于齿轮和机械设备的润滑油和润滑脂中，以保证将机械设备在重载荷应用工况下产生的磨损降到最低。现代齿轮油和润滑脂的配方中常含有硫添加剂，同时，往往与含磷添加剂组合使用，以达到提高热稳定性和高承载能力的要求。许多年以前，重载荷齿轮油的调配常常用硫化鲸鱼油、氯化石蜡和环烷酸铅等极压添加剂。这些添加剂的组合使用，赋予重载荷齿轮机构运行平滑、低噪音工作的性能。但氯化石蜡、铅皂和鲸鱼油及其衍生物在最近几年已被禁止使用。硫化鲸鱼油在很大程度上已被其他硫化脂肪油所取代。一般含磷化合物的极压性较好，含硫化合物与含氯化合物的极压性较好。含铅极压剂大多数已被具有相似结构和性能的有机铋、锑化合物所取代。许多硫化脂肪具有非常好的生物可降解性能，经常用于环境友好型润滑脂中作为极压抗磨剂。一些金属羧酸盐在润滑剂中应用，具有很好的减摩和抗磨性能。常用的极压抗磨剂有磷系化合物磷酸三甲苯酯(TCP)、二羟基或二烯丙基磷酸盐的胺盐等，硫系化合物二苄基二亚硫酸盐、各种聚亚硫酸盐、ZnDTP等。一些含S、P、Cl的化合物具有抗磨/极压性。二烷基二硫代氨基甲酸盐在二硫代氨基甲酸盐(包括钼、锑、铅、锌盐)是润滑脂的多效添加剂，兼有抗氧、抗磨等作用。

七、固体润滑剂或填料

填料是润滑脂中的固体添加物，是具有有润滑作用和增稠效果的无机粉末。大多数填料本身是固体润滑剂，加入润滑脂中可提高润滑能力。因为在润滑膜遭受短暂的冲击负荷或高热的情况下，固体润滑剂可起到补强作用。填料加入润滑脂后可使润滑脂增稠，增强密封和防护。

常用的填料有石墨、二硫化钼、氮化硼、聚四氟乙烯及一些微纳米粉体。

1. *石墨*

石墨是碳的同素异形体，具有良好的化学稳定性、抗辐射性，抗强酸和强碱，在常温下具有良好的化学稳定性，能耐酸、耐碱和耐有机溶剂的腐蚀；具有很好的耐高温性，熔点为3850℃±50℃，沸点为4250℃，在空气中于550℃下安定，在真空中可达3500℃。具有导电性。

石墨的晶体结构如图2.18所示。它的晶体中，每一网层间的距离为340pm，同一网层中碳原子的间距为142pm，碳原子以闭合的六碳多环状态形成层状结构，属六方晶系，具备完整的层状结构。在层内相邻的碳原子间的距离短，并且以共价键相连接，故结合力强，在层与层之间的距离长，而且是以范德华力相连，故结合力弱。当沿石墨晶体施加外力时，层与层之间容易分开，单层本身却不易碎裂。当石墨作为润滑剂使用于两摩擦面时，这种晶体的层结构的排列方向平行于摩擦力的方向。层与层之间较易分开，使它显出良好的润滑性和抗磨性。

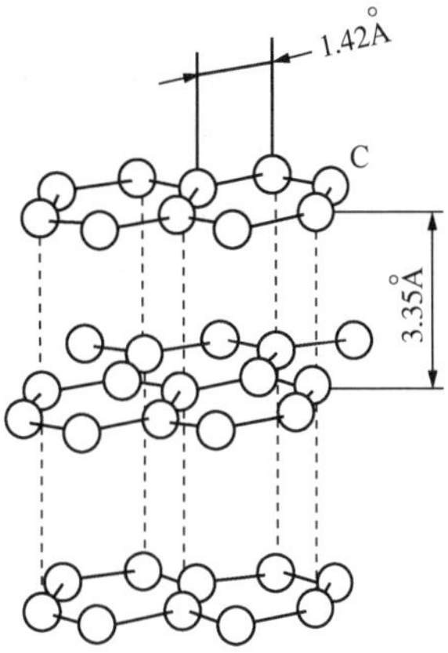

图2.18　石墨的晶体结构

在润滑脂中加入石墨后，由于石墨晶体对于粗糙不平的金属表面有填平作用，因而提高了润滑脂的耐压强度。在润滑脂中使用的石墨可以是天然的或人造的，应为鳞片状或胶体石墨。无定形石墨有腐蚀性，不能在润滑脂中使用。石墨的润滑性能取决于石墨鳞片的大小，鳞片越大，摩擦系数越小，润滑性能越好。

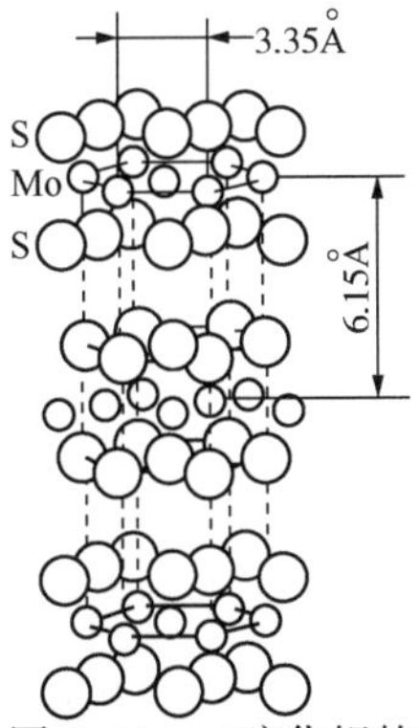

图2.19　二硫化钼的晶体结构示意图
(＊ 1Å=0.1nm)

石墨的润滑作用和抗擦伤性质明显不如二硫化钼。它只在有氧气和水蒸气的情况下显示自己的润滑性。因此，石墨在真空中和在稀有气体中是无效的。

2. *二硫化钼*

二硫化钼是辉钼矿的主要成分。黑色固体粉末，有金属光泽。化学式MoS_2，熔点为1185℃，密度为4.80g/cm^3(14℃)，莫氏硬度为1.0~1.5。二硫化钼的晶体结构示意图如图2.19所示，从图中可以看出二硫化钼晶体为层状结构，二硫化钼的晶体是由很多的二硫化钼分子组成的，每一个二硫化钼分子层又分为三个钼原子组成，中间一层为钼原子层，上下两层为硫原子层，硫原子层暴露在分子层的表面。每个分子层内硫原子与钼原子之间结合力很强，而相邻两分子层的硫原子和硫原子之间的结合力很弱，所以沿着分子层很容易断裂，而产生滑移面。当摩擦表面间有二硫化钼时，就使原来相对滑动的两金属表面直接摩擦转变为二硫化钼分子层的相对滑移，从而降低摩擦、减少磨损。

二硫化钼具有低的摩擦系数(一般为 0.03～0.15)和良好的润滑性能，尤其能明显改善滑动摩擦，特别是高速滑动和高负荷下的抗擦伤性能，因为它的摩擦系数还有随负荷和转速增加而减少的特点。此外在金属表面上结合力相当强，对金属的粗糙表面有填平作用，能提高耐压强度。二硫化钼在润滑脂中的用量为 2%～10%。

二硫化钼在空气中 350～400℃下保持安定，在-60～400℃拥有良好的润滑性能，在真空、无水和辐射条件下能保持润滑性。在有水、油和表面活性剂的情况下，润滑作用略有降低。二硫化钼在 400℃左右逐渐氧化，540℃后氧化速度急剧增加，氧化后生成 SO_2 和 MoO_3，由于三氧化钼具有较大的摩擦系数(0.5～0.6)，故二硫化钼在 400～600℃时，其摩擦系数随温度上升而增大。

3. 氮化硼

氮化硼(BN)是一种新型润滑材料，白色粉末，莫氏硬度为 2。氮化硼结构与石墨类似，也是一种六角形网，平面重叠的层状结构，但每层与每层间的氮与硼是交错的重叠。氮化硼层间的结合力比层内的结合力弱得多，当受外力作用时，很容易产生层间滑移，运动阻力非常小，所以反映出良好的润滑性。

氮化硼和石墨相比，不仅具有石墨的一些优点，而且在高温时还具有无法比拟的优越性能，如耐腐蚀性、传热性、绝缘性和良好的润滑性。

4. 其他超细粉体

作为润滑脂填料使用的超细分体还有碳酸钙、层状硅酸盐、氧化钛、金属粉(铜、锡、锌、铝)等。

第三章　润滑脂分析试验方法

第一节　国内外润滑脂试验方法对照

润滑脂有复杂的组成、独特的性质、广泛的应用以及多方面的性能要求，如高温性能、低温性能、安定性能、润滑性能、防护性能、抗水性能，等等，如何来评价润滑脂的性能对润滑脂的研究、生产和使用具有很重要的意义。与润滑脂相关的分析方法非常多，相应的分析设备也非常多。目前我国已颁布实施的润滑脂试验方法共71项(如表3. 1所示)，国家标准(GB)11项、行业标准60项，其中15项是评价防锈润滑油脂的试验方法，与润滑脂评价需求基本配套。并自主研发生产供应配套的润滑脂理化性质分析仪器和部分性能分析评价设备。但存在的问题是，润滑脂产品质量标准中理化指标偏多，而性能试验方法较少。要适时在润滑脂分析评价中引入现代分析仪器设备和方法。

表3.1　国内外润滑脂试验方法对照表

序号	方法名称	标准号	对应的国外标准
1	润滑脂和石油脂锥入度测定法	GB/T 269—1991	等效采用 ISO 2137—1985
2	润滑脂压力分油测定法	GB/T 392—1977	等效采用 ГОСТ 7142—1974
3	润滑脂水分测定法	GB/T 512—1965	等效采用 ГОСТ 2477—1965
4	润滑脂机械杂质测定法	GB/T 513—1977	等效采用 ГОСТ 6479—1973
5	防锈油脂加速凝露腐蚀试验方法	GB/T 2361	
6	润滑脂宽温度范围滴点测定法	GB/T 3498—2008	修改采用 ISO 6299—1998
7	润滑脂滴点测定法	GB/T 4929—1985	等效采用 ISO/DP 2176—1979
8	润滑脂防腐蚀性试验法	GB/T 5018—2008	修改采用 ASTM D1743—05a
9	润滑脂和润滑油蒸发损失测定法	GB/T 7325—1987	等效采用 ASTM D972—1956(1981)
10	润滑脂铜片腐蚀试验法	GB/T 7326—1987	甲法等效采用 ASTM D4048—1981 乙法等效采用 JIS K 2220—1984
11	高速条件下汽车轮毂轴承润滑脂漏失量测定法	GB/T 25962—2010	修改采用 ASTMD4290-07
12	防锈油脂蒸发量测定法	SH/T 0035—1990	参照采用 JIS K 2246—1989
13	润滑脂相似黏度测定法	SH/T 0048—1991	参照采用 ГОСТ 7163—1963
14	润滑脂吸氧测定法(氧弹法)	SH/T 0060—1991	参照采用 JIS K 2246—1989
15	防锈油脂腐蚀性试验法	SH/T 0080—1991	参照采用 JIS K 2246—1989
16	防锈油脂盐雾试验法	SH/T 0081—1991	参照采用 JIS K 2246—1989
17	防锈油脂流下试验法	SH/T 0082—1991	参照采用 JIS K 2246—1989
18	润滑脂抗水淋性能测定法	SH/T 0109—2004	修改采用 ISO 11009—2000
19	润滑脂滚筒安定性测定法	SH/T 0122—1992	参照采用 ASTM D1831—1988
20	润滑脂极压性能测定法(四球机法)	SH/T 0202—1992	参照采用 ASTM D2596—1982
21	润滑脂极压性能测定法(梯姆肯试验法)	SH/T 0203—1992	参照采用 ASTM D2509—1977(1981)

续表

序号	方法名称	标准号	对应的国外标准
22	润滑脂抗磨性能测定法(四球机法)	SH/T 0204—1992	参照采用 ASTM D2266—1967C81
23	防锈油脂低温附着性试验法	SH/T 0211—1998	等效采用 JIS K 2246—1994
24	防锈油脂除膜性试验法	SH/T 0212—1998	等效采用 JIS K 2246—1994
25	防锈油脂分离安定性试验法	SH/T 0214—1998	等效采用 JIS K 2246—1994
26	防锈油脂沉淀值和磨损性试验法	SH/T 0215—1999	等效采用 JIS K 2246—1994
27	防锈油脂试验试片锈蚀度评定法	SH/T 0217—1998	等效采用 JIS K 2246—1994
28	防锈油脂试验用试片制备法	SH/T 0218—1993(2004)	—
29	真空油脂饱和蒸气压测定法	SH/T 0293—1992	—
30	润滑脂皂分测定法	SH/T 0319—1992	等效采用 ГОСТ 5211—1950
31	润滑脂有害粒子鉴定法	SH/T 0322—1992	参照采用 ASTM D1404—1983
32	润滑脂强度极限测定法	SH/T 0323—1992	等效采用 ГОСТ 7143—1973
33	润滑脂分油测定　锥网法	SH/T 0324—2010	参照采用 FED 791C321. 3—1986
34	润滑脂氧化安定性测定法	SH/T 0325—1992	参照采用 ASTM D942—1978(1984)
35	汽车轮轴承润滑脂漏失量测定法	SH/T 0326—1992	参照采用 ASTM D1263—1986
36	润滑脂灰分测定法	SH/T 0327—1992	等效采用 ГОСТ 6474—1953
37	润滑脂游离碱和游离有机酸测定法	SH/T 0329—1992	等效采用 ГОСТ 6707—1976
38	润滑脂机械杂质测定法(抽出法)	SH/T 0330—1992	等效采用 ГОСТ 1036—1950
39	润滑脂腐蚀试验法	SH/T 0331—1992	等效采用 ГОСТ 9080—1977
40	润滑脂化学安定性测定法	SH/T 0335—1992	等效采用 ГОСТ 5743—1962
41	润滑脂杂质含量测定法(显微镜法)	SH/T 0336—1994	等效采用 ГОСТ 9270—1986
42	润滑脂蒸发度测定法	SH/T 0337—1992	等效采用 ГОСТ 9566—1974
43	滚珠轴承润滑脂低温转矩测定法	SH/T 0338—1992	参照采用 ASTM D1478—1980
44	润滑脂齿轮磨损测定法	SH/T 0427—1992	参照采用 FS 791 B335. 2
45	高温下润滑脂在抗磨轴承中工作性能测定法	SH/T 0428—2008	修改采用 ASTM D3336—05
46	润滑脂与合成橡胶相容性测定法	SH/T 0429—2007	修改采用 ASTM D4289—03
47	润滑脂储存安定性试验法	SH/T 0452—1992	等效采用 FS 791 C3467. 1(1986)
48	润滑脂抗水和抗水-乙醇(1:1)溶液性能试验法	SH/T 0453—1992	等效采用 FS 791 C5415(1986)
49	防锈油脂防锈试验试片锈蚀评定方法	SH/T 0533—1993(2004)	—
50	防锈油脂包装贮存试验法	SH/T 0584—1994	等效采用 JIS K 2246—1989
51	润滑脂接触电阻测定法	SH/T 0596—1994	修改采用 ASTM D3709—1989
52	润滑脂抗水喷雾性能测定法	SH/T 0643—1997	等效采用 ASTM D4049—1993
53	润滑脂宽温度范围蒸发损失测定法	SH/T 0661—1998	等效采用 ASTM D2595—1996
54	润滑脂表观黏度测定法	SH/T 0681—1999	等效采用 ASTM D1092—1993
55	润滑脂在储存期间分油量测定法	SH/T 0682—1999	等效采用 ASTM D1742—1994
56	润滑脂的合成橡胶溶胀性测定法	SH/T 0691—2000	等效采用 FS 791C3603. 5(1986)
57	润滑脂防锈性测定法	SH/T 0700—2000	等效采用 ISO 11007—1997
58	润滑脂抗微振磨损性能测定法	SH/T 0716—2002	等效采用 ASTM D4170—1997
59	润滑脂摩擦磨损性能测定法	SH/T 0721—2002	等效采用 ASTM D5707—1998

续表

序号	方法名称	标准号	对应的国外标准
60	汽车轮毂轴承润滑脂寿命特性测定法	SH/T 0773—2005	修改采用 ASTM D3527—02
61	润滑脂极压性能测定法(高频线性振动试验机法)	SH/T 0784—2006	修改采用 ASTM D5706—1997(2002)
62	润滑脂氧化诱导期测定法(压力差示扫描量热法)	SH/T 0790—2007	修改采用 ASTM D5483—02
63	润滑脂在稀释合成海水中防腐蚀性试验法	NB/SH/T 0823—2010	修改采用 ASTM D5969—02
64	汽车轮毂轴承润滑脂低温转矩测定法	NB/SH/T 0839—2010	等效采用 ASTM D4693—2007
65	精密机械和光学仪器润滑脂流散性测定法	NB/SH/T 0850—2010	修改采用 DIN 58397.2—1983
66	润滑脂对滚动轴承振动性能的影响测量方法	NB/SH/T 0854—2013	—
67	润滑脂低温锥入度测定法	NB/SH/T 0858—2013	修改采用 ISO 13737：2004—1983
68	润滑脂中金属元素的测定　电感耦合等离子体发射光谱法	NB/SH/T 0864—2013	修改采用 ASTM D7303-06
69	润滑脂离心分油测定法	NB/SH/T 0869—2013	修改采用 ASTM D4425-09
70	水存在下润滑脂剪切稳定性测定法　水稳定性试验	NB/SH/T 0872—2013	修改采用 ASTM D7342—2007
71	高赫兹接触压力下润滑脂抗微动磨损能力的测定高频线性振动试验机法	NB/SH/T 0920—2016	修改采用 ASTM D7594-11

润滑脂的分析方法可以分为：与润滑脂组成相关、与润滑脂自身性能相关、与接触材料相关、与润滑脂应用相关等几类。

润滑脂分析方法发源于美国和欧洲，目前美国、欧洲、俄罗斯、日本、中国、印度都建立了较为完善的润滑脂分析方法标准，美国、欧洲和俄罗斯的润滑脂分析方法标准各具特色，日本基本采用了美国的润滑脂分析方法标准，而中国和印度则通过学习和借鉴，集成了美国、欧洲和俄罗斯的润滑脂分析方法标准。

第二节　润滑脂分析方法分类

ASTM 的 D02(石油产品、液体燃料和润滑剂)、F34(滚动轴承)和 L0.05(固体润滑剂)两个委员会中的 13 个分技术委员会负责制订润滑脂的相关标准。尽管如此，各分技术委员会的工作可能仍然是有交叉的，分技术委员会与其工作内容的关系如表 3.2 所示。

按照分析方法的基本内容，将常见的润滑脂分析试验方法分为 10 类，分别进行介绍。

表 3.2　分技术委员会及其工作内容

分技术委员会	工作内容	分析方法类型
09.0E	润滑脂的氧化	温度的影响
D02.03	元素分析	成分
D02.96.07	集成测试	集成测试
F34.02	滚动轴承和直接置信度	在轴承中的性能
G0	润滑脂	温度的影响在用润滑脂

续表

分技术委员会	工作内容	分析方法类型
G0.01	化学和常规试验室试验	成分对接触材料的影响
G0.02	稠度和流变性相关试验	稠度和流变性相关试验润滑脂性能
G0.03	物理试验	温度的影响润滑脂性能
G0.04	性能试验——摩擦学	极压抗磨性
G0.05	性能试验——温度	温度的影响在轴承中的性能
G0.06	性能试验——污染	外界物质对润滑脂性能的影响对外界影响的防护
G0.07	研究技术	外界物质对润滑脂性能的影响成分
L0.05	固体润滑剂	极压抗磨性

第三节　润滑脂试验方法简介

一、与“成分”相关的试验方法

与“成分”相关的试验方法如表3.3所示。

表3.3　与“成分”相关的试验方法

试验方法	名称	分工作委员会	相似的试验方法
ASTMD128	润滑脂的分析	G0.01	
SH/T 0322	润滑脂中有害粒子鉴定法	G0	ASTMD1404
NB/SH/T 0864	润滑脂中金属元素的测定(电感耦合等离子体原子发射光谱法 ICP—ASE)	D02.03	ASTMD7303FTM 791D 3005.4 JIS K2220—13ГОСТ 9270
ASTMD7527	润滑脂中抗氧剂的测定(线性伏安法)	G0.07	
GB/T 513	润滑脂机械杂质测定法(酸分解法)		
SH/T 0319	润滑脂中皂份的确定		
SH/T 0329	润滑脂游离碱和游离有机酸测定法		
SH/T 0330	润滑脂机械杂质测定法(抽出法)		IP 37
SH/T 0336	润滑脂杂质含量显微镜法		

1. ASTM D128《润滑脂的分析》

ASTMD128制订于1922年，用于分析皂基润滑脂的稠化剂类型、非皂化物质(如矿物油等)、水、游离碱、游离脂肪酸、脂肪、甘油和不溶物等。但是不适用于以非矿物油作为基础油制成的润滑脂和非皂基稠化剂的润滑脂。

2. SH/T 0322《润滑脂中有害粒子鉴定法》

有害粒子鉴定法是评价润滑脂磨损性杂质(有害粒子)含量的一个简单方法，该方法可以用于所有润滑脂，包括半固体或者是黏性材料。在不含有害杂质的润滑脂中混入石墨或二硫化钼等常用的固体材料可以检测这些固体材料中的有害颗粒。较其他机械杂质测定法能更好地反映出润滑脂中所含的磨损性杂质。本方法是参照建立于1954年的ASTM D1404制订的。

3. NB/SH/T 0864《润滑脂中金属元素的测定(电感耦合等离子体原子发射光谱法 ICP—ASE)》

该方法可以测定润滑脂中的元素，如 Al、Sb、Ba、Ca、Fe、Li、Mg、Mo、P、Si、Na、S、Zn 等，也可以测定 Bi、B、Cd、Cr、Cu、Pb、Mn、K、Ti 等元素，采用增加或减少试验样品的量的方法来满足设备的测量精度，浓度单位为：mg/kg。在密闭的酸性环境中进行润滑脂的微波消解，对得到的酸性溶液进行 ICP—AES 分析。润滑脂中的物质并不一定能溶于有机溶剂中，所以只有采用酸分解法制备的样品，才能使用 ICP—AES 分析。

用于各种机械零件中的润滑脂，除了稠化剂添加剂之外，还会受到磨损的金属和其他来源元素的污染，所以润滑脂中存在的元素可能超过 12 种，因此准确分析润滑脂中的元素，对于了解润滑脂在使用前后的变化帮助很大。该标准是参照制订于 2006 年的 ASTM D7303 而建立的。

4. ASTMD7527《润滑脂中抗氧剂的测定(线性伏安法)》

该标准建立于 2010 年，适用于润滑脂中抗氧剂含量的测定。测量范围从 0. 0075% 到新润滑脂中含有抗氧剂的浓度，可以用于检测使用前后润滑脂中抗氧剂浓度的变化。

适合于矿物油和合成油制成的润滑脂，而且不受其他类型的添加剂(如防锈添加剂)的干扰，因此，本方法既可以用于润滑脂生产控制，检测抗氧剂的加入量，也可以用于在用润滑脂残余抗氧剂量的监测，指导润滑脂的应用。

5. GB/T 513《润滑脂机械杂质测定法(酸分解法)》

该标准建立于 1965 年。用于测定润滑脂中不溶于盐酸、石油醚、乙醇-苯混合溶液及蒸馏水的机械杂质含量，也可以用于测定润滑脂中添加的不溶于上述溶液的填充物的含量。

6. SH/T 0319《润滑脂皂份测定法》

该标准建立于 1954 年，用于测定润滑脂中的皂含量。皂含量对润滑脂的许多性质都有影响。通常润滑脂的皂含量增多，它的稠度、黏度和强度极限增大，分油量减少，滴点也会升高。低温使用的润滑脂则要求含皂较少，以保证润滑脂有较好的低温性。但含皂量过低，会使润滑脂机械安定性下降。

7. SH/T 0329《润滑脂游离碱和游离有机酸测定法》

该标准建立于 1954 年，主要用于测定皂基(碱金属和碱土金属皂)润滑脂中游离碱和游离有机酸的含量。润滑脂一般呈微碱性，这样有利于润滑脂的氧化安定性和胶体安定性，但大多数润滑脂不含游离有机酸。

8. SH/T 0330《润滑脂机械杂质测定法(抽出法)》

该标准建立于 1956 年，可以测定润滑脂中含有的机械杂质。按照试验方法的定义，润滑脂中不溶于乙醇-苯混合溶液及热蒸馏水的物质为机械杂质。按照该试验方法得到的机械杂质含量比按照 GB/T 513 方法得到的机械杂质要多。类似的试验方法还有 IP37。

9. SH/T 0336《润滑脂机械杂质测定法(显微镜法)》

SH/T 0336 是参考 ГОСТ 9270 制订的。方法介绍了利用显微镜观察润滑脂中含有外来粒子的尺寸和数量的方法。所谓外来粒子，指的是在透射光下，用显微镜观察到的不透明的外来杂质和半透明纤维状的外来杂质。

具体方法是：观察厚度为 0. 1mm、5mm 正方形范围内的不透明或半透明的外来物质，测微尺的分度值为0.02mm，记录观察到的10~25μm、25~75μm、75~125μm和大于125μm尺寸级别的外来粒子，最后计算出1cm³内各级别的外来物质数量。

日本的JIS K2220-13是类似的试验方法，但是观察的范围不是5mm正方形，而是10mm×20mm范围内的外来物质，当然这样一来，计算公式也有别于SH/T 0336。另外在盖上盖玻片前，还需要在真空(真空度为1.33kPa或更低)下脱去样品中的气泡。日本的这一试验方法与美国联邦FTM 791D 3005.4试验方法一致。

二、与"稠度和流变性"相关的试验方法

与"稠度和流变性"相关的试验方法如表3.4所示，分述如下。

表3.4　与"稠度和流变性"相关的试验方法

试验方法	方法名称	分委员会工作内容	相似的试验方法
GB/T269	润滑脂的锥入度	G0.02	ASTMD217 ASTM D1403 DIN 51804 FTM791-311 FTM791-313 ISO 2173 IP 50 IP310 JIS K2220-7 NF T60-132
SH/T 0681	润滑脂表观黏度的测定	G0.02	ASTMD1092 JIS K2220-19 NF T60-139
SH/T 0323	润滑脂强度极限测定法		
SH/T 0048	润滑脂相似黏度测定法		
DIN 51810-1	润滑脂剪切黏度测定法(锥板)		
DIN 51810-2	润滑脂流变性测定法		
NB/SH/T 0858—2013	润滑脂低温锥入度测定法		ISO 13737：2004

1. GB/T269《润滑脂的锥入度》

润滑脂锥入度分析方法是ASTM于1925年制订的编号为ASTMD217，是仍在使用的最老试验方法之一。润滑脂的这一标志性指标，已经广泛为国际社会采用，如德国标准DIN 51804、美国联邦标准FTM791-311、FTM791-313、英国标准IP 50和IP310以及法国标准NF T60-132等。

锥入度是润滑脂黏稠特性的量度，1938年ASTM根据润滑脂的锥入度，将润滑脂分为9个稠度等级(6#、5#、4#、3#、2#、1#、0#、00#、000#)，这也已经成为全球润滑脂稠度分类的唯一标准。GB/T 269和JIS K2220-7都是参照国际标准ISO 2173制订的。润滑脂锥入度的测定方法有：(1)不工作锥入度；(2)工作锥入度；(3)延长工作锥入度；(4)块锥入度。除上述按标准方法规定的全尺寸圆锥体测定锥入度外，还有用1/4尺寸或1/2尺寸的圆锥体测定1/4锥入度和1/2锥入度。通常工作锥入度能够更好地表示润滑脂的稠度。1/4和1/2

锥入度是为样品量不足以测定标准锥入度而设定的，并且只能用于锥入度为175～385(0.1mm)的润滑脂。不仅如此，按照ASTM的规定，1/4和1/2锥入度的试验结果，只有换算成标准锥入度之后，才能用于“试验结果的报告”。根据标准，不工作锥入度指的是在尽量减少搅动的情况下，测得的标准锥入度值；工作锥入度指的是，以60次/min±1次/min的频率工作60次，然后测得的标准锥入度值；延长工作锥入度指的是，工作60次以上之后，测得的标准锥入度值。

2. SH/T 0681《润滑脂表观黏度测定法》

SH/T 0681与1950年建立的ASTM D1092是等效的。该方法采用一种恒定流量式的毛细管黏度计(SOD黏度计)，根据恒定流量下测定出的压力(因为黏度不同而改变)，按泊肃叶方程式计算出表观黏度。

试验得到的表观黏度和剪切速率等信息，可以用来预测处于规定温度和稳定流动状态下在润滑脂分配系统内的压力降。按照这个试验方法可以获得16个剪切速率下润滑脂的表观黏度，试验结果使用双对数坐标进行绘图得到。仪器可以满足-54～38℃的温度范围，可以测定的黏度范围从剪速为0.1s^{-1}下的25～100000Pa，到剪速为15000s^{-1}下的0.1～100Pa。类似的标准还有JIS K2220-19和NF T60-139。

3. SH/T 0323《润滑脂强度极限测定法》

该标准建立于1965年，用于测定润滑脂的强度极限。在试验温度下测定润滑脂在塑性计螺纹管内发生位移前达到的最高压力，换算成强度极限值，以Pa表示。该方法常用于测定-60～130℃范围内的强度限极。润滑脂具有强度极限，是由润滑脂的结构所决定的。由于润滑脂是一种结构分散体系，其内部有由固体稠化剂粒子或皂纤维所形成的三维结构骨架而使它在受较小外力时表现为固体的特征。

4. SH/T 0048《润滑脂相似黏度测定法》

润滑脂属于假塑性非牛顿流体，在某一温度下，其黏度随剪切速率而改变，这样的黏度称为相似黏度或表观黏度，单位是Pa·s。本方法使用的自动毛细管黏度计是一种变动流量式压力毛细管黏度计。

利用弹簧作用于顶杆，使管内的试样经受压力，从毛细管流出，随着弹簧的松弛，管内的压力逐步下降，因此这种变动流量式压力毛细管黏度计，一次试验就可以得到一系列平均剪切速率下的相似黏度值。

平均剪切速率范围可以根据毛细管的半径进行选择。根据系统的压力和毛细管半径及长度。可以计算润滑脂在毛细管中受到的剪应力。再根据润滑脂在毛细管中个瞬间的平均剪切速率，就可以计算出润滑脂在各个瞬间的相似黏度。

该标准与ГОСТ7163—1963相当，通过润滑脂的相似黏度可以预测润滑脂是否容易通过导管被移动或泵送到使用部位。

5. DIN 51810-1《润滑脂剪切黏度测定法(锥板法)》

这是采用锥板测量系统测试润滑脂的剪切黏度的方法，但是只有2#～000#润滑脂测试精密度是明确的。

6. DIN 51810—2《润滑脂流变性测定法》

这个试验方法适用于0#～2#润滑脂流变性的测量。

在恒温时，采用平板测量系统检测润滑脂转矩的偏转角，计算贮存模量(G')、损耗模量(G'')和损耗系数($\tan\delta$)，以及其他黏弹性质。

三、与“润滑脂对接触材料的影响”相关的试验方法

与“润滑脂对接触材料的影响”相关的试验方法如表 3.5 所示，分述如下。

表 3.5　与“润滑脂对接触材料的影响”相关的试验方法

试验方法	方法名称	分委员会	相似的试验方法
GB/T 7326	润滑脂铜片腐蚀试验法	G0. 01	ASTMD4048
SH/T 0429	润滑脂与合成橡胶相容性测定法	G0. 01	ASTMD4289
SH/T 0331	润滑脂腐蚀试验法		
SH/T 0691	润滑剂的合成橡胶溶胀性测定法		FS 791C 3603. 5

1. GB/T 7326《润滑脂铜片腐蚀试验法》

该标准是以判断润滑脂对含铜合金的腐蚀性。润滑脂中含有的很多化学物质(酸性物质、含硫添加剂等)都会导致金属铜或铜合金的颜色发生变化，甚至造成坑状腐蚀。其中，甲法与 ASTM D4048 等效，乙法与 JIS K2220-5 等效试验条件均为是 100℃±1℃，试验时间为 24h±5min。

甲法标准规定腐蚀等级共有 4 个大的等级：1 级为轻微变色(包括 a 和 b 两个小级)；2 级为中等变色(包括 a~e5 个小等级)；3 级为较深变色(包括 a 和 b 两个小级)；4 级基本为黑色(包括 a、b、c 等 3 个小等级)。但是按照乙法，如果在铜片上观察到绿色和黑色的变化，就认为润滑脂对铜片存在腐蚀性。

2. SH/T 0429《润滑脂与合成橡胶相容性测定法》

润滑脂与合成橡胶相容性指的是在与润滑脂接触时，标准弹性体体积和硬度发生变化的程度。

该标准是参照 ASTM D4049 制订的，而 ASTM D4049 建立于 1989 年。用该方法可以评价润滑脂与符合 HB 5428[或 ASTMD3182，或符合 SAE 标准的 AMS3217/2C(NBR-L 丁腈橡胶)和 AMS3217/3B(CR 氯丁橡胶)]标准的橡胶片的相容性。

对于氯丁橡胶或类似的弹性体，试验温度为 100℃±2℃，恒温 70h；对于丁腈橡胶或类似的弹性体，试验温度为 150℃±2℃，恒温 70h；橡胶相容性采用试验前后体积变化率和多里 A 硬度(符合标准 GB/T 531)变化表示。

3. SH/T 0331《润滑脂腐蚀试验法》

该标准建立于 1955 年，用于判断润滑脂对金属材料的腐蚀。将金属试片放入润滑脂中，恒温一段时间(100℃±2℃，3h)，肉眼观察金属试片的颜色变化，金属试片上没有斑点或明显的不均匀颜色变化，为合格；对于铜或铜合金试片，允许有轻微的均匀变色。

金属片：圆形，直径 38~40mm，或方形，边长 48~50mm，厚 3mm±1mm；金属片距边缘 5mm 处打 5mm 的孔；试验前金属试片需用 180 或 220 号砂纸抛光；放大镜的放大倍数为 6~8 倍。

金属试片放入润滑脂中，润滑脂应高于金属试片 10mm，烧杯中的金属试片应避免互相接触，应避免试片上的润滑脂包含气泡。

四、与“润滑脂对外界影响的防护”相关的试验方法

与“润滑脂对外界影响的防护”相关的试验方法如表 3.6 所示，分述如下。

表 3.6 与“润滑脂对外界影响的防护”相关的试验方法

试验方法	方法名称	分委员会	相似的试验方法
GB/T 5018	润滑脂防腐蚀性能测定法	G0.06	ASTMD1743
SH/T 0643	润滑脂抗水喷雾性测定法	G0.06	ASTMD4049
NB/SH/T 0823	润滑脂在稀释合成海水中防锈性能试验法	G0.06	ASTMD5969
SH/T 0700	润滑脂防腐蚀性测定法(EMCOR 法)	G0.06	ASTMD6138 IP 220 ISO 11007 DIN 51802 Sweden SIS 155130 France NFT 60-135
GB/T 2361—1992	防锈油脂湿热试验法		
JB/T 3206—1999	防锈油脂加速凝露腐蚀试验方法		
SH/T 0035—1990	防锈油脂蒸发量测定法		JISK 2246—1989
SH/T 0060—1991	防锈脂吸氧测定法(氧弹法)		JISK 2246—1989
SH/T 0080—1991	防锈油脂腐蚀性试验法		JISK2246—1989
SH/T 0081—1991	防锈油脂盐雾试验法		JISK 2246—1989
SH/T 0082—1991	防锈油脂流下点试验法		JISK 2246—1989
SH/T 0211—1998(2004)	防锈油脂低温附着性试验法		JISK 2246—1994
SH/T 0212—1998(2004)	防锈油脂除膜性试验法		JISK 2246—1989
SH/T 0214—1998(2004)	防锈油脂分离安定性试验法		JISK 2246—1989
SH/T 0215—1999	防锈油脂沉淀值和磨损性测定法		JISK 2246—1989
SH/T 0217—1998(2004)	防锈油脂试验试片锈蚀度评定法		JISK 2246—1989
SH/T 0218—1993(2004)	防锈油脂试验用试片制备法		
SH/T 0533—1993(2004)	防锈油脂防锈试验试片锈蚀评定方法		
SH/T 0584—1994(2004)	防锈油脂包装贮存试验法(百叶箱法)		JISK 2246—1989

1. GB/T 5018《润滑脂防腐蚀性测定法》

该标准是参照 ASTM D1743 制订的，而 ASTM D1743 是以 CRC L41 为基础于 1960 年建立的。这个试验能够验证润滑脂防止贮存在潮湿环境中的锥形滚子轴承发生锈蚀的能力。该标准的试验结果与用于飞机机轮轴承的润滑脂的性能具有相关性。

2. SH/T 0643《润滑脂抗水喷雾性测定法》

该标准是参照 ASTM D4049 制订的，而 ASTM D4049 建立于 1981 年。这个试验能够验证黏附在金属表面的润滑脂承受水喷雾的能力。试验结果与钢厂辊颈轴承的实际润滑状况有相关性。

3. NB/SH/T 0823《润滑脂在稀释合成海水中防锈性能试验法》

该标准是参照 ASTM D5969 制订的，而 ASTM D5969 建立于 1996 年。该标准用于判断储存在不同浓度的稀释合成海水的潮湿环境中，润滑脂对锥形轴承的防锈能力。

该试验方法采用的设备与 GB/T 5018 是的一致，操作方法也相似，试验轴承的型号是由锥体部分 LM11949 和杯 LM11910 两部分组成的锥形滚子轴承。试验结束后观察轴承杯的内表面，如果出现大于 1.0mm 或更大的锈点，则试验为失败，否则为通过。

4. SH/T 0700《润滑脂防腐蚀性测定法(EMCOR 法)》

SH/T 0700 是参照 ISO 11007 制订的，但是最早这个标准是 SKF 公司制订的，目前这个试验方法已经被全球很多国家采用为标准方法。如 ASTMD6138. IP 220、DIN 51802、瑞典 SIS 155130、法国 NFT 60-135 等。

该标准可以验证在蒸馏水、氯化钠水溶液、合成海水等介质存在的条件下，润滑脂防止双列自适应球轴承锈蚀的能力。试验结果与实际应用有一定的关联性。试验轴承为双列自适应球轴承，外径、内径、宽分别为 30mm、72mm、19mm，单位轴承型号为 1306K，钢保持架。

5. GB/T 2361—1992《防锈油脂湿热试验法》

该方法最初建立于 1980 年，并经过多次改版。该方法采用湿热试验箱评定防锈油脂对金属防锈性能，适用于防锈油脂。

将涂有防锈油脂的试片，置于温度 9℃±1℃、相对湿度 95%以上的湿热试验箱内，达到规定的试验时间后，评定试片的锈蚀程度。

6. JB/T 3206—1999《防锈油脂加速凝露腐蚀试验方法》

该方法最初建立于 1983 年，之后经过多次改版。该方法根据露点原理，使金属试片油膜表面温度与周围空气温度保持一定温差，在试片表面呈凝露状态，经过一定时间，考察防锈油脂、缓蚀剂在高温、高湿、加速凝露条件下对金属试片的防护性能。

根据本标准可以快速评价防锈油脂膜厚度在 0. 04mm 以下的防锈油脂的防锈性能。

具体试验条件为：试验箱不小于 0. 1m^3，箱内温度 50℃±1℃，循环冷却水温度 30℃±1℃，温差 20℃±1℃，凝露量 4mL/min±0. 5mL/min，空气流量为箱内空间容积的 3 倍。

7. SH/T 0035—1990《防锈油脂蒸发量测定法》

该方法建立于 1990 年。该试验方法是用于测定防锈油脂蒸发量的。

将 1. 5g 样品平铺在直径为 53mm±2mm 高为 56mm±2mm 的玻璃或铝制的容器中，在 107℃±2℃环境中保持 3h，比试验前后样品质量的变化率。

8. SH/T 0060—1991《防锈脂吸氧测定法(氧弹法)》

该方法建立于 1991 年。试验目的是为了测定防锈脂的吸氧程度。将试样放置于 99℃并充有 760kPa 氧气的氧弹中氧化，在 100h 后由氧气压力的相应降低值来表示试样的吸氧程度。

将 10 个试样皿中放入 10 个黄铜小圆板，在装入熔融的试样 4. 00g±0. 01g，放入充氧气的氧弹中，直到压力稳定在 760kPa±5kPa，保持 2h 确定氧弹不漏，开始记录压力，之后每 24h 记录一次，试验前后的压力降为试验结果，单位 kPa。

9. SH/T 0080—1991《防锈油脂腐蚀性试验法》

该方法最初建立于 1982 年，经过多次改版。该标准规定了验证防锈油脂对金属腐蚀性的试验方法，适用于防锈油脂。

将产品规格要求的多种金属试片组合后浸入试样中，防锈油在 55℃±2℃保持 7d，防锈脂在 80℃±2℃保持 14d。根据试片的质量变化和颜色变化评定试验对金属的腐蚀性。

10. SH/T 0081—1991《防锈油脂盐雾试验法》

该方法最初建立于 1976 年，经过多次改版。该方法是采用盐雾试验箱评定防锈油脂对金属的防锈性能的，试验的基本条件为：盐雾箱内温度为 35℃±1℃，空气饱和器温度 47℃±1℃，盐水浓度为 5%±0. 1%，喷嘴空气压力 98kPa±10kPa。

11. SH/T 0082—1991《防锈油脂流下点试验法》

此标准建立于 1991 年。该标准是用于判断防锈油脂流下点的方法。在规定的温度下，将涂有试样的试片加热 1h 后，在 23℃±3℃下自然冷却，根据观察到油膜是否流下的现象，判断防锈油脂的流下点。

12. SH/T 0211—1998(2004)《防锈油脂低温附着性试验法》

此标准首次发布于 1992 年。试验方法规定了在-20℃±2℃的低温条件下，测试防锈油和防锈脂对金属的附着能力。试片的打磨、清洗和涂油需要按照 SH/T 0218 的规定进行。

按照纵横刻线后形成的正方形格子，检查两片试片中的正方形格子内的膜有无揭起或脱落，来判断防锈油脂的低温附着性。

13. SH/T 0212—1998(2004)《防锈油脂除膜性试验法》

此标准首次发布于 1992 年。该方法规定了防锈油脂经耐候试验、包装贮存试验、湿热试验后，观察油膜能否用溶剂揩擦会浸洗除去的试验方法。

使用擦具时，应使用除膜试验机，按规定的擦距和擦速进行擦除；如果不用擦具时，用吊具将试片以每分钟 30 次±2 次的速度上下移动 1min，观察在 500mL 溶剂中对防锈油脂的清洗情况。各种防锈油脂揩擦次数和浸洗时间需要按照本方法规定进行。

14. SH/T 0214—1998(2004)《防锈油脂分离安定性试验法》

此标准首次发布于 1992 年。该标准规定了防锈油脂在冷热交替条件下的安定性能的试验方法，适用于稀释型防锈油、人汗置换型防锈油和防锈脂。

对于防锈脂：将防锈脂装入具塞量筒，放置于 110℃±2℃加热 1. 5h、取出量筒置于 23℃±3℃恒温 1h、然后移入-20℃±2℃恒温 1h、再取出置于 110℃±2℃加热 1h，待具塞量筒冷却至室温后，进行观察，以具塞量筒内防锈脂有无相变或分离现象来判断防锈脂的分离安定性。

15. SH/T 0215—1999《防锈油脂沉淀值和磨损性测定法》

此标准首次发布于 1992 年。该标准规定了用离心分离法测定防锈油脂的沉淀物的体积以及沉淀物对玻璃表面有无划伤的方法。

将一定量的试样用溶剂稀释后，在规定的条件下分离沉淀物，以沉淀物的体积(mL)表示防锈油脂的沉淀值。

将得到的沉淀物放在两片显微镜玻璃载片中间，摩擦后检查玻璃载片的划伤情况，以确定试样的磨损性。

16. SH/T 0217—1998(2004)《防锈油脂试验试片锈蚀度评定法》

此标准首次发布于 1992 年。这个试验方法，规定了将锈蚀评定板重叠于试片上，观察锈点所占的格子数，评定钢片和铸铁片锈蚀级别的方法，试片上的锈点在评定板有效面积内所占的格子数，作为试片的锈蚀度(%)。适用于防锈油和防锈脂。

锈蚀评定板为无色透明材质，有效面积为 50mm×50mm、在有效面积内刻出边长为 5mm×5mm 正方形格子 100 个，刻线宽度为 0. 5mm。

17. SH/T 0218—1993(2004)《防锈油脂试验用试片制备法》

该标准建立于 1982 年。UI 制订了制备防锈油脂试验用试片的方法。在 A 法中规定了将 10 号钢片作为试片的尺寸规格、打磨、清洗和试样的涂覆方法；在 B 法中规定了盐雾试验、湿热试验、半暴露试验、置换型防锈油人汗洗净性能试验、人汗防止性能试验、人汗置换性能试验用 50mm×50mm×3～5mm 的试片，腐蚀性试验用 50mm×25mm×(3～5)mm 的试片。可以选择的金属试片多大 11 种。

18. SH/T 0533—1993(2004)《防锈油脂防锈试验试片锈蚀评定方法》

该标准建立于 1982 年，经多次改版。该标准适用于防锈油脂盐雾试验、湿热试验及大气半暴露试验后的试验试片的锈蚀评定。

与 SH/T 0217—1998 的做法相似，虽然锈蚀评定板为无色透明材质，但是有效面积为 40×40mm、在有效面积内刻出边长为 4mm×4mm 正方形格子 100 个，刻线宽度为 0.1mm。而且对于锈蚀度的评级也比 SH/T 0217—1998 更细。

19. SH/T 0584—1994(2004)《防锈油脂包装贮存试验法(百叶箱法)》

该标准建立于 1994 年。此方法描述了：用包装纸包装好涂油试样的试片，将其放置在百叶箱中，经规定的试验时间后，检查油膜的防锈性能。包装纸为内层为聚乙烯薄膜、外层为牛皮纸，规格 100mm×150mm。试验后按照 SH/T 0217 进行评级。

五、与“极压抗磨性”相关的试验方法

与“极压抗磨性”相关的试验方法如表 3.7 所示，并分述如下。

表 3.7 与“极压抗磨性”相关的试验方法

试验方法	方法名称	分委员会	相似的试验方法
SH/T 0202	润滑脂极压性能测定法(四球法)	G0.04	ASTMD2596 DIN51350
SH/T 0203	润滑脂的承载能力测定法(TIMKEN 法)	G0.04	ASTMD2509 IP 326 JIS K2220-20
SH/T 0204	润滑脂抗磨性能测定法(四球法)	G0.04	ASTMD2266 IP239 JIS K2220
SH/T 0427	润滑脂齿轮磨损测定法		
SH/T 0716	润滑脂抗微动磨损性能测定法	G0.04	ASTMD4170
SH/T 0721	润滑脂抗磨性能测定法(SRV 法)	G0.04	ASTMD5707
SH/T 0784	润滑脂极压性能测定法(SRV 法)	G0.04	ASTMD5706
ASTMD3704	润滑脂抗磨性能测定(Falex 环块摆动法)	L0.05	
NB/SH/T 0920—2016	高赫兹接触压力下润滑脂抗微动磨损能力测试法 高频线性摆动试验机法	G0.04	ASTM D7594-16

1. SH/T 0202《润滑脂极压性能测定法(四球法)》

该标准是参照建立于 1967 年的 ASTM D2596 制订的。润滑脂的极压性能就是用该方法评价的。但是试验结果与实际应用没有相关性。需要注意的是，此方法不适用于评价液体部分是硅油、卤化硅烷或者混有部分硅油的润滑脂。DIN51350 与该方法类似。

按照该方法可以测定：

(1) 负荷磨损指数(以前称为平均赫兹负荷，我国称作综合磨损指数 ZMZ)：在负荷下润滑脂减少磨损的性能指数，负荷磨损指数是烧结负荷之前 10 个校正负荷的平均值。

(2) 烧结负荷：指的是摩擦表面出现卡咬直到焊接的最小负荷。有摩擦曲线显著变化、电机噪音显著增加、油盒中产生的油烟增加、杠杆突然下降等现象。

（3）最大无卡咬负荷：即不发生卡咬的最大负荷，也就是在这一负荷下产生的磨痕直径不超过该负荷补偿值的5%。

2. SH/T 0203《润滑脂的承载能力测定法(TIMKEN法)》

该标准是参照建立于1966年的ASTM D2509制订的。通过这一方法可以在TIMKEN极压试验机上验证润滑脂的承载能力。类似的试验方法还有IP 326和JIS K2220-20。

按照标准的定义，润滑脂的承载能力(即*OK*值)是在滑动的表面没有出现卡咬或熔焊的痕迹所能承受的最大负荷或最大压力，承载能力与试验方法有很强的相关性。

当润滑脂构成的油膜能够得到较好的维持时，在试验块上就能够获得光滑的摩擦痕迹，但是如果油膜破裂，在试验块上就可以观察到不同程度的划伤和磨损痕迹。

为获得*OK*值，需要按照10lb(44.5N或4.54kgf)的等级增加负荷，当出现卡咬或擦伤后，应在此负荷上减少5lb(22.2N或2.27kgf)，然后进行最后一次试验。

标准规定了*OK*值等级，即在不发生擦伤或卡咬的情况下，加在秤杆上的最大的砝码质量。同时对砝码的增加方法做了规定：133.4N(30lb或13.6kgf)以下时，应是13.3N(3lb或1.36kgf)的倍数；133.4N(30lb或13.6kgf)以上时，应是22.2N(5lb或2.27kgf)的倍数。

擦伤值是出现擦伤或卡咬的最小负荷。假如在负荷X lb下，两次试验结果试验块上都有少许擦伤，为进一步确定负荷等级，需要再次进行试验，负荷调整到$(X+Y)$lb(如果$X>30$lb，则$Y=5$lb；否则$Y=3$lb)，增加负荷后如果没有擦伤，那么，认为X lb就是样品润滑脂的*OK*值；如果出现擦伤，则将负荷减少到$(X-Y)$lb，再次进行试验，如果此时没有出现擦伤，则认为样品润滑脂的*OK*值为$(X-Y)$lb。

所谓卡咬或烧结指的是摩擦的金属局部发生熔化，通常出现条纹装金属转移、磨损量增加、摩擦系数增大、明显的噪音和振动增加等现象。磨损是由于机械作用或者机械与化学的共同作用，摩擦表面出现金属转移。当润滑脂构成的油膜能够得到较好的维持时，在试验块上就能够获得光滑的摩擦痕迹，但是如果油膜破裂，就可以在试验块上观察到不同程度的划伤和磨损痕迹。试验块的具体规定：Rockwell C硬度为58~62(或者Vickers硬度为653~746)，轴向的表面粗糙度介于0.51~0.76μm。

3. SH/T 0204《润滑脂抗磨性能测定法(四球法)》

该标准是参照建立于1964年的ASTM D2266制订的。可以用来评定润滑脂在钢对钢摩擦副上的抗磨性能，但是不能用来区分极压润滑脂和非极压润滑脂。试验结果用球盒中3个钢球的平均磨损直径表示。类似的标准还有IP239和JIS K2220。

4. SH/T 0427《润滑脂齿轮磨损测定法》

该试验测定润滑脂在齿轮中的减磨能力。试验采用的黄铜和钢制齿轮均为渐开线齿轮。采用二-(2-乙基己基)癸二酸酯为磨合油，在22.24N下磨合1500cy，然后卸下黄铜齿轮称重，如果质量损失超过2mg，齿轮报废。

5. SH/T 0716《润滑脂抗微动磨损性能测定法》

该标准是参照建立于1982年的ASTM D4170制订的。该试验可以预测在长距离船运轿车轮毂轴承中的润滑脂的抗磨损性能。试验条件为：载荷2450N，摆动角度为12°，摆动频率30Hz，试验时间22h，测试球型推力轴承滚道的质量损失。

6. SH/T 0721《润滑脂抗磨性能测定法(高频线性振动试验机法)》

该标准是参照建立于1995年的ASTM D5707制订的，用于评价高频线性摆动下润滑脂的抗磨性能(包括磨痕和摩擦系数，如果使用轮廓仪还可以得到更多信息)。可以根据存在初始高赫兹点接触压力下的高速振动或频繁的停开动作的实际应用，设定试验温度和负荷。

该试验方法已经广泛用于前轮驱动汽车的等速万向节和滚动轴承的润滑脂的质量控制，如果与现场情况或其他应用可以关联，也用于其他目的。类似的试验方法还有 DIN51834-2。

7. ASTM D3704《润滑脂抗磨性能测定法(Falex 环块摆动法)》

该标准建立于 1978 年。这一方法通过 Falex 环块试验机，在设定的速度、负荷、摆动角度和时间下，通过钢制试验块和钢制试验环摩擦，测定润滑脂的摩擦磨损性能。

根据该标准的定义，摩擦系数：指的是两个相对运动物体之间的摩擦力与这两个物体之间法向力的比值，摩擦系数又分为静摩擦系数和动摩擦系数；动摩擦系数：两个物体之间存在宏观相对运动时的摩擦系数。

8. NB/SH/T 0920—2016《高赫兹接触压力下润滑脂抗微动磨损能力测试法　高频线性摆动试验机法》

本标准可以验证在小冲程、高赫兹接触压力、高新型摆动下，润滑脂必须能够承受至少 2200MPa 赫兹接触压力，而不出现黏着失效的情况。

该试验方法已经广泛用于滚动轴承和球轴承、滚珠丝杠、侧轴系统(如 Tripode 或 Rzeppa 类)的等速万向节等，如果与现场情况或其他应用可以关联，也用于其他目的。其特点是可以根据摩擦副接触形式选择点接触、线接触和面接触。类似的试验方法还有 DIN51834-6。

2016 年本标准首次发布。与 ASTM D7594-11 的关系是修改采用。

六、与“胶体性能”相关的试验方法

与“润滑脂性能”相关的试验方法如表 3.8 所示，并分述如下。

表 3.8　与“润滑脂性能”相关的试验方法

试验方法	方法名称	分委员会	相似的试验方法
SH/T 0682	润滑脂在贮存期间分油量测定法	G0.03	ASTMD1742
SH/T0122	润滑脂滚筒安定性测定法	G0.02	ASTMD1831
NB/SH/T 0869	润滑脂离心分油测定法	G0.03	ASTMD4425
GB/T 392	润滑脂压力分油测定法		
SH/T 0452	润滑脂贮存安定性试验法		
NB/SH/T 0850	(精密机械和光学仪器)润滑脂流散性测定法		DIN 58397.2—1983
IP 121	润滑脂分油(压力过滤法)		

1. SH/T 0682《润滑脂在贮存期间分油量测定法》

该标准是参照建立于 1960 年的 ASTM D1742 制订的。该标准用于判断在容器中储存时润滑脂分油的倾向，与 16kg 包装桶中的润滑脂分油倾向有直接的相关性。这个试验方法不适用于比 1#脂更稀的润滑脂。

润滑脂样品置于 200 目(孔径为 75μm)筛上，用压缩空气施加 1.72kPa 的压力，在 25℃下放置 24h，然后测定分油量。

2. SH/T0122《润滑脂滚筒安定性测定法》

该标准是参照建立于 1961 年的 ASTM D1831 制订的。本方法通过测试在滚动试验仪中工作后的润滑脂的锥入度，表示润滑脂稠度的变化，与实际使用的变化之间缺乏精确的相关性。采用 1/2 锥入度或 1/4 锥入度测试润滑脂稠度的变化，但是试验结果需要换算成标准锥入度表示。

3. NB/SH/T 0869《润滑脂离心分油测定法》

该标准是参照建立于 1984 年的 ASTM D4425 制订的。该标准可评价润滑脂在承受高离心力后分为固相和液相组分的程度。

柔性轴联接、万向节、滚柱型推力轴承中的润滑脂都将承受较大而且持续的离心力作用，该标准的试验结果与这些实际应用具有相关性。试验的环境温度为 50℃±1℃，承受的离心力为 36000G。试验用的离心管必须能够承受 36000G 持续 100h 的作用。

按照标准，润滑脂离心分油率(以 K36 表示)，写为：K36＝润滑脂体积分油率/累计试验时间。如果没有取得稳定的分油(后一档的分油量超过前一当分油量的 10%)，那么还需要继续进行试验，累计试验时间规定为 6h 的倍数，但是一般 24h 以内都可以获得稳定的分油，从而完成试验。

4. GB/T 392《润滑脂压力分油测定法》

该标准用于测定润滑脂的分油量。润滑脂在常温静态时的分油状况利用该方法有一定相关性，不适于润滑脂高温分油评价。试验采用的设备是加压分油器。

5. SH/T 0452《润滑脂贮存安定性试验法》

按照方法要求，通过比较在规定的贮存温度和贮存时间后的不工作锥入度和工作锥入度的变化，来判断润滑脂贮存前后的变化。这一试验方法与 FTM 791D 3467. 1 等效。

6. NB/SH/T 0850《(精密机械和光学仪器)润滑脂流散性测定法》

该标准与 DIN 58397. 2—1983 相当，用于测定精密仪器和光学仪器润滑脂流散性。适用于锥入度为 130~385(0. 1mm)的润滑脂。该方法是光学仪器仪表润滑脂的两个最主要评价方法之一(另一个是蒸发性评定方法)。

7. IP121《润滑脂分油(压力过滤法)》

该试验方法用来测试润滑脂在压力和温度作用下的分油倾向，可以指导改进在包装中的润滑脂的性能，但不能预测动态条件下润滑脂的分油趋势。适合用于半流体润滑脂，但是没有确定相应的精密度。

七、与“外界物质对润滑脂性能的影响”相关的试验方法

与“外界物质对润滑脂性能的影响”相关的试验方法如表 3. 9 所示，并分述如下。

表 3. 9　与“外界物质对润滑脂性能的影响”相关的试验方法

试验方法	方法名称	分委员会	相似的试验方法
SH/T0109	润滑脂抗水淋流失性能测定法	G0. 06	ASTMD1264 IP 215 ISO 11009 JIS K2220-16
NB/SH/T 0872	水存在下润滑脂剪切稳定性的测定(水稳定性试验)	G0. 07	ASTMD7342(与 A 法相当) ASTMD8022(与 B 法相当)
SH/T 0453	润滑脂抗水-乙醇(1∶1)溶液性能试验法		

1. SH/T0109《润滑脂抗水淋流失性能测定法》

该标准是参照 ISO11009 制订的，但是 ASTM D1264 早在 1953 年就已经发布了。尽管没有确定这个试验与实际应用的相关性，但是通过这个试验可以评价轴承中的润滑脂抵抗被水

洗出的特性。类似的试验方法还有：IP 215、ISO 11009、JIS K2220-16。

2. NB/SH/T 0872《水存在下润滑脂剪切稳定性的测定(水稳定性试验)》

该试验方法的 A 法与 ASTM D7342(在水存在下润滑脂的长期工作稳定性测试法)一致，B 法与 ASTM D8022(在水存在下润滑脂滚筒安定性)一致。该项试验对于验证在水污染环境中工作的润滑脂性能是有意义的，许多规范已经使用了“水存在下润滑脂剪切稳定性的测定”试验方法。

3. SH/T 0453《润滑脂抗水-乙醇(1：1)溶液性能试验法》

该标准建立于 1984 年，用于判断润滑脂在水-乙醇(1：1)溶液中的溶解性。

八、与“温度的影响”相关的试验方法

与“温度的影响”相关的试验方法如表 3.10 所示，并分述如下。

表 3.10　与“温度的影响”相关的试验方法

试验方法	方法名称	分委员会	相似的试验方法
GB/T 4929	润滑脂滴点测定法	G0.03	ASTM D2265 DIN 51801 DIN 51801-2 GB/T 3498(宽温) ASTM D566 IP 132 IP 396(自动) ISO 2176 ISO 6299(宽温) JISK 2220-8 NF T60-627(自动) NF T60-632(宽温)
SH/T 0325	润滑脂氧化安定性测定法	09.0E	ASTMD942 BS 2000-142 DIN 51808 JISK 2220-12
GB/T 7325	润滑脂和润滑油蒸发损失测定法	G0.03	ASTMD972 IP 183 JIS K2220-10
SH/T 0338	滚珠轴承润滑脂低温转矩测定法	G0.05	ASTMD1478 JIS K2220-18
GB/T 3498	润滑脂宽温度范围滴点测定法	G0.03	ASTMD2265 IP 396(自动) ISO 6299
SH/T 0661	润滑脂宽温范围的蒸发损失测定法	G0.03	ASTMD2595
SH/T 0337	润滑脂蒸发度测定法		
GB/T 25962	高速条件下汽车轮毂轴承润滑脂漏失量测定法	G0.05	ASTMD4290
NB/SH/T 0839	汽车轮毂轴承润滑脂低温转矩测定法	G0	ASTMD4693

续表

试验方法	方法名称	分委员会	相似的试验方法
SH/T 0790	润滑脂氧化诱导期测定法(压力差示扫描量热法)	09.0E	ASTMD5483
SH/T 0324	润滑脂钢网分油测定法(静态法)	G0.03	ASTMD6184
SH/T 0335	润滑脂化学安定性测定法	—	—

1. GB/T 4929《润滑脂滴点测定法》

GB/T 4929 是参照 ISO2176 制订的。但是 ASTM D566 于 1940 年就已经制订，这一标准与 GB/T 4929 类似。

按照标准给出的定义，滴点就是从试验杯中第一滴滴落时的温度，表示润滑脂从半固态向液态的转变温度。相态的变化与润滑脂的特性相关，普通皂基润滑脂之外的其他类型的润滑脂可能没有相态的变化，而只是出现分油的现象。可以作为批次产品质量控制指标。

该标准采用油浴，因此建议在低于 288℃ 条件下进行测试，这一试验方法与 GB/T 3498(或 ASTMD2265)具有一致性，按照 GB/T 3498(或 ASTMD2265)可以进行更高温度的滴点测试。类似的试验方法还有：ASTM D566、IP 132、ISO 2176、DIN 51801、DIN 51801-2、ASTM D2265、GB/T 3498(宽温)、IP 396(自动)、ISO 6299(宽温)、JISK 2220-8、NF T60-627(自动)、NF T60-632(宽温)等。

2. SH/T 0325《润滑脂氧化安定性测定法》

该标准是参照建立于 1947 年的 ASTM D942 制订的。适用于测试贮存于氧气(氧气压力为 758kPa)、高温(99℃)密闭静态系统中的润滑脂抗氧化性能。对于一般润滑脂来说，在 100h 内，实验前后的压力降应当在 34kPa 以内。类似的试验方法还有：BS 2000-142、DIN 51808、JISK 2220-12。

3. GB/T 7325《润滑脂和润滑油蒸发损失测定法》

该标准是参照建立于 1948 年的 ASTM D972 制订的。这项试验可以测试润滑脂组成物中挥发物质的多少。试验结果也可以用来评估润滑脂在使用过程中挥发成分对所处环境的污染。没有建立试验方法与实际应用之间的相关性。

试验温度在 100～150℃ 之间可选。更高的试验温度可以选用 SH/T0661(或 ASTM D2595)进行测试。类似的试验方法还有 JISK 2220-10。

4. SH/T 0338《滚珠轴承润滑脂低温转矩测定法》

本方法是参照建立于 1957 年的 ASTM D1478 制订的。通过测试-75～-20℃ 的启动力矩和运转力矩，来判断由于润滑脂造成的低速球轴承旋转的延迟。

启动力矩指的是轴承转动开始时达到的最大力矩；运转力矩指的是完成规定的运转周期(如 60min)之后的 15s 区间内的力矩平均值。可测试的最大力矩为 75000g · cm。最低试验温度可以达到-75℃。类似的试验方法还有 JISK2220-18。

5. GB/T 3498《润滑脂宽温度范围滴点测定法》

该标准是参照 ISO 6299 制订的，但是 ASTM D2265 于 1964 年就已经建立。这个标准将 GB/T 4929 的测试范围从 260℃ 扩展到了 330℃，是目前测试滴点最高的试验方法。

按照这一方法测得的温度数值，需要按照标准中介绍的计算公式进行计算，才能得到润滑脂样品的滴点。类似的试验方法还有 IP396(自动)。

6. SH/T 0661《润滑脂宽温度范围的蒸发损失测定法》

该标准是参照建立于 1967 年 ASTM D2595 制订的。可以测试 93～316℃ 范围内润滑脂的蒸发损失，突破了 GB/T 7325(ASTMD972)标准只能测试 149℃以内的蒸发损失的限制，而试验时间仍然是 22h±0.1h。

为满足试验需要采用了铝块炉作为热源，除此之外，其他的试验条件与 GB/T 7325(ASTMD972)基本相同。

7. SH/T 0337《润滑脂蒸发度测定法》

该标准制订于 1956 年。根据该标准可以测试润滑脂处于(深度为 1mm，直径为 21mm 的蒸发皿中)薄层状态下(室温~360℃范围，1h)的蒸发损失。

8. GB/T 25962《高速条件下汽车轮毂轴承润滑脂漏失量的定法》

该标准是参照建立于 1983 年的 ASTM D4290 制订的。可以用来评价用在改进的汽车前轮毂轴承总成中的润滑脂或其中的油，在负荷为 111N、转速为 1000 r/min±50r/min、温度为 160℃±1.5℃、运转时间为 20h±0.25h 的条件下的漏失情况，试验后还需要记录轴承表面的情况。

通过这个试验过程，能够分辨轮毂轴承中不同润滑脂的高温漏失性质，有助于判断润滑脂在轮毂轴承中的漏失倾向，但是这与长期使用之间没有必然联系。

9. NB/SH/T 0839《汽车轮毂轴承润滑脂低温转矩测定法》

该标准是参照建立于 1987 年 ASTM D4693 制订的。该方法可以区分不同润滑脂的低温性能，与实际应用具有一致性，可以用来预测脂润滑的轮毂轴承的低温性能。

润滑脂的转矩值就是润滑脂的黏滞阻力，它是在处于低温、有载荷条件下轮毂轴承中测定的。利用这个试验方法有助于开发-40℃力矩小于 35N·m 的润滑脂。

10. SH/T 0790《润滑脂氧化诱导期测定法(压力差式扫描量热法)》

该标准是参照建立于 1993 年的 ASTM D5483 制订的。润滑脂氧化诱导期是在 3.5MPa、155~210℃下进行测定的。该方法可以用于研究润滑脂的氧化安定性，用于研发、质量控制和其他目的，但是这个试验的结果与现场应用没用相关性。

进行润滑脂氧化诱导期分析需要具备的条件：热分析仪、氧化稳定性分析软件、校正软件、流量计(至少 200mL/min)、样品封装机等。

11. SH/T 0324《润滑脂钢网分油测定法(静态法)》

该标准是参照 FTM 791C—321.3 制订的，之后又参照建立于 1997 年的 ASTM D6184 进行了修订，弥补了缺陷。该方法在军事和工业的润滑脂规范中使用了很多年，可以判断在一定温度下润滑脂的分油倾向。通常试验条件为 100℃±0.5℃、30h±0.25h。

该方法对锥入度 220~340(0.1mm)的润滑脂具有较好的精密度，但是也可以用于其他锥入度的润滑脂。锥网：60 目，网丝 248μm，半径和底边直径为 38.1mm±0.3mm，锥网的连接处必须使用银焊，否则不符合试验方法要求。加脂半径：36mm，每次应保证填充的润滑脂体积在 10mL，相应的质量大约在 8~12g。无论润滑脂还是烧杯恒重精度要达到 0.01g。

12. SH/T 0335《润滑脂化学安定性测定法》

该标准建立于 1960 年。标准规定，用试验后酸值的变化值和压力降表示润滑脂的化学安定性。

九、与“在用润滑脂”相关的试验方法

与“在用润滑脂”相关的试验方法如表 3.11 所示，并分述如下。

表 3.11 与“在用润滑脂”相关的试验方法

试验方法	方法名称	分委员会
ASTMD7718	在用润滑脂取样操作规范	G0
ASTMD7918	润滑脂氧化性能杂质和磨损和流动性的评价(挤出法)	D02. 96. 07

1. ASTM D7718《在用润滑脂取样操作规范》

该标准建立于2011年，它规范了在用润滑脂的取样方法，利用该方法从电动阀门、齿轮箱、电机轴承、暴露的轴承、开式齿轮以及损坏的零部件中取出润滑脂的样品，再进行其他分析，对判断设备润滑状态、润滑脂性能状态是非常重要的。

2. ASTM D7918《润滑脂氧化性能杂质和磨损和流动性的评价(挤出法)》

该标准建立于2015年，方法适用于00#~3#稠度的润滑脂。规范了在用润滑脂的取样和必须进行的分析试验。磨损、污染、稠度和氧化性质对于润滑脂的监控是至关重要的，是预测设备或润滑失效的重要依据。

涉及到的试验有：

取样方法：ASTM D7718；

抗氧剂含量分析方法：ASTM D7527 进行试验；

润滑脂中铁的含量和形貌：铁谱分析；

可见光范围400~700nm 波段的分析：润滑脂的色度分析。

十、与“润滑脂在轴承中的性能”相关的试验方法

与“润滑脂在轴承中的性能”相关的试验方法如表3.12所示，并分述如下。

表 3.12 与“润滑脂在轴承中的性能”相关的试验方法

试验方法	方法名称	分委员会	相似的试验方法
SH/T 0428	高温下润滑脂在抗磨轴承中工作性能测定法	G0. 05	ASTMD3336
ASTMD3337	润滑脂在小轴承中的寿命和力矩测试法	F34. 02	—
SH/T 0773	汽车轮毂轴承润滑脂寿命特性测定法	G0. 05	ASTMD3527
R0F+	高温下润滑脂在球轴承中的寿命测定法	—	—
RHF1	润滑脂高速性能测定法	—	—
Bequiet Plus	润滑脂噪音自动测定法	—	—
R2F	润滑脂机械安定性测定法(铁路轴承法)	—	—
NB/SH/T 0854	润滑脂对滚动轴承振动性能的影响测定法	—	ANSI/AFNMA Std. 13—1987

1. SH/T 0428《高温下润滑脂在抗磨轴承中工作性能测定法》

该标准是参照建立于1975年的ASTM D3336制订的。用来评价在高温、高速、轻负荷下润滑脂在球轴承中的性能。试验轴承型号为6204。

试验设备能够使用的最高温度为371℃，能够达到的最高转速为10000r/min，有些设备甚至能够达到25000r/min，轴向力为22N±2N。试验期间，轴承每运转20h停4h，或者每运转22h停2h，当出现输入功率超过电机在同样温度下的静态功率3倍时或超过设定温度15℃时(启动30min内的温升不算)再或皮带出现打滑等现象时，可以判定轴承寿命结束。试验结果采用Weibull分布进行分析，报告L10、L50或Lc值。

2. ASTM D3337《润滑脂在小轴承中的寿命和力矩测试法》

该标准建立于1974年，于2009年废止。尽管与实际应用没有相关性，但是可预测在高温下润滑脂的寿命，另外可以测量1r/min和12000r/min速度下的运转转矩。

润滑脂的寿命指的是在高温下小轴承中润滑脂的耐久性；润滑脂的力矩指的是由于润滑脂的剪切黏度产生的摩擦力的测量值；运转力矩指的是由于润滑脂的剪切黏度、负荷和速度在一个转动的轴承中产生的摩擦力的测量值；终止试验的条件则是在试验温度和转速下，超过最小旋转力矩5倍，或者在高速启动阶段超过最小旋转力矩5倍。最后采用Weibull分布对试验结果进行分析。

3. SH/T 0773《汽车轮毂轴承润滑脂寿命特性测定法》

该标准是参照建立于1976年的ASTM D3527制订的。尽管试验可以区分润滑脂的高温性能和轮毂轴承中的使用性能，但是不能代替长期的行车试验。

润滑脂性能的试验是在汽车前轮毂轴承组合件中进行的，轴向力为111N，轮毂转速为1000r/min，试验温度为160℃，开20h，停4h。当润滑脂的劣化导致电机力矩超过计算的断流值，试验结束。

4. 高温下润滑脂在球轴承中的寿命测定法

该试验方法是由SKF开发的，试验在R0F+设备上进行。除了试验温度之外，R0F+提供了更宽的负荷和转速条件。

可以采用的轴承型号有6204、6203、6202、6308等、转速在5000～25000r/min之间按需要设定、轴向载荷100～1100N和径向载荷50～900N随意调节。最高试验温度为230℃。

5. 润滑脂高速性能测定法

润滑脂高速性能测定法是SKF轴承公司设计，试验在RHF1试验机上完成。设备用来评价润滑脂在高温和/或高速下的性能。

在高速试验模式下，采用7005CE/HCP4A轴承，加脂量为轴承剩余体积(0.71～1.06cm^3)的10%～15%。RHF1可达到的极限值：主轴最大的转速为75000r/min(相当于2.70×10^6nDm)、润滑脂的最大转速为50000r/min(相当于1.8×10^6nDm)、最小加速时间为1s/10000r/min。

6. 润滑脂噪音自动测定法

润滑脂噪音自动测定法是SKF轴承公司设计的，需要在Bequiet Plus试验机上进行。该试验方法可以分析润滑脂振动性能。

采用608轴承，转速1800r/min，轴向载荷为15～50N，拾取低频、中频和高频以及峰值的振动信号，结果同时显示为μm/s和安德鲁(Anderon)。

7. 润滑脂机械安定性测定法(铁路轴承法)

润滑脂机械安定性测定法(铁路轴承法)是瑞典SKF轴承公司设计的，试验需要在V2F试验机上进行。

该设备用于铁路公司检测润滑脂，判断润滑脂在一定频率的振动下是否发生变稀流失的现象。尽管润滑脂通过了十万次延长工作锥入度和滚筒安定性的测试，但是仍有可能通不过V2F的评价。

8. NB/SH/T 0854《润滑脂对滚动轴承振动性能的影响测定法》

该标准是根据 ANSI/AFNMA Std. 13—1987“滚柱轴承振动和噪音(测定法)”制订的，目的是利用试验轴承测试润滑脂的振动性能。标准列出了参比油的规格要求。测试试验需要在室温 20~25℃，相对湿度 30%~50%，远离磁场、电场、振动源等的防尘操作实验室中进行。

该标准引用了 JB/T 5314 中的概念：

轴承振动：在轴承运转过程中，轴承零件随时间而变化的弹性变形及除轴承功能所必须的运动外的其他一切偏离理想位置的运动，通称轴承振动。

振动加速度级：某一频带范围内的振动加速度均方根值与参考加速度值之比的常用对数，再乘以 20，所得之数值为振动加速度级，单位分贝 dB。

基础轴承振动加速度级：即，在使用规定润滑油润滑的情况下，所测出的轴承振动加速度级，单位为分贝 dB。

润滑脂的轴承振动加速度级影响值：润滑脂的轴承振动加速度级是指，在使用润滑脂润滑的情况下所测出的轴承振动加速度级，减去轴承的基础振动加速度级后得到的数值。该值为负数时，被认为此润滑脂能有效降低轴承的振动加速度级。

轴承振动仪：主轴转速 1450r/min±50r/min、测量范围 10~90dB、仪器综合基础振动不大于 10dB、轴向加载 66.7N、可测轴承内径 5~60mm、放大器频率范围 50~10000Hz。

第四节　润滑脂原料质量检验方法

润滑脂的质量控制体系中，除了润滑脂理化性能与使用性能指标及试验方法外，生产润滑脂的原材料的质量检测方法也是重要内容。原材料的检测主要包括基础油、稠化剂原料以及添加剂和填料的检测。

基础油和添加剂的检验包括黏度、闪点、燃点、凝点、灰分、机械杂质、腐蚀、硫含量、磷含量、氯含量等的检验，按《石油产品试验方法国家标准/行业标准》进行。

润滑脂中动植物油脂、脂肪酸以及碱类的检验方法见表 3.13~表 3.15。

表 3.13　动植物油脂的检验方法

植物油脂透明度、色泽、气味、滋味鉴定法	GB/T 5525—1985
植物油脂水分及挥发物含量测定	GB/T 5528—1995
植物油脂杂质测定	GB/T 5529—1985
植物油脂酸价和酸度测定	GB/T 5530—1998
植物油脂碘价测定	GB/T 5532—1995
植物油脂皂化值测定	GB/T 5534—1995
植物油脂不皂化测定——第 1 部分：乙醚提取法 ——第 2 部分：乙烷提取法	GB/T 5535.1—1998 GB/T 5535.2—1998
油脂熔点测定	GB/T 5536—1985
麻籽油乙酰值测定法	GB 8234—1987

表 3.14 脂肪酸等的检验方法

工业冰乙酸含量的测定(滴定法)	GB/T 1628.3—2000
工业硬脂酸试验方法——碘值的测定 ——皂化值的测定 ——酸值的测定	GB/T 9104.1—1988 GB/T 9104.2—1988 GB/T 9104.3—1988
12-羟基硬脂酸-羟值的测定	Q/J 0380—1981

表 3.15 碱类的检验方法

氧化钙含量测定	GB 1262—1977
工业氢氧化钠中 NaOH 和碳酸钠含量的测定	GB 4348.1—2000
工业氢氧化钠中 NaCl 含量的测定	汞量法 GB 4348.2—2002
碳酸锂、单水氢氧化锂、氯化锂化学分析方法	GB 11604.1—2013

第四章　润滑脂生产设备

润滑脂生产设备是实现其生产工艺过程的物质基础，关系到润滑脂产品的质量与成本。润滑脂生产设备既有一般石油化工设备的通用特点，更有它的一些特殊性，不同品种的润滑脂有不同的生产工艺。润滑脂生产设备的发展是与生产工艺和品种的发展相适应的。

第一节　润滑脂生产流程及设备分类

一、润滑脂生产流程

润滑脂生产流程，因产品特性而不同。通用的或较为典型的是用皂化釜(反应釜)进行皂化反应，在导热油炉的加热条件下，将基础油、脂肪酸、碱、水等原料混合在一起进行皂化反应，之后脱水处理，然后升温至160℃左右恒温(压力皂化开始泄压)，再升温至200~235℃，恒温一段时间以后，通过急冷混合器转釜急冷或转釜至调和釜急冷成为膏状润滑脂。皂化完成转至调和釜的物料一般在170~180℃，然后在此釜内降温至120℃左右，降温是通过釜外夹套的冷却水，和加入温度相对低的基础油来实现的，加入基础油即给润滑脂降温又对润滑脂的稠度进行调整，为了更好地实现上述功能，釜内不停地搅拌和用循环泵进行反复循环过滤。当稠度和温度达到调整条件后，通过均质机或循环泵转至成品釜，在此釜内加入添加剂，进一步循环过滤和剪切，达到需要的稠度和温度时进行脱气作业，国内较为典型的脱气方法是泵和阀结合的简易循环脱气法和用均质机或泵转至脱气釜真空脱气。最后通过过滤器进行成品的分装。成品分装根据规模不同，有自动流水线或人工分装方式。

一个较为典型和完整的流程主要由导热油炉、皂化釜、调和釜、成品釜、倒皂泵、循环泵、急冷混合器、过滤器、剪切器、均质机、脱气釜等组成，如图4.1所示。

二、润滑脂生产设备分类

按照润滑脂生产过程的功能润滑脂生产设备分为以下几种。

1. 皂化釜

皂化釜的作用是制备皂基，是润滑脂生产的龙头设备。按照设备的结构不同可分为双重搅拌皂化釜、三重搅拌皂化釜、行星搅拌皂化釜、管式皂化炉等。按照是否承压皂化，又可分为双重搅拌压力皂化釜、三重搅拌压力皂化釜、行星搅拌压力皂化釜、接触釜等。

2. 调和釜或成品釜

按照设备的结构不同可分为双重搅拌调和釜、行星搅拌调和釜以及单向搅拌调和釜等。

3. 急冷设备

按照设备的结构不同可分为静态急冷混合器、动态急冷混合器和调和釜釜内急冷等设备。

4. 均质设备

按照设备的结构不同可分为均质机、胶体磨、静态剪切器、孔板剪切器、T型过滤器、三辊研磨机等。

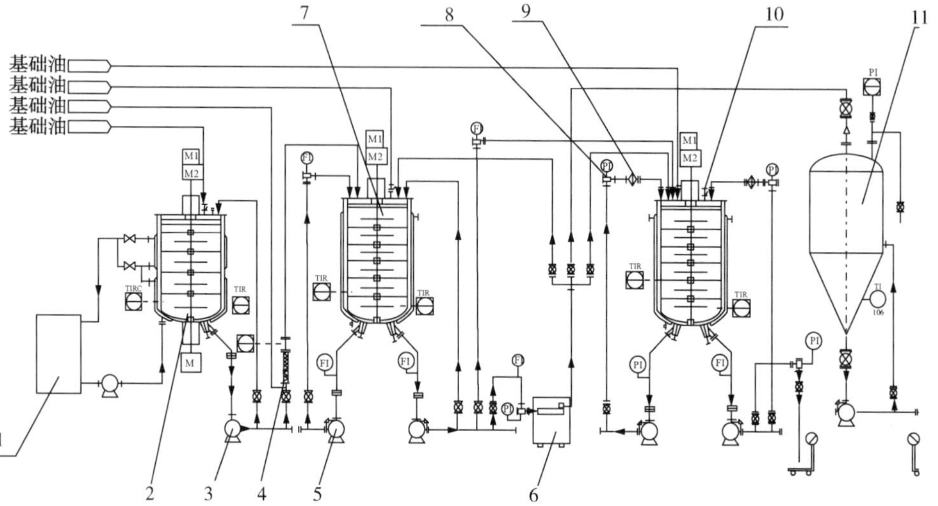

图 4.1　皂基润滑脂生产工艺流程图

1—导热油炉；2—皂化釜；3—转皂泵；4—急冷混合器；5—循环泵；6—均质机；
7—调和釜(冷却釜)；8—T 型过滤器；9—剪切器；10—成品釜(调和釜)；11—脱气釜

5. 冷却和调和设备

按照设备的结构不同可分为调和釜冷却、薄膜冷却器冷却等设备。

6. 过滤设备

按照设备的结构不同可分为 Y 型过滤器和 T 型过滤器。

7. 脱气设备

按照设备的结构不同可分为脱气釜、循环脱气设备和高速分散真空脱气等。

8. 输送设备

按照设备的结构不同可分为齿轮泵、内齿轮泵、螺杆泵等。

9. 加热设备

目前润滑脂行业广泛使用导热油炉，主要分为燃气炉、燃油炉和电加热炉等。

第二节　皂化设备

润滑脂皂化设备，在流程中称之为皂化釜或反应釜，“釜”是古代做饭的锅的称谓，具有加热功能，能够为物料进行化学反应提供升温的条件。其发展与润滑脂生产工艺、产品品种的技术进步密不可分。润滑脂生产设备的发展过程：经历了从大锅—直火加热—人工搅拌熬制钙基润滑脂和钠基润滑脂，升级到常压釜—蒸汽加热—电动搅拌制备钙基润滑脂和钠基润滑脂，再发展到压力釜—导热油加热—电动搅拌制备锂基润滑脂或复合皂基润滑脂的历程。炼制釜搅拌形式也从最初的单向搅拌，逐步发展到双重搅拌、接触釜和三重搅拌，使物料反应、分散越来越均匀。

反应釜按照是否承压分类，又可分为压力釜和常压釜。按照搅拌形式分类又可分为双重搅拌釜、三重搅拌釜和接触釜。润滑脂的品质，在配方一定的条件下，皂化釜内的皂化工艺和皂化设备的水平有很大的关系，一个好的润滑脂，在形成过程中，有一半的功劳归功于皂化釜。因此，生产什么产品，用什么样的设备皂化，对产品的质量和效率影响很大。除此之外，急冷、调和、过滤、均质、脱气等环节也很重要。一个好的润滑脂产品，是由做好每个环节实现的。一个始终品质如一的产品，亦由做好每个细节来实现的。下面分别介绍各种结构的设备。

一、双重搅拌常压皂化釜

常压皂化釜通常又称为常压开口炼制釜，在润滑脂生产中应用较为广泛。其外夹套通导热油加热，夹套一般分上下两段，此种方式较为经济和灵活，在皂化反应初期，投料量较少，为防止煳料，用下夹套加热，而后部升温阶段上下夹套同时加热，既节约能源、又可减少煳皂产生，缩短生产周期。温度的测量宜采用两个，便于观察对比。

常压炼制釜通常分为两类——单向和双向搅拌釜。单向搅拌是一个电机带动搅拌桨沿一个方向旋转，结构简单，效率较低，混合效果较差，目前很少使用。双重搅拌是目前常压釜和压力釜最主要的搅拌形式，全称为同心异向桨式框式搅拌器。双重搅拌器是两组搅拌桨沿相反方向转动，搅拌桨分别安装在内、外桨轴上。在生产润滑脂时，釜内物料在凝胶态时会粘附在搅拌桨上并随搅拌桨转动，双重搅拌器则可减弱这种现象。通常搅拌桨不是水平的，一般倾斜 45°，以增强物料上下对流的效果。桨式搅拌器的转速不能太快，否则会因阻力大造成搅拌桨的损坏，一般转速以 20~60r/min 为宜，当釜的容积增大时转速应适当降低。

常压釜在润滑脂生产过程中普遍使用，结构简单，制造和管理成本低，操作容易且生产过程中便于观察，过程中便于检测和调整，但皂化周期较长。按搅拌形式可将常压釜分为单向搅拌、双重搅拌、三重搅拌和行星搅拌四种。

双重搅拌常压釜示意图及结构图如图 4.2 和图 4.3 所示。

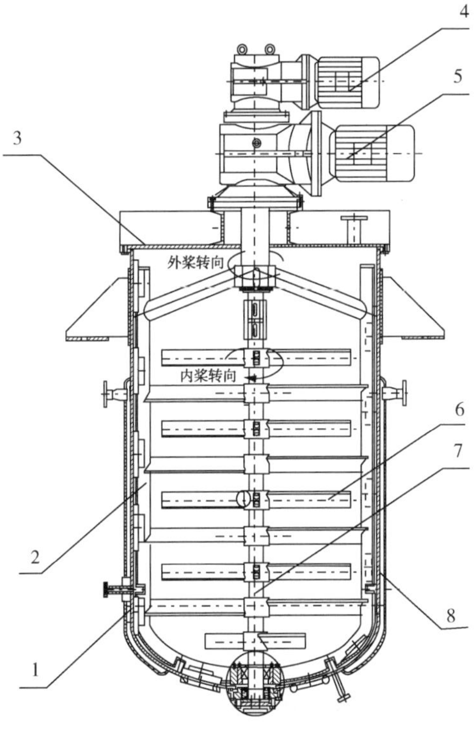

图 4.2　双重搅拌常压釜结构图

1—釜体；2—外搅拌桨；3—釜盖；4—内搅拌电机；5—外搅拌电机；6—内桨叶；7—内桨轴；8—刮板

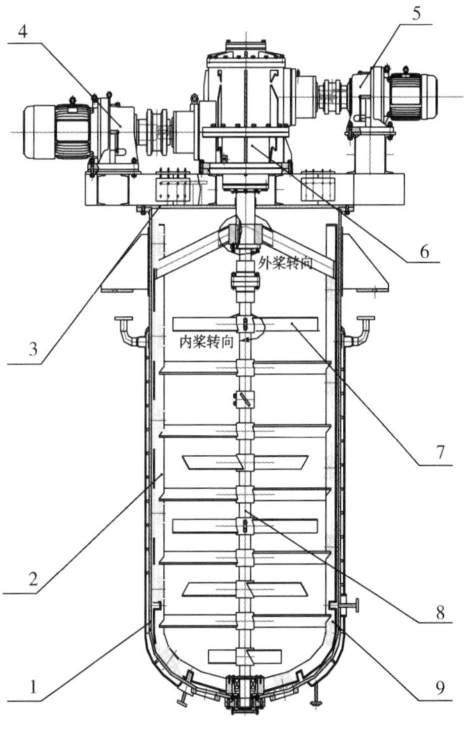

图 4.3　常压釜结构图

1—釜体；2—外搅拌桨；3—釜盖；4—外搅拌电机；5—内搅拌电机；6—双向减速机；7—内桨叶；8—内桨轴；9—刮板

1. 三重搅拌常压皂化釜

三重搅拌常压皂化釜结构，是在双重搅拌釜的基础之上改进而成的，在釜底增加了一个高速搅拌器，其示意图及结构图如图 4.4 和图 4.5 所示。

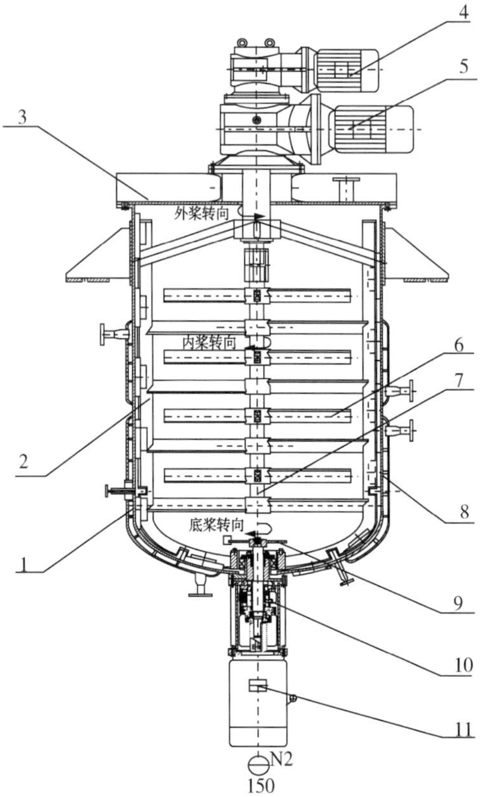

图 4.4　三重搅拌常压皂化釜

1—釜体；2—外搅拌桨；3—釜盖；
4—内搅拌电机；5—外搅拌电机；6—内桨叶；
7—内桨轴；8—刮板；9—底桨；
10—底桨机械密封；11—底桨电机

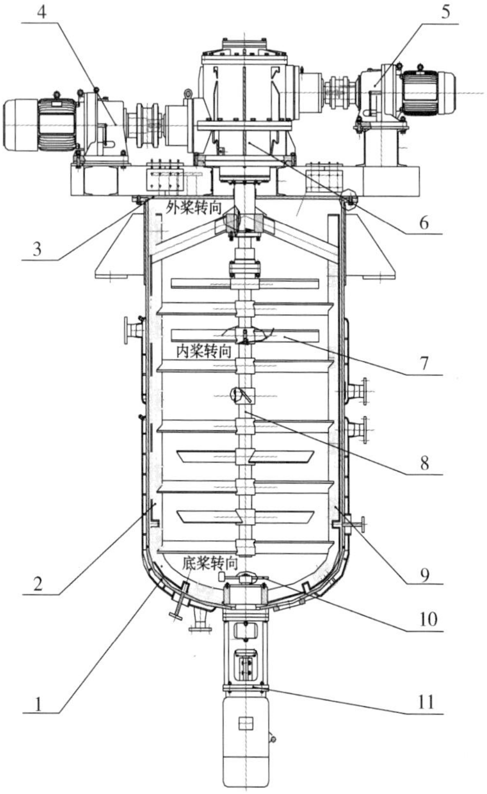

图 4.5　三重搅拌常压皂化釜结构图

1—釜体；2—外搅拌桨；3—釜盖；
4—外搅拌电机；5—内搅拌电机；
6—双向减速机；7—内桨叶；8—内桨轴；
9—刮板；10—底桨叶；11—底桨电机

三重搅拌常压皂化釜是目前国内润滑脂工厂生产高档润滑脂的主流设备。我国的三重搅拌釜是在引进日本设备的基础上改进、提高而成，是在配备刮壁功能的双重搅拌釜底部增加高速搅拌叶轮，使投入釜内的基础油和脂肪酸等物料，在叶轮的快速作业下向釜壁冲撞，一般设备釜底为椭圆封头，冲撞到封头上的物料进行反复折射与碰撞，运行中产生很大的飞溅浪花，如图 4.6 所示。其效果照片如图 4.7 所示。

由于高速叶轮的作业，使物料充分接触混合，并消除搅拌盲区，使脂肪酸、葵二酸等物料不会在投料初期因釜内温度较低而在釜底沉淀，同时叶轮的高速旋转还使脂肪酸等固体物料快速被剪切，快速溶解在基础油中，均匀细腻的溶解增大了化学反应的界面。在正常作业下，三重搅拌同时运作发力，使物料上、下、左、右循环碰撞、对流，将物料从釜底部向上翻动，提高了传热、传质的效率。

经生产实践验证，三重搅拌压力釜生产复合锂基润滑脂操作方便、质量稳定、生产周期短，每釜生产周期为 8.5h 左右，比常压釜减少 3~5h。

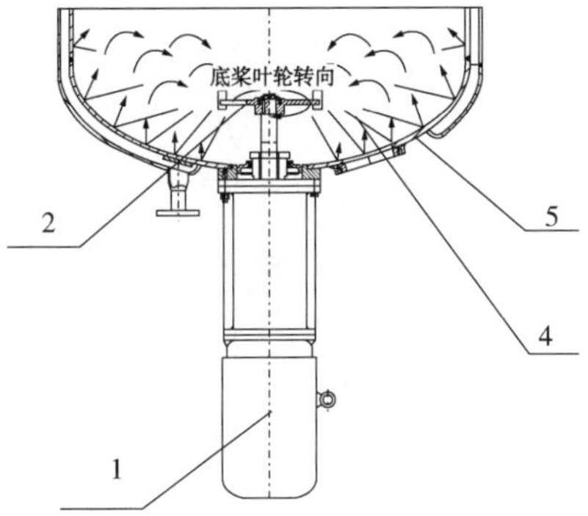

图 4.6　三重搅拌底浆搅拌效果图

1—电机；2—高速叶轮；3—椭圆封头釜体；4—翻腾的油花

图 4.7　底浆搅拌作业效果照片

2. 行星搅拌皂化釜

行星搅拌釜，是指釜内搅拌的驱动方式是由一组齿轮来实现的，动力是一个搅拌电机，带动外桨框转动的同时，又使两个内桨齿轮围绕太阳轮啮合中旋转，从而实现自身的转动，此轮为行星轮，即要自转，又绕太阳轮转。这是《机械原理》中的一种典型的机械传动方式。运动原理图如图 4.8 所示。行星搅拌的皂化釜结构如图 4.9 所示。

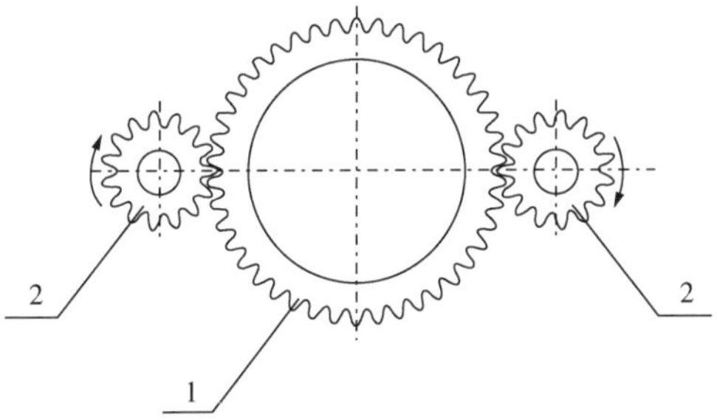

图 4.8　行星搅拌原理图

1—太阳轮；2—行星轮

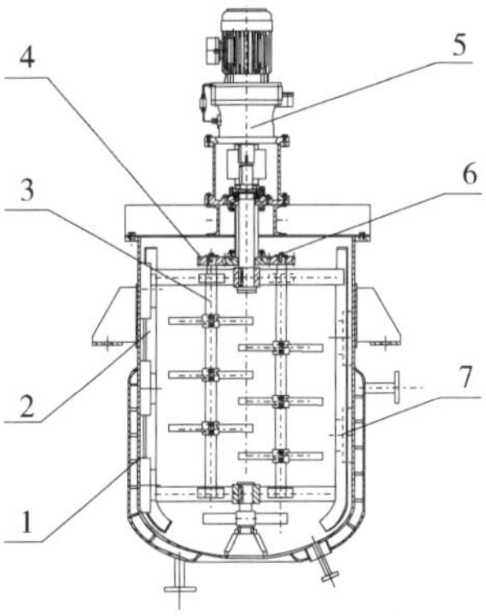

图 4.9　行星搅拌皂化釜

1—釜体；2—外搅拌桨；3—行星轴；4—行星轮；5—搅拌电机；6—太阳轮；7—刮板

3. 压力皂化釜

压力皂化釜又称为密闭釜、加压釜，也是润滑脂皂化的常见设备，应用也较为普遍，操作压力在 0.4~0.6MPa，属于一类压力容器，制造、安装、使用和管理均要符合压力容器的相关管理规程。

按照结构不同有双重搅拌压力皂化釜、三重搅拌压力釜和行星搅拌压力皂化釜。

1）双重搅拌压力皂化釜

双重搅拌压力皂化釜是在双重搅拌皂化釜的基础上增加了承压的设计，一般使用压力在 0.4~0.6MPa。双重搅拌压力皂化釜示意图如图 4.10 所示。

2）三重搅拌压力皂化釜

三重搅拌压力皂化釜是在双重搅拌压力皂化釜的基础上增加了高速底浆，是一种技术较为领先的设备。一般使用压力在 0.4~0.6MPa。三重搅拌压力皂化釜的示意图及结构图如图 4.11所示。

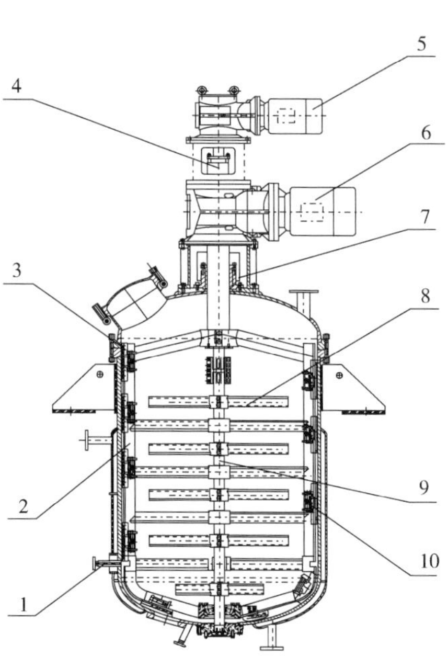

图 4.10　双重搅拌压力皂化釜示意图

1—釜体；2—外搅拌桨；3—釜盖；4—内桨密封；5—内搅拌电机；6—外搅拌电机；7—外桨密封；8—内桨叶；9—内桨轴；10—刮板

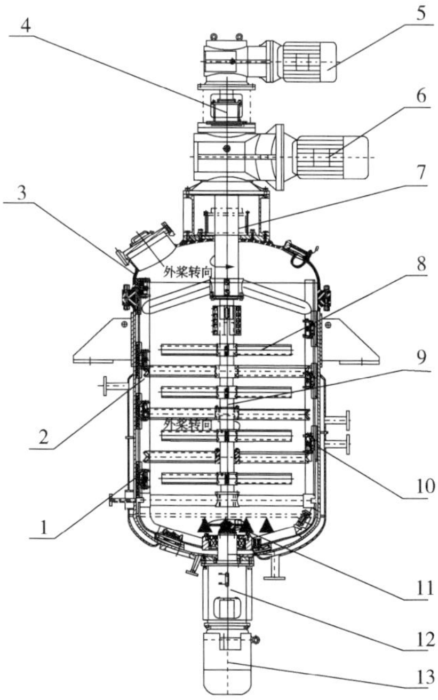

图 4.11　三重搅拌压力皂化釜示意图

1—釜体；2—外搅拌桨；3—釜盖；4—内桨密封；5—内搅拌电机；6—外搅拌电机；7—外桨密封；8—内桨叶；9—内桨轴；10—刮板；11—底桨；12—底桨机械密封；13—底桨电机

3）行星搅拌压力皂化釜

行星搅拌压力皂化釜是在行星搅拌常压皂化釜的基础上增加了承压设计。由于结构较为简单，本质上是单向搅拌，因此价格较低，也得到了广泛的应用。行星搅拌压力皂化釜的结构图如图 4.12所示。

但是由于内部齿轮在釜内的存在会积存很多物料，这些物料就很容易成为杂质进入润滑脂中，因此高档的润滑脂用此种设备生产就较为困难。釜内照片如图 4.13 所示。

4. 接触釜

接触釜又称为接触器，全称为高速对流加压炼制釜，是一种结构特殊、效率较高的压力反应釜，也是一种技术先进的润滑脂炼制设备。接触釜按作用原理分为下搅拌循环式和换向湍流式两种。接触釜虽属于压力皂化釜的一种，但普通压力釜与其结构有很大区别。

接触釜是一个带夹套的压力釜，内装一个双层壁的导流筒，底部有一个高速推进式叶轮。叶轮在旋转时，推动物料沿容器内壁与导流筒之间的通道向上流动，再从导流筒上部流向容器底部，完成循环。导流筒具有导流和加热的双重作用，加热介质通过外层夹套和导流筒对容器内物料加热，接触釜有三个加热面，较一般的常压炼制釜和压力釜加热面积大，其传热效率是一般常压炼制釜的五倍，特别适合于锂基润滑脂的生产。接触釜结构图如图 4.14 所示。接触釜运行时物料循环流动照片如图 4.15 所示。

5. 管式反应器

管式反应器也称管式炉，全称为热载体套管式反应器，是由两根不同直径的管同心相套，再由弯管连接而成。

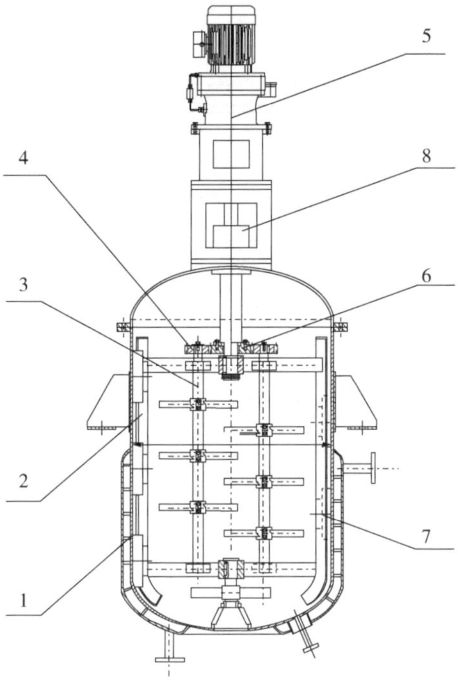

图 4.12　行星搅拌压力皂化釜

1—釜体；2—外搅拌桨；3—行星轴；4—行星轮；5—搅拌电机；6—太阳轮；7—刮板；8—密封

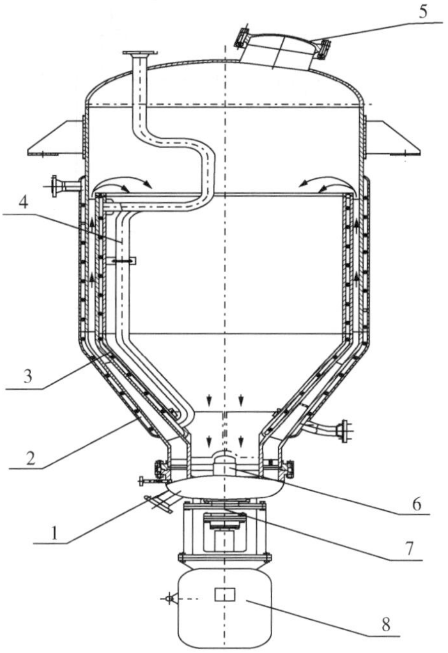

图 4.14　接触釜结构图

1—釜底反射罩；2—外筒体；3—内筒体；4—人孔；5—导热油出口管；6—导热油进口管；7—推进式桨叶；8—搅拌桨电机

图 4.13　行星轮结构设备照片

图 4.15　接触釜物料循环照片

管式反应器的结构简单，实际上就是一个换热器。在物料与导热油逆向流动中，物料吸收大量热量迅速反应，反应转化率与热量的供给有关。管式反应器是润滑脂生产中的连续式皂化设备，具有以下特点：

连续化、操作简单、减轻了劳动强度。适用于大批量、单一品种的润滑脂生产。由于生产过程难以控制，反应物料在管内的温度不一致和配料不精确，使产品的质量稳定性不佳，因此目前国内只有少数生产厂和少量产品在应用。

管式反应器结构示意如图 4.16 所示。

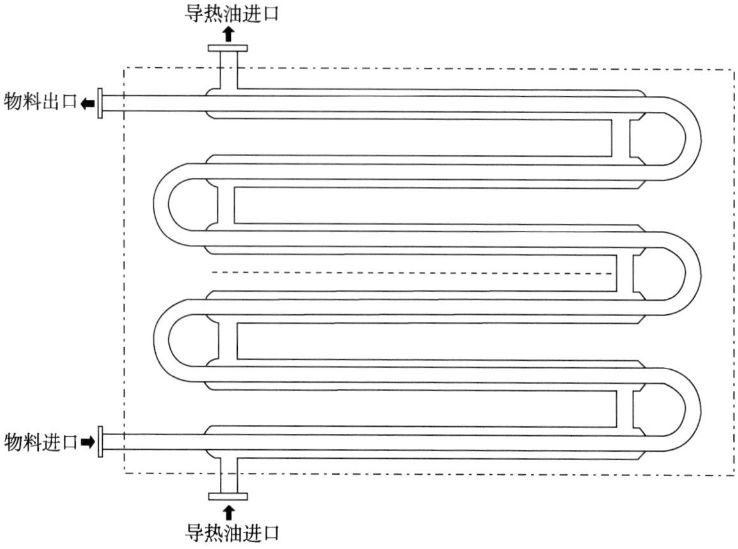

图 4.16　管式反应器结构示意图

以上各种皂化，除管式反应器外，不管动力的输入形式如何，釜内的搅拌设计基本上都是为了使物料混合效率更高、分散效率更高和传热传质效率更高，为了实现上述目的，釜内的内外桨搅拌叶设计成倾斜 45°，外桨叶在搅拌时使物料向上翻腾，内桨叶在搅拌时使物料向下翻腾，在多层内外桨叶的共同作用下，物料在釜内不断进行混合、分散、剪切和传质。内外桨叶的作用对润滑脂的外观、机械安定性、胶体安定性、钢网分油等有直接影响。

不管是润滑脂皂化釜还是调和釜，润滑脂生产过程中的传热也很重要，因为其直接影响生产效率。因此在外桨上安装可铲式弹簧刮板。结构如图 4.17 所示。

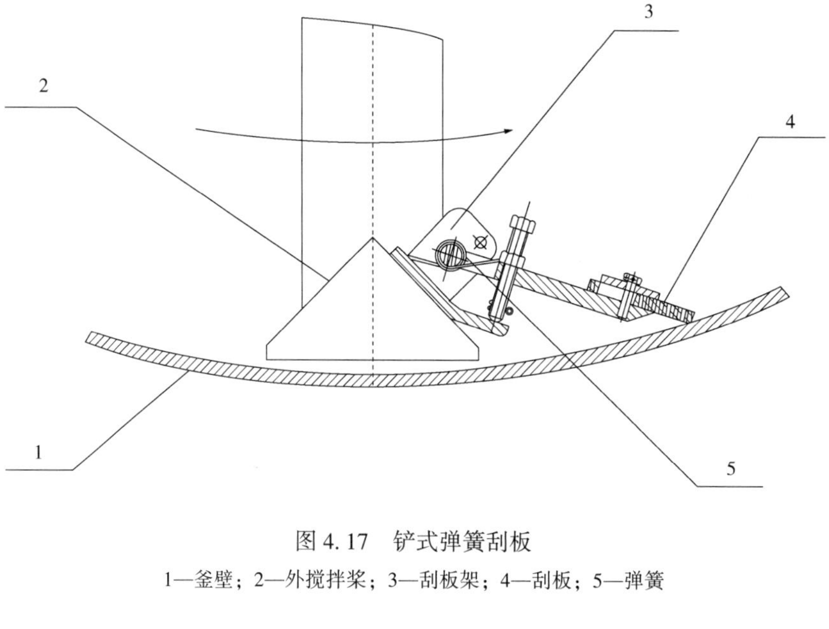

图 4.17　铲式弹簧刮板

1—釜壁；2—外搅拌桨；3—刮板架；4—刮板；5—弹簧

铲式弹簧刮板在运转中，不断地铲除黏附在釜壁上的润滑脂，将热的或凉的润滑脂铲向釜内，如此实现快速换热。一般情况下，釜壁上的物料，每秒更新一次。有实践证明，有良好刮壁措施的釜，釜壁无油脂，表面干净，没有刮壁措施的釜，釜壁残留润滑脂将近 20mm 厚，对于反应釜而言，反应时间会延长 3 倍以上，对调和釜而言，在夏天的环境温度下，前者降温至落罐温度需 2h 左右，后者需 8h 以上，换热效率相差 4 倍以上。

在釜内安装铲式弹簧刮板，对釜的制造精度要求很高，对釜内壁的表面精度要求很高。装有铲式刮壁的釜内照片如图 4. 18 所示。

图 4. 18　静态急冷混合器

二、急冷设备

润滑脂由真溶液状态经过急冷成为脂，急冷方式和急冷控制也非常重要。国内生产润滑脂的急冷方式一般为静态急冷混合器、动态急冷混合器和倒釜至调和釜内等急冷方式。急冷是一边用泵桨真溶液打入急冷混合器，一边打入急冷油，使真溶液快速降温约 30℃。

锂基润滑脂生产急冷，国内多采用静态急冷混合器急冷的方法，常用的急冷混合器如图 4. 19所示。

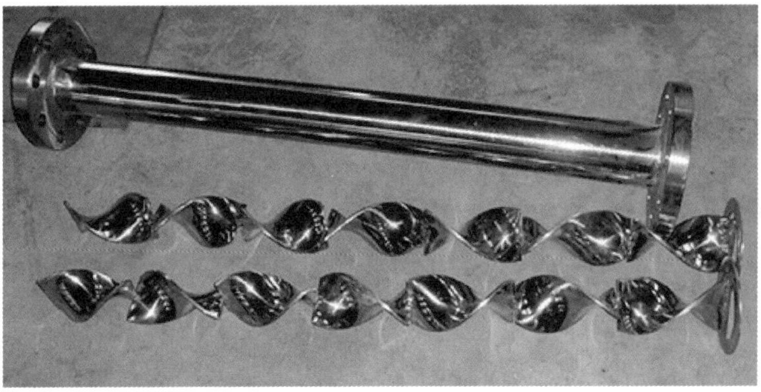

图 4. 19　刮壁设备釜内照片

静态急冷混合器是一种结构简单、操作方便、效果明显的急冷设备，主要由外壳、换向折流板组成。急冷时呈真溶液状态的物料和基础油分别被泵送入急冷混合器，冷、热物料在折流板换向作用下分割成若干小股，被多次分割换向充分分散混合，使得急冷过程中皂分子生成更多的皂晶核，形成理想的皂纤维结构体系，有效地提高润滑脂的机械安定性和胶体安定性。在极短时间内达到工艺要求温度，从而达到急冷的目的。使用急冷混合器可以大大缩短生产周期，且急冷混合器是在静态下工作，本身不需要动力。

动态急冷混合器国内也有应用但较少。方法是真溶液通过泵送至高速旋转的带多级乳化头的乳化泵内，急冷油在泵的进口同时进入达到快速冷却的目的。润滑脂在急冷的同时被研磨，这个过程需要较大的动力来实现。高速混合器由本体、电机、联轴器、轴及轴封、吸入口、一级定子和转子、二级定子和转子、吐出口组成。在电机的带动下，一级转子和二级转子高速旋转，在吸入口和吐出口之间产生压差，从而使物料从吸入口进入高速混合器，物料在经过转子和定子之间的细小间隙时，受到冲击和剪切，达到搅拌、混合的目的。由于高速混合器是在无空气存在的情况下对物料进行混合分散，因此能有效防止空气混入物料中产生气泡。高速混合器的外壳可设置夹套，能按需要对物料进行加热或冷却，有效缩短物料的升温或降温时间。动态急冷混合器的典型设备是乳化泵如图 4.20 所示。

高速乳化泵的内部结构照片如图 4.21 所示。

这两种急冷均能保证润滑脂急冷温度的控制，且控制质量较高。倒釜急冷方式，虽也能实现急冷，但单急冷温度就很难保证达到控制目标。

图 4.20　高速乳化泵

图 4.21　乳化头

三、冷却和调和设备

冷却和调和设备的基本结构同常压皂化釜，釜本体一般是常压釜，其外夹套可通冷或热的介质。润滑脂调和的目的是为了调和润滑脂的稠度，在调稠的过程中可同时对润滑脂降温至可分装的温度。对设备的要求是，搅拌充分、刮壁效果好、传质传热效率高。为了配合润滑脂的调稠工作，常有循环过滤和剪切的工艺同时进行。

四、均质设备

均质是指润滑脂中的皂和基础油互相充分、均匀地分散，皂充分地分散在基础油中，油充分地分散在皂纤维中。润滑脂的均质设备是生产润滑脂后处理过程的重要设备，对稳定、改善润滑脂结构和性能起着极其重要的作用，其可以改善润滑脂的外观、机械安定性、胶体安定性等性能。均质设备有以下几种。

1. 胶体磨

胶体磨是一种常见的均化设备，按结构可分为立式和卧式两种。胶体磨主要由磨盘、电机和底座三部分组成，起均化作用的部件是磨盘。磨盘由转子和定子组成，在运转时一静一动，物料通过转子与定子之间的间隙，受到转子与定子的研磨，从而被细化、分散、均化。转子与定子之间的间隙可以调节，从而使物料更加细腻，但润滑脂通过胶体磨处理后，气泡脱除效果不如均质机。可用于管道化连续生产流程中，也可以独立使用。

2. 三轴辊研磨机

三轴辊又称三辊磨，在润滑脂早期生产中曾大量使用，目前主要用于一些小批量产品。三轴辊由电机、减速齿轮、辊筒和机座组成，如图 4.22 所示。辊筒两端的轴架设在机座上，机座前后均有手轮以调节辊筒之间的间隙，间隙越小，研磨效果越好。辊筒为空心圆筒，可通入冷却水。辊筒通过电机、减速齿轮带动运转，润滑脂通过辊筒之间的间隙后被刮刀刮下，人工灌装成品包装中。在此过程中润滑脂同时被冷却、研磨均化。由于三轴辊的处理量小，一般适用于小批量品种，同时由于三轴辊的工作环境不是封闭的，虽有利于观察润滑脂的研磨效果，但也容易落入杂质，因此三轴辊最好在洁净度高的封闭厂房内使用。

3. 静态剪切器

剪切器是一种简易型的均质设备，它主要有静态剪切器和孔板剪切器两种。剪切器结构简单、制造容易、投资少、操作方便，可安装在润滑脂的循环管道中，在泵的作用下实现均质。

静态剪切器由本体、固定的带孔座盘、能上下移动的带有锥形杆的阀盘、密封、阀杆和手轮组成。工作时润滑脂经输送泵，在压力作用下从进口高速通过座盘上的圆孔，调节阀杆手轮可改变阀盘上锥形杆在座盘圆孔中的位置，即改变圆孔的环形截面积，截面积越小，压力越高，物料流速加快，润滑脂受到高速挤压，从而达到剪切和分散的目的。

另一种静态剪切器是孔板剪切器，也是一种安装在润滑脂循环管线上的一种简易均化设备。孔板剪切器是一块圆形金属板，厚度为 3~7mm，直径为 80~125mm，板上钻有若干圆孔(直径为 0.5mm、0.8mm 或其他规格)，安装在润滑脂循环管线上。当润滑脂循环时，通过圆孔压流，使润滑脂得到剪切，并可通过更换不同直径圆孔的金属板，采取不同温度、泵压及循环时间来调整剪切分散程度。此种剪切方式便于工艺的确定。

孔板剪切器安装在循环管线上体积小，剪切动力来自于润滑脂输送泵，同时孔板剪切器价格较低，可与过滤、调稠等阶段同时进行，但孔板剪切器在运行过程中无法调节剪切程度，圆孔易堵塞。孔板剪切器结构如图 4.23 所示。

图 4.22　三辊研磨机

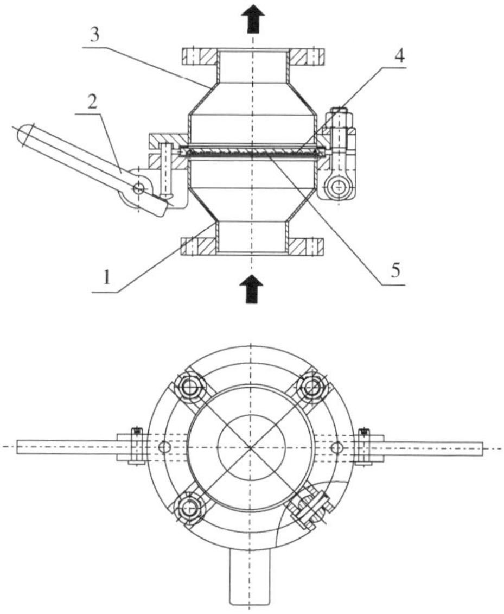

图 4.23　孔板剪切器

1—进口；2—压杆；3—出口；4—支撑板；5—孔板

4. 均质机

均质机又称均质泵或均化器，主要对润滑脂起到均化分散、稳定结构、改善性能的作用。

均质机部件主要有柱塞式高压泵、均化阀和一套控制压力的油压系统。柱塞式高压泵主要作用是通过活塞在缸体内往复运动和单向阀控制物料进出，使物料在缸体内逐级升至规定压力，进入均化阀。均化阀是均质机中最关键的部件，其作用是：高压待均化的物料以高线速(100~200m/s)从均化阀阀芯冲向阀杆，初步得到粉碎和分散后，再从极小的缝隙挤过，并以极高线速度从均化阀中冲出，物料从高压释放到常压，在瞬间膨胀，得到充分分散和均化。系统压力可以通过调整阀芯与阀座之间的间隙来控制，间隙越小压力越高，物料通过阀座、阀芯的流速也越高，均化效果也越好。均质机对润滑脂的均化处理可以连续进行。均质机如图 4.24 所示，均化阀阀芯部位工作状态如图 4.25 所示。

图 4.24　均质机

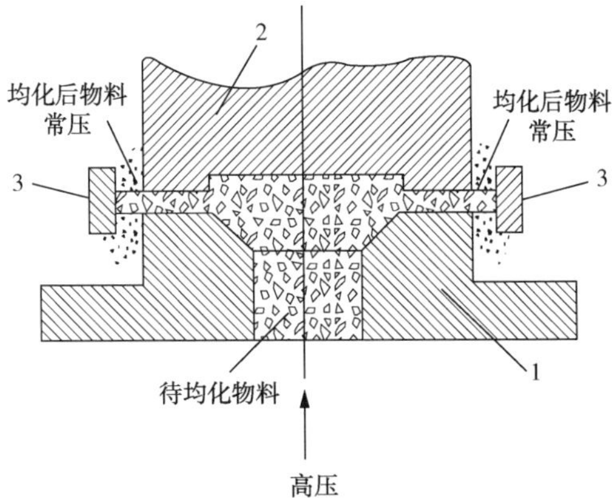

图 4.25　均化阀阀芯部位工作状态示意图

1—阀座；2—阀杆；3—硬质合金碰撞环

五、过滤设备

润滑脂中含有机械杂质和未反应完全的皂粒，不仅会降低润滑脂的润滑减摩作用，甚至会加剧摩擦，造成磨损，因此在生产过程中要注意控制杂质，尽量减少杂质数量。控制润滑脂杂质主要有两个途径：一方面对所用原料进行过滤，从源头控制杂质数量；另一方面对润滑脂在制品进行过滤，除去生产过程中产生、混入的杂质。另外过滤器还具有对润滑脂进行均化、分散的作用。常用的过滤器以下几种。

1. T 形过滤器

T 形过滤器主要由盖、壳体和过滤组件(滤网、骨架)组成。因外形呈 T 字，故称之为 T 形过滤器，T 形过滤器可安装于润滑脂的循环管线上，如图 4.26 所示。也可安装于产品分装的出口处，如图 4.27 所示。

T 形过滤器由进出口、壳体、盖、支撑架、滤芯、滤网等组成，结构如图 4.28 所示。

T 形过滤器进行过滤处理时，润滑脂延滤芯的长度从滤芯的 360°的圆周方向穿过，过滤面积较大。T-80 型过滤器，滤芯的外径是 108mm，端面面积是 91.56cm^2，也就是，润滑脂过滤中如果压强是 1kgf/cm^2，则作用在端面向里的压力是 91.56kg，如果压强是 2kgf/cm^2 产生的压为就是 183.12kg。滤芯端面压强是 1kgf/cm^2，在密封面处产生的压强就是 7kgf/cm^2，放大了 7 倍。但是在密封腔内滤芯圆周方向的径向压力是平衡的。只有轴向有力的作用产生。

图 4.26　安装于润滑脂循环管线上的 T 形过滤器

图 4.27　安装于润滑脂分装出口管线上的 T 形过滤器

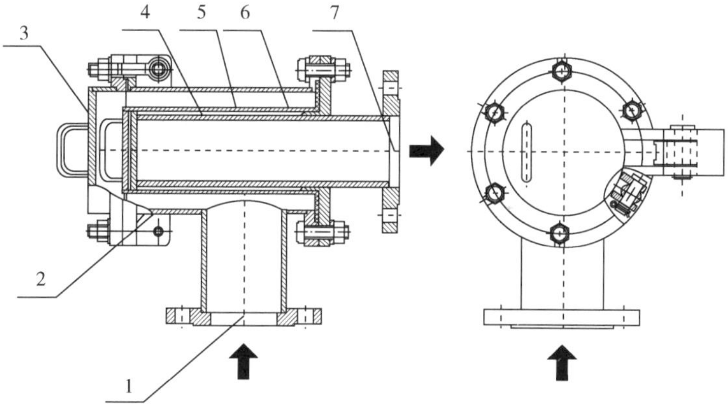

图 4.28　T 形过滤器

1—进口；2—壳体；3—盖；4—支撑架；5—滤芯；6—滤网；7—出口

在 T 形过滤器中物料则是通过滤网筒由外向内流入，因此杂质被阻挡在滤网筒外的过滤网外侧。打开盖就可取出过滤组件进行清洗，除去截留或阻挡下来的杂质。T 形过滤器，滤网更换快捷，一般情况下更换时间可在 3min 左右完成，方便实现梯次过滤，由 60 目到 160 目或更高，可逐步进行。由于安装在润滑脂循环管线拐弯的出口处，安装和操作非常便利。目前我国的循环过滤技术，在除去机械杂质的同时对润滑脂进行均质和分散，对产品质量的提升起到了很大的作用。此过滤器目前在润滑脂行业中应用较为广泛。

2. 套管过滤器

套管过滤器如图 4.29 所示，体积庞大，过滤面积大。清理和更换滤网较为困难，一般需要 2h。只适合于分装出口的安装。

目前国内润滑脂生产中，主要应用是 T 形过滤器和套管过滤器。

3. 用于基础油的过滤器

用于基础油的过滤器，一般有 Y 形过滤器和 T 形过滤器。对于杂质要求较高的润滑脂，还有袋式过滤器和板框过滤机等袋式过滤器如图 4.30 所示。

图 4.29　套管过滤器

图 4.30　袋式过滤器

六、脱气设备

润滑脂在生产过程中会混入空气，从而形成细小的气泡均匀分散在润滑脂中。这些气泡不仅影响润滑脂外观的光亮度，而且对润滑脂的储存安定性产生不利影响，还会影响到集中润滑系统对润滑脂的输送，在使用过程中还会使设备发生气蚀现象。因此，为确保润滑脂具有均匀细腻的外观和稳定的产品质量，在生产中对润滑脂进行脱气成为必不可少的环节。

润滑脂脱气一般利用真空原理进行。目前国内用于润滑脂脱气的方法主要有泵循环脱气、真空脱气机脱气和真空脱气罐脱气三种。

1. 泵循环脱气

泵循环脱气就是利用泵的吸力将其泵腔内抽为负压，配合釜底阀门使润滑脂在阀门处形成薄膜，使混合在润滑脂内的气泡剪破而脱出后，在不充满油脂的管道空间内重新聚集成大气泡，然后在循环至管道出口时爆破释放出。这种方法叫做简易循环脱气法。

简易循环脱气是由具有较大吸入真空的泵和特制的阀门组成的，如图 4.31 所示，脱气时需要泵和阀门的配合，根据不同稠度的润滑脂将阀门开到一定的开度，形成一个脱气系统。其特点是：设备简单、脱气效率较低、对泵要求较高；优点是占用的设备较少，很适合多品种小批量的产品特点。目前在国内也有较多的应用。

2. 真空脱气机

真空脱气机脱气则是利用真空原理和离心力原理，润滑脂在脱气机内高速旋转，受离心力作用向旋转筒壁冲击，气泡从润滑脂中逸出，再经真空泵抽出，达到脱气的效果。

3. 真空脱气罐

真空脱气罐是一个具备负压密封性的密闭罐。在脱气时，先用真空泵使罐内的真空度达到一定要求，一般真空度要控制在-0.08MPa 左右，再泵送润滑脂通过罐顶的分散器，使润滑脂通过狭缝形成薄膜或通过小孔，目的是增大润滑脂进入罐内的表面积，有利于气泡的脱除。润滑脂进入罐内，其内部的气泡被抽出。真空脱气罐结构如图 4.32 所示。

图 4.31　由泵和阀组成的脱气系统

脱气釜的脱气效果与真空度和喷头有关，真空度越高，脱气效果越好，但对真空泵的要求也越高。脱气过程中要注意罐内润滑脂的高度，既不能抽空也不能装满。罐内润滑脂抽空则罐内与大气相通，处于非负压状态，无法脱除气泡。润滑脂装满罐则会堵塞真空管路，无法脱气，还会造成润滑脂被抽出。真空脱气罐也可作为成品储罐，适用于批量大、经常生产的品种。但在更换品种时，真空脱气罐的清洗不方便。优点是脱气效率较高，但是需要投入较大的资金来建较多的脱气釜，以应对多品种、多颜色、多牌号的产品需求。如图 4.33 所示为某润滑脂工厂的一部分润滑脂脱气釜照片。

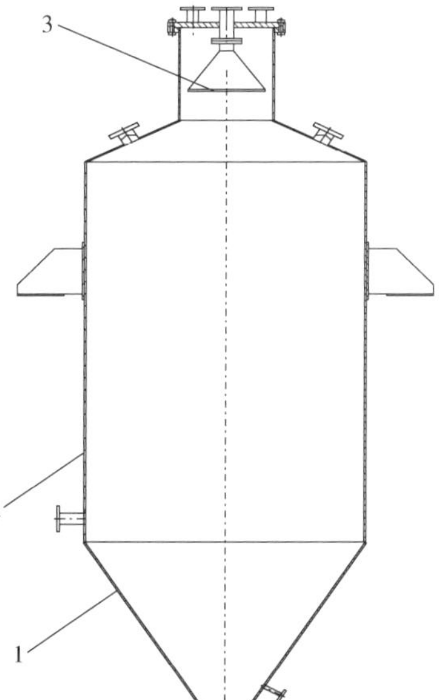

图 4.32　真空脱气釜

1—锥体；2—筒体；3—喷头

图 4.33　润滑脂脱气釜照片

七、输送设备

润滑脂是一种胶体分散体系，具有黏弹性，当不受外力或外力较小时，润滑脂只产生弹性变形而不流动，随着外力增大，黏性占主导地位才产生流动，因此润滑脂的输送一般选用容积泵。容积泵是依靠工作元件在回转中，使工作容积交替地增大和缩小，从而实现物料的吸入和排出。用于润滑脂输送的泵型主要有齿轮泵、内齿轮泵、螺杆泵等。

1. 齿轮泵

齿轮泵为外转式齿轮泵，又称外啮合齿轮泵。齿轮泵是由两个相互啮合在一起的齿轮构成的，其中一个是主动齿轮，另一个为从动齿轮，由主动齿轮带动从动齿轮旋转，从而带动物料流动。齿轮泵内部结构如图 4.34 所示。

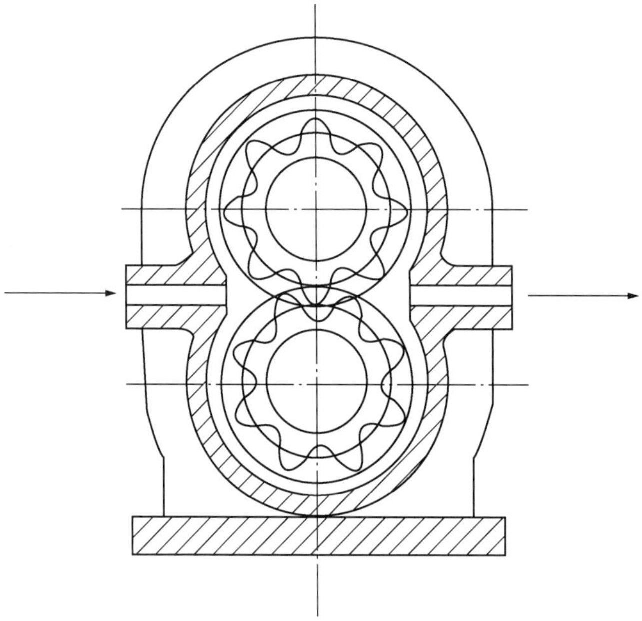

图 4.34　齿轮泵内部结构图

齿轮泵主要应用于基础油的输送、高温皂的输送和润滑脂的输送。优点是：价格低。缺点是：齿轮泵在运作时，由于有困油现象，噪音大、寿命低，另外就是吸入真空度小。

2. 内转式齿轮泵

内转式轮泵又称内齿轮泵、内啮合齿轮泵。内齿轮泵的结构与齿轮泵相似，是由主动齿轮带动从动齿轮转动，从而带动物料流动，但内齿轮泵的从动齿轮在主动齿轮之中，更适合输送黏度大、稠度大的润滑脂等物料。内齿轮泵组成及内部结构如图 4.35 和图 4.36 所示。

此泵可用于基础油、高温皂的输送，也可进行润滑脂的输送和脱气。但是在脱气时噪音较高、泵的寿命较短。

3. 螺杆泵

螺杆泵属于回转容积式泵，具有输送介质平稳、压力脉动小、噪音低、吸上性能好、效率高等优点，用途极为广泛。一般按照泵内螺杆数目分为：单螺杆泵、双螺杆泵、三螺杆泵等。它们的工作原理基本相似，区别在于螺杆数目和螺杆的几何形状有所不同。

单螺杆泵是内啮合的容积泵，主要由一根单头螺旋的转子和一个通常用弹性材料制成的

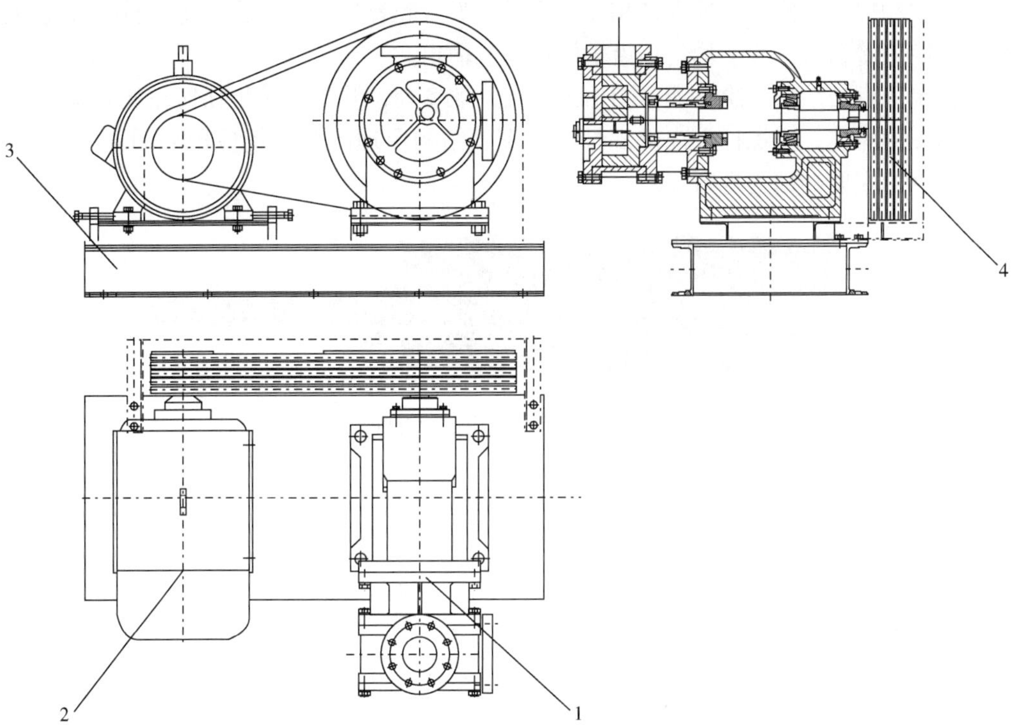

图 4.35　内齿轮泵组成

1—泵头；2—电机；3—底盘；4—皮带轮

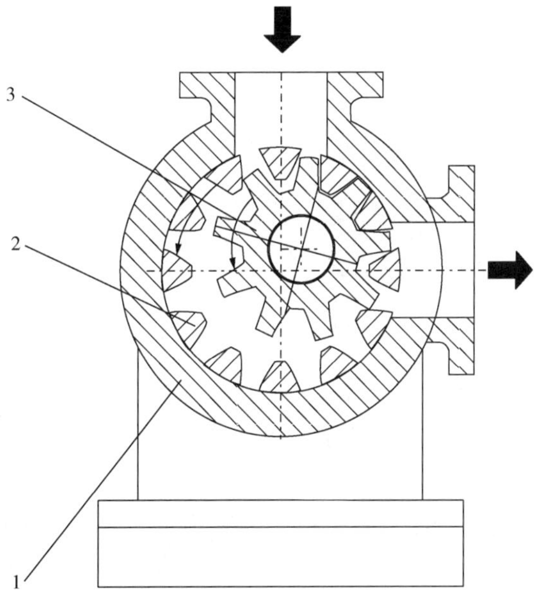

图 4.36　内齿轮泵内部结构图

1—泵壳；2—主动齿轮；3—从动齿轮

具有双关螺旋的定子组成，当转子在腔内绕定子的轴线作行星回转时，转子、定子之间形成的密闭空间就沿转子螺线产生位移，从而输送物料。

三螺杆泵则是一根主动螺杆和两根从动螺杆组成，主动螺杆与电机连接，从动螺杆则对称分布在主动螺杆两侧。三根螺杆相互啮合时，吸入腔容积发生变化，将物料吸入腔内，通过各密封腔带着物料连续、均匀地沿轴向流动、输出。

螺杆泵优点是结构紧凑，流量与压力稳定，效率高，几乎可用于任何黏度的流体，尤其适用于高黏度流体。三螺杆泵内部螺杆配合图、结构原理图及现场应用如图 4.37～图 4.39 所示，螺杆的左侧端部为进料口。

图 4.37　三螺杆泵内部螺杆配合图

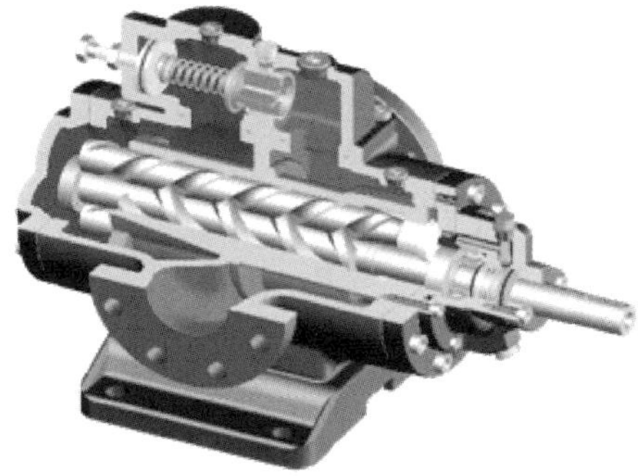

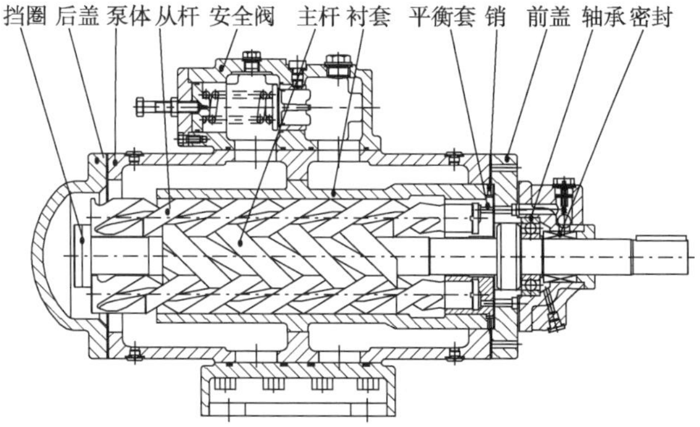

图 4.38　三螺杆泵的结构原理图

图 4.39　三螺杆泵现场应用

八、供热设备

随着导热油加热技术的不断进步，目前润滑脂行业的供热设备主要采用导热油加热炉，主要设备有：加热炉本体、燃烧器、膨胀槽、贮油槽、油气分离器、Y 型油过滤器、烟道防爆门、热油循环泵、齿轮注油泵等。加热炉主要设备及管线轴测简图，如图 4.40 所示。

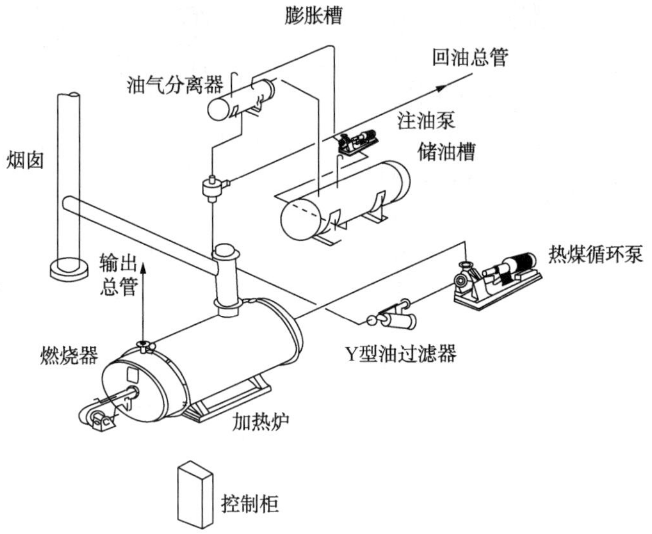

图 4.40　加热炉主要设备及管线轴测简图

电控部分：电气控制柜、浮球液位控制器、远传压力表、铂热电阻、压力表、压力截止阀、玻璃板液面计。

供热系统工作原理及其工艺流程图分别如图 4.41 和图 4.42 所示。

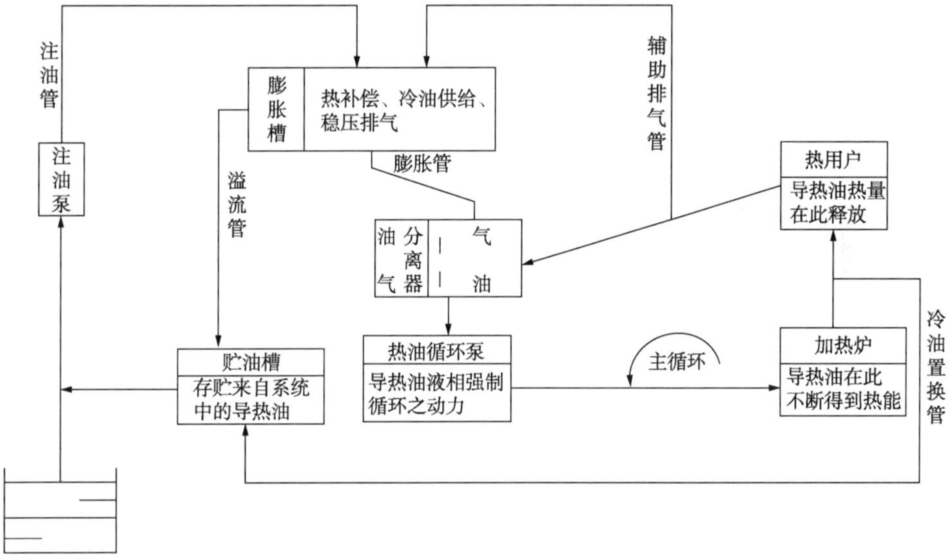

图 4.41　供热系统工作原理

导热油加热技术具有如下优势：

（1）无毒、无臭、无污染

（2）挥发性小，安全可靠，闪点在 200℃左右，自燃点在 500℃以上。

（3）酸性低，pH 值近中性，对设备无腐蚀性。

（4）馏程高蒸发损耗小：馏程的初始温度高于 20℃以上。使用温度不超过最高使用温度时，蒸发损耗低。

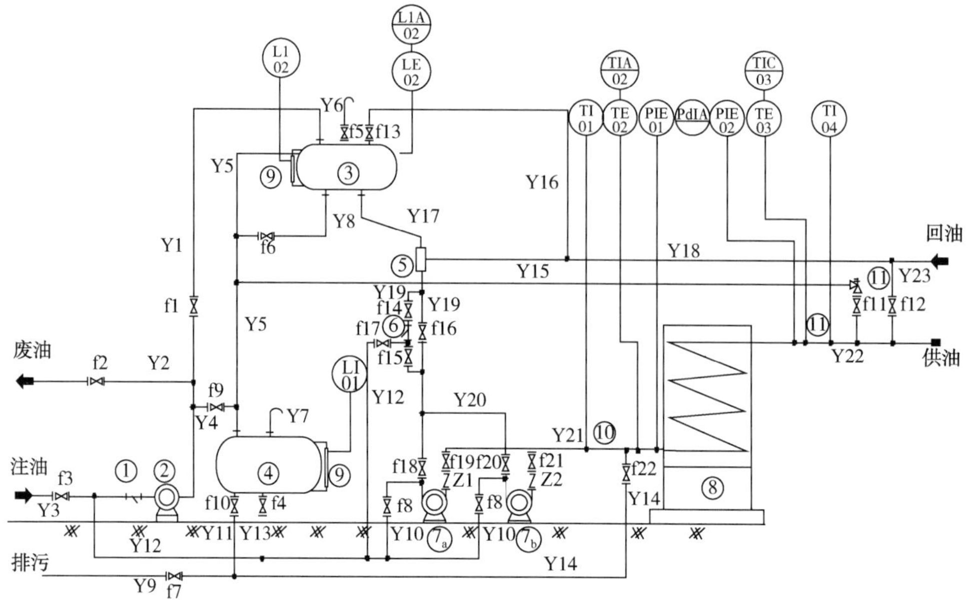

图 4.42　供热系统工艺流程

（5）热稳定性好，抗氧化性强；在不高于最高使用温度下使用，其分解的速度极慢，油质相对稳定，年添加量仅为5%左右。

第五章　润滑脂选择及使用

第一节　润滑脂的选用原则

润滑脂是一种重要的润滑材料，应用十分广泛，涵盖了工业、农业、交通运输、航空航天、电子信息、能源及军事装备等各领域，是国家经济建设和国防不可缺少的一类重要石油化工产品。

润滑脂品种牌号繁多，适用范围广泛，已制订的国家标准、国家军用标准及行业标准所涉及的润滑脂品种多达300多个，还有很多的地方标准、企业标准的润滑脂品种。如此多的润滑脂要做到合理选用，是一件十分不易的事。正确选用润滑脂是保证机械设备处于良好工作状态、延长设备使用寿命、降低生产成本及润滑脂耗量的重要措施。要正确选用润滑脂必须了解各种润滑脂的特性，并了解具体用脂部位的工作条件和环境条件，只有润滑脂的特性与应用场合相适应，才能充分发挥润滑脂的性能，收到良好的应用效果。

选用润滑脂首先要了解各种润滑脂的特性，还要了解设备的工作条件(温度、负荷、转速)、环境条件、加脂方式、换脂周期等，只有润滑脂的特性与应用条件相适应，才能发挥润滑脂的性能，收到良好的应用效果。润滑脂的选用在很大程度上依赖人们的经验和现场实际使用效果。选用润滑脂的一般原则是：根据设备工作条件，如设备类型、使用温度范围、承载负荷、转速及所接触的环境介质和其他特殊要求；参照各类润滑脂的主要性能，结合经验选择润滑脂。

1. 考虑使用润滑脂的目的

选择润滑脂时，首先应明确使用润滑脂的目的。从润滑脂的使用部位分析润滑脂所起的主要作用以哪一个为主，来选用符合要求的润滑脂。润滑脂大致可分为减摩、防护、密封三大类。

作为减摩润滑脂，主要应考虑耐高低温的范围、耐转速的界限、负荷的大小等。

作为防护润滑脂，则应重点考虑接触的介质是金属，是水气，还是化学气体。在润滑脂的性能方面，应着重考虑对金属的防护性指标，如抗氧化性、抗水性等。

作为密封润滑脂，则应首先考虑接触的密封件材料是橡胶，是塑料，还是金属。尤其是用橡胶和塑料为密封元件时，一定确认橡胶的牌号，根据润滑脂同橡胶的相容性来选择适宜的润滑脂。其次，应考虑接触的介质是水、是醇类，还是油；是静密封还是动密封。如果介质是水或醇类应选用具有较大黏度的石蜡基基础油制成的酰胺脂、脲基润滑脂；若是静密封应选择黏稠一点的密封润滑脂，若是动密封，应选择基础油黏度不能太大的润滑脂。

2. 考虑润滑部位的工作温度

润滑部位的工作温度是选择润滑脂的重要依据。使用润滑脂的典型部件是滚动轴承，就有关轴承温度和润滑脂的寿命关系来看，轴承温度每上升10~15℃，润滑脂的寿命约降低1/2。一般来说，轴承外圈温度比内圈温度低15℃，在中低速(3000~5000r/min)工作的轴承温度与内部介质的温度近似。

对于在室内使用的机器轴承，如机床、间断启动的电机、手动工具、仪表和精密机械等，一般工作温度范围为10~35℃。对于运输机械、建筑机械、农业机械等室外工作的机械轴承，一般工作温度随大气温度变化而变化。我国大多数地区大气温度变化从-40~40℃。增大负荷、加快速度、环境温度升高、润滑脂装得太满以及长期连续工作等因素都会使滚动轴承温度升高。例如，在径内负荷为1470N(150kgf)、转速800r/min条件下工作的204轴承，温度可达40~70℃；对于沿着大道行驶的载重汽车的轮毂轴承，温度可达40~80℃；大型发电机轴承，温度可达80~90℃；飞机起落架、高温电机等的滚动轴承，温度可达150~200℃甚至更高。

考虑润滑脂肪耐温性能，不仅是看润滑脂滴点的高低，而且还应考虑其基础油的类型、抗氧化性、蒸发性，等等。

以上描述的是高温情况，润滑部位的工作温度有时是处于较低温度的。一般来说，温度处于-30℃以下，必须使用合成油润滑脂，特别是一些仪表用微型轴承，启动力矩小，选用润滑脂时要特别注意。合成油润滑脂的最低极限温度是-80℃。

3. 考虑润滑脂部位的负荷

矿石粉碎机、球磨机等机械的轴承受到较大的冲击负荷；大型电机的定子重量在成吨以上，所以轴承负荷是比较大的；齿轮的润滑条件是相当苛刻的，存在滚动摩擦和滑动摩擦，一般齿轮所传递的力都是比较大的；还有蜗轮蜗杆都是承受较大的负荷。在这些部位选用润滑脂必须考虑抗磨性和极压性。现在许多设备管理人员认为，只要是负荷大的部位都用二硫化钼润滑脂或石墨润滑脂，实际上应考虑润滑脂中是否加入了抗磨极压添加剂。

4. 考虑润滑部位的速度

因为速度对润滑脂的轴承寿命影响很大，所以在选用润滑脂时，一定要考虑润滑部位的速度。对于滚动和圆柱滚子轴承，一般来说，内径在50mm以下的，当*DN*值<300000时采用润滑脂；*DN*值>300000时采用润滑油。但是随着润滑技术的发展，近年来研制出一系列耐高转速的润滑脂，有的*DN*值可达10^6。

当前我国许多大电机经常发生所谓的“抱轴”事故，就是因为润滑脂满足不了速度的要求，运转很短的时间就发生润滑不良的现象，造成轴承突然被烧坏。现在电机制造厂往往是选用2#或3#通用锂基润滑脂。如400kW三相异步电机，轴承型号：6222，则轴承内径为110mm，电机转速是2975r/min，则*DN*值为3.27×10^5。显然选用2#或3#锂基润滑脂是无法满足要求。现在中国石化所属各炼油厂以及化工厂均使用某公司研制的极压复合锂基润滑脂，性能要求得到满足，加一次润滑脂可使用一年以上，从而消除了“抱轴”事故。

5. 考虑润滑部位的环境和所接触的介质

润滑部位所处的环境和所接触的介质对润滑脂的性能有极大影响，因此在选择润滑脂时，应慎重考虑。

潮湿或易与水接触的部位，不宜选择钠基润滑脂，甚至不选用锂基润滑脂。因为钠基润滑脂抗水性较差，遇水容易变稀流失和乳化。有些部位用锂基润滑脂也无法满足要求，如立式水泵的轴承经常浸泡在水中的，用锂基润滑脂也发生乳化，寿命很短，轴承也容易被损坏。在这样的部位应选用抗水性良好的复合铝基润滑脂或脲基润滑脂。汽车、拖拉机和坦克底盘，常在潮湿和易与水接触的环境下工作，多选用抗水性能更好的锂-钙基润滑脂或复合锂钙基润滑脂。

与酸或酸性气体接触的部位，不宜选用锂基润滑脂或复合钙、复合铝、膨润土润滑脂。这些润滑脂遇酸(弱酸)或酸性气体，如空气中含微量 HCl，会变稀消失，造成轴承防护不到位，易被腐蚀，更为严重的是润滑不良。某些印染厂使用的活性染料会释放出 HCl 气体，不仅会造成设备腐蚀，而且会使轴承内的润滑脂发生变质，应选用全氟润滑脂。

同海水或食盐水接触的部位，应当选用复合铝基润滑脂；同天然橡胶或油漆接触的部位，应避免选用酯类油，尤其是双酯类型油为基础油的润滑脂；同燃料油类或石油基润滑油类介质接触的部位，应选用特种耐油密封润滑脂；同甲醇相接触的部位也应选用专用脂，等等。

6. *考虑润滑脂的加注方法*

润滑脂的加注方法，有人工加注和泵集中加注。涂抹或填充、脂枪中注、脂杯加注等均属于人工加注。汽车上使用润滑脂时，都采用人工加注，加轮毂轴承采用人工填充法，钢板弹簧用人工涂抹法，钢板弹簧销等(设有注油嘴)采用脂枪加注法，分电器传动轴采用脂杯加注法。采用人工加注的部位，在选择润滑脂时主要应考虑稠度，一般选 1#～3#稠度的润滑脂，最好选用 2#稠度的润滑脂，加注比较容易，寿命也较长。

有些润滑设备采用集中加注法，如潜艇的首尾升降舵活动关节，这些部位均在仓外，当潜艇在水下工作时，无法向这些部位加注润滑脂，因此就采用由仓内通过管道向这些部位定时、定量压送润滑脂的方法进行润滑。工业上集中加注润滑脂更为广泛，如钢厂的输送辊轴承，因辊子排列距离长、数量多，采用集中加注法比较方便。集中加注润滑脂要通过很长的管道，为了加注方便，不致使泵压过大，采用润滑脂的稠度一般为 1#～0#，最好选用 0#稠度的润滑脂。

从润滑脂稠度来考虑，一般选用密封脂时，如阀门阀杆的密封，采用 4#～5#稠度的润滑脂；高转速或超高转速的部位，应采用 3#～2#稠度；一般通用多采用 2#～1#稠度；集中加注润滑脂采用 1#～0#稠度；减速箱齿轮用脂采用 00#～000#稠度。

7. *从经济方面考虑*

从经济方面考虑选择合适的润滑脂，是每一个润滑脂使用者十分关心的事情。作者认为选用润滑脂不能只看哪一个润滑脂便宜，更重要的是看这种润滑脂的性能如何。应综合考查一种润滑脂使用以后是否延长了润滑周期、加注次数、润滑脂消耗量等。例如，传统上使用钙基润滑脂，虽然价格比较便宜，但性能不能满足要求，轧机检修频繁，每月检修一次，每次检修约需 16h。后来，选用 2#复合锂基润滑脂，表面上看，价格是钙基润滑脂的 3 倍，但性能优良，检修延长到 4 个月一次，每次检修仅用 12h(缩短了 4h)，并且每次检修与使用钙基润滑脂时需全部更换不同，只需稍作补加即可。更可观的是，原用钙基润滑脂时每年更换一次丝杆和蜗轮，现使用 2#复合锂基润滑脂后，延长到两年更换一次，每根丝杆价值 9000 元，螺母价值 20000 元。若某车间共有 4 台叠轧机，就这一项每年可节约 11 万多元。润滑剂消耗量，仅为使用钙基润滑脂时的 1/5，而且还可以多开工，增加的生产效益是更大的数值。像这样使用高档润滑脂，提高综合经济效益的实例是很多的。近年来国外发达国家在许多设备上都使用高档润滑脂，其原因就在于此。

8. *详细参看说明书，正确选用润滑脂*

各种机械都有“使用说明书”，一般来说对所使用的润滑剂都有说明，只需遵照选用。值得注意的是，往往一些机械设计人员，对最新的先进的润滑脂牌号和品种不是十分了解，因此按照设备说明书中所写选用一些过时的低档润滑脂产品，以致造成加脂频繁，运转很短时间就需要检修。例如，国内某石化公司有两个大型化肥厂，一个是国内制造设备，各种机泵，规定每 24h 加注钙基润滑脂一次，而在这个厂旁边就有一个全套引进的化肥厂，各种机泵规定 3 个月到半年加注一次极压锂基润滑脂，国产设备若也使用高档的极压锂基润滑脂，润滑周期的差距绝非 1：180~1：190，应会大大缩短。在这种情况下，就应当参照国外先进经验，大胆使用高档润滑脂，而不是墨守成规。

各种润滑脂都有说明书，一般规定了大致的组成、理化指标、使用温度范围、适应的工作条件等。我们可以根据其说明书来选择适宜的润滑脂。但应注意，一些企业或者某些推销人员，为了推销其润滑脂产品，对某些性能以及适应范围做了不适当的夸张，如有的厂家将矿油复合皂基润滑脂的最高使用温度说成可耐 300℃ 高温、这是严重脱离实际的。

总之，润滑脂品种繁多，制造厂家众多，生产工艺千差万别，工业上又不能进行太多试验，因此选择一个适宜的润滑脂是件不容易的事情，需慎重。

9. 选择润滑脂相关简表

（1）矿物油及合成油润滑脂的分类、性能和应用特性，如表 5.1 所示。

表 5.1　矿物油及合成油润滑脂的分类、性能和应用特性

润滑脂		注释						
稠化剂	基础油	使用温度/℃	滴点/℃	抗水性	防腐蚀性	极压性	滚动轴承适应性	应用
钙基(12-羟硬脂酸钙)	矿物油	-20~70	<130	0~40	0/2	++	—	密封脂
锂基(12-羟硬脂酸锂)	矿物油 酯类油 PAO 聚乙二醇 硅油	-30~120 -60~120 -50~120 -40~140 -60~160	<200 <200 <200 =200 =200	0/2~9 0/2~90 0/2~90 1/2~90 0~90	0/3 0/3 0/1 1/5 0/3	+ + - ++ --	+++ + ++ ++	滚动轴承基础脂 低温润滑脂 高温润滑脂 高速润滑脂 低温、高速润滑 高温润滑脂 高、低温润滑脂
钠基	矿物油	-20~100	130/200	3~90	2/5	+	++	滚动轴承基础脂
复合铝	矿物油	-30~140	>230	0/1~90	0/3	++	+++	高温润滑脂
复合锂	PAO 矿物油	-50~150 -30~140	>250 >250	0/1~90 0/1~90	0/1 0/1	+ +	++ ++	滚动轴承润滑脂 滚动轴承润滑脂
复合钡	矿物油 酯类油	-30~120 -40~120	>200 >200	0~90 0~90	0/1 0/1	+++ +++	+++ +++	极压润滑脂 高速、极压、低温润滑脂
复合钙	矿物油 酯类油	-30~120 -50~140	>200 >200	0~90 0~90	0/1 0/1	+++ +++	+++ +++	极压润滑脂 低温润滑脂 密封脂 高速、极压、低温润滑脂
复合钠	矿物油 硅油	-30~160 -50~200	>220 >220	1~90 1~90	0/1 0/1	++ --	+++ ++	低温润滑脂 长寿命润滑脂
膨润土	矿物油	-20~160	>220	0~90	0/5	++	+++	高温润滑脂

续表

润滑脂		注释						
稠化剂	基础油	使用温度/℃	滴点/℃	抗水性	防腐蚀性	极压性	滚动轴承适应性	应用
聚脲	矿物油 酯类油 PAO 聚苯醚	-20~160 -40~180 -40~165 -5~200	>25 >250>250 >250	0~90 0~90 0~90 0~90	0/1 0/1 0/1 0/1	- - - ++	++ ++ ++ ++	高温润滑脂 高温润滑脂 长寿命润滑剂 同酯类油 高温、长寿命润滑剂
聚合物(聚乙烯、聚四氟乙烯、霾氟化乙丙烯)	硅油 聚苯醚	-50~200 -40~250	无 不可测量	0~90 0~90	0/3 0/1	-- ++	++ ++	高温、长寿命润滑脂 高温、永久润滑脂

注：+++为很好，++为好，+为一般，-为差，--较差。

（2）不同工况下润滑脂选用的大致标准，如表 5.2 所示。

表 5.2　不同工况下润滑脂选用的大致标准

润滑部位的条件			皂基				非皂基	润滑油黏度②			稠度			备注
			钙	钠	铝	锂		高	中	低	硬	中	软	
轴承	滑动		○	○	○	○	○①							长时间使用加抗氧剂
轴承	滚动		○	○		○	○							
环境	接触水分		○	×	○	○	○							复合皂基润滑脂可用于此条件；复合皂基润滑脂加入极压添加剂；复合皂基润滑脂黏附性好
环境	接触化学品		×	×	×	×	○							
环境	轴承温度	高	×	○	×	○	○	○	×	×	○	○	×	
环境	轴承温度	中	○	○	○	○	○	×	○	×	○	○	○	
环境	轴承温度	低	○	×	○	○	○	×	×	○	×	○	○	
运转条件	速度条件	大	○	×	×	○	○	×	○	○	○	○	×	
运转条件	速度条件	小	○	○	○	○	○	○	○	×	×	○	○	
运转条件	负荷	大	○	○	×	○	×	○	×	×	○	○	×	
运转条件	负荷	小	○	○	○	○	○	×	○	○	×	○	○	
运转条件	冲击负荷		×	○	○	×	○	○	×	○	○	×		
供脂方式	人工		○	×	○	○	○	○	○	○	○	○	×	
供脂方式	油杯		○	○	○	○	○	○	○	○	○	○	○	
供脂方式	压力注脂器		○	○	○	○	○	×	○	○	×	○	○	
供脂方式	集中		○	×	○	○	○	×	○	○	×	○	○	

① ○——适用；×——不适用。

② 除黏度外还要考虑原油种类和精制程度。

（3）添加剂的类型及对润滑脂的作用，如表 5.3 所示。

表 5.3　添加剂的类型及对润脂的作用

添加剂	典型物质	作用
极压添加剂	有机硫、磷、氮化合物	通过摩擦副表面反应膜提高负载能力并防止烧结
抗磨剂	有机硫、磷、氮化合物，二硫代烷基磷酸锌	在混合摩擦情况下，生成化学反应膜以减少磨损

续表

添加剂	典型物质	作用
减摩剂(摩擦系数改进剂)	脂肪、脂肪酸衍生物，含磷化合物，聚四氟乙烯	降低摩擦损失，阻止微动磨损和噪音，中和酸败产物
抗腐蚀剂	金属磺酸盐，胺类衍生物，碳酸，二硫代烷基磷酸锌	在有水条件下，金属表面也可以吸收极性成分以保护金属材料不受侵蚀
抗氧剂	酚类衍生物，芳族胺，二硫代烷基磷酸锌	阻止氧化，减少表面层的生成
固体添加剂	石磨，二硫化钼，聚四氟乙烯，氧化物，磷酸盐，滑石粉	改进负载能力，减少腐蚀磨损和微动磨损
增黏剂	聚异丁烯，烯烃共聚物，乳胶	改进润滑剂在物体表面的附着能力

10. 润滑脂主要类型及其性能特点

润滑脂主要类型及其性能特点如表 5.4 所示。

表 5.4　润滑脂主要类型和性能

序号	稠化剂	基础油	使用温度/℃	与水反映情况	其他
1	钠基	矿物油	-20~100	不防水	遇水乳化；在某些条件下易流失
2	锂基	矿物油	-30~120	90℃以下防水	遇水乳化，在长剪切下变软；多功能润滑脂
3	复合锂	矿物油	-30~140	抗水	耐高温、多功能润滑脂
4	钙基	矿物油	-20~70	抗水性优良	不吸水，耐水密封性能优良
5	铝基	矿物油	-20~70	抗水	防水密封作用好
6	复合钠	矿物油	-30~160	约 80℃以下防水	与纳基润滑脂相比，适用于更高温度和载荷
7	复合钙	矿物油	-30~120	抗水性优良	多功能润滑脂，适用于较高温度、载荷和载荷(决定于基础油黏度的大小)
8	复合钡	矿物油	-30~120	抗水性优良	适用于较高温度、载荷和载荷(决定于基础黏度的大小)；防蒸汽
9	聚脲	矿物油	-20~160	抗水	适用于较高温度、载荷和载荷
10	复合铝	矿物油	-30~140	抗水	适用于较高温度、载荷和载荷(决定于基础油黏度的大小)
11	膨润土	矿物油或酯类油	-20~160	抗水	凝胶型润滑脂，适用于高温、低转速条件下的润滑
12	锂基	酯类油	-60~120	抗水	适用于低温、高转速条件下的润滑
13	复合锂	酯类油	-50~160	抗水	适用于宽温度范围的通用润滑脂
14	复合钡	酯类油	-40~120	抗水	适用于高速、低温，蒸汽环境下的润滑
15	复合钙	酯类油	-50~140	抗水	适用于高速、低温，蒸汽环境下的润滑
16	锂基	硅油	-60~160	抗水性优良	适用于低载荷、中低速、高低温润滑脂

注：使用温度决定于轴承类型和润滑剂重复使用的时间间隔。表中序号 1~10 的润滑脂可通过选择合适的矿物油可以改善其低温性能(在特殊条件下甚至可以应用到-55℃)。

11. 根据供脂方式选择不同稠度的润滑脂

根据供脂方式选择不同稠度的润滑脂如表 5.5 所示。

表 5.5　根据供脂方式选择不同稠度的润滑脂

NLGI No.		000	00	0	1	2	3	4	5	6
锥入度值/0.1mm		445~475	400~430	355~385	310~340	265~295	220~250	175~205	130~160	85~115
供给方法	手涂抹	—	—	—	—	○	○	○	○	—
	刷子涂抹	○	○	○	—	—	—	—	—	—
	脂杯	—	—	—	○	○	○	○	○	—
	脂轮	—	—	○	○	○	—	—	—	—
	集中	○	○	○	○	○	—	—	—	—
	脂块填充	—	—	—	—	—	—	—	—	○
运转条件	*DN* 值	大←————————————————小								
	温度	低←————————————————高								

注：—不建议使用；○建议使用。

二、冶金用润滑脂

炼钢厂的主要工序包括烧结、炼铁、炼钢、连铸、轧制等，应用润滑脂的主要设备有球磨机、混料机、烧结机、钢炉运转和支撑部位、扇形段及剪切部位、轧机轴承、减速机、输送轴承、卷曲机、联轴器等。冶金设备工作的条件十分苛刻：高温、水淋、尘埃、重负荷和冲击负荷，对润滑脂的性能要求如下：①适宜的稠度和良好的泵送性；②良好的耐温性；③良好的抗水性；④优良的抗磨极压性；⑤良好的剪切安定性。

1. 烧结及炼铁设备用油脂

1）烧结及炼铁设备的润滑

炼铁及烧结设备如炼焦机、推焦机、石灰石及矿石烧结设备、大型鼓风机、矿石斗牵引钢丝绳、炉顶设备、化铁炉、高炉、带输送机等，多半暴露在大气及粉尘、腐蚀性烟尘环境中，容易遭受到腐蚀、磨料磨损及气蚀。要对其中相应的轴承、减速机、齿轮、蜗轮、液压系统、钢丝绳等进行润滑。

炼焦机械因经常暴露在煤粉弥漫的空气中，因而必须进行密封润滑，如炉门开关及翻底车和水淋急冷车等液压系统，一般应使用水-乙二醇等难燃液压液；带输送机轴等要用锂基或复合钙基润滑脂进行润滑。

推焦机间接工作，且是冲击负荷，处于煤尘和高温环境，需使用耐热、耐水性好的极压复合锂基润滑脂或使用抗氧、防锈极压润滑油进行循环润滑，液压系统使用难燃液压液。

用于煤气净化和化学副产品回收等部分机械，有粉尘和腐蚀性烟尘，因此如煤气排送机所用润滑剂应选用抗氧防锈型汽轮机油，并应用带过滤器的循环润滑系统。

石灰石及矿石烧结设备，经常在尘埃、振动及高温情况下工作，因而要使用复合锂基、膨润土或复合铝基润滑脂。

烧结及炼铁厂的主要设备是：混料机、烧结机、震动筛、球团厂竖炉、高炉、风机及液压系统。

大型鼓风炉、矿石斗曳引钢丝绳等炉顶设备一般可采用0#或1#极压锂基润滑脂的干油润滑系统进行润滑，炉顶机械可用磷酸酯难燃液为液压介质。铁水包车负荷较大，温度高，需用滴点大于175℃的极压锂基润滑脂进行润滑。

2）混料机用润滑脂

（1）混料机润滑脂的现场应用环境。原料混合是冶金企业烧结厂烧结前的一道工序，混料机是主要设备。混料机属重负荷低转速设备，它通过大齿圈和小齿轮啮合传输动力，两边有托辊支撑，转速约6~10r/min，其负荷依据烧结面积不同，从80t到300t不等。并且烧结现场粉尘大，一般为露天使用，受气候条件影响较大，应用条件比较苛刻。

根据现场情况，可知应用设备要求润滑脂必须有优异的极压性能，以满足设备的高负荷要求，同时要有优良的黏附性和足够的成膜性，以满足在托辊上的黏附性要求和现场高粉尘污染的要求。

（2）混料机用润滑脂的调查。现在市场上应用于混料机上的产品比较杂，质量也参差不齐，并且混料机的润滑也受不到应有的重视，有的甚至用废机油或一般润滑脂代替，这种方式根本不能满足其润滑要求。现介绍市场上几种比较正规的产品。

a. 溶剂沥青型产品。一般为含氯挥发性溶剂溶解沥青，当润滑脂喷到工作表面时，溶剂挥发，留下一层坚固的沥青膜，以满足泵送性和成膜性的双重要求。虽然这种产品的成膜性能是其他类型产品所无法比拟的，但是这种类型的产品也有其致命的弱点，那就是含氯溶剂对环境的污染比较大，对人有害，并且沥青对环境也有污染，对于现场维护来说，难于清洗，对现场管理造成困难；在现场应用上，由于溶剂的挥发性和沥青的难泵送性，易造成停机后再启动时的管路堵塞，影响生产。所以，随着人们环保意识以及生产管理、现场管理观念的增强，这种类型的产品必将逐渐退出，被其他产品所代替。

b. 半流体型润滑脂。该类产品由金属皂稠化高黏度矿物油，并加入S-P型液体极压抗磨剂和固体添加剂，黏度指数改进剂，防锈剂，利用半流体润滑脂特有的润滑性能、流变学性能，使产品有优良的黏附性、极压性和泵送性，并在环保方面达到人们的要求。

c. 合成型半流体型润滑脂。这类润滑脂由金属皂稠化高黏度合成油或半合成油，加入极压剂、黏度指数改进剂、防锈剂，做成的半流体润滑脂。产品在满足半流体型润滑脂性能的基础上，低温泵送性也达到新水平，能适应各种气候条件、各种地区的使用。此类型产品是未来的应用方向。

（3）混料机对润滑脂的要求。根据混料机工况，混料机润滑脂必须有优良的极压性、泵送性、防锈性和黏附性，并且是环保型。具体要求为：

a. 良好的流动性。因为集中喷雾润滑或涂刷润滑，所以要求润滑脂有良好的流动性、可喷性和低温适应性，润滑脂稠度即锥入度范围对其影响较大，为了满足在不同环境条件、气候条件下对润滑脂的这种要求，混料机润滑脂应具有不同的稠度等级，以满足不同地区和不同季节的使用。

b. 优异的极压性。由于润滑部位主要为开式齿轮和托辊，所以该类产品应具较高的梯姆肯 OK 值、P_B 值、P_D 值反应开式齿轮的极压性能要求的指标。

c. 防锈性。混料机多在露天环境使用，受气候条件影响较大，所以对润滑剂的防腐蚀性有较高的要求。

（4）混料机专用润滑脂范例。鞍钢烧结厂烧结面积40m^2，规格为 Φ3. 5m×11m，转速为7. 2r/min，自重60t，物料20t，负荷共80t，混料机倾斜2. 50°，为人工涂刷供脂。马钢三烧结厂是国内比较大的烧结厂，烧结面积为 300m^2。此混料机规格为 Φ3.8m×14m，大齿圈分度圆直径为 4896mm，齿数为 136，小齿轮分度圆直径为 936mm，齿数为 26。托辊直径为 1100mm，宽度为 730mm。混料机自重 1568kN(160t)，传递力 4096.4kN(418t)。筒体转速 6r/min。供脂为集中喷雾润滑，共 18 个润滑点，分布于托辊辊道和大齿圈上。其干油设备是太原机械工程厂生产的，干油泵型号为 U-4DL，容积 26L，公称压力为 10MPa，电机为 0.75kW。

中国石化润滑油公司开发的混料机专用润滑脂具有优良的极压抗磨性、抗水性和防护性，足够的成膜性以及优良的泵送性、流动性和良好的高低温适应性。该混料机润滑脂分两个稠度等级：00#和 000#，00#适用于春、夏、秋季或高温地区使用，000#适用于冬季或较寒冷地区使用。该专用润滑脂用于混料机托辊以及开式齿轮等部位。

3）烧结机用润滑脂

1）烧结机的工作过程。烧结机通过动力系统使带式烧结小车循环移动，由给矿部分供给烧结台车原料，然后通过点火炉使原料表面的焦炭着火，在小车移动的同时，由表面向下燃烧，在达到排矿部分以前完成烧结，并将烧结矿排出，再由破碎机破碎成适当颗粒度的原料。在烧结过程中，原料燃烧所需的空气由主排风机在原料上方供给，燃烧气体的排放由配置的许多风箱通过连接风箱的抽吸管集合于气体主导管，由烟囱排向大气。

(2) 烧结机弹性滑道对润滑剂的主要要求。一方面，烧结机的烧结作业通过高负压作业来实现，抽吸负压达到-267kPa，而且与大气的压差日益增大；另一方面，烧结机的空气密封片具有自重和弹力，在压力作用下压在滑道上，由于滑动产生磨损、热变形等，在滑道和空气密封片的接触上产生间隙，导致漏气，由此对生产成本等方面造成不利影响。烧结机的滑道与空气密封片之间的漏气除与机械结构有关外，还与烧结矿在烧结过程中的温度(密封部件的温度为 150~200℃)、原料及烧结矿粉尘等因素有关。据报道，国外烧结机最大漏风率不超过 30%，而目前国内运转的烧结机的漏风率一般为 40%~60%，解决漏风问题除改进设备外，主要依赖于润滑脂的选用。高温下润滑脂软化、流出和供脂故障引起的供脂不良，以及灰尘混入引起的密封不良等会加速密封部分的异常磨损。热变形以宽度方向上的下挠和对角线方向的扭曲为主。下挠会引起间隙加大，使漏气加剧。扭曲使密封片与滑道不能形成面接触而使漏气增加。

(3) 烧结机弹性滑道密封装置专用润滑脂。烧结机弹性滑道密封装置用润滑脂一般通过自动供脂装置来供给。以前一般采用通用锂基润滑脂，这类润滑脂的耐高温性差，容易软化流失，而且在接触面上只要有一点间隙，压差就会使润滑脂所形成的密封结构破坏，发生漏气。密封破坏还会影响润滑功能，使滑道和空气密封件的磨损加速，间距扩大，漏气增加。而且随着漏气被抽吸的润滑脂还会引起主排排汽系统的集尘器内燃烧和爆炸。因此，烧结机润滑脂应具有很强的附着性，优良的润滑性、耐高温性以及良好的泵送性，即使在-15℃的条件下，也能满足烧结机集中润滑系统的要求。同时与 SO_2、NO_2 等酸性气体不反应，可以很好地保护机械部件。在高温(100~180℃)条件下稠度变化较小，可以在滑道与空气密封件之间起到很好的密封作用，防止漏气。

(4) 应用案例。某国产品牌烧结机润滑脂已成功应用于济钢、莱钢、武钢、沙钢、建龙等钢厂的烧结机上，效果良好。例如以某炼钢厂烧结机使用 SJ-100 润滑脂前后各一个月的电耗降低平均值来看，可节约 130kW·h/h，降本效果明显。

4）震动筛的润滑。

（1）震动筛的工况：高温、多尘、负荷较大。

（2）震动筛用脂。由于振动筛多与烧结弹性滑道构成一条集中润滑系统，所以其多与弹性滑道使用同一种产品，但两种工况有不同之处，所以建议尽可能使用振动筛专用润滑脂。

5）球团厂竖炉

球团厂竖炉根据工况，要求润滑脂具有良好的极压性、黏附性(密封作用)以及泵送性(集中供脂)。推荐使用极压复合锂基润滑脂、极压锂基润滑脂(温度中等或密封好时)。

6)高炉

推荐使用高炉专用润滑脂(如高炉聚脲)、极压锂基润滑脂、炉门专用润滑脂等。

2. 炼钢设备用油脂

近代炼钢炉的操作采用计算机控制，自动化程度高，所用设备要求采用相应的润滑系统和润滑剂。

对氧转炉设备中，吹氧转炉由极限回转轴支撑，支撑滚动轴承采用二硫化钼锂基润滑脂润滑，静压轴承和聚四氯乙烯油垫，也可用润滑脂润滑。转炉驱动装置齿轮中负荷或重负荷工业齿轮油润滑。主要附属设备如排风机、电机、装料天车及吊车的润滑点很多，都用相应润滑脂干油润滑系统润滑，驱动齿轮常用油浴润滑。

连铸机包括大包回转台、天车、铸模摆动器及取锭台等滚动轴承处于高温下，一般用复合锂基润滑脂等润滑。铸模的润滑则采用防止铸模磨损和粘结的润滑剂。连铸件的液压介质常用水-乙二醇型或磷酸酯型介质。

1）钢包耳轴

选用极压复合锂基润滑脂、二硫化钼锂基润滑脂或极压聚脲脂，在钢包负荷较大时也有采用复合磺酸钙润滑脂的。

2）连铸机用润滑脂

连铸机是冶金企业的核心设备。连续铸钢和常规钢铁生产过程相比具有生产简化、金属收率高、能源消耗降低、劳动条件得到改善和连铸质量好等优点，因此是当前钢铁工业中发展最快的技术之一。

2000年以来全国连铸比例超过80%，接近世界平均水平。20世纪80年代末，日本、意大利、法国、比利时以及德国等国家的连铸比一般超过或接近90%，日本五大钢铁公司1992年的连铸比例在90%以上。截至2001年国内已建立了272台方坯连铸机，共计12791流；板坯连铸机55台，共计77流；薄板坯连铸机3台，并且有许多项目正在建设中。下面结合具体事例分析在此设备润滑状况下的润滑脂选用。我国的炼钢设备及工艺水平虽然有了极大的提高，但与欧美及日本等发达国家相比，在设备维修，特别是对设备润滑的认识上，仍存在很大差距。鉴于连铸机在钢铁企业的重要性，有必要对连铸机的原理和工艺进行更深一步的了解。对润滑工况的了解是正确选择润滑剂的重要前提。

（1）连铸机的工艺和基本原理。连铸是指液态钢水经固化形成方坯、矩型坯、异型坯及板坯等“半成品”以备后续轧制成材的过程。20世纪50年代，引入连铸之前，钢水直接浇入传统的模具形成“钢锭”，从此，连铸技术为钢坯生产带来较高的产量、质量及经济效益。钢水经电炉或转炉炼制完后倒入钢包，再送到连铸机。钢包首先被吊至钢包回转台上，然后钢水流到漏斗中，进入水冷铜结晶器，钢水开始固化，接着连续通过一区及导辊段，在这个结构中，钢坯被矫直、切割，然后送到储存区或热送轧制。连铸的3种基本形式如图5.1

所示，矩形坯及方坯连铸机结构概图如图 5.2 所示。

图 5.3 描述了板坯连铸机的布局，需注意的是，板坯连铸机延长的支撑辊与方坯、矩型坯不同，它是用来在钢坯最终固化过程中继续保持其形状。

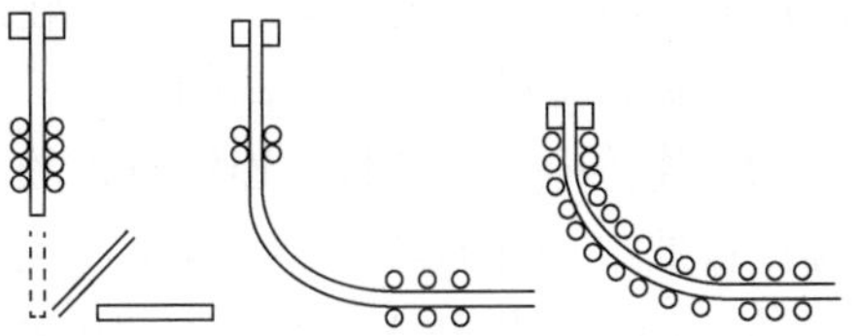

(a) 直立型　(b) 直弯型　(c) 弧型

图 5.1　连铸机的三种基本形式

根据产品的用途，可以铸造各种形状的钢坯，如图 5.4 所示，最近几年，钢坯形状充分遵循

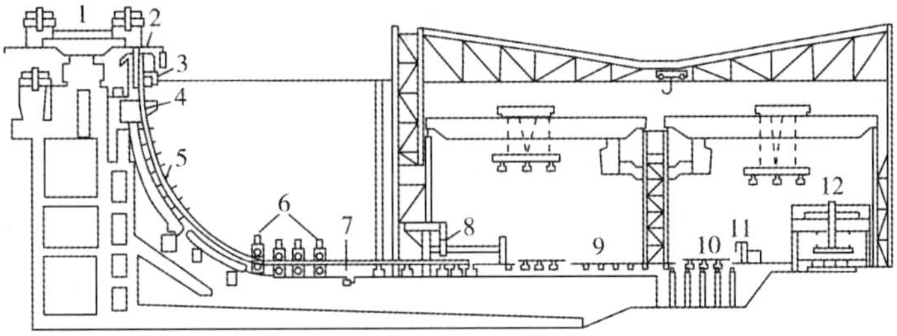

图 5.2　矩形坯及方坯连铸机结构概图

1—大包回转台；2—中间包；3—结晶器；4——冷区(二冷)；5—扇形段(二冷)
6—矫直回收单元；7—引锭杆拉出辊；8—火焰切割机；9—引锭杆存放区；
10—交叉传送台；11—钢坯检测系统；12—钢坯发送区

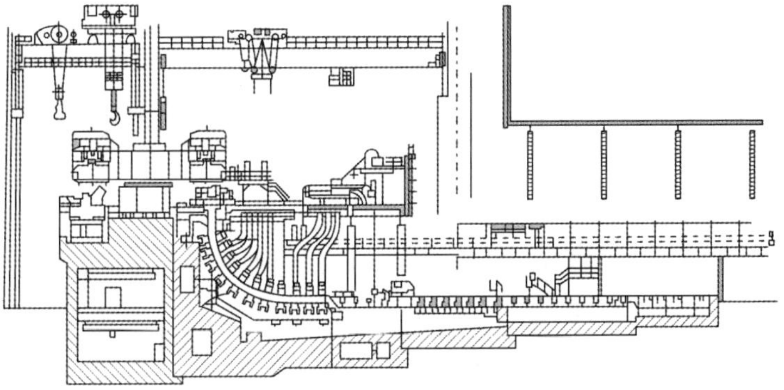

图 5.3　板坯连铸机布局

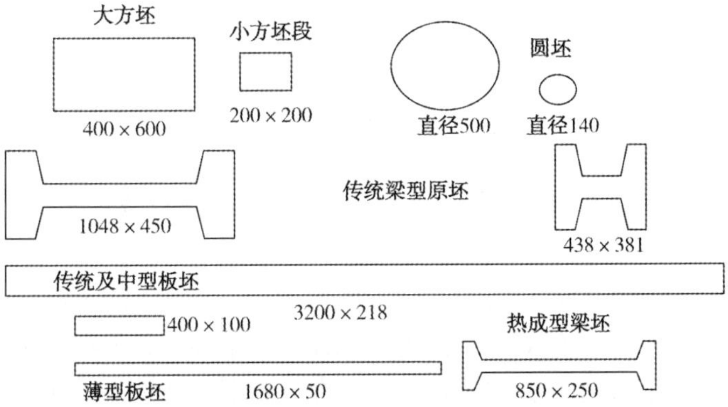

图 5.4　连铸坯形状(单位：mm)

最终产品形状，钢铁的冶炼、铸造、轧制过程结合十分紧密。近终形连铸已经最大限度地应用于梁及板材产品，取得较高的效率。从液态钢水到最终轧制产品可以在2h内完成。

（2）连铸机工况条件。连铸设备的功能主要是将钢水通过冷却形成固体的钢坯，其整个过程设备处于恶劣的环境中，其生产工况有以下几个特点：

a. 高温。连铸开浇时的钢水温度在1550℃以上，经过结晶器第一冷却出来的板坯温度大约在1200~1300℃。通过弧形夹送二次冷却拉坯矫直逐渐形成固体的板坯，板坯表面温度在800℃以上。这些生产设备长期受到高温辐射烘烤，润滑脂的高温性不好会将会导致润滑剂流失，轴承干涸润滑失效，从而影响整个系统的运转。

b. 多尘。生产过程中产生大量的灰尘、氧化铁皮、钢渣、铁屑以及杂质等侵蚀设备，造成设备运行中可能出现的磨粒，加剧了设备摩擦部位的磨损。润滑脂的非牛顿性可以防止一般灰尘进入轴承的润滑空间，减轻磨粒磨损。

c. 水淋。连铸坯的形成是钢水经过冷却之后逐渐凝固的，当钢水经过结晶器第一次冷却后，进入连铸坯机二次冷却区域时，钢坯和设备同时受到950m^3/h水量的冷却和冲刷，产生大量的水蒸气侵入设备及轴承中。润滑脂本身具有抗水性，好的稠化剂类型和高档基础油可以大大增强润滑脂的防水性。

d. 低速重载。连铸机的生产过程是在低速重载状态下进行的。铸坯拉速最低为0.3m/min，最高为7m/min，一般在1~1.4m/min。板坯进入扇形段时受到的矫直力为450t·m。实践证明，高质量的润滑脂可以很好的满足润滑工况的重负荷要求。

3）主要润滑部位的润滑要求

（1）钢包回转台。其工作特点如下：

a. 重载：钢包回转台承载着上百吨重的钢包，当两个臂都承托着盛满钢水的钢包时，所承载负荷最大。

b. 偏载：最大偏载出现在钢包一满一空的工况下，回转台会产生较大的倾翻力矩。冲击：钢包安放及行走时，对回转台的冲击不可避免，这种冲击会使回转台主轴承产生强烈振动负荷。

c. 温度：钢包回转台受钢包中高温钢水辐射热影响，具有一定温度，但其温度一般不高于120℃。经对进口润滑脂和我国现使用润滑脂分析，采用极压锂润滑脂可满足要求。

（2）扇形段。

a. 高温：连铸机开浇时温度一般在1500℃以上，经过结晶器第一次冷却出来的钢坯一般在1200~1300℃，在二冷段钢坯铸表温度约为900℃，拉矫时钢坯的铸表温度约为750℃，辊子轴承长期处于钢坯高温辐射烘烤下，现场温度很高，加之为保证钢坯质量，二冷段的喷淋水量比较小，这使轴承的工作环境更为恶劣，经现场检测，轴承外部温度一般在180~260℃之间，其内部温度估计会更高，这样的温度环境下，一般的润滑脂很难适应。高温工况对润滑脂的性能有以下要求：较高滴点；一般大于250℃在高温下润滑脂不流失；在轴承内保持一定的胶体结构；具有较好的高温抗氧化性能；基础油必须经过深度精制且加入足够的高温抗氧剂，以减少润滑脂在高温下被氧化。在高温下不结焦、不硬化，防止堵塞输送管道和轴承卡死。

b. 低速重载：异型坯连铸是在低速重载的条件下进行的，对润滑脂的极压性能有一定的要求，但一般不主张加入极压添加剂。原因如下：现在极压剂大都为有机添加物，在高温下分解成S、N、P等元素的气体，失去原有的极压性能，不但污染环境，而且易造成设备腐蚀。如果加入无机物添加剂，如硼酸盐和轻钙等填料，虽然高温性能很好，但有其致命的缺点——灰分高，高温分解会造成管线堵塞。宝钢连铸设备使用复合铝基润滑脂，虽无极压性能要求，但由于采用了特殊原料与先进工艺，在宝钢已经使用了5年，取得了良好的效果。在异型坯连铸机的二冷段及拉矫等部位，一般推荐使用长城FPNR润滑脂，在邯钢、包钢、广钢、沙钢等单位已取得应用实践。

c. 水淋：连铸坯的形成由钢水经过冷却之后逐渐凝固的，当钢水经过结晶器第一次冷却后，进入连铸机二次冷却区域时，钢坯和设备同时受到950m^3/h水量的冷却和冲刷，产生大量的水蒸气侵入设备及轴承中。当稠化剂具有很强的抗水性能时，同时又选用优质矿油，抗水性能进一步提高。

4）主要连铸机润滑脂

目前我国连铸机常用的几种矿物油润滑脂的性能比较如表5.6所示。

表5.6　几种润滑脂的性能比较

名称	极压锂	复合钙	复合锂	复合铝	聚脲
高温性能	中	优	优	优	优
低温性能	良	中	良	优	优
集中用脂适用性	优	差	良	优	优
抗水性	良	优	良	优	优
极压性	良	优	优	良	良
机械安定性	良	差	良	优	良
抗氧性	良	良	优	良	优
防锈、抗腐性	优	良	优	良	优
通用性	良	差	良	优	优

通过以上各类常用的润滑脂的性能比较，脲基润滑脂的综合性能仍然比较出色的。

(1) 复合锂型润滑脂。复合锂基润滑脂由复合锂皂稠化优质矿物油、添加极压抗磨、抗氧、防锈等多种添加剂而制成。它具有较高的承载能力、优良的泵送性，特别适用于各种机械设备的集中供脂润滑系统。经评定分析与使用表明，该类脂可用于各种规格的连铸机摩擦部位的润滑。

(2) 聚脲型连铸机润滑脂。其特性如下：

a. 耐高温性能优良，可在温度达200℃的高温下使用，不流失、不结焦、不堵塞管线；

b. 抗水性能优良，脲基润滑脂为非皂基润滑脂，其稠化剂分子极性小，因而脲基润滑脂与水的亲和能力弱，也就是说，脲基润滑脂更不容易受水的作用而乳化变质流失；

c. 机械安定性优良，使用寿命长，脲基润滑脂不含金属离子，在高温情况下催化氧化得以缓解；

d. 润滑性能优良，脲基润滑脂选用优良的极压添加剂，抗极压性能优良；同时，脲基润滑脂选用高黏度的精制润滑油，能够在高温情况下形成足够厚度的油膜；

e. 泵送性能优良，能够满足集中的润滑要求。

国产某品牌的JZEP聚脲型连铸机润滑脂的性能指标如表5.7所示。

表 5.7　国外某公司 EP-2 与国产 JZEP 脲基润滑脂的性能比较

项　　目	JZEP	EP-2
工作锥入度/0.1mm	315	272
滴点/℃	>260	191
钢网分油(100℃，24h)/%	4.2	3.4
相似黏度(-10℃)/Pa·s	383	378
铜片腐蚀(100℃，3h)	1b	4a
蒸发量(99℃，22h)/%	0.14	0.58
水淋流失量(38℃，1h)/%	1.25	1.75
防腐蚀性能(52℃，48h)/级	1	1
延长工作锥入度(10 万次)/0.1mm	332	323
极压性能，P_D 值/N	315	290
极压性能，Timken *OK* 值/N	222	222

从表 5.7 中数据指标可以看出：

① JZEP 脲基润滑脂的高温性能优于 EP-2 润滑脂；

② 极压性能二者相当；

③ JZEP 润滑脂抗水性优于 EP-2 润滑脂；

④ JZEP 润滑脂的基础油黏度高于 EP-2 润滑脂，而润滑脂的润滑主要依靠基础油的油膜厚度来实现的；

⑤ JZEP 润滑脂的机械安定性优于 EP-2 润滑脂。

JZEP 润滑脂的性能优于 EP-2 润滑脂，在使用中，EP-2 润滑脂使用中主要存在的问题：

a. 长期使用润滑脂颜色变黑，有的润滑管路出现堵塞、结碳现象；

b. 轴承拆检中发现，润滑脂乳化、流出的水呈乳白色，润滑脂工作中流失严重。

5)应用范例

应用范例-1：连铸系统润滑脂

某国产品牌的脲基润滑脂在珠钢 CSP 连铸机上机使用近 20 个月从未出现结炭、堵塞管路及乳化现象，且泵送性能良好，轴承拆检中供脂到位、脂量饱满，轴承等部位润滑状况良好。

(1) 珠钢 CSP 连铸机工况特点。连铸机各部位润滑脂的选择是根据其工况条件的特点选定的，合理润滑是润滑脂选用的原则。下面重点分析钢 CSP 薄板坯连铸机的工况特点。

CSP 连铸技术的主要特点是采用立弯式连铸机、漏斗形直结晶器、钢性引锭杆，具体参数如表 5.8 所示。

表 5.8　珠钢 CSP 连铸机的主要参数

项　目	参　数	项　目	参　数
年产量/t	800000	年产量/t	800000
钢包容量//t	150	弯曲半径/mm	3000
拉速/(m/min)	4.0~6.0	结晶器长度/mm	1100
浇注厚度/mm	50	冶金长度	6340
浇注宽度/mm	1000~1350		

CSP 连铸机示意图，如图 5.5 所示。

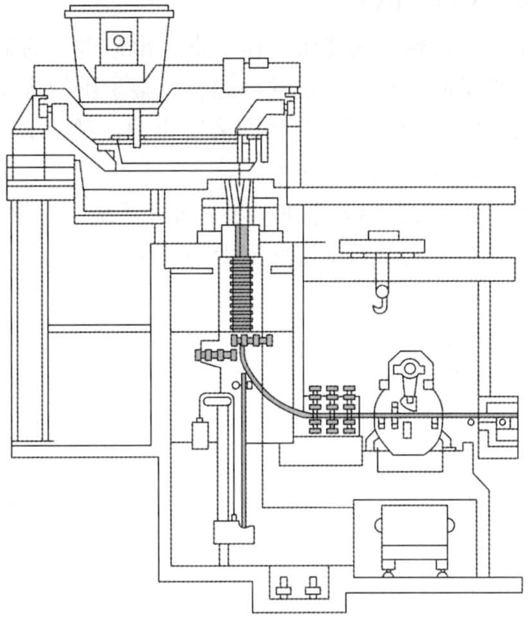

图 5.5　CSP 连铸机示意图

（2）珠钢 CSP 连铸机各主要部位的工况条件如下：

① 钢包回转台。钢包回转台的回转轴承、回转齿轮以及液压缸的球面轴承等部位都是干油集中润滑的。由于 2 个 150t 的钢包分别悬挂于两侧的悬臂上，这些部位所承受的负荷比较大，温度不高，在 60℃以下。

② 结晶器振动台。结晶器振动台由液压缸来驱动，液压缸上与振动平台相连，下与座机相连，直接把振动传递到结晶器。

液压缸上的球面轴承和振动装置的球面轴承组件都是采用干油集中润滑的，干油不仅用于润滑轴承，而且还用于防水，夹紧装置的弹簧组件是定期手动润滑的。

③ 扇形 1. 2. 3 段。为了防止铸坯鼓肚，辊子采用小辊密排的二分节和三分节辊，相邻两排辊子的分节辊交替布置。辊子轴承的冷却设有专门的内冷水、二冷水来冷却。尽管有冷却水的冷却，1100℃左右的板坯对轴承的辐射温度高达 150~200℃。所有轴承采取干油集中润滑。

④ 夹送辊与弯曲装置。铸坯出扇形段后，进入夹送辊顶弯装置，依靠液压，顶弯辊将铸坯与引锭杆分离，铸坯进入半径为 3m 的弧形段，再通过拉矫机进行一点矫直。在夹送顶弯装置本体内安装有 2 对夹送辊，1 根顶弯辊，1 根支撑辊和 1 对引锭杆夹送辊。夹送辊顶弯装置及拉矫装置均为内冷。同时仍有二冷水冲洗到轴承。辐射温度高达 150~200℃。所有轴承采取集中润滑形式润滑。

⑤ 拉矫机。拉矫机有 4 对辊，其中 5 个主动辊，3000mm 的弯曲半径一直延伸到第 2 对辊，第 2 对到第 3 对辊使铸坯完全变为水平。

所有辊子和轴承座都用闭路机械水来内冷却，机架也是这样。除了内冷外，4 个下辊还有外冷，从二冷水引出来的水经过喷嘴喷到下辊上进行外冷。辐射温度高达 150~200℃。

所有的轴承采取集中润滑形式润滑，轴承座的滑块采用手动润滑形式润滑。

⑥ 摆动剪。铸坯进入摆动剪后，在摆动剪处进行铸坯的切头或定尺铸坯剪切。通常

铸坯在摆剪处的表面温度为950~1050℃。

干油的主要润滑部位：入口辊、夹送辊、压下辊、出口辊等的轴承以及导向刀架的滑道及其他部位。许多部位要承受冲击负荷。摆动剪的所有辊采用的冷却方式为内冷。

所有轴承及摆动架的导向滑道等部位的润滑采用集中润滑，有一些部位采用手动润滑。同样这些润滑部位存在高温辐射达150~200℃。

(3) 珠钢连铸机的润滑脂(通常称为干油)集中润滑系统。珠钢CSP连铸机干油润滑系统共设5个干油站，为双线集中润滑系统，所润滑的部位是：

1号站：钢包回转台、中间包车；

2号站：结晶器振动台、扇形1.2.3段；

3号站：顶弯装置、拉矫机；

4号站：摆动剪；

5号站：备用。

同时，这5个干油站共用一个供脂系统，要求使用同一品种和牌号的润滑脂。润滑系统如图5.6所示。

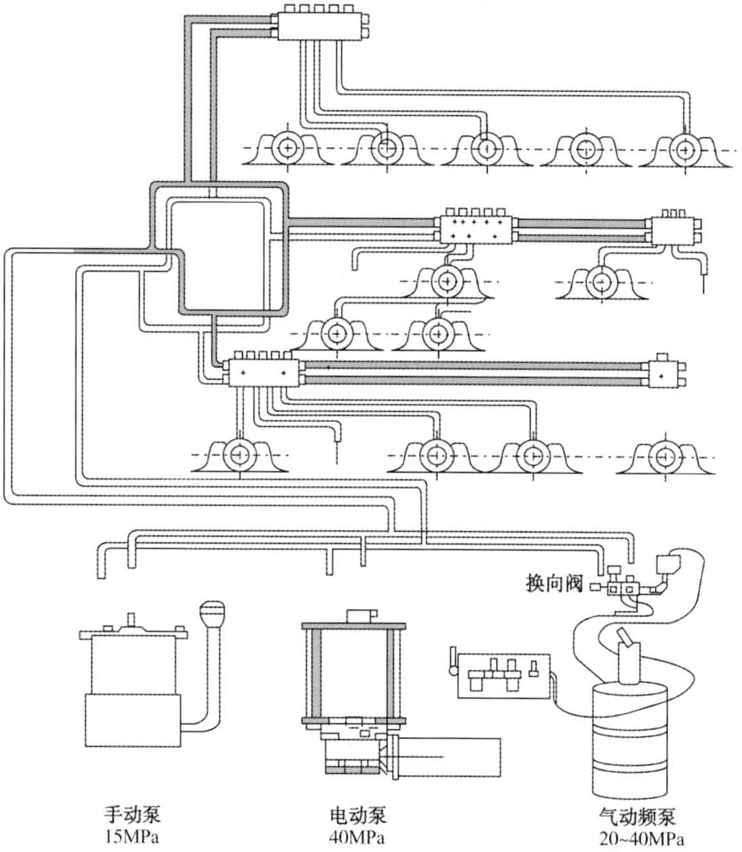

图5.6 双线润滑系统

应用范例-2：艾玛-EP1润滑脂

武钢三炼钢使用艾玛-EP1润滑脂的使用工况。

两套连铸装置是一机双流弧形板坯连铸机，配有集中润滑系统。主要性能参数如下：

(1) 连铸机性能参数：

弧形半径：由于设备具有4个矫直点，因此其弧形半径有4个，分别为10.5m、13.5m、19.5m、38m；

冶金长度：1号机33.01m、2号机36.67m；

结晶器振动频率：20~200次/min；

铸坯拉速：0.3m~2m/min正常，1~1.4m/min；

铸坯规格：厚度为210mm、230mm、250mm；宽度为1050~1550mm。

（2）润滑系统参数：

系统工作压力：18MPa；

润滑脂输出量：6kg/h；

过滤网精度：40目；

主管路直径及长度：Φ20mm×250m；

润滑周期：1h；

每个润滑点供润滑脂量：1.5cm^3/次；

润滑部位润滑点：结晶器振动及快速更换平台48个润滑点；扇形段344个润滑点；出坯辊道38个润滑点。

在该连铸设备中原用进口聚脲润滑脂，1997年开始使用国产艾玛-EP1润滑脂，并获得成功。

应用范例-3：国产FPNR润滑脂

（1）FPNR脂的主要特性有：

① 优良的高温性能，滴点可达250℃以上；

② 优良的抗水性能，水基本不能溶入脂中；

③ 良好的润滑性能，油膜厚度大，油性好，能保证在摩擦副间形成良好的润滑膜；

④ 优良的热可逆性，在经受高温后，仍能保证脂的基本性能；

⑤ 优良的机械安定性，在受到剪切后，脂的稠度不变化。

（2）FPNR润滑脂推荐应用在板坯、异型坯、方坯连铸机的二冷段、拉矫及输送辊等部位，推荐使用国产FPNR润滑脂。

（3）FPNR润滑脂在炼钢连铸机的使用情况如下：

① 在邯钢小方坯、大方坯连铸生产线上使用。2000年9月长城FPNR润滑脂在邯钢小方坯、大方坯连铸生产线上使用，效果良好，2001年6月在邯钢大板坯上使用，效果良好。

② 在广钢转炉炼钢厂方坯连铸设备上使用。2000年10月FPNR润滑脂在广钢转炉炼钢厂方坯连铸设备上应用，效果良好，2001年11月20日首钢二炼钢在其方坯连铸生产线上开始试用FPNR润滑脂，3个月后进行技术跟踪，使用后脂的性能变化很小，各项指标均正常，目前首钢二炼钢在连铸机上推广使用。

③ 上钢三厂特钢厂板坯连铸机，原用国内某厂润滑脂，高温结焦严重，造成轴承卡死。2003年开始使用FPNR润滑脂，避免了上述现象的发生，节约了大量费用，并减少了工人的劳动强度。

应用范例-4：轧钢用润滑油脂

（1）轧钢的生产工艺流程如图5.7所示。

（2）轧钢机的润滑特点：

① 轧钢机主要设备。其主要设备包括轧钢机工作辊轴承、联轴器及其平衡装置、齿轮

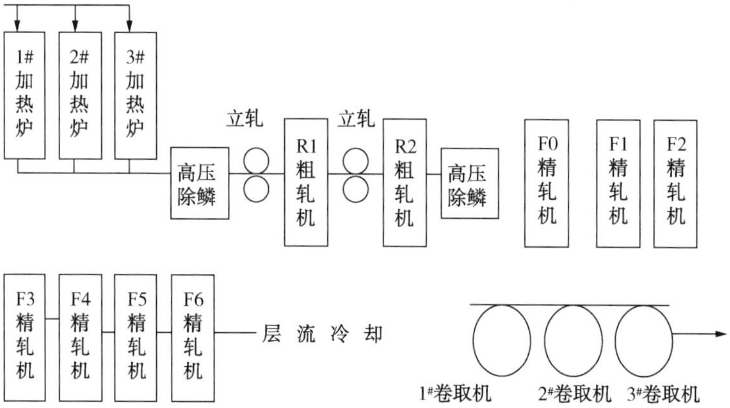

图 5.7　典型热轧板流程示意图

机座、主连轴器、减速机、电动机联轴器和电动机及前后卷取机、开卷机等。

② 轧钢机对润滑的要求。润滑脂润滑，如热带钢连轧机中炉子的输入辊道、出炉辊道、推钢机、出料机、立辊、机座、轧机辊道、轧机工作辊、轧机压下装置、万向接轴和支架、切头机、活套、导板、输出辊道、翻卷机、卷取机、清洗机、翻锭机、剪切机、圆盘剪、碎边机、剁板机等都用润滑脂润滑；润滑油采用循环润滑，如以宝钢 2030 五机架冷连轧机为例，带钢冷却与润滑的乳液系统和给油系统的开卷机、五架机、送料辊、滚动剪、导辊转向辊卷取机、齿轮油、平整机等设备润滑，各机架的油膜轴承系统等；高速高精度轧机的轴承，用油雾润滑和油气润滑。

(3) 热(连)轧板型轧机简介。板带技术是轧钢生产中技术含量最高、产品附加值也最高的技术，宝钢的 1580、2050 热连轧带钢生产线的建成投产，以及我国多套薄板坯连铸连轧线(CSP)的建成投产表明我国板带生产技术已跨入世界先进行列。为改善轧制产品的板形及表面质量，大部分板带轧机采用了 CVC、弯辊、窜辊及其他世界先进技术，但由于此类轧机轴承工况比较苛刻，因此选择合适的润滑脂进行润滑显得尤为重要。

①板型轧机工作辊。精轧机一般采用 CVC 辊型、窜辊、弯辊、液压 AGC、快速换辊及全液压卷取机等技术，其中精轧机 F1～F6 工况如下。

F1～F6：一般设有工作辊弯辊装置(WRB)，采用工作辊正弯辊闭环控制系统，弯辊装置采用 Mea-west 弯辊块型式，弯辊力有的达到 120t/轴承座。

F1～F3：机架通常采用工作辊连续凸度控制系统(CVC)，CVC-plus。

F4～F6：一般增设工作辊窜辊装置(WRS)，CVC 和 WRS 窜辊量正负 100mm，轧辊长度增加 200mm，并采用液压厚度自动控制(HAGC)系统。

精轧机工作辊轴承工况分析如下：

a. 轧机种类：通常为 CVC 轧机；

b. 轴承类别：每个工作辊传动侧配有 1 列径向轴承(四列圆锥滚子轴承)，每个工作辊工作侧配有 1 列径向轴承(四列圆锥滚子轴承)、1 列止推轴承(两列圆锥滚子轴承)；

c. 轴承生产厂家：SKF、NSK、TIMKEN 等著名轴承公司；

d. 加脂方式：磨辊时注脂，在线不加脂。

② 工作辊轴承工况如下。

a. 高温：钢坯的出炉温度为 1200℃以上，在轧制过程中，其辐射热及传导热可使工作辊轴承座温度达到100℃以上。

b. 重负荷：轧机轴承要承受很大的轧制力及冲击负荷，特别是由于CVC轧机、窜辊及弯辊的共同作用，轧机轴承承受的轧制力可分解为轴向力和径向力，轴向力主要由窜辊引起(窜辊正负100mm)，径向力主要由轧制力及弯辊力(弯辊力为120t/辊颈)组成。

c. 多水：钢坯在轧制过程中，需大量喷淋水对轧辊进行冷却，喷淋水很容易进入到轴承内，特别是下工作辊尤为突出。

d. 高速：钢坯在精轧区轧制速度很高，F6机架的钢坯线速度可达13m/s。

f. 不同机架由于工艺要求不同，轧制力和冷却水量也不相同。某生产线精轧机各机架工作辊轴承工况见表5.9。

表5.9　某生产线精轧机工作辊轴承工况

精轧机	F1	F2	F3	F4	F5	F6
冷却水量/(m^3/h)	545	570	530	465	400	370
轧制力/t	1250	1200	1150	1000	800	750

(4) 轧机工作辊轴承对润滑脂的要求。通过对设备工作状况的分析，可以看到轧机轴承对润滑脂的要求为：

① 优良的耐高温性能。轧机轴承润滑脂的稠化剂的热稳定性高，在使用的环境温度下不软化流失、不分解；润滑脂在高温下软化的趋势小；具有良好的热可逆性。该脂滴点应大于250℃，确保能使用于高温环境。在较低温度下也具有较好的泵送性能，使用温度范围较宽。

② 优良的抗水性能。轧机轴承润滑脂在与水接触、甚至与水混合后稠度不应变化很大，防止润滑剂的流失，确保其润滑性不降低，且仍具很好的防护性。

③ 优良的防锈性及防腐蚀性能。轧机轴承润滑脂应能在水汽和灰尘环境下保持良好的防护性和润滑性，延长轴承的寿命。

④ 良好的极压抗磨性。轧机轴承润滑脂要能承受很大的弯辊力及冲击负荷，特别是在CVC轧机、窜辊及弯辊的共同作用力下仍能形成良好的油膜厚度。根据以上工况要求，中国石化润滑油公司开发了板带轧机工作辊轴承专用润滑脂：长城Super Grease润滑脂。

(5) Super Grease润滑脂使用情况如下。

2002年梅钢对引进日本新日铁1422mm热轧设备进行改造，5月设备停产安装，6月10日试生产。主要改造：新添一座加热炉，精轧机改造，卷取机改造。工艺设备引进德国西马克公司(SMS-Demag)，三电设备引进美国通用电气公司(GE)。轧制带钢厚度为1.2~12.7mm，年设计产量为200万吨。由于精轧机引进CVC窜辊、弯辊、液压AGC、快速换辊及全液压卷取机等国际先进技术，改造后薄板质量得到了大幅提高，取得了明显的经济效益。其中精轧机F1~F6改造如下：

F1~F6：设有工作辊弯辊装置(WRB)，采用工作辊正弯辊闭环控制系统，弯辊装置采用Mea-west弯辊块型式，弯辊力120t/辊颈。

F1~F3：机架采用工作辊连续凸度控制系统(CVC)，CVC-plus。

F4~F6：增设工作辊窜辊装置(WRS)，CVC和WRS窜辊量正负100mm，轧辊长度增加200mm，并采用液压厚度自动控制(HAGC)系统。

根据精轧机工作辊轴承的工况及合理润滑的原则，国产Super Grease-1A(磺酸钙基)润滑脂在梅钢热轧设备上使用，并得到西马克专家的认可。

国产SuperGrease-1A在热轧机工作辊轴承中使用后性能无明显变化。其中工作锥入度在混入水后变小，润滑脂黏附性能没降低，说明其确实具有良好的抗水性能。而且产品在轴承中使用一段时间后，极压抗磨性能仍然保持良好，证明该润滑脂确实适用于高负荷的工况，能有效保护润滑部位。另外，使用后产品的滴点变化非常小，表明该脂具有超凡的抗高温能力。从打开工作后的轧机轴承座看，轴承光亮、润滑脂饱满，并且轴承磨损很小，延长了轴承的使用寿命，大大节约了备件费用。通过近一年的使用观察，该脂使用正常，没有因为润滑问题而影响生产，确保了轧机的正常润滑，有力地保证了设备及时达产。由此可以证明 SuperGrease-1A 润滑脂完全能满足板带轧机轴承苛刻工况条件下的润滑需求，是一种耐高温性能、抗极压性能、抗水性能、防锈性能、润滑性能都非常优异的新型润滑脂，值得推广使用。

该脂与国外同类型的润滑脂（HV 脂）性能相当，典型数据比较如表 5.10 所示。

表 5.10 SuperGrease-1A 与 HV 脂性能比较

项 目	SuperGrease-1A	HV 脂
外观	深褐色均匀油膏	
工作锥入度/0.1mm	292	294
滴点/℃	>330	327
腐蚀（T2 铜片，100℃，24h）	铜片无绿色或黑色变化	
钢网分油（100℃，24h）/%	0.6	—
相似黏度（$10s^{-1}$）/Pa·s		
-20℃	1513	1812
-10℃	461	404
0℃	201	172
10℃	143	118
20℃	113	91
极压性能（梯姆肯法）*OK* 值/N	222	244
极压性能（四球机法）P_D 值/N	4900	3920
抗磨性能（四球机法）（392N，60min）磨痕直径/mm	0.43	0.44
蒸发量（99℃，22h）/%	0.38	—
水淋流失量（79℃，1h）/%	0.25	4.5
滚筒安定性（80℃，100h 与 0h 的 1/4 锥入度之差）/0.1mm		
不加水	2	5
加水 20%	3	3
防腐蚀性（52℃，48h）/级	一级	一级

3. 输送辊道用脂

1）输送辊道工况

除出炉辊道和轧机两侧输送辊道环境较苛刻外，其余辊道的环境不算苛刻，出炉辊道（钢坯出炉时温度高达 1200℃）受到很高的辐射热，而轧机两侧的辊道受轧机高压水的影响较大，多为集中供脂。

2）推荐用脂

推荐使用国产某品牌的 MEP 极压锂基润滑脂。

3）推荐脂的性能

a. 适宜的基础油黏度。高黏度基础油易形成较厚的动压油膜，承受负荷能力大，但黏度太大，摩擦热较大，轴温升高且不利于集中供脂，所以我们选择了一定黏度的润滑油作为基础油。

b. 优良的极压抗磨性。为保证轴承在边界摩擦和混合摩擦中具有很好的润滑性，该产品加入了环保型的复合极压抗磨剂，梯姆肯 *OK* 值达到 177N。

c. 优良的抗水性。该产品采用锂钙皂为稠化剂，因此具有优良的抗水性。

d. 良好的泵送性。由于选择了适宜黏度的基础油，因此具有良好的泵送性，并且有多个牌号适合不同季节的润滑。

e. 良好的防腐蚀性。铜片腐蚀合格，静态防锈 1 级，动态防锈评分为 0。

4）MEP 极压锂基润滑脂应用范例

MEP 极压锂基润滑脂应用于宝钢 2050、1580 热轧厂、宝钢梅山热轧板厂、珠钢 CSP 厂、邯钢 CSP 厂、太钢不锈钢薄板连轧设备、大连棒材连轧设备等。邯钢 CSP 于 1999 年 12 月投产，输送辊道、层流辊道等采用国外 EP 润滑脂，2001 年 3 月开始使用 MEP 润滑脂替代该脂，目前使用状况良好。宝钢 2050 热轧设备是从德国西马克公司引进的，1989 年正式生产，设计能力 4Mt/a，实际生产能力达到 4.9Mt/a，可轧制 1.2~25.4m 的各种钢板。1998 年 10 月 MEP 润滑脂开始在卷取及层流冷却辊道上试用，12 月开始在精轧、粗轧设备上全线使用，使用期间检查拆开的轴承，润滑到位，状态正常，质量饱满，该脂在炉前辊道等高温部位无流失，且冬季仍表现出良好的泵送性。1999 年底，2050 热轧厂发现泵送压力偏大，国内又开发了 MEP-2T 牌号，调整稠度和表观黏度，试验良好，冬季或全年使用MEP-2T，夏季用 MEP-2。其与国外同类产品 EP-2 比较见表 5.11。宝钢 1580 热轧设备采用日本新日铁技术，三菱重工的 PC 轧机，于 1996 年投产。可轧制多种厚度的钢板，并于后部冷轧配套。1998 年 12 月 MEP-1 在加热炉粗轧作业区使用，1999 年 2 月在精轧的辊道和卷取机组全线使用，使用期间，检查拆开的轴承，润滑到位，状态正常。宝钢集团梅山钢铁公司热轧板厂于 2002 年 7 月技改后引进德国西马克设备，粗轧机、输送辊道、卷取机等部位推荐用脂为国外 EP 脂，后经西马克专家认可，选用 MEP 润滑脂，目前设备润滑状况良好。太钢热连轧厂 2250 连轧机的轧辊轴承在 2014 年 7 月开始试用 MEP 润滑脂，至今使用效果良好。太钢集团棒线材分厂的进口连轧机辊道轴承一直使用进口极压润滑脂，1999 年 8 月，冬季试用 MEP-1 润滑脂，夏季试用 MEP-2 润滑脂，对现场重载、高低温、潮湿等恶劣环境表现出良好的适应性。

表 5.11　MEP-2T 润滑脂与国外同类产品数据(EP-2)比较

项　　目	EP-2	MEP-2T	试验方法
工作锥入度(25℃)/0.1mm	290	306	ASTM D217
滴点/℃	187	185	ASTM D566
钢网分油(100℃，24h)/%	4.1	3.1	SH/T 0324
腐蚀(T2 铜，100℃，24h)	合格	合格	GB/T 7326
蒸发量(99℃，22h)/%	0.62	0.39	ASTM D972
水淋流失量(38℃，1h)	1.58	1.00	ASTM D1264

续表

项　目	EP-2	MEP-2T	试验方法
延长工作锥入度（10 万次）与工作锥入度差值/0.1m	+21	+26	ASTM D217
防腐蚀性（52℃，48h）/级	1	1	ASTM D1743
极压性能（Timken 法）*OK* 值/N	156	178	ASTM D2509
表观黏度（-10℃，$D=10^{-1}$）/Pa·s	260	173	ASTM D1092
微镜杂质/（个/cm^3）			SH/T 0336
25~75μm	700	300	
75~125μm	0	0	
>125μm	0	0	

4. 冷轧设备

1）冷轧设备用脂要求

润滑脂要有优良的润滑性能、极压性能、泵送性能、抗介质性（工作辊轴承可能被轧制液侵入）。

2）推荐润滑脂品种

积压复合锂基润滑脂用于输送辊道；聚脲基润滑脂用于工作辊轴承和退火炉；齿形联轴器润滑脂 H 用于联轴器。

第二节　汽车用润滑脂

1. 汽车用润滑脂的润滑需求分析

1）汽车的发展对润滑脂的要求

汽车是目前非常重要的交通工具，汽车设计制造技术正随人们对汽车的要求不断提高而飞速发展，对汽车的期望可归纳为两个主要目标：提高乘坐的舒适性和节省燃料费用。前者可以采用缩小并密闭发动机室来相对扩大乘坐空间，降低噪音对室内的污染；后者主要通过减轻汽车元部件的重量和优化传动关节及其相关润滑等来实现。上述设计改进都对各零部件运转的轴承和关节提出了更高的要求，即运转高速化、环境高温化。

受空间的限制，汽车中的这些轴承多数采用润滑脂进行润滑，并且其中相当一部分为一次润滑。润滑剂技术间接制约着汽车整体质量的提高，如何满足当代汽车各部件高速、高温、安全、长寿命的要求，是润滑脂专家们所必须面对的。

2）汽车具体用脂部位的润滑需求分析

目前我国汽车行业把汽车种类分为乘用车和商用车。乘用车主要包括基本型乘用车、多功能乘用车（MPV）、运动型多用途乘用车（SUV）、交叉型乘用车等；商用车主要包括客车、货车、半挂牵引车、客车非完整车辆、货车非完整车辆等。有关资料表明，目前我国商用车轮毂轴承换脂频繁，每年每车的维护用脂约为 3.5kg，新造车用脂同样约为 3.5kg。乘用车维护用脂可忽略不计，新造车每辆用脂在 1kg 左右。不同的车型对润滑脂的要求也不一样，有的要求极压性、有的要求长寿命、有的要求在不同温度下都有极好的润滑性，根据汽车结构基本分为发动机、底盘、车身、电气设备等四部分，不同部分对润滑脂的要求也不一样，有的部分要求极压，有的要求抗磨，有的要求与橡胶要相容，根据不同车型、不同部位，合理选用润滑脂对车辆保养、使用非常重要。商用车和乘用车一般有的润滑点如表 5. 12 和表 5. 13所示。

表 5. 12　商用车主要润滑点

分离器　传动轴	转向拉杆	传动轴十字轴轴承	备胎升降器
水泵	转向柱球轴承	传动轴滑动叉	制动调节臂
离合器踏板轴制动踏板轴	转向传动轴滑动叉十字轴轴承	钢板弹簧销	车速里程表软轴
起动机	前后制动凸轮支架及支撑座	转向节主销	离合器分离叉支撑衬套
发电机	手制动蹄片轴	轮毂轴承	辅助钢班弹簧
传动轴中间支撑	变速器第一轴前轴承		

表 5. 13　乘用车主要润滑点

启动机离合齿条	轮毂轴承	门窗铰链锁环
水泵	离合器齿条	车座滑片
发电机	转向节	主镜
正时皮带轮	制动蹄片支点	风扇雨刮器等电机
等速万向节	刹车拉线	雨刮器齿轮
传动轴	悬挂球头	电触点

其中轮毂用脂和万向节用脂在整车中使用中的比例最大，其他可归到汽车电器和汽车附件用脂，下面分别详细介绍一下汽车具体用脂部位的润滑需求。

2. 轮毂用脂

1）轮毂轴承的发展

每辆车都会有轮毂轴承，汽车轮毂轴承的作用主要是承受汽车的重量及为轮毂的传动提供准确的向导。轮毂轴承既承受径向载荷又承受轴向载荷，是一个非常重要的安全件。国产车大多采用传统的两套单独的圆锥滚子轴承或角接触球轴承，这种结构在汽车装配时要经过调整游隙、预紧、加脂等诸多工序，掺杂较多人为控制因素，装配难度较大，从而造成汽车装配线加长，成本过高且可靠性差，难以适应激烈的市场竞争。近年来，随着前置前驱动轿车的飞速发展，轮毂轴承发生了很大变化，尤其是国外知名的汽车生产厂家与轴承制造商联合研发，使新型轮毂轴承单元不断涌现。

（1）轿车。轿车轮毂轴承已经历了四个发展阶段。第一代为普通双列轴承；第二代为单法兰双列轴承；第三代为双法兰双列轴承；第四代为 SKF 公司已推出的轮毂轴承和万向节完全一体化的单元化元件。汽车发动机技术的进步和路面条件的改善使汽车速度有了很大的提高。一方面，同载荷下由于高速所产生的动能增量，其很大一部分转化为热能；另一方面，ABS 刹车盘所产生的摩擦热，这两方面都使轮毂轴承温度进一步升高，因此高温高速是现代轿车轮毂轴承的一个重要特点。另外由于轿车从生产出厂到用户手中，通常需要经过长距离运输，轮毂轴承容易产生微动磨损，这些都对润滑脂提出了很高的要求。

（2）卡车。卡车轮毂轴承的发展经历是第一代卡车轮毂轴承为两个独立的普通圆锥滚子轴承，第二代卡车轮毂轴承是一体化的两个圆锥滚子轴承。目前国际上载重汽车轮毂轴承的发展要求是提高轴承的使用寿命和承载力。据有关报道，SKF 已经开发出一个集成的轮毂轴承单元，用于卡车、商用车、公共汽车和挂车，该集成单元可以在 10^6km 内不需要保养。各代轮毂轴承及单元的基本结构和特征如表 5. 14 所示。

表 5. 14　各代轮毂轴承及单元的基本结构和特征

球轴承				
原来	第一代	第二代	第三代	第四代
单列深沟球轴承	双列角接触球轴承	轮毂轴承单元	轮毂轴承单元	万能向节轮毂轴承单元
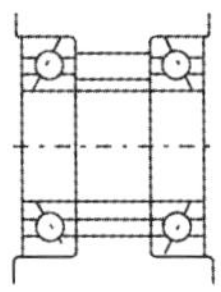	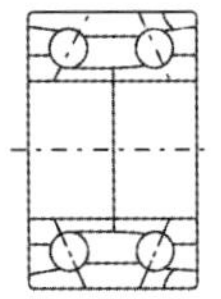	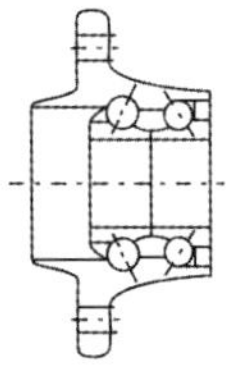	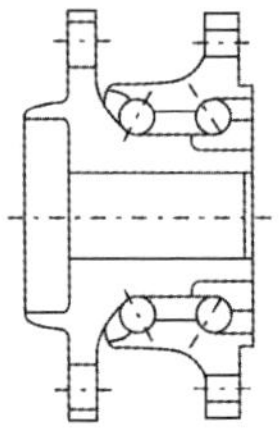	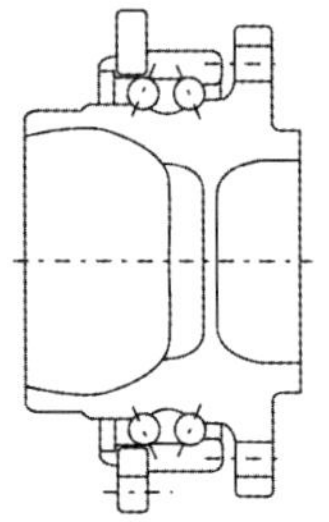
游隙通过隔圈调整	游隙勿需调整	游隙勿需调整	游隙勿需调整	游隙勿需调整
圆锥滚子轴承				
原来		第一代	第二代	第三代
单列圆锥滚子轴承	轻型轴承	圆锥滚子轴承单元	轮毂轴承单元	轮毂轴承单元
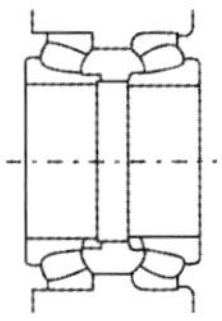	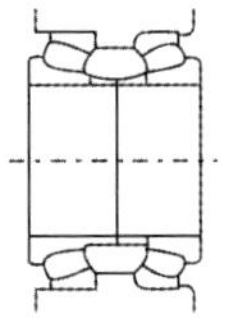	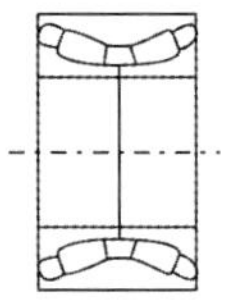	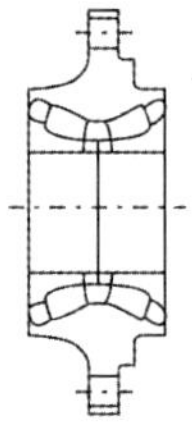	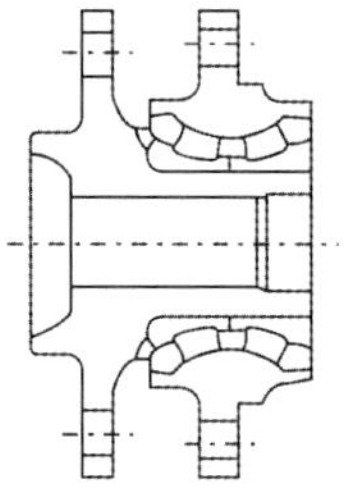
游隙通过隔圈调整	游隙勿需调整	游隙勿需调整	游隙勿需调整	游隙勿需调整

(3) 轮毂用脂的发展。轮毂轴承用脂随着时代的变迁而变化，国内外的发展变化如表 5. 15所示。对于卡车，润滑脂用量最大的部位是轮毂轴承，对于像解放中型、跃进、福田、江淮等中型货车及中型客车平均一台车约用润滑脂 1kg，平均一个轴承约 250g，一般填充量占轮毂轴承空腔容积的 1/2~1/3，考虑卡车一般载重较大，此车型一般采用线与面接触的圆锥滚子轴承，这样结构的轴承两端负荷很大，极易磨损，要求润滑脂具有良好的极压型、抗水性、高低温性以及的成膜性。为适应汽车高速化的要求，一般推荐选用汽车通用锂，以上产品同样可以用在中型以下的微型车及农用车上。随着高速公路的发展，重型车及高速大客发展越来越快，对润滑脂提出了更高的要求，要求润滑脂具有非常好的极压性、抗磨性、耐高温性以及更长的使用寿命，一般推荐使用合成锂基润滑脂、合成复合锂基润滑脂及合成聚脲基润滑脂。轿车轮毂轴承用脂量一般较小，一个轴承的用脂量在 10g 左右，考虑轿车前轮要负责驱动及转向，选用的又是角接触球轴承，更容易磨损，对润滑脂的要求非常苛刻，一般选用合成复合锂或合成聚脲基润滑脂，适应其高温、高速、长寿命、安全的要求。

表 5.15　轮毂用脂的演变

时间		用脂品种	特点
国外	19 世纪 80 年代	钙基润滑脂	润滑脂需要 1%~2%的水分作稳定剂，因此它们不适用于温度超过 100℃的场合
	20 世纪 30 年代	钠基润滑脂	钠基润滑脂具有较好的高温性能和机械安定性，但耐水性差
	20 世纪 40 年代	复合钙基润滑脂 锂基润滑脂 钡基润滑脂	具有更好的抗水性、高温性能和机械安定性，代替钠基润滑脂用于汽车轮毂润滑脂
	1962 年开始	锂基润滑脂 复合锂基润滑脂	高温性能是当时所有润滑脂中最好的，其目前仍然被普遍应用于汽车高温高速的工况下
	近年来	聚脲基润滑脂	其耐高温、长寿命的特点，用在轿车轮毂轴承上
国内	20 世纪 50 年代	钙基润滑脂	同上
	20 世纪 80 年代初	锂基润滑脂	的汽车通用锂基润滑脂的生产和推广，推进我国汽车润滑脂的发展，尤其最初通用在新解放 CA141. 东风 EQ140 等新型车辆上，耐温性能由原来的 60℃也提高到了 120℃，与原来的钙基润滑脂相比，可延长润滑期，减少磨损，降低消耗，满足了当时汽车轮毂润滑的要求
	近年来	锂基润滑脂 复合锂基润滑脂	随着我国汽车工业的迅速发展，进口汽车生产线的引进，高速公路的建设，承载要求的提高，行驶速度的加快，对汽车用脂性能的要求也越来越高，原来使用的锂基润滑脂已不能完全满足目前一些高速、重载汽车的需要。因此高性能的复合锂基润滑脂在这些车辆上得到应用

2）轮毂用润滑脂

一般来说在欧美车系中汽车轮毂脂使用倾向于用复合锂基润滑脂，在日系车中倾向使用聚脲基润滑脂。从在润滑脂总产量占比来看，聚脲润滑脂所占比例逐年递增，涨幅均在 6%左右。特别是近年来，轮毂轴承正向小型化与等速万向节组合型方向发展，满足较长的使用寿命以及耐高低温的要求，聚脲基润滑脂成为了最佳的选择。

3）轮毂填充润滑脂的方法

轮毂润滑脂有两种填充方法：一种是满毂润滑，就是除轴承装入润滑脂外，轮毂内腔也装满润滑脂；另一种方法是空毂润滑，即只是在轴承内装入润滑脂，轮毂内腔仅薄薄地均匀涂抹一层润滑脂用作防锈。实践经验表明，满毂润滑时，新涂上润滑脂的轴承在开始转动时，多余的润滑脂很快被挤到滚道外面并被甩到轮毂内腔和轴承盖里，这时多余的润滑脂被强烈搅动，由于润滑脂的粘滞阻力，使轴承温度升高，而真正起到润滑作用的主要是留在轴承滚动面上的薄层润滑脂。因此，轮毂内腔中装满润滑脂会使轴承散热困难、温度升高。而空毂润滑不仅能避免这一缺点，还可以节省润滑脂 80%以上。国外在 20 世纪 50 年代以后就推荐空毂润滑，有的国家在汽车说明书中规定，除为了防锈在轮毂内表面涂一层润滑脂外，轮毂内腔不能涂有润滑脂。轮毂示意图如图 5. 8 所示。

3. 底盘用脂

1）球头销用脂

在汽车转向系统中，转向直拉杆与转向摇臂及转向节臂的相对运动都是空间运动，为了

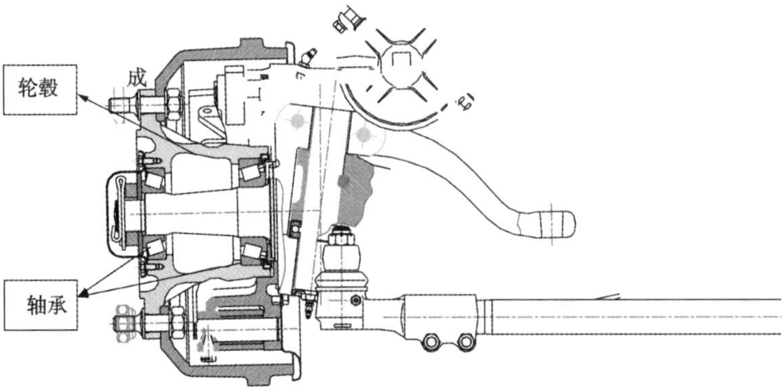

图 5.8　轮毂示意图

不发生干涉，转向直拉杆与转向摇臂及转向节臂三者之间都采用球头销。球头销润滑部位为球头与球头座之间的润滑。摩擦副有钢对钢和钢对塑两种形式，其中钢对塑料的摩擦副，球头销的材质为钢，球头座材料为塑料(尼龙 66 或聚甲醛)。球头外面还包有衬套，其材料为氯丁橡胶(CR)，如图 5.9 所示。

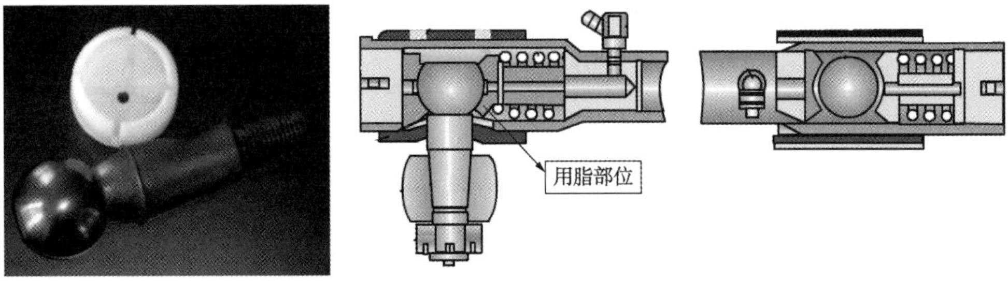

图 5.9　汽车用球头销

汽车球头销对润滑脂的要求是要有优良的耐低温(温度用于-40℃)、抗疲劳磨损性能、黏附性和抗氧防锈性，用户一般用摇臂球销总成的耐寒性试验和摇臂球销总成疲劳台架试验对耐低温和抗疲劳磨损这两个性能进行检验。目前汽车球头销用润滑脂多为国外润滑脂产品，国内低档球头销润滑脂多为一般锂基润滑脂或二硫化钼润滑脂，低温性能和润滑效果都与国外产品有一定的差距，使用效果难以保证。

2）轿车转向器齿轮齿条用润滑脂

轿车转向器机构涉及整车的操纵性、稳定性和安全性，它是直接关系车辆性能的关键部件。早期的汽车转向是用舵柄或横杆(即一种两端带有手柄的水平杆)进行操纵，转向比是 1∶1，因而汽车转向时的操作是很吃力的。从 20 世纪 70 年代起轿车兴起了齿轮齿条转向机构，它由方向盘、方向轴、方向节、转动轴、转向器、转向传动杆和转向轮(前轮)等组成。方向盘操纵转向器内的齿轮转动，齿轮与齿条紧密啮合，推动齿条左移动或右移动，带动转向轮摆动，从而改变轿车行驶的方向。

这种转向机构与蜗杆扇形齿轮等其他类型的转向机构比较，省略了转向摇臂和转向主拉杆，具有构件简单，传动效率高的优点。而且它的逆传动效率也高，在车辆行驶时可以保证偏转车轮自动回正，驾驶者的路感性强。

齿轮齿条转向机构早在一世纪前的汽车萌芽发展阶段已经出现，只是那时还不完善，机件加工粗糙。1905 年通用汽车卡迪拉克部的工程师将齿轮齿条转向器的设计理论化，并加工成精度高，操纵灵活的齿轮齿条转向器，正式应用在轿车上。后来汽车转向器的型式被蜗杆一扇形齿轮型式所垄断，但许多人仍然继续完善齿轮一齿条转向机构。随着近代材料学的发展，大大提高了齿轮一齿条转向机构的安全可靠系数，人们再次重视这种转向机构的简单实用性，由于它具有构件少、质量轻、成本低的优点，受到汽车制造商的青睐，现在大多数的轿车转向器都采用齿轮一齿条型。齿轮齿条型轿车转向器要求润滑脂应具有优异的润滑性能；在低温下具有良好的泵送性能；良好的防锈性和极压抗磨损性能，可最大程度地减少磨损，延长齿轮齿条的使用寿命。转向器齿轮齿条的结构示意图如图 5.10 所示。

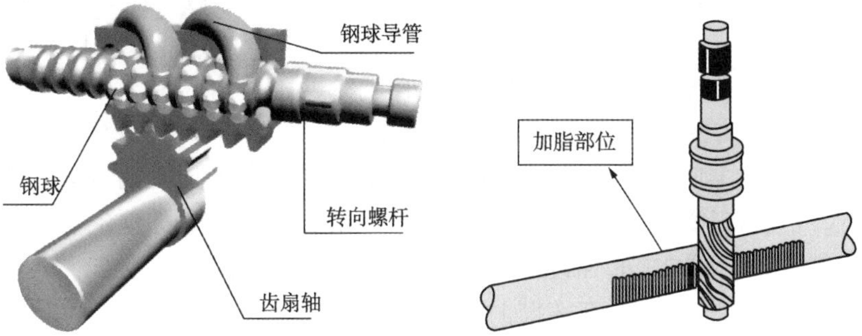

图 5.10　转向器齿轮齿条的结构示意图

3）悬挂装置

商用车有前后悬挂装置，前悬挂有桶式减震器，后悬挂装有主体钢板弹簧。钢板弹簧片与片之间需要润滑防护，此部位易与水、泥土接触，要求润滑脂具有良好的抗水和极压抗磨性能。目前该部位主要使用石墨钙基润滑脂。钢板弹簧示意图如图 5.11 所示。

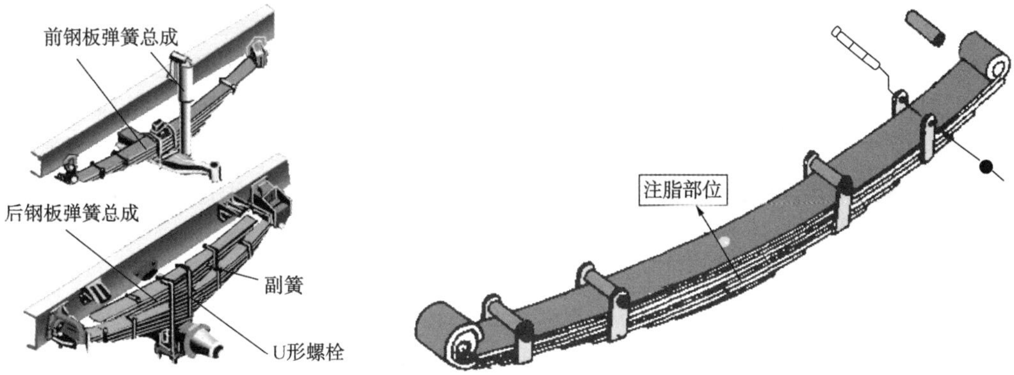

图 5.11　钢板弹簧示意图

4）离合器

离合器踏板、离合器分离叉、制动踏板轴承都需要润滑，由于离合器轴承周期性运动，易受外界水、尘埃等污染，需良好的极压性、抗水性；高温部位的离合器还需具有良好的耐高温性、抗剪切性，同时要求振动值低。在此部位使用的润滑脂有离合器润滑脂 B2。离合器部件如图 5.12 所示。

4. 汽车等速万向节(CVJ)润滑脂

1）等速万向节的结构和特点

等速万向节也称等速联轴节(CVJ-Constant Velocity Joint)，是连接汽车变速箱与车轮之间的重要传动部件。其作用是将发动机的动力由变速器通过 CVJ 传递到驱动车轮，驱动汽车高速行驶。CVJ 可分为固定节(Fixed Ball Joint)和可以轴向移动的滑动节(Plunging Joint)两大类。现在世界上约有 85%的轿车和轻型货车都装有等速万向节。近年来随着 FF 车的普及和 4WD(四轮驱动)车的迅速增长，促使等速节(CVJ)的产量急剧上升。据最近统计 CVJ 润滑脂目前已占轿车用脂总量的 60%。

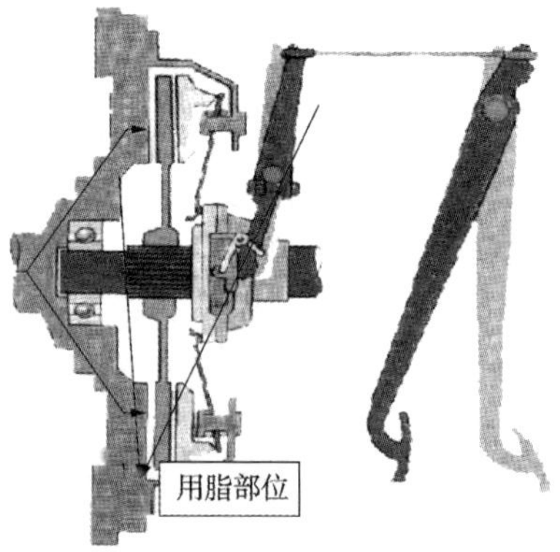

图 5.12　离合器部件示意图

固定节多安装于前轴外侧，紧邻轮毂轴承，是车轮转动力和扭转力的直接传递者。一般包括球笼式(BJ)、三销式(GE)，其内外滚道为球面，最大转动角度比滑动节大一倍左右，通常约为 40°~50°。目前有代表性的为 BJ，在其内部有 6 个钢球，被安装在外轮河内轮的沟槽内，通过保持器把各钢球的中心保持在一个平面上。转矩是由轴传到内轮，再由内轮沟槽通过钢球传到外轮沟槽。钢球是以在沟槽上滚动的同时传递转矩。为了防止润滑脂的泄漏和防止外部的灰尘进入，CVJ 上装有伸缩自如的橡胶护套。护套材料一般为丁氰橡胶(NBR)或氯丁橡胶(CR)。

滑动节多安装于汽车前轴的内侧和后轴的两端，是差速器输出动力的承受者，在传递动力的同时承受非平面的轴向冲击力。一般包括滑动型球笼式(DOJ)，如图 5.13 所示。交叉槽式(VL)和滑动型三销式 GI，前二种为球节，后者为三销节(Tripod Joint)。

其中 TJ 占主导地位，TJ 是由具有三根支轴的三轴架、滚针和滚轮所组成，20~30 根滚针安装在三轴架的各支轴和滚轮之间以使得滚轮能滚动。转矩由外轮通过滚轮、滚针、三轴架传到轴。三对滚动槽被设计成与外轮轴相平行，因此，即使在作用角变化的条件下，也能同时进行轴向移动和等速传递转矩。此外，由于滚轮在滚动槽上滚动，所以移动阻力低。当外轮转动一周，三轴架的中心相对外轮中心回转三次，轴向移动时由于内摩擦产生的 3 次诱导轴向力(外轮的轴向分力)是导致振颤(车体横向摇动)的原因。与固定式 CVJ 一样，也装有伸缩自如的橡胶护套。

2）等速万向节运行工况

(1) 负荷高磨损大。等速万向节在汽车上用于传递动力(转矩)，零件的各着力点要承受很高的接触压力，有时可达 3~4GPa，在一般安装角度，正常运转速度下 EHD 膜厚比一般滚动轴承的润滑膜小一到二个数量级，高负荷会造成高磨损，高负荷下的润滑剂必须有好的极压抗磨性能。否则，万向节会迅速磨损报废，增加汽车维修时间和维修费用。

(2) 运动状况复杂摩擦危害严重。等速万向节的元件既有高速转动、滚动，又有滑动、震动、往复运动，还有汽车行驶的振动、冲动，以及不可避免的微动。有运动就有摩擦，摩擦对于万向节的危害极大：摩擦造成的动力损失，直接影响传动效率和燃料经济性；摩擦产生热量，是等速万向节温升的内因，高温会造成润滑脂失效而使等速万向节报废；摩擦还使万向节内产生轴向力，滑动型三销式等速万向节内球面滚子和滚道面的摩擦产生的轴向力是引起车体摇动的原因；摩擦还会引发噪音。等速万向节需要摩擦系数低的润滑脂。减少万向节摩擦就可以提高传动效率、减少轴向力、减少温升、减少振动。润滑剂还可防止接触疲劳、减少微动磨损。

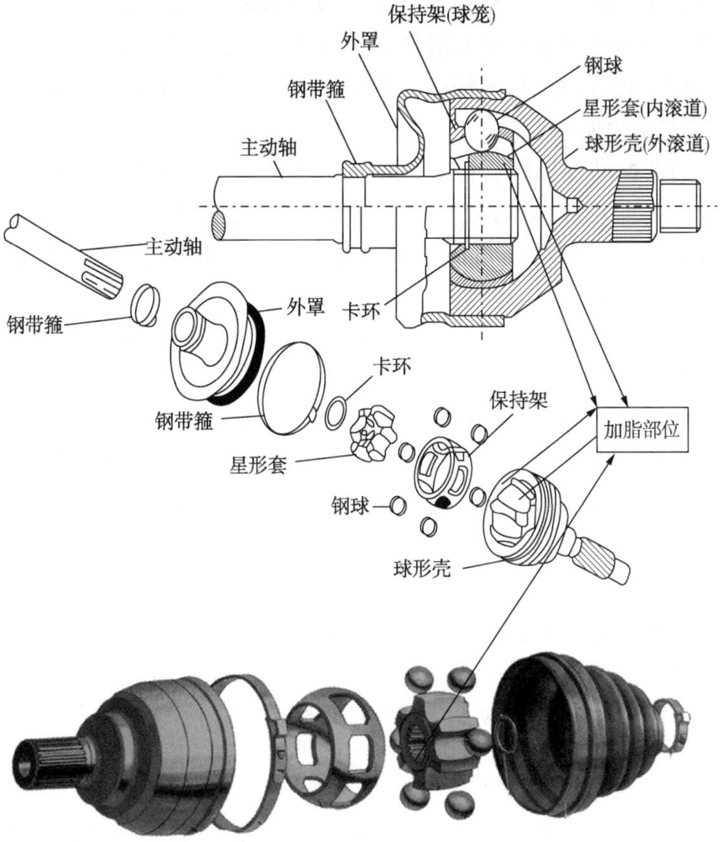

图 5.13　球笼式等速万向节

(3)散热环境差工作温度高。等速万向节本身是封闭式的结构，润滑脂又是热的不良导体，散热效果本来就不好。等速万向节临近三大汽车热源——发动机罩、制动器、轮毂轴承，更不利于散热。第四代轮毂轴承与等速万向节组合为一体，情况更加严重。运转中不断产生的摩擦热在很高温度下才与散热保持动态平衡，造成等速万向节在较高的温度下工作。润滑脂必须提高自身的热稳定性。否则润滑脂在高温下的结构破坏或变质就会引起等速万向节的失效。汽车高转速、大功率、小型化的发展趋势会使等速万向节的工作温度变得更高，等速万向节脂面临更严峻的高温考验。

(4) 橡胶保护罩容易破损。等速万向节处在汽车底盘，因此加有合成橡胶制的保护罩，防止外界杂质入侵。保护罩发生的破损与润滑剂有关，因为有的润滑油对合成橡胶起溶胀或硬化作用。等速万向节润滑脂必须充分考虑与保护罩的相容性，尤其是选择基础油。

(5) 转速较高。等速万向节的运动形式多，而且不是在始终稳定的状态下运转，所以，它的润滑机理不能用传统的摩擦学理论，例如用于轴承润滑的弹性流体力学理论来解释。等速万向节的润滑点，不纯粹是流体力学作用产生的润滑膜。等速万向节处于混合润滑状态。在边界润滑情况下，润滑剂要进入高速转动的润滑点，需要很好的流动性。等速万向节转速较高，润滑剂还应有很好的机械安定性。

(6) 环境腐蚀。处于汽车底盘的等速万向节也会遇到各种介质的腐蚀，润滑剂起到保护作用。而且在一定程度内，水之类的污染物不应引起润滑脂重要性能的改变。

（7）低温启动。在冬天或寒区启动和行驶，润滑脂转矩不应太大。

（8）保养需要。除一些要求终身润滑的万向节外，经过一定时间的运行，等速万向节需要进行维护保养，补充润滑剂。脂的稠度、黏度、流动性应与注脂方式相适应。

3）等速万向节对润滑脂的要求

（1）具有优良的低振动性和抗磨性。近年来，轿车的噪音振动(Noise Vibration Harshness 即 NVH)问题，引人们的关注，CVJ 是一个振动源，可以把在路面和发动机的振动传向整个车身，尤其滑移式 CVJ 以一定活动角传递动力时，基于内部零件间的相对滑动，产生了摩擦力，其轴向分力就是诱发轴向力，轴向力和发动机振动频率共振时会出现节拍型噪音；当轴旋转一周时，DOJ 型万向节会有 6 次振动，GI 型万向节为三次；因此万向节润滑脂应该具有优良的抗震动性能，能够衰减 CVJ 产生的振动能量。

（2）具有较长的使用寿命，最大延长汽车的拆换时间，防止 CVJ 过早产生滚动接触疲劳，因此在润滑脂中使用高质量的抗氧化剂，尽量避免金属离子型化合物在润滑剂中出现。

（3）具有优异的极压抗磨性能和润滑性能及较低的摩擦系数，抑制 CVJ 部件在使用过程中出现异常磨损或金属疲劳，防止 CVJ 在没有 EHD 油膜，处于边界润滑(BL)时，球笼和其他相对运动部件产生粘着磨损。

（4）良好的耐高温性能。随着 FF 车的排气量增加，安装角度越来越大，CVJ 轻量化高速化，使 CVJ 的环境和自身产生热量增多。

（5）具有良好的耐低温性能。为了增加汽车行驶范围，使汽车在严寒地区能够在增加很少功耗的前提下保持良好的启动性能，保证低温时操纵灵活，因此要求汽车等速万向节润滑脂应具有优良的低温启动性能。

（6）与橡胶或其他树脂护套有良好的相容性。润滑脂与万向节外面的橡胶护套直接接触，润滑脂对橡胶有溶胀效应，如果两者相容性差，则可能会加速橡胶老化、降低橡胶伸张能力和机械强度，造成橡胶套的膨胀、歪斜、扭曲甚至破损，失去密封性，造成润滑脂泄漏和外部污物的进入，降低 CVJ 的寿命。所以要求润滑脂与橡胶相容性好，以便使其能够保持良好的密封作用和提高橡胶护套的使用寿命。

除上述要求外，CVJ 用润滑脂还应具有优良的机械安定性、抗水性、防锈性等。

球笼式 CVJ 一般使用含二硫化钼的极压锂基润滑脂，三销式 CVJ 一般使用不含二硫化钼的极压锂基润滑脂，但所使用的润滑脂类型很多。

4）等速万向节用脂的发展

1959 年英国在小型汽车(AUSTIN MINI)上开发使用 CVJ，所用润滑脂为一般的极压锂基润滑脂，性能达不到要求；后改用特殊的润滑脂(膨润土润滑脂+20%二硫化钼)。

1960 年 DKW 公司(AUDI 公司的前身)在 F11 车上开始使用 CVJ，所用润滑剂为含有10%石墨的极压齿轮油，出现橡胶护套寿命短、早期发生疲劳损伤、变速时噪音大的问题，认为 CVJ 的润滑以润滑脂为最好，不再使用润滑油。20 世纪 60 年代初法国开发的三销式等速万向节用复合钙基润滑脂，基础油为石蜡基和环烷基矿物油的混合物，目的是适应宽温度范围的要求。1967 年美国通用汽车公司在额定转矩比 Austin Mini 车大两倍多的车上把等速万向节的润滑剂由 SAE EP90/140 齿轮油改为润滑脂。内侧的三销式等速万向节用 NLGI No. 1 或 No. 2 极压润滑脂，外侧的球笼式等速万向节用加有二硫化钼的 No. 1 极压润滑脂。20 世纪 70 年代德国的等速万向节生产厂开发了锂基润滑脂+环烷酸铅+二硫化钼的 CVJ 润滑脂。1983 年德国又开发了锂基润滑脂+二硫化钼+环烷酸铅+SP 系极压抗磨剂的 CVJ 润滑脂。

1978 年催化转换器的出现给等速万向节的保护罩和润滑脂都提出了高温问题。美国有了第一代聚脲稠化矿油的等速万向节润滑脂。在保护罩材料用硅橡胶替代氯丁橡胶时，又必须开发与硅橡胶相适应的润滑脂新产品。此后，等速万向节脂的组成不断有一些小的变动。正常温度状况下的等速万向节脂基础油大多还是石蜡基和环烷基矿物油的混合物。至 20 世纪 80 年代末等速万向节的安装角更大，工作温度更高，对润滑材料有了新的要求。1987 年，日本研制出聚脲型低摩擦润滑脂。

1998 年以后随着汽车节能技术的要求和汽车结构的变化，CVJ 以小型化发展为主，所用的润滑脂为锂基润滑脂或脲基润滑脂+有机钼和/或二硫化钼+SP 系添加剂。

目前在研制高温等速万向节脂，尤其工作温度应能够达到 150℃甚至更高的温度，其稠化剂为复合锂或聚脲，还有酰胺纳皂，基础油主要是采用合成油。

5）国内外等速万向节用润滑脂产品情况

国外各汽车制造商对等速万向节所用的润滑脂都有专门的技术规范。如德国大众汽车公司要求 CVJ 润滑脂必须符合该公司 TL-VW-738 的技术标准，目前在国内随着中国汽车工业高速发展和市场保有量不断扩大和国家鼓励汽车零部件的国产化的需要，我国汽车等速万向节的开发和生产都在快速发展，但仍处于起步阶段。目前，国内生产汽车 CVJ 的汽车零部件厂很多，其技术开发实力和对 CVJ 润滑脂的性能要求差别很大，生产企业主要采用锂基润滑脂、复合锂基润滑脂或普通的二硫化钼锂基润滑脂，造成汽车等速万向节部件的过早损坏，这除了 CVJ 本身的加工精度、所用材料、装配等因素有关外，润滑脂选用不当也是重要因素。

5. 汽车电器及汽车附件

汽车上电器设备是必不可少的，如交流发电机、启动器、冷气装置用电磁离合器、空转轮风扇等，这些电器都用脂润滑。同时汽车的其他辅助机械设备如水泵、皮带拉紧器、离合器、风扇等运转也是由装有润滑脂的轴承来完成的。由于这些设备大多应用的是密封深沟球轴承，其工作原理大体相同，只是由于各自应用的环境工况不同，对润滑脂的要求产生了差别。

1）汽车发动机系统密封轴承脂

汽车发动机系统密封轴承是汽车用润滑脂的一部分，由于发动机运转工况的特殊性其对所用润滑脂的性能要求也很高。汽车发动机系统密封轴承主要有三个部位用润滑脂：①汽车交流发电机轴承，见图 5.14；②发动机皮带张紧、调整轮轴承；③汽车空调电磁离合器轴承。

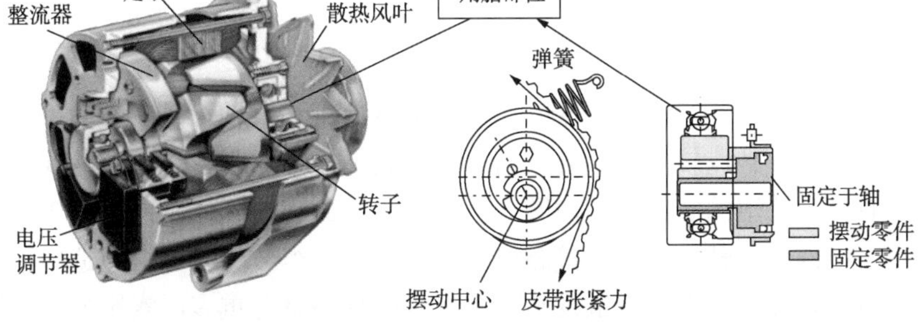

图 5.14　交流发电机轴承自动张紧轮的结构示意图

随着汽车行业的发展，发动机性能逐步提高，更多的汽车自动化控制单元逐渐普及，汽车对电能的需求也越来越大。交流发电机也向小型化、高输出功率和高可靠性发展。交流发电机轴承的改进体现在高速专用交流发电机轴承（150℃，20000r/min）的超高温（200℃）、高速、高承载能力和高可靠性上。为适应这些性能要求，采用氟橡胶密封圈，耐高温、抗疲劳的新型润滑脂。

发动机皮带张紧、调整轮轴承用于张紧发动机与周围辅机的传动皮带。近年来，为了减小发动机轴向尺寸，采用一根皮带驱动所有辅机的方式成为主流。为了增大传动力，所采用的皮带棱数增加，同时宽度增加。张紧轮一般位于皮带松弛侧，一般来说轴向力也由自身提供的张力决定。但是在调整皮带轮的情况下，张紧侧皮带缠绕大，除空调压缩机外，由于轴承受辅机的变动载荷，工作条件是相当苛刻的。发动机系统密封轴承的工作温度一般在150~180℃，工作转速一般在10000~20000r/min。同时，由于发动机皮带张紧、调整轮轴承处于轴承外圈旋转工况，这就要求润滑脂具有更长的内圈旋转轴承寿命和抗泄漏性能。为了满足汽车的舒适性，全天候运转以及对路面积水甚至雪天路面的盐水侵害的防护，高级车对静音性能，低温下的启动性能，恶劣天气下的防腐蚀性能提出了要求。

要求所用的润滑脂必须具备以下性能：长的高温高速润滑寿命；良好的橡胶和塑料相容性；优良的防锈性能；良好的抗水性；良好的静音性能；优良的低温启动性能；良好的极压抗磨性能

2）空气泵轴承

空气泵是为发动机燃烧气缸提供压缩空气的装置，一般为叶片式。对空气做功产生的热量和叶片与空气相对运动产生的摩擦热共同作用，使气泵的温度可达150℃。一台空气泵一般由一套内径35~40mm的密封滚针轴承和一套内径25~30mm的密封深沟球轴承及几套内径为10mm的密封滚针轴承组成。转速为5000~7000r/min。温度最高可达130~160℃，要求运转寿命为700~900h以上。高温系列脂应该是这些轴承用脂的首选。如复合锂、聚脲润滑脂，其中应该注意的是：滚针轴承的润滑要求润滑脂中不应含有大颗粒的添加剂和一定温度下启动及运转力矩不能太高。

3）冷却风扇用液体联轴器轴承

液体联轴器是用来自动调节冷却风扇转动的装置。它依靠高黏度硅油的黏性阻力来带动冷却风扇的双金属温度感受机构，高黏性硅油的内摩擦力在联轴器工作时放出大量热，使轴承温度高达180℃。所用轴承多为带氯丁橡胶密封的深沟球轴承，内径为20mm，内外径同方向运转，相对运转速度为5000r/min，要求寿命200h，所用润滑脂多为以高黏度硅油为基础油的复合锂，或聚四氟乙烃润滑脂。

4）水泵轴连轴承

汽车水泵是水冷式发动机必不可少的部件。虽然汽车水泵轴承是以滚动摩擦的形式正常工作，载荷较低，但在转速较高，温升较高。为了满足简单、紧凑、高速的要求，现代水泵轴承设计成以有研磨轨道的实心轴为内圈，两个支承外圈连成一体共同承受皮带轮和泵转子的双列球或滚子结构。该轴承很容易接触以水和乙二醇为组分的冷却液而造成内圈锈蚀。由于受发动机的热辐射和循环冷却液散发热量及本身散热困难等重多因素影响，该部位温度高达120~130℃，转速可到7000r/min。同时由于水及潮气的影响极易造成脂中皂结构的破坏，引起轴承锈蚀，因此汽车水泵轴承脂除了应具备优异的耐高温、长寿命性能外，脂的抗水性和防锈性也相当重要，近年来，国外水泵轴连轴承多采用有优良抗水、长寿命性能的复合锂或聚脲脂进行润滑，酰胺钠盐型润滑脂也能满足该部位的需要。

5）软轴拉索脂

软轴的主要类型有里程表软轴、汽车不跳表软轴、变速选挡换挡推拉软轴。软轴运动形式是软轴轴芯做高速旋转运动，软轴润滑部位是轴芯-钢丝与钢丝接触，要求具有优良的高低温性、氧化安定性和良好的润滑性。拉索的主要类型有离合器分离拉索、手制动拉索、加速器油门拉索、阻风门拉索、挡位锁定拉索、引擎顶盖开闭拉索、电门(钥匙)联锁拉索、自动跳启拉索、车窗升降器拉索、停车制动拉索、车尾行李箱开闭拉索、油箱盖拉索、调合座椅靠背拉索选挡换挡推拉软轴。拉索运动形式是轴芯低速沿轴向移动，运动不频繁运动。拉索润滑部位，轴芯-钢丝-塑料接触与接触，要求具有优良的高低温性、氧化安定性和良好的防护性能。轿车各部位的拉索详见图5.15。

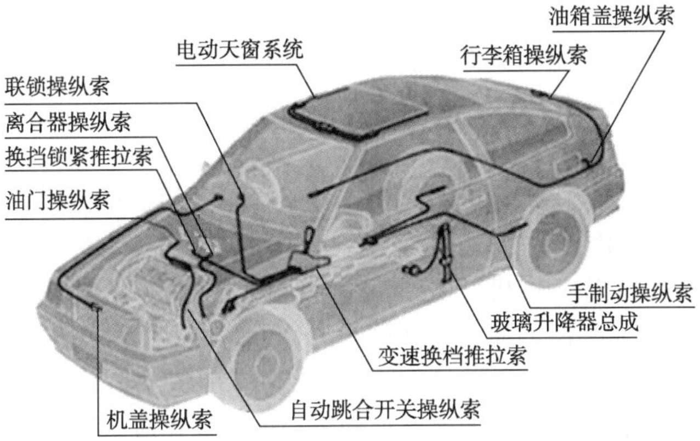

图5.15　轿车各部位的拉索

第三节　工程机械装备用润滑脂

工程机械是为城乡建设、铁路、公路、港口码头、农田水利、电力、冶金、矿山、海空基地等各项基本建设工程施工服务的机械。由于工程机械属于户外工作机械，长期暴露在大气(包括海洋大气、工业大气、城市大气和乡村大气)和不同水质(海水、河水)等恶劣环境中，每时每刻都在承受不同地域和环境不同程度的影响，因此对润滑脂具有特殊要求。除常规的锂基润滑脂、极压锂基润滑脂、二硫化钼锂基润滑脂等通用产品以外，近年来还为工程机械的销轴、回转支承齿轮等润滑部位，开发了系列专用产品。

一、工程机械现状

常见的工程机械主要有液压挖掘机、履带推土机、轮式装载机、压路机、平地机、摊铺机、叉车及汽车起重机等。在2010年年底，我国工程机械主要产品保有总量约达447万台，超越美国、日本及欧洲，成为全球最大的工程机械市场，且产销量双双高居世界第一位。截至2015年底，中国工程机械主要产品保有量进一步提高到$663\times10^4\sim718\times10^4$台。截至2015年底，我国工程机械主要设备保有量如表5.16所示。

表 5.16 我国工程机械主要设备保有量(截至 2015 年底)

产品类型	设备保有量/万台	产品类型	设备保有量/万台
液压挖掘机	149.5~162.0	塔式起重机	42.5~46.0
装载机	167.4~181.4	叉车	208.5~225.8
73.5kW(100 马力)以上推土机	7.1~7.7	混凝土搅拌输送车	32.1~34.8
平地机	3.8~4.0	混凝土泵车	6.1~6.6
摊铺机	2.0~2.1	混凝土泵	5.7~6.2
压路机	11.8~12.8	混凝土搅拌站	5.0~5.5
轮式起重机	21.7~23.5		

二、工程机械对润滑脂性能的要求

1)推土机

推土机是建设工程中最常用的关键机械，由于使用条件苛刻且变化大，对润滑脂要求严格而特殊。可用防锈抗氧化极压锂基或复合钙基润滑脂。

2) 挖掘机

挖掘机又称挖掘机械，是用铲斗挖掘高于或低于承机面的物料，并装入运输车辆或卸至堆料场的土方机械。挖掘的物料主要是土壤、煤、泥沙以及经过预松后的土壤和岩石。挖掘机是工程建设中最主要的工程机械机型之一。这种机械的工作环境差，经常在风吹雨淋和尘土飞扬的条件下工作，因而必需加强润滑部位的防尘、防雨等防护措施，以免尘埃雨雪等落入，增加机械磨损和促使润滑脂变质。挖掘时的负荷极大而且有振动和冲击，铲运时变换方向多，而且一般都是行走在高低不平的颠簸地面上。因此，挖掘机要求润滑脂具有良好的极压抗磨性、抗水性、防锈性、机械安定性等性能。

3) 平地机

平地机是道路工程、建筑工程和农田建设中平整土地必需的机械，是节省劳动力和减轻劳动量的关键机具，因而得到广泛采用。平地机的负荷和运转方向经常变化，而且是满负荷空负荷交替使用的，尤其是负荷量都偏依在一个方向，而摩擦部分经常被磨偏变形而不利于润滑，因而要求润滑脂的润滑性能好，且黏附性强。由于在尘土飞扬的条件下工作，还要有良好的密封性。

4) 带式输送机

带式输送机是建设工程中常用的高效率运输机械之一，用于大批散装物料短距离运输，设备简单，操作方便。但由于其工作条件受尘埃或风雪等侵袭，而要求对设备润滑维护尤须注意。要搞好润滑部位的密闭防尘设施，并要求所用润滑脂有利于密封和防尘，并具有耐水、防锈等性能。

5) 汽车起重机

汽车起重机(汽车吊)是工程建设中使用最广的起重设备，一般有机械悬臂式和液压悬臂式两种，起吊重量和提升高度有多种不同的规格。卸料机(卸载机)是建设工程中卸大批砂石、煤炭、沥青等散装物料常用的搬运设备。一般多系间断性或突击性的运转，而且载荷也是变动大的，甚至也有冲击性和振动性。大都是在露天风尘雨雪的不利条件下运转的，因而要求所用润滑脂具有良好的抗氧化性、润滑性、黏附性、抗乳化性和耐水性。

6）破碎机

破碎机是道路建设或水利工程中必需的设备，常用的有回转破碎机、液压锥型破碎机(细碎专用)和颚式破碎机等。由于工作负荷的冲击性和振动性较大，并大都在露天风尘雨雪侵袭的条件下运转，因而要求所用润滑脂的耐冲击、抗磨润滑性和耐水、抗乳化及密封性良好。

3. 挖掘机回转支承润滑脂

挖掘机主要包括操纵系统、回转系统、底盘、行走及制动、液压系统、动臂、斗杆及铲斗等部位。在这些结构部件中，回转系统中的回转支承部位采用的是润滑脂润滑，并占据整个挖掘机用润滑脂的90%以上。

回转支承是工程机械的重要基础件之一，原材料质量、加工的表面质量、制造技术和检测手段的要求都很严格，因而它的制造成本很高。因此，提高该设备运行稳定性和可靠性，降低维护、使用费用，延长设备使用寿命具有重要意义。润滑是对零部件保养和维护的重要手段之一，其目的是在机械设备摩擦副相对运动的表面加入润滑剂，以降低摩擦阻力和能源消耗，减少磨损，延长使用寿命，保证设备正常运转。润滑脂对回转支承进行合理润滑是非常重要的。

国产系列工程机械用润滑脂的特性和应用范围，如表5.17所示。

表5.17　国产某品牌工程机械用润滑脂特性和应用范围

产品名称	牌号	性能	用途
极压锂基润滑脂	1号 2号 3号	采用12羟基硬脂酸混合皂稠化深度精制的矿物基础油，并加入极压、抗氧、防锈等高效添加剂制成。基础油黏度适中，性能优良。稠化剂的皂纤维结构合理，分部均匀，在剪切力的作用下能保持较好的润滑脂结构特征。有一定的防锈性能，能够防止轴承运转过程中的锈蚀	能够满足冶金、机械等行业中重负荷润滑部位的润滑。使用温度范围为-20~120℃
DZG润滑脂	1号 2号	采用12羟基硬脂酸混合皂稠化深度精制的矿物基础油，并加入极压、抗氧、防锈等高效添加剂制成。具有优良的极压抗磨性，可有效防止和减少摩擦副的磨损。机械安定性和抗氧化性优异，使用寿命长。还具有良好的抗水性和防护性，能有效防止野外作业润滑部件的锈蚀	适用于挖掘机、推土机、叉车等工程机械设备的回转轴承、履带弹簧等部位的润滑，同时还可用于其他重型车辆和设备的摩擦部位润滑。使用温度范围为-25~125℃
CMA-C润滑脂	1号 2号	具有优良的极压减磨性，胶体安定性和机械案定性．满足日本JCMA S040标准，同时获得日本工程协会质量认证	适用于进口及国产大型或新型工程机械回转轴承、销轴等各部位的润滑。使用温度范围为-20~120℃

4. 工程机械销轴润滑脂

在工程机械的工作臂上，铰销、销套以及销套座孔等是摩擦损伤最严重的部位。销轴承受着低速、高负荷，还经常受到冲击载荷的作用，工作环境主要表现为粉尘大或泥水多。轴销失效的形式表现为磨损、烧结等。销轴磨损是多种原因造成的，润滑脂质量状况是重要因素之一。润滑剂原因与极压减磨性能欠缺直接相关。在高负荷以及震动负荷、冲击负荷的联合作用下，要求润滑脂必须有更优良的极压减磨性能。

国产某品牌系列工程机械销轴润滑脂特性和应用范围如表5.18所示。

表 5.18 国产某品牌工程机械销轴润滑脂特性和应用范围

产品名称	牌号	性能	用途
CMA-A 润滑脂	1号 2号	外观为黑色均匀油膏。具有良好的极压抗磨性和减震降噪性能。高低温性能、抗水性、防锈性和机械安定性优良。经过行车试验表明，与极压锂基润滑脂比较可延长使用寿命可避免销轴磨损，延长使用寿命	适用于旋挖钻机、挖掘机、推土机等工程机械设备的销轴、回转轴承等部位的润滑。使用温度范围-20~120℃
二硫化钼锂基润滑脂	1号 2号 3号	具有优良极压抗磨性。在冲击震动负荷条件下，有效降低机械摩擦部位的磨损．可降低摩擦副的摩擦系数，减小摩擦阻力	适合中重负荷设备的轴承、联轴节、齿轮等部位的润滑。使用温度范围-20~120℃

5. 混凝土泵车润滑脂

混凝土泵车润滑系统与混凝土接触或被砂浆渗入，混凝土分配阀、混凝土泵活塞、搅拌轴上的轴承等部位，都要求用良好的润滑脂来保证机构的正常润滑脂和防止砂浆侵入，以提高零部件寿命。

国产某品牌系列混凝土泵车润滑脂特性和应用范围如表 5.19 所示。

表 5.19 国产某品牌混凝土泵车润滑脂特性和应用范围

产品名称	牌号	性能	用途
混凝土泵车润滑脂	00号 0号	具有良好的润滑性、抗水性和胶体安定性，可有效延长相关部件使用寿命	适用于各类混凝土泵车的润滑。使用温度范围-10~100℃

6. 工程机械售后服务润滑脂

在施工现场，普遍存在润滑脂消耗量大，使用寿命短，工件易磨损等问题。由于工作负荷及震动负荷大，时常发生工程机械工作臂上轴销、回转支承齿轮等工件的严重磨损事件。工程机械生产厂商对出装用润滑脂均制订有较严格的质量标准，但是对售后服务用润滑脂尚缺乏统一的技术规范要求。目前，工程机械售后服务使用的润滑脂品种主要有通用锂基润滑脂、二硫化钼锂基润滑脂、极压锂基润滑脂以及大量低挡产品。工程机械润滑脂的换脂周期较短，例如挖掘机在工作时一般数日或数小时就要加注 1 次润滑脂，从而导致了润滑脂的大量消耗。

为了克服工程机械售后用脂的混乱状态，有必要研发和使用工程机械售后服务专用润滑脂。目前国内系列工程机械销轴专用润滑脂主要有长城 CMA-A 润滑脂、长城工程机械润滑脂等。其特性和应用范围如表 5.20 所示。

表 5.20 长城工程机械售后服务润滑脂特性和应用范围

产品名称	牌号	性能	用途
长城 CMA-B 润滑脂	1号 2号 3号	采用脂肪酸锂皂稠化深度精制的矿物基础油，并加入新型独特的高性能添加剂，经特殊工艺制造而成．具有良好的氧化安定性、胶体安定性和机械安定性，还具有良好的抗水性和防锈性．密封性优异，阻碍外界杂质、水分进入润滑部位，有效延长换脂周期	可为挖掘机、装载机、推土机、起重机、压路机、叉车、混凝土机械等工程机械提供全方位的润滑保护。可以减少销轴、轴承、齿条等润滑部位的磨损，有效延长润滑脂使用寿命，大幅度延长设备使用寿命。使用温度范围-15~120℃

续表

产品名称	牌号	性能	用途
长城工程机械润滑脂	1号 2号 3号	采用脂肪酸皂稠化深度精制的矿物基础油，并加入极压、抗氧、防锈等添加剂制成。具有良好的高低温性能、抗水性、防锈性和机械安定性	适用于旋挖钻机、挖掘机、推土机等各类工程机械设备的销轴、回转轴承等部位的润滑。使用温度范围-20~120℃
长城 CMA-I 润滑脂	2号 3号	具有较好的润滑和防护性能，抗磨和抗水性能明显优于通用锂基润滑脂，在中温阶段性能优于或相当于通用锂基润滑脂。机械安定性及高温性好于普通钙基润滑脂	适用于中低负荷工程机械设备的滚动轴承、滑动轴承以及其他摩擦部位的润滑，也可用于其他车辆和设备的一般摩擦部位。使用温度范围：-10~100℃

第四节　风电设备用润滑脂

1. 风电主轴承润滑脂

风电设备主轴承润滑脂通常为自调节球面滚子推力轴承。轴承用螺栓连接，主轴承连接着重达几十吨的叶片转子，负荷大、转速慢，润滑脂应具有良好的高低温性能和突出的极压抗磨性能，一般选用低温性能良好的极压润滑脂。某国产品牌和国外品牌主轴承润滑脂的典型性能，如表 5.21 所示。

表 5.21　风电设备主轴承润滑脂的性能

项目	某国产品牌	国外品牌	试验方法
锥入度/0.1mm	310	325	GB/T 269
延长工作锥入度(100000 次)，差值/0.1mm	+25	+30	GB/T 269
滴点/℃	300	182	GB/T 3498
钢网分油(100℃，24h)/%	1.7	4.7	SH/T 0324
氧化安定性(99℃，100h，0.77MPa)压力降/MPa	0.0154	0.0654	SH/T 0325
蒸发量(100℃，24h)/%	0.9	6.2	GB/T 7325
水淋流失量(38℃，1h)/%	5.4	10.2	SH/T 0109
腐蚀(T2 铜片，100℃，24h)	通过	通过	GB/T 7326
极压性能(四球法)			
P_B/N	988	696	SH/T 0202
P_D/N	5390	5390	SH/T 0202
磨痕直径/mm	0.55	0.63	SH/T 0204

2. 发电机轴承润滑脂

发电机轴承润滑脂应具有良好的抗磨极压性、抗氧化性、防锈性和长寿命。某国产品牌和国外品牌发电机轴承润滑脂的典型性能，如表 5.22 所示。

表 5.22 风电设备发电机轴承润滑脂的性能

项目	某国产品牌	国外品牌	试验方法
锥入度/0.1mm	276	285	GB/T 269
延长工作锥入度(100000 次)，差值/0.1mm	+35	+70	GB/T 269
滴点/℃	315	308	GB/T 3498
钢网分油(100℃，24h)/%	0.98	1.02	SH/T 0324
氧化安定性(99℃，100h，0.77MPa)压力降/MPa	0.0203	0.0438	SH/T 0325
蒸发量(100℃，24h)/%	0.8	4.3	GB/T 7325
腐蚀(T2 铜片，100℃，24h)	通过	通过	GB/T 7326
极压性能(四球法)			
P_B/N	1363	932	SH/T 0202
P_D/N	3430	3430	SH/T 0202
磨痕直径/mm	0.39	0.39	SH/T 0204

3. 偏航系统轴承与齿轮润滑脂

风电设备的偏航系统是使风轮扫掠面积总是垂直于主风向。其轴承与齿轮润滑脂的要求是：良好的高低温性能、抗水性、极压抗磨性、防锈防腐蚀性。某国产品牌和国外品牌偏航系统轴承与齿轮润滑脂的典型性能，如表 5.23 和表 5.24 所示。

表 5.23 风电设备偏航轴承专用润滑脂的性能

项目	某国产品牌	国外品牌	试验方法
锥入度/0.1mm	266	270	GB/T 269
延长工作锥入度(100000 次)，差值/0.1mm	+27	+28	GB/T 269
滴点/℃	305	287	GB/T 3498
钢网分油(100℃，24h)/%	0.21	0.32	SH/T 0324
氧化安定性(99℃，100h，0.77MPa)，压力降/MPa	0.0544	0.0863	SH/T 0325
蒸发量(100℃，24h)/%	0.8	4.3	GB/T 7325
腐蚀(T2 铜片，100℃，24h)	通过	通过	GB/T 7326
极压性能(四球法)			
P_B/N	1294	834	SH/T 0202
P_D/N	2940	2940	SH/T 0202
磨痕直径/mm	0.45	0.49	SH/T 0204

表 5.24 风电设备偏航齿轮专用润滑脂的性能

项目	某国产品牌	国外品牌	试验方法
锥入度/0.1mm	320	342	GB/T 269
延长工作锥入度(100000)，差值/0.1mm	+36	+38	GB/T 269
滴点/℃	305	252	GB/T 3498
钢网分油(100℃，24h)/%	1.59	2.34	SH/T 0324

续表

项目	某国产品牌	国外品牌	试验方法
氧化安定性(99℃，100h，0.77MPa)，压力降/MPa	0.0109	0.0352	SH/T 0325
蒸发量(100℃，24h)/%	0.5	2.3	GB/T 7325
腐蚀(T2 铜片，100℃，24h)	通过	通过	GB/T 7326
极压性能(四球法)			
P_B/N	834	834	SH/T 0202
P_D/N	6370	6370	SH/T 0202
磨痕直径/mm	0.50	0.76	SH/T 0204

第五节　食品机械润滑脂

食品机械(如啤酒机、饮料机、冰淇淋机、蛋糕机、乳制品机、制糖机、罐头机等)对其使用的润滑脂有特殊的性能要求和卫生要求，普通的工业润滑剂由于精制程度不够，不能用于食品机械。美国农业部/食品安全检查服务部(USDA/FSIS)将润滑剂分成 H-1、H-2、H-3 和 P-1 四类：H-1 是真正的食品级润滑剂；H-2 通常含无毒成分/配料，可用于不会有接触食品可能的设备；H-3 是水溶性产品，使用之前须清洗和清除乳状液；P-1 是不能用于食品设备的。

1. 食品润滑脂现状

国内目前还没有真正意义上的食品级润滑脂，几种国外食品级润滑脂的组成和性能，如表 5.25 所示。

表 5.25　国外几种食品机械润滑脂的组成与性能

厂　商	Mobil	Esso	Galtex	Fuchs
产品代号	Mobil grease FM102	Carum 330	FM grease EP	RenolitAX-2FG1
基础油	食品级白油	食品级白油	食品级白油	食品级白油
稠化剂	复合铝	复合钙	聚脲	复合铝
添加剂毒性	无毒	无毒	无毒	无毒
外观	光滑黏稠	琥珀色	白色黏稠	光滑黏稠
锥入度/0.1mm	285	325	325	280
滴点/℃	215	260	266	240
使用温度/℃	180	200		-20~120
USDA 分类	H1	H1	H1	H1

2. 中国对食品级润滑油脂的卫生法规

中国政府针对国内食品安全存在的三个问题，即食品污染对人体健康构成威胁、食品工业新技术带来新问题和食品标识滥用，采取有效措施，先后制订多项标准。食品工业已形成由国家标准 1050 项、行业标准 1145 项、地方标准近万项和企业标准几十万项，等四级标准构成的标准化体系。食品机械用油脂的国家标准有：

GB 4853—2008 食品级白油；

GB 1790—2012 医用凡士林；

GB 7189—2010 食品用石蜡；

GB 12494—1990 食品机械专用白油；

GB 15179—1994 食品机械润滑脂。

GB 4853—1994 标准适用于石油的润滑油馏分经脱蜡、化学精制或加氢精制而得到的食品级白油，用于食品上光、脱膜、消泡和水果、蔬菜、禽蛋的保鲜，以及作为食品机械、手术器的防锈剂、润滑剂；谷物储存的防尘剂和食品以及塑料树脂的增塑剂等，相当于美国的 USDA H-1，用于偶然与食品接触的场合。

GB 12494—1990 同属白油标准，它的技术指标没有 GB 4853—1994 标准严格，用途限于与食品非直接接触的食品加工机械设备的润滑，如粮油，水果蔬菜，乳制品等加工，相当于 USDA H-2。

GB 15179—1994 食品机械润滑脂标准为国内食品级润滑脂的唯一国标，当初制订标准之时，规定的稠化剂为无水钙，目前已经远远不能满足食品机械行业润滑的要求，不能体现当今食品级润滑脂的最新发展水平，因此亟需增加或修改食品级润滑脂领域的标准，用于规范和提升食品级润滑脂的发展，更好的为食品加工行业的发展保驾护航。

除了制订食品机械润滑剂产品的技术标准之外，国家质检总局开始实施一套从源头抓起的市场准入制度，其中包含三个内容：一是企业生产条件审查；二是对拟出厂进入市场销售的食品进行强制性检验；三是在合格的食品上加贴质量卫生安全市场准入标志。对米、面、油、酱油、醋五类食品实施保证产品质量必备条件审查，强制检验以及市场准入标识制度，后来肉制品、奶制品、饮料、调味品、茶叶等食品也实施这一制度。

3. 国内食品级润滑脂评价方法和现状

目前，国内虽然有一个已经过时的食品机械润滑脂标准，但是一直没有相关的食品级润滑脂的评价和认证体系，目前在国内研制和开发食品级润滑脂，有两种情况：一是把样品拿到国外进行相关认证并取得认证，成为国际上普遍认可的真正意义上的食品级润滑脂，如 NSF 认证；二是在国内进行相关的食品卫生学和毒理学检验，出具无毒害检验报告，如天津卫生防病中心，但是这种情况下取得的报告影响力较小，不能被普遍认可。

目前在国内进行相关项目的检验，所依据的检验标准和试验方法如下：

GB 2760—1996 食品添加剂使用卫生标准；

GB/T 5009.11—1996 食品中总砷的测定方法；

GB/T 5009.12—1996 食品中总铅的测定方法；

GB/T 5009.13—1996 食品中总铜的测定方法；

GB/T 5009.14—1996 食品中总锌的测定方法；

GB/T 5009.16—1996 食品中总锡的测定方法；

GB/T 5009.17—1996 食品中总汞及有机汞的测定。

4. 食品添加剂的毒性测验方法

食品添加剂的毒性，尤其是合成食品添加剂一般都有毒性，为达到安全使用的目的，需要进行安全毒理学评价，制订具有法规效力的标准，推荐使用量。

动物毒性实验一般包括急性毒性实验、亚急性毒性实验和慢性毒性实验。

1）急性毒性实验

指给予一次较大剂量后，对动物体产生的作用进行判断，可考察受试物质在摄入后短时间内所呈现的毒性，从而判断对动物的致死量（*LD*）或半致死量（*LD*50），*LD*50 指能使一群实验动物中毒致死一半数量所需要的剂量。同一种物质对不同动物的 *LD*50 不相同，甚至相差较大。测试食品添加剂毒性实验所用的动物一般采用大白鼠或小白鼠，经口服测定 *LD*50，常根据大白鼠的 *LD*50 将受试物质的毒性分为以下 6 级(mg/kg)：极剧毒<1，剧毒 1~50，中等毒性 50~500，低毒性 500~5000，相对无毒 5000~15000，实际无毒>15000。

2）亚急性毒性实验

指在急性毒性实验的基础上，进一步检验被测试物质的毒性对重要器官或生理功能的影响，以及估计发生这些影响的相应剂量，并为慢性毒性实验做准备。其实验内容与慢性毒性实验一样，但实验期相对较短，一般为 3 个月左右。

3）慢性毒性实验

指研究在少量被测试物的长期作用下所呈现的毒性，从而确定被测试物质的最大无作用量和中毒剂量。慢性毒性实验在确定被测试物能否作为食品添加剂使用上有重要的决定作用。最大无作用量(*MNL*)，又称为最大无效量，指长期摄入被测试物仍无任何中毒现象的每日摄入量(mg/kg 体重)。中毒阈剂量是指最低中毒剂量，指能引起机体某种轻微中毒的最低剂量。

4）特殊实验

对动物实验中的一些可疑现象，要进一步确诊需要进行的实验，如繁殖实验、致癌实验、致突变实验、致畸实验、致敏实验等。

5）食品添加剂使用标准的确定

(1) 通过慢性毒性实验得到最大无作用量。

(2) 动物数据用于人体，考虑到个体或品种的差异，需要一个安全系数，一般缩小 100 倍。

(3) *MNL*/100 就可得到人体每日允许摄入量(mg/kg 体重)——*ADI* 值。

(4) *ADI*×平均体重得到每日允许摄入总量(*A*)。

(5) 进行膳食调查，确定膳食中含有被测试物的每日摄入量(*C*)，再分别计算出每种食品含有该物质的最高含量(*D*)，从而制订出某种食品添加剂在某种食品中的最大使用量(*E*)。

5. 国外润滑剂卫生法规

1）FDA 标准 21CFR178

美国食品与药物局 1978 年提出了 FDA 标准 21CFR178-3570，列举了 21 种可用于偶然和食品接触的润滑剂组分，并对于食品加工设备的润滑剂提出 3 种类型共 8 个规格。

食品级润滑剂符合 F. D. A. 规则(CFR)：

21. CFR178. 3570-用于制造 H-1 润滑剂的配料/成分必须与这一规则相符在 H-1 范围内

21. CFR178. 3620-专用白色矿物质油作为一种非食品物质组成部分可与食品接触。

21. CFR172. 878-USP(United States Patent)美国专利的白色矿物质油可与食物直接接触。

21. CFR172. 882-合成的异构链烷烃碳氢化合物，如以聚 α - 烯烃(PAO)为原料。

2）美军 DOD-G-24650 食品级润滑脂规格

美军制订了 DOD-G-24650 食品机械润滑脂规格，要求由稳定、均质的石油润滑油、稠化剂及添加剂制成要符合 USDA H-1 要求，用在可能偶然和食品接触的食品机械上(规格指标见该标准附录 A)。

法规中对各种用途的润滑剂都注有既定的极限，原材料要安全可靠，保证每批材料符合 MSDS 安全规定数据。符合 USDA H-1 规格的食品级白油指标要求如表 5. 26 所示。基础油及多种润滑油脂产品的毒性数据如表 5. 27 和表 5. 28 所示。

表 5.26 食品级(H1)白油的指标要求

质量项目	食品	医药	化妆品
液离酸及碱(酚酞试验无色，加 NaOH 液赤色)	合格	合格	合格
砷含量(灰化后稀盐酸溶解液测定)/(μg/g) 最大	1	2	2
石油气味(烧杯中加热后无石油气味)	合格	合格	合格
硫化物试验(无水酒精 NaOH 溶液加 2 滴饱和 PbO 液，70℃，放空 10min，不呈暗褐色)	合格	合格	合格
硫酸显色物试验(加 H_2SO_4混合加热液蜡层不变色，H_2SO_4层色不比标准深)	合格	合格	合格
多环芳烃吸光度(用二甲亚砜抽出多环芳烃测波长 260~350nm 紫外吸光度)最大	0.1	0.1	0.1
重金属含量(灰化后用稀醋酸溶解测定)/(μg/g) 最大	-	10	30

表 5.27 润滑油基础油毒性试验数据

基础油样	老鼠(*LD*50)	兔子(*LD*50)	兔子刺激比数(score)		豚鼠皮肤过敏
	口服/(g/kg)	皮肤接触/(g/kg)	皮肤，比数/8.0	眼，比数/110	
脱蜡石蜡基溶剂精制油					
ISO 15	>25	>5	0.6	0	(一)
ISO 32	>25	>5	0.3	0	(一)
ISO 68	>25	>5	0.3	0	(一)
ISO 100	>25	>5	0.3	0.3	(一)
ISO 220	>25	>5	0.4	0	(一)
环烷基溶剂精制油					
ISO 15	>25	>5	0.8	0	(一)
ISO 460	>25	>5	0.6	0.3	(一)
聚 α-烯烃合成基础油					
ISO 5	>5	>3	1.4	0.3	
ISO 46	>5	>2	0.1	1.3	(一)

注：LD50 称为 50%致死剂量。一般公认，口服 LD50>15g/kg 为无危险；皮肤接触 LD50>2g/kg 属实际无毒；皮肤刺激比数 3.0/8.0 为轻微刺激；眼刺激比数 2.5/110 为极小刺激。

表 5.28 润滑油(脂)的毒性试验数据

润滑油(脂)	老鼠(*LD*50)	兔子(*LD*50)	兔子刺激比数		豚鼠皮肤
	口服/(g/kg)	皮肤接触/(g/kg)	皮肤，比数/8.0	眼，比数/110	过敏
R&O 级液压油，ISO46	>5	>2	0.1	1.3	(一)
R&O 级汽轮机油，ISO32	>5	>2	0.5	2	
含 Zn 抗磨液压油，ISO46	>5	>2	0.2	0.7	(一)
SF/CC 内燃机油，SAE30	>10	>2	1.2	0.3	
自动变速装置油	>10	>2	3	0	(一)

续表

润滑油(脂)	老鼠(*LD*50)	兔子(*LD*50)	兔子刺激比数		豚鼠皮肤
	口服/(g/kg)	皮肤接触/(g/kg)	皮肤，比数/8.0	眼，比数/110	过敏
切削油(脂肪基)	>10	>2	3.9	0	(一)
溶解油(稀释前)	>10	>2	6.8	0.7	
干洗油	>5	>2	1.1	0.7	
润滑脂(Li 基)	>10	>2	2.5	2.7	(一)
极压润滑脂(聚脲基)	>10	>2	0.4	1	

注：皮肤刺激比数判断为：1.6~3.0/8.0 为轻微刺激，3.1~5.0/8.0 为中等刺激；超过 5.1/8.0 为严重刺激，其他判断方法同上表。

这些数据充分表明，一般润滑油的毒性较大，不能用于食品加工或包装机械的润滑，必须严格执行卫生法令，使用专用的无毒食品级润滑油脂。

第六节　农机、建筑机械等用润滑脂

农业机械、建筑机械等工作的主要特点：①大多在室外作业，有风吹、日晒、雨淋的影响；②负荷变化大，有振动和颠簸；③季节性使用，闲置时易生锈。

农业机械用润滑脂的主要品种有：①2 号或 3 号钙基润滑脂；②2 号或 3 号通用锂基润滑脂；③0 号、1 号、2 号极压锂基润滑脂；④石墨钙基润滑脂、钢丝绳脂、凡士林；⑤二硫化钼润滑脂。

建筑机械用润滑脂的主要品种有：①混凝土搅拌机用润滑脂；②大齿圈、钢丝绳用石墨烃基润滑脂；③进料斗轴承、绳轮轴承、托轮轴承、手轮轴承等用 2 号或 3 号钙基脂；④水泵轴承、电机轴承用通用锂基润滑脂；⑤行走轮轴承、传动链用 2 号或 3 号钙基润滑脂。⑥混凝土振动器润滑用 2 号通用锂基润滑脂或钙基润滑脂；⑦砂浆拌合机用 2 号通用锂基润滑脂、3 号钙基润滑脂、石墨钙基润滑脂；⑧卷扬机用 1 号或 2 号钙基润滑脂；⑨钢丝绳用钢丝绳表面脂或钢丝绳麻芯脂。

此外，有关风动机械也用到润滑脂。如风动工具、凿岩机械、空气锤等。其中：①风动工具可用 1 号或 2 号极压锂基润滑脂、2 号复合钙基润滑脂；②凿岩机械用 2 号/3 号钙基润滑脂、2 号汽车通用锂基润滑脂、石墨钙基润滑脂、2 号二硫化钼锂基润滑脂；③空气锤用 2 号钙基润滑脂或通用锂基润滑脂；④打桩机可用复合钙基润滑脂或钠基润滑脂；⑤空压机用 2 号通用锂基润滑脂。

附录Ⅰ　润滑脂及相关产品目录

一、汽车用润滑脂

汽车是使用润滑脂的最主要的行业之一，汽车的发动机、底盘、车身、电气设备等主要部件均使用到润滑脂，车型不同、要求各异使得润滑脂的品种牌号众多。目前国内主要生产汽车用润滑脂的厂家及其润滑脂的性能特点与用途、执行标准和包装等情况如表Ⅰ-1所示。

表Ⅰ-1　汽车用润滑脂产品特点、用途及生产厂家

产品名称	执行标准	特点与用途	包装形式	生产厂家
G-2万向节润滑脂	Q/SH PRD 132—2008	具有优良的抗磨损性；具有良好的抗氧防锈性；具有良好的耐高低温性；具有良好的机械安定性及橡胶相容性。 适用于汽车三销式等速万向节及其他滚针轴承摩擦部位的润滑。使用温度为：-35～160℃	180kg/桶	中国石化润滑油有限公司天津分公司
TBF-B润滑脂	Q/SH 303 0586—2012	良好的高温性能和黏稠性，高温不漏失；良好的低温启动性；良好的机械安定性；良好的抗磨极压性能；与硫化氯丁橡胶有良好的相容性；良好的抗水防锈性。 适用于低档汽车主装和售后维修服务市场球笼式等速万向节的润滑和其他球节及滚动轴承的润滑。使用温度为：-30～120℃	175kg/桶、180kg/桶	
TBF-A润滑脂	Q/SH303 0592—2012	优良的极压抗磨性；优良的高低温适用性；优良的机械安定性；优良的防锈性。 适用于汽车及其他等速万向节轴承的润滑，同时也适用于滚动轴承润滑。使用温度为：-30～120℃	175kg/桶、180kg/桶	
HP-R润滑脂	Q/SH PRD 0131—2016	具有良好的极压抗磨性能，满足重载汽车轮毂轴承的润滑；具有良好的高温性能，高温黏附性强，可保证良好的润滑油膜；具有良好的胶体安定性，润滑脂使用寿命长，可延长换脂周期；具有良好的抗水性和防护性能。 适用于高速、重载等苛刻条件下轿车、大型客车及重载卡车等车辆的轮轴承、底盘、电机水泵等摩擦部位的润滑。使用温度为：-30～180℃	15kg/桶、180kg/桶	
高级轿车润滑脂	Q/SH PRD 137—2008	具有优良的耐高温性，高温条件下使用寿命长；具有优良的极压抗磨性能，有效减少轴承的磨损；具有优良的抗水性和防腐蚀性能；高温、高速条件下不甩油、不流失。 适用于高档轿车轮毂轴承部位润滑。使用温度为：-30～150℃	17kg/桶、175kg/桶	
汽车通用锂基润滑脂	GB/T 5671—2014	具有优良的抗水性；具有优良的润滑性能、高低温性能和长寿命；具有优良的防锈性能，有效防止机械部件的锈蚀；具有优良的机械安定性，保证使用时润滑脂不变软流失。 适用于汽车的轮毂轴承、底盘、水泵、发电机及其他机械设备的润滑。使用温度为：-30～120℃	17kg/桶、175kg/桶	

续表

产品名称	执行标准	特点与用途	包装形式	生产厂家
MP 锂基润滑脂	Q/SHPRD 340—2010	具有优良的机械安定性、结构稳定，使用中不易变稀和流失；具有优良的润滑性能、高低温性能和较长的使用寿命；采用进口增黏剂，对金属表面有良好的黏附力；具有优良的防锈性能，防止摩擦副金属表面锈蚀。 适用于中型重载汽车的轮毂轴承、底盘、电机、水泵等摩擦部位的润滑，也适用于各种机械设备的滑动、滚动摩擦部位的润滑。使用温度为：-20～120℃	15kg/桶、180kg/桶	中国石化润滑油有限公司天津分公司
4H 润滑脂	Q/SH303 0359—2016	具有优良的高低温性和化学安定性，能够满足长寿命及抗氧化性能要求；添加大量的固体超细粉末，有效降低摩擦系数；具有良好的橡胶相容性能，满足与橡胶件接触部位的润滑；具有一定的防护性能，防止车辆拉线运转过程中的锈蚀。 适用于进口高档汽车、摩托车等车辆拉线部位的润滑。使用温度为：-50～130℃	1kg/桶	
TBE-A 润滑脂	Q/SH3031 0587—2018	具有优良的抗磨损性；具有优异的耐高低温性能；纤维结构合理，具有良好机械安定性及橡胶相容性。 适用于汽车钢-塑摩擦副的球节和其他塑料/钢摩擦部位的润滑。使用温度为：-40～120℃	175kg/桶	
LX 润滑脂	Q/SH303 429—2006	具有优良的高、低温性能；具有良好的防锈性能；具有良好的机械安定性；具有优异的抗氧化性能。 适用于汽车和摩托车拉线部位的润滑。使用温度为：-40～150℃	15kg/桶、17kg/桶	
车门限位器润滑脂	Q/SH3031 0526—2018	良好的高低温性能，确保在宽温度为内的使用。优良的黏附性能，优良的抗水性能。产品具有优良的润滑性。 适用于汽车车门限位器等需高黏附性及优良高低温性能部位的润滑。使用温度范为：-40～120℃	800g/桶	
CMA-K 润滑脂	Q/SH303 0694—2017	通用性强，具有突出的的机械安定性和氧化安定性；良好的抗水性和防锈性，可应用于与水接触的设备，防护功能优异；优异的抗磨性能。 适用于工程机械、农用机械、汽车底盘、通用机械及其他中低速轴承部位的润滑和防护。使用温度为：-20～100℃	15kg/桶	
2 号 HP-R 高温润滑脂	Q/SY RH2199	由复合金属皂稠化高品质矿物油以及合成油，并加入特殊抗磨剂及抗氧化剂等多种添加剂而制成，是高温抗水长寿命润滑脂。 适用于中小型轴承，如电机、风机、水泵、重载车辆、工程车、公交巴士前后轮轴承及其他摩擦部位的润滑。使用温度为：-30～180℃	0.8kg/桶、2kg/铁桶、15kg/桶、175kg/铁桶	无锡中石油润滑脂有限公司
T2 号 HP-R 高温润滑脂	Q/SY RH2199	由复合金属皂稠化高品质矿物油以及合成油，并加入特殊抗磨剂及抗氧化剂等多种添加剂而制成，是高温抗水长寿命润滑脂。 适用于中小型轴承，如电机、风机、水泵、重载车辆、工程车、公交巴士前后轮轴承及其他摩擦部位的润滑。使用温度为：-30～180℃	0.8kg/桶、2kg/铁桶、15kg/桶、175kg/铁桶	

续表

产品名称	执行标准	特点与用途	包装形式	生产厂家
SHP400 高温润滑脂	Q/SY RH2252	由复合皂基稠化剂稠化高黏度全合成油，并添加特种极压抗磨添加剂、抗氧剂和防锈剂。 在极端温度，在高温潮湿的环境下尤为适用，如造纸、汽车轮毂轴承、钢铁等行业。使用温度为：-40~200℃	0.8kg/罐、15kg/桶	无锡中石油润滑脂有限公司
汽车通用锂基润滑脂	GB/T 5671	可延长润滑周期达 30000km 以上，行车距离 2 倍于钙基脂，降低动力消耗，提高行车安全性，经济效益明显。 适用于汽车轮毂轴承、底盘、水泵和发电机等摩擦部位的润滑	15kg/桶 175k/铁桶 15kg/铁桶 0.8kg/罐	
复合锂基润滑脂	Q/AHY66	适用于重载车辆、机械设备、电机等轴承的润滑，通用性强、耐高温、寿命长。可针对工况调整设计。使用温度为：-20~150℃	2kg、17kg、180kg	辽宁海华科技股份有限公司
锂基润滑脂	GB/T7324	适用于中负荷车辆、机械设备、电机等轴承的润滑，通用性强。使用温度为：-20~120℃	500kg、17kg、180kg	
无水钙基润滑脂	Q/AHY124、Q/AHY258	适用于普通车辆、机械设备、电机等轴承的润滑。可针对工况调整设计。使用温度为：-20~120℃	17kg、180kg	
低温润滑脂	Q/AHY220	适用于低温下各种车辆或设备的润滑，有 $-30^{\#}$、$-40^{\#}$、$-50^{\#}$ 等型号	17kg、180kg	
捷灵极压复合锂基润滑脂	SH/T 0535—1993	极佳的耐高低温性、耐磨损性、耐水性；突出的抗氧化性、机械安定性和良好的黏附性，是一种长效长寿命的万能润滑脂。 适用于各种车辆、重型机械、建筑工程机械、冶金、矿山、纺织机械、冷轧机等重负荷部位立式振动电机轴承；适用于各种烧结、轮轨摩擦副之间的润滑。使用温度为：-20~180℃	15kg 中桶、170kg 大桶	山东红星化工有限公司
捷灵 EP 合成聚脲高温润滑脂	Q/0523 SHX080	具有突出的轴承使用寿命，延长轴承使用周期；优异的低噪音性能；良好地防锈性、抗水性、耐腐蚀性；优异的高低温性能。 适用于轴承、汽车及其他工业；适用于水、蒸汽、酸性气体、盐水可能接触的设备轴承润滑；适用于汽车发动机、高温风扇以及空调机组等设备轴承润滑；适用于高温低噪音深沟球轴承的润滑；适用于高温长寿命密封轴承润滑。使用温度为：-50~220℃	15kg 中桶、170kg 大桶	
捷灵二硫化钼锂基润滑脂(极压锂基脂 $0^{\#}$、$1^{\#}$、$2^{\#}$、$3^{\#}$)	Q/0523 SHX001	良好的极压抗磨性能，有效降低机械摩擦部位的磨损；可降低摩擦副的摩擦系数，减少摩擦阻力；优良机械安定性、氧化安定性和较佳的密封性。 适用于载重汽车的轮毂、底盘等高温、高速摩擦部位润滑；适用于冶金、矿山企业的中重负荷机械设备的轴承、联轴节、齿轮等部位的润滑。使用温度为：-20~145℃	15kg 中桶、170kg 大桶及 800g~4.8kg 塑料桶	
润博特 JK180 轴承润滑脂（$2^{\#}$、$3^{\#}$）	Q/0523 SHX011	极佳的耐高低温性；优良的极压抗磨性能和耐水性；良好的抗氧化性和良好的黏附性。 适用于各种汽车轮毂轴承、离合器轴承的润滑，同时适用于中大型电机轴承的润滑。使用温度为：-30~180℃	15kg 塑桶	

续表

产品名称	执行标准	特点与用途	包装形式	生产厂家
HP 重载汽车高级润滑脂	Q/ADZ 154—2016	抗水淋、抗氧化、抗腐蚀性；优良的粘附性、机械安定、胶体安定性好；同时，耐高温、高负荷、高转速；是一种多用途的高级润滑脂。根据用户的不同工况有 $1^{\#}$、$2^{\#}$、$3^{\#}$、HP-R 等 4 种型号。还可根据用户需要定制	15kg/塑桶 1kg/塑厅	成都蜀光石油化学有限公司
汽车底盘防护专用脂	Q/ADZ 211—2017	机械安定、胶体安定性好；良好的抗水淋、氧化安定性、抗腐蚀性；优良的高低温性，极长的使用寿命，为汽车底盘防护专用润滑脂。产品根据用户的不同工况有 $2^{\#}$、$3^{\#}$两种型号。还可根据用户需要订制	15kg/塑桶	
汽车通用锂基润滑脂	GB/T 5671	优良的机械安定性、氧化安定性、抗水性、防腐防锈性、防漏失性。 适用于汽车轮毂、底盘、水泵和发电机等摩擦部位。使用温度为：-30~120℃	180kg/桶 175kg/桶 170kg/桶 17kg/桶	长沙众城石油化工有限责任公司
FAKKT-MB005	GB/T7324	和大多数塑料相容；降低齿轮噪音；使用寿命长；低渗流，可用于要求清洁的场所；不含有机硅，避免接触点失效。 适用于机电设备中塑料/塑料、塑料/金属润滑；有塑料组件的汽车、电气设备、精密设备、视听设备以及办公设备；用作消音润滑脂，减少运动组件的噪音。使用温度为：-40~150℃	1kg 铁罐、5kg/15kg 胶桶	深圳市合诚润滑材料有限公司
FAKKT-FE10	GB/T 5671	特优异的润滑性、抗水性；极低的挥发性能、长效润滑性；良好的低温性，极低的启动力矩；与大多数塑料和弹性体相容等。 适用于各种塑胶齿轮、汽车拉索软轴、气缸、小型滚珠轴承、辊子轴承等；汽车蜗轮蜗杆电机丝杆，空调控制面板；显微镜、望远镜等仪器的调节器系统；各种汽车减速塑胶齿轮、升降器齿轮；低速和中高速运行塑料/塑料、塑料/金属齿轮组；中负荷到重负荷塑料/塑料、塑料/金属摩擦等。使用温度为：-45~150℃	1kg 铁罐、5kg/15kg 胶桶	
FAKKT-GK094W	GB/T 7324	优异的防护性、润滑性、低温性；良好的氧化安定性、剪切安定性和极压性；高承载能力；良好的附着性；与大多数塑料和弹性体相容等。主要应用：汽车零部件润滑、防护；各种汽车减速塑胶齿轮、升降器齿轮；低速和中高速运行塑料/塑料、塑料/金属齿轮组；中负荷到重负荷塑料/塑料、塑料/金属摩擦副等	1kg 铁罐、5kg/15kg 胶桶	
FAKKT-G210A	GB/T 7324	采用对人体无毒害的环保材料制作而成，无毒、低味、无刺激；与塑胶相容不会引起塑胶膨胀，折裂或老化。能降低磨损，减小耗电量及噪音；防水、抗酸、避震。 主要应用：汽车车门限位器、绞链；汽车的塑料部件、电气设备、精密设备、音响设备以及办公设备；汽车玻璃升降马达、座椅调节马达；精密电机、减速齿轮；蜗轮、蜗杆的减磨润滑；低速和中高速运行塑料/塑料、塑料/金属齿轮组；中、重负荷塑料/塑料、塑料/金属摩擦	1kg 铁罐、5kg/15kg 胶桶	
FAKKT-GEM30P	GB/T 5671	具有良好的防护性、低温性、氧化安定性、剪切安定性和极压性能，含有适用于塑胶体系的固体添加剂，与塑胶(PP、PE、SBS等)，具有良好的相容性等。主要应用：适用于塑胶齿轮的润滑、降噪和减震。如遥控汽车、飞机等电动玩具；空调出风口电机；手摇充电器；果汁机(搅肉机)；电位器；电动(窗帘、牙刷、拖把)；汽车天线、汽车中控锁、低温球轴承、滚珠轴承的润滑等	1kg 铁罐、5kg/15kg 胶桶	

续表

产品名称	执行标准	特点与用途	包装形式	生产厂家
FAKKT-V166	GB/T 5671	优良的油脂安定性；工作温度范围宽；挥发性极低；优异的附着性和润滑性；抗磨损能力强；不腐蚀金属；与大部份塑料制品相适应。主要应用：开关接点；齿轮组润滑；轴承润滑；雨刮电机；大于10A开关	1kg铁罐、5kg/15kg胶桶	深圳市合诚润滑材料有限公司
FAKKT-GK173H	GB/T 5671	良好的抗磨损性能；良好的黏附性；长效润滑；低渗流，可用于要求清洁的场所；低气味、无刺激；与塑胶兼容性好。 主要应用：汽车零部件；有塑料组件的汽车、电气设备、精密设备、视听设备以及办公设备；汽车天窗轨道与齿轮传动机构；用作消音润滑脂，减少运动组件的噪音；汽车座椅轨道、丝杆	1kg铁罐、5kg/15kg胶桶	
FAKKT-GC1496K	GB/T 7324	优良的油脂安定性；工作温度范围宽；挥发性极低；优异的附着性和润滑性；抗磨损能力强；不腐蚀金属；与大部分塑料制品相适应。 主要应用：开关接点；齿轮组润滑；轴承润滑；雨刮电机；汽车零部件等	1kg铁罐、5kg/15kg胶桶	
FAKKT-E87-2	滴点不低于260℃；钢网分油(100℃，24h)不大于3%	抗剪切稳定型油脂；低挥发度，长寿命润滑；使用温度范围宽；优良耐水淋性能；与塑料相容性优良；有效地控制噪音和吸收震动。 主要应用：汽车后视镜控制件(如镜面调节齿轮)；高档电位器定位系统；各种高档机械设备开关；望远镜、显微镜等光学仪器；长寿命精密马达减速齿轮	1kg铁罐、5kg/15kg胶桶	
FAKKT-GB0909C	SH/T 0535	优异的润滑性能和长寿命性能；良好的高低温性能；提供长效的磨耗保护、抗水和防止道路沙砾。 主要应用：碟盘煞车定位销；鼓式煞车其他活动机构、调整螺丝和背板；各种汽车减速塑胶齿轮、升降器齿轮的润滑；显微镜、望远镜等仪器的调节器系统和旋纽的润滑	1kg铁罐、5kg/15kg胶桶	
FAKKT-AP43012	GB/T 7324	优异的耐磨性和高负荷性能；良好的低温性能，防止金属部件在高负荷下卡咬，确保润滑部件的长期润滑与有效防护。 主要应用：座椅传动装置箱内的齿轮组、蜗轮蜗杆，能在高效率动力转换工况下油脂不渗漏、不滴漏或不沾污	1kg铁罐、5kg/15kg胶桶	
FAKKT-AP42002	GB/T 7324	低挥发性、不易氧化，适用于长效润滑；良好的低温性能；与大多数塑料和弹性体相容等。 主要应用：汽车的塑料部件、电气设备、精密设备、音响设备；以及办公设备；汽车玻璃升降马达、座椅调节马达；汽车控制面板；低速和中高速运行塑料/塑料、塑料/金属齿轮组；中、重负荷塑料/塑料、塑料/金属摩擦	1kg铁罐、5kg/15kg胶桶	
FAKKT-GH030A	钢网分油(100℃，24h)不大于3%	高承载能力；低挥发性、不易氧化，适用于长效润滑；低摩擦系数；与大多数塑料和弹性体相容等。 主要应用：汽车拉索；低速和中高速运行塑料/塑料、塑料/金属齿轮组；中负荷到重负荷塑料/塑料、塑料/金属摩擦	1kg铁罐、5kg/15kg胶桶	

续表

产品名称	执行标准	特点与用途	包装形式	生产厂家
FAKKT-UB45001	SH/T 0789	优异的抗氧化性；优良的高低温性能；优异的抗腐蚀性能和抗水性能；优异的润滑性和高负荷性；优良的机械稳定性；与大部份橡塑制品相容性好；在极端恶劣的条件下提供卓越的性能。 主要应用：高温轴承润滑；纺织印染、造纸设备轴承；汽车配件；食品和医药；各种化学环境下的润滑和防护	1kg 铁罐，5kg/15kg 胶桶	深圳市合诚润滑材料有限公司
FAKKT-C874	滴点不低于 260℃	优异的润滑性能；良好的高低温性能；运转精度高；提供长效的磨耗保护、抗水和防止道路沙砾等。 主要应用：碟盘煞车定位销；鼓式煞车其他活动机构、调整螺丝和背板；各种汽车减速塑胶齿轮、升降器齿轮的润滑；显微镜、望远镜等仪器的调节器系统和旋纽的润滑等	1kg 铁罐，5kg/15kg 胶桶	
FAKKT-GB1171F	SH/T 0535	优异的抗氧化性；优良的高低温性能；优异的抗腐蚀性能和抗水性能；优异的润滑性和高负荷性；优良的机械稳定性；在极端恶劣的条件下提供卓越的性能。 主要应用：高温轴承润滑；各种电动工具齿轮组件润滑；汽车配件；汽车/摩托车软轴；各种化学环境下的润滑和防护	1kg 铁罐，5kg/15kg 胶桶	
灵敏 0110 长寿命轴承专用润滑脂	Q/DRB 011—2017	适用于各类电机轴承，高速机车轴承和各类风机轴承的润滑和防护，特别适用于重载汽车、大型客车轮毂轴承和底盘的润滑，也适用其他高温部位的润滑。使用温度为：-20~200℃	170kg/桶、18kg/桶、1kg/罐	杭州得润宝油脂股份有限公司
灵威 1103 高低温润滑脂	014—2017	适用于高温、高速或严寒区野外工作及温度超过 200℃以上的宽温度为工作的滚动轴承的润滑。如航空离合器、电器、电机的推力轴承，高温风机、赛车轮毂轴承。树脂整理机、长环蒸化机、塑料拉伸拉幅机、涤纶热定型机、熔盐泵电机、蒸呢机、高温染色缸等高温操作运转轴承的润滑。使用温度为：-60~250℃，短期可达 300℃	170kg/桶、18kg/桶、1kg/罐	
灵威 2101 万向节高级润滑脂	Q/DRB 033—2017	特别适用于车辆要求苛刻的十字架、底盘万向节以及其他高温重负荷的滚动、滑动磨擦部位和要求防水、防腐蚀、抗氧化等部位的润滑；亦可用于各种重型车等机动车辆气压制动系统气阀的橡胶活塞环与缸壁间的润滑与密封。使用温度为-10~180℃	170kg/桶、18kg/桶	
灵威 2107 低摩擦氟硅润滑脂	Q/DRB 038—2017	适用于汽车减震器平面压力轴承的润滑和防护。使用温度为：-60~200℃	170kg/桶、18kg/桶	
灵威 2116 重载汽车轮毂轴承润滑脂	Q/DRB 047—2017	适用于重载汽车轮毂轴承等部位的专用润滑防护。使用温度为：-30~180℃	170kg/桶、18kg/桶	
灵威 2119 汽车转向器齿轮齿条润滑脂	Q/DRB 050—2017	适用于汽车转向器齿轮齿条的润滑和防护。也可用于各种不同类型的大、中、小型齿轮与冕状齿轮的润滑。使用温度为：-40~120℃	170kg/桶、18kg/桶	

续表

产品名称	执行标准	特点与用途	包装形式	生产厂家
重型汽车轮毂轴承高温脂	Q/SHZT—0601—2008	具有突出的耐高温性能，滴点不低于300℃。采用进口环保型极压抗磨剂，可充分满足汽车在超载、高速、大吨位、长时间连续行驶中轮毂轴承的安全正常使用。 适用于恶劣工作环境下的大中型重载汽车和高速客车轮毂轴承的特种润滑脂，同时也适用于高温、重负荷、潮湿水淋等特殊工作环境下的其他机械轴承。使用温度为：-30~200℃	0.8~2kg/桶、12kg/桶、15kg/桶、170kg/桶	安徽中天石化股份有限公司
HP高温润滑脂3#	Q/SHZT-0501—2007	具有优良的高温黏附性、极压抗磨性、胶体安定性、机械安定性，良好的抗水性和防护性。 适用于大型重载货车、高速轿车、冶金行业连铸机、连轧机、烧结机、出钢辊道以及印染、大型电动机、橡胶、塑料热轧机、水泥行业、窑车等高温、重负荷机械设备摩擦部位的润滑。使用温度为：-30~200℃	0.8~2kg/桶、15kg/桶、170kg/桶	
通用锂基润滑脂1#、2#、3#	GB/T 7324—2010	具有优良的机械安定性和氧化安定性，良好的抗水淋性和防锈性，可应用在潮湿及与水接触的机械部件上。 适用于汽车轮毂、底盘、电机、水泵和其他机械设备的滚动轴承、滑动轴承等摩擦部位的润滑。使用温度为：-30~120℃	0.3~0.5kg/袋、12kg/桶、15kg/桶、170kg/桶	
汽车通用锂基润滑脂2#、3#	GB/T 5671—2014	具有良好的机械安定性、氧化安定性、抗水性和防腐蚀性。 适用于各种汽车轮毂、底盘、电机、水泵等摩擦部位的润滑，并广泛适用于滚动轴承、滑动轴承及其他摩擦部位的润滑。使用温度为：-30~120℃	12kg/桶、15kg/桶、170kg/桶	
通用锂基脂		良好的抗水性、机械安定性、抗氧化性、低温性。 适用于电动车、汽车、拖拉机等机械设备的滚动轴承、滑动轴承及其他摩擦部位润滑	400g软管、800g罐 15kg、180kg	福建优立盛油脂有限公司
极压复合锂基脂		优异的极压抗磨性能；良好的抗氧化性、耐高温性，使用寿命长 适用于铁行业的轧机、轧辊轴承，矿山、机械、车辆等要求耐高温、极压的轴承润滑	400g软管、700g软管、500g、800g 2kg罐、15kg、180kg	
SLE		低噪音、宽温、长寿命。 适用于空调等家电、电动工具、汽车电装电机、精密设备等轴承	16kg、180kg	
SUE		低噪音、宽温、长寿命。 适用于空调等家电、电动工具、汽车电装电机、精密设备等轴承	16kg、180kg	
SUT		低噪音、高温、长寿命。 适用于汽车电装(张紧轮、交流发电机、电磁离合器等轴承)	16kg、180kg	

续表

产品名称	执行标准	特点与用途	包装形式	生产厂家
SUP-45		低噪音、高温高速、长寿命。 适用于高速吸尘器、汽车电装、电动工具及其他高温轴承	00g、700g 软管(塑料管)、500g、800g、1kg、2kg 罐装	福建优立盛油脂有限公司
XG/U4 超级车用润滑脂	Q/HXG 001—2017	良好的高低温性能，遇水在较长时间内均不乳化变质，高温高速下不会分散油脂，降低轴承磨损，减少噪音和震动，保护轴承免受杂质和尘埃的侵入，使用寿命长。 适用于汽车轮毂轴承、底盘、水泵等摩擦部位润滑，特别适用高速行驶的大客车、小轿车，各种载重超大型车、工程车等。使用温度为：-25~200℃	1kg 铁罐、18kg 塑桶	杭州新港润滑科技有限公司
XG/U6 高温抗磨高级脲基脂	Q/HXG 001—2017	很好的耐高温性，在高温条件下具有长久的使用期和稳定期，在高温、高负荷冲击或苛刻的情况下具有优良的润滑性，很强的抗磨极压性，在高温高速状态下不会分散油脂，遇水在较长时间内不乳化变质，不流失。 适用于冶金、化工、纺织、印染、汽车、矿山、油田、海防、制糖、造纸、塑料等行业高温设备各部位轴承的润滑。使用温度为：-20~200℃	1kg 铁罐、18kg 塑桶、180kg 铁桶	
XG/C4 复合磺酸钙基润滑脂	Q/HXG 016—2016	优异的机械安定性、极压抗磨性、胶体安定性和抗氧化能力，大大延长轴承的使用寿命；极佳的抗水性能，能够在高温、潮湿和水淋环境下确保轴承可靠润滑。 适用于接触水的轴承(如：潮湿和水淋环境里的纺织机械或造纸机械等)、钢厂热轧辊轴承、研光轴承、高温环境里的低高速轴承(如：拉伸挖掘机、热熔风机、热定型机、高温染缸等)、汽车轮毂轴承、重型机械、拖车转向轮及各种苛刻或重负荷工况条件下的工业设备的润滑。使用温度为：-20~230℃，短期可达 250℃	1kg 塑桶、18kg 塑桶、180kg 铁桶	
XG/W1 球笼润滑脂		良好的极压抗磨性、机械安定性、抗水性和防锈性能等特点。 适用于外球笼、十字轴、汽车轮毂轴承、底盘、水泵、电动机等机械设备的润滑，也可用于各种机械设备的滚动轴承和摩擦部位的润滑和密封。使用温度为：-20~120℃	15kg 塑桶	
XG/W2 高低温球笼润滑脂		具有极好的高低温性、极压性、耐腐蚀性、机械安定性及橡胶相容性等性能。 适用于各种轿车等速万向节的润滑和密封，也可用于各种进口机械设备的滚动轴承和摩擦部位的润滑和密封。使用温度为：-40~160℃	15kg 塑桶	
XG/W4 HP 高效润滑脂	Q/HXG 003—2017	良好的高温润滑性和防护性，优良的抗氧化性和较长的使用寿命。 适用于重负荷、高速等苛刻条件下轿车、大型客车及重载卡车等车辆的轮轴承、底盘、电机、水泵等摩擦部位的润滑。使用温度为：-20~180℃	18kg 塑桶、180kg 铁桶	
XG/W5 HP-R 高温脂	Q/HXG 003—2017	良好的极压抗磨性能；优良的高温性能，高温粘附性强；优异的胶体安定性，使用寿命长，可延长换脂周期；良好的抗水性、机械安定些和氧化安定性。 适用于重负荷、高速等苛刻条件下轿车、大型客车及重载卡车等车辆的轮轴承、底盘、电机、水泵等摩擦部位的润滑，亦适用于冶金行业连铸机、出钢辊道的轴承润滑。使用温度为：-30~200℃	18kg 塑桶、180kg 铁桶	

续表

产品名称	执行标准	特点与用途	包装形式	生产厂家
BPS 轴承润滑脂	Q/SHJG 1054—2013	具有优异的高低温润滑性能、出色的轴承寿命，同时具备良好的抗水防锈性能。 适用于外径小于 140mm 的各种电机、风扇、汽车空调、电磁离合器、发动机张紧轮、交流发电机、汽车水泵、家用电器及办公设备中的滚动轴承；各种静音高温电机轴承，高温风扇轴承；以及终身润滑的密封长寿命高速轴承。使用温度为：-50~200℃	15kg 钢桶包装	天津市津冠润滑脂有限公司
BPS-M 轴承润滑脂	Q/SHJG 1055—2015	具有优异的高低温润滑性能、优良的耐高速性能、超长的轴承寿命，同时具备良好的抗水防锈性能。 适用于外径小于 140mm 的各种电机、风扇、汽车空调电磁离合器、发动机张紧轮、交流发电机、汽车水泵、家用电器及办公设备中的滚动轴承；各种静音高温电机轴承，高温风扇轴承；长寿命以及终身润滑的密封轴承。使用温度为：-40~180℃	15kg 钢桶包装	
BCM 汽车轴承润滑脂	Q/SHJG 1053—2013	为汽车轮毂轴承专门开发，具有延长车轮轴承使用寿命、优异的极压抗磨性能、良好的抗水性能；同时产品的高低温性能优秀，完全解决冬天加脂和夏天漏脂的问题。 适用于轿车密封轮毂轴承的润滑及保养，同时可用于汽车底盘、球关节的润滑及工业领域中有较高要求的润滑需求。使用温度为：-30~180℃	15kg 钢桶包装	
BCM-L 汽车轴承润滑脂	Q/SHJG 1093—2015	为汽车轮毂轴承专门开发，具有延长车轮轴承使用寿命、优异的极压抗磨性能、良好的抗水性能；同时产品的高低温性能优秀，能完全解决冬天加脂和夏天漏脂的问题。 适用于轿车密封轮毂轴承的润滑及保养，同时可用于汽车底盘、球关节的润滑及工业领域中有较高要求的润滑需求。使用温度为：-30~180℃	15kg 及 170kg 钢桶包装	
XHP-高低温合成润滑脂	Q/SHJG 1017—2014	具有良好的高低温性能，特别是低温使用性能优异。同时又有较高的极压性能，粘附性能和抗水性能，高温蒸发少，低温启动力矩小，可保证轮毂轴承在宽温条件下正常工作和运转，是一种长寿命宽温润滑脂。 适用于恶劣环境下特别是低温条件下大型载重车辆轮毂轴承润滑。使用温度为：-40~180℃	1kg、2kg、15kg	
大型客车轮毂轴承脂	Q/SHJG 1056—2013	具有良好的高温性能、高温黏附性，在高温、高速下不甩油、不流失；具有良好的极压抗磨性、抗水性和防护性能，能有效减少轮毂轴承的磨损，大幅提高车辆的保养里程。 适用于大中型长途客车、公共汽车、机场摆渡车辆等客运车辆轮毂轴承的润滑，是针对大中型客车的使用要求研制而成，经长期实际使用，润滑效果优秀，是一款经典的车用轮毂轴承脂产品。使用温度为：-30~180℃	2kg、15kg	
车辆底盘集中润滑系统专用脂	Q/SHJG 1065—2015	良好的低温性、氧化安定性、润滑性、极压抗磨性、抗水性、防锈性能，满足中负荷齿轮的润滑。 适用于大型客车、压延机、锻造机、矿山机械、钢铁厂等各种机械设备的轴承及中、重负荷齿轮的集中润滑。使用温度为：-40~120℃	15kg、170kg	

续表

产品名称	执行标准	特点与用途	包装形式	生产厂家
重载车桥专用润滑脂（富华车桥专用）	Q/SHJG 1045—2014	具有较高的极压抗磨性能，在重负荷下可保持良好润滑。同时具有优秀的高温性能，可以承受车辆长坡道连续刹车和急速刹车造成的轴承温升；具有良好的剪切安定性和触变性，可防止车辆长期高速运转的剪切作用造成的润滑脂流失；具有良好的抗水性，可防止因水浸入而使润滑脂胶体结构破坏，仍能保持润滑脂的润滑性能；具有良好的防护性能和长寿命的特征，可延长换脂周期。 适用于高负荷下对重型卡车的车轮轴承提供持久的润滑保护，是针对国内保有量最大的富华车桥用脂而研制。也可用于汽车底盘及车身其他部位的润滑。对大型重载车辆超长距离行驶及环境气候恶劣地区尤其适用。是一种优质多用途超重负荷高温润滑脂，品质等同于富华桥装车脂及壳牌能得力 LX 系列车用润滑脂。使用温度为：-30~180℃	1.8kg、1.8kg、15kg	天津市津冠润滑脂有限公司
HP-高温润滑脂	Q/SHJG 1005—2013	有较突出的耐高温性能和一定的极压性能。突出的高温性质使本产品可以承受车辆更苛刻的长坡道刹车和快速刹车造成的轴承高温，一定的极压性能使本产品适应较重负荷的运输车辆。同时具有良好的剪切安定性和触变性；具有良好的抗水性以及良好的防护性能。本产品还具有长寿命的特征，可延长保轮换脂周期。 适用于大中型货车轮毂轴承、底盘的润滑，也适用于大型水泵、风机、电机等通用机械摩擦部位的润滑。使用温度为：-30~180℃	1.8kg、1kg、2kg、15kg、170kg	
寒区王重载卡车轮毂脂	Q/SHJG 1017—2014	具有良好的高低温性能，特别是低温使用性能优异。良好的粘附性能和抗水性能，可承受较大的载重负荷。高温蒸发少，低温启动力矩小，可保证轮毂轴承在宽温条件下正常工作和运转，是一种专为严寒地区特殊定制的轮毂轴承专用润滑脂。 适用于极寒等恶劣环境下的重载卡车轮毂轴承的润滑，特别适用于寒区版载重车辆解放、东风、重汽、斯堪尼亚等的轮毂轴承长效持久的润滑保护。使用温度为：-40~180℃	1.8kg	
百吨王超级重载脂	Q/SHJG 1113—2017	具有独特的皂纤维结构，极高的极压抗磨性能，抗水防锈及氧化安定性能优异，极大的延长了轴承的使用寿命，在高低温工况下具有卓越的产品表现。 对超级重型卡车的轮毂轴承提供长效持久的润滑保护，可有效降低轴承磨损，提高轴承寿命 3~5 倍，适用于 BPW 车桥、FUWA 车桥、德纳车桥等超重载卡车及矿山机械、重型工程机械等领域的超重负荷机械及设备的润滑。使用温度为：-40~200℃	3kg、1.8kg	
特种阻尼专用润滑脂	Q/SHJG 1052—2013	具有优异的阻力稳定性、缓冲性，使部件能平滑、顺畅、准确的运动；油分子分布均匀，黏附性强，阻尼、缓冲力平均；与大多数塑料相容，对金属无腐蚀；电器绝缘性能好。 可应用于各种电器慢开机构的阻尼，也适用于各种慢速动作的机械设备的阻尼；机械设备及汽车零部件慢开设备的阻尼。使用温度为：-30~100℃	1kg、15kg	

续表

产品名称	执行标准	特点与用途	包装形式	生产厂家
全氟高温特种润滑脂	Q/SHJG 1058—2013	工作温度极宽，极佳的高温稳定性和氧化安定性；低挥发性、低磨损、高承载能力；抗燃烧、抗辐射、抗腐蚀性；与绝大多数橡胶、塑料良好相容；耐水、耐油、耐真空、耐绝大多数有机溶剂及强酸碱。 适用于薄膜拉伸拉幅机轴承、热定型机传输送带轴承、高温烤漆炉链条轴承、PTA 离心机差速器轴承、汽车特种润滑部位及雨刮器电机轴承、瓦楞纸机轴承的润滑；适用于高温、高负载的机械转轴润滑；半导体无尘室、真空环境设备的轴承、泵、阀门、密封圈的润滑和密封。使用温度为：-40～300℃	1kg、15kg	天津市津冠润滑脂有限公司
全合成高真空密封专用硅脂	Q/SHJG 1059—2013	优良的热稳定性和化学安定性；极佳的高低温性和抗水性；极低的挥发损失、极佳的密封功能；与大多数塑胶兼容。 适用于汽车密封圈、制动泵等装置的润滑与密封；电力设备上阀门和 O 型圈的密封和绝缘；石化厂的泵、阀和装油臂接头的密封件，低速滑动轴承的润滑，液体联轴节的填充介质。使用温度为：-50～200℃	1kg、15kg	天津市津冠润滑脂有限公司
WHB-2 轮毂轴承润滑脂		第三代轮毂轴承。 优异的微动腐蚀保护、低摩擦系数、低渗油、防锈蚀和终生润滑。使用温度为：-30～160℃	18kg/180kg	浙江摩路新材料有限公司
WHB-3 全合成轮毂轴承润滑脂		宽温使用、极佳的微动腐蚀保护、低摩擦系数、防锈蚀、超长使用寿命。 第三代轮毂轴承。使用温度为：-40～160℃	18kg/180kg	浙江摩路新材料有限公司
RheoLife MBJ 等速万向节润滑脂		BJ 端(外球笼/固定端)。 含固体润滑剂；耐冲击负载；满足 CVJ 多重润滑挑战。使用温度为：-30～160℃	18kg/180kg	浙江摩路新材料有限公司
RheoLife SBJ 全合成等速万向节润滑脂		BJ 端(外球笼/固定端)。 全合成基础油和二硫化钼配方，满足 CVJ 多重润滑挑战。使用温度为：-40～160℃	18kg/180kg	浙江摩路新材料有限公司
RheoLife MTJ 等速万向节润滑脂		TJ 端(内球笼/滑动端)。低摩擦系数；独有的流变性能；防锈蚀和终生润滑。使用温度为：-30～160℃	18kg/180kg	浙江摩路新材料有限公司
UltraFlor B62 全氟聚醚润滑脂		电子节气阀控制的步进马达/ABS 制动防抱死系统/TCS 牵引力控制系统的轴承、活塞和螺杆/真空应用中的密封润滑脂。在高温时极其稳定，蒸发损失和分解极小，无积碳和沉积物生成；化学结构极其稳定，耐氧化，适用于长期润滑。使用温度为：-60～230℃	1kg/30kg	浙江摩路新材料有限公司
UltraFlor L162 全氟聚醚润滑脂		超低温和低扭力的精密仪器、感应器、电位计、促动器和轴承等/怠速空气促进器马达/EGR 废气再循环阀。在高温时极其稳定，蒸发损失和分解极小，无积碳和沉积物生成；化学结构极其稳定，耐氧化，适用于长期润滑。 使用温度为：-65～280℃	1kg/30kg	浙江摩路新材料有限公司

续表

产品名称	执行标准	特点与用途	包装形式	生产厂家
极压锂基润滑脂	GB/T 7323	适用于载重汽车的轮轴承、底盘、电机、水泵等摩擦部位的润滑；各种机械设备滑动、滚动摩擦部位的润滑。使用温度为：-20～120℃	15kg，170kg 等	无锡市飞天油脂有限公司
极压复合锂基润滑脂	SH/T 0535	适用于汽车万向节、高级轿车、大客车及载重货车轮毂轴承、联轴器、汽车底盘、水泵电机等摩擦部位的润滑。使用温度为：-20～160℃	15kg，170kg 等	
锂基润滑脂	GB/T 7324	外观透明鲜亮，皂纤维手感均匀细腻；良好的密封性、防水性和防锈性，可应用于多尘、潮湿或与水接触的机械部件上；通用性强，具有优良的机械安定性和氧化安定性，适用于多种工况下持久全面的润滑保护。 适用于汽车底盘、工业设备、工程机械、冶金等行业较缓和工况下机械设备的轴承及其他摩擦部位的润滑，也可用于集中润滑系统。使用温度为：-20～120℃	800g、1kg、2kg、14kg、175kg	江苏龙蟠科技股份有限公司
极压锂基脂	GB/T 7323	优良的极压抗磨性，能够承受重负荷和冲击负荷造成的润滑油膜失效，有效防止卡咬；良好的防锈性能，能够防止轴承运转过程中的锈蚀；优异的剪切稳定性，能保持较好的润滑脂结构特征。 适用于汽车、工程机械、压延机、锻造机、矿山机械、冶金等重负荷车辆及高负荷机械设备的齿轮、轴承等部位润滑，也可用于集中润滑系统。使用温度为：-20～120℃	800g、1kg、2kg、14kg、175kg	
全能脂	GB/T 5671	良好的机械稳定性，换脂周期内保持稠度，避免润滑脂流失，使轴承得到保护，从而延长轴承寿命；优良的防锈、抗腐蚀性，在潮湿的环境下亦能有效保护零部件；优秀的抗水冲刷性能，有效抵御雨水冲刷；良好的抗极压性能，有效润滑重负荷零部件。 适用于各类轿车、卡车、客车的轮毂轴承、底盘、电机、水泵及各种机械设备等摩擦部位的润滑。使用温度为：-30～130℃	800g、1kg、2kg、14kg、175kg	
保轮脂	SH/T 0535	针对重卡轮毂轴承工况研制，采用复合金属皂稠化精制的基础油，加入多种进口添加剂，经特殊工艺制作而成。优异的耐高温性，在高温环境下有效防止润滑脂基础油流失。 特别适用于在高温、高负荷环境下使用的重载轴承；良好的极压抗磨性，满足高负荷、重负荷机械设备的轴承润滑要求，极端工况下，润滑保护层胶体结构稳定，润滑油膜不易破裂，持久润滑摩擦部位；优异的机械稳定性，在剧烈振动下仍能长期保持稠度级别稳定；良好的防水性和防锈性，即使在有水工况下也可确保对设备提供有效保护。适用于中、重型卡车、客车等车辆轮毂轴承，以及机械设备高温摩擦部位的润滑保养。使用温度为：-20～180℃	800g、1kg、2kg、14kg、175kg	
四季通保轮脂：	SH/T 0535	优良的极压抗磨性，满足高负荷、重负荷下机械设备的轴承润滑；良好的抗水冲刷性能和黏附性能，保证设备在潮湿或有水存在的环境下的防护与润滑；优异的高低温性能，满足轴承在较宽的温度下使用，具有长的使用寿命。 适用于高低温、高速、重载、潮湿等恶劣环境下各种轿车、载货卡车及工程机械等设备的轮毂轴承、底盘等摩擦部位的润滑。 使用温度为：-30～180℃	800g、1kg、2kg、14kg、175kg	

续表

产品名称	执行标准	特点与用途	包装形式	生产厂家
滑轨润滑脂 SES5	QB/EUBO—007—2011（2018）	润滑持久，手感舒适，流畅；对金属材料无腐蚀性，与塑胶相容性好；耐磨性能好，稳定性优越，扭力值衰减度下降微小；使用温度宽，低温性能好，高温不流淌。 适用于汽车滑轨系统、压力设备、食品工业的各种控制阀、压力塞阀及龙头阀门的润滑密封，用于橡胶及塑料 O 型圈、垫圈、密封垫的润滑密封。使用温度为：-40～150℃	18kg/桶	深圳市优宝新材料科技有限公司
球头润滑脂 SS6	QB/EUBO—012—2013	优良的黏附性和防“爬行”性，能够始终黏附在设备表面，起到润滑和防护作用；长的使用寿命，长期工作下仍可以保持良好性能和合适的扭矩。 适用于汽车方向操纵连杆装置、车轮悬挂装置、底盘悬挂转向装置等系统的拉杆转向金属球关节、球头销和合成树脂球铰节的球窝构成的球节的润滑。适用于对黏附性和扭矩要求高的球关节、球头销等部位润滑防护。使用温度为：-40～200℃	18kg/桶	
启动电机润滑脂 SS2	QB/EUBO—009—2011（2018）	配有二硫化钼固体润滑剂，适用于长寿命金属齿轮。 适用于汽车启动器、电动工具，重型机械设备的长寿命金属齿轮润滑。使用温度为：-45～120℃	18kg/桶	
玻璃升降器消音脂	QB/EUBO—013—2013	高性价比的低温半合成润滑脂，和大多数塑料相容，有效减少来自塑料齿轮的噪音、使用寿命长-低渗流。 适用于要求清洁的场所，不含有机硅，因此避免了接触点失效	18kg/桶	
汽车门锁润滑脂	QB/EUBO—015—2014	具有持久的的消音效果；通过了 NSF H1 食品级认证，摩擦系数低，承载能力强；使用温度宽，高黏度低温精密润滑降噪；完全使用合成油，与塑胶、橡胶相容性好，不会使塑胶开裂、软化、溶胀。 适用于汽车部件、电器、精密仪器、音频设备、办公设备中适用于同步马达、步进马达的齿轮减噪音、抗磨、防扩散润滑。使用温度为：-45～150℃	18kg/桶	
超低温润滑脂	GB/T7631.8 L-XECAA 2	优异的低温启动力矩性能，保证产品在极低温度环境下的正常启动。 适用于汽车内饰部件、微型电机齿轮、蜗轮蜗杆等低温要求高的应用场合。使用温度为：-60～130℃	16kg	深圳市超润达科技有限公司
汽车单向器专用润滑脂	GB/T7631.8 L-XEDAA 2	工作温度为宽，低温启动力矩小，高温流失小；抗氧化性能好，可长效润滑；与多数塑胶相容性好。 专用于汽车单向器应用场合。使用温度为：-50～150℃	16kg	
汽车座椅滑轨润滑脂	GB/T7631.8 L-XDDAA	良好的承载能力、抗磨损性能；极低的扩散性能，符合汽车气味要求等级。 适用于汽车座椅的滑动导轨、调角器的润滑应用场合。使用温度为：-40～150℃	16kg	
汽车拉索润滑脂	GB/T7631.8 L-XDFAB 1、L-XDFAB 2	油脂渗透性强，对拉索内壁有很好的湿润和黏附能力；含有特殊固体添加剂，极大提高产品的润滑及抗磨性能。 适用于汽车工业含有含有拉索、滑轮、轨道和导引等机械系统应用场合。使用温度为：-40～180℃	16kg	

续表

产品名称	执行标准	特点与用途	包装形式	生产厂家
高低温润滑脂	Q/WBD-10-003-2014	优秀的高温热稳定性和氧化安定性；优良的抗水性，防护性；良好的抗化学介质能力；极宽使用温度的润滑脂。 适用于高温、高速或严寒区工作的滚动轴承的润滑。特别适用于航空电机、高温风机、赛车轮毂、热定型机、拉伸拉幅机等高温轴承的润滑以及南北极等低温轴承的润滑。使用温度为：-50~250℃	1kg/盒×12 17kg/桶	武汉博达特种润滑技术有限公司
合成塑料润滑脂	Q/WBD-11-007-2014	良好的热稳定性和氧化安定性；优秀的抗磨性和低的摩擦系数；与大多数塑料和橡胶兼容；低蒸发损失，适合于长期润滑；不含铅等重金属，属绿色环保产品。 适用于中、高速，轻、中载荷的塑胶与塑胶、塑胶与金属之间的润滑；家用电器、办公设备、消费电子、汽车电子以及玩具等塑胶齿轮和操作机构。使用温度为：-50~130℃；-25~120℃	1kg/盒×12 17kg/桶	
高真空硅脂	Q/WBD-14-001-2014	优良的热稳定性和化学安定性；极佳的高低温性和抗水性；极低的挥发损失，极佳的密封功能；与大多数塑胶兼容。 适用于 6.7×10^{-4} Pa 真空系统中的玻璃活塞及磨口接头的润滑与密封；有溴、水、酸碱和其他一些化学介质存在下的润滑与密封；电气绝缘、防闪污、阻尼、防震、防尘、防水、脱模与密封；电力开关、O 型密封圈、汽车制动泵、阀门、油气田测井装置的密封。使用温度为：-50~220℃	50g/盒×200 1kg/盒×12	
汽车车身附件润滑脂	Q/WBD-15-002-2	优异的热稳定性和氧化安定性；良好的剪切稳定性和抗水性；优良的润滑性和防护性；与大多数塑料、橡胶和涂料兼容；属绿色环保产品。 适用于汽车车身的附件、门窗、锁具以及执行机构的润滑与防护。使用温度为：-50~120℃	1kg/盒×12 17kg/桶	
液压制动系统润滑脂	Q/WBD-15-005-2014	优良的高低温性和氧化安定性；良好的防锈防腐蚀性；与制动液和橡胶皮碗有良好的兼容性。 适用于汽车液压制动系统的皮碗与金属间的润滑与防护。本品配制有 NLGI $0^{\#}$、$1^{\#}$、$2^{\#}$三种稠度等级。使用温度为：-40~120℃	1kg/盒×12 18kg/桶	
工业生产设备润滑脂系列 WT3 NZ90	SH/T0535（极压复合锂基润滑脂）	具有良好的极压抗磨性能，并有较高的使用温度和较长的使用寿命。 适用于汽车轮毂轴承、重负荷机械轴承、齿轮，使用温度为：-20~150℃	15kg/桶	龙南县雪弗特新材料科技有限公司
壳牌佳度 Gadus S2 V160Z 3	运动黏度 40℃ 160mm²/s 100℃ 11mm²/s	多用途极压润滑脂，由高黏度指数矿物油和锂皂基制备，采用最新添加剂技术，具有出色的抗磨及防腐蚀性，同时抗氧化性能也有所提升。 适用于在严苛路况和有载荷情况下的车辆轮毂轴承。使用温度为：-20~130℃	1kg 2kg 18kg 180kg	壳牌（中国）有限公司
壳牌爱比达 Albida 0617	运动黏度 40℃ 100 运动黏度 100℃ 11.	具有高滴点、寿命长、防水性以及机械稳定性优异等特性。 特别为汽车轮毂轴承设计的专用润滑脂，适用于中高速或潮湿环境下中高温的滚动轴承。使用温度为：-20~150℃（短时间峰值 180℃）	180kg	

续表

产品名称	执行标准	特点与用途	包装形式	生产厂家
壳牌施达纳 Stamina0275	运动黏度 40℃ 100mm²/s 100℃ 11mm²/s	由高度精炼的矿物油和特殊的聚脲基稠化剂调和而成并添加了特殊的抗氧化、抗磨损添加剂。 专用于润滑密封式轮毂轴承，可为其提供一流的微动磨损润滑保护，在日本 OEM 及轮毂制造商中有着广泛的应用。使用温度为：-30～150℃	180kg	壳牌(中国)有限公司
壳牌佳度 Gadus1452	运动黏度 40℃ 125mm²/s	低摩擦特性能够保证万向节运行温度更低，有利于万向节设计时采用更小的尺寸、适应更大的摆角。万向节运行时轴向力更小，从而保证驱动系统运行时获得更好的 NVH 表现。 专为等速万向节应用开发的高性能低摩擦的润滑脂产品，可同时适用于固定端及滑移端。使用温度为为：-35～120℃	180kg	
壳牌佳度 Gadus2207	符合 VW TL 738 标准 运动黏度 40℃ 125mm²/s	宽温性能得到进一步的提升，可应对更加严苛的工况挑战。通过对产品配方的优化，Gadus 2207 产品能够更好的应对汽车行驶过程中冲击载荷的挑战。 专为等速万向节应用开发的新一代超低摩擦高性能润滑脂，采用壳牌独有的低摩擦技术进一步降低万向节运行温度，产品使用寿命更长。使用温度为：-40～150℃	180kg	
壳牌佳度 Gadus S3 V160C 2	ASTM D4950-07 GC-LB 运动黏度 40℃ 160mm²/s 运动黏度 100℃ 15mm²/s	由高黏度指数矿物油和复合锂皂基配置而成。 采用最先进的添加剂以提供卓越的高温抗氧化性能，并含有其他添加剂以提高润滑脂的抗氧化性、抗磨损和抗腐蚀性能。 壳牌佳度 S3 V160C 润滑脂特别适用于高温、高负荷条件下的重载轴承	1kg 2kg 18kg 180kg	
壳牌佳度 Gadus S2 V220	运动黏度 40℃ 220mm²/s 运动黏度 100℃ 19mm²/s	适用于轧钢设备中要求使用较软润滑脂的专用润滑剂输送系统；在冲击载荷和环境潮湿等苛刻条件下运行的重载滑动和滚动轴承；要求使用半流体润滑脂的齿轮箱变速箱；-商用车集中底盘润滑系统	18kg 180kg	
安润龙 86 EP-2	Q/320691 NBM01—2018	优异的耐高温、抗水、防腐防锈性、机械稳定性和极压抗磨性。 适用于汽车及卡车车轮轴承及底盘组件。使用温度为：-20～160℃	180kg/钢桶 18kg/塑料桶	朗盛化学(加拿大)有限公司
Chassis Grease No. 2 底盘脂 K No. 2		具有良好的粘附性和优异的防水性，广泛的使用于各种高级车辆底盘及其周边零部件。 适用于各种车辆，装载机械(叉车、吊车、起重机等)，建筑机械(挖掘机、推土机等重型车辆)，农业机械(割草机、播种机、收割机等)，重型车辆，轻型车辆和乘用车等。使用温度为：-5～80℃	—	协同油脂株式会社
Molywhite LSG 摩力白 LSG		由于含有有机钼等添加剂配方、可实现优越的耐磨损性能。 适用于在非常苛刻的润滑条件下使用的各种金属齿轮、也可适用于滑动零件部位，如汽车转向器齿轮齿条等。使用温度为：-40～150℃	16kg/170kg	
Multemp AC-P 玛鲁天普 AC-P		含有二硫化钼、有机钼及其他特殊固体润滑剂等添加剂、使其具有优越的抗极压性和抗烧结性。 适用于更加苛刻润滑条件下的金属齿轮、滑动零部件等。例如汽车助力转向器齿轮齿条润滑等。使用温度为：-55～150℃	180kg/18kg	

续表

产品名称	执行标准	特点与用途	包装形式	生产厂家
Multemp GS-A 玛鲁天普 GS-A		具有良好的耐热性、附着性，含有特殊固体润滑剂。 适用于树脂的滑动部位。使用温度为：-30~200℃	18kg	协同油脂株式会社
Multemp L 玛鲁天普 L		能够适应从低温到高温的宽温度、不发生极端的离油、不会对触点材料银或金产生腐蚀，同时具有良好的开关响应性和树脂兼容性。 适用于电器部件的树脂齿轮或其他滑动部位和各类汽车开关触点部位。例如各类电器树脂齿轮、汽车转向组合开关、管柱伸缩倾斜感应开关、门锁机构、门锁驱动器、排档器开关等。使用温度为：-40~150℃	16kg/2kg	
Multemp SC-U 玛鲁天普 SC-U		由于含有特殊树脂润滑改进剂，所以即使在特别高面压下工作的树脂齿轮等组件中都能显示出非常优越的低摩擦性。具有优越的树脂兼容性、高温性、低温性、极压性。 适用于有高低温、极压性需求的润滑部件。例如：汽车转向器齿轮齿条、电动助力转向电机涡轮蜗杆、减速齿轮等。使用温度为：-40~200	170kg/16kg 2. 5kg	
Multemp AC-T 玛鲁天普 AC-T		具有良好的橡胶兼容性和低温性。 适用于含天然橡胶、三元乙丙橡胶、硅橡胶的各种金属轴承、齿轮或其他滑动部件的润滑。使用温度为：-45~130℃	18kg	
Multemp CE-T 玛鲁天普 CE-T		具备优越的氧化安定性，可长期使用。 适用于非金属材质的汽车连接部位上。使用温度为：-30~130℃	2. 5kg×6 盒/ 18kg	
Multemp SA 玛鲁天普 SA		尤其在低温性、涂料兼容性、防锈性能上表现优越，还具有突出的长期稳定性。 适用于汽车门锁机构，如锁扣、把手、车门铰链、锁芯等；以及各种电机传动机构塑料或金属齿轮，如玻璃升降器、雨刮器、座椅电机、天窗电机等；各种电动或手动启动机，各种通用低温性需求的驱动电机齿轮等润滑。使用温度为：-40~130℃	2kg/16kg	
Multemp SI-B 玛鲁天普 SI-B		具有很强的基础油抗蒸发能力和在高温下产品本身维持半固体状态的能力，而且低温性非常优越。 适用于非润滑用途，主要作为高温降噪涂层使用。如汽车盘式制动系统刹车片背板和减震片之间涂抹用，主要起到减少刹车时的鸣叫音。使用温度为：-60~400℃	16kg/2kg	
Multemp SL-V No. 2 玛鲁天普 SL-V No. 2		专门为车辆球头使用而专门开发。由于其采用高黏度基础油，所以可以作为阻尼润滑脂使用，并且该产品具有优良的塑料兼容性。 应用于内部夹树脂套的各种车辆的横接头、拉杆球头、悬挂摆臂球头、雨刮器连杆球头以及转向器管柱中间轴等。使用温度为：-40~150℃	16kg/170kg	

续表

产品名称	执行标准	特点与用途	包装形式	生产厂家
Multemp SH-U 玛鲁天普 SH-U		以高黏度合成烃油为基础油炼制而成的锂基润滑脂，具有优良的消音性和阻尼性，并且具有杰出的塑料兼容性。 适用于汽车、电气设备、视听设备、办公设备及各种精密仪器的塑料齿轮、凸轮等。使用温度为：-40~150℃	16kg	协同油脂株式会社
Multemp SH-K II 玛鲁天普 SH-K II		采用低黏度合成烃油为基础油、添加特殊固体润滑剂研制而成的锂基润滑脂。具有杰出的机构塑料部件兼容性和优良的低温性。 适用于汽车、电气设备、视听设备、办公设备及各种精密仪器的塑料齿轮、凸轮等。使用温度为：-60~130℃	16kg/2kg	
Multemp SC-S 玛鲁天普 SC-S		一款新型的润滑脂，以合成烃油为基础油配以聚脲作为稠化剂炼制而成。与树脂的兼容性上表现非常卓越，被推荐应用在宽广的温度。其中添加了高性能有机抗磨剂，具有优异的高温性、低温性、抗高载荷和低摩擦系数等特性。 适用于汽车启动电机的单向器、减速齿轮、离合器以及其他高低温、高载荷、橡胶兼容性有要求的齿轮及滑动润滑场所。使用温度为：-50~200℃	18kg/180kg 2. 5kg	
Multemp RC-M 玛鲁天普 RC-M		采用高黏度合成烃油为基础油研制而成的锂基润滑脂。具有优良的耐树脂性、低温性和显著的降低异音效果，并且该产品不拘于高黏性。 适用于汽车、影音设备、办公自动化设备机构组件的塑料齿轮及其他滑动组件。使用温度为：-40~150℃	16kg	
Multemp R No. 1 玛鲁天普 R No. 1		采用精致合成油为基础油，除了具有优越的抗电弧性之外，在高温、高湿的环境下还可有效的防止铜触点腐蚀，保证了触点开关良好的通电性；具有良好的低温性和树脂兼容性。 适用于各种车辆、轿车、电气电子部件触点开关，及各种高电流触点开关。使用温度为：-50~150℃	16kg/2kg	
Multemp HL-D 玛鲁天普 HL-D		以高黏度合成烃油为基础油的锂基润滑脂。该油脂具有良好的低温性、抗油分离性、消音特性和阻尼特性。该产品与塑料材料的兼容性良好，在塑料滑动部件上也具有优异润滑性。 适用于汽车门车窗电动玻璃升降器交叉臂、座椅导轨、锁内外把手、锁扣机构、各种金属或塑料齿轮、金属或塑料的滑动部件等对降低摩擦、低温响应性、消音或阻尼性有要求的部件润滑。使用温度为：-40~150℃	16kg/170kg	
Multemp D No. 2 玛鲁天普 D No. 2		采用合成烃油为基础油的锂基润滑脂。由于能够适应从低温到高温的宽温度、低温环境不发生触点接触不良、不会对触点材料银或金产生腐蚀，具有良好的触点开关响应性和树脂兼容性 适用于各种电器部件的树脂齿轮或其他滑动部位和各类开关触点部位。例如：各类电器树脂齿轮、汽车转向组合开关、门锁机构、门锁驱动器、空调开关、车窗升降器开关、点火锁、仪表盘等。使用温度为：-40~150℃	2kg×6 盒/ 16kg	

续表

产品名称	执行标准	特点与用途	包装形式	生产厂家
Multemp AC-P 玛鲁天普 AC-P		采用低黏度合成油为基础油的锂基润滑脂，它可以应用在从超低温开始的宽广的温度领域；并且该润滑脂里含有二硫化钼、有机钼及其他特殊固体润滑剂等添加剂，因此具有优越的抗极压性和抗烧结性，克服了其他润滑脂一直以来所不能实现的润滑境界。 适用于更加苛刻的润滑条件下的金属齿轮、滑动零部件等。例如汽车助力转向器齿轮齿条润滑等。使用温度为：-55~150℃	18kg/180kg	协同油脂株式会社
Multemp AC-N 玛鲁天普 AC-N		采用合成烃油和合成酯油为基础油研制而成的多功能锂基润滑脂。该产品应用温度宽广、低温性尤其突出。采用有机钼和特殊固体润滑剂、因此具有优异的抗烧结性能。 适用于金属齿轮等在极端苛刻的环境下工作且对低温性要求极高的滑动润滑部位，例如：方向盘电子锁减速齿轮、电动座椅减速齿轮、汽车后门锁、管柱衬套等。使用温度为：-55~150℃	18kg/180kg 2. 5kg	
Multemp AC-K 玛鲁天普 AC-K		与塑料具有优越兼容性的合成烃油配以特殊固体润滑剂研制而成的特种锂基润滑脂，具有从低温到高温的宽温度特点，具有卓越的抗磨性。 适用于汽车和办公自动化设备(OA)/视听设备(AV)组件的各种塑料齿轮或滑动组件的降噪、抗磨润滑。使用温度为：-45~150℃	16kg/160kg	
Multemp AC-D 玛鲁天普 AC-D		采用耐树脂性非常优越的合成烃油为基础油炼制而成的锂基润滑脂。除了使用温度为广的特点以外，由于含有特殊固体润滑剂和有机钼配方，该产品有具有优秀的抗极压性、抗烧结性能，并且对橡胶、树脂的兼容性好。 适用于汽车电气组件的金属与金属或金属与树脂间滑动部件的润滑。例如：汽车电动后视镜收纳电机蜗杆、方向盘锁蜗杆、电动窗帘电机蜗杆、车门中控锁执行器等车载小型电机齿轮、单向器齿轮、大型螺杆、刹车气缸、办公设备的树脂齿轮等。使用温度为：-50~150℃	16kg/180kg 2. 5kg	
Multemp TA No. 2 玛鲁天普 TA No. 2		具有优异的低温性和耐水性，不会对车身涂料产生负面影响。 适用于座椅导轨、座椅电机齿轮、座椅调角器、车窗玻璃升降器导轨、门锁机构、雨刮器电机齿轮、手动刹车、脚刹、天线、头枕滑动部、各种小型金属齿轮、电动开关等。丰田 TSK 规格认证产品。使用温度为：-30~120℃	18kg/180kg 2. 5kg×6	
Multemp TAS No. 2 玛鲁天普 TAS No. 2		具有优异的低温性和耐水性，兼具优良的涂料兼容性。 适用于具有极低温要求的汽车车身部件用润滑脂。例如：座椅导轨、座椅电机齿轮、座椅调角器、车窗玻璃升降器导轨、门锁机构、雨刮器电机齿轮、手动刹车、脚刹、天线、头枕滑动部、各种小型金属齿轮等。丰田 TSK 规格认证产品。使用温度为：-40~120℃	18kg/180kg 2. 5kg×6	
Multemp WR194 玛鲁天普 WR194		采用锂皂为稠化剂高黏度合成烃油为基础油配制而成的特殊合成油润滑脂。合成烃基础油与树脂部件的兼容性和润滑性方面也表现非常好，配合与树脂兼容的特殊抗磨添加剂，强化了抗磨性。另外，采用了高黏度的基础油，所以具有优异的黏附性和优越的阻尼效果即消音、减振效果。该产品更主要的特点是即使采用了高黏度基础油，还能保持优异低温性。此外，即使在室外暴露的条件下也能保持优越的长寿命。 适用于汽车玻璃升降器、玻璃天窗等降噪减磨用途。使用温度为：-40~150℃	16kg/170kg	

续表

产品名称	执行标准	特点与用途	包装形式	生产厂家
Multemp SL-F No. 1 玛鲁天普 SL-F No. 1		采用低黏度合成烃油为基础油、锂基皂为稠化剂的机构组件用润滑脂。具有优越的低温特性、树脂兼容性。 适用于各类对低温性有特殊要求的电器齿轮和汽车电器产品滑动部位。例如：汽车点火锁、方向盘锁、换挡开关、伸缩式前车灯驱动齿轮等。使用温度为：-60~130℃	16kg/2kg	协同油脂株式会社
Muletemp SRH 玛鲁天普 SRH		由在高温下表现稳定的特殊合成油和特制的锂皂和经过严格挑选的抗氧化剂及防锈剂等经过特殊工艺研制而成的低噪音长寿命润滑脂。由于该产品是在无尘室制造，再加上原材料经过特殊工艺处理，使之具有区别于其他同类产品的静音特性。拥有良好低温性、防锈性、使用温度宽广、高温长寿命等特点。 适用于大型轴承和其他要求厚油膜的润滑场所。如办公家电轴承、电动工具轴承、精密仪器轴承、汽车电装产品电机(雨刮器电机、起动电机、座椅电机等)等。使用温度为：-40~150℃	18kg、2. 5kg	
Multemp SB-M 玛鲁天普 SB-M		一种以合成烃油为基础油、聚脲为稠化剂的高温、高速、低噪音、长寿命润滑脂。具有良好的低温性、优异的高速低扭矩特性和与优越的树脂和橡胶的兼容性。 适用于高速吸尘器电机轴承、汽车冷凝风扇轴承、散热器轴承、抽油烟机轴承、洗衣机串激电机轴承等家电、工业、汽车用高温高速、低噪音长寿命要求的电机轴承。使用温度为：-40~200℃	2kg/16kg	
Multemp ET-P 玛鲁天普 ET-P		除了可应对高温、高速条件以外，还可有效防止轴承的剥落，并拥有保持轴承静音特性的划时代产品。与 ACM 橡胶兼容性良好也成就了它前所未有的高温长寿命性能，实现了轴承的长寿命化。 适用于汽车发动机辅助电装部件轴承等在非常苛刻的环境下运行。使用温度为：-40~200℃	16kg/170kg	
Multemp ET-C 玛鲁天普 ET-C		除了耐高温、高速、长寿命等特点，还兼具静音性能。在配方上，使用了具备最新技术的聚脲化合物作为稠化剂，通过酯类油和醚类油的结合，能够保证即使在高温高速环境下，油膜也可以充分生成。可以防止交流电机轴承的氢脆问题，并兼具防锈性、防水性、低温性和静音性等多种功能，性能优异。 适用于汽车电装部件轴承。也适用于注重耐热、高速、长寿命、静音性能的滚动轴承。例如：引擎周边的电装部件轴承，交流发电机、空调压缩机、涨紧轮、冷却风扇等。使用温度为：-40~200℃	18kg/2. 5kg	
One-Luber MO No. 2 万鲁霸 MO No. 2		采用二硫化钼配方的通用锂基润滑脂。 适用于伴随有冲击的高负荷滑动部件的润滑，例如汽车的各种球接头和十字接头、汽车底盘部件、车载转向系统齿轮齿条等。使用温度为：-20~150℃	180kg/18kg	
Plasguard SG 浦莱德 SG		采用无机稠化剂和半合成基础油炼制而成，具有优异的树脂兼容性、耐热性和低温性。 适用于小型电器以及家电、汽车等其他塑料零部件。使用温度为：-40~150℃	18kg 2. 5kg×6kg	

续表

产品名称	执行标准	特点与用途	包装形式	生产厂家
RAREMAX MO 希玛士 MO		耐高温性能比锂基润滑脂更出色，可以达到 150℃；耐久(寿命)性能上表现突出，还可以解决 CVJ 的小型化而带来的扭矩提高问题。 适用于所有使用钢球的等速万向节，推荐使用万向节类型：外球笼(BJ、UBJ、VL 型)，内球笼(DOJ、VL 型)，不适用于 TJ 型。使用温度为：-20~150℃	18kg/180kg	协同油脂株式会社
RAREMAX SW No. 1 希玛士 SW No. 1		具有良好的氧化安定性和抗腐蚀性，是抗腐蚀、耐高温的标准化汽车连接器用润滑脂。使用温度为：-30~130℃	18kg	
RAREMAX AF-1 希玛士 AF-1		采用精制矿物油和聚脲稠化剂为配方炼制而成的轮毂轴承用润滑脂。特别是抗微振磨损性能非常出色，即使在苛刻的条件下(高温、高速)也可以放心使用。 适用于车辆轮毂轴承或轮毂单元、车辆减震器推力轴承、螺杆等部件。使用温度为：-20~170℃	18kg/180kg	
Rubber Grease 橡胶脂		具有良好的橡胶兼容性，可防止刹车油泄漏和保护刹车橡胶皮碗。采用具有良好橡胶兼容性的合成油，并添加防锈剂和其他添加剂研制而成，是汽车制动系统用橡胶润滑脂。使用温度为：-40~130℃	18kg	
Fluotribo BX 氟特博 BX		适用于各种设备的球轴承。特别是汽车交流发电机等在高温条件下工作的轴承，接触化学品或有机溶剂的装置，电子、精密仪器等轴承的润滑。使用温度为：-50~250℃	1kg/16kg	
Powerlite No. 2 帕瓦莱特 No. 2		以特殊钙皂做为稠化剂、配合极压剂和特殊聚合物的多功能润滑脂。特殊聚合物所形成的坚固油膜，使得该产品具有超越的与金属的附着力，并且极压性极为优越。抗水性强、即使混入水的情况下润滑脂构造的变化极小，油份分离也极少的高性能润滑脂。即使在高温、多水的恶劣环境下也能保证设备的稳定运行并发挥延长设备润滑寿命之目的。 适用于各种车辆，车、磨加工机械，车床、建筑机械(挖掘机、推土机等重型车辆)、农业机械(割草机、播种机、收割机等)、冶金设备和矿山机械等各种产业机械等。使用温度为：-10~120℃	18kg	
CITRAX EP 杜力士 SP No. 1		以锂基皂稠化精炼矿物油、添加无公害极压添加剂的环保型极压润滑脂。该极压添加剂不含有毒工业废弃物中受限制的金属。 具有优异的耐热性、耐水性、极压性和机械安定性。 适用于各种车辆、机械设备等部件的润滑，以及各种部件滑动面的润滑。使用温度为：-20~130℃	16kg/大桶、400g×20	
Citrax EP No. 1		以锂基皂稠化精炼矿物油，添加无公害极压添加剂的环保型极压润滑脂。该极压添加剂不含有毒工业废弃物中受限制的有毒重金属。具有优异的耐热性、耐水性、极压性和机械安定性。 适用于各种车辆、机械设备等部件的润滑，以及各种部件滑动面的润滑。使用温度为：-20~130℃	16kg 400g×20 盒	

续表

产品名称	执行标准	特点与用途	包装形式	生产厂家
1701 高温全氟聚醚润滑脂	Q/WB 1701—2012	以特种复合稠化剂稠化全氟聚醚脂油，并添加抗腐蚀添加剂精制而成的特级润滑脂。适用于汽车涂装线润滑。使用温度为：-35～250℃	1～2kg/桶、12kg/桶、15kg/桶、170kg/桶	郑州铁维保科技有限公司
H7179 高温润滑脂		本品采用复合有机稠化剂调合特种油，并加入纳米级固体润滑剂精制而成。适用于模具润滑与防护、汽车、纺织、印染机械的高温轴承、高速轴承；各种大、中、小型电机轴承；石油、化纤设备上的高温风机轴承；钢铁、玻璃生产中的高温轴承。使用温度为：-30～250℃	1.0～2kg/桶、12kg/桶、15kg/桶、170kg/桶	
汽车轮毂轴承脂	SH/T 0535—2003	适用于汽车万向节、高级轿车、大客车及载重货车轮毂轴承、联轴器、汽车底盘、水泵电机等摩擦部位的润滑。使用温度为：-30～160℃	800g/桶 2kg/桶 17kg/桶 170kg/桶	天津市金海利油脂有限公司
汽车通用锂基润滑脂	GB/T5671	具有良好的机械安定性、胶体安定性、抗抗水性、防锈性和氧化安定性。 适用于车轮毂轴承、底盘、水泵和发电机等摩擦部位的润滑。使用温度为：-20～120℃	15kg/桶 170kg/桶	
汽车通用锂基润滑脂	GB/T 5671—2014	产品独家采用耐高温特效因子技术，在高温环境下能够增强润滑脂皂纤维结构，保持皂纤维分子不被破坏，有效防止润滑脂在高温环境下漏失，确保润滑脂稠度和形态，在超高温工况下提供出色的润滑保护。滴点大于 220℃，同时具有良好的机械安定性、胶体安定性、抗水性和极压性。 适用于轿车、客车、卡车以及其他机械设备的轮毂轴承、底盘传动机构、水泵、离合器轴承、转向及吊悬系统等其他部件的润滑。使用温度为：-30～120℃	塑桶：500g、800g、1kg、1.8kg、15kg	统一石油化工有限公司
合成高温润滑脂 Q/DX TYS 0110—2015		适用于工业、工程机械和各种车辆设备等类型的重负荷、低速至中速的齿轮、轴承、轮毂轴承等部位的润滑。使用温度为：-25～180℃	塑桶：500g、800g、1kg、1.8kg、15kg 铁桶：170kg	
复合锂钙基润滑脂 Q/DX TYS 0181—201		适用于汽车轮毂轴承的润滑，使用温度为：-20～180℃	塑桶：1kg、2kg、15kg	
YB-8054D	Q/YB J 201—2016	适用于有高温要求的密封轴承、特别是 H 级高温电机轴承、风机轴承，汽车轮毂轴承等，使用温度-20～180℃	18kg/桶，1kg/桶	安徽意博润滑科技有限公司
YB-G300	Q/YB J 406—2016	适用于蜗轮蜗杆传动件的润滑保护，推荐用于汽车中控锁、汽车玻璃升降器、雨刮器电机，使用温度-40～130℃	18kg/桶	
YB-G301	Q/YB J 407—2016	含有 PTFE，有更长的使用寿命和极佳的降噪效果，推荐用于玻璃升降器电机、雨刮电机，推荐用于电动座椅传动装置，使用温度为-50～150℃	18kg/桶	

续表

产品名称	执行标准	特点与用途	包装形式	生产厂家
YB-G539A	Q/YB J 501—2016	适用于电子电器、数码电器、汽车电器，家用电器等领域的电子散热风扇，使用温度为：-30~150℃	18kg/桶	安徽意博润滑科技有限公司
等速万向节润滑脂	Q/0205TOP 038—2017	优良的抗磨损性、机械安定性及橡胶相容性、防护性能以及耐高低温性	1kg/桶，5kg/桶	青岛拓普石油化工有限公司
SUP 万向节润滑脂	Q/0205TOP 039—2017	优良的抗磨损性、机械安定性及橡胶相容性、防护性能以及耐高低温性	1kg/桶，5kg/桶	
HP 润滑脂	Q/0205TOP 040—2017	优良的极压抗磨性能，能满足高温、重载情况下汽车润滑的要求。具有良好的抗水性和防护性；在高温条件下黏附性强，可保证良好的润滑油膜；优良的氧化安定性、胶体安定性，可延长换脂周期	1kg/桶，5kg/桶	
高级轿车润滑脂	Q/0205TOP 041—2017	优良的耐高温性，使用寿命长；优良的极压抗磨性、黏附性、抗水性和防腐蚀性能	1kg/桶，5kg/桶	
MP 润滑脂	Q/0205TOP 042—2017	手感细腻，具有突出的黏附性；良好的抗剪切性，使用中不易变稀和流失；在储存和使用中抗氧化能力强，不易氧化变质，具有较长的使用寿命；对金属表面有良好的黏附力，能够保护金属，防止锈蚀	1kg/桶，5kg/桶	
复合磺酸钙脂	Q/LTY22001	具有优良的承载负荷、防锈蚀、抗污染性能，优良的高温可逆性和极佳的机械安定性。本身比重比水大，遇水较长时间不乳化变质，在潮湿和水淋环境下具有无与伦比的抗水性能。 适用于恶劣环境中的润滑、密封、承重、防锈，具有极佳的机械安定性，是一种多效能润滑脂。用于汽车轮毂轴承，拖车转向轮，各种荷刻或重负荷工况条件下的工业设备。使用温度为：-20~250℃，短期可达 280℃	800g/罐 16kg/桶 170kg/桶	杭州壳邦力特油脂有限公司
石墨钙基脂	SH/T0369	耐水性好，在潮湿及水存在条件下，均能保持正常的润滑，对金属表面有良好的防护作用；具有优良的剪切安定性；添加磷片石墨可提高金属表面抗擦伤能力，降低摩擦系数。 适用于汽车弹簧、起重机齿轮转盘、绞车和钢丝等高负荷、低转速摩擦部位的润滑，使用温度为：-10~60℃	800g/罐 16kg/桶 170kg/桶	
塑胶齿轮脂	Q/LTY 21022	优良的承载能力和抗水性能，与绝大部分塑胶及金属材料相容、稳定性好。极低的摩擦系数，减少噪音及震动的产生，同时又不会增加运动阻力和负荷。 适用于汽车中要求极长寿命的塑胶或塑胶与金属之间运动件(齿轮、开关、轴承)的终身润滑。使用温度为：-40~110℃	800g/罐 16kg/桶 170kg/桶	
汽车轮毂轴承脂	Q/LTY1030	具有较好的高低温性能和机械安定性，遇水在较长时间内均不乳化变质，高温高速下不会分散油脂，大大降低轴承摩擦，减少噪音和震动，能保护轴承免受杂质和尘埃的侵入，使用寿命长。 适用于汽车轮毂轴承、底盘、水泵等摩擦部位的润滑，特别适用高速行驶的大客车、小车、各种载重超大型车、工程车等。使用温度为：-30~200℃	800g/罐 16kg/桶 170kg/桶	

续表

产品名称	执行标准	特点与用途	包装形式	生产厂家
汽车底盘脂	Q/LTY1045	黏附力强，抗水性好，在潮湿或有水存在的条件下，仍有良好的润滑性和防护性；优良的剪切安定性，使用期间保持稠度，提供有效润滑保护；流动性能良好，加注时易于压送，涂抹方便。 适用于汽车底盘、悬挂等摩擦部位和拖拉机等农用机械、车辆的润滑，并可用于水泵、纺织等机械设备的润滑。使用温度为：-10~60℃	800G/罐 16kg/桶 170kg/桶	杭州壳邦力特油脂有限公司
MOKO 9303 高速低噪音齿轮润滑脂		优良的抗磨性，能有效保护齿轮避免磨损；优秀的黏附性和润滑性，能有效降低齿轮噪音；良好的高低温性和防锈、防腐性。极长的使用寿命；可长期保持在齿面不易被甩掉，适用转速高、散热效果好、自身温升低、输出效率高。 适用于各种闭式齿轮、蜗轮、链轮以及中、轻载荷开式齿轮的润滑。特别适用于要求低噪音和封闭式全寿命齿轮箱的润滑。如汽车电机、自动麻将电机、电动工具等齿轮传动机构。适用转速可达10000r/min，使用温度为：-30~150℃	1kg/盒× 12盒/箱 18kg/塑桶	上海摩克润滑油技术有限公司
MOKO 9304 超高速低噪声齿轮润滑脂		优良的抗磨性，能有效保护齿轮避免磨损；优秀的黏附性和润滑性，能有效降低齿轮噪音；良好的高低温性和防锈、防腐性；极长的使用寿命；可长期保持在齿面不易被甩掉，适用转速高；散热效果好，自身温升低，输出效率高。 适用于各种闭式齿轮、蜗轮、链轮以及中、轻载荷开式齿轮的润滑。特别适用于要求低噪音和封闭式全寿命齿轮箱的润滑。如汽车起步电机、自动麻将电机、电动工具等齿轮传动机构。适用转速可达20000r/min，使用温度为：-30~150℃	1kg/盒× 12盒/箱 18kg/塑桶	
MOKO 9306 合成塑胶齿轮润滑脂(DV)	符合SGS规范	极低的摩擦系数，优秀的塑胶润滑性；良好的热稳定性、机械安定性和抗氧化安定性；与大多数塑料和弹胶体相容；挥发低，极长的使用寿命；无重金属和多溴联苯，属绿色环保产品。 适用于塑胶与塑胶、和塑胶与金属之间的润滑与防护；家用电器、办公设备、汽车组合开关和操纵系统、电子产品以及玩具等塑胶齿轮和塑胶组合件的润滑与防护。使用温度为：-60~130℃	1kg/盒× 12盒/箱 18kg/塑桶	
MOKO 9307 合成塑胶齿轮润滑脂(MV)	符合SGS规范	极低的摩擦系数，优秀的塑胶润滑性；良好的热稳定性、机械安定性和抗氧化安定性；与大多数塑料和弹胶体相容；挥发低，极长的使用寿命；无重金属和多溴联苯，属绿色环保产品。 适用于塑胶与塑胶、塑胶与金属之间的润滑与防护；家用电器、办公设备、汽车组合开关和操纵系统、电子产品以及玩具等塑胶齿轮和塑胶组合件的润滑与防护	1kg/盒× 12盒/箱 18kg/塑桶	
MOKO 9308 合成塑胶齿轮润滑脂(HV)	符合SGS规范	极低的摩擦系数，优秀的塑胶润滑性；良好的热稳定性、机械安定性和抗氧化安定性；与大多数塑料和弹胶体相容；挥发低，极长的使用寿命；无重金属和多溴联苯，属绿色环保产品。 适用于塑胶与塑胶、塑胶与金属之间的润滑与防护；家用电器、办公设备、汽车组合开关和操纵系统、电子产品以及玩具等塑胶齿轮和塑胶组合件的润滑与防护。使用温度为：-40~150℃	1kg/盒× 12/箱 18kg/塑桶	

续表

产品名称	执行标准	特点与用途	包装形式	生产厂家
MOKO 9309 合成塑胶齿轮润滑脂(SV)	符合 SGS 规范	极低的摩擦系数，优秀的塑胶润滑性；良好的热稳定性、机械安定性和抗氧化安定性；与大多数塑料和弹胶体相容；挥发性低，极长的使用寿命；无重金属和多溴联苯，属绿色环保产品。 适用于塑胶与塑胶、塑胶与金属之间的润滑与防护；家用电器、办公设备、汽车组合开关和操纵系统、电子产品以及玩具等塑胶齿轮和塑胶组合件的润滑与防护 使用温度为：-20～160℃	1kg/盒＊ 12 盒/箱 18kg/塑桶	上海摩克润滑油技术有限公司
MOKO 9401 汽车气动系统密封脂	Q/MK 0041—2007	优良的高低温性、极佳的密封性；良好抗氧化安定性、长的使用寿命；与丁腈橡胶密封材料的相容性好；优秀的防腐防锈性、抗水淋性。 适用于各类重型机动车辆气压制动系统橡胶皮碗与缸壁间的润滑和密封。使用温度为：-40～130℃	1kg/盒＊ 12 盒/箱 18kg/塑桶	
MOKO 9402 汽车液压系统密封脂	Q/MK 0042—2007	优良的高低温性、极佳的密封性；良好抗氧化安定性、长的使用寿命；与刹车液和橡胶皮碗有良好的相容性；优秀的防腐防锈性能。 适用于汽车液压制动系统橡胶皮碗与缸壁间的润滑和密封	1kg/盒＊ 12 盒/箱 18kg/塑桶	
MOKO 9403 汽车软轴润滑脂		优良的防锈性、氧化安定性和抗水性，保证软轴的正常润滑；固体减磨剂和一定的油膜厚度，确保软轴的长期润滑；高低温性好，可使软轴在宽温度内使用；好的胶体安定性，使用中不分油，不会造成污染；良好的非金属塑料、橡胶相容性；在软轴张紧、放松过程中具有很好的回复性，保障摩擦面的有效润滑。 适用于汽车、摩托车等车辆的拉线、软轴的润滑与防护；车身、电动坐椅、电动车窗和天窗等的防护与润滑。使用温度为：-40～150℃	1kg/盒＊ 12 盒/箱 18kg/塑桶	
MOKO 9404 车身附件润滑脂	法国 F71—3106 规范	优良的机械安定性和抗水性；良好的润滑性和防锈防腐性；与绝大多数金属和非金属材料相容；极长的使用寿命。 适用于汽车车身附件、门窗、锁和塑料件的润滑和防护。使用温度为：-40～130℃	1kg/盒＊ 12 盒/箱 18kg/塑桶	
MOKO 9405 汽车电机润滑脂		优良的抗磨性，可有效保护齿轮，避免磨损；黏附性和减摩性，能有效降低齿轮噪音；良好高低温性和防锈防腐性，极长的使用寿命；可长期保持在齿面不易被甩掉，适用转速极高；散热效果好，自身温升低，输出效率高。 适用于要求低噪音和封闭式全寿命齿轮箱的润滑；特别适用于汽车起步电机的降噪和润滑。适用转速可达 20000r/min，使用温度为：-40～150℃	1kg/盒＊ 12 盒/箱 18kg/塑桶	
MOKO 9501 高真空硅脂		极佳的密封性、黏附性，使用寿命极长；优秀的高温热稳定性，高温蒸发损失少，使用温度为宽；化学稳定性好，材料适应性强，与多种塑料和橡胶相容；耐腐蚀、溶剂、水和其他化学介质；良好的介电性能，电绝缘性能好。 适用于 6.65×10^{-4}Pa 真空系统中的玻璃活塞及磨口接头的密封与润滑；有溴、水和其他化学介质存在条件下的密封与润滑；电力开关、O 型密封圈、汽车制动泵、真空助力器、石化厂闸门等装置的密封与润滑；电气绝缘、防闪污、阻尼、防震、防水 、防尘。使用温度为：-54～200℃	50 克/盒＊ 120 盒/箱 1kg/盒＊ 12 盒/箱 18kg/塑桶	

续表

产品名称	执行标准	特点与用途	包装形式	生产厂家
长鸣 CY1101 汽车轮毂轴承润滑脂	Q/ 0700WCM 100. 101	适用于高温、高速、重载等苛刻条件下轿车、高速客车、重载卡车的轮毂、底盘、电机水泵等部位的润滑和防护；冶金、采矿、化工等行业高温高负荷设备轴承的润滑。使用温度为：-20~150℃	1kg 铁桶、2kg 铁桶或根据客户需求进行包装	山东长鸣化工有限公司
长鸣 CY1103 汽车车身附件润滑脂	Q/ 0700WCM 100. 103	适用于汽车车身附件，如中控锁、门窗、塑料件等的润滑与防护。使用温度为：-40~120℃	1kg 塑料桶、15kg 塑料桶或根据客户需求进行包装	
长鸣 CY1104 汽车万向节润滑脂	Q/ 0700WCM 100. 104	适于各种车辆的方向盘十字架、底盘及各种恒速万向节的润滑和防护；也适于冶金、采矿、化工等行业对抗水、极压抗磨要求苛刻的设备的润滑和防护。使用温度为：-30~160℃	1kg、15kg 塑桶或根据客户需求进行包装	
长鸣 CY1111 汽车天窗滑轨润滑脂		适用于汽车天窗滑轨的润滑和防护，也可用于抽屉、门等滑动轨道的润滑。使用温度为：-40~120℃	1kg 塑料桶、15kg 塑料桶、170kg 铁桶或根据客户需求进行包装	
HP 高温润滑脂 2# 3#	GB/T 7324—2010	具有极佳的耐高低温性、耐磨损性、耐水性；良好的抗氧化性、机械安定性和良好的黏附性；耐高温且抗水性好。 适用于斯太尔、红岩等各种重载货车轮毂轴承及各种轿车、大型客车等。适用于大型高速电机轴承等部位的润滑。使用温度为：-30~180℃	0. 8kg×12 桶，1kg×12 铁盒，2kg×6 铁盒	东营市成润化工有限责任公司
重型汽车轮毂高温脂 2#、3#		具有突出的耐高温性能，滴点不低于 300℃。采用进口环保型极压抗磨剂，可充分满足汽车在超载、高速、大吨位、长时间连续行驶中轮毂轴承的安全正常使用。 适用于恶劣工作环境下的大中型重载汽车和高速客车轮毂轴承的特种润滑脂，也适用于高温、重负荷、潮湿水淋等特殊工作环境下的其他机械轴承。使用温度为：-30~200℃	0. 8kg×12 桶，1kg×12 铁盒，2kg×6 铁盒	
极压复合锂基脂 2#3#		具有极佳的耐高低温性、耐磨损性、耐水性；突出的抗氧化性、机械安定性和良好的黏附性；是一种长效长寿命的万能润滑脂。 适用于各种车辆、重型机械、建筑工程机械、冶金、矿山、纺织机械、冷轧机等重负荷部位立式振动电机轴承；适用于各种烧结、轮轨摩擦副之间的润滑。使用温度为：-30~180℃	15kg 塑桶装、200L 铁桶装	
二硫化钼锂基脂 2#3#		具有良好的极压抗磨性能有效降低机械摩擦部位的磨损。可降低摩擦部位的摩擦系数，减少摩擦阻力。具有优良机械安定性、氧化安定性，可保证较长的换脂周期。 适用于载重汽车的轮毂、底盘等高温、高速摩擦部位润滑；冶金、矿山企业的中重负荷机械设备的轴承、联轴节、齿轮等部位的润滑。使用温度为：-20~130℃	(700~1000g)×20 纸箱塑料袋装，(3.5g~4kg)×4 纸箱塑料桶装，15kg 塑桶，200L 铁桶装	

续表

产品名称	执行标准	特点与用途	包装形式	生产厂家
汽车通用锂基润滑脂		采用混合皂稠化技术，具有优良的抗水性、润滑性、高低温性、长寿命和防锈性，有效防止机械部件的锈蚀，具有优良的机械安定性，保证使用时润滑脂不用变软而流失。 适用于汽车的轮毂轴承、底盘、水泵、发电机及其他机械设备的润滑；使用温度为：-30～120℃	1kg 铁盒 2kg 铁盒 15kg 塑料桶 180kg 铁桶 300g 弹簧管	东营市鑫泰来工贸有限公司
汽车轮毂专用润滑脂		采用羟基硬脂酸锂皂稠化精制高黏度石蜡基础油，并加入抗氧、防锈等添加剂制成，是多效长寿命润滑脂。具有多效、长寿命、细腻、拉丝长的典型特征。具有优良的机械安定性、结构稳定，使用中不易变稀和流失；具有优良的防锈性能，防止摩擦金属表面锈蚀	1kg 铁盒 2kg 铁盒 15kg 塑料桶 180kg 铁桶 300G 弹簧管	
通用锂基润滑脂		由高级脂肪酸锂皂稠化高黏度的润滑油及加有抗氧、防锈、着色等添加剂制作而成。具有良好的抗水性，机械安定性、防锈性和氧化安定性。 适用于汽车制造、机械、矿山机电等行业各种机械设备摩擦部位的润滑。使用温度为：-20～120℃	1kg 铁盒 2kg 铁盒 15kg 塑料桶 180kg 铁桶 300G 弹簧管	
通用锂基润滑脂	GB 7324—2010	长寿命、多用途。适用于各种机械设备的滚动轴承和滑动轴承及其他摩擦部位的润滑。1#适用于集中给脂系统；2#适用于中转速、中负荷的机械设备，如汽车、拖拉机轮毂轴承，以及中小型电动机、水泵和鼓风机等；3#适用于矿山机械、汽车、拖拉机的轮毂轴承，以及大中型电动机等设备。使用温度为：-20～120℃	500g、1kg、2kg、18kg、180kg	邯郸市昌盛油脂制造有限公司
锂-钙基润滑脂	SH/T 0368—2003	适用于各种类型的电动机、发电机、鼓风机、汽车、拖拉机和其他机械设备滚动轴承的润滑。2#适合于工作温度在 85℃以下的滚动轴承。3#适合于工作温度在 100℃以下的滚动轴承	500g、1kg、2kg、18kg、180kg	
复合锂基润滑脂	SH/T 0535—1993	适用于高级轿车轮毂轴承部位的润滑，也适用于钢厂轧钢机、烧结机等高温轴承润滑使用。使用温度为：-20～150℃，短时间可达 180℃	500g、1kg、2kg、18kg、180kg	
HP-R 润滑脂	SH/T 0535—1993	适用于高档轿车轮毂轴承部位润滑。使用温度为：-40～160℃	500g、1kg、2kg、18kg、180kg	
方向节润滑脂	SH/T 0535—1993	适用于中高档汽车球笼式等速万向节的润滑和其他球节及滚动轴承的润滑。使用温度为：-35～120℃	500g、1kg、2kg、18kg、180kg	
通用锂基润滑脂	GB 7324—2010	长寿命、多用途。适用于各种机械设备的滚动轴承和滑动轴承及其他摩擦部位的润滑。1#适用于集中给脂系统；2#适用于中转速、中负荷的机械设备，如汽车、拖拉机轮毂轴承，以及中小型电动机、水泵和鼓风机等；3#适用于矿山机械、汽车、拖拉机的轮毂轴承，以及大中型电动机等设备。使用温度为：-20～120℃	500g、1kg、2kg、18kg、180kg	邯郸市雄鑫润滑油脂有限公司

续表

产品名称	执行标准	特点与用途	包装形式	生产厂家
锂-钙基润滑脂	SH/T 0368—2003	适用于各种类型的电动机、发电机、鼓风机、汽车、拖拉机和其他机械设备滚动轴承的润滑。2#适合于工作温度在85℃以下的滚动轴承。3#适合于工作温度在100℃以下的滚动轴承	500g、1kg、2kg、18kg、180kg	邯郸市雄鑫润滑油脂有限公司
复合锂基润滑脂	SH/T 0535—1993	适用于高级轿车轮毂轴承部位的润滑，也适用于钢厂轧钢机、烧结机等高温轴承润滑使用。使用温度为：-20~150℃，短时间可达180℃	500g、1kg、2kg、18kg、180kg	
HP-R润滑脂	SH/T 0535—1993	适用于高档轿车轮毂轴承部位润滑。使用温度为：-40~160℃	500g、1kg、2kg、18kg、180kg	
鑫业锂盛3#特制高温润滑脂		具有突出的耐高温性和极压性能，很强的黏附性能，使润滑脂不会因受到高温和重负荷冲击而造成流失。 一般适用于轴承、卡车重载车辆轮毂	净重12kg 净重15kg 净重170kg 净重1kg 净重2kg	濮阳市鑫业特种润滑油脂有限公司
鑫业赛孚特车用锂基润滑脂		使用进口高黏度指数合成油配比各种功能添加剂调和而成，属于四季通用型润滑脂。 适用于高速、重载等苛刻条件下的大型客车重载货车的轮毂轴承以及各种工程机械设备	净重800g 净重1.8kg	
复合锂基润滑脂牌号：2#、3#	Q/0100LHQ 022—2017	优良的高温特性在摩擦部位以及环境较高的温度条件下，有效的保护摩擦副，润滑脂不易流失，使用轴承寿命延长；良好的氧化安定性保证润滑脂有较长的使用寿命；优良的流动性保证润滑脂的泵送性能；优异的极压抗磨性能满足设备在高负荷或一定的冲击负荷下轴承正常使用的润滑。 适用于钢铁行业轧机、轧辊滚动轴承润滑。也可用于矿山、机械、交通运输等轴承润滑。使用温度为：-20~180℃	15kg塑料桶，170kg/175kg铁桶包装	山东环球润滑油有限公司
钙基润滑脂牌号：2#、3#	GB/T 491—2008	良好的耐水性，适用于在潮湿多水的条件下使用；良好的机械安定性和润滑性。 适用于汽车、拖拉机、纺织机械及其他机械设备。使用温度为：-10~60℃	5kg/10kg/15kg塑料桶，9kg(450g×20袋)/10kg(500g×20袋)纸箱，170kg/175kg铁桶包装	
极压复合锂基润滑脂牌号：2#、3#	SH 0535—1992	优良的高温特性；良好的氧化安定性，保证润滑脂有较长的使用寿命。优良的流动性；优异的极压抗磨性能。 适用于钢铁行业轧机、轧辊滚动轴承润滑。也可用于矿山、机械、交通运输等轴承润滑。使用温度为：-20~180℃	15kg塑料桶和180kg铁桶包装	
HP-R润滑脂、重载车辆轮毂润滑脂	Q/0100LHQ 002—2016	适用于高速、重载条件下各种载货卡车及大中型客车和工程机械等机械设备的轮毂轴承、底盘等摩擦部位的润滑；水泵电机及其他摩擦部位的润滑。使用温度为：-30~180℃	9.6kg(800g×12塑桶)/箱175kg铁桶	

续表

产品名称	执行标准	特点与用途	包装形式	生产厂家
汽车锂基润滑脂牌号：$2^{\#}$	GB/T 5671—2014	具有优良的抗水性；良好的润滑性，是多效长寿命润滑脂；良好的防锈性，有效防止机械部件的锈蚀；优良的机械安定性，保证使用时润滑脂不变软流失。 适用于汽车轮毂轴承、底盘、水泵、发电机及其他机械设备的润滑。使用温度为：-30～120℃	10kg/15kg 塑桶 175kg 铁桶	
多功能润滑脂牌号：$2^{\#}$、$3^{\#}$	Q/0100LHQ 021—2017	具有良好的低温性、抗水性、机械安定性、氧化安定性。 适用于中等负荷下的滚动轴承、齿轮以及滑动摩擦部位，广泛用于汽车底盘、电机、冶金、钢铁、建筑机械、农业机械等行业的设备。使用温度为：-15～100℃	15kg 塑料桶，170kg/175kg 铁桶包装	
环球高级轿车润滑脂牌号：$2^{\#}$	Q/0100LHQ 027—2018	优良的高温特性；良好的氧化安定性；优良的抗水、防腐性能；优异的极压抗磨性能。 适用于高档轿车轮毂轴承部位的润滑。使用温度为：-30～180℃	15kg 塑料桶，170kg/175kg 铁桶包装	山东环球润滑油有限公司
环球汽车万向节润滑脂牌号：$2^{\#}$	Q/0100LHQ 030—2018	优良的耐高低温特性；良好的氧化、防锈性；良好的机械安定性和橡胶相容性；优异的极压抗磨性能。 适用于高档轿车轮毂轴承部位的润滑。使用温度为：-35～180℃	15kg 塑料桶和 175kg 铁桶包装	
环球高温聚脲润滑脂牌号：$2^{\#}$	Q/0100LHQ 033—2018	优异的耐高温性能、耐水稳定性能、机械剪切性能、腐蚀保护性能，超长的应用寿命。 适用于高温高速、低噪音、长寿命的微小电机轴承，如：高速吸尘器、油烟机、洗衣机、交流发电机、涨紧轮、电磁离合器、冷凝风扇电机。工业电机风机、水泵电机、汽车电装电机(冷凝风扇电机、转向系统、安全带装置)、电动工具电机、精密机械电机。耐高温、长寿命的中小型轴承。使用温度为：-20～180℃	15kg 塑料桶和 175kg 铁桶包装	
锂基润滑脂	GB/T 7324—2010	以 12-羟基硬脂酸、氢氧化锂、硬脂酸为皂基的润滑脂，加有抗氧化剂、防锈剂和极压剂，制成多效长寿命通用润滑脂，具有优良的抗水性、机械安定性、耐极压抗磨性能、防水性和泵送性、防锈性和氧化安定性。 适用于飞机、汽车、坦克、机床和各种机械设备的轴承润滑	纸箱包装(5～20kg) 塑料桶装(10～15kg) 铁桶(100～180kg)编织袋(20～50kg)	
钙基脂	GB/T7324—2010	耐水性好，遇水不易乳化变质，能在潮湿环境或与水接触的情况下使用；具有良好的剪断安定性与触变安定性，储存中分油量少；具有较好的可泵送性。 适用于汽车、拖拉机、水泵、中小型电动机等各种工农业机械的滚动轴承和易与水或潮气接触部位的润滑	纸箱包装(5～20kg) 塑料桶装(10～15kg) 铁桶(100～180kg)编织袋(20～50kg)	东营市长城化工有限公司
膨润土高温脂		适用于车底盘、驾驶舵、万向节、水泵、轮毂以及轴承的润滑	纸箱包装(5～20kg) 塑料桶装(10～15kg) 铁桶(100～180kg)编织袋(20～50kg)	

续表

产品名称	执行标准	特点与用途	包装形式	生产厂家
HP 复合锂基润滑脂		以复合皂稠化合成润滑油，并加有结构改善剂、抗氧添加剂及特殊抗磨添加剂而制成。优异的高温性能及氧化安定性能，防止润滑脂高温变质，保证润滑部位高温长期正常工作；优异的黏附性能、良好的机械安定性和胶体安定性，保证在润滑部位而不会流失；良好的润滑性，保护轴承减少磨损；优异的综合性能，保证轴承较长的使用寿命	纸箱包装（12kg）塑料桶装（15kg）	东营市长城化工有限公司
高温重载保轮脂 $2^{\#}$	SH/T 0535	具有极佳的高温性能可保证良好的润滑油膜，优异的极压抗磨性能满足重载汽车轮毂轴承的润滑。 适用于各种高速、重载等苛刻条件下卡车和大型客车的轮毂轴承底盘电机水泵等摩擦部位的润滑。使用温度为：-30～180℃	800g 1. 8kg	领航石油化工(天津)有限公司
多效能通用锂基脂 $3^{\#}$ $2^{\#}$ $1^{\#}$ $0^{\#}$ $00^{\#}$	GB/T7324 GB/T7323	适用于矿山机械、汽车、拖拉机轮毂轴承和底盘节点部位的润滑以及其他机械设备滚动轴承和滑动轴承摩擦部位的润滑	5kg 8kg 10kg	
复合锂基润滑脂	SH0535—93	具有良好的极压抗磨性能，满足重载汽车轮毂轴承的润滑，具有良好的高温性能，高温黏附性强，可保证良好的润滑油膜，具有良好的胶体安定性，润滑脂使用寿命长。 适用于高速、重载等苛刻条件下轿车、大型客车及重载卡车等车辆的轮轴承、底盘、电机水泵等摩擦部位润滑	180kg 铁桶 15L 塑料桶 等各种规格	河南省长城特种润滑脂有限公司
HERCULES 3238HC 3 高温润滑脂	Q-BG 3—2016	具有更高的操作温度，更长的使用寿命；高抗水性，机械稳定性及重载负荷性；极佳之氧化稳定性及防锈性；特佳防腐蚀性；与普通锂基酯相比较有更好的耐高温及防磨损性。 适用于重载轴承、重型机械及各种汽车等的润滑。使用温度为：-20～160℃	0. 8kg、2kg、15kg	东莞太平洋博高润滑油有限公司
锂-钙基润滑脂	SH/T 0368—2003	适用于各种类型的电动机、发电机、鼓风机、汽车、拖拉机和其他机械设备滚动轴承的润滑。$2^{\#}$适合于工作温度在 85℃ 以下的滚动轴承。$3^{\#}$适合于工作温度在 100℃ 以下的滚动轴承	500g、1kg、2kg、18kg、180kg	辽宁臻德化工集团有限公司
复合锂基润滑脂	SH/T 0535—1993	适用于高级轿车轮毂轴承部位的润滑，也适用于钢厂轧钢机、烧结机等高温轴承润滑使用。使用温度为：-20～150℃，短时间可达 180℃	500g、1kg、2kg、18kg、180kg	
HP-R 润滑脂	SH/T 0535—1993	适用于高档轿车轮毂轴承部位润滑。使用温度为：-40～160℃	500g、1kg、2kg、18kg、180kg	
万向节润滑脂	SH/T 0535—1993	适用于中高档汽车球笼式等速万向节的润滑和其他球节及滚动轴承的润滑。使用温度为：-35～120℃	500g、1kg、2kg、18kg、180kg	
通用锂基润滑脂 $1^{\#}$、$2^{\#}$、$3^{\#}$	GB/T7324—2010	具有优良的机械安定性和氧化安定性，良好的抗水淋性和防锈性，可应用在潮湿及与水接触的机械部件上。 适用于汽车轮毂、底盘、电机、水泵和其他机械设备的滚动轴承、滑动轴承等摩擦部位的润滑。使用温度为：-30～120℃	1kg/袋、0. 8～2kg/盒、12kg/桶、15kg/桶、170kg/桶、175kg/桶	唐山市天成润滑油脂有限公司

续表

产品名称	执行标准	特点与用途	包装形式	生产厂家
汽车通用锂基润滑脂2#、3#	GB/T 5671—2014	具有良好的机械安定性、氧化安定性、抗水性和防腐蚀性。 适用于各种汽车轮毂、底盘、电机、水泵等摩擦部位的润滑，并广泛适用于滚动轴承、滑动轴承及其他摩擦部位的润滑。使用温度为-30～120℃	12kg/桶、15kg/桶、170kg/桶、175kg/桶	唐山市天成润滑油脂有限公司
重型汽车轮毂轴承高温脂2#、3#	Q/SH303—317—2010	具有突出的耐高温性能，采用进口环保型极压抗磨剂，可充分满足汽车在超载、高速、大吨位、长时间连续行驶中轮毂轴承的安全正常使用。 适用于恶劣工作环境下的大中型重载汽车和高速客车轮毂轴承的特种润滑脂，同时也适用于高温、重负荷、潮湿水淋等特殊工作环境下的其他机械轴承。使用温度为：-30～200℃	0.8～2kg/桶、12kg/桶、15kg/桶、170kg/桶、175kg	
HP高温润滑脂2#、3#	Q/SH PRD 131—2008	具有优良的高温黏附性、极压抗磨性、胶体安定性、机械安定性，还具有良好的抗水性和防护性。 适用于大型重载货车、高速轿车、冶金行业连铸机、连轧机、烧结机、出钢辊道以及印染、大型电动机、橡胶、塑料热轧机、水泥行业、窑车等高温、重负荷机械设备摩擦部位的润滑。使用温度为：-30～200℃	0.8～2kg/桶、12kg/桶、15kg/桶、170kg/桶、175kg	
锂基脂	GB/T7324—2010	具有良好的抗水性、抗氧化性，和机械安定性。 适用于大型电机、矿山机械和汽车、拖拉机等机械设备摩擦部位的润滑	0.8kg、2kg 12kg、4kg、170kg	廊坊时讯润滑油脂有限公司
汽车通用锂基润滑脂	GB/T 5671—2010	适用于客车、货车各部轴承、电机、底盘的润滑。使用温度为为：-20～120℃	20L塑料桶	抚顺士博特种润滑油脂制造有限公司
1#2#3#锂基脂、二硫化钼锂基脂、HP高温脂		具有优良的机械安定性和氧化安定性、抗水淋性、防锈性及高低温性能和极压抗磨性。 适用于中重型汽车的轮毂轴承，也可用于各种机械设备的滚动及滑动摩擦部位的润滑	中桶 箱 大桶	邯郸市大地润滑油脂有限公司
锂基润滑脂		具有良好的抗水性，机械安定性，防腐蚀性和氧化安定性。 适用于各种机械设备的滚动轴承及其他部位的润滑及汽车部件润滑。使用温度为：-20/-60℃～120/150℃	180kg、17kg 5kg、1kg、400g	惠州市阿特斯润滑技术有限公司
MP-3锂基润滑脂	Q/320206EAE 65—2017	具有优良的机械安定性和氧化安定性、抗水淋性、防锈性及高低温性能和较长的使用寿命。 适用于中重型汽车的轮毂轴承、电机、水泵、底盘等摩擦，也可用于各种机械设备的滚动及滑动摩擦部位的润滑。使用温度为：-20～120℃	MP-3锂基润滑脂	路路达润滑油(无锡)有限公司
HP-2复合锂基脂	Q/320206EAE 78—2017	优良的极压抗磨性、高温型、抗水性能，使用寿命长，可延长换脂周期。 适用于高速、重型载货等苛刻条件下车辆的轮毂轴承、电机、水泵、底盘等摩擦部位的润滑。使用温度为-30～180℃	HP-2复合锂基脂	

续表

产品名称	执行标准	特点与用途	包装形式	生产厂家
前田化成 NIKI 润滑脂 G-250		消音性；高基油黏度；低启动转矩 ；低油离度和低蒸发损失。 适用于打印机、CD 和 DVD 的塑胶齿轮上；车门锁、车天窗、扫描器和打印机的滑动部位	800g/缶 16kg/缶	深圳市伟和联盈(前田化成工业有限公司)
前田化成 NIKI 润滑脂 G-82L	40℃黏度 420mm^2/s	非常好的滑动性；优良的降噪性能；优良的高、低温性能；优良的润滑性及附着性；与 POM、PVC、NBR、PA 等塑橡兼容。 适用于汽车拉索、电动座椅、雨刮器、天线等、汽车仪表和汽车配件的减振、降噪和润滑；适用于各类小型电机、塑胶齿轮的减振、降噪和润滑	800g/缶 16kg/缶	
前田化成 NIKI 润滑脂 DE-602		电器电源接点，中小电流域中，火花放电防止、润滑并用；稳定结构体，增加接点之接触安定性；长效型润滑，耐磨耗性佳，延长接点使用寿命。适用于各种接点滑动部位。 适用于汽车控制系统、汽车开关部位；适用于塑胶部件的润滑	800g/缶 16kg/缶	
前田化成 NIKI 润滑脂 FG-107M		消音性；由于高基油黏度而具有阻尼性；低启动转矩、低油离度和低蒸发损失。 适用于打印机、CD 和 DVD 的塑胶齿轮上；车门锁、汽车上的滑动部位、扫描器和打印机的滑动部位	800g/缶 16kg/缶	
前田化成 NIKI 润滑脂 FG-1025		消音性；高基油黏度；低启动转矩；低油离度和低蒸发损失。 适用于打印机、CD 和 DVD 的塑胶齿轮上；车门锁、车天窗；扫描器和打印机的滑动部位	800g/缶 16kg/缶	
前田化成 NIKI 润滑脂 FG-01Y		防锈、抗水性和机械稳定性优；优异的极压抗磨性、保证在重负荷下良好的润滑性，保护齿轮，减少磨损；优异的氧化安定性能，防止润滑脂的氧化变质，延长使用寿命；优良的黏附性，避免润滑脂的流失，保证润滑部位的润滑。 适用于汽车各金属与塑胶零部件、儿童玩具行业以及小型同步电机塑胶齿轮的减振、降噪和润滑；适用于橡胶、塑胶、金属之间的润滑		
极压复合锂基润滑脂	SH/T0535—1993(2003)	有效防止摩擦副的磨损、点蚀，延长设备的使用寿命；良好的机械安定性和胶体安定性，轴承漏失量少；滴点高，高温流动性好。 适用于船舶、汽车、机械、矿山、钢铁等行业各类重负荷设备高温摩擦部位的润滑	15kg/桶 170kg/桶	山东万祥润滑科技有限公司
通用锂基润滑脂	GB/T 7324—2010	由金属锂皂稠化深度精制基础油加有效抗磨减摩因子等添加剂精制而成。优良的机械安定性和高温抗剪切性，使用时不易变稀，能延长使用寿命；优异的抗腐蚀性能，有效保护润滑部分免遭腐蚀；良好的黏附性，在-20~125℃下与润滑部位有效黏附，不流失，有效保护润滑部位充足润滑；抗磨减摩效果优异，有效延长设备的使用寿命；良好的防水性能，满足野外作业需要。 适用于各种汽车、工程机械和工业设备的轮毂、轴承、底盘、滚动轴承、滑动轴承等需要润滑脂润滑的部位	8kg、11kg、15kg、200L 钢桶	山东源根润滑科技有限公司

续表

产品名称	执行标准	特点与用途	包装形式	生产厂家
HP 高温润滑脂	Q/0811JYG 020—2016	耐高温、耐极压、长寿命复合锂基润滑脂，具有优异的耐高温性，具有优良的耐磨极压性、耐水性及良好的抗氧性、胶体机械安定性和黏附性。 适用于各种轿车、大型客车和各种重载货车轮毂轴承以及大型高速电机轴承及要求使用高温脂部位的润滑。使用温度为：-20~230℃	8kg 11kg 15kg 200L 钢桶	山东源根石油化工有限公司
聚脲基润滑脂		特别用于高温、高负荷、宽速度以及与不良介质接触的润滑场合。现广泛应用于电器工业、冶金工业、食品工业、造纸工业、汽车工业、飞机工业等	铁桶：200L（开口） 塑桶：15L、16L、17L、18L	
重卡轮毂专用高温脂	SH/T 0535—1993	具有优良的高低温性能、抗属性、防锈性、胶体安定性和机械安定性。 适用于各高档挖掘机工程机械	铁桶：200L（开口）、2L、1L 塑桶：18L、17L、16L、15L、10L、5L、2L	
高级多效通用高温润滑脂		适用于冶金设备、汽车、电机、化纤、纺织、印染、铁路机车等摩擦部位。如：高温水淋、酸气、辐射环境中工作的轴承；高速、承受重载或冲击负荷的轴承；各类机械设备轴承。使用温度为：-20~220℃		山东北方淄特特种油股份有限公司
高温极压抗磨润滑脂		适用于冶金、化工、纺织、印染、汽车、矿山、油田、海防、制糖、造纸、塑料等行业高温设备各摩擦部位的润滑。使用温度为：-20~250℃		
极压锂基润滑脂		适用于各种类型的滑动和滚动轴承，以及操作温度在使用为以内的各种类型机器设备的高温、重负荷各摩擦部位的润滑。包括：冶金、矿山、工程机械、风机、纺织机械、发动机、加工工具、纺织、造纸和木工机械和建筑等设备。使用温度为：-20~140℃		
复合锂基润滑脂		适用于各种类型的滑动和滚动轴承，以及操作温度在使用为以内的各种类型机器设备的高温、重负荷摩擦部位的润滑。包括：冶金、矿山、工程机械、风机、纺织机械、发动机、加工工具、纺织、造纸、木工机械和建筑机械等设备。使用温度为：-20~150℃		
重卡轮毂专用润滑脂		适用于中重型车辆(如：重载卡车、水泥泵车、大型客车和商务车等)轮毂轴承的润滑与密封。也可用于底盘、制动蹄片支点、离合器齿条和水泵等摩擦部位的润滑和密封，使用温度为：-30~200℃		

续表

产品名称	执行标准	特点与用途	包装形式	生产厂家
车用润滑脂		适用于各种车辆底盘、轮毂轴承、水泵和发电机等磨擦部件的润滑。使用温度为：-20~120℃		山东北方淄特特种油股份有限公司
超级车用润滑脂		适用于各种汽车的万向节轴承、传动轴、起动机离合齿轮、转向节、轮毂轴承、底盘、制动蹄片支点、离合器齿条和水泵等摩擦部位的润滑和密封。如：高速行驶的客车、轿车以及各种载重超大型车、工程车等。使用温度为：-30~200℃		
高温磺化聚合脂		适用极其广泛，特别适用于接触水的轴承(如：潮湿和水淋环境里的纺织机械或造纸机械等)，热轧辊轴承、研光轴承，高温环境里的低高速轴承(如：拉伸拉幅机、热熔风机、热定型机、高温染缸等)，汽车轮毂轴承，重型机械、拖车转向轮，各种苛刻或重负荷工况条件下的工业设备		
CXQN-全能高级润滑脂		用于各种轿车，大型客车及各种载重货车等汽车发动机张紧轮、水泵轴承、底盘、电磁离合器、冶金和建筑等各种设备摩擦部位的润滑，同时可用于高温、重载、水淋等大型工矿设备的润滑	桶装	安阳市美兰润滑油有限公司
YJQNMP润滑脂		用于化工，矿山，交通运输等行业，特别适用于冶金等行业烧结机，压延机的集中润滑系统	桶装	
保轮脂(极压复合锂基脂) 2#	GB/T0535—1993	由高黏度基础油和特殊聚合物、增黏剂、抗磨剂、抗氧添加剂调制而成，具有优异的黏附力。 适用于工业行业和汽车行业的苛刻工况，它具有极佳的抗雨水冲刷能力及在冲击载荷下的抗磨损能力。推荐用于汽车轮毂轴承、盘式制动器、转向系统和底盘系统部件的润滑。还适用于诸多中小型及大型农业机械、建筑机械、矿山机械和运输车辆等	1kg/袋、2kg/盒、13kg~20kg/桶、180kg/桶	哈尔滨紫杉油脂股份有限公司
汽车轮毂保养脂		滴点高、抗水性好。 适用于汽车轮毂轴承、底盘、水泵和发电机等摩擦润滑	1kg、2kg、15kg、180kg	邯郸市翔泰润滑脂制造有限公司
锂基脂		汽车轮毂润滑	200L 铁桶	保定华润公司
复合锂基脂		汽车轮毂润滑	1~15kg 塑桶、200L 铁桶	
汽车通用锂基脂		汽车轮毂润滑	200L 铁桶	

续表

产品名称	执行标准	特点与用途	包装形式	生产厂家
优润二硫化钼复合锂基脂 Moly EP 0、EP1、EP2、EP3		适用于钢铁、矿山、汽车等行业轻、重负荷设备的轴承及齿轮的润滑。 适用于日晒雨淋苛刻工况设备的润滑。 适用工作温度范围：-20~120℃	15kg 塑桶装，180kg 铁桶	珠海经济特区顺益发展有限公司
太科高性能氟素润滑脂 FL8221		白色膏状的全氟聚醚润滑脂，具有显著的抗氧化性、耐化学腐蚀性及耐高温性。抗氧化、抗化学腐蚀及耐高温性能显著，与金属、玻璃、塑料及弹性体相容。高温轴承、汽车配件和食品机械等。适用工作温度范围：-25~280℃	1kg、5kg、20kg	
太科高性能氟素润滑脂 FL8302	基础油 40℃ 运动黏度：30mm²/s	白色膏状的全氟聚醚润滑脂，具有显著的抗氧化性、耐化学腐蚀性且耐高温性。抗氧化、抗化学腐蚀及耐高温性能显著，与金属、玻璃、塑料及弹性体相容。高温轴承、汽车配件、食品机械等。适用工作温度范围：-55~150℃	1kg、5kg、20kg	
太科高性能氟素润滑脂 FL8502	基础油 40℃ 运动黏度：160mm²/s	白色膏状的全氟聚醚润滑脂，具有显著的抗氧化性、耐化学腐蚀性且耐高温性。抗氧化、抗化学腐蚀及耐高温性能显著，与金属、玻璃、塑料及弹性体相容。高温轴承、汽车配件、食品机械等。适用工作温度范围：-45~200℃	1kg、5kg、20kg	
太科高性能氟素润滑脂 FLUOR 847	基础油 40℃ 运动黏度：500mm²/s	白色膏状的全氟聚醚润滑脂，具有显著的抗氧化性、耐化学腐蚀性且耐高温。抗氧化、抗化学腐蚀及耐高温性能显著，与金属、玻璃、塑料及弹性体相容。高温轴承、汽车配件、食品机械等。适用工作温度范围：-30~260℃	1kg、5kg、20kg	
3#锂基润滑脂	GB 7324—2010	满足大部分汽车和工业要求，适用于机械设备的滚动、滑动轴承及其他摩擦部位的润滑。产品有 00#~3#不同规格型号，可根据需要定制满足不同应用的锂基脂种类	800g 铁罐、2kg 铁罐、10~20kg 塑料中桶、170kg/桶开口桶	广州嘉润润滑科技有限公司
3#复合锂基润滑脂	GB 7324—2010	广泛用于冶金、汽车、铁路和军工等行业。通用、多效以及高温性能，并且具有较长的使用寿命。可生产 00#~3#不同稠度脂，满足不同要求	800g 铁罐、2kg 铁罐、10~20kg 塑料中桶、170kg/开口桶	

二、冶金用润滑脂

冶金行业也是使用润滑脂的主要行业之一，用脂设备主要有球磨机、混料机、烧结机、钢炉运转和支撑部位、扇形段及剪切部位、轧机轴承、减速机、输送轴承、卷曲机、联轴器等。国内(包括在国内销售的国外品牌)生产冶金用润滑脂的主要厂家及其产品基本情况如表Ⅰ-2所示。

表Ⅰ-2　冶金用润滑脂产品特点、用途及生产厂家

产品名称	执行标准	特点与用途	包装形式	生产厂家
SJ-100润滑脂	Q/SH303 345—2010	具有良好的耐高温性；具有良好的极压抗磨性能，保证烧结机弹性滑道的正常润滑；优良的泵送性能，满足集中润滑系统的要求。 适用于冶金行业烧结机的润滑；使用温度为：-20~180℃	175kg/桶	中国石化润滑油有限公司天津分公司
复合铝基润滑脂	Q/SH303 0336—2016	具有独特的热可逆性，具有良好的高温性、润滑性、氧化安定性；有一定的防锈性能，能够防止润滑部位的锈蚀发生。 适用于冶金行业连轧机、连铸机、出钢辊道以及印染、大型电动机等高温设备摩擦部位的润滑；使用温度为：-20~160℃，短期可使用至180℃	17kg/桶、175kg/桶、180kg/桶	
混料机专用润滑脂H	Q/SH303 424—2006	优良的极压抗磨性能，可以满足高负荷条件下的润滑要求；优良的黏附性，可以在润滑部位形成较厚的油膜；优良的抗水性，可满足露天条件使用的要求；优良的防护性；良好的喷射性能、高低温使用性能。 适用于冶金行业混料机开式齿轮及托辊等低速、重负荷条件下的润滑；使用温度H-1：-10~100℃；H-2：-20~100℃	180kg/桶	
FPNR润滑脂	Q/SHPRD 345—2010	优良的耐高温性、机械安定性、防锈性；优良的抗水性、泵送性；不含金属离子，可以防止稠化剂对基础油的催化氧化作用，有效延长使用寿命。 适用于冶金行业连铸机、连轧机及其他行业超高温摩擦部位的集中润滑。在鞍钢、马钢、武钢等钢铁公司已成功使用；使用温度为：-20~200℃	17kg/桶、180kg/桶	
JZ EP聚脲润滑脂	Q/SH PRD 134—2008	优良的极压抗磨性能，适用于高负荷的工作环境；优良的高温性能，适用于较高温度的润滑部位；优良的介质稳定性和抗辐射性。 适用于特殊的工作环境。适用于冶金行业高温、高负荷、宽温度以及与不良介质接触的润滑场合，如钢厂连铸设备的结晶器、弧形辊道、弯曲辊道轴承等润滑；使用温度为：-20~180℃	180kg/桶	
极压复合铝基润滑脂	SH/T 0534—93(2003)	具有独特的热可逆性，在使用部位受高温后冷却，仍能恢复良好的纤维结构，继续使用；具有良好流动性，其中0#、1#脂适于长距离管道输送；具有良好的高温、极压、抗磨、抗水性能；有一定的防锈性能，能够防止润滑部位的锈蚀发生。 适用于冶金行业连轧机、连铸机、出钢辊道以及印染、大型电动机等高温重负荷设备摩擦部位润滑；使用温度为：0#、1#、2#为-20~160℃，T2#为-20~180℃，短期可使用至180℃	180kg/桶	

续表

产品名称	执行标准	特点与用途	包装形式	生产厂家
Super Grease 润滑脂	Q/SH303 324—2010	优异的高温性能，高温下能保持一定稠度，高温寿命长；优良的极压抗磨性能，球形稠化剂颗粒能在接触面形成微滚球层，有效降低金属表面摩擦，延长设备使用周期；防锈抗腐蚀性能优良，能抵抗海水对金属摩擦表面的侵蚀。 适用于冶金行业热轧轧辊轴承、连铸设备的大包回转台、结晶器、二冷区、扇形段辊道、拉矫机和摆剪机、输送辊的润滑。使用温度为：-20~160℃	17kg/桶	中国石化润滑油有限公司天津分公司
轧辊轴承润滑脂	Q/SH303 0287—2016	具有优良的抗水性、防锈性，保证设备在潮湿或有水存在条件下的防护与润滑；优良的耐高温性，摩擦部位在较高工作温度下或较高环境温度下润滑脂不流失，轴承、摩擦副得到持续的保护，有效延长轴承在高温条件下的使用寿命；良好的极压抗磨性能，满足高负荷或有一定冲击负荷机械设备的轴承润滑。 适用于中小型轧机的粗、中、精轧机的轧辊轴承，立式轧机的轧辊轴承；中板轧机和翻板机设备轴承；使用温度为：-20~160℃	17kg/桶、175kg/桶、180kg/桶	
轧辊轴承润滑脂(ZN)	Q/SH303 0285—2016	具有优良的抗水性、防锈性，保证在潮湿或有水存在条件下对设备的防护与润滑；良好的极压抗磨性能，满足高负荷或有一定冲击负荷机械设备的轴承润滑；优良的氧化安定性，在使用过程中有较长的使用寿命；优良的机械安定性，在高剪切作用下不软化流失。 适用于中小型轧机的粗、中、精轧机的轧辊轴承，立式轧机的轧辊轴承；中板轧机和翻板机设备轴承；使用温度为：-20~160℃	17kg/桶	
RM 轧辊轴承润滑脂	Q/SH303 426—2006	具有优良的抗水性，遇水不乳化、不软化、不流失，并且保持黏附性和润滑性；优良的耐高温性，摩擦部位在较高温度下或较高的环境温度下润滑脂不流失；良好的极压抗磨性能，满足有一定负荷的轴承润滑；优良的机械安定性，即润滑脂在高剪切作用下不软化流失。 适用于带钢、型材等中小型轧机的粗、中、精轧机的轧辊轴承，立式轧机的轧辊轴承；中板轧机和翻板机设备轴承；使用温度为：-20~130℃	17kg/桶、175kg/桶、180kg/桶	
MEP 润滑脂	Q/SH PRD 0136—2016	耐负荷性能优良，可减少摩擦副金属表面的磨损；优良的抗水性能，能够满足轧机水淋条件下润滑要求，稠化剂的皂纤维结构合理、分布均匀，在剪切力的作用下能保持较好的润滑脂结构特征；突出的低温泵送性，可满足集中润滑供脂要求；有一定的防锈性能，能够防止轴承运转过程中的锈蚀。 适用于冷轧、热轧的粗轧、精轧、输送辊道、卷取机的集中润滑。也适用于矿山的重型机械的轴承润滑；使用温度为：-20~120℃	17kg/桶、175kg/桶、180kg/桶	
9301 EP 锂基润滑脂	Q/SH PRD 138—2008	耐负荷性能优良，可减少摩擦副金属表面的磨损；优良的抗水性能，能够满足轧机水淋条件下润滑要求；有一定的防锈性能，能够防止轴承运转过程中的锈蚀。 适用于钢铁、冶金、矿山等行业中重负荷机械摩擦部位的润滑，以及轧钢机轴承的润滑；使用温度为：-20~120℃	17kg/桶、50kg/桶、180kg/桶	

续表

产品名称	执行标准	特点与用途	包装形式	生产厂家
复合锂基润滑脂	Q/SHPRD 335—2010	优良的耐高温性，有效延长轴承在高温条件下的使用寿命；良好的极压抗磨性能；优良的氧化安定性，保证润滑脂在使用过程中有较长使用寿命；优良的流动性，保证润滑脂的泵送性。 适用于钢铁行业的轧机、轧辊滚动轴承的集中润滑，也可用于矿山、机械、交通运输等轴承的润滑；使用温度为：-20～160℃	17kg/桶	中国石化润滑油有限公司天津分公司
极压复合锂基润滑脂	Q/SH303 346—2007	优良的耐高温性，摩擦部位在较高工作温度下或较高环境温度下润滑脂不流失，轴承或摩擦副得到持续保护；良好的极压抗磨性能，满足高负荷或有一定冲击负荷机械设备的轴承润滑；良好的氧化安定性。 适用于冶金行业高温、重负荷设备及印染、大型电动机、轿车、热油泵轴承等各种机械设备高温摩擦部位的润滑；使用温度为：-20～160℃	180kg/桶	
HTGL 润滑脂	Q/SH303 351—2006	黏附性能优良，对金属具有较强的附着能力，不易流失；可在摩擦副表面形成较厚的润滑油膜，适用于低速重负荷条件下的润滑；足量的固体润滑剂在超高温和冲击负荷下能保证润滑作用；具有较高滴点，能满足高温连续运转条件下的润滑要求。 适用于钢厂等连续注脂设备的润滑，特别适用于高温重负荷大型输送链条及其他低速重负荷摩擦部位的润滑和防护，能满足热坯传送设备等特殊部位润滑。使用温度为：-10～200℃	17kg/桶	
COMPLEX EP 润滑脂	Q/SH303 0289—2016	黏附性能优良，对金属具有较强的附着能力，不易流失；具有足够的油膜强度，适用于低速重负荷条件下的润滑；足量的固体润滑剂在超高温和冲击负荷下能保证润滑作用；具有较高滴点，能满足高温连续运转条件下的润滑要求。 适用于钢厂等连续注脂设备的润滑，特别适用于高温重负荷大型输送链条及其他低速重负荷摩擦部位的润滑和防护，能满足热坯传送设备等特殊部位润滑。使用温度为：-10～200℃	17kg/桶	
PC 轴承润滑脂	Q/SH3031 0540—2018	优良的极压抗磨性能；优良的抗水性能；良好的耐高温性能；突出的防锈、防腐蚀性，有效阻止或延缓金属表面发生锈蚀。 适用于钢厂热连轧工作辊轴承、大型炉卷轧机工作辊轴承、冷轧辊轴承、大包回转台回转轴承，连铸设备等润滑，特别适用于在高温高负荷及与水接触的工业领域。供脂方式：集中供脂或手工抹脂，使用温度为：-20～200℃	17kg/桶	
极压锂基润滑脂 00#、0#、1#、2#	GB/T 7323—2008	基础油黏度适中、性能优良，能够满足冶金、机械等行业中重负荷润滑部位的润滑；稠化剂的皂纤维结构合理，分部均匀，在剪切力的作用下能保持较好的润滑脂结构特征；有一定的防锈性能，能够防止轴承运转过程中的锈蚀。 适用于中重负荷的机械设备轴承和齿轮的润滑，3#用于压延机、锻造机等高负荷机械设备轴承。使用温度为-20～120℃	15kg/桶、17kg/桶、175kg/桶	
二硫化钼锂基润滑脂 00 号、0 号、1 号、T1 号、2 号、T2 号、3 号	Q/SHPRD 336—2010	极压抗磨性优良，有效降低机械摩擦部位的磨损；可降低摩擦副的摩擦系数，减小摩擦阻力；机械安定性、氧化安定性突出，可保证较长的换脂周期。 适用于冶金、矿山企业的中重负荷设备的轴承、联轴节、齿轮等部位的润滑。使用温度为-20～150℃	15kg/桶、17kg/桶	

续表

产品名称	执行标准	特点与用途	包装形式	生产厂家
极压聚脲润滑脂	SH/T 0789 稠度等级：1#； 运动黏度：$220mm^2/s$	适用于冶金连铸设备的大包回转台、结晶器、扇形段辊道、拉矫机和摆剪机、输送辊的润滑，也适用连轧机及其他高温、重负荷设备的轴承及其他摩擦部位的润滑	15kg/桶、175kg/桶、15kg/铁桶、0.8kg/罐、5kg/桶	无锡中石油润滑脂有限公司
极压聚脲润滑脂	SH/T 0789 40℃ 运动黏度：$220mm^2/s$	适用于冶金连铸设备的大包回转台、结晶器、扇形段辊道、拉矫机和摆剪机、输送辊的润滑，也适用连轧机及其他高温、重负荷设备的轴承及其他摩擦部位的润滑	0.8kg/桶、2kg/铁桶、15kg/桶、175kg/铁桶	
聚脲润滑脂	Q/SY RH2157 40℃ 运动黏度：$200mm^2/s$	多用途高温润滑脂，如钢厂高温低负荷的设备；另外还适用于印染、纺织、建材等行业的高温部位及电机轴承，还适用于酸碱环境下设备的润滑	15kg/桶、175kg/铁桶、15kg/铁桶、0.8kg/罐、5kg/桶	
烧结机专用聚脲润滑脂	稠度等级：0#、1#； 基础油 40℃ 运动黏度：$200mm^2/s$	适用于烧结机滑道的润滑与密封，其他高温条件下需要润滑和密封的滑动磨擦部位	175kg/桶	
复合磺酸钙基润滑脂	Q/SY RH 2152 运动黏度：$460mm^2/s$	高温下具有长的使用寿命和极佳的轴承保护；热稳定性和机械安定性好，降至常温后，可恢复原来结构；在严重的进水条件下可确保可靠润滑和设备保护；在高负荷和冲击载荷的情况下，仍能为设备提供可靠润滑，延长设备使用寿命。 多用途重负荷耐水润滑脂，适用于含水、重负荷、多尘土的工况环境，如造纸、水泥、钢铁等行业	15kg/桶、175kg/桶、2000kg/罐	
FHT 高性能润滑脂	Q/SY RH 2152 40℃ 运动黏度：$430mm^2/s$	半合成油配方，具有优良的耐高温性，不易结焦和流失；抗水性和防腐蚀性，良好的极压抗磨性使脂有较强的承载能力。 适用于电机高速轴承；钢铁工业连铸机的结晶器、拉矫机、炼钢炉电磁搅拌、炉前辊道、钢水包吊车、铸锭车、热轧机组高温输送辊道、轧机轧辊轴承等	15kg/桶、175kg/桶	
连铸机高级润滑脂 YJ001	Q/SY RH 2207 运动黏度：$430mm^2/s$	含高黏度半合成油，优良的耐高温性能，高温下不流失且在轴承内保持良好的胶体结构；高温抗氧化性能好，高温下不结焦、不硬化、不堵塞管道、不卡死轴承；具有优良的低温泵送性能；抗水性能优异，在水存在的情况下，保持较强的黏附性，耐水喷淋和冲刷。 多用途重负荷耐高温抗水润滑脂，适用于含水、重负荷、多尘土的工况环境，尤其适用于方坯、板坯连铸机扇形段、拉矫机的润滑	15kg/桶、175kg/桶	
极压复合锂基润滑脂	SH/T 0535 运动黏度：$120mm^2/s$	适用于冶金行业高温、高负荷设备以及印染、大型电动机、轿车、热油泵轴承等各种机械设备高温摩擦部位的润滑。使用温度为：-20~160℃	15kg/桶、175kg/桶	

续表

产品名称	执行标准	特点与用途	包装形式	生产厂家
SHP400 高温润滑脂	Q/SY RH2252 运动黏度：460mm²/s	由复合皂基稠化剂稠化高黏度全合成油，并添加特种极压抗磨添加剂、抗氧剂和防锈剂。 在极端温度，在高温潮湿的环境下尤为适用，如造纸、汽车轮毂轴承、钢铁等行业。使用温度为：-40～200℃	0.8kg/罐、15kg/桶	无锡中石油润滑脂有限公司
KL 轧辊轴承润滑脂	Q/SY RH2245 运动黏度：460mm²/s	极压抗水润滑脂，特别适用于水淋、重负荷、高温等苛刻润滑场合，如钢铁行业轧辊轴承。使用温度为：-20～180℃	15kg/桶、175kg/桶	
复合铝基润滑脂	0号、1号、2号执行 SH/T 0378；3号执行 Q/SY RH2241 运动黏度：120mm²/s	由复合铝皂稠化矿物油，并添加多种添加剂而制成的润滑脂。 适用于冶金行业大型轧钢机、烧结机弹性滑道等设备高温部位的润滑。使用温度为：-20～160℃	15kg/桶、175kg/桶、1500kg/罐	
极压复合铝基润滑脂	SH/T 0534 运动黏度：120mm²/s	由复合铝皂稠化精制矿物油，并添加极压、抗磨、抗氧化等多种添加剂精制而成的一种高效润滑脂。 适用于冶金、矿山等高温部位机械设备的润滑，尤其适用于烧结、连铸等机组环境温度高、抗水要求高的条件下的集中润滑。使用温度为：-20～160℃	15kg/桶、175kg/铁桶	
极压锂基润滑脂	000号、3号：执行 Q/SY RH2156 00号～2号执行 GB/T 7323 运动黏度：120mm²/s	优良的极压抗磨性能，优良的泵送性，良好的机械安定性能。 适用于高负荷机械设备轴承和齿轮的润滑，冶金行业的冷、热轧机及高炉附属设备、炼钢起重设备	15kg/桶、15kg/铁桶、175kg/桶、1500kg/铁罐、2000kg/铁罐	
复合磺酸钙基润滑脂	GB/T 33585—2017	遇水不变稀，使用温度高，极压抗磨性好。可针对工况调整设计。 适用于多水、高温、重载设备的润滑，如矿山车辆、轧钢厂、连铸设备	17kg、180kg	辽宁海华科技股份有限公司
脲基润滑脂	Q/AHY11、Q/AHY98、Q/AHY33	耐高温抗氧化性能突出，可针对工况调整设计。 适用于高温部位的润滑，如烧结机、连铸机。使用温度为：-20～180℃	17kg、180kg	
复合铝基润滑脂	SH/T 0378	通用性强，泵送性好，可针对工况调整设计。 适用于常温或高温机械设备的润滑，使用温度为：-20～150℃	17kg、180kg	
特种开式齿轮润滑剂	Q/AHY88	黏性好、油膜厚。 适用于重载开式齿轮、钢缆等开放部位的润滑，如矿用铲、混料机、球磨机、磨煤机、钢缆。使用温度为：-20～120℃	17kg、60kg、180kg	
高极压润滑脂	Q/AHY14	可针对工况调整设计。 适用于振动、重负荷机械设备的轴承及减速机的润滑。使用温度为：-20～120℃	17kg、180kg	
极压锂基润滑脂	GB/T 7323	适用于高负荷机械设备轴承及齿轮的润滑，也可用于集中润滑系统	17kg、180kg	
重负荷润滑脂	Q/AHY03	适用于低速、冲击、重载机械设备轴承及开式齿轮、钢丝绳等部位的润滑	17kg、180kg	

续表

产品名称	执行标准	特点与用途	包装形式	生产厂家
极压锂基半流体润滑脂（锂基脂 0#、00#、000#）	Q/0523 SHX018	优良的抗水性、防锈性、防腐性和极压抗磨性；良好的机械安定性、氧化安定性和泵送性。 适用于冶金、矿山、纺织行业各种机械变速箱等高温、重负荷机械设备各摩擦部位的润滑；适用于集中润滑系统润滑。使用温度为：−20～120℃	15kg 中桶、170kg 大桶	山东红星化工有限公司
捷灵重负荷大齿轮润滑脂（锂基脂 0#、00#）	Q/0523 SHX058	优异的极压抗磨性；添加固体润滑剂，有效防止齿轮在振动、冲击条件下产生磨损；良好的抗水性、防腐防锈性，保护齿轮免受腐蚀或锈蚀；良好的黏附性，对金属表面具有很强的吸附力，形成良好的润滑油膜。 适用于冶金、化工行业大型反应炉体传动齿轮的润滑；适用于大型锻压机、水泥厂回转窑、冶金球团矿回转窑传动齿轮的润滑；适用于喷雾润滑或集中润滑系统。可取代开式齿轮油用于开式齿轮上。使用温度为：−20～100℃	15kg 中桶、170kg 大桶	
捷灵极压锂基润滑脂（极压锂基脂 0#、1#、2#、3#）	GB/T 7323—2008	优良的抗水性、防锈性、防腐性和极压抗磨性；良好的机械安定性、氧化安定性。 适用于冶金、矿山、纺织机械等高温、重负荷机械设备各摩擦部位的润滑。0#适用于润滑系统集中润滑。使用温度：−20～145℃	15kg 中桶、170kg 大桶	
捷灵二硫化钼锂基润滑脂（极压锂基脂 0#、1#、2#、3#）	Q/0523 SHX001	良好的极压抗磨性能，有效降低机械摩擦部位的磨损；可降低摩擦副的摩擦系数，减少摩擦阻力；优良机械安定性、氧化安定性和较佳的密封性。 适用于载重汽车的轮毂、底盘等高温、高速摩擦部位润滑；冶金、矿山企业的中重负荷机械设备的轴承、联轴节、齿轮等部位的润滑。使用温度为：−20～145℃	15kg 中桶、170kg 大桶及 800g～4. 8kg 塑料桶	
捷灵极压复合锂基润滑脂（复合锂基脂 1#、2#、3#）	SH/T 0535—1993	极佳的耐高低温性、耐磨损性、耐水性；突出的抗氧化性、机械安定性和良好的黏附性，是一种长效长寿命的万能润滑脂。 适用于各种车辆、重型机械、建筑工程机械、冶金、矿山、纺织机械、冷轧机等重负荷部位立式振动电机轴承；适用于各种烧结、轮轨摩擦副之间的润滑。使用温度为：−20～180℃	15kg 中桶、170kg 大桶	
捷灵二硫化钼复合锂基润滑脂（复合锂基脂 1#、2#、3#）	SH/T 0535—93	具有极佳的极压抗磨性能，有效降低摩擦副的磨损、点蚀，延长设备的使用寿命；优良的高温性能；优良的机械安定性和抗氧性；优良的抗水，防护性。 适用于冶金行业高温、重负荷设备以及印染，大型电动机、窑车、热油泵等设备摩擦部位的润滑。使用温度为：−30～200℃	15kg 中桶、170kg 大桶	
捷灵 1039 轧辊轴承脂（复合锂基脂 1#、2#、3#）	Q/0523 SHX014	良好的抗水性、高温性、极压抗磨性、机械安定性、氧化安定性和防锈防腐性，优良的黏附性。 适用于钢铁企业的轧机轧辊滚动轴承的润滑。适用于高温、重负荷、潮湿等恶劣情况下矿山、机械、交通运输等行业轴承的润滑。使用温度为：−20～180℃	15kg 中桶、170kg 大桶	
捷灵 1038 烧结机润滑脂（复合锂基脂 0#、1#）	Q/0523 SHX020	良好的高温黏附性能，保证良好的密封性；采用新型稠化剂和高黏度基础油，具有优良的润滑性能和极好的泵送性，满足烧结机集中润滑系统的要求。 适用于冶金行业的烧结机弹性滑道的集中润滑系统。使用温度为：−20～180℃	15kg 中桶、170kg 大桶	

续表

产品名称	执行标准	特点与用途	包装形式	生产厂家
新型3号防锈石墨锂基润滑脂(复合锂基脂3#)	Q/0523 SHX031	具有极佳的防锈防腐性能和极压抗磨性能，有效降低摩擦副的磨损、点蚀，延长设备的使用寿命；优良的高温性能，保证了在宽温度下的使用。 适用于军队钢管、炮筒等器件上的润滑；还适用于各类采矿、纺织、冶金工业上机械设备的滚动轴承和滑动轴承及其他磨擦部位的润滑。使用温度为：-30~200℃	15kg中桶、170kg大桶	山东红星化工有限公司
捷灵EP聚脲高温润滑脂(聚脲脂0#、1#、2#、3#)	Q/0523 SHX011	良好的氧化安定性、机械安定性及抗水性；良好的防锈、防腐性、极压抗磨性及抗辐射性、抗酸性气体；滴点高，高温轴承寿命长且无灰份。 适用于钢铁行业连铸机、连轧机等超高温摩擦部位的润滑，适用于电力、电子工业、冶金机械等设备润滑；适用于长寿命密封轴承的润滑。使用温度为：-20~180℃	15kg中桶、170kg大桶	
捷灵1038-2烧结机润滑脂(聚脲脂0#、1#)	Q/0523 SHX011	良好的高温黏附性能，保证良好的密封性；具有优良的润滑性能和极好的泵送性，满足烧结机集中润滑系统的要求。 适用于冶金行业烧结机弹性滑道的集中润滑系统。使用温度为：-20~200℃	15kg中桶、170kg大桶	
捷灵复合磺酸钙高温润滑剂(磺酸钙1#、2#、3#)	Q/0523 SHX089	具有优良的抗水防锈性；良好的极压抗磨性，满足重负荷和冲击负荷机械设备的润滑要求；优良的机械安定性，在长期高剪切条件下不会变稀流失。 适用于中小型轧机的粗、中、精轧机的轧辊轴承，立式轧机的轧辊轴承；中板轧机和翻板机，以及在类似工况下类似设备的润滑。使用温度为：-20~220℃	15kg中桶、170kg大桶	
捷灵LG高温润滑脂(磺酸钙1#、2#、3#)	Q/0523 SHX089	具有优良的抗水防锈性，保证在水存在或潮湿环境下对设备的防护和润滑；良好的高温极压抗磨性，满足高温重负荷和冲击负荷机械设备的润滑要求；优良的氧化安定性，具有长的使用寿命；优良的机械安定性，在长期高剪切条件下不会变稀流失；不含有害物质，环境友好。 适用于钢铁冶金中炉前辊道轴承、连铸扇形段轴承、高炉泥炮及各类轧机的粗、中、精轧机的轧辊轴承，立式轧机的轧辊轴承；中板轧机和翻板机，以及在类似工况下类似设备的润滑，同时可用于造纸行业、机械行业、采矿设备、起重设备等高温、重负荷、潮湿等苛刻润滑部位的润滑。使用温度为：-40~220℃	15kg中桶、170kg大桶	
捷灵1039-5轧辊轴承脂(磺酸钙1#、2#、3#)	Q/0523 SHX005	具有优良的抗水防锈性；良好的极压抗磨性，满足重负荷和冲击负荷机械设备的润滑要求；优良的机械安定性，在长期高剪切条件下不会变稀流失。 适用于中小型轧机的粗、中、精轧机的轧辊轴承，立式轧机的轧辊轴承；中板轧机和翻板机，以及在类似工况下类似设备的润滑。使用温度为：-20~180℃	15kg中桶、170kg大桶	
捷灵UTG400B高温润滑剂(磺酸钙3#)	Q/0523 SHX075	具有特殊的高温性能；在滑动摩擦表面可形成良好的固体润滑膜；具有良好的高温极压抗磨性；有一定的防护性能，能够防止润滑部位发生腐蚀锈蚀。 适用于水泥、玻璃、纺织、钢铁等行业的高温重负荷设备的摩擦部位(高温滑动轴承及链条等)的润滑。使用温度为：-20~400℃，短期可到500℃	1kg小桶、15kg中桶	

续表

产品名称	执行标准	特点与用途	包装形式	生产厂家
捷灵 5298M 联轴器专用润滑剂(磺酸钙 2#、3#)	Q/0523 SHX089	优良的抗水性能，在水存在下保证轴承润滑良好，不乳化流失；优良的极压抗磨性能；突出的防锈、防腐蚀性，有效阻止或延缓金属表面发生锈蚀；良好的耐高温性能；优良的机械安定性和胶体安定性，有效延缓和阻止杂质进入润滑部位。 适用于冶金、化工等行业各种齿形联轴器、十字轴等中高负荷设备的润滑，也可用于其他高温重负荷及与水接触的工业领域。使用温度为：-20~220℃	15kg 中桶、170kg 大桶	山东红星化工有限公司
捷灵窑车轴承润滑脂(膨润土 2#)	Q/0523 SHX051	极佳的高温性能；优良的润滑性能；良好的高温抗氧化性，高温下极长的轴承寿命；优秀的抗水性、防护性和浸润性。 适用于高温、低速、重负荷工况条件下的滚动轴承的润滑，如陶瓷、电瓷、砖瓦隧道窑等窑车及一些烘烤设备的链条和轴承的润滑。适用于烧结台车，静止加热的钢锭、铝锭、回火料车、焚烧炉、再生炉等投料车在高温条件下操作的链条和轴承的润滑。使用温度为：-40~300℃	1kg 小桶、15kg 中桶	
捷灵 1106 水基石墨润滑剂(其他)	Q/0523 SHX062，运动黏度(50℃)：17~26mm²/s	绿色环保，有利于环境保护和文明生产；完全不同油类，为水溶性，对加工件无油污，对人体皮肤绝无影响；具有高附着力，可快速渗透到链节和链销处；有极佳的防锈性和润滑效果，减少摩擦和磨损；可减少链条运作时的噪音。 适用于冶金行业传动链条装置的润滑。使用温度为：-20~150℃	15kg 中桶、170kg 大桶	
捷灵 1108 冷床板面润滑剂	Q/0523 SHX062，运动黏度(50℃)：17~26mm²/s	绿色环保型，有利于环境保护和安全生产；不同于油类，为水溶性，对加工件无油污，可高温防阻燃；有极佳的防锈性和润滑效果，减少摩擦和磨损，可减少冷床与钢材运作时的噪音。 适用于冶金行业冷床表面的防护润滑。使用温度为：-10~1000℃	15kg 中桶、170kg 大桶	
轧辊脂	Q/20190999-0.081-2009	具有良好的抗高温性、耐磨损、抗水淋性、抗氧化性、机械安定性性、黏附性、防护性。使用温度为：-20~180℃	15kg/塑桶、170kg/铁桶	成都蜀光石油化学有限公司
BS 高温极压复合锂基润滑脂	Q/20190999-0.021-2009	具有良好的抗高温性、极压抗磨性、抗水淋性、抗氧化性、机械安定性性、黏附性、防护性。使用温度为：-30~180℃	15kg/塑桶、170kg/铁桶	
特种极压复合铝基润滑脂	SH/T 0534—1993	具有良好的抗高温性、极压抗磨性、抗水淋性、抗氧化性、机械安定性性，良好的泵送性和优异的高低温适应性。使用温度为：-20~150℃	15kg/塑桶、170kg/铁桶	
复合锂基润滑脂	Q/20190999-0.084-2009	具有良好的抗高温性、抗水淋性、抗氧化性、机械安定性性、黏附性、防护性。使用温度为：-20~160℃	15kg/塑桶、170kg/铁桶	
HP 脂系列	Q/ADZ 154—2016	具有良好的抗高温性、耐磨损、抗水淋性、抗氧化性、机械安定性性、黏附性、防护性。使用温度为：-20~210℃	15kg/塑桶、170kg/铁桶	
高级脲基脂系列	Q/ADZ 133—2016	具有良好的抗高温性、耐磨损、抗水淋性、抗氧化性、机械安定性性、黏附性、防护性。使用温度为：-20~210℃	15kg/塑桶、170kg/铁桶	
复合磺酸钙基脂 SG/SH Super Grease 系列	Q/ADZ154—2016	具有良好的抗高温性、耐磨损、抗水淋性、抗氧化性、机械安定性性、黏附性、防护性。使用温度为：-20~240℃	15kg/塑桶、170kg/铁桶	

续表

产品名称	执行标准	特点与用途	包装形式	生产厂家
复合磺酸钙基润滑脂	Q/BGFC 020	优异的极压抗磨性、抗水性、耐高温性；优良的防腐防锈性。 适用于重载、冲击负荷设备、高温辐射部位、潮湿、水淋部位。使用温度为：-20~200℃	2.5t/罐、180kg/桶、175kg/桶、170kg/桶、17kg/桶	长沙众城石油化工有限责任公司
极压开式齿轮润滑脂	Q/BGFC 028	优异的极压抗磨性、抗水性、黏附性；良好的喷射性。 适用于大型、重负荷、低速至中速开式齿轮(如混料机、球磨机)使用温度为：-20~120℃	180kg/桶、175kg/桶、170kg/桶、55kg/桶、17kg/桶	
轧辊轴承润滑脂	Q/BGFC 009	优良的抗水性和耐高温性；良好的极压抗磨性、黏附性；优良的防腐防锈性。 适用于钢铁、矿山、机械、交通运输等行业高温、重负荷、潮湿环境下轴承。使用温度为：-20~200℃	180kg/桶、175kg/桶、170kg/桶、17kg/桶	
连铸机专用润滑脂	Q/BGFC 008	优良的极压抗磨性、抗水性、防腐防锈性；良好的耐高温性；优良的泵送性。 适用于冶金行业连铸机结、晶振动器、扇形段、拉矫机、切割机及冷床设备的润滑。使用温度为：-20~200℃	180kg/桶、175kg/桶、170kg/桶、17kg/桶	
聚脲润滑脂	SH/T 0789	优良的氧化安定性、抗辐射性和抗酸性气体、防腐防锈性；高温轴承寿命长且灰分低。 适用于钢铁行业连铸机、连轧机等高温摩擦部位；电力、电子、冶金机械等中负荷工业轴承；使用温度为：-20~200℃	2.5t/罐、180kg/桶、175kg/桶、170kg/桶、17kg/桶	
极压锂基润滑脂(EP300)	Q/BGFC 026	新一代环保型润滑脂；优良的抗磨性、氧化安定性、抗水性、防腐防锈性。 适用于冶金行业重负荷、冲击负荷设备；矿山、化工、汽车等行业重负荷机械设备。使用温度为：-20~120℃	2.5t/罐、180kg/桶、175kg/桶、170kg/桶、17kg/桶	
复合铝基润滑脂	SH/T 0378	优良的胶体安定性、抗水性、泵送性；独特的热可逆性。 适用于冶金、机械行业高温、水淋、中负荷机械设备。使用温度为：-20~160℃	17kg/桶	
烧结机润滑脂	Q/BGFC 001	优良的耐高温性；良好的极压抗磨性、黏附性；优良的防腐防锈性。 适用于冶金行业烧结机滚动轴承、滑道密封及振动筛、环冷机等部位。使用温度为：-20~200℃	180kg/桶、175kg/桶、170kg/桶、17kg/桶	
减速机润滑脂	Q/BGFC 003	良好的防漏失性、抗磨性；优良的防腐防锈性。 适用于各种机械设备变速箱、齿轮箱、大型减速机；可替代CKC工业闭式齿轮油。使用温度为：-20~100℃	17kg	

续表

产品名称	执行标准	特点与用途	包装形式	生产厂家
FAKKT-MG33002	SH/T 0789	宽工作温度范围；在高温下长期使用不结焦，抗水性极好。 优良的抗氧化性和耐热稳定性；优异的抗磨损性；良好的机械稳定性，在重载和轴承的剪切力作用下仍有良好的结构稳定性。 主要应用：适用于高温操作环境；减速电机、行星齿轮；运输带轴承、石油化工、电子、纺织、印染、钢铁生产中的高温轴承润滑；各种滑动润滑面、平面润滑系统	1kg 铁罐、5kg/15kg 胶桶	深圳市合诚润滑材料有限公司
灵敏 0103EP 脲基脂	Q/DRB004—2017	适用于冶金连铸设备的大包回转台、结晶器、扇形段辊道、拉矫机和摆剪机、输送辊的润滑和防护，也适用于连轧机及其他高温、重负荷设备的摩擦部位的轴承润滑。使用温度为：-20～180℃	170kg/桶、18kg/桶	杭州得润宝油脂股份有限公司
灵威 1105 高温润滑脂	Q/DRB016—2017	适用于矿山、钢铁、石油化工、印染、纺织和浮法玻璃等各行业生产中的高温轴承，各种中、重负荷滚柱、滚珠、滑动轴承、以及烘烤设备的齿轮、链条托轮等传动部位和联轴节等部位的润滑。00#、0#、1#稠度的产品用于集中润滑系统。使用温度为：-30～150℃，短期可用于 180℃	170kg/桶、18kg/桶、1kg/罐	
灵威 4102 辊压机高级专用润滑脂	Q/DRB065—2017	适用于辊压机设备的润滑和防护，也可用于高负载、高温、有水冲刷及低转速、震动冲击等工况下运转的其他设备的润滑。可有效保证设备的运转和使用寿命。使用温度为：-20～150℃	170kg/桶、18kg/桶	
灵威 4105 系列高级重负荷开式齿轮润滑剂	Q/DRB068—2017	适用于大型重负荷开式齿轮，如火电厂的滚筒磨煤机、水泥厂的回转窑、钢厂大型混料机、矿山球磨机等设备的润滑和防护，可有效保证设备的运转率和使用寿命。使用温度为：-20～120℃	170kg/桶、18kg/桶	
灵威 5101 系列高级重负荷齿轮润滑剂	Q/DRB072—2017	适用于大型重负荷开式齿轮，如火电厂的滚筒磨煤机、水泥厂的回转窑、钢厂大型混料机、矿山球磨机等设备的润滑和防护，可有效保证设备的运转率和使用寿命。使用温度为：-20～120℃	170kg/桶、18kg/桶	
灵威 6100 轧机轧辊高级专用润滑脂	Q/DRB077—2017	适用于冶金工业轧钢系统各式轧机轧辊的滚动轴承，特别是热轧机组和连轧机组的轧辊轴承；以及高温、水淋、重负荷和冲击负荷轴承的润滑和防护。使用温度为：-20～200℃	170kg/桶、18kg/桶	
灵威 6101 炉前辊道润滑脂	Q/DRB078—2017	适用于冶金企业轧钢系统的各种加热炉前辊道轴承、输送辊、热处理炉前辊道轴承的推钢机轴承，也适用于中厚板热轧组工作辊的重负荷辊道轴承，以及烘干线轴承的润滑。使用温度为：-30～300℃	170kg/桶、18kg/桶	
灵威 6104 复合磺酸钙基润滑脂	Q/DRB081—2017	适用于冶金行业热轧、冷轧辊轴承、连铸设备的大包回转台、结晶器、二冷段、扇形段辊道、拉矫机和摆剪机，输送辊道的润滑和防护，也可以用于各种工业部门高温条件下重负荷的中、低转速的轴承、齿轮、链条，以及高速巨型联轴节的润滑，以及同水、水蒸气或酸、碱接触的一些部位的润滑。使用温度为：-20～200℃	170kg/桶、18kg/桶	
灵威 6108 烧结机滑道专用密封脂	Q/DRB086—2017	适用于烧结机高低温段滑道/高温段蝶阀等部位的润滑、以及一般工业设备的润滑。使用温度为：-10～200℃	170kg/桶、18kg/桶	
灵威 6112 SHC 高温润滑脂	Q/DRB090—2017	适用于冶金行业的炉前辊道、连铸机、转炉钢包等高温部位的润滑，对延长机器部件的使用寿命具有非常重要的作用。使用温度为：-40～250℃	170kg/桶、18kg/桶	

续表

产品名称	执行标准	特点与用途	包装形式	生产厂家
HP 高温润滑脂 3#	Q/SHZT-0501—2007	具有优良的高温黏附性、极压抗磨性、胶体安定性、机械安定性；良好的抗水性和防护性。 适用于大型重载货车、高速轿车、冶金行业连铸机、连轧机、烧结机、出钢辊道以及印染、大型电动机、橡胶、塑料热轧机、水泥行业、窑车等高温、重负荷机械设备摩擦部位的润滑。使用温度为：-30~200℃	0.8~2kg/桶、15kg/桶、170kg/桶	安徽中天石化股份有限公司
轧机轧辊轴承润滑脂 2#、3#	Q/SHZT-0204—2009	具有优良的耐高温性，良好的极压抗磨性，抗水冲刷、抗腐蚀性和优良的机械安定性。 适用于冶金工业轧钢系统各式轧机辊的滚动轴承，特别是热轧机组和连轧机组的轧辊轴承。使用温度为：-30~200℃	12kg/桶、15kg/桶、170kg/桶	
烧结机专用润滑脂 1#、2#	Q/SHZT-0201—2009	具有极优异的耐高温性、氧化安定性和热安定性，具有良好的承载能力，能在高温重负荷条件下长期使用。突出的抗水性能，不乳化、不变质。 适用于冶金工业大型烧结机的弹性滑道的各部位轴承及其他均热炉、退火炉、烘干炉等高温设备的润滑。使用温度为：-30~200℃	12kg/桶、15kg/桶、170kg/桶	
连铸机专用润滑脂 1#、2#	Q/SHZT-0202—2009	具有突出的耐高温性，不软化流失，保证有效的润滑与防护，优良的抗水性和防锈性，能满足潮湿或水淋条件下设备的防护与润滑，良好的极压抗磨性，满足高负荷或有一定冲击负荷下机械设备的轴承润滑。 适用于冶金行业各型连铸机二冷区及辊道轴承的润滑。使用温度为：-30~200℃	12kg/桶、15kg/桶、170kg/桶	
炉前辊道专用高温脂 1#、2#	Q/SHZT-0205—2009	具有较高的滴点和优异的胶体安定性，能满足高温环境下设备的润滑。氧化安定性好，高温下经久耐用，延长了脂的使用寿命。具有突出的抗磨损、抗擦伤性能，有效降低机械摩擦部位磨损。 适用于冶金企业的轧钢系统中各种加热炉前辊道轴承、输送辊、推钢机轴承；中厚板热轧机组工作辊的重负荷滚柱轴承及其他高温重负荷轴承、齿轮及传动机构的润滑。使用温度为：-30~200℃	12kg/桶、15kg/桶、170kg/桶	
重负荷开式齿轮润滑脂 00#、0#	Q/SHZT-1218—2009	具有良好的黏附性、防护性和润滑性。 适用于冶金、采矿和工程机械的各种开式齿轮、齿盘、齿条和链条及传动机构的润滑；各种绞链、滑道和钢丝绳的润滑。使用温度为：-30~180℃	12kg/桶、15kg/桶、170kg/桶	
极压锂基润滑脂 00#、0#、1#、2#	GB/T 7323—2008	具有优秀的极压抗磨性以及良好的热稳定性、机械安定性、防锈性、防水性和泵送性，是一种多效长寿命润滑脂。 适用于轧钢机械、矿山机械、建筑机械、重型起重机械、注塑机械等重负荷的齿轮和轴承的润滑，并能使用于有冲击负荷的部件和集中润滑系统。使用温度为：-30~120℃	12kg/桶、15kg/桶、170kg/桶	
二硫化钼锂基润滑脂 0#、1#、2#、3#	SH/T 0587—1994	具有优秀的极压抗磨性以及良好的热稳定性、机械安定性、防水性和泵送性。 适用于冶金轧钢轴承、耐火器材窑车轴承、铸造落砂机械、化工焙烧、机械加工热处理、印染焙烧机、造纸干燥机、橡胶、塑料热轧及水泥行业设备各摩擦部位的润滑。使用温度为：-30~150℃	12kg/桶、15kg/桶、170kg/桶	

续表

产品名称	执行标准	特点与用途	包装形式	生产厂家
XG/U1 连铸机高级专用润滑脂	Q/HXG 001—2017	良好的耐高温性、抗水淋性、胶体安定性、氧化安定性、机械安定性和泵送性。 适合于连铸设备各部位轴承、炉前辊道轴承、剪机轴承、电炉炉耳轴承、钢水包大包回转台的齿轮及轴承等润滑。使用温度为：-20~200℃	18kg 塑桶、180kg 铁桶	杭州新港润滑科技有限公司
XG/U3 齿轮箱高级防漏专用润滑脂	Q/HXG 001—2017	优异的抗磨极压性、抗水淋性和较好的防漏、降噪音能力，良好的承受大载荷或冲击负荷能力。 适用于各类齿轮减速箱、蜗轮减速装置、开式齿轮等的润滑与密封。使用温度为：-20~150℃	18kg 塑桶、180kg 铁桶	
XG/U10 极压脲基润滑脂	Q/HXG 001—2017	极好的耐高温、防锈、抗磨极压性能，并具有良好的氧化安定性、泵送性和较长的使用寿命。 适用于高温、潮湿和冲击负荷较大的中、重负荷各类轴承的润滑。如：钢厂连铸、烧结、轧辊、大型风机、热振动筛等轴承。使用温度为：-20~200℃	1kg 铁罐、18kg 塑桶、180kg 铁桶	
XG/U12 烧结机高级专用润滑脂	Q/HXG 001—2017	良好的耐高温性，优良的润滑和密封性能，优异的抗水性及抗水蒸气的性能，优良的泵送性能。 适用于冶金行业烧结机弹性滑道的集中润滑和密封，也适用于其他高温条件下需要润滑与密封的滑道或辊道轴承摩擦部位。使用温度为：-20~200℃	18kg 塑桶、180kg 铁桶	
XG/U14 重负荷齿轮箱润滑脂	Q/HXG 001—2017	优异的抗磨极压性、机械安定性、抗氧化性和良好的黏附防漏、降噪音性能，具有良好的承载重负荷或冲击负荷的能力。 适用于高温、高湿、重负荷等条件下各类开式齿轮、齿轮减速箱、蜗轮减速装置等大型重负荷传动齿轮的润滑。如：水泥厂、钢厂、电厂等大型齿轮的润滑。使用温度为：-20~150℃	18kg 塑桶、180kg 铁桶	
XG/A1 复合铝基润滑脂	SH/T 0378—1992(2003)	良好的防锈性、抗水性和氧化安定性，并具有独特的热可逆性和良好的泵送性。 尤其适合于集中润滑系统的润滑。适用于冶金行业烧结机、连铸机、出钢辊道、热轧机、以及印染设备、大型电机等高温设备摩擦部位的润滑。使用温度为：-20~160℃	1kg 铁罐、18kg 塑桶、180kg 铁桶	
XG/A2 极压复合铝基润滑脂	SH/T 0534—1993(2003)	具有良好的极压抗磨性、防锈性、抗水性和氧化安定性，并具有独特的热可逆性、良好的泵送性。 尤其适合于集中润滑系统的润滑。适用于冶金行业烧结机、连铸机、出钢辊道、热轧机、以及印染设备、大型电机等高温设备摩擦部位的润滑。使用温度为：-20~160℃	1kg 塑桶、18kg 塑桶、180kg 铁桶	
XG/C4 复合磺酸钙基润滑脂	Q/HXG 016—2016	优异的机械安定性、极压抗磨性、胶体安定性和抗氧化能力，大大延长轴承的使用寿命；极佳的抗水性能，能够在高温、潮湿和水淋环境下确保轴承可靠润滑。 适用于接触水的轴承(如：潮湿和水淋环境里的纺织机械或造纸机械等)、钢厂热轧辊轴承、研光轴承、高温环境下的低高速轴承(如：拉伸挖掘机、热熔风机、热定型机、高温染缸等)、汽车轮毂轴承、重型机械、拖车转向轮及各种苛刻或重负荷工况条件下工业设备的润滑。使用温度为：-20~230℃，短期可达 250℃	1kg 塑桶、18kg 塑桶、180kg 铁桶	

续表

产品名称	执行标准	特点与用途	包装形式	生产厂家
XG/C5 高级轧辊轴承专用润滑脂	Q/HXG 016—2016	优异的机械安定性、极压抗磨性、胶体安定性和抗氧化能力，大大延长轴承的使用寿命；产品黏附性强，并具有极佳的抗水性能，在高温、潮湿和水淋环境、重负荷和冲击负荷条件下，仍能为设备提供可靠润滑。 适用于冶金行业连轧、冷热轧机设备各部位轴承润滑。使用温度为：-20~230℃	18kg 塑桶、180kg 铁桶	杭州新港润滑科技有限公司
XG/L8 二硫化钼极压锂基润滑脂	SH/T 0587—1994(2003)	良好的减摩性、极压抗磨性、抗氧化性、机械安定性，并具备抗重负荷和瞬时高温能力。 适用于轧钢机械、矿山机械、建筑机械、重型起重机械、注塑机械等重负荷的齿轮和轴承的润滑，并能使用于有冲击负荷的部件。使用温度为：-20~120℃	18kg 塑桶、180kg 铁桶	
XG/L15 重负荷开式齿轮脂		优异的极压抗磨性、黏附性、防锈性和泵送性，并具有良好的承受大载荷或冲击负荷的能力。 适用于钢铁行业烧结厂混料机，水泥行业回转窑等大型重负荷开式齿轮的润滑。使用温度为：-20~120℃	18kg 塑桶、180kg 铁桶	
XG/L16 轧辊轴承润滑脂	Q/HXG 101—2017	良好的抗磨极压性能、抗水性能、机械安定性和耐高温性能，并具有良好的黏附性。在重负荷和冲击负荷下，仍能为润滑设备提供可靠润滑。 适用于冶金行业连轧、冷热轧机设备各部位轴承的润滑，也可用于矿山、机械、交通运输行业处于高温、潮湿、重负荷等恶劣情况下的轴承润滑。使用温度为：-20~180℃	18kg 塑桶、180kg 铁桶	
XG/L17 高级轧辊轴承润滑脂	Q/HXG 101—2017	良好的抗磨极压性能、抗水性能、机械安定性和耐高温性能，并具有良好的黏附性，使用寿命长。在重负荷和冲击负荷下，仍能为润滑设备提供可靠润滑。 适用于冶金行业连轧、冷热轧机设备各部位轴承的润滑，也可用于矿山、机械、交通运输行业处于高温、潮湿、重负荷等恶劣情况下的轴承润滑。使用温度为：-20~180℃	18kg 塑桶、180kg 铁桶	
XG/L18 混料机专用润滑脂		优异的极压抗磨性、黏附性、防锈性和泵送性，并具有良好的承受大载荷或冲击负荷的能力。 适用于钢铁行业烧结厂混料机，水泥行业回转窑等大型重负荷开式齿轮的润滑。使用温度为：-30~180℃	18kg 塑桶、180kg 铁桶	
XG/L25 7101 高温防卡剂		优异的耐高温性，良好的极压、抗烧结性能，优良的防黏结性能。 适用于火电厂设备的轴销、斗式卸煤机的机架连接轴销的润滑与防护，也适用于冶金行业滑动水口部位的润滑，特别适用于高温部位螺栓使用。使用温度为：-40~1000℃	18kg 塑桶、180kg 铁桶	
XG/W5 HP-R 高温脂	Q/HXG 003—2017	良好的极压抗磨性能；优良的高温性能，高温黏附性强；优异的胶体安定性，使用寿命长，可延长换脂周期；良好的抗水性、机械安定些和氧化安定性。 适用于重负荷、高速等苛刻条件下轿车、大型客车及重载卡车等车辆的轮轴承、底盘、电机、水泵等摩擦部位的润滑，亦适用于冶金行业连铸机、出钢辊道的轴承润滑。使用温度为：-30~200℃	18kg 塑桶、180kg 铁桶	

续表

产品名称	执行标准	特点与用途	包装形式	生产厂家
600℃特高温润滑脂	Q/SHJG 1008—2014	具有良好的高温性能，在高温下有良好的润滑性；良好的高温抗氧化能力、极压抗磨性能，在高温及恶劣环境中发挥优异的润滑作用。 适用于属于耐高温固体润滑剂产品；水泥、陶瓷、玻璃、纺织、冶金等行业高温低速高负荷设备以及重负荷高温平面摩擦部位的润滑，如窑车轴承、烘烤设备的轴承和链条，炉门齿轮及烘干机械设备等。使用温度为：不大于600℃	1kg、15kg	天津市津冠润滑脂有限公司
二硫化钼锂基润滑脂	Q/SHJG 1002—2014	具有优良的极压抗磨性，能有效降低机械润滑部位的摩擦阻力，延长机械的使用寿命。 适用于轧钢机械、建筑机械、重型起重机械等各种重负荷机械，一般转速设备的齿轮和轴承的润滑。使用温度为：-20~120℃	0.8kg、15kg、170kg	
极压锂基脂	GB/T 7323 L-XBEHB 000；L-XBEHB 00；L-XBEHB 0；L-XBEHB 1；L-XBEHB 2；L-XBEHB 3	优良的极压抗磨性，能够承受重负荷和冲击负荷造成的润滑油膜失效，有效防止卡咬；良好的防锈性能，能够防止轴承运转过程中的锈蚀；优异的剪切稳定性，能保持较好的润滑脂结构特征。 适用于汽车、工程机械、压延机、锻造机、矿山机械、冶金等重负荷车辆及高负荷机械设备的齿轮、轴承等部位润滑，也可用于集中润滑系统。使用温度为：-20~120℃	800g、1kg、2kg、14kg、175kg	江苏龙蟠科技股份有限公司
超高温润滑脂	GB/T 7631.8 L-XBGEA 2	高温条件下具有优异的润滑性能，抗氧化性能及极低的积碳倾向。 适用于纺织、印染、钢铁、玻璃等高温生产设备轴承应用场合。使用温度为：-25~288℃	5kg/16kg	深圳市超润达科技有限公司
开式齿轮专用润滑脂	GB/T 7631.8 L-XBDEB00、GB/T 7631.8 L-XBDEB0、GB/T 7631.8 L-XBDEB1	良好的泵送性能；突出的承载能力和抗磨损特性；很好的抗锈蚀和腐蚀保护性能。 适用于电厂、水泥厂、钢铁厂等等大中型机械设备重负荷开放式齿轮传动机构应用场合。使用温度为：-20~150℃	16kg/170kg	
6017. 轧辊润滑脂(复合皂基脂；轴承脂)	Q/WBD-10-017-2014	优良的高温性，能有效延长高温下轴承的使用寿命；良好的抗磨极压性，能满足重负荷轴承的润滑；优秀的抗水性和防护性；良好的抗剪切稳定性。 适用于高温、中低速、重负荷工况下轴承的润滑。特别适用于钢厂各种轧机轧辊轴承的润滑。使用温度为：-20~200℃	17kg/桶、175kg/桶	武汉博达特种润滑技术有限公司
6102. 重负荷开式齿轮脂(复合皂基脂；开式齿轮)	Q/WBD-11-002-2014 基础油运动黏度：3200~6800mm²/s	极佳的抗磨性，卓越的承载能力；良好的黏附性；优良的抗水性和抗氧化安定性；无溶剂、无沥青、无铅，属绿色环保产品。 6102A 适用于各种大型、重载、低速开式齿轮的正常润滑使用。 6102D 适用于开式齿轮的底涂润滑。 6102M 适用新的或大修后开式齿轮的磨合润滑。 6102X 适用于已被磨损开式齿轮的修复润滑。 使用温度为：-15~120℃	17kg/桶、175kg/桶	

续表

产品名称	执行标准	特点与用途	包装形式	生产厂家
6103. 合成半流体齿轮润滑脂系列（脲基脂；齿轮箱）	Q/WBD-11-003—2014	优良的高低温性；优秀的热稳定性和化学安定性；良好的润滑性；长的使用寿命，更换周期可达 5 年以上。 适用于各种负荷的齿轮、蜗轮蜗杆、P 型链式变速器和针摆线齿轮组润滑。特别适用于全封闭全寿命齿轮箱。本品配制有 NLGI 0#、00#、000#、0000#四种稠度等级。使用温度为：-40~150℃	17kg/桶、175kg/桶	武汉博达特种润滑技术有限公司
6801. 多效通用长寿命润滑脂系列（复合皂基脂；轴承齿轮脂）	GB/T 7324	优良的高温热稳定性和氧化安定性；极佳的抗磨减摩性和抗微动磨损性；良好的抗剪切性和胶体安定性；良好的抗水性和防护性；低摩擦系数，低蒸发损失，适合长期润滑。 适用于高温、中、重负荷轴承、齿轮等部位的润滑与防护；石化、钢铁、水泥、电力等行业的高温风机、电机轴承的润滑。使用温度为：-30~160℃	1kg/盒×12、17kg/桶	武汉博达特种润滑技术有限公司
6925. 复合磺酸钙高温润滑脂（钙基脂；轴承脂）	Q/WBD-19-025—2014	优良的高温性；极佳的抗磨极压性；优异的防锈性、卓越的抗水淋性和水浸泡性；良好的机械安定性；不含重金属，对人体和环境无害，属绿色环保产品。 适用于高温重载下的各种轴承的润滑与防护；特别适合于炼钢厂、轧钢厂、烧结厂等钢铁行业高温、有水和极端负荷下。使用温度为：-15~180℃	18kg/桶、180kg/桶	武汉博达特种润滑技术有限公司
壳牌佳度 Gadus S2 V220 00	运动黏度：40℃，220mm²/s；100℃，19mm²/s	轧钢设备中要求使用较软润滑脂的专用润滑剂输送系统；在冲击载荷和环境潮湿等苛刻条件下运行的重载滑动和滚动轴承；要求使用半流体润滑脂的齿轮箱变速箱；商用车集中底盘润滑系统	18kg、180kg	壳牌（中国）有限公司
壳牌佳度 S2 V220 0	运动黏度：40℃，220mm²/s；100℃，19mm²/s	轧钢设备中要求使用较软润滑脂的专用润滑剂输送系统；在冲击载荷和环境潮湿等苛刻条件下运行的重载滑动和滚动轴承	18kg、180kg	壳牌（中国）有限公司
壳牌佳度 S2 V220 1	运动黏度：40℃，220mm²/s；100℃，19mm²/s	使用集中润滑设备的重载轴承；常温下运行的极压齿轮润滑脂；在冲击载荷和环境潮湿等苛刻条件下运行的重载滑动和滚动轴承；低温润滑应用	18kg、180kg	壳牌（中国）有限公司
壳牌佳度 S2 V220 2	运动黏度：40℃，220mm²/s；100℃，19mm²/s	重载轴承和一般工业润滑；在冲击载荷和环境潮湿等苛刻条件下运行的重载滑动和滚动轴承	18kg、180kg	壳牌（中国）有限公司
壳牌佳度 Gadus S5 T460 1.5	运动黏度：40℃，460mm²/s；100℃，45mm²/s	采用合成基础油和最新型聚脲稠化剂。含有精选添加剂，具有优异的氧化稳定性、抗磨损和抗腐蚀性能。 适用于密封和半密封设备，包括高温和极端载荷下运行的低速、重载轴承。主要应用于以下行业：钢铁、水泥、造纸、风电、化工、采矿	400g、18kg、180kg	壳牌（中国）有限公司
壳牌佳度 Gadus S3 V460D 2	运动黏度：40℃，460mm²/s；100℃，31mm²/s	由高黏度指数矿物油和复合锂皂基调配而成，使用最新添加剂实现优异的高温性能、抗腐蚀性能和抗氧化性能，并含有二硫化钼以确保润滑脂能承受冲击载荷。 适用于采矿业及钢铁行业中低速、重载，并需要承受冲击载荷的轴承。使用温度为：-20~140℃（短期峰值温度 150℃）	18kg	壳牌（中国）有限公司

续表

产品名称	执行标准	特点与用途	包装形式	生产厂家
壳牌佳度 Gadus S3 V460 2	运动黏度：40℃，460mm²/s；100℃，31mm²/s	由高黏度指数矿物油和复合锂皂基稠化剂调和而成，并含有最先进的添加剂，具备优异的高温润滑性，其他添加剂能够强化其抗氧化性能、抗磨损性能和防腐蚀性能。 适用于在高温和极端载荷下运行的低速、重载轴承，例如：钢铁行业（连铸机、轧辊轴承等）、水泥行业、造纸行业、化工行业、采矿业等。使用温度为：-20～140℃（短期峰值温度150℃）	180kg	
壳牌佳度 Gadus S3 T150J 1/2	运动黏度：40℃，150mm²/s	采用矿物基础油和聚脲稠化剂，在高温下提供长效，低磨损，剪切稳定的性能高温下应用壳牌佳度 S3 T150J，性能甚至超越市场上的全合成（PAO）锂复合基润滑脂。 配方中不含锌，可以用于钢厂的加热炉。此外，尽管 S3 T150J 产品没有专门设计为极压产品，但是其可以成功应用在低速重载轴承上，例如钢厂连铸机上的轴承	S3 T150J 1-18kg S3 T150J 2-18kg/180kg	
壳牌佳度 Gadus S3 V220C 2	运动黏度：40℃，220mm²/s；100℃，19mm²/s	采用最先进的添加剂以提供卓越的高温抗氧化性能，并含有其他添加剂以提高润滑脂的抗氧化性、抗磨损和抗腐蚀性能。 特别适用于高温、高负荷条件下的重载轴承。适用于下列设备中需要润滑脂润滑的重负载轴承：连铸机、振动筛、采石设备、碎石机、滚筒输送设备、车辆轮毂轴承。使用温度为：-20～140℃（短期峰值温度150℃）	18kg、180kg	壳牌（中国）有限公司
壳牌佳度 Gadus S4 OGXK	运动黏度：40℃，4000mm²/s；100℃，420～455mm²/s	采用铝复合稠化剂、高黏度高质量矿物油基础油、以及加强的极压—抗磨添加剂。此外，该产品添加稀释剂来确保低温泵送性。 主要设计用于重载设备，以及矿山设备中用于露天挖掘操作的电铲、吊斗铲和挖掘机等极端低温工矿。应用于吊斗铲、电铲、挖掘机、堆料机及取料机中的开式齿轮，变速杆、圆轨和滚筒，重载低速的滚动轴承、衬套、低速钢缆、水泥、垃圾处理或钢铁行业的开式齿轮应用	180kg	
壳牌佳度 Gadus S4 OGT	运动黏度：40℃，5500mm²/s；100℃，355～385mm²/s	采用高黏度优质矿物油为基础油，以铝复合皂基作为增稠剂，含有增强型极压、抗磨添加剂。 主要设计用于重载和高温工况下运行的包括：采矿设备、铲车、挖掘机等露天开采操作机械。适用于挖掘机、铲车、堆垛机和取料机等设备的开式齿轮、操纵杆、环形导轨和滚筒，低速重载抗磨轴承、轴套、低速钢缆、水泥、垃圾处理或钢铁工业的开式齿轮应用	180kg	
安润龙 SMG748-1.5		优异的耐高温、抗水、防腐防锈性、机械稳定性和极压抗磨性。 适用于钢厂热轧、冷轧、初轧轴承；烧结机轴承和滑道；连铸机轴承；钢厂其他重载轴承。使用温度为：-18～160℃	180kg/钢桶 18kg/塑料桶	朗盛（加拿大）
SMG749-1.5 磺酸钙基重负荷工业轴承润滑脂		优异的耐高温、抗水、防腐防锈性、机械稳定性和极压抗磨性。 适用于钢厂热轧、冷轧、初轧轴承；烧结机轴承和滑道；连铸机轴承；钢厂其他重载轴承。使用温度为：-18～160℃		

续表

产品名称	执行标准	特点与用途	包装形式	生产厂家
安润龙 SMG728-1.5 磺酸钙基重负荷多用途工业轴承润滑脂		优异的耐高温、抗水、防腐防锈性、机械稳定性和极压抗磨性。 适用于钢厂热轧、冷轧、初轧轴承；烧结机轴承和滑道；连铸机轴承；钢厂其他重载轴承。使用温度为：-18～160℃	180kg/钢桶 18kg/塑料桶	朗盛 （加拿大）
安润龙 SMG729-1.5 磺酸钙基中负荷工业轴承润滑脂		优异的耐高温、抗水、防腐防锈性、机械稳定性和极压抗磨性。 适用于钢厂热轧、冷轧、初轧轴承；烧结机轴承和滑道；连铸机轴承；钢厂其他重载轴承。使用温度为：-18～160℃。		
安润龙 SMG725-1.5 连铸机轴承润滑脂		优异的耐高温、抗水、防腐防锈性、机械稳定性和极压抗磨性。 适用于钢厂热轧、冷轧、初轧轴承；烧结机轴承和滑道；连铸机轴承；钢厂其他重载轴承。使用温度为：-18～160℃		
Powerlite WR 帕瓦莱特 WR		以复合磺酸钙为稠化剂、采用最新生产工艺研制而成的多功能润滑脂。剪切安定性：10^5 次剪切试验后还能保持胶体稳定，工作锥入度变化量非常小；抗水性：卓越的黏附性使之不易被水冲刷导致润滑脂流失；抗载荷能力：采用特殊结构的复合磺酸钙稠化剂提供卓越的抗磨损性和抗载荷能力；防锈、防腐蚀性：在严酷的工作环境下，比锂基润滑脂和复合铝基润滑脂能保持更长久的防锈、防腐蚀能力；环保性：该产品沉淀于水、焚烧后不产生重金属、是为替代二硫化钼润滑脂而设计的新一代环保型多功能润滑脂。 适用于高载荷、高含水的润滑环境，冶金设备(粗轧、精轧、立式压力定宽机、卷取机等各种轧辊半密封轴承)、建筑机械(挖掘机、推土机、起重机、叉车等重型车辆)、瓦楞纸业、木材加工、农业机械等。使用温度为：-20～180℃	18kg/180kg 400g×20	协同油脂株式会社
Powerlite No. 2 帕瓦莱特 No. 2		以特殊钙皂做为稠化剂、配合了极压剂和特殊聚合物的多功能润滑脂；特殊聚合物所形成的坚固油膜，使得该产品具有超越的与金属附着的能力，并且极压性极为优越。抗水性强、即使在混入水的情况下润滑脂构造的变化极小，油份分离也极少的高性能润滑脂。即使在高温、多水的恶劣环境下也能保证设备的稳定运行，并发挥延长设备润滑寿命之目的。 适用于各种车辆，车、磨加工机械，车床，汽车，建筑机械(挖掘机、推土机等重型车辆)，农业机械(割草机、播种机、收割机等)，冶金设备、矿山机械、各种产业机械等。使用温度为：-10～120℃	18kg	
Molywhite 1B240 摩力白 1B240		采用矿物油、聚合物和极压剂配方的锂基润滑脂。主要特点是在滑动接触面表现出优异的润滑性、同时具有突出的黏附性、极压性和防水性。 适用于轧机工作辊轴套或其他低速高面压易磨损滑动接触面。使用温度为：-20～150℃	18kg	

续表

产品名称	执行标准	特点与用途	包装形式	生产厂家
FR Grease L No. 1 FR 阻燃脂 No. 1		采用了协同油脂最新科技研发成果研制而成的特种阻燃润滑脂，其阻燃特性卓越。该润滑脂即使从动着火，在短时间内会自动熄灭(很容易自动熄灭)，除此之外还具有防止燃烧扩散之特性，可以有效的防止火灾的蔓延，给防灾起到决定性的作用，为极压锂基系列润滑脂。 适用于集中供脂系统，主要为冶金行业炼钢高炉、炼焦设备、连铸连轧设备、卷曲设备及其他高温作业附属周边设备；其他行业高温作业附属周边设备，如铸造机械、热锻造机械等机械部件润滑。使用温度为：-10~130℃	18kg	
Emalube L 艾玛鲁博 L		针对长时间暴露于高温、高湿环境中的润滑系统而专门研发的特种润滑脂。采用一种新型聚脲化合物为稠化剂，可提供更长的润滑寿命、优良的防锈性和史无前例的强高温(Max250℃)抗聚合性，更加适用于集中供脂系统。 适用于高炉、连铸机、加热炉、烧结炉、炼焦炉等各类冶金设备传动轴承、风力发电旋转轴承及各类金属齿轮等。使用温度为：-10~200℃	18/180kg	
高温润滑脂	Q/WB2345A—2012	本品系以无机稠化剂稠化合成油，并加有高温固体添加剂以及抗氧、极压等多种添加剂精制而成的高温轴承润滑脂。 适用于高温、低速、重负荷工况条件下的滚动轴承的润滑。使用温度为：-40~300℃	1~2kg/桶、12kg/桶、15kg/桶、170kg/桶	郑州铁维保科技有限公司
全合成高温轴承润滑脂	Q/WB3318—2012	本品系以特种复合皂稠化特种全合成油，并加有抗氧化、抗磨性、防锈蚀及纳米级固体填料等多种添加剂精制而成。 适用于冶金钢铁行业的轧辊轴承，适用于各种高温中低速轴承、齿轮、轨道的润滑与防护。使用温度为：-30~250℃，短期可达 300℃	1~2kg/桶、12kg/桶、15kg/桶、170kg/桶	
复合磺酸钙脂	Q/WB5978-6—2012	本品是以复合磺酸钙为稠化剂的多用途润滑脂，在潮湿环境以及高温重载条件下具有出色的性能表现。 适用于潮湿、水淋环境里以及高温重载条件下工作的工业闭式轴承；使用温度为：-30~180℃	1~2kg/桶、12kg/桶、15kg/桶、170kg/桶	
全合成连铸机专用润滑脂	Q/WB8682A—2012	本品系以复合皂稠化全合成基础油，并加有抗氧化、防锈蚀等多种添加剂精制而成。 广泛用于冶金行业连铸机，连轧机及其他行业超高温摩擦部位，适用温度为：-20~250℃	1~2kg/桶、12kg/桶、15kg/桶、170kg/桶	
高温润滑脂		本品采用复合有机稠化剂调合特种油，并加入纳米级固体润滑剂精制而成。适用于模具润滑与防护；汽车、纺织、印染机械的高温轴承、高速轴承；各种大、中、小型电机轴承；石油、化纤设备上的高温风机轴承；钢铁、玻璃生产中的高温轴承。使用温度为：-30~250℃	1~2kg/桶、12kg/桶、15kg/桶、170kg/桶	

续表

产品名称	执行标准	特点与用途	包装形式	生产厂家
高温抗烧结润滑脂	Q/WB2845—2012	本品系以特殊稠化高黏度烃基油，并加有大量的超细固体润滑剂调制而成特种高温润滑脂。 适用于冶金行业高温条件下以滑动摩擦为主的摩擦副的润滑，如中厚板精整冷床链条等的润滑。使用温度为：-20~800℃	1.0~2kg/桶、12kg/桶、15kg/桶、170kg/桶	
全合成锻压成型润滑油膏	Q/WBM7035—2012	本品采用无机稠化剂稠化特种合成润滑油，并加入多种超细固体添加剂等多功能复合剂精制而成 推荐应用：锻压成型润滑；使用温度为：-30~450℃	1.0~2kg/桶、12kg/桶、15kg/桶、170kg/桶	
合成减速机防漏润滑剂	Q/WB36350—2012	本品采由合成基础油，并加有抗氧、极压、防腐、防漏、防点蚀和防锈等多种添加剂。广泛用于各种减速机	1.0~2kg/桶、12kg/桶、15kg/桶、170kg/桶	
复合磺酸钙基润滑脂	GB/T 33585—2017	优异的高温性能、抗水性能、极压抗磨性能和防锈性能，具备高温、多水、重负荷等苛刻条件下的实用性能。 适用于选矿厂球磨机的主传动轴承；炼铁厂焦车轴承；各种连铸机大包回转台齿圈；连铸机二冷区、扇形段、拉矫机、输送辊道轴承；各种带钢厂出坯辊道、粗轧机工作辊、精轧机工作辊、卷取机轴承、齿形接手、水泵轴承；无缝钢管厂轧管机定型辊；中厚板厂轧机工作辊、热处理炉的炉底辊道轴承；型材、线材厂轧机工作辊、冷床轴承	2kg/桶、17kg/桶、200kg/桶	
300℃润滑脂		适用于高温、低速、重负荷工况条件下滚动轴承的润滑，如陶瓷、电瓷、砖瓦隧道窑等窑车轴及一些烘烤设备的链条和轴承的润滑；也适用于烧结台车，静止加热的钢锭、铝锭、回火料车、焚烧炉、再生炉、喷漆烘干线等高温轴承的润滑。使用温度为：-40~300℃	800g/桶、2kg/桶、17kg/桶、170kg/桶、	天津市金海利油脂有限公司
600℃润滑脂		适用于加热炉、张布架、火焰切割机、火咀、锅炉等高温轴承和滑动部位的润滑和防护；适用于炼钢炉、陶瓷窑、高温烤箱等高温重负荷环境下使用；适用于所有静态螺纹结件和机械组件的装配润滑保护，极佳的螺纹丝扣防黏性和抗烧结性，预防螺纹结件刮削与紧蚀，可防火、防酸、防氧化、防灰尘，具特殊金属保护作用，减少噪音和震动。使用温度为：-40~600℃	800g/桶、2kg/桶、17kg/桶、170kg/桶	
轧辊轴承专用脂	SH/T 0535—2003	适用于各种机械设备的滚动和滑动摩擦部位上的润滑，特别适合钢铁厂线材轧辊轴承的润滑。使用温度为：-20~150℃	15kg/桶、170kg/桶	
极压锂基润滑脂	GB/T 7323—2010	适用于中重负荷的机械设备轴承和齿轮的润滑，3#用于压延机、锻造机等高负荷机械设备轴承。使用温度为：-20~120℃	15kg/桶、170kg/桶	

续表

产品名称	执行标准	特点与用途	包装形式	生产厂家
极压锂基润滑脂	Q/DX TYS 0108—2015	采用优质脂肪酸锂皂稠化精制矿物油，并加入极压抗磨、抗氧、防腐等多种添加制成。 适用于压延机、锻造机等重负荷机械设备的齿轮、轴承等润滑及各种低、中速重负荷蜗轮、开式齿轮、链条及悬空部件等设备减速箱的润滑。使用温度为：-20~120℃	塑桶：15kg、铁桶：170kg	统一石油化工有限公司
二硫化钼锂基润滑脂	SH/T 0587—1994	采用脂肪酸锂皂稠化矿物润滑油并加有极压添加剂及二硫化钼粉所制成。 适用于在轧钢机械、矿山机械、重型起重机械等重负荷齿轮和轴承的润滑，并能使用于有冲击负荷的部件。使用温度为：-20~102℃	塑桶：1.8kg/9kg/15kg、铁桶：170kg	
连铸机特级润滑脂	Q/DX TYS 0063—2015	采用复合锂皂稠化矿物润滑油，并加入极压添加剂所制。具有更长的使用寿命、良好的抗微动磨损性能和防水性。 适用于高温潮湿环境下，中、重负荷滚珠、滚柱和滑动轴承的润滑。使用温度为：-20~160℃	塑桶：15kg、铁桶：170kg	
轧机轧辊专用润滑脂	Q/DX TYS 0089—2015	采用复合锂钙皂稠化精制基础油，并加有极压抗磨、抗氧化、防腐蚀等多种添加剂制成。 适用于连扎、冷热轧机设备各部位轴承的润滑，使用温度为：-20~180℃	塑桶：15kg、铁桶：170kg	
烧结机滑道专用密封润滑脂	SH/T 0535—93 稠度等级：2#、1#	采用复合锂皂稠化矿物润滑油，并加入极压添加剂所制。 适用于烧结机滑道设备	塑桶：15kg、铁桶：170kg	
重负荷开式齿轮润滑脂	Q/DX TYS 0067—2015	采用皂基稠化高黏度基础油，添加各类添加剂制成。 适用于各种类型的大型、重负荷、低速至中速的开式齿轮润滑。使用温度为：-20~120℃	塑桶：15kg、铁桶：170kg	
窑车轴承润滑脂	Q/DX TYS 0103—2015	采用光亮油稠化有机膨润土稠化剂，并添加多效添加剂制成。 适用于窑车轴承、链条的润滑，也可用于炼钢厂铁水包和转炉支点轴承等高温轴承的润滑，最高使用温度可达180℃	塑桶：15kg、铁桶：170kg	
复合磺酸钙基润滑脂	GB/T 33585—2017	采用磺酸钙与其他钙盐作为复合皂稠化矿物或合成基础油，并加入抗氧及其他添加剂所制成。 适用于高温、多水、重负荷机械设备的滚动轴承和滑动轴承及其他摩擦部位，如连铸机、轧机工作辊等部位及船舶使用	铁桶：170kg	
YB-EP	Q/YB J305-2016	适用于热轧、连铸等设备输送辊道的集中润滑，使用温度为：-20~120℃	18kg/桶	安徽意博润滑科技

续表

产品名称	执行标准	特点与用途	包装形式	生产厂家
烧结机专用润滑脂	Q/TOP 0205031—2017	具有优秀的抗高温性及密封性能，高温稠度变化小，在滑道与空气密封件间起良好的密封作用，防止漏气；良好的抗氧化、极压抗磨性能，满足高负荷或有一定冲击负荷机械设备的轴承润滑	1kg/桶、5kg/桶	青岛拓普石油化工有限公司
RSJ-Ⅱ烧结机专用润滑脂	SH/T 001—2007	优良的耐高温性，满足高温部分(如烧结机滑道尾段)润滑与密封要求；良好的极压抗磨性，确保杰出的承载能力；良好的防腐、防锈性，在粉尘或酸性气体等恶劣环境下能有效保护设备不被腐蚀或锈蚀；良好的黏附性，在摩擦副表面油膜较厚，保证滑道润滑密封良好，减少漏风	1kg/桶、5kg/桶	
连铸机专用长效聚脲润滑脂	Q/0205TOP 032—2017	良好的泵送性，适用于集中润滑；优良的极压抗磨性及抗水性；良好的抗氧、防腐性；耐高温性能好，可在220℃环境下使用	1kg/桶、5kg/桶	
EP-Ⅲ热轧专用润滑脂	Q/0205TOP 033—2017	优良的抗水性，即使在水冲洗的情况下仍能保证轴承寿命；优良的极压抗磨性，在重载、振动、冲击负荷条件下能有效防止磨损，延长轴承使用寿命。 良好的防腐、防锈性，长期保护润滑系统不发生锈蚀；良好的机械安定性和抗氧化安定性，高温工作下有效抑制氧化产物的生成，并在剧烈振动条件下能长期保持稠度，防止润滑脂泄漏从而延长使用寿命；不含铅，对人体无害，是新一代环保型润滑脂	1kg/桶、5kg/桶	
轧辊密封轴承专用极压润滑脂	Q/0205TOP 034—2017	优良的极压抗磨性，确保杰出的承载能力；优良的黏附性，在摩擦副表面形成牢固润滑油膜；使用寿命长，为长寿命轴承润滑脂(在轧辊密封轴承中换脂周期长达6个月)；良好的抗水性、防锈性，能长期保护轴承不被腐蚀或锈蚀；良好的氧化安定性和机械安定性，在高温下有效抑制氧化物的产生，在长期连续工作条件下能保持稠度，延长使用寿命	1kg/桶、5kg/桶	
轧辊轴承聚脲型润滑脂	Q/0205TOP 030—2017	优良的耐高温性，摩擦部位在较高温度下或较高环境温度下润滑脂不流失；良好的极压抗磨性能，满足高负荷或有一定冲击负荷机械设备的轴承润滑；优良的润滑性、泵送性、抗水性和良好的黏附性能，保证设备在潮湿或有水存在下的防护和润滑	1kg/桶、5kg/桶	
连铸机润滑脂	Q/0205TOP 060—2017	具有优良的抗水性、防锈性，保证设备在潮湿或有水存在下的防护与润滑；良好的极压抗磨性和高温抗氧化性能，满足高负荷或有一定冲击负荷机械设备的轴承润滑	1kg/桶、5kg/桶	
复合锂基脂	Q/LTY00216	具有高滴点、良好的抗高温氧化性能、良好的泵送性、长的轴承寿命、良好的抗磨、抗极压、抗水和防锈性能。此产品在苛刻的工作环境下不会软化，并有极强的黏附能力、本脂具有优良的抗抛脱能力和密封特性，性能与普通的锂基脂和MP脂相比，具有更高的使用温度、更长的使用寿命，是普通锂基脂和MP脂使用寿命的3倍以上，能耐更高的温度，具有更好的抗微动磨损性能。 适用于石油化工、纺织、印染、钢铁和浮法玻璃、造纸等各行业生产中的高温轴承，各种中、重负荷滚珠、滚柱、滚动轴承、烘烤设备的齿轮、链条托轮等传动部位和联轴节等部位的润滑。也适合大型电机的润滑。使用温度为：-20~200℃	800g/罐、16kg/桶、170kg/桶	杭州壳邦力特油脂有限公司

续表

产品名称	执行标准	特点与用途	包装形式	生产厂家
聚脲润滑脂	Q/LTY00320	滴点高、耐高温、使用寿命长、氧化安定性好，具有优良的极压抗磨性和抗辐射性。 适用于冶金行业高温、高负荷、宽温度和与不良介质接触的润滑场合，如钢厂连轧机、连铸设备的结晶器、弧形辊道、弯曲辊道轴承等	800g/罐、16kg/桶、170kg/桶	杭州壳邦力特油脂有限公司
二硫化钼润滑脂	SH/T 0587标准	具有突出的极压抗磨性能，良好的高低温性、机械安定性、胶体安定性、氧化安定性、抗水性和防锈性能，二硫化钼能够有效降低摩擦副间的摩擦系数，对震动、冲击负荷或在高温情况下起补强作用。 适用于冶金行业、轧钢机械、矿山机械、建材机械、重型起重机械等重负荷齿轮和轴承的润滑，并能使用于有震动、冲击负荷的部件。使用温度为：-20~120℃	800g/罐、16kg/桶、170kg/桶	
复合铝基脂	SH/T 0378标准	具有一定的耐高温性、抗水汽性、氧化安定性和胶体安定性，热可逆性独特，纤维短，具有良好的泵送性。 适用于冶金行业高温高湿条件下运转设备的润滑，以及集中供脂系统的连铸、连轧等高温设备的润滑。使用温度为：-20~160℃	800g/罐、16kg/桶、170kg/桶	
复合磺酸钙脂	Q/LTY22001标准	具有极佳的机械安定性，优良的承载负荷、防锈蚀、抗污染性能、高温可逆性和极佳的机械安定性。因钙盐本身就是一种非活性极压抗磨剂，所以具有优异的极压抗磨性。本身比重比水大，遇水在较长时间均不乳化变质，在潮湿和水淋环境具有无与伦比的抗水性能。 适用于恶劣环境中的润滑、密封、承重、防锈。是一种多效能润滑脂。用于接触水的轴承钢厂热轧辊轴承、研光轴承、高温环境里的低高速轴承、汽车轮毂轴承、重型机械、拖车转向轮以及各种苛刻或重负荷工况条件下的工业设备。使用温度为：-20~250℃，短期可达280℃	800g/罐、16kg/桶、170kg/桶	
SHC460高温润滑脂	Q/LT Z0059标准	具有高滴点、良好的抗氧化性能、良好的泵送性、长的使用寿命，良好的抗磨、极压性能、防锈性能。能耐更高的温度，具有更好的抗微动磨损性能。 适用于陶瓷、纺织、冶金等行业中重负荷滚珠、滚柱、滑动轴承、烘烤设备的齿轮、链条拖轮等传动部位和联轴节等部位的润滑。也适合大型电机的润滑。使用温度为：-30~300℃	800g/罐、16kg/桶、170kg/桶	
烧结机滑道专用密封脂		具有优良的高温附着性和密封性，以及优良的润滑性、极好的泵送性，完全满足烧结机集中润滑系统的要求。 适用于冶金行业烧结机弹性滑道的集中润滑系统，以及其他高温部位需要润滑密封的滑动摩擦部位，使用温度为：-15~220℃	800g/罐、16kg/桶、170kg/桶	

续表

产品名称	执行标准	特点与用途	包装形式	生产厂家
MOKO 9103 高温润滑脂 （T220）	DIN 51502： KP2R-40	优良的高温性和高温热稳定性；优秀的抗剪切性，高温下不易流失；极佳的抗磨极压性，高温下能保持良好的油膜；好的防锈、防腐和抗水性能；极佳的高温抗氧化性，长的使用寿命。适用于高温重负荷工况下工作的轴承与齿轮的润滑与防护。 适用于热定型机、烘缸热压机、拉伸拉幅机、塑料挤压机、烘烤机以及钢厂的炼钢炉、烧结车、轧机和水泥厂蓖冷机等高温场合下轴承的润滑与防护使用温度为：-40~220℃	1kg/盒× 12/箱、 18kg/塑桶	上海摩克润滑油技术有限公司
MOKO 9107 高温窑车润 滑脂(T300)		极佳的高温性和高温热稳定性；良好的高温润滑性和抗磨性；高温下不流失、保持性好；优秀的抗水性、防护性和浸润性；极好的高温抗氧化性，长的高温使用寿命；250℃以上长期使用发干，但可形成一层固体膜，仍能起润滑作用。 适用于高温、低速、重负荷工况条件下的轴承、链条、滑道的润滑与防护。适用于陶瓷、电瓷、砖瓦隧道窑烧结台车，静止加热的钢锭、铝锭、回火料车、焚烧炉、再生炉、再生排气机等高温部位的润滑。使用温度为：-40~300℃	1kg/盒× 12/箱、 18kg/塑桶	
MOKO 9110 超高温润 滑脂(T600)		极佳的高温性能，300℃以上高温依靠固体干膜起长期润滑作用；良好的高温润滑性和高温抗氧化安定性；好的高温润滑性，长的使用寿命；高温下不流失、不结焦、保持性好。 适用于高温下工作的各种轴承和滑道的润滑；加热炉、冶炼炉、火焰切割机、火咀、锅炉等高温部位的润滑与防护。使用温度为：-40~600℃	1kg/盒× 12/箱、 18kg/塑桶	
MOKO 9302 极压半流体 齿轮脂		良好防漏性和抗水性；优秀的热稳定性和化学安定性；良好的抗磨极压性，能有效降低齿轮间的磨损；长的使用寿命。适用于各种低、中速重负荷闭式齿轮、涡轮、链轮等部位的润滑。 适用于在高温、有粉尘、铁鳞的工作环境下作业的各种重负荷闭式减速机的润滑。如油气田的抽油机、冶炼行业的行车、轧机、转炉等。使用温度为：-30~120℃	MOKO 9302 极压半流体 齿轮脂	
MOKO 9305 重负荷开式 齿轮脂		极佳的抗磨极压性、优秀的承载负荷能力，可有效降低齿轮磨损。 优良的黏附性和扩散性，能迅速在齿面形成油膜；良好的抗水性和抗氧化性，使用周期长；无溶剂、无沥青、无铅，属环保绿色润滑产品。 适用于各种大型、重负荷、低转速开式齿轮和齿形联轴节的润滑和防护，负荷承载能力达20000kgf/cm^{2}以上；钢厂烧结机、水泥厂水转窑、磨煤机、电厂球磨机、化工行业反应炉等大型和特大型开式齿轮的润滑。使用温度为：-15~120℃	18kg/铁桶、 180kg/塑桶	
MOKO 9606 特种密封脂		极佳的高温热稳定性和高温抗氧化安定性；卓越的抗化学介质能力，抗酸碱盐、氯气、氟化氢、氟里昂等腐蚀性介质；极佳的密封性，密封效果长期持久；泵送性好。 适用于化工反应炉、水泥回转窑、冶炼烧结炉、高压汽轮机的端面密封和润滑；特别适用于氟化反应炉端面的密封和润滑。使用温度为：-10~600℃	1kg/盒× 12/箱、 18kg/塑桶	

续表

产品名称	执行标准	特点与用途	包装形式	生产厂家
MOKO 9701 多效复合磺酸钙润滑脂	ISO6743-9：L-XBFHB2 DIN 51502：KP2R-25	极高的滴点，优秀高温热稳定性和高温抗氧化安定性；稠化剂自身具有优异的极压抗磨性，承载能力强；稠化剂自身具有优异的防锈性，防锈性能非常好；极佳的抗水性，优秀的抗剪切性和良好泵送性；不含铅及其他重金属，对人体和环境无害。适用于各种高温、重载、潮湿以及与水接触轴承的润滑和防护。 适用于汽车轮毂和底盘、钢铁热轧工作辊轴承、造纸压辊轴承、航运甲板轴承、印染烘机高温轴承等高温潮湿工况下的中、重负荷轴承的润滑。使用温度为：-30～200℃	175kg/铁桶、18kg/塑桶	上海摩克润滑油技术有限公司
MOKO 9704 重负荷复合磺酸钙润滑脂	ISO6743-9：L-XBFHB2 DIN 51502：KP2R-25	极高的滴点，优秀高温热稳定性和高温抗氧化安定性；稠化剂自身具有优异的极压抗磨性，可承受巨大的冲击力和负荷；稠化剂自身具有优异的防锈性，防锈性能非常好；极佳的抗水性，优秀的抗剪切性和良好泵送性；不含铅及其他重金属，对人体和环境无害。适用于汽车、钢铁、造纸、航运、印染、瓦楞纸等行业高温潮湿工况下的中、重负荷轴承的润滑。 适用于低中速，重负荷轴承、齿轮、链轮和联轴节等部位的润滑。使用温度为：-20～200℃	175kg/铁桶、18kg/塑桶	
MOKO 9705 轧辊复合磺酸钙润滑脂	ISO6743-9：L-XBFHB2 DIN 51502：KP2R-25	极高的滴点，优秀高温热稳定性和高温抗氧化安定性；稠化剂自身具有优异的极压抗磨性，可承受巨大的冲击力和负荷；稠化剂自身具有优异的防锈性，防锈性能非常好；极佳的抗水性，优秀的抗剪切性和良好泵送性；不含铅及其他重金属，对人体和环境无害。 适用于冶金行业热轧、冷轧辊轴承的润滑；连铸大包回转台、结晶器、二冷段、扇形段辊道，拉矫机和摆剪机、输送辊的润滑	175kg/铁桶、18kg/塑桶	
MOKO 9801 合成聚脲基润滑脂	ISO6743-9：L-XBFEB2 DIN 51502：KP2R-40	卓越的高低温性、抗水性和润滑性；极佳的抗氧化安定性和极长的使用寿命；良好泵送性和抗酸性气体介质能力；优良的防锈防腐性、剪切稳定性。适用于高温潮湿环境下的轴承、链条、钢缆、滑道的长期润滑和防护。 适用于长期甚至终生寿命轴承的润滑和防护。使用温度为：-40～200℃	175kg/铁桶、18kg/塑桶	
MOKO 9802 多效聚脲基润滑脂	DIN 51502：KP2R-25	突出的高温性、抗水性和润滑性；极佳的抗氧化安定性和极长的使用寿命；良好泵送性和抗酸性气体介质能力；优良的防锈防腐性、剪切稳定性。 适用于高温潮湿环境下的轴承、链条、钢缆、滑道的长期润滑和防护；汽车、石化、钢铁、水泥等行业经常接触水、水蒸汽和腐蚀性介质部位的长期润滑和防护。使用温度为：-20～180℃	175kg/铁桶、18kg/塑桶	
MOKO 9803 极压聚脲基润滑脂	DIN 51502：KP2R-25	极佳的抗磨极压性、优秀的承载负荷能力；极佳的抗氧化安定性和极长的使用寿命；良好泵送性和抗酸性气体介质能力；优良的防锈防腐性、抗水性。适用于高温潮湿重载环境下的轴承、链条、钢缆、滑道的长期润滑和防护。 适用于汽车、石化、钢铁、水泥等行业经常接触水、水蒸汽和腐蚀性介质的高温重载部位的润滑和防护	175kg/铁桶、18kg/塑桶	

续表

产品名称	执行标准	特点与用途	包装形式	生产厂家
MOKO 9804 合成复合锂基润滑脂	ISO6743-9: L-XBFEB2 DIN 51502: KP2R-40	卓越的高低温性、高温热稳定性、高温抗氧化安定性；良好的抗磨性和抗微动磨损性；优秀的机械安定性和胶体安定性；优良的防锈防腐性、抗水性；极长的使用寿命。适用于高温工况下工作的轴承与齿轮的润滑与防护。 适用于热定型机、烘缸热压机、拉伸拉幅机、塑料挤压机、烘烤机以及钢厂的炼钢炉、烧结车、轧机和水泥厂蓖冷机等高温场合下轴承的润滑与防护 适用于长期甚至终生寿命轴承的润滑和防护。使用温度为：-40~200℃	175kg/铁桶、 18kg/塑桶	上海摩克润滑油技术有限公司
MOKO 9805 多效复合锂基润滑脂	DIN 51502: KP2R-25	优良的高温性，轴承高温运转寿命长；极佳的抗磨性和抗微动磨损性；优秀的机械安定性和胶体安定性；良好的抗水性和防锈性。 适用于石油化工、纺织、印染、钢铁和浮法玻璃生产中的高温轴承和大型电机轴承；高温电机、风机轴承的润滑。使用温度为：-30~180℃	175kg/铁桶、 18kg/塑桶	
MOKO 9806 极压复合锂基润滑脂	DIN 51502: KP2R-25	极佳的抗磨极压性、优秀的承载负荷能力；极好的抗氧化安定性、抗微动磨损性和极长的使用寿命；良好泵送性，适宜集中润滑；优良的防锈防腐性、抗水性。适用于高温重载环境下的轴承、链条、钢缆、滑道、托轮、齿轮、联轴节、大型电机的润滑和防护。 适用于汽车、石化、钢铁、水泥、纺织、印染、浮法玻璃等行业高温重载部位的润滑和防护	175kg/铁桶、 18kg/塑桶	
MOKO 9901 连铸机聚脲润滑脂	DIN 51502: KP2R-25	突出的高温性、高温热稳定性、高温抗氧化安定性；良好的抗磨极压性，能有效防止摩擦部位间的磨损；极佳的抗水、水蒸汽、腐蚀性介质能力；优良的防锈防腐性，泵送性好，适宜集中润滑系统。 适用于钢厂连铸机各段输送辊轴承的润滑和防护；低、中速重负荷轴承、齿轮、链轮、蜗轮等设备的润滑。使用温度为：-20~200℃	175kg/铁桶、 18kg/塑桶	
MOKO 9902 高温螺纹防卡剂		极佳的高温螺纹丝扣防黏结性；优良的耐高温性和螺纹密封性；固体减摩剂能有效降低摩擦系数，丝扣易拆卸；良好的导电性和耐压性。 适用于防止各种螺栓、丝扣的高温黏连和烧结；电厂汽轮机、钢厂炼钢炼铁、水泥厂回转窑、化纤高速纺丝机、聚酯熔体计量泵等高温螺栓的防卡咬。使用温度：-40~1100℃	1kg/盒× 12/箱、 18kg/塑桶	

续表

产品名称	执行标准	特点与用途	包装形式	生产厂家
长鸣 CL2100 减速机润滑脂	Q/0700WCM 200. 100	适用于冶金、矿山、能源、交通和工程机械的非循环润滑的减速机齿轮润滑，具有防漏减漏、节能增效的功能；也适用于大型机组的集中润滑系统，比采用一般齿轮油能减少泄漏，延长换油周期、改善环境卫生。使用温度为：-10~120℃	15kg 塑料桶、170kg 铁桶或按需包装	山东长鸣化工有限公司
长鸣 CL2103 重负荷开式齿轮润滑脂	Q/0700W CM200. 103	适用于各种低速、重负荷的大型开式齿轮的润滑，特别适用于钢厂烧结机、水泥厂回转窑、球磨机、铝厂焙烧炉化工厂反应炉等大型和特大型开式齿轮的润滑与防护；也适用于承载负荷可达 20000kg/cm^{2}以上的各种齿形联轴器的润滑。使用温度为：-15~120℃	15kg 塑料桶、170kg 铁桶或按需包装	
长鸣 CL2105 极压半流体齿轮润滑脂	Q/0700WCM 200. 105	主要适用于冶金、矿山、能源、交通和工程机械的非循环润滑的减速机齿轮润滑，具有防漏减漏、节能增效的功能；也适用于大型机组的集中润滑系统，比采用一般齿轮油能减少泄漏，延长换油周期、改善环境卫生。使用温度为：-20~120℃	15kg 塑料桶、170kg 铁桶或按需包装	
长鸣 YJ3100 复合磺酸钙基润滑脂	Q/0700WCM 300. 100	适于冶金行业热轧、冷轧辊轴承，连铸设备的大包回转台、结晶器、二冷段、扇形段辊道、拉矫机和摆剪机，输送辊道的润滑和防护；也适于高温条件下重负荷的中、低转速的轴承、齿轮、链条及高速巨型联轴节的润滑及同水、水蒸气或酸、碱接触的一些部位的润滑和防护。使用温度为：-20~180℃	15kg 塑料桶、170kg 铁桶或按需包装	
长鸣 YJ3101 极压复合锂基润滑脂	Q/0700WCM 300. 101	适于冶金、矿山企业的高温重负荷设备的轴承、联轴节、齿轮等部位润滑；特别适宜温度变化大，带有冲击或振动负荷的轴承，也适于某些轴瓦、轴销、滑轨、齿轮、链条和钢丝绳的润滑。使用温度为：-25~180℃	15kg 塑料桶、170kg 铁桶或按需包装	
长鸣 YJ3102 极压复合铝基润滑脂	Q/0700WCM 300. 102	适于中负荷主机械设备及集中润滑系统，特别适于冶金企业连轧机、连铸机出钢辊道及印染、大型电动机等高温设备摩擦部的润滑。使用温度为：-25~180℃	15kg 塑料桶、170kg 铁桶或按需包装	
长鸣 YJ3103 极压脲基润滑脂	Q/0700WCM 300. 103	适用于高温潮湿环境下的中、重负荷滚珠、滚柱和滑动轴承的长期润滑；特别适于钢厂设备中载有各种冲击或振动载荷的的中、重负荷轴承、齿轮的润滑与防护，尤其适于操作温度高，传统锂基润滑脂无法适用的润滑场合。使用温度为：-20~180℃	15kg 塑料桶、170kg 铁桶或按需包装	
长鸣 YJ3104 连铸机脲基润滑脂	Q/0700WCM 300. 104	适用于高温潮湿环境下的中、重负荷滚珠、滚柱和滑动轴承的长期润滑；特别适宜于钢铁厂连铸生产线轴承及水泥厂易于接触水部位轴承及齿轮的润滑。使用温度为：-20~180℃	15kg 塑料桶、170kg 铁桶或按需包装	
长鸣 YJ3105 烧结机专用润滑脂	Q/0700WCM 300. 105	适用于烧结机滑道的润滑与密封，也适用于其他高温条件下需要润滑与密封的滑道摩擦部位。使用温度为：-20~120℃	15kg 塑料桶、170kg 铁桶或按需包装	

续表

产品名称	执行标准	特点与用途	包装形式	生产厂家
长鸣 YJ3106 轧辊轴承润滑脂	Q/0700WCM 300.106	适用于冶金行业高温、高湿、重负荷条件下的各式轧机轧辊的滚动轴承，特别是热轧机组和连轧机组的轧辊轴承；也适用于烧结、炼铁、炼钢和轧钢系统的其他高温重负荷轴承的润滑。使用温度为-20~200℃	15kg 塑料桶、170kg 铁桶或按需包装	山东长鸣化工有限公司
长鸣 DL4104 大型电机轴承润滑脂	Q/0700WCM 400.104	适用于高温、中、重负荷轴承、齿轮等部位的润滑与防护；适用于石化、钢铁、水泥、电力等行业的高温风机、电机轴承的润滑。使用温度为：-20~150℃	15kg 塑料桶、170kg 铁桶或按需包装	
长鸣 CM7014-1 高温润滑脂	Q/0700WCM 001.013	适用于冶金、采矿、能源、建材、石油、化工等行业的各种高温轴承的润滑，特别适宜于化工厂的辅助锅炉旋转火咀轴承、塑料挤压机套筒轴承，裂解炉引风机、再生气压缩机、拉伸拉幅机、热熔风机、热定型机等高温轴承；也适用高温环境下的各种齿轮、链条、离合器的润滑。使用温度为：-40~200℃	1kg、15kg 塑桶或按需包装	
长鸣 CM7019-1 极压高温润滑脂	Q/0700WCM 001.103	适用冶金钢铁、矿山、纺织行业的电机轴承、高温轴承及烘烤设备的齿轮、链条托轮等传动部位和联轴节等部位的润滑防护。使用温度为：-30~180℃	1kg、15kg 塑料桶或按需包装	
长鸣 TY9102 多效通用长寿命润滑脂	Q/0700WCM 900.102	适用于冶金、矿山企业的高温重负荷设备的轴承、联轴节、齿轮等部位润滑。使用温度为：-20~150℃	15kg 塑料桶、170kg 铁桶或按需包装	
长鸣 TY9103 二硫化钼复合锂基润滑脂	Q/0700WCM 900.103	适用于冶金、矿山企业的高温重负荷设备的轴承、联轴节、齿轮等部位润滑。使用温度为：-30~180℃	15kg 塑料桶、170kg 铁桶或按需包装	
长鸣 TY9105 通用脲基润滑脂	Q/0700WCM 900.105	适于高温、潮湿或酸性介质环境下工作的轴承、齿轮、链条的润滑与防护。使用温度为：-20~150℃	15kg 塑料桶、170kg 铁桶或按需包装	
长鸣 TY9108 膨润土润滑脂	Q/0700WCM 900.108	适用于高温、重负荷以及核辐射工作环境下运行的轴承的润滑与防护；可用于冶金、矿山等行业高温设备的轴承、齿轮等部位润滑。使用温度为：-20~180℃	15kg 塑料桶、170kg 铁桶或按需包装	

续表

产品名称	执行标准	特点与用途	包装形式	生产厂家
轧机轧辊轴承脂 2#、3#	GB/T 7324—2010	具有优良的耐高温性，良好的极压抗磨性，抗水冲刷、抗腐蚀性和优良的机械安定性。 适用于冶金工业轧钢系统各式轧机辊的滚动轴承，特别是热轧机组和连轧机组的轧辊轴承。使用温度为：-30~200℃	15kg 塑桶装、200L 铁桶装	东营市成润化工有限责任公司
极压二硫化钼锂基脂 0#、1#、2#、3#	GB/T 7324—2010	具有良好的耐高温、抗磨、抗极压、密封、修补等性能。 适用于各种机械设备的润滑，尤其对于苛刻条件下工作的重负荷、高温、高速的机械润滑部位更显极佳的润滑效果，本产品 0# 适用于润滑系统集中润滑。使用温度为：-20~145℃	15kg 塑桶装、200L 铁桶装	
极压锂基润滑脂 1#、2#	GB/T 7324—2010	具有优良的抗水性、防锈性、防腐性；优良的极压抗磨性；良好的机械安定性、氧化安定性。 适用于冶金、矿山、纺织机械等高温、重负荷机械设备各摩擦部位的润滑．本产品 0# 适用于润滑系统集中润滑。使用温度为：-20~145℃	15kg 塑桶装、200L 铁桶装	
烧结机专用润滑脂 1#、2#	GB/T 7324—2010	具有极优异的耐高温性、氧化安定性和热安定性，具有良好的承载能力，能在高温重负荷条件下长期使用。突出的抗水性能不乳化、不变质。 适用于冶金工业大型烧结机的弹性滑道的各部位轴承及其他均热炉、退火炉、烘干炉等高温设备的润滑。使用温度为：-30~200℃	15kg 塑桶装、200L 铁桶装	
连铸机专用润滑脂 0#、1#、2#	GB/T 7324—2010	具有突出的耐高温性，不软化流失，保证有效的润滑与防护，优良的抗水性和防锈性，能满足潮湿或水淋条件下设备的防护与润滑，良好的极压抗磨性，满足高负荷或有一定冲击负荷下机械设备的轴承润滑。 适用于冶金行业各型连铸机二冷区及辊道轴承的润滑。使用温度为：-30~200℃	15kg 塑桶装，200L 铁桶装	
二硫化钼锂基脂 2#、3#	GB/T 7324—2010	具有良好的极压抗磨性能有效降低机械摩擦部位的磨损。可降低摩擦部位的摩擦系数，减少摩擦阻力。具有优良机械安定性、氧化安定性，可保证较长的换脂周期。 适用于载重汽车的轮毂、底盘等高温、高速摩擦部位润滑；冶金、矿山企业的中重负荷机械设备的轴承、联轴节、齿轮等部位的润滑。使用温度为：-20~130℃	700~1000g×20 纸箱/塑料袋，3.5~4kg×4 纸箱/塑料桶、15kg 塑桶、200L 铁桶	
复合锂基润滑脂		具有良好的耐高温、抗水淋和机械安定性能。适用于水淋严重、中等负荷、温度较高的机械摩擦部位的润滑。 适用于钢铁、造纸、采矿、塑料挤压和纺织行业中具有高温含水和重负荷条件设备的润滑	1kg 铁盒、2kg 铁盒、15kg 塑料桶、180kg 铁桶、300g 弹簧管	东营市鑫泰来工贸有限公司
复合磺酸钙基润滑脂		具有良好的泵送性、抗水性、胶体安定性，特别适用于高温、高负荷、宽速度的润滑场合。 适用于钢铁、造纸、采矿、塑料挤压和纺织行业中具有高温含水和重负荷工况条件下设备的润滑。使用温度为：-20~360℃，此温度区间内长时间使用	1kg 铁盒、2kg 铁盒、15kg 塑料桶、180kg 铁桶、300g 弹簧管	

续表

产品名称	执行标准	特点与用途	包装形式	生产厂家
减速机专用润滑脂		采用高级脂肪酸锂皂做稠化剂，并加有挤压、抗氧等多种添加剂制成，具有良好的机械安定性和氧化安定性；产品半流体膏状物，具有油膜强度大，摩擦系数低的特点。 该产品适用于冶金、矿山、铁路等行业中负荷或重负荷低速度齿轮传动设备装置，如轧钢冷床，剪切机等，使用温度为：-20~100℃	1kg 铁盒、2kg 铁盒、15kg 塑料桶、180kg 铁桶、300g 弹簧管	东营市鑫泰来工贸有限公司
高温耐水润滑脂		良好的耐高温性能。挤压抗磨性、机械安定性、抗酸碱性和黏附性以及良好的抗水淋性能，保证轴承充分的润滑。 适用于钢铁，矿山，机械，交通运输等行业处于高温，重负荷，潮湿等恶劣工况下轴承的润滑	1kg 铁盒、2kg 铁盒、15kg 塑料桶、180kg 铁桶、300g 弹簧管	
二硫化钼锂基润滑脂		由脂肪酸锂皂稠化矿物油，并加抗氧剂和二硫化钼粉剂制成。具有耐高温、抗水性强的特点和良好的机械安定性、润滑性、抗磨性和极压性。 适用于各种重负荷、高温条件下工作的大型设备的润滑。0#~3#脂的使用温度不能超过 140℃、145℃、150℃、155℃	1kg 铁盒、2kg 铁盒、15kg 塑料桶、180kg 铁桶、300g 弹簧管	
复合铝基润滑脂	SH/T 0378—2003	适宜冶金、化学、造纸及其他行业高温、高湿条件下设备的润滑，特别是具有集中润滑系统的机械设备润滑，如大型轧钢机、烧结机等传送系统设备	500g、1kg、2kg、18kg、180kg	邯郸市昌盛油脂制造有限公司
复合锂基润滑脂	SH/T 0535—1993	适用于高级轿车轮毂轴承部位的润滑，也适用于钢厂轧钢机、烧结机等高温轴承润滑使用。使用温度为：-20~150℃，短时间可达 180℃	500g、1kg、2kg、18kg、180kg	
复合磺酸钙基润滑脂		适用于冶金、采矿、机械等行业。在冶金行业的炼钢连铸轴承的润滑、轧钢机轴承的润滑优势更加明显，适用于高温、重负荷以及有水环境下的润滑，如钢铁冶金行业连铸、热轧机工作辊轴承等，也可作为通用脂用于造纸业湿热环境下或其他重工业环境下设备的润滑。此外，还能够有效地对暴露在高温、重负载、水淋以及腐蚀条件下的接合点、凸轴承、连接器、减速机、齿轮等进行润滑。使用温度为：-20~160℃	500g、1kg、2kg、18kg、180kg	
烧结机润滑脂	GB 7323—2008	适用于冶金行业混料机开式齿轮及托辊的低速、重负荷条件下的润滑。使用温度为：H-1 为-10~100℃；H-2 为-20~100℃	500g、1kg、2kg、18kg、180kg	
轧辊轴承润滑脂	GB 7323—2008	适用于润滑中小型轧机的轧辊轴承、立式轧机的轧辊轴承、中板轧机和翻板机设备轴承。使用温度：00#、0#为-20~150℃，其他牌号为-20~180℃	500g、1kg、2kg、18kg、180kg	

续表

产品名称	执行标准	特点与用途	包装形式	生产厂家
复合铝基润滑脂	SH/T 0378—2003	适宜冶金、化学、造纸及其他行业高温、高湿条件下设备的润滑，特别是具有集中润滑系统的机械设备润滑，如大型轧钢机、烧结机等传送系统设备	500g、1kg、2kg、18kg、180kg	邯郸市雄鑫润滑油脂有限公司
复合锂基润滑脂	SH/T 0535—1993	适用于高级轿车轮毂轴承部位的润滑，也适用于钢厂轧钢机、烧结机等高温轴承润滑使用。使用温度为：-20～150℃，短时间可达180℃	500g、1kg、2kg、18kg、180kg	
复合磺酸钙基润滑脂		广泛应用于冶金、采矿、机械等行业。在冶金行业的炼钢连铸轴承的润滑、轧钢机轴承的润滑优势更加明显，适用于高温、重负荷以及有水环境下的润滑，如钢铁冶金行业连铸、热轧机工作辊轴承等，也可作为通用脂用于造纸业湿热环境下或其他重工业环境下设备的润滑。此外，还能够有效地对暴露在高温、重负载、水淋以及腐蚀条件下的接合点、凸轴承、连接器、减速机、齿轮等进行润滑。使用温度为：-20～160℃	500g、1kg、2kg、18kg、180kg	
烧结机润滑脂	GB 7323—2008	适用于冶金行业混料机开式齿轮及托辊的低速、重负荷条件下的润滑。使用温度为：H-1为-10～100℃；H-2为-20～100℃	500g、1kg、2kg、18kg、180kg	
轧辊轴承润滑脂	GB 7323—2008	适用于润滑中小型轧机的轧辊轴承、立式轧机的轧辊轴承、中板轧机和翻板机设备轴承。使用温度：00#、0#为-20～150℃，其他牌号为-20～180℃	500g、1kg、2kg、18kg、180kg	
连铸机专用润滑脂		适用于各型连铸机二冷区及辊道轴承的润滑	500g、1kg、2kg、18kg、180kg	
鑫业锂盛3#二硫化钼锂基润滑脂		特别添加二硫化钼等添加剂的润滑脂，具有耐高温、极压抗磨等特性。 适用于轧钢机轴承、化工焙烧、水泥行业设备润滑	净重12kg、净重15kg、净重170kg	濮阳市鑫业特种润滑油脂有限公司
复合锂基润滑脂 牌号：2#、3#	Q/0100LHQ 022—2017	优良的高温特性在摩擦部位以及环境较高的温度条件下，有效的保护摩擦副，润滑脂不易流失，使用轴承寿命延长。良好的氧化安定性保证润滑脂有较长的使用寿命。优良的流动性保证润滑脂的泵送性能。优异的极压抗磨性能满足设备在高负荷或一定的冲击负荷下轴承正常使用的润滑。 适用于钢铁行业轧机、轧辊滚动轴承润滑。也可用于矿山、机械、交通运输等轴承润滑。使用温度为：-20～180℃	15kg塑料桶、170kg/175kg铁桶包装	山东环球润滑油有限公司
极压锂基润滑脂 牌号：00#、0#、1#、2#、3#、减速机润滑脂00#	GB/T 7323—2008	耐负荷性能优良；良好的抗水性能，能满足轧机在水淋条件下的润滑要求，并具有优秀的抗剪切功能；优良的流动性；优异的防锈性能。 适用于冶金行业冷轧、热轧的粗轧、精轧、输送管道、卷取机的集中供脂要求；矿山重型机械轴承润滑需要。使用温度为：-20～120℃	15kg塑料桶和180kg铁桶包装	
极压复合锂基润滑脂 牌号：2#、3#	SH 0535—1992	优良的高温特性；良好的氧化安定性；保证润滑脂有较长的使用寿命；优良的流动性；优异的极压抗磨性能。 适用于钢铁行业轧机、轧辊滚动轴承润滑。也可用于矿山、机械、交通运输等轴承润滑。使用温度为：-20～180℃	15kg塑料桶和180kg铁桶包装	

续表

产品名称	执行标准	特点与用途	包装形式	生产厂家
二硫化钼锂基润滑脂 牌号：1#、2#、3#	Q/0100LHQ 001—2016	适用于矿山机械、轧钢机械、起重机械等重负荷齿轮和轴承及其他摩擦部位的润滑，并能使用于有冲击负荷的部件。使用温度为：-20～120℃	175g 铁桶 5kg/10kg/15kg 塑桶 10kg(500g×20 袋)/箱 9kg(450g×20 袋)/箱	
轧辊脂 牌号：1#、2#、3#	Q/0100LHQ 004—2016	具有优良的耐高温性和良好的极压抗磨性、抗水性、防锈性、机械安定性和胶体安定性。 适用于钢铁行业的轧机、轧辊滚动轴承的集中润滑，也可用于矿山、机械、交通运输等轴承的润滑。使用温度为：-20～180℃	9.6kg(800g×12 塑桶)/箱、175kg 铁桶	
多功能润滑脂 牌号：2#、3#	Q/0100LHQ 021—2017	具有良好的低温性、抗水性、机械安定性、氧化安定性。 适用于中等负荷下的滚动轴承、齿轮以及滑动摩擦部位，广泛用于汽车底盘、电机、冶金、钢铁、建筑机械、农业机械等行业的设备。使用温度为：-15～100℃	15kg 塑料桶、170kg/175kg 铁桶包装	
环球烧结机润滑脂 牌号：0#，T0#，1#	Q/0100LHQ 031—2018	优异的集中泵送性能、抗磨极压性能；良好的泵送性能。 适用于冶金行业烧结机及其他行业超高温摩擦部位的润滑，1#、T0#、1#是理想的集中润滑产品。应用温度为：-20～180℃	15kg 塑料桶和 175kg 铁桶包装	
环球复合磺酸钙基润滑脂 牌号：0#，1#，2#，1T#，2T#	Q/0100LHQ 016—2016	具有优异的高温性能、抗水性能，其泵送性能也能满足集中润滑的需要。 适用于钢厂连铸机、连轧机组及类似条件下设备的润滑；其他高温、重负荷、多水场合，如船舶、耐火、化工、汽车等行业设备的润滑。使用温度为：-30～180℃	15kg 塑料桶和 175kg 铁桶包装	山东环球润滑油有限公司
环球高温极压聚脲润滑脂 牌号：T1#	Q/0100LHZQ 034—2018	优异的集中泵送性能、耐高温性能、耐水稳定性能、机械剪切性能、腐蚀保护性能以及极压抗磨性能。 适用于冶金行业连铸机、连轧机及其他行业超高温摩擦部位的润滑。应用温度为：-20～180℃	15kg 塑料桶和 175kg 铁桶包装	
环球连铸机专用润滑脂 牌号：0#，1#，1T#，2#	Q/0100LHQ 008—2015	具有优良的耐高温性和良好的极压抗磨性、优良的介质稳定性和抗辐射性。 适用于冶金行业高温、高负荷、宽温度和与不良介质接触的润滑场合，如钢厂连铸设备的结晶器，弧形辊道、弯曲辊道轴承、剪机轴承等的润滑。使用温度为：-20～160℃	15kg 塑料桶和 175kg 铁桶包装	
环球极压复合铝润滑脂 牌号：0#，1#，2#，T2#	SH/T 0534 93—2003	具有独特的热可逆性，在使用部位受高温后冷却，仍能恢复良好的纤维结构，继续使用具有良好流动性；0#、1#脂适于长距离管道输送，具有良好的高温、极压、抗磨、抗水性能，有一定的防锈性能，能防止润滑部位的锈蚀发生。 适用于冶金行业连轧机、连铸机、出钢辊道以及印染、大型电动机等高温重负荷设备的摩擦部的润滑。使用温度为：0#、1#、2#为-20～160℃，T2#为-20～180℃，短期可使用至 180℃	175kg/开口钢桶	

续表

产品名称	执行标准	特点与用途	包装形式	生产厂家
环球特种润滑脂 EP-M 牌号：1#，2#	Q/0100LHQ 035—2018	耐负荷性能优良，优良的抗水性能，突出的低温泵送性及一定的防锈性能。 适用于冷轧、热轧的粗轧、精轧、输送轨道的集中润滑。使用温度为：-20~120℃	15kg 塑料桶和 175kg 铁桶包装	山东环球润滑油有限公司
环球复合铝基润滑脂 牌号：1#，2#	SH/T 0378 92—2003	具有独特的热可逆性，可在接近其滴点的温度下短期使用，稠化剂的皂纤维结构较短，具有良好的高温性、润滑性、氧化安定性，有一定的防锈性能，能够防止润滑部位的锈蚀发生。 适用于冶金行业连轧机、连铸机、出钢辊道以及印染、大型电动机等高温设备的摩擦部的润滑。使用温度为：-20~150℃，短期可使用至 180℃	15kg/塑桶	
HERCULES 3238HC 3 高温润滑脂	Q-BG 3—2016	复合锂皂基润滑脂，具有更高的操作温度，更长的使用寿命；高抗水性、机械稳定性及重载负荷性；极佳之氧化稳定性及防锈性；特佳防腐蚀性；与普通锂基酯相比较有更好的耐高温及防磨损性。 适用于重载轴承、重型机械及各种汽车等的润滑。使用温度为：-20~160℃	0. 8kg、2kg、15kg	东莞太平洋博高润滑油有限公司
Pacoil HD 2000-2 复合磺酸钙脂	Q-BG 3—2016	优秀的润滑性、热稳定性、防锈性及抗水性。其机械稳定性亦高于一般润滑脂。 适用于高温、重载、水淋工况下的轴承及齿轮润滑。使用温度为：-20~200℃	1kg、16kg	
复合铝基润滑脂	SH/T 0378—2003	适宜冶金、化学、造纸及其他行业高温、高湿条件下设备的润滑，特别是具有集中润滑系统的机械设备润滑，如大型轧钢机、烧结机等传送系统设备	500g、1kg、2kg、18kg、180kg	辽宁臻德化工集团有限公司
复合磺酸钙基润滑脂		适用于冶金、采矿、机械等行业。在冶金行业的炼钢连铸轴承的润滑、轧钢机轴承的润滑其优势更加明显，适用于高温、重负荷以及有水环境下的润滑，如钢铁冶金行业连铸、热轧机工作辊轴承等，也可作为通用脂用于造纸业湿热环境下或其他重工业环境下设备的润滑。此外，还能够有效地对暴露在高温、重负载、水淋以及腐蚀条件下的接合点、凸轴承、连接器、减速机、齿轮等进行润滑。使用温度为：-20~160℃	500g、1kg、2kg、18kg、180kg	
复合锂基润滑脂	SH/T 0535—1993	适用于高级轿车轮毂轴承部位的润滑，也适用于钢厂轧钢机、烧结机等高温轴承润滑使用。使用温度为：-20~150℃，短时间可达 180℃	500g、1kg、2kg、18kg、180kg	
烧结机润滑脂	GB 7323—2008	适用于冶金行业混料机开式齿轮及托辊的低速、重负荷条件下的润滑。使用温度为：H-1 为-10~100℃；H-2 为-20~100℃	500g、1kg、2kg、18kg、180kg	
轧辊轴承润滑脂	GB 7323—2008	适用于润滑中小型轧机的轧辊轴承、立式轧机的轧辊轴承、中板轧机和翻板机设备轴承。使用温度为：00#、0# 为-20~150℃，其他牌号为-20~180℃	500g、1kg、2kg、18kg、180kg	

续表

产品名称	执行标准	特点与用途	包装形式	生产厂家
极压锂基润滑脂 00$^{\#}$、0$^{\#}$、1$^{\#}$、2$^{\#}$、3$^{\#}$	GB/T 7323—2008	具有优秀的极压抗磨性以及良好的热稳定性、机械安定性、防锈性、防水性和泵送性，是一种多效长寿命润滑脂。 适用于轧钢机械、矿山机械、建筑机械、重型起重机械、注塑机械等重负荷的齿轮和轴承的润滑，并能使用于有冲击负荷的部件和集中润滑系统。使用温度为：-30~120℃	12kg/桶、15kg/桶、170kg/桶、175kg/桶	
二硫化钼极压锂基润滑脂 0$^{\#}$、1$^{\#}$、2$^{\#}$、3$^{\#}$	SH/T 0587—1994《二硫化钼极压锂基润滑脂》	具有优秀的极压抗磨性以及良好的热稳定性、机械安定性、防水性和泵送性。 适用于冶金轧钢轴承、耐火器材窑车轴承、铸造落砂机械、化工焙烧、机械加工热处理、印染焙烧机、造纸干燥机、橡胶、塑料热轧及水泥行业设备各摩擦部位的润滑。使用温度为：-30~150℃	12kg/桶、15kg/桶、170kg/桶、175kg/桶	
二硫化钼极压复合锂基润滑脂 0$^{\#}$、1$^{\#}$、2$^{\#}$、3$^{\#}$	Q/SH303 348—2004	具有优良的极压抗磨性，有效降低机械摩擦部位的磨损、点蚀，延长设备使用寿命，耐高温性能优良，可用于温度较高的润滑部位，良好的抗水性、防锈性、防护性以及突出的机械安定性、氧化安定性，可保证较长的换脂周期。 适用于冶金行业大、中型轧机的轧辊轴承，特别是板材轧机设备轴承的润滑以及冶金行业重负荷、高温、潮湿等环境条件下的润滑。使用温度为：-30~200℃	12kg/桶、15kg/桶、170kg/桶、175kg/桶	
轧辊轴承润滑脂 2$^{\#}$、3$^{\#}$	Q/SH303-287—2009	具有优良的耐高温性，良好的极压抗磨性，抗水冲刷、抗腐蚀性和优良的机械安定性。 适用于冶金工业轧钢系统各式轧机辊的滚动轴承，特别是热轧机组和连轧机组的轧辊轴承。使用温度为：-30~200℃	12kg/桶、15kg/桶、170kg/桶、175kg/桶	唐山市天成润滑油脂有限公司
重负荷开式齿轮润滑脂 00$^{\#}$、0$^{\#}$、1$^{\#}$、		具有良好的黏附性、防护性和润滑性。 适用于冶金、采矿和工程机械的各种开式齿轮、齿盘、齿条和链条及传动机构的润滑；也适用于各种绞链、滑道和钢丝绳的润滑。使用温度为：-30~180℃	12kg/桶、15kg/桶、170kg/桶、175kg/桶	
HP 高温润滑脂 2$^{\#}$、3$^{\#}$	Q/SH PRD 131—2008	具有优良的高温黏附性、极压抗磨性、胶体安定性、机械安定性，还具有良好的抗水性和防护性。 适用于大型重载货车、高速轿车、冶金行业连铸机、连轧机、烧结机、出钢辊道以及印染、大型电动机、橡胶、塑料热轧机、水泥行业、窑车等高温、重负荷机械设备摩擦部位的润滑。使用温度为：-30~200℃	0. 8~2kg/桶、12kg/桶、15kg/桶、170kg/桶、175kg	
SJ-100 烧结机专用润滑脂 0$^{\#}$、T0$^{\#}$、1$^{\#}$、T1$^{\#}$、2$^{\#}$	Q/SH 5012—2009	具有极优异的耐高温性、氧化安定性和热安定性，具有良好的承载能力，能在高温重负荷条件下长期使用。突出的抗水性能，不乳化、不变质。 适用于冶金工业大型烧结机的弹性滑道及台车轮轴承、环冷机滚动轴承、重型给料机轴承、振动冷筛轴承和其他均热炉、退火炉、烘干炉等高温设备的润滑。使用温度为：-30~200℃	12kg/桶、15kg/桶、170kg/桶、175kg/桶	
极压锂基润滑脂 00$^{\#}$、0$^{\#}$、1$^{\#}$、2$^{\#}$、3$^{\#}$	GB/T 7323—2008	具有优秀的极压抗磨性以及良好的热稳定性、机械安定性、防锈性、防水性和泵送性，是一种多效长寿命润滑脂。 适用于轧钢机械、矿山机械、建筑机械、重型起重机械、注塑机械等重负荷的齿轮和轴承的润滑，并能使用于有冲击负荷的部件和集中润滑系统。使用温度为：-30~120℃	12kg/桶、15kg/桶、170kg/桶、175kg/桶	

续表

产品名称	执行标准	特点与用途	包装形式	生产厂家
二硫化钼极压锂基润滑脂 0#、1#、2#、3#	SH/T 0587—1994	具有优秀的极压抗磨性以及良好的热稳定性、机械安定性、防水性和泵送性。 适用于冶金轧钢轴承、耐火器材窑车轴承、铸造落砂机械、化工焙烧、机械加工热处理、印染焙烧机、造纸干燥机、橡胶、塑料热轧及水泥行业设备各摩擦部位的润滑。使用温度为：-30~150℃	12kg/桶、15kg/桶、170kg/桶、175kg/桶	唐山市天成润滑油脂有限公司
二硫化钼极压复合锂基润滑脂 0#、1#、2#、3#	Q/SH303 348—2004	具有优良的极压抗磨性，有效降低机械摩擦部位的磨损、点蚀，延长设备使用寿命，耐高温性能优良，可用于温度较高的润滑部位，良好的抗水性、防锈性和防护性以及突出的机械安定性、氧化安定性，可保证较长的换脂周期。 适用于冶金行业大、中型轧机的轧辊轴承、特别是板材轧机设备轴承的润滑以及冶金行业重负荷、高温、潮湿等环境条件下的润滑。使用温度为：-30~200℃	12kg/桶、15kg/桶、170kg/桶、175kg/桶	
轧辊轴承润滑脂 2#、3#	Q/SH303-287—2009	具有优良的耐高温性，良好的极压抗磨性，抗水冲刷、抗腐蚀性和优良的机械安定性。 适用于冶金工业轧钢系统各式轧机辊的滚动轴承，特别是热轧机组和连轧机组的轧辊轴承。使用温度为：-30~200℃	12kg/桶、15kg/桶、170kg/桶、175kg/桶	
重负荷开式齿轮润滑脂 00#、0#、1#、		具有良好的黏附性、防护性和润滑性。 适用于冶金、采矿和工程机械的各种开式齿轮、齿盘、齿条和链条及传动机构的润滑；也适用于各种绞链、滑道和钢丝绳的润滑。使用温度为：-30~180℃	12kg/桶、15kg/桶、170kg/桶、175kg/桶	
HP高温润滑脂 2#、3#	Q/SH PRD 131—2008	具有优良的高温黏附性、极压抗磨性、胶体安定性、机械安定性，还具有良好的抗水性和防护性。 适用于大型重载货车、高速轿车、冶金行业连铸机、连轧机、烧结机、出钢辊道以及印染、大型电动机、橡胶、塑料热轧机、水泥行业、窑车等高温、重负荷机械设备摩擦部位的润滑。使用温度为：-30~200℃	0.8~2kg/桶、12kg/桶、15kg/桶、170kg/桶、175kg	
SJ-100烧结机专用润滑脂 0#、T0#、1#、T1#、2#	Q/SH 5012—2009	具有极优异的耐高温性、氧化安定性和热安定性，具有良好的承载能力，能在高温重负荷条件下长期使用。突出的抗水性能，不乳化、不变质。 适用于冶金工业大型烧结机的弹性滑道及台车轮轴承、环冷机滚动轴承、重型给料机轴承、振动冷筛轴承和其他均热炉、退火炉、烘干炉等高温设备的润滑。使用温度为：-30~200℃	12kg/桶、15kg/桶、170kg/桶、175kg/桶	
复合磺酸钙基润滑脂 0#、1#、2#	SH/T 0380—2005	优良的高温可逆性和适宜的黏附性，高温不流失，不变质，确保正常使用；优良的润滑性和极压性，能为承载部位提供有效润滑，减少磨损；优异的抗水淋性能，与大量水接触稠度变化小，性能无明显变化；不含重金属，对人体和环境无害，属绿色环保产品。 适于冶金行业热轧、冷轧辊轴承，连铸设备的大包回转台、结晶器、二冷段、扇形段辊道、拉矫机和摆剪机，输送辊道的润滑和防护；高温条件下重负荷的中、低转速的轴承、齿轮、链条及高速巨型联轴节的润滑及同水、水蒸气或酸、碱接触的一些部位的润滑和防护。使用温度为：-30~200℃	12kg/桶、15kg/桶、170kg/桶、175kg/桶	

续表

产品名称	执行标准	特点与用途	包装形式	生产厂家
复合铝基润滑脂 0#、1#、2#、3#	SH/T 0380—2005	优良的高温性、润滑性、氧化安定性，可满足高温条件下的润滑要求；独特的热可逆性，在使用部位受高温再冷却后，仍能恢复良好的纤维结构，可在接近其滴点的温度下短期使用；优良的耐水性能，可在冷却水冲洗条件下使用；优良的泵送性，满足集中供脂输送要求，脂纤维结构较短，适于长距离管道输送。 适用于冶金企业连轧机、连铸机、出钢辊道及印染、大型电动机等高温设备摩擦部的润滑。使用温度为：-25~180℃	12kg/桶、15kg/桶、170kg/桶、175kg/桶	唐山市天成润滑油脂有限公司
JZ 极压脲基润滑脂 0#、1#、2#、3#	Q/SH PRD—131—2009	优良的高温性能和氧化安定性能，防止润滑脂高温变质，保证在高温下轴承正常运转；优良的润滑性和极压性，保护轴承减少磨损；优良的介质稳定性和抗辐射性，适宜于特殊的工作环境；良好的抗水性能，适用于潮湿环境下的润滑；良好的泵送性能，保证集中系统有效的润滑。 适用于高温潮湿环境下的中、重负荷滚珠、滚柱和滑动轴承的长期润滑；特别适于钢厂设备中载有各种冲击或振动载荷的的中、重负荷轴承、齿轮的润滑与防护，尤其适于操作温度高，传统锂基润滑脂无法适用的润滑场合。使用温度为：-30~200℃	12kg/桶、15kg/桶、170kg/桶、175kg/桶	唐山市天成润滑油脂有限公司
连铸机脲基润滑脂 0#、1#、T1#、2#、T2#	Q/SH PRD—133—2009	具有突出的耐高温性，不软化流失，保证有效的润滑与防护，优良的抗水性和防锈性，能满足潮湿或水淋条件下设备的防护与润滑，良好的极压抗磨性，满足高负荷或有一定冲击负荷下机械设备的轴承润滑。 适用于冶金行业各型连铸机二冷区及辊道轴承的润滑。使用温度为：-30~200℃	12kg/桶、15kg/桶、170kg/桶、175kg/桶	唐山市天成润滑油脂有限公司
JT 炉前辊道专用高温脂 0#、1#、T1#、2#、T2#	Q/SH 303—266—2009	具有较高的滴点和优异的胶体安定性，能满足高温环境下设备的润滑。氧化安定性好，高温下经久耐用，延长了脂的使用寿命。具有突出的抗磨损、抗擦伤性能，有效降低机械摩擦部位磨损。 适用于冶金企业的轧钢系统中各种加热炉前辊道轴承、输送辊、推钢机轴承，也适用于中厚板热轧机组工作辊的重负荷滚柱轴承及其他高温重负荷轴承、齿轮及传动机构的润滑。使用温度为：-30~200℃	12kg/桶、15kg/桶、170kg/桶、175kg/桶	唐山市天成润滑油脂有限公司
高温丝扣防黏剂 0#、1#、2#	Q/SH 303 395—2007	具有特殊的耐高温性能。以高性能润滑脂为载体，携大量的固体润滑剂于润滑界面，起到高温润滑、防卡咬的作用；优良的润滑性、极压性和螺纹密封性，保证螺栓丝扣在高温下的正常工作；优异的抗烧结性，保证螺栓丝扣在高温反复拆卸拧紧后，仍具有稳定的扭矩；良好的可操作性，容易方便反复涂抹螺栓丝扣。 适用于冶金行业炼钢滑动喷管、加热炉档板轴承及涡轮机、阀门、套管、高温喷头和高温螺栓的防黏连与润滑；工程施工过程中的风钻杆头施紧，以及部件螺纹和配合部位的润滑和防黏结。使用温度为：-20~1000℃	1kg/桶、15kg/桶、20kg/桶	唐山市天成润滑油脂有限公司

续表

产品名称	执行标准	特点与用途	包装形式	生产厂家
复合铝基润滑脂	SH/T 0378—2010	适用于冶金、采矿、化工等行业的重负荷高温机械设备的润滑，特别是大型集中润滑系统。使用温度为：-25~160℃	20L塑料桶	抚顺士博特种润滑油脂制造有限公司
复合磺酸钙润滑脂	GB/T 33585—2017	适用于各种连铸机、连轧机轴承的润滑。使用温度为：-20~200℃	20L塑料桶	
二硫化钼极压锂基润滑脂	SH/T 0587—1994	适用于轧钢机械、矿山机械、重型超重机械等重负荷齿轮和轴承的润滑。使用温度为：-20~120℃	20L塑料桶	
聚脲润滑脂		具有良好的抗水性、极压性、润滑性及长效性。 适用于潮湿、宽温、长寿命条件下机械设备的润滑	180kg、17kg、5kg、1kg、400G	惠州市阿特斯润滑技术有限公司
复合磺酸钙润滑脂		具有良好的抗水性、极压性、润滑性及防腐蚀性能。 适用于潮湿、宽温、重载及有腐蚀条件下机械设备的润滑	180kg、17kg、5kg、1kg、400G	
复合铝润滑脂		具有良好的高温、抗水、抗氧化及极压性能。 适用于潮湿、宽温、重载等环境下的设备部件的润滑	180kg、17kg、5kg、1kg、400G	
极压锂基脂（3#、2#、1#、0#、00#、000#）	GB/T 7323—2008	1#以下可用于与集中润滑系统。性能优良，能够满足冶金、机械等行业中重负荷润滑部位的润滑。适用于中重负荷的机械设备轴承和齿轮的润滑。使用温度为：-20~120℃	15kg塑桶、170kg铁桶	路路达
二硫化钼锂基脂（3#、2#、1#）	Q/320206EAE63—2017	机械安定性、氧化安定性、极压抗磨性能优良。有效降低机械摩擦部位的摩擦阻力和磨损。 适用于冶金、矿山企业的中重负荷设备的轴承和齿轮等部位的润滑。使用温度为：-20~120℃	15kg塑桶、170kg铁桶	
高温极压复合锂基脂	Q/320206EAE78—2017	优良的极压抗磨性、高温型、抗水性、氧化安定性，保证润滑脂在使用过程中有较长的使用寿命。 适用于机械、交通、矿山、冶金等行业设备轴承及其他摩擦部位的润滑。使用温度为：-30~180℃	15kg塑桶、170kg铁桶	
极压锂基润滑脂	GB 7323—1994	适用于冶金行业冷热轧机及锻造机的轧辊轴承，输送辊道轴承、齿轮等摩擦部位的润滑，并广泛应用于矿山等行业的机械设备及重载车辆各摩擦部位的润滑	170kg、14kg、350g	保定市富尧润滑油脂有限公司
极压复合锂基润滑脂	SH/T 0535—1993(2003)	有效防止摩擦副的磨损、点蚀，延长设备的使用寿命；良好的机械安定性和胶体安定性，轴承漏失量少，滴点高，高温流动性好。 适用于船舶、汽车、机械、矿山、钢铁等行业各类重负荷设备高温摩擦部位的润滑	15kg/桶、170kg/桶	山东万祥润滑科技有限公司
极压锂基润滑脂	GB/T 7323—2008	基础油黏度适中，性能优良，能够满足冶金、机械等行业中重负荷润滑部位的润滑；有一定的防锈性能，能够防止轴承运转过程中的锈蚀；中重负荷的机械设备轴承和齿轮的润滑，3#用于压延机、锻造机等高负荷机械设备轴承	15kg/桶、170kg/桶	
二硫化钼极压锂基脂	SH/T 0587—1994(2003)	极压抗磨性优良，有效降低机械摩擦部位的磨损，可能降低摩擦副的摩擦系数，减小摩擦阻力，机械安定性、氧化安定性突出，可保证较长的换脂周期。 适用于冶金、矿山企业的中重负荷设备的轴承、联轴节、齿轮等部位的润滑	15kg/桶、170kg/桶	

续表

产品名称	执行标准	特点与用途	包装形式	生产厂家
极压锂基润滑脂	GB/T 7323—2008	优良的机械安定性和高温抗剪切性，使用时不易变稀，并延长使用寿命。优异的抗腐蚀性能，有效保护润滑部件免遭腐蚀。极强的黏附性，在-20～130℃下与润滑部位有效黏附，不流失，有效保护润滑部位充足润滑。抗磨减摩效果优异，有效延长设备的使用寿命。良好的防水性能，防水冲洗，满足野外作业需要。 适用于矿山、钢铁等行业中的高温、重负荷设备轴承等部位的润滑，同时可完全满足钙基润滑脂的使用性能	8kg、11kg、15kg、200L 钢桶	山东源根石油化工有限公司
极压复合锂基润滑脂	SH/T 0535—1993	优异的极压性能，可用于高负荷机械轴承润滑。具有高滴点，耐高温性好。纤维结构强，机械安定性好，使用寿命长。有良好的抗水性，适于潮湿环境工作机械的润滑。 适用于轧钢厂炉前辊道轴承、重型机械、各种高温抗磨轴承以及齿轮、蜗轮、蜗杆等润滑部位	8kg、11kg、15kg、200L 钢桶	
二硫化钼锂基润滑脂	SH/T 0587—1994	具有良好的高压抗磨性，有效降低机械磨损；具有良好的机械安定性，抗剪切能力强、黏附能力强、防锈性能强，能有效把金属、空气及水分隔开，有效避免金属腐蚀；良好的氧化安定性，使润滑脂在长期使用和贮存时保持性能不变。 适用于轧钢机械、矿山机械、重型起重机械等重负荷齿轮和轴承的润滑，并能使用于有冲击负荷的部件	8kg、11kg、15kg、200L 钢桶	
聚脲基润滑脂		良好的泵送性、抗氧性、机械安定性、胶体安定性和抗水淋性，特别用于高温、高负荷、宽速度为和不良介质接触的润滑场合。 适用于电器工业、冶金工业、食品工业、造纸工业、汽车工业、飞机工业等	200L 开口铁桶、18L 塑桶、17L 塑桶、16L 塑桶、15L 塑桶	
高级多效通用高温润滑脂		适用于冶金设备、汽车，电机、化纤、纺织、印染、铁路机车等摩擦部位。如：高温水淋、酸气、辐射环境中工作的轴承；高速、承受重载或冲击负荷的轴承；各类机械设备轴承。使用温度为：-20～220℃		山东北方淄特特种油股份有限公司
高温极压抗磨润滑脂		适用于冶金、化工、纺织、印染、汽车、矿山、油田、海防、制糖、造纸、塑料等行业高温设备各摩擦部位的润滑。使用温度为：-20～250℃		
极压锂基润滑脂		适用于各种类型的滑动和滚动轴承，以及操作温度在使用为以内的各种类型机器设备的高温、重负荷各摩擦部位的润滑。包括：冶金、矿山、工程机械、风机、纺织机械、发动机、加工工具、纺织、造纸和木工机械和建筑等设备。使用温度为：-20～140℃		
复合锂基润滑脂		适用于各种类型的滑动和滚动轴承，以及操作温度在使用为以内的各种类型机器设备的高温、重负荷摩擦部位的润滑。包括：冶金、矿山、工程机械、风机、纺织机械、发动机、加工工具、纺织、造纸、木工机械和建筑机械等设备。使用温度为：-20～150℃		
二硫化钼锂基润滑脂		适用于轧钢机械、矿山机械、建筑机械、重型起重机械、注塑机械等重负荷的齿轮和轴承的润滑，并能使用于有冲击负荷的部件。使用温度为：-20～120℃		

续表

产品名称	执行标准	特点与用途	包装形式	生产厂家
烧结机专用润滑脂		专用于烧结机弹性滑道的润滑与密封；适用于矿山、机械、交通运输等行业处于高温、重负荷、潮湿等恶劣情况下轴承润滑。使用温度为：-30~160℃，短期可达 180℃		山东北方淄特特种油股份有限公司
连铸机高级专用润滑脂		适用于钢铁企业连铸设备各部位的轴承，如：钢水包大包回转台的齿轮及轴承、扇形段轴承、炉前辊道轴承、剪机轴承、炉耳轴承等。使用温度为：-30~200℃		
轧机轧辊高级专用润滑脂		适用于连轧、冷热轧机设备各部位轴承。也可用于矿山、机械、交通运输等行业处于高温、重负荷、潮湿等恶劣情况下轴承润滑。使用温度为：-30~220℃		
YJDYMP润滑脂		用于铸管离心机、高炉、竖炉、连铸、冷轧和热轧机的轧辊轴承，输送扎道轴承，齿轮等摩擦部位的润滑	桶装	安阳市美兰润滑油有限公司
轧辊轴承润滑脂		适用于中小型轧机的粗、中、精轧机的轧辊轴承，立式轧机的轧辊轴承；中板轧机和翻板机设备轴承		
CXGWLT-高温润滑脂		用于钢铁行业的炼钢炉、轧机、轧辊滚动轴承的集中润滑以及通常为内的所有链条和链接件的润滑		
YJQNMP润滑脂		用于化工、矿山、交通运输等行业，特别适用于冶金等行业烧结机，压延机的集中润滑系统		
复合铝基润滑脂		具有较高的滴点(大于 260℃)和优良的胶体安定性、机械安定性、化学安定性和抗水性，尤其具有良好的泵送性。 适用于集中润滑系统的输送和润滑。使用温度为：20~220℃	200L 开口铁桶、18L 塑桶、17L 塑桶、16L 塑桶、15L 塑桶、10L 塑桶、5L 塑桶、2L 塑桶	信达化工
极压锂基脂		优秀的耐极压抗磨性、热稳定性、机械安定性和防水性。 适用于铸造机、输送辊道及其他工业、矿山等重负荷机械设备轴承、齿轮等部位的润滑。使用温度为：-20~130℃		福建优立盛油脂有限公司
二硫化钼锂基脂		优秀的耐极压抗磨性、良好的抗氧化性、机械安定性。 适用于冶金、矿山行业重负荷机械设备轴承、联轴器、齿轮等有冲击、震动负荷部位的润滑。使用温度为：-20~120℃		
极压复合锂基脂		优异的极压抗磨性能、良好的抗氧化性、耐高温性，使用寿命长。 适用于钢铁行业的轧机、轧辊轴承、矿山、机械、车辆等要求耐高温、极压轴承的润滑。使用温度为：-20~180℃		
复合磺酸钙基脂		优异的抗水性、热稳定性、优异的极压抗磨性、防锈防腐蚀性。适用于热轧辊轴承、连铸设备的结晶器、输送辊道等的润滑。使用温度为：-20~180℃		

续表

产品名称	执行标准	特点与用途	包装形式	生产厂家
极压脲基润滑脂		优异的极压抗磨性、抗氧化性和耐高温性能，使用寿命长。 适用于冶金业的高温、高负荷、与不良介质接触的场合，如连铸设备结晶器、弧形辊道轴承。使用温度为：-20～180℃		福建优立盛油脂有限公司
耐 600 度高温脂		含特种固体添加剂，良好的极压抗磨性、防锈性、特殊高温性能。 适用于高温重载设备的滑动摩擦部位，如铁水包和转炉支点轴承。使用温度为：-20～600℃		
福斯润滑脂 RENOLIT CXI 2		具有极好的耐水性能、即使接触酸溶液和碱溶液，它也具有极好的工作稳定性、防腐蚀性能、抗油分离性能。 适用于冶金工业如轧机轴承、造纸机械、化工机械采矿设备、混凝土工程机械、大型建筑工程设备等	17kg、180kg	营口福斯油品有限公司
RSJ-Ⅱ烧结机专用润滑脂		优良的耐高温性，满足高温部位（如烧结机滑道尾段）润滑与密封的要求；良好的极压抗磨性，确保杰出的承载能力；良好的防腐性、防锈性、在粉尘或酸性气体等恶劣环境下能有效保护设备不被腐蚀或锈蚀；良好的黏附性，在摩擦副表面油膜较厚，保证滑道润滑密封良好，减少漏风。 适用于冶金行业烧结面积大于 $100m^2$ 的大开型烧结机滚动轴承润滑、滑道密封及振动筛、环冷机等部位的润滑。也适用于矿山、机械、交通支运输等行业处于高温、重负荷、潮湿等恶劣情况下轴承的润滑。使用温度为：-20～200℃	17kg、170kg、180kg	湖南安能石化有限公司
EP300 极压润滑脂		优良的抗水性及良好的耐高温性能，优良的极压抗磨性，良好的泵送性、防腐、防锈性、黏附性，不易流失，不含重金属，对环境无污染，是新一代极压润滑脂。相当于 Shell Alvania EP（LF）grease 等国外产品。 适用于冶金行业冷轧机械设备、热轧机械设备的轧辊轴承、输送辊道轴承、卷取机等摩擦部位的润滑及炼钢炉大包回转轴承的润滑，$00^{\#}$、$0^{\#}$、$1^{\#}$ 脂适用于集中润滑系统。使用温度为：-20～150℃	17kg、170kg	
轧辊密封轴承专用润滑脂		优良的极压抗磨性，确保杰出的承载能力，优良的黏附性，在摩擦副表面形成牢固润滑油膜，使用寿命长，为长寿命轴承润滑脂，良好的抗水性、防锈性，能长期保护轴承不被腐蚀或锈蚀，良好的氧化安定性和机械安定性，在高温下有效抑制氧化物的产生，在长期连续工作条件下能保持稠度，延长使用寿命。 适用于冶金行业轧辊密封轴承的润滑，换脂周期长，适用于其他行业重负荷、有水淋情况下轴承的润滑。使用温度为：-20～120℃	17kg、170kg、180kg	
JC3305 轧辊轴承专用高效润滑脂		具有良好的抗水淋性、耐高温性、极压抗磨性、机械安定性、抗酸碱性和黏附性，其使用寿命是同类润滑脂的 4～6 倍。由于采用特殊的添加剂，因而润滑性特别优异且无刺激性气味，对人体无害，符合环保要求。 适用于钢铁企业的连轧、冷热轧机设备各部位轴承的润滑。使用温度为：-20～240℃	17kg、170kg、180kg	

续表

产品名称	执行标准	特点与用途	包装形式	生产厂家
HEP-1极压润滑脂		优异的极压抗磨性，可满足重负荷或冲击负荷条件下的润滑要求，优良的抗水性，与水接触乃至与水混合后，润滑脂不流失、不变稀，仍有很好的润滑性和黏附性，优良的耐高温性能，及优良的防腐、防锈性和高温氧化安定性，有效延长润滑剂本身和高温设备的寿命，良好的黏附性、有效阻止有害气体对金属表面的腐蚀。性能达到壳牌爱比边、美孚力富等进口润滑脂水平。 适用于冶金行业连铸、重负荷高温轧机轧辊滚动轴承的润滑，适用于矿山、机械等行业处于高温、重负荷、水淋等恶劣环境下轴承润滑。使用温度为：-20~220℃	17kg、170kg、180kg	湖南安能石化有限公司
复合磺酸钙基润滑脂		具有优良的高温性能、胶体安定性、抗磨极压性、高温可逆性、泵送性、抗水性和防锈抗腐蚀性，在很多方面超过了其他高温复合脂，被称为“新一代高效环保型润滑脂”。 适用于钢铁、冶炼、纸浆、淡水、和海洋运输、铁路、发电、汽车生产、建筑、食品机械等行业	17kg、170kg、180kg	湖南安能石化有限公司
JC9901特高温润滑脂		具有优异耐高温性能，最高间歇耐高温可达1200℃；具有良好的润滑性和极压抗磨性；具有良好的机械安定性、防护性及长的轴承寿命。 适用于钢铁行业特高温部位。也适用于其他行业高温部位轴承的润滑。使用温度为：-40~700℃，间歇温度可达1200℃	15kg、17kg、170kg	湖南安能石化有限公司
JC6603重负荷大齿轮专用润滑脂		优异的极压抗磨性，体现杰出的承载能力，有效防止齿面剥落、点蚀，延长齿轮使用寿命。添加固体润滑剂，有效防止齿轮在振动、冲动条件下产生磨损；具有优异的抗水性、防腐防锈性，保护齿轮免受腐蚀或锈蚀。良好的黏附性，对金属表面具有很强的吸附力，形成良好的润滑油膜。 适用于冶金、化工行业等大型反应炉体传动齿轮的润滑；适用于大型锻压机、水泥厂回转窑、冶金球团矿回转窑传动齿轮的润滑；喷雾润滑或集中润滑系统；可取代开式齿轮油用于开式齿轮上。使用温度为：-20~100℃	17kg、170kg、180kg	湖南安能石化有限公司
钢丝绳润滑脂		适用于炼铁厂主卷扬上料车钢丝绳、天车钢丝绳，水渣池天车钢丝绳、链勾和运输链条，起重机钢缆，拆卸的链条接头，碟形联轴器，升降机，隐蔽式锻铁链、闭合式链条、航海设备、采矿设备，铲车、多股绞缆、滚轴链条、起重链条、传动链条	15kg	唐山威腾润滑油有限公司
复合极压锂基润滑脂		具有极好的抗高温性、抗水淋性和耐极压性。 适用于针对钢铁、冶金行业等处于高温、重负荷、强水淋等恶劣工况，尤其是各型连铸机二冷区及辊道轴承的润滑	1kg、2kg、15kg、16kg、17kg、50kg、170kg、175kg、180kg	新乡市恒星科技有限责任公司
复合磺酸钙基润滑脂		具有良好的泵送性、抗水性、耐高温、抗极压性、胶体安定性和机械安定性。 适用于高温、高负荷、宽速度的润滑场合。该产品广泛应用于钢铁、造纸、采矿、塑料挤压和纺织等行业中具有高温含水和重负荷条件下的润滑。使用温度为：-20~200℃	1kg、2kg、15kg、16kg、17kg、50kg、170kg、175kg、180kg	新乡市恒星科技有限责任公司

续表

产品名称	执行标准	特点与用途	包装形式	生产厂家
明珠牌轧辊轴承润滑脂	Q/XYYZ 004—2010	适用于针对钢铁企业轧机轧辊滚动轴承使用的设备润滑	17~180kg 桶装	河南新乡祥云油脂有限公司
明珠牌烧结机专用润滑脂	Q/XYYZ 009—2010	主要针对钢铁企业烧结机使用的设备润滑	17~180kg 桶装	
明珠牌极压聚脲脂	SH/T 0789—2007	产品主要对钢铁企业连铸机集中润滑	17~180kg	
高温抗咬合剂	Q/DXYH 02—1997	耐高温，防腐蚀。 适用于煤矿、风电、石化(常减压、催化、加氢、重整、焦化、裂解、动力等系统)，电力(锅炉、汽机)，冶金(烧结，炼铁、炼钢连铸、热轧、焦化等)，化工、化肥(各种反应塔、反应釜、制汽系统、空压机等)，天然气(燃气轮机)，化纤厂、铁路机车、水泥厂、飞机制造与维修、航天飞机、宇宙飞船、轮船、汽车、制药厂等高温高压设备的紧固螺栓、链条以及低速转动轴承	74701 500g/瓶、230g/瓶 75701 500g/瓶、230g/瓶 CU-5 500g/瓶、230g/瓶 76701 500g/瓶、230g/瓶 76702 450mL/罐	东光县新宇化工有限公司
太科磺酸钙基润滑脂 KH-800		采用领先技术制造的高碱值磺酸钙基润滑脂，具有卓越的载荷能力、极好的机械稳定性和优良的抗水性，可满足多种特殊工况下的应用要求。特别适用于港口、码头、造纸、电力、矿山、机械、重工业、野外、建筑及钢铁行业，如：所有高温和重荷应用场合，包括暴露在有水的情况下；轧辊轴颈应用，例如：拧紧螺钉和螺母、机体窗口、转盘轴承和主轴托架轴承、辊颈轴承和推力轴承、齿轮轴轴承、电动机轴承、传送装置轴承。使用温度为：-18~160℃	18kg、180kg	珠海经济特区顺益发展有限公司
优润二硫化钼复合锂基脂 Moly EP 0、EP1、EP2、EP3		适用于钢铁、矿山、汽车等行业轻、重负荷设备的轴承及齿轮的润滑。适用于日晒雨淋苛刻工况设备的润滑。 适用工作温度范围：-20~120℃	15kg 塑桶装、180kg 铁桶装	
优润高负载轴承润滑脂 RP 1000	基础油 40℃ 运动黏度：$1000mm^2/s$	推荐应用于水泥、矿山、钢铁、电力、化工、造纸等行业的大型设备的轴承，如：干燥机、造粒机、挖掘机、辊压机和破碎机等	50kg/桶、180kg/桶	
优润高负载轴承润滑脂 RP 1500	基础油 40℃ 运动黏度：$1500mm^2/s$	推荐应用于水泥、矿山、钢铁、电力、化工、造纸等行业的大型设备的轴承，如：干燥机、造粒机、挖掘机、辊压机，破碎机等	50kg/桶、180kg/桶	
优润开式齿轮操作润滑剂 G-OGC-16M	基础油 40℃ 运动黏度：$16000mm^2/s$	推荐应用于水泥、矿山、钢铁、电力、化工、造纸等行业大型设备的开式齿轮，如：回转窑、球磨机、管磨机、棒磨机、干燥机、造粒机、鼓式碎浆机等	50kg/桶、180kg/桶	

续表

产品名称	执行标准	特点与用途	包装形式	生产厂家
优润开式齿轮操作润滑剂 G-OG C-1000	基础油 40℃ 运动黏度：$1000mm^2/s$	推荐应用于水泥、矿山、钢铁、电力、化工、造纸等行业大型设备的开式齿轮，如：回转窑、球磨机、管磨机、棒磨机、干燥机、造粒机、鼓式碎浆机等	50kg/桶、180kg/桶	珠海经济特区顺益发展有限公司
优润开式齿轮操作润滑剂 G-OG C-Fluid	基础油 40℃ 运动黏度：4950～$5100mm^2/s$	推荐应用于水泥、矿山、钢铁、电力、化工、造纸等行业大型设备的开式齿轮，如：回转窑、球磨机、管磨机、棒磨机、干燥机、造粒机、鼓式碎浆机等	50kg/桶、180kg/桶	
3#复合锂基润滑脂	GB 7324—2010	广泛用于冶金、汽车、铁路、军工等行业。通用、多效、高温性能，并且具有较长的使用寿命。可生产 00#～3#不同稠度脂，满足不同要求	800g 铁罐、2kg 铁罐、10～20kg 塑料中桶、170kg/桶开口桶	广州嘉润润滑科技有限公司

三、工程机械用润滑脂

工程机械主要用于国家基础设施建设、冶金、矿山及码头等，主要包括挖掘机、推土机、装载机、压路机、平地机、摊铺机、叉车及汽车起重机等，也大量用到润滑脂。生产润滑脂的主要厂家及产品信息见表Ⅰ-3。

表Ⅰ-3　工程机械用润滑脂产品特点、用途及生产厂家

产品名称	执行标准	特点与用途	包装形式	生产厂家
混凝土泵送车专用润滑脂	Q/SH303 0352—2016	具有良好的泵送性、优良的润滑性能、良好的抗水性及防腐蚀性能。 适用于建筑行业混凝土泵送车、混凝土搅拌站的润滑。使用温度为：-20～100℃	15kg/桶	中国石化润滑油有限公司天津分公司
DZG 润滑脂	Q/SH303 0291—2016	优良的极压抗磨性，有效防止和减少摩擦副的磨损；机械安定性和抗氧化性突出，使用寿命长；具有优良的抗水性和防护性，有效防止野外作业润滑部件的锈蚀。 适用于挖掘机、推土机、叉车等工程机械设备的回转轴承、履带弹簧等部位的润滑，同时还可应用其他重型车辆和设备摩擦部位的润滑。使用温度为：-25～120℃	15kg/桶、175kg/桶	
CMA-K 润滑脂	Q/SH303 0694—2017	通用性强，具有突出的的机械安定性和氧化安定性；良好的抗水性和防锈性，可应用于与水接触的设备，防护功能优异；优异的抗磨性能。 适用于工程机械、农用机械、汽车底盘、通用机械及其他中低速轴承部位的润滑和防护。使用温度为：-20～100℃	15kg/桶	

续表

产品名称	执行标准	特点与用途	包装形式	生产厂家
CMA-I润滑脂	Q/SH3031 0657—2018	通用性强，具有突出的的机械安定性；良好的抗水性和防锈性，可应用于与水接触的设备，防护功能优异；稠化剂具有天然的优异的抗磨性能。 适用于挖掘机、起重机、装载机等工程机械中，主要用于工程机械工作臂轴销的润滑，也可用于回转支撑承的润滑，不适用于重负荷如挖掘机转盘轴承的润滑。使用温度为：-15~100℃	8kg/桶、12kg/桶、15kg/桶	中国石化润滑油有限公司天津分公司
CMA-K润滑脂	Q/SH303 0694—2017	通用性强，具有突出的的机械安定性和氧化安定性；良好的抗水性和防锈性，可应用于与水接触的设备，防护功能优异；优异的抗磨性能。 适用于主要用于工程机械、农用机械、汽车底盘、通用机械及其他中低速轴承部位的润滑和防护。使用温度为：-20~100℃	15kg/桶	
捷灵极压复合锂基润滑脂	SH/T 0535—93	极佳的耐高低温性、耐磨损性、耐水性；突出的抗氧化性、机械安定性和良好的黏附性，是一种长效长寿命的万能润滑脂。 适用于各种车辆、重型机械、建筑工程机械、冶金、矿山、纺织机械、冷轧机等重负荷部位立式振动电机轴承；适用于各种烧结、轮轨摩擦副之间的润滑。使用温度为：-20~180℃	15kg 中桶、170kg 大桶	山东红星化工有限公司
锂基半流体润滑脂（锂基脂 $0^{\#}$、$00^{\#}$、$000^{\#}$）	Q/0523 SHX016	优良的泵送性、抗水性及氧化安定性；良好的密封性、不易泄漏，可降低噪音、减少油脂消耗。 适用于各种机械设备的集中润滑系统及混凝土泵车、减速机、齿轮箱等摩擦部位的润滑。使用温度为：-20~120℃	15kg 中桶、170kg 大桶	
通用润滑脂系列	Q/ADZ 005—2016	具有良好的泵送性、润滑性、抗氧化性、机械安定性、防护性。使用温度为：-30~100℃	15kg/塑桶、170kg/铁桶	成都蜀光石油化学有限公司
半流体锂基润滑脂系列	Q/20190999—0.023—2012	具有良好的泵送性、润滑性、抗氧化性、机械安定性、防护性。使用温度为：-30~120℃。	15kg/塑桶、170kg/铁桶	
钢丝绳脂系列	Q/ADZ15—2004	具有良好的附着力，能克服钢丝绳高速运动甩油、滴油现象；优良的润滑性，可保持钢丝绳股绳间处于良好的润滑状态，优异的防锈性，能有效延长钢丝绳的使用寿命	15kg/塑桶、170kg/铁桶	
极压复合锂基润滑脂	SH/T 0534	优良的极压抗磨性、良好的抗水性、优良的机械安定性及防腐防锈性。 适用于重型机械、冶金机械、建筑机械等重负荷设备。使用温度为：-20~200℃	180kg/桶、175kg/桶、170kg/桶、17kg/桶	长沙众城石油化工有限责任公司
极压锂基润滑脂 $00^{\#}$、$0^{\#}$、$1^{\#}$、$2^{\#}$	GB/T 7323—2008	具有优秀的极压抗磨性以及良好的热稳定性、机械安定性、防锈性、防水性和泵送性，是一种多效长寿命润滑脂。适用于轧钢机械、矿山机械、建筑机械、重型起重机械、注塑机械等重负荷的齿轮和轴承的润滑，并能使用于有冲击负荷的部件和集中润滑系统。使用温度为-30~120℃	12kg/桶、15kg/桶、170kg/桶	安徽中天石化股份有限公司

续表

产品名称	执行标准	特点与用途	包装形式	生产厂家
XG/U4 超级车用 润滑脂	Q/HXG 001—2017	良好的高低温性能，遇水在较长时间内均不乳化变质，高温高速下不会分散油脂，降低轴承磨损，减少噪音和震动，保护轴承免受杂质和尘埃的侵入，使用寿命长。 适用于汽车轮毂轴承、底盘、水泵等摩擦部位润滑，特别适用高速行驶的大客车、小轿车、各种载重超大型车、工程车等。使用温度为：-25~200℃	1kg 铁罐、18kg 塑桶	杭州新港润滑科技有限公司
XG/L8 二硫化钼极压锂基润滑脂	SH/T 0587—1994(2003)	良好的减摩性、极压抗磨性、抗氧化性、机械安定性，并具备抗重负荷和瞬时高温能力。 适用于轧钢机械、矿山机械、建筑机械、重型起重机械、注塑机械等重负荷的齿轮和轴承的润滑，并能使用于有冲击负荷的部件。使用温度为：-20~120℃	18kg 塑桶、180kg 铁桶	
起重钢丝绳表面脂 JF-	Q/SHJG 1064—2013	具有优良的黏附性、抗水性和抗盐雾腐蚀性。高温不滴落、低温不脆裂。适用于各种苛刻的气候条件，特别适用于沿海及热带气候条件下起重钢丝绳的润滑和保护。 适用于起重机、工程机械、港机、索道、船舶及渔业用钢丝绳的润滑保护。使用温度为：-30~80℃	15kg、170kg	天津市津冠润滑脂有限公司
百吨王超级重载脂	Q/SHJG 1113—2017	具有独特的皂纤维结构，极高的极压抗磨性能，抗水防锈及氧化安定性能，极大的延长了轴承的使用寿命，在高低温工况下具有卓越的产品表现。 对超级重型卡车的轮毂轴承提供长效持久的润滑保护，可有效降低轴承磨损，提高轴承寿命 3~5 倍，适用于 BPW 车桥、FUWA 车桥、德纳车桥等超重载卡车及矿山机械、重型工程机械等领域的超重负荷机械及设备的润滑。使用温度为：-40~200℃	3kg、1.8kg	
二硫化钼锂基润滑脂	Q/SHJG 1002—2014	采用羟基脂肪酸锂皂稠化高黏度精制矿物油，足量添加超细高纯二硫化钼固体粉末及抗氧、防锈等多种添加剂制成。具有优良的极压抗磨性，能有效降低机械润滑部位的摩擦阻力，延长机械的使用寿命。 适用于轧钢机械、建筑机械、重型起重机械等各种重负荷机械以及一般转速设备的齿轮和轴承的润滑。使用温度为：-20~120℃	0.8kg、15kg、170kg	
锂基润滑脂	GB/T 7324	外观透明鲜亮，皂纤维手感均匀细腻；良好的密封性、防水性和防锈性，可应用于多尘、潮湿或与水接触的机械部件上；通用性强，具有优良的机械安定性和氧化安定性。 适用于汽车底盘、工业设备、工程机械、冶金等行业较缓和工况下机械设备的轴承及其他摩擦部位的润滑，也可用于集中润滑系统。使用温度为：-20~120℃	800g、1kg、2kg、14kg、175kg	江苏龙蟠科技股份有限公司
极压锂基脂	GB/T 7323	优良的极压抗磨性，能够承受重负荷和冲击负荷造成的润滑油膜失效，有效防止卡咬；良好的防锈性能，能够防止轴承运转过程中的锈蚀；优异的剪切稳定性，能保持较好的润滑脂结构特征。 适用于汽车、工程机械、压延机、锻造机、矿山机械、冶金等重负荷车辆及高负荷机械设备的齿轮、轴承等部位润滑，也可用于集中润滑系统。使用温度为：-20~120℃	800g、1kg、2kg、14kg、175kg	

续表

产品名称	执行标准	特点与用途	包装形式	生产厂家
四季通保轮脂	SH/T 0535	优良的极压抗磨性，满足高负荷、重负荷下机械设备的轴承润滑；良好的抗水冲刷性能和黏附性能，保证设备在潮湿或有水存在的防护与润滑；优异的高低温性能，满足轴承在较宽的温度下使用，具有长的使用寿命。 适用于高低温、高速、重载、潮湿等恶劣环境下各种轿车、载货卡车及工程机械等机械设备的轮毂轴承、底盘等摩擦部位的润滑。使用温度为-30~180℃	800g、1kg、2kg、14kg、175kg	江苏龙蟠科技股份有限公司
壳牌佳度 Gadus S3 V220C 2		优质多用途润滑脂，由高黏度指数矿物油和复合锂皂基配置而成。采用最先进的添加剂以提供卓越的高温抗氧化性能，并含有其他添加剂以提高润滑脂的抗氧化性、抗磨损和抗腐蚀性能。 适用于高温、高负荷条件下的重载轴承，如连铸机、振动筛、采石设备、碎石机、滚筒输送设备、车辆轮毂轴承。使用温度为：-20~140℃(短期峰值温度150℃)	180kg、180kg	壳牌（中国）有限公司
壳牌佳度 Gadus S4 OGT		采用高黏度优质矿物油为基础油，以铝复合皂基作为增稠剂，含有增强型极压、抗磨添加剂。 适用于挖掘机、铲车、堆垛机和取料机等设备的开式齿轮，操纵杆、环形导轨和滚筒，低速重载抗磨轴承、轴套、低速钢缆、水泥、垃圾处理和钢铁工业的开式齿轮应用	180kg	
壳牌佳度 Gadus S4 OGXK		采用铝复合稠化剂、高黏度高质量矿物油基础油以及加强的极压抗磨添加剂。此外，该产品添加稀释剂来确保低温泵送性。 适用于吊斗铲、电铲、挖掘机、堆料机及取料机中的开式齿轮，变速杆、圆轨和滚筒，重载低速的滚动轴承、衬套、低速钢缆、水泥、垃圾处理以及钢铁行业的开式齿轮应用	180kg	
壳牌佳度 Gadus S3 OG 2		采用铝复合稠化剂以及高黏度基础油，同时含有增强性能的极压抗磨添加剂。 适用于开式齿轮、操纵杆、环形导轨和滚筒，减摩轴承、轴套	18kg	
壳牌佳度 Gadus S2 OG 15/20/80		由高黏度石蜡基矿物、合成基础油及精选添加剂调配而成。性能平衡的配方使该脂能够长时间保持柔软，避免润滑脂积聚在轮齿根部。 适用于重负荷开式齿轮润滑，在磨煤机、回转窑、电铲、挖土机、船舶装载机、码垛机、取料机和挖掘机等各类设备中应用。一种产品既可以满足整个设备的润滑脂需要，如电铲、挖掘机和索斗铲设备，也可用于开式齿轮，又可用于电机轴承润滑、慢速运转的开式齿轮表面润滑	Gadus S2 OG 15 204kg、Gadus S2 OG 20 204kg、Gadus S2 OG 80 55kg/204kg	
壳牌马力士 Malleus OGM Heavy		铝复合基稠化剂和高黏度、高质量的矿物基础油组成，具有增强的抗极压抗磨性能。 适用于苛刻工况，如矿山设备，铲车、索斗铲和挖掘机等，以及球磨机和转窑的开式齿轮	420lb (1lb≈453.6g)	

续表

产品名称	执行标准	特点与用途	包装形式	生产厂家
Powerlite WR 帕瓦莱特 WR		复合磺酸钙为稠化剂、采用最新生产工艺研制而成的多功能润滑脂。10万次剪切试验后还能保持胶体稳定，工作锥入度变化量非常小；卓越的黏附性使之不易被水冲刷导致润滑脂流失；采用特殊结构的复合磺酸钙稠化剂提供卓越的抗磨损性和抗载荷能力；在严酷的工作环境下，比锂基润滑脂和复合铝基润滑脂能保持更长久的防锈/防腐蚀能力；该产品沉淀于水、焚烧后不产生重金属、是为替代二硫化钼润滑脂而设计的新一代环保型多功能润滑脂。 适用于高载荷、高含水的润滑环境，冶金设备(粗轧、精轧、立式压力定宽机、卷取机等各种轧辊半密封轴承)、建筑机械(挖掘机、推土机、起重机、叉车等重型车辆)、瓦楞纸业、木材加工、农业机械等	18kg/180kg、 400g×20 盒	协同油脂 株式会社
Powerlite No. 2 帕瓦莱特 No. 2		以特殊钙皂做为稠化剂、配合了极压剂和特殊聚合物的多功能润滑脂。特殊聚合物所形成的坚固的油膜，使得该产品具有超越的与金属的附着力，并且极压性极为优越。抗水性强、即使在混入水的情况下润滑脂构造的变化极小，油份分离也极少的高性能润滑脂。即使在高温、多水的恶劣环境下也能保证设备的稳定运行，并发挥延长设备润滑寿命之目的。 适用于各种车辆，车、磨加工机械，车床，建筑机械(挖掘机、推土机等重型车辆)，农业机械(割草机、播种机、收割机等)，冶金设备，矿山机械等各种产业机械等	18kg	
合成高温 润滑脂 Q/DX TYS 0110—2015	Q/DX TYS 0110—2015	适用于工业、工程机械和各种车辆设备，重负荷、低速至中速的齿轮、轴承、轮毂轴承等部位的润滑。使用温度为：-25~180℃	塑桶：500g/ 800g/1kg/ 1. 8kg/15kg 铁桶：170kg	统一石油 化工有限 公司
合成高温 润滑脂	Q/DX TYS 0110—2015	采用复合锂皂稠化精制矿物和合成基础油，添加各类添加剂制成。 适用于工业、工程机械和各种车辆设备，各种类型的重负荷、低速至中速的齿轮、轴承、轮毂轴承等部位的润滑。使用温度为：-25~180℃	塑桶：500g/ 800g/1kg/ 1. 8kg/15kg、 铁桶：170kg	
泵车专用 润滑脂 00 号	Q/DX TYS 0137—2015	采用优质脂肪酸锂皂稠化精制矿物油，并加入抗氧、极压等多种添加制成。 适用于建筑行业、混凝土搅拌站以及混凝土泵车的润滑。工作温度为：-20~120℃	塑桶：15kg、 铁桶：170kg	
长鸣 CL2105 极压半流体 齿轮润滑脂	Q/ 0700WCM 200. 105	适用于冶金、矿山、能源、交通和工程机械的非循环润滑的减速机齿轮润滑，具有防漏减漏、节能增效的功能；大型机组的集中润滑系统比采用一般齿轮油能减少泄漏，延长换油周期、改善环境卫生。使用温度为：-20~120℃	15kg 塑料桶、 170kg 铁桶 或按需包装	山东长鸣 化工有限 公司

续表

产品名称	执行标准	特点与用途	包装形式	生产厂家
极压复合锂基脂 $2^{\#}$、$3^{\#}$	GB/T 7324—2010	具有极佳的耐高低温性、耐磨损性、耐水性；突出的抗氧化性、机械安定性和良好的黏附性；是一种长效长寿命的万能润滑脂。 适用于各种车辆、重型机械、建筑工程机械、冶金、矿山、纺织机械、冷轧机等重负荷部位立式振动电机轴承；各种烧结、轮轨摩擦副之间的润滑。使用温度为：-30~180℃	15kg 塑桶装、200L 铁桶装	东营市成润化工有限责任公司
掘机专用润滑脂 $2^{\#}$、$3^{\#}$	GB/T 7324—2010	具有良好的防锈性、极压性；极佳的耐水性、黏附性。 适用于挖掘机、装载机、吊车等各种野外作业机械及各种建筑机械、工程机械。使用温度为：-20~120℃	15kg 塑桶装、200L 铁桶装	
半流体润滑脂 $0^{\#}$、$00^{\#}$、$000^{\#}$	GB/T 7324—2010	具有优良的泵送性、抗水性及氧化安定性；良好的密封性、不易泄漏，可降低噪音、减少油脂消耗。 适用于各种机械设备的集中润滑系统及混凝土泵车、减速机、齿轮箱等摩擦部位的润滑。使用温度-20~120℃	15kg 塑桶装、200L 铁桶装	
混凝土泵送车专用润滑脂	GB/T 7324—2010	优良的润滑性能；良好的抗水性、防腐蚀性能以及泵送性。 适用于建筑行业混凝土泵送车，混凝土搅拌机设备的润滑。使用温度为：-20~100℃	1kg 铁盒、2kg 铁盒、15kg 塑料桶、180kg 铁桶、300g 弹簧管	东营市鑫泰来工贸有限公司
鑫业吸盘式长寿命工程机械专用脂		本品桶内附带密封吸盘，手动黄油枪可拧上直接抽取，使用方便于净卫生避免对油脂的污染。属于四季通用型润滑脂。 适用于工程机械研发，具有突出的极压抗磨性和防水性，是普通润滑脂使用效果的2~3倍。使用温度为：-20~120℃	净重 12kg、净重 15kg、净重 170kg	濮阳市鑫业特种润滑油脂有限公司
HP-R 润滑脂、重载车辆轮毂润滑脂	Q/0100LHQ 002—2016	适用于高速、重载条件下各种载货卡车及大中型客车和工程机械等机械设备的轮毂轴承、底盘等摩擦部位的润滑；水泵电机及其他摩擦部位的润滑。使用温度为-30~180℃	9.6kg(800g×12 塑桶)/箱、175kg 铁桶	山东环球润滑油有限公司
混凝土泵送车专用润滑脂 牌号：$000^{\#}$	Q/0100LHQ 003—2016	具有良好的泵送性、润滑性，良好的抗水性和防腐蚀性。 适用于建筑行业混凝土泵送车、混凝土搅拌站等润滑	15kg 塑料桶，170kg/175kg 铁桶包装	
工程机械专用锂基脂 $3^{\#}$、$2^{\#}$	GB/T7324 GB/T7323	具有优良的极压抗磨性和黏附性对轴承表面能提供多重保护。 适用于各种在户外作业的工程机械设备的润滑，如挖掘机、装载机、起重机、破碎机等给脂系统润滑使用。使用温度为：-22~130℃	13kg、15kg	领航石油化工（天津）有限公司
极压锂基润滑脂 $00^{\#}$、$0^{\#}$、$1^{\#}$、$2^{\#}$、$3^{\#}$	GB/T 7323—2008	具有优秀的极压抗磨性以及良好的热稳定性、机械安定性、防锈性、防水性和泵送性，是一种多效长寿命润滑脂。 适用于轧钢机械、矿山机械、建筑机械、重型起重机械、注塑机械等重负荷的齿轮和轴承的润滑，并能使用于有冲击负荷的部件和集中润滑系统。使用温度为：-30~120℃	12kg/桶、15kg/桶、170kg/桶、175kg/桶	唐山市天成润滑油脂有限公司

续表

产品名称	执行标准	特点与用途	包装形式	生产厂家
混凝土泵送车专用润滑脂 0#、00#、000#	Q/SH30 3 352—2004	具有良好的泵送性和优良的润滑性能以及良好的抗水性、防腐蚀性。 适用于建筑行业混凝土泵送车、混凝土搅拌站的润滑。使用温度为：-30～160℃	12kg/桶、15kg/桶、170kg/桶、175kg/桶	唐山市天成润滑油脂有限公司
工程机械专用润滑脂	QH/SH303 0597—2012	优良的极压抗磨性，能有效防止摩擦副的磨损、点蚀，延长设备的使用寿命；可降低摩擦副的摩擦系数，减小阻力；良好的机械安定性和胶体安定性，可保持较长的换脂周期；优良的高温性能、抗水性和防锈性。 适用于各种进口、国产重型工程机械车辆设备，如挖掘机、推土机、压路机、铲运车、叉车、自卸车、搅拌机、铺路机等。使用温度为：-30～120℃	12kg/桶、15kg/桶、170kg/桶、175kg/桶	
通用锂基润滑脂	GB/T 7324—2010	优良的机械安定性和高温抗剪切性，使用时不易变稀，并延长使用寿命；优异的抗腐蚀性能，有效保护润滑部分免遭腐蚀；良好的黏附性，在-20～125℃下与润滑部位有效黏附，不流失，有效保护润滑部位充足润滑；抗磨减摩效果优异，有效延长设备的使用寿命；良好的防水性能，防水冲洗，满足野外作业需要 适用于各种汽车、工程机械和工业设备的轮毂、轴承、底盘、滚动轴承、滑动轴承等需要润滑脂润滑的部位。同时可完全满足钙基润滑脂的使用性能	8kg、11kg、15kg、200L 钢桶	山东源根石油化工有限公司
工程机械专用锂基润滑脂	Q/0811JYG 019—2016	具有良好的极压、抗磨性能，添加有效的极压、抗磨剂可以有效的延长设备的使用寿命；良好的高、低温性能，低温易启动、高温不流失性能，可以很好的保护设备运行；良好的剪切稳定性，长时间使用不变软，不流失；良好的氧化安定性，长时间存储使用不变色；良好的抗水性，在有水环境下工作不易流失。 适用于各种工程机械设备，如挖掘机、推土机、装载机等机械设备的滚动轴承、滑动轴承及其他摩擦部位的润滑	8kg、11kg、15kg、200L 钢桶	
极压锂基润滑脂		适用于各种类型的滑动和滚动轴承，以及在操作温度使用范围内的各种类型机器设备的高温、重负荷各摩擦部位的润滑。包括：冶金、矿山、工程机械、风机、纺织机械、发动机、加工工具、纺织、造纸和木工机械和建筑等设备。使用温度为：-20～140℃		山东北方淄特特种油股份有限公司
复合锂基润滑脂		适用于各种类型的滑动和滚动轴承，以及在操作温度使用范围内的各种类型机器设备的高温、重负荷摩擦部位的润滑。包括：冶金、矿山、工程机械、风机、纺织机械、发动机、加工工具、纺织、造纸、木工机械和建筑机械等设备。使用温度为：-20～150℃		
二硫化钼锂基润滑脂		适用于轧钢机械、矿山机械、建筑机械、重型起重机械、注塑机械等重负荷的齿轮和轴承的润滑，并能使用于有冲击负荷的部件。使用温度为：-20～120℃		
挖掘机专用润滑脂		专用于各种工况条件下的挖掘机相关摩擦部位的润滑。使用温度为：-20～120℃		
工程机械专用润滑脂		适用于各种挖掘机、装载机等各种野外作业条件苛刻的工程机械及各种建筑机械相关摩擦部位的润滑。使用温度为：-20～120℃		

续表

产品名称	执行标准	特点与用途	包装形式	生产厂家
重卡轮毂专用高温脂		具有优良的高低温性能、抗属性、防锈性、胶体安定性和机械安定性。 适用于各高档挖掘机工程机械维护保养理想用品	200L 铁桶、18L 塑桶、17L 塑桶、16L 塑桶、15L 塑桶、10L 塑桶、5L 塑桶、2L 塑桶、2L 铁桶、1L 铁桶	山东北方淄特特种油股份有限公司
盾构机密封脂		具有好的黏性且不溶于水，具有优异的抗水发性能；合适的稠度和良好的润滑性能，不仅保证运动部件的润滑，同时确保可靠的密封性能；纤维结构确保盾构头部不受杂质侵入，保护轴承等精密部件不被磨损；良好的泵送性能，易于使用。为维护其可泵送性，储存温度应高于 10℃。 适用于盾构头部接触部件的密封，尤其应用于盾构头部接缝润滑和密封是分开的场合或工作环境中存在含颗粒物质的水，可能造成密封磨损的场合	200L 铁桶、18L 塑桶、17L 塑桶、16L 塑桶、15L 塑桶、10L 塑桶、5L 塑桶、2L 塑桶	
保轮脂(极压复合锂基脂)2#	GB/T 0535—1993	由高黏度基础油和特殊聚合物、增黏剂、抗磨剂、抗氧添加剂调制而成，具有优异的黏附力，适用于工业行业和汽车行业的苛刻工况，它具有极佳的抗雨水冲刷能力及在冲击载荷下的抗磨损能力。 适用于汽车轮毂轴承、盘式制动器、转向系统和底盘系统部件的润滑。还适用于诸多中小型及大型农业机械、建筑机械、矿山机械和运输车辆等	1kg/袋、2kg/盒、13~20kg/桶 180kg/桶	哈尔滨紫杉油脂股份有限公司
极压锂基润滑脂 00#、0#、1#、2#	GB/T 7323—2008	良好的机械安定性、胶体安定性及氧化安定性，有效延长换油周期；优异的抗磨、极压性能和黏附性能，有效防止设备磨损；优良的抗水性，遇水不易乳化变质；高低温性能出色，满足宽温度使用；良好的防锈性，有效抑制锈蚀产生。 适用于矿山机械、冶金机械、建筑机械等大型设备的集中润滑系统，以及齿轮、涡轮等装置，如冶金、矿山行业的桥式起重机减速齿轮箱、轧机减速齿轮箱等。使用温度为：-20~120℃	0. 8kg/桶、5kg/桶、15kg/桶	西安石油大佳润实业有限公司
福斯润滑脂 RENOLIT CXI 2		具有极好的耐水性能、即使接触酸溶液和碱溶液，它也具有极好的工作稳定性、防腐蚀性能、抗油分离性能。 适用于冶金工业，如轧机轴承、造纸机械、化工机械采矿设备、混凝土工程机械、大型建筑工程设备等	17kg、180kg	营口福斯油品有限公司
TOP-5701 盾尾密封脂	Q/0205TOP 020—2017	专门用于不同地质环境下隧道盾构机盾尾密封，适用于盾构设备尾部的密封	1kg/桶、5kg/桶	青岛拓普石油化工有限公司

续表

产品名称	执行标准	特点与用途	包装形式	生产厂家
太科磺酸钙基润滑脂 KH-800	基础油 40℃运动黏度：421	采用领先技术制造的高碱值磺酸钙基润滑脂，具有卓越的载荷能力、极好的机械稳定性和优良的抗水性，可满足多种特殊工况下的应用要求。特别适用于港口、码头、造纸、电力、矿山、机械、重工业、野外、建筑及钢铁行业	18kg、180kg	珠海经济特区顺益发展有限公司
优润高负载轴承润滑脂 RP 1000	基础油 40℃运动黏度：1000	推荐应用于水泥、矿山、钢铁、电力、化工、造纸等行业的大型设备轴承，如：干燥机、造粒机、挖掘机、辊压机和破碎机等	50kg/桶、180kg/桶	
优润高负载轴承润滑脂 RP 1500	基础油 40℃运动黏度：1500	推荐应用于水泥、矿山、钢铁、电力、化工、造纸等行业的大型设备的轴承，如：干燥机、造粒机、挖掘机、辊压机和破碎机等	50kg/桶、180kg/桶	

四、轴承行业用润滑脂

轴承尤其是滚动轴承，其润滑介质主要是润滑脂，润滑脂油成为轴承的第五大零部件，可见润滑脂对轴承使用的重要性。生产轴承润滑脂的厂家见表Ⅰ-4。

表Ⅰ-4 轴承行业用润滑脂产品特点、用途及生产厂家

产品名称	执行标准	特点与用途	包装形式	生产厂家
中小型电机轴承润滑脂	Q/SH PRD 338—2010	稠化剂的皂纤维结构合理，分布均匀，在剪切力的作用下能保持较好的润滑脂结构特征；有一定的防锈性能，能够防止轴承运转过程中的锈蚀；具有优良的降噪性，能有效降低轴承的振动性能。 适用于中小型电机的滚动轴承和其他较低负荷设备的滚动轴承的润滑；使用温度为：-20~120℃	17kg/桶	中国石化润滑油有限公司天津分公司
低噪音轴承润滑脂	Q/SHPRD 337—2010	稠化剂的皂纤维结构合理，分布均匀，在剪切力的作用下能保持较好的润滑脂结构特征；采用特殊生产工艺制造，润滑脂的洁净度高，能够有效地降低轴承的振动值；防锈性能良好，能够防止轴承运转过程中的锈蚀；具有优良的降噪性能。 适用于中小型电机的滚动轴承和其他较低负荷设备的滚动轴承的润滑；使用温度为：-20~120℃	17kg/桶	
ADV 轴承润滑脂	Q/SH303 0311—2016	优异的降振动性能，优良的降噪性能，良好的防锈、防腐蚀性能。 适用于一般工作环境下的小型电机的滚动轴承和其他较低负荷设备滚动轴承的润滑，特别适用于内径为 15~45mm 的低噪音滚动轴承的润滑；使用温度为：-20~120℃	17kg/桶	
HSA 轴承润滑脂	Q/SH303 0311—2016	采用合成油和精制矿物油为基础油，能减小低温时的机械扭矩，在-30℃以上使用时具有良好的安定性；润滑寿命较长，具有良好的氧化安定性及防锈特性，能够防止轴承运转过程中的锈蚀。 适用于较低温度下各种中小型密封轴承的长效润滑；不推荐低速重负荷工况下使用。使用温度为：-40~130℃	175kg/桶	

续表

产品名称	执行标准	特点与用途	包装形式	生产厂家
BHP 高温轴承润滑脂	Q/SH303 0317—2016	具有较高的滴点，能满足150℃高温条件下的润滑要求；添加高质量的抗磨添加剂，可满足一般程度的极压抗磨要求。 适用于高温环境下中小型精密轴承及微型轴承的润滑，特别适用于低噪音密封轴承的润滑和高温电机轴承及各类水泵轴承的润滑，也可满足其他负荷滚动轴承高温下的润滑防护。使用温度为：-20~180℃	17kg/桶	中国石化润滑油有限公司天津分公司
BLU-A 轴承润滑脂	Q/SH303 514—2007	具有耐高温以及在高温下使用寿命长的性能；具有优异的静音性能，尤其用于内径≥30mm的深沟球轴承时能够显著降低轴承的噪音；具有良好的胶体安定性和防锈性能。 适用于各种中小型低噪音密封轴承，尤其适用于低噪音深沟球轴承。应用于内径≥30mm的深沟球轴承，其振动值较普通低噪音润滑脂低2~4dB。可满足高温电机、高温风扇等轴承的润滑要求。不推荐在低速重负荷下使用，使用温度为：-30~180℃	17kg/桶	
BME 大型电机轴承润滑脂	Q/SH303 0298—2016	突出的高低温性能，高温条件下使用寿命长，低温启动性能好；良好的剪切安定性，确保长期使用中不甩油；优良的极压抗磨性能，电机在重负荷工作情况下的安全运转。 适用于大型电机轴承及发电机轴承的润滑；使用温度为：-40~180℃	1kg/桶	
HTHS 高温高速轴承润滑脂	Q/SHPRD 342—2010	具有较高的滴点，能满足150℃高温条件下的润滑要求；具有良好的低温启动性能；添加高质量的抗磨添加剂，可满足一般负荷的极压抗磨要求；运转部位摩擦热发生量低，可满足中高速轴承的润滑要求。 适用于高低温环境下中小型精密轴承及微型轴承的润滑，特别适用于高温低噪音密封轴承的润滑，同时可满足其他高低温中小型电机和高温一般负荷滚动轴承的润滑和防护；使用温度为：-40~180℃	1kg/桶	
7018 高速轴承润滑脂	Q/SY RH2168	适用于各种高速轴承、高速长寿命陀螺马达、高速磨床及其他高速仪表和机械轴承的润滑。具有极佳的高低温性。使用温度为：-50~150℃	0.8kg/罐、15kg/桶、175kg/桶	无锡中石油润滑脂有限公司
7014-2 高温润滑脂	Q/SY RH2167	用于高温下较高转速的各种机械滚动轴承和滑动轴承的润滑。具有优异的高低温、抗剪切性。使用温度为：-40~200℃	0.8kg/罐、15kg/桶、175kg/铁桶	
7019 高温润滑脂	Q/SY RH2169	由复合皂基稠化剂稠化合成油，并加有抗氧、极压抗磨等添加剂精制而成。 适用于纺织、印染、石化、钢铁、水泥等行业生产中的各类电机轴承、滚动、滑动轴承的润滑。使用温度为：-30~160℃	0.8kg/罐、15kg/桶、170kg/桶，散装	
低噪音轴承润滑脂	Q/SY RH2165	洁净度高，能够有效地降低轴承的振动值；防锈性能良好，能够防止轴承运转过程中的锈蚀；具有优良的降噪性能。 适用于小型和微型电机的精密滚动轴承和其他较低负荷设备的滚动轴承的润滑，特别推荐一般工作温度下有静音要求的工业用精密仪器、家用电器等高档精密轴承的润滑	15kg/桶	
中小型电机轴承润滑脂	Q/SY RH2166	有一定的防锈性能，能够防止轴承运转过程中的锈蚀；具有优良的降噪性，能有效降低轴承的振动性能。 适用于中小型电机的滚动轴承及其他较低负荷设备的滚动轴承的润滑	15kg/桶、15kg/铁桶、175kg/铁桶	

续表

产品名称	执行标准	特点与用途	包装形式	生产厂家
复合锂基润滑脂	Q/AHY66	适用于重载车辆、机械设备、电机等轴承的润滑，通用性强、耐高温、寿命长。可针对工况调整设计	2kg、17kg、180kg	辽宁海华科技股份有限公司
锂基润滑脂	GB/T 7324	适用于中负荷车辆、机械设备、电机等轴承的润滑，通用性强。使用温度为：-20~120℃	500kg、17kg、180kg	
低噪音轴承脂(锂基、脲基)	Q/AHY284	适用于各种设备中小精密轴承的润滑，降噪明显。可针对工况调整设计	17kg、180kg	
捷灵 EP 合成聚脲高温润滑脂	Q/0523 SHX080	具有突出的轴承使用寿命，延长轴承使用周期；优异的低噪音性能；良好的防锈性、抗水性、耐腐蚀性；优异的高低温性能。适用于轴承、汽车及其他工业。 适用于水、蒸汽、酸性气体、盐水可能接触的设备轴承润滑；适用于汽车发动机、高温风扇以及空调机组等设备轴承润滑；适用于高温低噪音深沟球轴承的润滑；适用于高温长寿命密封轴承润滑。使用温度为：-50~220℃	15kg 中桶、170kg 大桶	山东红星化工有限公司
润博特 JK180 轴承润滑脂（2#、3#）	Q/0523 SHX011	极佳的耐高低温性；优良的极压抗磨性能和耐水性；良好的抗氧化性和良好的黏附性。 适用于各种汽车轮毂轴承、离合器轴承的润滑，同时适用于中大型电机轴承的润滑。使用温度为：-30~180℃	15kg 塑桶	
润博特 LK100 轴承润滑脂	Q/0523 SHX022	稠化剂的皂纤维结构合理，分布均匀，在剪切力的作用下能保持良好的润滑脂结构特征；具有一定的防锈性能，能够防止轴承运转过程中的锈蚀；具有一定的降噪性能，能有效降低轴承振动性能。 适用于中小型电机的滚动轴承和其他低负荷设备的滚动轴承的润滑。使用温度为：-20~120℃	15kg 塑桶、17kg 塑桶	
润博特 LK80 轴承润滑脂	Q/0523 SHX032	特高的清洁度和均匀的组织结构，有效降低轴承噪音；优良的高温性能和极长的轴承寿命；良好的机械安定性、抗水性和防锈性；良好的掩盖性能和防漏脂性能。 适用于各种电机级轴承和其他较低负荷设备的滚动轴承的润滑。使用温度为：-30~130℃	15kg 塑桶、17kg 塑桶	
润博特 JK50 轴承润滑脂	Q/0523 SHX007	具有良好的耐高温和长寿命性能；优异的降噪性能；良好的胶体安定性和防锈性能。 适用于各种中小型低噪音密封轴承，尤其适用于低噪音深沟球轴承；可满足高温电机、高温风扇等轴承的润滑要求，不推荐在低速重负荷下使用。使用温度为：-30~180℃	15kg 塑桶、17kg 塑桶	
FAKKT-GEM30P	GB/T 5671	具有良好的防护性、低温性、氧化安定性、剪切安定性和极压性能；含有适用于塑胶体系的固体添加剂，与塑胶(PP、PE、SBS等)，具有良好的相容性等。 主要应用：适用于塑胶齿轮的润滑、降噪和减震。如遥控汽车、飞机等一些电动玩具；空调出风口电机；手摇充电器；果汁机(搅肉机)；电位器；电动(窗帘、牙刷、拖把)；汽车天线、汽车中控锁、低温球轴承、滚珠轴承的润滑等	1kg 铁罐，5kg/15kg 胶桶	深圳市合诚润滑材料有限公司

续表

产品名称	执行标准	特点与用途	包装形式	生产厂家
FAKKT-GC1496K	GB/T 7324	优良的油脂安定性；工作温度范围宽；挥发性极低；优异的附着性和润滑性；抗磨损能力强；不腐蚀金属；与大部份塑料制品相适应。 主要应用：开关接点、齿轮组润滑、轴承润滑、雨刮电机、汽车零部件等	1kg 铁罐，5kg/15kg 胶桶	
FAKKT-UB45001	SH/T 0789	优异的抗氧化性；优良的高低温性能；优异的抗腐蚀性能和抗水性能；优异的润滑性和高负荷性；优良的机械稳定性；与大部份橡塑制品相容性好；在极端恶劣的条件下提供卓越的性能。 主要应用：高温轴承润滑；纺织印染、造纸设备轴承；汽车配件；食品和医药；各种化学环境下的润滑和防护	1kg 铁罐，5kg/15kg 胶桶	
FAKKT-MG33002	SH/T 0789	宽广的工作温度范围；在高温下长期使用不结焦，抗水性极好；优良的抗氧化性和耐热稳定性；优异的抗磨损性； 良好的机械稳定性，在重载和轴承的剪切力作用下仍有良好的结构稳定性。 主要应用：适用于高温操作环境；减速电机、行星齿轮；运输带轴承、石油化工、电子、纺织、印染、钢铁生产中的高温轴承润滑；各种滑动润滑面、平面润滑系统	1kg 铁罐，5kg/15kg 胶桶	
精密轴承润滑脂	Q/SHZT 0201—2007	稠化剂的皂纤维结构合理，分布均匀，在剪切力的作用下能保持较好的润滑脂结构特征；润滑脂的洁净度高，能够有效地降低轴承的振动值；防锈性能良好，能够防止轴承运转过程中的锈蚀，具有优良的降噪性能。 适用于中小型电机的滚动轴承和其他较低负荷设备的滚动轴承的润滑。使用温度为：-30~130℃	12kg/桶、15kg/桶、170kg/桶	安徽中天石化股份有限公司
SLE		低噪音、宽温、长寿命。 适用于空调等家电、电动工具、汽车电装电机、精密设备等轴承。使用温度为：-50~150℃	400g、700g 软管(塑料管)、500g、800g、1kg、2kg 罐装	福建优立盛油脂公司
SUE		低噪音、宽温、长寿命。 适用于调等家电、电动工具、汽车电装电机、精密设备等轴承。使用温度为：-50~170℃	400g、700g 软管(塑料管)、500g、800g、1kg、2kg 罐装	
SUT		低噪音、高温、长寿命。 适用于汽车电装(张紧轮、交流发电机、电磁离合器等轴承)。使用温度为：-40~180℃	400g、700g 软管(塑料管)、500g、800g、1kg、2kg 罐装	
SUP-45		低噪音、高温高速、长寿命。 适用于高速吸尘器、汽车电装、电动工具及其他高温轴承。使用温度为：-40~180℃	400g、700g 软管(塑料管)、500g、800g、1kg、2kg 罐装	

续表

产品名称	执行标准	特点与用途	包装形式	生产厂家
U-400L		低噪音、低扭矩、长寿命。 适用于电动工具、办公设备、各种高速低启动微小的型轴承。使用温度为：-50~130℃	400g、700g软管(塑料管)、500g、800g、1kg、2kg罐装	福建福兴润滑油有限公司
U-603		低噪音、高温、长寿命。 适用于电动工具、水泵、离合器分离轴承及其他高温电机轴承。使用温度为：-40~180℃	400g、700g软管(塑料管)、500g、800g、1kg、2kg罐装	
U-300		低噪音、高温、经济。 适用于电动工具、水泵、风机轴承。使用温度为：-30~180℃	400g、700g软管(塑料管)、500g、800g、1kg、2kg罐装	
U-30EM		蓝色、低噪音、高温高速。 适用于风机轴承、水泵轴承、高温电机轴承等。使用温度为：-30~180℃	400g、700g软管(塑料管)、500g、800g、1kg、2kg罐装	
U-30G		绿色、低噪音、高温高速。 适用于高温工业电机、风扇、纺织机械、高温水泵轴承等。使用温度为：-30~180℃	400g、700g软管(塑料管)、500g、800g、1kg、2kg罐装	
EMQ-102S		低噪音、低扭矩、长寿命。 适用于电动工具、家用电器、电动车、医用设备、办公室设备轴承等。使用温度为：-40~130℃	400g、700g软管(塑料管)、500g、800g、1kg、2kg罐装	
EMQ 系列		低噪音、高性价比、多种黏度供选。 适用于水泵、电动工具、电动车、风扇、洗衣机、油烟机轴承等。使用温度为：-30~130℃	400g、700g软管(塑料管)、500g、800g、1kg、2kg罐装	
U-225		低噪音、经济型。 适用于水泵、电动车、风扇、洗衣机轴承等。使用温度为：-20~120℃	400g、700g软管(塑料管)、500g、800g、1kg、2kg罐装	
YGS-108		低噪音、高合格率、长寿命。 适用于水泵、电动工具、电动车、风扇、洗衣机轴承等。使用温度为：-30~130℃	400g、700g软管(塑料管)、500g、800g、1kg、2kg罐装	

续表

产品名称	执行标准	特点与用途	包装形式	生产厂家
XG/L22 RTJ-205 合成润滑脂		良好的极压抗磨性能和高低温性能，并具有优异的黏附性和降噪性，优良的热安定性、氧化安定性、抗水性和防护性。 适用于电动工具齿轮箱及其他高速运转防渗漏部位的润滑。使用温度为：-40~200℃	18kg 塑桶、180kg 铁桶	杭州新港润滑科技有限公司
BPS 轴承润滑脂	Q/SHJG 1054—2013	具有优异的高低温润滑性能、出色的轴承寿命，同时具备良好的抗水防锈性能。 适用于外径小于 140mm 的各种电机、风扇、汽车空调、电磁离合器、发动机张紧轮、交流发电机、汽车水泵、家用电器及办公设备中的滚动轴承；各种静音高温电机轴承，高温风扇轴承；以及终身润滑的密封长寿命高速轴承。使用温度为：-50~200℃	15kg 钢桶包装	天津市津冠润滑脂有限公司
BPS-M 轴承润滑脂	Q/SHJG 1055—2015	具有优异的高低温润滑性能、优良的耐高速性能、超长的轴承寿命，同时具备良好的抗水防锈性能。 适用于外径小于 140mm 的各种电机、风扇、汽车空调电磁离合器、发动机张紧轮、交流发电机、汽车水泵、家用电器及办公设备中的滚动轴承；各种静音高温电机轴承，高温风扇轴承；长寿命以及终身润滑的密封轴承。使用温度为：-40~180℃	15kg 钢桶包装	
BCM 汽车轴承润滑脂	Q/SHJG 1053—2013	为汽车轮毂轴承专门开发，具有延长车轮轴承使用寿命、优异的极压抗磨性能、良好的抗水性能；同时产品的高低温性能优秀，完全解决冬天加脂和夏天漏脂的问题。 适用于轿车密封轮毂轴承的润滑及保养，同时可用于汽车底盘、球关节的润滑及工业领域中有较高要求的润滑需求。使用温度为：-30~180℃	15kg 钢桶包装	
BCM-L 汽车轴承润滑脂	Q/SHJG 1093—2015	为汽车轮毂轴承专门开发，具有延长车轮轴承使用寿命、优异的极压抗磨性能、良好的抗水性能；同时产品的高低温性能优秀，完全解决冬天加脂和夏天漏脂的问题。 适用于轿车密封轮毂轴承的润滑及保养，同时可用于汽车底盘、球关节的润滑及工业领域中有较高要求的润滑需求。使用温度为：-30~180℃	15kg 及 170kg 钢桶包装	
XHP-高低温合成润滑脂	Q/SHJG 1017—2014	具有良好的高低温性能，特别是低温使用性能优异。同时又有较高的极压性能，黏附性能和抗水性能，高温蒸发少，低温启动力矩小，可保证轮毂轴承在宽温条件下正常工作和运转，是一种长寿命宽温润滑脂。 适用于恶劣环境下特别是低温条件下大型载重车辆轮毂轴承润滑。使用温度为：-40~180℃	1kg、2kg、15kg	
大型客车轮毂轴承脂	Q/SHJG 1056—2013	本产品具有良好的高温性能、高温黏附性，在高温、高速下不甩油、不流失；具有良好的极压抗磨性、抗水性和防护性能，能有效减少轮毂轴承的磨损，大幅提高车辆的保养里程。 适用于大中型长途客车、公共汽车、机场摆渡车辆等客运车辆轮毂轴承的润滑，是针对大中型客车的使用要求研制而成，经长期实际使用，润滑效果优秀，是一款经典的车用轮毂轴承脂产品。使用温度为：-30~180℃	2kg、15kg	

续表

产品名称	执行标准	特点与用途	包装形式	生产厂家
WHB-2 轮毂轴承 润滑脂		优异的微动腐蚀保护、低摩擦系数、低渗油、防锈蚀和终生润滑。 适用于第三代轮毂轴承，温度为：-30~160℃	18kg/180kg	浙江摩路新材料有限公司
WHB-3 全合成轮毂 轴承润滑脂		宽温使用、极佳的微动腐蚀保护、低摩擦系数、防锈蚀、超长使用寿命。 适用于第三代轮毂轴承，使用温度为：-40~160℃	18kg/180kg	
DynaLube 371Q 全合成锂基 润滑脂		静音性、高速、低温和终生润滑。 适用于中小微型轴承/高速轴承。使用温度为：-40~130℃	400g/18kg	
DynaLube 352Q 全合成锂基 润滑脂		静音性、高速、低温和终生润滑。 适用于中小微型轴承/高速轴承。使用温度为：-40~130℃	18kg	
DynaTemp 445 全合成复合 锂基润滑脂		高速、宽温和终生润滑。 适用于中小型轴承/高低温运行的设备，使用温度为：-40~180℃	18kg	
RheoLife 954Q 全合成脲基 润滑脂		宽温、高速、静音和终生润滑。 适用于中小型轴承/高温电机轴承/高低温运行的设备。使用温度为：-40~180℃	18kg	
RheoLife 963Q 全合成脲基 润滑脂		宽温、高速、静音和终生润滑。 适用于中小型轴承/高低温运行的设备。使用温度为：-40~180℃	18kg	
TP-K 全合成高温 高速轴承 润滑脂		宽温、高速、静音、抗辐射和终生润滑。 适用于中小型轴承/高温电机轴承/高低温运行的设备。冷却风扇马达轴承/发电机/水泵/涨紧轮轴承。使用温度为：-40~200℃	400g/18kg	
UltraFlor L162 全氟聚醚 润滑脂		在高温时极其稳定，蒸发损失和分解极小，无积碳和沉积物生成；化学结构极其稳定，耐氧化，适用于长期润滑。 适用于超低温和低扭力的精密仪器、感应器、电位计、促动器和轴承等怠速空气促进器马达/EGR 废气再循环阀。使用温度为：-65~280℃	1kg/30kg	
低噪音轴 承脂 CP11/2	QB/EUBO- 014—2013	良好的降噪音性能，优良的防锈防腐蚀性能，保护轴承不腐蚀和生锈，优异的抗水性能，减少水对工作性能的影响。推荐使用温度为：-30~180℃	18kg/桶	深圳市优宝新材料科技有限公司
高速轴承 润滑脂 E-602	SH 0441— 1992 7018	优异的耐高温性，可在高温下长期稳定工作；优异的抗水性，潮湿有水的情况下保护设备正常工作；优良的防锈防腐蚀性，保护轴承和设备不腐蚀和生锈；良好的剪切安定性，不易变稀和流失；良好的胶体安定性，不易分油变干；良好的降噪音性；优良的综合性能，具有长的使用寿命。 推荐使用温度为：-25~180℃	18kg/桶	

续表

产品名称	执行标准	特点与用途	包装形式	生产厂家
低噪音轴承润滑脂	GB/T 7324-2-10	优异的高低温性能、高转速下长寿命、低噪音，适用于各型号电机轴承，具有良好的降噪性能，延长轴承的使用寿命。 适用于低转速低载荷工况的中小型电机轴承、需优异低温低噪音性能的微小型电机轴承、长寿命、低噪音高温工况的中大型电机轴承；适用于交流发电机等工况的轴承。使用低温：小于-20℃；使用高温：大于130℃，最高可达200℃	15kg/桶、170kg/桶	龙南县雪弗特新材料科技有限公司
壳牌佳度 Gadus S2 V100 1	运动黏度 40℃：$100mm^2/s$；100℃：$11mm^2/s$	在高温潮湿条件下使用，相比传统锂皂基润滑脂有明显优势；中等偏硬的高性能润滑脂。 适用于润滑脂润滑的滚动和滑动轴承、电机轴承、终身密封轴承、水泵轴承，可在多种工况下使用，特别推荐用于电机轴承的润滑	18kg、180kg	壳牌(中国)有限公司
壳牌佳度 S2 V100 2	运动黏度 40℃：$100mm^2/s$；100℃：$11mm^2/s$	在高温潮湿条件下使用，相比传统锂皂基润滑脂有明显优势；中等偏硬的高性能润滑脂。 适用于润滑脂润滑的滚动和滑动轴承、电机轴承、终身密封轴承、水泵轴承，可在多种工况下使用，特别推荐用于电机轴承的润滑	18kg、180kg	
壳牌佳度 S2 V100 3	运动黏度 40℃：$100mm^2/s$；100℃：$11mm^2/s$	在高温潮湿条件下使用，相比传统锂皂基润滑脂有明显优势；中等偏硬的高性能润滑脂。 适用于润滑脂润滑的滚动和滑动轴承、电机轴承、终身密封轴承、水泵轴承，可在多种工况下使用，特别推荐用于电机轴承的润滑	18kg、180kg	
壳牌佳度 Gadus S5 V25Q 2. 5	运动黏度 40℃：$25mm^2/s$；100℃：$48mm^2/s$	低噪音锂皂基润滑脂，采用全合成基础油，含有抗氧化、抗磨损和抗锈蚀添加剂。 该产品用于对噪音水平要求严格的电机球轴承(<62mm)和其他小型球轴承。主要应用于电机轴承或者其他类型的终身密封轴承中。使用温度为：-50~140℃	18kg	
壳牌佳度 Gadus S2 V100Q 2	运动黏度 40℃：$100mm^2/s$；100℃：$11mm^2/s$	锂基低噪音润滑脂，用于对噪音性能要求严格的电机滚球轴承上(<62mm)。产品采用锂皂基稠化剂，并加入抗氧化、抗磨损、抗锈蚀添加剂，不含铅和亚硝酸钠。 主要应用于电机轴承及其他密封终身免维护轴承中。同时也可用于普通工业润滑，是常温下运行集中润滑系统的理想用脂	18kg、180kg	
Multemp ET-C 玛鲁天普 ET-C		除了耐高温、高速、长寿命等特点，还兼具静音性能。在配方上，使用了具备最新技术的聚脲化合物作为稠化剂，通过酯类油和醚类油的结合，能够保证即使在高温高速环境下，油膜可以充分生成。可以防止交流电机轴承的氢脆问题，并兼具防锈性、防水性、低温性和静音性等多种功能，性能优异。适用于汽车电装部件轴承，注重耐热、高速、长寿命、静音性能的滚动轴承。例如：引擎周边的电装部件轴承，交流发电机、空调压缩机、涨紧轮、冷却风扇等等。使用温度为：-40~200℃	18kg/2. 5kg	协同油脂株式会社

续表

产品名称	执行标准	特点与用途	包装形式	生产厂家
Multemp ET-P 玛鲁天普 ET-P		除了可应对高温，高速条件以外，还可有效防止轴承的剥落，并拥有保持轴承静音特性的划时代产品。与 ACM 橡胶兼容性良好也成就了它前所未有的高温长寿命性能，实现了轴承的长寿命化。 适用于汽车发动机辅助电装部件轴承等非常苛刻的环境下运行的高温长寿命润滑脂。使用温度为：-40~200℃	16kg/170kg	协同油脂株式会社
Muletemp LRL No. 3 玛鲁天普 LRL No. 3		采用在高温环境下表现稳定的特殊合成油为基础油、以精制的锂皂为稠化剂并添加严格挑选的抗氧化剂及防锈剂等研制而成的，具有很强的抗高速温升能力；能满足高温长寿命的要求。 适用于高速电机球轴承、纺织行业高速主轴、滚珠丝杠、直线导轨以及 PCB 钻孔机、SMT 半导体行业、CNC 数控机床主轴和 SMT 半导体无尘室设备之润滑。使用温度为：-50~150℃	18kg/180kg、2. 5kg×6 盒、400g×12 盒	
Muletemp LT No. 2 玛鲁天普 LT No. 2		以酯类合成油为基础油的较宽温度条件下使用的精密仪器专用润滑脂。特制的锂皂和经过严格挑选的抗氧化剂及防锈剂等经过特殊工艺研制而成的超低力矩长寿命润滑脂。即使在-50℃的极低温条件下也能保持超低温力矩，并且具有优异的氧化安定性和机械安定性。 特别适用于对高精度和耐久性具有极高要求的各种精密仪器、计量仪器、渔具、微小型轴承及对于超低温要求的轴承和高速滚动轴承等。使用温度为：-60~130℃	18kg/2. 5kg	
Muletemp PS No. 2 玛鲁天普 PS No. 2		采用合成脂和合成烃油作为基础油的润滑脂，推荐在低温环境下对低扭矩有所要求的轴承应用。使用温度为：-50~130℃	18kg/180kg、2. 5kg×6	
Multemp SB-M 玛鲁天普 SB-M		以合成烃油为基础油、聚脲为稠化剂的高温、高速、低噪音、长寿命润滑脂。该款产品是针对在电机轴承中被广泛使用的 MULTEMP SRL 的耐高温长寿命用途而开发，所以它具有等同于 MULTEMP SRL 的低噪音特性。除此之外还具有良好的低温性、优异的高速低扭矩特性和优越的与树脂、橡胶兼容的性能。 适用于高速吸尘器电机轴承、汽车冷凝风扇轴承、散热器轴承、抽油烟机轴承、洗衣机串激电机轴承等家电、工业、汽车用高温高速、低噪音长寿命要求的电机轴承。使用温度为：-40~200℃	2kg/16kg	
Muletemp SRH 玛鲁天普 SRH		由在高温下表现稳定的特殊合成油和特制的锂皂和经过严格挑选的抗氧化剂及防锈剂等经过特殊工艺研制而成的低噪音长寿命润滑脂。由于该产品是在无尘室制造，再加上原材料经过特殊工艺处理，使得 MULTEMP SRH 具有区别于其他同类产品的静音特性。除此之外，与 MULTEMP SRL 一样拥有良好低温性、防锈性、使用温度为宽广、高温长寿命等特点。MULTEMP SRH 是一种比 MULTEMP SRL 拥有更高黏度的产品。 适用于大型轴承和其他要求厚油膜的润滑场所。如办公家电轴承、电动工具轴承、精密仪器轴承、汽车电装产品电机(雨刮器电机、起动电机、座椅电机等)等。使用温度为：-40~150℃	18kg、2. 5kg	

续表

产品名称	执行标准	特点与用途	包装形式	生产厂家
Muletemp SRL 玛鲁天普 SRL		采用在高温下表现稳定的特殊合成油和特制的锂皂，严格挑选的抗氧化剂及防锈剂等经过特殊工艺研制而成的低噪音长寿命润滑脂。由于该产品是在无尘室制造，再加上原材料经过特殊工艺处理，使得玛鲁天普 SRL 具有区别于其他同类产品的静音特性。除了具有良好的低噪音性之外、还具有优异的低温性、防锈性、使用温度宽、润滑高温长寿命等特点。 适用于电机轴承等，使用温度为：-50~150℃	18kg/180kg、2.5kg×6	协同油脂株式会社
Raremax Super N 希玛士 Super N		其最大的特点是高温长寿命。采用不含金属基的二聚脲稠化剂，不会催化基础油的氧化劣化基础油采用矿物油和聚 α 烯烃混合而成，具有优异的耐高温性和氧化安定性，并且大幅提升了低温条件下的流动性。此外，轴承噪音特性(低噪音性)、防锈性也十分优越。 是专门为高性能电机密封轴承而开发设计的高性能高温润滑脂，使用温度为：-40~180℃	16kg/170kg	
Fluotribo BX 氟特博 BX		最适用于在-50~250℃温度环境下工作的各种设备的球轴承。特别是汽车交流发电机等的高温条件下的轴承，接触化学品或有机溶剂的装置，电子、精密仪器等轴承的润滑。使用温度为：-50~250℃	1kg/16kg	
高温高速电机润滑脂	Q/DX TYS 0104—2015	采用复合锂皂稠化精制矿物和合成基础油，添加各类添加剂制成。 适用于 *DN* 值在 50 万以下的各类型号的电机轴承，使用温度为：-20~180℃	塑桶：1kg/15kg	统一石油化工有限公司
YB-8001L	Q/YB J101—2016	适用于低温和低摩擦力矩的微型、微小型精密轴承的终身润滑，使用温度为：-50~130℃	17kg/桶	安徽意博润滑科技
YB-G173B	Q/YB J102—2016	满足低温适用于低启动扭矩要求以及高速工况下的滚动与滑动轴承润滑，使用温度为：-60~130℃	18kg/桶、1kg/桶	
YB-8088	Q/YB J103—2016	油膜稳定适用于家用电器、办公机械等静音要求，在长期运行工况下有着恒定的低噪音寿命，使用温度为：-30~130℃	18kg/桶	
YB-8022B	Q/YB J104—2016	高清洁度油脂适用于大多密封轴承的静音要求，使用温度为：-20~130℃	18kg/桶	
YB-8035A	Q/YB J105—2016	通用性低噪音轴承润滑脂，推荐用于小型到中型重载轴承，使用温度为：-10~130℃	18kg/桶	
YB-G023	Q/YB J106—2016	低摩擦适用于工业电机(如洗衣机)的中小型轴承，使用温度为：-35~130℃	18kg/桶	

续表

产品名称	执行标准	特点与用途	包装形式	生产厂家
MOKO 9203 高速低温 润滑脂	MIL-G-3278	优秀的高低温性、低温起动力矩小，良好的机械安定性、胶体安定性，卓越的抗剪切安定性，高速下保持力强，优秀的防锈防腐性、抗水性，优良抗氧化安定性，长的使用寿命。 适用于航空电机和微型电机轴承、齿轮、飞机操作机构支点、组装联接以及某些仪器、仪表的润滑和防护；寒区户外工作的轴承、仪器仪表电机、高速机床、低温液体输送泵电机、家用电器轴承和齿轮的润滑；高速电机轴承的润滑。使用转速（DN 值）：10^6mm · r/min，使用温度为：-60~130℃	1kg/盒× 12/箱、 18kg/塑桶	上海摩克 润滑油技 术有限 公司
MOKO 9204 高速低温 润滑脂		优异的高低温润滑性、低温起动力矩小，良好的机械安定性、胶体安定性，优秀的防锈防腐性、抗盐雾性，卓越的抗剪切安定性，极佳的高速适应能力，高速下保持力强，优良抗氧化安定性，抗腐蚀能力强，长的使用寿命。 适用于航空电机、高速轴承和微型电机轴承；各种化纤喷丝机轴承、高速陀罗马达、高速磨床、高速仪表和机械轴承的润滑。使用转速（DN 值）：10^6mm · r/min，使用温度为：-50~150℃	1kg/盒× 12/箱、 18kg/塑桶	
MOKO 9205 高速低温 润滑脂		优异的高低温润滑性、低温起动力矩小，良好的机械安定性、胶体安定性，优秀的防锈防腐性、抗水性，卓越的抗剪切安定性，极佳的高速适应能力，高速下保持力强，优良抗氧化安定性，抗酸碱腐蚀性介质能力强，极长的使用寿命。 适用于航空电机、高速轴承和微型电机轴承；适用于各种化纤喷丝机轴承、高速陀罗马达、高速磨床、高速仪表和机械轴承的润滑	1kg/盒× 12/箱、 18kg/塑桶	
1101 全氟聚醚 润滑脂	Q/WB 1101—2012	1101 是以聚四氟乙烯（PTPE）稠化全氟聚醚油，并添加抗腐蚀添加剂精致而成的高品质润滑脂。 适用于高温环境里运行的轴承。使用温度为：-36~280℃	1~2kg/桶、 12kg/桶、 15kg/桶、 170kg/桶	郑州铁维 保科技有 限公司
1101C 全氟长效 轴承润滑脂	Q/WB 1101C—2012	以聚四氟乙烯（PTPE）稠化氟硅油，添加抗腐蚀添加剂精制而成的高品质润滑脂。 适用于高温环境里运行的轴承，高温辐射区与强酸强碱区，低至中高速、中等载荷的金属/金属摩擦。使用温度为：-40~200℃	1~2kg/桶、 12kg/桶、 15kg/桶、 170kg/桶	
1101A 全氟聚醚 润滑脂	Q/WB 1101A—2012	采用 PTFE 稠化高黏度全氟聚醚基础油，并加入精细固体润滑剂与氟防腐剂精制而成。适用于高温轴承润滑。使用温度为：-30~260℃	1~2kg/桶、 12kg/桶、 15kg/桶、 170kg/桶	
1305 高温全氟 聚醚润滑脂	Q/WB 11011305— 2012	以特种稠化剂稠化全氟聚醚脂油，添加抗腐蚀添加剂精制而成的特级润滑脂。 适用于高低温环境里运行的轴承，航天工业、军工导弹、飞机、坦克中的轴承等部位，其他高负荷高低温轴承。使用温度为：-35~350℃	1~2kg/桶、 12kg/桶、 15kg/桶、 170kg/桶	
1108 全氟聚醚脂	Q/WB 1108—2012	以聚四氟乙烯（PTPE）稠化全氟聚醚油，并添加抗腐蚀添加剂精制而成的高品质润滑脂。 适用于高温环境里运行的轴承、高温密封阀门、高温辐射区与强酸强碱区。使用温度为：-35~250℃	1~2kg/桶、 12kg/桶、 15kg/桶、 170kg/桶	

续表

产品名称	执行标准	特点与用途	包装形式	生产厂家
1111 全氟聚醚 润滑脂	Q/WB 1111—2012	采用PTFE稠化低温全氟聚醚基础油，加入精细固体润滑剂与氟防腐剂精制而成。 适用于超低温长寿命轴承与齿轮润滑。使用温度为-80~220℃	1~2kg/桶、 12kg/桶、 15kg/桶、 170kg/桶	郑州铁维保科技有限公司
1118 全氟聚醚 高速润滑脂	Q/WB 1101A—2012	采用有机化合物稠化低温全氟聚醚油，加入精细固体润滑剂与氟防腐剂精制而成。 适用于高速轴承及齿轮润滑。使用温度为：-50~250℃	1~2kg/桶、 12kg/桶、 15kg/桶、 170kg/桶	
1178 全氟聚醚 低音长效 润滑脂	Q/WB 1101A—2012	采用复合多皂稠化低温全氟聚醚油，并加入氟防腐剂精制而成。适用于长效精密静音轴承及齿轮润滑。	1~2kg/桶、 12kg/桶、 15kg/桶、 170kg/桶	
1208 全氟聚醚 高温润滑脂	Q/WB 1208—2012	采用高温无机化合物稠化全氟聚醚油，并加入精细固体润滑剂与氟防腐剂精制而成。 适用于高温低速轴承润滑。使用温度为：-40~300℃	1~2kg/桶、 12kg/桶、 15kg/桶、 170kg/桶	
1505 全氟聚醚高温高速高真空润滑脂		采用高温氟碳化合物稠化直链全氟聚醚油，并加入精细固体润滑剂与氟防腐剂精制而成。 适用于高温高速高真空环境下设备润滑。使用温度为：-80~350℃	1~2kg/桶、 12kg/桶、 15kg/桶、 170kg/桶	
1701A 全氟聚醚 润滑脂	Q/WB 1701A—2012	采用PTFE稠化全氟聚醚油，并加入精细固体润滑剂与氟防腐剂精制而成。使用温度为：-45~260℃	1~2kg/桶、 12kg/桶、 15kg/桶、 170kg/桶	
1905 全氟聚醚 高温极压 润滑脂	Q/WB 1101A—2012	采用无机化合物稠化高黏度全氟聚醚油，加入精细固体润滑剂与氟防腐剂精制而成。 适用于高温轴承及齿轮润滑。使用温度为：-30~350℃	1~2kg/桶、 12kg/桶、 15kg/桶、 170kg/桶	
8101 全氟高温润滑脂	Q/WB 8101—2012	采用PTFE稠化全氟酯油，加入精细固体润滑剂与氟防腐剂精制而成。适用于高温轴承及齿轮润滑。使用温度为：-20~250℃	1~2kg/桶、 12kg/桶、 15kg/桶、 170kg/桶	
8701 全氟高温 极压润滑脂	Q/WB 8701—2012	采用有机稠化剂稠化全氟酯油，加入精细固体润滑剂与氟防腐剂精制而成。 适用于高温重载轴承及齿轮润滑。使用温度为：-20~260℃	1~2kg/桶、 12kg/桶、 15kg/桶、 170kg/桶	
2345A 高温润滑脂	Q/WB 2345A—2012	以无机稠化剂稠化合成油，加有高温固体添加剂以及抗氧、极压等多种添加剂精制而成的高温轴承润滑脂。 适用于高温、低速、重负荷工况条件下的滚动轴承的润滑。使用温度为：-40~300℃	1~2kg/桶、 12kg/桶、 15kg/桶、 170kg/桶	

续表

产品名称	执行标准	特点与用途	包装形式	生产厂家
3308 高温润滑脂	Q/WB 3308—2012	以高温稠化剂稠化合成油，并加有抗氧化、防腐蚀、防锈蚀等多种添加剂精制而成。 适用于高温下工作较高转速的各种机械的滚动轴承和滑动轴承的润滑，以及高温下工作的齿轮、链条、离合器的润滑。适用温度为：-40~200℃，短期可达250℃	1~2kg/桶、 12kg/桶、 15kg/桶、 170kg/桶	郑州铁维保科技有限公司
3318 全合成高温轴承润滑脂	Q/WB 3318—2012	以特种复合皂稠化特种全合成油，并加有抗氧化、抗磨性、防锈蚀及纳米级固体填料等多种添加剂精制而成。 适用于冶金钢铁行业的轧辊轴承，各种高温中低速轴承、齿轮、轨道的润滑与防护。适用温度为：-30~250℃，短期可达300℃	1~2kg/桶、 12kg/桶、 15kg/桶、 170kg/桶	
H305 高温润滑脂	Q/WBH 305—2012	采用复合有机稠化剂调合特种油，加入超细固体润滑剂精制而成。 用于高温轴承、中高速轴承；使用温度为：-20~220℃	1~2kg/桶、 12kg/桶、 15kg/桶、 170kg/桶	
H7179 高温润滑脂		采用复合有机稠化剂调合特种油，加入纳米级固体润滑剂精制而成。 应用于模具润滑与防护；汽车、纺织、印染机械的高温轴承、高速轴承；各种大、中、小型电机轴承；石油、化纤设备上的高温风机轴承；钢铁、玻璃生产中的高温轴承。使用温度为：-30~250℃	1~2kg/桶、 12kg/桶、 15kg/桶、 170kg/桶	
2308 全合成高温润滑脂	Q/WB 2308—2012	采用无机稠化剂调合合成油并加入超细固体润滑剂与复合多功能添加剂精制而成 应用于高温轴承与齿轮润滑。使用温度为：-40~200℃	1~2kg/桶、 12kg/桶、 15kg/桶、 170kg/桶	
2235 全合成高温极压润滑脂	Q/WB 2235—2012	采用无机稠化剂调合特种油，加入超细固体润滑剂与复合多功能添加剂精制而成。 适用于高温轴承与齿轮润滑。使用温度为：-30~300℃	1~2kg/桶、 12kg/桶、 15kg/桶、 170kg/桶	
2904A 全合成高温润滑脂	Q/WB 2904A—2012	采用无机稠化剂调合特种油，加入复合多功能添加剂精制而成。 应用于高温轴承与齿轮润滑。使用温度为：-30~300℃	1~2kg/桶、 12kg/桶、 15kg/桶、 170kg/桶	
3302 全合成高低温润滑脂	Q/WB 3302—2012	采用无机稠化剂调合特种油，加入复合多功能添加剂精制而成。 适用于高温轴承润滑。使用温度为：-40~200℃	1~2kg/桶、 12kg/桶、 15kg/桶、 170kg/桶	
3304 全合成高温润滑脂	Q/WB 3304—2012	采用无机稠化剂调合合成油，加入复合多功能添加剂精制而成。 应用于高温轴承与齿轮润滑。使用温度为：-30~220℃	1~2kg/桶、 12kg/桶、 15kg/桶、 170kg/桶	

续表

产品名称	执行标准	特点与用途	包装形式	生产厂家
3335 全合成高温 极压润滑脂	Q/WB 3335—2012	采用无机稠化剂调合合成油，加入超细固体润滑剂与复合多功能添加剂精制而成。 应用于高温重载轴承润滑。使用温度为：-40~230℃	1~2kg/桶、 12kg/桶、 15kg/桶、 170kg/桶	郑州铁维保科技有限公司
3716 全合成高低 温极压 润滑脂	Q/WB 3716—2012	采用复合多皂稠化剂调合特种油，加入 PTFE 与复合多功能添加剂精制而成。 应用于高温重负荷轴承润滑。使用温度为：-40~250℃	1~2kg/桶、 12kg/桶、 15kg/桶、 170kg/桶	
6308 高温润滑脂	Q/WB 6308—2012	采用无机稠化剂调合特种油，加入复合多功能添加剂精制而成。 应用于高温滚动轴承。使用温度为：-20~230℃	1~2kg/桶、 12kg/桶、 15kg/桶、 170kg/桶	
3571 全合成低 温超高速 润滑脂	Q/WB 3571—2012	以脂肪酸锂稠化剂稠化合成油，加入极压剂、结构改善剂、抗氧化剂、防锈蚀剂等多种添加剂精制而成。 应用于高速轴承。使用温度为：-55~120℃	1~2kg/桶、 12kg/桶、 15kg/桶、 170kg/桶	
8506 全合成低温 高速润滑脂	Q/WB 8506—2012	以脂肪酸锂稠化剂稠化合成油，并加有极压剂、结构改善剂、抗氧化剂、防锈蚀剂等多种添加剂精制而成。 应用于低温高速主轴。使用温度为：-50~120℃	1~2kg/桶、 12kg/桶、 15kg/桶、 170kg/桶	
3008 全合成高 低温高速 润滑脂	Q/WB 3008—2012	以复合钡稠化剂稠化合成油，加有极压剂、结构改善剂、抗氧化剂、防锈蚀剂等多种添加剂精制而成。 应用于高低温高速轴承。使用温度为：-50~150℃	1~2kg/桶、 12kg/桶、 15kg/桶、 170kg/桶	
长鸣 DL4100 微电机轴承 润滑脂	Q/0700WCM 400. 100	适用于各种串激、罩极、感应、直流微型电机的润滑与防护；适用于高速微电机、家用电器轴承、仪器仪表和低温环境的润滑；散热风扇含油轴承、电子机芯、玩具轴承、钟表、电表及各种转动摩擦件的润滑与消音。使用温度为：-60~120℃	15kg 塑料桶、 170kg 铁桶或 按需包装	山东长鸣化工有限公司
长鸣 DL4103 中小型电机 轴承润滑脂	Q/0700WCM 400. 103	适用于中小型电机的滚动轴承和其他轻、中负荷设备的润滑与防护。使用温度为：-20~120℃	15kg 塑料桶、 170kg 铁桶或 按需包装	
长鸣 GK5100 特种白色 润滑脂	Q/0700WCM 500. 100	适用于各种高速滚动轴承、精密机床轴承、纺织机械轴承及仪器仪表的润滑和防护；特别适用于白色的家用电器、办公设备和精密仪器的润滑和防护。使用温度为：-20~120℃	800g 塑桶、 15kg 塑桶或 按需包装	

续表

产品名称	执行标准	特点与用途	包装形式	生产厂家
环球超低温锂基润滑脂 牌号：2#	Q/0100LHQ 026—2018	优异的低温启动性能、优异的机械剪切性能、优异的腐蚀保护性能。 适用于低温、超低扭矩的各种微型轴承；低载、高速滚珠螺杠、轻载高速直线导轨、轻载齿轮，溜冰鞋、冰柜、各种静音电机、办公设备、电动工具。使用温度为：-50～130℃	15kg 塑料桶，170kg/175kg 铁桶包装	山东环球润滑油有限公司
环球特种白色复合锂基润滑脂 牌号：2#	Q/0100LHQ 028—2018	优异的高温性、具有优异的低温性能、优异的机械剪切性能、优异的腐蚀保护性能。 适用于各种精密机床、万能磨床、坐标镗床；食品机械、纺织皮辊轴承、仪器及、磨具轴承等润滑系统仪器的润滑；电子、汽车、玩具、家电等的微型和中小型轴承。使用温度为：-40～180℃	15kg 塑料桶和 175kg 铁桶包装	
环球特种白色锂基轴承润滑脂 牌号：2T#	Q/0100LHQ 029—2018	超清净合成工艺、优异的低温性能、优异的机械剪切性能、优异的腐蚀保护性能。 适用于各种精密机床、万能磨床、坐标镗床；食品机械、纺织皮辊轴承、仪器及、磨具轴承等润滑系统仪器的润滑；电子、汽车、玩具、家电等的微型和中小型轴承。使用温度为：-20～130℃	15kg 塑料桶和 175kg 铁桶包装	
低噪音精密轴承润滑脂 2#、3#	Q/SH PRD338—2010	合理的皂纤维，结构稳定，有一定的降噪音功能，在剪切力的作用下能保持较好的润滑脂结构特征；润滑脂的洁净度高，能够有效地降低轴承的振动值；防锈性能良好，能够防止轴承运转过程中的锈蚀，具有优良的降噪性能。 适用于中小型电机的滚动轴承和其他较低负荷设备的滚动轴承的润滑。使用温度为：-30～130℃	12kg/桶、15kg/桶、170kg/桶、175kg/桶	唐山市天成润滑油脂有限公司
中小型机电轴承润滑脂（锂基脂）	Q/XXT 01—2015	适用于微型轴承的润滑	800g、15kg、170kg	新协同（宁波）油脂有限公司
低温低噪声轴承脂（锂基脂）	Q/XXT 02—2017	适用于有低温要求轴承的润滑	800g、15kg、170kg	
高温高速低噪音轴承脂（聚脲脂）	Q/XXT 01—2017	适用于水泵、电机轴承的长寿命、高温高速要求的润滑	800g、15kg、170kg	
低噪音润滑脂 2#	Q/XD 11—2016. 6	稠化剂的皂纤维结构合理，分布均匀，在剪切力的作用下能够保持较好的润滑脂结构特征；润滑脂洁净度高，能够有效的降低轴承的振动值；防锈性能良好，能够防止轴承运转过程中的锈蚀；具有优良的降噪性能。 适用于小型电机滚动轴承和其他较低负荷设备滚动轴承的润滑。使用温度为：-20～120℃	15kg/桶、175kg/桶	信达化工
白色锂基润滑脂 2T	Q/XD 04—2016	具有较低的启动和运转力矩，可满足 DN 值为 80 万极高转速条件下的运转要求；对金属具有很强的吸附性能，当受到水污染或轴承空转时，能保证轴承不发生腐蚀及破坏性点蚀；具有极好的润滑性，在相同运转条件下，所形成的润滑油膜厚度大，可降低相对运动元件的疲劳磨损。 适用于各种高速滚动轴承、精密机床轴承、纺织机械轴承及仪器仪表的润滑和防护。不推荐在低速重负荷下使用。使用温度为：-20～120℃	0. 8kg/桶、15kg/桶	

五、齿轮用润滑脂

齿轮作为最主要的传动装置大量用到各种装备中，齿轮润滑依据其尺寸、结构和工况等又分为油润滑和脂润滑。生产齿轮润滑脂的主要厂家见表Ⅰ-5。

表Ⅰ-5 齿轮用润滑脂产品特点、用途及生产厂家

产品名称	执行标准	特点与用途	包装形式	生产厂家
极压锂基润滑脂 00#、0#、1#、2#	GB/T 7323—2008	基础油黏度适中，性能优良，能够满足冶金、机械等行业中重负荷润滑部位的润滑；稠化剂的皂纤维结构合理，分部均匀，在剪切力的作用下能保持较好的润滑脂结构特征；有一定的防锈性能，能够防止轴承运转过程中的锈蚀。 适用于中重负荷的机械设备轴承和齿轮的润滑，3#用于压延机、锻造机等高负荷机械设备轴承。使用温度为：-20~120℃	15kg/桶、17kg/桶、175kg/桶	中国石化润滑油有限公司天津分公司
二硫化钼锂基润滑脂 00#、0#、1#、T1#、2#、T2#、3#	Q/SHPRD 336—2010	极压抗磨性优良，有效降低机械摩擦部位的磨损；可降低摩擦副的摩擦系数，减小摩擦阻力；机械安定性、氧化安定性突出，可保证较长的换脂周期。 适用于冶金、矿山企业的中重负荷设备的轴承、联轴节、齿轮等部位的润滑。使用温度为：-20~150℃	15kg/桶、17kg/桶、	
低温润滑脂	Q/SH303 0319—2016	具有较低的启动和运转力矩，在低温环境下能保证润滑部位的良好运转；具有良好的机械安定性、胶体安定性、氧化安定性及极压性能，能保证使用部位的良好润滑。 适用于寒冷地区的各类轴承、齿轮及其他机械设备磨擦部位的润滑。使用温度为：-30~120℃	180kg/桶	
减速机润滑脂	Q/SH303 0339—2012	优良的极压、抗磨性能，有效防止齿面的剥落、点蚀，延长减速机使用寿命；优良的抗氧化性、机械安定性；优良的防锈、防腐蚀性。 适用于非循环齿轮润滑的减速机润滑。00#适用于齿轮中心距400mm以下的减速机，0#适用于齿轮中心距400mm以上的减速机；使用温度为：-20~120℃	15kg/桶、175kg/桶	
混料机专用润滑脂H	Q/SH303 424—2006	优良的极压抗磨性能，可以满足高负荷条件下的润滑要求；优良的黏附性，可以在润滑部位形成较厚的油膜；优良的抗水性，可满足露天条件使用的要求；优良的防护性；良好的喷射性能、高低温使用性能。 适用于冶金行业混料机开式齿轮及托辊等低速、重负荷条件下的润滑；使用温度为：H-1：-10~100℃，H-2：-20~100℃	180kg/桶	
ES-A润滑剂	PRD 339—2010	具有良好的热安定性和氧化安定性；采用复合皂作为稠化剂，具有良好的高温性能，避免润滑脂在摩擦部位高温运转条件下发生流失；良好的极压抗磨性及防锈性能，能够减小摩擦，磨损，抵抗摩擦部位所受的冲击负荷；良好的抗水性能，能够在潮湿及与少量水混合条件下仍起到良好的润滑性能。 适用于电动器具齿轮箱及其他高速运转防泄漏部位；使用温度为：-30~150℃	17kg/桶	

续表

产品名称	执行标准	特点与用途	包装形式	生产厂家
ES-D 润滑剂	Q/SH303 425—2006	具有良好的热安定性和氧化安定性；具有良好的高温性能，可有效防止润滑脂在摩擦部位高温运转时发生流失；具有优异的黏附性和降噪性，保护金属不致磨损及腐蚀；优良的极压抗磨性能。适用于微型电机齿轮箱及其他小齿轮的润滑。 适用于各种闭式齿轮减速箱、涡轮、链轮的润滑，如电动工具、卷窗机、自动麻将机等传动齿轮的润滑。特别推荐用于减速比小于 20 的减速机械；使用温度为：-10~150℃	17kg/桶	中国石化润滑油有限公司天津分公司
ES-F 润滑剂	Q/SH303 0572—2011	具有良好的热安定性和氧化安定性；具有优良的抗水性、防锈性能、机械安定性能；优良的极压抗磨性能，可承受高负荷及冲击负荷。 适用于电动工具行业设备摩擦部位的润滑，特别适用于台式电锯齿轮的润滑；使用温度为：-20~180℃	17kg/桶	
复合磺酸钙基润滑脂 SUPERCS	Q/SY RH 2152	含高黏度半合成油，热稳定性良好，降温至常温时可恢复原来结构；具有出众的耐水性，在与大量水接触时也没有明显的稠度变化，与金属有良好的黏附性能，不易流失，可提供较强的油膜强度。 特别适用于海上钻井平台、近海作业、航海及船舶工业应用的润滑，也适用于潮湿、盐雾腐蚀严重的滑轨、钢丝绳、绞盘、开式齿轮和链条的润滑与防腐	15kg/桶	无锡中石油润滑脂有限公司
极压锂基润滑脂	000#、3#：执行 Q/SY RH2156 00#~2#：执行 GB/T 7323	优良的极压抗磨性能，优良的泵送性，良好的机械安定性能。 适用于高负荷机械设备轴承和齿轮的润滑，冶金行业的冷、热轧机及高炉附属设备、炼钢起重设备	15kg/桶、15kg/铁桶、175kg/桶、1500kg/铁罐、2000kg/铁罐	
二硫化钼锂基润滑脂	000#：执行 RH 15XB・0011 00#~4#：执行 Q/SY RH2096	含二硫化钼微粉，有效防止摩擦副的磨损；优良的抗氧化性能，可保证较长的换油周期；可降低摩擦副的摩擦系数，减小摩擦阻力；良好的机械安定性能，可延长使用寿命。 适用于中重负荷设备的轴承、联轴节、齿轮等部位	15kg/桶、175kg/桶、1. 8kg/罐	
通用航空润滑脂 7008 号	NB/SH/T 0437	具有良好的高低温性能，良好的机械安定性和润滑性能，具有良好的防锈性能。 适用于航空电机和微型电机的轴承、齿轮及操纵机构的支点、组装连结	0. 8kg/罐、15kg/桶	
HP 型开式齿轮润滑剂（磺酸钙基）	Q/AHY66	黏性好、油膜厚。 适用于重载开式齿轮、钢缆等开放部位的润滑如矿用铲、混料机、球磨机、磨煤机、钢缆	2kg、17kg、180kg	辽宁海华科技股份有限公司
GL 型开式齿轮润滑剂（磺酸钙基）		适用于大型重载开式齿轮的润滑，如大型球磨机、磨煤机、回转窑。可针对工况调整设计	500kg、17kg、180kg	

续表

产品名称	执行标准	特点与用途	包装形式	生产厂家
捷灵白色润滑脂	Q/0523 SHX012	具有较低的启动和运转力矩，满足高速条件下的轴承运转；具有良好的抗氧、防锈及润滑性能；具有优良的机械安定性和胶体安定性。 适用于机床主轴及主轴滚动轴承的润滑；适用于纺织机械设备轴承的润滑；适用于各种磨床滚动轴承的润滑；适用于玩具及塑料齿轮等润滑部位的润滑；使用温度为：-20~120℃	1kg 中桶、800g 塑料桶、170kg 大桶	山东红星化工有限公司
捷灵 GAV-1，GAV-2 通用航空润滑脂（锂基脂）	NB/SH/T 0437—2014	具有良好的高低温性能、热稳定性、胶体安定性和剪切安定性；还具有优良的高速性能。GAV-2 脂为润滑、防锈两用脂，除具备上述特性外，还对黄铜、紫铜等金属材料提供有效的防护，并且使用周期长，耗脂量少。 可广泛用于中、小功率航空电机和微电机的轴承、齿轮、仪表及操纵机构支点；GAV-1 脂也可用于机械制造行业中的高速磨床主轴轴承、磨床磨头和纺织行业的气流纺纱机转子及加捻机的高速轴承。GAV-2 脂用于密封轴承的防锈与润滑，也用于电子设备、光学仪器的润滑与防护。使用温度为：-60~120℃	1kg 和 2kg 铁桶	
捷灵二硫化钼锂基润滑脂（极压锂基脂）	Q/0523 SHX001	良好的极压抗磨性能，有效降低机械摩擦部位的磨损；可降低摩擦副的摩擦系数，减少摩擦阻力；优良机械安定性、氧化安定性和较佳的密封性。 适用于载重汽车的轮毂、底盘等高温、高速摩擦部位润滑；适用于冶金、矿山企业的中重负荷机械设备的轴承、联轴节、齿轮等部位的润滑。使用温度为：-20~145℃	15kg 中桶、170kg 大桶及 800g~4.8kg 塑料桶	
捷灵低温润滑脂-A（锂基脂）	Q/0523 SHX039	低温启动力矩和运转力矩低，在低温环境下保证润滑部位的良好运转；良好的机械安定性，胶体安定性、氧化安定性及极压性能，保证润滑；不含有害组分，对人和环境安全。 适用于寒区使用的各类轴承、齿轮等机械设备的润滑。使用温度为：-40~120℃	1kg 小桶、15kg 中桶	
锂基半流体润滑脂（锂基脂）	Q/0523 SHX016	优良的泵送性、抗水性及氧化安定性；良好的密封性、不易泄漏，可降低噪音、减少油脂消耗。 适用于各种机械设备的集中润滑系统及混凝土泵车、减速机、齿轮箱等摩擦部位的润滑。使用温度为：-20~120℃	15kg 中桶、170kg 大桶	
捷灵 3677 高温润滑脂（复合锂基脂）	Q/0523 SHX040	极佳的高温抗氧化性；优良的极压抗磨性能，承载能力强；优良的密封防护性能；良好的防抛脱能力和抗水冲洗性。 适用于高温重负荷工况下工作的轴承与齿轮的润滑与防护。使用温度为：-40~200℃	15kg 中桶、170kg 大桶	
捷灵 5208M 门机专用润滑剂（磺酸钙）	Q/0523 SHX094	优异的极压抗磨性能；极强的抗冲击负荷能力；极好的黏附性、润滑性和耐高温性，可用于温度较高的部位；良好的机械安定性和氧化安定性，具有较长的使用寿命。 用于港口门机齿轮的润滑，也用于各种重负荷、低速至中速的开式齿轮的润滑；以及冲击或振动负载的高负荷传动装置，如热电厂、水泥厂球磨机、机械厂锻压机等重负荷开式大齿轮和传动装置的润滑	15kg 中桶、170kg 大桶	

续表

产品名称	执行标准	特点与用途	包装形式	生产厂家
捷灵重负荷大齿轮润滑脂(锂基脂)	Q/0523 SHX058	优异的极压抗磨性；添加固体润滑剂，有效防止齿轮在振动、冲击条件下产生磨损；良好的抗水性、防腐防锈性，保护齿轮免受腐蚀或锈蚀；良好的黏附性，对金属表面具有很强的吸附力，形成良好的润滑油膜。 适用于冶金、化工行业大型反应炉体传动齿轮的润滑；适用于大型锻压机、水泥厂回转窑、冶金球团矿回转窑传动齿轮的润滑；适用于喷雾润滑或集中润滑系统。可取代开式齿轮油用于开式齿轮上。使用温度为：-20~100℃	15kg 中桶、170kg 大桶	山东红星化工有限公司
捷灵 7105 号光学仪器极压脂(极压锂基脂)	SH/T 0442—92	优异低温性，保证光学仪器低温下正常启动和运转；优异的润滑极压性，保证光学仪器的正常润滑和减少磨损；优异的密封性和黏附性，保证光学仪器的正常润滑；较低的蒸发损失，优良的“防雾”性能，保证光学镜头无油雾，确保光学仪器的光学性能；优良的“防霉”性能，保证本产品不会因微生物的滋生而影响本产品的使用性能。 适用于光学仪器极压部位的润滑，如蜗轮、齿轮、钢铜轴和燕尾槽、道等。使用温度为：-50~70℃	250g 塑料桶、1kg 小桶	山东红星化工有限公司
内电机车牵引齿轮脂（TG-1\TG-4）	Q/ADZ 14—2001	具有油膜强度高，极压抗磨性好，能有效阻止重负荷机车齿轮的磨损和刮伤；良好的低温流动性，在冷启动状态下能保证齿轮面的有效润滑；优良的安定性，能延长润滑脂在苛刻条件下的使用寿命；附着力强，能减少齿轮箱的泄漏。 主供铁路机车齿轮润滑防护使用	1kg/袋；12 袋/箱	成都蜀光石油化学有限公司
极压开式齿轮润滑脂	Q/BGFC 028	优异的极压抗磨性、优异的抗水性、优异的黏附性、良好的喷射性。 适用于大型、重负荷、低速至中速开式齿轮(如混料机、球磨机)。使用温度为：-20~120℃	180kg/桶、175kg/桶、170kg/桶、55kg/桶、17kg/桶	长沙众城石油化工有限责任公司
减速机润滑脂	Q/BGFC 003	良好的防漏失性、良好的抗磨性、优良的防腐防锈性。 适用于各种机械设备变速箱、齿轮箱、大型减速机；可替代 CKC 工业闭式齿轮油。使用温度为：-20~100℃	17kg	长沙众城石油化工有限责任公司
FAKKT-MB005	GB/T 7324	和大多数塑料相容；降低齿轮噪音；使用寿命长；低渗流，可用于要求清洁的场所；不含有机硅，避免接触点失效。 适用于机电设备中塑料/塑料、塑料/金属润滑；有塑料组件的汽车、电气设备、精密设备、视听设备以及办公设备；用作消音润滑脂，减少运动组件的噪音。使用温度为：-40~150℃	1kg 铁罐、5kg/15kg 胶桶	深圳市合诚润滑材料有限公司
FAKKT-FE10	GB/T 5671	优异的润滑性、抗水性；极低的挥发性能、长效润滑性；良好的低温性，极低的启动力矩；与大多数塑料和弹性体相容等。 适用于各种塑胶齿轮、汽车拉索软轴、气缸、小型滚珠轴承、辊子轴承等；汽车蜗轮蜗杆电机丝杆，空调控制面板；显微镜、望远镜等仪器的调节器系统；各种汽车减速塑胶齿轮、升降器齿轮；低速和中高速运行塑料/塑料、塑料/金属齿轮组；中负荷到重负荷塑料/塑料、塑料/金属摩擦等。使用温度为：-45~150℃	1kg 铁罐、5kg/15kg 胶桶	深圳市合诚润滑材料有限公司

续表

产品名称	执行标准	特点与用途	包装形式	生产厂家
FAKKT-GK094W	GB/T 7324	优异的防护性、润滑性、低温性；良好的氧化安定性、剪切安定性和极压性；高承载能力；良好的附着性；与大多数塑料和弹性体相容等。 主要应用：汽车零部件润滑、防护；各种汽车减速塑胶齿轮、升降器齿轮；低速和中高速运行塑料/塑料、塑料/金属齿轮组；中负荷到重负荷塑料/塑料、塑料/金属摩擦副等	1kg 铁罐、5kg/15kg 胶桶	深圳市合诚润滑材料有限公司
FAKKT-G210A	GB/T 7324	采用对人体无毒害的环保材料制作而成，无毒、低味、无刺激；与塑胶相容不会引起塑胶膨胀，折裂或老化命。能降低磨损，减小耗电量及噪音；防水、抗酸、避震。 主要应用：汽车车门限位器、绞链；汽车的塑料部件、电气设备、精密设备、音响设备以及办公设备；汽车玻璃升降马达、座椅调节马达；精密电机、减速齿轮；蜗轮、蜗杆的减磨润滑；低速和中高速运行塑料/塑料、塑料/金属齿轮组；中、重负荷塑料/塑料、塑料/金属摩擦	1kg 铁罐、5kg/15kg 胶桶	
FAKKT-GEM30P	GB/T 5671	具有良好的防护性、低温性、氧化安定性、剪切安定性和极压性能。含有适用于塑胶体系的固体添加剂，与塑胶(PP、PE、SBS 等)，具有良好的相容性等。 主要应用：适用于塑胶齿轮的润滑、降噪和减震。如遥控汽车、飞机等一些电动玩具；空调出风口电机；手摇充电器；果汁机(搅肉机)；电位器；电动(窗帘、牙刷、拖把)；汽车天线、汽车中控锁、低温球轴承、滚珠轴承的润滑等	1kg 铁罐、5kg/15kg 胶桶	
FAKKT-V166	GB/T 5671	优良的油脂安定性；工作温度范围宽；挥发性极低；优异的附着性和润滑性；抗磨损能力强；不腐蚀金属；与大部份塑料制品相适应。 主要应用：开关接点；齿轮组润滑；轴承润滑；雨刮电机；大于 10A 开关	1kg 铁罐、5kg/15kg 胶桶	
FAKKT-GK173H	GB/T 5671	良好的抗磨损性能；良好的黏附性；长效润滑；低渗流，可用于要求清洁的场所；低气味、无刺激；与塑胶兼容性好。 主要应用：汽车零部件；有塑料组件的汽车、电气设备、精密设备、视听设备以及办公设备；汽车天窗轨道与齿轮传动机构；用作消音润滑脂，减少运动组件的噪音；汽车座椅轨道、丝杆	1kg 铁罐、5kg/15kg 胶桶	
FAKKT-GC1496K	GB/T 7324	优良的油脂安定性；工作温度范围宽；挥发性极低；优异的附着性和润滑性；抗磨损能力强；不腐蚀金属；与大部份塑料制品相适应。 主要应用：开关接点；齿轮组润滑；轴承润滑；雨刮电机；汽车零部件等	1kg 铁罐、5kg/15kg 胶桶	
FAKKT-E87-2	滴点不低于 260℃；钢网分油(100℃，24h)不大于 3%	抗剪切稳定型油脂；低挥发度，长寿命润滑；使用温度范围宽；优良耐水淋性能；与塑料相容性优良；有效地控制噪音和吸收震动。 主要应用：汽车后视镜控制件(如镜面调节齿轮)；高档电位器定位系统；各种高档机械设备开关；望远镜、显微镜等光学仪器；长寿命精密马达减速齿轮	1kg 铁罐、5kg/15kg 胶桶	
FAKKT-GB0909C	SH/T 0535	优异的润滑性能和长寿命性能；良好的高低温性能；提供长效的磨耗保护、抗水和防止道路沙砾。 主要应用：碟盘煞车定位销；鼓式煞车其他活动机构、调整螺丝和背板；各种汽车减速塑胶齿轮、升降器齿轮的润滑；显微镜、望远镜等仪器的调节器系统和旋纽的润滑	1kg 铁罐、5kg/15kg 胶桶	

续表

产品名称	执行标准	特点与用途	包装形式	生产厂家
FAKKT-AP43012	GB/T 7324	优异的耐磨性和高负荷性能；良好的低温性能，防止金属部件在高负荷下卡咬，确保润滑部件的长期润滑与防护。 主要应用：座椅传动装置箱内的齿轮组、蜗轮蜗杆，能在高效率动力转换工况下油脂不渗漏、不滴下或不沾污	1kg 铁罐、5kg/15kg 胶桶	深圳市合诚润滑材料有限公司
FAKKT-AP42002	GB/T 7324	低挥发性、不易氧化，适用于长效润滑；良好的低温性能；与大多数塑料和弹性体相容等。 主要应用：汽车的塑料部件、电气设备、精密设备、音响设备；以及办公设备；汽车玻璃升降马达、座椅调节马达；汽车控制面板；低速和中高速运行塑料/塑料、塑料/金属齿轮组；中、重负荷塑料/塑料、塑料/金属摩擦	1kg 铁罐、5kg/15kg 胶桶	
FAKKT-GH030A	钢网分油（100℃，24h）不大于 3%	高承载能力、低挥发性、不易氧化，适用于长效润滑； 低摩擦系数；与大多数塑料和弹性体相容等。 主要应用：汽车拉索、低速和中高速运行塑料/塑料、塑料/金属齿轮组、中负荷到重负荷塑料/塑料、塑料/金属摩擦	1kg 铁罐、5kg/15kg 胶桶	
FAKKT-MG33002	SH/T 0789	宽广的工作温度范围；在高温下长期使用不结焦，抗水性极好；优良的抗氧化性和耐热稳定性；优异的抗磨损性；良好的机械稳定性，在重载和轴承的剪切力作用下仍有良好的结构稳定性。 主要应用：适用于高温操作环境、减速电机、行星齿轮、运输带轴承、石油化工、电子、纺织、印染、钢铁生产中的高温轴承润滑、各种滑动润滑面及平面润滑系统		
FAKKT-C874	滴点不低于 260℃	优异的润滑性能；良好的高低温性能；运转精度高；提供长效的磨耗保护、抗水和防止道路沙砾等。 主要应用：碟盘煞车定位销、鼓式煞车其他活动机构、调整螺丝和背板、各种汽车减速塑胶齿轮、升降器齿轮的润滑、显微镜、望远镜等仪器的调节器系统和旋纽的润滑等		
FAKKT-MG K096H	GB/T 7324	宽广的工作温度范围；在高温下长期使用不结焦，抗水性极好；优良的抗氧化性和耐热稳定性；优异的抗磨损性；良好的机械稳定性，在重载和轴承的剪切力作用下仍有良好的结构稳定性。 主要应用：微小型行星减速电机，特别是粉末冶金材料的行星齿轮箱	1kg 铁罐、5kg/15kg 胶桶	
FAKKT-GB1171F	SH/T 0535	优异的抗氧化性；优良的高低温性能；优异的抗腐蚀性能和抗水性能；优异的润滑性和高负荷性；优良的机械稳定性；在极端恶劣的条件下提供卓越的性能。 主要应用：高温轴承润滑；各种电动工具齿轮组件润滑；汽车配件；汽车/摩托车软轴；各种化学环境下的润滑和防护	1kg 铁罐、5kg/15kg 胶桶	
FAKKT-MG23001	滴点不低于 230℃	优良的胶体安定性和抗剪切能力；降低磨损，减小耗电量及噪音；抗水性良好；低挥发性，长时间使用不会变硬。 主要应用：调速马达齿轮、阻尼电机齿轮箱、刹车电机齿轮箱，各类斜齿、异形齿结构的润滑、各类金属齿轮组	1kg 铁罐、5kg/15kg 胶桶	
FAKKT-MG43001	SH/T 0789	良好的降噪、消音性能；优异的抗水性、防锈性、润滑性；优良的胶体安定性及机械安定性；同时具有优异的使用还原性。 主要应用：低温环境下工作的小金刚电机齿轮箱润滑，为金属摩擦副提供长效的飞溅式润滑、流体润滑	1kg 铁罐、5kg/15kg 胶桶	

续表

产品名称	执行标准	特点与用途	包装形式	生产厂家
灵敏 0102 特级高温重负荷润滑脂	Q/DRB 003—2017	优良的耐高温性能、氧化安定性和机械安定性；良好的润滑性能，尤其在高温下润滑性好，即使在极高温度下润滑脂变干后，也能正常润滑；良好的耐水、耐酸碱性能；良好的泵送性。 可使用于各种工业部门高温条件下的重负荷的中、低转速轴承、齿轮、链条，以及高速巨型联轴节的润滑，也适用于同水、水蒸气或酸、碱接触的部位的润滑。如高温隧道窑车的轴承，搪瓷、油漆烘干线的链条和托辊轴承，高温烘烧炉的门框铰链、垃圾发电燃烧炉等。使用温度为：-20~300℃，在300℃以上形成固体润滑	170kg/桶、18kg/桶、1kg/罐	杭州得润宝油脂股份有限公司
灵威 1101 航空润滑脂	Q/DRB 012—2017	良好的高低温性能、氧化安定性、胶体安定性和机械安定性；优异的防锈性能；性能符合美军 MIL-G-3278 和英国 D. T. D825B 规格。 适用于航空电机轴承和齿轮、操作机构支点、组装联接及仪器仪表的润滑，也适用于高速球轴承的润滑，特别适用于高速、寒区工作的机电设备球轴承、仪表仪器电机轴承、高速家电微电机轴承及低温液体输送泵电机轴承的润滑和防护。使用温度为：-60~120℃	170kg/桶、18kg/桶、1kg/罐	
灵威 1102 高温润滑脂	Q/DRB 013—2017	良好的高低温性能，特别是在高温下具有良好的润滑性；良好的机械安定性、抗水性、长的轴承寿命。 适用于大型化工厂的塑料挤压机套筒轴承、辅助锅炉旋转火咀轴承，裂解炉引风机、再生气压缩机等高温轴承，热定型烘室、拉伸拉幅机、热熔风机、高温染色缸、烘焙机等高温下工作的较高转速的各种机械的滚动轴承和滑动轴承的润滑，以及高温环境下工作的齿轮、链条、离合器的润滑。使用温度为：-40~200℃	170kg/桶、18kg/桶、1kg/罐	
灵威 1105 高温润滑脂	Q/DRB 016—2017	与锂基脂相比，具有更高的使用温度、更长的使用寿命，是普通锂基脂使用寿命的四倍以上，具有更好的抗微动磨损性能；具有良好的抗磨、极压性能、防锈性能和抗氧化性能。本产品适用于矿山、钢铁、石油化工、印染、纺织和浮法玻璃等各行业生产中的高温轴承，各种中、重负荷滚柱、滚珠、滑动轴承、以及烘烤设备的齿轮、链条托轮等传动部位和联轴节等部位的润滑。00#、0#、1#稠度的产品用于集中润滑系统。使用温度为：-30~150℃，短期可用于180℃	170kg/桶、18kg/桶、1kg/罐	
灵威 2119 汽车转向器齿轮齿条润滑脂	Q/DRB 050—2017	良好的机械安定性；优异的抗磨损性能，低摩擦力矩；优良的黏附性，不易出现润滑不良；良好的抗水性、氧化安定性和防护性能。 适用于汽车转向器齿轮齿条的润滑和防护。也可用于各种不同类型的大、中、小型齿轮与冕状齿轮的润滑。使用温度为：-40~120℃	170kg/桶、18kg/桶	
灵威 4105 系列高级重负荷开式齿轮润滑剂	Q/DRB 068—2017	极压抗磨性能较好，特别是极压承载能力强，可有效延长齿轮寿命；优异的黏附性能，使用时油膜厚度大，黏附性强；优异的氧化安定性能，防止润滑脂的氧化变质，延长使用寿命；优良的防锈性、抗水性和机械安定性能；良好的泵送性，不同的锥入度规格供选择，冬夏无忧；不含沥青、氯化物和溶剂，符合环保要求。 特别适用于大型重负荷开式齿轮，如火电厂的滚筒磨煤机、水泥厂的回转窑、钢厂大型混料机、矿山球磨机等设备的润滑和防护，可有效保证设备的运转率和使用寿命。使用温度为：-20~120℃	70kg/桶、18kg/桶	

续表

产品名称	执行标准	特点与用途	包装形式	生产厂家
灵威 4107 齿轮磨合润滑剂	Q/DRB 070—2017	优异的齿面修复润滑功能；能够抑制和消除疲劳裂纹，防止裂纹的持续扩散；极压抗磨性能好，特别是抗烧结性能强；优异的氧化安定性能，防止润滑脂的氧化变质，使用寿命长，机械安定性能良好。 特别适用于低速、重载、冲击负荷下工作的管磨、转窑等设备大型开式齿轮的磨合润滑和防护，具有良好的修复润滑作用，为后期取得良好润滑状态创造条件，延长设备使用寿命。使用温度为：-20~150℃	170kg/桶、18kg/桶	杭州得润宝油脂股份有限公司
灵威 4108 轴瓦高级专用润滑剂	Q/DRB 071—2017	优异的黏温性能；优良的防锈性和抗腐性；极佳的极压抗磨性能，极压承载能力强，且高温极压抗磨性能同样优异；在拖轮轴瓦上成膜厚且迅速牢固，能有效的避免拉丝。 主要适用水泥化工企业及氧化铝厂中的在高载荷、高温度、粉尘大、潮湿等苛刻工况中工作的回转窑拖轮轴瓦的润滑和防护，也可用于开齿的润滑，如回转窟，煤磨等设备的开式齿轮，其能有效地润滑大小齿轮，减少震动，降低齿轮磨损及点蚀等不良现象。使用温度为：-30~120℃	170kg/桶、18kg/桶	
灵威 5101 系列高级重负荷齿轮润滑剂	Q/DRB 072—2017	优良的黏附性，可以牢固地附着在金属表面；优良的防锈性和抗水性；极压抗磨性能较好，特别是极压承载能力强；优异的氧化安定性能，防止润滑脂的氧化变质，延长使用寿命。 可用于火电厂各种球磨机大小齿轮、卸煤机升降机齿轮和齿条传动副的润滑和防护。既可用于喷射式供脂润滑，也可用于浸式润滑。使用温度为：-5~150℃	170kg/桶、18kg/桶	
灵威 5105 齿轮磨合润滑剂	Q/DRB 076—2017	优异的齿面修复润滑功能；能够抑制和消除疲劳裂纹，防止裂纹的持续扩散；极压抗磨性能好，特别是抗烧结性能强；优异的氧化安定性能，防止润滑脂的氧化变质，使用寿命长，机械安定性能良好。 特别适用于低速、重载、冲击负荷下工作的钢球磨等设备大型开式齿轮的磨合期润滑，具有良好的修复润滑作用，为后期取得良好润滑状态创造条件，延长设备使用寿命。使用温度为：-20~150℃	170kg/桶、18kg/桶	
灵威 5108 风力发电齿轮润滑脂	Q/DRB 115—2017	优良的极压抗磨性；优良的防锈性和抗水性；优异的黏附性能；优异的氧化安定性能和泵送性；不含重金属等非环境友好的物质，属环保型产品。 适用于空气环境充满尘埃的环境下，高低温、重载、震动等苛刻条件下，风力发电齿轮的润滑与防护，具有较宽的操作温度。使用温度为：-20~160℃	170kg/桶、18kg/桶	
灵威 6104 复合磺酸钙基润滑脂	Q/DRB 081—2017	良好的耐高温性和氧化安定性，高低温条件下稠度基本不变；良好的润滑性能，尤其在高温下润滑性较好；优良的抗磨极压性能和长的使用寿命；良好的机械安定性和胶体安定性；泵送性良好冬季、夏季均能正常泵送。 主要适用于冶金行业热轧、冷轧辊轴承，连铸设备的大包回转台、结晶器、二冷段、扇形段辊道、拉矫机和摆剪机，输送辊道的润滑和防护，也可以用于各种工业部门高温条件下重负荷的中、低转速的轴承、齿轮、链条，高速巨型联轴节的润滑，以及同水、水蒸气或酸、碱接触的一些部位的润滑。使用温度为：-20~200℃	170kg/桶、18kg/桶	

续表

产品名称	执行标准	特点与用途	包装形式	生产厂家
灵威 7301 轻型电锤专用润滑脂	Q/DRB 100—2017	良好的高低温性能，避免油脂在摩擦部位高温运转时发生流失；优异的黏附性，可牢固地附着在金属表面；良好的极压抗磨性能，可承受高负荷及冲击负荷；与各种常规密封件具有良好的相容性，可保证系统密封良好。 适用于轻型电锤摇杆轴承与齿轮的润滑。使用温度为：-20~150℃	170kg/桶、18kg/桶	杭州得润宝油脂股份有限公司
灵威 7501 电动工具齿轮润滑脂	Q/DRB 102—2017	润滑膜致密，可防止金属表面与水、腐蚀性尘土及腐蚀性气体接触；优良的防锈性和抗水性。 适用于重型锤镐齿轮箱、角磨机、切割机、电圆锯等产品的润滑和防护。使用温度为：-20~120℃	170kg/桶、18kg/桶	
灵威 9101 机器人减速器润滑脂	Q/DRB 111—2017	优良的抗磨减摩性；良好的高低温性能；较长的使用寿命，提供改进的效率和延长润滑的时间；具有良好的流动性，能有效地达到减速机的复杂润滑点。 主要用于机器人的 RV 减速机、摆线针轮减速机齿轮、谐波减速机及其他高精减速机和高精设备的润滑，可采用手工加脂或脂枪加脂。使用温度为：-40~120℃	170kg/桶、18kg/桶	
灵威 9103 行星减速机齿轮箱润滑脂	Q/DRB 112—2017	良好的油膜强度，提高齿轮箱使用寿命；良好的氧化安定性；优异的抗剪切性能，不易过度变软而流失；能降低齿轮箱的运转噪音。 主要用于高精行星减速机的齿轮润滑和防护，机器人双曲面齿轮的润滑和防护。使用温度为：-30~110℃	170kg/桶、18kg/桶	
极压复合锂基润滑脂	SH/T 0535—1993	具有突出的高、低温性能，抗水、防锈，应用于高温、低温和重负荷轴承，尤其是潮湿、环境恶劣、并要求长期润滑或终生润滑的全封闭系统。 适用于各种中、重负荷滚珠、滚柱、滑动轴承以及烘烤设备的齿轮、链条托轮等传动部位和联轴节等部位的润滑。使用温度为：-30~200℃	12kg/桶、15kg/桶、170kg/桶	安徽中天石化股份有限公司
炉前辊道专用高温脂	Q/SHZT-0205-2009	具有较高的滴点和优异的胶体安定性，能满足高温环境下设备的润滑。氧化安定性好，高温下经久耐用，延长了脂的使用寿命。具有突出的抗磨损、抗擦伤性能，有效降低机械摩擦部位磨损。 适用于冶金企业的轧钢系统中各种加热炉前辊道轴承、输送辊、推钢机轴承，也适用于中厚板热轧机组工作辊的重负荷滚柱轴承及其他高温重负荷轴承、齿轮及传动机构的润滑。使用温度为：-30~200℃	12kg/桶、15kg/桶、170kg/桶	
重负荷开式齿轮润滑脂	Q/SHZT-1218-2009	具有良好的黏附性、防护性和润滑性。 适用于冶金、采矿和工程机械的各种开式齿轮、齿盘、齿条和链条及传动机构的润滑；也适用于各种绞链、滑道和钢丝绳的润滑。使用温度为：-30~180℃	12kg/桶、15kg/桶、170kg/桶	
极压锂基润滑脂	GB/T 7323—2008	具有优秀的极压抗磨性以及良好的热稳定性、机械安定性、防锈性、防水性和泵送性，是一种多效长寿命润滑脂。 适用于轧钢机械、矿山机械、建筑机械、重型起重机械、注塑机械等重负荷的齿轮和轴承的润滑，并能使用于有冲击负荷的部件和集中润滑系统。使用温度为：-30~120℃	12kg/桶、15kg/桶、170kg/桶	

续表

产品名称	执行标准	特点与用途	包装形式	生产厂家
极压锂基脂		优秀的耐极压抗磨性、热稳定性和机械安定性、防水性。 适用于铸造机、输送辊道及其他工业、矿山等重负荷机械设备轴承、齿轮等部位的润滑。使用温度为：-20~120℃	15kg、50kg、180kg	福建优立盛油脂公司
二硫化钼锂基脂		优秀的耐极压抗磨性、良好的抗氧化性、机械安定性。 适用于冶金、矿山行业重负荷机械设备轴承、联轴器、齿轮等有冲击、震动负荷部位的润滑。使用温度为：-20~180℃	15kg、50kg、180kg	
XG/U1 连铸机高级专用润滑脂	Q/HXG 001—2017	良好的耐高温性、抗水淋性、胶体安定性、氧化安定性、机械安定性和泵送性。 适合于连铸设备各部位的轴承、炉前辊道轴承、剪机轴承、电炉炉耳轴承、钢水包大包回转台的齿轮及轴承等润滑。使用温度为：-20~200℃	18kg 塑桶、180kg 铁桶	杭州新港润滑科技有限公司
XG/U3 齿轮箱高级防漏专用润滑脂	Q/HXG 001—2017	优异的抗磨极压性，抗水淋性和较好的防漏、降噪音能力，良好的承受大载荷或冲击负荷能力。 适用于各类齿轮减速箱、蜗轮减速装置、开式齿轮等的润滑与密封。使用温度为：-20~150℃	18kg 塑桶、180kg 铁桶	
XG/U14 重负荷齿轮箱润滑脂	Q/HXG 001—2017	优异的抗磨极压性、机械安定性、抗氧化性和良好的粘附防漏、降噪音性能，具有良好的承载重负荷或冲击负荷的能力。 适用于高温、高湿、重负荷等条件下各类开式齿轮、齿轮减速箱、蜗轮减速装置等大型重负荷传动齿轮的润滑。如：水泥厂、钢厂、电厂等大型齿轮的润滑。使用温度为：-20~150℃	18kg 塑桶、180kg 铁桶	
XG/L6 半流体齿轮润滑脂	GB/T 7323—2008	优异的抗磨极压性、抗水淋性和较好的防锈性、氧化安定性，具有很好的承受大载荷或冲击负荷的能力。 适用于各种机械的滚动和滑动轴承及其他各类齿轮减速箱、蜗轮减速装置、开式齿轮等摩擦部位的润滑。使用温度为：-20~120℃	18kg 塑桶、180kg 铁桶	
XG/L8 二硫化钼极压锂基润滑脂	执行行业推荐标准：SH/T 0587—1994(2003)	良好的减摩性、极压抗磨性、抗氧化性、机械安定性，并具备抗重负荷和瞬时高温能力。 适用于轧钢机械、矿山机械、建筑机械、重型起重机械、注塑机械等重负荷的齿轮和轴承的润滑，并能使用于有冲击负荷的部件。使用温度为：-20~120℃	18kg 塑桶、180kg 铁桶	
XG/L15 重负荷开式齿轮脂		优异的极压抗磨性、黏附性、防锈性和泵送性，并具有良好的承受大载荷或冲击负荷的能力。 适用于钢铁行业烧结厂混料机，水泥行业回转窑等大型重负荷开式的润滑。使用温度为：-20~120℃	18kg 塑桶、180kg 铁桶	
XG/L18 混料机专用润滑脂		优异的极压抗磨性、黏附性、防锈性和泵送性，并具有良好的承受大载荷或冲击负荷的能力。 适用于钢铁行业烧结厂混料机，水泥行业回转窑等大型重负荷开式齿轮的润滑。使用温度为：-30~180℃	18kg 塑桶、180kg 铁桶	

续表

产品名称	执行标准	特点与用途	包装形式	生产厂家
XG/L19 7008 低温润滑脂		良好的高低温性能、氧化安定性、机械安定性和胶体安定性。 适用于寒冷地区的各类轴承、齿轮及其他机械设备摩擦部位的润滑。使用温度为：-50~120℃	1kg 塑桶、18kg 塑桶、180kg 铁桶	杭州新港润滑科技有限公司
XG/L22 RTJ-205 合成润滑脂		良好的极压抗磨性能和高低温性能，并具有优异的黏附性和降噪性，优良的热安定性、氧化安定性、抗水性和防护性。 适用于电动工具齿轮箱及其他高速运转防渗漏部位的润滑。使用温度为：-40~200℃	18kg 塑桶、180kg 铁桶	
XG/L23 9001A 电动工具润滑脂	Q/HXG 017—2016	良好的极压抗磨性能和高温性能，高温黏附性强；优良的胶体安定性、抗水性和防护性。 适用于电动工具齿轮箱及其他高速运转防渗漏部位的润滑。使用温度为：-25~150℃	18kg 塑桶、180kg 铁桶	
XG/W3 7014-1 高温润滑脂	Q/HXG 003—2017	良好的润滑性、防护性、抗氧化能力、抗水淋性能和较长的使用寿命。 适用于高温、高转速条件下的各种机械滚动轴承和滑动轴承的润滑。如大型化工厂的辅助锅炉旋转火咀轴承、塑料挤压机套筒轴承、裂解炉引风机、再生气压缩机等的高温轴承；纺织行业热定型烘室、烘焙机、高温染色缸等，以及高温环境下工作的齿轮、链条，离合器的润滑。使用温度为：-40~200℃		
车辆底盘集中润滑系统专用脂	Q/SHJG 1065—2015	良好的低温性、氧化安定性、润滑性、极压抗磨性、抗水性、防锈性能，满足中负荷齿轮的润滑。 适用于大型客车、压延机、锻造机、矿山机械、钢铁厂等各种机械设备的轴承及中、重负荷齿轮的集中润滑。使用温度为：-40~120℃	15kg、170kg	天津市津冠润滑脂有限公司
600℃特高温润滑脂	Q/SHJG 1008—2014	具有良好的高温性能，在高温下有良好的润滑性；良好的高温抗氧化能力、极压抗磨性能，在高温及恶劣环境中发挥优异的润滑作用。属于耐高温固体润滑剂产品。 适用于水泥、陶瓷、玻璃、纺织、冶金等行业高温低速高负荷设备以及重负荷高温平面摩擦部位的润滑，如窑车轴承、烘烤设备的轴承和链条，炉门齿轮及烘干机械设备等。使用温度为：不大于 600℃	1kg、15kg	
极低温润滑脂	Q/SHJG 1033—2014	良好的氧化安定性、机械安定性、胶体安定性；优异的极低温性能，能保证低温环境下润滑部位的良好运转。 适用于严寒地区的各类轴承、齿轮及其他机械设备摩擦部位的润滑。使用温度为：-60~120℃	1kg、15kg	
二硫化钼锂基润滑脂	Q/SHJG 1002—2014	具有优良的极压抗磨性，能有效降低机械润滑部位的摩擦阻力，延长机械的使用寿命。 适用于轧钢机械、建筑机械、重型起重机械等各种重负荷机械一般转速设备的齿轮和轴承的润滑。使用温度为：-20~120℃	0.8kg、15kg、170kg	

续表

产品名称	执行标准	特点与用途	包装形式	生产厂家
OGWT 开式齿轮 润滑脂		出众的机械稳定性；卓越的防水性能，有效抵御水“冲洗”、浸泡或喷淋；高度黏合齿轮表面。 适用于偏航和变桨开式齿轮。使用温度为：-40~160℃	18kg	浙江摩路新材料有限公司
ElastGear OGXT 重负荷开式 齿轮润滑脂		用独有的聚合物技术，在苛刻条件下，仍可形成缓冲油膜，可降低齿轮接触区的温度；含固体润滑剂，耐冲击和振动负荷，可大幅延长齿轮的使用寿命；含特殊稠化剂和防腐蚀剂，保护金属表面免受锈蚀。 适用于球磨机、回转窑，矿山机械等重负荷开式大的齿轮润滑；静止或慢速运转钢丝绳的润滑与防护。使用温度为：-15~120℃	18kg/180kg	
ElastGear OGHT 重负荷开式 齿轮润滑脂		高黏度基础油，在苛刻条件下，仍可形成缓冲油膜，可降低齿轮接触区的温度；含固体润滑剂，耐冲击和振动负荷，可大幅延长齿轮的使用寿命；含特殊稠化剂和防腐蚀剂，保护金属表面免受锈蚀。 适用于球磨机、回转窑、矿山机械等重负荷开式大齿轮的润滑；静止或慢速运转钢丝绳的润滑与防护。使用温度为：0~100℃	18kg/180kg	
极压锂基脂	GB/T 7323	优良的极压抗磨性，能够承受重负荷和冲击负荷造成的润滑油膜失效，有效防止卡咬；良好的防锈性能，能够防止轴承运转过程中的锈蚀；优异的剪切稳定性，能保持较好的润滑脂结构特征。适用于汽车、工程机械、压延机、锻造机、矿山机械、冶金等重负荷车辆及高负荷机械设备的齿轮、轴承等部位润滑，也可用于集中润滑系统。使用温度为：-20~120℃	800g、1kg、2kg、14kg、175kg	江苏龙蟠科技股份有限公司
二硫化钼 涂层	HB 6688— 1992	不含铅成分；良好的耐磨损性能；使用寿命长以及化学性质稳定性；适用于高负荷应用场合。 适用于轴承、齿轮、齿条、凸轮；几乎所有的紧固件、密封件、夹具、联结件、工业机械设备和部件。使用温度为：-73~204℃	二硫化钼 涂层	深圳市优宝新材料科技有限公司
拉索润滑脂 RB3	QB/EUBO- 011-2012 (2018)	附着力强，抗剪切性好，寿命长，抗磨、抗衰减能力强。油脂中含大量固体润滑剂聚四氟乙烯(PTFE)，摩擦系数低，承载能力强。与塑料橡胶高分子材料相容性好，无毒。具有持久的的消音效果，抗水性强。 用于高负荷、高低温部位的润滑及减噪音，如齿轮、轴承、转轴、导轨等；各种转轴上的塑胶与塑胶、塑胶与金属、金属与金属结构部件上。使用温度为：-50~200℃	18kg/桶	
启动电机 润滑脂 SS2	QB/EUBO- 009-2011 (2018)	配有二硫化钼固体润滑剂。 适用于长寿命金属齿轮；汽车启动器、电动工具；重型机械设备的长寿命金属齿轮润滑。使用温度为-45~120℃	18kg/桶	
玻璃升降器 消音脂	QB/EUBO- 013-2013	高性价比的低温半合成润滑脂，和大多数塑料相容，有效减少来自塑料齿轮的噪音、使用寿命长、低渗流。 可用于要求清洁的场所，不含有机硅，因此避免了接触点失效	18kg/桶	
汽车门锁 润滑脂	QB/EUBO- 015-2014	具有持久的消音效果；通过了 NSF H1 食品级认证，摩擦系数低，承载能力强；使用温度宽，高黏度低温精密润滑降噪；完全使用合成油，与塑胶、橡胶相容性好，不会令塑胶开裂、软化、溶胀。 用于汽车部件、电器、精密仪器、音频设备、办公设备中；同步马达、步进马达的齿轮减噪音、抗磨、防扩散润滑。使用温度为：-45~150℃	18kg/桶	

续表

产品名称	执行标准	特点与用途	包装形式	生产厂家
高温轴承润滑脂(氟素润滑脂FG201)	QB/EUBO-010-2011(2018)	具有极佳的化学惰性、耐久性和低挥发性。在高温下具有良好的稳定性，耐高低温性能强；抗氧化能力强。 适合于长效润滑，专用于高温、高速、高负载、化学腐蚀等恶劣环境中的轴承、齿轮以及要求终身润滑的部件。使用温度为：-50~250℃	18kg/桶	深圳市优宝新材料科技有限公司
阻尼脂P系列	SH/T 0640—1997	具有防噪音、减震及缓冲作用，让部件畅顺准确活动；用于接合部件，容许较大间隙及公差；有密封作用，防水入侵；全部以合成油为基础油，无毒，符合环保条例要求。 用于光学电器、电子仪器、测量仪器、卫浴洁具、齿轮系统、家电控制、开关旋钮、娱乐设备等需要控制自由动作部位的润滑	18kg/桶	
超低温润滑脂	GB/T 7631.8 L-XECAA2	优异的低温启动力矩性能，保证产品在极低温度环境下的正常启动。 适用于汽车内饰部件、微型电机齿轮、蜗轮蜗杆等低温要求高的应用场合。使用温度为：-60~130℃	16kg	深圳市超润达科技有限公司
开式齿轮专用润滑脂	GB/T 7631.8 L-XBDEB 00、GB/T 7631.8 L-XBDEB 0、GB/T 7631.8 L-XBDEB1	良好的泵送性能；突出的承载能力和抗磨损特性；很好的抗锈蚀和腐蚀保护性能。 适用于电厂、水泥厂、钢铁厂等大中型机械设备重负荷开放式齿轮传动机构应用场合。使用温度为：-20~150℃	16kg/170kg	
食品级润滑脂	GB/T 7631.8 L-XDDEA 1、GB/T 7631.8 L-XDDEA 1	产品符合NSF、FDA的相关规定；具有优异的抗水、防腐蚀性能。 适用于食品饮料行业、医药化妆行业等相关设备的轴承、齿轮、滑轨等应用场合。使用温度为：-40~150℃	16kg	
高速金属小齿轮降噪润滑脂	GB/T 7631.8 L-XDDAA 1	产品黏附性强，回流迅速；低摩擦系数及抗磨效果；具有优异的抗剪切及降噪效果。 可应用于转速5000以上的金属齿轮润滑应用场合。使用温度为：-40~150℃	16kg	
高速塑胶齿轮降噪润滑脂	GB/T 7631.8 L-XBCAA 1	产品黏附性强，回流迅速；具有优异的抗剪切及降噪效果；与大多数塑料良好的相容性。 可应用于转速5000以上的塑胶齿轮润滑应用场合。使用温度为：-20~120℃	16kg	
6007宽温润滑脂(皂基脂；轴承脂)	Q/WBD-10-007—2014	优秀的高温性和热稳定性；良好的机械安定性和胶体安定性；极佳的低温性，低温易启动；低蒸发损失、低摩擦系数。 适合长期润滑；DN值达100万，符合美军MIL-G-3278规格要求。适用于高速、低温、轻载荷轴承、齿轮的润滑。特别适用于航空、家电、仪器仪表，寒区户外工作的轴承、操作机构、组装联。使用温度为：-60~130℃	1kg/盒×12盒、17kg/桶	武汉博达特种润滑技术有限公司

续表

产品名称	执行标准	特点与用途	包装形式	生产厂家
6021 多效高温润滑脂（复合皂基脂；轴承脂）	Q/WBD-10-021—2014	优良的高温热稳定性和氧化安定性；良好的抗磨减速摩性和高的承载能力；优秀的抗水性和防护性；低蒸发损失。 适合于长期润滑。适用于高温、高速运行的各种轴承、齿轮的润滑。拥有各种基础油黏度级别和载荷级别选择，可适合多种工况的润滑要求。使用温度为：-60～200℃	1kg/盒×12 盒、17kg/桶	武汉博达特种润滑技术有限公司
6102 重负荷开式齿轮脂（复合皂基脂；开式齿轮）	Q/WBD-11-002—2014	极佳的抗磨性，卓越的承载能力；良好的黏附性；优良的抗水性和抗氧化安定性；无溶剂、无沥青、无铅，属绿色环保产品。 6102A 适用于各种大型、重载、低速开式齿轮的正常润滑使用。6102D 适用于开式齿轮的底涂润滑。6102M 适用新的或大修后开式齿轮的磨合润滑。6102X 适用于已被磨损开式齿轮的修复润滑。使用温度为：-15～120℃	17kg/桶、175kg/桶	
6103 合成半流体齿轮润滑脂系列（脲基脂；齿轮箱）	Q/WBD-11-003—2014	优良的高低温性，低温启起动；优秀的热稳定性和化学安定性；良好的润滑性；长的使用寿命，更换周期可达 5 年以上。 适用于各种负荷的齿轮、蜗轮蜗杆、P 型链式变速器和针摆线齿轮组的润滑。特别适用于全封闭全寿命齿轮箱。使用温度为：-40～150℃	17kg/桶、175kg/桶	
6105 极压半流体齿轮润滑脂系列（皂基脂；齿轮箱）	Q/WBD-11-005—2014	优良的抗磨极压性；良好的防渗漏性和抗水性；长的使用寿命，能有效减少设备维护。 适用于各种转速、中、重负荷闭式齿轮组的润滑；特别适用于易漏油以及难于换油的齿轮组。使用温度为：-20～120℃	17kg/桶	
6107 合成塑料润滑脂（皂基脂；执行机构）	Q/WBD-11-007—2014	良好的热稳定性和氧化安定性优秀的抗磨性和低的摩擦系数；与大多数塑料和橡胶兼容；低蒸发损失，适合于长期润滑；不含铅等重金属，属绿色环保产品。 适用于中、高速，轻、中载荷的塑胶与塑胶、塑胶与金属之间的润滑。适用于家用电器、办公设备、消费电子、汽车电子以及玩具等塑胶齿轮和操作机构。使用温度为：-50～130℃；-25～120℃	1kg/盒×12 盒、17kg/桶	
6123 高黏低噪音和润滑脂(皂基脂；减速电机)	Q/WBD-11-023—2016	优良的润滑性和降噪减振性能；优异的黏附性和成膜性；良好的极压抗磨性和减摩性；良好的抗水性和防护性。 适用于各种减速电机的润滑和降噪。特别适用低速、间歇工作的变速和的润滑和降噪。使用温度为：-10～120℃	17kg/桶、170kg/桶	
6801 多效通用长寿命润滑脂系列（复合皂基脂；轴承齿轮脂）	GB/T 7324	优良的高温热稳定性和氧化安定性；极佳的抗磨减摩性和抗微动磨损性；良好的抗剪切性和胶体安定性；良好的抗水性和防护性；低摩擦系数，低蒸发损失，适合长期润滑。 适用于高温、中、重负荷轴承、齿轮等部位的润滑与防护。适用于石化、钢铁、水泥、电力等行业的高温风机、电机轴承的润滑。使用温度为：-30～160℃	1kg/盒×12 盒、17kg/桶	
6806 通用脲基润滑脂（脲基脂；轴承脂）	Q/WBD-18-006—2014	优良的热稳定性和化学安定性；极佳的氧化安定性和长的使用寿命；良好的抗水性，防护性和泵送性；具有抗酸性介质能力。 适用于高温、潮湿或酸性介质环境下工作的轴承、齿轮、链条的润滑与防护。使用温度为：-30～180℃	1kg/盒×12 盒、17kg/桶	

续表

产品名称	执行标准	特点与用途	包装形式	生产厂家
工业生产设备润滑脂	SH/T 0535	具有良好的极压抗磨性能，并有较高的使用温度为和较长的使用寿命。 适用于汽车轮毂轴承、重负荷机械轴承、齿轮。使用温度为：-20~150℃	15kg/桶	龙南县雪弗特新材料科技有限公司
壳牌佳度 Gadus S2 V220 00		适用于轧钢设备中要求使用较软润滑脂的专用润滑剂输送系统；在冲击载荷和环境潮湿等苛刻条件下运行的重载滑动和滚动轴承；要求使用半流体润滑脂的齿轮箱变速箱；商用车集中底盘润滑系统	18kg、180kg	壳牌(中国)有限公司
壳牌佳度 Gadus S2 V220 1		适用于集中润滑设备的重载轴承；常温下运行的极压齿轮润滑脂。在冲击载荷和环境潮湿等苛刻条件下运行的重载滑动和滚动轴承；低温润滑		
壳牌佳度 Gadus S5 V460 00/1.5		具有优异的热稳定性，在高低温工况下具有良好的表现。配方中不含黏度指数改进剂，产品机械稳定性非常优异。 适用于重型运输设备，以及轴承在重载、极端工况下运行的工业设备；造纸设备干燥部位和其他要求使用非污染性润滑脂的设备；车辆轮毂、闭式齿轮箱	S5 V460 00：18kg S5 V460 1.5：170kg	
壳牌佳度 Gadus S5 V142W 00	运动黏度 40℃ $142mm^2/s$ 运动黏度 100℃ $23mm^2/s$	降低动力消耗和润滑剂整体温度；和传统的润滑脂相比，可以降低启动力矩；减少润滑剂泄漏；通常不需补加；壳牌佳度 S5 V142W 的基础油具有非常好的承载能力。在使用 IAE 齿轮台架进行的标准条件下的钢-钢磨损试验中，无需极压添加剂，比同等的矿物油的承载能力高出达 65%。 适用于小型工业齿轮箱可使用此半流体润滑脂进行终身润滑；苛刻工况下和不同工况下运行的各种齿轮箱中（David Brown，SEW，Leroy-Somer 等）	18kg	
壳牌佳度 Gadus S2 A320 2	运动黏度 40℃ $320mm^2/s$ 运动黏度 100℃ $16.5mm^2/s$	纤维结构光滑的钙皂基润滑脂。 适用于中等工作温度下有极压特性要求的工业和船舶行业应用。比如：有水工况下工作条件苛刻的滑动轴、承艉尾轴承、起重机、吊柱、绞车机、卷杨机、开式齿轮和一般用途的钢缆润滑。请注意该产品不推荐使用在滚动轴承中	18kg	
壳牌佳度 Gadus S4 OGXK	符合 VW TL 738 标准 运动黏度 40℃ $4000mm^2/s$	主要设计用于重载设备，以及矿山设备中用于露天挖掘操作的电铲、吊斗铲和挖掘机等极端低温工矿。 采用铝复合稠化剂、高黏度高质量矿物油基础油、以及加强的极压-抗磨添加剂。此外，该产品添加稀释剂来确保低温泵送性。主要应用：吊斗铲、电铲、挖掘机、堆料机及取料机中的开式齿轮、变速杆、圆轨和滚筒、重载低速的滚动轴承、衬套、低速钢缆、水泥、垃圾处理或钢铁行业的开式齿轮应用	180kg	
壳牌佳度 Gadus S4 OGT	运动黏度 40℃ $5500mm^2/s$	采用高黏度优质矿物油为基础油，以铝复合皂基作为增稠剂，含有增强型极压、抗磨添加剂。 主要设计用于重载和高温工况下运行的包括：采矿设备、铲车、挖掘机等露天开采操作机械。主要应用：挖掘机、铲车、堆垛机和取料机等设备的开式齿轮、操纵杆、环形导轨和滚筒、低速重载抗磨轴承、轴套、低速钢缆、水泥、垃圾处理或钢铁工业的开式齿轮应用	180kg	

续表

产品名称	执行标准	特点与用途	包装形式	生产厂家
壳牌佳度 Gadus S3 OG 2	运动黏度 40℃ 3200mm²/s	壳牌佳度 S3 OG 2 主要应用于露天挖掘操作中的矿山设备，电铲和挖掘机。 佳度 S3 OG 采用铝复合稠化剂以及高黏度基础油，同时含有增强性能的极压-抗磨添加剂。 主要应用于：开式齿轮，操纵杆，环形导轨和滚筒，减摩轴承，轴套	18kg	壳牌(中国)有限公司
壳牌佳度 Gadus S2 OGH 0/00	运动黏度 40℃ 1000mm²/s	由无机非皂基稠化剂、石墨、高黏度基础油等组成，是专为在高温状况下工作的开式齿轮如水泥回转窑开式齿轮等而设计的。 该产品适用于采用喷射润滑系统的回转窑开式齿轮。主要应用：高温运转的开式齿轮以及水泥回转窑齿轮系统	180kg	
壳牌佳度 Gadus S2 OG 15/20/80	运动黏度 100℃ 15/20/ 80mm²/s	用于润滑保护在极端环境温度和工况下工作的开式齿轮和钢缆。性能平衡的配方使该脂能够长时间保持柔软，避免润滑脂积聚在轮齿根部。 适用于重负荷开式齿轮润滑，在磨煤机、回转窑、电铲、挖土机、船舶装载机、码垛机、取料机和挖掘机等各类设备中应用。使用 Gadus S2 OG 一种产品即可以满足整个设备的润滑脂需要，如电铲、挖掘机和索斗铲设备，既可用于开式齿轮，又可用于电机轴承润滑。慢速运转的开式齿轮表面润滑	Gadus S2 OG 80 55kg/ 204kg	
壳牌马力士 Malleus OGM Heavy	运动黏度 40℃ 4000mm²/s	壳牌马力士 OGM Heavy 润滑剂专为重型机械设计，铝复合基稠化剂和高黏度、高质量的矿物基础油组成，具有增强的抗极压—抗磨性能。 适用于苛刻工况，如矿山设备，铲车、索斗铲和挖掘机等，以及球磨机和转窑的开式齿轮	420lb (约 190kg)	
安润龙 OGG9245-00 磺酸钙基重负荷开式齿轮润滑脂		优异的极压抗磨性、防腐防锈性、黏附性。 应用于重负荷开式齿轮，使用温度为：-10~150℃	180kg/钢桶、18kg/塑料桶	朗盛(加拿大)有限公司
安润龙 OGG9105-000 磺酸钙基重负荷开式齿轮润滑脂		优异的极压抗磨性、防腐防锈性、黏附性。 应用于重负荷开式齿轮，使用温度为：-10~150℃		
Multemp AC-D 玛鲁天普 AC-D		除了使用温度广的特点以外，由于含有特殊固体润滑剂和有机钼配方，该产品具有优秀的抗极压性、抗烧结性能，并且对橡胶、树脂的兼容性好。 适用于汽车电气组件的金属与金属或金属与树脂滑动部件的润滑。例如：汽车电动后视镜收纳电机蜗杆、方向盘锁蜗杆、电动窗帘电机蜗杆、车门中控锁执行器等；车载小型电机齿轮、单向器齿轮、大型螺杆、刹车气缸、办公设备的树脂齿轮等。使用温度为：-50~150℃	16kg/180kg、2.5kg	协同油脂株式会社
Multemp AC-K 玛鲁天普 AC-K		具有从低温到高温的广温度特点，具有卓越的抗磨性。 适用于汽车和办公自动化设备(OA)/视听设备(AV)组件的各种塑料齿轮或滑动组件的降噪、抗磨润滑。使用温度为：-45~150℃	16kg/160kg	

续表

产品名称	执行标准	特点与用途	包装形式	生产厂家
Multemp AC-N 玛鲁天普 AC-N		应用温度为宽广、低温性尤其突出。采用有机钼和特殊固体润滑剂、因此具有优异的抗烧结性能。 适用于金属齿轮等在极端苛刻的环境下工作且对低温性要求极高的滑动润滑部位，例如：方向盘电子锁减速齿轮、电动座椅减速齿轮、汽车后门锁、管柱衬套等。使用温度为：-55~150℃	18kg/180kg、2. 5kg	协同油脂株式会社
Multemp AC-P 玛鲁天普 AC-P		可以应用在从超低温开始的宽广的温度领域；并且该润滑脂里含有二硫化钼、有机钼及其他特殊固体润滑剂等添加剂，使其具有优越的抗极压性和抗烧结性，克服了其他润滑脂一直以来所不能实现的润滑境界。 适用于更加残酷的润滑条件下的金属齿轮、滑动零部件等。例如汽车助力转向器齿轮齿条润滑等。使用温度为：-55~150℃	18kg/180kg	
Multemp D No. 2 玛鲁天普 D No. 2		能够适应从低温到高温的宽温度，低温环境不发生触点接触不良、不会对触点材料银或金产生腐蚀，具有良好的触点开关响应性和树脂兼容性。 适用于各种电器部件的树脂齿轮或其他滑动部位和各类开关触点部位。例如：各类电器树脂齿轮、汽车转向组合开关、门锁机构、门锁驱动器、空调开关、车窗升降器开关、点火锁、仪表盘等。使用温度为：-40~150℃	2kg×6 盒/16kg	
Multemp HL-D 玛鲁天普 HL-D		具有良好的低温性、抗油分离性、消音特性和阻尼特性。该产品与塑料材料的兼容性良好，在塑料滑动部件上也具有优异润滑性。 适用于汽车门车窗电动玻璃升降器交叉臂、座椅导轨、锁内外把手、锁扣机构、各种金属或塑料齿轮、金属或塑料的滑动部件等对降低摩擦、低温响应性、消音或阻尼性有要求的部件润滑。使用温度为：-40~150℃	16kg/170kg	
Multemp L 玛鲁天普 L		能够适应从低温到高温的宽温度，不发生极端的离油、不会对触点材料银或金产生腐蚀，同时具有良好的开关响应性和树脂兼容性。 适用于电器部件的树脂齿轮或其他滑动部位和各类汽车开关触点部位。例如：各类电器树脂齿轮、汽车转向组合开关、管柱伸缩倾斜感应开关、门锁机构、门锁驱动器、排档器开关等。使用温度为：-40~150℃	18kg、2. 5kg×6 盒	
Multemp RC-M 玛鲁天普 RC-M		具有优良的耐树脂性、低温性和显著的降低异音效果，并且该产品不拘束于高黏性。 适用于从低温到高温的宽温度。最适用于汽车、影音设备、办公自动化设备机构组件的塑料齿轮及其他滑动组件。使用温度为：-40~150℃	16kg	
Multemp SC-S 玛鲁天普 SC-S		与树脂的兼容性上表现非常卓越，被推荐应用在宽广的温度。其中添加了高性能有机抗磨剂，具有优异的高温性、低温性、抗高载荷和低摩擦系数等特性。 适用于汽车启动电机的单向器、减速齿轮、离合器以及其他高低温、高载荷、橡胶兼容性有要求的齿轮及滑动润滑场所。使用温度为：-50~200℃	18kg/180kg、2. 5kg	

续表

产品名称	执行标准	特点与用途	包装形式	生产厂家
Multemp SH-K II 玛鲁天普 SH-K II		具有杰出的机构塑料部件兼容性和优良的低温性。 适用于汽车、电气设备，视听设备，办公设备及各种精密仪器的塑料齿轮、凸轮等。使用温度为：-60~130℃	16kg/2kg	协同油脂株式会社
Multemp SH-U 玛鲁天普 SH-U		具有优良的消音性和阻尼性，并且具有杰出的塑料兼容性。 特别适用于汽车、电气设备，视听设备，办公设备及各种精密仪器的塑料齿轮、凸轮等。使用温度为：-40~150℃	16kg	
Multemp SL-F No. 1 玛鲁天普 SL-F No. 1		具有优越的低温特性、树脂兼容性。 适用于各类对低温性有特殊要求的电器齿轮和汽车电器产品滑动部位。例如：汽车点火锁、方向盘锁、换档开关、伸缩式前车灯驱动齿轮等。使用温度为：-60~130℃	16kg/2kg	
Molywhite LSG 摩力白 LSG		可适用于从低温到高温的宽温度。另外，由于含有有机钼等添加剂配方、可实现优越的耐磨损性能。 适用于在非常苛刻的润滑条件下使用的各种金属齿轮、滑动零件部位，如汽车转向器齿轮齿条等。使用温度为：-40~150℃	16kg/170kg	
Multemp AC-P 玛鲁天普 AC-P		可以应用在从超低温开始的宽广的温度领域，并且该润滑脂里含有二硫化钼、有机钼及其他特殊固体润滑剂等添加剂，使其具有优越的抗极压性和抗烧结性，克服了其他润滑脂一直以来所不能实现的润滑境界。 适合使用在更加残酷的润滑条件下的金属齿轮、滑动零部件等。例如汽车助力转向器齿轮齿条润滑等。使用温度为：-55~150℃	180kg/18kg	
Multemp L 玛鲁天普 L		能够适应从低温到高温的宽温度，不发生极端的离油、不会对触点材料银或金产生腐蚀，同时具有良好的开关响应性和树脂兼容性。 适用于电器部件的树脂齿轮或其他滑动部位和各类汽车开关触点部位。例如：各类电器树脂齿轮、汽车转向组合开关、管柱伸缩倾斜感应开关、门锁机构、门锁驱动器、排档器开关等。使用温度为：-40~150℃	16kg/2kg	
Multemp SC-U 玛鲁天普 SC-U		由于含有特殊树脂润滑改进剂，所以即使在特别高面压下环境下工作的树脂齿轮等组件中都能显示出非常优越的低摩擦性。该产品具有优越的树脂兼容性、高温性、低温性、极压性。 适用于有高低温、极压性需求的润滑部件。例如：汽车转向器齿轮齿条、电动助力转向电机涡轮蜗杆、减速齿轮等。使用温度为：-40~200℃	170kg/16kg、2. 5kg	
Multemp AC-T 玛鲁天普 AC-T		具有良好的橡胶兼容性和低温性。 适用于在天然橡胶，三元乙丙橡胶，硅橡胶环境下的各种金属轴承、齿轮或其他滑动部件的润滑。使用温度为：-45~130℃	18kg	

续表

产品名称	执行标准	特点与用途	包装形式	生产厂家
Multemp SA 玛鲁天普 SA		尤其在低温性、涂料兼容性、防锈性能上表现优越，还具有突出的长期稳定性。 适用于汽车门锁机构，如锁扣、把手、车门铰链、锁芯等；以及各种电机传动机构塑料或金属齿轮，如玻璃升降器、雨刮器、座椅电机、天窗电机等；各种电动或手动启动机，各种通用低温性需求的驱动电机齿轮等润滑。使用温度为：-40~130℃	2kg/16kg	协同油脂株式会社
Multemp TA No. 2 玛鲁天普 TA No. 2		具有优异的低温性和耐水性，不会对车身涂料产生负面影响。 适用于座椅导轨、座椅电机齿轮、座椅调角器、车窗玻璃升降器导轨、门锁机构、雨刮器电机齿轮、手动刹车、脚刹、天线、头枕滑动部、各种小型金属齿轮、电动开关等。丰田 TSK 规格认证产品。使用温度为：-30~120℃	18kg/180kg、2. 5kg×6	
Multemp TAS No. 2 玛鲁天普 TAS No. 2		具有优异的低温性和耐水性，也兼具优良的涂料兼容性。 适用于具有极低温要求的汽车车身部件用润滑脂。例如：座椅导轨、座椅电机齿轮、座椅调角器、车窗玻璃升降器导轨、门锁机构、雨刮器电机齿轮、手动刹车、脚刹、天线、头枕滑动部、各种小型金属齿轮等。丰田 TSK 规格认证产品。使用温度为：-40~120℃	18kg/180kg、2. 5kg×6	
One-Luber MO No. 2 万鲁霸 MO No. 2		适用于伴随有冲击的高负荷滑动部件的润滑，例如汽车的各种球接头和十字接头、汽车底盘部件、车载转向系统齿轮齿条等。使用温度为：-20~150℃	180kg/18kg	
Emalube L 艾玛鲁博 L		针对长时间暴露于高温、高湿环境中的润滑系统而专门研发的特种润滑脂，采用一种新型聚脲化合物为稠化剂，可提供更长的润滑寿命、优良的防锈性和史无前例的强高温(最高达 250℃)抗聚合性。 适用于集中供脂系统。典型应用：高炉、连铸机、加热炉、烧结炉、炼焦炉等各类冶金设备传动轴承、风力发电旋转轴承及各类金属齿轮等。使用温度为：-10~200℃	18kg/180kg	
GC Grease 350GC 齿轮脂		主要针对齿轮耦合器抗磨损、抗泄漏而开发的高性能润滑脂。由于采用了耐热性非常好的聚脲稠化剂，添加了特殊聚合物粘稠剂、极压剂和固体润滑剂等多种高性能添加剂，使得 GC GREASE 350 在抗分油性和附着性上表现非常优越，在高面压滑动润滑条件下可显示非常突出的润滑效果。 适用于各种大中小型齿轮耦合器、齿轮箱、齿轮及各种高面压滑动润滑部位。使用温度为：-10~150℃	18kg/180kg、400g×20	
Unilube DL No. 1 尤尼鲁博 DL No. 1		特别在泵送性、低温性能上表现优越的极压型集中供脂用润滑脂。具有良好的极压性、机械安定性、抗氧化性、耐热性、防锈性以及耐水性；不含有害金属添加剂的无公害环保。 适用于各种冶金设备、搬运机械、通用机械、加工中心、车辆等各种工业机械及设备领域齿轮、减速机、轴承、滑动部位等，使用温度为：-20~130℃	18kg/180kg	

续表

产品名称	执行标准	特点与用途	包装形式	生产厂家
1111 全氟聚醚 润滑脂	Q/WB 1111—2012	采用 PTFE 稠化低温全氟聚醚基础油，并加入精细固体润滑剂与氟防腐剂精制而成。 应用于超低温长寿命轴承与齿轮润滑。使用温度为：-80～220℃	1～2kg/桶、 12kg/桶、 15kg/桶、 170kg/桶	郑州铁维保科技有限公司
1118 全氟聚醚 高速润滑脂	Q/WB 1101A—2012	采用有机化合物稠化低温全氟聚醚油，并加入精细固体润滑剂与氟防腐剂精制而成。 应用于高速轴承及齿轮润滑。使用温度为：-50～250℃	1～2kg/桶、 12kg/桶、 15kg/桶、 170kg/桶	
1178 全氟聚醚低 音长效 润滑脂	Q/WB 1101A—2012	采用复合多皂稠化低温全氟聚醚油，并加入氟防腐剂精制而成。 应用于长效精密静音轴承及齿轮润滑	1～2kg/桶、 12kg/桶、 15kg/桶、 170kg/桶	
1905 全氟聚醚 高温极压 润滑脂	Q/WB 1101A—2012	采用无机化合物稠化高黏度全氟聚醚油，并加入精细固体润滑剂与氟防腐剂精制而成。 应用于高温轴承及齿轮润滑。使用温度为：-30～350℃	1～2kg/桶、 12kg/桶、 15kg/桶、 170kg/桶	
8101 全氟高温 润滑脂	Q/WB 8101—2012	采用 PTFE 稠化全氟酯油，并加入精细固体润滑剂与氟防腐剂精制而成。 应用于高温轴承及齿轮润滑。使用温度为：-20～250℃	1～2kg/桶、 12kg/桶、 15kg/桶、 170kg/桶	
8335F 全氟齿轮 润滑脂	Q/WB 8335F—2012	采用高温氟碳化合物稠化低温全氟油，并加入精细固体润滑剂与氟防腐剂精制而成。 应用于精密轴承及齿轮润滑。使用温度为：-80～250℃	1～2kg/桶、 12kg/桶、 15kg/桶、 170kg/桶	
8701 全氟高温极 压润滑脂	Q/WB8 701—2012	采用有机稠化剂稠化全氟酯油，并加入精细固体润滑剂与氟防腐剂精制而成。 应用于高温重载轴承及齿轮润滑。使用温度为：-20～260℃	1～2kg/桶、 12kg/桶、 15kg/桶、 170kg/桶	
3308 高温润滑脂	Q/WB 3308—2012	以高温稠化剂稠化合成油，并加有抗氧化、防腐蚀、防锈蚀等多种添加剂精制而成。 适用于高温下工作较高转速的各种机械的滚动轴承和滑动轴承的润滑，以及高温下工作的齿轮、链条、离合器的润滑。使用温度为：-40～200℃，短期可达 250℃	1～2kg/桶、 12kg/桶、 15kg/桶、 170kg/桶	
3318 全合成高温 轴承润滑脂	Q/WB 3318—2012	以特种复合皂稠化特种全合成油，并加有抗氧化、抗磨性、防锈蚀及纳米级固体填料等多种添加剂精制而成。 应用于冶金钢铁行业的轧辊轴承适用于各种高温中低速轴承、齿轮、轨道的润滑与防护。使用温度为：-30～250℃，短期可达 300℃	1～2kg/桶、 12kg/桶、 15kg/桶、 170kg/桶	

续表

产品名称	执行标准	特点与用途	包装形式	生产厂家
2308 全合成高温润滑脂	Q/WB 2308—2012	采用无机稠化剂调合合成油，并加入超细固体润滑剂与复合多功能添加剂精制而成应用于高温轴承与齿轮润滑。使用温度为：-40~200℃	1~2kg/桶、12kg/桶、15kg/桶、170kg/桶	郑州铁维保科技有限公司
2235 全合成高温极压润滑脂	Q/WB 2235—2012	采用无机稠化剂调合特种油，并加入超细固体润滑剂与复合多功能添加剂精制而成。应用于高温轴承与齿轮润滑。使用温度为：-30~300℃	1~2kg/桶、12kg/桶、15kg/桶、170kg/桶	
2904A 全合成高温润滑脂	Q/WB 2904A—2012	采用无机稠化剂调合特种油，并加入复合多功能添加剂精制而成。应用于高温轴承与齿轮润滑。使用温度为：-30~300℃	1~2kg/桶、12kg/桶、15kg/桶、170kg/桶	
3304 全合成高温润滑脂	Q/WB 3304—2012	采用无机稠化剂调合合成油，并加入复合多功能添加剂精制而成。应用于高温轴承与齿轮润滑。使用温度为：-30~220℃	1~2kg/桶、12kg/桶、15kg/桶、170kg/桶	
950300 全合成铜齿润滑脂	Q/WB 95030—2012	采用特殊锂皂稠化剂稠化合成油，并加入铜缓蚀剂与复合多功能添加剂精制而成。 应用于铜齿轮润滑。使用温度为：-35~130℃	1~2kg/桶、12kg/桶、15kg/桶、170kg/桶	
3235 合成重负荷齿轮润滑脂	Q/WB 3235—2012	特种稠化稠化合成油，并加有极压抗磨、抗氧化、防腐蚀等多种添加剂精制而成。 适用于各种中、重负荷齿轮传动或蜗轮蜗杆传动系统和 P 型链式变速机的润滑，对于封闭式全寿命齿轮箱的润滑更为适宜。使用温度为：-40~200℃	1~2kg/桶、12kg/桶、15kg/桶、170kg/桶	
3511 全合成塑胶齿轮润滑脂	Q/WB 3511—2012	采用脂肪酸锂皂稠化剂稠化合成油，并加入 PTFE 与复合多功能添加剂精制而成。应用于塑胶微型齿轮润滑。使用温度为：-40~150℃	1~2kg/桶、12kg/桶、15kg/桶、170kg/桶	
极压锂基润滑脂	GB/T 7323—2010	适用于中重负荷的机械设备轴承和齿轮的润滑，3#用于压延机、锻造机等高负荷机械设备轴承。使用温度为：-20~120℃	15kg/桶、170kg/桶	天津市金海利油脂有限公司
极压锂基润滑脂 000 号	Q/DX TYS 0108—2015	可广泛用于压延机、锻造机等重负荷机械设备的齿轮、轴承等润滑及各种低、中速重负荷蜗轮、开式齿轮、链条及悬空部件等设备减速箱的润滑。使用温度为：-20~120℃	5kg/桶、170kg/桶	统一石油化工有限公司
二硫化钼锂基润滑脂	SH/T 0587—1994	适用于轧钢机械、矿山机械、重型起重机械等重负荷齿轮和轴承的润滑，并能使用于有冲击负荷的部件。使用温度为：-25~180℃	塑桶：1. 8kg、9kg、15kg 铁桶：170kg	

续表

产品名称	执行标准	特点与用途	包装形式	生产厂家
重负荷开式齿轮润滑脂	Q/DXTYS 0067—2015	适用于各种类型的大型、重负荷、低速至中速的开式齿轮润滑。使用温度为：-20～120℃	15kg/桶、170kg/桶	统一石油化工有限公司
齿轮箱高级防漏润滑脂	Q/DXTYS 0084—2015	适用于各类齿轮箱、涡轮减速装置、开式齿轮箱等。使用温度为：-20℃～150℃	15kg/桶	
合成高温润滑脂	Q/DX TYS 0110—2015	适用于工业、工程机械和各种车辆设备各种类型的重负荷、低速至中速的齿轮、轴承、轮毂轴承等部位的润滑。使用温度为：-20～180℃	塑桶：500g、800g、1kg、1.8kg、15kg 铁桶：170kg	
YB-8700F	Q/YB J301—2016	粘着力好，宽温度为保持合理的润滑。 适用于各种中小型电机减速组合机件的润滑，推荐用于交流管状电机、启动电机齿轮组的润滑，使用温度为：-30～180℃	18kg/桶	安徽意博润滑科技
YB-G188	Q/YB J303—2016	耐高温稠化用于各种小型齿轮的润滑，同时满足高温、低温、抗磨损，使用温度为：-45～180℃	18kg/桶	
YB-G181B	Q/YB J304—2016	适用于高速或者重负荷齿轮的开式润滑，变速器金属齿轮、大变位齿轮、高速齿轮、各种大型开式齿轮，使用温度为：-20～220℃	18kg/桶	
YB-G104	Q/YB J306—2016	N LG I-0.5 推荐用于同步电机齿轮组合的润滑； N LG I-2 用于中小型电机齿轮组的润滑，使用温度为：-30～180℃	18kg/桶	
YB-G172	Q/YB J307—2016	适用于轻至重载下金属齿轮及其他部件润滑，使用温度为：-25～180℃	18kg/桶	
YB-G108A	Q/YB J308—2016	适用于封闭式齿轮箱的全寿命润滑，使用温度为：-20～180℃	18kg/桶	
YB-G103A	Q/YB J309—2016	适用于塑料齿轮，玩具小电机的齿轮润滑，使用温度为：-40～130℃	18kg/桶	
YB-G200	Q/YB J401—2016	通用型比较强的工具用脂，适用于气缸、齿轮的润滑与防护，使用温度为：-20～220℃	18kg/桶	
YB-G201	Q/YB J402—2016	优异的低温性能，-40℃仍能启动。 主要应用于轻型、中型电锤，也用于轻至重载荷金属/塑胶齿轮的润滑，使用温度为：-40～180℃	18kg/桶	
YB-8018	Q/YB J405—2016	高清洁度适用于要求低扭矩的齿轮电机用润滑脂，电动工具气缸用脂油膜稳定。 适用于大多数塑料齿轮、滑动件的润滑与保护，使用温度为：-35～150℃	18kg/桶	

续表

产品名称	执行标准	特点与用途	包装形式	生产厂家
复合锂基脂	Q/LT Y00216	具有高的滴点、良好的抗高温氧化性能、良好的泵送性、长的轴承寿命、良好的抗磨、极压性能、抗水、防锈性能；在苛刻的工作环境下不会软化并有极强的黏附能力；具有优良的抗抛脱能力和密封特性；性能与普通的锂基脂和 MP 脂相比，具有更高的使用温度为、更长的使用寿命，是普通锂基脂和 MP 脂使用寿命的 3 倍以上，能耐更高的温度，具有更好的抗微动磨损性能。 适用于石油化工、纺织、印染、钢铁和浮法玻璃、造纸等各行业生产中的高温轴承，各种中、重负荷滚珠、滚柱、滚动轴承、烘烤设备的齿轮、链条托轮等传动部位和联轴节等部位的润滑。也适合大型电机的润滑。使用温度为：-20~200℃	800g/罐、16kg/桶、170kg/桶	杭州壳邦力特油剂有限公司
二硫化钼润滑脂	SH/T 0587	具有突出的极压抗磨性能，良好的高低温性、机械安定性、胶体安定性、氧化安定性、抗水性和防锈性能，二硫化钼能够有效降低摩擦副间的摩擦系数，对震动、冲击负荷或在高温的情况下起补强作用。 适用于冶金行业、轧钢机械、矿山机械、建材机械、重型起重机械等重负荷齿轮和轴承的润滑，并能使用于有震动、冲击负荷的部件。使用温度为：-20~120℃	800g/罐、16kg/桶、170kg/桶	
石墨钙基脂	SH/T 0369	耐水性好，在潮湿及水存在条件下，均能保持正常的润滑，对金属表面有良好的防护作用。具有优良的剪切安定性。添加磷片石墨可提高金属表面抗擦伤能力，降低摩擦系数。 适用于压延机人字齿轮、汽车弹簧、起重机齿轮转盘、矿山机械、绞车和钢丝等高负荷、低转速摩擦部位的润滑，使用温度为：-10~60℃	800g/罐、16kg/桶、170kg/桶	
重负荷开式齿轮脂	Q/LT Y21002	具有优良的极压抗磨性、黏附性、抗水性和抗氧化性能。适用于各行业大型、重负荷、低速至中速的开式齿轮的润滑。负荷承载能力达 20000kgf/cm^2 以上，以及各种型号的齿形联轴节的润滑。 适用于热电厂球磨机、水泥窑的冕状齿轮及球磨机齿轮、汽车制造厂锻压机、矿山球磨机的润滑。使用温度为：-25~120℃	800g/罐、16kg/桶、170kg/桶	
齿轮箱高级防漏脂	Q/LT Y20083	具有优异的抗磨极压性、抗水淋性和较好的防漏、防噪音能力，具有很好的承受大载荷或冲击负荷的能力。本品的使用寿命长，可以使设备少检修或不检修。 适用于各类齿轮减速箱、蜗轮减速装置，开式齿轮等。使用温度为：-20~150℃	800g/罐、16kg/桶、170kg/桶	
塑胶齿轮脂	Q/LT Y21022	优良的承载能力和抗水性能，与绝大部分塑胶及金属材料相容，稳定性好。极低的摩擦系数，减少噪音及震动的产生，同时又不会增加运动阻力和负荷。 适用于电器、玩具、汽车、办公设备、精密仪器中要求极长寿命的塑胶以及塑胶与金属之间运动件（齿轮、开关、轴承）的终身润滑。使用温度为：-40~110℃	800g/罐、16kg/桶、170kg/桶	
SHC460 高温润滑脂	Q/LT Z0059	具有高的滴点、良好的抗氧化性能、良好的泵送性、长的使用寿命，良好的抗磨、极压性能、防锈性能。能耐更高的温度，具有更好的抗微动磨损性能。 适用于陶瓷、纺织、冶金等行业各种中、重负荷滚珠、滚柱、滑动轴承、烘烤设备的齿轮、链条拖轮等传动部位和联轴节等部位的润滑。也适合大型电机的润滑。使用温度为：-30℃~300℃	800g/罐、16kg/桶、170kg/桶	

续表

产品名称	执行标准	特点与用途	包装形式	生产厂家
MOKO 9101 高温润滑脂 (T200)	符合 DIN51502: KP2R-40 规范	良好的高低温性，高温下润滑性极佳；优良的机械安定性，长期使用不流失；良好的防护性和抗水性，极佳的高温抗氧化性，长的使用寿命。 适用于高温下工作的轴承、齿轮、链条、离合器的润滑与防护；热定型机、热熔风机、拉伸拉幅机、塑料挤压机、烘烤机等高温下轴承的润滑与防护；特别适用于原厂装配及永久性润滑的场合。使用温度为：-40~200℃	1kg/盒× 12/箱、 18kg/塑桶	上海摩克润滑油技术有限公司
MOKO 9103 高温润滑脂 (T220)	符合 DIN51502: KP2R-40 规范	优良的高温性和高温热稳定性；优秀的抗剪切性，高温下不易流失；极佳的抗磨极压性，高温下能保持良好的油膜；好的防锈、防腐和抗水性能；极佳的高温抗氧化性，长的使用寿命。 适用于高温重负荷工况下工作的轴承与齿轮的润滑与防护；热定型机、烘缸热压机、拉伸拉幅机、塑料挤压机、烘烤机以及钢厂的炼钢炉、烧结车、轧机和水泥厂蓖冷机等高温场合下轴承的润滑与防护。使用温度为：-40~220℃	1kg/盒× 12/箱、 18kg/塑桶	
MOKO 9201 低温润滑脂		优良的低温性、低温起动力矩小；良好的机械安定性、胶体安定性；优秀的防锈防腐性、抗水性；优良抗氧化安定性，长的使用寿命。 适用于低温寒区工作的轴承、齿轮、机构支点、组装联接以及仪器、仪表的润滑和防护；高速电机轴承的润滑。使用转速(DN值)：50万，使用温度为：-50~120℃	1kg/盒× 12/箱、 18kg/塑桶	
MOKO 9203 高速低温 润滑脂	执行美国 军用标准: MIL-G-3278	优秀的高低温性、低温起动力矩小；良好的机械安定性、胶体安定性；卓越的抗剪切安定性，高速下保持力强；优秀的防锈防腐性、抗水性；优良抗氧化安定性，长的使用寿命。 适用于航空电机和微型电机轴承、齿轮、飞机操作机构支点、组装联接以及某些仪器、仪表的润滑和防护；寒区户外工作的轴承、仪器仪表电机、高速机床、低温液体输送泵电机、家用电器轴承和齿轮的润滑；高速电机轴承的润滑。使用转速(*DN* 值)：100万，使用温度为：-60~130℃	1kg/盒× 12/箱、 18kg/塑桶	
MOKO 9301 合成半流 体齿轮脂		摩擦系数极低、油箱温升小、输出效率高、优良的高低温性、低温起动力矩小、优秀的热稳定性和化学安定性、良好的抗磨极压性，能有效减少齿轮间的磨损，极长的使用寿命，使用可达五年。 适用于各种中、重负荷齿轮传动或蜗轮蜗杆传动系统以及P型链式变速机的润滑和防护；特别适用于封闭式全寿命齿轮箱的润滑和防护。使用温度为：-40~150℃	18kg/铁桶、 180kg/塑桶	
MOKO 9302 极压半流 体齿轮脂		良好防漏性和抗水性；优秀的热稳定性和化学安定性；良好的抗磨极压性，能有效降低齿轮间的磨损；长的使用寿命。 适用于各种低、中速重负荷闭式齿轮、涡轮、链轮等部位的润滑 特别适用于在高温、有粉尘、铁鳞的工作环境下作业的各种重负荷闭式减速机的润滑。如油气田的抽油机、冶炼行业的行车、轧机、转炉等。使用温度为：-30~120℃	18kg/铁桶、 180kg/塑桶	

续表

产品名称	执行标准	特点与用途	包装形式	生产厂家
MOKO 9303 高速低噪音齿轮润滑脂		优良的抗磨性，能有效保护避免磨损；优秀的黏附性和润滑性，能有效降低噪音；良好高低温性和防锈、防腐性；极长的使用寿命；可长期保持在齿面，不易被甩掉，适用转速高；散热效果好，自身温升低，输出效率高。 适用于各种闭式、蜗轮、链轮以及中、轻载荷开式的润滑；特别适用于要求低噪音和封闭式全寿命箱的润滑。如汽车电机、自动麻将电机、电动工具等传动机构 适用转速可达 10000rpm，使用温度为：-30~150℃	1kg/盒×12/箱、18kg/塑桶	上海摩克润滑油技术有限公司
MOKO 9304 超高速低噪声齿轮润滑脂		优良的抗磨性，能有效保护避免磨损；优秀的黏附性和减摩性，能有效降低噪音；良好高低温性和防锈防腐性；极长的使用寿命。 可长期保持在齿面，不易被甩掉，适用转速极高；散热效果好，自身温升低，输出效率高。 适用于各种闭式、蜗轮、链轮以及中、轻载荷开式的润滑；特别适用于要求低噪音和封闭式全寿命箱的润滑。如汽车起步电机、自动麻将电机、电动工具等传动机构。适用转速可达 20000r/min，使用温度为：-30~150℃	1kg/盒×12/箱、18kg/塑桶	
MOKO 9305 重负荷开式齿轮脂		极佳的抗磨极压性、优秀的承载负荷能力，可又效降低齿轮磨损 优良的黏附性、和扩散性，能迅速在齿面形成油膜；良好的抗水性和抗氧化性、使用周期长；无溶剂、无沥青、无铅，属环保绿色润滑产品。 适用于各种大型、重负荷、低转速开式齿轮和齿形联轴节的润滑和防护，负荷承载能力达 20000kgf/cm^2 以上；钢厂烧结机、水泥厂水转窑、磨煤机、电厂球磨机、化工行业反应炉等大型和特大型开式齿轮的润滑。使用温度为：-15~120℃	18kg/铁桶、180kg/塑桶	
MOKO 9306 合成塑胶齿轮润滑脂（DV）	符合 SGS 规范	极低的摩擦系数，优秀的塑胶润滑性；良好的热稳定性、机械安定性和抗氧化安定性；与大多数塑料和弹胶体相容；挥发低，极长的使用寿命；无重金属和多溴联苯，属绿色环保产品。 适用于塑胶与塑胶和塑胶与金属之间的润滑与防护；家用电器、办公设备、汽车组合开关和操纵系统、电子产品以及玩具等塑胶齿轮和塑胶组合件的润滑与防护。使用温度为：-60~130℃	1kg/盒×12/箱、18kg/塑桶	
MOKO 9307 合成塑胶齿轮润滑脂（MV）	符合 SGS 规范	极低的摩擦系数，优秀的塑胶润滑性；良好的热稳定性、机械安定性和抗氧化安定性；与大多数塑料和弹胶体相容；挥发低，极长的使用寿命；无重金属和多溴联苯，属绿色环保产品。 适用于塑胶与塑胶、塑胶与金属之间的润滑与防护；家用电器、办公设备、汽车组合开关和操纵系统、电子产品以及玩具等塑胶齿轮和塑胶组合件的润滑与防护	1kg/盒×12/箱、18kg/塑桶	
MOKO 9308 合成塑胶齿轮润滑脂（HV）	符合 SGS 规范	极低的摩擦系数，优秀的塑胶润滑性；良好的热稳定性、机械安定性和抗氧化安定性；良好的黏附性，能有效降低噪音；与大多数塑料和弹胶体相容；挥发低，极长的使用寿命；无重金属和多溴联苯，属绿色环保产品。 适用于塑胶与塑胶、塑胶与金属之间的润滑与防护；家用电器、办公设备、汽车组合开关和操纵系统、电子产品以及玩具等塑胶齿轮和塑胶组合件的润滑与防护。使用温度为：-40~150℃	1kg/盒×12/箱、18kg/塑桶	

续表

产品名称	执行标准	特点与用途	包装形式	生产厂家
MOKO 9309 合成塑胶齿轮润滑脂（SV）	符合 SGS 规范	极低的摩擦系数，优秀的塑胶润滑性；良好的热稳定性、机械安定性和抗氧化安定性；极佳的黏附性，能有效降低噪音；与大多数塑料和弹胶体相容；挥发低，极长的使用寿命；无重金属和多溴联苯，属绿色环保产品。 适用于塑胶与塑胶、塑胶与金属之间的润滑与防护；家用电器、办公设备、汽车组合开关和操纵系统、电子产品以及玩具等塑胶齿轮和塑胶组合件的润滑与防护。使用温度为：-20~160℃	1kg/盒×12/箱、18kg/塑桶	上海摩克润滑油技术有限公司
MOKO 9405 汽车电机润滑脂		优良的抗磨性，可有效保护齿轮避免磨损；优秀的黏附性和减摩性，能有效降低齿轮噪音；良好高低温性和防锈防腐性，极长的使用寿命；可长期保持在齿面，不易被甩掉，适用转速极高；散热效果好，自身温升低，输出效率高。 适用于要求低噪音和封闭式全寿命齿轮箱的润滑；特别适用于汽车起步电机的降噪和润滑。适用转速可达 20000r/min，使用温度为：-40~150℃	1kg/盒×12/箱、18kg/塑桶	
MOKO 9505 滑轨阻尼润滑脂	符合 SGS、ROSH 规范	优良的黏附性、拉丝性、降噪性；优异的润滑性和适宜的阻尼性；良好的防锈性、密封性；长的使用寿命和材料适应性好；无重金属和多溴联苯，属绿色环保产品。 适用于家具滑轨阻尼和润滑；电子元件与仪器仪表调节和转动部位的阻尼和润滑以及塑料齿轮的润滑。使用温度为：-20~120℃	1kg/盒×12/箱、18kg/塑桶	
MOKO 9506 电位器阻尼润滑脂	符合 SGS、ROSH 规范	优良的黏附性、拉丝性、降噪性；优异的润滑性和适宜的阻尼性；良好的防锈性、密封性、绝缘性；极长的使用寿命和材料适应性好；无重金属和多溴联苯，属绿色环保产品。 适用于转动式电位器、电感器等电器元件的转轴和音像设备慢开门阻尼器以及显微镜、望远镜等仪器仪表调节系统和旋纽的阻尼和润滑；塑料齿轮的阻尼和润滑。使用温度为：-20~150℃	1kg/盒×12/箱、18kg/塑桶	
MOKO 9507 多用途阻尼润滑脂	符合 SGS、ROSH 规范	优良的黏附性、拉丝性；优异的润滑性和适宜的阻尼性；良好的防锈性、密封性、绝缘性；阻尼适应为宽，降噪音效果好；极长的使用寿命和材料适应性好；无重金属和多溴联苯，属绿色环保产品。 适用于转动式电位器、电感器等电器元件的转轴和音像设备慢开门阻尼器以及显微镜、望远镜等仪器仪表调节系统和旋纽的阻尼和润滑；洗衣机减震杆、汽车组合开关、家具滑轨、门窗合页、电器门轴等器具的阻尼和润滑；塑料齿轮的阻尼和润滑	1kg/盒×12/箱、18kg/塑桶	
MOKO 9508 超稳定阻尼润滑脂	符合 SGS、ROSH 规范	优良的黏附性、拉丝性，降噪音效果好；极佳的高低温性和稳定的阻尼性；良好的防锈性、密封性、绝缘性；极长的使用寿命和材料适应性好；无重金属和多溴联苯，属绿色环保产品。 适用于要求在宽温内阻尼稳定，特别稳定电器元件和仪器仪表的阻尼以及塑料齿轮的阻尼的润滑。使用温度为：-50~200℃	1kg/盒×12/箱、18kg/塑桶	

续表

产品名称	执行标准	特点与用途	包装形式	生产厂家
MOKO 9704 重负荷复合磺酸钙润滑脂	符合 ISO6743-9：L-XBFHB2 DIN 51502：KP2R-25 规范	极高的滴点，优秀的高温热稳定性和高温抗氧化安定性；稠化剂自身具有优异的极压抗磨性，可承受巨大的冲击力和负荷；稠化剂自身具有优异的防锈性，防锈性能非常好；极佳的抗水性，优秀的抗剪切性和良好泵送性；不含铅及其他重金属，对人体和环境无害。 适用于汽车、钢铁、造纸、航运、印染、瓦楞纸等行业高温潮湿工况下的中、重负荷轴承的润滑；低中速，重负荷轴承、齿轮、链轮和联轴节等部位的润滑。使用温度为：-20~200℃	175kg/铁桶、18kg/塑桶	上海摩克润滑油技术有限公司
MOKO 9804 合成复合锂基润滑脂	符合 ISO6743-9：L-XBFEB2 DIN 51502：KP2R-40 规范	卓越的高低温性、高温热稳定性、高温抗氧化安定性；良好的抗磨性和抗微动磨损性；优秀的机械安定性和胶体安定性；优良的防锈防腐性、抗水性；极长的使用寿命。 适用于高温工况下工作的轴承与齿轮的润滑与防护；热定型机、烘缸热压机、拉伸拉幅机、塑料挤压机、烘烤机以及钢厂的炼钢炉、烧结车、轧机和水泥厂蓖冷机等高温场合下轴承的润滑与防护；长期甚至终生寿命轴承的润滑和防护。使用温度为：-40~200℃	175kg/铁桶、18kg/塑桶	
MOKO 9806 极压复合锂基润滑脂	符合 DIN 51502：KP2R-25 规范	极佳的抗磨极压性、优秀的承载负荷能力；极好的抗氧化安定性、抗微动磨损性和极长的使用寿命 良好泵送性，适宜集中润滑；优良的防锈防腐性、抗水性。 适用于高温重载环境下的轴承、链条、钢缆、滑道、托轮、齿轮、联轴节、大型电机的润滑和防护 适用于汽车、石化、钢铁、水泥、纺织、印染、浮法玻璃等行业高温重载部位的润滑和防护	175kg/铁桶、18kg/塑桶	
MOKO 9901 连铸机聚脲润滑脂	符合 DIN 51502：KP2R-25 规范	突出的高温性、高温热稳定性、高温抗氧化安定性；良好的抗磨极压性，能有效防止摩擦部位间的磨损；极佳的抗水、水蒸汽、腐蚀性介质能力；优良的防锈防腐性，泵送性好，适宜集中润滑系统。 适用于钢厂连铸机各段输送辊轴承的润滑和防护；低、中速重负荷轴承、齿轮、链轮、蜗轮等设备的润滑。使用温度为：-20~200℃	175kg/铁桶、18kg/塑桶	
长鸣 CY2104 铁路机车牵引齿轮润滑脂	Q/ 0700W CM100. 214	适用于铁路机车牵引齿轮的润滑和防护。 使用温度为：-10~120℃	15kg 塑料桶、170kg 铁桶或按需包装	山东长鸣化工有限公司
长鸣 CL2100 减速机润滑脂	Q/0700W CM200. 100	具有防漏减漏、节能增效的功能；比采用一般齿轮油能减少泄漏，延长换油周期、改善环境卫生。 主要适用于冶金、矿山、能源、交通和工程机械的非循环润滑的减速机齿轮润滑，也适用于大型机组的集中润滑系统，使用温度为：-10~120℃	15kg 塑料桶、170kg 铁桶或按需包装	

续表

产品名称	执行标准	特点与用途	包装形式	生产厂家
长鸣 CL2103 重负荷开式齿轮润滑脂	Q/0700W CM200. 103	适用于各种低速，重负荷的大型开式齿轮的润滑，特别适用于钢厂烧结机、水泥厂回转窑、球磨机、铝厂焙烧炉化工工厂反应炉等大型和特大型开式齿轮的润滑与防护；也适用于承载负荷可达 20000kg/cm^2 以上的各种齿形联轴器的润滑。使用温度为：-15~120℃	15kg 塑料桶、170kg 铁桶或按需包装	山东长鸣化工有限公司
长鸣 CL2105 极压半流体齿轮润滑脂	Q/0700W CM200. 105	具有防漏减漏、节能增效的功能；比采用一般齿轮油能减少泄漏，延长换油周期、改善环境卫生。 主要适用于冶金、矿山、能源、交通和工程机械的非循环润滑的减速机齿轮润滑，也适用于大型机组的集中润滑系统。使用温度为：-20~120℃	15kg 塑料桶、170kg 铁桶或按需包装	
长鸣 CL2107 塑胶齿轮润滑脂	Q/0700W CM200. 107	适用于录音机、录象机、CD 机、照相机等家用电器和复印机、打印机等办公设备以及玩具等的塑料轴承和塑料齿轮和操作机构的润滑与防护；塑料与塑料和塑料与金属之间的润滑与防护，特别适用于纤维增强塑料。使用温度为：-20~120℃	1kg/15kg 塑桶、170 铁桶或按需包装	
长鸣 CL2108 玩具齿轮润滑脂	Q/0700W CM200. 108	适用于宽温为内的中高速、轻中载荷塑料与塑料和塑料与金属之间的润滑与防护；适用于家用电器、办公设备、汽车操纵机构和配件，以及各种玩具的塑料齿轮和操作机构的润滑与防护。 使用温度为：-20~120℃	1kg/15kg 塑桶、170 铁桶或按需包装	
长鸣 YJ3100 复合磺酸钙基润滑脂	Q/0700W CM300. 100	适于冶金行业热轧、冷轧辊轴承，连铸设备的大包回转台、结晶器、二冷段、扇形段辊道、拉矫机和摆剪机，输送辊道的润滑和防护；也适于高温条件下重负荷的中、低转速的轴承、齿轮、链条及高速巨型联轴节的润滑及同水、水蒸气或酸、碱接触的一些部位的润滑和防护。使用温度为：-20~180℃	15kg 塑料桶、170kg 铁桶或按需包装	
长鸣 YJ3101 极压复合锂基润滑脂	Q/0700W CM300. 101	主要适于冶金、矿山企业的高温重负荷设备的轴承、联轴节、齿轮等部位润滑；特别适宜温度变化为大，带有冲击或振动负荷的轴承，也适于某些轴瓦、轴销、滑轨、齿轮、链条和钢丝绳的润滑。使用温度为：-25~180℃	15kg 塑料桶、170kg 铁桶或按需包装	
长鸣 YJ3103 极压脲基润滑脂	Q/0700W CM300. 103	适用于高温潮湿环境下的中、重负荷滚珠、滚柱和滑动轴承的长期润滑；特别适于钢厂设备中载有各种冲击或振动载荷的的中、重负荷轴承、齿轮的润滑与防护，尤其适于操作温度高，传统锂基润滑脂无法适用的润滑场合。使用温度为：-20~180℃	15kg 塑料桶、170kg 铁桶或按需包装	
长鸣 YJ3104 连铸机脲基润滑脂	Q/0700W CM300. 104	适用于高温潮湿环境下的中、重负荷滚珠、滚柱和滑动轴承的长期润滑；特别适宜于钢铁厂连铸生产线轴承及水泥厂易于接触水部位轴承及齿轮的润滑。 使用温度为：-20~180℃	15kg 塑料桶、170kg 铁桶或按需包装	
长鸣 DL4102 主轴轴承润滑脂	Q/0700W CM400. 102	主要用于高速主轴轴承、滑动轴承，如机床和纺织机械以及重负荷下的螺纹主轴、滚珠丝杠、齿轮轴承等特殊应用场合；也适于长期在索道、精密轴承工程应用中精密齿轮齿面(例如锥齿轮铣床、电动阀执行器)的润滑。使用温度为：-50~180℃	1kg、15kg 塑料桶或按需包装	

续表

产品名称	执行标准	特点与用途	包装形式	生产厂家
长鸣 DL4104 大型电机轴承润滑脂	Q/0700W CM400.104	适用于高温、中、重负荷轴承、齿轮等部位的润滑与防护；适用于石化、钢铁、水泥、电力等行业的高温风机、电机轴承的润滑。使用温度为：-20~150℃	15kg 塑料桶、170kg 铁桶或按需包装	山东长鸣化工有限公司
长鸣 WB6107 家电齿轮润滑脂	Q/0700W CM600.107	适于塑料与塑料和塑料与金属之间如遥控汽车、飞机等的润滑、降噪和减振；适于家用电器如空调出风口电机、手摇充电器、果汁机(搅肉机)、电动(窗帘、牙刷、拖把)的润滑、消音和减振；适于录音机、录象机、CD 机、照相机等家用电器及按摩健身器材等的塑胶齿轮的润滑、消音和减振。使用温度为：-20~120℃	1kg、15kg 塑桶、170 铁桶或按需包装	
长鸣 CM7007/7008 通用航空润滑脂	Q/0700W CM004.005	适用于高速、宽温度为的航空电机轴承、轮轴承、抗磨轴承、齿轮箱和高速球轴承的润滑；适用于南、北极等极其严寒地区的各种机械、仪表轴承的润滑。使用温度为：-70~180℃	1kg、15kg 塑桶或按需包装	
长鸣 CM7014-1 高温润滑脂	Q/0700W CM001.013	适用于冶金、采矿、能源、建材、石油、化工等行业的各种高温轴承的润滑，特别适宜于化工厂的辅助锅炉旋转火咀轴承、塑料挤压机套筒轴承，裂解炉引风机、再生气压缩机、拉伸拉幅机、热熔风机、热定型机等高温轴承；也适用高温环境下的各种齿轮、链条、离合器的润滑。使用温度为：-40~200℃	1kg、15kg 塑桶或按需包装	
长鸣 CM7014-2 高低温润滑脂	Q/0700W CM004.009	适用于高速平和滚动轴承，如主轴轴承在机械工具纺织机，螺纹轴，滚珠丝杠受到高负荷，传动轴承；也适用于工程应用中长期在索道、精密轴承的润滑及精密齿轮齿面(例如锥齿轮铣床电动阀门执行器)的润滑及保护；适用于南、北极等极其严寒地区的各种机械、仪表轴承的润滑。使用温度为：-50~180℃	1kg、15kg 塑桶或按需包装	
长鸣 CM7019-1 极压高温润滑脂	Q/0700W CM001.103	适用冶金钢铁、矿山、纺织行业的电机轴承、高温轴承及烘烤设备的齿轮、链条托轮等传动部位和联轴节等部位的润滑防护。使用温度为：-30~180℃	1kg、15kg 塑料桶或按需包装	
长鸣 CM7023B 低温润滑脂	Q/0700W CM004.108	适用于宽温度的各类轴承、齿轮及其他机械设备摩擦部位的的润滑。使用温度为：-40~150℃	1kg、15kg 塑料桶或按需包装	
长鸣 CM7025 高温润滑脂	Q/0700W CM005.002	适用于各种工业装置高温下低、中速重负荷轴承、链条、齿轮的润滑；特别适于火焰切割机、压光机、鼓风机、干燥箱、烘干炉等机械轴承的润滑。使用温度为：-30~300℃	1kg、15kg 塑料桶或按需包装	
长鸣 MZ8110 低温阻尼润滑脂	Q/0700W CM800.110	适于受扭动的塑料/塑料、塑料/金属、金属/金属间的阻尼、消音如音响设备旋钮、三脚架、门窗阻尼器、电位器、电容器、转轴定位器、直滑定位器；适于相机、显微镜、望远镜、测距仪镜头调焦机构的阻尼、防滑。可用于碟机唱盘缓冲齿轮开关装置，汽车(音响、烟灰缸、杂物箱、拉手，车灯)阻尼齿轮。使用温度为：-35~200℃	1kg、15kg 塑桶、170kg 铁桶或按需包装	

续表

产品名称	执行标准	特点与用途	包装形式	生产厂家
长鸣 TY9101 低温锂基润滑脂	Q/0700W CM900. 101	主要适用于寒冷地区的各类轴承、齿轮及其他机械设备摩擦部位的润滑。使用温度为：-40~120℃	1kg 塑桶、15kg 塑桶、170kg 铁桶或按需包装	山东长鸣化工有限公司
长鸣 TY9102 多效通用长寿命润滑脂	Q/0700W CM900. 102	适用于冶金、矿山企业的高温重负荷设备的轴承、联轴节、齿轮等部位润滑。使用温度为：-20~150℃	15kg 塑料桶、170kg 铁桶或按需包装	
长鸣 TY9103 二硫化钼复合锂基润滑脂	Q/0700W CM900. 103	适用于冶金、矿山企业的高温重负荷设备的轴承、联轴节、齿轮等部位润滑。使用温度为：-30~180℃	15kg 塑料桶、170kg 铁桶或按需包装	
长鸣 TY9105 通用脲基润滑脂	Q/0700W CM900. 105	适于高温、潮湿或酸性介质环境下工作的轴承、齿轮、链条的润滑与防护。使用温度为：-20~150℃	15kg 塑料桶、170kg 铁桶或按需包装	
长鸣 TY9107 低温脲基润滑脂	Q/0700W CM900. 107	适于宽温度的各类轴承、齿轮及其他机械摩擦部位的润滑；适于高速、宽温度的航空电机轴承、轮轴承、抗磨轴承、齿轮箱和高速球轴承的润滑；也适于南、北极等极其严寒地区的各种机械、仪表轴承的润滑。使用温度为：-40~150℃	1kg、15kg 塑桶或按需包装	
长鸣 TY9108 膨润土润滑脂	Q/0700W CM900. 108	适用于高温、重负荷以及核辐射工作环境下运行轴承的润滑与防护；可用于冶金、矿山等行业高温设备的轴承、齿轮等部位润滑。使用温度为：-20~180℃	15kg 塑料桶、170kg 铁桶或按需包装	
二硫化钼锂基脂 2#、3#	GB/T 7324—2010	具有良好的极压抗磨性能有效降低机械摩擦部位的磨损。可降低摩擦部位的摩擦系数，减少摩擦阻力；优良机械安定性、氧化安定性，可保证较长的换脂周期。 适用于载重汽车的轮毂、底盘等高温、高速摩擦部位润滑；冶金、矿山企业的中重负荷机械设备的轴承、联轴节、齿轮等部位的润滑。使用温度为：-20~130℃	700~1000g×20 纸箱塑料袋装，3.5~4kg×4 纸箱塑桶、15kg 塑桶、200L 铁桶	东营市成润化工有限责任公司
半流体润滑脂 0#、00#、000#	GB/T 7324—2010	本品具有优良的泵送性、抗水性及氧化安定性；良好的密封性、不易泄漏，可降低噪音、减少油脂消耗 特别适用于各种机械设备的集中润滑系统及混凝土泵车、减速机、齿轮箱等摩擦部位的润滑。使用温度为：-20~120℃	15kg 塑桶、200L 铁桶	

续表

产品名称	执行标准	特点与用途	包装形式	生产厂家
极压锂基润滑脂	GB/T 7323—2010	由复合锂皂稠化精致矿油，并加入挤压、抗氧和防锈等添加剂制成的。 适用于高温下各种中，重负荷滚珠、滚柱、滑动轴承及烘烤设备的齿轮，链条和拖轮等传动部位的润滑	1kg 铁盒、2kg 铁盒、15kg 塑桶、180kg 铁桶、300g 弹簧管	东营市鑫泰来工贸有限公司
减速机专用润滑脂		减速机润滑脂采用高级脂肪酸锂皂做稠化剂，并加有挤压、抗氧等多种添加剂制成，具有良好的机械安定性和氧化安定性。该脂系半流体膏状物，具有油膜强度大，摩擦系数低的特点。 适用于冶金，矿山，铁路等部门中负荷或重负荷低速度齿轮传动设备装置，如轧钢冷床，剪切机等，使用温度为：-20~100℃	1kg 铁盒、2kg 铁盒、15kg 塑桶、180kg 铁桶、300g 弹簧管	
复合磺酸钙基润滑脂		广泛应用于冶金、采矿、机械等行业。在冶金行业的炼钢连铸轴承的润滑、轧钢机轴承的润滑其优势更加明显，适用于高温、重负荷以及有水环境下的润滑，如钢铁冶金行业连铸、热轧机工作辊轴承等，也可作为通用脂用于造纸业湿热环境下或其他重工业环境下设备的润滑。此外，还能够有效地对暴露在高温、重负载、水淋以及腐蚀条件下的接合点、凸轴承、连接器、减速机、齿轮等进行润滑。使用温度为：-20~160℃	500g、1kg、2kg、18kg、180kg	邯郸市昌盛油脂制造有限公司
烧结机润滑脂	GB 7323—2008	适用于冶金行业混料机开式齿轮及托辊的低速、重负荷条件下的润滑。使用温度为：H-1 为-10~100℃；H-2 为-20~100℃	500g、1kg、2kg、18kg、180kg	邯郸市雄鑫润滑油脂有限公司
鑫业锂盛混凝土泵送车专用锂基润滑脂(0#、00#、000#)		具有优良的机械安定性和防锈性能。 适用于齿轮、减速机、砼泵等机械用脂	净重 12kg、净重 15kg、净重 170kg	濮阳市鑫业特种润滑油脂有限公司
二硫化钼锂基润滑脂牌号：1#、2#、3#	Q/0100LHQ 001—2016	适用于矿山机械、轧钢机械、起重机械等重负荷齿轮和轴承及其他摩擦部位的润滑，并能使用于有冲击负荷的部件。使用温度为-20~120℃	175 铁桶 5kg/10kg/15kg 塑桶、10kg(500g×20 袋)/箱、9kg(450g×20 袋)/箱	山东环球润滑油有限公司
多功能润滑脂牌号：2#、3#	Q/0100LHQ 021—2017	具有良好的低温性、抗水性、机械安定性、氧化安定性。 适用于中等负荷下的滚动轴承、齿轮以及滑动摩擦部位，广泛用于汽车底盘、电机、冶金、钢铁、建筑机械、农业机械等行业的设备。使用温度为：-15~100℃	15kg 塑桶、170kg/175kg 铁桶包装	
环球超低温锂基润滑脂牌号：2#	Q/0100LH Q026—2018	优异的低温启动性、机械剪切性、腐蚀保护性能。 适用于低温、超低扭矩的各种微型轴承；低载、高速滚珠螺杠、轻载高速直线导轨、轻载齿轮，溜冰鞋、冰柜、各种静音电机、办公设备、电动工具。使用温度为：-50~130℃	15kg 塑桶、170kg/175kg 铁桶包装	
环球耐水润滑脂牌号：1.5#，2#	Q/0100LHQ 032—2018	高黏度基础油，满足主要工况的油膜强度；优异的耐高温性、耐水稳定性、机械剪切性、腐蚀保护性能；增强的极压、抗磨性能；优异的海水防锈保护性能。 适用于船舶港口工业牵引起重钢丝绳、拖拽绞车开式齿轮，海上起重机回转齿轮，齿轮传动和绕线设备。钢铁工业的连铸的多水、蒸汽条件以及连轧轴承、加热炉出入炉的输送轨道轴承，保证连铸机和轧机轴承的正常操作。水泥工业的回转窑轴承以及破碎机及球磨机轴承的润滑。应用温度为：-20~300℃	15kg 塑桶、175kg 铁桶包装	

续表

产品名称	执行标准	特点与用途	包装形式	生产厂家
Pacoil HD 2000-2 复合磺酸钙脂	Q-BG 3—2016	优秀的润滑性、热稳定性、防锈性及抗水性。其机械稳定性亦高与一般润滑脂。 适用于高温、重载、水淋工况下的轴承及齿轮润滑，使用温度为：-20~200℃	1kg、16kg	东莞太平洋博高润滑油有限公司
复合磺酸钙基润滑脂		广泛应用于冶金、采矿、机械等行业。在冶金行业的炼钢连铸轴承的润滑、轧钢机轴承的润滑其优势更加明显，适用于高温、重负荷以及有水环境下的润滑，如钢铁冶金行业连铸、热轧机工作辊轴承等，也可作为通用脂用于造纸业湿热环境下或其他重工业环境下设备的润滑。此外，还能够有效地对暴露在高温、重负载、水淋以及腐蚀条件下的接合点、凸轴承、连接器、减速机、齿轮等进行润滑。使用温度为：-20~160℃	500g、1kg、2kg、18kg、180kg	辽宁臻德化工集团有限公司
烧结机润滑脂	GB 7323—2008	适用于冶金行业混料机开式齿轮及托辊在低速、重负荷条件下的润滑。使用温度为：H-1 为-10~100℃；H-2 为-20~100℃	500g、1kg、2kg、18kg、180kg	
极压锂基润滑脂 00#、0#、1#、2#、3#	GB/T 7323—2008	具有优秀的极压抗磨性以及良好的热稳定性、机械安定性、防锈性、防水性和泵送性，是一种多效长寿命润滑脂。 适用于轧钢机械、矿山机械、建筑机械、重型起重机械、注塑机械等重负荷的齿轮和轴承的润滑，并能使用于有冲击负荷的部件和集中润滑系统。使用温度为：-30~120℃	12kg/桶、15kg/桶、170kg/桶、175kg/桶	唐山市天成润滑油脂有限公司
极压复合锂基润滑脂 0#、1#、2#、3#	SH/T 0535 93—2003	具有突出的高、低温性能以及良好的极压抗磨性能，应用于高温、低温和重负荷轴承，有效延长轴承在高温条件下的使用寿命，尤其是潮湿、环境恶劣、并要求长期润滑或终生润滑的全封闭系统。 适用于各种中、重负荷滚珠、滚柱、滑动轴承以及烘烤设备的齿轮、链条托轮等传动部位和联轴节等部位的润滑。使用温度为：-30~200℃	12kg/桶、15kg/桶、170kg/桶、175kg/桶	
重负荷开式齿轮润滑脂 00#、0#、1#、	QH/SH303 223—2007	具有良好的黏附性、防护性和润滑性。 适用于冶金、采矿和工程机械的各种开式齿轮、齿盘、齿条和链条及传动机构的润滑；也适用于各种绞链、滑道和纲丝绳的润滑。使用温度为：-30~180℃	12kg/桶、15kg/桶、170kg/桶、175kg/桶	
复合磺酸钙基润滑脂 0#、1#、2#	SH/T 0380—2005	优良的高温可逆性和适宜的黏附性，高温不流失，不变质，确保正常使用；优良的润滑性和极压性，能为承载部位提供有效润滑，减少磨损；优异的抗水淋性能，与大量水接触稠度变化小，性能无明显变化；不含重金属，对人体和环境无害，属绿色环保产品。 适于冶金行业热轧、冷轧辊轴承，连铸设备的大包回转台、结晶器、二冷段、扇形段辊道、拉矫机和摆剪机，输送辊道的润滑和防护；也适于高温条件下重负荷的中、低转速的轴承、齿轮、链条及高速巨型联轴节的润滑及同水、水蒸气或酸、碱接触的一些部位的润滑和防护；使用温度为：-30~200℃	12kg/桶、15kg/桶、170kg/桶、175kg/桶	

续表

产品名称	执行标准	特点与用途	包装形式	生产厂家
JZ 极压脲基润滑脂 0#、1#、2#、3#	Q/SH PRD-131—2009	优良的高温性能和氧化安定性能，防止润滑脂高温变质，保证在高温下轴承正常运转；优良的润滑性和极压性，保护轴承减少磨损；优良的介质稳定性和抗辐射性，适宜于特殊的工作环境；良好的抗水性能。 适用于潮湿环境下的润滑；良好的泵送性能，保证集中系统有效的润滑；高温潮湿环境下的中、重负荷滚珠、滚柱和滑动轴承的长期润滑；特别适于钢厂设备中载有各种冲击或振动载荷的的中、重负荷轴承、齿轮的润滑与防护，尤其适于操作温度高，传统锂基润滑脂无法适用的润滑场合。使用温度为：-30~200℃	12kg/桶、15kg/桶、170kg/桶、175kg/桶	唐山市天成润滑油脂有限公司
JT 炉前辊道专用高温脂 0#、1#、T1#、2#、T2#	Q/SH 303-266—2009	具有较高的滴点和优异的胶体安定性，能满足高温环境下设备的润滑；氧化安定性好，高温下经久耐用，延长了脂的使用寿命；具有突出的抗磨损、抗擦伤性能，有效降低机械摩擦部位磨损。 适用于冶金企业的轧钢系统中各种加热炉前辊道轴承、输送辊、推钢机轴承，也适用于中厚板热轧机组工作辊的重负荷滚柱轴承及其他高温重负荷轴承、齿轮及传动机构的润滑。使用温度为：-30~200℃	12kg/桶、15kg/桶、170kg/桶、175kg/桶	
JT 7417 钢缆防护专用润滑脂 1#、T1#、2#、T2#	Q/SH 3003 222—2007	优异的抗腐蚀性，保障润滑脂本身对钢缆没有腐蚀性；优异的抗水性能保障在长期风吹雨淋的情况下，润滑脂对钢缆提供良好的防护性；优异的防锈性能，保障在潮湿或遇水的情况下，对钢缆提供有效的保护，不产生锈蚀；优异的抗盐雾性能，即使在海洋气候的环境中，也能有效保障对钢缆防护；优异的胶体安定性，长期使用中不会因重力作用或温度作用自然析油，影响外观和使用；优良的黏附性能保障油脂牢固的黏附在钢缆上，对钢缆提供良好的润滑和防护作用；优异的极压性能，在重负荷情况下能够有效的润滑钢缆。 专门为海上钻井平台钢缆和港口钢缆的润滑和防护而开发的钢缆防护润滑脂，适用于宽温度、潮湿环境的钢缆防护和润滑，也可适用于中、重负荷滚珠、滚柱轴承和齿轮的润滑。使用温度为：-30~180℃	12kg/桶、15kg/桶、170kg/桶、175kg/桶	
二硫化钼极压锂基润滑脂	SH/T 0587—1994	适用于轧钢机械、矿山机械、重型超重机械等重负荷齿轮和轴承的润滑。使用温度为：-20~120℃	20L 塑料桶	抚顺士博特种润滑油脂制造有限公司
极压锂基润滑脂	GB 732394	适用于高负荷机械设备轴承及齿轮的润滑，也可用于集中润滑系统。使用温度为：-20~120℃	20L 塑料桶	
极压锂基脂（3#、2#、1#、0#、00#、000#）	GB/T 7323—2008	性能优良，满足冶金、机械等行业中重负荷润滑部位的润滑。 适用于中重负荷的机械设备轴承和齿轮的润滑。使用温度为：-20~120℃	170kg 铁桶	路路达润滑油(无锡)有限公司
二硫化钼锂基脂（3#、2#、1#）	Q/320206 EAE63—2017	机械安定性、氧化安定性、极压抗磨性能优良。有效降低机械摩擦部位的摩擦阻力和磨损。 适用于冶金、矿山企业的中重负荷设备的轴承和齿轮等部位的润滑。使用温度为：-20~120℃	15kg 塑桶、170kg 铁桶	

续表

产品名称	执行标准	特点与用途	包装形式	生产厂家
前田化成 NIKI 润滑脂 G-154Y		本产品润滑性能好，摩擦系数低，耐高温低温性能良好；在润滑膜遭受中负荷、振动冲击负荷或短时高温的情况下，能起到补强作用。 高低温环境下各种中、重负荷齿型联轴节、齿轮、轴承等的润滑，对封闭式全寿命齿轮箱的润滑更适宜	800g/缶、 16kg/缶	伟和联盈（前田化成工业有限公司）
前田化成 NIKI 润滑脂 IG-222	40℃ 运动黏度： 3800mm²/s	不含有任何有毒及刺激性、挥发性的化学物质；以特殊硅稠化所制成，可有效平缓结构零件的运动速度；在塑胶与塑胶，塑胶与金属，金属与金属的齿轮和丝杆等部位具有良好的润滑性；采用高黏度合成油为基础油，降低机构之运转噪音，并有减震之效果。 应用于控制阀、压力阀及龙头等阀门的润滑；用于电气及电子设备中减震器的缓冲介质；用于橡胶及塑胶 O 型环、垫圈、密封垫；用于各环境中塑料件表面的润滑和防护，金属与橡胶、金属与高分子材料滑动件的润滑和密封	800g/缶、 16kg/缶	
前田化成 NIKI 润滑脂 G-250		消音性；高基油黏度；低启动转矩；低油离度和低蒸发损失。 适用于打印机、CD、DVD 的塑胶齿轮上；车门锁、车天窗；扫描器和打印机的滑动部位	800g/缶、 16kg/缶	
前田化成 NIKI 润滑脂 G-82L	40℃ 运动黏度 420mm²/s	非常好的滑动性；优良的降噪性能；优良的高、低温性能；优良的润滑性及附着性；与 POM/PVC/NBR/PA 等塑橡兼容。 适用于汽车拉索、电动座椅、雨刮器、天线等适用于汽车仪表、汽车配件的减振、降噪和润滑；适用于各类小型电机、塑胶齿轮的减振、降噪和润滑	800g/缶、 16kg/缶	
前田化成 NIKI 润滑脂 FG-107M		消音性；由于高基油黏度而具有阻尼性；低启动转矩、低油离度和低蒸发损失。 适用于打印机，CD，DVD 的塑胶齿轮上；车门锁、汽车上的滑动部位；扫描器和打印机的滑动部位	800g/缶、 16kg/缶	
前田化成 NIKI 润滑脂 FG-1025		消音性；高基油黏度；低启动转矩；低油离度和低蒸发损失。 适用于打印机、CD、DVD 的塑胶齿轮上；车门锁、车天窗、扫描器和打印机的滑动部位。使用温度为：-40~130℃	800g/缶、 16kg/缶	
前田化成 NIKI 润滑油 ME-19B		温度相对黏度变少，耐热性佳，性能不易因剪断而引起黏度降低；磨擦系数低，耐磨耗性强；对塑胶、橡胶使用安心，对金属不腐蚀。 适用于马达含油轴承之油含浸、精密滑轨导杆、齿轮中刁孔及轴心部润滑等	20L/缶	
前田化成 NIKI 润滑脂 FG-01Y		防锈、抗水性和机械稳定性优；优异的极压抗磨性、保证在重负荷下良好的润滑性，保护齿轮，减少磨损；优异的氧化安定性能，防止润滑脂的氧化变质，延长使用寿命；优良的黏附性，避免润滑脂的流失，保证润滑部位的润滑。 适用于汽车各金属与塑胶零部件；儿童玩具行业，小型同步电机塑胶齿轮的减振、降噪和润滑；适用于橡胶、塑胶、金属之间的润滑	800g/缶、 16kg/缶	

续表

产品名称	执行标准	特点与用途	包装形式	生产厂家
极压锂基润滑脂	GB/T 7323—2008	基础油黏度适中，性能优良，能够满足冶金、机械等行业中重负荷润滑部位的润滑；有一定的防锈性能，能够防止轴承运转过程中的锈蚀；中重负荷的机械设备轴承和齿轮的润滑，3 号用于压延机、锻造机等高负荷机械设备轴承	170kg/桶	山东万祥润滑科技有限公司
二硫化钼极压锂基脂	执行行业推荐标准：SH/T 0587—1994(2003)	极压抗磨性优良，有效降低机械摩擦部位的磨损；可降低摩擦副的摩擦系数，减小摩擦阻力；机械安定性、氧化安定性突出，可保证较长的换脂周期。 适用于冶金、矿山企业的中重负荷设备的轴承、联轴节、齿轮等部位的润滑	170kg/桶	
极压复合锂基润滑脂	执行行业推荐标准：SH/T 0535—1993	优异的极压性能，可用于高负荷机械轴承润滑；具有高的滴点，耐高温性好；纤维结构强，机械安定性好，使用寿命长；有良好的抗水性，适于潮湿环境工作机械的润滑。 广泛应用于轧钢厂炉前辊道轴承、重型机械、各种高温抗磨轴承以及齿轮、蜗轮、蜗杆等润滑部位	8kg、11kg、15kg、200L 钢桶	山东源根石油化工有限公司
二硫化钼锂基润滑脂	执行行业推荐标准：SH/T 0587—1994	产品具有良好的高压抗磨性，有效降低机械磨损；具有良好的机械安定性，抗剪切能力强、黏附能力强、防锈性能强，能有效把金属和空气及水份隔开，有效避免金属腐蚀；良好的氧化安定性，使润滑脂在长期使用和贮存时保持性能不变。 广泛适用于轧钢机械、矿山机械、重型起重机械等重负荷齿轮和轴承的润滑，并能使用于有冲击负荷的部件	8kg、11kg、15kg、200L 钢桶	
超低温润滑脂		优异低温操作性能和润滑性能，低温起动扭矩极小；优良的抗水性能和防腐蚀保护能力，DN 数值达 40 万；极佳的抗磨损性能和承载能力，极低的摩擦系数和蒸发损失；良好的氧化安定性、机械安定性和胶体安定性，轴承使用寿命极长。润滑油膜具有抗水冲失的特性；在高压力下和重载建筑设备中，非常有效地防止磨损；用于解决零下温度运行条件下的各状态的良好润滑要求，倾点温度低达-73℃。适用于极低温环境下的滚动/滑动轴承、齿轮等机械摩擦部件的终身润滑与防护。 适用于严寒区户外工作的机电、低温液体输送泵电机、高负荷冷冻机械、极低温仪表的轴承、凸轮、导轨和齿轮的润滑与防护；所有类型的机械设备、轴承、滑轨、凸轮、导轨等，而且特别适合使用在零下温度的运行条件	200L 开口铁桶/18L 塑桶/17L 塑桶/16L 塑桶/15L 塑桶	
二硫化钼锂基润滑脂		适用于轧钢机械、矿山机械、建筑机械、重型起重机械、注塑机械等重负荷的齿轮和轴承的润滑，并能使用于有冲击负荷的部件。使用温度为：-20~120℃		山东北方淄特特种油有限公司股份
齿轮箱高级防漏专用润滑脂		适用于各类齿轮箱、涡轮减速装置和开式齿轮等摩擦部位的润滑与密封。使用温度为：-20~150℃		
连铸机高级专用润滑脂		适用于钢铁企业连铸设备各部位的轴承，如：钢水包大包回转台的齿轮及轴承、扇形段轴承、炉前辊道轴承、剪机轴承、炉耳轴承等		

续表

产品名称	执行标准	特点与用途	包装形式	生产厂家
超级车用润滑脂		适用于各种汽车的万向节轴承、传动轴、起动机离合齿轮、转向节、轮毂轴承、底盘、制动蹄片支点、离合器齿条和水泵等摩擦部位的润滑和密封。如：高速行驶的客车、轿车、各种载重超大型车、工程车等。使用温度为：-30~200℃		山东北方淄特特种油有限公司股份
特高温润滑脂		适用于高温、低速、重负荷等工况条件下的轴承的润滑。如窑车轴承及一些烘烤设备的链条和轴承的润滑，另外在需要润滑的炉门齿轮等其他一些烘干机械装置上亦都适用。使用温度为：-40~600℃		
YJDYMP 润滑脂		用于铸管离心机、高炉、竖炉、连铸、冷轧、热轧机的轧辊轴承，输送扎道轴承，齿轮等摩擦部位的润滑	桶装	安阳市美兰润滑油有限公司
混凝土泵车专用脂		适用混凝土泵车设备，比采用一般齿轮油能减少泄漏，延长换油周期	15kg	邯郸市翔泰润滑脂制造有限公司
000#~0# 减速机润滑脂		减速机齿轮润滑	15kg 塑桶、200L 铁通	保定华润公司
极压锂基润滑脂	GB 7323—1994	适用于冶金行业冷热轧机及锻造机的轧辊轴承，输送辊道轴承，齿轮等摩擦部位的润滑，并广泛应用于矿山等行业的机械设备及重载车辆各摩擦部位的润滑	170kg、14kg、350g	保定市富尧润滑油脂有限公司
高温润滑脂		适用于高温环境下各种轴承、齿轮、链条以及其他传动机械部件的润滑；适用于冶金、矿山、油田、机械、交通运输等行业处于高温、重负荷、潮湿等恶劣情况下电机、轴承、齿轮的润滑；特别适用于火焰切割机、压光机、鼓风机、干燥箱、泥芯烘干炉、瓦楞机等机械轴承的润滑脂	500g-180kg 塑料袋，塑料盒，塑料桶，铁桶	山东恒润诺石化有限公司
极压锂基润滑脂 00 号、0 号、1 号、2 号	GB/T 7323—2008	良好的机械安定性、胶体安定性及氧化安定性，有效延长换油周期；优异的抗磨、极压性能和黏附性能，有效防止设备磨损；优良的抗水性，遇水不易乳化变质；高低温性能出色，满足宽温度使用；良好的防锈性，有效抑制锈蚀产生。 适用于矿山机械、冶金机械、建筑机械等大型设备的集中润滑系统，以及齿轮、涡轮等装置，如冶金、矿山行业的桥式起重机减速齿轮箱、轧机减速齿轮箱等。使用温度为：-20~120℃	0.8kg/桶、5kg/桶、15kg/桶	
极压锂基润滑脂 000 号	Q/SYJR 0137—2015	良好的机械安定性、胶体安定性及氧化安定性，有效延长换油周期；优异的抗磨、极压性能和黏附性能，有效防止设备磨损；优良的抗水性，高低温性能出色，满足宽温度为使用；良好的防锈性。 适用于矿山机械、冶金机械、建筑机械等大型设备的集中润滑系统。特别推荐用于高温、粉尘和铁鳞工作环境下运行的闭式齿轮箱以及使用期限较长，设备老化严重的齿轮箱。使用温度为：-30~120℃	0.8kg/桶、5kg/桶、15kg/桶	

续表

产品名称	执行标准	特点与用途	包装形式	生产厂家
抽油机减速器半流体润滑脂	Q/SYJR C003—2016	具备防盗、防漏、抗磨、耐寒的特点，专门针对油田野外工作抽油机减速器而研制。 突出的防盗功能，有效防止抽油机油被盗现象发生；防漏性能显著，满足 HSE 工作环境要求；卓越的极压抗磨性及黏附性，抗冲击负荷能力强、减震和降低噪音作用明显；卓越的低温性能，工作温度最低可达-35℃，满足严寒区野外作业要求；优异的抗氧化及抗乳化性能，适应野外工况要求。 适用于油田抽油机减速器(箱)齿轮润滑，也可用于环境温度高于相应产品最低使用温度的露天机械及其他有防盗、防漏要求的减速器润滑，某些矿山机械类齿轮传动系统及相关轴承运动的润滑	20L/桶、850kg/箱	山东恒润诺石化有限公司
抽油机集中润滑专用脂	Q/SYJR X005—2015	良好的机械安定性、胶体安定性及氧化安定性，有效延长换油周期；优异的抗磨、极压性能和黏附性能，有效防止设备磨损；优良的抗水性，遇水不易乳化变质；良好的泵送性，满足集中润滑要求；良好的防锈性，有效抑制锈蚀产生。 适用于内各种油田钻采、矿石机械、冶金机械、建筑机械、工程机械等大型设备的集中润滑系统，以及齿轮、涡轮等装置。使用温度为：-20～100℃	20L/桶、850kg/箱	
优润二硫化钼复合锂基脂 Moly EP 0、EP1、EP2、EP3		适用于钢铁、矿山、汽车等行业轻、重负荷设备的轴承及齿轮的润滑。适用于日晒雨淋苛刻工况设备的润滑。使用温度为：-20～120℃	15kg 塑桶装、180kg 铁桶装	珠海经济特区顺益发展有限公司
优润开式齿轮操作润滑剂 G-OG C-16M	基础油 40℃ 运动黏度：16000mm²/s	推荐应用于水泥、矿山、钢铁、电力、化工、造纸等行业的大型设备的开式齿轮，如：回转窑、球磨机、管磨机、棒磨机、干燥机、造粒机、鼓式碎浆机等	50kg/桶、180kg/桶	
优润开式齿轮操作润滑剂 G-OG C-1000	基础油 40℃ 运动黏度：1000mm²/s	推荐应用于水泥、矿山、钢铁、电力、化工、造纸等行业的大型设备的开式齿轮，如：回转窑、球磨机、管磨机、棒磨机、干燥机、造粒机、鼓式碎浆机等	50kg/桶、180kg/桶	
优润开式齿轮操作润滑剂 G-OG C-Fluid	基础油 40℃ 运动黏度：4950/5100mm²/s	推荐应用于水泥、矿山、钢铁、电力、化工、造纸等行业的大型设备的开式齿轮，如：回转窑、球磨机、管磨机、棒磨机、干燥机、造粒机、鼓式碎浆机等	50kg/桶、180kg/桶	

六、矿山润滑脂

矿山作为重要的资源行业用到各类装备，很多装备要用润滑脂润滑。用于矿山设备的润滑脂及生产厂家见表Ⅰ-6。

表Ⅰ-6　矿山用润滑脂产品特点、用途及生产厂家

产品名称	执行标准	特点与用途	包装形式	生产厂家
二硫化钼锂基润滑脂 00#、0#、1#、T1#、2#、T2#、3#	Q/SHPRD 336—2010	极压抗磨性优良，有效降低机械摩擦部位的磨损；可降低摩擦副的摩擦系数，减小摩擦阻力；机械安定性、氧化安定性突出，可保证较长的换脂周期。 适用于冶金、矿山企业的中重负荷设备的轴承、联轴节等部位的润滑。使用温度为：-20～150℃	15kg/桶、17kg/桶	中国石化润滑油有限公司天津分公司
MEP 润滑脂	Q/SH PRD 0136—2016	耐负荷性能优良，可减少摩擦副金属表面的磨损；优良的抗水性能，能够满足轧机水淋条件下润滑要求，稠化剂的皂纤维结构合理，分布均匀，在剪切力的作用下能保持较好的润滑脂结构特征；突出的低温泵送性，可满足集中润滑供脂要求；有一定的防锈性能，能够防止轴承运转过程中的锈蚀。 适用于冷轧、热轧的粗轧、精轧、输送辊道、卷取机的集中润滑。也适用于矿山的重型机械的轴承润滑；使用温度为：-20～120℃	17kg/桶、175kg/桶、180kg/桶	
9301 EP 锂基润滑脂	Q/SH PRD 138—2008	耐负荷性能优良，可减少摩擦副金属表面的磨损；优良的抗水性能，能够满足轧机水淋条件下润滑要求；有一定的防锈性能，能够防止轴承运转过程中的锈蚀。 适用于钢铁、冶金、矿山等行业中、重负荷机械摩擦部位的润滑，以及轧钢机轴承的润滑；使用温度为：-20～120℃	17kg/桶、50kg/桶、180kg/桶	
复合锂基润滑脂	Q/SHPRD 335—2010	优良的耐高温性，有效延长轴承在高温条件下的使用寿命；良好的极压抗磨性能；优良的氧化安定性，保证润滑脂在使用过程中有较长使用寿命；优良的流动性，保证润滑脂的泵送性。 适用于钢铁行业的轧机、轧辊滚动轴承的集中润滑，也可用于矿山、机械、交通运输等轴承的润滑；使用温度为：-20～160℃	17kg/桶	
膨润土润滑脂 2#	SH/T 0536	具有良好的黏温性，抗氧化能力强。 适用于矿山、冶金、烘箱、烤炉等高温中低速机械设备的润滑	15kg/桶、175kg/铁桶、散装	无锡中石油润滑脂有限责任公司
1、2 号极压复合铝基润滑脂	SH/T 0534	由复合铝皂稠化精制矿物油，并添加极压、抗磨、抗氧化等多种添加剂精制而成的一种高效润滑脂。 适用于冶金、矿山等高温部位机械设备的润滑，尤其适用于烧结、连铸等机组环境温度高、抗水要求高条件下的集中润滑。使用温度为：-20～160℃	15kg/桶、175kg/铁桶	
复合磺酸钙基润滑脂		遇水不变稀，使用温度为高，极压抗磨性好。可针对工况调整设计。 适用于多水、高温、重载设备的润滑，如矿山车辆、轧钢厂、连铸设备	17kg、180kg	鞍山海华油脂化学有限公司

续表

产品名称	执行标准	特点与用途	包装形式	生产厂家
极压锂基半流体润滑脂(锂基脂 0#、00#、000#)	Q/0523 SHX018	优良的抗水性、防锈性、防腐性和极压抗磨性；良好的机械安定性、氧化安定性和泵送性。 适用于冶金、矿山、纺织行业各种机械变速箱等高温、重负荷机械设备各摩擦部位的润滑；适用于集中润滑系统润滑。 使用温度为：-20～120℃	15kg 中桶、170kg 大桶	山东红星化工有限公司
捷灵极压锂基润滑脂(极压锂基脂 0#、1#、2#、3#)	GB/T 7323—2008	优良的抗水性、防锈性、防腐性和极压抗磨性；良好的机械安定性、氧化安定性。 适用于冶金、矿山、纺织机械等高温、重负荷机械设备各摩擦部位的润滑。0#适用于润滑系统集中润滑。使用温度为：-20～145℃	15kg 中桶、170kg 大桶	
捷灵二硫化钼锂基润滑脂(极压锂基脂 0#、1#、2#、3#)	Q/0523 SHX001	良好的极压抗磨性能，有效降低机械摩擦部位的磨损；可降低摩擦副的摩擦系数，减少摩擦阻力；优良机械安定性、氧化安定性和较佳的密封性。适用于载重汽车的轮毂、底盘等高温、高速摩擦部位润滑。 适用于冶金、矿山企业的中重负荷机械设备的轴承、联轴节等部位的润滑。 使用温度为：-20～145℃	15kg 中桶、170kg 大桶、800g～4.8kg 塑桶	
捷灵极压复合锂基润滑脂(复合锂基脂 1#、2#、3#)	SH/T 0535—1993	极佳的耐高低温性、耐磨损性、耐水性；突出的抗氧化性、机械安定性和良好的黏附性，是一种长效长寿命的万能润滑脂。 适用于各种车辆、重型机械、建筑工程机械、冶金、矿山、纺织机械、冷轧机等重负荷部位立式振动电机轴承；适用于各种烧结、轮轨摩擦副之间的润滑。使用温度为：-20～180℃	15kg 中桶、170kg 大桶	
捷灵膨润土润滑剂(膨润土 1#、2#、3#)	SH/T 0536—1993	优良的氧化安定性、抗水性及机械安定性，耐高温性能优异。 适用于矿山设备、铸造、轧制设备及水泥、造纸、窑车、航空高温润滑部位，以及密封轴承、输送系统的润滑。使用温度为：-20～200℃	1kg 小桶、15kg 中桶	
轧辊轴承润滑脂	Q/BGFC 009	优良的抗水性和耐高温性，良好的极压抗磨性，良好的黏附性，优良的防腐防锈性。 适用于钢铁、矿山、机械、交通运输等行业高温、重负荷、潮湿环境下轴承。使用温度为：-20～200℃	180kg/桶、175kg/桶、170kg/桶、17kg/桶	长沙众城石油化工有限责任公司
极压锂基润滑脂(EP300)	Q/BGFC 026	新一代环保型润滑脂；优良的抗磨性、氧化安定性、抗水性、防腐防锈性； 适用于冶金行业重负荷、冲击负荷设备；矿山、化工、汽车等行业重负荷机械设备。使用温度为：-20～120℃	2.5t/罐、180kg/桶、175kg/桶、170kg/桶、17kg/桶	
灵威 1105 高温润滑脂	Q/DRB 016—2017	适用于矿山、钢铁、石油化工、印染、纺织和浮法玻璃等各行业生产中的高温轴承，各种中、重负荷滚柱、滚珠、滑动轴承、以及烘烤设备、链条托轮等传动部位和联轴节等部位的润滑。使用温度为：-30～150℃，短期可用于 180℃	170kg/桶、18kg/桶、1kg/罐	杭州得润宝油脂股份有限公司

续表

产品名称	执行标准	特点与用途	包装形式	生产厂家
灵威 4105 系列高级重负荷开式润滑剂	Q/DRB 068—2017	特别适用于大型重负荷开式，如火电厂的滚筒磨煤机、水泥厂的回转窑、钢厂大型混料机、矿山球磨机等设备的润滑和防护，可有效保证设备的运转率和使用寿命。使用温度为：-20～120℃	170kg/桶、18kg/桶	杭州得润宝油脂股份有限公司
灵威 5101 系列高级重负荷润滑剂	Q/DRB 072—2017	特别适用于大型重负荷开式，如火电厂的滚筒磨煤机、水泥厂的回转窑、钢厂大型混料机、矿山球磨机等设备的润滑和防护，可有效保证设备的运转率和使用寿命。使用温度为：-20～120℃	170kg/桶、18kg/桶	
极压锂基润滑脂 00$^{\#}$、0$^{\#}$、1$^{\#}$、2$^{\#}$	GB/T 7323—2008	具有优秀的极压抗磨性以及良好的热稳定性、机械安定性、防锈性、防水性和泵送性，是一种多效长寿命润滑脂。 适用于轧钢机械、矿山机械、建筑机械、重型起重机械、注塑机械等重负荷，和轴承的润滑，并能使用于有冲击负荷的部件和集中润滑系统。使用温度为：-30～120℃	12kg/桶、15kg/桶、170kg/桶	安徽中天石化股份有限公司
极压锂基脂		优秀的耐极压抗磨性、热稳定性和机械安定性、防水性。 适用于铸造机、输送辊道及其他工业、矿山等重负荷机械设备轴承等部位的润滑		福建福兴润滑油有限公司（福建优立盛油脂有限公司）
二硫化钼锂基脂		优秀的耐极压抗磨性、良好的抗氧化性、机械安定性。 适用于冶金、矿山行业重负荷机械设备轴承、联轴器等有冲击、震动负荷部位的润滑		
极压复合锂基脂		优异的极压抗磨性能、良好的抗氧化性、耐高温性，使用寿命长。 适用于钢铁行业的轧机、轧辊轴承，矿山、机械、车辆等要求耐高温、极压的轴承润滑		
XG/U6 高温抗磨高级脲基脂	Q/HXG 001—2017	很好的耐高温性，在高温条件下具有长久的使用期和稳定期，在高温、高负荷冲击或苛刻的情况下具有优良的润滑性，很强的抗磨极压性，在高温高速状态下不会分散油脂，遇水在较长时间内不乳化变质，不流失。 适用于冶金、化工、纺织、印染、汽车、矿山、油田、海防、制糖、造纸、塑料等行业高温设备各部位轴承的润滑。使用温度为：-20～200℃	1kg 铁罐、18kg 塑桶、180kg 铁桶	杭州新港润滑科技有限公司
XG/L8 二硫化钼极压锂基润滑脂	SH/T 0587—1994（2003）标准	良好的减摩性、极压抗磨性、抗氧化性、机械安定性，并具备抗重负荷和瞬时高温能力。 适用于轧钢机械、矿山机械、建筑机械、重型起重机械、注塑机械等重负荷的和轴承的润滑，并能使用于有冲击负荷的部件。使用温度为：-20～120℃	18kg 塑桶、180kg 铁桶	
XG/L16 轧辊轴承润滑脂	Q/HXG 101—2017	良好的抗磨极压性能、抗水性能、机械安定性和耐高温性，并具有良好的黏附性。在重负荷和冲击负荷下，仍能为润滑设备提供可靠润滑。 适用于冶金行业连轧、冷热轧机设备各部位轴承的润滑，也可用于矿山、机械、交通运输行业处于高温、潮湿、重负荷等恶劣情况下轴承的润滑。使用温度为：-20～180℃	18kg 塑桶、180kg 铁桶	

续表

产品名称	执行标准	特点与用途	包装形式	生产厂家
XG/L17 高级轧辊轴承润滑脂	Q/HXG 101—2017	良好的抗磨极压性能、抗水性能、机械安定性和耐高温性能，并具有良好的黏附性，使用寿命长。在重负荷和冲击负荷下，仍能为润滑设备提供可靠润滑。 适用于冶金行业连轧、冷热轧机设备各部位轴承的润滑，也可用于矿山、机械、交通运输行业处于高温、潮湿、重负荷等恶劣情况下轴承的润滑。使用温度为：-20~180℃	18kg 塑桶、180kg 铁桶	杭州新港润滑科技有限公司
车辆底盘集中润滑系统专用脂	Q/SHJG 1065—2015	采用高级脂防酸锂皂稠化精制矿物油，并加入抗氧、防锈、极压抗磨等多种添加剂制成。良好的低温性、氧化安定性、润滑性、极压抗磨性、抗水性、防锈性能，满足中负荷的润滑。 适用于大型客车、压延机、锻造机、矿山机械、钢铁厂等各种机械设备的轴承及中、重负荷的集中润滑。使用温度为：-40~120℃	15kg、170kg	天津市津冠润滑脂有限公司
百吨王超级重载脂	Q/SHJG 1113—2017	采用复合锂皂加高黏度进口合成基础油，并添加世界顶级有机合成添加剂，采用最新制脂工艺制成，具有独特的皂纤维结构，极高的极压抗磨性能，抗水防锈及氧化安定性能优异，极大的延长了轴承的使用寿命，在高低温工况下具有卓越的产品表现。对超级重型卡车的轮毂轴承提供长效持久的润滑保护，可有效降低轴承磨损，提高轴承寿命 3~5 倍。 适用于 BPW 车桥、FUWA 车桥、德纳车桥等超重载卡车及矿山机械、重型工程机械等领域的超重负荷机械及设备的润滑。使用温度为：-40~200℃	15kg、170kg	
ElastGear OGXT 重负荷开式润滑脂		用独有的聚合物技术，在苛刻条件下，仍可形成缓冲油膜，可降低接触区的温度；含固体润滑剂，耐冲击和振动负荷，可大幅延长的使用寿命；含特殊稠化剂和防腐蚀剂，保护金属表面免受锈蚀。 适用于球磨机、回转窑、矿山机械等重负荷开式大的润滑；静止或慢速运转钢丝绳的润滑与防护	18kg、180kg	浙江摩路新材料有限公司
ElastGear OGHT 重负荷开式润滑脂		高黏度基础油，在苛刻条件下，仍可形成缓冲油膜，可降低接触区的温度；含固体润滑剂，耐冲击和振动负荷，可大幅延长使用寿命； 含特殊稠化剂和防腐蚀剂，保护金属表面免受锈蚀。适用于球磨机、回转窑，矿山机械等重负荷开式大的润滑；静止或慢速运转钢丝绳的润滑与防护	18kg、180kg	
极压锂基脂：按 GB/T 7631.8 规定分为：L-XBEHB 000；L-XBEHB 00；L-XBEHB 0；L-XBEHB 1；L-XBEHB 2；L-XBEHB 3	GB/T 7323	采用羟基脂防酸锂皂稠化精制矿物油，并加入抗氧、极压、防锈等添加剂制成。优良的极压抗磨性，能够承受重负荷和冲击负荷造成的润滑油膜失效，有效防止卡咬；良好的防锈性能，能够防止轴承运转过程中的锈蚀； 优异的剪切稳定性，能保持较好的润滑脂结构特征。 适用于汽车、工程机械、压延机、锻造机、矿山机械、冶金等重负荷车辆及高负荷机械设备、轴承等部位润滑，也可用于集中润滑系统。使用温度为：-20~120℃	800g、1kg、2kg、14kg、175kg	江苏龙蟠科技股份有限公司

续表

产品名称	执行标准	特点与用途	包装形式	生产厂家
壳牌佳度 Gadus S5 V150XKD 0/00	运动黏度 40℃：150mm^2/s 100℃：19mm^2/s	含有5%的二硫化钼固体添加剂，在多种气候条件和季节为进行持续重载作业和在冲击载荷工况下的设备提供保护。此种全合成润滑脂在极寒天气中仍有极好的流动性，给予中央润滑系统可靠润滑，性能全面，其在恶劣环境下的流动性良好，承载能力和有效使用寿命均衡。 多用途矿山和施工设备用润滑脂，使用温度为：-50~130℃	170kg	壳牌（中国）有限公司
壳牌佳度 Gadus S4 OGXK	运动黏度 40℃：4000mm^2/s	采用铝复合稠化剂、高黏度高质量矿物油基础油，并加入极压-抗磨添加剂。此外，该产品添加稀释剂来确保低温泵送性。 主要用于重载设备，以及矿山设备中进行露天挖掘操作的电铲、吊斗铲和挖掘机等极端低温工矿。吊斗铲、电铲、挖掘机、堆料机及取料机中的开式、变速杆、圆轨和滚筒，重载低速的滚动轴承、衬套、低速钢缆、水泥、垃圾处理以及钢铁行业的开式应用	180kg	
壳牌佳度 Gadus S3 OG 2	运动黏度 40℃：3200mm^2/s	采用铝复合稠化剂以及高黏度基础油，同时加入含有增强性能的极压-抗磨添加剂。 主要应用于露天挖掘操作中的矿山设备、电铲和挖掘机；开式、操纵杆、环形导轨和滚筒、减摩轴承、轴套等	180kg	
壳牌马力士 Malleus OGM Heavy	运动黏度 40℃：4000mm^2/s	铝复合基稠化剂和高黏度、高质量的矿物基础油组成，具有较强的抗极压、抗磨性能。 专为重型机械设计，适用于苛刻工况，如矿山设备，铲车、索斗铲和挖掘机，以及球磨机和转窑的开式等	180kg	
安润龙 OGG9245-00 磺酸钙基重负荷开式润滑脂 安润龙 OGG9105-000 磺酸钙基重负荷开式润滑脂		优异的极压抗磨性、防腐防锈性、黏附性。 具体应用：重负荷开式，使用温度为：-10~150℃	180kg/钢桶、18kg/塑料桶	朗盛有限公司
安润龙 RMG745-1.5 磺酸钙基重负荷轴承润滑脂		优异的耐高温、抗水、防腐防锈性、机械稳定性和极压抗磨性。 具体应用：辊压机轴承脂。以及其他重负荷轴承润滑脂。使用温度为：-18~160℃	180kg/钢桶、18kg/塑料桶	

续表

产品名称	执行标准	特点与用途	包装形式	生产厂家
Powerlite No. 2 帕瓦莱特 No. 2		以特殊钙皂做为稠化剂、配合极压剂和特殊聚合物的多功能润滑脂。特殊聚合物所形成的坚固油膜，使得该产品具有超越的与金属的附着力，并且极压性极为优越。抗水性强、即使在混入水的情况下润滑脂构造的变化极小，油份分离也极少。即使在高温、多水的恶劣环境下也能保证设备的稳定运行，并发挥延长设备润滑寿命之目的。 适用于各种车辆，车、磨加工机械、车床、汽车、建筑机械(挖掘机、推土机等重型车辆)、农业机械(割草机、播种机、收割机等)、冶金设备、矿山机械及各种产业机械等	18kg	协同油脂株式会社
二硫化钼锂基润滑脂 3 号	SH/T 0587—2016	采用脂肪酸锂皂稠化矿物润滑油，并加有极压添加剂及二硫化钼粉所制成。 适用于轧钢机械、矿山机械、重型起重机械等重负荷和轴承的润滑，并能使用于有冲击负荷的部件。工作温度：-20~102℃	塑桶：1.8kg/9kg/1kg；铁桶：170kg	统一石油化工有限公司
二硫化钼锂基润滑脂 2 号	SH/T 0587—2016	采用脂肪酸锂皂稠化矿物润滑油，并加有极压添加剂及二硫化钼粉所制成。 适用于轧钢机械、矿山机械、重型起重机械等重负荷和轴承的润滑，并能使用于有冲击负荷的部件。工作温度：20~102℃	塑桶：1.8kg/9kg/1kg；铁桶：170kg	
二硫化钼锂基润滑脂 1 号	SH/T 0587—2016	采用脂肪酸锂皂稠化矿物润滑油，并加有极压添加剂及二硫化钼粉所制成。 适用于轧钢机械、矿山机械、重型起重机械等重负荷和轴承的润滑，并能使用于有冲击负荷的部件。工作温度：20~102℃	塑桶：1.8kg/9kg/1kg；铁桶：170kg	
二硫化钼锂基润滑脂 0 号	SH/T 0587—2016	采用脂肪酸锂皂稠化矿物润滑油，并加有极压添加剂及二硫化钼粉所制成。 适用于轧钢机械、矿山机械、重型起重机械等重负荷和轴承的润滑，并能使用于有冲击负荷的部件。工作温度：20~102℃	塑桶：1.8kg/9kg/1kg；铁桶：170kg	
CA-1 膨润土润滑脂	Q/0205TOP 046—2017	良好的机械安定性及氧化安定性，滴点高，耐高温性能好，良好的抗水性。 适用于矿山设备、铸造、轧制设备；水泥、造纸、航空设备、密封轴承及传送系统等	1kg/桶、5kg/桶	青岛拓普石油化工有限公司
二硫化钼润滑脂	SH/T 0587	外观为灰色至黑色均匀软膏，具有突出的极压抗磨性能，良好的高低温性、机械安定性、胶体安定性、氧化安定性、抗水性和防锈性能，二硫化钼能够有效降低摩擦副间的摩擦系数，对震动、冲击负荷或在高温情况下起补强作用 适用于冶金行业、轧钢机械、矿山机械、建材机械、重型起重机械等重负荷和轴承的润滑，并能使用于有震动、冲击负荷的部件。工作温度：-20~120℃	800g/罐、16kg/桶、170kg/桶	杭州壳邦力特油脂有限公司
石墨钙基脂	SH/T 0369	耐水性好，在潮湿及水存在条件下，均能保持正常的润滑，对金属表面有良好的防护作用；优良的剪切安定性。添加磷片石墨可提高金属表面抗擦伤能力，降低摩擦系数。 适用于压延机人字、汽车弹簧、起重机转盘、矿山机械、绞车和钢丝等高负荷、低转速摩擦部位的润滑，使用温度为：-10~60℃	800g/罐、16kg/桶、170kg/桶	

续表

产品名称	执行标准	特点与用途	包装形式	生产厂家
重负荷开式脂	Q/LTY 21002	具有优良的极压抗磨性、黏附性、抗水性和抗氧化性能。本产品适用于各行业大型、重负荷、低速至中速的开式的润滑。负荷承载能力达 20000kgf/cm^2 以上，以及各种型号的齿形联轴节的润滑。 广泛用于热电厂球磨机、水泥窑的晃状及球磨机、汽车制造厂锻压机、矿山球磨机的润滑。使用温度为：-25~120℃	800g/罐、16kg/桶、170kg/桶	杭州壳邦力特油脂有限公司
长鸣 CL2100 减速机润滑脂	Q/0700WC M200. 100	具有防漏减漏、节能增效的功能；比采用一般油能减少泄漏，延长换油周期、改善环境卫生。 适用于冶金、矿山、能源、交通和工程机械的非循环润滑的减速机润滑；大型机组的集中润滑系统，使用温度为：-10~120℃	15kg 塑料桶、170kg 铁桶或根据客户需求包装	山东长鸣化工有限公司
长鸣 CL2105 极压半流体润滑脂	Q/0700WCM 200. 105	具有防漏减漏、节能增效的功能；比采用一般油能减少泄漏，延长换油周期、改善环境卫生。 适用于冶金、矿山、能源、交通和工程机械的非循环润滑的减速机润滑；大型机组的集中润滑系统，使用温度为-10~120℃	15kg 塑料桶、170kg 铁桶或根据客户需求包装	
长鸣 YJ3101 极压复合锂基润滑脂	Q/0700WCM 300. 101	主要适于冶金、矿山企业的高温重负荷设备的轴承、联轴节等部位润滑；特别适宜温度变化大，带有冲击或振动负荷的轴承，也适于某些轴瓦、轴销、滑轨、链条和钢丝绳的润滑。使用温度为：-25~180℃	15kg 塑料桶、170kg 铁桶或根据客户需求包装	
长鸣 CM7019-1 极压高温润滑脂	Q/0700WCM 001. 103	适用冶金钢铁、矿山、纺织行业的电机轴承、高温轴承及烘烤设备的、链条托轮等传动部位和联轴节等部位的润滑防护。使用温度为：-30~180℃	1kg、15kg 塑料桶或根据客户需求包装	
长鸣 TY9102 多效通用长寿命润滑脂	Q/0700WCM 900. 102	适用于冶金、矿山企业的高温重负荷设备的轴承、联轴节等部位润滑。使用温度为-20~150℃	15kg 塑料桶、170kg 铁桶或根据客户需求包装	
长鸣 TY9103 二硫化钼复合锂基润滑脂	Q/0700WCM 900. 103	适用于冶金、矿山企业的高温重负荷设备的轴承、联轴节等部位润滑。使用温度为-30~180℃	15kg 塑料桶、170kg 铁桶或根据客户需求包装	
长鸣 TY9108 膨润土润滑脂	Q/0700WCM 900. 108	适用于高温、重负荷以及核辐射工作环境下运行的轴承的润滑与防护；可用于冶金、矿山等行业高温设备的轴承等部位润滑。使用温度为：-20~180℃	15kg 塑料桶、170kg 铁桶或根据客户需求包装	
极压复合锂基脂 2# 3#	GB/T 7323—2010	具有极佳的耐高低温性、耐磨损性、耐水性；突出的抗氧化性、机械安定性和良好的黏附性。 适用于各种车辆、重型机械、建筑工程机械、冶金、矿山、纺织机械、冷轧机等重负荷部位立式振动电机轴承；适用于各种烧结、轮轨摩擦副之间的润滑。使用温度为：-30~180℃	15kg 塑桶装、200L 铁桶装	东营市成润化工有限责任公司

续表

产品名称	执行标准	特点与用途	包装形式	生产厂家
极压锂基润滑脂 1# 2#	GB/T 7323—2010	具有优良的抗水性、防锈性、防腐性；优良的极压抗磨性；良好的机械安定性、氧化安定性。 适用于冶金、矿山、纺织机械等高温、重负荷机械设备各摩擦部位的润滑。本产品 0# 适用于润滑系统集中润滑。使用温度为：−20～145℃	15kg 塑桶装、200L 铁桶装	东营市成润化工有限责任公司
二硫化钼锂基脂 2# 3#		具有良好的极压抗磨性能有效降低机械摩擦部位的磨损。可降低摩擦部位的摩擦系数，减少摩擦阻力。具有优良机械安定性、氧化安定性，可保证较长的换脂周期。 适用于载重汽车的轮毂、底盘等高温、高速摩擦部位润滑；冶金、矿山企业的中重负荷机械设备的轴承、联轴节等部位的润滑。使用温度为：−20～130℃	(700～1000g)×20 纸箱塑料袋装，(3.5～4kg)×4 纸箱塑料桶装，15kg 塑桶，200L 铁桶装	
通用锂基润滑脂		油高级脂肪酸锂皂稠化高黏度的润滑油并加有抗氧、防锈、着色等添加剂制作而成。具有良好的抗水性、机械安定性、防锈性和氧化安定性。 适用于冶金、汽车制造、机械、矿山机电等行业各种机械设备摩擦部位的润滑。使用温度为：−20～120℃	1kg 铁盒、2kg 铁盒、15kg 塑料桶、180kg 铁桶、300g 弹簧管	东营市鑫泰来工贸有限公司
减速机专用润滑脂		减速机润滑脂采用高级脂肪酸锂皂做稠化剂，并加有挤压，抗氧等多种添加剂制成，具有良好的机械安定性和氧化安定性。该脂系半流体膏状物，具有油膜强度大，摩擦系数低的特点。 适用于冶金、矿山、铁路等部门中负荷或重负荷低速度传动设备装置，如轧钢冷床，剪切机等，使用温度为：−20～100℃	1kg 铁盒、2kg 铁盒、15kg 塑料桶、180kg 铁桶、300g 弹簧管	
高温耐水润滑脂		良好的耐高温性能。挤压抗磨性，机械安定性，抗酸碱性和黏附性以及良好的抗水淋性能，保证轴承充分的润滑。 适用于钢铁、矿山、机械、交通运输等行业处于高温，重负荷，潮湿等恶劣工况下轴承的润滑	1kg 铁盒、2kg 铁盒、15kg 塑料桶、180kg 铁桶、300g 弹簧管	
通用锂基润滑脂	GB 7324—2010	长寿命、多用途的润滑脂。 适用于各种机械设备的滚动轴承和滑动轴承及其他摩擦部位的润滑。1#适用于集中给脂系统；2#适用于中转速、中负荷的机械设备，如汽车、拖拉机轮毂轴承，以及中小型电动机、水泵和鼓风机等；3#适用于矿山机械、汽车、拖拉机的轮毂轴承，以及大中型电动机等设备。使用温度为：−20～120℃	500g、1kg、2kg、18kg、180kg	邯郸市昌盛油脂制造有限公司
通用锂基润滑脂	GB 7324—2010	长寿命、多用途的润滑脂。 适用于各种机械设备的滚动轴承和滑动轴承及其他摩擦部位的润滑。1#适用于集中给脂系统；2#适用于中转速、中负荷的机械设备，如汽车、拖拉机轮毂轴承，以及中小型电动机、水泵和鼓风机等；3#适用于矿山机械、汽车、拖拉机的轮毂轴承，以及大中型电动机等设备。使用温度为：−20～120℃	500g、1kg、2kg、18kg、180kg	

续表

产品名称	执行标准	特点与用途	包装形式	生产厂家
复合锂基润滑脂 牌号：$2^{\#}$、$3^{\#}$	Q/0100LHQ 022—2017	优良的高温特性在摩擦部位以及环境较高的温度条件下，有效的保护摩擦副，润滑脂不易流失，使用轴承寿命延长。良好的氧化安定性保证润滑脂有较长的使用寿命。优良的流动性保证润滑脂的泵送性能。优异的极压抗磨性能满足设备在高负荷或一定的冲击负荷下轴承正常使用的润滑。 适用于钢铁行业轧机、轧辊滚动轴承润滑。也可用于矿山、机械、交通运输等轴承润滑。使用温度为：-20~180℃	15kg 塑桶、170kg/175kg 铁桶	山东环球润滑油有限公司
极压复合锂基润滑脂 牌号：$2^{\#}$、$3^{\#}$	SH 0535—1992	优良的高温特性、良好的氧化安定性，保证润滑脂有较长的使用寿命；优良的流动性；优异的极压抗磨性能。 适用于钢铁行业轧机、轧辊滚动轴承润滑。也可用于矿山、机械、交通运输等轴承润滑。使用温度为：-20~180℃	15kg 塑桶、180kg 铁桶	
极压锂基润滑脂 牌号：$00^{\#}$、$0^{\#}$、$1^{\#}$、$2^{\#}$、$3^{\#}$、减速机润滑脂 00 号	GB/T 7323—2008	耐负荷性能优良，良好的抗水性能，能满足轧机在水淋条件下的润滑要求，并具有优秀的抗剪切功能；优良的流动性；优异的防锈性能。 适用于冶金行业冷轧、热轧的粗轧、精轧、输送管道、卷取机的集中供脂要求；矿山重型机械轴承润滑需要。使用温度为：-20~120℃	15kg 塑料桶和 180kg 铁桶包装	
二硫化钼锂基润滑脂 牌号：$1^{\#}$、$2^{\#}$、$3^{\#}$	Q/0100LHQ 001—2016	适用于矿山机械、轧钢机械、起重机械等重负荷和轴承及其他摩擦部位的润滑，并能使用于有冲击负荷的部件。使用温度为：-20~120℃	175kg 5kg/10kg/15kg 塑桶 10kg(500g×20 袋)/箱 9kg(450g×20 袋)/箱	
轧辊脂 牌号：$1^{\#}$、$2^{\#}$、$3^{\#}$	Q/0100LHQ 004—2016	具有优良的耐高温性和良好的极压抗磨性、抗水性、防锈性、机械安定性和胶体安定性。 适用于钢铁行业的轧机、轧辊滚动轴承的集中润滑，也可用于矿山、机械、交通运输等轴承的润滑。使用温度为：-20~180℃	9.6kg (800g×12 塑桶)/箱 175kg 铁桶	
多效能通用锂基脂 $3^{\#}$、$2^{\#}$、$1^{\#}$、$0^{\#}$、$00^{\#}$	GB/T 7324 GB/T 7323	适用于矿山机械、汽车、拖拉机轮毂轴承和底盘节点部位的润滑以及其他机械设备滚动轴承和滑动轴承摩擦部位的润滑	5kg、8kg、10kg	领航石油化工(天津)有限公司
通用锂基润滑脂	GB 7324—2010	长寿命、多用途的润滑脂。 适用于各种机械设备的滚动轴承和滑动轴承及其他摩擦部位的润滑。$1^{\#}$适用于集中给脂系统；$2^{\#}$适用于中转速、中负荷的机械设备，如汽车、拖拉机轮毂轴承，以及中小型电动机、水泵和鼓风机等；$3^{\#}$适用于矿山机械、汽车、拖拉机的轮毂轴承，以及大中型电动机等设备。使用温度为：-20~120℃	500g、1kg、2kg、18kg、180kg	辽宁臻德化工集团有限公司

续表

产品名称	执行标准	特点与用途	包装形式	生产厂家
极压锂基润滑脂 $00^{\#}$、$0^{\#}$、$1^{\#}$、$2^{\#}$、$3^{\#}$	GB/T 7323—2008	具有优秀的极压抗磨性以及良好的热稳定性、机械安定性、防锈性、防水性和泵送性，是一种多效长寿命润滑脂。 适用于轧钢机械、矿山机械、建筑机械、重型起重机械、注塑机械等重负荷的和轴承的润滑，并能使用于有冲击负荷的部件和集中润滑系统。使用温度为：-30~120℃	12kg/桶、15kg/桶、170kg/桶、175kg/桶	唐山市天成润滑油脂有限公司
钢丝绳防护润滑脂 $0^{\#}$、$1^{\#}$、$2^{\#}$	Q/SH303 487—2007	优良的高低温性能，适应工作环境宽温要求；良好的润滑性和增摩性，增大摩擦系数，防止钢丝绳打滑，使钢丝、股绳间处于良好润滑状态，减少磨损，延长钢丝绳使用寿命；良好的防锈性有效隔绝钢丝绳与湿气、盐雾的接触，降低钢丝绳外部的腐蚀，延长钢丝绳使用寿命；良好的抗水淋性，能抵抗雨水的冲刷，确保满足各种气候条件下的使用要求；良好的黏附性和渗透性，不易流失和滑落，保持工作环境净洁，满足环保要求。 适于起重机、绞车、吊车、缆车、电梯、提升机的钢丝绳及绳芯的润滑保护；也适于冶金、矿山、港口、海上和建筑等行业的钢缆、铁索、重载拉索的维保使用及相关设备的导轨、夹条、滑道、链条的润滑与封存。使用温度为：-20~150℃	12kg/桶、15kg/桶、170kg/桶、175kg/桶	
锂基脂	GB/T 7324—2010	具有良好的抗水性、抗氧化性，和机械安定性。 适用于大型电机、矿山机械和汽车、拖拉机等机械设备摩擦部位的润滑	0. 8kg、2kg 12kg、14kg、170kg	廊坊时讯润滑油脂有限公司
二硫化钼极压锂基润滑脂	SH/T 0587—94	适用于轧钢机械、矿山机械、重型超重机械等重负荷和轴承的润滑。使用温度为：-20~120℃	20L 塑料桶	抚顺士博特种润滑油脂制造有限公司
二硫化钼锂基脂($3^{\#}$、$2^{\#}$、$1^{\#}$)	Q/320206 EAE63—2017	采用 12 羟基脂肪酸锂皂稠化深度精制矿物基础油，并添加抗氧、极压、防锈、二硫化钼等添加剂经特殊工艺制成。机械安定性、氧化安定性、极压抗磨性能优良。有效降低机械摩擦部位的摩擦阻力和磨损。 适用于冶金、矿山企业的中重负荷设备的轴承和等部位的润滑。使用温度为：-20~120℃	15kg 塑桶、170kg 铁桶	路路达润滑油（无锡）有限公司
二硫化钼极压锂基脂	SH/T 0587—1994(2003)	极压抗磨性优良，有效降低机械摩擦部位的磨损；可能降低摩擦副的摩擦系数，减小摩擦阻力；机械安定性、氧化安定性突出，可保证较长的换脂周期。 适用于冶金、矿山企业的中重负荷设备的轴承、联轴节等部位的润滑	15kg/桶、170kg/桶	山东万祥润滑科技有限公司
极压复合锂基润滑脂	SH/T 0535—1993(2003)	有效防止摩擦副的磨损、点蚀，延长设备的使用寿命；良好的机械安定性和胶体安定性，轴承漏失量少；滴点高，高温流动性好。 适用于船舶、汽车、机械、矿山、钢铁等行业各类重负荷设备高温摩擦部位的润滑	15kg/桶、170kg/桶	

续表

产品名称	执行标准	特点与用途	包装形式	生产厂家
极压锂基润滑脂	GB/T 7323—2008	由锂皂稠化深度精制基础油，并加有高效抗磨减摩因子等添加剂精制而成。具有优良的机械安定性和高温抗剪切性，使用时不易变稀并延长使用寿命；优异的抗腐蚀性能，有效保护润滑部件免遭腐蚀；极强的黏附性，在-20~130℃下与润滑部位有效黏附，不流失，有效保护润滑部位充足润滑；抗磨减摩效果优异，有效延长设备的使用寿命；良好的防水性能，防水冲洗，满足野外作业需要。 适用于矿山、钢铁等行业中的高温、重负荷设备轴承等部位的润滑，同时可完全满足钙基润滑脂的使用性能	8kg、11kg、15kg、200L 钢桶	山东源根石油化工有限公司
二硫化钼锂基润滑脂	SH/T 0587—1994	采用脂肪酸锂皂稠化优质矿物润滑油，并添加抗氧、防锈、二硫化钼等添加剂调制而成。具有良好的高压抗磨性，有效降低机械磨损；良好的机械安定性，抗剪切能力强、黏附能力强、防锈性能强，能有效把金属和空气及水份隔开，有效避免金属腐蚀；良好的氧化安定性，使润滑脂在长期使用和贮存时保持性能不变。 适用于轧钢机械、矿山机械、重型起重机械等重负荷和轴承的润滑，并能使用于有冲击负荷的部件	8kg、11kg、15kg、200L 钢桶	
极压锂基润滑脂		适用于各种类型的滑动和滚动轴承，以及各种类型机器设备的高温、重负荷各摩擦部位的润滑。包括：冶金、矿山、工程机械、风机、纺织机械、发动机、加工工具、纺织、造纸和木工机械和建筑等设备。使用温度为：-20~140℃		山东北方淄特特种油有限公司股份
复合锂基润滑脂		适用于各种类型的滑动和滚动轴承，以及各种类型机器设备的高温、重负荷摩擦部位的润滑。包括：冶金、矿山、工程机械、风机、纺织机械、发动机、加工工具、纺织、造纸、木工机械和建筑机械等设备。使用温度为：-20~150℃		
二硫化钼锂基润滑脂		适用于轧钢机械、矿山机械、建筑机械、重型起重机械、注塑机械等重负荷的和轴承的润滑，并能使用于有冲击负荷的部件。使用温度为：-20~120℃		
高温极压抗磨润滑脂		多性能润滑脂，可广泛应用于冶金、化工、纺织、印染、汽车、矿山、油田、海防、制糖、造纸、塑料等行业高温设备各摩擦部位的润滑。使用温度为：-20~250℃		
烧结机专用润滑脂		专用于烧结机弹性滑道的润滑与密封。也适用于矿山、机械、交通运输等行业处于高温、重负荷、潮湿等恶劣情况下轴承润滑。使用温度为：-30~160℃，短期可达 180℃		
复合铝基润滑脂		适用于矿山、机械、交通运输等行业处于高温、重负荷、潮湿等恶劣情况下轴承润滑。使用温度为：-30~160℃，短期可达 180℃		
YJQNMP润滑脂		用于化工、矿山、交通运输等行业，特别适用于冶金等行业烧结机，压延机的集中润滑系统	桶装	安阳市美兰润滑油有限公司

续表

产品名称	执行标准	特点与用途	包装形式	生产厂家
通用锂基润滑脂 0#~3#	GB 7324—2010	由高黏度基础油和特殊聚合物、增黏剂、抗磨剂、抗氧添加剂调制而成，具有优异的黏附力。 适用于工业行业和汽车行业的苛刻工况，具有极佳的抗雨水冲刷能力及在冲击载荷下的抗磨损能力。推荐用于汽车轮毂轴承、盘式制动器、转向系统和底盘系统部件的润滑。还适用于诸多中小型及大型农业机械、建筑机械、矿山机械和运输车辆等。也适用于冲击钻、震动筛、油田钻探设备、钻井平台等海洋设备，可推荐用于一些在潮湿且有冲击载荷条件下工作的滑动轴承和滚动轴承的润滑	1kg/袋、2kg/盒、13~20kg/桶、180kg/桶	哈尔滨紫杉油脂股份有限公司
低温润滑脂（-60℃）2#	GJB 2660—1996			
保轮脂（极压复合锂基脂）2#	SH/T 0535—1993			
膨润土脂 2#	SH/T 0535—1993			
二硫化钼锂基脂		出色的抗冲击能力，可以在极端恶劣的条件下发挥润滑效能 适用于重负荷设备，矿山机械等	15kg、180kg	邯郸市翔泰润滑脂制造有限公司
极压锂基润滑脂	GB 7323—2008	适用于冶金行业冷热轧机及锻造机的轧辊轴承，输送辊道轴承等摩擦部位的润滑，并广泛应用于矿山等行业的机械设备及重载车辆各摩擦部位的润滑	170kg、14kg、350g	保定市富尧润滑油脂有限公司
高温润滑脂		适用于高温环境下各种轴承、链条以及其他传动机械部件的润滑；适用于冶金、矿山、油田、机械、交通运输等行业处于高温、重负荷、潮湿等恶劣情况下电机、轴承的润滑；特别适用于火焰切割机、压光机、鼓风机、干燥箱、泥芯烘干炉、瓦楞机等机械轴承的润滑脂	500g~180kg 塑袋、塑盒、塑桶、铁桶	山东恒润诺石化有限公司
极压锂基润滑脂 00号、0号、1号、2号	GB/T 7323—2008	采用锂基皂做稠化剂，精制矿物油为基础油，并加有多种极压、防锈、抗氧等添加剂调制而成。具有良好的机械安定性、胶体安定性及氧化安定性，有效延长换油周期；优异的抗磨、极压性能和黏附性能，有效防止设备磨损；优良的抗水性，遇水不易乳化变质；高低温性能出色，满足宽温度使用；良好的防锈性，有效抑制锈蚀产生。 适用于矿山机械、冶金机械、建筑机械等大型设备的集中润滑系统，以及涡轮等装置，如冶金、矿山行业的桥式起重机减速箱、轧机减速箱等。使用温度为：-20~120℃	0.8kg/桶、5kg/桶、15kg/桶	西安石油大佳润实业有限公司
极压锂基润滑脂 000号	Q/SYJR 0137—2015	采用锂基皂做稠化剂，精制矿物油为基础油，并加有多种极压、防锈、抗氧等添加剂调制而成。良好的机械安定性、胶体安定性及氧化安定性，有效延长换油周期；优异的抗磨、极压性能和黏附性能，有效防止设备磨损；优良的抗水性，高低温性能出色，满足宽温度使用；良好的防锈性。 适用于矿山机械、冶金机械、建筑机械等大型设备的集中润滑系统。特别推荐用于高温、粉尘和铁鳞工作环境下运行的闭式箱以及使用期限较长，设备老化严重的箱。使用温度为：-30~120℃	0.8kg/桶、5kg/桶、15kg/桶	

续表

产品名称	执行标准	特点与用途	包装形式	生产厂家
抽油机减速器半流体润滑脂	Q/SYJR C003—2016	以精制矿物油，配以独特的稠化剂与专用添加剂调制而成，是具备防盗、防漏、抗磨、耐寒的特种润滑剂，专门针对油田野外工作抽油机减速器而研制。突出的防盗功能，有效防止抽油机油被盗现象发生；防漏性能显著，满足 HSE 工作环境要求；卓越的极压抗磨性及黏附性，抗冲击负荷能力强、减震和降低噪音作用明显；卓越的低温性能，工作温度最低可达-35℃，满足严寒区野外作业要求；优异的抗氧化及抗乳化性能，适应野外工况要求。 适用于油田抽油机减速器(箱)润滑，也可用于环境温度高于相应产品最低使用温度的露天机械及其他有防盗、防漏要求的减速器润滑，某些矿山机械类传动系统及相关轴承运动的润滑	20L/桶、850kg/箱	西安石油大佳润实业有限公司
太科磺酸钙基润滑脂 KH-800	基础油 40℃运动黏度：421mm²/s	采用领先技术制造的高碱值磺酸钙基润滑脂，具有卓越的载荷能力、极好的机械稳定性和优良的抗水性，可满足多种特殊工况下的应用要求。特别适用于港口、码头、造纸、电力、矿山、机械、重工业、野外、建筑及钢铁行业，如：所有高温和重荷应用场合，包括暴露在有水的情况下；轧辊轴颈应用，例如：拧紧螺钉和螺母、机体窗口、转盘轴承和主轴托架轴承、辊颈轴承和推力轴承、齿轮轴轴承、电动机轴承、传送装置轴承。使用温度为：-18～160℃	18kg、180kg	珠海经济特区顺益发展有限公司
优润二硫化钼复合锂基脂 Moly EP 0、EP1、EP2、EP3	基础油 40℃运动黏度：1000mm²/s	适用于钢铁、矿山、汽车等行业轻、重负荷设备的轴承及齿轮的润滑。适用于日晒雨淋苛刻工况设备的润滑。 使用温度为：-20～120℃	15kg 塑桶装、180kg 铁桶装	
优润高负载轴承润滑脂 RP 1000	基础油 40℃运动黏度：1000mm²/s	推荐应用于水泥、矿山、钢铁、电力、化工、造纸等行业的大型设备的轴承，如：干燥机、造粒机、挖掘机，辊压机，破碎机等	50kg/桶、180kg/桶	
优润高负载轴承润滑脂 RP 1500	基础油 40℃运动黏度：	推荐应用于水泥、矿山、钢铁、电力、化工、造纸等行业的大型设备的轴承，如：干燥机、造粒机、挖掘机，辊压机，破碎机等	50kg/桶、180kg/桶	
优润开式齿轮操作润滑剂 G-OG C-16M	基础油 40℃运动黏度：16000mm²/s	推荐应用于水泥、矿山、钢铁、电力、化工、造纸等行业的大型设备的开式齿轮，如：回转窑、球磨机、管磨机、棒磨机、干燥机、造粒机、鼓式碎浆机等	50kg/桶、180kg/桶	
优润开式齿轮操作润滑剂 G-OG C-1000	基础油 40℃运动黏度：1000mm²/s	推荐应用于水泥、矿山、钢铁、电力、化工、造纸等行业的大型设备的开式齿轮，如：回转窑、球磨机、管磨机、棒磨机、干燥机、造粒机、鼓式碎浆机等	50kg/桶、180kg/桶	

续表

产品名称	执行标准	特点与用途	包装形式	生产厂家
优润开式齿轮操作润滑剂 G-OG、C-Fluid	基础油 40℃运动黏度：4950mm²/s、5100mm²/s	推荐应用于水泥、矿山、钢铁、电力、化工、造纸等行业的大型设备的开式齿轮，如：回转窑、球磨机、管磨机、棒磨机、干燥机、造粒机、鼓式碎浆机等	50kg/桶、180kg/桶	珠海经济特区顺益发展有限公司

七、水泥润滑脂

水泥是重要的基础设施建设原材料，在水泥生产加工、使用的设备中也使用到润滑脂。水泥润滑脂的产品及生产厂家见表Ⅰ-7。

表Ⅰ-7　水泥润滑脂产品特点、用途及生产厂家

产品名称	执行标准	用途与特点	包装形式	生产厂家
复合磺酸钙基润滑脂1号、复合磺酸钙基润滑脂2号、复合磺酸钙基润滑脂T1号	Q/SY RH 2152	高温下具有长的使用寿命和极佳的轴承保护；热稳定性和机械安定性好，降至常温后，可恢复原来结构；在严重的进水条件下可确保可靠润滑和设备保护；在高负荷和冲击载荷的情况下，仍能为设备提供可靠润滑，延长设备使用寿命。 适用于含水、重负荷、多尘土的工况环境，如造纸、水泥、钢铁等行业	15kg/桶、175kg/桶、2000kg/罐	无锡中石油润滑脂有限公司
7019 高温润滑脂	Q/SY RH2169	由复合皂基稠化剂稠化合成油，并加有抗氧、极压抗磨等添加剂精制而成。 适用于纺织、印染、石化、钢铁、水泥等行业生产中的各类电机轴承、滚动、滑动轴承的润滑。使用温度为：-30~160℃	0.8kg/罐、15kg/桶、170kg/桶、散装	
1号 SHP1500 高温润滑脂、2号 SHP1500 高温润滑脂		适用于水泥行业辊压机轴承的润滑以及其他高温、低速、重载、粉尘、有冲击负荷的苛刻工业装置的润滑。使用温度为：-20~200℃	15kg/桶、175kg/桶	
捷灵重负荷大润滑脂（锂基脂 0#、00#）	Q/0523 SHX058	优异的极压抗磨性；添加固体润滑剂，有效防止在振动、冲击条件下产生磨损；良好的抗水性、防腐防锈性，保护免受腐蚀或锈蚀；良好的黏附性，对金属表面具有很强的吸附力，形成良好的润滑油膜。 适用于冶金、化工行业大型反应炉体传动的润滑；适用于大型锻压机、水泥厂回转窑、冶金球团矿回转窑传动的润滑；适用于喷雾润滑或集中润滑系统。可取代开式油用于开式上。使用温度为：-20~100℃	15kg 中桶、170kg 大桶	山东红星化工有限公司
捷灵 UTG400B 高温润滑剂（磺酸钙 3#）	Q/0523 SHX075	具有特殊的高温性能；在滑动摩擦表面可形成良好的固体润滑膜；具有良好的高温极压抗磨性；有一定的防护性能，能够防止润滑部位发生腐蚀锈蚀。 适用于水泥、玻璃、纺织、钢铁等行业的高温重负荷设备的摩擦部位（高温滑动轴承及链条等）的润滑。使用温度为：-20~400℃，短期可到500℃	1kg 小桶、15kg 中桶	

续表

产品名称	执行标准	用途与特点	包装形式	生产厂家
捷灵 5208M 门机专用润滑剂（磺酸钙）	Q/0523 SHX094	优异的极压抗磨性能；极强的抗冲击负荷能力；极好的黏附性、润滑性和耐高温性，可用于温度较高的部位；良好的机械安定性和氧化安定性，具有较长的使用寿命。 用于港口门机的润滑，也用于各种重负荷、低速至中速的开式的润滑；以及冲击或振动负载的高负荷传动装置，如热电厂、水泥厂球磨机、机械厂锻压机等重负荷开式大和传动装置的润滑	15kg 中桶、170kg 大桶	山东红星化工有限公司
捷灵膨润土润滑剂（膨润土 1#、2#、3#）	SH/T 0536—93	优良的氧化安定性、抗水性及机械安定性，耐高温性能优异。 适用于矿山设备、铸造、轧制设备及水泥、造纸、窑车、航空高温润滑部位，以及密封轴承、输送系统的润滑。使用温度为：-20～200℃	1kg 小桶、15kg 中桶	
灵威 4105 系列高级重负荷开式润滑剂	Q/DRB 068—2017	极压抗磨性能较好，特别是极压承载能力强，可有效延长寿命；具有优异的黏附性能，使用时油膜厚度大，黏附性强；优异的氧化安定性能，防止润滑脂的氧化变质，延长使用寿命；优良的防锈性、抗水性和机械安定性能；良好的泵送性，不同的锥入度规格供选择，冬夏无忧；不含沥青、氯化物和溶剂，符合环保要求。 适用于大型重负荷开式，如火电厂的滚筒磨煤机、水泥厂的回转窑、钢厂大型混料机、矿山球磨机等设备的润滑和防护，可有效保证设备的运转率和使用寿命。使用温度为：-20～120℃	70kg/桶、18kg/桶	杭州得润宝油脂股份有限公司
灵威 4106 轮带专用润滑剂	Q/DRB 069—2017	具有较好的抗磨极压性能和抗擦伤能力；具有优良的黏附性、抗氧化性、高低温性能；渗透性强，可以很好地渗透到润滑部位，使润滑部位得到良好的润滑。 适用于水泥行业的回转窑和新型干法水泥回转窑的轮带及相关部件的润滑。使用温度为：-40～150℃	170kg/桶、18kg/桶	
灵威 4108 轴瓦高级专用润滑剂	Q/DRB 071—2017	具有优异的黏温性能；优良的防锈性和抗腐性；极佳的极压抗磨性能，极压承载能力强，且高温极压抗磨性能同样优异；在拖轮轴瓦上成膜厚且迅速牢固，能有效的避免拉丝。 适用于水泥化工企业及氧化铝厂中的在高载荷、高温度、粉尘大、潮湿等苛刻工况中工作的回转窑拖轮轴瓦的润滑和防护，也可用于开齿的润滑，如回转窟，煤磨等设备的开式，其能有效地润滑大小，减少震动，降低磨损及点蚀等不良现象。使用温度为：-30～120℃	170kg/桶、18kg/桶	
HP 高温润滑脂 3#	Q/SHZT 0501—2007	具有优良的高温黏附性、极压抗磨性、胶体安定性、机械安定性，还具良好的抗水性和防护性。 适用于大型重载货车、高速轿车、冶金行业连铸机、连轧机、烧结机、出钢辊道以及印染、大型电动机、橡胶、塑料热轧机、水泥行业、窑车等高温、重负荷机械设备摩擦部位的润滑。使用温度为：-30～200℃	0. 8～2kg/桶、15kg/桶、170kg/桶	安徽中天石化股份有限公司
二硫化钼锂基润滑脂 0#、1#、2#、3#	SH/T 0587—1994	具有优秀的极压抗磨性以及良好的热稳定性、机械安定性、防水性和泵送性。 适用于适用于冶金轧钢轴承、耐火器材窑车轴承、铸造落砂机械、化工焙烧、机械加工热处理、印染焙烧机、造纸干燥机、橡胶、塑料热轧及水泥行业设备各摩擦部位的润滑。使用温度为：-30～150℃	12kg/桶、15kg/桶、170kg/桶	

续表

产品名称	执行标准	用途与特点	包装形式	生产厂家
XG/U14 重负荷箱 润滑脂	Q/HXG 001—2017	优异的抗磨极压性、机械安定性、抗氧化性和良好的黏附防漏、降噪音性能，具有良好的承载重负荷或冲击负荷的能力。 适用于高温、高湿、重负荷等条件下各类开式、减速箱、蜗轮减速装置等大型重负荷传动的润滑。如：水泥厂、钢厂、电厂等大型的润滑。使用温度为：-20~150℃	18kg 塑桶、 180kg 铁桶	杭州新港 润滑科技 有限公司
XG/L15 重负荷 开式脂		优异的极压抗磨性、黏附性、防锈性和泵送性，并具有良好的承受大载荷或冲击负荷的能力。 适用于钢铁行业烧结厂混料机，水泥行业回转窑等大型重负荷开式的润滑。使用温度为：-20~120℃	18kg 塑桶、 180kg 铁桶	
XG/L18 混料机专用 润滑脂		优异的极压抗磨性、黏附性、防锈性和泵送性，并具有良好的承受大载荷或冲击负荷的能力。 适用于钢铁行业烧结厂混料机，水泥行业回转窑等大型重负荷开式的润滑。使用温度为：-30~180℃	18kg 塑桶、 180kg 铁桶	
600℃ 特高温 润滑脂	Q/SHJG 1008—2014	采用无机稠化剂稠化特种高级全合成油，并加有专利技术的固体润滑剂和高温抗氧极压剂等多种添加剂精制而成的全合成润滑脂。具有良好的高温性能，在高温下有良好的润滑性；良好的高温抗氧化能力、极压抗磨性能，在高温及恶劣环境中发挥优异的润滑作用。 适用于水泥、陶瓷、玻璃、纺织、冶金等行业高温低速高负荷设备以及重负荷高温平面摩擦部位的润滑，如窑车轴承、烘烤设备的轴承和链条，炉门及烘干机械设备等。使用温度为：不大于 600℃	1kg、 15kg	天津市 津冠润 滑脂有限 公司
开式专用 润滑脂	GB/T 7631.8 L-XBDEB 00、 GB/T 7631.8 L-XBDEB 0、 GB/T 7631.8 L-XBDEB 1	良好的泵送性能，突出的承载能力和抗磨损特性，很好的抗锈蚀和腐蚀保护性能。 产品适用于-20°~150°的工作温度环境，可以应用于电厂、水泥厂、钢铁厂等大中型机械设备重负荷开放式传动机构应用场合	16kg、 170kg	深圳市超 润达科技 有限公司
6801. 多效 通用长寿命 润滑脂系列 （复合皂基 脂；轴承脂）	GB/T 7324	优良的高温热稳定性和氧化安定性；极佳的抗磨减摩性和抗微动磨损性；良好的抗剪切性和胶体安定性；良好的抗水性和防护性；低摩擦系数，低蒸发损失，适合长期润滑。 适用于高温、中、重负荷轴承等部位的润滑与防护。 适用于石化、钢铁、水泥、电力等行业的高温风机、电机轴承的润滑。使用温度为：-30~160℃（不同级别使用温度不同）	1kg/盒× 12 盒、 17kg/桶	武汉博达 特种润滑 技术有限 公司
壳牌佳度 Gadus S5 T460 1.5	运动黏度 （40℃） 147mm²/s	高性能、高温、长寿命重载工业设备润滑脂。采用合成基础油和最新型聚脲稠化剂。含有精选添加剂，具有优异的氧化稳定性、抗磨损和抗腐蚀性能。 适用于密封和半密封设备，包括高温和极端载荷下运行的低速、重载轴承。主要应用于以下行业：钢铁、水泥、造纸、风电、化工、采矿	400g、 18kg、 180kg	壳牌 （中国） 有限公司

续表

产品名称	执行标准	用途与特点	包装形式	生产厂家
壳牌佳度 Gadus S3 V460 2	运动黏度（40℃）460mm²/s	由高黏度指数矿物油和复合锂皂基稠化剂调和而成，并含有最先进的添加剂，具备优异的高温润滑性，其他添加剂能够强化其抗氧化性能、抗磨损性能和防腐蚀性能。适用于高温重载条件。 润滑脂特别适用于在高温和极端载荷下运行的低速、重载轴承，例如：钢铁行业（连铸机、轧辊轴承等）、水泥行业、造纸行业、化工行业、采矿业等。使用温度为：－20～140℃（短期峰值温度150℃）	180kg	壳牌（中国）有限公司
壳牌佳度 Gadus S4 OGXK	运动黏度（40℃）4000mm²/s	采用铝复合稠化剂、高黏度高质量矿物油基础油，以及加强的极压—抗磨添加剂。此外，该产品添加稀释剂来确保低温泵送性。 主要设计用于重载设备，以及矿山设备中用于露天挖掘操作的电铲、吊斗铲和挖掘机等极端低温工矿。主要应用：吊斗铲、电铲、挖掘机、堆料机及取料机中的开式、变速杆、圆轨和滚筒，重载低速的滚动轴承、衬套、低速钢缆、水泥、垃圾处理或钢铁行业的开式应用	180kg	
壳牌佳度 Gadus S4 OGT	运动黏度（40℃）5500mm²/s	采用高黏度优质矿物油为基础油，以铝复合皂基作为增稠剂，含有增强型极压、抗磨添加剂。 主要设计用于重载和高温工况下运行的包括：采矿设备、铲车、挖掘机等露天开采操作机械。主要应用：挖掘机、铲车、堆垛机和取料机等设备的开式、操纵杆、环形导轨和滚筒、低速重载抗磨轴承、轴套、低速钢缆、水泥、垃圾处理或钢铁工业的开式应用	180kg	
壳牌佳度 Gadus S2 OGH 0/00	运动黏度（40℃）1000mm²/s	无由机非皂基稠化剂、石墨、高黏度基础油等组成。 专为在高温状况下工作的开式，如水泥回转窑开式。适用于采用喷射润滑系统的回转窑开式、主要应用：高温运转的开式，水泥回转窑系统	180kg	
安润龙 OGG9245-00 磺酸钙基重负荷开式润滑脂 安润龙 OGG9105-000 磺酸钙基重负荷开式润滑脂		优异的极压抗磨性、防腐防锈性、黏附性。 具体应用：重负荷开式，使用温度为：－10～150℃	180kg/钢桶、18kg/塑料桶	朗盛有限公司
安润龙 RMG745-1.5 磺酸钙基重负荷轴承润滑脂		优异的耐高温、抗水、防腐防锈性、机械稳定性和极压抗磨性。 具体应用：辊压机轴承脂，以及其他重负荷轴承润滑脂。使用温度为：－18～160℃	180kg/钢桶、18kg/塑料桶	
CA-1 膨润土润滑脂	Q/0205TOP 046—2017	良好的机械安定性及氧化安定性，滴点高，耐高温性能好，良好的抗水性。适用于矿山设备、铸造、轧制设备、水泥、造纸、航空设备、密封轴承、传送系统	1kg/桶、5kg/桶	青岛拓普石油化工有限公司

续表

产品名称	执行标准	用途与特点	包装形式	生产厂家
重负荷开式脂	Q/LTY 21002	具有优良的极压抗磨性、黏附性、抗水性和抗氧化性能。 适用于各行业大型、重负荷、低速至中速的开式的润滑。负荷承载能力达 20000kgf/cm^{2}以上，以及各种型号的齿形联轴节的润滑。本产品广泛用于热电厂球磨机、水泥窑的冕状及球磨机、汽车制造厂锻压机、矿山球磨机的润滑。使用温度为：-25~120℃	800g/罐、16kg/桶、170kg/桶	杭州壳邦力特油脂有限公司
MOKO 9103 高温润滑脂（T220）	德国标准：DIN 51502：KP2R-40	优良的高温性和高温热稳定性；优秀的抗剪切性，高温下不易流失；极佳的抗磨极压性，高温下能保持良好的油膜；好的防锈、防腐和抗水性能；极佳的高温抗氧化性，长的使用寿命。 适用于高温重负荷工况下工作轴承的润滑与防护。适用于热定型机、烘缸热压机、拉伸拉幅机、塑料挤压机、烘烤机以及钢厂炼钢炉、烧结车、轧机和水泥厂蓖冷机等高温场合下轴承的润滑与防护。使用温度为：-40~220℃	1kg/盒×12/箱、18kg/塑桶	上海摩克润滑油技术有限公司
MOKO 9305 重负荷开式脂		极佳的抗磨极压性、优秀的承载负荷能力，可有效降低磨损；优良的黏附性和扩散性，能迅速在齿面形成油膜；良好的抗水性和抗氧化性，使用周期长；无溶剂、无沥青、无铅，属环保绿色润滑产品。 适用于各种大型、重负荷、低转速开式和齿形联轴节的润滑和防护，负荷承载能力达 20000kgf/cm^{2}以上；钢厂烧结机、水泥厂水转窑、磨煤机、电厂球磨机、化工行业反应炉等大型和特大型开式的润滑。使用温度为：-15~120℃	18kg/铁桶、180kg/塑桶	
MOKO 9606 特种密封脂		极佳的高温热稳定性和高温抗氧化安定性；卓越的抗化学介质能力，抗酸碱盐、氯气、氟化氢、氟里昂等腐蚀性介质；极佳的密封性，密封效果长期持久泵送性好。 适用于化工反应炉、水泥回转窑、冶炼烧结炉、高压汽轮机的端面密封和润滑。 特别适用于氟化反应炉端面的密封和润滑。使用温度为：-10~600℃	1kg/盒×12/箱、18kg/塑桶	
MOKO 9802 多效聚脲基润滑脂	德国标准：DIN 51502：KP2R-25	突出的高温性、抗水性和润滑性；极佳的抗氧化安定性和极长的使用寿命；良好泵送性和抗酸性气体介质能力；优良的防锈、防腐性、剪切稳定性。 适用于高温潮湿环境下的轴承、链条、钢缆、滑道的长期润滑和防护；适用于汽车、石化、钢铁、水泥等行业经常接触水、水蒸汽和腐蚀性介质部位的长期润滑和防护。使用温度为：-20~180℃	175kg/铁桶、18kg/塑桶	
MOKO 9803 极压聚脲基润滑脂	德国标准：DIN 51502：KP2R-25	极佳的抗磨极压性、优秀的承载负荷能力；极佳的抗氧化安定性和极长的使用寿命；良好泵送性和抗酸性气体介质能力；优良的防锈防腐性、抗水性。 适用于高温潮湿重载环境下的轴承、链条、钢缆、滑道的长期润滑和防护；汽车、石化、钢铁、水泥等行业经常接触水、水蒸汽和腐蚀性介质的高温重载部位的润滑和防护	175kg/铁桶、18kg/塑桶	

续表

产品名称	执行标准	用途与特点	包装形式	生产厂家
MOKO 9804 合成复合锂基 润滑脂	ISO6743-9： L-XBFEB2 DIN 51502： KP2R-40	卓越的高低温性、高温热稳定性、高温抗氧化安定性；良好的抗磨性和抗微动磨损性；优秀的机械安定性和胶体安定性；优良的防锈防腐性、抗水性；极长的使用寿命。 适用于高温工况下工作轴承的润滑与防护；热定型机、烘缸热压机、拉伸拉幅机、塑料挤压机、烘烤机以及钢厂的炼钢炉、烧结车、轧机和水泥厂蓖冷机等高温场合下轴承的润滑与防护；长期甚至终生寿命轴承的润滑和防护。使用温度为：-40～200℃	175kg/铁桶、 18kg/塑桶	上海摩克 润滑油 技术 有限公司
MOKO 9806 极压复合锂基 润滑脂	德国标准： DIN 51502： KP2R-25	极佳的抗磨极压性、优秀的承载负荷能力；极好的抗氧化安定性、抗微动磨损性和极长的使用寿命；良好泵送性，适宜集中润滑；优良的防锈防腐性、抗水性。 适用于高温重载环境下的轴承、链条、钢缆、滑道、托轮、联轴节、大型电机的润滑和防护；汽车、石化、钢铁、水泥、纺织、印染、浮法玻璃等行业高温重载部位的润滑和防护	175kg/铁桶、 18kg/塑桶	
MOKO 9902 高温螺纹 防卡剂		极佳的高温螺纹丝扣防粘结性；优良的耐高温性和螺纹密封性；固体减摩剂能有效降低摩擦系数，丝扣易拆卸；良好的导电性和耐压性。 适用于防止各种螺栓、丝扣的高温粘连和烧结；电厂汽轮机、钢厂炼钢炼铁、水泥厂回转窑、化纤高速纺丝机、聚酯熔体计量泵等高温螺栓的防卡咬。使用温度为：-40～1100℃	1kg/盒× 12/箱、 18kg/塑桶	
长鸣 CY2100 铁路机车 牵引电机轴承 润滑脂	Q/0700WCM 100. 210	适用于铁路机车的牵引电机电枢轴承及主发和辅助电机轴承的润滑；石化、钢铁、水泥、电力等行业的高温风机、电机轴承的润滑。使用温度为：-40～160℃	15kg 塑料桶、 170kg 铁桶或 根据客户需求 包装	山东长鸣 化工有限 公司
长鸣 CL2103 重负荷开式 润滑脂	Q/0700WCM 200. 103	适用于各种低速、重负荷的大型开式的润滑，特别适用于钢厂烧结机、水泥厂回转窑、球磨机、铝厂焙烧炉化工厂反应炉等大型和特大型开式的润滑与防护；承载负荷可达 20000kg/cm^2 以上各种齿形联轴器的润滑。使用温度为：-15～120℃	15kg 塑料桶、 170kg 铁桶或 根据客户需求 包装	
长鸣 YJ3104 连铸机脲基 润滑脂	Q/0700WCM 300. 104	适用于高温潮湿环境下的中、重负荷滚珠、滚柱和滑动轴承的长期润滑；特别适宜于钢铁厂连铸生产线轴承水泥厂易于接触水部位轴承的润滑。使用温度为：-20～180℃	15kg 塑料桶、 170kg 铁桶或 根据客户需求 包装	
长鸣 DL4104 大型电机 轴承润滑脂	Q/0700WCM 400. 104	适用于高温、中、重负荷轴承等部位的润滑与防护；适用于石化、钢铁、水泥、电力等行业的高温风机、电机轴承的润滑。使用温度：-20～150℃	15kg 塑料桶、 170kg 铁桶或 根据客户需求 包装	
鑫业锂盛 3#二硫化钼 锂基润滑脂		特别添加二硫化钼等添加剂的润滑脂，具有耐高温、极压抗磨等特性。 适用于轧钢机轴承、化工焙烧、水泥行业设备润滑	净重 12kg、 净重 15kg、 净重 170kg	濮阳市 鑫业特种 润滑油脂 有限公司

续表

产品名称	执行标准	用途与特点	包装形式	生产厂家
环球超高温润滑脂 牌号： 2T#，2#	Q/0100LHQ 024—2018	优异的抗高温性能，具有良好的极压抗磨性能，良好的防锈性能。 适用于水泥、玻璃、纺织、钢铁等高温、高负荷和有水的工况下的高温滑动摩擦部位的润滑；非密封滑动轴承部位的润滑，使用过程中，应根据实际工况对润滑部位进行定期的加脂和清理。使用温度为：-20~500℃	15kg 塑料桶、170kg/175kg 铁桶包装	山东环球润滑油有限公司
环球耐水润滑脂 牌号： 1.5#，2#	Q/0100LHQ 032—2018	高黏度基础油，满足主要工况的油膜强度；优异的耐高温性能、耐水稳定性能、机械剪切性能、腐蚀保护性能、海水防锈保护性能，增强的极压、抗磨性能。 适用于船舶港口工业牵引起重钢丝绳、拖拽绞车开式、海上起重机回转、传动和绕线设备。钢铁工业的连铸的多水、蒸汽条件以及连轧轴承、加热炉出入炉的输送轨道轴承，保证连铸机和轧机轴承的正常操作。水泥工业的回转窑轴承以及破碎机及球磨机轴承的润滑。使用温度为：-20~200℃	15kg 塑料桶和 175kg 铁桶包装	
二硫化钼极压锂基润滑脂 0#、1#、2#、3#	SH/T 0587—1994	具有优秀的极压抗磨性以及良好的热稳定性、机械安定性、防水性和泵送性。 适用于冶金轧钢轴承、耐火器材窑车轴承、铸造落砂机械、化工焙烧、机械加工热处理、印染焙烧机、造纸干燥机、橡胶、塑料热轧及水泥行业设备各摩擦部位的润滑。使用温度为：-30~150℃	12kg/桶、15kg/桶、170kg/桶、175kg/桶	唐山市天成润滑油脂有限公司
HP 高温润滑脂 2#、3#	Q/SH PRD 131—2008	具有优良的高温黏附性、极压抗磨性、胶体安定性、机械安定性，还具有良好的抗水性和防护性。 适用于大型重载货车、高速轿车、冶金行业连铸机、连轧机、烧结机、出钢辊道以及印染、大型电动机、橡胶、塑料热轧机、水泥行业、窑车等高温、重负荷机械设备摩擦部位的润滑。使用温度为：-30~200℃	0.8~2kg/桶、12kg/桶、15kg/桶、170kg/桶、175kg	
优润高负载轴承润滑脂 RP 1000	基础油 40℃运动黏度：1000cSt	推荐应用于水泥、矿山、钢铁、电力、化工、造纸等行业大型设备的轴承，如：干燥机、造粒机、挖掘机、辊压机、破碎机等	50kg/桶、180kg/桶	珠海经济特区顺益发展有限公司
优润高负载轴承润滑脂 RP 1500	基础油 40℃运动黏度：	推荐应用于水泥、矿山、钢铁、电力、化工、造纸等行业大型设备的轴承，如：干燥机、造粒机、挖掘机、辊压机、破碎机等	50kg/桶、180kg/桶	
优润开式齿轮操作润滑剂 G-OG C-16M	基础油 40℃运动黏度：16000	推荐应用于水泥、矿山、钢铁、电力、化工、造纸等行业的大型设备的开式齿轮，如：回转窑、球磨机、管磨机、棒磨机、干燥机、造粒机、鼓式碎浆机等	50kg/桶、180kg/桶	
优润开式齿轮操作润滑剂 G-OG C-1000	基础油 40℃运动黏度：1000	推荐应用于水泥、矿山、钢铁、电力、化工、造纸等行业的大型设备的开式齿轮，如：回转窑、球磨机、管磨机、棒磨机、干燥机、造粒机、鼓式碎浆机等	50kg/桶、180kg/桶	
优润开式齿轮操作润滑剂 G-OG C-Fluid	基础油 40℃运动黏度：4950/5100	推荐应用于水泥、矿山、钢铁、电力、化工、造纸等行业的大型设备的开式齿轮，如：回转窑、球磨机、管磨机、棒磨机、干燥机、造粒机、鼓式碎浆机等	50kg/桶、180kg/桶	

八、电子电器润滑脂

电子电器是现代仪器仪表等的重要零部件，润滑脂对其润滑、密封、防护、阻尼、散热等，起着不可或缺的作用。电子电器润滑脂的主要产品及生产厂家见表Ⅰ-8。

表Ⅰ-8 电子电器润滑脂产品特点、用途及生产厂家

产品名称	执行标准	用途与特点	包装形式	生产厂家
低温阻尼润滑脂	Q/SH303 0292—2016	采用特殊生产工艺制造，黏稠具有良好的抗水性；能够满足慢速动作的机械设备部位的阻尼和密封要求；有一定化学惰性，与多数塑料及橡胶有良好相容性，如 NBR、ABS 和 PC 等材料。 适用于高低温环境下使用的各种机械、精密仪器的润滑、减震及阻尼；真空系统中的玻璃活塞及磨口接头的润滑与密封；使用温度为：-50～200℃，短期可达 260℃	15kg/桶	中国石化润滑油有限公司天津分公司
低噪音轴承润滑脂 2 号	Q/SY RH2165	洁净度高，能够有效地降低轴承的振动值；防锈性能良好，能够防止轴承运转过程中的锈蚀；具有优良的降噪性能。 适用于小型和微型电机的精密滚动轴承和其他较低负荷设备的滚动轴承的润滑，特别推荐一般工作温度下有静音要求的工业用精密仪器、家用电器等高档精密轴承的润滑	15kg/桶	无锡中石油润滑脂有限公司
捷灵 GAV-1，GAV-2 通用航空润滑脂（锂基脂）	NB/SH/T 0437—2014	GAV-1 脂具有良好的高低温性能、热稳定性、胶体安定性和剪切安定性；还具有优良的高速性能。GAV-2 脂为润滑、防锈两用脂，除具备上述特性外，还对黄铜、紫铜等金属材料提供有效的防护，并且使用周期长，耗脂量少。 可广泛用于中、小功率航空电机和微电机的轴承、齿轮、仪表及操纵机构支点；GAV-1 脂也可用于机械制造行业中的高速磨床主轴轴承、磨床磨头和纺织行业的气流纺纱机转子及加捻机的高速轴承。GAV-2 脂用于密封轴承的防锈与润滑，也用于电子设备、光学仪器的润滑与防护。使用温度为：-60～120℃	1kg 和 2kg 铁桶	山东红星化工有限公司
捷灵 EP 聚脲高温润滑脂（聚脲脂 $0^{\#}$、$1^{\#}$、$2^{\#}$、$3^{\#}$）	Q/0523 SHX011	良好的氧化安定性、机械安定性及抗水性；良好的防锈、防腐性、极压抗磨性及抗辐射性、抗酸性气体；滴点高，高温轴承寿命长且无灰分。 适用于钢铁行业连铸机、连轧机等超高温摩擦部位的润滑，适用于电力、电子工业、冶金机械等设备润滑；适用于长寿命密封轴承的润滑；使用温度为：-20～180℃	15kg 中桶、170kg 大桶	
聚脲润滑脂	SH/T 0789	优良的氧化安定性； 优良的抗辐射性、抗酸性气体和防腐防锈性；高温轴承寿命长且灰分低。 钢铁行业连铸机、连轧机等高温摩擦部位；电力、电子、冶金机械等中负荷工业轴承；使用温度为：-20～200℃	2.5t/罐、180kg/桶、175kg/桶、170kg/桶、17kg/桶	长沙众城石油化工有限责任公司
FAKKT-MB005	GB/T 7324	和大多数塑料相容；降低齿轮噪音；使用寿命长；低渗流，可用于要求清洁的场所；不含有机硅，避免接触点失效。 主要应用：机电设备中塑料/塑料、塑料/金属润滑；有塑料组件的汽车、电气设备、精密设备、视听设备以及办公设备；用作消音润滑脂，减少运动组件的噪音	1kg 铁罐、5kg/15kg 胶桶	深圳市合诚润滑材料有限公司

续表

产品名称	执行标准	用途与特点	包装形式	生产厂家
FAKKT-G210A	GB/T 7324	采用对人体无毒害的环保材料制作而成，无毒、低味、无刺激；与塑胶相容不会引起塑胶膨胀，折裂或老化命。能降低磨损，减小耗电量及噪音；防水、抗酸、避震。 主要应用：汽车车门限位器、绞链；汽车的塑料部件、电气设备、精密设备、音响设备以及办公设备；汽车玻璃升降马达、座椅调节马达；精密电机、减速齿轮；蜗轮、蜗杆的减磨润滑；低速和中高速运行塑料/塑料、塑料/金属齿轮组；中、重负荷塑料/塑料、塑料/金属摩擦	1kg 铁罐、5kg/15kg 胶桶	深圳市合诚润滑材料有限公司
FAKKT-GEM30P	GB/T 5671	具有良好的防护性、低温性、氧化安定性、剪切安定性和极压性能。含有适用于塑胶体系的固体添加剂，与塑胶(PP、PE、SBS 等)，具有良好的相容性等。 主要应用：适用于塑胶齿轮的润滑、降噪和减震。如遥控汽车、飞机等一些电动玩具；空调出风口电机；手摇充电器；果汁机(搅肉机)；电位器；电动(窗帘、牙刷、拖把)；汽车天线、汽车中控锁、低温球轴承、滚珠轴承的润滑等	1kg 铁罐、5kg/15kg 胶桶	
FAKKT-V166	GB/T 5671	优良的油脂安定性；工作温度范围宽；挥发性极低；优异的附着性和润滑性；抗磨损能力强；不腐蚀金属；与大部份塑料制品相适应。 主要应用：开关接点；齿轮组润滑；轴承润滑；雨刮电机；大于 10A 开关	1kg 铁罐、5kg/15kg 胶桶	
FAKKT-GK173H	GB/T 5671	良好的抗磨损性能；良好的黏附性；长效润滑；低渗流，可用于要求清洁的场所；低气味、无刺激；与塑胶兼容性好。 主要应用：汽车零部件；有塑料组件的汽车、电气设备、精密设备、视听设备以及办公设备；汽车天窗轨道与齿轮传动机构；用作消音润滑脂，减少运动组件的噪音；汽车座椅轨道、丝杆	1kg 铁罐、5kg/15kg 胶桶	
FAKKT-E87-2	滴点不低于 260℃；钢网分油(100℃，24h) 不大于 3%	抗剪切稳定型油脂；低挥发度，长寿命润滑；使用温度范围宽；优良耐水淋性能；与塑料相容性优良；有效地控制噪音和吸收震动。 主要应用：汽车后视镜控制件(如镜面调节齿轮)、高档电位器定位系统、各种高档机械设备开关、望远镜、显微镜等光学仪器及长寿命精密马达减速齿轮	1kg 铁罐、5kg/15kg 胶桶	
FAKKT-AP42002	GB/T 7324	低挥发性、不易氧化，适用于长效润滑；良好的低温性能；与大多数塑料和弹性体相容等。 主要应用：汽车的塑料部件、电气设备、精密设备、音响设备，以及办公设备、汽车玻璃升降马达、座椅调节马达、汽车控制面板、低速和中高速运行塑料/塑料、塑料/金属齿轮组，中、重负荷塑料/塑料，塑料/金属摩擦	1kg 铁罐、5kg/15kg 胶桶	
FAKKT-MG33002	SH/T 0789	宽广的工作温度范围；在高温下长期使用不结焦，抗水性极好；优良的抗氧化性和耐热稳定性；优异的抗磨损性；良好的机械稳定性，在重载和轴承的剪切力作用下仍有良好的结构稳定性。 主要应用：适用于高温操作环境；减速电机、行星齿轮；运输带轴承、石油化工、电子、纺织、印染、钢铁生产中的高温轴承润滑；各种滑动润滑面、平面润滑系统	1kg 铁罐、5kg/15kg 胶桶	

续表

产品名称	执行标准	用途与特点	包装形式	生产厂家
FAKKT-AP45010	滴点不低于300℃；钢网分油(100℃，24h)不大于3%	以无机稠化剂稠化合成油，并加有结构改善剂和抗腐蚀添加剂精制而成；优异的高低温性能、耐水密封性；良好的抗溶剂性和介电性能；不腐蚀金属，与橡胶、尼龙、聚烯丙等多种非金属材料具有较好的适应性。 主要应用：适用于某些化学品接触的玻璃、陶瓷或金属阀门旋器、电磁阀等低速滑动部位的密封与润滑；金属与塑胶之间需要润滑的部位；家用电器、食品机械、化妆品机械以及各种防护密封和润滑；各种非金属材料制品中、高速运转的润滑和密封等	1kg铁罐、5kg/15kg胶桶	深圳市合诚润滑材料有限公司
灵威1103高低温润滑脂	Q/DRB 014—2017	良好的高低温性能，尤其是高温性能特别优异，在高温下具有长的轴承寿命；具有良好的防锈性能、抗氧化性能、抗水性。 适用于高温、高速或严寒区野外工作及温度超过200℃以上的宽温度工作的滚动轴承的润滑。如航空离合器、电器、电机的推力轴承，高温风机、赛车轮毂轴承。树脂整理机、长环蒸化机、塑料拉伸拉幅机、涤纶热定型机、熔盐泵电机、蒸呢机、高温染色缸等高温操作运转轴承的润滑。使用温度为：-60~250℃，短期可达300℃	170kg/桶、18kg/桶、1kg/罐	杭州得润宝油脂股份有限公司
EMQ-102S		低噪音、低扭矩、长寿命。 适用于电动工具、家用电器、电动车、医用设备、办公室设备轴承等	包装规格：1)400g、700g软管(塑料管)2)500g、800g、1kg、2kg罐装3)15kg、50kg、180kg	福建优立盛油脂公司
BPS轴承润滑脂	Q/SHJG 1054-2013	聚脲基全合成润滑脂产品，具有优异的高低温润滑性能、出色的轴承寿命，同时具备良好的抗水防锈性能。该产品等同于日本协同ET-K润滑脂。 适用于外径小于140mm的各种电机、风扇、汽车空调、电磁离合器、发动机张紧轮、交流发电机、汽车水泵、家用电器及办公设备中的滚动轴承；各种静音高温电机轴承、高温风扇轴承，以及终身润滑的密封长寿命高速轴承。使用温度为：-50~200℃	15kg钢桶包装	天津市津冠润滑脂有限公司
BPS-M轴承润滑脂	Q/SHJG 1055—2015	聚脲基合成油润滑脂产品，具有优异的高低温润滑性能、优良的耐高速性能、超长的轴承寿命，同时具备良好的抗水防锈性能。该产品等同于日本协同Super-N润滑脂。 适用于外径小于140mm的各种电机、风扇、汽车空调电磁离合器、发动机张紧轮、交流发电机、汽车水泵、家用电器及办公设备中的滚动轴承；各种静音高温电机轴承、高温风扇轴承、长寿命以及终身润滑的密封轴承。使用温度为：-40~180℃	15kg钢桶包装	
特种阻尼专用润滑脂	Q/SHJG 1052-2013	具有优异的阻力稳定性、缓冲性，使部件能平滑、顺畅、准确的运动；油分子分布均匀，黏附性强，阻尼、缓冲力平均；与大多数塑料相容，对金属无腐蚀；电器绝缘性能好。 可应用于各种电器慢开机构的阻尼，也适用于各种慢速动作的机械设备的阻尼，机械设备及汽车零部件慢开设备的阻尼。使用温度为：-30~100℃	1kg、15kg	

续表

产品名称	执行标准	用途与特点	包装形式	生产厂家
UltraFlor B62 全氟聚醚润滑脂		在高温时极其稳定，蒸发损失和分解极小，无积碳和沉积物生成；化学结构极其稳定，耐氧化，适用于长期润滑。 适用于电子节气阀控制的步进马达/ABS 制动防抱死系统/TCS 牵引力控制系统的轴承、活塞和螺杆/真空应用中的密封	1kg/30kg	浙江摩路新材料有限公司
纳米防水剂 EC-6150	QB/EUBO-016—2014	PCB 基板上油的防扩散。PCB 基板、电子部件的防潮腐蚀。微型马达润滑油脂的防泄漏。电容器、各种传感器的防潮。各种手机、PAD 等部件的防潮、防腐蚀	6kg/箱（1kg/桶）	深圳市优宝新材料科技有限公司
干性皮膜油 F18	QB/EUBO-006—2011（2018）	适用于汽车、电子连接器端子及结构的插拔润滑；照相机、摄影机、光学仪器的伸缩镜头及内部机构、各种空调出风口叶片转轴。使用温度为：-50~150℃	6kg/箱（1kg/桶）	
阻尼脂 P 系列	SH/T 0640—1997	具有防噪音、减震及缓冲作用，让部件畅顺准确活动；用于接合部件，容许较大间隙及公差；有密封作用，防水入侵；全部以合成油为基础油，无毒，符合环保条例要求。 用于光学电器、电子仪器、测量仪器、卫浴洁具、齿轮系统、家电控制、开关旋钮、娱乐设备等需要控制自由动作部位的润滑	18kg/桶	
汽车门锁润滑脂	QB/EUBO-015—2014	具有持久的的消音效果；通过了 NSF H1 食品级认证，摩擦系数低，承载能力强；使用温度宽，高黏度低温精密润滑降噪；完全使用合成油，与塑胶、橡胶相容性好，不会令塑胶开裂、软化、溶胀。 适用于汽车部件、电器、精密仪器、音频设备、办公设备中适用于同步马达、步进马达的齿轮减噪音、抗磨、防扩散润滑。推荐使用温度为：-4~150℃	18kg/桶	
低温阻尼脂	GB/T 7631.8 L-XDDAA 1、GB/T 7631.8 L-XDDAA 2	良好的低温稳定性，在较宽的温差下阻尼力矩平稳；优秀的缓冲、稳定、定位作用。 适用于电位器、光学仪器、通讯器材的阻尼定位应用场合。使用温度为：-40~150℃	16kg	深圳市超润达科技有限公司
6107 合成塑料润滑脂（皂基脂；执行机构）	Q/WBD-11-007—2014	良好的热稳定性和氧化安定性优秀的抗磨性和低的摩擦系数；与大多数塑料和橡胶兼容；低蒸发损失，适合于长期润滑；不含铅等重金属，属绿色环保产品 适用于中、高速，轻、中载荷的塑胶与塑胶、塑胶与金属之间的润滑；家用电器、办公设备、消费电子、汽车电子以及玩具等塑胶齿轮和操作机构。使用温度为：-50~130℃；-25~120℃	1kg/盒×12、17kg/桶	武汉博达特种润滑技术有限公司
6401. 高真空硅脂（硅脂；绝缘密封部位）	Q/WBD-14-001—2014	优良的热稳定性和化学安定性；极佳的高低温性和抗水性；极低的挥发损失，极佳的密封功能；与大多数塑胶兼容。 适用于 6.7×10^{-4}Pa 真空系统中的玻璃活塞及磨口接头的润滑与密封；有溴、水、酸碱和其他一些化学介质存在下的润滑与密封；电气绝缘、防闪污、阻尼、防震、防尘、防水、脱模与密封；电力开关、O 型密封圈、汽车制动泵、阀门、油气田测井装置的密封。使用温度为：-50~220℃	50g/盒×200、1kg/盒×12	

续表

产品名称	执行标准	用途与特点	包装形式	生产厂家
6901. 电器绝缘脂 （硅脂； 断路器）	Q/WBD 001—2003	极佳的绝缘性、灭弧性和防电污性；优良的高低温性、热稳定性和化学安定性；良好的抗老化性能，极长的使用寿命；与大多数塑料、橡胶和涂料兼容。 适用于高压断路器和 ZW-7 真空断路器的绝缘和防护；电器开关、精密机械、仪器仪表的绝缘、密封、防护和润滑。使用温度为：-50～200℃	3. 5kg/桶× 6 桶、 5kg/桶×4	武汉 博达特种 润滑技术 有限公司
Multemp AC-N 玛鲁天普 AC-N		采用合成烃油和合成酯油为基础油研制而成的多功能锂基润滑脂。应用温度宽广、低温性尤其突出。采用有机钼和特殊固体润滑剂，因此具有优异的抗烧结性能。 适用于金属齿轮等在极端苛刻的环境下工作且对低温性要求极高的滑动润滑部位，例如：方向盘电子锁减速齿轮、电动座椅减速齿轮、汽车后门锁、管柱衬套等	18kg/180kg、 2. 5kg	协同油脂 株式会社
Multemp R No. 1 玛鲁天普 R No. 1		采用精致合成油为基础油的各种车辆、轿车、电气电子部件触点开关抗电弧用润滑脂。除了具有优越的抗电弧性之外，在高温、高湿的环境下还可有效的防止铜触点腐蚀，保证了触点开关良好的通电性。此外，MULTEMP R NO. 1 还具有良好的低温性和树脂兼容性。 适用于各种高电流触点开关	16kg/2kg	
Fluotribo BX 氟特博 BX		适用于各种设备的球轴承；特别是汽车交流发电机等的高温条件下的轴承，接触化学品或有机溶剂的装置，电子、精密仪器等轴承的润滑。使用温度为：-50～250℃	1kg/16kg	
Multemp D No. 2 玛鲁天普 D No. 2		采用合成烃油为基础油的锂基润滑脂。由于能够适应从低温到高温的宽温度为、低温环境不发生触点接触不良、不会对触点材料银或金产生腐蚀，具有良好的触点开关响应性和树脂兼容性。 适用于各种电器部件的树脂齿轮以及其他滑动部位和各类开关触点部位。例如：各类电器树脂齿轮、汽车转向组合开关、门锁机构、门锁驱动器、空调开关、车窗升降器开关、点火锁、仪表盘等	2kg×6 盒/ 16kg	
Multemp HL-D 玛鲁天普 HL-D		以高黏度合成烃油为基础油炼制成的锂基润滑脂。具有良好的低温性、抗油分离性、消音特性和阻尼特性；与塑料材料的兼容性良好，在塑料滑动部件上也具有优异润滑性。 适用于汽车门车窗电动玻璃升降器交叉臂、座椅导轨、锁内外把手、锁扣机构、各种金属或塑料齿轮、金属或塑料的滑动部件等对降低摩擦、低温响应性、消音或阻尼性有要求的部件润滑	16kg/170kg	
Multemp MM-V 玛鲁天普 MM-V		以高黏度特殊聚合油为基础油、硅胶为稠化剂炼制而成的阻尼润滑脂。具有极强的黏附性、几乎不会发生油分离情况。 适用于各种滑动部件上(医疗器械的阀门或滑动部件等)，具有优异的消音性和密封性	16kg/2kg	
Multemp SH-U 玛鲁天普 SH-U		以高黏度合成烃油为基础油炼制而成的锂基润滑脂，具有优良的消音性和阻尼性，并且具有杰出的塑料兼容性。 适用于汽车、电气设备、视听设备、办公设备及各种精密仪器的塑料齿轮、凸轮等	16kg	

续表

产品名称	执行标准	用途与特点	包装形式	生产厂家
Multemp WR194 玛鲁天普 WR194		采用锂皂为稠化剂，高黏度合成烃油为基础油配制而成的特殊合成油润滑脂。合成烃基础油与树脂部件的兼容性和润滑性方面也表现非常好，配合与树脂兼容的特殊抗磨添加剂，强化了抗磨性；采用了高黏度的基础油，所以具有优异的黏附性和优越的阻尼效果即消音、减振效果；更主要的特点是即使采用了高黏度基础油，还能保持优异低温性；即使在室外暴露的条件下也能保持优越的长寿命。 适用于汽车玻璃升降器、玻璃天窗等降噪减磨	16kg/170kg	
ultemp SL-V No. 2 玛鲁天普 SL-V No. 2		采用高黏度合成烃油为基础油炼制而成的高黏度锂基润滑脂。由于其采用高黏度基础油，所以可以作为阻尼润滑脂使用，并且该产品具有优良的塑料兼容性。 专门为车辆球头使用，可应用于内部夹树脂套的各种车辆的横接头、拉杆球头、悬挂摆臂球头、雨刮器连杆球头以及转向器管柱中间轴等	16kg/170kg	
Multemp L 玛鲁天普 L		采用合成烃油为基础油的锂基润滑脂。由于能够适应从低温到高温的宽温度，不发生极端的离油，不会对触点材料银或金产生腐蚀，同时具有良好的开关响应性和树脂兼容性。 适用于电器部件的树脂齿轮以及其他滑动部位和各类汽车开关触点部位。例如：各类电器树脂齿轮、汽车转向组合开关、管柱伸缩倾斜感应开关、门锁机构、门锁驱动器、排档器开关等	18kg 2. 5×6kg	协同油脂株式会社
Multemp SL-F No. 1 玛鲁天普 SL-F No. 1		采用低黏度合成烃油为基础油、锂基皂为稠化剂的机构组件用润滑脂。具有优越的低温特性、树脂兼容性。 适用于各类对低温性有特殊要求的电器齿轮和汽车电器产品滑动部位。例如：汽车点火锁、方向盘锁、换档开关、伸缩式前车灯驱动齿轮等	16kg/2kg	
Plasguard SG 浦莱德 SG		采用无机稠化剂和半合成基础油炼制而成，具有优异的树脂兼容性、耐热性和低温性。 适用于小型电器以及家电、汽车等其他塑料零部件	18kg 2. 5kg×6	
3201 高温润滑脂	Q/WB3201—2012	本品系以无机稠化剂稠化合成油，并加有防锈蚀、抗腐蚀添加剂和结构改善剂等精制而成。 适用于电子元件、仪器仪表滑动和转动部位的阻尼和润滑．适用温度范围：-40~200℃	2kg/桶、12kg/桶、15kg/桶、170kg/桶	郑州铁维保科技有限公司
YB-G539A	Q/YB J501—2016	适用于电子电器、数码电器、汽车电器、家用电器等领域的电子散热风扇，使用温度为：-30~150℃	18kg/桶	安徽意博润滑科技
YB-8088	Q/YB J103—2016	油膜稳定。适用于家用电器、办公机械等静音要求，在长期运行工况下有着恒定的低噪音寿命，使用温度为-30~130℃	18kg/桶	
HR 优质耐高温脂	Q/LTY00113	具有耐高温、高极压、抗水汽、拒酸碱以及防化学介质的卓越性质。 适用于化工、冶金、电子、军工、轻纺、印染等行业的轴承、滑杆、滑阀、滚动、转动、移动等机械设备上，起润滑、防护、密封作用	800g/罐、16kg/桶、170kg/桶	杭州力特油剂有限公司

续表

产品名称	执行标准	用途与特点	包装形式	生产厂家
塑胶齿轮脂	Q/LTY21022	优良的承载能力和抗水性能，与绝大部分塑胶及金属材料相容，稳定性好。极低的摩擦系数，减少噪音及震动的产生，同时又不会增加运动阻力和负荷。 适用于电器、玩具、汽车、办公设备，精密仪器中要求极长寿命的塑胶或塑胶与金属之间运动件(齿轮、开关、轴承)的终身润滑。使用温度为：-40~110℃	800g/罐、16kg/桶、170kg/桶	杭州力特油剂有限公司
QBLT 绝缘润滑脂	Q/LTY01014	具有优异的抗氧化性能和电绝缘性能；良好的化学稳定性和高低温性能，可在很宽的温度范围内长期使用。 用于电器开关、高压断路器的绝缘、防护和密封；也可用于电气设备、精密机械、仪器仪表的绝缘、防腐、防漏电及密封	800g/罐、16kg/桶	
7102 电位器阻尼脂	Q/LTY 05004	具有优异的阻尼性、润滑性、防锈性、绝缘性和密封性能。 适用于转动式电位器、电感器等电器元件的转轴和音像设备慢开门阻尼器的阻尼和润滑。适用于显微镜、望远镜等仪器仪表调节系统和旋纽的阻尼和润滑。使用温度为：-20~130℃	800g/罐、16kg/桶、170kg/桶	
MOKO 9105 高低温润滑脂(T250)	美国军用标准：MIL-G-25013E	极佳的高低温性，高温下能保持长久润滑，优良的抗化学介质能力，耐中等强度的酸碱介质，良好的防护性和抗水性，极低的摩擦系数，输出效率高，优异的高温抗氧化性能，极长的高温使用寿命。 适用于高速和低温严寒区以及高温环境工作轴承的润滑与防护；航空电机、电器、离合器轴承，高温风机、赛车轮毂轴承、塑料拉伸拉幅机、涤纶热定型机、树脂整理机、熔盐泵电机、长环蒸化机、高温染色缸、蒸呢机等高温运转轴承的润滑。使用温度为：-60~250℃	1kg/盒×12/箱、18kg/塑桶	上海摩克润滑油技术有限公司
MOKO 9203 高速低温润滑脂	美国军用标准 MIL-G-3278	优秀的高低温性、低温起动力矩小。 良好的机械安定性、胶体安定性，卓越的抗剪切安定性，高速下保持力强，优秀的防锈防腐性、抗水性，优良抗氧化安定性，长的使用寿命。 适用于航空电机和微型电机轴承、齿轮、飞机操作机构支点、组装联接以及某些仪器、仪表的润滑和防护；寒区户外工作的轴承、仪器仪表电机、高速机床、低温液体输送泵电机、家用电器轴承和齿轮的润滑；高速电机轴承的润滑。使用转速(DN 值)：10^6，使用温度为：-60~130℃	1kg/盒×12/箱、18kg/塑桶	
MOKO 9306 合成塑胶齿轮润滑脂(DV)		极低的摩擦系数，优秀的塑胶润滑性，良好的热稳定性、机械安定性和抗氧化安定性，与大多数塑料和弹胶体相容，挥发低，极长的使用寿命，无重金属和多溴联苯，属绿色环保产品。 适用于塑胶与塑胶和塑胶与金属之间的润滑与防护；家用电器、办公设备、汽车组合开关和操纵系统、电子产品以及玩具等塑胶齿轮和塑胶组合件的润滑与防护。使用温度为：-60~130℃	1kg/盒×12/箱、18kg/塑桶	
MOKO 9307 合成塑胶齿轮润滑脂(MV)		极低的摩擦系数，优秀的塑胶润滑性，良好的热稳定性、机械安定性和抗氧化安定性，与大多数塑料和弹胶体相容，挥发低，极长的使用寿命，无重金属和多溴联苯，属绿色环保产品。 适用于塑胶与塑胶和塑胶与金属之间的润滑与防护，家用电器、办公设备、汽车组合开关和操纵系统、电子产品以及玩具等的塑胶齿轮和塑胶组合件的润滑与防护	1kg/盒×12/箱、18kg/塑桶	

续表

产品名称	执行标准	用途与特点	包装形式	生产厂家
MOKO 9308 合成塑胶齿轮润滑脂(HV)		极低的摩擦系数，优秀的塑胶润滑性，良好的热稳定性、机械安定性和抗氧化安定性，良好的黏附性，能有效降低噪音，与大多数塑料和弹胶体相容，挥发低，极长的使用寿命，无重金属和多溴联苯，属绿色环保产品。 适用于塑胶与塑胶和塑胶与金属之间的润滑与防护，家用电器、办公设备、汽车组合开关和操纵系统、电子产品以及玩具等塑胶齿轮和塑胶组合件的润滑与防护。使用温度为：-40~150℃	1kg/盒×12/箱、18kg/塑桶	
MOKO 9309 合成塑胶齿轮润滑脂(SV)		极低的摩擦系数，优秀的塑胶润滑性，良好的热稳定性、机械安定性和抗氧化安定性，极佳的黏附性，能有效降低噪音，与大多数塑料和弹胶体相容，挥发低，极长的使用寿命，无重金属和多溴联苯，属绿色环保产品。 适用于塑胶与塑胶和塑胶与金属之间的润滑与防护，家用电器、办公设备、汽车组合开关和操纵系统、电子产品以及玩具等塑胶齿轮和塑胶组合件的润滑与防护。使用温度为：-20~160℃	1kg/盒×12/箱、18kg/塑桶	
MOKO 9501 高真空硅脂		极佳的密封性、黏附性，使用寿命极长，优秀的高温热稳定性，高温蒸发损失少，使用温度范围宽，化学稳定性好，材料适应性强，与多种塑料和橡胶相容，耐腐蚀、溶剂、水和其他化学介质，良好的介电性能，电绝缘性能好。 适用于 6.65×10^{-4}Pa 真空系统中的玻璃活塞及磨口接头的密封与润滑；有溴、水和其他化学介质存在条件下的密封与润滑；电力开关、O 型密封圈、汽车制动泵、真空助力器、石化厂闸门等装置的密封与润滑；电气绝缘、防闪污、阻尼、防震、防水、防尘。使用温度为：-54~200℃	50 克/盒×120/箱、1kg/盒×12/箱、18kg/塑桶	上海摩克润滑油技术有限公司
MOKO 9502 油气田专用硅脂		优良的热稳定性和化学安定性；极低的挥发损失，使用温度为为宽；极佳的密封功能，可有效阻止泥浆和潮气进入测井仪器；深井下，不变稀、不硬化、保持力强；与多种塑料和橡胶相容，使用寿命极长；油气田深井和超深井马龙头的密封和润滑；电气绝缘、阻尼、防震、防尘、防水、脱模与高真空密封。使用温度为：-54~220℃	1kg/盒×12/箱、18kg/塑桶	
MOKO 9505 滑轨阻尼润滑脂		优良的黏附性、拉丝性、降噪性，优异的润滑性和适宜的阻尼性，良好的防锈性、密封性，长的使用寿命和材料适应性好，无重金属和多溴联苯，属绿色环保产品。 适用于家具滑轨阻尼和润滑，电子元件与仪器仪表调节和转动部位的阻尼和润滑以及塑料齿轮的润滑。使用温度为：-20~120℃	1kg/盒×12/箱、18kg/塑桶	
MOKO 9506 电位器阻尼润滑脂		优良的黏附性、拉丝性、降噪性；优异的润滑性和适宜的阻尼性；良好的防锈性、密封性、绝缘性；极长的使用寿命和材料适应性好；无重金属和多溴联苯，属绿色环保产品。 适用于转动式电位器、电感器等电器元件的转轴音像设备慢开门阻尼器以及显微镜、望远镜等仪器仪表调节系统和旋纽的阻尼和润滑；塑料齿轮的阻尼和润滑。使用温度为：-20~150℃	1kg/盒×12/箱、18kg/塑桶	

续表

产品名称	执行标准	用途与特点	包装形式	生产厂家
MOKO 9507 多用途阻尼 润滑脂		优良的黏附性、拉丝性；优异的润滑性和适宜的阻尼性；良好的防锈性、密封性、绝缘性；阻尼适应为宽，降噪音效果好；极长的使用寿命和材料适应性好；无重金属和多溴联苯，属绿色环保产品。 适用于转动式电位器、电感器等电器元件的转轴和音像设备慢开门阻尼器以及显微镜、望远镜等仪器仪表调节系统和旋组的阻尼和润滑，洗衣机减震杆、汽车组合开关、家具滑轨、门窗合页、电器门轴等器具的阻尼和润滑，塑料齿轮的阻尼和润滑	1kg/盒× 12/箱、 18kg/塑桶	上海摩克 润滑油 技术有限 公司
MOKO 9508 超稳定阻尼 润滑脂		优良的黏附性、拉丝性，降噪音效果好，极佳的高低温性和稳定的阻尼性，良好的防锈性、密封性、绝缘性，极长的使用寿命和材料适应性好；无重金属和多溴联苯，属绿色环保产品。 适用于要求在宽温内阻尼特别稳定的电器元件和仪器仪表阻尼的润滑以及塑料齿轮阻尼的润滑。使用温度为：-50～200℃	1kg/盒× 12/箱、 18kg/塑桶	
MOKO 9904 导电润滑脂		电阻低，导电效果好，能防止电弧产生；极佳的抗氧化，使用寿命长；优良的防锈防腐性，金属长期接触不会锈蚀。 适用于电器开关、电气化线路、电解槽等设备的导电和防护；各种要求良好导电的部位。使用温度为：-40～200℃	1kg/盒× 12/箱、 18kg/塑桶	
MOKO 9905 电触点润滑脂		摩擦系数低，润滑性好；极佳的抗氧安定性，使用寿命长 优良的防锈防腐性，可防止金属表面钝化和锈蚀；可使开关达到动作五十万次以上寿命。 适用于各种电器开关的润滑、灭弧和防护；汽车组合开关、滑片电触式、隔离开关等部位的润滑、灭弧和防护。使用温度为：-40～160℃	1kg/盒× 12/箱、 18kg/塑桶	
长鸣 CL2107 塑胶齿轮 润滑脂	Q/0700WCM 200. 107	适用于录音机、录象机、CD 机、照相机等家用电器和复印机、打印机等办公设备以及玩具等塑料轴承、齿轮和操作机构的润滑与防护；塑料与塑料、塑料与金属之间的润滑与防护，特别适用于纤维增强塑料。使用温度为-20～120℃	1kg/15kg 塑桶、170 铁桶或根据 客户需求 进行包装	山东长鸣 化工有限 公司
长鸣 CL2108 玩具齿轮 润滑脂	Q/0700W CM200. 108	适用于宽温内的中高速、轻中载荷塑料与塑料、塑料与金属之间的润滑与防护；家用电器、办公设备、汽车操纵机构和配件，以及各种玩具的塑料齿轮和操作机构的润滑与防护。使用温度为：-20～120℃	1kg/15kg 塑桶、170 铁桶或根据 客户需求 进行包装	
长鸣 DL4100 微电机轴承 润滑脂	Q/0700WCM 400. 100	适用于各种串激、罩极、感应、直流微型电机的润滑与防护；适用于高速微电机、家用电器轴承、仪器仪表和低温环境的润滑；散热风扇含油轴承、电子机芯、玩具轴承、钟表、电表及各种转动摩擦件的润滑与消音。使用温度为：-60～120℃	15kg 塑料桶、 170kg 铁桶或 根据客户需求 进行包装	
长鸣 DL4111 高压绝缘脂	执行企业标准 Q/0700WCM 400. 111	适用于高压电缆附件 10kV 以上的电力电缆接头及开关附件、电气连接器、电气组件与端子、电缆接头、蓄电池接线端等部件，防止电晕释放和消除电弧，起绝缘、抗爬电、润滑和防潮密封作用；高压电器接头、电瓶接头、穿刺线夹的齿型口处的绝缘、密封、防潮、防腐，以及金属与塑料、橡胶的连接组合，阀门及真空系统的润滑与防护。使用温度为：-50～240℃	4L、20L 铁桶 或根据客户 需求进行 包装	

续表

产品名称	执行标准	用途与特点	包装形式	生产厂家
长鸣 GK5100 特种白色润滑脂	Q/0700WCM 500.100	适用于各种高速滚动轴承、精密机床轴承、纺织机械轴承及仪器仪表的润滑和防护；特别适用于白色的家用电器、办公设备和精密仪器的润滑和防护。使用温度为：−20~120℃	800g 塑桶、15kg 塑桶或根据客户需求进行包装	山东长鸣化工有限公司
长鸣 GK5105 热定型机传送带轴承润滑脂	Q/0700WCM 500.105	适用于长期高温下工作的设备润滑用，特别适于热定型机输送带轴承、涂装线轴承、薄膜拉伸拉幅机轴承、导热油泵轴承、PTA 离心机差速器轴承、瓦楞纸机轴承及树脂整理机、熔盐泵电机、长环蒸化机、高温染色缸、蒸呢机、防缩机等高温操作运转轴承的润滑；也适于如电器推力轴承、高温风机、锅炉烘箱、窑炉传送带等高温轴承的润滑与防护。使用温度为：−40~300℃	1kg、15kg 塑料桶或根据客户需求进行包装	
长鸣 GK5117 测井马龙头专用硅脂	Q/0700WCM 500.117	适用于油气田和地质勘探的深井和超深井测井作业的马龙头的密封润滑；也适用于电气绝缘、防闪污、阻尼、防震、防尘、防水、脱模与密封；还可用于塑胶与塑胶、塑胶与金属、金属与金属间的密封和润滑或用于阀门、接头、活塞等低速滑动部位的润滑与密封。使用温度为：−54~250℃	1kg、15kg 塑料桶或根据客户需求进行包装	
长鸣 GK5119 路桥专用硅脂	Q/0700WCM 500.119	适用路桥和高速公路橡胶支座的防潮防腐与密封润滑；也适用于电气绝缘、防闪污、阻尼、防震、防尘、防水、脱模与密封。使用温度为：−54~250℃	1kg、15kg 塑料桶或根据客户需求进行包装	
长鸣 CM7501 高真空硅脂	Q/0700WCM 005.001	适用于高低温环境下使用的各种机械、精密仪器的润滑、减震及阻尼；6.7×10^{-4}Pa 真空系统中的玻璃活塞及磨口接头的润滑与密封；有溴、水、酸碱和其他一些化学介质存在条件下的润滑与密封；电气绝缘、防闪污、阻尼、防震、防尘、防水、脱模与密封；电力开关、O 型密封圈、汽车制动泵、石化厂阀门等装置的润滑与密封。使用温度为：−50~240℃	1kg、15kg 塑料桶或根据客户需求进行包装	
长鸣 MZ8100 高真空密封脂	Q/0700WCM 800.100	适用于高低温环境下使用的各种机械、精密仪器的润滑、减震及阻尼；6.7×10^{-4}Pa 真空系统中的玻璃活塞及磨口接头的润滑与密封；有溴、水、酸碱和其他一些化学介质存在条件下的润滑与密封；电气绝缘、防闪污、阻尼、防震、防尘、防水、脱模与密封；电力开关、O 型密封圈、汽车制动泵、石化厂阀门等装置的润滑与密封。使用温度为：−50~240℃	1kg、15kg 塑桶或根据客户需求进行包装	
长鸣 MZ8109 无色阻尼润滑脂	Q/0700WCM 800.109	适用于阻尼式闭门器、阻尼弹簧减振器、门窗闭门器、橱门缓冲器、门合页、阻尼铰链等阻尼系统的阻滞和缓冲；CD、DVD 等的装载机构、慢开门机构、音响旋钮以及精密仪器调节旋钮等部位的阻尼、缓动及定位；各类需阻尼缓速消音的部位或调节加工误差的场所。使用温度为：−20~150℃	1kg、15kg 塑桶、170kg 铁桶或根据客户需求进行包装	
长鸣 MZ8110 低温阻尼润滑脂	Q/0700WCM 800.109	适用于阻尼式闭门器、阻尼弹簧减振器、门窗闭门器、橱门缓冲器、门合页、阻尼铰链等阻尼系统的阻滞和缓冲；适用于 CD、DVD 等的装载机构、慢开门机构、音响旋钮以及精密仪器调节旋钮等部位的阻尼、缓动及定位；各类需阻尼缓速消音的部位或调节加工误差的场所。使用温度为：−20~150℃	1kg、15kg 塑桶、170kg 铁桶或根据客户需求进行包装	

续表

产品名称	执行标准	用途与特点	包装形式	生产厂家
长鸣 MZ8110 低温阻尼润滑脂	Q/0700WCM 800.110	适于受扭动的塑料/塑料、塑料/金属、金属/金属间的阻尼、消音如音响设备旋钮、三脚架、门窗阻尼器、电位器、电容器、转轴定位器、直滑定位器；相机、显微镜、望远镜、测距仪镜头调焦机构的阻尼、防滑；碟机唱盘缓冲齿轮开关装置，汽车(音响、烟灰缸、杂物箱、拉手，车灯)阻尼齿轮。使用温度为：-35~200℃	1kg、15kg 塑桶、170kg 铁桶或根据客户需求进行包装	山东长鸣化工有限公司
长鸣 WB6107 家电齿轮润滑脂	Q/0700WCM 600.107	适于塑料与塑料和塑料与金属之间如遥控汽车、飞机等的润滑、降噪和减振；适于家用电器如空调出风口电机、手摇充电器、果汁机(搅肉机)、电动(窗帘、牙刷、拖把)的润滑、消音和减振；录音机、录象机、CD 机、照相机等家用电器及按摩健身器材等的塑胶齿轮的润滑、消音和减振。使用温度为：-20~120℃	1kg、15kg 塑桶、170 铁桶或根据客户需求进行包装	
长鸣 CM7017-1B 高低温润滑脂	Q/0700WCM 004.006	适用于高温、高速或严寒区野外工作及温度超过 200℃以上的宽温度工作的滚动轴承的润滑；特别适宜于航空电机、电器、离合器的推力轴承，高温风机、赛车轮毂轴承、塑料拉伸拉幅机、涤纶热定型机、树脂整理机、熔盐泵电机、长环蒸化机、高温染色缸、防缩机等高温操作运转轴承的润滑。使用温度为：-50~280℃	1kg、15kg 塑料桶或根据客户需求进行包装	
环球特种白色复合锂基润滑脂 牌号：2#	Q/0100LHQ 028—2018	优异的高温性、低温性能、机械剪切性能和腐蚀保护性能。 适用于各种精密机床、万能磨床、坐标镗床；食品机械、纺织皮辊轴承、仪器及、磨具轴承等润滑系统仪器的润滑。电子、汽车、玩具、家电等的微型和中小型轴承。使用温度为：-40~180℃	15kg 塑料桶和 175kg 铁桶包装	山东环球润滑油有限公司
环球特种白色锂基轴承润滑脂 牌号：2T#	Q/0100LHQ 029—2018	超清净合成工艺；优异的低温性能、机械剪切性能和腐蚀保护性能。 适用于各种精密机床、万能磨床、坐标镗床；食品机械、纺织皮辊轴承、仪器及、磨具轴承等润滑系统仪器的润滑。电子、汽车、玩具、家电等的微型和中小型轴承。使用温度为：-20~130℃	15kg 塑料桶和 175kg 铁桶包装	
1#2#3#锂基脂、二硫化钼锂基脂、HP 高温脂		具有良好的机械安定性，较好的胶体安定性和抗水性，可以便用于潮湿和与水接触的机械部位。 可以长期使用在 120℃或短期使用到 150℃	中桶 箱 大铁桶	邯郸市大地润滑油脂有限公司
前田化成 NIKI 润滑脂 FG-107M		消音性；由于高基油黏度而具有阻尼性；低启动转矩、低油离度和低蒸发损失。 适用于打印机，CD，DVD 的塑胶齿轮上；车门锁、汽车上的滑动部位；扫描器和打印机的滑动部位	800g/缶、16kg/缶	前田化成工业有限公司
前田化成 NIKI 润滑脂 IG-222		不含有任何有毒及刺激性、挥发性的化学物质；以特殊硅稠化所制成，可有效平缓结构零件的运动速度；在塑胶与塑胶，塑胶与金属，金属与金属的齿轮和丝杆等部位具有良好的润滑性；采用高黏度合成油为基础油，降低机构之运转噪音，并有减震之效果。 适用于控制阀、压力阀及龙头等阀门的润滑；用于电气及电子设备中减震器的缓冲介质；用于橡胶及塑胶 O 型环、垫圈、密封垫；用于各环境中塑料件表面的润滑和防护，金属与橡胶、金属与高分子材料滑动件的润滑和密封	800g/缶、16kg/缶	

续表

产品名称	执行标准	用途与特点	包装形式	生产厂家
前田化成 NIKI 润滑脂 DE-602		电器电源接点，中小电流域中，火花放电防止、润滑并用；稳定结构体，增加接点之接触安定性；长效型润滑，耐磨耗性佳，延长接点使用寿命。 适用于各种接点滑动部位；汽车控制系统、汽车开关部位；塑胶部件的润滑	800g/缶、16kg/缶	前田化成工业有限公司
前田化成 NIKI 润滑剂 FR-910		容易涂布，非常经济实用；速干及易操作性强，可以薄而均匀的涂布；适用于任何材质(树脂、橡胶、金属表面)而且涂布后不会出现滴落现象；如使用在金属部品上，还具有良好的防锈功效。 适用于 OA 机器的驱动部位，DVD 的激光头驱动部位，键盘，电器接点等部位；音响器材的驱动部位，曲别针锁的卡位等，此产品被广泛应用于各行各业产品的精密部位	1kg/缶	
Speoil Dry Coat FDC-20		DVD 的激光头驱动部位，键盘，电器接点等部位；音响器材的驱动部位，曲别针锁的卡位等，此产品被广泛应用于各行各业产品的精密部位，速干及易操作性强，可以薄而均匀的涂布；容易涂布，非常经济实用。 适用于任何材质(树脂，橡胶，金属表面)而且涂布后不会出现滴落现象；如使用在金属部品上，还具有良好的防锈功效	1kg/缶	
聚脲基润滑脂		特别用于高温、高负荷、宽速度和不良介质接触的润滑场合。现广泛应用于电器工业、冶金工业、食品工业、造纸工业、汽车工业、飞机工业等	200L 开口铁桶、塑桶：18L、17L、16L、15L	山东源根石油化工有限公司
太科高性能氟素润滑脂 FL8221		白色膏状的全氟聚醚润滑脂，具有显著的抗氧化性，耐化学腐蚀及且耐高温。抗氧化、抗化学腐蚀及耐高温性能显著，与金属，玻璃，塑料及弹性体相容。高温轴承、汽车配件、食品机械等。适用温度范围：-25～280℃	1kg、5kg、20kg	珠海经济特区顺益发展有限公司
太科高性能氟素润滑脂 FL8302	基础油 40℃运动黏度：30	白色膏状的全氟聚醚润滑脂，具有显著的抗氧化性，耐化学腐蚀及且耐高温。抗氧化、抗化学腐蚀及耐高温性能显著，与金属，玻璃，塑料及弹性体相容。高温轴承、汽车配件、食品机械等。适用温度：-55～150℃	1kg、5kg、20kg	
太科高性能氟素润滑脂 FL8502	基础油 40℃运动黏度：160	白色膏状的全氟聚醚润滑脂，具有显著的抗氧化性，耐化学腐蚀及且耐高温。抗氧化、抗化学腐蚀及耐高温性能显著，与金属，玻璃，塑料及弹性体相容。高温轴承、汽车配件、食品机械等。使用温度为：-45～200℃	1kg、5kg、20kg	
太科高性能氟素润滑脂 FLUOR 847	基础油 40℃运动黏度：500	白色膏状的全氟聚醚润滑脂，具有显著的抗氧化性，耐化学腐蚀及且耐高温。抗氧化、抗化学腐蚀及耐高温性能显著，与金属、玻璃、塑料及弹性体相容。高温轴承、汽车配件、食品机械等。使用温度为：-30～260℃	1kg、5kg、20kg	

九、电动工具润滑脂

在生产生活的各个领域，电动工具都起着重要的作用。电动工具润滑脂也是润滑脂的重要类型，其主要品种及生产厂家见表Ⅰ-9。

表Ⅰ-9 电动工具润滑脂产品特点、用途及生产厂家

产品名称	执行标准	用途与特点	包装形式	生产厂家
ES-A 润滑剂	Q/SH PRD 339—2010	具有良好的热安定性和氧化安定性；采用复合皂作为稠化剂，具有良好的高温性能，避免润滑脂在摩擦部位高温运转条件下发生流失；良好的极压抗磨性及防锈性能，能够减小摩擦，磨损，抵抗摩擦部位所受的冲击负荷；良好的抗水性能，能够在潮湿及与少量水混合条件下仍起到良好的润滑性能。 适用于电动器具齿轮箱及其他高速运转防泄漏部位；使用温度为：-30~150℃	17kg/桶	中国石化润滑油有限公司天津分公司
ES-D 润滑剂	Q/SH303 425—2006	具有良好的热安定性和氧化安定性；具有良好的高温性能，可有效防止润滑脂在摩擦部位高温运转时发生流失；具有优异的黏附性和降噪性，保护金属不致磨损及腐蚀；优良的极压抗磨性能。 适用于微型电机齿轮箱及其他小齿轮的润滑；适用于各种闭式齿轮减速箱、涡轮、链轮的润滑，如电动工具、卷窗机、自动麻将机等传动齿轮的润滑。特别推荐用于减速比小于 20 的减速机械；使用温度为：-10~150℃	17kg/桶	
ES-F 润滑剂	Q/SH303 0572—2011	具有良好的热安定性和氧化安定性；具有优良的抗水性、防锈性能、机械安定性能；优良的极压抗磨性能，可承受高负荷及冲击负荷。 适用于电动工具行业设备摩擦部位的润滑，特别适用于台式电锯齿轮的润滑；使用温度为：-20~180℃	17kg/桶	
FAKKT-MG43001	SH/T 0789	良好的降噪、消音性能；优异的抗水性、防锈性、润滑性；优良的胶体安定性及机械安定性；同时具有优异的使用还原性。 主要应用：低温环境下工作的小金刚电机齿轮箱润滑，为金属摩擦副提供长效的飞溅式润滑、流体润滑	1kg 铁罐、5kg/15kg 胶桶	深圳市合诚润滑材料有限公司
灵威 7100 重型电锤(镐)润滑脂	Q/DRB 092—2017	具有优异的抗磨性，优良的黏附性，极长的使用寿命；极佳的负荷承受能力，适合具有重负荷和冲击负荷的电动工具的润滑；与各种常规密封材料均具有良好的相容性，保证系统密封良好。 适用于各种重型电锤(镐)气缸、连杆的润滑；特别适用于长时间持续高速运行的电锤、电镐各部件的润滑和密封。使用温度为：-20~180℃	170kg/桶、18kg/桶	杭州得润宝油脂股份有限公司
灵威 7501 电动工具齿轮润滑脂	Q/DRB 102—2017	润滑膜致密，可防止金属表面与水、腐蚀性尘土及腐蚀性气体接触；具有优良的防锈性和抗水性。 适用于重型锤镐齿轮箱、角磨机、切割机、电圆锯等产品的润滑和防护。使用温度为：-20~120℃	170kg/桶、18kg/桶	
SLE		低噪音、宽温、长寿命。 适用于空调等家电、电动工具、汽车电装电机、精密设备等轴承	400g、700g 软管(塑料管)、500g、800g、1kg、2kg 罐装	福建福兴润滑油有限公司

续表

产品名称	执行标准	用途与特点	包装形式	生产厂家
SUE		低噪音、宽温、长寿命。 适用于空调等家电、电动工具、汽车电装电机、精密设备等轴承	400g、700g 软管(塑料管)、500g、800g、1kg、2kg 罐装	福建福兴润滑油有限公司
U-400L		低噪音、低扭矩、长寿命。 适用于电动工具、办公设备、各种高速低启动微小的型轴承	400g、700g 软管(塑料管)、500g、800g、1kg、2kg 罐装	
SUP-45		低噪音、高温高速、长寿命。 适用于高速吸尘器、汽车电装、电动工具及其他高温轴承	400g、700g 软管(塑料管)、500g、800g、1kg、2kg 罐装	
U-603		低噪音、高温、长寿命。 适用于电动工具、水泵、离合器分离轴承及其他高温电机轴承	400g、700g 软管(塑料管)、500g、800g、1kg、2kg 罐装	
U-300		低噪音、高温、经济。 适用于电动工具、水泵、风机轴承	400g、700g 软管(塑料管)、500g、800g、1kg、2kg 罐装	
EMQ-102S		低噪音、低扭矩、长寿命。 适用于电动工具、家用电器、电动车、医用设备、办公室设备轴承等	400g、700g 软管(塑料管)、500g、800g、1kg、2kg 罐装	
EMQ 系列		低噪音、高性价比、多种黏度供选。 适用于水泵、电动工具、电动车、风扇、洗衣机、油烟机轴承等	400g、700g 软管(塑料管)、500g、800g、1kg、2kg 罐装	
YGS-108		低噪音、高合格率、长寿命。 适用于水泵、电动工具、电动车、风扇、洗衣机轴承等	400g、700g 软管(塑料管)、500g、800g、1kg、2kg 罐装	
XG/L22 RTJ-205 合成润滑脂		良好的极压抗磨性能和高低温性能，并具有优异的黏附性和降噪性，优良的热安定性、氧化安定性、抗水性和防护性。 适用于电动工具齿轮箱及其他高速运转防渗漏部位的润滑。使用温度为：-40~200℃	18kg 塑桶、180kg 铁桶	杭州新港润滑科技有限公司

产品名称	执行标准	用途与特点	包装形式	生产厂家
XG/L23 9001A 电动工具润滑脂	Q/HXG 017—2016	良好的极压抗磨性能和高温性能，高温黏附性强；优良的胶体安定性、抗水性和防护性。 适用于电动工具齿轮箱及其他高速运转防渗漏部位的润滑。使用温度为：-25～150℃	18kg 塑桶、180kg 铁桶	杭州新港润滑科技有限公司
启动电机润滑脂 SS2	QB/EUBO 009—2011（2018）	配有二硫化钼固体润滑剂，适用于长寿命金属齿轮。 适用于汽车启动器、电动工具、重型机械设备的长寿命金属齿轮润滑。使用温度为：-45～120℃	18kg/桶	深圳市优宝新材料科技有限公司
Muletemp SRH 玛鲁天普 SRH		由在高温下表现稳定的特殊合成油和特制的锂皂和经过严格挑选的抗氧化剂及防锈剂等，经过特殊工艺研制而成的低噪音长寿命润滑脂。由于该产品是在无尘室制造，再加上原材料经过特殊工艺处理，使得 MULTEMP SRH 具有区别于其他同类产品的静音特性。拥有良好低温性、防锈性、使用温度宽广、高温长寿命等特点。MULTEMP SRH 是一种比 MULTEMP SRL 拥有更高黏度的产品。 适用于大型轴承和其他要求厚油膜的润滑场所。如办公家电轴承、电动工具轴承、精密仪器轴承、汽车电装产品电机（雨刮器电机、起动电机、座椅电机等）等	18kg、2. 5kg	协同油脂株式会社
YB-8018	Q/YB J405—2016	高清洁度。 适用于要求低扭矩的齿轮电机用润滑脂，电动工具气缸用脂油膜稳定适用于大多数塑料齿轮、滑动件的润滑与保护，使用温度为：-35～150℃	18kg/桶	安徽意博润滑科技
MOKO 9303 高速低噪音齿轮润滑脂		优良的抗磨性，能有效保护齿轮避免磨损；优秀的黏附性和润滑性，能有效降低齿轮噪音；良好高低温性和防锈、防腐性。极长的使用寿命；可长期保持在齿面不易被甩掉，适用转速高；散热效果好，自身温升低，输出效率高。 适用于各种闭式齿轮、蜗轮、链轮以及中、轻载荷开式齿轮的润滑；别适用于要求低噪音和封闭式全寿命齿轮箱的润滑。如汽车电机、自动麻将电机、电动工具等齿轮传动机构。适用转速可达 10000rpm，使用温度为：-30～150℃	1kg/盒×12/箱、18kg/塑桶	上海摩克润滑油技术有限公司
MOKO 9304 超高速低噪音齿轮润滑脂		优良的抗磨性，能有效保护齿轮避免磨损；优秀的黏附性和减摩性，能有效降低齿轮噪音；良好高低温性和防锈防腐性。极长的使用寿命；可长期保持在齿面不易被甩掉，适用转速极高；散热效果好，自身温升低，输出效率高。 适用于各种闭式齿轮、蜗轮、链轮以及中、轻载荷开式齿轮的润滑；特别适用于要求低噪音和封闭式全寿命齿轮箱的润滑。如汽车起步电机、自动麻将电机、电动工具等齿轮传动机构。转速可达 20000rpm，使用温度为：-30～150℃	1kg/盒×12/箱、18kg/塑桶	
环球超低温锂基润滑脂 牌号：2#	Q/0100LHQ 026—2018	优异的低温启动性能、机械剪切性能；优异的腐蚀保护性能、低温、超低扭矩的各种微型轴承。 适用于低载、高速滚珠螺杠、轻载高速直线导轨、轻载齿轮，溜冰鞋、冰柜、各种静音电机、办公设备、电动工具。使用温度为：-50～130℃	15kg 塑料桶、170kg/175kg 铁桶包装	山东环球润滑油有限公司

续表

产品名称	执行标准	用途与特点	包装形式	生产厂家
环球高温聚脲润滑脂牌号：2#	Q/0100LHQ 033—2018	优异的耐高温性能、耐水稳定性能、机械剪切性能以及腐蚀保护性能，超长的应用寿命。 适用于高温高速、低噪音、长寿命的微小电机轴承，如：高速吸尘器、油烟机、洗衣机、交流发电机、涨紧轮、电磁离合器、冷凝风扇电机。工业电机风机、水泵电机、汽车电装电机(冷凝风扇电机、转向系统、安全带装置)、电动工具电机、精密机械电机。耐高温、长寿命的中小型轴承。应用温度为：-20~180℃	15kg 塑料桶和 175kg 铁桶包装	山东环球润滑油有限公司

十、食品润滑脂

食品机械的润滑需要依靠润滑脂，因行业的特殊性对润滑脂有着特殊的要求。食品机械润滑脂的主要生产厂家及产品信息见表Ⅰ-10。

表Ⅰ-10　食品润滑脂产品特点、用途及生产厂家

产品名称	执行标准	用途与特点	包装形式	生产厂家
高温食品机械润滑脂	Q/SH303 544—2009 (2012)	通过 NSF-H1 食品级润滑脂认证；优良的高低温润滑性和防护性能；良好的橡胶相容性；良好的抗水性能；所有原料都是经 FDA 认可，不含重金属及亚硝酸盐等危害人体健康的物质。 适用于食品、饮料、肉制品、蔬菜加工、巧克力、制药、玩具及饲料等行业中加工、包装、输送等机械设备摩擦部位的润滑；一般使用温度为：-40~180℃	800g/桶、17kg/桶	中国石化润滑油有限公司天津分公司
灵威 9301 食品级润滑脂	Q/DRB 110—2017	适用于食品加工过程中润滑脂可能与食品接触的设备的润滑。使用温度为：-30~150℃	170kg/桶、18kg/桶	杭州得润宝油脂股份有限公司
滑轨润滑脂 SES5	QB/EUBO-007—2011 (2018)	润滑持久，手感舒适，流畅；对金属材料无腐蚀性，与塑胶相容性好；耐磨性能好，稳定性优越，扭力值衰减度下降微小；使用温度为宽，低温性能好，高温不流淌。 适用于汽车滑轨系统、压力设备、食品工业的各种控制阀、压力塞阀及龙头阀门的润滑密封，用于橡胶及塑料 O 型圈、垫圈、密封垫的润滑密封。使用温度为：-40~150℃	18kg/桶	深圳市优宝新材料科技有限公司
食品级润滑脂		产品符合 NSF、FDA 的相关规定；具有优异的抗水、防腐蚀性能。 适用于食品饮料行业、医药化妆行业等相关设备的轴承、滑轨等应用场合。使用温度为：-40~150℃	16kg	深圳市超润达科技有限公司
安润龙 FGCS Plus-2 安润龙 FGCS-2 安润龙 FGCS-2 HD		食品级 H1 认证；优异的耐高温、抗水、防腐防锈性、机械稳定性和极压抗磨性。 适用于食品行业各类轴承润滑。使用温度为：安润龙 FGCS Plus-2：-40~177℃；安润龙 FGCS-2：-20~160℃；安润龙 FGCS-2 HD-30~175℃	180kg/钢桶、18kg/塑料桶	朗盛(加拿大)有限公司

续表

产品名称	执行标准	用途与特点	包装形式	生产厂家
复合硫酸钙基润滑脂	Q/0205TOP 045—2017	具有优良的高温性能、胶体安定性、抗磨极压性、高温可逆性、泵送性、抗水性和防锈抗腐性，在很多方面超过了其他高温复合脂，被称为“新一代高效环保型润滑脂”。 适用于钢铁、冶炼、纸浆、淡水和海水送输、铁路、发电、汽车生产、建筑、食品机械等行业	1kg/桶、5kg/桶	青岛拓普石油化工有限公司
环球特种白色复合锂基润滑脂牌号：2$^{\#}$	Q/0100LHQ 028—2018	优异的高低温性；机械剪切性能和腐蚀保护性能。 适用于各种精密机床、万能磨床、坐标镗床；食品机械、纺织皮辊轴承、仪器及磨具轴承等润滑系统仪器的润滑。电子、汽车、玩具、家电等的微型和中小型轴承。使用温度为：-40～180℃	15kg 塑料桶和 175kg 铁桶包装	山东环球润滑油有限公司
环球特种白色锂基轴承润滑脂牌号：2T$^{\#}$	Q/0100LHQ 029—2018	超清净合成工艺，优异的低温性能、机械剪切性能以及优异的腐蚀保护性能。 适用于各种精密机床、万能磨床、坐标镗床；食品机械、纺织皮辊轴承、仪器及磨具轴承等润滑系统仪器的润滑。电子、汽车、玩具、家电等的微型和中小型轴承。使用温度为：-20～130℃	15kg 塑料桶和 175kg 铁桶包装	
聚脲基润滑脂		适用于高温、高负荷、宽速度为和不良介质接触的润滑场合。现广泛应用于电器工业、冶金工业、食品工业、造纸工业、汽车工业、飞机工业等	200L 开口铁桶/18L 塑桶/17L 塑桶/16L 塑桶/15L 塑桶	山东源根石油化工有限公司
白色特种润滑脂 3$^{\#}$	Q/320206 GPFD25	采用高级脂肪酸锂皂稠化特种无色基础油，并添加抗氧、防锈等添加剂制成。不添加人工色素，不污染设备及产品。 适用于造纸、纺织、印染及食品工业。使用温度为：-20～100℃	0.8kg、15kg、170kg	无锡惠源高级润滑油有限公司
太科高性能氟素润滑脂 FL8221		白色膏状的全氟聚醚润滑脂，具有显著的抗氧化性，耐化学腐蚀及且耐高温。抗氧化，抗化学腐蚀及耐高温性能显著，与金属、玻璃、塑料及弹性体相容。高温轴承、汽车配件、食品机械等。使用温度为：-25～280℃	1kg、5kg、20kg	珠海经济特区顺益发展有限公司
太科高性能氟素润滑脂 FL8302	基础油 40℃运动黏度：30mm^2/s	白色膏状的全氟聚醚润滑脂，具有显著的抗氧化性，耐化学腐蚀及且耐高温。抗氧化、抗化学腐蚀及耐高温性能显著，与金属、玻璃、塑料及弹性体相容。高温轴承、汽车配件、食品机械等。使用温度为：-55～150℃	1kg、5kg、20kg	
太科高性能氟素润滑脂 FL8502	基础油 40℃运动黏度：160mm^2/s	白色膏状的全氟聚醚润滑脂，具有显著的抗氧化性，耐化学腐蚀及且耐高温。抗氧化、抗化学腐蚀及耐高温性能显著，与金属、玻璃、塑料及弹性体相容。高温轴承、汽车配件、食品机械等。使用温度为：-45～200℃	1kg、5kg、20kg	
太科高性能氟素润滑脂 FLUOR 847	基础油 40℃运动黏度：500mm^2/s	白色膏状的全氟聚醚润滑脂，具有显著的抗氧化性，耐化学腐蚀及且耐高温。抗氧化、抗化学腐蚀及耐高温性能显著，与金属、玻璃、塑料及弹性体相容。高温轴承、汽车配件、食品机械等。使用温度为：-30～260℃	1kg、5kg、20kg	

十一、风电润滑脂

风电是一种较新的能源形式，在风电设备的发电机主轴承、偏航轴承、变桨轴承和齿轮等部位要依靠润滑脂进行润滑。目前风电润滑脂主要依靠进口，但我国润滑脂行业和生产厂家经过技术攻关，也开发出了一些风电润滑脂产品，见表Ⅰ-11。

表Ⅰ-11　风电润滑脂产品特点、用途及生产厂家

产品名称	执行标准	用途与特点	包装形式	生产厂家
长寿命润滑脂（复合锂基）		通用性强、耐高温、寿命长。可针对工况调整设计。 适用于各种长周期加脂轴承的润滑，如风电或高温电机轴承的润滑	17kg、180kg	鞍山海华油脂化学有限公司
风电轴承专用润滑脂	GB/T 33540.1	优良的抗微动磨损性、防腐防锈性、高低温性能、氧化安定性以及优良的极压性、抗水性。 适用于风力发电机主轴承、偏航轴承、变桨轴承和齿轮的润滑；低速至中速运行的轴承的润滑。使用温度为：-40～180℃	17kg/桶	长沙众城石油化工有限责任公司
预应力风电基础锚栓专用防腐脂	Q/SHJG 1086—2015	采用脂酸锂钙混合皂稠化优质矿物油，并加入抗氧剂、防锈剂、防腐蚀等多种添加剂制成。具有优良的抗氧化性、防锈性、附着性和低温性能，可有效防止各种腐蚀介质对预应力锚栓的侵蚀；与塑料套管有良好的兼容性，不使塑料套管脆裂、溶胀。优良的润滑性能，有效减少套管与锚栓之间的磨阻；且在密封状态下长期不变质。 适用于预应力风电基坑内锚栓的防腐、防锈，也可用于金属的封存保护。使用温度为：-20～120℃	180kg	天津市津冠润滑脂有限公司
DynaTemp 445WT 全合成润滑脂		独特增稠剂与合成基础油相结合，延长润滑脂使用寿命和提高系统效率；满足整个温度为需求的定制油膜厚度；出色的耐磨损、防腐蚀和防微动腐蚀性能，即使在低温条件。 适用于主轴轴承，偏航轴承	18kg、180kg	浙江摩路新材料有限公司
DynaTemp 449WT 全合成润滑脂		独特增稠剂与合成基础油相结合，延长润滑脂使用寿命和提高系统效率；整个温度为内的有效油膜厚度；在低至-55℃的温度下具有出色的防伪布压痕、耐磨损和防微动腐蚀性能。适用于变桨叶片轴承	18kg、180kg	
RheoLife 945 发电机轴承润滑脂		极低的启动力矩和工作力矩、特别适合户外风扇和电机、出色的机械和热安定性延长换脂周期。 适用于发电机轴承	18kg、180kg	
OGWT 开式润滑脂		出众的机械稳定性；卓越的防水性能，有效抵御水“冲洗”、浸泡或喷淋；高度黏合表面。 偏航和变桨开式	18kg、180kg	
壳牌佳度 Gadus S5 T460 1.5		采用合成基础油和最新型聚脲稠化剂。含有精选添加剂，具有优异的氧化稳定性、抗磨损和抗腐蚀性能。 特别适用于密封和半密封设备，包括高温和极端载荷下运行的低速、重载轴承。主要应用于以下行业：钢铁、水泥、造纸、风电、化工、采矿	400g、18kg、180kg	壳牌（中国）有限公司

十二、机器人润滑脂

随着社会的进步和技术的发展，机器人在目前和今后会大量应用到国民经济和生产生活的各领域，机器人用润滑脂也会快速发展。目前机器人用润滑脂主要使用的是国外的产品，但国内也开始出现机器人润滑脂，以表Ⅰ-12示例。

表Ⅰ-12　机器人润滑脂产品特点、用途及生产厂家

产品名称	执行标准	用途与特点	包装形式	生产厂家
灵威9101机器人减速器润滑脂	Q/DRB 111—2017	主要用于机器人的RV减速机、摆线针轮减速机、谐波减速机及其他高精减速机和高精设备的润滑，可采用手工加脂或脂枪加脂。使用温度为：-40~120℃	170kg/桶、18kg/桶	杭州得润宝油脂股份有限公司
灵威9103行星减速机箱润滑脂	Q/DRB 112—2017	主要用于高精行星减速机的润滑和防护，机器人双曲面的润滑和防护。使用温度为：-30~110℃	170kg/桶、18kg/桶	
长鸣CL2112工业机器人关节减速机润滑脂	Q/0700WCM 200.112	推荐应用于ABB、库卡(KUKA)、发那科(FANUC)、川崎(Kawasaki)、新松、松下、广数、三菱等工业机器人设备。使用温度为：-40~150℃	1kg塑料桶、15kg塑料桶、170kg铁桶或按需包装	山东长鸣化工有限公司

附录Ⅱ　润滑脂生产企业产品汇总

一、中国石化润滑油有限公司天津分公司

中国石化润滑油有限公司天津分公司润滑脂的主要技术指标、用途与特点以及包装形式等信息详见表Ⅱ-1～表Ⅱ-6。

1. 通用润滑脂

表Ⅱ-1　通用润滑脂的主要技术指标、用途及特点一览表

产品名称	主要技术指标	用途与特点	包装形式
通用锂基润滑脂 1#、2#、3#	GB/T 7324—2010《通用锂基润滑脂》	通用性强，具有优良的机械安定性和氧化安定性，良好的抗水淋性和防锈性，可应用在潮湿及与水接触的机械部件上。适用于一般机械设备的滚动轴承和滑动轴承及其他摩擦部位的润滑。使用温度为：-20～120℃	15kg/桶、17kg/桶、175kg/桶
极压锂基润滑脂 00#、0#、1#、2#	GB/T 7323—2008《极压锂基润滑脂》	基础油黏度适中，性能优良，能够满足冶金、机械等行业中重负荷润滑部位的润滑；稠化剂的皂纤维结构合理，分部均匀，在剪切力的作用下能保持较好的润滑脂结构特征；有一定的防锈性能，能够防止轴承运转过程中的锈蚀。适用于中重负荷的机械设备轴承和齿轮的润滑，3#用于压延机、锻造机等高负荷机械设备轴承。使用温度为：-20～120℃	15kg/桶、17kg/桶、175kg/桶
二硫化钼锂基润滑脂 00#、0#、1#、T1#、2#、T2#、3#	Q/SHPRD 336—2010《二硫化钼锂基润滑脂》	极压抗磨性优良，有效降低机械摩擦部位的磨损；可降低摩擦副的摩擦系数，减小摩擦阻力；机械安定性、氧化安定性突出，可保证较长的换脂周期。适用于冶金、矿山企业的中重负荷设备的轴承、联轴节、齿轮等部位的润滑。使用温度为：-20～150℃	15kg/桶、17kg/桶、
特种白色润滑脂	Q/SH PRD341—2010《特种白色润滑脂》	具有较低的启动和运转力矩，可满足 *DN* 值为 80 万的极高转速条件下的运转要求；对金属具有很强的吸附能力，当受到水污染或当轴承空转时，能保护轴承不发生腐蚀及破坏性点蚀；具有极好的润滑性，在相同的运转条件下，所形成的润滑油膜厚度大，可降低相对运动元件的疲劳磨损。适用于各种高速滚动轴承、精密机床轴承、纺织机械轴承及仪器仪表的润滑和防护。使用温度为：-20～120℃	15kg/桶
低温润滑脂	Q/SH303 0319—2016	具有较低的启动和运转力矩，在低温环境下能保证润滑部位的良好运转；具有良好的机械安定性、胶体安定性、氧化安定性及极压性能，能保证使用部位的良好润滑。适用于寒冷地区的各类轴承、齿轮及其他机械设备磨擦部位的润滑。使用温度为：-30～120℃	180kg/桶
减速机润滑脂	Q/SH303 0339—2012	优良的极压、抗磨性能，有效防止齿面的剥落、点蚀，延长减速机使用寿命；优良的抗氧化性、机械安定性；优良的防锈、防腐蚀性。适用于非循环润滑的减速机齿轮润滑。00#适用于齿轮中心距 400mm 以下的减速机，0#适用于齿轮中心距 400mm 以上的减速机；使用温度为：-20～120℃	15kg/桶、175kg/桶

续表

产品名称	主要技术指标	用途与特点	包装形式
混凝土泵送车专用润滑脂	Q/SH303 0352—2016	良好的泵送性；具有优良的润滑性能；良好的的抗水性及防腐蚀性能。适用于建筑行业混凝土泵送车、混凝土搅拌站的润滑；使用温度为：-20～100℃	15kg/桶
低温阻尼润滑脂	Q/SH303 0292—2016	采用特殊生产工艺制造，黏稠具有良好的抗水性；能够满足慢速动作的机械设备部位的阻尼和密封要求；有一定化学惰性，与多数塑料及橡胶有良好相容性，如 NBR、ABS 和 PC 等材料。适用于高低温环境下使用的各种机械、精密仪器的润滑、减震及阻尼；真空系统中的玻璃活塞及磨口接头的润滑与密封；使用温度为：-50～200℃，短期可达 260℃	15kg/桶
高温食品机械润滑脂	Q/SH303 544—2009（2012）	通过 NSF-H1 食品级润滑脂认证；优良的高低温润滑性和防护性能；良好的橡胶相容性；良好的抗水性能；所有原料都是经 FDA 认可，不含重金属及亚硝酸盐等危害人体健康的物质。适用于食品、饮料、肉制品、蔬菜加工、巧克力、制药、玩具及饲料等行业中加工、包装、输送等机械设备摩擦部位的润滑；使用温度为：-40～180℃	800g/桶、17kg/桶
DZG 润滑脂	Q/SH303 0291—2016	优良的极压抗磨性，有效防止和减少摩擦副的磨损；机械安定性和抗氧化性突出，使用寿命长；具有优良的抗水性和防护性，有效防止野外作业润滑部件的锈蚀。本产品挖掘机、推土机、叉车等工程机械设备的回转轴承、履带弹簧等部位的润滑，同时还可应用其他重型车辆和设备的摩擦部位润滑。使用温度为：-25～120℃	15kg/桶、175kg/桶
CMA-K 润滑脂	Q/SH303 0694—2017	通用性强，具有突出的的机械安定性和氧化安定性；良好的抗水性和防锈性，可应用于与水接触的设备，防护功能优异；优异的抗磨性能。适用于主要用于工程机械、农用机械、汽车底盘、通用机械及其他中低速轴承部位的润滑和防护。使用温度为：-20～100℃	15kg/桶
CMA-I 润滑脂	Q/SH3031 0657—2018	通用性强，具有突出的的机械安定性；良好的抗水性和防锈性，可应用于与水接触的设备，防护功能优异；稠化剂具有天然的优异的抗磨性能。适用于挖掘机、起重机、装载机等工程机械中，主要用于工程机械工作臂轴销的润滑，也可用于回转支撑承的润滑，不适用重负荷如挖掘机转盘轴承的润滑；使用温度为：-15～100℃	8kg/桶、12kg/桶、15kg/桶

2. 汽车行业润滑脂

表Ⅱ-2　汽车行业润滑脂的主要技术指标、用途及特点一览表

产品名称	主要技术指标	用途与特点	包装形式
G-2 万向节润滑脂	Q/SH PRD 132—2008	具有优良的抗磨损性；具有良好的抗氧防锈性；具有良好的耐高低温性；具有良好机械安定性及橡胶相容性。适用于汽车三销式等速万向节及其他滚针轴承摩擦部位的润滑；使用温度为：-35～160℃	180kg/桶
TBF-B 润滑脂	Q/SH303 0586—2012	良好的高温性能和黏稠性，高温不漏失；良好的低温启动性；良好的机械安定性；良好的抗磨极压性能；与硫化氯丁橡胶有良好的相容性；良好的抗水防锈性。适用于低档汽车主装和售后维修服务市场球笼式等速万向节的润滑和其他球节及滚动轴承的润滑。使用温度为：-30～120℃	175kg/桶、180kg/桶

续表

产品名称	主要技术指标	用途与特点	包装形式
TBF-A 润滑脂	Q/SH303 0592—2012	优良的极压抗磨性，优良的高低温适用性，优良的机械安定性，优良的防锈性。适用于汽车及其他等速万向节轴承的润滑，同时也适用于滚动轴承润滑，使用温度为：-30~120℃	175kg/桶、180kg/桶
HP-R 润滑脂	Q/SH PRD0131—2016	具有良好的极压抗磨性能，满足重载汽车轮毂轴承的润滑；具有良好的高温性能，高温黏附性强，可保证良好的润滑油膜；具有良好的胶体安定性，润滑脂使用寿命长，可延长换脂周期；具有良好的抗水性和防护性能。适用于高速、重载等苛刻条件下轿车、大型客车及重载卡车等车辆的轮轴承、底盘、电机水泵等摩擦部位的润滑；使用温度为：-30~180℃	15kg/桶、180kg/桶
高级轿车润滑脂	Q/SH PRD137—2008	具有优良的耐高温性，高温条件下使用寿命长，具有优良的极压抗磨性能，有效减少轴承的磨损，具有优良的抗水性和防腐蚀性能，高温、高速条件下不甩油、不流失。适用于高档轿车轮毂轴承部位润滑。使用温度为：-30~150℃	17kg/桶、175kg/桶
汽车通用锂基润滑脂	GB/T 5671—2014	产品具有优良的抗水性，具有优良的润滑性能、高低温性能和长寿命，具有优良的防锈性能，有效防止机械部件的锈蚀，具有优良的机械安定性，保证使用时润滑脂不变软流失。适用于汽车的轮毂轴承、底盘、水泵、发电机及其他机械设备的润滑。使用温度为：-30~120℃	17kg/桶、175kg/桶
MP 锂基润滑脂	Q/SHPRD340—2010	产品具有优良的机械安定性、结构稳定，使用中不易变稀和流失；具有优良的润滑性能、高低温性能和较长的使用寿命；采用进口增黏剂，对金属表面有良好的黏附力；具有优良的防锈性能，防止摩擦副金属表面锈蚀。适用于中型重载汽车的轮毂轴承、底盘、电机、水泵等摩擦部位的润滑，也适用于各种机械设备的滑动，滚动摩擦部位的润滑；使用温度为：-20~120℃	15kg/桶、180kg/桶
4H 润滑脂	Q/SH303 0359—2016	具有优良的高低温性；具有优良的化学安定性，能够满足长寿命及抗氧化性能要求；添加大量的固体超细粉末，有效降低摩擦系数；具有良好的橡胶相容性能，满足与橡胶件接触部位的润滑；具有一定的防护性能，防止车辆拉线运转过程中的锈蚀。适用于进口高档汽车、摩托车等车辆拉线部位的润滑；使用温度为：-50~130℃	1kg/桶
TBE-A 润滑脂	Q/SH3031 0587—2018	具有优良的抗磨损性；具有优异的耐高低温性能；纤维结构合理，具有良好机械安定性及橡胶相容性。本产品适用于汽车钢-塑摩擦副的球节和其他塑料/钢摩擦部位的润滑；使用温度为：-40~120℃	175kg/桶
LX 润滑脂	Q/SH303 429—2006	具有优良的高、低温性能；具有良好的防锈性能，具有良好的机械安定性，具有优异的抗氧化性能。本产品适用于汽车和摩托车拉线部位的润滑。使用温度为：-40~150℃	15kg/桶、17kg/桶
车门限位器润滑脂	Q/SH3031 0526—2018	良好的高低温性能，确保在宽温度范围内的使用。优良的黏附性能，优良的抗水性能。产品具有优良的润滑性。本产品适用于汽车车门限位器等需高黏附性及优良高低温性能部位的润滑。使用温度为：-40~120℃	800g/桶

3. 冶金行业润滑脂

表Ⅱ-3　冶金行业润滑脂的主要技术指标、用途及特点一览表

产品名称	主要技术指标	用途与特点	包装形式
SJ-100 润滑脂	Q/SH303 345—2010	具有良好的耐高温性；具有良好的极压抗磨性能，保证烧结机弹性滑道的正常润滑；优良的泵送性能，满足集中润滑系统的要求。适用于冶金行业烧结机的润滑。使用温度为：-20~180℃	175kg/桶
复合铝基润滑脂	Q/SH303 0336—2016	具有独特的热可逆性，具有良好的高温性、润滑性、氧化安定性；有一定的防锈性能，能够防止润滑部位的锈蚀发生。适用于冶金行业连轧机、连铸机、出钢辊道以及印染、大型电动机等高温设备的摩擦部的润滑。使用温度为：-20~160℃，短期可使用至180℃	17kg/桶、175kg/桶、180kg/桶
混料机专用润滑脂 H	Q/SH303 424—2006	优良的极压抗磨性能，可以满足高负荷条件下的润滑要求；优良的黏附性，可以在润滑部位形成较厚的油膜；优良的抗水性，可满足露天条件使用的要求；优良的防护性；良好的喷射性能、高低温使用性能。适用于冶金行业混料机开式齿轮及托辊等低速、重负荷条件下的润滑。使用温度为：H-1：-10~100℃ H-2：-20~100℃	180kg/桶
FPNR 润滑脂	Q/SHPRD 345—2010	优良的耐高温性、机械安定性、防锈性；优良的抗水性、泵送性；不含金属离子，可以防止稠化剂对基础油的催化氧化作用，有效延长使用寿命。适用于冶金行业连铸机、连轧机及其他行业超高温摩擦部位的集中润滑。在鞍钢、马钢、武钢等钢铁公司已成功使用。使用温度为：-20~200℃	17kg/桶、180kg/桶
JZ EP 聚脲润滑脂	Q/SH PRD134—2008	优良的极压抗磨性能，适用于高负荷的工作环境；优良的高温性能，适用于较高温度的润滑部位；优良的介质稳定性和抗辐射性，适用于特殊的工作环境。适用于冶金行业高温、高负荷、宽温度范围和与不良介质接触的润滑场合，如钢厂连铸设备的结晶器、弧形辊道、弯曲辊道轴承等的润滑。使用温度为：-20~180℃	180kg/桶
极压复合铝基润滑脂	SH/T 0534-93(2003)	具有独特的热可逆性，在使用部位受高温后冷却，仍能恢复良好的纤维结构，继续使用；具有良好流动性，其中0#、1#脂适于长距离管道输送；具有良好的高温、极压、抗磨、抗水性能；有一定的防锈性能，能够防止润滑部位的锈蚀发生。适用于冶金行业连轧机、连铸机、出钢辊道以及印染、大型电动机等高温重负荷设备摩擦部的润滑；使用温度为：0#、1#、2#为-20~160℃，T2#为-20~180℃，短期可使用至180℃	180kg/桶
Super Grease 润滑脂	Q/SH303 324—2010	优异的高温性能，高温下能保持一定稠度，高温寿命长；优良的极压抗磨性能，球形稠化剂颗粒能在接触面形成微滚球层，有效降低金属表面摩擦，延长设备使用周期；防锈抗腐蚀性能优良，能抵抗海水对金属摩擦表面的侵蚀。适用于冶金行业热轧轧辊轴承、连铸设备的大包回转台、结晶器、二冷区、扇形段辊道、拉矫机和摆剪机、输送辊润滑。使用温度为：-20~160℃	17kg/桶
轧辊轴承润滑脂	Q/SH303 0287—2016	具有优良的抗水性，防锈性，保证设备在潮湿或有水存在下的防护与润滑；优良的耐高温性，摩擦部位在较高温度下或较高的环境温度下润滑脂不流失，轴承或摩擦副得到持续的保护，有效延长轴承在高温条件下的使用寿命；良好的极压抗磨性能，满足高负荷或有一定冲击负荷机械设备的轴承润滑。适用于中小型轧机的粗、中、精轧机的轧辊轴承，立式轧机的轧辊轴承；中板轧机和翻板机设备轴承。使用温度为：-20~160℃	17kg/桶、175kg/桶、180kg/桶

续表

产品名称	主要技术指标	用途与特点	包装形式
轧辊轴承润滑脂(ZN)	Q/SH303 0285—2016	具有优良的抗水性、防锈性，保证在潮湿或有水存在下对设备的防护与润滑；良好的极压抗磨性能，满足高负荷或有一定冲击负荷机械设备的轴承润滑；优良的氧化安定性，在使用过程中有较长的使用寿命；优良的机械安定性，在高剪切作用下不软化流失。适用于中小型轧机的粗、中、精轧机的轧辊轴承、立式轧机的轧辊轴承、中板轧机和翻板机设备轴承。使用温度为：-20~160℃	17kg/桶
RM 轧辊轴承润滑脂	Q/SH303 426—2006	具有优良的抗水性，遇水不乳化、不软化、不流失，并且保持黏附性和润滑性；优良的耐高温性，摩擦部位在较高温度下或较高的环境温度下润滑脂不流失；良好的极压抗磨性能，满足有一定负荷的轴承润滑；优良的机械安定性，即润滑脂在高剪切作用下不软化流失。适用于带钢、型材等中小型轧机的粗、中、精轧机的轧辊轴承，立式轧机的轧辊轴承，中板轧机和翻板机设备轴承。使用温度为：-20~130℃	17kg/桶、175kg/桶、180kg/桶
MEP 润滑脂	Q/SH PRD0136—2016	耐负荷性能优良，可减少摩擦副金属表面的磨损；优良的抗水性能，能够满足轧机水淋条件下润滑要求，稠化剂的皂纤维结构合理，分布均匀，在剪切力的作用下能保持较好的润滑脂结构特征；突出的低温泵送性，可满足集中润滑供脂要求；有一定的防锈性能，能够防止轴承运转过程中的锈蚀。适用于冷轧、热轧的粗轧、精轧、输送辊道、卷取机的集中润滑，也适用于矿山的重型机械的轴承润滑。使用温度为：-20~120℃	17kg/桶、175kg/桶、180kg/桶
9301 EP 锂基润滑脂	Q/SH PRD138—2008	耐负荷性能优良，可减少摩擦副金属表面的磨损；优良的抗水性能，能够满足轧机水淋条件下润滑要求；有一定的防锈性能，能够防止轴承运转过程中的锈蚀。适用于钢铁、冶金、矿山等行业中、重负荷机械摩擦部位的润滑。以及轧钢机轴承的润滑；使用温度为：-20~120℃	17kg/桶、50kg/桶、180kg/桶
复合锂基润滑脂	Q/SHPRD 335—2010	优良的耐高温性，有效延长轴承在高温条件下的使用寿命；良好的极压抗磨性能；优良的氧化安定性，保证润滑脂在使用过程中有较长使用寿命；优良的流动性，保证润滑脂的泵送性。适用于钢铁行业的轧机、轧辊滚动轴承的集中润滑，也可用于矿山、机械、交通运输等轴承的润滑。使用温度为：-20~160℃	17kg/桶
极压复合锂基润滑脂	Q/SH303 346—2007	优良的耐高温性，摩擦部位在较高温度下或较高环境温度下润滑脂不流失，轴承或摩擦副得到持续保护；良好的极压抗磨性能，满足高负荷或有一定冲击负荷机械设备的轴承润滑；良好的氧化安定性。适用于冶金行业高温、重负荷设备及印染、大型电动机、轿车、热油泵轴承等各种机械设备高温摩擦部位的润滑。使用温度为：-20~160℃	180kg/桶
HTGL 润滑脂	Q/SH303 351—2006	黏附性能优良，对金属具有较强的附着能力，不易流失；可在摩擦副表面形成较厚的润滑油膜，适用于低速重负荷条件下的润滑；足量的固体润滑剂在超高温和冲击负荷下能保证润滑作用；具有较高的滴点，能满足高温连续运转条件下的润滑要求。适用于钢厂等连续注脂设备的润滑，特别适用于高温重负荷大型输送链条及其他低速重负荷摩擦部位的润滑和防护，能满足热坯传送设备等特殊部位润滑。使用温度为：-10~200℃	17kg/桶

续表

产品名称	主要技术指标	用途与特点	包装形式
COMPLEX EP 润滑脂	Q/SH303 0289—2016	黏附性能优良，对金属具有较强的附着能力，不易流失；具有足够的油膜强度，适用于低速重负荷条件下的润滑；足量的固体润滑剂在超高温和冲击负荷下能保证润滑作用；具有较高的滴点，能满足高温连续运转条件下的润滑要求。适用于钢厂等连续注脂设备的润滑，特别适用于高温重负荷大型输送链条及其他低速重负荷摩擦部位的润滑和防护，能满足热坯传送设备等特殊部位润滑。使用温度为：-10~200℃	17kg/桶
PC 轴承润滑脂	Q/SH3031 0540—2018	优良的极压抗磨性能；优良的抗水性能；良好的耐高温性能；突出的防锈/防腐蚀性，有效阻止或延缓金属表面发生锈蚀。适用于钢厂热连轧工作辊轴承、大型炉卷轧机工作辊轴承、冷轧辊轴承、大包回转台回转轴承、连铸设备等的润滑，特别适用于在高温高负荷及与水接触的工业领域；使用温度为：-20~200℃。 供脂方式：集中供脂或手工抹脂	17kg/桶

4. 轴承行业润滑脂

表Ⅱ-4　轴承行业润滑脂的主要技术指标、用途及特点一览表

产品名称	主要技术指标	用途与特点	包装形式
中小型电机轴承润滑脂	Q/SH PRD338—2010	稠化剂的皂纤维结构合理，分布均匀，在剪切力的作用下能保持较好的润滑脂结构特征；有一定的防锈性能，能够防止轴承运转过程中的锈蚀；具有优良的降噪性，能有效降低轴承的振动性能。适用于中小型电机的滚动轴承和其他较低负荷设备的滚动轴承的润滑；使用温度为：-20~120℃	17kg/桶
低噪音轴承润滑脂	Q/SHPRD 337—2010	稠化剂的皂纤维结构合理，分布均匀，在剪切力的作用下能保持较好的润滑脂结构特征；采用特殊生产工艺制造，润滑脂的洁净度高，能够有效地降低轴承的振动值；防锈性能良好，能够防止轴承运转过程中的锈蚀；具有优良的降噪性能。适用于中小型电机的滚动轴承和其他较低负荷设备的滚动轴承的润滑。使用温度为：-20~120℃	17kg/桶
ADV 轴承润滑脂 tc“ADV 轴承润滑脂”	Q/SH303 0311—2016	优异的降振动性能；优良的降噪性能；良好的防锈、防腐蚀性能。适用于一般工作环境下的小型电机的滚动轴承和其他较低负荷设备滚动轴承的润滑，特别适用于内径为 15~45mm 的低噪音滚动轴承的润滑；使用温度为：-20~120℃	17kg/桶
HSA 轴承润滑脂	Q/SH303 0311—2016	采用合成油和精制矿物油为基础油，能减小低温时的机械扭矩，在-30℃以上使用时具有良好的安定性；润滑寿命较长，具有良好的氧化安定性及防锈特性，能够防止轴承运转过程中的锈蚀。适用于较低温度下各种中小型密封轴承的长效润滑；不推荐低速重负荷工况下使用。使用温度为：-40~130℃	175kg/桶
BHP 高温轴承润滑脂	Q/SH303 0317—2016	具有较高的滴点，能满足 150℃高温条件下的润滑要求；添加高质量的抗磨添加剂，可满足一般程度的极压抗磨要求。适用于高温环境下中小型精密轴承及微型轴承的润滑，特别适用于低噪音密封轴承的润滑和高温电机轴承及各类水泵轴承的润滑，也可满足其他负荷滚动轴承高温下的润滑防护。使用温度为：-20~180℃	17kg/桶

续表

产品名称	主要技术指标	用途与特点	包装形式
BLU-A 轴承润滑脂	Q/SH303 514—2007	具有耐高温以及在高温下使用寿命长的性能；具有优异的静音性能，尤其用于内径≥30mm 的深沟球轴承时能够显著降低轴承的噪音；具有良好的胶体安定性和防锈性能。适用于各种中小型低噪音密封轴承，尤其适用于低噪音深沟球轴承。应用于内径≥30mm 的深沟球轴承，其振动值较普通低噪音润滑脂低 2~4dB。可满足高温电机、高温风扇等轴承的润滑要求。使用温度为：-30~180℃。不推荐在低速重负荷下使用	17kg/桶
BME 大型电机轴承润滑脂	Q/SH303 0298—2016	突出的高低温性能，高温条件下使用寿命长，低温启动性能好；良好的剪切安定性，确保长期使用中不甩油；优良的极压抗磨性能，电机在重负荷工作情况下的安全运转。适用于大型电机轴承及发电机轴承的润滑。使用温度为：-40~180℃	1kg/桶
HTHS 高温高速轴承润滑脂	Q/SHPRD 342—2010	具有较高的滴点，能满足 150℃高温条件下的润滑要求；具有良好的低温启动性能；添加高质量的抗磨添加剂，可满足一般负荷的极压抗磨要求；运转部位摩擦热发生量低，可满足中高速轴承的润滑要求。适用于高低温环境下中小型精密轴承及微型轴承的润滑，特别适用于高温低噪音密封轴承的润滑，同时可满足其他高低温中小型电机和高温一般负荷滚动轴承的润滑和防护。使用温度为：-40~180℃	1kg/桶

5. 电动工具行业润滑脂

表Ⅱ-5　电动工具行业润滑脂的主要技术指标、用途及特点一览表

产品名称	主要技术指标	用途与特点	包装形式
ES-A 润滑剂	Q/SH PRD339—2010	具有良好的热安定性和氧化安定性；采用复合皂作为稠化剂，具有良好的高温性能，避免润滑脂在摩擦部位高温运转条件下发生流失；良好的极压抗磨性及防锈性能，能够减小摩擦，磨损，抵抗摩擦部位所受的冲击负荷；良好的抗水性能，能够在潮湿及与少量水混合条件下仍起到良好的润滑性能。适用于电动器具齿轮箱及其他高速运转防泄漏部位；使用温度为：-30~150℃	17kg/桶
ES-D 润滑剂	Q/SH303 425—2006	具有良好的热安定性和氧化安定性；具有良好的高温性能，可有效防止润滑脂在摩擦部位高温运转时发生流失；具有优异的黏附性和降噪性，保护金属不致磨损及腐蚀；优良的极压抗磨性能。适用于微型电机齿轮箱及其他小齿轮的润滑；适用于各种闭式齿轮减速箱、涡轮、链轮的润滑，如电动工具、卷窗机、自动麻将机等传动齿轮的润滑。特别推荐用于减速比小于 20 的减速机械；使用温度为：-10~150℃	17kg/桶
ES-F 润滑剂	Q/SH303 0572—2011	具有良好的热安定性和氧化安定性；具有优良的抗水性、防锈性能、机械安定性能；优良的极压抗磨性能，可承受高负荷及冲击负荷。适用于电动工具行业设备摩擦部位的润滑，特别适用于台式电锯齿轮的润滑；使用温度为：-20~180℃	17kg/桶

6. 防护润滑脂

表Ⅱ-6　防护润滑脂的主要技术指标、用途及特点一览表

产品名称	主要技术指标	用途与特点	包装形式
MCL-A 储存润滑脂	Q/SH303 0571—2011	具有优异的防锈性能，对钢铁制件的抗盐雾能力优良，在潮湿及海上运输等环境下，可保持极佳的防护性能。具有良好的低温性能。符合环保要求，产品配方中不含钡、铅、亚硝酸盐等限制使用的成分。适用于石油套管、钻杆等石油专用管螺纹的储存与运输过程中的防护，也适用于其他钢铁制件的防锈及润滑。使用温度为：-35~140℃	17kg/桶、200kg/桶

二、无锡中石油润滑脂有限责任公司

无锡中石油润滑脂有限责任公司润滑脂的主要技术指标、用途与特点以及包装形式等信息详见表Ⅱ-7~表Ⅱ-13。

1. 聚脲润滑脂

表Ⅱ-7　聚脲润滑脂的主要技术指标、用途及特点一览表

<table>
<tr><th rowspan="2">产品全称及牌号</th><th colspan="7">主要技术指标</th><th rowspan="2">用途与特点</th><th rowspan="2">包装形式</th><th rowspan="2">执行标准</th></tr>
<tr><th>基础油 40℃运动黏度/(mm^2/s)</th><th>工作锥入度 0.1mm</th><th>滴点/℃</th><th>延长工作锥入度/(10 万次)变化率/%</th><th>极压性能(梯姆肯法)OK 值/N</th><th>极压性能(四球机法)P_B值/N</th><th>水淋流失量(38℃，1h)/%</th></tr>
<tr><td>极压聚脲润滑脂 1#</td><td>220</td><td>325</td><td>295</td><td>4%</td><td>178</td><td>980</td><td>1.4</td><td rowspan="2">适用于冶金连铸设备的大包回转台、结晶器、扇形段辊道、拉矫机和摆剪机、输送辊的润滑，也适用连轧机及其他高温、重负荷设备的轴承及其他摩擦部位的润滑</td><td rowspan="2">15kg/桶、175kg/桶、15kg/铁桶、0.8kg/罐、5kg/桶</td><td rowspan="2">SH/T 0789</td></tr>
<tr><td>极压聚脲润滑脂 2#</td><td>220</td><td>278</td><td>302</td><td>7.9%</td><td>178</td><td>980</td><td>1.2</td></tr>
<tr><td>聚脲润滑脂 0#</td><td>200</td><td>370</td><td>280</td><td>382</td><td>—</td><td>—</td><td>298</td><td rowspan="3">多用途高温润滑脂，如钢厂高温低负荷的设备。另外还适用于印染、纺织、建材等行业的高温部位及电机轴承，还适用于酸碱环境下设备的润滑</td><td rowspan="3">15kg/桶、175kg/铁桶、15kg/铁桶、0.8kg/罐、5kg/桶</td><td rowspan="3">Q/SY RH2157</td></tr>
<tr><td>聚脲润滑脂 1#</td><td>200</td><td>325</td><td>300</td><td>340</td><td>2.2</td><td>1.2</td><td>378</td></tr>
<tr><td>聚脲润滑脂 2#</td><td>200</td><td>280</td><td>308</td><td>302</td><td>1.8</td><td>1.5</td><td>486</td></tr>
<tr><th rowspan="2">产品全称及牌号</th><th colspan="7">主要技术指标</th><th rowspan="2">用途与特点</th><th rowspan="2">包装形式</th><th rowspan="2">执行标准</th></tr>
<tr><th>基础油 40℃运动黏度/(mm^2/s)</th><th>工作锥入度 0.1mm</th><th>滴点/℃</th><th>延长工作锥入度，(10 万次)/0.1mm</th><th>相似黏度(−10℃，$10s^{-1}$)/Pa·s</th><th>防腐蚀性(52℃，48h)</th><th></th></tr>
<tr><td>烧结机专用聚脲润滑脂 T0#</td><td>200</td><td>350</td><td>280</td><td>355</td><td>325</td><td>合格</td><td></td><td rowspan="2">适用于烧结机滑道的润滑与密封，其他高温条件下需要润滑和密封的滑动磨擦部位</td><td rowspan="2">175kg/桶</td><td rowspan="2">Q/SY RH2206</td></tr>
<tr><td>烧结机专用聚脲润滑脂 1#</td><td>200</td><td>320</td><td>302</td><td>325</td><td>382</td><td>合格</td><td></td></tr>
</table>

2. 聚脲润滑脂

表Ⅱ-8 聚脲润滑脂的主要技术指标、用途及特点一览表

产品全称及牌号	主要技术指标							用途与特点	包装形式	执行标准
	基础油40℃运动黏度/(mm^2/s)	工作锥入度0.1mm	滴点/℃	延长工作锥入度/(10万次)变化率/%	极压性能(梯姆肯法)OK值/N	极压性能(四球机法)PB值/N	水淋流失量(38℃，1h)/%			
极压聚脲润滑脂1#	220	325	295	4%	178	980	1.4	适用于冶金连铸设备的大包回转台、结晶器、扇形段辊道、拉矫机和摆剪机、输送辊的润滑，也适用连轧机及其他高温、重负荷设备的轴承及其他摩擦部位的润滑	15kg/桶、175kg/桶、15kg/铁桶、0.8kg/罐、5kg/桶	SH/T 0789
极压聚脲润滑脂2#	220	278	302	7.9%	178	980	1.2			

产品全称及牌号	主要技术指标							用途与特点	包装形式	执行标准
	基础油40℃运动黏度/(mm^2/s)	工作锥入度0.1mm	滴点/℃	延长工作锥入度，(10万次)/0.1mm	钢网分油(100℃，24h)/%	水淋流失量/%(79℃，1h)	相似黏度(-10℃，$10s^{-1}$)/Pa·s			
聚脲润滑脂0#	200	370	280	382	—	—	298	多用途高温润滑脂，如钢厂高温低负荷的设备。另外还适用于印染、纺织、建材等行业的高温部位及电机轴承；适用于酸碱环境下设备的润滑	15kg/桶、175kg/铁桶、15kg/铁桶、0.8kg/罐、5kg/桶	Q/SY RH2157
聚脲润滑脂1#	200	325	300	340	2.2	1.2	378			
聚脲润滑脂2#	200	280	308	302	1.8	1.5	486			

续表

产品全称及牌号	主要技术指标						用途与特点	包装形式	执行标准
	基础油40℃运动黏度/(mm^2/s)	工作锥入度0.1mm	滴点/℃	延长工作锥入度,(10万次)/0.1mm	相似黏度(-10℃,$10s^{-1}$)/Pa·s	防腐蚀性(52℃,48h)			
烧结机专用聚脲润滑脂T0#	200	350	280	355	325	合格	适用于烧结机滑道的润滑与密封，其他高温条件下需要润滑和密封的滑动磨擦部位	175kg/桶	Q/SY RH2206
烧结机专用聚脲润滑脂1#	200	320	302	325	382	合格			

3. 膨润土基类润滑脂

表Ⅱ-9 膨润土基类润滑脂的主要技术指标、用途及特点一览表

产品全称及牌号	主要技术指标						用途与特点	包装形式	执行标准
	基础油40℃运动黏度/(mm^2/s)	工作锥入度0.1mm	滴点/℃	钢网分油/%(100℃,30h)	腐蚀(T2铜片,100℃,24h)	蒸发量(99℃,22h)/%			
膨润土润滑脂2#	460	275	300	0.67	铜片无黑色或绿色变化	0.52	适用于矿山、冶金、烘箱、烤炉等高温中低速机械设备的润滑。具有良好的黏温性，抗氧化能力强	15kg/桶、175kg/铁桶、散装	SH/T 0536
膨润土润滑脂3#	460	233	302	0.45	铜片无黑色或绿色变化	0.35			

续表

产品全称及牌号	主要技术指标							用途与特点	包装形式	执行标准
	基础油 40℃运动黏度/(mm^2/s)	工作锥入度 0.1mm	滴点/℃	钢网分油(65℃，24h)/%	腐蚀(T_2铜片，100℃，24h)	极压性能(四球机法)P_D/N	水沥滤(65℃，2h)			
8901 钻具螺纹润滑脂	150	365	260	2.5	铜片无黑色或绿色变化	4900	4.47	主要用于油田钻杆或钻铤丝扣螺纹的密封以及润滑。具有良好的高温性，良好的极压抗磨性，优良的密封性及耐介质性	20kg/桶、175kg/铁桶	Q/SY RH2278
8902 套管螺纹密封润滑脂	150	320	260	2.2	铜片无黑色或绿色变化	—	4.35	主要用于石油探井套管油管丝扣、套管接头、阀门和管道接头螺纹的密封与润滑。具有良好的耐压密封性，良好的抗介质性，良好的防锈性，优良的极压抗磨性	20kg/桶、175kg/铁桶	GB/T 23512

4. 复合钙皂类润滑脂

表Ⅱ-10　复合钙皂类润滑脂的主要技术指标、用途及特点一览表

产品全称及牌号	主要技术指标					用途与特点	包装形式	执行标准
	基础油 40℃运动黏度/(mm^2/s)	锥入度/0.1mm	滴点/℃	钢网分油(60℃，24h)/%	四球试验 P_B/N			
复合钙基润滑脂 3 号	110	230	251	1.5	—	特点：在有水的环境下，依然能保持良好的润滑性能；在短期内可承受较高的使用温度。 用途：广泛用于工业、农业、交通运输业的高温，中、重负荷的机械设备润滑	15kg/桶、175kg/铁桶、15kg/桶、0.8kg/罐、5kg/桶	SH/T 0370
803 榨糖机专用润滑脂	680	363	238	—		特点：在高温下具有长的使用寿命和极佳的轴承保护；可应用在那些水、甘蔗汁与润滑脂经常接触的工况环境；在高滑动和冲击载荷下，仍能为润滑设备提供可靠润滑，可延长设备寿命和降低意外停工；具有优良的泵送性，保证各润滑点的润滑。 用途：该产品是根据甘蔗制糖工业中压榨机轴瓦的特殊要求而研制的专用润滑产品	30kg/桶、175kg/桶	Q/SY RH 2160

5. 复合磺酸钙类润滑脂

表Ⅱ-11 复合磺酸钙类润滑脂的主要技术指标、用途及特点一览表

产品全称及牌号	主要技术指标						用途与特点	包装形式	执行标准
	基础油40℃运动黏度/(mm^2/s)	锥入度/0.1mm	滴点/℃	钢网分油(100℃,24h)%	四球试验 P_D/N	水淋流失量(79℃,1h)/%			
复合磺酸钙基润滑脂1号	460	319	320	1.05	4900	0.95	用途：多用途重负荷耐水润滑脂，适用于含水、重负荷、多尘土的工况环境，如造纸、水泥、钢铁等行业。 特点：高温下具有长的使用寿命和极佳的轴承保护；热稳定性和机械安定性好，降至常温后，可恢复原来结构；在严重的进水条件下可确保可靠润滑和设备保护；在高负荷和冲击载荷的情况下，仍能为设备提供可靠润滑，延长设备使用寿命	15kg/桶、175kg/桶、2000kg/罐	Q/SY RH 2152
复合磺酸钙基润滑脂2号	460	284	320	0.7	4900	0.52			
复合磺酸钙基润滑脂T1号	460	300	320	0.8	4900	0.69			
复合磺酸钙基润滑脂SUPERCS	460	301	310	0.4	3920	0.65	用途：特别适用于海上钻井平台、近海作业、航海及船舶工业应用的润滑，也适用于潮湿、盐雾腐蚀严重的滑轨、钢丝绳、绞盘、开式齿轮和链条的润滑与防腐。 特点：含高黏度半合成油，热稳定性良好，降温至常温时可恢复原来结构；具有出众的耐水性，在与大量水接触时也没有明显的稠度变化，与金属有良好的黏附性能，不易流失，可提供较强的油膜强度	15kg/桶	Q/SY RH 2152
FHT高性能润滑脂	430	285	320	1.2	4900	0.87	用途：电机高速轴承；钢铁工业连铸机的结晶器，拉矫机、炼钢炉电磁搅拌、炉前辊道、钢水包吊车、铸锭车、热轧机组高温输送辊道、轧机轧辊轴承等。 特点：半合成油配方，具有优良的耐高温性，不易结焦和流失；抗水性和防腐蚀性，良好的极压抗磨性使脂有较强的承载能力	15kg/桶、175kg/桶	Q/SY RH 2152

续表

产品全称及牌号	主要技术指标						用途与特点	包装形式	执行标准
	基础油40℃运动黏度/（mm^2/s）	锥入度/0.1mm	滴点/℃	钢网分油（100℃，24h）%	四球试验 P_D/N	水淋流失量（79℃，1h）/%			
连铸机高级润滑脂 YJ001	430	298	320	0.6	3920	0.76	用途：多用途重负荷耐高温抗水润滑脂，适用于含水、重负荷、多尘土的工况环境，尤其适用于方坯、板坯连铸机扇形段、拉矫机的润滑。 特点：含高黏度半合成油，优良的耐高温性能高温下不流失且在轴承内保持良好的胶体结构；高温抗氧化性能要好，高温下要求不结焦，不硬化，不堵塞管道和卡死轴承；具有优良的低温泵送性能；抗水性能优异，在水存在的情况下，保持较强的黏附性，耐水喷淋和冲刷	15kg/桶、175kg/桶	Q/SY RH 2207

6. 复合锂基类润滑脂

表Ⅱ-12 复合锂基类润滑脂的主要技术指标、用途及特点一览表

产品全称及牌号	主要技术指标						用途与特点	包装形式	执行标准
	基础油40℃运动黏度/（mm^2/s）	锥入度/0.1mm	滴点/℃	水淋流失量（38℃，1h）/%	腐蚀（T_2铜片，100℃，24h）	氧化安定性（99℃，100h，0.770MPa）压力降/MPa			
1号复合锂基润滑脂	120	325	285	2.0	铜片无绿色或黑色变化	0.020	本产品是一种高性能通用润滑脂，适用于各种轴承、润滑设备的润滑。具有良好的耐高温、抗水和抗剪切性能。适用温度范围：-20~180℃	15kg/桶、175kg/铁桶、散装	Q/SY RH2151
2号复合锂基润滑脂	120	273	289	1.74	铜片无绿色或黑色变化	0.020			
3号复合锂基润滑脂	120	230	302	1.60	铜片无绿色或黑色变化	0.020			

续表

产品全称及牌号	主要技术指标						用途与特点	包装形式	执行标准
	基础油 40℃运动黏度/(mm^2/s)	锥入度/0.1mm	滴点/℃	钢网分油(100℃，24h)/%	腐蚀(T_2铜片，100℃，24h)	四球机试验，P_D/N			
1 号极压复合锂基润滑脂	120	323	287	2.04	铜片无绿色或黑色变化	3089	本产品是高性能极压润滑脂，适用于冶金行业高温、高负荷设备以及印染、大型电动机、轿车、热油泵轴承等各种机械设备高温摩擦部位的润滑。适用温度范围：-20～160℃	15kg/桶、175kg/桶	SH/T 0535
2 号极压复合锂基润滑脂	120	284	293	1.82	铜片无绿色或黑色变化	3089			
3 号极压复合锂基润滑脂	120	239	300	1.76	铜片无绿色或黑色变化	3089			

产品全称及牌号	主要技术指标						用途与特点	包装形式	执行标准
	基础油 40℃运动黏度/(mm^2/s)	1/4 锥入度/0.1mm	滴点/℃	四球机试验，P_B/N	腐蚀(T_2铜片，100℃，24h)	相似黏度(-40℃，$10s^{-1}$)/Pa·s			
7018 高速轴承润滑脂	50	70.5	281	863	铜片无绿色或黑色变化	864	本产品适用于各种高速轴承、高速长寿命陀螺马达、高速磨床及其他高速仪表和机械轴承的润滑。具有极佳的高低温性。适用温度范围：-50～150℃	0.8kg/罐、15kg/桶、175kg/桶	Q/SY RH2168

产品全称及牌号	主要技术指标						用途与特点	包装形式	执行标准
	基础油 40℃运动黏度/(mm^2/s)	1/4 锥入度/0.1mm	滴点/℃	钢网分油(100℃，24h)/%	蒸发损失(200℃，1h)/%	相似黏度(-40℃，$10s^{-1}$)/Pa·s			
7014-2 高温润滑脂	78	72.1	297	2.75	2.31	921	本产品用于高温下较高转速的各种机械滚动轴承和滑动轴承的润滑。具有优异的高低温、抗剪切性。适用温度范围：-40～200℃	0.8kg/罐、15kg/桶、175kg/铁桶	Q/SY RH2167

续表

产品全称及牌号	主要技术指标						用途与特点	包装形式	执行标准
	基础油 40℃运动黏度/(mm^2/s)	1/4 锥入度/0.1mm	滴点/℃	分油量(压力法)/%(质量分数)	腐蚀(T_2铜片，100℃，24h)	相似黏度(−20℃，$10s^{-1}$)/Pa·s			
7019 高温润滑脂	120	62~75	290	13.2	铜片无绿色或黑色变化	1360	本产品是由复合皂基稠化剂稠化合成油，并加有抗氧、极压抗磨等添加剂精制而成。适用于纺织、印染、石化、钢铁、水泥等行业生产中的各类电机轴承、滚动、滑动轴承的润滑。适用温度范围：−30~160℃	0.8kg/罐、15kg/桶、170kg/桶、散装	Q/SY RH2169

产品全称及牌号	主要技术指标						用途与特点	包装形式	执行标准
	基础油 40℃运动黏度/(mm^2/s)	锥入度/0.1mm	滴点/℃	四球试验 P_B/N	腐蚀(T_2铜片，100℃，24h)	水淋流失量(79℃，1h)/%			
1 号 SHP400 高温润滑脂	460	330	280	980	铜片无绿色或黑色变化	1.79	是由复合皂基稠化剂稠化高黏度全合成油，并添加特种极压抗磨添加剂、抗氧剂和防锈剂。该产品是超高性能产品，在极端温度，在高温潮湿的环境下尤为适用，如造纸、汽车轮毂轴承、钢铁等行业。适用温度范围：−40~200℃	0.8kg/罐、15kg/桶	Q/SY RH2252
2 号 SHP400 高温润滑脂	460	275	290	980	铜片无绿色或黑色变化	0.7			
3 号 SHP400 高温润滑脂	460	238	300	980	铜片无绿色或黑色变化	0.5			

产品全称及牌号	主要技术指标						用途与特点	包装形式	执行标准
	基础油 40℃运动黏度/(mm^2/s)	锥入度/0.1mm	滴点/℃	延长工作锥入度(10 万次)变化值/0.1mm	腐蚀(T_2铜片，100℃，24h)	极压性能(梯姆肯法)OK 值/N			
2 号 HP-R 高温润滑脂	220	275	298	21	铜片无绿色或黑色变化	178	由复合金属皂稠化高品质矿物油以及合成油，并加入特殊抗磨剂及抗氧化剂等多种添加剂而制成，是高温抗水长寿命润滑脂。主要用于中小型轴承，如电机、风机、水泵、重载车辆、工程车、公交巴士前后轮轴承及其他摩擦部位的润滑。适用温度范围：−30~180℃	0.8kg/桶、2kg/铁桶、15kg/桶、175kg/铁桶	Q/SY RH2199
T2 号 HP-R 高温润滑脂	220	255	300	23	铜片无绿色或黑色变化	178			

续表

产品全称及牌号	主要技术指标						用途与特点	包装形式	执行标准
	基础油40℃运动黏度/(mm^2/s)	锥入度/0.1mm	滴点/℃	延长工作锥入度(10万次)变化率/%	腐蚀(T_2铜片，100℃，24h)	极压性能(梯姆肯法)OK值/N			
1号KL轧辊轴承润滑脂	460	320	270	8%	铜片无绿色或黑色变化	178	极压抗水润滑脂，特别适用于水淋、重负荷、高温等苛刻润滑场合，如钢铁行业轧辊轴承。适用温度范围：-20~180℃	15kg/桶、175kg/桶	Q/SY RH2245
2号KL轧辊轴承润滑脂	460	285	275	8.5%	铜片无绿色或黑色变化	178			
3号KL轧辊轴承润滑脂	460	238	280	9%	铜片无绿色或黑色变化	178			

产品全称及牌号	主要技术指标						用途与特点	包装形式	执行标准
	基础油40℃运动黏度/(mm^2/s)	锥入度/0.1mm	滴点/℃	钢网分油(100℃，24h)/%	腐蚀(T_2铜片，100℃，24h)	四球试验，P_D值/N			
1号SHP1500高温润滑脂	1500	330	280	1.21	铜片无绿色或黑色变化	4900	适用于水泥行业辊压机轴承的润滑以及其他高温、低速、重载、粉尘、有冲击负荷的苛刻工业装置的润滑。适用温度范围：-20~200℃	15kg/桶、175kg/桶	Q/SY RH2252
2号SHP1500高温润滑脂	1500	275	280	1.05	铜片无绿色或黑色变化	4900			

续表

产品全称及牌号	主要技术指标						用途与特点	包装形式	执行标准
	基础油 40℃运动黏度/(mm^2/s)	锥入度/0.1mm	滴点/℃	水淋流失量(38℃，1h)/%	腐蚀(T_2铜片，100℃，24h)	相似黏度(−10℃，$10s^{-1}$)/Pa·s			
0 号复合铝基润滑脂	120	370	255	—	铜片无绿色或黑色变化	137	由复合铝皂稠化矿物油，并添加多种添加剂而制成的润滑脂。适用于冶金行业大型轧钢机、烧结机弹性滑道等设备高温部位的润滑。适用温度范围：−20~160℃	15kg/桶、175kg/桶、1500kg/罐	0 号、1 号、2 号执行 SH/T 0378；3 号执行 Q/SY RH2241
1 号复合铝基润滑脂	120	327	263	1.26	铜片无绿色或黑色变化	236			
2 号复合铝基润滑脂	120	287	275	0.48	铜片无绿色或黑色变化	356			
3 号复合铝基润滑脂	120	241	288	0.31	铜片无绿色或黑色变化	465			

产品全称及牌号	主要技术指标						用途与特点	包装形式	执行标准
	基础油 40℃运动黏度/(mm^2/s)	锥入度/0.1mm	滴点/℃	钢网分油(100℃，24h)/%	腐蚀(T_2铜片，100℃，24h)	相似黏度(−10℃，$10s^{-1}$)/Pa·s			
1 号极压复合铝基润滑脂	120	325	260	1.56	铜片无绿色或黑色变化	288	由复合铝皂稠化精制矿物油，并添加极压、抗磨、抗氧化等多种添加剂精制而成的一种高效润滑脂。适用于冶金、矿山等高温部位机械设备的润滑，尤其适用于烧结、连铸等机组环境温度高、抗水要求高的条件下的集中润滑。适用温度范围：−20~160℃	15kg/桶、175kg/铁桶	SH/T 0534
2 号极压复合铝基润滑脂	120	278	260	1.40	铜片无绿色或黑色变化	445			

7. 锂基类润滑脂

表Ⅱ-13　锂基类润滑脂的主要技术指标、用途及特点一览表

产品全称及牌号	主要技术指标：基础油40℃运动黏度/(mm^2/s)	锥入度/0.1mm	滴点/℃	钢网分油(100℃)/%	腐蚀(T_2铜片，100℃，24h)	氧化安定性(99℃，100h，0.760MPa)压力降/MPa	用途与特点	包装形式	执行标准
000号通用锂基润滑脂	100	460	145	—	铜片无绿色或黑色变化	—	适用于多种应用环境与多种润滑方式。该产品通用性强，使用寿命较长，具有良好的抗水性机械安定性、防腐蚀性和氧化安定性	0.8kg/罐、1kg/袋、15kg/桶、175kg/桶、散装	000号~0号：Q/SY RH2155 1号~3号：GB/T 7324
00号通用锂基润滑脂	100	413	162	—	铜片无绿色或黑色变化	0.031			
0号通用锂基润滑脂	100	368	180	—	铜片无绿色或黑色变化	0.030			
1号通用锂基润滑脂	100	325	196	4.87	铜片无绿色或黑色变化	0.022			
2号通用锂基润滑脂	100	278	198	3.13	铜片无绿色或黑色变化	0.022			
3号通用锂基润滑脂	100	230	200	2.66	铜片无绿色或黑色变化	0.015			

产品全称及牌号	主要技术指标：基础油40℃运动黏度/(mm^2/s)	锥入度/0.1mm	滴点/℃	钢网分油/(100℃，24h)/%	腐蚀(T_2铜片，100℃，24h)	极压性能(四球机法)P_B值/N	用途与特点	包装形式	执行标准
000号极压锂基润滑脂	120	455	159	—	铜片无绿色或黑色变化	784	该产品适用于高负荷机械设备轴承和齿轮的润滑，冶金行业的冷、热轧机及高炉附属设备、炼钢起重设备。优良的极压抗磨性能，优良的泵送性，良好的机械安定性能	15kg/桶、15kg/铁桶、175kg/桶、1500kg/铁罐、2000kg/铁罐	000号、3号：Q/SY RH2156 00号~2号 GB/T 7323
00号极压锂基润滑脂	120	420	168	—	铜片无绿色或黑色变化	784			
0号极压锂基润滑脂	120	375	180	—	铜片无绿色或黑色变化	784			

续表

产品全称及牌号	主要技术指标						用途与特点	包装形式	执行标准
	基础油40℃运动黏度/(mm^2/s)	锥入度/0.1mm	滴点/℃	钢网分油(100℃,24h)/%	腐蚀(T_2铜片,100℃,24h)	极压性能(四球机法)P_B值/N			
01号极压锂基润滑脂	120	319	188	4.68	铜片无绿色或黑色变化	784	该产品适用于高负荷机械设备轴承和齿轮的润滑，冶金行业的冷、热轧机及高炉附属设备、炼钢起重设备。优良的极压抗磨性能，优良的泵送性，良好的机械安定性能	15kg/桶、15kg/铁桶、175kg/桶、1500kg/铁罐、2000kg/铁罐	000号、3号：Q/SY RH2156 00号~2号 GB/T 7323
2号极压锂基润滑脂	120	282	192	3.37	铜片无绿色或黑色变化	784			
3号极压锂基润滑脂	120	244	198	2.59	铜片无绿色或黑色变化	784			

产品全称及牌号	主要技术指标						用途与特点	包装形式	执行标准
	基础油40℃运动黏度/(mm^2/s)	锥入度/0.1mm	滴点/℃	钢网分油(100℃,24h)/%	腐蚀(T_3铜片,100℃,3h)	其他典型指标2			
二硫化钼锂基润滑脂000号	100	458	145	—	铜片无绿色或黑色变化	—	适用于中重负荷设备的轴承、联轴节、齿轮等部位；含二硫化钼微粉，有效防止摩擦副的磨损；优良的抗氧化性能，可保证较长的换油周期；可降低摩擦副的摩擦系数，减小摩擦阻力；良好的机械安定性能，可延长使用寿命	15kg/桶、175kg/桶、1.8kg/罐	000号：RH 15XB·0011 00号~4号：Q/SY RH2096
二硫化钼锂基润滑脂00号	100	420	160	—	铜片无绿色或黑色变化	—			
二硫化钼锂基润滑脂0号	100	360	180	—	铜片无绿色或黑色变化	—			
二硫化钼锂基润滑脂1号	100	324	190	5.72	铜片无绿色或黑色变化	—			
二硫化钼锂基润滑脂2号	100	275	195	3.01	铜片无绿色或黑色变化	—			
二硫化钼锂基润滑脂3号	100	241	198	1.51	铜片无绿色或黑色变化	—			
二硫化钼锂基润滑脂4号	100	196	198	1.02	铜片无绿色或黑色变化	—			

续表

产品全称及牌号	主要技术指标						用途与特点	包装形式	执行标准
	基础油 40℃运动黏度/(mm^2/s)	锥入度/0.1mm	滴点/℃	钢网分油(100℃，24h)/%	低温转矩(−20℃)，/N·m	防腐蚀性(52℃，48h)			
汽车通用锂基润滑脂 2 号	120	270	190	2.76	启动 0.20 运转 0.022	合格	适用于汽车轮毂轴承、底盘、水泵和发电机等摩擦部位的润滑； 该产品可延长润滑周期达 30000 公里以上，行车距离 2 倍于钙基脂，降低动力消耗，提高行车安全性，经济效益明显	15kg/桶、175k/铁桶、15kg/铁桶、0.8kg/罐	GB/T 5671
汽车通用锂基润滑脂 3 号		230	198	1.35	启动 0.22 运转 0.031	合格			

产品全称及牌号	主要技术指标						用途与特点	包装形式	执行标准
	基础油 40℃运动黏度/(mm^2/s)	锥入度/0.1mm	滴点/℃	钢网分油(100℃，24h)/%	低温转矩(−20℃)，/N·m	防腐蚀性(52℃，48h)			
低噪音轴承润滑脂 2 号	120	270	196	2.31	启动 0.16 运转 0.070	合格	适用于小型和微型电机的精密滚动轴承和其他较低负荷设备的滚动轴承的润滑，特别推荐一般工作温度下有静音要求的工业用精密仪器、家用电器等高档精密轴承的润滑。洁净度高，能够有效地降低轴承的振动值；防锈性能良好，能够防止轴承运转过程中的锈蚀；具有优良的降噪性能	15kg/桶	Q/SY RH2165

产品全称及牌号	主要技术指标						用途与特点	包装形式	执行标准
	基础油 40℃运动黏度/(mm^2/s)	锥入度/0.1mm	滴点/℃	钢网分油(100℃，24h)/%	低温转矩(−20℃)，/N·m	防腐蚀性(52℃，48h)			
中小型电机轴承润滑脂 2 号	100	268	197	2.48	启动 0.18 运转 0.080	合格	适用于中小型电机的滚动轴承及其他较低负荷设备的滚动轴承的润滑，有一定的防锈性能，能够防止轴承运转过程中的锈蚀；具有优良的降噪性，能有效降低轴承的振动性能	15kg/桶、15/铁桶、175kg/铁桶	Q/SY RH2166

续表

产品全称及牌号	主要技术指标						用途与特点	包装形式	执行标准
	基础油40℃运动黏度/(mm^2/s)	锥入度/0.1mm	滴点/℃	钢网分油(100℃，24h)/%	相似黏度(-50℃，$10s^{-1}$)/Pa·s	强度极限(50℃)/Pa			
低温润滑脂2号	78	287	195	—	872	385	主要用于飞机操纵系统、各种精密仪表、无线电设备及轻负荷、高转速、宽温度范围的密封滚珠轴承的润滑，具有良好的低温性能，良好的机械安定性和润滑性能，具有优良的防锈性能	0.8kg/罐	Q/SYRH2323

产品全称及牌号	主要技术指标						用途与特点	包装形式	执行标准
	基础油40℃运动黏度/(mm^2/s)	锥入度/0.1mm	滴点/℃	钢网分油(100℃，24h)/%	相似黏度(-50℃，$10s^{-1}$)/Pa·s	防护性能(45号钢片，H62黄铜片，60℃，48h)			
通用航空润滑脂7008号	58	260	195	—	886	合格	使用于航空电机和微型电机的轴承、齿轮及操纵机构的支点、组装连结，具有良好的高低温性能，良好的机械安定性和润滑性能，具有良好的防锈性能	0.8kg/罐、15kg/桶	NB/SH/T 0437

产品全称及牌号	主要技术指标						用途与特点	包装形式	执行标准
	基础油40℃运动黏度/(mm^2/s)	锥入度/0.1mm	滴点/℃	钢网分油(100℃，24h)/%	腐蚀(T_3铜片，100℃，3h)	氧化安定性(99℃，100h，0.760MPa)压力降/MPa			
000号白色特种润滑脂	30	456	—	—	合格	0.036	该产品适用于各种高速滚动轴承、精密机床轴承、纺织机械轴承及仪器仪表的润滑和防护。 对金属具有很强的吸附能力，具有极好的润滑性和良好的热稳定性	15kg/铁桶、0.8kg/铁罐	Q/SY RH2149
00号白色特种润滑脂	30	420	—	—	合格	0.038			

续表

产品全称及牌号	主要技术指标						用途与特点	包装形式	执行标准
	基础油40℃运动黏度/(mm^2/s)	锥入度/0.1mm	滴点/℃	钢网分油(100℃,24h)/%	腐蚀(T_3铜片,100℃,3h)	氧化安定性(99℃,100h,0.760MPa)压力降/MPa			
0号白色特种润滑脂	30	369	—	—	合格	0.036	该产品适用于各种高速滚动轴承、精密机床轴承、纺织机械轴承及仪器仪表的润滑和防护。 对金属具有很强的吸附能力，具有极好的润滑性和良好的热稳定性	15kg/铁桶、0.8kg/铁罐	Q/SY RH2149
1号白色特种润滑脂	30	322	178	2.23	合格	0.030			
2号白色特种润滑脂	30	278	185	1.95	合格	0.026			
3号白色特种润滑脂	30	239	185	1.68	合格	0.026			
4号白色特种润滑脂	30	196	185	1.22	合格	0.024			

三、辽宁海华油脂化学有限公司

辽宁海华油脂化学有限公司润滑脂的主要技术指标、用途与特点以及包装形式等信息详见表Ⅱ-14。

表Ⅱ-14　润滑脂的主要技术指标、用途及特点一览表

产品名称	主要技术指标	用途与特点	包装形式
复合磺酸钙基润滑脂	执行标准：GB/T 33585—2017	遇水不变稀，使用温度高，极压抗磨性好。可针对工况调整设计。适用于多水、高温、重载设备的润滑，如矿山车辆、轧钢厂、连铸设备	17kg、180kg
脲基润滑脂	执行标准：Q/AHY11、Q/AHY98、Q/AHY33	耐高温抗氧化性能突出。可针对工况调整设计。 适用于高温部位的润滑，如烧结机、连铸机。使用温度为：-20~180℃	17kg、180kg
复合锂基润滑脂	执行标准：Q/AHY66	适用于重载车辆、机械设备、电机等轴承的润滑，通用性强、耐高温、寿命长。可针对工况调整设计。使用温度为：-20~150℃	22kg、17kg、180kg 180kg
锂基润滑脂	执行标准：GB/T 7324 GB/T 732420	适用于中负荷车辆、机械设备、电机等轴承的润滑，通用性强。使用温度为：-20~120℃	500kg、17kg、180kg
汽车通用锂基润滑脂	执行标准：GB/T 5671 GB/T 5671	可延长润滑周期达30000公里以上，行车距离2倍于钙基脂，降低动力消耗，提高行车安全性，经济效益明显。 适用于汽车轮毂轴承、底盘、水泵和发电机等摩擦部位的润滑	115kg/桶、175k/铁桶、15kg/铁桶、0.8kg/罐
无水钙基润滑脂	执行标准：Q/AHY124、/AHY258	适用于普通车辆、机械设备、电机等轴承的润滑。可针对工况调整设计。使用温度为：-20~120℃	17kg、180kg 180kg
膨润土润滑脂		适用于高温部位的润滑，可针对工况调整设计	17kg、180kg
复合铝基润滑脂	执行标准：SH/T 0378	通用性强，泵送性好，可针对工况调整设计。 适用于常温或高温机械设备的润滑，使用温度为：-20~150℃	17kg、180kg
特种开式齿轮润滑剂	执行标准：Q/AHY88	黏性好、油膜厚。适用于重载开式齿轮、钢缆等开放部位的润滑，如矿用铲、混料机、球磨机、磨煤机、钢缆。使用温度为：-20~120℃	17kg、60kg、180kg
HP型开式齿轮润滑剂（磺酸钙基）	执行标准：Q/AHY66	黏性好、油膜厚。适用于重载开式齿轮、钢缆等开放部位的润滑，如矿用铲、混料机、球磨机、磨煤机、钢缆	2kg、17kg、180kg
GL型开式齿轮润滑剂（磺酸钙基）	执行标准：Q/AHY66	适用于大型重载开式齿轮的润滑，如大型球磨机、磨煤机、回转窑。可针对工况调整设计	500kg、17kg、180kg
高极压润滑脂（锂基）	执行标准：Q/AHY14	可针对工况调整设计。适用于振动、重负荷机械设备的轴承及减速机的润滑。使用温度为：-20~120℃	17kg、180kg

续表

产品名称	主要技术指标	用途与特点	包装形式
极压锂基润滑脂	执行标准：GB/T 7323	适用于高负荷机械设备轴承及齿轮的润滑，也可用于集中润滑系统	17kg、180kg
重负荷润滑脂	执行标准：Q/AHY03	适用于低速、冲击、重载机械设备轴承及开式齿轮、钢丝绳等部位的润滑	17kg、180kg
低温润滑脂（锂基）	执行标准：Q/AHY220	适用于低温下各种车辆或设备的润滑，有-30、-40、-50等型号	17kg、180kg
低噪音轴承脂（锂基）	执行标准：Q/AHY284	适用于各种设备中小精密轴承的润滑，降噪明显。可针对工况调整设计	17kg、180kg
低噪音轴承脂（脲基）	执行标准：Q/AHY284	适用于各种设备中小精密轴承的润滑，降噪明显。可针对工况调整设计	17kg、180kg
长寿命润滑脂（复合锂基）		适用于各种长周期加脂轴承的润滑，如风电或高温电机轴承的润滑，通用性强、耐高温、寿命长。可针对工况调整设计	17kg、180kg
长效润滑脂（磺酸钙基）		适用于各种潮湿、盐雾、长周期加脂条件下轴承的润滑，如海上或风电、船舶、港口设备的润滑，防锈、长寿命、耐高温。可针对工况调整设计	17kg、180kg

四、山东红星化工有限公司

山东红星化工有限公司润滑脂的主要技术指标、用途与特点以及包装形式等信息详见表Ⅱ-15。

表Ⅱ-15　山东红星化工公司润滑脂的主要技术指标、用途及特点一览表

产品名称	主要技术指标	用途与特点	包装形式
捷灵通用锂基润滑脂(锂基脂1#、2#、3#)	GB/T 7324—2010	优良的抗水性；良好的抗氧化能力，通用性强。适用于各种机械设备的滚动轴承、滑动轴承和各种摩擦部位的润滑。使用温度：-20～130℃	15kg中桶、170kg大桶及800g～4.8kg塑桶、500g～1kg塑料袋
捷灵白色润滑脂（锂基脂0#、1#、2#、3#）	Q/0523 SHX012 0#脂滴点≥170℃，1#脂滴点≥175℃，2#脂滴点≥180℃，3#脂滴点≥185℃	具有较低的启动和运转力矩，满足高速条件下的轴承运转；具有良好的抗氧、防锈及润滑性能；具有优良的机械安定性和胶体安定性 适用于机床主轴及主轴滚动轴承、纺织机械设备轴承、各种磨床滚动轴承以及玩具及塑料齿轮等润滑部位的润滑。使用温度：-20～120℃	15kg中桶、800g塑料桶及170kg大桶
捷灵GAV-1，GAV-2通用航空润滑脂（锂基脂）	NB/SH/T 0437—2014	GAV-1脂具有良好的高低温性能、热稳定性、胶体安定性和剪切安定性；还具有优良的高速性能。GAV-2脂为润滑、防锈两用脂，除具备上述特性外，还对黄铜、紫铜等金属材料提供有效的防护，并且使用周期长，耗脂量少。 可广泛用于中、小功率航空电机和微电机的轴承、齿轮、仪表及操纵机构支点；GAV-1脂也可用于机械制造行业中的高速磨床主轴轴承、磨床磨头和纺织行业的气流纺纱机转子及加捻机的高速轴承。GAV-2脂用于密封轴承的防锈与润滑，也用于电子设备、光学仪器的润滑与防护。使用温度：-60～120℃	1kg和2kg铁桶

续表

产品名称	主要技术指标	用途与特点	包装形式
捷灵低温润滑脂-A(锂基脂 1#、2#)	Q/0523 SHX039 1#脂滴点≥170℃，2#脂滴点≥180℃；1#脂相似黏度(-40℃)<800Pa·s，2#脂相似黏度(-40℃)<1000Pa·s	低温启动力矩和运转力矩低，在低温环境下保证润滑部位的良好运转；良好的机械安定性，胶体安定性、氧化安定性及极压性能，保证润滑；不含有害组分，对人和环境安全。适用于寒区使用的各类轴承、齿轮等机械设备的润滑。使用温度：-40~120℃	1kg 小桶、15kg 中桶
捷灵 7105 号光学仪器极压脂(极压锂基脂)	SH/T 0442—1992	优异低温性，保证光学仪器低温下正常启动和运转；优异的润滑极压性，保证光学仪器的正常润滑和减少磨损；优异的密封性和黏附性，保证光学仪器的正常润滑；较低的蒸发损失，优良的“防雾”性能，保证光学镜头无油雾，确保光学仪器的光学性能；优良的“防霉”性能，保证本产品不会因微生物的滋生而影响本产品的使用性能。适用于光学仪器极压部位的润滑，如蜗轮、齿轮、钢铜轴和燕尾槽、道等。使用温度：-50℃~70℃	250g 塑桶、1kg 小桶
捷灵 7106、7107 号光学仪器润滑脂(锂基脂)	SH/T 0443—1992	优异的低温性，保证光学仪器低温下正常启动和运转；优异的润滑性，保证光学仪器正常润滑和减少磨损；优异的密封性和黏附性，保证光学仪器的正常润滑；较低的蒸发损失，优良的“防雾”性能，保证光学镜头无油雾，确保光学仪器的光学性能；优良的“防霉”性能，保证本产品不会因微生物的滋生而影响本产品的使用性能。适用于光学仪器不同间隙的滚动、滑动部位的润滑和密封，7106 适用于较小间隙，7107 适用于较大间隙。 使用温度：-50~70℃	250g 塑桶、1kg 小桶
捷灵 7108 号光学仪器防尘脂(锂基脂)	SH/T 0444—1992	优异的润滑性，保证光学仪器正常润滑和减少磨损；优异的黏附性能，保证脂的不流失，提供光学仪器有充足的润滑剂；优异的防尘性能，确保光学仪器免受尘埃污染。适用于光学仪器的内壁“防尘”。使用温度：-50~70℃	250g 塑桶、1kg 小桶
锂基半流体润滑脂(锂基脂 0#、00#、000#)	Q/0523 SHX016 0#脂滴点≥160℃，00#脂滴点≥150℃，000#脂滴点≥130℃；0#脂相似黏度(-15℃)<600Pa·s，00#脂相似黏度(-15℃)<400Pa·s，000#脂相似黏度(-15℃)<350Pa·s	优良的泵送性、抗水性及氧化安定性；良好的密封性、不易泄漏，可降低噪音、减少油脂消耗。 适用于各种机械设备的集中润滑系统及混凝土泵车、减速机、齿轮箱等摩擦部位的润滑。 使用温度：-20~120℃	15kg 中桶、170kg 大桶
极压锂基半流体润滑脂(锂基脂 0#、00#、000#)	Q/0523 SHX018 0#脂滴点≥160℃，00#脂滴点≥150℃，000#脂滴点≥130℃；极压性能 P_B≥588N	优良的抗水性、防锈性、防腐性和极压抗磨性；良好的机械安定性、氧化安定性和泵送性。 适用于冶金、矿山、纺织行业各种机械变速箱等高温、重负荷机械设备各摩擦部位的润滑；适用于集中润滑系统润滑。使用温度：-20~120℃	15kg 中桶、170kg 大桶

续表

产品名称	主要技术指标	用途与特点	包装形式
捷灵重负荷大齿轮润滑脂（锂基脂 0#、00#）	Q/0523 SHX058 0#脂滴点≥160℃，00#脂滴点≥150℃，极压性能 P_D≥4900N	优异的极压抗磨性；添加固体润滑剂，有效防止齿轮在振动、冲击条件下产生磨损；良好的抗水性、防腐防锈性，保护齿轮免受腐蚀或锈蚀；良好的黏附性，对金属表面具有很强的吸附力，形成良好的润滑油膜。适用于冶金、化工行业大型反应炉体传动齿轮的润滑；适用于大型锻压机、水泥厂回转窑、冶金球团矿回转窑传动齿轮的润滑；适用于喷雾润滑或集中润滑系统。可取代开式齿轮油用于开式齿轮上。使用温度：-20～100℃	15kg 中桶、170kg 大桶
捷灵极压锂基润滑脂（极压锂基脂 0#、1#、2#、3#）	GB/T 7323—2008	优良的抗水性、防锈性、防腐性和极压抗磨性；良好的机械安定性、氧化安定性。 适用于冶金、矿山、纺织机械等高温、重负荷机械设备各摩擦部位的润滑。0#适用于润滑系统集中润滑。使用温度：-20～145℃	15kg 中桶、170kg 大桶
捷灵二硫化钼锂基润滑脂（极压锂基脂 0#、1#、2#、3#）	Q/0523 SHX001 0#脂滴点≥160℃，1#脂滴点≥170℃；2#脂滴点≥180℃，3#脂滴点≥185℃；极压性能 P_B≥588N	良好的极压抗磨性能，有效降低机械摩擦部位的磨损；可降低摩擦副的摩擦系数，减少摩擦阻力；优良机械安定性、氧化安定性和较佳的密封性。适用于载重汽车的轮毂、底盘等高温、高速摩擦部位润滑；适用于冶金、矿山企业的中重负荷机械设备的轴承、联轴节、齿轮等部位的润滑。使用温度：-20～145℃	15kg 中桶、170kg 大桶及 800g～4.8kg 塑料桶
捷灵极压复合锂基润滑脂（复合锂基脂 1#、2#、3#）	SH/T 0535—1993	极佳的耐高低温性、耐磨损性、耐水性；突出的抗氧化性、机械安定性和良好的黏附性，是一种长效长寿命的万能润滑脂。 适用于各种车辆、重型机械、建筑工程机械、冶金、矿山、纺织机械、冷轧机等重负荷部位立式振动电机轴承；适用于各种烧结、轮轨摩擦副之间的润滑。使用温度：-20～180℃	15kg 中桶、170kg 大桶
捷灵二硫化钼复合锂基润滑脂（复合锂基脂 1#、2#、3#）	SH/T 0535—1993	具有极佳的极压抗磨性能，有效降低摩擦副的磨损、点蚀，延长设备的使用寿命；优良的高温性能、机械安定性、抗氧性、抗水、防护性。 适用于冶金行业高温、重负荷设备以及印染，大型电动机、窑车、热油泵等设备摩擦部位的润滑；使用温度：-30～200℃	15kg 中桶、170kg 大桶
捷灵 1039 轧辊轴承脂（复合锂基脂 1#、2#、3#）	Q/0523 SHX014 1#脂滴点≥260℃；2#脂滴点≥260℃，3#脂滴点≥270℃；极压性能 P_B≥647N	良好的抗水性、高温性、极压抗磨性、机械安定性、氧化安定性和防锈防腐性，优良的黏附性。 产品用途：适用于钢铁企业的轧机轧辊滚动轴承的润滑。适用于矿山、机械、交通运输等行业处于高温、重负荷、潮湿等恶劣情况下轴承的润滑。使用温度：-20～180℃	15kg 中桶、170kg 大桶
捷灵 3677 高温润滑脂（复合锂基脂）	Q/0523 SHX040 滴点≥280℃，极压性能 P_B≥883N，P_D≥3090N	极佳的高温抗氧化性；优良的极压抗磨性能，承载能力强；优良的密封防护性能；良好的防抛脱能力和抗水冲洗性。适用于高温重负荷工况下工作的轴承与齿轮的润滑与防护。使用温度：-40～200℃	15kg 中桶、170kg 大桶

续表

产品名称	主要技术指标	用途与特点	包装形式
捷灵 1038 烧结机润滑脂(复合锂基脂 0#、1#)	Q/0523 SHX020 1#脂滴点≥250℃，2#脂滴点≥270℃	良好的高温黏附性能，保证良好的密封性；采用新型稠化剂和高黏度基础油，具有优良的润滑性能和极好的泵送性，满足烧结机集中润滑系统的要求。适用于冶金行业的烧结机弹性滑道的集中润滑系统。使用温度：-20~180℃	15kg 中桶、170kg 大桶
新型 3 号防锈石墨锂基润滑脂(复合锂基脂 3#)	Q/0523 SHX031 滴点≥280℃，极压性能 P_D≥2450N	具有极佳的防锈防腐性能和极压抗磨性能，有效降低摩擦副的磨损、点蚀，延长设备的使用寿命；优良的高温性能，保证了在宽温度范围下的使用。适用于用于军队钢管、炮筒等器件上的润滑；还适用于各类采矿、纺织、冶金工业上机械设备的滚动轴承和滑动轴承及其他磨擦部位的润滑，使用温度：-30~200℃	15kg 中桶、170kg 大桶
捷灵 EP 聚脲高温润滑脂(聚脲脂 0#、1#、2#、3#)	Q/0523 SHX011 0#脂滴点≥250℃，1#脂滴点≥260℃，2#脂滴点≥270℃，3#脂滴点≥275℃；极压性能 P_B≥588N	良好的氧化安定性、机械安定性及抗水性；良好的防锈、防腐性、极压抗磨性及抗辐射性、抗酸性气体；滴点高，高温轴承寿命长且无灰份。 适用于钢铁行业连铸机、连轧机等超高温摩擦部位的润滑，适用于电力、电子工业、冶金机械等设备润滑；适用于长寿命密封轴承的润滑；使用温度：-20~180℃	15kg 中桶、170kg 大桶
捷灵 6475 高温润滑脂(聚脲脂 2#)	Q/0523 SHX045 滴点≥270℃	优良的高低温性能，保证轴承宽温度范围内正常运转；优异的氧化安定性能性能，防止润滑脂高温变质；良好的抗水淋性能，适宜潮湿环境下轴承的润滑。适用于瓦楞机、烘燃机等高温下工作的较高转速的各种机械的轴承润滑。使用温度：-40~220℃	15kg 中桶、170kg 大桶
捷灵 EP 合成聚脲高温润滑脂(聚脲脂 0#、1#、2#、3#)	Q/0523 SHX080 0#脂滴点≥250℃，1#脂滴点≥270℃，2#脂滴点≥280℃，3#脂滴点≥290℃；极压性能 P_B≥588N，磨斑直径≤0.5mm	具有突出的轴承使用寿命，延长轴承使用周期；优异的低噪音性能； 良好地防锈性、抗水性、耐腐蚀性；优异的高低温性能。适用于轴承、汽车及其他工业；适用于水、蒸汽、酸性气体、盐水可能接触的设备轴承润滑；适用于汽车发动机、高温风扇以及空调机组等设备轴承润滑；适用于高温低噪音深沟球轴承的润滑；适用于高温长寿命密封轴承润滑。使用温度：-50~220℃	15kg 中桶、170kg 大桶
捷灵 UHL 高低温脂(聚脲脂)	SH 0431—1992	胶体安定性好，抗水性和防锈性优良，高低温性能良好，在高温下轴承寿命长，在低温下(-60℃)，轴承容易启动。适用于在高温、高速及宽温度范围下工作的轴承润滑。在纺织印染行业用于织物热定型机，塑料拉伸幅机、树脂整理机、蒸尼机、高温高压染色机、防缩机，在其他行业用于熔盐泵电解长环蒸化机、高温风机轴承、赛车轮毂轴承等。使用温度：-6~250℃	1kg 小桶、15kg 中桶

续表

产品名称	主要技术指标	用途与特点	包装形式
捷灵1038-2烧结机润滑脂（聚脲脂0#、1#）	Q/0523 SHX011 0#脂滴点≥250℃，1#脂滴点≥260℃；极压性能 P_B ≥588N	良好的高温黏附性能，保证良好的密封性；具有优良的润滑性能和极好的泵送性，满足烧结机集中润滑系统的要求。适用于冶金行业的烧结机弹性滑道的集中润滑系统。使用温度：-20~200℃	15kg中桶、170kg大桶
捷灵TTS高温丝扣防黏剂（聚脲脂1#、2#、3#）	Q/0523 SHX056 滴点≥330℃，烧结负荷 P_D ≥6076N	本品具有优异的高温抗烧结性能和低温涂刷性。本品适用于在高温下工作的各类金属螺栓丝扣的防烧结，方便拆卸，减少浪费，也可用于普通工况下的螺栓的丝扣保护。使用温度：-40~1000℃	1kg小桶、15kg中桶
捷灵复合磺酸钙高温润滑剂（磺酸钙1#、2#、3#）	Q/0523 SHX089 1#脂滴点≥300℃；2#脂滴点≥310℃，3#脂滴点≥320℃；延长工作锥入度变化率<10%；极压性能 P_B ≥882N，P_D ≥3090N	具有优良的抗水防锈性；良好的极压抗磨性，满足重负荷和冲击负荷机械设备的润滑要求；优良的机械安定性，在长期高剪切条件下不会变稀流失。适用于中小型轧机的粗、中、精轧机的轧辊轴承，立式轧机的轧辊轴承；中板轧机和翻板机，以及在类似工况下类似设备的润滑。使用温度：-20~220℃	15kg中桶、170kg大桶
捷灵LG高温润滑脂（磺酸钙1#、2#、3#）	Q/0523 SHX089 1#脂滴点≥300℃；2#脂滴点≥310℃，3#脂滴点≥320℃；延长工作锥入度变化率<10%；极压性能 P_B ≥882N，P_D ≥3090N	具有优良的抗水防锈性，保证在水存在或潮湿环境下对设备的防护和润滑；良好的高温极压抗磨性，满足高温重负荷和冲击负荷机械设备的润滑要求；优良的氧化安定性，具有长的使用寿命；优良的机械安定性，在长期高剪切条件下不会变稀流失；不含有害物质，环境友好。特别适用于钢铁冶金中炉前辊道轴承、连铸扇形段轴承、高炉泥炮及各类轧机的粗、中、精轧机的轧辊轴承，立式轧机的轧辊轴承；中板轧机和翻板机，以及在类似工况下类似设备的润滑，同时可用于造纸行业、机械行业、采矿设备、起重设备等高温、重负荷、潮湿等苛刻润滑部位的润滑。使用温度：-40~220℃	15kg中桶、170kg大桶
捷灵1039-5轧辊轴承脂（磺酸钙1#、2#、3#）	Q/0523 SHX005 1#脂滴点≥265℃；2#脂滴点≥275℃，3#脂滴点≥280℃；极压性能 P_B ≥588N	具有优良的抗水防锈性；良好的极压抗磨性，满足重负荷和冲击负荷机械设备的润滑要求；优良的机械安定性，在长期高剪切条件下不会变稀流失。适用于中小型轧机的粗、中、精轧机的轧辊轴承，立式轧机的轧辊轴承；中板轧机和翻板机，以及在类似工况下类似设备的润滑。使用温度：-20~180℃	15kg中桶、170kg大桶
捷灵UTG400B高温润滑剂（磺酸钙3#）	Q/0523 SHX075 滴点≥330℃	具有特殊的高温性能；在滑动摩擦表面可形成良好的固体润滑膜；具有良好的高温极压抗磨性；有一定的防护性能，能够防止润滑部位发生腐蚀锈蚀。适用于水泥、玻璃、纺织、钢铁等行业的高温重负荷设备的摩擦部位（高温滑动轴承及链条等）的润滑。使用温度：-20~400℃，短期可到500℃	1kg小桶、15kg中桶

续表

产品名称	主要技术指标	用途与特点	包装形式
捷灵 5298M 联轴器专用润滑剂(磺酸钙 2#、3#)	Q/0523 SHX089 1#脂滴点≥300℃；2#脂滴点≥310℃，3#脂滴点≥320℃；延长工作锥入度变化率<10%；极压性能 P_B≥882N，P_D≥3090N	优良的抗水性能，在水存在下保证轴承润滑良好，不乳化流失；优良的极压抗磨性能；突出的防锈/防腐蚀性，有效阻止或延缓金属表面发生锈蚀；良好的耐高温性能；优良的机械安定性和胶体安定性，有效延缓和阻止杂质进入润滑部位。适用于冶金、化工等行业各种齿形联轴器、十字轴等中高负荷设备的润滑，也可用于其他高温重负荷及与水接触的工业领域。使用温度：-20~220℃	15kg 中桶、170kg 大桶
捷灵 5208M 门机专用润滑剂(磺酸钙)	Q/0523 SHX094 滴点≥300℃，极压性能 P_D≥4903N	优异的极压抗磨性能；极强的抗冲击负荷能力；极好的黏附性、润滑性和耐高温性，可用于温度较高的部位；良好的机械安定性和氧化安定性，具有较长的使用寿命。 产品用途：用于港口门机齿轮的润滑，也用于各种重负荷、低速至中速的开式齿轮的润滑；以及冲击或振动负载的高负荷传动装置，如热电厂、水泥厂球磨机、机械厂锻压机等重负荷开式大齿轮和传动装置的润滑	15kg 中桶、170kg 大桶
捷灵膨润土润滑剂(膨润土 1#、2#、3#)	SH/T 0536—1993	优良的氧化安定性、抗水性及机械安定性，耐高温性能优异。 产品用途：适用于矿山设备、铸造、轧制设备及水泥、造纸、窑车、航空高温润滑部位，以及密封轴承、输送系统的润滑。使用温度：-20~200℃	1kg 小桶、15kg 中桶
捷灵窑车轴承润滑脂(膨润土 2#)	Q/0523 SHX051 滴点≥300℃	极佳的高温性能；优良的润滑性能；良好的高温抗氧化性，高温下极长的轴承寿命；优秀的抗水性、防护性和浸润性。适用于高温、低速、重负荷工况条件下的滚动轴承的润滑，如陶瓷、电瓷、砖瓦隧道窑等窑车及一些烘烤设备的链条和轴承的润滑。适用于烧结台车，静止加热的钢锭、铝锭、回火料车、焚烧炉、再生炉等投料车在高温条件下操作的链条和轴承的润滑。使用温度：-40~300℃	1kg 小桶、15kg 中桶
捷灵高温丝扣密封剂(膨润土 1#、2#、3#)	Q/0523 SHX037 1#脂滴点≥300℃；2#脂滴点≥310℃，3#脂滴点≥320℃	优良的高温性能；极加的密封性能；高温、高压下具有优良的耐中等浓度的酸、碱、盐和水等介质。适用与油气田深井和超深井套管螺纹的密封和润滑；适用于各种高温、高压阀门阀杆和其他工业装置的密封和润滑。使用温度：-40~600℃	1kg 铁桶、15kg 中桶、170kg 大桶
捷灵 TPS 高温高压套管密封剂(膨润土 1#)	Q/0523 SHX057 滴点≥300℃	优良的高温性、极佳的密封性，在高温、高压下具有优良的耐中等浓度的酸、碱、盐和水等介质的性能。适用于油气田深井和超深井套管螺纹的密封和润滑，适用于各种高温、高压阀门阀杆和其他工业装置的密封和润滑。使用温度为：-40~600℃	15kg 中桶、170kg 大桶

续表

产品名称	主要技术指标	用途与特点	包装形式
捷灵 6120 耐油密封润滑脂（膨润土 1#、2#、3#）	SH/T 0011—1990	具有良好的耐汽油、煤油、润滑油、水、乙醇和石油液化气等介质的能力，在上述介质中不溶解、不分散；而且具有良好的耐高温性能，氧化稳定性和低温适应性；极好的黏附性，一定的防护性和润滑性；耐压、抗震效果好，密封性能好，机件容易拆卸等特点。适用于与汽油、煤油、润滑油、水、乙醇和石油液化气等介质接触的机械设备、机车、管道、阀门等静密封和低速下滑动、转动密封面的辅助密封、润滑与防护。根据加注方式可选择不同的稠度。使用温度：-25~200℃	15kg 中桶、170kg 大桶
新型炮用润滑脂（烃基脂）	Q/0523 SHX057 滴点 ≥ 60℃，运动黏度（100℃）：12~15mm^2/s，相似黏度（-30℃）<2500Pa·s，保持能力（60℃，24h）≥ 1.0mg/cm^2	具有良好的化学安定性、抗水性和防护性能，良好的防锈、防腐蚀性能。该产品是一种良好的长期封存用油脂，主要用于涂抹重武器的各机件装置及保护其他无防蚀覆盖物的军械物品，使金属表面不受腐蚀	17kg 中桶
捷灵 1106 水基石墨润滑剂（其他）	Q/0523 SHX062 运动黏度（50℃）：17~26mm^2/s，防腐蚀性合格，防锈性合格	本产品为绿色环保型产品，有利于环境保护和文明生产。完全不同油类，为水溶性，对加工件无油污，对人体皮肤绝无影响。具有高附着力，可快速渗透到链节和链销处；有极佳的防锈性和润滑效果，减少摩擦和磨损；可减少链条运作时的噪音，适用于冶金行业传动链条装置的润滑。使用温度：-20~150℃	15kg 中桶、170kg 大桶
捷灵 1108 冷床板面润滑剂	Q/0523 SHX062 运动黏度（50℃）：17~26mm^2/s，防腐蚀性合格，防锈性合格	本产品为绿色环保型产品，有利于环境保护和安全生产。本品不同于油类，为水溶性，对加工件无油污，可高温防阻燃。有极佳的防锈性和润滑效果，减少摩擦和磨损，可减少冷床与钢材运作时的噪音；适用于冶金行业冷床表面的防护润滑。适用温度：-10~1000℃	15kg 中桶、170kg 大桶
润博特 LK100 轴承润滑脂	Q/0523 SHX022 滴点：190℃ 工作锥入度：281（0.1mm）	产品特性：稠化剂的皂纤维结构合理，分布均匀，在剪切力的作用下能保持良好的润滑脂结构特征；具有一定的防锈性能，能够防止轴承运转过程中的锈蚀；具有一定的降噪性能，能有效降低轴承的振动性能。 主要用途：适用于中小型电机的滚动轴承和其他低负荷设备的滚动轴承的润滑。使用温度：-20~120℃	115kg 塑桶、17kg 塑桶
润博特 LK80 轴承润滑脂	Q/0523 SHX032 滴点：192℃ 工作锥入度：278（0.1mm）	产品特性：特高的清洁度和均匀的组织结构，有效降低轴承噪音；优良的高温性能和极长的轴承寿命；良好的机械安定性、抗水性和防锈性；良好的掩盖性能和防漏脂性能。 主要用途：适用于各种电机级轴承和其他较低负荷设备的滚动轴承的润滑。使用温度：-30~130℃	15kg 塑桶、17kg 塑桶

续表

产品名称	主要技术指标	用途与特点	包装形式
润博特JK180轴承润滑脂(2#、3#)	Q/0523 SHX011 滴点：287℃ 工作锥入度：275(0.1mm) 极压性能PB值：667N	产品特性：极佳的耐高低温性；优良的极压抗磨性能和耐水性；良好的抗氧化性和良好的黏附性。 主要用途：适用于各种汽车轮毂轴承、离合器轴承的润滑，同时适用于中大型电机轴承的润滑。使用温度：-30~180℃	15kg塑桶
润博特JK50轴承润滑脂	Q/0523 SHX007 滴点：289℃ 工作锥入度：258(0.1mm)	产品特性：具有良好的耐高温和长寿命性能；优异的降噪性能；良好的胶体安定性和防锈性能。 主要用途：适用于各种中小型低噪音密封轴承，尤其适用于低噪音深沟球轴承；可满足高温电机、高温风扇等轴承的润滑要求，不推荐在低速重负荷下使用。使用温度：-30~180℃	15kg塑桶、17kg塑桶

五、成都蜀光石油化学有限公司

成都蜀光石油化学有限公司润滑脂的主要技术指标、用途与特点以及包装形式等信息详如表Ⅱ-16~表Ⅱ-19。

1. 铁路用润滑脂

表Ⅱ-16 铁路用润滑脂的主要技术指标、用途及特点一览表

产品名称	主要技术指标	用途与特点	包装形式
内电机车牵引齿轮脂(TG-1\TG-4)	Q/ADZ14-2001 TG-1： 针入度：370-410；滴点：≥100℃；四球*ZMZ*：<539 TG-4： 针入度：435-475；滴点：≥90℃；四球*ZMZ*：≥588	本产品主供铁路机车齿轮润滑防护使用。具有油膜强度高，极压抗磨性好，能有效阻止重负荷机车齿轮的磨损和刮伤；良好的低温流动性，在冷启动状态下能保证齿轮面的有效润滑；优良的安定性，能延长润滑脂在苛刻条件下的使用寿命；附着力强，能减少齿轮箱的泄漏。 其他事项：根据可压缩性分类产品有两种型号，可压缩性好的主要适用于秦岭淮河以北。还可根据用户需要定制	1kg/袋、12袋/箱
提速铁路道钉专用防腐脂	Q/20190999-0.079—2009 滴点：大于140℃；盐雾试验(45#钢片，14d)：不大于2C级；湿热试验(45#钢片，30d)：不大于1级	本产品具有良好的抗水淋性、抗氧化性、抗腐蚀性、润滑性、黏附性、高低温性、与岔枕、螺纹尼龙套管的相容性好	15kg/塑桶、170kg/铁桶
提速铁路螺栓专用防腐脂	Q/20190999-0.078—2009 盐雾试验(45#钢片，5d)：不大于2C级 湿热试验(45#钢片，10d)：不大于1级 低温性能(-40℃，30min)：合格	本产品具有良好的黏温性、抗水淋性、抗氧化性、抗腐蚀性、润滑性、黏附性、防护性。其他事项：产品根据用户的工况不同有A、B、C、D四种型号。还可根据用户需要定制	15kg/塑桶、170kg/铁桶

2. 车用润滑脂

表Ⅱ-17 车用润滑脂的主要技术指标、用途及特点一览表

产品名称	主要技术指标	用途与特点	包装形式
HP 重载汽车高级润滑脂	滴点：大于 280℃；P_D：≥3087N	良好的抗水淋、抗氧化、抗腐蚀性；黏附性、机械安定、胶体安定性好；耐高温、高负荷、高转速的多用途高级脂。 其他事项：产品根据用户的工况不同有 1#、2#、3#、HP-R 等四种型号。还可根据用户需要定制	15kg/塑桶、1kg/塑厅
汽车底盘防护专用脂	水淋流失量（79℃，1h）：≤2%	机械安定、胶体安定性好；良好的抗水淋、氧化安定性、抗腐蚀性； 优良的高低温性，极长的的使用寿命，为汽车底盘防护专用润滑脂。 其他事项：产品根据用户的工况不同有 2#、3# 两种型号。还可根据用户需要定制	15kg/塑桶

3. 冶金冶炼行业用脂

表Ⅱ-18 冶金冶炼行业用脂的主要技术指标、用途及特点一览表

产品名称	主要技术指标	用途与特点	包装形式
BS 高温极压复合锂基润滑脂	Q/20190999-0.021—2009 滴点：≥260℃；水淋：≤10%；四球试验，P_D：≥3087N，ZMZ：≥441N	本产品具有良好的抗高温性、极压抗磨性、抗水淋性、抗氧化性、机械安定性性、黏附性、防护性。可使用温度范围：-30~180℃ 其他事项：产品根据牌号不同有 1#、2#、3#、特 1#等四种型号。还可根据用户需要定制	15kg/塑桶、170kg/铁桶
特种极压复合铝基润滑脂	SH/T 0534—1993 滴点：≥240℃；水淋：≤10%；四球试验，P_B：≥1176N	本产品具有良好的抗高温性、极压抗磨性、抗水淋性、抗氧化性、机械安定性性，良好的泵送性和优异的高低温适应性。可使用温度范围：-20~150℃ 其他事项：产品根据牌号不同有 0#、1#、2#、3#四种型号。还可根据用户需要定制	15kg/塑桶、170kg/铁桶
复合锂基润滑脂	Q/20190999-0.084—2009 滴点：≥260℃；水淋：≤5%	本产品具有良好的抗高温性、抗水淋性、抗氧化性、机械安定性性、黏附性、防护性。可使用温度范围：-20~160℃ 其他事项：产品根据牌号不同有 1#、2#、3#三种型号。还可根据用户需要定制	15kg/塑桶、170kg/铁桶
轧辊脂	Q/20190999-0.081—2009 滴点：≥250℃；水淋：≤7%；四球烧结负荷，P_D：≥3087N	本产品具有良好的抗高温性、耐磨损、抗水淋性、抗氧化性、机械安定性性、黏附性、防护性。可使用温度范围：-20~180℃ 其他事项：产品根据牌号不同有 1#、2#、3#三种型号。还可根据用户需要定制	15kg/塑桶、170kg/铁桶
HP 脂系列	Q/ADZ154—2016 滴点：不低于 300℃；水淋：≤5%；四球机试验，P_B：≥686N，P_D：≥3087N	本产品具有良好的抗高温性、耐磨损、抗水淋性、抗氧化性、机械安定性性、黏附性、防护性。可使用温度范围：-20~210℃ 其他事项：产品根据牌号不同有多种型号。还可根据用户需要定制	15kg/塑桶、170kg/铁桶

产品名称	主要技术指标	用途与特点	包装形式
高级脲基脂系列	Q/ADZ133—2016 滴点：不低于260℃；水淋：≤5%；四球机试验，P_B：≥686N，P_D：≥3087N	本产品具有良好的抗高温性、耐磨损、抗水淋性、抗氧化性、机械安定性性、黏附性、防护性。可使用温度范围：-20~210℃ 其他事项：产品根据牌号不同有多种型号。还可根据用户需要定制	15kg/塑桶、170kg/铁桶
复合磺酸钙基脂 SG/SH Super Grease 系列	Q/ADZ154—2016 滴点：≥300℃；水淋：≤5%；四球机试验，P_B：≥784N，P_D：≥3087N	本产品具有良好的抗高温性、耐磨损、抗水淋性、抗氧化性、机械安定性性、黏附性、防护性。可使用温度范围：-20~240℃ 其他事项：产品根据牌号不同有多种型号。还可根据用户需要定制	15kg/塑桶、170kg/铁桶

4. 工程机械用脂

表Ⅱ-19　工程机械用脂的主要技术指标、用途及特点一览表

产品名称	主要技术指标	用途与特点	包装形式
半流体锂基润滑脂系列	Q/20190999-0.023—2012 含0#、00#、000#三个牌号	本产品具有良好的泵送性、润滑性、抗氧化性、机械安定性性、防护性。 可使用温度范围：-30~120℃	15kg/塑桶、170kg/铁桶
通用润滑脂系列	Q/ADZ005—2016 滴点：不低于150℃；抗水淋：≤5%；钢网分油：≤5%	本产品具有良好的泵送性、润滑性、抗氧化性、机械安定性性、防护性。 可使用温度范围：-30~100℃	15kg/塑桶、170kg/铁桶
钢丝绳脂系列	Q/ADZ15—2004 滴点：≥40℃	具有良好的附着力，能克服钢丝绳高速运动甩油、滴油现象；优良的润滑性，可保持钢丝绳股绳间处于良好的润滑状态，优异的防锈性，能有效延长钢丝绳的使用寿命	15kg/塑桶、170kg/铁桶

六、长沙众城石油化工有限责任公司

长沙众城石油化工有限责任公司润滑脂的主要技术指标、用途与特点以及包装形式等信息详见表Ⅱ-20。

表Ⅱ-20　润滑脂的主要技术指标、用途及特点一览表

产品名称	主要技术指标	用途与特点	包装形式
复合磺酸钙基润滑脂	Q/BGFC 020 滴点：≥330℃； P_D值：≥4900N 防腐蚀性：合格	性能特征：优异的极压抗磨性；优异的抗水性；优异的耐高温性能；优良的防腐防锈性。 推荐应用：重载、冲击负荷设备；高温辐射部位；潮湿、水淋部位。使用温度：-20~200℃	2.5t/罐、180kg/桶、175kg/桶、170kg/桶、17kg/桶
极压开式齿轮润滑脂	Q/BGFC 028 锥入度：1# 310~340 0# 355~385 滴点：≥180℃ 防腐蚀性：合格 极压性能P_D：7840N	性能特征：优异的极压抗磨性；优异的抗水性；优异的黏附性；良好的喷射性。 推荐应用：大型、重负荷、低速至中速开式齿轮（如混料机、球磨机）。使用温度：-20~120℃	180kg/桶、175kg/桶、170kg/桶、55kg/桶、17kg/桶

续表

产品名称	主要技术指标	用途与特点	包装形式
轧辊轴承润滑脂	Q/BGFC 009 锥入度：2# 265～295 3# 220～250 滴点：>260℃ P_D 值：≥2450N 梯姆肯试验 OK 值：>165N	性能特征：优良的抗水性和耐高温性；良好的极压抗磨性；良好的黏附性；优良的防腐防锈性。 推荐应用：钢铁、矿山、机械、交通运输等行业高温、重负荷、潮湿环境下轴承．使用温度：-20～200℃	180kg/桶、175kg/桶、170kg/桶、17kg/桶
连铸机专用润滑脂	Q/BGFC 008 锥入度：1# 310～340 2# 265～295 3# 220～250 滴点：大于 260℃ 梯姆肯试验 OK 值：大于 165N	性能特征：优良的极压抗磨性、抗水性、防腐防锈性；良好的耐高温性；优良的泵送性。 推荐应用：冶金行业连铸机结；晶振动器、扇形段、拉矫机、切割机及冷床设备的润滑．使用温度：-20～200℃	180kg/桶、175kg/桶、170kg/桶、17kg/桶
风电轴承专用润滑脂	GB/T 33540.1	性能特征：优良的抗微动磨损性、防腐防锈性、高低温性能、氧化安定性、极压性、抗水性。 推荐应用：风力发电机主轴承、偏航轴承、变浆轴承和齿轮的润滑；低速至中速运行的轴承的润滑。使用温度：-40～180℃	17kg/桶
极压复合锂基润滑脂	SH/T 0534	性能特征：优良的极压抗磨性、抗水性、机械安定性 优良的防腐防锈性。 推荐应用：重型机械、冶金机械、建筑机械等重负荷设备。使用温度：-20～200℃	180kg/桶、175kg/桶、170kg/桶、17kg/桶
聚脲润滑脂	SH/T 0789	性能特征：优良的氧化安定性、抗辐射性、抗酸性气体和防腐防锈性；高温轴承寿命长且灰分低。 推荐应用：钢铁行业连铸机、连轧机等高温摩擦部位；电力、电子、冶金机械等中负荷工业轴承。使用温度：-20～200℃	2.5 吨/罐、180kg/桶、175kg/桶、170kg/桶、17kg/桶
极压锂基润滑脂(EP300)	Q/BGFC 026 锥入度：1# 310～340 2# 265～295 滴点：>180℃ 梯姆肯 OK 值：200N P_B 值：862N	性能特征：新一代环保型润滑脂；优良的抗磨性、氧化安定性、抗水性、防腐防锈性。 推荐应用：冶金行业重负荷、冲击负荷设备；矿山、化工、汽车等行业重负荷机械设备。使用温度：-20～120℃	2.5 吨/罐、180kg/桶、175kg/桶、170kg/桶、17kg/桶
二硫化钼锂基润滑脂	Q/BGFC 006 锥入度：2# 265～295 3# 220～250 滴点：>180℃	性能特征：优良的机械安定性、抗磨性、抗水性、防腐防锈性。 推荐应用：各种中重负荷、高温、低转速的大中型电动机轴承等设备。使用温度：-20～120℃	17kg/桶
复合铝基润滑脂	SH/T 0378	性能特征：优良的胶体安定性、抗水性、泵送性；独特的热可逆性。 推荐应用：冶金、机械行业高温、水淋、中负荷机械设备。使用温度：-20～160℃	17kg/桶
复合钙基润滑脂	SH/T 0370	性能特征：优良的机械安定性、胶体安定性；良好的耐水性和耐高温性。 推荐应用：高温、潮湿水淋条件下工作的机械设备。使用温度：-20～200℃	180kg/桶、175kg/桶、170kg/桶、17kg/桶

续表

产品名称	主要技术指标	用途与特点	包装形式
烧结机润滑脂	Q/BGFC 001 锥入度：1# 310~340 T1 280~310 滴点：>240℃ P_B 值：>804N	性能特征：优良的耐高温性；良好的极压抗磨性；良好的黏附性优良的防腐防锈性。 推荐应用：冶金行业烧结机滚动轴承、滑道密封及振动筛、环冷机等部位。使用温度：-20~200℃	180kg/桶、175kg/桶、170kg/桶、17kg/桶
减速机润滑脂	Q/BGFC 003 锥入度：0# 355~385 00# 400~430 P_B 值：>646N 防腐蚀性：合格	性能特征：良好的防漏失性；良好的抗磨性；优良的防腐防锈性。 推荐应用：各种机械设备变速箱、齿轮箱、大型减速机；可替代 CKC 工业闭式齿轮油．使用温度：-20~100℃	17kg
汽车通用锂基润滑脂	GB/T 5671	性能特征：优良的机械安定性、氧化安定性、抗水性、防腐防锈性、防漏失性。 推荐应用：汽车轮毂、底盘、水泵和发电机等摩擦部位。使用温度：-30~120℃	180kg/桶、175kg/桶、170kg/桶、17kg/桶
无黏结预应力筋用防腐润滑脂	JG/T 430	性能特征：优良的化学安定性；优良的防腐防锈性；良好的塑料套管的相容性。 推荐应用：无黏结预应力筋的润滑、防腐防锈；金属材料的封存、防锈和机械润滑。使用温度：-40~100℃	180kg/桶、175kg/桶、170kg/桶、17kg/桶

七、深圳市合诚润滑材料有限公司

深圳市合诚润滑材料有限公司润滑脂的主要技术指标、用途与特点以及包装形式等信息详见表Ⅱ-21。

表Ⅱ-21　润滑脂的主要技术指标、用途及特点一览表

产品名称	主要技术指标	用途与特点	包装形式
FAKKT-MB005	GB/T 7324 滴点：≥170℃； 钢网分油（100℃，24h）：≤5%； 水淋流失量（38℃，1h）：≤5%	特性：和大多数塑料相容；降低齿轮噪音；使用寿命长；低渗流，可用于要求清洁的场所；不含有机硅，避免接触点失效。 主要应用：机电设备中塑料/塑料、塑料/金属润滑；有塑料组件的汽车、电气设备、精密设备、视听设备以及办公设备；用作消音润滑脂，减少运动组件的噪音	1kg 铁罐、5kg/15kg 胶桶
FAKKT-FE10	GB/T 5671 滴点：≥180℃；钢网分油（100℃，30h）：≤3%；水淋流失量(38℃，1h)：≤10%	特性：优异的润滑性、抗水性；极低的挥发性能、长效润滑性；良好的低温性，极低的启动力矩；与大多数塑料和弹性体相容等。 主要应用：各种塑胶齿轮、汽车拉索软轴、气缸、小型滚珠轴承、辊子轴承等；汽车蜗轮蜗杆电机丝杆，空调控制面板；显微镜、望远镜等仪器的调节器系统；各种汽车减速塑胶齿轮、升降器齿轮；低速和中高速运行塑料/塑料、塑料/金属齿轮组；中负荷到重负荷塑料/塑料、塑料/金属摩擦等	1kg 铁罐、5kg/15kg 胶桶

续表

产品名称	主要技术指标	用途与特点	包装形式
FAKKT-GK094W	GB/T 7324 滴点：≥170℃；钢网分油(100℃，24h)：≤5%；水淋流失量(38℃，1h)：≤5%	特性：优异的防护性、润滑性、低温性；良好的氧化安定性、剪切安定性和极压性；高承载能力；良好的附着性；与大多数塑料和弹性体相容等。 主要应用：汽车零部件润滑、防护；各种汽车减速塑胶齿轮、升降器齿轮；低速和中高速运行塑料/塑料、塑料/金属齿轮组；中负荷到重负荷塑料/塑料、塑料/金属摩擦副等	1kg铁罐、5kg/15kg胶桶
FAKKT-G210A	GB/T 7324 滴点：≥170℃；钢网分油(100℃，24h)：≤5%；水淋流失量(38℃，1h)：≤5%	特性：采用对人体无毒害的环保材料制作而成，无毒、低味、无刺激；与塑胶相容不会引起塑胶膨胀，折裂或老化命。能降低磨损，减小耗电量及噪音；防水、抗酸、避震。 主要应用：汽车车门限位器、绞链；汽车的塑料部件、电气设备、精密设备、音响设备以及办公设备；汽车玻璃升降马达、座椅调节马达；精密电机、减速齿轮；蜗轮、蜗杆的减磨润滑；低速和中高速运行塑料/塑料、塑料/金属齿轮组；中、重负荷塑料/塑料、塑料/金属摩擦	1kg铁罐、5kg/15kg胶桶
FAKKT-GEM30P	GB/T 5671 滴点：≥180℃；钢网分油(100℃，30h)：≤3%；水淋流失量(38℃，1h)：≤10%	特性：具有良好的防护性、低温性、氧化安定性、剪切安定性和极压性能．含有适用于塑胶体系的固体添加剂，与塑胶(PP、PE、SBS等)，具有良好的相容性等。 主要应用：适用于塑胶齿轮的润滑、降噪和减震。如遥控汽车、飞机等一些电动玩具；空调出风口电机；手摇充电器；果汁机(搅肉机)；电位器；电动(窗帘、牙刷、拖把)；汽车天线、汽车中控锁、低温球轴承、滚珠轴承的润滑等	1kg铁罐、5kg/15kg胶桶
FAKKT-V166	GB/T 5671 滴点：≥180℃；钢网分油(100℃，30h)：≤3%；水淋流失量(38℃，1h)：≤10%	特性：优良的油脂安定性；工作温度范围宽；挥发性极低；优异的附着性和润滑性；抗磨损能力强；不腐蚀金属；与大部份塑料制品相适应。 主要应用：开关接点。齿轮组、轴承、雨刮电机；大于10A开关	1kg铁罐、5kg/15kg胶桶
FAKKT-GK173H	GB/T 5671 滴点：≥180℃；钢网分油(100℃，30h)：≤3%；水淋流失量(38℃，1h)：≤10%	特性：良好的抗磨损性能黏附性；长效润滑；低渗流，可用于要求清洁的场所；低气味、无刺激；与塑胶兼容性好。 主要应用：汽车零部件；有塑料组件的汽车、电气设备、精密设备、视听设备以及办公设备；汽车天窗轨道与齿轮传动机构；用作消音润滑脂，减少运动组件的噪音；汽车座椅轨道、丝杆	1kg铁罐、5kg/15kg胶桶
FAKKT-GC1496K	GB/T 7324 滴点：≥170℃；钢网分油(100℃，24h)：≤5%；水淋流失量(38℃，1h)：≤5%	特性：优良的油脂安定性；工作温度范围宽；挥发性极低；优异的附着性和润滑性；抗磨损能力强；不腐蚀金属；与大部份塑料制品相适应。 主要应用：开关接点、齿轮组、轴承、雨刮电机以及汽车零部件等	1kg铁罐、5kg/15kg胶桶

续表

产品名称	主要技术指标	用途与特点	包装形式
FAKKT-E87-2	滴点：≥260℃； 钢网分油（100℃，24h）：≤3%	特性：抗剪切稳定型油脂；低挥发度，长寿命润滑；使用温度范围宽；优良耐水淋性能；与塑料相容性优良；有效地控制噪音和吸收震动。 主要应用：汽车后视镜控制件(如镜面调节齿轮)；高档电位器定位系统；各种高档机械设备开关；望远镜、显微镜等光学仪器；长寿命精密马达减速齿轮	1kg 铁罐、5kg/15kg 胶桶
FAKKT-GB0909C	SH/T 0535 滴点：≥260℃；钢网分油（100℃，24h）：≤5%；水淋流失量(38℃，1h)：≤5%	特性：优异的润滑性能和长寿命性能；良好的高低温性能；提供长效的磨耗保护、抗水和防止道路沙砾。 主要应用：碟盘煞车定位销；鼓式煞车其他活动机构、调整螺丝和背板；各种汽车减速塑胶齿轮、升降器齿轮的润滑；显微镜、望远镜等仪器的调节器系统和旋纽的润滑	1kg 铁罐、5kg/15kg 胶桶
FAKKT-AP43012	GB/T 7324 滴点：≥170℃；钢网分油（100℃，24h）：≤5%；水淋流失量(38℃，1h)：≤5%	特性：优异的耐磨性和高负荷性能；良好的低温性能，防止金属部件在高负荷下卡咬，确保润滑部件的长期润滑与防护。 主要应用：座椅传动装置箱内的齿轮组、蜗轮蜗杆，能在高效率动力转换工况下油脂不渗漏、不滴下或不沾污	1kg 铁罐、5kg/15kg 胶桶
FAKKT-AP42002	GB/T 7324 滴点：≥170℃；钢网分油（100℃，24h）：≤5%；水淋流失量(38℃，1h)：≤5%	特性：低挥发性、不易氧化，适用于长效润滑；良好的低温性能；与大多数塑料和弹性体相容等。 主要应用：汽车的塑料部件、电气设备、精密设备、音响设备；以及办公设备；汽车玻璃升降马达、座椅调节马达；汽车控制面板；低速和中高速运行塑料/塑料、塑料/金属齿轮组；中、重负荷塑料/塑料、塑料/金属摩擦	1kg 铁罐、5kg/15kg 胶桶
FAKKT-GH030A	钢网分油（100℃，24h）：≤3%	特性：高承载能力；低挥发性、不易氧化，适用于长效润滑；低摩擦系数；与大多数塑料和弹性体相容等。 主要应用：汽车拉索；低速和中高速运行塑料/塑料、塑料/金属齿轮组；中负荷到重负荷塑料/塑料、塑料/金属摩擦	1kg 铁罐、5kg/15kg 胶桶
FAKKT-UB45001	SH/T 0789 滴点：≥250℃；钢网分油（100℃，24h）：≤5%；水淋流失量(38℃，1h)：≤7%	特性：优异的抗氧化性；优良的高低温性能；优异的抗腐蚀性能和抗水性能；优异的润滑性和高负荷性；优良的机械稳定性；与大部份橡塑制品相容性好；在极端恶劣的条件下提供卓越的性能。 主要应用：高温轴承、纺织印染、造纸设备轴承、汽车配件、食品和医药、各种化学环境下的润滑和防护	1kg 铁罐、5kg/15kg 胶桶

续表

产品名称	主要技术指标	用途与特点	包装形式
FAKKT-MG33002	SH/T 0789 滴点：≥250℃；钢网分油（100℃，24h）：≤5%；水淋流失量(38℃，1h)：≤7%	特性：宽广的工作温度范围；在高温下长期使用不结焦，抗水性极好；优良的抗氧化性和耐热稳定性；优异的抗磨损性；良好的机械稳定性，在重载和轴承的剪切力作用下仍有良好的结构稳定性。 主要应用：适用于高温操作环境；减速电机、行星齿轮、运输带轴承、石油化工、电子、纺织、印染、钢铁生产中的高温轴承、各种滑动润滑面、平面润滑系统	1kg 铁罐、5kg/15kg 胶桶
FAKKT-C874	滴点：≥260℃	特性：优异的润滑性能；良好的高低温性能；运转精度高；提供长效的磨耗保护、抗水和防止道路沙砾等。 主要应用：碟盘煞车定位销、鼓式煞车其他活动机构、调整螺丝和背板、各种汽车减速塑胶齿轮、升降器齿轮的润滑；显微镜、望远镜等仪器的调节器系统和旋纽的润滑等	1kg 铁罐、5kg/15kg 胶桶
FAKKT-AP45010	滴点：≥300℃；钢网分油（100℃，24h）：≤3%；	特性：以无机稠化剂稠化合成油，并加有结构改善剂和抗腐蚀添加剂精制而成；优异的高低温性能、耐水密封性；良好的抗溶剂性和介电性能；不腐蚀金属，与橡胶、尼龙、聚烯丙等多种非金属材料具有较好的适应性。 主要应用：适用于某些化学品接触的玻璃、陶瓷或金属阀门旋器、电磁阀等低速滑动部位的密封与润滑；金属与塑胶之间需要润滑的部位；家用电器、食品机械、化妆品机械以及各种防护密封、润滑；各种非金属材料制品中、高速运转的润滑和密封等	1kg 铁罐、5kg/15kg 胶桶
FAKKT-MG K096H	GB/T 7324 滴点：≥170℃；钢网分油（100℃，24h）：≤5%；水淋流失量(38℃，1h)：≤5%	特性：宽广的工作温度范围；在高温下长期使用不结焦，抗水性极好；优良的抗氧化性和耐热稳定性；优异的抗磨损性；良好的机械稳定性，在重载和轴承的剪切力作用下仍有良好的结构稳定性。 主要应用：微小型行星减速电机，特别是粉末冶金材料的行星齿轮箱	1kg 铁罐、5kg/15kg 胶桶
FAKKT-GB1171F	SH/T 0535 滴点：≥260℃；钢网分油（100℃，24h）：≤5%；水淋流失量(38℃，1h)：≤5%	特性：优异的抗氧化性；优良的高低温性能；优异的抗腐蚀性能和抗水性能；优异的润滑性和高负荷性；优良的机械稳定性；在极端恶劣的条件下提供卓越的性能。 主要应用：高温轴承、各种电动工具齿轮组件、汽车配件、汽车/摩托车软轴、各种化学环境下的润滑和防护	1kg 铁罐、5kg/15kg 胶桶
FAKKT-MG23001	滴点：≥230℃	特性：优良的胶体安定性和抗剪切能力；降低磨损，减小耗电量及噪音；抗水性良好；低挥发性，长时间使用不会变硬。 主要应用：调速马达齿轮、阻尼电机齿轮箱、刹车电机齿轮箱，各类斜齿、异形齿结构的润滑、各类金属齿轮组	1kg 铁罐、5kg/15kg 胶桶

续表

产品名称	主要技术指标	用途与特点	包装形式
FAKKT-MG43001	SH/T 0789 滴点：≥250℃；钢网分油（100℃，24h）：≤5%；水淋流失量(38℃，1h)：≤7%	特性：良好的降噪、消音性能；优异的抗水性、防锈性、润滑性；优良的胶体安定性及机械安定性；同时具有优异的使用还原性。 主要应用：低温环境下工作的小金刚电机齿轮箱润滑，为金属摩擦副提供长效的飞溅式润滑、流体润滑	1kg 铁罐、5kg/15kg 胶桶

八、杭州得润宝油脂股份有限公司

杭州得润宝油脂股份有限公司润滑脂的主要技术指标、用途与特点以及包装形式等信息详见表Ⅱ-22。

表Ⅱ-22　润滑脂的主要技术指标、用途及特点一览表

产品名称	主要技术指标	用途与特点	包装形式
灵敏 0102 特级高温重负荷润滑脂	Q/DRB 003—2017	具有优良的耐高温性能、氧化安定性和机械安定性；具有良好的润滑性能，尤其在高温下润滑性好，即使在极高温度下润滑脂变干后，也能正常润滑；具有良好的耐水、耐酸碱性能；具有良好的泵送性。 本产品可使用于各种工业部门高温条件下的重负荷的中、低转速轴承、齿轮、链条，以及高速巨型联轴节的润滑，也适用于同水、水蒸气或酸、碱接触的部位的润滑。如高温隧道窑车的轴承，搪瓷、油漆烘干线的链条和托辊轴承，高温烘烧炉的门框铰链、垃圾发电燃烧炉等。适用温度范围：-20～300℃，在 300℃以上形成固体润滑	170kg/桶、18kg/桶、1kg/罐
灵敏 0103EP 脲基脂	Q/DRB 004—2017	具有良好的耐高温性能和氧化安定性能；优异的机械安定性，在剪切力的作用下能保持较好的润滑脂结构特征；具有较好的抗磨极压性能、抗水性和胶体安定性；具有较长的使用寿命。 本产品适用于冶金连铸设备的大包回转台、结晶器、扇形段辊道、拉矫机和摆剪机、输送辊的润滑和防护，也适用于连轧机及其他高温、重负荷设备的摩擦部位的轴承润滑。适用温度范围：-20～180℃	170kg/桶、18kg/桶
灵敏 0110 长寿命轴承专用润滑+6：31 脂	Q/DRB 011—2017	具有优越的润滑性和抗磨极压性；具有极长使用寿命；耐高温、高速，抗水、防锈性好；具有很好的机械安定性、氧化安定性；本品无毒，使用时无须特殊防护。 适用于各类电机轴承，高速机车轴承和各类风机轴承的润滑和防护，特别适用于重载汽车、大型客车轮毂轴承和底盘的润滑，也适用其他高温部位的润滑。适用温度范围：-20～200℃	170kg/桶、18kg/桶、1kg/罐
灵威 1101 航空润滑脂	Q/DRB 012—2017	具有良好的高低温性能、氧化安定性、胶体安定性和机械安定性；优异的防锈性能；性能符合美军 MIL-G-3278 和英国 D. T. D825B 规格。 本产品适用于航空电机轴承和齿轮、操作机构支点、组装联接及仪器仪表的润滑，也适用于高速球轴承的润滑，特别适用于高速、寒区工作的机电设备球轴承、仪表仪器电机轴承、高速家电微电机轴承及低温液体输送泵电机轴承的润滑和防护。适用温度范围：-60～120℃	170kg/桶、18kg/桶、1kg/罐

续表

产品名称	主要技术指标	用途与特点	包装形式
灵威 1102 高温润滑脂	Q/DRB 013—2017	具有良好的高低温性能，特别是在高温下具有良好的润滑性；良好的机械安定性、抗水性、长的轴承寿命。 本产品适用于大型化工厂的塑料挤压机套筒轴承、辅助锅炉旋转火咀轴承，裂解炉引风机、再生气压缩机等高温轴承，热定型烘室、拉伸拉幅机、热熔风机、高温染色缸、烘焙机等高温下工作的较高转速的各种机械的滚动轴承和滑动轴承的润滑，以及高温环境下工作的齿轮、链条、离合器的润滑。适用温度范围：-40～200℃	170kg/桶、18kg/桶、1kg/罐
灵威 1103 高低温润滑脂	Q/DRB 014—2017	良好的高低温性能，尤其是高温性能特别优异，在高温下具有长的轴承寿命；具有良好的防锈性能、抗氧化性能、抗水性。 本产品适用于高温、高速或严寒区野外工作及温度超过200℃以上的宽温度范围工作的滚动轴承的润滑。如航空离合器、电器、电机的推力轴承，高温风机、赛车轮毂轴承。树脂整理机、长环蒸化机、塑料拉伸拉幅机、涤纶热定型机、熔盐泵电机、蒸呢机、高温染色缸等高温操作运转轴承的润滑。适用温度范围：-60～250℃，短期可达 300℃	170kg/桶、18kg/桶、1kg/罐
灵威 1105 高温润滑脂	Q/DRB 016—2017	本产品与锂基脂相比，具有更高的使用温度、更长的使用寿命，是普通锂基脂使用寿命的四倍以上，能耐更高的温度，具有更好的抗微动磨损性能；具有良好的抗磨、极压性能、防锈性能和抗氧化性能。 本产品适用于矿山、钢铁、石油化工、印染、纺织和浮法玻璃等各行业生产中的高温轴承，各种中、重负荷滚柱、滚珠、滑动轴承以及烘烤设备的齿轮、链条托轮等传动部位和联轴节等部位的润滑。适用温度范围：-30～150℃，短期可用于180℃。$00^{\#}$、$0^{\#}$、$1^{\#}$稠度的产品用于集中润滑系统	170kg/桶、18kg/桶、1kg/罐
灵威 1303 超凡高温润滑脂	Q/DRB 022—2017	本产品具有卓越的高温下防黏结和抗烧结性能；具有良好的超高温润滑性。 本产品适用于在超高温的恶劣工况条件下工作的各种工业机械及设备等高温部位的润滑，特别适用于 600℃以上高温部位的润滑。适用温度范围：-40～1100℃，300℃以上为固体润滑	170kg/桶、18kg/桶、2kg/罐
灵威 1307 全氟素高温润滑脂	Q/DRB 026—2017	本产品具有卓越的高温下防黏结和抗烧结性能；具有良好的超高温润滑性。本产品适用于在超高温的恶劣工况条件下工作的各种工业机械及设备等高温部位的润滑，特别适用于 600℃以上高温部位的润滑。适用温度范围：-40～1100℃，300℃以上为固体润滑。具有优异的高低温性能，尤其是高温性能，可在 260℃温度下长期使用；具有优异化学惰性，与绝大多数化学物质不起反应，性能特别稳定；在有氧环境下保持稳定，确保设备的安全运行。 本产品适用于各种高温部件的润滑，温度可高达 260℃。适用于氧气设备的润滑与密封，在氧气环境下惰性，确保使用安全。适用于电机轴承全寿命的润滑，在整个电机寿命过程中，不需要润滑脂的更换与补加。适用温度范围：-40～260℃	1kg/桶

续表

产品名称	主要技术指标	用途与特点	包装形式
灵威 1310 系列高温防黏结润滑剂(1310、1310A)	Q/DRB 029—2017	本产品具有优良的耐高温、抗极压、防黏结和抗烧结性能。 本产品适用于火电厂设备的轴销、斗式卸煤机的机架连接轴销的润滑与防护，特别适于高温部位螺栓使用。适用温度范围：-40~1000℃	
灵威 2101 万向节高级润滑脂	Q/DRB 033—2017	具有优异的抗磨极压性能、黏附性能；优良的防锈性、抗水性；优良的机械安定性、胶体安定性；具有长的使用寿命和更换周期，节能降耗；优异的氧化安定性能。 产品特别适用于车辆要求苛刻的十字架、底盘万向节以及其他高温重负荷的滚动、滑动磨擦部位和要求防水、防腐蚀、抗氧化等部位的润滑；亦可用于各种重型车等机动车辆气压制动系统气阀的橡胶活塞环与缸壁间的润滑与密封。适用温度范围：-10~180℃	170kg/桶、18kg/桶、
灵威 2107 低摩擦氟硅润滑脂	Q/DRB 038—2017	本产品具有良好的高低温性能；尤其是低温性能特别优异，较低的扭矩；优良的橡胶塑料相容性，极低的挥发性和扩散性，摩擦系数小。 本产品适用于汽车减震器平面压力轴承的润滑和防护。适用温度范围：-60~200℃	170kg/桶、18kg/桶
灵威 2116 重载汽车轮毂轴承润滑脂	Q/DRB 047—2017	具有良好可控的分油能力，保证良好的润滑油膜；良好的机械安定性，保证不会在使用过程中变稀而漏油；良好的极压抗磨性能，满足重载汽车轮毂轴承的润滑；良好的高温性能，高温黏附性强，可保证良好的润滑油膜；良好的抗水性和防锈性能，保护金属不锈蚀。 本产品适用于重载汽车轮毂轴承等部位的专用润滑防护。适用温度范围：-30~180℃	170kg/桶、18kg/桶
灵威 2119 汽车转向器齿轮齿条润滑脂	Q/DRB 050—2017	良好的机械安定性；优异的抗磨损性能，低摩擦力矩；优良的黏附性，不易出现润滑不良；良好的抗水性、氧化安定性和防护性能。 本产品适用于汽车转向器齿轮齿条的润滑和防护。也可用于各种不同类型的大、中、小型齿轮与冕状齿轮的润滑。适用温度范围：-40~120℃	170kg/桶、18kg/桶、
灵威 3501 棉花摘锭机润滑脂	Q/DRB 063—2017	具有可降低驱动摘锭所必需转矩的动力损耗；分油率低，可防止由于基础油的分离而导致采棉机杆系内关键轴承润滑条件的恶化；具有良好的抗水性和泵送性；优良的防锈性和润滑性。 本产品专为采棉机的摘锭和杆件机构研制开发。适用温度范围：-20~120℃	170kg/桶、18kg/桶、
灵威 4102 辊压机高级专用润滑脂	Q/DRB 065—2017	具有优良的极压抗磨性；具有优良的防锈性和抗水性；具有优异的黏附性；具有优异的氧化安定性和泵送性；不含重金属等非环境友好的物质，属环保型产品。 特别适用于辊压机设备的润滑和防护，也可用于高负载、高温、有水冲刷及低转速、震动冲击等工况下运转的其他设备的润滑。可有效的保证设备的运转和使用寿命。适用温度范围：-20~150℃	170kg/桶、18kg/桶

续表

产品名称	主要技术指标	用途与特点	包装形式
灵威 4105 系列高级重负荷开式齿轮润滑剂	Q/DRB 068—2017	极压抗磨性能较好，特别是极压承载能力强，可有效延长齿轮寿命；具有优异的黏附性能，使用时油膜厚度大，黏附性强；优异的氧化安定性能，防止润滑脂的氧化变质，延长使用寿命；优良的防锈性、抗水性和机械安定性能；良好的泵送性，不同的锥入度规格供选择，冬夏无忧；不含沥青、氯化物和溶剂，符合环保要求。 特别适用于大型重负荷开式齿轮，如火电厂的滚筒磨煤机、水泥厂的回转窑、钢厂大型混料机、矿山球磨机等设备的润滑和防护，可有效保证设备的运转率和使用寿命。适用温度范围：-20~120℃	70kg/桶、18kg/桶
灵威 4106 轮带专用润滑剂	Q/DRB 069—2017	具有较好的抗磨极压性能和抗擦伤能力；具有优良的黏附性、抗氧化性、高低温性能；渗透性强，可以很好地渗透到润滑部位，使润滑部位得到良好的润滑。 本产品主要适用于水泥行业的回转窑和新型干法水泥回转窑的轮带及相关部件的润滑。适用温度范围：-40~150℃	170kg/桶、18kg/桶
灵威 4107 齿轮磨合润滑剂	Q/DRB 070—2017	具有优异的齿面修复润滑功能；能够抑制和消除疲劳裂纹，防止裂纹的持续扩散；具有极压抗磨性能好，特别是抗烧结性能强；具有优异的氧化安定性能，防止润滑脂的氧化变质，使用寿命长，机械安定性能良好。 特别适用于低速、重载、冲击负荷下工作的管磨、转窑等设备大型开式齿轮的磨合润滑和防护，具有良好的修复润滑作用，为后期取得良好润滑状态创造条件，延长设备使用寿命。适用温度范围：-20~150℃	170kg/桶、18kg/桶
灵威 4108 轴瓦高级专用润滑剂	Q/DRB 071—2017	具有优异的黏温性能；优良的防锈性和抗腐性；极佳的极压抗磨性能，极压承载能力强，且高温极压抗磨性能同样优异；在拖轮轴瓦上成膜厚且迅速牢固，能有效的避免拉丝。 本产品主要适用水泥化工企业及氧化铝厂中的在高载荷、高温度、粉尘大、潮湿等苛刻工况中工作的回转窑拖轮轴瓦的润滑和防护，也可用于开齿的润滑，如回转窟，煤磨等设备的开式齿轮，其能有效地润滑大小齿轮，减少震动，降低齿轮磨损及点蚀等不良现象。适用温度范围：-30~120℃	170kg/桶、18kg/桶
灵威 5101 系列高级重负荷齿轮润滑剂	Q/DRB 072—2017	具有优良的黏附性，可以牢固地附着在金属表面；具有优良的防锈性和抗水性；具有极压抗磨性能较好，特别是极压承载能力强；具有优异的氧化安定性能，防止润滑脂的氧化变质，延长使用寿命。 本产品可用于火电厂各种球磨机大小齿轮、卸煤机升降机齿轮和齿条传动副的润滑和防护。既可用于喷射式供脂润滑，也可用于浸式润滑。使用温度范围：-5~150℃	170kg/桶、18kg/桶
灵威 5105 齿轮磨合润滑剂	Q/DRB 076—2017	具有优异的齿面修复润滑功能；具有能够抑制和消除疲劳裂纹，防止裂纹的持续扩散；具有极压抗磨性能好，特别是抗烧结性能强；具有优异的氧化安定性能，防止润滑脂的氧化变质，使用寿命长，机械安定性能良好。 本产品特别适用于低速、重载、冲击负荷下工作的钢球磨等设备大型开式齿轮的磨合期润滑，具有良好的修复润滑作用，为后期取得良好润滑状态创造条件，延长设备使用寿命。适用温度范围：-20~150℃	170kg/桶、18kg/桶

续表

产品名称	主要技术指标	用途与特点	包装形式
灵威 5106 风力发电主轴、偏航和变桨轴承润滑脂	Q/DRB 113—2017	具有良好可控的分油能力，保证良好的润滑油膜；具有良好的机械安定性，保证不会在使用过程中变稀而漏油；具有良好的极压抗磨性能；具有良好的高温性能，高温黏附性强，可保证良好的润滑油膜；具有良好的抗水性、泵送性和防护性能 本产品适用于各种发电机大型轴承润滑与防护。适用温度范围：-40～160℃	170kg/桶、18kg/桶
灵威 5107 风力发电电机轴承润滑脂	Q/DRB 114—2017	具有极宽的温度适用范围；具有良好的抗水及抗腐蚀性能；具有极高的承载能力；具有极佳的低温启动性能；具有优异的润滑性；具有极佳的减磨、抗摩和极压性能。 本系列产品适用于空气环境充满尘埃的环境下，高低温、重载、震动等苛刻条件下，风力发电偏航轴承与变桨轴承的润滑与防护，具有较宽的操作温度。适用温度范围：-40～160℃	170kg/桶、18kg/桶
灵威 5108 风力发电齿轮润滑脂	Q/DRB 115—2017	具有优良的极压抗磨性；具有优良的防锈性和抗水性；具有优异的黏附性能； 具有优异的氧化安定性能和泵送性；不含重金属等非环境友好的物质，属环保型产品。 本系列产品适用于空气环境充满尘埃的环境下，高低温、重载、震动等苛刻条件下，风力发电齿轮的润滑与防护，具有较宽的操作温度。适用温度范围：-20～160℃	170kg/桶、18kg/桶
灵威 6100 轧机轧辊高级专用润滑脂	Q/DRB 077—2017	具有优异润滑性能，油封性好，具有较长的使用寿命；具有优良的抗磨极压性能，能满足重负荷或有一定冲击负荷的机械设备的润滑；优良的防锈性和抗水性；具有较强的黏附性和长的使用寿命；具有良好的耐高温性能，良好的氧化安定性和胶体安定性。 本产品适用于冶金工业轧钢系统各式轧机轧辊的滚动轴承，特别是热轧机组和连轧机组的轧辊轴承；以及高温、水淋、重负荷和冲击负荷轴承的润滑和防护。适用温度范围：-20～200℃	170kg/桶、18kg/桶
灵威 6101 炉前辊道润滑脂	Q/DRB 078—2017	具有优异润滑性能，油封性好；具有较长的使用寿命；优良的防锈性和抗水性；具有良好的机械安定性和胶体安定性；优异的高低温性能，低温启动性好，高温时不结焦。 本产品适用于冶金企业的轧钢系统的各种加热炉前辊道轴承、输送辊、热处理炉前辊道轴承的推钢机轴承，也适用于中厚板热轧组工作辊的重负荷辊道轴承，以及烘干线轴承的润滑。适用温度范围：-30～300℃	170kg/桶、18kg/桶
灵威 6104 复合磺酸钙基润滑脂	Q/DRB 081—2017	具有良好的耐高温性和氧化安定性，高低温条件下稠度基本不变；具有良好的润滑性能，尤其在高温下润滑性较好；具有优良的抗磨极压性能和长的使用寿命；具有良好的机械安定性和胶体安定性；泵送性良好，不论是冬季、夏季，均能正常泵送。 本产品主要适用于冶金行业热轧、冷轧辊轴承，连铸设备的大包回转台、结晶器、二冷段、扇形段辊道、拉矫机和摆剪机，输送辊道的润滑和防护，也可以用于各种工业部门高温条件下重负荷的中、低转速的轴承、齿轮、链条高速巨型联轴节，以及同水、水蒸气或酸、碱接触的一些部位的润滑。适用温度范围：-20～200℃	170kg/桶、18kg/桶

续表

产品名称	主要技术指标	用途与特点	包装形式
灵威 6108 烧结机滑道专用密封脂	Q/DRB 086—2017	具有优良的耐高温性，高温环境下不易结焦，不流失；润滑性好，承载负荷高，磨损小；优良的抗腐防锈性，可对轴承提供最有效的保护，延长设备的使用寿命；优良的机械安定性和氧化安定性；环保，对人畜无毒无害。 本产品主要适用于烧结机高低温段滑道/高温段蝶阀等部位的润滑，以及一般工业设备的润滑。适用温度范围：-10～200℃	170kg/桶、18kg/桶
灵威 6112 SHC 高温润滑脂	Q/DRB 090—2017	具有优良的抗磨极压性能，能满足重负荷或有一定冲击负荷机械设备的润滑；具有良好的耐高温性能，良好的氧化安定性和胶体安定性；优异的抗水性和机械安定性；具有较好的黏附性和长的使用寿命；无毒无味符合环保要求。 本产品特别适用于冶金行业的炉前辊道、连铸机、转炉钢包等高温部位的润滑，对延长机器部件的使用寿命具有非常重要的作用。适用温度范围：-40～250℃	170kg/桶、18kg/桶
灵威 7100 重型电锤(镐)润滑脂	Q/DRB 092—2017	具有优异的抗磨性，优良的黏附性，极长的使用寿命；极佳的负荷承受能力，适合具有重负荷和冲击负荷的电动工具的润滑；与各种常规密封材料均具有良好的相容性，保证系统密封良好。 适用于各种重型电锤(镐)气缸、连杆的润滑；特别适用于长时间持续高速运行的电锤、电镐各部件的润滑和密封。适用温度范围：-20～180℃	170kg/桶、18kg/桶
灵威 7301 轻型电锤专用润滑脂	Q/DRB 100—2017	具有良好的高低温性能，避免油脂在摩擦部位高温运转时发生流失；具有优异的黏附性，可牢固地附着在金属表面；具有良好的极压抗磨性能，可承受高负荷及冲击负荷；与各种常规密封件具有良好的相容性，可保证系统密封良好。 本产品适用于轻型电锤摇杆轴承与齿轮的润滑。适用温度范围：-20～150℃	170kg/桶、18kg/桶
灵威 7501 电动工具齿轮润滑脂	Q/DRB 102—2017	润滑膜致密，可防止金属表面与水、腐蚀性尘土及腐蚀性气体接触；具有优良的防锈性和抗水性。 本产品适用于重型锤镐齿轮箱、角磨机、切割机、电圆锯等产品的润滑和防护。适用温度范围：-20～120℃	170kg/桶、18kg/桶
灵威 9101 机器人减速器润滑脂	Q/DRB 111—2017	具有优良的抗磨减摩性；具有良好的高低温性能；具有较长的使用寿命，提供改进的效率和延长润滑的时间；具有良好的流动性，能有效地达到减速机齿轮的复杂润滑点。 主要用于机器人的 RV 减速机、摆线针轮减速机、谐波减速机及其他高精减速机和高精设备的润滑，可采用手工加脂或脂枪加脂。适用温度范围：-40～120℃	170kg/桶、18kg/桶
灵威 9103 行星减速机齿轮箱润滑脂	Q/DRB 112—2017	具有良好的油膜强度，提高齿轮箱使用寿命；具有良好的氧化安定性；具有优异的抗剪切性能，不易过度变软而流失；能降低齿轮箱的运转噪音。 本产品主要用于高精行星减速机齿轮的润滑和防护，机器人双曲面齿轮的润滑和防护。适用温度范围：-30～110℃	170kg/桶、18kg/桶

续表

产品名称	主要技术指标	用途与特点	包装形式
灵威 9301 食品级润滑脂	Q/DRB 110—2017	通过了 NSF 食品级润滑脂的认证，属于 USDA H-1 类别；优异的高低温性能，满足食品机械低温和高温运行的润滑要求；具有良好的抗水性能，满足高湿度场所的润滑要求；具有优良的抗氧性，能够长期保护润滑设备。 本产品适用于食品加工过程中润滑脂可能与食品接触的设备的润滑。适用温度范围：-30～150℃	170kg/桶、18kg/桶

九、安徽中天石化股份有限公司

安徽中天石化股份有限公司润滑脂的主要技术指标、用途与特点以及包装形式等信息详见表Ⅱ-23～表Ⅱ-25。

1. 复合锂基润滑脂

表Ⅱ-23　复合锂基润滑脂的主要技术指标、用途及特点一览表

产品名称	主要技术指标	用途与特点	包装形式
重型汽车轮毂轴承高温脂 2#、3#	Q/SHZT-0601—2008 滴点≥300℃、钢网分油(100℃，30h)：≤3%、水淋流失量(38℃，1h)：≤5%、极压性能(四球机法)P_D：≥3089N	用于恶劣工作环境下的大中型重载汽车和高速客车轮毂轴承的特种润滑脂，同时也适用于高温、重负荷、潮湿水淋等特殊工作环境下的其他机械轴承。具有突出的耐高温性能，滴点不低于300℃。采用进口环保型极压抗磨剂，可充分满足汽车在超载、高速、大吨位、长时间连续行驶中轮毂轴承的安全正常使用。使用温度范围：-30～200℃	0.8～2kg/桶、12kg/桶、15kg/桶、170kg/桶
HP 高温润滑脂 3#	Q/SHZT-0501—2007 滴点≥300℃、钢网分油(100℃，30h)：≤3%、水淋流失量(38℃，1h)：≤5%、漏失量(104℃，6h)：≤2.5g	具有优良的高温黏附性、极压抗磨性、胶体安定性、机械安定性，还具良好的抗水性和防护性。适用于大型重载货车、高速轿车、冶金行业连铸机、连轧机、烧结机、出钢辊道以及印染、大型电动机、橡胶、塑料热轧机、水泥行业、窑车等高温、重负荷机械设备摩擦部位的润滑。使用温度范围：-30～200℃	0.8～2kg/桶、15kg/桶、170kg/桶
轧机轧辊轴承润滑脂 2#、3#	Q/SHZT-0204—2009 滴点≥300℃、钢网分油(100℃，30h)：≤3%、水淋流失量(38℃，1h)：≤5%、极压性能(四球机法)P_D：≥3089N	具有优良的耐高温性，良好的极压抗磨性，抗水冲刷、抗腐蚀性和优良的机械安定性。适用于冶金工业轧钢系统各式轧机辊的滚动轴承，特别是热轧机组和连轧机组的轧辊轴承。使用温度范围：-30～200℃	12kg/桶、15kg/桶、170kg/桶
极压复合锂基润滑脂 2#、3#	SH/T 0535—1993	具有突出的高、低温性能，抗水、防锈，应用于高温、低温和重负荷轴承，尤其是潮湿、环境恶劣，并要求长期润滑或终生润滑的全封闭系统，适用于各种中、重负荷滚珠、滚柱、滑动轴承以及烘烤设备的齿轮、链条托轮等传动部位和联轴节等部位的润滑。使用温度范围：-30～200℃	12kg/桶、15kg/桶、170kg/桶

2. 聚脲润滑脂

表Ⅱ-24　聚脲润滑脂的主要技术指标、用途及特点一览表

产品名称	主要技术指标	用途与特点	包装形式
烧结机专用润滑脂 1#、2#	Q/SHZT-0201—2009 滴点不小于260℃、钢网分油(100℃，30h)：≤5%、水淋流失量(38℃，1h)：≤3%、极压性能(四球机法)P_B值不小于736N、蒸发量(99℃，22h)不小于1%	具有极优异的耐高温性、氧化安定性和热安定性，具有良好的承载能力，能在高温重负荷条件下长期使用。突出的抗水性能，不乳化、不变质。适用于冶金工业大型烧结机的弹性滑道的各部位轴承及其他均热炉、退火炉、烘干炉等高温设备的润滑。使用温度范围：-30~200℃	12kg/桶、15kg/桶、170kg/桶
连铸机专用润滑脂 1#、2#	Q/SHZT-0202—2009 滴点不小于260℃、钢网分油(100℃，30h)：≤5%、水淋流失量(38℃，1h)：≤2%、极压性能(四球机法)P_B值不小于785N、蒸发量(99℃，22h)不小于1%	具有突出的耐高温性，不软化流失，保证有效的润滑与防护，优良的抗水性和防锈性，能满足潮湿或水淋条件下设备的防护与润滑，良好的极压抗磨性，满足高负荷或有一定冲击负荷下机械设备的轴承润滑。适用于冶金行业各型连铸机二冷区及辊道轴承的润滑。使用温度范围：-30~200℃	12kg/桶、15kg/桶、170kg/桶
炉前辊道专用高温脂 1#、2#	Q/SHZT-0205—2009 滴点不小于280℃、钢网分油(100℃，30h)：≤2%、水淋流失量(38℃，1h)：≤1%、极压性能(四球机法)P_B值不小于980N、P_D值不小于3089N	具有较高的滴点和优异的胶体安定性，能满足高温环境下设备的润滑。氧化安定性好，高温下经久耐用，延长了脂的使用寿命。具有突出的抗磨损、抗擦伤性能，有效降低机械摩擦部位磨损。适用于冶金企业的轧钢系统中各种加热炉前辊道轴承、输送辊、推钢机轴承，也适用于中厚板热轧机组工作辊的重负荷滚柱轴承及其他高温重负荷轴承、齿轮及传动机构的润滑。使用温度范围：-30~200℃	12kg/桶、15kg/桶、170kg/桶
重负荷开式齿轮润滑脂 00#、0#	Q/SHZT-1218—2009 滴点不小于220℃、极压性能(四球机法)P_B值不小于980N、P_D值不小于3089N	具有良好的黏附性、防护性和润滑性，适用于冶金、采矿和工程机械的各种开式齿轮、齿盘、齿条和链条及传动机构的润滑；各种绞链、滑道和钢丝绳的润滑。使用温度范围：-30~180℃	12kg/桶、15kg/桶、170kg/桶

3. 锂基润滑脂

表Ⅱ-25　锂基润滑脂的主要技术指标、用途及特点一览表

产品名称	主要技术指标	用途与特点	包装形式
精密轴承润滑脂 2#、3#	Q/SHZT 0201—2007 滴点不小于180℃、钢网分油(100℃，30h)：≤3%、水淋流失量(38℃，1h)：≤5%、蒸发量(99℃，22h)不小于2%	稠化剂的皂纤维结构合理，分布均匀，在剪切力的作用下能保持较好的润滑脂结构特征；润滑脂的洁净度高，能够有效地降低轴承的振动值；防锈性能良好，能够防止轴承运转过程中的锈蚀，具有优良的降噪性能。适用于中小型电机的滚动轴承和其他较低负荷设备滚动轴承的润滑。使用温度范围：-30~130℃	12kg/桶、15kg/桶、170kg/桶
通用锂基润滑脂 1#、2#、3#	GB/T 7324—2010	具有优良的机械安定性和氧化安定性，良好的抗水淋性和防锈性，可应用在潮湿及与水接触的机械部件上。适用于汽车轮毂、底盘、电机、水泵和其他机械设备的滚动轴承、滑动轴承等摩擦部位的润滑。使用温度范围：-30~120℃	0.3~0.5kg/袋、12kg/桶、15kg/桶、170kg/桶

续表

产品名称	主要技术指标	用途与特点	包装形式
极压锂基润滑脂 00#、0#、1#、2#	GB/T 7323—2008	具有优秀的极压抗磨性以及良好的热稳定性、机械安定性、防锈性、防水性和泵送性，是一种多效长寿命润滑脂。适用于轧钢机械、矿山机械、建筑机械、重型起重机械、注塑机械等重负荷的齿轮和轴承的润滑，并能使用于有冲击负荷的部件和集中润滑系统。使用温度范围：-30~120℃	12kg/桶、15kg/桶、170kg/桶
二硫化钼锂基润滑脂 0#、1#、2#、3#	SH/T 0587—1994	具有优秀的极压抗磨性以及良好的热稳定性、机械安定性、防水性和泵送性。适用于冶金轧钢轴承、耐火器材窑车轴承、铸造落砂机械、化工焙烧、机械加工热处理、印染焙烧机、造纸干燥机、橡胶、塑料热轧及水泥行业设备各摩擦部位的润滑。使用温度范围：-30~150℃	12kg/桶、15kg/桶、170kg/桶
汽车通用锂基润滑脂 2#、3#	GB/T 5671—2014	具有良好的机械安定性、氧化安定性、抗水性和防腐蚀性，适用于各种汽车轮毂、底盘、电机、水泵等摩擦部位的润滑，并广泛适用于滚动轴承、滑动轴承及其他摩擦部位的润滑。使用温度范围-30~120℃	12kg/桶、15kg/桶、170kg/桶

十、福建优立盛油脂公司

福建优立盛油脂公司润滑脂的主要技术指标、用途与特点以及包装形式等信息详见表Ⅱ-26、表Ⅱ-27。

1.“优立盛”通用型润滑脂系列

表Ⅱ-26 “优立盛”通用型润滑脂系列的主要技术指标、用途及特点一览表

产品名称		主要技术指标	用途与特点	
产品	类型	使用温度/℃	特　点	用　途
钙基脂	钙皂/矿物油	-10~60	优良的耐水性、机械安定性、良好的流动性	适合常温潮湿多水的环境轻负荷、中负荷滚动轴承和滑动轴承
通用锂基脂	锂皂/矿物油	-20~120	良好的抗水性、机械安定性、抗氧化性、低温性	电动车、汽车、拖拉机等机械设备的滚动轴承、滑动轴承及其他摩擦部位润滑
极压锂基脂	锂皂/矿物油	-20~130	优秀的耐极压抗磨性、热稳定性和机械安定性、防水性	铸造机、输送辊道及其他工业、矿山等重负荷机械设备轴承、齿轮等部位的润滑
二硫化钼锂基脂	锂皂/矿物油	-20~120	优秀的耐极压抗磨性、良好的抗氧化性、机械安定性	冶金、矿山行业重负荷机械设备轴承、联轴器、齿轮等有冲击、震动负荷部位的润滑
二硫化钼复合锂	复合锂皂/矿物油	-20~180	含二硫化钼，优异的极压抗磨性、热稳性，使用寿命长	适用于大型电动机轴承、重负荷高温轴承的润滑
极压复合锂基脂	复合锂皂/矿物油	-20~180	优异的极压抗磨性能，良好的抗氧化性、耐高温性，使用寿命长	钢铁行业的轧机、轧辊轴承，矿山、机械、车辆等要求耐高温、极压的轴承润滑
复合磺酸钙基脂	复合磺酸钙/矿物油	-20~180	优异的抗水性、热稳定性；优异的极压抗磨性、防锈防腐蚀性	适用于热轧辊轴承、连铸设备的结晶器、输送辊道等的润滑

续表

产品名称		主要技术指标	用途与特点	
产品	类型	使用温度/℃	特　　点	用　　途
极压脲基润滑脂	聚脲/矿物油	-20~180	优异的极压抗磨性、抗氧化性、耐高温，使用寿命长	适用于冶金业的高温、高负荷、与不良介质接触的场合，如连铸设备结晶器、弧形辊道轴承
耐600度高温脂	复合皂/半合成油	-20~600℃	含特种固体添加剂；良好的极压抗磨性、防锈性、特殊高温性能	高温重载设备的滑动摩擦部位，如铁水包和转炉支点轴承

2.“优立盛”低噪音轴承脂系列

表Ⅱ-27　“优立盛”低噪音轴承脂系列的主要技术指标、用途及特点一览表

产品名称		主要技术指标	用途与特点	
		使用温度:℃	特　　点	用　　途
SLE	锂皂/酯类合成油	-50~150℃	低噪音、宽温、长寿命	空调等家电、电动工具、汽车电装电机、精密设备等轴承
SUE	聚脲/酯类合成油	-50~170℃	低噪音、宽温、长寿命	空调等家电、电动工具、汽车电装电机、精密设备等轴承
U-400L	锂皂/合成油	-50~130℃	低噪音、低扭矩、长寿命	电动工具、办公设备、各种高速低启动微小的型轴承
SUT	聚脲/醚类合成油	-40~180℃	低噪音、高温、长寿命	汽车电装(张紧轮、交流发电机、电磁离合器等轴承)
SUP-45	聚脲/合成油	-40~180℃	低噪音、高温高速、长寿命	高速吸尘器、汽车电装、电动工具及其他高温轴承
U-603	聚脲/半合成油	-40~180℃	低噪音、高温、长寿命	电动工具、水泵、离合器分离轴承及其他高温电机轴承
U-300	聚脲/矿物油	-30~180℃	低噪音、高温、经济	电动工具、水泵、风机轴承
U-30EM	聚脲/矿物油	-30~180℃	蓝色、低噪音、高温高速	风机轴承、水泵轴承、高温电机轴承等
U-30G	聚脲/矿物油	-30~180℃	绿色、低噪音、高温高速	高温工业电机、风扇、纺织机械、高温水泵轴承等
EMQ-102S	锂皂/半合成油	-40~130℃	低噪音、低扭矩、长寿命	电动工具、家用电器、电动车、医用设备、办公室设备轴承等
EMQ 系列	锂皂/矿物油	-30~130℃	低噪音、高性价比、多种黏度供选	水泵、电动工具、电动车、风扇、洗衣机、油烟机轴承等
U-225	锂皂/矿物油	-20~120℃	低噪音、经济型	水泵、电动车、风扇、洗衣机轴承等
YGS-108	锂皂/半合成油	-30~130℃	低噪音、高合格率，长寿命	水泵、电动工具、电动车、风扇、洗衣机轴承等
其他事项	包装规格：1)400g、700g 软管(塑料管) 2)500g、800g、1kg、2kg 罐装 3)15kg、50kg、180kg			

十一、杭州新港润滑科技有限公司

杭州新港润滑科技有限公司润滑脂的主要技术指标、用途与特点以及包装形式等信息详见表Ⅱ-28。

表Ⅱ-28 “优立盛”低噪音轴承脂系列的主要技术指标、用途及特点一览表

产品名称	主要技术指标	用途与特点	包装形式
XG/U1 连铸机高级专用润滑脂	Q/HXG 001—2017 稠度等级：1#、2#；滴点：≥260℃；P_B：≥883N；P_D：≥3089N；水淋流失量：≤5%； 蒸发量：≤1.5%	良好的耐高温性、抗水淋性、胶体安定性、氧化安定性、机械安定性和泵送性。适合于连铸设备各部位的轴承、炉前辊道轴承、剪机轴承、电炉炉耳轴承、钢水包大包回转台的齿轮及轴承等润滑。适用温度：-20~200℃	18kg 塑桶、180kg 铁桶
XG/U3 齿轮箱高级防漏专用润滑脂	Q/HXG 001—2017 稠度等级：0#、00#；滴点：≥220℃；P_B：≥785N；防腐蚀性：合格；铜片腐蚀：合格	优异的抗磨极压性、抗水淋性和较好的防漏、降噪音能力，良好的承受大载荷或冲击负荷能力。适用于各类齿轮减速箱、蜗轮减速装置、开式齿轮等的润滑与密封。适用温度：-20~150℃	18kg 塑桶、180kg 铁桶
XG/U4 超级车用润滑脂	Q/HXG 001—2017 稠度等级：2#、3#；滴点：≥260℃；P_B：≥981N；P_D：≥3089N；水淋流失量：≤5%； 蒸发量：≤1.5%；防腐蚀性：合格；铜片腐蚀：合格	良好的高低温性能，遇水在较长时间内均不乳化变质，高温高速下不会分散油脂，大大降低轴承磨损，减少噪音和震动，保护轴承免受杂质和尘埃的侵入，使用寿命长。适用于汽车轮毂轴承、底盘、水泵等摩擦部位润滑，特别适用高速行驶的大客车、小轿车，各种载重超大型车、工程车等。适用温度：-25~200℃	1kg 铁罐、18kg 塑桶
XG/U6 高温抗磨高级脲基脂	Q/HXG 001—2017 稠度等级：1#、2#、3#；滴点：≥300℃； P_B：≥981N；P_D：≥3089N；水淋流失量：≤5%；蒸发量：≤1.5%	很好的耐高温性，在高温条件下具有长久的使用期和稳定期，在高温、高负荷冲击或苛刻的情况下具有优良的润滑性，很强的抗磨极压性，在高温高速状态下不会分散油脂，遇水在较长时间内不乳化变质、不流失。适用于冶金、化工、纺织、印染、汽车、矿山、油田、海防、制糖、造纸、塑料等行业高温设备各部位轴承的润滑。适用温度：-20~200℃	1kg 铁罐、18kg 塑桶、180kg 铁桶
XG/U10 极压脲基润滑脂	Q/HXG 001—2017 稠度等级：1#、2#、3#；滴点：≥260℃； P_B：≥883N；P_D：≥3089N；水淋流失量：≤5%；蒸发量：≤1.5%	极好的耐高温、防锈、抗磨极压性能，并具有良好的氧化安定性、泵送性和较长的使用寿命。适用于高温、潮湿和冲击负荷较大的中、重负荷各类轴承的润滑。如：钢厂连铸、烧结、轧辊、大型风机、热振动筛等轴承。适用温度：-20~200℃	1kg 铁罐、18kg 塑桶、180kg 铁桶

续表

产品名称	主要技术指标	用途与特点	包装形式
XG/U12 烧结机高级专用润滑脂	Q/HXG 001—2017 稠度等级：1#、2#、3#；滴点：≥260℃； 钢网分油：≤5%；水淋流失量：≤5%；蒸发量：≤1.5%	良好的耐高温性，优良的润滑和密封性能，优异的抗水性及抗水蒸气的性能，优良的泵送性能。适用于冶金行业烧结机弹性滑道的集中润滑和密封，也适用于其他高温条件下需要润滑与密封的滑道或辊道轴承摩擦部位。适用温度：-20~200℃	18kg 塑桶、180kg 铁桶
XG/U14 重负荷齿轮箱润滑脂	Q/HXG 001—2017 稠度等级：0#、00#、000#；滴点：≥240℃； P_B：≥883N；P_D：≥3089N；防腐蚀性：合格；铜片腐蚀：合格	优异的抗磨极压性、机械安定性、抗氧化性和良好的黏附防漏、降噪音性能，具有良好的承载重负荷或冲击负荷的能力。适用于高温、高湿、重负荷等条件下各类开式齿轮、齿轮减速箱、蜗轮减速装置等大型重负荷传动齿轮的润滑。如：水泥厂、钢厂、电厂等大型齿轮的润滑。适用温度：-20~150℃	18kg 塑桶、180kg 铁桶
XG/A1 复合铝基润滑脂	SH/T 0378—1992(2003)	良好的防锈性、抗水性和氧化安定性，并具有独特的热可逆性和良好的泵送性，尤其适合于集中润滑系统的润滑。适用于冶金行业烧结机、连铸机、出钢辊道、热轧机、以及印染设备、大型电机等高温设备摩擦部位的润滑。适用温度：-20~160℃	18kg 塑桶、180kg 铁桶
XG/A2 极压复合铝基润滑脂	0534—1993(2003)	具有良好的极压抗磨性、防锈性、抗水性和氧化安定性，并具有独特的热可逆性、良好的泵送性，尤其适合于集中润滑系统的润滑。适用于冶金行业烧结机、连铸机、出钢辊道、热轧机、以及印染设备、大型电机等高温设备摩擦部位的润滑。适用温度：-20~160℃	18kg 塑桶、180kg 铁桶
XG/C4 复合磺酸钙基润滑脂	Q/HXG 016—2016 稠度等级：1#、2#、3#；滴点：≥300℃； P_B：≥981N；P_D：≥3923N；水淋流失量：≤3%；蒸发量：≤1.5%；防腐蚀性：合格； 铜片腐蚀：合格	优异的机械安定性、极压抗磨性、胶体安定性和抗氧化能力，大大延长轴承的使用寿命；极佳的抗水性能，能够在高温、潮湿和水淋环境下确保轴承可靠润滑。适用于接触水的轴承(如：潮湿和水淋环境里的纺织机械或造纸机械等)、钢厂热轧辊轴承、研光轴承、高温环境里的低高速轴承(如：拉伸挖掘机、热熔风机、热定型机、高温染缸等)、汽车轮毂轴承、重型机械、拖车转向轮及各种苛刻或重负荷工况条件下工业设备的润滑。适用温度：-20~230℃，短期可达250℃	1kg 塑桶、18kg 塑桶、180kg 铁桶

续表

产品名称	主要技术指标	用途与特点	包装形式
XG/C5 高级轧辊轴承专用润滑脂	Q/HXG 016—2016 稠度等级：1#、2#、3#；滴点：≥300℃； P_B：≥981N；P_D：≥3923N；水淋流失量：≤3%；蒸发量：≤1.5%；防腐蚀性：合格； 铜片腐蚀：合格	优异的机械安定性、极压抗磨性、胶体安定性和抗氧化能力，大大延长轴承的使用寿命；产品黏附性强，并具有极佳的抗水性能，在高温、潮湿和水淋环境、重负荷和冲击负荷条件下，仍能为设备提供可靠润滑。适用于冶金行业连轧、冷热轧机设备各部位轴承润滑。适用温度：-20~230℃	18kg 塑桶、180kg 铁桶
XG/L1 通用锂基润滑脂	GB 7324—2010	优良的抗水性、机械安定性、防锈性、氧化安定性。可取代钙基、钠基润滑脂产品。适用于各种机械的滚动和滑动轴承及其他摩擦部位的润滑。适用温度：-20~120℃	18kg 塑桶、180kg 铁桶
XG/L2 极压锂基润滑脂	GB 7323—2008	优异的极压抗磨性能、剪切安定性、抗水性、防锈性、氧化安定性和泵送性能。适用于各种机械的滚动和滑动轴承及其他摩擦部位的润滑。适用温度：-20~120℃	18kg 塑桶、180kg 铁桶
XG/L3 复合锂基润滑脂	Q/HXG 003—2017 稠度等级：1#、2#、3#；滴点：≥250℃； 水淋流失量：≤5%；蒸发量：≤5%；防腐蚀性：合格；铜片腐蚀：合格	优良的高温性、抗水性、机械安定性、防锈性、氧化安定性。适用于各种机械的滚动和滑动轴承及其他摩擦部位的润滑。适用温度：-20~150℃	
XG/L4 极压复合锂基润滑脂	SH/T 0535—1993(2003)	优良的极压抗磨性、抗水性、机械安定性、防锈性、氧化安定性。适用于各种机械的滚动和滑动轴承及其他摩擦部位的润滑。适用温度：-20~150℃，短期达 180℃	18kg 塑桶、180kg 铁桶
XG/L6 半流体齿轮润滑脂	Q/HXG 101—2017 稠度等级：0#、00#、000#；滴点：≥165℃； P_B：≥785N；防腐蚀性：合格；铜片腐蚀：合格	优异的抗磨极压性、抗水淋性和较好的防锈性、氧化安定性，具有很好的承受大载荷或冲击负荷的能力。适用于各种机械的滚动和滑动轴承及其他各类齿轮减速箱、蜗轮减速装置、开式齿轮等摩擦部位的润滑。适用温度：-20~120℃	18kg 塑桶、180kg 铁桶
XG/L8 二硫化钼极压锂基润滑脂	SH/T 0587—1994(2003)	良好的减摩性、极压抗磨性、抗氧化性、机械安定性，并具备抗重负荷和瞬时高温能力。适用于轧钢机械、矿山机械、建筑机械、重型起重机械、注塑机械等重负荷的齿轮和轴承的润滑，并能使用于有冲击负荷的部件。适用温度：-20~120℃	18kg 塑桶、180kg 铁桶

续表

产品名称	主要技术指标	用途与特点	包装形式
XG/L12 白色特种润滑脂	稠度等级：0#、1#、2#、3#；滴点：≥185℃； 防腐蚀性：合格；铜片腐蚀：合格	优良的氧化安定性、机械安定些、胶体安定性和抗水性，并具备良好的润滑效果。适用于各种精密机床、万能磨床、坐标镗床、纺织机械轴承、仪器的润滑，也可用于各种型号电动机或作为通用润滑脂用于其他低负荷摩擦部位润滑。适用温度：-20~120℃	15kg 塑桶、170kg 铁桶
XG/L15 重负荷开式齿轮脂	稠度等级：00#、000#；滴点：≥155℃；P_B：≥981N；P_D：≥4903N；防腐蚀性：合格；铜片腐蚀：合格	优异的极压抗磨性、黏附性、防锈性和泵送性，并具有良好的承受大载荷或冲击负荷的能力。适用于钢铁行业烧结厂混料机，水泥行业回转窑等大型重负荷开式齿轮的润滑。适用温度：-20~120℃	18kg 塑桶、180kg 铁桶
XG/L16 轧辊轴承润滑脂	Q/HXG 101—2017 稠度等级：1#、2#、3#；滴点：≥250℃； P_D：≥3089N；水淋流失量：≤5%；蒸发量：≤5%；防腐蚀性：合格；铜片腐蚀：合格	良好的抗磨极压性能、抗水性能、机械安定性和耐高温性能，并具有良好的黏附性。在重负荷和冲击负荷下，仍能为润滑设备提供可靠润滑。适用于冶金行业连轧、冷热轧机设备各部位轴承的润滑，也可用于矿山、机械、交通运输行业处于高温、潮湿、重负荷等恶劣情况下轴承的润滑。适用温度：-20~180℃	18kg 塑桶、180kg 铁桶
XG/L17 高级轧辊轴承润滑脂	Q/HXG 101—2017 稠度等级：1#、2#、3#；滴点：≥270℃； P_D：≥3089N；水淋流失量：≤5%；蒸发量：≤4%；防腐蚀性：合格；铜片腐蚀：合格	良好的抗磨极压性能、抗水性能、机械安定性和耐高温性能，并具有良好的黏附性，使用寿命长。在重负荷和冲击负荷下，仍能为润滑设备提供可靠润滑。适用于冶金行业连轧、冷热轧机设备各部位轴承的润滑，也可用于矿山、机械、交通运输行业处于高温、潮湿、重负荷等恶劣情况下的轴承润滑。适用温度：-20~180℃	18kg 塑桶、180kg 铁桶
XG/L18 混料机专用润滑脂	稠度等级：00#、000#；滴点：≥260℃； P_B：≥981N；P_D：≥4903N；防腐蚀性：合格；铜片腐蚀：合格	优异的极压抗磨性、黏附性、防锈性和泵送性，并具有良好的承受大载荷或冲击负荷的能力。适用于钢铁行业烧结厂混料机，水泥行业回转窑等大型重负荷开式齿轮的润滑。适用温度：-30~180℃	18kg 塑桶、180kg 铁桶
XG/L19 7008 低温润滑脂	稠度等级：1#、2#；滴点：≥200℃；防腐蚀性：合格；铜片腐蚀：合格	良好的高低温性能、氧化安定性、机械安定性和胶体安定性。适用于寒冷地区的各类轴承、齿轮及其他机械设备摩擦部位的润滑。适用温度：-50~120℃	1kg 塑桶、18kg 塑桶、180kg 铁桶
XG/L22 RTJ—205 合成润滑脂	稠度等级：2#；滴点：≥300℃；P_D：≥6080N； 防腐蚀性：合格；铜片腐蚀：合格	良好的极压抗磨性能和高低温性能，并具有优异的黏附性和降噪性，优良的热安定性、氧化安定性、抗水性和防护性。适用于电动工具齿轮箱及其他高速运转防渗漏部位的润滑。适用温度：-40~200℃	18kg 塑桶、180kg 铁桶

续表

产品名称	主要技术指标	用途与特点	包装形式
XG/L23 9001A 电动工具润滑脂	Q/HXG 017—2016 稠度等级：2#；滴点：≥300℃；P_D：≥2452N；防腐蚀性：合格；铜片腐蚀：合格	良好的极压抗磨性能和高温性能，高温黏附性强；优良的胶体安定性、抗水性和防护性。适用于电动工具齿轮箱及其他高速运转防渗漏部位的润滑。适用温度：-25~150℃	18kg 塑桶、180kg 铁桶
XG/L25 7101 高温防卡剂	稠度等级：0#、00#、000#；蒸发损失(200℃，3h)：≤4%；防腐蚀性：合格；钢片腐蚀：合格	优异的耐高温性，良好的极压、抗烧结性能，优良的防黏结性能。适用于火电厂设备的轴销、斗式卸煤机的机架连接轴销的润滑与防护，也适用于冶金行业滑动水口部位的润滑，特别适用于高温部位螺栓使用。适用温度：-40~1000℃	18kg 塑桶、180kg 铁桶
XG/N1 防卡高温抗磨油脂	稠度等级：2#、3#；滴点：无；P_B：≥981N；P_D：≥3923N；防腐蚀性：合格；铜片腐蚀：合格	良好的抗高温性能和极压抗磨性、防卡咬性。适用于慢速运转的摆动或转动滚子、钢丝绳、丝扣、间槽、吊环、箍。适用温度：-20~800℃	
XG/W1 球笼润滑脂	稠度等级：2#；滴点：≥190℃；P_D：≥1961N；防腐蚀性：合格；铜片腐蚀：合格	良好的极压抗磨性、机械安定性、抗水性和防锈性能等特点。适用于外球笼、十字轴、汽车轮毂轴承、底盘、水泵、电动机等机械设备的润滑，也可用于各种机械设备的滚动轴承和摩擦部位的润滑和密封。适用温度：-20~120℃	15kg 塑桶
XG/W2 高低温球笼润滑脂	稠度等级：2#；滴点：≥260℃；P_D：≥2452N； 防腐蚀性：合格；铜片腐蚀：合格	具有极好的高低温性、极压性、耐腐蚀性、机械安定性及橡胶相容性等性能。适用于各种轿车等速万向节的润滑和密封，也可用于各种进口机械设备的滚动轴承和摩擦部位的润滑和密封。适用温度：-40~160℃	15kg 塑桶
XG/W3 7014-1 高温润滑脂	Q/HXG 003—2017 稠度等级：2#；滴点：≥280℃；P_D：≥3089N； 水淋流失量：≤5%；防腐蚀性：合格；铜片腐蚀：合格	良好的润滑性、防护性、抗氧化能力、抗水淋性能和较长的使用寿命。适用于高温、高转速条件下的各种机械滚动轴承和滑动轴承的润滑。如大型化工厂的辅助锅炉旋转火咀轴承、塑料挤压机套筒轴承、裂解炉引风机、再生气压缩机等高温轴承、纺织行业热定型烘室、烘焙机、高温染色缸，以及高温环境下工作的齿轮、链条、离合器的润滑。适用温度：-40~200℃	
XG/W4 HP 高效润滑脂	Q/HXG 003—2017 稠度等级：2#、3#；滴点：≥300℃；P_B：≥785N；水淋流失量：≤5%；防腐蚀性：合格；铜片腐蚀：合格	良好的高温润滑性和防护性，优良的抗氧化性和较长的使用寿命。适用于重负荷、高速等苛刻条件下轿车、大型客车及重载卡车等车辆的轮轴承、底盘、电机、水泵等摩擦部位的润滑。适用温度：-20~180℃	18kg 塑桶、180kg 铁桶

续表

产品名称	主要技术指标	用途与特点	包装形式
XG/W5 HP-R 高温脂	Q/HXG 003—2017 稠度等级：2#、3#；滴点：≥300℃；P_B：≥785N；P_D：≥3089N；水淋流失量：≤5%；防腐蚀性：合格；铜片腐蚀：合格	良好的极压抗磨性能；优良的高温性能，高温黏附性强；优异的胶体安定性，使用寿命长，可延长换脂周期；良好的抗水性、机械安定些和氧化安定性。适用于重负荷、高速等苛刻条件下轿车、大型客车及重载卡车等车辆的轮轴承、底盘、电机、水泵等摩擦部位的润滑，亦适用于冶金行业连铸机、出钢辊道的轴承润滑。适用温度：-30~200℃	18kg 塑桶、180kg 铁桶
T361A 抗磨极压添加剂	Q/HXG 002—2017 颗粒尺寸：≤5μm； 硼酸盐含量：≥50%；滴点：≥180℃；水分：≤0.1%；铜片腐蚀：合格	抗磨极压效果好，添加量在1~3%时，产品P_B值可达1000N以上；使用寿命长；对金属材料的适应性比较广；没有毒性、气味，不会造成金属腐蚀；耐高温性能好，在高温250℃以上，仍具有良好的抗磨极压性能；与其他含磷、硫、氯的活性添加剂具有良好的配伍性能	25kg、250kg 铁桶

十二、天津市津冠润滑脂有限公司

天津市津冠润滑脂有限公司润滑脂的主要技术指标、用途与特点以及包装形式等信息详见表Ⅱ-29~表Ⅱ-33。

1. 轴承脂

表Ⅱ-29　通轴承脂的主要技术指标、用途及特点一览表

产品名称	主要技术指标	用途与特点	包装形式
BPS 轴承润滑脂	Q/SHJG 1054—2013	性能特点：聚脲基全合成润滑脂产品具有优异的高低温润滑性能、出色的轴承寿命，同时具备良好的抗水防锈性能。该产品等同于日本协同 ET-K 润滑脂。 应用范围：适用于外径小于140mm的各种电机、风扇、汽车空调、电磁离合器、发动机张紧轮、交流发电机、汽车水泵、家用电器及办公设备中的滚动轴承；各种静音高温电机轴承，高温风扇轴承；以及终身润滑的密封长寿命高速轴承；温度范围：-50~200℃	15kg 钢桶包装
BPS-M 轴承润滑脂	Q/SHJG 1055—2015	性能特点：聚脲基合成油润滑脂产品具有优异的高低温润滑性能、优良的耐高速性能、超长的轴承寿命，良好的抗水防锈性能。该产品等同于日本协同 Super-N 润滑脂。 应用范围：适用于外径小于140mm的各种电机、风扇、汽车空调电磁离合器、发动机张紧轮、交流发电机、汽车水泵、家用电器及办公设备中的滚动轴承；各种静音高温电机轴承，高温风扇轴承；长寿命以及终身润滑的密封轴承；温度范围：-40~180℃	15kg 钢桶包装

续表

产品名称	主要技术指标	用途与特点	包装形式
BPM-S 轴承润滑脂	Q/SHJG 1080—2015	性能特点：高温聚脲基润滑脂产品具有优异的高温润滑性能、高温抗磨和抗氧化性能；具备优秀的减噪和抗水性能。 应用范围：适用于外径在30~62mm之间的低噪音密封轴承，尤其适用于低噪音深沟球轴承，能在水蒸汽或潮湿的环境下有效地保护轴承避免生锈。推荐用于长寿命密封轴承的润滑，如高温电机轴承、风机轴承、高温泵轴承、水泵轴承等；温度范围：-30~180℃	15kg 钢桶包装
BPM 轴承润滑脂	Q/SHJG 1025—2015	性能特点：高温聚脲基润滑脂产品具有优异的高温润滑性能、高温抗磨和抗氧化性能；具备优秀的减噪和抗水性能。 应用范围：适用于外径在62~140mm之间的低噪音密封轴承，尤其适用于低噪音深沟球轴承，能在水蒸汽或潮湿的环境下有效地保护轴承避免生锈。推荐用于长寿命密封轴承的润滑，如高温电机轴承、风机轴承、高温泵轴承、水泵轴承等；温度范围：-30~180℃	15kg 钢桶包装
	Q/SHJG 1051—2014	性能特点：锂皂全合成润滑脂产品，选用进口高级脂肪酸锂皂及世界顶尖的特种合成油精制而成，具有优异的宽温性能、低温启动性能，出色的静音性能及防锈性能。该产品等同于日本协同 SRL 润滑脂。 应用范围：适用于高低温环境下小型精密轴承及微型轴承的润滑，特别适用于超静音密封轴承的润滑；温度范围：-50~150℃	15kg 钢桶包装
BLS-A 轴承润滑脂	Q/SHJG 1082—2015	性能特点：高级脂肪酸锂皂稠化精制合成油，并加入抗氧、防锈等添加剂精制而成，具有优异的低温启动性能以及长效的轴承寿命。 应用范围：适用于低温低扭矩的微小型电机轴承的润滑和防护；温度范围：-50~130℃	15kg 钢桶包装
BLS-M 轴承润滑脂	Q/SHJG 1050—2015	性能特点：锂皂合成润滑脂产品采用合成油和精制矿物油为基础油，减小低温时的机械扭矩，润滑寿命较长，具有良好的氧化安定性及防锈特性，有效防止轴承运转过程中的锈蚀。 应用范围：适用于在较低温度下工作的中小型静音轴承的密封润滑；温度范围：-40~130℃	15kg 钢桶包装
BLM 轴承润滑脂	Q/SHJG 1049—2015	性能特点：锂皂润滑脂产品基础油黏度适中，低温流动性较好，在轴承运转过程中异音极少，同时具有优良的防锈防腐性能，可有效保护轴承。 应用范围：适用于外径30mm~62mm的有静音要求的中小型滚动轴承和其他较低负荷滚动轴承的润滑；温度范围：-30~130℃	15kg 钢桶包装
BLM-M 轴承润滑脂	Q/SHJG 1046—2011	性能特点：锂皂基润滑脂产品具有突出的极压、抗水、抗腐蚀及良好的机械安定性。该脂可有效减少轴承之间的摩擦，降低部件之间的磨损程度并可减少润滑脂的消耗量。该产品等同于壳牌爱万利 RL 润滑脂。 应用范围：本产品为多用途轴承润滑脂，推荐使用于中低负载、高转速滑动及滚动轴承的润滑；温度范围：-30~120℃	15kg 钢桶包装
BCS 轴承润滑脂	Q/SHJG 1047—2011	性能特点：复合锂合成润滑脂产品具有优异的宽温润滑特性及良好的极压抗磨性能；采用洁净生产工艺，产品静音和降噪性能优异。 应用范围：适用外径在140mm以上的在高低温环境下中小型精密轴承的润滑，特别适用于高温低噪音密封轴承的润滑。同时可满足其他高低温中小型电机和高温一般负荷滚动轴承的润滑和防护；温度范围：-40~180℃	15kg 钢桶包装

续表

产品名称	主要技术指标	用途与特点	包装形式
BCM 汽车轴承润滑脂	Q/SHJG 1053—2013	性能特点：复合锂皂润滑脂产品为汽车轮毂轴承专门开发，具有延长车轮轴承使用寿命、优异的极压抗磨性能、良好的抗水性能；同时产品的高低温性能优秀，完全解决冬天加脂和夏天漏脂的问题。 应用范围：适用于轿车密封轮毂轴承的润滑及保养，同时可用于汽车底盘、球关节的润滑及工业领域中有较高要求的润滑需求；温度范围：-30～180℃	15kg 钢桶包装
BCM-L 汽车轴承润滑脂	Q/SHJG 1093—2015	性能特点：复合锂皂润滑脂产品为汽车轮毂轴承专门开发，具有延长车轮轴承使用寿命、优异的极压抗磨性能、良好的抗水性能；同时产品的高低温性能优秀，完全解决冬天加脂和夏天漏脂的问题。 应用范围：适用于轿车密封轮毂轴承的润滑及保养，同时可用于汽车底盘、球关节的润滑及工业领域中有较高要求的润滑需求；温度范围：-30～180℃	15kg 及 170kg 钢桶包装
极朗低噪音轴承脂 LN-V110	Q/SHJG 1019—2015	性能特点：锂皂基润滑脂产品具有很高的洁净度，能有效降低轴承的振动值；良好的防锈性能，能够有效防止轴承在运转过程中产生锈蚀。 应用范围：适用于中小型滚动轴承和其他较低负荷滚动轴承的润滑；温度范围：-20～120℃	15kg 桶包装
极朗低噪音轴承脂 LN-V100	Q/SHJG 1026—2015	性能特点：锂皂基润滑脂产品具有特种的皂纤维结构，能有效降低轴承的噪音和振动；具有一定的防锈性能，能有效防止轴承在运转过程中产生锈蚀。 应用范围：适用于中小型电机轴承和其他较低负荷设备轴承的润滑；温度范围：-20～120℃	15kg 桶包装
极朗低噪音轴承脂 LN-V130	Q/SHJG 1075—2014	性能特点：锂皂基润滑脂产品具有特殊的皂纤维结构，能较好降低轴承的噪音和振动；具有优异的防锈性能，能有效防止轴承在运转过程中产生锈蚀。 应用范围：适用于中小型轴承和一般负荷轴承的润滑；温度范围：-20～120℃	15kg 桶包装

2. 轮毂轴承脂

表Ⅱ-30　轮毂轴承脂的主要技术指标、用途及特点一览表

产品名称	主要技术指标	用途与特点	包装形式
XHP -高低温合成润滑脂	Q/SHJG 1017—2014	性能特点：本产品采用进口合成基础油配方，具有良好的高低温性能，特别是低温使用性能优异。同时又有较高的极压性能，黏附性能和抗水性能，高温蒸发少，低温启动力矩小，可保证轮毂轴承在宽温条件下正常工作和运转，是一种长寿命宽温润滑脂。 应用范围：适用于恶劣环境下特别是低温条件下大型载重车辆轮毂轴承润滑；温度范围：-40～180℃	1kg、2kg、15kg

续表

产品名称	主要技术指标	用途与特点	包装形式
大型客车轮毂轴承脂	Q/SHJG 1056—2013	性能特点：本产品采用特殊稠化剂稠化高黏度进口Ⅱ类石蜡基矿物油，并加入多种高效添加剂经特殊工艺精制而成。具有良好的高温性能、高温黏附性，在高温、高速下不甩油、不流失；具有良好的极压抗磨性、抗水性和防护性能，能有效减少轮毂轴承的磨损，大幅提高车辆的保养里程。 应用范围：适用于大中型长途客车、公共汽车、机场摆渡车辆等客运车辆轮毂轴承的润滑，是针对大中型客车的使用要求研制而成，经长期实际使用，润滑效果优秀，是一款经典的车用轮毂轴承脂产品；温度范围：-30~180℃	2kg、 15kg
车辆底盘集中润滑系统专用脂	Q/SHJG 1065—2015	性能特点：本产品采用高级脂肪酸锂皂稠化精制矿物油，并加入抗氧、防锈、极压抗磨等多种添加剂制成。具有良好的低温性、氧化安定性、润滑性、极压抗磨性、抗水性、防锈性能，满足中负荷齿轮的润滑。 应用范围：适用于大型客车、压延机、锻造机、矿山机械、钢铁厂等各种机械设备的轴承及中、重负荷齿轮的集中润滑；温度范围：-40~120℃	15kg、 170kg
重载车桥专用润滑脂（富华车桥专用）	Q/SHJG 1045—2014	性能特点：本产品具有较高的极压抗磨性能，在重负荷下可保持良好润滑。同时具有优秀的高温性能，可以承受车辆长坡道连续刹车和急速刹车造成的轴承温升；具有良好的剪切安定性和触变性，可防止车辆长期高速运转的剪切作用造成的润滑脂流失；具有良好的抗水性，可防止因水浸入而使润滑脂胶体结构破坏，仍能保持润滑脂的润滑性能；具有良好的防护性能和长寿命的特征，可延长保轮换脂周期。 应用范围：适用于高负荷下对重型卡车的车轮轴承提供持久的润滑保护，是针对国内保有量最大的富华车桥用脂而研制。也可用于汽车底盘及车身其他部位的润滑。对大型重载车辆超长距离行驶及环境气候恶劣地区尤其适用。是一种优质多用途超重负荷高温润滑脂，品质等同于富华桥装车脂及壳牌能得力 LX 系列车用润滑脂；温度范围：-30~180℃	1.8kg、 1.8kg、 15kg
HP-高温润滑脂	Q/SHJG 1005—2013	性能特点：本产品有较突出的耐高温性能和一定的极压性能。突出的高温性质使本产品可以承受车辆更苛刻的长坡道刹车和快速刹车造成的轴承高温，一定的极压性能使本产品适应较重负荷的运输车辆。同时具有良好的剪切安定性和触变性；具有良好的抗水性以及良好的防护性能。本产品还具有长寿命的特征，可延长保轮换脂周期。 应用范围：适用于大中型货车轮毂轴承、底盘的润滑，也适用于大型水泵、风机、电机等通用机械摩擦部位的润滑；温度范围：-30~180℃	1.8kg、 1kg、 2kg、 15kg、 170kg
寒区王重载卡车轮毂脂	Q/SHJG 1017—2014	性能特点：本产品具有良好的高低温性能，特别是低温使用性能优异。良好的黏附性能和抗水性能，可承受较大的载重负荷。高温蒸发少，低温启动力矩小，可保证轮毂轴承在宽温条件下正常工作和运转，是一种专为严寒地区特殊定制的轮毂轴承专用润滑脂。 应用范围：适用于极寒等恶劣环境下的重载卡车轮毂轴承的润滑，特别适用于寒区版载重车辆解放、东风、重汽、斯堪尼亚等的轮毂轴承长效持久的润滑保护；温度范围：-40~180℃	1.8kg

续表

产品名称	主要技术指标	用途与特点	包装形式
百吨王超级重载脂	Q/SHJG 1113—2017	性能特点：本产品采用复合锂皂加高黏度进口合成基础油，并添加世界顶级有机合成添加剂，采用最新制脂工艺制成，具有独特的皂纤维结构，极高的极压抗磨性能，抗水防锈及氧化安定性能优异，极大的延长了轴承的使用寿命，在高低温工况下具有卓越的产品表现。 应用范围：本产品对超级重型卡车的轮毂轴承提供长效持久的润滑保护，可有效降低轴承磨损，提高轴承寿命3~5倍，适用于BPW车桥、FUWA车桥、德纳车桥等超重载卡车及矿山机械、重型工程机械等领域的超重负荷机械及设备的润滑；温度范围：-40~200℃	3kg、1.8kg

3. 金属防护脂

表Ⅱ-31　金属防护脂的主要技术指标、用途及特点一览表

产品名称	主要技术指标	用途与特点	包装形式
桥梁缆索锚固专用防腐脂	Q/SHJG 1040—2014	性能特点：本产品采用高级脂肪酸混合皂稠化精制矿物油，并加入抗氧剂、防锈剂、防腐蚀等多种添加剂制成。具有优良的防锈防腐性、黏附性及泵送性，抗渗透性能优异。采用独有的两阶段抗氧方式，能满足缆索、锚具、锚碇长期防护要求。如需到期换脂施工方便快捷。 应用范围：可满足预应力缆索类桥梁对预应力钢材、锚具、锚碇的防锈、防腐及定期更换的设计要求；温度范围：-20~100℃	170kg
缆索涂覆专用防腐油膏	Q/SHJG 1057—2013	性能特点：该类润滑脂是以进口高级烃基稠化剂稠化全合成进口基础油，并加入多种高效添加剂制成。具有优良的防锈防腐性、黏附性及抗水性。可杜绝使用中的渗漏问题，能满足缆索、锚具、锚碇长久防护要求。该产品与预应力筋同寿命，无需换脂。 应用范围：用于桥梁或建筑用缆索的表面防锈及防腐的涂覆，保护缆索及锚固端锚碇的密封及防护；温度范围：-40~70℃	170kg
铁路螺栓长效防护脂	Q/SHJG 1089—2015	性能特点：本产品采用脂肪酸锂钙混合皂稠化优质矿物油，并加入抗氧剂、防锈剂、防腐蚀剂等多种添加剂制成。本产品具有良好的抗氧化性、防腐防锈性、耐水附着性及低温性能、可以有效防止各种腐蚀介质对铁道线路螺栓及桥梁螺栓的侵蚀，对铁路螺栓进行长效的保护。 应用范围：该产品用于铁路螺栓防腐、防锈和润滑，也可用于桥梁螺栓、鱼尾板螺栓的防锈防腐及金属的封存保护。该产品已通过铁科院认证；温度范围：-20~120℃	180kg
预应力风电基础锚栓专用防腐脂	Q/SHJG 1086—2015	性能特点：本产品采用脂酸锂钙混合皂稠化优质矿物油，并加入抗氧剂、防锈剂、防腐蚀等多种添加剂制成。具有优良的抗氧化性、防锈性、附着性和低温性能，可有效防止各种腐蚀介质对预应力锚栓的侵蚀；与塑料套管有良好的兼容性，不使塑料套管脆裂、溶胀。优良的润滑性能，有效减少套管与锚栓之间的磨阻；且在密封状态下长期不变质。 应用范围：适用于预应力风电基坑内锚栓的防腐、防锈，也可用于金属的封存保护；温度范围：-20~120℃	180kg

续表

产品名称	主要技术指标	用途与特点	包装形式
通讯用钢绞线专用防护油脂	Q/SHJG 1072—2014	性能特点：本产品采用有机稠化剂稠化精制矿物油，并加入抗氧剂、防锈剂、防腐蚀剂等多种添加剂制成。金属防护性能优越，具有优异的低分油性、抗氧化性、抗腐防锈性、抗水黏附性和气候适应性，在极端气候条件下高温不流淌，低温不脆裂。 应用范围：适用于各种环境气候条件下通讯用钢绞线的防腐、防锈和润滑；温度范围：-30~120℃	180kg
预应力封锚专用防腐脂	Q/SHJG 1063—2014	性能特点：本产品采用脂酸锂皂稠化优质矿物油，并加入抗氧剂、防锈剂、防腐蚀等多种添加剂制成。具有优良的附着性、耐水性、防锈性及防腐性，有效防止各种腐蚀介质对预应力锚具的侵蚀，保证建筑物质量。 应用范围：适用于预应力锚具的封头防腐，也可用于黑色金属的封存保护；温度范围：-20~120℃	180kg
无粘结预应力筋用防腐润滑脂	JG/T 430—2014	性能特点：本产品采用脂酸锂皂稠化优质矿物油，并加入抗氧剂、防锈剂、防腐蚀等多种添加剂制成。防护性能优越，具有优良的抗氧化性、防锈性、附着性和低温性能，可以有效防止各种腐蚀介质对预应力钢筋的侵蚀，保证建筑物质量；与塑料套管有良好的兼容性，不使塑料套管脆裂、溶胀。本产品还有优良的润滑性能，有效减少预应力筋的磨阻。 应用范围：适用于正常情况下无粘结预应力筋的防腐、防锈和润滑，也可用于金属的封存保护；温度范围：-20~120℃	180kg
建筑专用防腐润滑脂	Q/SHJG 1071—2014	性能特点：本产品采用脂肪酸锂钙混合皂稠化优质矿物油，并加入抗氧剂、防锈剂、防腐蚀剂等多种添加剂制成。防护性能好，具有良好的抗氧化性、防锈性、附着性和低温性能、可以有效防止各种腐蚀介质对预应力钢筋的侵蚀，保证建筑物质量；与塑料套管有良好的兼容性，不使塑料套管脆裂、溶胀。本产品还有较好的润滑性能，有效减少预应力筋之间的磨阻。 应用范围：适用于建筑专用预应力筋的防腐、防锈和润滑，也可以用于金属的封存保护；温度范围：-20~120℃	180kg
电梯钢丝绳表面维护脂JF-1	Q/SHJG 1044—2014	性能特点：本产品由进口烃类稠化剂稠化高黏度Ⅱ类精制矿物油并添加多种进口添加剂精制而成，外观颜色浅而且环保。颜色浅、涂层薄，涂后外观透明且不易招尘，具有优良的黏附性、润滑性、防锈性及渗透性。良好的极压性能确保了钢丝绳的疲劳寿命和使用安全，其疲劳寿命试验超过100万次，优于国内普通的电梯钢丝绳表面脂，达到国外同类产品的先进水平，有效的延长钢丝绳的使用期限和换绳周期。 应用范围：满足各种工况条件下的电梯钢丝绳润滑和防护要求，解决了国内电梯钢丝绳专用脂依赖进口的难题，可完全替代国外同类产品；温度范围：-30~80℃	15kg、170kg
起重钢丝绳表面脂JF-	Q/SHJG 1064—2013	性能特点：本产品是一种外观为黑色的防腐油膏，在精制过程中添加了多种高效防锈、抗氧、极压抗磨剂等。具有优良的黏附性，抗水性和抗盐雾腐蚀性。高温不滴落、低温不脆裂。适用于各种苛刻的气候条件，特别适用于沿海及热带气候条件下的起重钢丝绳的润滑和保护。 应用范围：适用于起重机、工程机械、港机、索道、船舶及渔业用钢丝绳的润滑保护；温度范围：-30~80℃	15kg、170kg

续表

产品名称	主要技术指标	用途与特点	包装形式
钢丝绳维护剂	Q/SHJG 1087—2015	性能特点：良好的抗极压性、抗水性、防锈性。极高的渗透性能可以快速形成保护膜，延长钢丝绳的使用寿命。使用方便无需加热，可喷涂或刷涂在钢丝绳表面。 应用范围：用于各种用途钢丝绳的正常使用维护	4L

4. 特种脂

表Ⅱ-32 特种脂的主要技术指标、用途及特点一览表

产品名称	主要技术指标	用途与特点	包装形式
特种阻尼专用润滑脂	Q/SHJG 1052—2013	性能特点：具有优异的阻力稳定性、缓冲性，使部件能平滑、顺畅、准确的运动；油分子分布均匀，黏附性强，阻尼、缓冲力平均；与大多数塑料相容，对金属无腐蚀；电器绝缘性能好。 应用范围：可应用于各种电器慢开机构的阻尼，也适用于各种慢速动作的机械设备的阻尼；机械设备及汽车零部件慢开设备的阻尼；温度范围：-30~100℃	1kg、15kg
全合成高真空密封专用硅脂	Q/SHJG 1059—2013	性能特点：优良的热稳定性和化学安定性；极佳的高低温性和抗水性；极低的挥发损失、极佳的密封功能；与大多数塑胶兼容。 应用范围：应用于汽车密封圈、制动泵等装置的润滑与密封；电力设备上阀门和O型圈的密封和绝缘；石化厂的泵、阀和装油臂接头的密封件，低速滑动轴承的润滑，液体联轴节的填充介质；温度范围：-50~200℃	1kg、15kg
600℃特高温润滑脂	Q/SHJG 1008—2014	性能特点：本产品采用无机稠化剂稠化特种高级全合成油，并加有专利技术的固体润滑剂和高温抗氧极压剂等多种添加剂精制而成的全合成润滑脂。具有良好的高温性能，在高温下有良好的润滑性；良好的高温抗氧化能力、极压抗磨性能，在高温及恶劣环境中发挥优异的润滑作用。 应用范围：属于耐高温固体润滑剂产品，适用于水泥、陶瓷、玻璃、纺织、冶金等行业高温低速高负荷设备以及重负荷高温平面摩擦部位的润滑，如窑车轴承、烘烤设备的轴承和链条，炉门齿轮及烘干机械设备等；温度范围：不大于600℃	1kg、15kg
全氟高温特种润滑脂	Q/SHJG 1058—2013	性能特点：本产品是由聚四氟乙烯(PTFE)稠化高度化学稳定性的全氟聚醚精制而成的全寿命润滑脂。工作温度极宽，极佳的高温稳定性和氧化安定性；低挥发性、低磨损、高承载能力；抗燃烧、抗辐射、抗腐蚀性；与绝大多数橡胶、塑料良好相容；耐水、耐油、耐真空、耐绝大多数有机溶剂及强酸碱。 应用范围：适用于薄膜拉伸拉幅机轴承、热定型机传输送带轴承、高温烤漆炉链条轴承、PTA离心机差速器轴承；汽车特种润滑部位及雨刮器电机轴承、瓦楞纸机轴承的润滑；高温、高负载的机械转轴润滑；半导体无尘室、真空环境设备的轴承、泵、阀门、密封圈的润滑和密封；温度范围：-40~300℃	1kg、15kg

续表

产品名称	主要技术指标	用途与特点	包装形式
极低温润滑脂	Q/SHJG 1033—2014	性能特点：本产品采用高级脂肪酸锂皂稠化特种合成油，并加入多种添加剂，经特殊加工工艺精制而成。良好的氧化安定性、机械安定性、胶体安定性；优异的极低温性能，能保证低温环境下润滑部位的良好运转。 应用范围：适用于严寒地区的各类轴承、齿轮及其他机械设备摩擦部位的润滑；温度范围：-60~120℃	1kg、15kg

5. 通用型

表Ⅱ-33　通用型润滑脂的主要技术指标、用途及特点一览表

产品名称	主要技术指标	用途与特点	包装形式
二硫化钼锂基润滑脂	Q/SHJG 1002—2014	性能特点：本产品采用羟基脂肪酸锂皂稠化高黏度精制矿物油，足量添加超细高纯二硫化钼固体粉末及抗氧、防锈等多种添加剂制成。具有优良的极压抗磨性，能有效降低机械润滑部位的摩擦阻力，延长机械的使用寿命。 应用范围：适用于轧钢机械、建筑机械、重型起重机械等各种重负荷机械一般转速设备的齿轮和轴承的润滑；温度范围：-20~120℃	0.8kg、15kg、170kg

十三、浙江摩路新材料有限公司

浙江摩路新材料有限公司润滑脂的主要技术指标、用途与特点以及包装形式等信息详见表Ⅱ-34~表Ⅱ-38。

1. 低温/宽温/高速轴承润滑脂

表Ⅱ-34　低温/宽温/高速轴承润滑脂的主要技术指标、用途及特点一览表

产品名称	主要技术指标	用途与特点	包装形式
DynaLube 370 全合成锂基润滑脂	NLGI：1.5，稠化剂：锂皂，基础油：酯类油	极低温度运行的轴承和设备。极低温，高速和终生润滑；温度范围：-70~110℃	18kg
DynaLube 371Q 全合成锂基润滑脂	NLGI：2.5，稠化剂：锂皂，基础油：酯类油	中小微型轴承/高速轴承。静音性、高速、低温和终生润滑；温度范围：-40~130℃	400g、18kg
DynaLube 352Q 全合成锂基润滑脂	NLGI：2，稠化剂：锂皂，基础油：PAO	中小微型轴承/高速轴承。 静音性、高速、低温和终生润滑。温度范围：-40~130℃	18kg
DynaTemp 445 全合成复合锂基润滑脂	NLGI：2，稠化剂：复合锂皂，基础油：PAO	中小型轴承/高低温运行的设备。 高速、宽温和终生润滑。温度范围：-40~180℃	18kg

续表

产品名称	主要技术指标	用途与特点	包装形式
RheoLife 954Q 全合成脲基润滑脂	NLGI：2，稠化剂：二脲，基础油：PAO+酯类油	中小型轴承/高温电机轴承/高低温运行的设备。 宽温、高速、静音和终生润滑。温度范围：-40~180℃	18kg
RheoLife 963Q 全合成脲基润滑脂	NLGI：2，稠化剂：二脲，基础油：PAO+醚类油，	中小型轴承/高低温运行的设备。 宽温、高速、静音和终生润滑。温度范围：-40~180℃	18kg
TP-K 全合成高温高速轴承润滑脂	NLGI：2，稠化剂：二脲，基础油：醚类油+酯类油	中小型轴承/高温电机轴承/高低温运行的设备。冷却风扇马达轴承/发电机/水泵/涨紧轮轴承。 宽温、高速、静音、抗辐射和终生润滑。温度范围：-40~200℃	400g、18kg
UltraFlor 500 全氟聚醚润滑脂	NLGI：2，稠化剂：PTFE，基础油：PFPE	纺织染整定型机链条轴承；造纸瓦楞纸机压力辊和预热烘缸轴承；有强烈腐蚀和化学品介质中的阀件和密封件的润滑及密封。 出色的耐化学品和溶剂性能；在高温时极其稳定，蒸发损失和分解极小，无积碳和沉积物生成；和大多数橡胶和塑料相容；优异的润滑性，摩擦系数低；优异的抗燃(在100%的液态或气态氧中也不会燃烧)和抗辐射；化学结构极其稳定，耐氧化，适用于长期润滑。温度范围：-40~260℃	1kg、30kg

2. 高温/重载轴承润滑脂

表Ⅱ-35 高温/重载轴承润滑脂的主要技术指标、用途及特点一览表

产品名称	主要技术指标	用途与特点	包装形式
DynaTemp 447 全合成高温极压复合锂润滑脂	NLGI：2，稠化剂：复合锂，基础油：PAO	高温、高负载、振动、中低速和潮湿环境运行设备的润滑。 宽温使用、抗磨/极压、抗水、防锈蚀和长寿命。温度范围：-40~180℃	18kg、180kg
DynaTemp 449 全合成高温极压复合锂润滑脂	NLGI：2，稠化剂：复合锂，基础油：PAO	高温、高负载、振动、中低速和潮湿环境运行设备的润滑。 宽温使用、抗磨/极压、抗水、防锈蚀和长寿命。温度范围：-40~180℃	18kg、180kg
RheoLife 947 全合成高温极压脲基润滑脂	NLGI：2，稠化剂：二脲，基础油：PAO	高温、高负载、振动、中低速和潮湿环境运行设备的润滑。 宽温使用、抗磨/极压、抗水、防锈蚀和长寿命。温度范围：-40~180℃	18kg、180kg

续表

产品名称	主要技术指标	用途与特点	包装形式
RheoLife 949 全合成高温极压脲基润滑脂	NLGI：2，稠化剂：二脲，基础油：PAO	高温、高负载、振动、中低速和潮湿环境运行设备的润滑。 宽温使用、抗磨/极压、抗水、防锈蚀和长寿命。温度范围：-40～180℃	18kg、180kg
RheoLife 976 全合成高温极压脲基润滑脂	NLGI：2，稠化剂：二脲，基础油：酯类油	高温、高负载、振动、中低速和潮湿环境运行设备的润滑。 宽温使用、抗磨/极压、抗水、防锈蚀和长寿命。温度范围：-30～200℃	18kg

3. 汽车润滑脂

表Ⅱ-36　汽车润滑脂的主要技术指标、用途及特点一览表

产品名称	主要技术指标	用途与特点	包装形式
WHB-2 轮毂轴承润滑脂	NLGI：2，稠化剂：二脲，基础油：矿物油	第三代轮毂轴承。 优异的微动腐蚀保护、低摩擦系数、低渗油、防锈蚀和终生润滑。温度范围：-30～160℃	18kg、180kg
WHB-3 全合成轮毂轴承润滑脂	NLGI：2，稠化剂：二脲，基础油：PAO	第三代轮毂轴承。 宽温使用、极佳的微动腐蚀保护、低摩擦系数、防锈蚀、超长使用寿命。温度范围：-40～160℃	18kg、180kg
RheoLife MBJ 等速万向节润滑脂	NLGI：1，稠化剂：二脲，基础油：矿物油	CVJ 等速万向节，BJ 端(外球笼/固定端)。 含固体润滑剂；耐冲击负载；满足 CVJ 多重润滑挑战。温度范围：-30～160℃	18kg、180kg
RheoLife SBJ 全合成等速万向节润滑脂	NLGI：1，稠化剂：二脲，基础油：PAO	CVJ 等速万向节，BJ 端(外球笼/固定端)。 全合成基础油和二硫化钼配方，满足 CVJ 多重润滑挑战温度范围：-40～160℃	18kg、180kg
RheoLife MTJ 等速万向节润滑脂	NLGI：1，稠化剂：二脲，基础油：矿物油	CVJ 等速万向节，TJ 端(内球笼/滑动端)。 低摩擦系数；独有的流变性能；防锈蚀和终生润滑。温度范围：-30～160℃	18kg、180kg
UltraFlor B62 全氟聚醚润滑脂	NLGI：2，稠化剂：PTFE，基础油：PFPE	电子节气阀控制的步进马达/ABS 制动防抱死系统/TCS 牵引力控制系统的轴承、活塞和螺杆/真空应用中的密封润滑脂。 在高温时极其稳定，蒸发损失和分解极小，无积碳和沉积物生成；化学结构极其稳定，耐氧化，适用于长期润滑。温度范围：-60～230℃	1kg、30kg
UltraFlor L162 全氟聚醚润滑脂	NLGI：2，稠化剂：PTFE，基础油：PFPE	超低温和低扭力的精密仪器、感应器、电位计、促动器和轴承等/怠速空气促进器马达/EGR 废气再循环阀。 在高温时极其稳定，蒸发损失和分解极小，无积碳和沉积物生成； 化学结构极其稳定，耐氧化，适用于长期润滑。温度范围：-65～280℃	1kg、30kg

4. 风电润滑脂

表Ⅱ-37 风电润滑脂的主要技术指标、用途及特点一览表

产品名称	主要技术指标	用途与特点	包装形式
DynaTemp 445WT 全合成润滑脂	NLGI：1.5，稠化剂：复合锂/钙，基础油：PAO，ISO VG：460	主轴轴承，偏航轴承。 独特增稠剂与合成基础油相结合，延长润滑脂使用寿命和提高系统效率；满足整个温度范围需求的定制油膜厚度；出色的耐磨损、防腐蚀和防微动腐蚀性能，即使在低温条件。温度范围：-40~160℃	18kg、180kg
DynaTemp 449WT 全合成润滑脂	NLGI：1.5，稠化剂：复合锂/钙，基础油：PAO，ISO VG：110	变桨叶片轴承。 独特增稠剂与合成基础油相结合，延长润滑脂使用寿命和提高系统效率；整个温度范围内的有效油膜厚度；在低至-55℃的温度下具有出色的防伪布压痕、耐磨损和防微动腐蚀性能。温度范围：-50~160℃	18kg、180kg
RheoLife 945 发电机轴承润滑脂	NLGI：2，稠化剂：二脲，基础油：PAO	发电机轴承。 极低的启动力矩和工作力矩、特别适合户外风扇和电机、出色的机械和热安定性延长换脂周期。温度范围：-50~160℃	18kg、180kg
OGWT 开式齿轮润滑脂	NLGI：2，稠化剂：复合锂/钙，基础油：PAO，ISO VG：460，含二硫化钼	偏航和变桨开式齿轮。 出众的机械稳定性；卓越的防水性能，有效抵御水“冲洗”、浸泡或喷淋；高度粘合齿轮表面。温度范围：-40~160℃	18kg

5. 矿山机械润滑脂

表Ⅱ-38 矿山机械润滑脂的主要技术指标、用途及特点一览表

产品名称	主要技术指标	用途与特点	包装形式
HEP 1502S 重载轴承润滑脂	NLGI：1.5，稠化剂：锂/钙，基础油：半合成，ISO VG：1500，含二硫化钼	辊压机轴承；低速超重载轴承。 耐重载、振动和冲击负荷；防水防锈蚀。温度范围：-10~120℃	18kg、180kg
DynaLube 317WS 重载轴承润滑脂	NLGI：2，稠化剂：锂/钙，基础油：矿物油，含二硫化钼	重载轴承；销轴和连接点。 耐重载、振动和冲击负荷；防水防锈蚀。温度范围：-20~120℃	18kg、180kg
ElastGear OGXT 重负荷开式齿轮润滑脂	NLGI：0/00，稠化剂：复合铝，基础油：全合成，含二硫化钼	球磨机、回转窑，矿山机械，等重负荷开式大齿轮的润滑；静止或慢速运转钢丝绳的润滑与防护。 用独有的聚合物技术，在苛刻条件下，仍可形成缓冲油膜，可降低齿轮接触区的温度； 含固体润滑剂，耐冲击和振动负荷，可大幅延长齿轮的使用寿命； 含特殊稠化剂和防腐蚀剂，保护金属表面免受锈蚀。温度范围：-15~120℃	18kg、180kg

续表

产品名称	主要技术指标	用途与特点	包装形式
ElastGear OGHT 重负荷开式齿轮润滑脂	NLGI：0/00，稠化剂：复合铝，基础油：半合成，含二硫化钼	球磨机、回转窑，矿山机械，等重负荷开式大齿轮的润滑；静止或慢速运转钢丝绳的润滑与防护。 高黏度基础油，在苛刻条件下，仍可形成缓冲油膜，可降低齿轮接触区的温度； 含固体润滑剂，耐冲击和振动负荷，可大幅延长齿轮的使用寿命； 含特殊稠化剂和防腐蚀剂，保护金属表面免受锈蚀。温度范围：0～100℃	18kg、180kg

十四、无锡市飞天油脂有限公司

无锡市飞天油脂有限公司润滑脂的主要技术指标、用途与特点以及包装形式等信息详见表Ⅱ-39。

表Ⅱ-39　润滑脂的主要技术指标、用途及特点一览表

产品名称	主要技术指标	用途与特点	包装形式
通用锂基润滑脂	GB/T 7324	本产品是通用润滑脂，可代替钙基脂、钠基脂、钙钠基脂，使用在-20～120℃工作温度范围的各种机械设备的滚动轴承、滑动轴承及其他摩擦部位的润滑	15kg、170kg 等
极压锂基润滑脂	GB/T 7323	适用于载重汽车的轮轴承、底盘、电机、水泵等摩擦部位的润滑。也适于各种机械设备滑动、滚动摩擦部位的润滑。适用工作温度范围：-20～120℃	15kg、170kg 等
极压复合锂基润滑脂	SH/T 0535	适用于汽车万向节、高级轿车、大客车及载重货车轮毂轴承、联轴器、汽车底盘、水泵电机等摩擦部位的润滑。适用工作温度范围：-20～160℃	15kg、170kg 等

十五、江苏龙蟠科技股份有限公司

江苏龙蟠科技股份有限公司润滑脂的主要技术指标、用途与特点以及包装形式等信息详见表Ⅱ-40。

表Ⅱ-40　润滑脂的主要技术指标、用途及特点一览表

产品名称	主要技术指标	用途与特点	包装形式
锂能：按 GB/T7631.8 规定分为：L-XBEHB 000；L-XBEHB 00；L-XBEHB 0；L-XBEHB 1；L-XBEHB 2；L-XBEHB 3	GB/T 7324，并增加了 000 号、00 号和 0 号通用锂基润滑脂的技术要求	本产品采用脂肪酸锂皂稠化精制矿物油，并加入抗氧、防锈等添加剂制成。外观透明鲜亮，皂纤维手感均匀细腻；良好的密封性、防水性和防锈性，可应用于多尘、潮湿或与水接触的机械部件上；通用性强，具有优良的机械安定性和氧化安定性。 适用于多种工况下持久全面的润滑保护。适用于汽车底盘、工业设备、工程机械、冶金等行业较缓和工况下机械设备的轴承及其他摩擦部位的润滑，也可用于集中润滑系统。使用温度范围：-20～120℃	800g、1kg、2kg、14kg、175kg

续表

产品名称	主要技术指标	用途与特点	包装形式
极压锂基脂：按 GB/T7631.8 规定分为：L－XBEHB 000；L－XBEHB 00；L－XBEHB 0；L－XBEHB 1；L－XBEHB 2；L－XBEHB 3	GB/T 7323，并增加了 000 号和 3 号极压锂基润滑脂的技术要求	本产品采用羟基脂肪酸锂皂稠化精制矿物油，并加入抗氧、极压、防锈等添加剂制成。优良的极压抗磨性，能够承受重负荷和冲击负荷造成的润滑油膜失效，有效防止卡咬；良好的防锈性能，能够防止轴承运转过程中的锈蚀；优异的剪切稳定性，能保持较好的润滑脂结构特征。 适用于汽车、工程机械、压延机、锻造机、矿山机械、冶金等重负荷车辆及高负荷机械设备的齿轮、轴承等部位润滑，也可用于集中润滑系统。使用温度范围：-20～120℃	800g、1kg、2kg、14kg、175kg
全能脂：按 GB/T7631.8 规定分为：L－XBEHB 2；L-XBEHB 3	GB/T 5671	本产品采用 12 羟基硬脂酸混合皂稠化精制矿物基础油，并加入进口抗氧、防锈、抗磨等多种添加剂制成。良好的机械稳定性，换脂周期内保持稠度，避免润滑脂流失，使轴承得到保护，从而延长轴承寿命；优良的防锈、抗腐蚀性，在潮湿的环境下亦能有效保护零部件；优秀的抗水冲刷性能，有效抵御雨水冲刷；良好的抗极压性能，有效润滑重负荷零部件。 适用于各类轿车、卡车、客车的轮毂轴承、底盘、电机、水泵及各种机械设备等摩擦部位的润滑。使用温度范围：-30～130℃	800g、1kg、2kg、14kg、175kg
保轮脂：按 GB/T7631.8 规定分为：L－XBEHB 2；L-XBEHB 3	SH/T 0535	本产品针对重卡轮毂轴承工况研制，采用复合金属皂稠化精制的基础油，加入多种进口添加剂，经特殊工艺制作而成。优异的耐高温性，在高温环境下有效防止润滑脂基础油流失，特别适用于在高温、高负荷环境下使用的重载轴承；良好的极压抗磨性，满足高负荷、重负荷机械设备的轴承润滑要求，极端工况下，润滑保护层胶体结构稳定，润滑油膜不易破裂，持久润滑摩擦部位；优异的机械稳定性，在剧烈振动下仍能长期保持稠度级别稳定；良好的防水性和防锈性，即使在有水工况下也可确保对设备提供有效保护。 适用于中、重型卡车、客车等车辆轮毂轴承，以及机械设备高温摩擦部位的润滑保养。使用温度范围：-20～180℃	800g、1kg、2kg、14kg、175kg
四季通保轮脂：按 GB/T7631.8 规定分为：L－XBEHB 2；L－XBEHB 3	SH/T 0535	本产品采用复合金属皂稠化合成油和深度精制矿物油，加入抗氧、抗磨等添加剂，经特殊工艺制作而成。优良的极压抗磨性，满足高负荷、重负荷下机械设备的轴承润滑；良好的抗水冲刷性能和黏附性能，保证设备在潮湿或有水存在的防护与润滑；优异的高低温性能，满足轴承在较宽的温度下使用，具有长的使用寿命。 适用于高低温、高速、重载、潮湿等恶劣环境下各种轿车、载货卡车及工程机械等机械设备的轮毂轴承、底盘等摩擦部位的润滑。使用温度范围-30～180℃	800g、1kg、2kg、14kg、175kg

十六、深圳市优宝新材料科技有限公司

深圳市优宝新材料科技有限公司润滑脂的主要技术指标、用途与特点以及包装形式等信息详见表Ⅱ-41。

表Ⅱ-41　润滑脂的主要技术指标、用途及特点一览表

产品名称	主要技术指标	用途与特点	包装形式
纳米防水剂 EC-6105 QB/EUBO-016—2014	含量：0.5%；膜厚：0.1～0.3μm；拨水性(度)：112；拨油性(度)：70；相对密度：1.6；闪火点：无	超薄膜，用于各种接线端子，防止助焊剂爬行	6kg/箱(1kg/桶)
纳米防水剂 EC-6150 QB/EUBO-016—2014	含量：5%；膜厚：0.5～1.0μm；拨水性(度)：112；拨油性(度)：70；相对密度：1.5；闪火点：无	用于 PCB 基板上油的防扩散，PCB 基板、电子部件的防潮腐蚀，微型马达润滑油脂的防泄漏；电容器及各种传感器的防潮；各种手机及 PAD 等部件的防潮、防腐蚀	6kg/箱(1kg/桶)
干性皮膜油 F18 QB/EUBO-006—2011(2018)	基础油：PFPE 相对密度：1.4	微润湿表面；用于汽车、电子连接器端子及结构的插拔润滑；照相机、摄影机、光学仪器伸缩镜头及内部机构的润滑；各种空调出风口叶片转轴润滑。使用温度范围：-50～150℃	6kg/箱(1kg/桶)
干性皮膜油 MF200 QB/EUBO-006—2011(2018)	基础油：PFPE 相对密度：1.4	微润湿表面，耐超高温型，可过波峰焊；使用温度范围：-40～260℃	6kg/箱(1kg/桶)
干性皮膜油 F18F QB/EUBO-006—2011(2018)	基础油：PFPE 相对密度：1.5	完全干膜，含有着色剂，用于针对品质检测容易识别的产品。 使用温度范围：-40～200℃	6kg/箱(1kg/桶)
PTFE 涂层 HG/T 3792—2014 交联型氟树脂涂料	PTFE 涂层的功能属性： 耐腐蚀性：>1000h，(ASTM B117)；抗磨损性能：好，(ASTM D4060)；摩擦系数：0.05～0.08，(ASTM D2714)； 负载能力：≤20000psi(ASTM D2714)；使用寿命：>100000(ASTM D2714)；硬度：>5h，ASTM D3363	PTFE 涂层的特点：工作温度广泛；良好的耐腐蚀性；良好的化学稳定性；优越的耐磨性；可以提供各种颜色。 应用：各式紧固件；阀体、气缸、球组件；海上平台的防腐蚀设备。使用温度范围：-73～177℃	6kg/箱(1kg/桶)
二硫化钼涂层 HB 6688-92 热固化二硫化钼干膜润滑剂	抗磨损性能：好，(ASTM D4060)；摩擦系数：0.04～0.06(ASTM D2714)；负荷能力：>250000psi(ASTM 2625 方法 B)；使用寿命：>450min(ASTM 2625，方法 A)	二硫化钼涂层的特点：不含铅成分；良好的耐磨损性能；使用寿命长以及化学稳定性；适用于高负荷应用场合。 应用：轴承、齿轮、齿条、凸轮；几乎所有的紧固件；密封件，夹具和联结件；工业机械设备和部件。使用温度范围：-73～204℃	6kg/箱(1kg/桶)

续表

产品名称	主要技术指标	用途与特点	包装形式
滑轨润滑脂 SES5 QB/EUBO-007—2011(2018)	工作锥入度：265~295(0.1mm)，ASTM D 217；滴点：>200℃(ASTM D 2265)；钢网分油：5.0%(ASTM D 6184)；铜片腐蚀：合格(ASTM D 130)；蒸发损失：<0.5%(ASTM D 972)	润滑持久，手感舒适、流畅；对金属材料无腐蚀性，与塑胶相容性好；耐磨性能好，稳定性优越，扭力值衰减度下降微小；使用温度宽，低温性能好，高温不流淌。 用于汽车滑轨系统、压力设备、食品工业的各种控制阀、压力塞阀及龙头阀门的润滑密封，用于橡胶及塑料O型圈、垫圈、密封垫的润滑密封。使用温度范围：-40~150℃	18kg/桶
球头润滑脂 SS6 QB/EUBO-012—2013	工作锥入度：265~295(0.1mm)(ASTM D 217)；滴点：>175℃(ASTM D 2265)；钢网分油：5.0%(ASTM D 6184)；铜片腐蚀：合格(ASTM D130)；蒸发损失：<2.0%(ASTM D 972)	优良的黏附性和防“爬行”性，能够始终黏附在设备表面，起到润滑和防护作用；长的使用寿命，长期工作下仍可以保持良好性能和合适的扭矩。 适用于汽车方向操纵连杆装置、车轮悬挂装置、底盘悬挂转向装置等系统的拉杆转向金属球关节、球头销和合成树脂球铰节的球窝构成的球节的润滑 。适用于对黏附性和扭矩要求高的球关节、球头销等部位润滑防护。使用温度范围：-40~200℃	18kg/桶
开关润滑脂 EC 系列 QB/EUBO-008—2011(2018)	工作锥入度(25℃)：265~295(0.1mm)，(ASTM D 217)；钢网分油(100℃，24h)：≤2.0%(ASTM D 6184)；铜片腐蚀(100℃，24h)：合格(ASTM D130)；蒸发损失(99℃，22h)：≤0.5%(ASTM D 972)	用于各种翘板开关、微动开关、旋转开关中的节点和结构部件的灭弧、润滑和降噪	18kg/桶
拉索润滑脂 RB3 QB/EUBO-011—2012(2018)	工作锥入度：265~295(0.1mm)，(ASTM D 217)；滴点：>210℃(ASTM D 2265)；钢网分油：2.0%(ASTM D 6184)；铜片腐蚀：合格(ASTM D130)；蒸发损失：<0.5%(ASTM D 972)	附着力强，抗剪切性好，寿命长，抗磨、抗衰减能力强。 油脂中含大量固体润滑剂聚四氟乙烯(PTFE)，摩擦系数低，承载能力强。与塑料橡胶高分子材料相容性好，无毒。具有持久的的消音效果，抗水性强。 用于高负荷、高低温部位的润滑及减噪音，如齿轮、轴承、转轴、导轨等。各种转轴上的塑胶与塑胶、塑胶与金属、金属与金属结构部件上使用。使用温度范围：-50~200℃	18kg/桶

续表

产品名称	主要技术指标	用途与特点	包装形式
启动电机润滑脂 SS2 QB/EUBO－009—2011(2018)	工作锥入度：265~295(0.1mm)(ASTM D 217)；滴点：>200℃(ASTM D 2265)；钢网分油：5.0%(ASTM D 6184)；铜片腐蚀：合格(ASTM D130)；蒸发损失：<0.5%(ASTM D 972)；抗磨磨斑直径：≤0.55mm(SH/T 0204-92)	配有二硫化钼固体润滑剂，适用于长寿命金属齿轮。 适用于汽车启动器、电动工具，重型机械设备的长寿命金属齿轮润滑。使用温度范围：-45~120℃	18kg/桶
玻璃升降器消音脂 QB/EUBO－013—2013	工作锥入度：265~295(0.1mm)(ASTM D 217)；滴点：>200℃(ASTM D 2265)；钢网分油：5.0%(ASTM D 6184)；铜片腐蚀：合格(ASTM D 130)	高性价比的低温半合成润滑脂，和大多数塑料相容，有效减少来自塑料齿轮的噪音，使用寿命长，低渗流，因此可用于要求清洁的场所；不含有机硅，因此避免了接触点失效	18kg/桶
汽车门锁润滑脂 QB/EUBO－015—2014	工作锥入度：310~340(0.1mm)(ASTM D 217)；滴点：>200℃(ASTM D 2265)；钢网分油：3.0%(ASTM D 6184)；铜片腐蚀：合格(ASTM D 130)	具有持久的的消音效果；通过了NSF H1食品级认证，摩擦系数低，承载能力强；使用温度宽，高黏度低温精密润滑降噪。 完全使用合成油，与塑胶、橡胶相容性好，不会令塑胶开裂、软化、溶胀。 应用：汽车部件、电器、精密仪器、音频设备、办公设备中适用于同步马达、步进马达的齿轮减噪音、抗磨、防扩散润滑。使用温度范围：-45~150℃	18kg/桶
高温轴承润滑脂 HTWG QB/EUBO－010—2011(2018)	工作锥入度(25℃)：265~295(0.1mm)(ASTM D 217)； 滴点：≥250℃(ASTM D 2265)； 钢网分油(100℃，30h)：≤2.0%(ASTM D 6184) 蒸发损失(99℃，22h)：≤2.0%(ASTM D 972) 抗水淋性能(38℃，1h)：≤5.0%(ASTM D1264)	适用于高温轴承的长效润滑，保证轴承寿命；磨机轴承、热处理设备轴承、暴露在高温环境下的滚动轴承、高温运转设备和轴承，以及需要高密封要求的设备等；低压、中压、高压压力条件下的高温轴承的装配润滑应用领域。推荐使用温度：-20~220℃	18kg/桶
高温轴承润滑脂(氟素润滑脂FG201) QB/EUBO－010—2011(2018)	工作锥入度(25℃)：220~250(0.1mm)(ASTM D 217) 滴点：>280℃(ASTM D 2265) 钢网分油(100℃，30h)：≤2.0%(ASTM D 6184) 蒸发损失(99℃，22h)：<0.33%(ASTM D 972) 铜片腐蚀：合格(ASTM D 130)	专用于高温、高速、高负载、化学腐蚀等恶劣环境中的轴承、齿轮以及要求终身润滑的部件，具有极佳的化学惰性、耐久性和低挥发性。适用温度范围：-50~250℃。在高温下具有良好的稳定性，耐高低温性能强；抗氧化能力强，适合与长效润滑	18kg/桶

续表

产品名称	主要技术指标	用途与特点	包装形式
高温轴承润滑脂 C403 QB/EUBO - 010—2011(2018)	工作锥入度(25℃)：265～2950.1mm(ASTM D 217) 滴点：>250℃(ASTM D 2265) 钢网分油(100℃，30h)：<1.0%(ASTM D 6184) 铜片腐蚀：合格(ASTM D 130)	高温性能稳定，抗水性好，优异的极压抗磨性能。使用温度范围：-40～260℃	18kg/桶
低噪音轴承脂 CP11/2 QB/EUBO - 014—2013	工作锥入度(25℃)：265～295(0.1mm)(ASTM D 217) 滴点：≥250℃(ASTM D 2265) 钢网分油(100℃，30h)：≤3.0%(ASTM D 6184) 蒸发损失(99℃，22h)：≤3.0%(ASTM D 972) 抗水淋性能(38℃，1h)：≤5.0%(ASTM D1264) 铜片腐蚀：合格(ASTM D 130)	良好的降噪音性能，优良的防锈防腐蚀性能，保护轴承不腐蚀和生锈，优异的抗水性能，减少水对工作性能的影响。 推荐使用温度：-30～180℃	18kg/桶
高速轴承润滑脂 E-602 SH 0441—1992	工作锥入度(25℃)：265～295(0.1mm)(ASTM D 217) 滴点：≥240℃(ASTM D 2265) 钢网分油(100℃，30h)：≤2.0%(ASTM D 6184) 蒸发损失(99℃，22h)≤3.0%(ASTM D 972) 抗水淋性能(38℃，1h)：≤5.0%(ASTM D1264) 铜片腐蚀：合格(ASTM D 130) 漏失量：≤5.0%(ASTM D 4290) 轴承寿命(177℃)：≥850h(ASTM D 3336)	优异的耐高温性，可在高温下长期稳定工作；优异的抗水性，潮湿有水的情况下保护设备正常工作；优良的防锈防腐蚀性，保护轴承和设备不腐蚀和生锈；良好的剪切安定性，不易变稀和流失；良好的胶体安定性，不易分油变干；良好的降噪音性；优良的综合性能，具有长的使用寿命。推荐使用温度：-25～180℃	18kg/桶
接点脂 EC2 SH/T 0641—1997	工作锥入度(25℃)：265～295(0.1mm)(ASTM D 217) 滴点：≥200℃(ASTM D 2265) 钢网分油(100℃，30h)：≤5.5%(ASTM D 6184) 蒸发损失(99℃，22h)：≤2.0%(ASTM D 972) 铜片腐蚀：合格(ASTM D 130)	高温型接点润滑脂，适合于中电流、中电压的工作条件。 不含有机硅，不会导致电接触失效问题。内含铜抗氧化剂、可有效防止铜片氧化、产生电阻物质、造成接触不良。 不含积碳，合成油为基础油，电气性能好。增加接点润滑性，减少铜片磨损，延长接点寿命。防水性能好，与绝大部份塑胶相容性好，对金属材料无腐蚀性。无毒，符合美国及欧盟环保要求。推荐使用温度：-50～150℃	18kg/桶

续表

产品名称	主要技术指标	用途与特点	包装形式
消音润滑脂E354 QB/EUBO -005—2011(2018)	工作锥入度(25℃)：310~340(0.1mm)(ASTM D 217) 滴点：≥200℃(ASTM D 2265) 钢网分油(100℃，30h)：≤3.0%(ASTM D 6184) 蒸发损失(99℃，22h)：≤0.2%(ASTM D 972) 铜片腐蚀：合格(ASTM D 130)	具有持久的的消音效果。通过了NSF H1食品级认证。认证号No. 132717。摩擦系数低，承载能力强；使用温度宽，高黏度低温精密润滑降噪；完全使用合成油，与塑胶、橡胶相容性好，不会令塑胶开裂、软化、溶胀；低扩散、低挥发性，长时间使用不会变硬；用于各种翘板开关、微动开关、旋转开关中的接点和结构部件的灭弧、润滑和降噪。 适用于编码器、各种交直流开关等产品铜片的润滑。推荐使用温度：-45~150℃	18kg/桶
阻尼脂P系列 SH/T 0640—1997	—	具有防噪音、减震及缓冲作用，让部件畅顺准确活动；用於接合部件，容许较大间隙及公差；有密封作用，防水入侵；全部以合成油为基础油，无毒，符合环保条例要求。 用于光学电器、电子仪器、测量仪器、卫浴洁具、齿轮系统、家电控制、开关旋钮、娱乐设备、等需要控制自由动作部位的润滑	18kg/桶

十七、深圳市超润达科技有限公司

深圳市超润达科技有限公司润滑脂的主要技术指标、用途与特点以及包装形式等信息详见表Ⅱ-42。

表Ⅱ-42　润滑脂的主要技术指标、用途及特点一览表

产品名称	主要技术指标	用途与特点	包装形式
谐波减速器专用润滑脂	锥入度(25℃)：280~310(0.1mm)；滴点：>180℃；四球磨痕(75℃，392N，1h)，≤0.5mm	有效吸收多频率机械振动，降低振动噪音；快速形成油膜，降低动力损失；产品适用于-30~130℃的工作温度环境，可以应用于谐波减速器作为高增速装置的应用场合	5kg、16kg
超低温润滑脂	锥入度(25℃)，0.1mm：265~295；滴点,℃：>180；相似黏度(-60℃，$10s^{-1}$)，Pa·s：<1000	优异的低温启动力矩性能，保证产品在极低温度环境下的正常启动；产品适用于-60~130℃的工作温度环境，可以应用于汽车内饰部件、微型电机齿轮、蜗轮蜗杆等低温要求高的应用场合	16kg
超高温润滑脂	锥入度(25℃)，0.1mm：265~295；滴点,℃：>300；蒸发度(200℃，22h),%：<1.00	高温条件下具有优异的润滑性能，抗氧化性能及极低的积碳倾向；产品适用于-25~288℃的工作温度环境，可以应用于纺织、印染、钢铁、玻璃等高温生产设备轴承应用场合	5kg、16kg

续表

产品名称	主要技术指标	用途与特点	包装形式
汽车单向器专用润滑脂	锥入度(25℃)：265～295(0.1mm)；滴点：>200℃；相似黏度(−40℃，$10s^{-1}$)：<1000Pa·s	产品工作温度范围宽，低温启动力矩小，高温流失小；抗氧化性能好，可长效润滑；与多数塑胶相容性好；产品适用于−50～150℃的工作温度环境，专用于汽车单向器应用场合	16kg
开式齿轮专用润滑脂	NLGI等级：00、0、1； 腐蚀（45#钢，100℃，3h）：合格； 四球P_D：≥200kg	良好的泵送性能；突出的承载能力和抗磨损特性；很好的抗锈蚀和腐蚀保护性能；产品适用于−20～150℃的工作温度环境，可以应用于电厂、水泥厂、钢铁厂等大中型机械设备重负荷开放式齿轮传动机构应用场合	16kg/170kg
食品级润滑脂	NLGI等级：1、2；滴点：>250℃；NSF食品级等级：H1/H2	产品符合NSF、FDA的相关规定；具有优异的抗水、防腐蚀性能；产品最高可适用于−40～150℃的工作温度环境，可应用于食品饮料行业、医药化妆行业等相关设备的轴承、齿轮、滑轨等应用场合	16kg
粉末冶金轴承补充润滑脂	NLGI等级：00、0、1、2； 滴点：>180℃ 蒸发度(100℃，22h)：<2.00%	良好的热稳定性及抗氧化性能；低扩散；与大多数塑料良好的相容性；产品最高可适用于−40～150℃的工作温度环境，可应用粉末冶金轴承装配补充润滑应用场合	16kg
高速塑胶齿轮降噪润滑脂	锥入度（25℃）：310～340(0.1mm)；滴点：>180℃；蒸发度(100℃，22h)：<3.00%	产品黏附性强，回流迅速；具有优异的抗剪切及降噪效果；与大多数塑料良好的相容性；产品可适用于−20～120℃的工作温度环境，可应用于转速5000以上的塑胶齿轮润滑应用场合	16kg
低温阻尼脂	NLGI等级：1、2 滴点：>300℃ 相似黏度(−40℃，$10s^{-1}$)：<1000Pa·s	良好的低温稳定性，在较宽的温差下阻尼力矩平稳；优秀的缓冲、稳定、定位作用；产品可适用于−40～150℃的工作温度环境，可应用于电位器、光学仪器、通讯器材的阻尼定位应用场合	16kg
高速金属小齿轮降噪润滑脂	锥入度（25℃）：310～340(0.1mm) 滴点：>180℃ 铜片腐蚀试验（100℃，24h）：合格	产品黏附性强，回流迅速；低摩擦系数及抗磨效果；具有优异的抗剪切及降噪效果；产品最高可适用于−40～150℃的工作温度环境，可应用于转速5000以上的金属齿轮润滑应用场合	16kg
汽车拉索润滑脂	NLGI等级：1、2 四球磨痕(75℃，392N，1h)：≤0.5mm 相似黏度(−40℃，$10s^{-1}$)：<1000Pa·s	油脂渗透性强，对拉索内壁有很好的湿润和黏附能力；含有特殊固体添加剂，极大提高产品的润滑及抗磨性能；产品最高可适用于−40～180℃的工作温度环境，可应用汽车工业含有拉索、滑轮、轨道和导引等机械系统应用场合	16kg

续表

产品名称	主要技术指标	用途与特点	包装形式
汽车座椅滑轨润滑脂	锥入度（25℃）：280 ~ 310（0.1mm） 蒸发度(100℃，22h)：<1.00% 相似黏度（-40℃，$10s^{-1}$）：<1000Pa·s	良好的承载能力、抗磨损性能；极低的扩散性能，符合汽车气味要求等级；产品最高可适用于-40~150℃的工作温度环境，可应用汽车座椅的滑动导轨、调角器的润滑应用场合	16kg

十八、武汉博达特种润滑技术有限公司

武汉博达特种润滑技术有限公司润滑脂的主要技术指标、用途与特点以及包装形式等信息详见表Ⅱ-43。

表Ⅱ-43　润滑脂的主要技术指标、用途及特点一览表

产品名称	主要技术指标	用途与特点	包装形式
高温润滑脂(无机稠化剂；轴承脂)	Q/WBD-10-001-2017 滴点：≥330℃；锥入度：260~300(0.1mm)；压力分油：≤15%；蒸发损失(200℃)：≤5%；相似黏度(-40℃，$10s^{-1}$)：≤2000Pa·s	性能特点：优良的高温热稳定性和氧化安定性；良好的润滑性和高的承载能力；优秀的抗水性、防护性；低摩擦系数，低启动力矩和运转力矩；低蒸发损失，适用于长期润滑 应用：适用于高温、中等至较大载荷，中高速场合滚动轴承的润滑。特别适合于高温下工作的风机、电机轴承。使用温度范围：-40~200℃	1kg/盒×12 盒、17kg/桶
超高温润滑脂(固体润滑剂；轴承脂)	Q/WBD-10-002-2017 滴点：≤330℃；锥入度：265~305（0.1mm）；蒸发损失(200℃)%：≤1	性能特点：卓越的高温热稳定性和氧化安定性；良好的润滑性；优秀的抗水性和防护性；蒸发损失极低，适合于高温下长期润滑；与多数塑料、橡胶兼容。 应用：适用于高温下工作的各种滚动和滑动轴承的润滑。特别适用于热定型机、拉伸拉幅机、高温烘房等高温设备的润滑。使用温度范围：-40~300℃	1kg/盒×12 盒
6003. 高低温润滑脂(脲基；轴承脂)	Q/WBD-10-003-2017 滴点：≥330℃；锥入度：260~305(0.1mm)；蒸发损失(200℃)：≤2%	性能特点：优秀的高温热稳定性和氧化安定性；优良的抗水性，防护性；良好的抗化学介质能力；极宽温度范围的润滑脂应用：适用于高温、高速或严寒区工作的滚动轴承的润滑。特别适用于航空电机、高温风机、赛车轮毂、热定型机、拉伸拉幅机等高温轴承的润滑以及南北极等低温轴承的润滑。使用温度范围：-50~250℃	1kg/盒×12 盒、17kg/桶

续表

产品名称	主要技术指标	用途与特点	包装形式
6006. 高温全寿命润滑脂(固体润滑剂；轴承脂)	Q/WBD-10-006-2017 滴点：≥330℃；锥入度：240～280(0.1mm)；蒸发损失(250℃)：不大于2%	性能特点：极佳的高温热稳定性、化学安定性和氧化安定性；抗强酸、强碱、强溶剂、强氧化剂及腐蚀性介质，抗核辐射；与塑料、橡胶等非金属和金属材料兼容；优良的减摩抗磨性和承载能力；超长的使用寿命。 应用：适用于高温、中速、重载及各种腐蚀性介质场合滚动轴承的润滑与防护。特别适用于强酸强碱接触部位、核反应堆以及"终身"润滑场合。使用温度范围：-20～280℃	100g/盒 2kg/盒
6007. 宽温润滑脂(皂基脂；轴承脂)	Q/WBD-10-007-2017 滴点：不低于160℃；锥入度：255～305(0.1mm)；蒸发损失(120℃)：≤2%；相似黏度(-50℃，$10s^{-1}$)：≤1500Pa·s	性能特点：优秀的高温性和热稳定性；良好的机械安定性和胶体安定性；极佳的低温性，低温易启动；低蒸发损失、低摩擦系数；适合长期润滑；DN值达100万，符合美军MIL-G-3278规格。 应用：适用于高速、低温、轻载荷轴承、齿轮的润滑。特别适用于航空、家电、仪器仪表，寒区户外工作的轴承、操作机构、组装联。使用温度：-60～130℃	1kg/盒×12盒、17kg/桶
6017. 轧辊润滑脂(复合皂基脂；轴承脂)	Q/WBD-10-017-2017 滴点：≥260℃；锥入度：265～295(0.1mm)；蒸发损失(150℃)：≤2%；水淋流失量(38℃)：≤5%	性能特点：优良的高温性，能有效延长高温下轴承的使用寿命；良好的抗磨极压性，能满足重负荷轴承的润滑；优秀的抗水性和防护性；良好的抗剪切稳定性。 应用：适用于高温、中低速、重负荷工况下轴承的润滑。特别适用于钢厂各种轧机轧辊轴承的润滑。使用温度：-20～200℃	17kg/桶、175kg/桶
6019. 高速低温润滑脂(复合皂基脂；轴承脂)	Q/WBD-10-019-2017 滴点：≥240℃；锥入度：265～295(0.1mm)；蒸发损失(120℃)：≤2%；相似黏度(-50℃，$10s^{-1}$)：≤1500Pa·s	性能特点：优秀的高低温性和热稳定性；良好的机械安定性和胶体安定性；低温易启动；适合长期润滑；DN值达100万。 应用：适用于高低温、高转速、轻载荷滚动轴承的润滑。使用温度：-60～150℃	1kg/盒×12盒、17kg/桶
6021. 多效高温润滑脂(复合皂基脂；轴承脂)	Q/WBD-10-021-2017 滴点：≥260℃；锥入度：265～295(0.1mm)；最大无卡咬负荷P_B：≤980N	性能特点：优良的高温热稳定性和氧化安定性；良好的抗磨减速摩性和高的承载能力；优秀的抗水性和防护性；低蒸发损失，适合于长期润滑。 应用：适用于高温、高速运行的各种轴承、齿轮的润滑。本品拥有各种基础油黏度级别和载荷级别选择，可适合多种工况的润滑要求。使用温度：-60～200℃(同系列不同级别使用温度范围不同)	1kg/盒×12盒、17kg/桶

续表

产品名称	主要技术指标	用途与特点	包装形式
6102. 重负荷开式齿轮脂(复合皂基脂；开式齿轮)	Q/WBD-11-002-2017 (不同要求稠度等级不同，以正常润滑产品 6102A-1 为例) 基础油运动黏度：3200～6800mm^2/s 锥入度：400～450(0.1mm)；四球烧结负荷 P_D：≥7840N	性能特点：极佳的抗磨性，卓越的承载能力；良好的黏附性；优良的抗水性和抗氧化安定性；无溶剂、无沥青、无铅，属绿色环保产品。 应用：6102A 适用于各种大型、重载、低速开式齿轮的正常润滑使用。6102D 适用于开式齿轮的底涂润滑。6102M 适用新的或大修后开式齿轮的磨合润滑。6102X 适用于已被磨损开式齿轮的修复润滑。使用温度：-15～120℃	17kg/桶 175kg/桶
6103. 合成半流体齿轮润滑脂系列(脲基脂；齿轮箱)	Q/WBD-11-003-2017 (以 00#为例) 滴点：≥200℃；锥入度：400～430(0.1mm)；蒸发损失(150℃)：≤4%；最大无卡咬负荷 P_B：≥980N	性能特点：优良的高低温性，低温启起动；优秀的热稳定性和化学安定性；良好的润滑性；长的使用寿命，更换周期可达 5 年以上 应用：适用于各种负荷的齿轮、蜗轮蜗杆、P 型链式变速器和针摆线齿轮组的润滑。特别适用于全封闭全寿命齿轮箱。使用温度：-40～150℃ 本品配制有 NLGI 0#、00#、000#、0000# 四种稠度等级	17kg/桶 175kg/桶
6105. 极压半流体齿轮润滑脂系列(皂基脂；齿轮箱)	Q/WBD-11-005-2017 (以 00#为例) 滴点：≥160℃；锥入度：400～430(0.1mm)；蒸发损失(120℃)：≤2%；最大无卡咬负荷 P_B：≥980N	性能特点：优良的抗磨极压性；良好的防渗漏性和抗水性；能有效减少设备维护和润滑脂的消耗；长的使用寿命。 应用：适用于各种转速、中、重负荷闭式齿轮组的润滑。特别适用于易漏油以及难于换油的齿轮组。使用温度范围：-20～120℃	17kg/桶
6107. 合成塑料润滑脂(皂基脂；执行机构)	Q/WBD-11-007-2017 滴点：≥160℃；锥入度：310～340(0.1mm)；钢网分油(100℃)：≤10%	性能特点：良好的热稳定性和氧化安定性优秀的抗磨性和低的摩擦系数；与大多数塑料和橡胶兼容；低蒸发损失，适合于长期润滑；不含铅等重金属，属绿色环保产品。 应用：适用于中、高速，轻、中载荷的塑胶与塑胶、塑胶与金属之间的润滑。适用于家用电器、办公设备、消费电子、汽车电子以及玩具等塑胶齿轮和操作机构。使用温度范围：-50～130℃；-25～120℃	1kg/盒×12 盒、17kg/桶
6123. 高粘低噪音齿轮润滑脂(皂基脂；减速电机)	Q/WBD-11-023-2017 锥入度：355～385(0.1mm)；最大无卡咬负荷 P_B：≥804N；相似黏度(-20℃，$10s^{-1}$)：≤2000Pa·s	性能特点：优良的润滑性和降噪减振性能；优异的黏附性和成膜性；良好的极压抗磨性和减摩性；良好的抗水性和防护性。 应用：适用于各种减速电机的润滑和降噪。特别适用低速、间歇工作的变速齿轮的润滑和降噪。使用温度范围：-10～120℃	17kg/桶 170kg/桶

续表

产品名称	主要技术指标	用途与特点	包装形式
6401. 高真空硅脂(硅脂；绝缘密封部位)	Q/WBD-14-001-2017 锥入度：180～240(0.1mm)；钢网分油(200℃)：≤6%；蒸发损失(200℃)：≤2%；相似黏度($-40℃,10s^{-1}$)：≤1000Pa·s	性能特点：优良的热稳定性和化学安定性；极佳的高低温性和抗水性；极低的挥发损失，极佳的密封功能；与大多数塑胶兼容 应用：适用于$6.7×10^{-4}$Pa真空系统中的玻璃活塞及磨口接头的润滑与密封；有溴、水、酸碱和其他一些化学介质存在下的润滑与密封；电气绝缘、防闪污、阻尼、防震、防尘、防水、脱模与密封；电力开关、O型密封圈、汽车制动泵、阀门、油气田测井装置的密封。使用温度范围：-50～220℃	50g/盒×200盒、1kg/盒×12
6403. 阀杆密封剂(特殊稠化剂；阀门阀杆)	Q/WBD-14-003-2017 外观：黑色可塑性棒状物；1/4锥入度：10～30(0.1mm)；腐蚀(45#钢片，100℃，3h)：合格	性能特点：优良的热稳定性和化学安定性极佳的密封性和抗压性；良好的抗介质浸蚀能力；无毒、不粘手、不固化、可任意成型 应用：适用于油气田井口液控防喷器及其液控闸板阀二次密封；蒸汽、氨、烃类液体、稀酸、石油、空气等介质的高温高压阀门阀杆的辅助密封。适用压力可达60MPa。使用温度范围：-15～600℃	10kg/件
6404. 耐油密封润滑脂(无机稠化剂；阀门密封)	Q/WBD-14-004-2017 滴点：≥250℃；锥入度：220～270(0.1mm)；耐燃油性：(自制)通过	性能特点：极佳的黏附性和密封性；良好的耐压、抗震、不溶解、不分散、不固化；耐汽油、煤油、润滑油、水、石油气等介质；优良的热稳定性和化学安定性。 应用：适用于与汽油、煤油、润滑油、水、石油气等介质接触的设备管道、阀门等静密封面和低速下转动、滑动密封面的密封和润滑。 特别适用于石油天然气管道、阀门等部位的密封与润滑。使用温度范围：-15～200℃	1kg/盒×12盒、20kg/桶
6406. 高低温耐油密封润滑脂(无机稠化剂；阀门密封)	Q/WBD-14-006-2017 锥入度：280～320(0.1mm)；耐燃油性：(自制)通过	性能特点：良好的黏附性和密封性；优良的高低温性和热稳定性；良好的耐压、抗震、不溶解、不分散、不固化；耐汽油、煤油、润滑油、水、石油气等介质 应用：适用于与汽油、煤油、润滑油、水、石油气等介质接触的设备、管道、阀门等静密封和低速下滑动、转动密封面的密封和润滑。使用温度范围：-50～200℃	1kg/盒×12盒、20kg/桶
6502. 汽车车身附件润滑脂(皂基脂；车身附件)	Q/WBD-15-002-2017 锥入度：300～340(0.1mm)；滴点：≥160℃；蒸发损失(120℃)：≤1%；相似黏度($-40℃，10s^{-1}$)：≤800Pa·s	性能特点：优异的热稳定性和氧化安定性；良好的剪切稳定性和抗水性；优良的润滑性和防护性；与大多数塑料、橡胶和涂料兼容；属绿色环保产品。 应用：适用于汽车车身的附件、门窗、锁具以及执行机构的润滑与防护。使用温度范围：-50～120℃	1kg/盒×12盒、17kg/桶

续表

产品名称	主要技术指标	用途与特点	包装形式
6505. 液压制动系统润滑脂(皂基脂;液压制动系统)	Q/WBD-15-005-2017 锥入度:310~340(0.1mm);滴点,℃:不小于 180;蒸发损失(150℃)%:不大于 5;相似黏度(-30℃,$10s^{-1}$),Pa·s:不大于 1500;橡胶相容性(EPDM 胶,100℃,70h)%(v/v):0~+5	性能特点:优良的高低温性和氧化安定性;良好的防锈防腐蚀性;与制动液和橡胶皮碗有良好的兼容性。 应用:适用于汽车液压制动系统的皮碗与金属间的润滑与防护。使用温度范围:-40~120℃ 本品配制有 NLGI 0#、1#、2# 三种稠度等级	1kg/盒×12 盒、18kg/桶
6801. 多效通用长寿命润滑脂系列(复合皂基脂;轴承齿轮脂)	GB/T 7324	性能特点:优良的高温热稳定性和氧化安定性;极佳的抗磨减摩性和抗微动磨损性;良好的抗剪切性和胶体安定性;良好的抗水性和防护性;低摩擦系数,低蒸发损失,适合长期润滑。 应用:适用于高温、中、重负荷轴承、齿轮等部位的润滑与防护。 适用于石化、钢铁、水泥、电力等行业的高温风机、电机轴承的润滑。使用温度范围:-30~160℃(不同级别使用温度范围不同)	1kg/盒×12 盒、17kg/桶
6806. 通用脲基润滑脂(脲基脂;轴承脂)	Q/WBD-18-006-2017 锥入度:265~295(0.1mm);滴点:≥260℃;蒸发损失(150℃):≤4%;相似黏度(-10℃,$10s^{-1}$):≤1000Pa·s	性能特点:优良的热稳定性和化学安定性;极佳的氧化安定性和长的使用寿命;良好的抗水性,防护性和泵送性;具有抗酸性介质能力 应用:适用于高温、潮湿或酸性介质环境下工作的轴承、齿轮、链条的润滑与防护。使用温度范围:-30~180℃(不同级别使用温度范围不同)	1kg/盒×12 盒、17kg/桶
6808. 合成脲基润滑脂(脲基脂;轴承脂)	Q/WBD-18-008-2017 锥入度:265~295(0.1mm);滴点:≥260℃;蒸发损失(150℃):≤2%	性能特点:优秀的热稳定性和化学安定性;极佳的氧化安定性和极长的使用寿命;良好的防护性和抗酸性介质能力;优良的抗水性和泵送性;属可生物降解的绿色环保产品。 应用:6808(22)适用于高速低温长寿命轴承的润滑与防护。6808(100)、6808(220)适用于多效通用长寿轴承的润滑与防护。6808(460)、6808(1500)适用于高温、重负荷、中低转速轴承的润滑与防护。使用温度范围:-60~200℃(不同级别使用温度范围不同)	1kg/盒×12 盒、17kg/桶

续表

产品名称	主要技术指标	用途与特点	包装形式
6901. 电器绝缘脂（硅脂；断路器）	Q/WBD001-2003 锥入度：470～530（0.1mm）；蒸发损失（120℃）：≤2%；相似黏度（-40℃，$10s^{-1}$）：≤300Pa·s 击穿电压（间距 2.5mm，平板）：≤30kV	性能特点：极佳的绝缘性、灭弧性和防电污性；优良的高低温性、热稳定性和化学安定性；良好的抗老化性能，极长的使用寿命；与大多数塑料、橡胶和涂料兼容。 应用：适用于高压断路器和 ZW-7 真空断路器的绝缘和防护；电器开关、精密机械、仪器仪表的绝缘、密封、防护和润滑。使用温度范围：-50～200℃	3.5kg/桶×6 桶 5kg/桶×4 桶
6925. 复合磺酸钙高温润滑脂（钙基脂；轴承脂）	Q/WBD-19-025-2014 锥入度：265～295（0.1mm）；滴点：≥280℃；10 万次剪切锥入度变化值：≤20（0.1mm）	性能特点：优良的高温性；极佳的抗磨极压性；优异的防锈性、卓越的抗水淋性和水浸泡性；良好的机械安定性；不含重金属，对人体和环境无害，属绿色环保产品。 应用：适用于高温重载下的各种轴承的润滑与防护。特别适合于炼钢厂、轧钢厂、烧结厂等钢铁行业高温、有水和极端负荷下。使用温度范围：-15～180℃	18kg/桶 180kg/桶

十九、龙南县雪弗特新材料科技有限公司

龙南县雪弗特新材料科技有限公司润滑脂的主要技术指标、用途与特点以及包装形式等信息详见表Ⅱ-44。

表Ⅱ-44　龙南县雪弗特新材料科技有限公司润滑脂的主要技术指标、用途及特点一览表

产品名称	主要技术指标	用途与特点	包装形式
低噪音轴承润滑脂	滴点：大于 200℃； 压力分油：<18； 使用低温：<-20℃； 防锈性能：一级	适用于各型号电机轴承，具有良好的降噪性能，延长轴承的使用寿命。 1. 适用于低转速低载荷工况的中小型电机轴承脂； 2. 适用于需优异低温低噪音性能的微小型电机轴承脂； 3. 适用于长寿命、低噪音高温工况的中大型电机轴承脂； 4. 优异高低温、高转速下长寿命、低噪音，适用于交流发电机等工况的轴承。使用高温：大于 130℃，最高可达 200℃	15kg/桶 170kg/桶
耐磨链条脂	滴点：65℃±5℃； 防锈试验 h：24h 无锈； 防锈期：室外半年至一年	具有优异的防锈性，润滑性及抗磨性能，行驶 10000 公里的伸长量小于 4mm，优于进口同类产品。使用温度：120～150℃	170kg/桶
工业生产设备润滑脂	滴点：>250℃； 防锈性能：一级； P_B 值：>45	适用于汽车轮毂轴承、重负荷机械轴承、齿轮，具有良好的极压抗磨性能，并有较高的使用温度和较长的使用寿命。使用温度：-20～150℃	15kg/桶

二十、壳牌(中国)有限公司

壳牌(中国)有限公司润滑脂的主要技术指标、用途与特点以及包装形式等信息详见表Ⅱ-45~表Ⅱ-51。

表Ⅱ-45　车用轮毂润滑脂的主要技术指标、用途及特点一览表

产品名称	主要技术指标	用途与特点	包装形式
壳牌佳度 Gadus S2 V160Z 3	NLGI：3 颜色：蓝色 皂基：锂 运动黏度(40℃，ASTM D445)：160mm²/s 运动黏度(100℃，ASTM D445)：11mm²/s 锥入度(25℃，ASTM D217)：220~250(0.1mm) 滴点(IP 396)：180℃	壳牌佳度S2 V160Z 3是多用途极压润滑脂，由高黏度指数矿物油和锂皂基制备，采用最新添加剂技术，具有出色的抗磨及防腐蚀性能，同时其抗氧化性能也有所提升。 壳牌佳度S2 V160Z 3润滑脂特别适用于在严苛路况和有载荷情况下的车辆轮毂轴承。 适用温度范围：-20~130℃	1kg、2kg、18kg、180kg
壳牌佳度 Gadus S3 V160C 2	NLGI：2 颜色：蓝色 皂基：复合锂 运动黏度(40℃，ASTM D445)：160mm²/s 运动黏度(100℃，ASTM D445)：15mm²/s 锥入度(25℃，ASTM D217)：265~295(0.1mm) 滴点(GB/T 3498)：Min 260℃	壳牌佳度S3 V160C润滑脂是优质多用途润滑脂，由高黏度指数矿物油和复合锂皂基配置而成。 采用最先进的添加剂以提供卓越的高温抗氧化性能，并含有其他添加剂以提高润滑脂的抗氧化性、抗磨损和抗腐蚀性能。 壳牌佳度S3 V160C润滑脂特别适用于高温、高负荷条件下的重载轴承	1kg、2kg、18kg、180kg
壳牌爱比达 Albida 0617	NLGI：2 颜色：棕色 皂基：复合锂 运动黏度(40℃，ASTM D445)：100mm²/s 运动黏度(100℃，ASTM D445)：11.3mm²/s 锥入度(25℃，ASTM D217)：265~295(0.1mm) 滴点(GB/T 3498)：260℃(min)	壳牌爱比达0617是为汽车轮毂轴承设计的专用润滑脂，具有高滴点、寿命长、防水性以及机械稳定性优异的特性，特别适用于中高速或潮湿环境下中高温的滚动轴承。 适用温度范围：-20~150℃(短时间峰值180℃)	180kg

续表

产品名称	主要技术指标	用途与特点	包装形式
壳牌施达纳 Stamina 0275	NLGI：1 颜色：黄色 皂基：聚脲 运动黏度(40℃，ASTM D445)：100mm²/s 运动黏度(100℃，ASTM D445)：11mm²/s 锥入度(25℃，ASTM D217)：320(0.1mm) 滴点(IP 396)：230℃	壳牌施达纳 0275 润滑脂是高性能的车用车轮毂润滑脂，专用于润滑密封式轮毂轴承，可为其提供一流的微动磨损润滑保护，在日本 OEM 及轮毂制造商中有着广泛的应用。 产品由高度精炼的矿物油和特殊的聚脲基稠化剂调和而成，并添加了特殊的抗氧化、抗磨损添加剂。 适用温度范围：-30~150℃	180kg
壳牌佳度 Gadus 1452	NLGI：1 颜色：灰黑 皂基：锂 运动黏度(40℃，ASTM D445)：125mm²/s 锥入度(25℃，ASTM D217)：320~334(0.1mm) 滴点(IP 396)：185℃	壳牌佳度 Gadus 1452 润滑脂是一款专为等速万向节应用开发的高性能低摩擦的润滑脂产品，可同时适用于固定端及滑移端。 低摩擦特性能够保证万向节运行温度更低，有利于万向节设计时采用更小的尺寸、适应更大的摆角。 万向节运行时轴向力更小，从而保证驱动系统运行时获得更好的 NVH 表现。 适用温度范围：-35~120℃	180kg
壳牌佳度 Gadus 2207	NLGI：1 颜色：灰黑 皂基：锂 运动黏度(40℃，ASTM D445)：125mm²/s 锥入度(25℃，ASTM D217)：320~334(0.1mm) 启动低温扭矩(-40℃，ASTM D4693)：10N·m 运转低温扭矩(-40℃，ASTM D4693)：6N·m 四球烧结载荷(ASTM D2596)：315kgf	壳牌佳度 Gadus 2207 润滑脂是专为等速万向节应用开发的新一代超低摩擦高性能润滑脂，采用壳牌独有的低摩擦技术进一步降低万向节运行温度，产品使用寿命更长。 产品的宽温性能得到进一步的提升，可应对更加严苛的应用工况挑战。 通过对产品配方的优化，Gadus 2207 产品能够更好的应对汽车行驶过程中冲击载荷的挑战。 适用温度范围：-40~150℃	180kg

表Ⅱ-46　铁路用润滑脂的主要技术指标、用途及特点一览表

产品名称	主要技术指标	用途与特点	包装形式
壳牌佳度高速铁路 GadusRail S4 High Speed EUFR	NLGI：2.5 颜色：浅棕 皂基：锂 运动黏度(40℃，ASTM D445)：$40mm^2/s$ 运动黏度(100℃，ASTM D445)：$7mm^2/s$ 锥入度（25℃，ASTM D217)：255(0.1mm) 滴点(IP 396)：180℃(min)	产品技术得到广泛认证，并得到主流铁路公司(SNCF) 和主流 OME 厂商(Timken, SNR，SKF) 等的认证，适用于速度高达200kph 的轨道车辆的长期运行。目前已经使用在 TGV，欧洲之星，Thema 和新干线上。 每批次产品都经过严格测试以确保润滑脂可以有效地防止震动并在不出现任何早期故障的前提下满足设计使用寿命，为客户提供充足信心	180kg
壳牌佳度高速铁路 GadusRail S3 EUFR	NLGI：2. 5 颜色：浅棕 皂基：锂 运动黏度(40℃，ASTM D445)：$100mm^2/s$ 运动黏度(100℃，ASTM D445)：$11mm^2/s$ 锥入度(25℃，ASTM D217)：255(0.1mm) 滴点(IP 396)：180℃(min)	产品技术得到铁路公司(SNCF，比利时和荷兰铁路)和 OEM 厂商(SKF) 等的认证，经 SNCF 长达十年的产品实地测试，使用效果非常优异。 壳牌全方位控制产品的研发和生产以保证质量，自有工厂通过 ISO 认证，每批次产品在交付客户前都经过 SNCF 的实验室和台架测试及验证。 S3 EUFR 产品配方不含铅不需要标识说明，不会产生健康和安全问题。 用于行驶速度在 200km/h 以下的轨道车辆轴箱	180kg
壳牌佳度高速铁路 GadusRail S3 AL 1.5	闪点 F(ASTM D92)：473 抗腐蚀(ASTM D6138 蒸馏水)：0 皂基：锂/钙 氧化安定性(500hr，ASTM D942)：10psi 运动黏度(100℃，ASTM D445)：$16.2mm^2/s$ 60 次剪切锥入度(ATM D217)：303(0.1mm) 滴点(IP 396)：360℃	长寿命润滑脂，满足美国铁路协会(AAR) M-942-2012 规格。 HVI 石蜡基矿物基础油系统加入特殊锂/钙混合皂基增稠剂，并含有高性能添加剂包。壳牌佳度铁路用润滑脂 S3 AL 还满足 Timken 动态机械稳定性标准。即使在高温下，也能够提供卓越的机械稳定性。高质量添加剂系统专门设计用于润滑不使用现场润滑的铁路车轴滚子轴承，以及新型、更重负载的双层集装箱车。其添加剂系统还能够提供出色的抗氧化保护	180kg

表Ⅱ-47 通用工业润滑脂的主要技术指标、用途及特点一览表

产品名称	主要技术指标	用途与特点	包装形式
壳牌佳度 Gadus S2 V220 00/0/1/2	NLGI：00/0/1/2 颜色：棕色 皂基：锂 运动黏度(40℃，ASTM D445)：220mm^2/s 运动黏度(100℃，ASTM D445)：19mm^2/s 滴点(IP 396)：180℃(对于 NLGI 1/2)	壳牌佳度 S2 V220 00：轧钢设备中要求使用较软润滑脂的专用润滑剂输送系统；在冲击载荷和环境潮湿等苛刻条件下运行的重载滑动和滚动轴承；要求使用半流体润滑脂的齿轮箱变速箱；商用车集中底盘润滑系统。 壳牌佳度 S2 V220 0：轧钢设备中要求使用较软润滑脂的专用润滑剂输送系统；在冲击载荷和环境潮湿等苛刻条件下运行的重载滑动和滚动轴承。 壳牌佳度 S2 V220 1：使用集中润滑设备的重载轴承；常温下运行的极压齿轮润滑脂；在冲击载荷和环境潮湿等苛刻条件下运行的重载滑动和滚动轴承；低温润滑应用。 壳牌佳度 S2 V220 2：重载轴承和一般工业润滑；在冲击载荷和环境潮湿等苛刻条件下运行的重载滑动和滚动轴承	18kg 180kg
壳牌佳度 Gadus S2 V100 1/2/3	NLGI：1/2/3 颜色：棕色 皂基：锂 运动黏度(40℃，ASTM D445)：100mm^2/s 运动黏度(100℃，ASTM D445)：11mm^2/s 滴点(IP 396)：180℃	壳牌佳度 S2 V100 1：润滑脂润滑的滚动和滑动轴承；电机轴承；终身密封轴承；水泵轴承；可在多种工况下使用。在高温潮湿条件下使用，相比传统锂皂基润滑脂有明显优势。 壳牌佳度 S2 V100 2：润滑脂润滑的滚动和滑动轴承；电机轴承；终身密封轴承；水泵轴承；可在多种工况下使用。在高温潮湿条件下使用，相比传统锂皂基润滑脂有明显优势；中等偏硬的高性能润滑脂，特别推荐用于电机轴承的润滑系统。 壳牌佳度 S2 V100 3：润滑脂润滑的滚动和滑动轴承；电机轴承；终身密封轴承；水泵轴承；可在多种工况下使用。在高温潮湿条件下使用，相比传统锂皂基润滑脂有明显优势；中等偏硬的高性能润滑脂，特别推荐用于电机轴承的润滑	18kg 180kg
壳牌佳度 Gadus S1 V220 2	NLGI：2 颜色：深褐色 皂基：锂 40℃运动黏度(ASTM D445)：220mm^2/s 100℃运动黏度(ASTM D445)：18mm^2/s 锥入度(25℃，ASTM D217)：265 ~ 295 (0.1mm) 滴点(IP 396)：180℃(min)	适用于因设备设计原因，润滑脂持续溢出的情况，节约成本。具有良好的极压性能，可提供优秀磨损保护。良好的机械稳定性可以提供持续保护，减少渗漏。良好的抗水冲刷能力以及良好的抗腐蚀保护能够保护轴承表面不被腐蚀。 适用温度范围：-10~110℃	18kg 180kg

表Ⅱ-48　重负荷工业润滑脂的主要技术指标、用途及特点一览表

产品名称	主要技术指标	用途与特点	包装形式
壳牌佳度 Gadus S5 V460 00/1.5	NLGI：00/1.5 颜色：浅棕 皂基：复合锂 基础油类型：合成油 运动黏度(40℃，ASTM D445)：460mm^2/s 运动黏度(100℃，ASTM D445)：45mm^2/s 锥入度(25℃，ASTM D217)：400~430/290~320(0.1mm) 滴点(IP 396)：240/260℃	多用途极压锂复合润滑脂，广泛应用于轴承润滑，由高黏度PAO合成基础油和锂复合皂基增稠剂配制而成，并采用最新添加剂技术。具有优异的热稳定性，在高低温工况下具有良好的表现；配方中不含黏度指数改进剂，产品机械稳定性非常优异。 主要应用：重型运输设备，以及轴承在重载、极端工况下运行的工业设备；造纸设备干燥部位和其他要求使用非污染性润滑脂的设备；车辆轮毂；闭式齿轮箱	00：18kg、1.5：170kg
壳牌佳度 Gadus S2 V220AD 2	NLGI：2 颜色：黑色 皂基：锂/钙 基础油类型：矿物油 运动黏度(40℃，ASTM D445)：220mm^2/s 运动黏度(100℃，ASTM D445)：18mm^2/s 锥入度(25℃，ASTM D217)：265~295(0.1mm) 滴点(IP 396)：175℃	由高黏度指数矿物基础油和锂钙混合皂基调配，并含有极压、抗氧化、抗磨损和黏附添加剂。使用固体添加剂，可以抵抗冲击载荷，用于苛刻条件下工作的轴承润滑。 主要应用：推荐用于在潮湿环境中运行，并有冲击载荷的重载轴承上。也适用于非道路设备和第五轮润滑	18kg、180kg
壳牌佳度 Gadus S2 V1000AD 2	NLGI：2 颜色：黑色 皂基：锂/钙 基础油类型：半合成 运动黏度(40℃，ASTM D445)：1000mm^2/s 运动黏度(100℃，ASTM D445)：60mm^2/s 锥入度(25℃，ASTM D217)：265~295(0.1mm) 滴点(IP 396)：184℃	基于重载半合成基础油和混合锂/钙皂基稠化剂配方，含有极压、抗磨损、抗腐蚀和黏附添加剂。添加二硫化钼增强抗冲击载荷性能。用于润滑极严苛工况下运行的轴承。 该产品不推荐用于高速轴承。 主要应用：地面移动重型销套；转盘；低速工业轴颈和滚动轴承；适用于容易甩出，有水和振动载荷工况，包括剧烈震动工况等	180kg

表Ⅱ-49 耐高温和特殊润滑脂的主要技术指标、用途及特点一览表

产品名称	主要技术指标	用途与特点	包装形式
壳牌佳度 Gadus S5 T460 1.5	NLGI：1.5 颜色：浅褐色 皂基：聚脲 基础油类型：合成油 运动黏度(40℃，ASTM D445)：460mm^2/s 锥入度(25℃，ASTM D217)：295(0.1mm) 滴点(IP 396)：250℃	高性能、高温、长寿命重载工业设备润滑脂，采用合成基础油和最新型聚脲稠化剂。含有精选添加剂，具有优异的氧化稳定性、抗磨损和抗腐蚀性能。特别适用于密封和半密封设备，包括高温和极端载荷下运行的低速、重载轴承。 主要应用于钢铁、水泥、造纸、风电、化工、采矿等行业	400g、 18kg、 180kg
壳牌佳度 Gadus S5 V142W 00	NLGI：00 颜色：米白色 皂基：锂 基础油类型：合成聚乙二醇 运动黏度(40℃，ASTM D445)：142mm^2/s 运动黏度(100℃，ASTM D445)：23mm^2/s 锥入度(25℃，ASTM D217)：410(0.1mm) 滴点(IP 396)：185℃	小型工业齿轮箱可使用此半流体润滑脂进行终身润滑。降低动力消耗和润滑剂整体温度。和传统的润滑脂相比，可以降低启动力矩。减少润滑剂泄漏；通常不需补加。壳牌佳度 S5 V142W 的基础油具有非常好的承载能力。在使用 IAE 齿轮台架进行的标准条件下的钢-钢磨损试验中，无需极压添加剂，比同等的矿物油的承载能力高出达 65%。经实际使用，在苛刻工况下和不同工况下运行的各种齿轮箱中性能表现优异。(David Brown，SEW，Leroy-Somer 等等)	18kg
壳牌佳度 Gadus S5 V150XKD 0/00	NLGI：0/00 颜色：黑色 皂基：锂/钙 基础油类型：合成油 运动黏度(40℃，ASTM D445)：150mm^2/s 运动黏度(100℃，ASTM D445)：19mm^2/s 低温流动压强(DIN 51805)：1400(max) 长距离泵送性：良好	壳牌佳度 S5 V150XKD 0/00 是多用途矿山和施工设备用润滑脂，其中含有 5%的二硫化钼固体添加剂，在多种气候条件和季节为持续的重载作业和冲击载荷工况下的设备提供保护。 这种高级全合成润滑脂在极寒天气中仍有极好的流动性，给予中央润滑系统可靠润滑。壳牌佳度 S5 V150XKD 0/00 性能全面，其在恶劣环境下的流动性，承载能力和有效使用寿命均衡。 适用温度范围：-50~130℃	170kg

续表

产品名称	主要技术指标	用途与特点	包装形式
壳牌佳度 Gadus S5 V110KP 1	NLGI：1 颜色：浅褐色 皂基：锂/钙 基础油类型：合成油 运动黏度(40℃，ASTM D445)：110mm²/s 锥入度（25℃，ASTM D217）：310～340(0.1mm) 低温流动压强－60℃（DIN 51805）：1400(max) 微动磨损(ASTM D4170)：5.0(max)	壳牌佳度 S5 V110KP 1 是一款先进的全合成风力发电机专用脂，用于润滑叶片轴承部位，尤其适用于具有高度变桨的大直径叶片，高机身，以及极端作业环境及气候。 主要应用： 具有大直径叶片，高机身以及增强变桨的多兆瓦风力发电机。其中叶片或浆轴承暴露于高频震动或震荡下，同时叶片承受高动态负荷。暴露于各种天气和气候的风力发电机。根据设备不同，通常在-40℃ 或低至-50℃ 下的集中润滑系统，无需使用分支线	18kg、 170kg
壳牌佳度 Gadus S5 V460KP 1.5	NLGI：1.5 颜色：浅棕色 皂基：锂/钙 基础油类型：合成油 运动黏度（40℃，ASTM D445）：460mm²/s 锥入度(25℃，ASTM D217)：295(0.1mm) 滴点(IP 396)：250℃ Emcor 防锈测试(IP 220)：0/0	壳牌佳度 S5 V460KP 1.5 是一款专业风机润滑脂，用于要求苛刻的应用和恶劣的工况下，经专门设计可以在不同的气候和天气条件下，提供卓越的部件保护及长维护寿命。 由于采用了高黏度基础油及新型添加剂技术，即使在动载荷工况下该产品亦能表现出卓越的承载性能，同时可以提供良好的抗腐蚀压痕形成及抗微点蚀性能。 主要应用为：风机主轴承和偏航轴承，简化维护时亦可用于叶片轴承。作为替代，可以与佳度 S5 V110KP 1 结合使用，后者是一款专用的叶片轴承润滑脂。 该产品可以被可靠的采用于使用集中润滑系统的设备和极端寒冷的环境下。 适用温度范围：-40～150℃	18kg
壳牌佳度 Gadus S5 V100 2	NLGI：2 颜色：浅黄色 皂基：复合锂 基础油类型：合成油 运动黏度(40℃，ASTM D445)：100mm²/s 运动黏度(100℃，ASTM D445)：14mm²/s 锥入度（25℃，ASTM D217）：265～295(0.1mm)	壳牌佳度 S5 V100 是设计用于中速滚动轴承，并且适用于严寒环境条件的润滑脂产品，在-50℃ 温度条件下具有非常低的启动和运行扭矩，因此非常适用于全天候润滑应用，如低温室外风机和电机轴承的润滑。 该润滑脂具有非常优秀的机械稳定性和热稳定性，适用于轴承温度高达 150℃，要求换脂周期长的电机轴承、风扇和泵的润滑应用。 适用温度范围：－50～150℃（短期峰值温度 200℃）	18kg

续表

产品名称	主要技术指标	用途与特点	包装形式
壳牌佳度 Gadus S3 V460D 2	NLGI：2 颜色：黑色 皂基：复合锂 基础油类型：矿物油 运动黏度(40℃，ASTM D445)：460mm^2/s 运动黏度(100℃，ASTM D445)：31mm^2/s 锥入度(25℃，ASTM D217)：265～295(0.1mm) 滴点(IP 396)：240℃(min)	壳牌佳度 S3 V460D 润滑脂是高性能高温润滑脂，用于承受冲击载荷的低速重载大型轴承。 它由高黏度指数矿物油和复合锂皂基调配而成。该产品使用最新添加剂实现优异的高温性能、抗腐蚀性能和抗氧化性能，并含有二硫化钼以确保润滑脂能承受冲击载荷。 主要应用： 采矿业及钢铁行业中使用润滑脂润滑的低速、重载并需要承受冲击载荷的轴承 适用温度范围：-20～140℃(短期峰值温度 150℃)	18kg
壳牌佳度 Gadus S3 V460 2	NLGI：2 颜色：浅棕色 皂基：复合锂 基础油类型：矿物油 运动黏度(40℃，ASTM D445)：460mm^2/s 运动黏度(100℃，ASTM D445)：31mm^2/s 锥入度(25℃，ASTM D217)：265～295(0.1mm) 滴点(IP 396)：250℃(min)	壳牌佳度 S3 V460 2 润滑脂是适用于高温重载条件下的高级润滑脂。该产品由高黏度指数矿物油和复合锂皂基稠化剂调和而成，并含有最先进的添加剂，具备优异的高温润滑性，其他添加剂能够强化其抗氧化性能、抗磨损性能和防腐蚀性能。 壳牌佳度 S3 V460 2 润滑脂特别适用于在高温和极端载荷下运行的低速、重载轴承，例如：钢铁行业(连铸机、轧辊轴承等)、水泥行业、造纸行业、化工行业、采矿业等。 适用温度范围：-20～140℃(短期峰值温度 150℃)	180kg
壳牌佳度 Gadus S3 T150J 1/2	NLGI：1/2 颜色：浅褐色 皂基：聚脲 基础油类型：矿物油 运动黏度(40℃，ASTM D445)：150mm^2/s 锥入度(25℃，ASTM D217)：310～340/265～295(0.1mm) 滴点(IP 396)：250℃(min)	壳牌佳度 S3 T150J 是为工业轴承提供优质脂润滑的高级润滑脂采用矿物基础油和聚脲稠化剂，在高温下提供长效，低磨损，剪切稳定的性能高温下应用壳牌佳度 S3 T150J，性能甚至超越市场上的全合成(PAO)锂复合基润滑脂。 配方中不含锌，可以用于钢厂的加热炉。 此外，尽管 S3 T150J 产品没有专门设计为极压产品，但是其可以成功应用在低速重载轴承上，例如钢厂连铸机上的轴承	S3 T150J：1～18kg S3 T150J：2～18kg、180kg

续表

产品名称	主要技术指标	用途与特点	包装形式
壳牌佳度 Gadus S3 V220C 2	NLGI：2 颜色：红色 皂基：复合锂 基础油类型：矿物油 运动黏度(40℃，ASTM D445)：220mm^2/s 运动黏度(100℃，ASTM D445)：19mm^2/s 锥入度(25℃，ASTM D217)：265～295(0.1mm) 滴点(IP 36)：260℃(min)	壳牌佳度S3 V220C 2润滑脂是优质多用途润滑脂，由高黏度指数矿物油和复合锂皂基配置而成。 采用最先进的添加剂以提供卓越的高温抗氧化性能，并含有其他添加剂以提高润滑脂的抗氧化性、抗磨损和抗腐蚀性能。壳牌佳度S3 V220C润滑脂特别适用于高温、高负荷条件下的重载轴承。 主要应用： 壳牌佳度S3 V220C润滑脂适用于下列设备中需要润滑脂润滑的重负载轴承：连铸机、振动筛、采石设备、碎石机、滚筒输送设备、车辆轮毂轴承。 适用温度范围：-20～140℃(短期峰值温度150℃)	18kg、 180kg
壳牌佳度 Gadus S2 U460L 2	NLGI：2 皂基：黏土 基础油类型：矿物油 运动黏度(40℃，ASTM D445)：460mm^2/s 运动黏度(100℃，ASTM D445)：35mm^2/s 锥入度(25℃，ASTM D217)：265～295(0.1mm) 滴点(IP 396)：300℃	壳牌佳度S2 U460L润滑脂由无机、非皂基稠化剂和精选基础油调配而成，在超出锂基润滑脂工作温度上限的工况也可提供可靠润滑。 基础油采用溶剂精制的高黏度指数矿物油，具有优异的抗氧化和抗挥发性能，添加特制的氧化抑制剂进一步改善氧化稳定性。 壳牌佳度S2 U460L润滑脂能够在使用价格昂贵的合成或硅润滑剂的设备中提供同样良好的润滑。 壳牌佳度S2 U460L润滑脂采用特殊的高黏度基础油，非常适用于低速重载轴承的润滑。 壳牌佳度S2 U460L润滑脂可用于超过200℃的高温环境中，此时应注意调整加脂周期	15kg

续表

产品名称	主要技术指标	用途与特点	包装形式
壳牌佳度 Gadus S2 A320 2	NLGI：2 皂：钙 基础油类型：矿物油 运动黏度(40℃，ASTM D445)：320mm²/s 运动黏度(100℃，ASTM D445)：16.5mm²/s 锥入度(25℃，ASTM D217)：265～295(0.1mm) 滴点(IP 396)：85℃	壳牌佳度 S2 A320 2 是纤维结构光滑的钙皂基润滑脂，适用于中等工作温度下有极压特性要求的工业和船舶行业应用。 比如：有水工况下工作条件苛刻的滑动轴、承艉尾轴承、起重机、吊柱、绞车机、卷杨机、开式齿轮和一般用途的钢缆润滑。 请注意该产品不推荐使用在滚动轴承中	18kg
壳牌佳度 Gadus S2 High Speed Coupling Grease	NLGI：0/1 锂/聚合物：10% 颜色：深褐色 基础油类型：矿物油 运动黏度(40℃，ASTM D445)：3200mm²/s 运动黏度(100℃，ASTM D445)：50mm²/s 锥入度(25℃，ASTM D217)：350(0.1mm) 滴点(IP 396)：320℃(min) 水冲洗实验(ASTM D4049)：3%(max)	壳牌佳度 S2 高速齿接手润滑脂广泛适用于所有工业设备中需要脂润滑的齿接手。 常见脂润滑的齿接手包括： 齿接手：内齿圈与外齿圈在轮毂内啮合； 钢带格栅齿接手：柔性波纹弹簧钢带与转毂啮合； 柔性链式齿接手：滚子链条与转毂上的链轮啮合。 壳牌佳度 S2 高速齿接手润滑脂采用尖端科技，具有优异性能，加脂周期通常可超过 6 个月。在实际应用案例中，其适用寿命可长达 3 年以上。该产品适用于所有类型的采用润滑脂的齿接手中，尤其是那些工况苛刻，维护困难的齿接手。 由于壳牌佳度 S2 高速齿接手润滑脂采用高黏度基础油调配而成，它同样适用于如下工况：如大量水冲刷、低速、重载或承受冲击载荷的工业设备的润滑维护保养。 适用温度范围：-10～120℃(短期峰值温度150℃)，填充于轴承中时最低使用温度可放宽至-28℃	18kg、 180kg

续表

产品名称	主要技术指标	用途与特点	包装形式
壳牌 Rhodina Grease BBZ	NLGI：1.5 稠化剂：钙 颜色：浅棕色 基础油类型：半合成 运动黏度(40℃，ASTM D445)：$13mm^2/s$ 运动黏度(100℃，ASTM D445)：$3mm^2/s$ 锥入度(25℃，ASTM D217)：300(0.1mm) 滴点(IP 396)：145℃	Rhodina BBZ 可以在很宽的温度范围内提供润滑及保护，低温性能突出，可以在极低的环境温度下保护设备良好运行。 同时 Rhodina BBZ 具有很好的防水性能。此产品的开发基于壳牌在叶片轴承润滑方面长期的经验并考虑了轴承在运转和停转时的润滑需求。 本产品可以最大限度地减少轴承在运输及安装过程中导致的损坏。在精选的基础油中加入添加剂可以延长轴承及设备的使用寿命。 Rhodina BBZ 润滑脂专用于风机轴承的润滑（如：叶片轴承）及其他近似应用，可以有效防止轴承的微动腐蚀，湿气腐蚀及摩擦腐蚀压痕。 Rhodina BBZ 也可以用于低工作温度下（如极端环境）的轴承。 适用温度范围：-55~100℃	380g、 18kg、 170kg

表Ⅱ-50　低噪音润滑脂的主要技术指标、用途及特点一览表

产品名称	主要技术指标	用途与特点	包装形式
壳牌佳度 Gadus S5 V25Q 2.5	NLGI：2.5 颜色：浅棕 皂基：锂 基础油：合成油 运动黏度(40℃，ASTM D445)：$25mm^2/s$ 运动黏度(100℃，ASTM D445)：$4.8mm^2/s$ 滴点(IP 396)：180℃	壳牌佳度 S5 V25Q 润滑脂低噪音锂皂基润滑脂，采用全合成基础油，含有抗氧化、抗磨损和抗锈蚀添加剂。 该产品用于对噪音水平要求严格的电机球轴承(<62mm)和其他小型球轴承。 主要应用于电机轴承或者其他类型的终身密封轴承中。 适用温度范围：-50~140℃	18kg
壳牌佳度 Gadus S2 V100Q 2	NLGI：2 皂基：锂 基础油：矿物油 运动黏度(40℃，ASTM D445)：$100mm^2/s$ 运动黏度(100℃，ASTM D445)：$11mm^2/s$ 锥入度(25℃，ASTM D217)：265~295(0.1mm) 滴点(IP 396)：180℃	壳牌佳度 S2 V100Q 是锂基低噪音润滑脂，用于对噪音性能要求严格的电机滚球轴承上(<62mm)。 该产品采用锂皂基稠化剂，并加入抗氧化、抗磨损、抗锈蚀添加剂，不含铅和亚硝酸钠。 主要应用于电机轴承及其他密封终身免维护轴承中。同时也可用于普通工业润滑，是常温下运行集中润滑系统的理想用脂	18kg、 180kg

表Ⅱ-51　开式齿轮润滑脂的主要技术指标、用途及特点一览表

产品名称	主要技术指标	用途与特点	包装形式
壳牌佳度 Gadus S4 OGXK	NLGI：00/000 颜色：黑色 皂基：复合铝 基础油：矿物油 运动黏度(40℃，ASTM D445)：4000mm²/s 锥入度(25℃，ASTM D21)：420～455(0.1mm) 闪点(ASTM D92)：150℃(min) 四球烧结载荷(ASTM D2596)：800kg 四球磨斑(ASTM D2266)：0.7mm(max)	壳牌佳度S4 OGXK主要设计用于重载设备，以及矿山设备中用于露天挖掘操作的电铲、吊斗铲和挖掘机等极端低温工矿。佳度S4 OGXK采用铝复合稠化剂、高黏度高质量矿物油基础油、以及加强的极压-抗磨添加剂。此外，该产品添加稀释剂来确保低温泵送性。 主要应用：吊斗铲、电铲、挖掘机、堆料机及取料机中的开式齿轮，变速杆、圆轨和滚筒、重载低速的滚动轴承、衬套、低速钢缆、水泥、垃圾处理或钢铁行业的开式齿轮应用	180kg
壳牌佳度 Gadus S4 OGT	NLGI：0 颜色：黑色 皂基：复合铝 基础油：矿物油 运动黏度(40℃，ASTM D445)：5500mm²/s 锥入度(25℃，ASTM D217)：355～385(0.1mm) 闪点(ASTM D92)：150℃(min) 四球烧结载荷(ASTM D2596)：800kg 四球磨斑(ASTM D2266)：0.7mm(max)	壳牌佳度S4 OGT主要设计用于重载和高温工况下运行的包括：采矿设备、铲车、挖掘机等露天开采操作机械。佳度S4 OGT采用高黏度优质矿物油为基础油，以铝复合皂基作为增稠剂，含有增强型极压、抗磨添加剂。 主要应用：挖掘机、铲车、堆垛机和取料机等设备的开式齿轮、操纵杆、环形导轨和滚筒、低速重载抗磨轴承、轴套、低速钢缆、水泥、垃圾处理或钢铁工业的开式齿轮应用	180kg
壳牌佳度 Gadus S3 OG 2	NLGI：2 颜色：黑色 皂基：复合铝 基础油：矿物油 运动黏度(40℃，ASTM D445)：3200mm²/s 锥入度(25℃，ASTM D217)：275～295(0.1mm) 滴点(IP 396)：240℃ 四球烧结载荷(ASTM D2596)：620kg 四球磨斑(ASTM D2266)：0.7mm(max)	壳牌佳度S3 OG 2主要应用于露天挖掘操作中的矿山设备，电铲和挖掘机。 佳度S3 OG采用铝复合稠化剂以及高黏度基础油，同时含有增强性能的极压-抗磨添加剂。 主要应用于：开式齿轮、操纵杆、环形导轨和滚筒、减摩轴承、轴套	18kg

续表

产品名称	主要技术指标	用途与特点	包装形式
壳牌佳度 Gadus S2 OGH 0/00	NLGI：0/00 颜色：深灰 皂基：膨润土 基础油：矿物油 固体添加剂：15%石墨 运动黏度(40℃，ASTM D445)：1000mm²/s 锥入度(25℃，ASTM D217)：395(0.1mm) 滴点(IP 396)：250℃ 四球烧结载荷(ASTM D2596)：800kg	该产品无由机非皂基稠化剂、石墨、高黏度基础油等组成，是专为在高温状况下工作的开式齿轮，如水泥回转窑开式齿轮等而设计。 该产品适用于采用喷射润滑系统的回转窑开式齿轮。 主要应用：高温运转的开式齿轮，水泥回转窑齿轮系统	180kg
壳牌佳度 Gadus S2 OG 15/ 20/80	皂基：黏土 基础油：矿物油 运动黏度(100℃，ASTM D445)：15mm²/s、20mm²/s、80mm²/s 运动黏度(40℃，ASTM D445)：85mm²/s、88mm²/s、1600mm²/s 四球烧结载荷(ASTM D2596)：5000N、5000N、8000N 铜片腐蚀/评级(ASTM D4048)：1b(max)	壳牌佳度 S2 OG 润滑脂是一系列优质无铅无溶剂极压润滑脂。用于润滑保护在极端环境温度和工况下工作的开式齿轮和钢缆。它们由高黏度石蜡基矿物和合成基础油及精选添加剂调配而成。 性能平衡的配方使该脂能够长时间保持柔软，避免润滑脂积聚在轮齿根部。 主要应用： 适用于重负荷开式齿轮润滑，在磨煤机、回转窑、电铲、挖土机、船舶装载机、码垛机、取料机和挖掘机等各类设备中应用。 使用 Gadus S2 OG 一种产品即可以满足整个设备的润滑脂需要，如电铲、挖掘机和索斗铲设备，既可用于开式齿轮，又可用于电机轴承润滑。 慢速运转的开式齿轮表面润滑	Gadus S2 OG 15 204kg Gadus S2 OG 20 204kg Gadus S2 OG 80 55kg/ 204kg
壳牌马力士 Malleus OGM Heavy	NLGI：0 颜色：黑色 皂基：复合铝 基础油：矿物油 固体添加剂：含有 运动黏度(40℃，ASTM D445)：4000mm²/s 锥入度(25℃，ASTM D217)：355～385(0.1mm) 滴点(IP 396)：190℃ 四球烧结载荷(ASTM D2596)：800kg	壳牌马力士 OGM Heavy 润滑剂专为重型机械设计，铝复合基稠化剂和高黏度、高质量的矿物基础油组成，具有增强的抗极压-抗磨性能。 适用于苛刻工况，如矿山设备，铲车、索斗铲和挖掘机等，以及球磨机和转窑的开式齿轮	420 Lbs

二十一、朗盛高新材料(南通)有限公司

朗盛高新材料(南通)有限公司润滑脂的主要技术指标、用途与特点以及包装形式等信息详见表Ⅱ-52~表Ⅱ-58。

表Ⅱ-52　钢铁行业润滑脂的主要技术指标、用途及特点一览表

产品名称	主要技术指标	用途与特点	包装形式
安润龙 SMG748-1.5 磺酸钙基重负荷工业轴承润滑脂 安润龙 SMG749-1.5 磺酸钙基重负荷工业轴承润滑脂 安润龙 SMG728-1.5 磺酸钙基重负荷多用途工业轴承润滑脂 安润龙 SMG729-1.5 磺酸钙基中负荷工业轴承润滑脂 安润龙 SMG725-1.5 连铸机轴承润滑脂	企业标准 滴点>316℃；机械稳定性10万次锥入度变化率：≤2.4%；盐雾腐蚀试验≥1000h；四球极压试验烧结负荷≥400kg；四球磨损试验≤0.5mm	优异的耐高温、抗水、防腐防锈性、机械稳定性和极压抗磨性。 应用：钢厂热轧、冷轧、初轧轴承、烧结机轴承和滑道、连铸机轴承、钢厂其他重载轴承。使用温度范围：-18~160℃	180kg/钢桶、18kg/塑料桶

表Ⅱ-53　矿山水泥行业润滑脂的主要技术指标、用途及特点一览表

产品名称	主要技术指标	用途与特点	包装形式
安润龙 OGG9245-00 磺酸钙基重负荷开式齿轮润滑脂 安润龙 OGG9105-000 磺酸钙基重负荷开式齿轮润滑脂	企业标准 四球极压试验烧结负荷≥620kg；四球磨损试验≤0.5mm；铜片腐蚀≥1B	优异的极压抗磨性、防腐防锈性、黏附性。 应用：重负荷开式齿轮。使用温度范围：-10~150℃	180kg/钢桶、18kg/塑料桶
安润龙 RMG745-1.5 磺酸钙基重负荷轴承润滑脂	企业标准 滴点>316℃；机械稳定性10万次锥入度变化率：≤2.4%；盐雾腐蚀试验≥1000h；四球极压试验烧结负荷≥400kg；四球磨损≤0.5mm	优异的耐高温、抗水、防腐防锈性、机械稳定性和极压抗磨性。 应用：辊压机轴承脂。以及其他重负荷轴承润滑脂。使用温度范围：-18~160℃	

表Ⅱ-54　造纸行业润滑脂的主要技术指标、用途及特点一览表

产品名称	主要技术指标	用途与特点	包装形式
安润龙 PMG841-1.5 造纸机械用磺酸钙基合成轴承润滑脂 安润龙 PMG821-2 造纸机械用磺酸钙基合成轴承润滑脂 安润龙 MDG721-2 重载复合磺酸钙脂	企业标准 滴点>316℃；机械稳定性10万次锥入度变化率：≤2.4%；盐雾腐蚀试验≥1000h；四球极压试验烧结负荷≥400kg；四球磨损试验≤0.5mm	优异的耐高温、抗水、防腐防锈性、机械稳定性和极压抗磨性。 应用：造纸厂湿部和干部造纸机械轴承、压榨部重负荷轴承、毛布导辊、涂布机、辊涂机、复卷机和压光机的高温轴承。使用温度范围： 安润龙 PMG841-1.5：-30~175℃ 安润龙 PMG821-2：-35~175℃ 安润龙 MDG721-2：-18~160℃	180kg/钢桶、18kg/塑料桶

表Ⅱ-55　汽车行业润滑脂的主要技术指标、用途及特点一览表

产品名称	主要技术指标	用途与特点	包装形式
安润龙 86 EP-2	企业标准 滴点>316℃；机械稳定性 10 万次锥入度变化率：≤2.4%；盐雾腐蚀试验≥1000h；四球极压试验烧结负荷≥400kg；四球磨损试验≤0.5mm	优异的耐高温、抗水、防腐防锈性、机械稳定性和极压抗磨性。 应用：汽车及卡车车轮轴承及底盘组件。使用温度范围：-20~160℃	180kg/钢桶、18kg/塑料桶

表Ⅱ-56　铁路应用润滑脂的主要技术指标、用途及特点一览表

产品名称	主要技术指标	用途与特点	包装形式
安润龙 RWG721-000	企业标准 滴点>240℃；四球极压试验烧结负荷≥315kg； 四球磨损试验≤0.5mm；铜片腐蚀 ≥1B	优异的黏附性、抗水性、防腐防锈性和极压抗磨性 应用：铁路缓行器和道岔。使用温度：-30~100℃	180kg/钢桶、18kg/塑料桶

表Ⅱ-57　海运行业应用润滑脂的主要技术指标、用途及特点一览表

产品名称	主要技术指标	用途与特点	包装形式
安润龙 MDG721-2	企业标准 滴点>316℃；机械稳定性 10 万次锥入度变化率,%：≤2.4；盐雾腐蚀试验≥1000h；四球极压试验烧结负荷≥400kg；四球磨损试验≤0.5mm	优异的耐高温、抗水、防腐防锈性、机械稳定性和极压抗磨性。 应用：钢缆脂，甲板操作的各种设备轴承的润滑	180kg/钢桶、18kg/塑料桶

表Ⅱ-58　食品行业应用润滑脂的主要技术指标、用途及特点一览表

产品名称	主要技术指标	用途与特点	包装形式
安润龙 FGCS Plus-2 安润龙 FGCS-2 安润龙 FGCS-2 HD	企业标准 滴点>316℃；机械稳定性 10 万次锥入度变化率：≤2.4%；盐雾腐蚀试验≥1000h；四球极压试验烧结负荷≥400kg；四球磨损试验≤0.5mm	食品级 H1 认证；优异的耐高温、抗水、防腐防锈性、机械稳定性和极压抗磨性。 应用：食品行业各类轴承润滑。使用温度： 安润龙 FGCS Plus-2：-40~177℃ 安润龙 FGCS-2：-20~160℃ 安润龙 FGCS-2 HD：-30~175℃	180kg/钢桶、18kg/塑料桶

二十二、协同油脂产品

协同润滑脂的主要技术指标、用途与特点以及包装形式等信息详见表Ⅱ-59~表Ⅱ-61。

表Ⅱ-59　滚动轴承用润滑脂表的主要技术指标、用途及特点一览表

产品名称	主要技术指标	用途与特点	包装形式
Multemp ET-C 玛鲁天普 ET-C	基础油：酯类油+醚类油 稠化剂：聚脲 外观：淡褐色黏稠状 锥入度：280	Multemp ET-C 除了耐高温、高速、长寿命等特点，还兼具静音性能。是一款适用于汽车电装部件轴承的高性能合成油润滑脂。 在配方上，使用了具备最新技术的聚脲化合物作为稠化剂，通过酯类油和醚类油的结合，能够保证即使在高温高速环境下，油膜可以充分生成。可以防止交流电机轴承的氢脆问题，并兼具防锈性、防水性、低温性和静音性等多种功能，性能优异。也适用于注重耐热、高速、长寿命、静音性能的滚动轴承。例如：引擎周边的电装部件轴承，交流发电机、空调压缩机、涨紧轮、冷却风扇等等。使用温度为：-40~200℃	18kg/2.5kg
Multemp ET-P 玛鲁天普 ET-P	基础油：醚油+合成烃油 稠化剂：聚脲 外观：深蓝色黏稠状 锥入度：280	MULTEMP ET-P 适用于汽车发动机辅助电装部件轴承等非常苛刻的环境下运行的高温长寿命润滑脂。该产品除了可应对高温，高速条件以外，还可有效防止轴承的剥落，并拥有保持轴承静音特性的划时代产品。与 ACM 橡胶兼容性良好也成就了它前所未有的高温长寿命性能，实现了轴承的长寿命化。使用温度为：-40~200℃	16kg/170kg
Muletemp LRL No. 3 玛鲁天普 LRL No. 3	基础油：多元醇酯 稠化剂：锂皂 外观：白色黏稠状 锥入度：235	MULTEMP LRL NO. 3 采用了在高温环境下表现稳定的特殊合成油为基础油、以精制的锂皂为稠化剂，并添加了严格挑选的抗氧化剂及防锈剂等研制而成的，具有很强的抗高速温升能力。MULTEMP LRL NO. 3 能满足高温长寿命的要求。适用于高速电机球轴承、纺织行业高速主轴、滚珠丝杠、直线导轨以及 PCB 钻孔机、SMT 半导体行业、CNC 数控机床主轴和 SMT 半导体无尘室设备的润滑。使用温度为：-50~150℃	18kg/180kg 2.5kg×6 盒 400g×12 盒
Muletemp　LT No. 2 玛鲁天普 LT No. 2	基础油：合成脂 稠化剂：锂皂 外观：白色黏稠状 锥入度：280	MULTEMP LT NO. 2 是以酯类合成油为基础油的较宽温度条件下使用的精密仪器专用润滑脂。特制的锂皂和经过严格挑选的抗氧化剂及防锈剂等经过特殊工艺研制而成的超低力矩长寿命润滑脂。即使在-50℃的极低温条件下也能保持超低温力矩，并且具有优异的氧化安定性和机械安定性，特别适用于对高精度和耐久性具有极高要求的各种精密仪器、计量仪器、渔具、微小型轴承及对于超低温要求的轴承和高速滚动轴承等。使用温度为：-60~130℃	18kg/2.5kg

续表

产品名称	主要技术指标	用途与特点	包装形式
Muletemp PS No. 2 玛鲁天普 PS No. 2	基础油：合成脂+合成烃 稠化剂：锂皂 外观：白色黏稠状 锥入度：275	Muletemp PS No. 2 是一款采用合成脂和合成烃油作为基础油的润滑脂，推荐在低温环境下对低扭矩有所要求的轴承应用。使用温度为：-50~130℃	18kg/180kg 2. 5kg * 6
	基础油：合成烃油 稠化剂：聚脲 外观：淡褐色黏稠状 锥入度：220	MULTEMP SB-M 是一种以合成烃油为基础油、聚脲为稠化剂的高温、高速、低噪音、长寿命润滑脂。该款产品是针对在电机轴承中被广泛使用的 MULTEMP SRL 的耐高温长寿命用途而开发，所以它具有等同于 MULTEMP SRL 的低噪音特性。除此之外还具有良好的低温性、优异的高速低扭矩特性和与优越的树脂和橡胶的兼容性。适用于高速吸尘器电机轴承、汽车冷凝风扇轴承、散热器轴承、抽油烟机轴承、洗衣机串激电机轴承等家电、工业、汽车用高温高速、低噪音长寿命要求的电机轴承。使用温度为：-40~200℃	2kg/16kg
Muletemp SRH 玛鲁天普 SRH	基础油：合成酯 稠化剂：锂皂 外观：淡褐色黏稠状 锥入度：250	MULTEMP SRH 是由在高温下表现稳定的特殊合成油和特制的锂皂和经过严格挑选的抗氧化剂及防锈剂等经过特殊工艺研制而成的低噪音长寿命润滑脂。由于该产品是在无尘室制造，再加上原材料经过特殊工艺处理，使得 MULTEMP SRH 具有区别于其他同类产品的静音特性。除此之外，与 MULTEMP SRL 一样拥有良好低温性、防锈性、使用温度宽广、高温长寿命等特点。MULTEMP SRH 是一种比 MULTEMP SRL 拥有更高黏度的产品，适用于大型轴承和其他要求厚油膜的润滑场所。如办公家电轴承、电动工具轴承、精密仪器轴承、汽车电装产品电机(雨刮器电机、启动电机、座椅电机等)等。使用温度为：-40~150℃	18kg、 2. 5kg
Muletemp SRL 玛鲁天普 SRL	温度：-50~150℃ 基础油：多元醇酯油+二酯油 稠化剂：锂皂 外观：淡褐色黏稠状 锥入度：250	玛鲁天普 SRL 采用在高温下表现稳定的特殊合成油和特制的锂皂，严格挑选的抗氧化剂及防锈剂等经过特殊工艺研制而成的低噪音长寿命润滑脂。由于该产品是在无尘室制造，再加上原材料经过特殊工艺处理，使得玛鲁天普 SRL 具有区别于其他同类产品的静音特性。除了具有良好的低噪音性之外、还具有优异的低温性、防锈性、使用温度宽、润滑高温长寿命等特点。玛鲁天普 SRL 是全球标准的宽温低噪音长寿命电机轴承润滑脂	18kg/180kg 2. 5kg×6 盒
Raremax Super N 希玛士 Super N	温度：-40~180℃ 基础油：矿物油+合成烃油 稠化剂：聚脲 外观：淡褐色黏稠状 锥入度：260	RAREMAX SUPER N 是专门为高性能电机密封轴承而开发设计的高性能高温润滑脂，其最大的特点是高温长寿命。采用不含金属基的二聚脲稠化剂，不会催化基础油的氧化劣化。基础油采用矿物油和聚 α 烯烃混合而成，具有优异的耐高温性和氧化安定性，并且大幅提升了低温条件下的流动性。此外，RAREMAX SUPER N 的轴承噪音特性(低噪音性)、防锈性也十分优越	16kg/170kg

续表

产品名称	主要技术指标	用途与特点	包装形式
Unimax　R No. 2 尤尼玛士　R No. 2	温度：-20~150℃ 基础油：矿物油 稠化剂：复合锂皂 外观：黄褐色黏稠状 锥入度：280	Unimax R No. 2同传统的锂皂系列润滑脂相比，使用温度范围更宽，拥有更卓越的润滑寿命。应对铁路车辆主电机的高速化和延长维护周期上成果显著	18kg 2. 5kg×6 盒

表Ⅱ-60　汽车用润滑脂的主要技术指标、用途及特点一览表

产品名称	主要技术指标	用途与特点	包装形式
RAREMAX AF-1 希玛士　AF-1	温度：-20~170℃ 基础油：矿物油 稠化剂：聚脲 外观：淡黄色、黏稠状 锥入度：300	RAREMAX AF-1采用精制矿物油和聚脲稠化剂为配方炼制而成的轮毂轴承用润滑脂。特别是抗微振磨损性能非常出色，即使在苛刻的条件下(高温、高速)也可以放心使用。适用于车辆轮毂轴承或轮毂单元、车辆减震器推力轴承、螺杆等部件	18kg/180kg
Multemp AC-D 玛鲁天普 AC-D	温度：-50~150℃ 基础油：合成烃油 稠化剂：锂皂 外观：黄色黏稠状 锥入度：300	MULTEMP AC-D采用耐树脂性非常优越的合成烃油为基础油炼制而成的锂基润滑脂。除了适用温度范围广的特点以外，由于含有特殊固体润滑剂和有机钼配方，该产品有具有优秀的抗极压性、抗烧结性能，并且对橡胶、树脂的兼容性好，因此被广泛运用在汽车电气组件的金属与金属或金属与树脂滑动部件的润滑。 例如：汽车电动后视镜收纳电机蜗杆、方向盘锁蜗杆、电动窗帘电机蜗杆、车门中控锁执行器等；车载小型电机齿轮、单向器齿轮、大型螺杆、刹车气缸、办公设备的树脂齿轮等	16kg/180kg 2. 5kg
Multemp AC-K 玛鲁天普 AC-K	温度：-45~150℃ 基础油：合成烃油 稠化剂：锂皂 外观：白色黏稠状 锥入度：325	MULTEMP AC-K是以与塑料具有优越兼容性的合成烃油配以特殊固体润滑剂研制而成的特种锂基润滑脂。MULTEMP AC-K具有从低温到高温的广温度范围的特点，具有卓越的抗磨性，最适用于汽车和办公自动化设备(OA)/视听设备(AV)组件的各种塑料齿轮或滑动组件的降噪、抗磨润滑	16kg/160kg
Multemp AC-N 玛鲁天普 AC-N	温度：-55~150℃ 基础油：合成烃油+二酯 稠化剂：锂皂 外观：黄色黏稠状 锥入度：300	MULTEMP AC-N采用合成烃油和合成酯油为基础油研制而成的多功能锂基润滑脂。该产品应用温度范围宽广、低温性尤其突出。采用有机钼和特殊固体润滑剂，因此具有优异的抗烧结性能，最适用于金属齿轮等在极端苛刻环境下工作且对低温性要求极高的滑动润滑部位，例如：方向盘电子锁减速齿轮、电动座椅减速齿轮、汽车后门锁、管柱衬套等	18kg/180kg 2. 5kg

续表

产品名称	主要技术指标	用途与特点	包装形式
Multemp AC-P 玛鲁天普 AC-P	温度：-55～150℃ 基础油：合成烃油+二酯 稠化剂：锂皂 外观：黑色黏稠状 锥入度：280	MULTEMP AC-P 是采用低黏度合成油为基础油的锂基润滑脂，可应用在从超低温开始的宽广的温度领域；并且该润滑脂里含有二硫化钼、有机钼及其他特殊固体润滑剂等添加剂，使其具有优越的抗极压性和抗烧结性，克服了其他润滑脂一直以来所不能实现的润滑境界。适合使用在更加残酷的润滑条件下的金属齿轮、滑动零部件等。例如汽车助力转向器齿轮齿条润滑等	18kg/180kg
Multemp D No. 2 玛鲁天普 D No. 2	温度：-40～150℃ 基础油：合成烃油 稠化剂：锂皂 外观：白色黏稠状 锥入度：280	MULTEMP D No. 2 采用合成烃油为基础油的锂基润滑脂。由于能够适应从低温到高温的宽温度范围、低温环境不发生触点接触不良，不会对触点材料银或金产生腐蚀，具有良好的触点开关响应性和树脂兼容性，所以被广泛运用于各种电器部件的树脂齿轮或其他滑动部位和各类开关触点部位。 例如：各类电器树脂齿轮、汽车转向组合开关、门锁机构、门锁驱动器、空调开关、车窗升降器开关、点火锁、仪表盘等	2kg×6 盒/16kg
Multemp GS-A 玛鲁天普 GS-A	温度：-30～200℃ 基础油：合成烃油 稠化剂：聚脲 外观：* 锥入度：*	Multemp GS-A 采用了高黏度的合成烃油为基础油，具有良好的耐热性、附着性。含有特殊固体润滑剂，也适用于树脂的滑动部位	18kg
Multemp HL-D 玛鲁天普 HL-D	温度：-40～150℃ 基础油：合成烃油+聚合物 稠化剂：锂皂 外观：白色黏稠状 锥入度：280	MULTEMP HL-D 是以高黏度合成烃油为基础油炼制成的锂基润滑脂。该油脂具有良好的低温性、抗油分离性、消音特性和阻尼特性。该产品与塑料材料的兼容性良好，在塑料滑动部件上也具有优异润滑性。适用于汽车门车窗电动玻璃升降器交叉臂、座椅导轨、锁内外把手、锁扣机构、各种金属或塑料齿轮、金属或塑料的滑动部件等对降低摩擦、低温响应性、消音或阻尼性有要求的部件润滑	16kg/170kg
Multemp L 玛鲁天普 L	温度：-40～150℃ 基础油：合成烃油 稠化剂：锂基皂 外观：白色黏稠状 锥入度：350	MULTEMP L 采用合成烃油为基础油的锂基润滑脂。由于能够适应从低温到高温的宽温度范围，不发生极端的离油，不会对触点材料银或金产生腐蚀，同时具有良好的开关响应性和树脂兼容性，所以被广泛运用于电器部件的树脂齿轮或其他滑动部位和各类汽车开关触点部位。 例如：各类电器树脂齿轮、汽车转向组合开关、管柱伸缩倾斜感应开关、门锁机构、门锁驱动器、排档器开关等	18kg 2. 5kg×6 盒

续表

产品名称	主要技术指标	用途与特点	包装形式
Multemp MM-V 玛鲁天普 MM-V	温度：0～150℃ 基础油：聚合油 稠化剂：硅胶 外观：无色透明 锥入度：260	MULTEMP MM-V 是以高黏度特殊聚合油为基础油、硅胶为稠化剂炼制而成的阻尼润滑脂。具有极强的黏附性，几乎不会发生油分离情况，因此适用于各种滑动部件上(医疗器械的阀门或滑动部件等)，具有优异的消音性和密封性	16kg/2kg
Multemp R No. 1 玛鲁天普 R No. 1	温度：-50～150℃ 基础油：合成烃油 稠化剂：锂基皂 外观：浅蓝色，黏稠状 锥入度：325	MULTEMP R No. 1 采用精致合成油为基础油的各种车辆、轿车、电气电子部件触点开关抗电弧用润滑脂。除了具有优越的抗电弧性之外，在高温、高湿的环境下还可有效的防止铜触点腐蚀，保证了触点开关良好的通电性。此外，MULTEMP R No. 1 还具有良好的低温性和树脂兼容性。适用于各种高电流触点开关	16kg/2kg
Multemp RC-M 玛鲁天普 RC-M	温度：-40～150℃ 基础油：合成烃油 稠化剂：锂皂 外观：蓝色黏稠状 锥入度：280	MULTEMP RC-M 采用高黏度合成烃油为基础油研制而成的锂基润滑脂。具有优良的耐树脂性、低温性和显著的降低异音效果，并且该产品不拘束于高黏性，可适用于从低温到高温的宽温度范围。最适用于汽车、影音设备、办公自动化设备机构组件的塑料齿轮及其他滑动组件	16kg
Multemp SC-S 玛鲁天普 SC-S	温度：-50～200℃ 基础油：合成烃油 稠化剂：聚脲 外观：黄色黏稠状 锥入度：300	MULTEMP SC-S 是一款新型的润滑脂，以合成烃油为基础油配以聚脲作为稠化剂炼制而成。其与树脂的兼容性上表现非常卓越，被推荐应用在宽广的温度范围。其中添加了高性能有机抗磨剂，具有优异的高温性、低温性、抗高载荷和低摩擦系数等特性，适用于汽车启动电机的单向器、减速齿轮、离合器以及其他高低温、高载荷、橡胶兼容性有要求的齿轮及滑动润滑场所	18kg/180kg 2. 5kg
Multemp SH-K Ⅱ 玛鲁天普 SH-K Ⅱ	温度：-60～130℃ 基础油：合成烃油 稠化剂：锂基皂 外观：白色黏稠状 锥入度：300	MULTEMP SH-KⅡ采用低黏度合成烃油为基础油，添加特殊固体润滑剂研制而成的锂基润滑脂。具有杰出的机构塑料部件兼容性和优良的低温性。特别适用于汽车、电气设备、视听设备、办公设备及各种精密仪器的塑料齿轮、凸轮等	16kg/2kg
Multemp SH-U 玛鲁天普 SH-U	温度：-40～150℃ 基础油：合成烃油 稠化剂：锂皂 外观：白色黏稠状 锥入度：325	MULTEMP SH-U 是以高黏度合成烃油为基础油炼制而成的锂基润滑脂，具有优良的消音性和阻尼性，并且具有杰出的塑料兼容性。特别适用于汽车、电气设备、视听设备、办公设备及各种精密仪器的塑料齿轮、凸轮等	16kg

续表

产品名称	主要技术指标	用途与特点	包装形式
Multemp SL-F No. 1 玛鲁天普 SL-F No. 1	温度：-60～130℃ 基础油：合成烃油 稠化剂：锂基皂 外观：白色黏稠状 锥入度：325	MULTEMP SL-F 采用低黏度合成烃油为基础油，锂基皂为稠化剂的机构组件用润滑脂。具有优越的低温特性、树脂兼容性，适用于各类对低温性有特殊要求的电器齿轮和汽车电器产品滑动部位。 例如：汽车点火锁、方向盘锁、换档开关、伸缩式前车灯驱动齿轮等	16kg/2kg
Multemp SW-F 玛鲁天普 SW-F	温度：-40～150℃ 基础油：合成烃油 稠化剂：锂皂 外观：白色黏稠状 锥入度：250	MULTEMP SW-F 是基础油采用低黏度的合成烃油、稠化剂采用锂皂的微小电流接点用润滑脂。具有优越的低温性，对减少被认为是误动作的原因的低温时不规则的电压下降(震颤)有效果。而且，能抑制作为接点材料的银、铜等的腐蚀，具有优良的耐磨损性	16kg
Multemp WR194 玛鲁天普 WR194	温度：-40～150℃ 基础油：合成烃油 稠化剂：锂皂 外观：白色黏稠状 锥入度：300	MULTEMP WR194 采用锂皂为稠化剂，高黏度合成烃油为基础油配制而成的特殊合成油润滑脂。合成烃基础油与树脂部件的兼容性和润滑性方面也表现非常好，配合与树脂兼容的特殊抗磨添加剂，强化了抗磨性。另外、采用了高黏度的基础油，所以具有优异的黏附性和优越的阻尼效果即消音、减振效果。 该产品更主要的特点是即使采用了高黏度基础油，还能保持优异低温性。此外、即使在室外暴露的条件下也能保持优越的长寿命。适用于汽车玻璃升降器、玻璃天窗等降噪减磨用途	16kg/170kg
Plasguard SG 浦莱德 SG	温度：-40～150℃ 基础油：合成烃油+矿物油 稠化剂：膨润土 外观：黄褐色黏稠状 锥入度：300	PLASGUARD SG 采用无机稠化剂和半合成基础油炼制而成，具有优异的树脂兼容性、耐热性和低温性，特别适用于小型电器以及家电、汽车等其他塑料零部	18kg 2. 5kg×6 盒
Chassis Grease No. 2 底盘脂 K No. 2	温度：-5～80℃ 基础油：矿物油 稠化剂：钙皂 外观：黄色、黏稠状 锥入度：280	CHASSIS GREASE No. 2 采用钙皂为稠化剂，矿物油为基础油的车辆通用润滑脂。由于具有良好的黏附性和优异的防水性，广泛的使用于各种高级车辆底盘及其周边零部件。 应用推荐：各种车辆、装载机械(叉车、吊车、起重机等)、建筑机械(挖掘机、推土机等重型车辆)、农业机械(割草机、播种机、收割机等)、重型车辆、轻型车辆和乘用车等	170kg

续表

产品名称	主要技术指标	用途与特点	包装形式
Molywhite LSG 摩力白 LSG	温度：-40~150℃ 基础油：合成碳化烃油+矿物油 稠化剂：锂皂 外观：黄色、黏稠状 锥入度：325	MOLYWHITE LSG 采用合成烃油和精选的低温性优越的矿物油为基础油的锂基润滑脂。可适用于从低温到高温的宽温度范围。另外，由于含有有机钼等添加剂配方、可实现优越的耐磨损性能、可适用于在非常苛刻的润滑条件下使用的各种金属齿轮、也可适用于滑动零件部位，如汽车转向器齿轮齿条等	16kg/170kg
Multemp AC-P 玛鲁天普 AC-P	温度：-55~150℃ 基础油：合成烃油+二酯 稠化剂：锂皂 外观：黑色、黏稠状 锥入度：280	MULTEMP AC-P 是采用低黏度的合成油为基础油的锂基润滑脂，可应用在从超低温开始的宽广的温度领域；并且该润滑脂里含有二硫化钼、有机钼及其他特殊固体润滑剂等添加剂，使其具有优越的抗极压性和抗烧结性，克服了其他润滑脂一直以来所不能实现的润滑境界。适合使用在更加残酷的润滑条件下的金属齿轮、滑动零部件等。例如汽车助力转向器齿轮齿条润滑等	180kg/18kg
Multemp GS-A 玛鲁天普 GS-A	温度：-30~200℃ 基础油：合成烃油 稠化剂：二聚脲 外观：白色、黏稠状 锥入度：410	Multemp GS-A 是采用了高黏度的合成烃油为基础油，具有良好的耐热性、附着性。含有特殊固体润滑剂，也适用于树脂的滑动部位	18kg
Multemp L 玛鲁天普 L	温度：-40~150℃ 基础油：合成烃油 稠化剂：锂基皂 外观：白色、黏稠状 锥入度：350	MULTEMP L 采用合成烃油为基础油的锂基润滑脂。由于能够适应从低温到高温的宽温度范围、不发生极端的离油、不会对触点材料银或金产生腐蚀，同时具有良好的开关响应性和树脂兼容性，所以被广泛运用于电器部件的树脂齿轮或其他滑动部位和各类汽车开关触点部位。 例如：各类电器树脂齿轮、汽车转向组合开关、管柱伸缩倾斜感应开关、门锁机构、门锁驱动器、排档器开关等	16kg/2kg
Multemp SC-U 玛鲁天普 SC-U	温度：-40~200℃ 基础油：合成烃油 稠化剂：脂肪族二聚脲 外观：淡黄色、黏稠状 锥入度：280	MULTEMP SC-U 是以合成烃油为基础油配以聚脲稠化剂的耐高温、长寿命树脂组件用润滑脂。由于含有特殊树脂润滑改进剂，所以即使在特别高面压下环境下工作的树脂齿轮等组件中都能显示出非常优越的低摩擦性。该产品具有优越的树脂兼容性、高温性、低温性、极压性，适用于有高低温、极压性需求的润滑部件。例如：汽车转向器齿轮齿条、电动助力转向电机涡轮蜗杆、减速齿轮等	170kg/16kg 2. 5kg

续表

产品名称	主要技术指标	用途与特点	包装形式
Multemp AC-T 玛鲁天普 AC-T	温度：-45~130℃ 基础油：聚乙二醇 稠化剂：锂皂 外观：浅褐色、黏稠状 锥入度：280	MULTEMP AC-T 采用聚乙二醇合成油制成的锂基润滑脂，具有良好的橡胶兼容性和低温性。适用于在天然橡胶，三元乙丙橡胶，硅橡胶环境下的各种金属轴承、齿轮或其他滑动部件的润滑	18kg
Multemp CE-T 玛鲁天普 CE-T	温度：-30~130℃ 基础油：矿物油 稠化剂：锂皂 外观：白色、黏稠状 锥入度：280	Multemp CE-T 是一款在精选矿物油之中添加了锂皂稠化剂的润滑脂。使用在非金属材质的汽车连接部位上时，因具备优越的氧化安定性，可长期使用	2.5kg×6 盒/18kg
Multemp SA 玛鲁天普 SA	温度：-40~130℃ 基础油：合成烃油+矿物油 稠化剂：锂皂 外观：淡褐色、黏稠状 锥入度：280	MULTEMP SA 是以合成油和精制矿物油为基础油炼制而成汽车用润滑脂。尤其在低温性、涂料兼容性、防锈性能上表现优越，还具有突出的长期稳定性。适用于汽车门锁机构，如锁扣、把手、车门铰链、锁芯等；以及各种电机传动机构塑料或金属齿轮，如玻璃升降器、雨刮器、座椅电机、天窗电机等；各种电动或手动启动机，各种通用低温性需求的驱动电机齿轮等润滑	2kg/16kg
Multemp SI-B 玛鲁天普 SI-B	温度：-60~400℃ 基础油：硅油 稠化剂：二氧化硅 外观：浅黄色、黏稠状 锥入度：280	MULTEMP SI-B 是采用硅油和二氧化硅稠化剂的超极耐热润滑脂。该产品与传统产品对比具有很强的基础油抗蒸发能力和在高温下产品本身维持半固体状态的能力，而且低温性非常的优越。出于这种特性，该产品适用于非润滑用途，主要作为高温降噪涂层使用。主要应用与汽车盘式制动系统刹车片背板和减震片之间涂抹用，主要起到减少刹车时的鸣叫音	16kg/2kg
Multemp SL-V No.2 玛鲁天普 SL-V No.2	温度：-40~150℃ 基础油：合成烃油 稠化剂：锂皂 外观：白色、黏稠状 锥入度：280	MULTEMP SL-V No. 2 采用高黏度合成烃油为基础油炼制而成的高黏度锂基润滑脂。该产品系专门为车辆球头使用而专门开发。由于其采用高黏度基础油，所以可以作为阻尼润滑脂使用，并且该产品具有优良的塑料兼容性。应用于内部夹树脂套的各种车辆的横接头、拉杆球头、悬挂摆臂球头、雨刮器连杆球头以及转向器管柱中间轴等	16kg/170kg
Multemp TA No.2 玛鲁天普 TA No.2	温度：-30~120℃ 基础油：矿物油 稠化剂：锂皂 外观：淡黄白色、黏稠状 锥入度：280	MULTEMP TA No.2 是由精炼矿物油和锂皂组成的汽车车身用润滑脂。具有优异的低温性和耐水性，不会对车身涂料产生负面影响。应用于：座椅导轨、座椅电机齿轮、座椅调角器、车窗玻璃升降器导轨、门锁机构、雨刮器电机齿轮、手动刹车、脚刹、天线、头枕滑动部、各种小型金属齿轮、电动开关等。丰田 TSK 规格认证产品	18kg/180kg 2.5kg×6 盒

续表

产品名称	主要技术指标	用途与特点	包装形式
Multemp TAS No. 2 玛鲁天普 TAS No. 2	温度：-40~120℃ 基础油：矿物油 稠化剂：锂皂 外观：淡黄白色、黏稠状 锥入度：280	MULTEMP TAS NO. 2 由精炼矿物油和锂皂组成、具有优异的低温性和耐水性，也兼具优良的涂料兼容性。最适用于具有极低温要求的汽车车身部件用润滑脂。例如：座椅导轨、座椅电机齿轮、座椅调角器、车窗玻璃升降器导轨、门锁机构、雨刮器电机齿轮、手动刹车、脚刹、天线、头枕滑动部、各种小型金属齿轮等。丰田 TSK 规格认证产品	18kg/180kg 2. 5kg×6 盒
Multemp WR194 玛鲁天普 WR194	温度：-40~150℃ 基础油：合成烃油 稠化剂：锂皂 外观：白色、黏稠状 锥入度：300	MULTEMPWR194 采用锂皂为稠化剂高黏度合成烃油为基础油配制而成的特殊合成油润滑脂。合成烃基础油与树脂部件的兼容性和润滑性方面也表现非常好，配合与树脂兼容的特殊抗磨添加剂，强化了抗磨性。另外，采用了高黏度的基础油，所以具有优异的黏附性和优越的阻尼效果即消音、减振效果。 该产品更主要的特点是即使采用了高黏度基础油，还能保持优异低温性。此外、即使在室外暴露的条件下也能保持优越的长寿命。适用于汽车玻璃升降器、玻璃天窗等降噪减磨用途	16kg/170kg
One-Luber MO No. 2 万鲁霸 MO No. 2	温度：-20~150℃ 基础油：矿物油 稠化剂：锂皂 外观：灰黑色、黏稠状 锥入度：280	ONE-LUBER MO NO. 2 是采用二硫化钼配方的通用锂基润滑脂。非常适用于伴随有冲击的高负荷滑动部件的润滑，例如汽车的各种球接头和十字接头、汽车底盘部件、车载转向系统齿轮齿条等	180kg/18kg
Plasguard SG 浦莱德 SG	温度：-40~150℃ 基础油：合成烃油+矿物油 稠化剂：膨润土 脂肪族二聚脲 外观：黄褐色、黏稠状 锥入度：300	PLASGUARD SG 采用无机稠化剂和半合成基础油炼制而成，具有优异的树脂兼容性、耐热性和低温性，特别适用于小型电器以及家电、汽车等其他塑料零部件	18kg 2. 5kg×6 盒
RAREMAX MO 希玛士 MO	温度：-20~150℃ 基础油：矿物油 稠化剂：聚脲 外观：灰黑色、黏稠状 锥入度：320	RAREMAX MO 采用聚脲为稠化剂、配合低温性优越的精制矿物油，针对所有使用钢球的等速万向节而专门开发的高级润滑脂。主要特点：耐高温性能比锂基润滑脂更出色，可以达到 150℃；另外，该产品耐久(寿命)性能上表现突出、还可以解决 CVJ 的小型化而带来的扭矩提高问题。 推荐使用万向节类型：外球笼(BJ，UBJ，VL 型)，内球笼(DOJ，VL 型)，不适用于 TJ 型	18kg/180kg

续表

产品名称	主要技术指标	用途与特点	包装形式
RAREMAX SW No. 1 希玛士 SW No. 1	温度：-30~130℃ 基础油：矿物油 稠化剂：二聚脲 外观：淡黄色、黏稠状 锥入度：315	RAREMAX SW No. 1 是采用高黏度精制矿物油配合聚脲稠化剂炼制而成的耐高温润滑脂。具有良好的氧化安定性和抗腐蚀性。RAREMAX SW No. 1 是抗腐蚀、耐高温的标准化汽车连接器用润滑脂	18kg
Rubber Grease 橡胶脂	温度：-40~130℃ 基础油：聚二乙醇 稠化剂：锂皂 外观：红色、黏稠状 锥入度：280	RUBBER GREASE 采用具有良好橡胶兼容性的合成油，并添加防锈剂和其他添加剂研制而成的高性能汽车制动系统用橡胶润滑脂。具有良好的橡胶兼容性，可防止刹车油泄漏和保护刹车橡胶皮碗	18kg
Bitotemp PL 生态天普 PL	温度：-30~150℃ 基础油：合成酯 稠化剂：复合锂	取得日本环保标志(EcoMark)认证的生物降解型润滑脂，不仅有保护地球环境的作用，而且具有良好的润滑性、耐热性、耐久剂等诸多性能，用途广泛	—
Bitotemp VC 生态天普 VC	温度：-20~100℃ 基础油：植物油 稠化剂：钙皂	取得日本环保标志(EcoMark)认证的生物降解型润滑脂，不仅有保护地球环境的作用，而且具有良好的润滑性、耐热性、耐久剂等诸多性能，用途广泛	—
Fluotribo BX 氟特博 BX	温度：-50~250℃ 基础油：氟合成油 稠化剂：聚四氟乙烯 外观：白色 锥入度：280	最适用于在-50~250℃温度环境下工作的各种设备的球轴承。特别是汽车交流发电机等的高温条件下的轴承、接触化学品或有机溶剂的装置、电子、精密仪器等轴承的润滑	1kg/16kg
Fluotribo ELT 氟特博 ELT	温度：-70~250℃ 基础油：氟合成油 稠化剂：聚四氟乙烯 外观：白色 锥入度：300	适用于各种金属部件的滑动润滑部位。特殊的产品配方使其具有耐低温性、抗油性、抗药性，由于产品本身的惰性，使之对树脂及弹性体的影响降至最低	1kg/16kg
Fluotribo MH 氟特博 MH	温度：-30~250℃ 基础油：氟合成油 稠化剂：聚四氟乙烯 外观：白色 锥入度：270	Fluotribo MH No. 2 采用经过严格挑选的高黏度高品位基础油的超高温用润滑脂，可以实现在250℃环境下保持流体润滑。 Fluotribo MH No. 2 是防锈性改进品	4kg/16kg

续表

产品名称	主要技术指标	用途与特点	包装形式
Fluotribo VAC 氟特博 VAC	温度：-60~250℃ 基础油：氟合成油 稠化剂：聚四氟乙烯 外观：白色 锥入度：280	高真空设备的轴承、密封件、液化天然气和液化石油气的阀门及其他扭动部位，超级低发挥要求的半导体设备	1kg/100g
Microcarbon Grease 微碳导电脂	温度：-30~150℃ 基础油：聚乙二醇 稠化剂：膨润土 外观：黑色黏稠状 锥入度：325	MICROCARBON GREASE No. 1 采用特殊合成油为基础油，选用耐高温性优秀的膨润土为稠化剂，添加减摩剂和碳黑炼制而成的特种抗磨损导电润滑脂。该产品是针对断路器开关等高压电气滑动接触部件抗磨专用润滑脂此外，MICROCARBON GREASE 与除了 ABS 和 PC 树脂以外的其他树脂材料和橡胶材料具有良好的兼容性	2. 5kg×6 盒
Multemp ELP 玛鲁天普 ELP	温度：-50~150℃ 基础油：合成烃油 稠化剂：碳黑 外观：黑色黏稠状 锥入度：254	MULTEMP ELP 采用与材料兼容性优越的合成烃油为基础油，为了降低润滑脂本身现有的电阻率，采用碳黑为稠化剂炼制而成的高性能导电合成润滑脂。该产品具有卓越的材料兼容性，低温性，且适用温度范围宽，电阻率低等特点，适用于安装抗静电设备或接地通电的轴承和其他润滑点	1kg
Multemp SRL 玛鲁天普 SRL	温度：-50~150℃ 基础油：多元醇酯油+二酯油 稠化剂：锂皂 外观：淡褐色黏稠状 锥入度：250	玛鲁天普 SRL 采用在高温下表现稳定的特殊合成油和特制的锂皂，严格挑选的抗氧化剂及防锈剂等经过特殊工艺研制而成的低噪音长寿命润滑脂。由于该产品是在无尘室制造，再加上原材料经过特殊工艺处理，使得玛鲁天普 SRL 具有区别于其他同类产品的静音特性。除了具有良好的低噪音性之外、还具有优异的低温性、防锈性、使用温度宽、润滑高温长寿命等特点。玛鲁天普 SRL 是全球标准的宽温低噪音长寿命电机轴承润滑脂	180kg/18kg 2. 5kg×6 盒
Spacelube ML 太空鲁博 ML	温度：-40~150℃ 基础油：环戊烷油 稠化剂：锂皂	采用环戊烷油为基础油的真空润滑用脂。环戊烷油具有同氟化油一样的低蒸汽压，具有良好的润滑性。适合用于真空环境下氟素润滑脂所不能解决的润滑问题	25g

表Ⅱ-61　设备用润滑脂的主要技术指标、用途及特点一览表

产品名称	主要技术指标	用途与特点	包装形式
Alumix EP No. 1 阿鲁米斯 EP No. 1	温度：-20~170℃ 基础油：矿物油 稠化剂：复合铝皂 外观：淡褐色黏稠状 锥入度：370	Alumix EP No. 1 采用复合铝皂为稠化剂，使用经过严格挑选的精制矿物油炼制而成的润滑脂。该润滑脂具有卓越的抗载荷性能，被称之为万能型润滑脂。与传统的万能型锂皂润滑脂、复合钙皂润滑脂相比，Alumix EP No. 1 具备更多优越的特性，具有良好的泵送性、拨水性，可以在更广泛的领域发挥极为出色的润滑效果	18kg/180kg
Alumix MO 阿鲁米斯 MO	温度：-20~200℃ 基础油：矿物油 稠化剂：复合铝 外观：灰黑色黏稠状 锥入度：280	Alumix MO 是一款有效结合了二硫化钼添加物和聚脲稠化剂的润滑脂，具备优异的耐热性能和防水性能。特别对于高温和高载荷环境下的轴承运行，在延长保养间隔和提升效率方面卓有成效	18kg/180kg 400g
Citrax EP No. 1	温度：-20~130℃ 基础油：矿物油 稠化剂：锂基皂 外观：棕色黏稠状 锥入度：325	Citrax EP No. 1 是以锂基皂稠化精炼矿物油、并添加了无公害极压添加剂的环保型极压润滑脂。该极压添加剂不含有毒工业废弃物中受限制的有毒重金属。Citrax EP No. 1 具有优异的耐热性、耐水性、极压性和机械安定性。适用于各种车辆、机械设备等部件的润滑，以及各种部件滑动面的润滑	16kg 400g×20
Duplex EP No. 1 杜力士 SP No. 1	温度：-20~130℃ 基础油：矿物油 稠化剂：锂基皂 外观：棕色黏稠状 锥入度：325	Duplex EP No. 1 是以锂基皂稠化精炼矿物油、并添加了无公害极压添加剂的环保型极压润滑脂。该极压添加剂不含有毒工业废弃物中受限制的金属。 具有优异的耐热性、耐水性、极压性和机械安定性。适用于各种车辆、机械设备等部件的润滑，以及各种部件滑动面的润滑	18kg/180kg
Emalube L 艾玛鲁博 L	温度：-10~200℃ 基础油：矿物油+聚合物 稠化剂：二聚脲 外观：淡褐色黏稠状 锥入度：350	EMALUBE L 是针对长时间暴露于高温、高湿环境中的润滑系统而专门研发的特种润滑脂。它采用一种新型聚脲化合物为稠化剂，可提供更长的润滑寿命、优良的防锈性和史无前例的强高温（Max250℃）抗聚合性。EMALUBE L 更加适用于集中供脂系统。典型应用：高炉、连铸机、加热炉、烧结炉、炼焦炉等各类冶金设备传动轴承、风力发电旋转轴承及各类金属齿轮等	18kg/180kg
Excelite EP No. 1 艾斯莱特 EP No. 1	温度：-20~200℃ 基础油：矿物油 稠化剂：聚脲 外观：淡褐色黏稠状 锥入度：325	Excelite EP No. 1 采用复合型聚脲为稠化剂、中黏度精制矿物油为基础油，且含有特殊抗极压添加剂，属于耐热性、耐水性超强的极压型多用途润滑脂。由于使用了特殊的抗极压剂，即使在苛刻条件下也能发挥出卓越的抗载荷性和耐磨损性能，延长机械的寿命，增强设备的可靠性	18kg 400g×20

续表

产品名称	主要技术指标	用途与特点	包装形式
Excelite 艾斯莱特	温度：-10~200℃ 基础油：矿物油 稠化剂：聚脲	以高黏度精炼矿物油为基础油、聚脲为稠化剂的高温用二硫化钼润滑脂	18kg 400g×20
FR Grease L No. 1 FR 阻燃脂 No. 1	温度：-10~130℃ 基础油：矿物油 稠化剂：锂基皂 外观：褐色黏稠状 锥入度：325	协同油脂 FR Grease L No. 1 的诞生标志着润滑脂技术革命迈入了一个新的里程碑。它是采用了协同油脂最新科技研发成果研制而成的特种阻燃润滑脂，其阻燃特性卓越。该润滑脂即使从动着火，在短时间内会自动熄灭（很容易自动熄灭），除此之外还具有防止燃烧扩散之特性，可以有效的防止火灾的蔓延，给防灾起到决定性的作用。FR Grease L No. 1 为极压锂基系列润滑脂同时适用于集中供脂系统。用途主要用于冶金行业炼钢高炉、炼焦设备，连铸连轧设备，卷曲设备及其他高温作业附属周边设备，其他行业高温作业附属周边设备，如铸造机械、热锻造机械等机械部件的润滑	18kg
GC Grease 350 GC 齿轮脂	温度：-10~150℃ 基础油：矿物油+聚合物 稠化剂：聚脲 外观：灰黑色黏稠状 锥入度：350	GC GREASE 350 是一款主要针对齿轮耦合器抗磨损、抗泄漏而开发的高性能润滑脂。由于采用了耐热性非常好的聚脲稠化剂，添加了特殊聚合物黏稠剂、极压剂和固体润滑剂等多种高性能添加剂，使得 GC GREASE 350 在抗分油性和附着性上表现非常优越，在高面压滑动润滑条件下可显示非常突出的润滑效果。适用于各种大中小型齿轮耦合器、齿轮箱、齿轮及各种高面压滑动润滑部位	18kg/180kg 400g×20
Molylex M No. 2 摩力斯 M No. 2	温度：-20~150℃ 基础油：矿物油+聚合物 稠化剂：锂基皂 外观：黑棕色黏稠状 锥入度：280	MOLYLEX M No. 2 由特殊聚合物、固体润滑剂、金属铜抗磨剂以及多种稳定剂配方组成。该产品适用于滑动表面等极易发生烧结或极度磨损的润滑部位、以及由铜合金或非铁金属制成的轴承或其他滑动部位。在延长润滑周期以及节约人力和物力方面，MOLYLEX M No. 2 将达到预期的效果	180kg 400g×20
Molylex RN 摩力斯 RN	温度：-20~200℃ 基础油：矿物油 稠化剂：膨润土 外观：- 锥入度：-	含有热稳定性优越的聚合物和多种大量的固体润滑剂，可满足超高温滑动润滑部位的润滑需求	2. 5kg
Molywhite 1B240 摩力白 1B240	温度：-20~150℃ 基础油：矿物油+聚合物 稠化剂：锂基皂 外观：黄色黏稠状 锥入度：325	MOLYWHITE 1B240 采用矿物油、聚合物和极压剂配方的锂基润滑脂。主要特点是在滑动接触面表现出优异的润滑性、同时具有突出的黏附性、极压性和防水性。可推荐于轧机工作辊轴套或其他低速高面压易磨损滑动接触面	18kg

续表

产品名称	主要技术指标	用途与特点	包装形式
Palmax RBG 帕玛士 RBG	温度：-10~150℃ 基础油：矿物油 稠化剂：特殊复合锂皂 外观：黄色黏稠状 锥入度：300	Palmax RBG 是一款具备在不同温度条件下自动调节油分离、油复原特性的油脂，虽然是润滑脂但持有和润滑油同样的功能。使传统润滑脂所力不能及的高 PV(载荷速度比)条件下的润滑成为可能	
Powerlite No. 2 帕瓦莱特 No. 2	温度：-10~120℃ 基础油：矿物油+聚合物 稠化剂：特殊钙皂 外观：黄褐色黏稠状 锥入度：280	Powerlite No. 2 是以特殊钙皂做为稠化剂，配合了极压剂和特殊聚合物的多功能润滑脂。特殊聚合物所形成的坚固油膜，使得该产品具有超越的与金属的附着力，并且极压性极为优越。抗水性强、即使在混入水的情况下润滑脂构造的变化极小，油份分离也极少的高性能润滑脂。即使在高温、多水的恶劣环境下也能保证设备的稳定运行，并发挥延长设备润滑寿命之目的。用途：各种车辆，车、磨加工机械，车床，建筑机械(挖掘机、推土机等重型车辆)，农业机械(割草机、播种机、收割机等)，冶金设备，矿山机械等各种产业机械	18kg
Powerlite WR 帕瓦莱特 WR	温度：-20~180℃ 基础油：矿物油 稠化剂：复合磺酸钙 外观：褐色黏稠状 锥入度：325	Powerlite WR 是以复合磺酸钙为稠化剂，采用最新生产工艺研制而成的多功能润滑脂。 主要具有如下优点：1. 剪切安定性：10^5 次剪切试验后还能保持胶体稳定，工作锥入度变化量非常小。2. 抗水性：卓越的黏附性使之不易被水冲刷导致润滑脂流失。3. 抗载荷能力：采用特殊结构的复合磺酸钙稠化剂提供卓越的抗磨损性和抗载荷能力。4. 防锈、防腐蚀性：在严酷的工作环境下，比锂基润滑脂和复合铝基润滑脂能保持更长久的防锈、防腐蚀能力。5. 环保性：该产品沉淀于水、焚烧后不产生重金属，是替代二硫化钼润滑脂而设计的新一代环保型多功能润滑脂。 用途：高载荷、高含水的润滑环境，冶金设备(粗轧、精轧、立式压力定宽机、卷取机等各种轧辊半密封轴承)，建筑机械(挖掘机、推土机、起重机、叉车等重型车辆)、瓦楞纸业，木材加工，农业机械等	18kg/180kg 400g×20
Unilite M No. 2 尤尼莱特 M No. 2	温度：-20~150℃ 基础油：矿物油 稠化剂：聚脲 外观：黄白色色黏稠状 锥入度：280	UNILITE M No. 2 采用聚尿为稠化剂研制而成的多功能润滑脂，具有优异的耐水性，防锈性、耐热性、高载抗磨性和抗烧结性。特别适用于舷外发动机、电动机旋转或滑动部件以及需要防水或防海水的传动轴。具有非常强的抗盐水腐蚀性	18kg 2. 5kg×6

续表

产品名称	主要技术指标	用途与特点	包装形式
Unilube DL No. 1 尤尼鲁博 DL No. 1	温度：-20~130℃ 基础油：矿物油 稠化剂：锂基皂 外观：茶褐色黏稠状 锥入度：325(0.1mm)	Unilube DL No. 1 是在泵送性、低温性能上表现优越的极压型集中供脂用润滑脂。该产品具有良好的极压性、机械安定性、抗氧化性、耐热性、防锈性以及耐水性。在各种冶金设备、搬运机械、通用机械、加工中心、车辆等工业机械及设备领域得到非常广泛的关注和好评。该产品是一款不含有害金属添加剂的无公害环保型万能极压润滑脂	18kg/180kg

二十三、营口福斯油品有限公司

营口福斯油品有限公司润滑脂的主要技术指标、用途与特点以及包装形式等信息详见表Ⅱ-62。

表Ⅱ-62　营口福斯油品有限公司润滑脂的主要技术指标、用途及特点一览表

产品名称	主要技术指标	用途与特点	包装形式
福斯润滑脂 RENOLIT LX EP-2	KP 2P-30	RENOLIT LX EP-2 是以复合锂皂为基础，并加有极压、抗磨、抗氧和防锈添加剂制成的多效能润滑脂。适用于多数重负荷工业应用及对润滑脂综合性能要求很高的场合	17kg、180kg
福斯润滑脂 RENOLIT EP-2	KP 2 K-20	NOLIT EP-2 以 12-羟基硬脂酸锂皂和高黏度矿物油为基础，并采用不含重金属的化合物作为极压添加剂极压锂基润滑脂。RENOLIT EP-2 广泛用于低速和一般速度高压轴承、滚动轴承的润滑	17kg、180kg
福斯润滑脂 RENOLIT MO 2	KPF2 K-20	RENOLIT MO 2 是一种含有抗氧化、防腐蚀、抗磨损添加剂，以精炼基础油和二硫化钼制成的具有突出稳定性和抗水性能的锂基润滑脂。 适用于大多数重负荷、伴随着冲击负荷的滚动及滑动轴承润滑，尤为适用于重负荷轴承以及经受冲击负荷的轴承和联轴器润滑	17kg、180kg
福斯润滑脂 RENOLIT CXI 2	KP 2 R-20	RENOLIT CXI2 是一种以精选的基础油制成的优质磺酸钙润滑脂，它具有极好的耐水性能，即使接触酸溶液和碱溶液，也具有极好的工作稳定性、防腐蚀性能、抗油分离性能。 适用于冶金工业如轧机轴承、造纸机械、化工机械、采矿设备、混凝土工程机械、大型建筑工程设备等	17kg、180kg

二十四、天津市金海利油脂有限公司

天津市金海利油脂有限公司润滑脂的主要技术指标、用途与特点以及包装形式等信息详见表Ⅱ-63。

表Ⅱ-63 天津市金海利润滑脂的主要技术指标、用途与特点一览表

产品名称	主要技术指标	用途与特点	包装形式
轧辊轴承专用脂 1#、2#和 3#	SH/T 0535—2003	适用于各种机械设备的滚动和滑动摩擦部位上的润滑，特别适合钢铁厂线材轧辊轴承的润滑。适用温度范围：-20~150℃	15kg/桶、170kg/桶
汽车轮毂轴承脂 1#、2#和 3#	SH/T 0535—2003	适用于汽车万向节、高级轿车、大客车及载重货车轮毂轴承、联轴器、汽车底盘、水泵电机等摩擦部位的润滑。适用温度范围：-30~160℃	800g/桶、2kg/桶、17kg/桶、170kg/桶
复合磺酸钙基润滑脂 1#和 2#	GB/T 33585—2017	优异的高温性能、抗水性能、极压抗磨性能和防锈性能，具备高温、多水、重负荷等苛刻条件下的实用性能。 适用于选矿厂球磨机的主传动轴承，炼铁厂焦车轴承，各种连铸机大包回转台齿圈，连铸机二冷区、扇形段、拉矫机、输送辊道轴承；各种带钢厂出坯辊道、粗轧机工作辊、精轧机工作辊、卷取机轴承、齿形接手、水泵轴承，无缝钢管厂轧管机定型辊；中厚板厂轧机工作辊、热处理炉的炉底辊道轴承；型材，线材厂轧机工作辊、冷床轴承	2kg/桶、17kg/桶、200kg/桶
300℃ 润滑脂 3#、2#、1#	滴点：无 锥入度：250~320(0.1mm) 蒸发损失(250℃，24h)：2.4 腐蚀试验：1b	适用于高温、低速、重负荷工况条件下的滚动轴承的润滑，如陶瓷、电瓷、砖瓦隧道窑等窑车轴及一些烘烤设备的链条和轴承的润滑；也适用于烧结台车，静止加热的钢锭、铝锭、回火料车、焚烧炉、再生炉、喷漆烘干线等高温轴承的润滑。使用温度为：-40~300℃	800g/桶、2kg/桶、17kg/桶、170kg/桶
600℃ 润滑脂 3#、2#、1#	滴点：无 锥入度：250~320(0.1mm) 腐蚀试验：1b	适用于加热炉、张布架、火焰切割机、火咀、锅炉等高温轴承和滑动部位的润滑和防护；适用于炼钢炉、陶瓷窑、高温烤箱等高温重负荷环境；也适用于所有静态螺纹结件和机械组件的装配润滑保护。极佳的螺纹丝扣防粘性和抗烧结性，预防螺纹结件刮削与紧蚀，可防火、防酸、防氧化、防灰尘，具特殊金属保护作用，减少噪音和震动。使用温度为：-40~600℃	800g/桶、2kg/桶、17kg/桶、170kg/桶
通用锂基润滑脂 3#、2#、1#、0#、00#、000#	GB/T7324—2008	具有良好的抗水性、机械安定性、防锈性和氧化安定性等特点。适用于一般机械设备的滚动轴承和滑动轴承及其他摩擦部位的润滑。使用温度为：-20~120℃	15kg/桶、170kg/桶
汽车通用锂基润滑脂 3#、2#、1#	GB/T 5671	该产品具有良好的机械安定性，胶体安定性，抗抗水性，防锈性和氧化安定性。适用于车轮毂轴承、底盘、水泵和发电机等摩擦部位的润滑。 使用温度为：-20~120℃	15kg/桶、170kg/桶
极压锂基润滑脂 3#、2#、1#、0#、00#	GB/T 7323—2010	该产品适用于中重负荷的机械设备轴承和齿轮的润滑，3#用于压延机、锻造机等高负荷机械设备轴承。使用温度为：-20~120℃	15kg/桶、170kg/桶

二十五、统一石油化工有限公司

统一石油化工有限公司润滑脂的主要技术指标、用途与特点以及包装形式等信息详见表Ⅱ-64~表Ⅱ-76。

表Ⅱ-64　通用锂基类润滑脂的主要技术指标、用途与特点一览表

产品全称及牌号	主要技术指标	用途与特点	包装形式	执行标准
通用锂基润滑脂3号	基础油40℃运动黏度：170mm^2/s 锥入度：232(0.1mm) 滴点：232℃ 钢网分油：0.6% 相似黏度(15℃)：986.6Pa·s 铜片腐蚀：无绿色和黑色变化	采用优质脂肪酸锂皂稠化精制矿物油，并加入抗氧、防锈等多种添加制成。产品独家采用耐高温特效因子技术，在高温环境下能够增强润滑脂皂纤维结构，保持皂纤维分子不被破坏，有效防止润滑脂在高温环境下漏失，确保润滑脂稠度和形态，在超高温工况下提供出色的润滑保护。滴点大于210℃，同时具有良好的机械安定性、胶体安定性和抗水性，广泛适用于工作温度在-20~120℃范围的各种机械设备的滚动轴承和滑动轴承及其他摩擦部位的润滑	塑桶：300g、500g、800g、1kg、1.8kg、15kg，铁桶：170kg	GB/T 7324—2010
通用锂基润滑脂2号	基础油40℃运动黏度：170mm^2/s 锥入度：275(0.1mm) 滴点：230℃ 钢网分油：3% 相似黏度(15℃)：666.0Pa·s 铜片腐蚀：无绿色和黑色变化	采用优质脂肪酸锂皂稠化精制矿物油，并加入抗氧、防锈等多种添加制成。产品独家采用耐高温特效因子技术，在高温环境下能够增强润滑脂皂纤维结构，保持皂纤维分子不被破坏，有效防止润滑脂在高温环境下漏失，确保润滑脂稠度和形态，在超高温工况下提供出色的润滑保护。滴点大于210℃，同时具有良好的机械安定性、胶体安定性和抗水性，广泛适用于工作温度在-20~120℃范围的各种机械设备的滚动轴承和滑动轴承及其他摩擦部位的润滑	塑桶：15kg，铁桶：170kg	GB/T 7324—2010

续表

产品全称及牌号	主要技术指标	用途与特点	包装形式	执行标准
通用锂基润滑脂1号	基础油40℃运动黏度：170mm²/s 锥入度：318(0.1mm) 滴点：205℃ 钢网分油：8% 相似黏度(15℃)：321.6Pa·s 铜片腐蚀：无绿色和黑色变化	采用优质脂肪酸锂皂稠化精制矿物油，并加入抗氧、防锈等多种添加制成。产品独家采用耐高温特效因子技术，在高温环境下能够增强润滑脂皂纤维结构，保持皂纤维分子不被破坏，有效防止润滑脂在高温环境下漏失，确保润滑脂稠度和形态，在超高温工况下提供出色的润滑保护。滴点大于210℃，同时具有良好的机械安定性、胶体安定性和抗水性，广泛适用于工作温度在-20～120℃范围的各种机械设备的滚动轴承和滑动轴承及其他摩擦部位的润滑	塑桶：15kg， 铁桶：170kg	GB/T 7324—2010
通用锂基润滑脂0号	基础油40℃运动黏度：165mm²/s 锥入度：373(0.1mm) 滴点：196℃ 相似黏度(15℃)：88.8Pa·s 铜片腐蚀：无绿色和黑色变化	采用优质脂肪酸锂皂稠化精制矿物油，并加入抗氧、防锈添加剂所制成，适用于工作温度在-20～120℃范围的各种机械设备的滚动轴承和滑动轴承及其他摩擦部位的润滑	塑桶：15kg， 铁桶：170kg	Q/DX TYS 0188—2016
汽车通用锂基润滑脂3号	基础油40℃运动黏度：180mm²/s 锥入度：232(0.1mm) 滴点：235℃ 钢网分油：0.5% 铜片腐蚀：无绿色和黑色变化	采用优质脂肪酸锂皂稠化精制矿物油，并加入抗氧、防锈等多种添加制成。产品独家采用耐高温特效因子技术，在高温环境下能够增强润滑脂皂纤维结构，保持皂纤维分子不被破坏，有效防止润滑脂在高温环境下漏失，确保润滑脂稠度和形态，在超高温工况下提供出色的润滑保护。滴点大于220℃，同时具有良好的机械安定性、胶体安定性、抗水性和极压性。适用于工作温度在-30～120℃范围的轿车、客车和卡车以及其他机械设备的轮毂轴承、底盘传动机构、水泵、离合器轴承、转向及吊悬系统等其他部件的润滑	塑桶：500g、800g、1kg、1.8kg、15kg	GB/T 5671—2014

续表

产品全称及牌号	主要技术指标	用途与特点	包装形式	执行标准
汽车通用锂基润滑脂2号	基础油40℃运动黏度：$180mm^2/s$ 锥入度：272(0.1mm) 滴点：234℃ 钢网分油：1.5% 铜片腐蚀：无绿色和黑色变化	采用优质脂肪酸锂皂稠化精制矿物油，并加入抗氧、防锈等多种添加制成。产品独家采用耐高温特效因子技术，在高温环境下能够增强润滑脂皂纤维结构，保持皂纤维分子不被破坏，有效防止润滑脂在高温环境下漏失，确保润滑脂稠度和形态，在超高温工况下提供出色的润滑保护。滴点大于220℃，同时具有良好的机械安定性、胶体安定性、抗水性和极压性。适用于工作温度在-30～120℃范围的轿车、客车和卡车以及其他机械设备的轮毂轴承、底盘传动机构、水泵、离合器轴承、转向及吊悬系统等其他部件的润滑	塑桶：500g、800g、1kg、1.8kg、15kg	GB/T 5671—2014

表Ⅱ-65　极压锂基类润滑脂的主要技术指标、用途与特点一览表

产品全称及牌号	主要技术指标	用途与特点	包装形式	执行标准
极压锂基润滑脂3号	基础油40℃运动黏度：$180mm^2/s$ 锥入度：235(0.1mm) 滴点：234℃ 钢网分油：0.6% 相似黏度(15℃)：828.1Pa·s 铜片腐蚀：无绿色和黑色变化	采用优质脂肪酸锂皂稠化精制矿物油，并加入抗氧、极压等多种添加制成。适用于工作温度-20～120℃范围内的各种机械设备的滚动轴承和滑动轴承及其他摩擦部位的润滑，具有良好的耐温性、极压抗磨性、防锈性和机械安定性	塑桶：500g、800g、1kg、1.8kg、2kg	Q/DX TYS 0129—2015
极压锂基润滑脂2号	基础油40℃运动黏度：$180mm^2/s$ 锥入度：275(0.1mm) 滴点：233℃ 钢网分油：3% 相似黏度(15℃)：266.4Pa·s 铜片腐蚀：无绿色和黑色变化	采用优质脂肪酸锂皂稠化精制矿物油，并加入抗氧、极压等多种添加制成。适用于工作温度在-20～120℃范围的各种高负荷机械设备轴承及齿轮的润滑，也可用于集中润滑系统	塑桶：15kg，铁桶：170kg	GB/T 7323—2008

续表

产品全称及牌号	主要技术指标	用途与特点	包装形式	执行标准
极压锂基润滑脂 1 号	基础油 40℃运动黏度：180mm²/s 锥入度：320(0.1mm) 滴点：204℃ 钢网分油：6% 相似黏度(15℃)：177.6Pa·s 铜片腐蚀：无绿色和黑色变化	采用优质脂肪酸锂皂稠化精制矿物油，并加入抗氧、极压等多种添加制成。适用于工作温度在-20～120℃范围的各种高负荷机械设备轴承及齿轮的润滑，也可用于集中润滑系统	塑桶：15kg，铁桶：55kg、170kg	GB/T 7323—2008
极压锂基润滑脂 0 号	基础油 40℃运动黏度：165mm²/s 锥入度：370(0.1mm) 滴点：195℃ 相似黏度(15℃)：88.8Pa·s 铜片腐蚀：无绿色和黑色变化	采用优质脂肪酸锂皂稠化精制矿物油，并加入抗氧、极压等多种添加制成。适用于工作温度在-20～120℃范围的各种高负荷机械设备轴承及齿轮的润滑，也可用于集中润滑系统	塑桶：15kg，铁桶：170kg	GB/T 7323—2008
极压锂基润滑脂 00 号	基础油 40℃运动黏度：120mm²/s 锥入度：418(0.1mm) 滴点：180℃ 相似黏度(15℃)：88.8Pa·s 铜片腐蚀：无绿色和黑色变化	采用优质脂肪酸锂皂稠化精制矿物油，并加入抗氧、极压等多种添加制成。适用于工作温度在-20～120℃范围的各种高负荷机械设备轴承及齿轮的润滑，也可用于集中润滑系统	塑桶：15kg，铁桶：170kg	GB/T 7323—2008
极压锂基润滑脂 000 号	基础油 40℃运动黏度：120mm²/s 锥入度：460(0.1mm) 滴点：175℃ 相似黏度(15℃)：66.6Pa·s 铜片腐蚀：无绿色和黑色变化	采用优质脂肪酸锂皂稠化精制矿物油，并加入极压抗磨、抗氧、防腐等多种添加制成。适用于工作温度在-20～120℃范围之间。可广泛用于压延机、锻造机等重负荷机械设备的齿轮、轴承等润滑及各种低、中速重负荷蜗轮、开式齿轮、链条及悬空部件等设备减速箱的润滑	塑桶：15kg，铁桶：170kg	Q/DX TYS 0108—2015

表Ⅱ-66　二硫化钼锂基类润滑脂的主要技术指标、用途与特点一览表

产品全称及牌号	主要技术指标	用途与特点	包装形式	执行标准
二硫化钼锂基润滑脂3号	基础油40℃运动黏度：165mm^2/s 锥入度：229(0.1mm) 滴点：199℃ 钢网分油：1.4% 相似黏度(15℃)：710.4Pa·s 铜片腐蚀：无绿色和黑色变化	采用脂肪酸锂皂稠化矿物润滑油，并加有极压添加剂及二硫化钼粉所制成。适用于工作温度在-20~102℃范围内轧钢机械、矿山机械、重型起重机械等重负荷齿轮和轴承的润滑，并能使用于有冲击负荷的部件	塑桶：1.8kg、9kg、15kg，铁桶：170kg	SH/T 0587—1994
二硫化钼锂基润滑脂2号	基础油40℃运动黏度：165mm^2/s 锥入度：270(0.1mm) 滴点：193℃ 钢网分油：3.3% 相似黏度(15℃)：399.6Pa·s 铜片腐蚀：无绿色和黑色变化	采用脂肪酸锂皂稠化矿物润滑油，并加有极压添加剂及二硫化钼粉所制成。适用于工作温度在-20~102℃范围内轧钢机械、矿山机械、重型起重机械等重负荷齿轮和轴承的润滑，并能使用于有冲击负荷的部件	塑桶：15kg，铁桶：170kg	SH/T 0587—1994
二硫化钼锂基润滑脂1号	基础油40℃运动黏度：165mm^2/s 锥入度：316(0.1mm) 滴点：192℃ 钢网分油：7.5% 相似黏度(15℃)：237.9Pa·s 铜片腐蚀：无绿色和黑色变化	采用脂肪酸锂皂稠化矿物润滑油，并加有极压添加剂及二硫化钼粉所制成。适用于工作温度在-20~102℃范围内轧钢机械、矿山机械、重型起重机械等重负荷齿轮和轴承的润滑，并能使用于有冲击负荷的部件	塑桶：15kg，铁桶：170kg	SH/T 0587—1994
二硫化钼锂基润滑脂0号	基础油40℃运动黏度：140mm^2/s 锥入度：372(0.1mm) 滴点：188℃ 相似黏度(15℃)：121Pa·s 铜片腐蚀：无绿色和黑色变化	采用脂肪酸锂皂稠化矿物润滑油，并加有极压添加剂及二硫化钼粉所制成。适用于工作温度在-20~102℃范围内轧钢机械、矿山机械、重型起重机械等重负荷齿轮和轴承的润滑，并能使用于有冲击负荷的部件	塑桶：15kg，铁桶：170kg	SH/T 0587—1994

表Ⅱ-67　复合锂基类润滑脂的主要技术指标、用途与特点一览表

产品全称及牌号	主要技术指标	用途与特点	包装形式	执行标准
复合锂基润滑脂3号	基础油40℃运动黏度：210mm²/s 锥入度：235(0.1mm) 滴点：303℃ 钢网分油：0.6% 相似黏度(15℃)：802Pa·s 烧结负荷：315	采用复合锂皂稠化矿物润滑油，并加人极压添加剂所制。适用于工作温度在-20～160℃范围的高负荷机械设备润滑	塑桶：2kg/15kg，铁桶：170kg	SH/T 0535—1993
复合锂基润滑脂2号	基础油40℃运动黏度：165mm²/s 锥入度：280(0.1mm) 滴点：288℃ 钢网分油：1.6% 相似黏度(15℃)：381.0Pa·s 烧结负荷：315	采用复合锂皂稠化矿物润滑油，并加人极压添加剂所制。适用于工作温度在-20～160℃范围的高负荷机械设备润滑	塑桶：15kg，铁桶：170kg	SH/T 0535—1993
复合锂基润滑脂1号	基础油40℃运动黏度：165mm²/s 锥入度：320(0.1mm) 滴点：270℃ 钢网分油：4% 相似黏度(15℃)：177.0Pa·s 烧结负荷：315	采用复合锂皂稠化矿物润滑油，并加人极压添加剂所制。适用于工作温度在-20～160℃范围的高负荷机械设备润滑	塑桶：15kg，铁桶：170kg	SH/T 0535—1993
高温高速电机润滑脂	基础油40℃运动黏度：180mm²/s 锥入度：235(0.1mm) 滴点：324℃ 钢网分油：0.8% 相似黏度(15℃)：754.8Pa·s 烧结负荷：315	采用复合锂皂稠化精制矿物和合成基础油，添加各类添加剂制成。适用于使用温度在-20～180℃范围内，DN值在5×10^5以下的各类型号的电机轴承使用	塑桶：1kg/15kg	Q/DX TYS 0104—2015
合成高温润滑脂	基础油40℃运动黏度：220mm²/s 锥入度：265(0.1mm) 滴点：302℃ 钢网分油：0.5% 相似黏度(15℃)：503.6Pa·s 烧结负荷：315	采用复合锂皂稠化精制矿物和合成基础油，添加各类添加剂制成。适用于使用温度在-25～180℃之间的工业、工程机械和各种车辆设备各种类型的重负荷、低速至中速的齿轮、轴承、轮毂轴承等部位的润滑	塑桶：500g/800g/1kg、1.8kg/15kg，铁桶：170kg	Q/DX TYS 0110—2015

表Ⅱ-68　连铸机润滑脂的主要技术指标、用途与特点一览表

产品全称及牌号	主要技术指标	用途与特点	包装形式	执行标准
连铸机特级润滑脂2号	基础油40℃运动黏度：165mm^2/s 锥入度：280(0.1mm) 滴点：288℃ 钢网分油：1.6% 相似黏度(15℃)：381.0Pa·s 烧结负荷：315	采用复合锂皂稠化矿物润滑油，并加入极压添加剂所制。适用于使用温度在-20～160℃之间，具有更长的使用寿命、良好的抗微动磨损性能和防水性。适用于高温潮湿环境下，中、重负荷滚珠、滚柱和滑动轴承的润滑	塑桶：15kg，铁桶：170kg	Q/DX TYS 0063—2015
连铸机特级润滑脂1号	基础油40℃运动黏度：165mm^2/s 锥入度：320(0.1mm) 滴点：270℃ 钢网分油：4% 相似黏度(15℃)：177.0Pa·s 烧结负荷：315	采用复合锂皂稠化矿物润滑油，并加入极压添加剂所制。适用于使用温度在-20～160℃之间，具有更长的使用寿命、良好的抗微动磨损性能和防水性。适用于高温潮湿环境下，中、重负荷滚珠、滚柱和滑动轴承的润滑	塑桶：15kg，铁桶：170kg	Q/DX TYS 0063—2015
连铸机特级润滑脂0号	基础油40℃运动黏度：145mm^2/s 锥入度：365(0.1mm) 滴点：258℃ 相似黏度(15℃)：120.8Pa·s 烧结负荷：315	采用复合锂皂稠化矿物润滑油，并加入极压添加剂所制。适用于使用温度在-20～160℃，具有更长的使用寿命、良好的抗微动磨损性能和防水性。适用于高温潮湿环境下，中、重负荷滚珠、滚柱和滑动轴承的润滑	塑桶：15kg，铁桶：170kg	Q/DX TYS 0063—2015

表Ⅱ-69　轧机轧辊专用润滑脂的主要技术指标、用途与特点一览表

产品全称及牌号	主要技术指标	用途与特点	包装形式	执行标准
轧机轧辊专用润滑脂3号	基础油40℃运动黏度：210mm^2/s 锥入度：235(0.1mm) 滴点：303℃ 钢网分油：0.6% 相似黏度(15℃)：802Pa·s 烧结负荷：315	采用复合锂钙皂稠化精制基础油，并加有极压抗磨、抗氧化、防腐蚀等多种添加剂制成。适用于连扎、冷热轧机设备各部位轴承的润滑，适用温度-20～180℃	塑桶：15kg，铁桶：170kg	Q/DX TYS 0089—2015

续表

产品全称及牌号	主要技术指标	用途与特点	包装形式	执行标准
轧机轧辊专用润滑脂2号	基础油40℃运动黏度：165mm^2/s 锥入度：275(0.1mm) 滴点：290℃ 钢网分油：1.6% 相似黏度(15℃)：310.5Pa·s 烧结负荷：315	采用复合锂钙皂稠化精制基础油，并加有极压抗磨、抗氧化、防腐蚀等多种添加剂制成。适用于连扎、冷热轧机设备各部位轴承的润滑，适用温度-20~180℃	塑桶：15kg，铁桶：170kg	Q/DX TYS 0089—2015
轧机轧辊专用润滑脂1号	基础油40℃运动黏度：165mm^2/s 锥入度：315(0.1mm) 滴点：267℃ 钢网分油：4% 相似黏度(15℃)：215.0Pa·s 烧结负荷：315	采用复合锂钙皂稠化精制基础油，并加有极压抗磨、抗氧化、防腐蚀等多种添加剂制成。适用于连扎、冷热轧机设备各部位轴承的润滑，适用温度-20~180℃	塑桶：15kg，铁桶：170kg	Q/DX TYS 0089—2015

表Ⅱ-70　烧结机滑道专用密封润滑脂的主要技术指标、用途与特点一览表

生产厂家	产品全称及牌号	主要技术指标	用途与特点	包装形式	执行标准
统一石油化工有限公司	烧结机滑道专用密封润滑脂2号	基础油40℃运动黏度：165mm^2/s 锥入度：280(0.1mm) 滴点：288℃ 钢网分油：1.6% 相似黏度(15℃)：381.0Pa·s 烧结负荷：315	采用复合锂皂稠化矿物润滑油，并加入极压添加剂所制。适用于烧结机滑道设备	铁桶：170kg	SH/T 0535—1993
	烧结机滑道专用密封润滑脂1号	基础油40℃运动黏度：165mm^2/s 锥入度：320(0.1mm) 滴点：270℃ 钢网分油：4% 相似黏度(15℃)：177.0Pa·s 烧结负荷：315	采用复合锂皂稠化矿物润滑油，并加人极压添加剂所制。适用于烧结机滑道设备	塑桶：15kg，铁桶：170kg	SH/T 0535—1993

表Ⅱ-71　重负荷开式齿轮专用润滑脂的主要技术指标、用途与特点一览表

生产厂家	产品全称及牌号	主要技术指标	用途与特点	包装形式	执行标准
统一石油化工有限公司	重负荷开式齿轮润滑脂0号	基础油40℃运动黏度：470mm^2/s 锥入度：374(0.1mm) 滴点：108℃ 相似黏度(15℃)：850.5Pa·s 烧结负荷：800	采用皂基稠化高黏度基础油，添加各类添加剂制成。适用于温度在-20～120℃之间的各种类型的大型、重负荷、低速至中速的开式齿轮润滑	塑桶：15kg，铁桶：170kg	Q/DXTYS 0067—2015

表Ⅱ-72　齿轮箱高级防漏润滑脂的主要技术指标、用途与特点一览表

生产厂家	产品全称及牌号	主要技术指标	用途与特点	包装形式	执行标准
统一石油化工有限公司	齿轮箱高级防漏润滑脂00号	基础油40℃运动黏度：120mm^2/s 锥入度：415(0.1mm) 滴点：230℃ 相似黏度(15℃)：88.8Pa·s 烧结负荷：250	采用复合皂基稠化精制基础油，添加各类添加剂制成。适用于各类齿轮箱、涡轮减速装置、开式齿轮箱等，适用温度-20～150℃	塑桶：15kg	Q/DXTYS 0084—2015

表Ⅱ-73　窑车轴承润滑脂的主要技术指标、用途与特点一览表

生产厂家	产品全称及牌号	主要技术指标	用途与特点	包装形式	执行标准
统一石油化工有限公司	窑车轴承润滑脂3号	基础油40℃运动黏度：470mm^2/s 锥入度：235(0.1mm) 滴点：>330℃ 钢网分油：0% 极压性能：400kg 其他典型指标：	采用光亮油稠化有机膨润土稠化剂，并添加多效添加剂制成。最高使用温度可达180℃，可广泛用于窑车轴承、链条的润滑，也可用于炼钢厂铁水包和转炉支点轴承等高温轴承的润滑	塑桶：15kg	Q/DX TYS 0103—2015

表Ⅱ-74　复合锂钙基润滑脂的主要技术指标、用途与特点一览表

生产厂家	产品全称及牌号	主要技术指标	用途与特点	包装形式	执行标准
统一石油化工有限公司	复合锂钙基润滑脂 2 号	基础油 40℃运动黏度：$220mm^2/s$ 锥入度：280(0.1mm) 滴点：302℃ 钢网分油：0.8% 相似黏度：352Pa·s 极压性能：400kg	采用复合锂钙皂稠化矿物和合成基础油，并加入抗氧、防锈、极压添加剂所制成。适用于工作温度在-20~180℃范围的汽车轮毂轴承的润滑	塑桶：1kg/2kg/15kg	Q/DX TYS 0181—2016

表Ⅱ-75　复合磺酸钙基润滑脂的主要技术指标、用途与特点一览表

生产厂家	产品全称及牌号	主要技术指标	用途与特点	包装形式	执行标准
统一石油化工有限公司	复合磺酸钙基润滑脂 2 号	基础油 40℃运动黏度：$470mm^2/s$ 锥入度：280(0.1mm) 滴点：302℃ 钢网分油：0.8% 相似黏度：458Pa·s 极压性能：400kg	采用磺酸钙与其他钙盐作为复合皂稠化矿物或合成基础油，并加入抗氧及其他添加剂所制成。适用于高温、多水、重负荷机械设备的滚动轴承和滑动轴承及其他摩擦部位，如连铸机、轧机工作辊等部位及船舶使用	铁桶：170kg	GB/T 33585—2017
	复合磺酸钙基润滑脂 2 号	基础油 40℃运动黏度：$470mm^2/s$ 锥入度：320(0.1mm) 滴点：290℃ 钢网分油：2.3% 相似黏度：352Pa·s 极压性能：400kg	采用磺酸钙与其他钙盐作为复合皂稠化矿物或合成基础油，并加入抗氧及其他添加剂所制成。适用于高温、多水、重负荷机械设备的滚动轴承和滑动轴承及其他摩擦部位，如连铸机、轧机工作辊等部位及船舶使用	铁桶：170kg	GB/T 33585—2017

表Ⅱ-76　泵车专用润滑脂的主要技术指标、用途与特点一览表

生产厂家	产品全称及牌号	主要技术指标	用途与特点	包装形式	执行标准
统一石油化工有限公司	泵车专用润滑脂00号	基础油40℃运动黏度：120mm^2/s 锥入度：418(0.1mm) 滴点：180℃ 相似黏度：88.8Pa·s 铜片腐蚀：铜片无绿色和黑色变化	采用优质脂肪酸锂皂稠化精制矿物油，并加入抗氧、极压等多种添加制成。适用于工作温度在-20~120℃范围建筑行业、混凝土搅拌站混凝土泵车的润滑	塑桶：15kg，铁桶：170kg	Q/DX TYS 0137—2015

二十六、安徽意博润滑科技

安徽意博润滑科技润滑脂的主要技术指标、用途与特点以及包装形式等信息详见表Ⅱ-77。

表Ⅱ-77　润滑脂的主要技术指标、用途与特点一览表

产品名称	主要技术指标	用途与特点	包装形式
YB-8001L	浅色半透明3#全合成锂皂	适用于低温和低摩擦力矩的微型、微小型精密轴承的终身润滑，适用温度-50~130℃	17kg/桶
YB-G173B	乳白半透明2#全合成锂皂	满足低温适用于低启动扭矩要求以及高速工况下的滚动与滑动轴承润滑，适用温度-60~130℃	18kg/桶、1kg/桶
YB-8088	淡黄半透明2#半合成锂皂	油膜稳定适用于家用电器、办公机械等静音要求，在长期运行工况下有着恒定的低噪音寿命，适用温度-30~130℃	18kg/桶
YB-8022B	黄半透明2#半合成锂皂	高清洁度油脂适用于大多密封轴承的静音要求，适用温度-20~130℃	18kg/桶
YB-8035A	棕色透明2#矿物油锂皂	通用性低噪音轴承润滑脂，推荐用于小型到中型重载轴承，适用温度-10~130℃	18kg/桶
YB-G023	乳白半透明2#全合成锂皂	低摩擦适用于工业电机(如洗衣机)的中小型轴承，适用温度-35~130℃	18kg/桶
YB-8054D	黄色细腻2#矿物油复合锂皂	适用于有高温要求的密封轴承，特别是H级高温电机轴承、风机轴承，汽车轮毂轴承等，适用温度-20~180℃	18kg/桶、1kg/桶

续表

产品名称	主要技术指标	用途与特点	包装形式
YB-G017	黄色细腻 2.5# 半合成复合锂皂	复合稠化适用于各种型号大中小电机轴承、离合器轴承等，适用温度-30～180℃	18kg/桶、1kg/桶
YB-G037	白色细腻 2.5# 全合成耐高温稠化剂	特殊稠化适用于工业用中大型轴承的高温长寿命润滑，适用温度-40～250℃	18kg/桶、1kg/桶
YB-8700F	黄色粘稠 3#，2.5#，2# 全合成耐高温稠化剂	粘着力好，宽温度范围保持合理的润滑，适用于各种中小型电机减速组合机件的润滑，推荐用于交流管状电机、启动电机齿轮组的润滑，适用温度-30～180℃	18kg/桶
YB-G100	黄色粘稠 3#，2# 全合成耐高温稠化剂	适用于各种中小型电机减速组合件的润滑，用于金属/金属、金属/塑料间的润滑，推荐用于交流管状电机，适用温度-40～180℃	18kg/桶
YB-G188	红色细腻 2# 全合成耐高温稠化剂	耐高温稠化用于各种小型齿轮的润滑，同时满足高温、低温、抗磨损，适用温度-45～180℃	18kg/桶
YB-G181B	黑色油亮 3#，2#，1# 全合成耐高温稠化剂	适用于高速或者重负荷齿轮的开式润滑，变速器金属齿轮、大变位齿轮、高速齿轮、各种大型开式齿轮，适用温度-20～220℃	18kg/桶
YB-EP	黄色细腻 00#，0#，1#，2# 矿物油锂皂	极压润滑脂适用于热轧、连铸等设备输送辊道的集中润滑，适用温度-20～120℃	18kg/桶
YB-G104	黄色细腻 0.5#，2 全合成复合锂皂	N LG I-0 .5 推荐用于同步电机齿轮组合的润滑，N LG I-2 用于中小型电机齿轮组的润滑，适用温度-30～180℃	18kg/桶
YB-G172	黄色粘稠 0#，1#，2# 矿物油复合锂皂	适用于轻至重载下金属齿轮及其他部件润滑，适用温度-25～180℃	18kg/桶
YB-G108A	黄色粘稠 00#，0#，1#，2# 半合成耐高温稠化剂	适用于封闭式齿轮箱的全寿命润滑，适用温度-20～180℃	18kg/桶
YB-G103A	黄色细腻 00#，0#，1#，2# 半合成锂皂	适用于塑料齿轮，玩具小电机的齿轮润滑，适用温度-40～130℃	18kg/桶
YB-G200	绿色细腻 0#，0.5#，1#，2# 矿物油耐高温稠化剂	通用型比较强的工具用脂，适用于气缸、齿轮的润滑与防护，适用温度-20～220℃	18kg/桶
YB-G201	乳白色细腻 1#，2# 全合成复合锂皂	优异的低温性能，-40℃仍能启动，主要应用于轻型、中型电锤，也用于轻至重载荷金属/塑胶齿轮的润滑，适用温度-40～180℃	18kg/桶

续表

产品名称	主要技术指标	用途与特点	包装形式
YB-G202	黄色细腻 1#，1.5#，2#全合成耐高温稠化剂	主要用于重型电锤、电镐气缸，长的润滑使用寿命，良好的低温启动性能，适用温度-35~250℃	18kg/桶
YB-G256	黄色细腻 1#，1.5#半合成复合锂皂	适用于往复气缸结构润滑 ，特别是重负荷电镐，适用温度-35~180℃	18kg/桶
YB-8018	黄色细腻 1.5#，2#矿物油锂皂	高清洁度，适用于要求低扭矩的齿轮电机用润滑脂，电动工具气缸用脂油膜稳定适用于大多数塑料齿轮、滑动件的润滑与保护，适用温度-35~150℃	18kg/桶
YB-G300	黄色细腻 1.5#，2#半合成锂皂	适用于蜗轮蜗杆传动件的润滑保护，推荐用于汽车中控锁、汽车玻璃升降器、雨刮器电机，适用温度-40~130℃	18kg/桶
YB-G301	乳白色细腻 1#，1.5#全合成锂皂	含有 PTFE，有更长的使用寿命和极佳的降噪效果推荐用于玻璃升降器电机、雨刮电机，推荐用于电动座椅传动装置，适用温度-50~150℃	18kg/桶
YB-G173B	乳白色细腻 1#，1.5#全合成锂皂	适用于需要超低扭矩、高速轻载和低温润滑的部件。不含有机硅，可防止电接触点失效，适用温度-60~130℃	18kg/桶
YB-G539A	黄色半流体 0#全合成锂皂	适用于电子电器、数码电器、汽车电器，家用电器等领域的电子散热风扇，适用温度-30~150℃	18kg/桶
YB-G532E	乳白色黏稠 0#，1#，2#全合成高温稠化剂	适用于低温启动/运转要求较高的机械设备，适用于家居厨卫用具的润滑、防护和密封，如高级水龙头阀门的密封润滑，适用温度-50~180℃	18kg/桶
YB-G518	黄色黏稠 1.5#，2#全合成锂皂	适用于承受很高负荷的机械零件，以及震动频繁场合，提供出色的抗磨损功能，适用温度-20~130℃	18kg/桶

二十七、青岛拓普石油化工有限公司

青岛拓普石油化工有限公司润滑脂的主要技术指标、用途与特点以及包装形式等信息详见表Ⅱ-78。

表Ⅱ-78　润滑脂的主要技术指标、用途与特点一览表

产品名称	主要技术指标	用途与特点	包装形式
烧结机专用润滑脂	Q/TOP0205031—2017	具有优秀的抗高温性及密封性能，高温稠度变化小，在滑道与空气密封件间起良好的密封作用，防止漏气。良好的抗氧化、极压抗磨性能，满足高负荷或有一定冲击负荷机械设备的轴承润滑	1kg/桶，5kg/桶

续表

产品名称	主要技术指标	用途与特点	包装形式
RSJ－Ⅱ烧结机专用润滑脂	SH/T001—2007	优良的耐高温性，满足高温部分(如烧结机滑道尾段)润滑与密封要求；良好的极压抗磨性，确保杰出的承载能力。良好的防腐、防锈性，在粉尘或酸性气体等恶劣环境下能有效保护设备不被腐蚀或锈蚀。良好的黏附性，在摩擦副表面油膜较厚保证滑道润滑密封良好，减少漏风	1kg/桶、5kg/桶
连铸机专用长效聚脲润滑脂	Q/0205TOP 032—2017	良好的泵送性，适用于集中润滑。优良的极压抗磨性及抗水性，良好的抗氧、防腐性，耐高温性能好，可在220℃环境中使用	1kg/桶、5kg/桶
EP－Ⅲ热轧专用润滑脂	Q/0205TOP033—2017	优良的抗水性，即使在水冲洗的情况下仍能保证轴承寿命；优良的极压抗磨性，在重载、振动、冲击负荷条件下能有效防止磨损，延长轴承使用寿命；良好的防腐、防锈性，长期保护润滑系统不发生锈蚀；良好的机械安定性和抗氧化安定性，高温工作下有效抑制氧化产物的生成，并在剧烈振动条件下能长期保持稠度，防止润滑脂泄漏从而延长使用寿命；不含铅，对人体无害，是新一代环保型润滑脂	1kg/桶、5kg/桶
轧辊密封轴承专用极压润滑脂	Q/0205TOP034—2017	优良的极压抗磨性，确保杰出的承载能力；优良的黏附性，在摩擦副表面形成牢固润滑油膜；使用寿命长，为长寿命轴承润滑脂(在轧辊密封轴承中换脂周期长达六个月)；良好的抗水性、防锈性，能长期保护轴承不被腐蚀或锈蚀；良好的氧化安定性和机械安定性，在高温下有效抑制氧化物的产生，在长期连续工作条件下能保持稠度，延长使用寿命	1kg/桶、5kg/桶
轧辊轴承聚脲型润滑脂	Q/0205TOP030—2017	优良的耐高温性，摩擦部位在较高温度下或较高环境温度下润滑脂不流失；良好的极压抗磨性能，满足高负荷或有一定冲击负荷机械设备的轴承润滑；优良的润滑性、泵送性、抗水性和良好的黏附性能，保证设备在潮湿或有水存在下的防护和润滑	1kg/桶、5kg/桶
连铸机润滑脂	Q/0205TOP060—2017	具有优良的抗水性、防锈性，保证设备在潮湿或有水存在下的防护与润滑；良好的极压抗磨性和高温抗氧化性能，满足高负荷或有一定冲击负荷机械设备的轴承润滑	1kg/桶、5kg/桶
链条润滑脂	Q/0205TOP036—2017	优良的抗水性和耐高温性；良好的极压抗磨性，降低传动部位的磨损；良好的防腐、防锈性；良好的黏附性，不易流失	1kg/桶、5kg/桶

续表

产品名称	主要技术指标	用途与特点	包装形式
极压锂基润滑脂	GB/T 7323—2008	具有优良的抗水性、防锈性，保证设备在潮湿或有水存在下的防护与润滑；良好的极压抗磨性，满足高负荷或有一定冲击负荷机械设备的轴承润滑	1kg/桶、5kg/桶
二硫化钼锂基润滑脂	Q/0205TOP035—2017	良好的抗水性和防腐蚀性，保护零件不收腐蚀；良好的极压抗磨性，含有二硫化钼固体润滑剂，有效防止摩擦副在振动、冲击条件下产生磨损。 良好的机械安定性，稠度保持好，防止润滑脂的泄漏	1kg/桶、5kg/桶
二硫化钼极压锂基润滑脂	SH/T0587—1994	良好的机械安定性和氧化安定性，使用寿命长；良好的极压抗磨性，含有二硫化钼固体润滑剂，能有效防止摩擦副在振动、冲击和极压条件下产生磨损；良好的抗水性和防腐蚀性	1kg/桶、5kg/桶
HEP-400 重载滑动润滑剂	Q/0205TOP037—2017	优良的耐高温性，高温蒸发小，不助燃、不积炭，可延长润滑剂的使用寿命4倍以上；优良的极压抗磨性，可胜任高温极压的钢缆、导轨上工作；高温下，即使润滑油全部蒸发，其中的固体微粒能对设备起到良好的润滑作用，可减少设备的维修量；优良的抗水性及黏附性，适用于室内机室外水、气严重场合	1kg/桶、5kg/桶
通用锂基润滑脂	GB/T 7324—94	通用性强，具有良好的润滑性、机械安定性和氧化安定性；良好的抗水淋和防锈性，可应用在潮湿或与水接触的机械部件上	1kg/桶、5kg/桶
等速万向节润滑脂	Q/0205TOP 038—2017	优良的抗磨损性；优良的机械安定性及橡胶相容性；优良的防护性能；优良的耐高低温性	1kg/桶、5kg/桶
SUP 万向节润滑脂	Q/0205TOP 039—2017	优良的抗磨损性；优良的机械安定性及橡胶相容性；优良的防护性能；优良的耐高低温性	1kg/桶、5kg/桶
HP 润滑脂	Q/0205TOP 040—2017	优良的极压抗磨性能，能满足高温、重载情况下汽车润滑的要求；具有良好的抗水性和防护性；在高温条件下黏附性强，可保证良好的润滑油膜；优良的氧化安定性、胶体安定性，可延长换脂周期	1kg/桶、5kg/桶
高级轿车润滑脂	Q/0205TOP 041—2017	优良的耐高温性，使用寿命长；优良的极压抗磨性；优良的抗水性和防腐蚀性能；优良的黏附性	1kg/桶、5kg/桶
MP 润滑脂	Q/0205TOP 042—2017	手感细腻，具有突出的黏附性；良好的抗剪切性，使用中不易变稀和流失；在储存和使用中抵抗氧化的能力强，不易氧化变质，具有较长的使用寿命；对金面表面有良好的黏附力，能够保护金属，防止锈蚀	1kg/桶、5kg/桶

续表

产品名称	主要技术指标	用途与特点	包装形式
钢丝绳防护脂	SH/T 0387—1992	良好的化学安定性；良好的防锈性；良好的抗水性；良好的低温性能	1kg/桶、5kg/桶
钢丝绳麻芯脂	SH/T 0388—1992	良好的防锈性；良好的抗水性；良好的化学安定性和润滑性	1kg/桶、5kg/桶
无粘结预应力筋专用防腐润滑脂	Q/0205TOP 061—2017	良好的化学安定性及防腐防锈性能，防止各种腐蚀介质对预应力筋的浸蚀，保证建筑物质量；良好的黏附性、润滑性，减少预应力筋之间的摩擦和磨损；与塑料等材料有良好的相容性，不使塑料溶胀、脆裂	1kg/桶、5kg/桶
Ⅱ型无粘结预应力筋专用防腐润滑脂	Q/0205TOP 043—2017	特别适用无黏结预应力筋的润滑、防锈和防腐，防护期长；适用于金属的封存、防护和机械的润滑。 本产品已用于国内及东南亚大型建筑、机场、桥梁的无粘结预应力筋防腐防锈	1kg/桶、5kg/桶
钢丝绳长效防腐润滑脂	Q/0205TOP 044—2017	优异的氧化安定性及化学安定性，使用寿命长；良好的抗水性；优良的黏附性、润滑性；优良的防锈性、抗腐性。 适用于金属的封存、防护和机械的润滑。特别适用于室外使用的钢丝绳的润滑、防锈和防腐，防护周期长	1kg/桶、5kg/桶
CA-1 膨润土润滑脂	Q/0205TOP 046—2017	良好的机械安定性及氧化安定性，滴点高，耐高温性能好，良好的抗水性。 适用于矿山设备、铸造、轧制设备、水泥、造纸、航空设备以及密封轴承、传送系统等	1kg/桶、5kg/桶
复合硫酸钙基润滑脂	Q/0205TOP 045—2017	适用于钢铁、冶炼、纸浆、淡水和海水送输、铁路、发电、汽车生产、建筑、食品机械等行业；具有优良的高温性能、胶体安定性、抗磨极压性、高温可逆性、泵送性、抗水性和防锈抗腐性，在很多方面超过了其他高温复合脂，被称为“新一代高效环保型润滑脂”	1kg/桶、5kg/桶
钡基润滑脂	SH/T 0379—1992	具有良好的耐水性、耐温性、黏附性和一定的防护性能。 适用船舶推进器、抽水机的润滑	1kg/桶、5kg/桶
TOP-5701 盾尾密封脂	Q/0205TOP 020—2017	专门用于不同地质环境下隧道盾构机盾尾密封；适用于盾构设备尾部的密封	1kg/桶、5kg/桶
TOP-T3 铁道螺栓防护脂	Q/0205TOP 062—2017	适用于铁道线路、桥梁等螺栓、套管螺纹道钉的防护	1kg/桶、5kg/桶
TOP-T1 地铁轮轨润滑脂	Q/0205TOP 063—2017	适用于地下铁路及城市轨道车轮、轨部位的润滑，可泵送或涂抹	1kg/桶、5kg/桶

二十八、杭州壳邦力特油剂有限公司

杭州壳邦力特油剂有限公司润滑脂的主要技术指标、用途与特点以及包装形式等信息详见表Ⅱ-79。

表Ⅱ-79 润滑脂的主要技术指标、用途与特点一览表

产品名称	主要技术指标	用途与特点	包装形式
通用锂基脂	1号 2号 3号 滴点/℃：182 191 197 工作锥入度/0.1mm：326 275 236 腐蚀(T_2铜，100℃，24h)：铜片无绿色或黑色变化 钢网分油(100℃，24h)/%：2 1.5 1.5 (执行GB/T 7324标准)	产品应用：适用于-20~120℃温度范围内各种机械设备的滚动轴承和滑动轴承及其他摩擦部位的润滑。 产品特性：具有优良的抗水淋性、机械安定性、防锈性和氧化安定性，在恶劣的操作条件下，还能发挥其超卓的润滑效能	800g/罐、16kg/桶、170kg/桶
白色特种润滑脂	1号 2号 3号 滴点/℃：187 193 203 工作锥入度/0.1mm：323 292 241 腐蚀(T_2铜，100℃，24h)：合格 钢网分油(100℃，24h)/%：≤5 (执行Q/LTY 01087标准)	产品应用：用于食品机械、纺织皮辊轴承、仪器及万能磨床、磨具轴承等润滑系统，起润滑、防护作用 产品特性：无毒，无污染，润滑性强。使用温度：-20~120℃	800g/罐、16kg/桶、170kg/桶
复合锂基脂	1号 2号 3号 滴点/℃：250 299 309 工作锥入度/0.1mm：318 273 241 腐蚀(T_2铜，100℃，24h)：铜片无绿色或黑色变化 钢网分油(100℃，24h)/%：≤3.1 ≤2.7 ≤2.4 (执行Q/LTY 00216标准)	产品应用：用于石油化工、纺织、印染、钢铁和浮法玻璃、造纸等各行业生产中的高温轴承，各种中、重负荷滚珠、滚柱、滚动轴承、烘烤设备的齿轮、链条托轮等传动部位和联轴节等部位的润滑。也适合大型电机的润滑使用用温度：-20~200℃ 产品特性：本产品具有高的滴点、良好的抗高温氧化性能、良好的泵送性、长的轴承寿命、良好的抗磨、极压性能、抗水、防锈性能。此产品在苛刻的工作环境下不会软化并有极强的黏附能力、本脂具有优良的抗抛脱能力和密封特性，性能与普通的锂基脂和MP脂相比，具有更高的使用温度、更长的使用寿命，是普通锂基脂和MP脂使用寿命的3倍以上，能耐更高的温度，具有更好的抗微动磨损性能	800g/罐、16kg/桶、170kg/桶

续表

产品名称	主要技术指标	用途与特点	包装形式
聚脲润滑脂	1号 2号 3号 滴点/℃：≥286 ≥302 ≥308 工作锥入度/0.1mm：361 330 280 腐蚀(T_2铜，100℃，24h)：铜片无绿色或黑色变化 氧化安定性(99℃，100h，758kPa)：23 19 17 (执行标准 Q/LTY 00320)	产品应用：用于冶金行业高温、高负荷、宽温度范围和与不良介质接触的润滑场合，如钢厂连轧机、连铸设备的结晶器、弧形辊道、弯曲辊道轴承等 产品特性：本品滴点高、耐高温、使用寿命长、氧化安定性好，具有优良的极压抗磨性和抗辐射性	800g/罐 16kg/桶 170kg/桶
二硫化钼润滑脂	1号 2号 3号 滴点/℃：181 183 184 工作锥入度/0.1mm：362 321 274 腐蚀(T_2铜，100℃，24h)：铜片无绿色或黑色变化 钢网分油(100℃，24h)/%：无 2 1 (执行 SH/T 0587 标准)	产品应用：适用于工作温度在-20~120℃范围内的冶金行业、轧钢机械、矿山机械、建材机械、重型起重机械等重负荷齿轮和轴承的润滑，并能使用于有震动、冲击负荷的部件。 产品特性：外观为灰色至黑色均匀软膏，具有突出的极压抗磨性能，良好的高低温性、机械安定性、胶体安定性、氧化安定性、抗水性和防锈性能，二硫化钼能够有效降低摩擦副间的摩擦系数，对震动、冲击负荷或在高温的情况下起补强作用	800g/罐、 16kg/桶、 170kg/桶
复合铝基脂	1号 2号 3号 滴点/℃：≥235 工作锥入度/0.1mm：363 327 291 腐蚀(T_2铜，100℃，24h)：铜片无绿色或黑色变化 钢网分油(100℃，24h)/%：≤10 ≤7.0 (执行 SH/T 0378 标准)	产品应用：用于冶金行业高温高湿条件下运转设备的润滑，以及集中供脂系统的连铸、连轧等高温设备的润滑。使用温度：-20~160℃。 产品特性：本品具有一定的耐高温性、抗水汽性、氧化安定性和胶体安定性，热可逆性独特，纤维短，具有良好的泵送性	800g/罐、 16kg/桶、 170kg/桶
膨润土润滑脂	1号 2号 3号 滴点/℃：≥270 工作锥入度/0.1mm：325 281 229 腐蚀(T_2铜，100℃，24h)：铜片无绿色或黑色变化 钢网分油(100℃，24h)/%：≤5 ≤5 ≤3 (执行 SH/T 0536 标准)	产品应用：本产品适用于工作温度在0~160℃温度范围的中低速机械设备润滑。 产品特性：抗氧、抗腐、耐高温。高黏度的基础油使其密封性能良好，不易挥发	800g/罐、 16kg/桶、 170kg/桶

续表

产品名称	主要技术指标	用途与特点	包装形式
复合磺酸钙脂	滴点/℃：330 工作锥入度/0.1mm：239 腐蚀（T_2 铜，100℃，24h）：铜片无绿色或黑色变化 钢网分油(100℃，24h)/%：0.56 (执行 Q/LTY 22001 标准)	产品应用：特别适用于恶劣环境中的润滑、密封、承重、防锈。是一种多效能润滑脂。用于接触水的轴承钢厂热轧辊轴承、研光轴承，高温环境里的低高速轴承，汽车轮毂轴承，重型机械、拖车转向轮，各种荷刻或重负荷工况条件下的工业设备。适用温度：-20~250℃，短期可达 280℃。具有极佳的机械安定性。 产品特性：具有优良的承载负荷、防锈蚀、抗污染性能，优良高温可逆性和极佳的机械安定性。因钙盐本身就是一种非活性极压抗磨剂，所以具有优异的极压抗磨性。本身比重比水大，遇水在较长时间均不乳化变质，在潮湿和水淋环境具有无与伦比的抗水性能	800g/罐、16kg/桶、170kg/桶
石墨钙基脂	滴点/℃：≥80 腐蚀(45 号钢，100℃，3h)：合格 水分/%：≤2 安定性：报告 (执行 SH/T 0369 标准)	产品应用　适用于压延机人字齿轮、汽车弹簧、起重机齿轮转盘、矿山机械、绞车和钢丝等高负荷、低转速摩擦部位的润滑，使用温度为：-10~60℃。 产品特性：耐水性好，在潮湿及水存在条件下，均能保持正常的润滑，对金属表面有良好的防护作用； 具有优良的剪切安定性； 添加磷片石墨可提高金属表面抗擦伤能力，降低摩擦系数	800g/罐、16kg/桶、170kg/桶
重负荷开式齿轮脂	000 号　00 号　0 号 不工作锥入度/0.1mm：455　423　371 滴点/℃：180　185　190 黏度(-15℃，$10s^{-1}$)/Pa·s：341　409　683 腐蚀($45^{\#}$钢，100℃，3h)：合格 (执行 Q/LTY 21002 标准)	产品应用：本产品适用于各行业大型、重负荷、低速至中速的开式齿轮的润滑。负荷承载能力达 20000kgf/cm^2以上，以及各种型号的齿形联轴节的润滑。本产品广泛用于热电厂球磨机、水泥窑的冕状齿轮及球磨机齿轮、汽车制造厂锻压机、矿山球磨机的润滑。 使用温度范围为：-25~120℃。 产品特性：本产品具有优良的极压抗磨性、黏附性、抗水性和抗氧化性能	800g/罐、16kg/桶、170kg/桶

续表

产品名称	主要技术指标	用途与特点	包装形式
齿轮箱高级防漏脂	00 号　000 号 不工作锥入度/0.1mm：418　462 滴点/℃：170　160 腐蚀(45 号铜片，100℃，3h)：合格 防腐蚀性(52℃，48h)/级：1　1 (执行 Q/LTY 20083 标准)	产品应用：适用于各类齿轮减速箱、蜗轮减速装置，开式齿轮等。 适用温度：-20～150℃。 产品特性：由于采用独特添加剂，本产品具有优异的抗磨极压性、抗水淋性和较好的防漏、防噪音能力，具有很好的承受大载荷或冲击负荷的能力。本品的使用寿命长，可以使设备少检修或不检修	800g/罐、16kg/桶、170kg/桶
塑胶齿轮脂	工作锥入度/0.1mm：269 钢网分油(24h，100℃)/%：≤4.8 (执行 Q/LTY 21022 标准)	产品应用：适用于电器、玩具、汽车、办公设备，精密仪器中要求极长寿命的塑胶或塑胶与金属之间运动件(齿轮、开关、轴承)的终身润滑。适用温度范围：-40～110℃。 产品特性：优良的承载能力和抗水性能，与绝大部分塑胶及金属材料相容，稳定性好。极低的摩擦系数，减少噪音及震动的产生，同时又不会增加运动阻力和负荷	800g/罐、16kg/桶、170kg/桶
HR 优质耐高温脂	耐温度：>300℃ 锥入度/0.1mm：230～270 蒸发度： 100℃：≤1.25% 300℃：≤3.10% 水淋流失量：≤0.77% 腐蚀试验(100℃，24h)：无反应 (执行 Q/LTY 00113 标准)	产品应用：用于化工、冶金、电子、军工、轻纺、印染等行业的轴承、滑杆、滑阀、滚动、转动、移动等机械设备上，起润滑、防护、密封作用。 产品特性：具有耐高温、高极压、抗水汽、拒酸碱以及防化学介质的卓越性质	800g/罐、16kg/桶、170kg/桶
高温高速脂	1 号　2 号　3 号 外观：均匀光滑油膏 锥入度/0.1mm：326　275　236 滴点/℃：270　280　290 腐蚀(T_2 铜，100℃，24h)/级：1　1　1 钢网分油(100℃，24h)/%：1.0　1.0　1.0 (执行 Q/LTY 200011 标准)	产品应用：本品适用于-20～200℃温度范围，*DN* 值 5×10^6 以下的大、中、小各类型号的电机轴承，尤其更适合于 H 型电机，转速较高的二级电机以及大型电机或化工行业接触酸、碱气体、水蒸汽等恶劣条件下的电机。同样也适用上述条件下的泵，风机等机械部位的润滑。 产品特性： ①具有良好的耐高温、耐高速和抗水抗酸碱能力； ②具有好的润滑性，使用寿命长	800g/罐、16kg/桶、170kg/桶

续表

产品名称	主要技术指标	用途与特点	包装形式
SHC460 高温 润滑脂	锥入度/0.1mm：267 滴点/℃：311 钢网分油(100℃，24h)/%：2.7 相似黏度(−15℃，$10s^{-1}$)/Pa·s：597 (执行 Q/LT Z0059 标准)	产品应用：本产品适用于陶瓷、纺织、冶金等行业各种中、重负荷滚珠、滚柱、滑动轴承、烘烤设备的齿轮、链条拖轮等传动部位和联轴节等部位的润滑。也适合大型电机的润滑。使用温度范围：−30～300℃。 产品特性：本产品具有高的滴点、良好的抗氧化性能、良好的泵送性、长的使用寿命，良好的抗磨、极压性能、防锈性能。能耐更高的温度，具有更好的抗微动磨损性能	800g/罐、 16kg/桶、 170kg/桶
合成高 低温脂	工作锥入度/0.1mm：272 滴点/℃：284 蒸发量(200℃)/%：3.7 压力分油/%：11.3 (执行 Q/LTY 20012 标准)	产品应用：用于高温及低温下工作的滚动和滑动轴承的润滑与防护。适用温度：−60～250℃。 产品特性：优良的润滑性，高低温性，防锈性和长的轴承寿命	800g/罐、 16kg/桶、 170kg/桶
7501 真空 密封脂	外观：白色、半透明光滑均匀油膏 锥入度(1/4 锥入度)/0.1mm：51 压力分油/%：≤6.0 蒸发度(200℃)/%：≤2.0 (执行 Q/LT Y05003 标准)	产品应用：①本产品适用于 6.65×10^{-4}Pa 真空系统中的玻璃活塞及磨口接头的润滑与密封。适用温度范围：−40～200℃。②适用于有溴、水和其他一些化学介质存在条件下的润滑与密封。③适用于电绝缘与密封。 产品特性：本产品具有化学稳定性好，材料适应性强，使用温度范围宽，兼有密封与润滑两种性能	800g/罐、 16kg/桶、 170kg/桶
高温高压 螺纹密封脂	外观：　黑色均匀油膏 1/4 锥入度/0.1mm：　80 蒸发度(150℃)/%：　1.0 腐蚀(45 号钢片，100℃，3h)：　合格 (执行 Q/LT Y200507 标准)	产品应用：本产品适用于油气田深井套管螺纹的密封和润滑。使用温度可达 180 ℃左右，可承受 58.8MPa 压力，能耐中等浓度的酸、碱、盐等化学介质。 产品特性：本产品在高温高压下具有优良的耐中等浓度的盐酸、碱液、饱和氯化钙洗井液和含硫天然气等介质的可靠密封性能	800g/罐、 16kg/桶、 170kg/桶

续表

产品名称	主要技术指标	用途与特点	包装形式
专用密封脂	A B C 锥入度/0.1mm: 272 268 247 滴点/℃: 293 279 308 腐蚀试验: 一级 (执行 Q/LTY 01018 标准)	产品应用：用于螺栓螺纹、阀门、活塞、橡胶密封部位，起密封、润滑和防护作用。 产品特性：具有优良的密封性、高低温性和抗水汽、抗酸、碱、盐及防辐射、防锈性能。A 型：润滑性好；B 型：耐高压性强；C 型：耐油、抗氧化性能特优。 使用温度：A 型、B 型：-35～200℃；C 型：-45～220℃	800g/罐、16kg/桶、170kg/桶
导电脂	外观：均匀油膏 锥入度/0.1mm：272 滴点/℃：187 钢网分油(100℃，24h)：0.076	产品应用：用于缝焊机等导电部位的润滑和防护。也可用于其他导电元件的润滑，可代替石墨型导电油脂使用。 适用温度范围：-30～180℃。 产品特性：具有优良的导电性能。耐高温、高压，抗化学腐蚀	800g/罐、16kg/桶、170kg/桶
绝缘润滑脂	外观：白色透明脂状物 锥入度，最大值/0.1mm：150～180 电压击穿强度/(kV/mm)：≥22 体积电阻率/Ω·cm：≥3×10 (执行企业标准)	产品应用：绝缘脂是针对电器开关、高压断路器的绝缘、防护和密封而开发的长寿命绝缘硅脂，使用温度范围-+200℃。 产品特性：①优异的抗氧化性能和电绝缘性能；②良好的密封性，不腐蚀或损害所接触的金属及非金属材料③优良的化学稳定性，无毒、无味、耐臭氧、耐气候老化、永久性不干固	800g/罐、16kg/桶、170kg/桶
7102 电位器阻尼脂	外观：黏稠均匀油膏 1/4 不工作锥入度/0.1mm：68 滴点/℃：≥250 蒸发度(120℃)/%：≤5.0 腐蚀(T_3铜片，100℃，3h)：合格 (执行 Q/LTY 05004 标准)	产品应用：本产品适用于转动式电位器、电感器等电器元件的转轴和音像设备慢开门阻尼器的阻尼和润滑。适用于显微镜、望远镜等仪器仪表调节系统和旋纽的阻尼和润滑。 使用温度范围：-20～130℃。 产品特性：本产品具有优异的阻尼性、润滑性、防锈性、绝缘性和密封性能	800g/罐、16kg/桶、170kg/桶

续表

产品名称	主要技术指标	用途与特点	包装形式
高温抗咬丝扣脂	外观：深褐色均匀油膏 1/4 锥入度/0.1mm：63 压力分油/%：≤4.0 蒸发度(200℃)/%：≤3.0 (执行 Q/LTY 00241 标准)	产品应用：本产品适用于地质勘探、采矿、工程、铁路、公路、建筑等行业施工中风钻钎头旋紧部件螺纹和紧配合部位的润滑和防黏结。 本产品适用温度可达 600℃以上。 产品特性 本产品具有优良的耐高温性能、极压性能、防黏结性能	800g/罐、16kg/桶、170kg/桶
907 冷涂型防锈脂	水分/%：无 水溶性酸或碱：无 腐蚀试验(14d，铸铁片，铜片)：合格 湿热试验/d： 钢片：≥30 铜片：≥7 铸铁片：≥14 (执行 Q/LTY 200613 标准)	产品应用：本防锈脂适用于各类机床和各种金属制品(尤其是黑色金属)的长期封存防锈或短期防锈，由于它的抗盐雾性能，对途径海洋运输的出口机械、设备更能起良好的防锈效果。 产品特性 ①良好的防锈性能，一般情况下防锈期可达 2 年以上； ②良好的涂覆性，油脂柔软，冬夏均可冷涂； ③油膜薄，易去除，而且用料省，用油量比热涂型节约 40%	800g/罐、16kg/桶、170kg/桶
防水黄油	1号　2号　3号 工作锥入度/0.1mm：323　270　235 滴点/℃(≥)：80　85　90 水分/%(≤)：1.5　2.0　2.5 腐蚀(T_3铜片，100℃，3h)：铜片无绿色或黑色变化 (执行企业标准)	产品应用：用于水泵电机轴承的润滑与防护。 产品特性：极强的防水性，良好的机械安定性	800g/罐、16kg/桶、170kg/桶
汽车轮毂轴承	2#　3# 工作锥入度/0.1mm：280　238 滴点/℃：283　280 钢网分油(100℃，24h)/%：1　4 腐蚀(T_2铜片，100℃，24h)：1　1 (执行 Q/LTY 1030 标准)	产品应用：适用于-30~200℃温度范围内的汽车轮毂轴承、底盘、水泵等摩擦部位的润滑，特别适用高速行驶的大客车、小车、各种载重超大型车、工程车等。 产品特性：具有较好的高低温性能和机械安定性，遇水在较长时间内均不乳化变质，高温高速下不会分散油脂，大大降低轴承摩擦，减少噪音和震动，能保护轴承免受杂质和尘埃的侵入，使用寿命长	800g/罐、16kg/桶、170kg/桶

续表

产品名称	主要技术指标	用途与特点	包装形式
汽车底盘脂	2# 3# 工作锥入度/0.1mm：280 238 滴点/℃：283 280 钢网分油(100℃，24h)/%：1 4 腐蚀（T_2 铜片，100℃，24h)：1 1 (执行 Q/LTY 1045 标准)	产品应用：适用于汽车底盘、悬挂等摩擦部位和拖拉机等农用机械、车辆的润滑，并可用于水泵、纺织等机械设备的润滑。 使用温度范围：-10~60℃。 产品特性：黏附力强，抗水性好，在潮湿或有水存在的条件下，仍有良好的润滑性和防护性。优良的剪切安定性，使用期间保持稠度，提供有效润滑保护。流动性能良好，加注时易于压送，涂抹方便	800g/罐、16kg/桶、170kg/桶
烧结机滑道专用密封脂	0号 1号 2号 工作锥入度/0.1mm：365 321 278 滴点/℃：261 287 299 蒸发损失（99℃，22h)：0.122 0.069 0.052 腐蚀（T_2 铜片，100℃，24h)：一级 (执行企标准)	产品应用：用于冶金行业的烧结机弹性滑道的集中润滑系统，以及其他高温部位需要润滑密封的滑动摩擦部位，使用温度-15~220℃。 产品特性：本品具有优良的高温附着性和密封性，以及优良的润滑性、极好的泵送性，完全满足烧结机集中润滑系统的要求	800g/罐、16kg/桶、170kg/桶

二十九、无锡惠源高级润滑油有限公司

无锡惠源高级润滑油有限公司润滑脂的主要技术指标、用途与特点以及包装形式等信息详见表Ⅱ-80 ~表Ⅱ-88。

表Ⅱ-80 锂基润滑脂的主要技术指标、用途与特点一览表

产品名称	主要技术指标	用途与特点	包装形式
通用锂基润滑脂 1#、2#、3#	GB/T 7324—2010	本品采用脂肪酸锂皂稠化矿物润滑油，并添加抗氧剂、胶溶剂、防锈剂等制成。该产品是多用途工业润滑脂，工作温度为-20~120℃	1kg、15kg、170kg
半流体锂基润滑脂 0#、00#、000#	Q/320206 GPFD06 锥入度： 0# 310~340(0.1mm) 00# 355~385(0.1mm) 000# 400~430(0.1mm)	本品采用脂肪酸锂皂稠化精制矿物润滑油，并添加抗氧剂、防锈剂等制成。该产品适用于集中供脂系统，工作温度可达 120℃	15kg、170kg

续表

产品名称	主要技术指标	用途与特点	包装形式
二硫化钼锂基润滑脂 3#	Q/320206 GPFD07 锥入度：3# 220~250	本品采用脂肪酸锂皂稠化中等黏度的精制矿物润滑油，并添加极压、二硫化钼等添加剂制成。比普通锂基润滑脂具备更优秀的极压抗磨与减摩性能。工作温度可达 120℃	0.8kg、1kg、15kg、170kg
二硫化钼锂基润滑脂 2#、1#、0#	SH/T 0587	本品采用脂肪酸锂皂稠化中等黏度的精制矿物润滑油，并添加极压、二硫化钼等添加剂制成。比普通锂基润滑脂具备更优秀的极压抗磨与减摩性能。其中 0#、1# 为半流体脂，适用于集中供脂系统。工作温度可达 120℃	15kg、170kg
MP-3 润滑脂	Q/320206 GPFD20 锥入度：3# 220~250	本品采用优质低凝点矿物基础油和脂肪酸锂皂基稠化剂，并添加极压剂、防锈剂、抗氧剂等多功能添加剂制成的多用途长寿命润滑脂。工作温度可达 130℃，短期最高使用温度为 175℃	0.8kg、1kg、15kg、170kg
白色特种润滑脂 3#	Q/320206 GPFD25 锥入度： 3# 220~250(0.1mm)	本品采用高级脂肪酸锂皂稠化特种无色基础油，并添加抗氧、防锈等添加剂制成。本产品不添加人工色素，不污染设备及产品，尤其适用于造纸、纺织、印染及食品工业。工作温度为-20~100℃	0.8kg、15kg、170kg

表Ⅱ-81 极压复合锂基润滑脂的主要技术指标、用途与特点一览表

产品名称	主要技术指标	用途与特点	包装形式
极压复合锂基脂润滑脂 1#、2#、3#	SH/T 0535	本品采用优质矿物基础油和新结构复合锂皂基稠化，并添加抗氧、抗腐蚀和防锈等添加剂，采用国内先进生产工艺制成。具备优良的高温抗氧化性能，推荐长期工作温度为-20~160℃，短期可达 180℃	0.8kg、1.8kg、15kg、170kg、180kg
HP 高效润滑脂 3#	Q/320206 GPFD47 锥入度： 220~250(0.1mm) 滴点：>260℃	本品采用精制高黏度矿物基础油和新型复合锂皂基稠化，并添加抗氧、抗腐蚀、极压抗磨、增黏剂等添加剂，采用国内先进设备和先进生产工艺制成。在高温情况下具有较长的使用寿命和极佳的轴承保护能力。工作温度可达 150℃	0.8kg、1.8kg、15kg、170kg、180kg

表Ⅱ-82 极压锂基润滑脂的主要技术指标、用途与特点一览表

产品名称	主要技术指标	用途与特点	包装形式
极压锂基脂润滑脂 00#、0#、1#、2#	GB/T 7323	本品采用特殊结构锂皂稠化高黏度精制矿物基础油，并添加抗磨、防锈等多种添加剂制成。其中 00#、0#、1# 适用于集中供脂系统，2# 为手工加脂，是一种工业多用途极压润滑脂，能满足中到重负荷机械设备的润滑要求。推荐使用温度为-20~120℃	0.8kg、1.8kg、15kg、170kg、180kg

表Ⅱ-83 钙基润滑脂的主要技术指标、用途与特点一览表

产品名称	主要技术指标	用途与特点	包装形式
钙基润滑脂 1#、2#、3#、4#	GB/T 491	本品采用动植物脂肪钙皂稠化精制矿物润滑油而制成。钙基润滑脂是农业生产中应用广泛的一种润滑脂，尤其适用于潮湿环境下工作的机械设备的润滑，使用温度不超过 60℃	1kg、15kg、170kg、180kg

表Ⅱ-84 复合钙基润滑脂的主要技术指标、用途与特点一览表

产品名称	主要技术指标	用途与特点	包装形式
复合钙基润滑脂 3#	Q/320206 GPFD68 锥入度： (220~250)/0.1mm 滴点：>260℃	本品采用中等黏度矿物润滑油添加复合钙皂稠化制成，复合钙基润滑脂比钙基润滑脂有更好的耐热性和氧化安定性，工作温度最高可达 150℃	1kg、15kg、170kg、180kg

表Ⅱ-85 复合磺酸钙基润滑脂的主要技术指标、用途与特点一览表

产品名称	主要技术指标	用途与特点	包装形式
复合磺酸钙基润滑脂 3#	Q/320206 GPFD52 锥入度： (220~250)/0.1mm 滴点：>260℃	本品采用复合磺酸钙皂基稠化深度精制矿物润滑油，并添加抗氧、抗磨等多种功能添加剂制成，推荐使用温度为-20~180℃	15kg、170kg、180kg

三十、上海摩克润滑油技术有限公司

上海摩克润滑油技术有限公司润滑脂的主要技术指标、用途与特点以及包装形式等信息详见表Ⅱ-86。

表Ⅱ-86 润滑脂的主要技术指标、用途与特点一览表

产品名称	主要技术指标	用途与特点	包装形式
MOKO 9101 高温润滑脂(T200)	DIN51502：KP2R-40	特点：良好的高低温性，高温下润滑性极佳；优良的机械安定性，长期使用不流失；良好的防护性和抗水性，极佳的高温抗氧化性，长的使用寿命。 用途：适用于高温下工作的轴承、齿轮、链条、离合器的润滑与防护。热定型机、热熔风机、拉伸拉幅机、塑料挤压机、烘烤机等高温下轴承的润滑与防护。特别适用于原厂装配及永久性润滑的场合；使用温度：-40~200℃	1kg/盒×12/箱 18kg/塑桶

续表

产品名称	主要技术指标	用途与特点	包装形式
MOKO 9103 高温润滑脂(T220)	DIN 51502：KP2R-40	特点：优良的高温性和高温热稳定性；优秀的抗剪切性，高温下不易流失；极佳的抗磨极压性，高温下能保持良好的油膜；好的防锈、防腐和抗水性能；极佳的高温抗氧化性，长的使用寿命。 用途：适用于高温重负荷工况下工作的轴承与齿轮的润滑与防护；热定型机、烘缸热压机、拉伸拉幅机、塑料挤压机、烘烤机以及钢厂的炼钢炉、烧结车、轧机和水泥厂蓖冷机等高温场合下轴承的润滑与防护；使用温度：-40~220℃	1kg/盒×12/箱 18kg/塑桶
MOKO 9105 高低温润滑脂(T250)	MIL-G-25013E	特点：极佳的高低温性，高温下能保持长久润滑；优良的抗化学介质能力，耐中等强度的酸碱介质；良好的防护性和抗水性；极低的摩擦系数，输出效率高；优异的高温抗氧化性能，极长的高温使用寿命。 用途：适用于高速和低温严寒区以及高温环境工作轴承的润滑与防护；航空电机、电器、离合器轴承，高温风机、赛车轮毂轴承、塑料拉伸拉幅机、涤纶热定型机、树脂整理机、熔盐泵电机、长环蒸化机、高温染色缸、蒸呢机等高温运转轴承的润滑；使用温度：-60~250℃	1kg/盒×12/箱 18kg/塑桶
MOKO 9106 高温全氟醚润滑脂(T280)		特点：极佳的高温性、高温热稳定性和高温抗氧化安定性；优秀的化学安定性，抗强酸强碱和有机溶剂、抗核辐射、抗纯氧气性能；与塑料、橡胶等非金属和金属材料均有良好的相容性；超长的使用寿命，极低的摩擦系数。 用途：适用于高温、强腐蚀介质、有机溶剂、强氧化介质、核辐射等极端苛刻场合下工作轴承的润滑与防护；赛车轮毂轴承、拉伸拉幅机、热定型机、熔盐泵电机、长环蒸化机、高温染色缸等高温轴承以及与塑料、橡胶接触的轴承润滑与防护；使用温度：-40~280℃	1kg/盒×12/箱 18kg/塑桶
MOKO 9107 高温窑车润滑脂(T300)		特点：极佳的高温性和高温热稳定性；良好的高温润滑性和抗磨性；高温下不流失、保持性好；优秀的抗水性、防护性和浸润性；极好的高温抗氧化性，长的高温使用寿命 250℃以上长期使用发干，但可形成一层固体膜，仍能起润滑作用。 用途：适用于高温、低速、重负荷工况条件下的轴承、链条、滑道的润滑与防护；陶瓷、电瓷、砖瓦隧道窑烧结台车，静止加热的钢锭、铝锭、回火料车、焚烧炉、再生炉、再生排气机等高温部位的润滑；使用温度：-40~300℃	1kg/盒×12/箱 18kg/塑桶

续表

产品名称	主要技术指标	用途与特点	包装形式
MOKO 9110 超高温润滑脂(T600)		特点：极佳的高温性能，300℃以上高温依靠固体干膜起长期润滑；良好的高温润滑性和高温抗氧化安定性；好的高温润滑性，长的使用寿命；高温下不流失、不结焦，保持性好。 用途：适用于高温下工作的各种轴水和滑道的润滑；加热炉、冶炼炉、火焰、切割机、火咀、锅炉等高温部位的润滑与防护；使用温度：-40~600℃	1kg/盒×12/箱 18kg/塑桶
MOKO 9201 低温润滑脂		特点：优良的低温性、低温起动力矩小；良好的机械安定性、胶体安定性；优秀的防锈防腐性、抗水性；优良抗氧化安定性，长的使用寿命。 用途：适用于低温寒区工作的轴承、齿轮、机构支点、组装联接及仪器、仪表的润滑和防护；高速电机轴承的润滑；使用温度：-50~120℃，使用转速(*DN* 值)：5×10^5	1kg/盒×12/箱 18kg/塑桶
MOKO 9202 超低温润滑脂	MIL-G-7421	特点：卓越的低温性、低温起动力矩和运转力矩小；良好的机械安定性、胶体安定性和抗氧化安定性；优秀的防锈防腐性、抗水性；优良抗氧化安定性，长的使用寿命。最低使用温度可达-75℃。 用途：适用于南、北极等极其严寒地区的各种机械、仪表轴承和运动部位的润滑；使用温度：-70~120℃，使用转速(*DN* 值)：5×10^5	1kg/盒×12/箱 18kg/塑桶
MOKO 9203 高速低温润滑脂	MIL-G-3278	特点：优秀的高低温性、低温起动力矩小；良好的机械安定性、胶体安定性；卓越的抗剪切安定性，高速下保持力强；优秀的防锈防腐性、抗水性；优良抗氧化安定性，长的使用寿命。 用途：适用于航空电机和微型电机轴承、齿轮，飞机操作机构支点、组装联接以及某些仪器、仪表的润滑和防护；寒区户外工作的轴承、仪器仪表电机、高速机床、低温液体输送泵电机、家用电器轴承和齿轮的润滑；高速电机轴承的润滑。温度：-60~130℃，使用转速(*DN* 值)：10^6	1kg/盒×12/箱 18kg/塑桶
MOKO 9204 高速低温润滑脂		特点：优异的高低温润滑性、低温起动力矩小；良好的机械安定性、胶体安定性；优秀的防锈防腐性、抗盐雾性；卓越的抗剪切安定性，极佳的高速适应能力，高速下保持力强；优良抗氧化安定性，抗腐蚀性介质能力强，长的使用寿命。 用途：适用于航空电机、高速轴承和微型电机轴承；各种化纤喷丝机轴承、高速陀罗马达、高速磨床、高速仪表和机械轴承的润滑；使用温度：-50~150℃，使用转速(*DN* 值)：10^6	1kg/盒×12/箱 18kg/塑桶

续表

产品名称	主要技术指标	用途与特点	包装形式
MOKO 9205 高速低温润滑脂		特点：优异的高低温润滑性、低温起动力矩小；良好的机械安定性、胶体安定性；优秀的防锈防腐性、抗水性；卓越的抗剪切安定性，极佳的高速适应能力，高速下保持力强优良抗氧化安定性，抗酸碱腐蚀性介质能力强，极长的使用寿命。 用途：适用于航空电机、高速轴承和微型电机轴承；各种化纤喷丝机轴承、高速陀罗马达、高速磨床、高速仪表和机械轴承的润滑	1kg/盒×12/箱 18kg/塑桶
MOKO 9206 高温高速钻头脂	SN6260-99945	特点：卓越的抗磨性和极压性，可承受最强的冲击载荷和来自钻头任意方向的压力；极佳的高温性、剪切安定性，可防止润滑脂在强剪切力和高温下流失；抗水性好，当密封圈损坏时，该润滑脂不会因水和钻井液侵入而造成分解和稀释；优良的密封性，可防止各种介质侵入。 用途：用于钻井用牙轮钻头的滑动、滚动密封轴承的润滑；使用温度：-30~200℃，适用转速可达200rpm以上	1kg/盒×12/箱 18kg/塑桶
MOKO 9301 合成半流体齿轮脂		特点：摩擦系数极低，油箱温升小，输出效率高；优良的高低温性，低温起动力矩小；优秀的热稳定性和化学安定性；良好的抗磨极压性，能有效减少齿轮间的磨损；极长的使用寿命，使用可达五年。 用途：适用于各种中、重负荷齿轮传动或蜗轮蜗杆传动系统以及P型链式变速机的润滑和防护；特别适用于封闭式全寿命齿轮箱的润滑和防护；使用温度：-40~150℃	18kg/铁桶 180kg/塑桶
MOKO 9302 极压半流体齿轮脂		特点：良好防漏性和抗水性；优秀的热稳定性和化学安定性；良好的抗磨极压性，能有效降低齿轮间的磨损；长的使用寿命。 用途：适用于各种低、中速重负荷闭式齿轮、涡轮、链轮等部位的润滑；特别适用于在高温、有粉尘、铁鳞的工作环境下作业的各种重负荷闭式减速机的润滑。如油气田的抽油机、冶炼行业的行车、轧机、转炉等；使用温度：-30~120℃	18kg/铁桶 180kg/塑桶
MOKO 9303 高速低噪音齿轮润滑脂		特点：优良的抗磨性，能有效保护齿轮避免磨损；优秀的黏附性和润滑性，能有效降低齿轮噪音；良好高低温性和防锈、防腐性。极长的使用寿命；可长期保持在齿面不易被甩掉，适用转速高；散热效果好，自身温升低，输出效率高。 用途：适用于各种闭式齿轮、蜗轮、链轮以及中、轻载荷开式齿轮的润滑；特别适用于要求低噪音和封闭式全寿命齿轮箱的润滑。如汽车电机、自动麻将电机、电动工具等齿轮传动机构；使用温度：-30~150℃，适用转速可达10^4r/min	1kg/盒×12/箱 18kg/塑桶

续表

产品名称	主要技术指标	用途与特点	包装形式
MOKO 9304 超高速低噪音齿轮润滑脂		特点：优良的抗磨性，能有效保护齿轮避免磨损；优秀的黏附性和减摩性，能有效降低齿轮噪音；良好高低温性和防锈防腐性。极长的使用寿命；可长期保持在齿面不易被甩掉，适用转速极高；散热效果好，自身温升低，输出效率高。 用途：适用于各种闭式齿轮、蜗轮、链轮以及中、轻载荷开式齿轮的润滑；特别适用于要求低噪音和封闭式全寿命齿轮箱的润滑。如汽车起步电机、自动麻将电机、电动工具等齿轮传动机构；使用温度：-30~150℃，适用转速可达 2×10^{4}r/min	1kg/盒×12/箱 18kg/塑桶
MOKO 9305 重负荷开式齿轮脂		特点：极佳的抗磨极压性、优秀的承载负荷能力，可又效降低齿轮磨损；优良的黏附性、和扩散性，能迅速在齿面形成油膜；良好的抗水性和抗氧化性、使用周期长；无溶剂、无沥青、无铅，属环保绿色润滑产品。 用途：适用于各种大型、重负荷、低转速开式齿轮和齿形联轴节的润滑和防护，负荷承载能力达 20000kgf/cm^{2}以上；钢厂烧结机、水泥厂水转窑、磨煤机、电厂球磨机、化工行业反应炉等大型和特大型开式齿轮的润滑；使用温度：-15~120℃	18kg/铁桶 180kg/塑桶
MOKO 9306 合成塑胶齿轮润滑脂(DV)	SGS	特点：极低的摩擦系数，优秀的塑胶润滑性；良好的热稳定性、机械安定性和抗氧化安定性；与大多数塑料和弹胶体相容；挥发低，极长的使用寿命；无重金属和多溴联苯，属绿色环保产品。 用途：适用于塑胶与塑胶和塑胶与金属之间的润滑与防护；家用电器、办公设备、汽车组合开关和操纵系统、电子产品以及玩具等塑胶齿轮和塑胶组合件的润滑与防护；使用温度：-60~130℃	1kg/盒×12/箱 18kg/塑桶
MOKO 9307 合成塑胶齿轮润滑脂(MV)	SGS	特点：极低的摩擦系数，优秀的塑胶润滑性；良好的热稳定性、机械安定性和抗氧化安定性；与大多数塑料和弹胶体相容；挥发低，极长的使用寿命；无重金属和多溴联苯，属绿色环保产品。 用途：适用于塑胶与塑胶和塑胶与金属之间的润滑与防护；家用电器、办公设备、汽车组合开关和操纵系统、电子产品以及玩具等的塑胶齿轮和塑胶组合件的润滑与防护	1kg/盒×12/箱 18kg/塑桶

续表

产品名称	主要技术指标	用途与特点	包装形式
MOKO 9308 合成塑胶齿轮润滑脂(HV)	SGS	特点：极低的摩擦系数，优秀的塑胶润滑性；良好的热稳定性、机械安定性和抗氧化安定性；良好的黏附性，能有效降低噪音；与大多数塑料和弹胶体相容；挥发低，极长的使用寿命；无重金属和多溴联苯，属绿色环保产品。 用途：适用于塑胶与塑胶和塑胶与金属之间的润滑与防护；家用电器、办公设备、汽车组合开关和操纵系统、电子产品以及玩具等塑胶齿轮和塑胶组合件的润滑与防护；使用温度：-40~150℃	1kg/盒×12/箱 18kg/塑桶
MOKO 9309 合成塑胶齿轮润滑脂(SV)	SGS	特点：极低的摩擦系数，优秀的塑胶润滑性；良好的热稳定性、机械安定性和抗氧化安定性；极佳的黏附性，能有效降低噪音；与大多数塑料和弹胶体相容；挥发低，极长的使用寿命。 用途：适用于塑胶与塑胶和塑胶与金属之间的润滑与防护；家用电器、办公设备、汽车组合开关和操纵系统、电子产品以及玩具等塑胶齿轮和塑胶组合件的润滑与防护；使用温度：-20~160℃。无重金属和多溴联苯，属绿色环保产品	1kg/盒×12/箱 18kg/塑桶
MOKO 9401 汽车气动系统密封脂	Q/MK0041—2007	特点：优良的高低温性、极佳的密封性；良好抗氧化安定性、长的使用寿命；与丁腈橡胶密封材料的相容性好；优秀的防腐防锈性、抗水淋性。 用途：适用于各类重型机动车辆气压制动系统橡胶皮碗与缸壁间的润滑和密封；使用温度：-40~130℃	1kg/盒×12/箱 18kg/塑桶
MOKO 9402 汽车液压系统密封脂	Q/MK0042—2007	特点：优良的高低温性、极佳的密封性；良好抗氧化安定性、长的使用寿命；与刹车液和橡胶皮碗有良好的相容性；优秀的防腐防锈性能。 用途：适用于汽车液压制动系统橡胶皮碗与缸壁间的润滑和密封	1kg/盒×12/箱 18kg/塑桶
MOKO 9403 汽车软轴润滑脂		特点：优良的防锈性、氧化安定性和抗水性，保证软轴的正常润滑；固体减磨剂和一定的油膜厚度，确保软轴的长期润滑；高低温性好，可使软轴在宽温度范围内使用；好的胶体安定性，使用中不分油，不会造成污染；良好的非金属塑料、橡胶相容性；在软轴张紧、放松过程中具有很好的回复性，保障摩擦面的有效润滑。 用途：适用于汽车、摩托车等车辆的拉线、软轴的润滑与防护；车身、电动坐椅、电动车窗和天窗等的防护与润滑；使用温度：-40~150℃	1kg/盒×12/箱 18kg/塑桶

续表

产品名称	主要技术指标	用途与特点	包装形式
MOKO 9404 车身附件润滑脂	F71-3106	特点：优良的机械安定性和抗水性；良好的润滑性和防锈防腐性；与绝大多数金属和非金属材料相容；极长的使用寿命。 用途：适用于汽车车身附件、门窗、锁和塑料件的润滑和防护；使用温度：-40~130℃	1kg/盒×12/箱 18kg/塑桶
MOKO 9405 汽车电机润滑脂		特点：优良的抗磨性，可有效保护齿轮避免磨损；优秀的黏附性和减摩性，能有效降低齿轮噪音；良好高低温性和防锈防腐性，极长的使用寿命；可长期保持在齿面不易被甩掉，适用转速极高。 用途：适用于要求低噪音和封闭式全寿命齿轮箱的润滑；特别适用于汽车起步电机的降噪和润滑；适用温度范围：-40~150℃，适用转速可达 2×10^4 r/min。散热效果好，自身温升低，输出效率高	1kg/盒×12/箱 18kg/塑桶
MOKO 9501 高真空硅脂		特点：极佳的密封性、黏附性，使用寿命极长；优秀的高温热稳定性，高温蒸发损失少，使用温度范围宽；化学稳定性好，材料适应性强，与多种塑料和橡胶相容；耐腐蚀、溶剂、水和其他化学介质；良好的介电性能，电绝缘性能好。 用途：适用于 6.65×10^{-4} Pa 真空系统中的玻璃活塞及磨口接头的密封与润滑；适用于有溴、水和其他化学介质存在条件下的密封与润滑；电力开关、O 型密封圈、汽车制动泵、真空助力器、石化厂闸门等装置的密封与润滑；广泛应用于电气绝缘、防闪污、阻尼、防震、防水 、防尘；使用温度：-54~200℃	50 克/盒×120/箱 1kg/盒×12/箱 18kg/塑桶
MOKO 9502 油气田专用硅脂		特点：优良的热稳定性和化学安定性；极低的挥发损失，使用温度范围宽；极佳的密封功能，可有效阻止泥浆和潮气进入测井仪器；深井下，不变稀、不硬化、保持力强；与多种塑料和橡胶相容，使用寿命极长。 用途：适用于油气田深井和超深井马龙头的密封和润滑；电气绝缘、阻尼、防震、防尘、防水、脱模与高真空密封；使用温度：-54~220℃	1kg/盒×12/箱 18kg/塑桶
MOKO 9503 路桥专用硅脂		特点：优良的热稳定性和化学安定性；优异的电绝缘性，耐高低温、耐水、耐臭氧、耐气侯老化；好的防潮、防尘、防腐蚀、防震性、黏附性好；对金属、塑料和橡胶无腐蚀，对塑胶有良好的润滑性。 用途：适用于路桥和高速公路橡胶支座的防潮防腐与密封润滑；使用温度：-60~200℃	1kg/盒×12/箱 18kg/塑桶

续表

产品名称	主要技术指标	用途与特点	包装形式
MOKO 9504 电气绝缘硅脂		特点：优秀的高低温性，高温蒸发损失少，使用温度范围宽；极佳的电绝缘性和密封性化学稳定性好，材料适应性强，与多种塑料和橡胶相容；耐稀酸稀碱、水和其他多种化学介质；无挥发、低分油，使用寿命极长。 用途：适用于电气连接器、电缆连接器、电气组件与端子、蓄电池接线端子等电气元件的绝缘、密封和防护；精密机械、仪器仪表、阀门、开关等电气部位的绝缘和防护；塑胶与塑胶、塑胶与金属的润滑和防护；使用温度：-50~200℃	1kg/盒×12/箱 18kg/塑桶
MOKO 9505 滑轨阻尼润滑脂	SGS、ROSH	特点：优良的黏附性、拉丝性、降噪性；优异的润滑性和适宜的阻尼性；良好的防锈性、密封性；长的使用寿命和材料适应性好；无重金属和多溴联苯，属绿色环保产品。 用途：适用于家具滑轨阻尼和润滑；电子元件与仪器仪表调节和转动部位的阻尼和润滑以及塑料齿轮的润滑；使用温度：-20~120℃	1kg/盒×12/箱 18kg/塑桶
MOKO 9506 电位器阻尼润滑脂	SGS、ROSH	特点：优良的黏附性、拉丝性、降噪性；优异的润滑性和适宜的阻尼性；良好的防锈性、密封性、绝缘性；极长的使用寿命和材料适应性好；无重金属和多溴联苯，属绿色环保产品。 用途：适用于转动式电位器、电感器等电器元件的转轴和音像设备慢开门阻尼器以及显微镜、望远镜等仪器仪表调节系统和旋纽的阻尼和润滑；塑料齿轮的阻尼和润滑；使用温度：-20~150℃	1kg/盒×12/箱 18kg/塑桶
MOKO 9507 多用途阻尼润滑脂	SGS、ROSH	特点：优良的黏附性、拉丝性；优异的润滑性和适宜的阻尼性；良好的防锈性、密封性、绝缘性；阻尼适应范围宽，降噪音效果好；极长的使用寿命和材料适应性好；无重金属和多溴联苯，属绿色环保产品。 用途：适用于转动式电位器、电感器等电器元件的转轴和音像设备慢开门阻尼器以及显微镜、望远镜等仪器仪表调节系统和旋纽的阻尼和润滑；洗衣机减震杆、汽车组合开关、家具滑轨、门窗合页、电器门轴等器具的阻尼和润滑；塑料齿轮的阻尼和润滑	1kg/盒×12/箱 18kg/塑桶
MOKO 9508 超稳定阻尼润滑脂	SGS、ROSH	特点：优良的黏附性、拉丝性，降噪音效果好；极佳的高低温性和稳定的阻尼性；良好的防锈性、密封性、绝缘性；极长的使用寿命和材料适应性好；无重金属和多溴联苯，属绿色环保产品。 用途：适用于要求在宽温范围内阻尼特别稳定电器元件和仪器仪表的阻尼和润滑；塑料齿轮的阻尼和润滑；使用温度：-50~200℃	1kg/盒×12/箱 18kg/塑桶

续表

产品名称	主要技术指标	用途与特点	包装形式
MOKO 9601 耐油密封润滑脂	SH/T0011—1990	特点：优秀的耐汽油、煤油、水、润滑油、乙醇、石油液化气和天然气等介质的能力不溶解、不分散、不固化、耐高压、抗震动；极佳的密封性、黏附性和高温稳定性；能有效减少摩擦部位的磨损，延长部件寿命。 用途：适用于与汽油、煤油、润滑油、水、乙醇、石油液化气和天燃气等介质接触的机械设备、机车、管路接头、阀门等静密封和低速下滑动、转动密封面的密封和润滑；油气田闸板阀、燃气阀、燃气管、输油输气管道联接部位密封和润滑，仪表、法兰的辅助密封，以及油箱端盖和油窗的辅助密封；使用温度：-20～180℃	1kg/盒×12/箱 20kg/塑桶 200kg/铁桶
MOKO 9602 阀杆密封剂		特点：良好的高温热稳定性和耐高压性；不固化，抗介质侵蚀能力强；为可塑性棒状物，可任意成型，填入不同的密封部位；极佳密封性，与石棉绳等固体密封材料配合使用效果更佳；无毒，无须特殊防护，接触人皮肤不会造成伤害。 用途：适用于油气田井口装置液控防喷器及其液控闸板阀二次密封装置的密封和润滑各种介质的高温高压阀门的辅助密封；使用温度：-10～600℃，耐压力可达 60MPa	1kg/盒×12/箱 18kg/塑桶
MOKO 9603 高低温耐油密封脂		特点：良好的耐汽油、煤油、润滑油、水、乙醇、石油液化气和天然气等介质的能力卓越的高低温性，低温下不冻结；优良的密封性、耐压抗震性、黏附性；能有效减少摩擦部位的磨损，延长机器寿命。 用途：适用于与汽油、煤油、水接触的密封面的密封和润滑；与乙醇、润滑油、石油液化气和天然气等介质接触的机械设备、机车、管路接头、阀门等的密封和润滑；使用温度：-50～250℃	1kg/盒×12/箱 20kg/塑桶 200kg/铁桶
MOKO 9604 合成钻具螺纹密封脂	GB/T 12707	特点：优良的高低温性和防粘扣性；极佳的密封性和抗磨极压性，能有效阻止泥浆泄漏，避免螺纹擦伤；高温、高压下具有优良的耐中等浓度的酸、碱、盐和水等介质能力。 用途：适用于油气田深井和超深井套管螺纹的密封和润滑；使用温度范围：-30～200℃。可承受 59MPa 蒸气压力	1kg/盒×12/箱 20kg/塑桶 200kg/铁桶

续表

产品名称	主要技术指标	用途与特点	包装形式
MOKO 9605 抗化学介质密封润滑脂		特点：极佳的高温热稳定性和高温抗氧化安定性；卓越的抗化学介质能力，抗强酸强碱强盐、强有机溶剂、抗核辐射、抗纯氧气、氯气、六氟化铀、过氧化氢等强腐蚀性介质与塑料、橡胶等非金属和金属材料均有良好的相容性；极佳的密封性，密封效果长期持久。 用途：适用于与各种酸碱盐、强腐蚀介质、有机溶剂、强氧化介质、核辐射等介质接触的机械设备、机车、管路接头、阀门、轴承等的密封和润滑；制氧和输氧设备的密封和润滑；使用温度：-30~300℃	1kg/盒×12/箱 18kg/塑桶
MOKO 9606 特种密封脂		特点：极佳的高温热稳定性和高温抗氧化安定性；卓越的抗化学介质能力，抗酸碱盐、氯气、氟化氢、氟里昂等腐蚀性介质；极佳的密封性，密封效果长期持久；泵送性好。 用途：适用于化工反应炉、水泥回转窑、冶炼烧结炉、高压汽轮机的端面密封和润滑，特别适用于氟化反应炉端面的密封和润滑；使用温度：-10~600℃	1kg/盒×12/箱 18kg/塑桶
MOKO 9701 多效复合磺酸钙润滑脂	ISO6743-9：L-XBFHB2 DIN 51502：KP2R-25	特点：极高的滴点，优秀高温热稳定性和高温抗氧化安定性；稠化剂自身具有优异的极压抗磨性，承载能力强；稠化剂自身具有优异的防锈性，防锈性能非常好；极佳的抗水性，优秀的抗剪切性和良好泵送性；不含铅及其他重金属，对人体和环境无害。 用途：适用于各种高温、重载、潮湿以及与水接触轴承的润滑和防护；汽车轮毂和底盘、钢铁热轧工作辊轴承、造纸压辊轴承、航运甲板轴承、印染烘机高温轴承等高温潮湿工况下的中、重负荷轴承的润滑；使用温度：-30~200℃	175kg/铁桶 18kg/塑桶
MOKO 9702 长寿命复合磺酸钙润滑脂	ISO6743-9：L-XBFHB2 DIN 51502：KP2R-25	特点：极高的滴点，优秀高温热稳定性；稠化剂自身具有优异的极压抗磨性，承载能力强；稠化剂自身具有优异的防锈性，防锈性能非常好；极佳的抗水性，优秀的抗剪切性和良好泵送性；不含铅及其他重金属，对人体和环境无害；优良的高温抗氧化安定性，长的高温轴承使用寿命。 用途：适用于高速长寿命电动机、万向节、电机驱动阀门；需要终生润滑和防护的设备	175kg/铁桶 18kg/塑桶

续表

产品名称	主要技术指标	用途与特点	包装形式
MOKO 9703 高速复合磺酸钙润滑脂	ISO6743-9：L-XBFEB2 DIN 51502：KP2R-40	特点：极高的滴点，优秀高温热稳定性；稠化剂自身具有优异的极压抗磨性，抗微动磨损性，承载能力强；稠化剂自身具有优异的防锈性，防锈性能非常好；极佳的抗水性，优秀的抗剪切性、良好泵送性和抗离心分离性；不含铅及其他重金属，对人体和环境无害；优良的高温抗氧化安定性，极长的高温轴承使用寿命。 用途：适用于高速长寿命电动机、电机驱动阀门；需要终生润滑和防护的设备；使用温度：-40~200℃	175kg/铁桶 18kg/塑桶
MOKO 9704 重负荷复合磺酸钙润滑脂	ISO6743-9：L-XBFHB2 DIN 51502：KP2R-25	特点：极高的滴点，优秀高温热稳定性和高温抗氧化安定性；稠化剂自身具有优异的极压抗磨性，可承受巨大的冲击力和负荷；稠化剂自身具有优异的防锈性，防锈性能非常好；极佳的抗水性，优秀的抗剪切性和良好泵送性；不含铅及其他重金属，对人体和环境无害。 用途：适用于汽车、钢铁、造纸、航运、印染、瓦楞纸等行业高温潮湿工况下的中、重负荷轴承的润滑；低中速，重负荷轴承、齿轮、链轮和联轴节等部位的润滑；使用温度：-20~200℃	175kg/铁桶 18kg/塑桶
MOKO 9705 轧辊复合磺酸钙润滑脂	ISO6743-9：L-XBFHB2 DIN 51502：KP2R-25	特点：极高的滴点，优秀高温热稳定性和高温抗氧化安定性；稠化剂自身具有优异的极压抗磨性，可承受巨大的冲击力和负荷；稠化剂自身具有优异的防锈性，防锈性能非常好；极佳的抗水性，优秀的抗剪切性和良好泵送性；不含铅及其他重金属，对人体和环境无害。 用途：适用于冶金行业热轧、冷轧辊轴承的润滑；适用于连铸大包回转台、结晶器、二冷段、扇形段辊道，拉矫机和摆剪机、输送辊的润滑	175kg/铁桶 18kg/塑桶
MOKO 9801 合成聚脲基润滑脂	ISO6743-9：L-XBFEB2 DIN 51502：KP2R-40	特点：卓越的高低温性、抗水性和润滑性；极佳的抗氧化安定性和极长的使用寿命；良好泵送性和抗酸性气体介质能力；优良的防锈防腐性、剪切稳定性。 用途：适用于高温潮湿环境下的轴承、链条、钢缆、滑道的长期润滑和防护；长期甚至终生寿命轴承的润滑和防护；使用温度：-40~200℃	175kg/铁桶 18kg/塑桶

续表

产品名称	主要技术指标	用途与特点	包装形式
MOKO 9802 多效聚脲基润滑脂	DIN 51502：KP2R-25	特点：突出的高温性、抗水性和润滑性；极佳的抗氧化安定性和极长的使用寿命；良好泵送性和抗酸性气体介质能力；优良的防锈防腐性、剪切稳定性。 用途：适用于高温潮湿环境下的轴承、链条、钢缆、滑道的长期润滑和防护；汽车、石化、钢铁、水泥等行业经常接触水、水蒸气和腐蚀性介质部位的长期润滑和防护；使用温度：-20～180℃	175kg/铁桶 18kg/塑桶
MOKO 9803 极压聚脲基润滑脂	DIN 51502：KP2R-25	特点：极佳的抗磨极压性、优秀的承载负荷能力；极佳的抗氧化安定性和极长的使用寿命；良好泵送性和抗酸性气体介质能力；优良的防锈防腐性、抗水性。 用途：适用于高温潮湿重载环境下的轴承、链条、钢缆、滑道的长期润滑和防护；汽车、石化、钢铁、水泥等行业经常接触水、水蒸气和腐蚀性介质的高温重载部位的润滑和防护	175kg/铁桶 18kg/塑桶
MOKO 9804 合成复合锂基润滑脂	ISO6743-9：L-XBFEB2 DIN 51502：KP2R-40	特点：卓越的高低温性、高温热稳定性、高温抗氧化安定性；良好的抗磨性和抗微动磨损性；优秀的机械安定性和胶体安定性；优良的防锈防腐性、抗水性；极长的使用寿命。用途：适用于高温工况下工作的轴承与齿轮的润滑与防护；热定型机、烘缸热压机、拉伸拉幅机、塑料挤压机、烘烤机以及钢厂的炼钢炉、烧结车、轧机和水泥厂蓖冷机等高温场合下轴承的润滑与防护；长期甚至终生寿命轴承的润滑和防护；使用温度：-40～200℃	175kg/铁桶 18kg/塑桶
MOKO 9805 多效复合锂基润滑脂	DIN 51502：KP2R-25	特点：优良的高温性，轴承高温运转寿命长；极佳的抗磨性和抗微动磨损性；优秀的机械安定性和胶体安定性；良好的抗水性和防锈性。 用途：适用于石油化工、纺织、印染、钢铁和浮法玻璃生产中的高温轴承和大型电机轴承；高温电机、风机轴承的润滑；使用温度：-30～180℃	175kg/铁桶 18kg/塑桶
MOKO 9806 极压复合锂基润滑脂	DIN 51502：KP2R-25	特点：极佳的抗磨极压性、优秀的承载负荷能力；极好的抗氧化安定性、抗微动磨损性和极长的使用寿命；良好泵送性，适宜集中润滑；优良的防锈防腐性、抗水性。 用途：适用于高温重载环境下的轴承、链条、钢缆、滑道、托轮、齿轮、联轴节、大型电机的润滑和防护；汽车、石化、钢铁、水泥、纺织、印染、浮法玻璃等行业高温重载部位的润滑和防护	175kg/铁桶 18kg/塑桶

续表

产品名称	主要技术指标	用途与特点	包装形式
MOKO 9901 连铸机聚脲润滑脂	DIN 51502：KP2R-25	特点：突出的高温性、高温热稳定性、高温抗氧化安定性；良好的抗磨极压性，能有效防止摩擦部位间的磨损；极佳的抗水、水蒸气、腐蚀性介质能力；优良的防锈防腐性，泵送性好，适宜集中润滑系统。 用途：适用于钢厂连铸机各段输送辊轴承的润滑和防护；低、中速重负荷轴承、齿轮、链轮、蜗轮等设备的润滑；使用温度：-20~200℃	175kg/铁桶 18kg/塑桶
MOKO 9902 高温螺纹防卡剂		特点：极佳的高温螺纹丝扣防黏结性；优良的耐高温性和螺纹密封性；固体减摩剂能有效降低摩擦系数，丝扣易拆卸；良好的导电性和耐压性。 用途：适用于防止各种螺栓、丝扣的高温粘连和烧结；电厂汽轮机、钢厂炼钢炼铁、水泥厂回转窑、化纤高速纺丝机、聚酯熔体计量泵等高温螺栓的防卡咬；使用温度：-40~1100℃	1kg/盒×12/箱 18kg/塑桶
MOKO 9903 白色丝扣防卡剂		特点：极佳的高温螺纹丝扣防黏结性；良好的耐高温性和螺纹密封性；固体减摩剂能有效降低摩擦系数，丝扣易拆卸。 用途：适用于防止各种螺栓、丝扣的高温粘连和烧结；要求无颜色污染高温设备零部件的丝扣防粘；使用温度：-30~600℃	1kg/盒×12/箱 18kg/塑桶
MOKO 9904 导电润滑脂		特点：电阻低，导电效果好，能防止电弧产生；极佳的抗氧化，使用寿命长；优良的防锈防腐性，金属长期接触不会锈蚀。 用途：适用于电器开关、电气化线路、电解槽等设备的导电和防护；各种要求良好导电的部位；使用温度：-40~200℃	1kg/盒×12/箱 18kg/塑桶
MOKO 9905 电触点润滑脂		特点：摩擦系数低，润滑性好；极佳的抗氧安定性，使用寿命长；优良的防锈防腐性，可防止金属表面钝化和锈蚀；可使开关达到动作 5×10^6 次以上寿命。 用途：适用于各种电器开关的润滑、灭弧和防护；汽车组合开关、滑片电触式、隔离开关等部位的润滑、灭弧和防护；使用温度：-40~160℃	1kg/盒×12/箱 18kg/塑桶

三十一、山东长鸣化工有限公司

山东长鸣化工有限公司润滑脂的主要技术指标、用途与特点以及包装形式等信息详见表Ⅱ-87。

表Ⅱ-87　润滑脂的主要技术指标、用途与特点一览表

产品名称	主要技术指标	用途与特点	包装形式
长鸣 CY1101 汽车轮毂轴承润滑脂	Q/0700WCM100.101	适用于高温、高速、重载等苛刻条件下轿车、高速客车、重载卡车的轮毂、底盘、电机水泵等部位的润滑和防护；也适用于冶金、采矿、化工等行业高温高负荷设备轴承的润滑；使用温度为：-20~150℃	1kg 铁桶、2kg 铁桶或根据客户需求进行包装
长鸣 CY1103 汽车车身附件润滑脂	Q/0700WCM100.103	适用于汽车车身附件，如中控锁、门窗、塑料件等的润滑与防护；使用温度为：-40~120℃	1kg 塑料桶、15kg 塑料桶或根据客户需求进行包装
长鸣 CY1104 汽车万向节润滑脂	Q/0700WCM100.104	适于各种车辆的方向盘十字架、底盘及各种恒速万向节的润滑和防护；也适于冶金、采矿、化工等对抗水、极压抗磨要求苛刻的设备的润滑和防护；使用温度为：-30~160℃	1kg、15kg 塑桶或根据客户需求进行包装
长鸣 CY1111 汽车天窗滑轨润滑脂	Q/0700WCM100.111	适用于汽车天窗滑轨的润滑和防护，也可用于抽屉、门等滑动轨道的润滑；使用温度为：-40~120℃	1kg 塑料桶、15kg 塑料桶、170kg 铁桶或根据客户需求进行包装
长鸣 CY2100 铁路机车牵引电机轴承润滑脂	Q/0700WCM100.210	适用于铁路机车的牵引电机电枢轴承及主发和辅助电机轴承的润滑；适用于石化、钢铁、水泥、电力等行业的高温风机、电机轴承的润滑；使用温度为：-40~160℃	15kg 塑料桶、170kg 铁桶或根据客户需求进行包装
长鸣 CY2102 铁路车辆滚动轴承润滑脂	Q/0700WCM100.212	适用于重载、高速列车轴承的润滑；使用温度为：-40~160℃	15kg 塑料桶、170kg 铁桶或根据客户需求进行包装
长鸣 CY2104 铁路机车牵引齿轮润滑脂	Q/0700WCM100.214	适用于铁路机车牵引齿轮的润滑和防护；使用温度为：-10~120℃	15kg 塑料桶、170kg 铁桶或根据客户需求进行包装
长鸣 CL2100 减速机润滑脂	Q/0700WCM200.100	主要适用于冶金、矿山、能源、交通和工程机械非循环润滑的减速机齿轮润滑，具有防漏减漏、节能增效的功能；也适用于大型机组的集中润滑系统，比采用一般齿轮油能减少泄漏，延长换油周期、改善环境卫生；使用温度为：-10~120℃	15kg 塑料桶、170kg 铁桶或根据客户需求进行包装
长鸣 CL2103 重负荷开式齿轮润滑脂	Q/0700WCM200.103	适用于各种低速，重负荷的大型开式齿轮的润滑，特别适用于钢厂烧结机、水泥厂回转窑、球磨机、铝厂焙烧炉化工厂反应炉等大型和特大型开式齿轮的润滑与防护；也适用于承载负荷可达 20000kg/cm^2 以上的各种齿形联轴器的润滑；使用温度为：-15~120℃	15kg 塑料桶、170kg 铁桶或根据客户需求进行包装

续表

产品名称	主要技术指标	用途与特点	包装形式
长鸣 CL2105 极压半流体齿轮润滑脂	Q/0700WCM200. 105	主要适用于冶金、矿山、能源、交通和工程机械非循环润滑的减速机齿轮润滑，具有防漏减漏、节能增效的功能；也适用于大型机组的集中润滑系统，比采用一般齿轮油能减少泄漏，延长换油周期、改善环境卫生；使用温度为：-20~120℃	15kg 塑料桶、170kg 铁桶或根据客户需求进行包装
长鸣 CL2107 塑胶齿轮润滑脂	Q/0700WCM200. 107	适用于录音机、录像机、CD 机、照相机等家用电器和复印机、打印机等办公设备以及玩具等的塑料轴承和塑料齿轮和操作机构的润滑与防护。适用于塑料与塑料和塑料与金属之间的润滑与防护，特别适用于纤维增强塑料；使用温度为：-20~120℃	1kg 塑料桶、15kg 塑料桶、170 铁桶或根据客户需求进行包装
长鸣 CL2108 玩具齿轮润滑脂	Q/0700WCM200. 108	适用于宽温范围内的中高速、轻中载荷塑料与塑料和塑料与金属之间的润滑与防护；适用于家用电器、办公设备、汽车操纵机构和配件，以及各种玩具的塑料齿轮和操作机构的润滑与防护；使用温度为：-20~120℃	1kg 塑料桶、15kg 塑料桶、170 铁桶或根据客户需求进行包装
长鸣 CL2112 工业机器人关节减速机润滑脂	Q/0700WCM200. 112	推荐应用于 ABB、库卡(KUKA)、发那科(FANUC)、川崎(Kawasaki)、新松、松下、广数、三菱等工业机器人设备；使用温度为：-40~150℃	1kg 塑料桶、15kg 塑料桶、170kg 铁桶或根据客户需求进行包装
长鸣 YJ3100 复合磺酸钙基润滑脂	Q/0700WCM300. 100	适于冶金行业热轧、冷轧辊轴承，连铸设备的大包回转台、结晶器、二冷段、扇形段辊道、拉矫机和摆剪机，输送辊道的润滑和防护；也适于高温条件下重负荷的中、低转速的轴承、齿轮、链条及高速巨型联轴节的润滑及同水、水蒸气或酸、碱接触的一些部位的润滑和防护；使用温度为：-20~180℃	15kg 塑料桶、170kg 铁桶或根据客户需求进行包装
长鸣 YJ3101 极压复合锂基润滑脂	Q/0700WCM300. 101	主要适于冶金、矿山企业的高温重负荷设备的轴承、联轴节、齿轮等部位润滑；特别适宜温度变化范围大，带有冲击或振动负荷的轴承，也适于某些轴瓦、轴销、滑轨、齿轮、链条和钢丝绳的润滑；使用温度为：-25~180℃	15kg 塑料桶、170kg 铁桶或根据客户需求进行包装
长鸣 YJ3102 极压复合铝基润滑脂	Q/0700WCM300. 102	适于中负荷主机械设备及集中润滑系统，特别适于冶金企业连轧机、连铸机出钢辊道及印染、大型电动机等高温设备摩擦部的润滑；使用温度为：-25~180℃	15kg 塑料桶、170kg 铁桶或根据客户需求进行包装
长鸣 YJ3103 极压脲基润滑脂	Q/0700WCM300. 103	适用于高温潮湿环境下的中、重负荷滚珠、滚柱和滑动轴承的长期润滑；特别适于钢厂设备中载有各种冲击或振动载荷的的中、重负荷轴承、齿轮的润滑与防护，尤其适于操作温度高，传统锂基润滑脂无法适用的润滑场合；使用温度为：-20~180℃	15kg 塑料桶、170kg 铁桶或根据客户需求进行包装
长鸣 YJ3104 连铸机脲基润滑脂	Q/0700WCM300. 104	适用于高温潮湿环境下的中、重负荷滚珠、滚柱和滑动轴承的长期润滑；特别适宜于钢铁厂连铸生产线轴承及水泥厂易于接触水部位轴承及齿轮的润滑；使用温度为：-20~180℃	15kg 塑料桶、170kg 铁桶或根据客户需求进行包装

续表

产品名称	主要技术指标	用途与特点	包装形式
长鸣 YJ3105 烧结机专用润滑脂	Q/0700WCM300.105	适用于烧结机滑道的润滑与密封，也适用于其他高温条件下需要润滑与密封的滑道摩擦部位；使用温度为：-20~120℃	15kg 塑料桶、170kg 铁桶或根据客户需求进行包装
长鸣 YJ3106 轧辊轴承润滑脂	Q/0700WCM300.106	适用于冶金行业高温、高湿、重负荷条件下的各式轧机轧辊的滚动轴承，特别是热轧机组和连轧机组的轧辊轴承；也适用于烧结、炼铁、炼钢和轧钢系统的其他高温重负荷轴承的润滑；使用温度为：-20~200℃	15kg 塑料桶、170kg 铁桶或根据客户需求进行包装
长鸣 DL4100 微电机轴承润滑脂	Q/0700WCM400.100	适用于各种串激、罩极、感应、直流微型电机的润滑与防护；适用于高速微电机、家用电器轴承、仪器仪表和低温环境的润滑；适用于散热风扇含油轴承、电子机芯、玩具轴承、钟表、电表及各种转动摩擦件的润滑与消音；使用温度为：-60~120℃	15kg 塑料桶、170kg 铁桶或根据客户需求进行包装
长鸣 DL4102 主轴轴承润滑脂	Q/0700WCM400.102	主要用于高速主轴轴承、滑动轴承，如机床和纺织机械以及重负荷下的螺纹主轴、滚珠丝杠、齿轮轴承等特殊应用场合；也适于长期在索道、精密轴承工程应用中精密齿轮齿面(例如锥齿轮铣床、电动阀执行器)的润滑；使用温度为：-50~180℃	1kg、15kg 塑料桶或根据客户需求进行包装
长鸣 DL4103 中小型电机轴承润滑脂	Q/0700WCM400.103	适用于中小型电机的滚动轴承和其他轻、中负荷设备的润滑与防护；使用温度为：-20~120℃	15kg 塑料桶、170kg 铁桶或根据客户需求进行包装
长鸣 DL4104 大型电机轴承润滑脂	Q/0700WCM400.104	适用于高温、中、重负荷轴承、齿轮等部位的润滑与防护；适用于石化、钢铁、水泥、电力等行业的高温风机、电机轴承的润滑；使用温度为：-20~150℃	15kg 塑料桶、170kg 铁桶或根据客户需求进行包装
长鸣 DL4111 高压绝缘脂	Q/0700WCM400.111	适用于高压电缆附件(10kV 以上电力电缆接头及开关附件、电气连接器、电气组件与端子、电缆接头、蓄电池接线端等部件，防止电晕释放和消除电弧，起绝缘、抗爬电、润滑和防潮密封作用；适用于高压电器接头、电瓶接头、穿刺线夹的齿型口处的绝缘、密封、防潮、防腐，以及金属与塑料、橡胶的连接组合，阀门及真空系统的润滑与防护；使用温度为：-50~240℃	4L、20L 铁桶或根据客户需求进行包装
长鸣 DL4113 电力复合脂	Q/0700WCM400.113	适用于电接触摩擦件、电力开关及导电机械等设备中需要通电接触部位、回转部位的导电、润滑与防护；也适用于湿热或含有化工腐蚀性气体的恶劣环境下的导电与防电化腐蚀，如：电镀线、电解槽、蓄电池接头等；使用温度为：-40~200℃	1kg、15kg 塑料桶或根据客户需求进行包装
长鸣 GK5100 特种白色润滑脂	Q/0700WCM500.100	适用于各种高速滚动轴承、精密机床轴承、纺织机械轴承及仪器仪表的润滑和防护；特别适用于白色的家用电器、办公设备和精密仪器的润滑和防护；使用温度为：-20~120℃	800g 塑料桶、15kg 塑料桶或根据客户需求进行包装

续表

产品名称	主要技术指标	用途与特点	包装形式
长鸣 GK5105 热定型机传送带轴承润滑脂	Q/0700WCM500. 105	适用于长期高温下工作的设备润滑用，特别适于热定型机输送带轴承、涂装线轴承、薄膜拉伸拉幅机轴承、导热油泵轴承、PTA 离心机差速器轴承、瓦楞纸机轴承及树脂整理机、熔盐泵电机、长环蒸化机、高温染色缸、蒸呢机、防缩机等高温操作运转轴承的润滑；也适于如电器推力轴承、高温风机、锅炉烘箱、窑炉传送带等高温轴承的润滑与防护；使用温度为：-40~300℃	1kg、15kg 塑料桶或根据客户需求进行包装
长鸣 GK5106 瓦楞机轴承润滑脂	Q/0700WCM500. 106	适用于纸品制造业瓦楞纸机轴承专用的高性能润滑脂，被许多家工厂用于润滑单面瓦楞纸机设备上加热辊的轴承润滑；也适于恶劣工况下的长效润滑，如浓硫酸、液氯、高纯氧气等环境或严寒区野外工作及温度超过 200℃以上的宽温度范围工作；使用温度为：-20~150℃	1kg、15kg 塑料桶或根据客户需求进行包装
长鸣 GK5117 测井马龙头专用硅脂	Q/0700WCM500. 117	适用于油气田和地质勘探的深井和超深井测井作业的马龙头的密封润滑；也适用于电气绝缘、防闪污、阻尼、防震、防尘、防水、脱模与密封；还可用于塑胶与塑胶、塑胶与金属、金属与金属间的密封和润滑或用于阀门、接头、活塞等低速滑动部位的润滑与密封；使用温度为：-54~250℃	1kg、15kg 塑料桶或根据客户需求进行包装
长鸣 GK5118 油气管道密封脂	Q/0700WCM500. 118	主要适用于与汽油、煤油、润滑油、水、乙醇和石油液化气等介质接触的机械设备、机车、管道、阀门等静密封和低速滑动、转动密封面的密封和润滑；特别适于石油天然气管道、阀门等部位的密封与润滑，也适用于燃气管、燃气阀、输油输气管道等设备连结部位的密封和润滑；使用温度为：-15~200℃	1kg、15kg 塑料桶或根据客户需求进行包装
长鸣 GK5119 路桥专用硅脂	Q/0700WCM500. 119	适用于路桥和高速公路橡胶支座的防潮防腐与密封润滑；也适用于电气绝缘、防闪污、阻尼、防震、防尘、防水、脱模与密封；使用温度为：-54~250℃	1kg、15kg 塑料桶或根据客户需求进行包装
长鸣 WB6100 电锤（镐）气缸专用润滑脂	Q/0700WCM600. 100	适用于各种电锤、电镐的汽缸的润滑，特别适用于长时间持续高速运转的电锤、电镐的汽缸的润滑和密封；使用温度为：-30~150℃	1kg、15kg 塑料桶或根据客户需求进行包装
长鸣 WB6107 家电齿轮润滑脂	Q/0700WCM600. 107	适用于塑料与塑料、塑料与金属之间的润滑，如遥控汽车、飞机等的润滑、降噪和减振；适用于家用电器，如空调出风口电机、手摇充电器、果汁机（搅肉机）、电动（窗帘、牙刷、拖把）的润滑、消音和减振；适于录音机、录像机、CD 机、照相机等家用电器及按摩健身器材等的塑胶齿轮的润滑、消音和减振；使用温度为：-20~120℃	1kg 塑料桶、15kg 塑料桶、170 铁桶或根据客户需求进行包装
长鸣 WB6116 健身器材轴承润滑脂	Q/0700WCM600. 116	适用于冶金设备，汽车，电机轴承，化纤、纺织、印染轴承，铁路机车轴承的摩擦部位；适用于高速、承受重载或冲击负荷的轴承；各类机械设备轴承、健身体育器材轴承润滑；使用温度为：-30~180℃	1kg 塑料桶、15kg 塑料桶、170kg 铁桶或根据客户需求进行包装

续表

产品名称	主要技术指标	用途与特点	包装形式
长鸣 WB6117 医疗设备润滑脂	Q/0700WCM600.117	应用于半导体设备及化工制程机械、高真空环境设备的轴承、泵、阀门、密封圈的润滑和密封；可用于接触腐蚀性气体、液体(如卤素、液氧等)的泵、阀的润滑与防护；适用于薄膜拉伸拉幅机轴承、热定型机输送带轴承、高温烤漆炉轴承、PTA 离心机差速器轴承、汽车雨刮电机轴承的润滑；也适用于精密机器、光学仪器、办公设备、无尘室设备的零部件的终生全寿命润滑；使用温度为：-30~280℃	1kg、15kg 塑料桶或根据客户需求进行包装
长鸣 CM7007/7008 通用航空润滑脂	Q/0700WCM004.005	适用于高速、宽温度范围的航空电机轴承、轮轴承、抗磨轴承、齿轮箱和高速球轴承的润滑；也适用于南、北极等极其严寒地区的各种机械、仪表轴承的润滑；使用温度为：-70~180℃	1kg、15kg 塑桶或根据客户需求进行包装
长鸣 CM7014-1 高温润滑脂	Q/0700WCM001.013	适用于冶金、采矿、能源、建材、石油、化工等行业各种高温轴承的润滑，特别适宜于化工厂的辅助锅炉旋转火咀轴承、塑料挤压机套筒轴承，裂解炉引风机、再生气压缩机、拉伸拉幅机、热熔风机、热定型机等高温轴承；也适用于高温环境下的各种齿轮、链条、离合器的润滑；使用温度为：-40~200℃	1kg、15kg 塑桶或根据客户需求进行包装
长鸣 CM7014-2 高低温润滑脂	Q/0700WCM004.009	适用于高速平和滚动轴承，如主轴轴承在机械工具纺织机，螺纹轴，滚珠丝杠受到高负荷，传动轴承；也适用于工程应用中长期在索道、精密轴承的润滑及精密齿轮齿面(例如锥齿轮铣床电动阀门执行器)的润滑及保护；适用于南、北极等极其严寒地区的各种机械、仪表轴承的润滑；使用温度为：-50~180℃	1kg、15kg 塑桶或根据客户需求进行包装
长鸣 CM7017-1B 高低温润滑脂	Q/0700WCM004.006	适用于高温、高速或严寒区野外工作及温度超过200℃以上的宽温度范围工作滚动轴承的润滑；特别适宜于航空电机、电器、离合器的推力轴承、高温风机、赛车轮毂轴承、塑料拉伸拉幅机、涤纶热定型机、树脂整理机、熔盐泵电机、长环蒸化机、高温染色缸、防缩机等高温操作运转轴承的润滑；使用温度为：-50~280℃	1kg、15kg 塑料桶或根据客户需求进行包装
长鸣 CM7019-1 极压高温润滑脂	Q/0700WCM001.103	适用冶金钢铁、矿山、纺织行业的电机轴承、高温轴承及烘烤设备的齿轮、链条托轮等传动部位和联轴节等部位的润滑防护；使用温度为：-30~180℃	1kg、15kg 塑料桶或根据客户需求进行包装
长鸣 CM7023B 低温润滑脂	Q/0700WCM004.108	适用于宽温度范围的各类轴承、齿轮及其他机械设备摩擦部位的的润滑；使用温度为：-40~150℃	1kg、15kg 塑料桶或根据客户需求进行包装
长鸣 CM7025 高温润滑脂	Q/0700WCM005.002	适用于各种工业装置高温下低、中速重负荷轴承、链条、齿轮的润滑；特别适于火焰切割机、压光机、鼓风机、干燥箱、烘干炉等机械轴承的润滑；使用温度为：-30~300℃	1kg、15kg 塑料桶或根据客户需求进行包装

续表

产品名称	主要技术指标	用途与特点	包装形式
长鸣 CM7501 高真空硅脂	Q/0700WCM005. 001	主要适于高低温环境下使用的各种机械、精密仪器的润滑、减震及阻尼；也适于 6.7×10^{-4} Pa 真空系统中的玻璃活塞及磨口接头的润滑与密封；适于有溴、水、酸碱和其他一些化学介质存在条件下的润滑与密封；适于电气绝缘、防闪污、阻尼、防震、防尘、防水、脱模与密封；适于电力开关、O 型密封圈、汽车制动泵、石化厂阀门等装置的润滑与密封；使用温度为：-50~240℃	1kg、15kg 塑料桶或根据客户需求进行包装
长鸣 MZ8100 高真空密封脂	Q/0700WCM800. 100	主要适于高低温环境下使用的各种机械、精密仪器的润滑、减震及阻尼；也适于 6.7×10^{-4} Pa 真空系统中的玻璃活塞及磨口接头的润滑与密封；适于有溴、水、酸碱和其他一些化学介质存在条件下的润滑与密封；适于电气绝缘、防闪污、阻尼、防震、防尘、防水、脱模与密封；适于电力开关、O 型密封圈、汽车制动泵、石化厂阀门等装置的润滑与密封；使用温度为：-50~240℃	1kg、15kg 塑桶或根据客户需求进行包装
长鸣 MZ8103 耐油密封润滑脂	Q/0700WCM800. 103	主要适用与汽油、煤油、润滑油、水、乙醇和石油液化气等介质接触的机械设备、机车、管道、阀门等静密封和低速滑动、转动密封面的密封和润滑；也适用于燃气管、燃气阀、输油输气管道等设备连结部位的密封和润滑；使用温度为：-15~200℃	1kg、15kg 塑桶或根据客户需求进行包装
长鸣 MZ8105 燃气专用密封脂	Q/0700WCM800. 105	适用于燃气热水器、煤气灶等家用煤气设备的阀门阀芯终身润滑与密封，可用于天然气、煤气分配和煤气输送管道上路上的旋阀的密封与润滑；也适用于燃气阀、压缩机、加气机、潜油泵、油田输气管道等设备转动、滑动及联接部位的密封与润滑；使用温度为：-40~180℃	1kg、15kg 塑桶或根据客户需求进行包装
长鸣 MZ8109 无色阻尼润滑脂	Q/0700WCM800. 109	适用于阻尼式闭门器、阻尼弹簧减振器、门窗闭门器、橱门缓冲器、门合页、阻尼铰链等阻尼系统的阻滞和缓冲；适用于 CD、DVD 等的装载机构、慢开门机构、音响旋钮以及精密仪器调节旋钮等部位的阻尼、缓动及定位；还可用于各类需阻尼缓速消音的部位或调节加工误差的场所；使用温度为：-20~150℃	1kg、15kg 塑桶、170kg 铁桶或根据客户需求进行包装
长鸣 MZ8110 低温阻尼润滑脂	Q/0700WCM800. 110	适于受扭动的塑料与塑料、塑料与金属、金属与金属间的阻尼、消音，如音响设备旋钮、三脚架、门窗阻尼器、电位器、电容器、转轴定位器、直滑定位器；适于相机、显微镜、望远镜、测距仪镜头调焦机构的阻尼、防滑；可用于碟机唱盘缓冲齿轮开关装置，汽车(音响、烟灰缸、杂物箱、拉手，车灯)阻尼齿轮；使用温度为：-35~200℃	1kg、15kg 塑桶、170kg 铁桶或根据客户需求进行包装

续表

产品名称	主要技术指标	用途与特点	包装形式
长鸣 TY9101 低温锂基润滑脂	Q/0700WCM900. 101	主要适用于寒冷地区的各类轴承、齿轮及其他机械设备摩擦部位的润滑；使用温度为：-40~120℃	1kg 塑料桶、15kg 塑料桶、170kg 铁桶或根据客户需求进行包装
长鸣 TY9102 多效通用长寿命润滑脂	Q/0700WCM900. 102	适用于冶金、矿山企业的高温重负荷设备的轴承、联轴节、齿轮等部位润滑；使用温度为：-20~150℃	15kg 塑料桶、170kg 铁桶或根据客户需求进行包装
长鸣 TY9103 二硫化钼复合锂基润滑脂	Q/0700WCM900. 103	适用于冶金、矿山企业的高温重负荷设备的轴承、联轴节、齿轮等部位润滑；使用温度为：-30~180℃	15kg 塑料桶、170kg 铁桶或根据客户需求进行包装
长鸣 TY9105 通用脲基润滑脂	Q/0700WCM900. 105	适于高温、潮湿或酸性介质环境下工作的轴承、齿轮、链条的润滑与防护；使用温度为：-20~150℃	15kg 塑料桶、170kg 铁桶或根据客户需求进行包装
长鸣 TY9107 低温脲基润滑脂	Q/0700WCM900. 107	适于宽温度范围的各类轴承、齿轮及其他机械摩擦部位的的润滑；适于高速、宽温度范围的航空电机轴承、轮轴承、抗磨轴承、齿轮箱和高速球轴承的润滑；也适于南、北极等极其严寒地区的各种机械、仪表轴承的润滑；使用温度为：-40~150℃	1kg、15kg 塑料桶或根据客户需求进行包装
长鸣 TY9108 膨润土润滑脂	Q/0700WCM900. 108	适用于高温、重负荷以及核辐射工作环境下运行的轴承的润滑与防护；可用于冶金、矿山等行业高温设备的轴承、齿轮等部位润滑；使用温度为：-20~180℃	15kg 塑料桶、170kg 铁桶或根据客户需求进行包装

三十二、湖南安能石化有限公司

湖南安能石化有限公司润滑脂的主要技术指标、用途与特点以及包装形式等信息详见表Ⅱ-88。

表Ⅱ-88　润滑脂的主要技术指标、用途与特点一览表

产品名称	主要技术指标	用途与特点	包装形式
RSJ-Ⅱ烧结机专用润滑脂	T0　1#　T2 外观：浅黄色至褐色均匀油膏 工作锥入度/0. 1mm：353　324　302 滴点/℃：240　287　298 钢网分油(100℃，24h)/%：4. 9　2. 3　1. 2 水淋流失量(38℃，1h)/%：—　3. 0　1. 9 腐蚀(T2CU，100℃，24h)：铜片上无绿色或黑色变化 极压性能(四球机法) P_B 值/N：>804	优良的耐高温性，满足高温部位(如烧结机滑道尾段)润滑与密封要求；良好的极压抗磨性，确保杰出人物的承载能力；良好的防腐性、防锈性、在粉尘或酸性气体等恶劣环境下能有效保护设备不被腐蚀或锈蚀；良好的黏附性，在摩擦副表面油膜较厚保证滑道貌岸然润滑密封良好，减少漏风。 特别适用于冶金行业烧结面积大于 100m² 的大开型烧结机滚动轴承润滑、滑道密封及振动筛、环冷机等部位的润滑；也适用于矿山、机械、交通支运输等行业处于高温、重负荷、潮湿等恶劣情况下轴承润滑；使用温度为：-20~200℃	17kg、170kg、180kg

续表

产品名称	主要技术指标	用途与特点	包装形式
EP300 极压润滑脂	00# 0# 1# 2# 3# 工作锥入度/0.1mm：416 374 326 274 231 滴点/℃：173 184 192 213 226 腐蚀(T2CU，100℃，24h)：铜片无绿色或黑色变化 钢网分油(100℃，24h)/%：— — 3.1 1.7 0.8 水淋流失量(38℃，1h)/%：— — 2.2 1.3 0.9 极压性能(四球机法) P_B 值/N：>862 极压性能(梯姆肯法) OK 值/N：>200	优良的抗水性及良好的耐高温性能；优良的极压抗磨性；良好的泵送性；良好的防腐、防锈性；良好的黏附性，不易流失；不含重金属，对环境无污染，是新一代极压润滑脂；相当于 Shell Alvania EP(LF) grease 等国外产品。 适用于冶金行业冷轧机械设备、热轧机械设备的轧辊轴承、输送辊道轴承、卷取机等摩擦部位的润滑及炼钢炉大包回转轴承的润滑。00#、0#、1#脂适用于集中润滑系统；使用温度为：-20～150℃	17kg、170kg
轧辊密封轴承专用润滑脂	1# 2# 3# 工作锥入度/0.1mm：320 275 236 滴点/℃：176 185 196 钢网分油(100℃，24h)/%：2.6 1.7 0.9 腐蚀(T2CU，100℃，24h)：铜片上无绿色或黑色变化 水淋流失量(38℃，1h)/%：2.3 1.2 0.8 极压性能(梯姆肯法) OK 值/N：>222	优良的极压抗磨性，确保杰出的承载能力；优良的黏附性，在摩擦副表面形成牢固润滑油膜；使用寿命长，为长寿命轴承润滑脂；良好的抗水性、防锈性，能长期保护轴承不被腐蚀或锈蚀；良好的氧化安定性和机械安定性，在高温下有效抑制氧化物的产生，在长期连续工作条件下能保持稠度，延长使用寿命。 适用于冶金行业轧辊密封轴承的润滑，换脂周期长。 适用于其他行业重负荷、有水淋情况下轴承的润滑。 使用温度为：-20～120℃	17kg、170kg、180kg
JC3305 轧辊轴承专用高效润滑脂	稠度等级：0# 1# 2# 3# 工作锥度/0.1mm：370 322 300 282 滴点/℃：272 280 289 300 腐蚀(T2Cu，100℃，24h)：铜片上无绿色或黑色变化 水淋流失量(79℃，1h)/%：— 1.2 1.0 0.9	具有良好的抗水淋性、耐高温性、极压抗磨性、机械安定性、抗酸碱性和黏附性，其使用寿命是同类润滑脂的 4～6 倍。 由于采用特殊的添加剂，因而润滑性特别优异且无刺激性气味，对人体无害，符合环保要求。 适用于钢铁企业的连轧、冷热轧机设备各部位轴承的润滑。 使用温度为：-20～240℃	17kg、170kg、180kg

续表

产品名称	主要技术指标	用途与特点	包装形式
HEP-1极压润滑脂	0# 1# 2# 3# 外观：棕黄色至棕黑色均匀油膏 工作锥入度/0.1mm：380 325 274 236 滴点/℃：225 285 306 312 腐蚀(T2CU，100℃，24h)：合格 水淋流失量(38℃，1h)/%：— 1.6 0.9 0.7 极压性能(梯姆肯法) OK值/N：>200 钢网分油(100℃，24h)/%：— 2.4 1.6 0.9	优异的极压抗磨性，可满足重负荷或冲击负荷条件下的润滑要求；优良的抗水性，与水接触乃至与水混合后，润滑脂不流失、不变稀，仍有很好的润滑性和黏附性；优良的耐高温性能，及优良的防腐、防锈性和高温氧化安定性，有效延长润滑剂本身和高温设备的寿命；良好的黏附性、有效的阻止与有害气体的减少对金属表面的腐蚀。 适用于冶金行业连铸、重负荷高温轧机轧辊滚动轴承的润滑；矿山、机械等行业处于高温、重负荷、水淋等恶劣环境下轴承润滑。本产品性能达到壳牌爱比边、美孚力富等进口润滑脂水平；使用温度为：-20~220℃	17kg、170kg、180kg
TD-1铁道螺栓长效防腐专用脂	000# 1# 外观：褐色均匀油膏 工作锥入度/0.1mm：460 320 滴点/℃：— 176 腐蚀(45#钢片，100℃，24h)：合格 钢网分油(100℃，24h)/%：— 2.4 水淋流失量(38℃，1h)/%：— 3.1 盐雾试验(45#钢片，30d)/级：1 湿热试验(45#钢片，30d)/级：1	优良的抗水性、抗盐雾性及抗尿液；良好的氧化安定性；优良的防锈性、黏附性；涂刷简单方便。 本产品适用于铁道线路、桥梁等相关螺栓的防护。 该脂涂刷在螺栓表面构成防护膜，阻止外界雨水及腐蚀性气体等对金属的侵蚀，保证螺栓不产生锈死、黏扣；使用温度为：-30~120℃	17kg、170kg、180kg
TD-2螺纹道钉紧固长效防腐专用脂	外观：褐色均匀油膏 工作锥入度/0.1mm：290 滴点/℃：186 腐蚀(45#钢片，100℃，24h)：合格 钢网分油(100℃，24h)/%：2.3 水淋流失量(38℃，1h)/%：2.9 盐雾试验(45#钢片，30d)/级：1 湿热试验(45#钢片，30d)/级：1	优异的抗水性、防锈性、抗盐雾性及抗尿液；良好的氧化安定性；良好的黏附性；涂刷简单方便。 本产品适用铁道线路、桥梁等套管螺纹道钉的防护。 该脂涂刷在套管螺纹道钉上，能很好的起到对螺纹道钉的防锈作用，保证道钉不产生锈死、黏扣；使用温度为：-30~120℃	17kg、170kg、180kg

续表

产品名称	主要技术指标	用途与特点	包装形式
钢丝绳长效防腐润滑脂	外观：褐色均匀油膏 滴点/℃：82 运动黏度(100℃)/(mm^2/s)：25 腐蚀(45#钢片，30d)级：合格 盐雾试验(45#钢片，30d)/级：1 湿热试验(45#钢片，40d)：1	优异的氧化安定性及化学安定性，使用寿命长；良好的抗水性；优良的黏附性、润滑性；优良的防锈性、抗腐性。 特别适用于室外使用的钢丝绳的润滑、防锈和防腐，防护周期长；适用于金属的封存、防护和机械的润滑；使用温度为：-30~50℃	17kg、170kg
复合磺酸钙基润滑脂	牌号：1#　2# 外观：均匀光滑油膏　均匀光滑油膏 滴点/℃：310　340 工作锥入度/0.1mm：320　280 钢网分油(100℃，24h)：2.0　2.0 腐蚀(T2Cu，100℃，24h)/级：1　1 水淋流失量(38℃，1h)/%：0.5　0.3 十万次剪切，锥入度变化率/%：+8　+5 四球机试验： P_B/N　1276　1384 P_D/N　7650　7650	具有优良的高温性能、胶体安定性、抗磨极压性、高温可逆性、泵送性、抗水性和防锈抗腐蚀性，在很多方面超过了其他高温复合脂，被称为"新一代高效环保型润滑脂。"适用于钢铁、冶炼、纸浆、淡水、和海洋运输、铁路、发电、汽车生产、建筑、食品机械等行业	17kg、170kg、180kg
JC9901 特高温润滑脂	外观：红色均匀光滑油膏 1/4 锥入度/0.1mm：60~75 腐蚀(T2Cu，100℃，24h)：铜片无黑色或绿色变化 滴点/℃：无滴点	具有优异耐高温性能，最高间歇耐高温可达1200℃。具有良好的润滑性和极压抗磨性。具有良好的机械安定性和防护性及长的轴承寿命。 适用于钢铁行业特高温部位。也适用于其他行业高温部位轴承的润滑。 使用温度为：-40~700℃，间歇温度可达1200℃	15kg、17kg、170kg
JC6603 重负荷大齿轮专用润滑脂	稠度等级：00#　0# 外观：黑色均匀油膏 工作锥入度/0.1mm：420　378 滴点/℃：167　171 腐蚀(T2Cu，100℃，24h)：铜片无黑色或绿色变化 防腐蚀性(52℃，48h)/级：1	优异的极压抗磨性，体现杰出的承载能力，有效防止齿面剥落、点蚀、延长齿轮使用寿命。添加固体润滑剂，有效防止齿轮在振动，冲动条件下产生磨损。具有优异的抗水性、防腐防锈性，保护齿轮免受腐蚀或锈蚀。良好的黏附性，对金属表面具有很强的吸附力，形成良好的润滑油膜。 适用于冶金、化工行业等大型反应炉体传动齿轮的润滑。适用于大型锻压机、水泥厂回转窑、冶金球团矿回转窑传动齿轮的润滑。适用于喷务润滑或集中润滑系统，可取代开式齿轮油用于开式齿轮上。使用温度为：-20~100℃	17kg、170kg、180kg

续表

产品名称	主要技术指标	用途与特点	包装形式
JC7701 高温高速钻头脂	外观：褐色至黑色均匀油膏 1/4 锥入度/0.1mm：74~85 滴点/℃：300 压力分油(200g±5g)/%：≤15.0 蒸发度(150℃)/%：≤5.0 腐蚀(45#钢片，100℃，3h)：合格	具有良好的抗磨和极压性能；具有高温蒸发损失小特性；具有良好的机械安定性；具有良好的胶体安定性；具有良好的抗水性。 适用于石油、天然气勘探开发及地质勘探钻井用的牙轮钻头密封轴承的润滑，钻头速度范围 60~120r/min；使用温度为：-30~180℃	15kg、 17kg、 170kg、 180kg
9718 高扭矩钻具螺纹专用润滑脂	工作锥入度/0.1mm：355 滴点/℃：>180 蒸发量(100℃，24h)/%(体积)：0.81 分油量(100℃，24h)/%(体积)：0.91 水沥滤/%(65℃，24h)：0.83 逸气量/mL(65℃，120h)：1.43 腐蚀(100℃，3h)：合格 相对摩擦系数(28℃)：1.2	具有良好的防黏扣性能，在螺纹拧紧力矩达到 100KNM 情况下，防黏扣性能仍然良好。具有良好的密封性，抗腐蚀性，润滑性，防水性及胶体安定性。摩擦系数高，能有效提高钻杆系统的抗扭能力。 特别适用于天井钻机及其他需要传递极大扭矩的螺纹连接部位的润滑和密封	20kg、 35kg、 40kg
瓦楞机轴承专用润滑脂	外观：黄色均匀光滑油膏 滴点/℃：290 工作锥入度/0.1mm：220~295 腐蚀（T2Cu，1000C，24h）（钢片，1000C，3h）：合格 水分/%，不大于：无	具有良好的高低温性能，在高温下具有良好的润滑性。具有良好的抗水性、机械安定性、抗氧化能力和长久的轴承使用寿命。 适用于瓦楞机，瓦楞纸板生产线等温度较高的轴承的润滑。温度范围：-20~260℃	1kg、 17kg、 180kg、 800kg
JC7008 航空润滑脂	外观：绿色 滴点/℃：202 1/4 锥入度/0.1mm：66 压力分油/%：14 蒸发度(120℃)/%：0.63 腐蚀(T3 铜片，100℃，3h)：合格 相似黏度(-30℃，$10s^{-1}$)/Pa·s：820 化学安定性(0.78MPa 氧压下，100℃，168h)压力降/MPa：0.002 承载能力，最大无卡咬负荷 P_B/N：804 防护性能(45#钢片，H62 黄铜片，60℃，48h)：合格 杂质含量/(个/cm^3) 　直径 25~74mm：1600 　直径 75~124mm：240 　直径≥125mm：无	良好的高低温性能，保证润滑部件在较宽温度范围内正常运转。良好的抗氧化安定性，保证润滑部位长期正常工作，使用寿命明显高于其他厂家生产的同类型产品，且使用后润滑脂颜色无明显变化。良好的机械安定性和胶体安定性，保证产品正常黏附在润滑部位而不会流失。良好的防锈性，有效地防护了轴承的金属部件不受外界侵蚀。 适用于航空电机轴承和齿轮、操作机构支点、组装连接以及某些一起、仪表的润滑，也适用于高速球轴承的润滑。应用于 5000~20000r/min 的磨床主轴，2000r/min 连续工作的纺织加捻机轴承，3600r/min 气流纱分离式锭子轴承和寒区户外工作的机电设备的球轴承(如直流发动机)、仪器仪表电机轴承、高速家用微电机(如家用粉碎机、电动剃须刀)及低温液体输送泵(如甲烷、乙烷回流泵)电机等的润滑；使用温度为：-60~120℃	17kg、 1kg

三十三、东营市成润化工有限责任公司

东营市成润化工有限责任公司润滑脂的主要技术指标、用途与特点以及包装形式等信息详见表Ⅱ-89~表Ⅱ-91。

表Ⅱ-89 复合锂基润滑脂的主要技术指标、用途与特点一览表

产品名称	主要技术指标	用途与特点	包装形式
HP 高温润滑脂 2#、3#	工作锥入度/0.1mm：290 滴点/℃：≥300 钢网分油(100℃，30h)/%：≤3 极压性能 梯姆肯法(OK 值)：180	本品具有极佳的耐高低温性、耐磨损性、耐水性、良好的抗氧化性、机械安定性和良好的黏附性；耐高温且抗水性好。广泛用于斯太尔、红岩各种重载货车轮毂轴承及等各种轿车、大型客车等。适用于大型高速电机轴承等部位的润滑；使用温度为：-30~180℃	0.8kg×12 桶，1kg×12 铁盒，2kg×6 铁盒
重型汽车轮毂高温脂 2#、3#	滴点/℃：≥300 钢网分油(100℃，30h)/%：≤3 水淋流失量(38℃，1h)/%：≤5 极压性能 四球机法(P_D 值)/N：≥3089	用于恶劣工作环境下的大中型重载汽车和高速客车轮毂轴承的特种润滑脂，也适用于高温、重负荷、潮湿水淋等特殊工作环境下的其他机械轴承。具有突出的耐高温性能，滴点不低于300℃。采用进口环保型极压抗磨剂，可充分满足汽车在超载、高速、大吨位、长时间连续行驶中轮毂轴承的安全正常使用；使用温度为：-30~200℃	0.8kg×12 桶，1kg×12 铁盒，2kg×6 铁盒
极压复合锂基脂 2#、3#	工作锥入度/0.1mm：235~273 滴点/℃：≥300 延长工作锥入度(105 次)/0.1mm：≤287 钢网分油(100℃，24h)/%：1.2~2.8 极压性能 四球机法(P_B 值)/N：976	本品具有极佳的耐高低温性、耐磨损性、耐水性；突出的抗氧化性、机械安定性和良好的黏附性；是一种长效长寿命的万能润滑脂。适用于各种车辆、重型机械、建筑工程机械、冶金、矿山、纺织机械、冷轧机等重负荷部位立式振动电机轴承；适用于各种烧结、轮轨摩擦副之间的润滑；使用温度为：-30~180℃	15kg 塑桶装、200L 铁桶装
轧机轧辊轴承脂 2#、3#	滴点/℃：≥300 钢网分油(100℃，30h)/%：≤3 水淋流失量(38℃，1h)/%：≤5 极压性能 四球机法(P_D 值)/N：≥3089	具有优良的耐高温性，良好的极压抗磨性，抗水冲刷、抗腐蚀性和优良的机械安定性。适用于冶金工业轧钢系统各式轧机辊的滚动轴承，特别是热轧机组和连轧机组的轧辊轴承；使用温度为：-30~200℃	15kg 塑桶装、200L 铁桶装

表Ⅱ-90 锂基润滑脂的主要技术指标、用途与特点一览表

产品名称	主要技术指标	用途与特点	包装形式
极压二硫化钼锂基脂 0#、1#、2#、3#	工作锥入度/0.1mm：232~268 滴点/℃：≥180 延长工作锥入度(105 次)/0.1mm：≤384 钢网分油(100℃，24h)/%：≤4.0 极压性能 梯姆肯法(OK 值)/N：183	本品具有良好的耐高温、抗磨、抗极压、密封、修补等性能，是一种优质的多效能润滑脂。 用途：适用于各种机械设备的润滑，尤其对于苛刻条件下工作的重负荷、高温、高速的机械润滑部位更显极佳的润滑效果，本产品 0 号适用于润滑系统集中润滑；使用温度为：-20~145℃	15kg 塑桶装、200L 铁桶装

续表

产品名称	主要技术指标	用途与特点	包装形式
极压锂基润滑脂 1#、2#	工作锥入度/0.1mm：230~370 滴点/℃：≥180 延长工作锥入度(105 次)/0.1mm：≤390 钢网分油(100℃，24h)/%：≤4.8 极压性能 四球机法(P_B 值)/N：630	本品具有优良的抗水性、防锈性、防腐性；优良的极压抗磨性；良好的机械安定性、氧化安定性。 产品用途：适用于冶金、矿山、纺织机械等高温、重负荷机械设备各摩擦部位的润滑。本产品 0 号适用于润滑系统集中润滑；使用温度为：-20~145℃	15kg 塑桶装、200L 铁桶装
二硫化钼锂基脂 2#、3#	工作锥入度/0.1mm：201~232 滴点/℃：≥205 钢网分油(100℃、24h)/%：0.6~1.0	具有良好的极压抗磨性能有效降低机械摩擦部位的磨损。可降低摩擦部位的摩擦系数，减少摩擦阻力。具有优良机械安定性、氧化安定性，可保证较长的换脂周期。 适用于载重汽车的轮毂、底盘等高温、高速摩擦部位润滑，适用于冶金、矿山企业的中重负荷机械设备的轴承、联轴节、齿轮等部位的润滑；使用温度为：-20~130℃	700~1000g×20 纸箱塑料袋装，3.5~4kg×4 纸箱塑料桶装，15kg 塑桶，200L 铁桶装
掘机专用润滑脂 2#、3#	工作锥入度/0.1mm：230~270 滴点/℃：≥185 延长工作锥入度(105 次)/0.1mm：≤282 钢网分油(100℃、24h)/%：1.2~2.6	本品具有良好的防锈性、极压性；极佳的耐水性、黏附性。适用于挖掘机、装载机、吊车等各种野外作业机械及各种建筑机械、工程机械；使用温度为：-20~120℃	15kg 塑桶装，200L 铁桶装
半流体润滑脂 0#、00#、000#	工作锥入度/0.1mm：372~413 滴点/℃：≥160	本品具有优良的泵送性、抗水性及氧化安定性；良好的密封性、不易泄露，可降低噪音、减少油脂消耗。 产品用途：特别适用于各种机械设备的集中润滑系统及混凝土泵车、减速机、齿轮箱等摩擦部位的润滑；使用温度为：-20~120℃	15kg 塑桶装，200L 铁桶装
通用锂基润滑脂 1#、2#、3#	工作锥入度/0.1mm：220~295 滴点/℃：≥180 延长工作锥入度(10^5 次)/0.1mm：≤350 钢网分油(100℃，24h)/%：≤5	本品通用性强，具有优良的抗水性、并具有良好的抗氧化能力。适用于多种润滑方式，1#脂可用于集中润滑系统，2#、3#可用于手工注脂。 主要用途：广泛适用于各种机械设备的滚动轴承、滑动轴承和各种摩擦部位的润滑；使用温度为：-20~130℃	200g~1kg 塑料袋纸箱装，2~4kg 塑桶纸箱，12~14kg 塑桶装，30kg 编织袋装，200L 铁桶装

表Ⅱ-91　聚脲润滑脂的主要技术指标、用途与特点一览表

产品名称	主要技术指标	用途与特点	包装形式
烧结机专用润滑脂 1#、2#	滴点/℃：≥260 钢网分油(100℃，30h)/%：≤5 水淋流失量(38℃，1h)/%：≤3 极压性能 四球机法(P_B 值)/N：≥736 蒸发量(99℃，22h)/%：≥1	具有极优异的耐高温性、氧化安定性和热安定性，具有良好的承载能力，能在高温重负荷条件下长期使用。突出的抗水性能，不乳化、不变质。适用于冶金工业大型烧结机的弹性滑道的各部位轴承及其他均热炉、退火炉、烘干炉等高温设备的润滑；使用温度为：-30~200℃	15kg 塑桶装，200L 铁桶装

续表

产品名称	主要技术指标	用途与特点	包装形式
连铸机专用润滑脂 0#、1#、2#	滴点/℃：≥260 钢网分油(100℃，30h)/%：≤5 水淋流失量(38℃，1h)/%：≤2 极压性能 四球机法(P_B 值)/N：≥785 蒸发量(99℃，22h)/%：≥1	具有突出的耐高温性，不软化流失，保证有效的润滑与防护，优良的抗水性和防锈性，能满足潮湿或水淋条件下设备的防护与润滑，良好的极压抗磨性，满足高负荷或有一定冲击负荷下机械设备的轴承润滑。适用于冶金行业各型连铸机二冷区及辊道轴承的润滑；使用温度为：-30~200℃	15kg 塑桶装、200L 铁桶装

三十四、东营市鑫泰来工贸有限公司

东营市鑫泰来工贸有限公司润滑脂的主要技术指标、用途与特点以及包装形式等信息详见表Ⅱ-92。

表Ⅱ-92 润滑脂的主要技术指标、用途与特点一览表

产品名称	主要技术指标	用途与特点	包装形式
复合锂基润滑脂	滴点/℃：GB/T 4929 工作锥入度/0.1mm：GB/T 269 腐蚀(T_2铜片，100℃，24h)：GB/T 7326 钢网分油量(100℃，24h)/%：SH/T 0324 水淋流失量(38℃，1h)/%：SH/T 0109	本产品具有良好的耐高温、抗水淋和机械安定性能。适用于水琳严重、中等负荷、温度较高的机械摩擦部位的润滑。 广泛用于钢铁、造纸、采矿、塑料挤压和纺织行业中具有高温含水和重负荷条件设备的润滑	1kg 铁盒、2kg 铁盒、15kg 塑料桶、180kg 铁桶、300g 弹簧管
复合钙基润滑脂	滴点/℃：GB/T 4929 工作锥入度/0.1mm：GB/T 269 腐蚀(T_2铜片，100℃，24h)：GB/T 7326 钢网分油量(100℃，24h)/%：SH/T 0324 水淋流失量(38℃，1h)/%：SH/T 0109	采用乙酸钙复合脂肪酸钙皂稠化，精制矿物油，并加入抗氧剂等制造而成，具有良好的抗水性，机械安定性和胶体安定性。 适用于潮湿环境下机械设备的润滑；使用温度为：-10~150℃	1kg 铁盒、2kg 铁盒、15kg 塑料桶、180kg 铁桶、300g 弹簧管
混凝土泵送车专用润滑脂	滴点/℃：GB/T 4929 工作锥入度/0.1mm：GB/T 269 腐蚀(T_2铜片，100℃，24h)：GB/T 7326 钢网分油量(100℃，24h)/%：SH/T 0324 水淋流失量(38℃，1h)/%：SH/T 0109	良好的泵送送性：具有优良的润滑性能：良好的抗水性及防腐蚀性能。 适用于建筑行业混凝土泵送车，混凝土搅拌机设备的润滑：使用温度为：-20~100℃	1kg 铁盒、2kg 铁盒、15kg 塑料桶、180kg 铁桶、300g 弹簧管

续表

产品名称	主要技术指标	用途与特点	包装形式
复合磺酸钙基润滑脂	滴点/℃：GB/T 4929 工作锥入度/0.1mm：GB/T 269 腐蚀(T_2铜片，100℃，24h)：GB/T 7326 钢网分油量（100℃，24h）/%：SH/T 0324 水淋流失量(38℃，1h)/%：SH/T 0109	复合磺酸钙基润滑脂具有良好的泵送性、抗水性、胶体安定性，特别适用于高温、高负荷、宽速度范围的润滑场合。 广泛用于钢铁、造纸、采矿、塑料挤压和纺织行业中具有高温含水和重负荷工况条件下设备的润滑，可在-20~360℃范围内长时间使用	1kg 铁盒、2kg 铁盒、15kg 塑料桶、180kg 铁桶、300g 弹簧管
二硫化钼锂基润滑脂	滴点/℃：GB/T 4929 工作锥入度/0.1mm：GB/T 269 腐蚀(T_2铜片，100℃，24h)：GB/T 7326 钢网分油量（100℃，24h）/%：SH/T 0324 水淋流失量(38℃，1h)/%：SH/T 0109	本产品是由脂肪酸锂皂稠化矿物油，并加抗氧剂和二硫化钼粉剂制成。具有耐高温、抗水性强的特点和良好的机械安定性、润滑性、抗磨性和极压性。适用于各种重负荷、高温条件下工作的大型设备的润滑。$0^{\#}$~$3^{\#}$脂的使用温度不能超过140℃、145℃、150℃、155℃	1kg 铁盒、2kg 铁盒、15kg 塑料桶、180kg 铁桶、300g 弹簧管
汽车通用锂基润滑脂	滴点/℃：GB/T 4929 工作锥入度/0.1mm：GB/T 269 腐蚀(T_2铜片，100℃，24h)：GB/T 7326 钢网分油量（100℃，24h）/%：SH/T 0324 水淋流失量(38℃，1h)/%：SH/T 0109	本脂采用混合皂稠化技术，产品具有优良的抗水性、润滑性、高低温性、长寿命和防锈性，有效防止机械部件的锈蚀，具有优良的机械安定性，保证使用时润滑脂不变软流失。 适用于汽车的轮毂轴承、底盘、水泵、发电机及其他机械设备的润滑；使用温度为：-30~120℃	1kg 铁盒、2kg 铁盒、15kg 塑料桶、180kg 铁桶、300g 弹簧管
汽车轮毂专用润滑脂	滴点/℃：GB/T 4929 工作锥入度/0.1mm：GB/T 269 腐蚀(T_2铜片，100℃，24h)：GB/T 7326 钢网分油量（100℃，24h）/%：SH/T 0324 水淋流失量(38℃，1h)/%：SH/T 0109	本产品采用羟基硬脂酸锂皂稠化精制高黏度石蜡基础油，并加入抗氧、防锈等添加剂制成，是多效长寿命润滑脂。具有多效、长寿命、细腻、拉丝长的典型特征。 产品具有优良的机械安定性、结构稳定，使用中不易变稀和流失；具有优良的防锈性能，防止摩擦金属表面锈蚀	1kg 铁盒、2kg 铁盒、15kg 塑料桶、180kg 铁桶、300g 弹簧管
通用锂基润滑脂	滴点/℃：GB/T 4929 工作锥入度/0.1mm：GB/T 269 腐蚀(T_2铜片，100℃，24h)：GB/T 7326 钢网分油量（100℃，24h）/%：SH/T 0324 水淋流失量(38℃，1h)/%：SH/T 0109	本品油高级脂肪酸锂皂稠化高黏度的润滑油及加有抗氧、防锈、着色等添加剂制作而成。具有良好的抗水性、机械安定性、防锈性和氧化安定性。使用于-20~120℃范围内的冶金、汽车制造、机械、矿山机电等行业各种机械设备摩擦部位的润滑	1kg 铁盒、2kg 铁盒、15kg 塑料桶、180kg 铁桶、300g 弹簧管

续表

产品名称	主要技术指标	用途与特点	包装形式
极压锂基润滑脂	滴点/℃：GB/T 4929 工作锥入度/0.1mm：GB/T 269 腐蚀（T_2铜片，100℃，24h）：GB/T 7326 钢网分油量（100℃，24h）/%：SH/T 0324 水淋流失量（38℃，1h）/%：SH/T 0109	本品是由复合锂皂稠化精致矿油，并加入挤压、抗氧和防锈等添加剂制成的。适用于高温下各种中、重负荷滚珠，滚柱，滑动轴承及烘烤设备的齿轮，链条和拖轮等传动部位的润滑	1kg 铁盒、2kg 铁盒、15kg 塑料桶、180kg 铁桶、300g 弹簧管
减速机专用润滑脂	滴点/℃：GB/T 4929 工作锥入度/0.1mm：GB/T 269 腐蚀（T_2铜片，100℃，24h）：GB/T 7326 钢网分油量（100℃，24h）/%：SH/T 0324 水淋流失量（38℃，1h）/%：SH/T 0109	减速机润滑脂采用高级脂肪酸锂皂做稠化剂，并加有挤压，抗氧等多种添加剂制成，具有良好的机械安定性和氧化安定性。该脂系半流体膏状物，具有油膜强度大，摩擦系数低的特点，该产品适用于冶金，矿山，铁路等部门中负荷或重负荷低速度齿轮传动设备装置，如轧钢冷床，剪切机等；使用温度为：-20~100℃	1kg 铁盒、2kg 铁盒、15kg 塑料桶、180kg 铁桶、300g 弹簧管
高低温润滑脂	滴点/℃：GB/T 4929 工作锥入度/0.1mm：GB/T 269 腐蚀（T_2铜片，100℃，24h）：GB/T 7326 钢网分油量（100℃，24h）/%：SH/T 0324 水淋流失量（38℃，1h）/%：SH/T 01091kg	良好的高低温性能，保证轴承在宽温度范围内的正常润滑，良好的机械安定性和胶体安定性，保证轴承充分的润滑，良好的抗水性能，允许轴承在潮湿环境下工作。 本产品适用于航空电机如发电机，电动机，变流机等轴承以及其他在高温条件下运转的工业装置的各种滚动轴承的润滑；使用温度为：-40~260℃，短期可达 300℃	1kg 铁盒、2kg 铁盒、15kg 塑料桶、180kg 铁桶、300g 弹簧管
高温耐水润滑脂	滴点/℃：GB/T 4929 工作锥入度/0.1mm：GB/T 269 腐蚀（T_2铜片，100℃，24h）：GB/T 7326 钢网分油量（100℃，24h）/%：SH/T 0324 水淋流失量（38℃，1h）/%：SH/T 0109	良好的耐高温性能。挤压抗磨性，机械安定性，抗酸碱性和粘附性以及良好的抗水淋性能，保证轴承充分的润滑。 本产品适用于钢铁，矿山，机械，交通运输等行业处于高温，重负荷，潮湿等恶劣工况下轴承的润滑	1kg 铁盒、2kg 铁盒、15kg 塑料桶、180kg 铁桶、300g 弹簧管

三十五、邯郸市昌盛油脂制造有限公司

邯郸市昌盛油脂制造有限公司润滑脂的主要技术指标、用途与特点以及包装形式等信息详见表Ⅱ-93。

表Ⅱ-93　润滑脂的主要技术指标、用途与特点一览表

产品名称	主要技术指标	用途与特点	包装形式
通用锂基润滑脂	GB 7324—2010	通用锂基脂属于长寿命、多用途的润滑脂，可取代钙基、钠基及钙-钠基脂，是这些润滑脂的换代产品，广泛适用于各种机械设备的滚动轴承、滑动轴承及其他摩擦部位的润滑。1号适用于集中给脂系统；2号适用于中转速、中负荷的机械设备，如汽车、拖拉机轮毂轴承，以及中小型电动机、水泵和鼓风机等；3号适用于矿山机械、汽车、拖拉机的轮毂轴承，以及大中型电动机等设备；使用温度为：-20～120℃	500g、1kg、2kg、18kg、180kg
锂-钙基润滑脂	SH/T 0368—2003	适用于各种类型的电动机、发电机、鼓风机、汽车、拖拉机和其他机械设备滚动轴承的润滑。2号适合于工作温度在85℃以下的滚动轴承。3号适合于工作温度在100℃以下的滚动轴承	500g、1kg、2kg、18kg、180kg
复合铝基润滑脂	SH/T 0378—2003	适宜冶金、化学、造纸及其其他行业高温、高湿条件下设备的润滑，特别是具有集中润滑系统的机械设备润滑，如大型轧钢机、烧结机等传送系统设备	500g、1kg、2kg、18kg、180kg
复合锂基润滑脂	SH/T 0535—1993	适用于高级轿车轮毂轴承部位的润滑，也适用于钢厂轧钢机、烧结机等高温轴承润滑使用；使用温度为：-20～150℃，短时间可达180℃	500g、1kg、2kg、18kg、180kg
复合磺酸钙基润滑脂	GC-LB	广泛应用于冶金、采矿、机械等行业。在冶金行业的炼钢连铸轴承的润滑、轧钢机轴承的润滑其优势更加明显，适用于高温、重负荷以及有水的环境下的润滑，如钢铁冶金行业连铸、热轧机工作辊轴承等，也可作为通用脂用于造纸业湿热环境下或其他重工业环境下设备的润滑。此外，还能够有效地对暴露在高温、重负载、水淋以及腐蚀条件下的接合点、凸轴承、连接器、减速机、齿轮等进行润滑；使用温度为：-20～160℃	500g、1kg、2kg、18kg、180kg
膨润土润滑脂	SH/T 0536—2003	高温烘房传动轴承的润滑，如拉伸拉幅机和热定型机链条轴承、半导体工业中真空设备等	500g、1kg、2kg、18kg、180kg
二硫化钼锂基润滑脂	SH/T 0587—1994	适用于压延机、锻造机、减速机等重负荷机械设备以及此轮、轴承润滑	500g、1kg、2kg、18kg、180kg
钢丝绳润滑脂	SH/T 0388—1992	主要适用于钢丝绳麻芯的浸渍和润滑	500g、1kg、2kg、18kg、180kg
HP-R润滑脂	SH/T 0535—1993	适用于高档轿车轮毂轴承部位润滑；使用温度为：-40～160℃	500g、1kg、2kg、18kg、180kg
方向节润滑脂	SH/T 0535—1993	适用于中高档汽车球笼式等速万向节的润滑和其他球节及滚动轴承的润滑；使用温度为：-35～120℃	500g、1kg、2kg、18kg、180kg
烧结机润滑脂	GB 7323—2008	适用于冶金行业混料机开式齿轮及托辊的低速、重负荷条件下的润滑；使用温度为：H-1为-10～100℃；H-2为-20～100℃	500g、1kg、2kg、18kg、180kg
轧辊轴承润滑脂	GB 7323—2008	适用于润滑中小型轧机的轧辊轴承、立式轧机的轧辊轴承、中板轧机和翻板机设备轴承；使用温度为：00号、0号为-20～150℃，其他牌号为-20～180℃	500g、1kg、2kg、18kg、180kg

三十六、邯郸市雄鑫润滑油脂有限公司

邯郸市雄鑫润滑油脂有限公司润滑脂的主要技术指标、用途与特点以及包装形式等信息详见表Ⅱ-94。

表Ⅱ-94 润滑脂的主要技术指标、用途与特点一览表

产品名称	主要技术指标	用途与特点	包装形式
通用锂基润滑脂	GB 7324—2010	通用锂基脂属于长寿命、多用途的润滑脂，可取代钙基、钠基及钙-钠基脂，是这些润滑脂的换代产品，广泛适用于各种机械设备的滚动轴承和滑动轴承及其他摩擦部位的润滑。1号适用于集中给脂系统；2号适用于中转速、中负荷的机械设备，如汽车、拖拉机轮毂轴承，以及中小型电动机、水泵和鼓风机等；3号适用于矿山机械、汽车、拖拉机的轮毂轴承，以及大中型电动机等设备；使用温度为：-20～120℃	500g、1kg、2kg、18kg、180kg
锂-钙基润滑脂	SH/T 0368—2003	适用于各种类型的电动机、发电机、鼓风机、汽车、拖拉机和其他机械设备滚动轴承的润滑。2号适合于工作温度在85℃以下的滚动轴承。3号适合于工作温度在100℃以下的滚动轴承	500g、1kg、2kg、18kg、180kg
复合铝基润滑脂	SH/T 0378—2003	适宜冶金、化学、造纸及其其他行业高温、高湿条件下设备的润滑，特别是具有集中润滑系统的机械设备润滑，如大型轧钢机、烧结机等传送系统设备	500g、1kg、2kg、18kg、180kg
复合锂基润滑脂	SH/T 0535—1993	适用于高级轿车轮毂轴承部位的润滑，也适用于钢厂轧钢机、烧结机等高温轴承润滑使用；使用温度为：-20～150℃，短时间可达180℃	500g、1kg、2kg、18kg、180kg
复合磺酸钙基润滑脂	GC-LB	广泛应用于冶金、采矿、机械等行业。在冶金行业的炼钢连铸轴承的润滑、轧钢机轴承的润滑其优势更加明显，适用于高温、重负荷以及有水环境下的润滑，如钢铁冶金行业连铸、热轧机工作辊轴承等，也可作为通用脂用于造纸业湿热环境下或其他重工业环境下设备的润滑。此外，还能够有效地对暴露在高温、重负载、水淋以及腐蚀条件下的接合点、凸轴承、连接器、减速机、齿轮等进行润滑；使用温度为：-20～160℃	500g、1kg、2kg、18kg、180kg
膨润土润滑脂	SH/T 0536—2003	高温烘房传动轴承的润滑，如拉伸拉幅机和热定型机链条轴承、半导体工业中真空设备等	500g、1kg、2kg、18kg、180kg
二硫化钼锂基润滑脂	SH/T 0587—1994	适用于压延机、锻造机、减速机等重负荷机械设备以及此轮、轴承润滑	500g、1kg、2kg、18kg、180kg
低噪音轴承润滑脂	SH/T 0388—1992	主要适用于各类级别的中小型及微型低噪音轴承的低温润滑，同时可满足其他普通中小型电机轴承的润滑和保护	500g、1kg、2kg、18kg、180kg
HP-R润滑脂	SH/T 0535—1993	适用于高档轿车轮毂轴承部位润滑；使用温度为：-40～160℃	500g、1kg、2kg、18kg、180kg

续表

产品名称	主要技术指标	用途与特点	包装形式
高低温润滑脂	SH/T 0535—1993	适用于航空电机（如大电机、电动机、变流机等）的轴承以及其他在高温条件下运转的工业装置的各种滚动轴承的润滑	500g、1kg、2kg、18kg、180kg
烧结机润滑脂	GB 7323—2008	适用于冶金行业混料机开式齿轮及托辊的低速、重负荷条件下的润滑；使用温度为：H－1 为－10～100℃；H－2 为－20～100℃	500g、1kg、2kg、18kg、180kg
轧辊轴承润滑脂	GB 7323—2008	适用于润滑中小型轧机的轧辊轴承、立式轧机的轧辊轴承、中板轧机和翻板机设备轴承；使用温度为：00 号、0 号为－20～150℃，其他牌号为－20～180℃	500g、1kg、2kg、18kg、180kg
连铸机专用润滑脂		适用于各型连铸机二冷区及辊道轴承的润滑	500g、1kg、2kg、18kg、180kg

三十七、濮阳市鑫业特种润滑油脂有限公司

濮阳市鑫业特种润滑油脂有限公司润滑脂的主要技术指标、用途与特点以及包装形式等信息详见表Ⅱ－95。

表Ⅱ－95　润滑脂的主要技术指标、用途与特点一览表

产品名称	主要技术指标	用途与特点	包装形式
鑫业锂盛 3#通用锂基润滑脂	（企标）滴点：180℃	本品为多效长寿命四季通用润滑脂，优良的机械安定性和抗剪切性；使用温度为：－20～120℃	净重 15kg、净重 170kg
鑫业锂盛 3#特制锂基润滑脂	（企标）滴点：180℃	本品为多效长寿命润滑脂，优良的机械安定性和抗剪切性，使用温度为：－20～120℃	净重 12kg、净重 15kg、净重 170kg
鑫业锂盛 3#工程机械锂基润滑脂	（企标）滴点：180℃	具有优良的机械安定性和抗水性，特别适用于在恶劣环境中工作的各类工程机械；使用温度为：－20～120℃	净重 12kg、净重 15kg、净重 170kg
鑫业锂盛混凝土泵送车专用锂基润滑脂（0#、00#、000#）	（企标）滴点：180℃	本品具有优良的机械安定性和防锈性能，适用于齿轮、减速机、砼泵等机械用脂；使用温度为：－20～120℃	净重 12kg、净重 15kg、净重 170kg
鑫业锂盛 3#二硫化钼锂基润滑脂	（企标）滴点：180℃	特别添加二硫化钼等添加剂的润滑脂，具有耐高温、极压抗磨等特性。适用于轧钢机轴承、化工焙烧、水泥行业设备润滑；使用温度为：－20～120℃	净重 12kg、净重 15kg、净重 170kg
鑫业锂盛 3#特制高温润滑脂	（企标）滴点：360℃	本品具有突出的耐高温性和极压性能，很强的黏附性能，使润滑脂不会受到高温和重负荷冲击造成流失，一般适用于轴承、卡车重载车辆轮毂；使用温度为：－20～220℃	净重 12kg、净重 15kg、净重 170kg 净重 1kg、净重 2kg
鑫业赛孚特车用锂基润滑脂	（企标）滴点：360℃	使用进口高黏度指数合成油配比各种功能添加剂调和而成，属于四季通用型润滑脂。适用于高速、重载等苛刻条件下的大型客车重载货车的轮毂轴承以及各种工程机械设备；使用温度为：－20～220℃	净重 800g、净重 1.8kg
鑫业黄油枪弹锂基润滑脂 3#	（企标）滴点：180℃	本品具有优良的机械安定性和抗水性，特别适用于在恶劣环境中工作的各类工程机械；使用温度为：－20～120℃	净重 320g

续表

产品名称	主要技术指标	用途与特点	包装形式
鑫业吸盘式长寿命工程机械专用脂	（企标） 滴点：180℃	使用合成油添加抗磨、抗极压、抗氧化等添加剂制作而成，属于四季通用型润滑脂，主要针对工程机械研发，具有突出的极压抗磨性和防水性，是普通润滑脂使用效果的2~3倍。 本品桶内附带密封吸盘，手动黄油枪可拧上直接抽取，使用方便干净卫生避免对油脂的污染；使用温度为：-20~120℃	净重12kg、净重15kg、净重170kg

三十八、山东环球润滑油有限公司

山东环球润滑油有限公司润滑脂的主要技术指标、用途与特点以及包装形式等信息详见表Ⅱ-96。

表Ⅱ-96　润滑脂的主要技术指标、用途与特点一览表

产品名称	主要技术指标	用途与特点	包装形式
复合锂基润滑脂 牌号：2#、3#	Q/0100LHQ022—2017 2号复合锂基润滑脂 工作锥入度/0.1mm：283 滴点/℃：286	优良的高温特性在摩擦部位以及环境较高的温度条件下，有效的保护摩擦副，润滑脂不易流失，使用轴承寿命延长。良好的氧化安定性保证润滑脂有较长的使用寿命。优良的流动性保证润滑脂的泵送性能。优异的极压抗磨性能满足设备在高负荷或一定的冲击负荷下轴承正常使用的润滑。适用于钢铁行业轧机、轧辊滚动轴承润滑。也可用于矿山、机械、交通运输等轴承润滑；使用温度为：-20~180℃	15kg塑料桶、170kg/175kg铁桶包装
通用锂基润滑脂 牌号：00#、0#、1#、2#、3#	GB/T 7324—2010	通用性强，具有良好的高温性、胶体安定性、机械安定性。良好的抗水淋和防锈性，可应用于潮湿及水接触的部件上。用于多种方式润滑，属于多用途、长寿命润滑脂。适用于一般机械的滚动轴承和滑动轴承及其他摩擦部位的润滑；使用温度为：-20~120℃	2kg、5kg、10kg、15kg塑料桶，9kg（450g×20袋）、10kg(500g×20袋)纸箱，牙膏状14kg(700g×20支）纸箱，170kg、175kg铁桶包装
钙基润滑脂 牌号：2#、3#	GB/T 491—2008	良好的耐水性，适用于在潮湿多水的条件下使用。良好的机械安定性和润滑性。适用于汽车、拖拉机、纺织机械及其他机械设备；使用温度为：-10~60℃	5kg、10kg、15kg塑料桶，9kg(450g×20袋)、10kg(500g×20袋)纸箱，170kg、175kg铁桶包装
极压复合锂基润滑脂 牌号：2#、3#	SH 0535—92	优良的高温特性，良好的氧化安定性，保证润滑脂有较长的使用寿命，优良的流动性和极压抗磨性能。 适用于钢铁行业轧机、轧辊滚动轴承润滑。也可用于矿山、机械、交通运输等轴承润滑；使用温度为：-20~180℃	15kg塑料桶、180kg铁桶包装

续表

产品名称	主要技术指标	用途与特点	包装形式
极压锂基润滑脂 牌号：00#、0#、1#、2#、3#、减速机润滑脂 00 号	GB/T 7323—2008	耐负荷性能优良，良好的抗水性能，能满足轧机在水淋条件下的润滑要求，并具有优秀的抗剪切功能。优良的流动性和防锈性能。 适用于冶金行业冷轧、热轧的粗轧、精轧、输送管道、卷取机的集中供脂要求。适用于矿山重型机械轴承润滑需要；使用温度为：-20~120℃	15kg 塑料桶、180kg 铁桶包装
复合钙基润滑脂 牌号：2#、3#	SHT 0370—1995	具有较好的胶体安定性和机械安定性。具有较好的耐水性和耐高温性。适用于较高温度和潮湿条件下工作的机械设备摩擦部位的润滑；使用温度为：-10~150℃	15kg 塑料桶、170kg/175kg 铁桶包装
二硫化钼锂基润滑脂 牌号：1#、2#、3#	Q/0100LHQ001—2016 2#二硫化钼锂基润滑脂 工作锥入度：282(0.1mm) 极压性能(四球机法) P_B值：588N	适用于矿山机械、轧钢机械、起重机械等重负荷齿轮和轴承及其他摩擦部位的润滑，并能使用于有冲击负荷的部件；使用温度为：-20~120℃	175g 铁桶 5kg/10kg/15kg 塑桶 10kg(500g×20袋)/箱、9kg(450g×20袋)/箱
轧辊脂 牌号：1#、2#、3#	Q/0100LHQ004—2016 2#轧辊脂 工作锥入度：285(0.1mm) 极压性能(四球机法) P_D值：3089N	具有优良的耐高温性和良好的极压抗磨性、抗水性、防锈性、机械安定性和胶体安定性，适用于钢铁行业的轧机、轧辊滚动轴承的集中润滑，也可用于矿山、机械、交通运输等轴承的润滑；使用温度为：-20~180℃	9.6kg(800g×12 塑桶)/箱、175kg 铁桶
HP-R 润滑脂、重载车辆轮毂润滑脂	Q/0100LHQ002—2016 工作锥入度：253(0.1mm) 极压性能(四球机法) P_D值：1961N 磨痕直径：0.45mm	适用于高速、重载条件下各种载货卡车及大中型客车和工程机械等机械设备的轮毂轴承、底盘等摩擦部位的润滑，也适用于水泵电机及其他摩擦部位的润滑；使用温度为：-30~180℃	9.6kg(800g×12 塑桶)/箱、175kg 铁桶
汽车锂基润滑脂 牌号：2#	GB/T 5671—2014	具有优良的抗水性；良好的润滑性，是多效长寿命润滑脂；良好的防锈性，有效防止机械部件的锈蚀；优良的机械安定性，保证使用时润滑脂不变软流失。 适用于汽车轮毂轴承、底盘、水泵、发电机及其他机械设备的润滑；使用温度为：-30~120℃	10kg、15kg 塑桶、175kg 铁桶
多功能润滑脂 牌号：2#、3#	Q/0100LHQ021—2017 2#多功能润滑脂 工作锥入度/0.1mm：282 滴点/℃：145	具有良好的低温性、抗水性、机械安定性、氧化安定性，适用于中等负荷下的滚动轴承、齿轮以及滑动摩擦部位，广泛用于汽车底盘、电机、冶金、钢铁、建筑机械、农业机械等行业的设备；使用温度为：-15~100℃	15kg 塑料桶、170kg/175kg 铁桶包装

续表

产品名称	主要技术指标	用途与特点	包装形式
混凝土泵送车专用润滑脂 牌号：000#	Q/0100LHQ003—2016 工作锥入度/0.1mm：465 滴点/℃：170	具有良好的泵送性、润滑性，良好的抗水性和防腐蚀性。是用于建筑行业混凝土泵送车、混凝土搅拌站等润滑	15kg塑料桶、170kg/175kg铁桶包装
环球超高温润滑脂 牌号：2T#，2#	Q/0100LHQ024—2018 2#环球超高温润滑脂 工作锥入度/0.1mm：281 极压性能(四球法) P_D值/N：3923	优异的抗高温性能具有良好的极压抗磨性能。具有良好的防锈性能，适用于水泥、玻璃、纺织、钢铁等高温、高负荷和有水的工况下的高温滑动摩擦部位的润滑。 适用于非密封滑动轴承部位的润滑，使用过程中，应根据实际工况对润滑部位定期的加脂和清理；使用温度为：-20~500℃	15kg塑料桶、170kg/175kg铁桶包装
环球大型电机轴承润滑脂 牌号：2#	Q/0100LHQ025—2018 工作锥入度/0.1mm：280 滴点/℃：315 极压性能(四球法) P_B值/N：834	突出的高温特性；优异的机械剪切性能；优异的极压抗磨性能； 适用于大型电机轴承和发电机轴承的润滑；使用温度为：-40~180℃	15kg塑料桶、170kg/175kg铁桶包装
环球超低温锂基润滑脂 牌号：2#	Q/0100LHQ026—2018 工作锥入度/0.1mm：280 滴点/℃：200 低温转矩(-50℃)/N·m 启动转矩：13 运转转矩：4	优异的低温启动性能；优异的机械剪切性能；优异的腐蚀保护性能；低温、超低扭矩的各种微型轴承。 低载、高速滚珠螺杠、轻载高速直线导轨、轻载齿轮，溜冰鞋、冰柜、各种静音电机、办公设备、电动工具；使用温度为：-50~130℃	15kg塑料桶、170kg/175kg铁桶包装
环球高级轿车润滑脂 牌号：2#	Q/0100LHQ027—2018 工作锥入度/0.1mm：273 滴点/℃：302 极压性能(四球法) P_B值/N：706	优良的高温特性；良好的氧化安定性；优良的抗水、防腐性能、优异的极压抗磨性能。 适用于高档轿车轮毂轴承部位的润滑；使用温度为：-30~180℃	15kg塑料桶、170kg/175kg铁桶包装
环球特种白色复合锂基润滑脂 牌号：2#	Q/0100LHQ028—2018 工作锥入度/0.1mm：285 滴点/℃：290 水淋流失量(79℃，1h)/%：3	优异的高温性；具有优异的低温性能；优异的机械剪切性能；优异的腐蚀保护性能。 适用于各种精密机床、万能磨床、坐标镗床；食品机械、纺织皮辊轴承、仪器及、磨具轴承等润滑系统仪器的润滑。电子、汽车、玩具、家电等的微型和中小型轴承；使用温度为：-40~180℃	15kg塑料桶、175kg铁桶包装
环球特种白色锂基轴承润滑脂 牌号：2T#	Q/0100LHQ029—2018 工作锥入度/0.1mm：245 滴点/℃：200 水淋流失量(79℃，1h)/%：2	超清净合成工艺；优异的低温性能、机械剪切性能、腐蚀保护性能。 适用于各种精密机床、万能磨床、坐标镗床；食品机械、纺织皮辊轴承、仪器及、磨具轴承等润滑系统仪器的润滑。电子、汽车、玩具、家电等微型和中小型轴承；使用温度为：-20~130℃	15kg塑料桶、175kg铁桶包装

续表

产品名称	主要技术指标	用途与特点	包装形式
环球汽车万向节润滑脂 牌号：2#	Q/0100LHQ030—2018 工作锥入度/0.1mm：285 滴点/℃：280 低温转矩(-35℃)/N·m 启动转矩：0.86 运转转矩：0.06	优良的耐高低温特性；良好的氧化、防锈性；良好的机械安定性和橡胶相容性。优异的极压抗磨性能。 适用于高档轿车轮毂轴承部位的润滑；使用温度为：-35~180℃	15kg 塑料桶、175kg 铁桶包装
环球烧结机润滑脂 牌号：0#、T0#、1#	Q/0100LHQ031—2018 1#环球烧结机润滑脂 工作锥入度/0.1mm：325 滴点/℃：大于 250	优异的集中泵送性能；优异的抗磨极压性能；良好的泵送性能。 适用于冶金行业烧结机及其他行业超高温摩擦部位的润滑，1#、T0#、1#是理想的集中润滑产品；使用温度为：-20~180℃	15kg 塑料桶、175kg 铁桶包装
环球耐水润滑脂 牌号：1.5#，2#	Q/0100LHQ032—2018 2#环球耐水润滑脂 工作锥入度/0.1mm：290 极压性能(四球法) P_D值/N：7840 磨斑直径/mm：0.43 P_B值/N：984	高黏度基础油，满足主要工况的油膜强度；优异的耐高温性能；优异的耐水稳定性能；优异的机械剪切性能；优异的腐蚀保护性能；增强的极压、抗磨性能；优异的海水防锈保护性能。 船舶港口工业牵引起重钢丝绳、拖拽绞车开式齿轮，海上起重机回转齿轮，齿轮传动和绕线设备。钢铁工业的连铸的多水、蒸汽条件以及连轧轴承、加热炉出入炉的输送轨道轴承，保证连铸机和轧机轴承的正常操作。水泥工业的回转窑轴承以及破碎机及球磨机轴承的润滑；使用温度为：-20~200℃	15kg 塑料桶、175kg 铁桶包装
环球复合磺酸钙基润滑脂 牌号：0#，1#，2#，1T#，2T#	Q/0100LHQ016—2016 2#环球复合磺酸钙基润滑脂 工作锥入度/0.1mm：285 滴点/℃：>320 相似黏度(-10℃，10s^{-1})/Pa·s：430	具有优异的高温性能、抗水性能，其泵送性能也能满足集中润滑的需要。 适用于钢厂连铸机、连轧机组及类似条件下设备的润滑，还适用于其他高温、重负荷、多水场合，如船舶、耐火、化工、汽车等行业设备的润滑；使用温度为：-30~180℃	15kg 塑料桶、175kg 铁桶包装
环球高温聚脲润滑脂 牌号：2#	Q/0100LHQ033—2018 工作锥入度/0.1mm：280 滴点/℃：270 低温转矩(-10℃)/N·m 启动转矩：35 运转转矩：15	优异的耐高温性能；优异的耐水稳定性能；优异的机械剪切性能；优异的腐蚀保护性能；超长的应用寿命。 高温高速、低噪音、长寿命的微小电机轴承，如：高速吸尘器、油烟机、洗衣机、交流发电机、涨紧轮、电磁离合器、冷凝风扇电机。工业电机风机、水泵电机、汽车电装电机(冷凝风扇电机、转向系统、安全带装置)、电动工具电机、精密机械电机。耐高温、长寿命的中小型轴承；使用温度为：-20~180℃	15kg 塑料桶、175kg 铁桶包装

续表

产品名称	主要技术指标	用途与特点	包装形式
环球高温极压聚脲润滑脂 牌号：T1#	Q/0100LHQ034—2018 工作锥入度/0.1mm：305 滴点/℃：260 极压性能(四球法) P_D值/N：3089 P_B值/N：784	优异的集中泵送性能；优异的耐高温性能；优异的耐水稳定性能；优异的机械剪切性能；优异的腐蚀保护性能；优异的极压抗磨性能。 适用于冶金行业连铸机、连轧机及其他行业超高温摩擦部位的润滑，T1号是理想的集中润滑产品；使用温度为：-20~180℃	15kg塑料桶、175kg铁桶包装
环球连铸机专用润滑脂 牌号：0#，1#，1T#，2#	Q/0100LHQ008—2015 2#环球连铸机专用润滑脂 工作锥入度/0.1mm：285 滴点/℃：280 极压性能(四球法) P_B值/N：784	具有优良的耐高温性和良好的极压抗磨性、优良的介质稳定性和抗辐射性。 适用于冶金行业高温、高负荷、宽温度范围和与不良介质接触的润滑场合，如钢厂连铸设备的结晶器，弧形辊道、弯曲辊道轴承、剪机轴承等的润滑；使用温度为：-20~160℃	15kg塑料桶、175kg铁桶包装
环球复合铝基润滑脂 牌号：1#，2#	SH/T 0378 92—2003	具有独特的热可逆性，可在接近其滴点的温度下短期使用，稠化剂的皂纤维结构较短，具有良好的高温性、润滑性、氧化安定性，有一定的防锈性能，能够防止润滑部位的锈蚀发生。 冶金行业连轧机、连铸机、出钢辊道以及印染、大型电动机等高温设备的摩擦部的润滑；使用温度为：-20~150℃，短期可使用至180℃	15kg/塑桶
环球极压复合铝润滑脂 牌号：0#，1#，2#，T2#	SH/T 0534 93—2003	具有独特的热可逆性，在使用部位受高温后冷却，仍能恢复良好的纤维结构，继续使用具有良好流动性，其中0号、1号脂适于长距离管道输送，具有良好的高温、极压、抗磨、抗水性能，有一定的防锈性能，能够防止润滑部位的锈蚀发生。冶金行业连轧机、连铸机、出钢辊道以及印染、大型电动机等高温重负荷设备的摩擦部的润滑；使用温度为：0#、1#、2#为-20~160℃，T2#为-20~180℃，短期可使用至180℃	175kg/开口钢桶
环球特种润滑脂EP-M 牌号：1#，2#	Q/0100LHQ035—2018 2#环球连铸机专用润滑脂 工作锥入度/0.1mm：283 滴点/℃：189	耐负荷性能优良，优良的抗水性能，突出的低温泵送性及一定的防锈性能。 适用于冷轧、热轧的粗轧、精轧、输送轨道的集中润滑；使用温度为：-20~120℃	15kg塑料桶、175kg铁桶包装
环球滑道密封润滑脂 牌号：0#	Q/0100LHQ036—2018 0#环球滑道密封润滑脂 工作锥入度/0.1mm：350 滴点/℃：260	具有良好的低温泵送性能，具有卓越的轴承寿命，耐水和防锈、抗腐蚀性能优良，可大大提高润滑主体使用寿命。 主要应用于高温、低转速、多水、集中润滑的密封轴承润滑；使用温度为：-20~180℃	15kg塑料桶、175kg铁桶包装

三十九、潜江市鸿运实业有限公司

潜江市鸿运实业有限公司润滑脂的主要技术指标、用途与特点以及包装形式等信息详见表Ⅱ-97。

表Ⅱ-97　润滑脂的主要技术指标、用途与特点一览表

产品名称	主要技术指标	用途与特点	包装形式
三牙轮钻头专用润滑脂	60次工作锥入度(25℃)/0.1mm：310~340 滴点/℃：≥310 腐蚀(T2Cu，100℃，24h)：合格 蒸发量(99℃，22h)/%：≤0.16 四球机极压性能/mm 800kg，900r/min，10s：≤2 620kg，900r/min，10s：≤1.80 500kg，900r/min，10s：≤1.50 钢网分油(100℃，24h)/%：≤1.62	优秀的抗磨性和极压性，极纯的高温性能和抗剪切安定性，适用于苛刻条件下运行的高温重载轴承，尤其适用于密封或半密封轴承的润滑 适用于石油天然气勘探开发及地质勘探钻井用牙轮钻头的轴承润滑	20kg塑料桶，200kg开口铁桶
超高温轴承螺纹丝扣密封专用脂	工作锥入度/0.1mm：290~340 滴点/℃：≥320 腐蚀(T2Cu，100℃，24h)：铜片无绿色或黑色变化 蒸发量(99℃，22h)/%：≤5 钢网分油(100℃，24h)/%：≤5	适用于工作温度在300~350℃范围的油田，稠油开采的蒸汽管丝扣和高温条件下的螺纹丝扣密封及润滑	20kg塑料桶
钻井螺纹密封专用脂	工作锥入度/0.1mm：340~385 蒸发量(150℃)/%：≤10 腐蚀(45号钢片，100℃，3h)：合格 相似黏度(-30℃，$10s^{-1}$)/Pa·s：≤2200	本产品具有良好的润滑性、防锈性、氧化安定性，适用于油、气田和地质勘探钻井用的钻铤和钻杆组合件螺纹的密封和润滑，能防止泥浆泄漏，避免螺纹擦伤和粘机，拆卸冲洗方便	20kg塑料桶

四十、东营市长城化工有限公司

东营市长城化工有限公司润滑脂的主要技术指标、用途与特点以及包装形式等信息详见表Ⅱ-98。

表Ⅱ-98　润滑脂的主要技术指标、用途与特点一览表

产品名称	主要技术指标	用途与特点	包装形式
锂基润滑脂	GB/T 7324—2010	锂基润滑脂，以12-羟基硬脂酸、氢氧化锂、硬脂酸为皂基的润滑脂，在加有抗氧化剂、防锈剂和极压剂之后，就成为多效长寿命通用润滑脂，具有优良的抗水性、机械安定性、耐极压抗磨性能、防水性和泵送性、防锈性和氧化安定性，可以代替钙基润滑脂和钠基润滑脂，用于飞机、汽车、坦克、机床和各种机械设备的轴承润滑	纸箱包装(5~20kg)塑料桶装(10~15kg)铁桶(100~180kg)编织袋(20~50kg)

续表

产品名称	主要技术指标	用途与特点	包装形式
HP 复合锂基润滑脂	企业标准滴点320度	HP 复合锂基润滑脂是以复合皂稠化合成润滑油，并加有结构改善剂、抗氧添加剂及特殊抗磨添加剂而制成。 优异的高温性能及氧化安定性能，防止润滑脂高温变质，保证润滑部位高温长期正常工作；优异的粘附性能、良好的机械安定性和胶体安定性，保证在润滑部位而不会流失；良好的润滑性，保护轴承减少磨损；优异的综合性能，保证轴承较长的使用寿命	纸箱包装（12kg）塑料桶装（15kg）
钙基脂	GB/T 7324—2010	钙基脂是由动植物油与石灰制成的钙皂稠化中等黏度的矿物润滑油，并以水作为胶溶剂而制成。主要用于汽车、拖拉机、水泵、中小型电动机等各种工农业机械的滚动轴承和易与水或潮气接触部位的润滑。(1)耐水性好，遇水不易乳化变质，能在潮湿环境或与水接触的情况下使用。(2)具有良好的剪断安定性与触变安定性，储存中分油量少。(3)具有较好的可泵送性	纸箱包装（5~20kg）塑料桶装（10~15kg）铁桶（100~180kg）编织袋(20~50kg)
膨润土高温脂	企业标准	膨润土润滑脂系由经表面活性剂处理后的有机膨润土稠化中黏度或高黏度矿油制成，适用于车底盘、驾驶舵、万向节、水泵、轮毂以及轴承的润滑。使用温度为：150℃	纸箱包装（5~20kg）塑料桶装（10~15kg）铁桶（100~180kg）编织袋(20~50kg)

四十一、领航石油化工(天津)有限公司

领航石油化工(天津)有限公司润滑脂的主要技术指标、用途与特点以及包装形式等信息详见表Ⅱ-99。

表Ⅱ-99　润滑脂的主要技术指标、用途与特点一览表

产品名称	主要技术指标	用途与特点	包装形式
高温重载保轮脂 2#	SH/T 0535	具有极佳的高温性能可保证良好的润滑油膜，优异的极压抗磨性能满足重载汽车轮毂轴承的润滑，适用于各种高速、重载等苛刻条件下卡车和大型客车的轮毂轴承底盘电机水泵等摩擦部位的润滑；使用温度为：-30~180℃	800g、1.8kg
工程机械专用锂基脂 3#、2#	GB/T 7324 GB/T 7323	具有优良的极压抗磨性和粘附性对轴承表面能提供多重保护，适用于各种在户外作业的工程机械设备的润滑，如挖掘机、装载机、起重机、破碎机等给脂系统润滑使用；使用温度为：-22~130℃	13kg、15kg
多效能通用锂基脂 3#、2#、1#、0#、00#	GB/T 7324 GB/T 7323	适用于矿山机械、汽车、拖拉机轮毂轴承和底盘节点部位的润滑以及其他机械设备滚动轴承和滑动轴承摩擦部位的润滑	5kg、8kg、10kg
通用锂基脂 3#、2#、1#	GB/T 7324	具有优良的机械安定性、氧化安定性、胶体安定性防锈性和抗水性，适用于一般负荷条件下的各种机械设备的摩擦部位润滑	1000g、800g、600g、500g、400g

四十二、河南省长城特种润滑脂有限公司

河南省长城特种润滑脂有限公司润滑脂的主要技术指标、用途与特点以及包装形式等信息详见表Ⅱ-100。

表Ⅱ-100　润滑脂的主要技术指标、用途与特点一览表

产品名称	主要技术指标	用途与特点	包装形式
复合锂基润滑脂	SH0535-93	特点：具有良好的极压抗磨性能，满足重载汽车轮毂轴承的润滑，具有良好的高温性能，高温粘附性强，可保证良好的润滑油膜，具有良好的胶体安定性，润滑脂使用寿命长。 用途：适用于高速、重载等苛刻条件下轿车、大型客车及重载卡车等车辆的轮轴承、底盘、电机水泵等摩擦部位的润滑	180kg 铁桶、15L 塑料桶等各种规格

四十三、东莞太平洋博高润滑油有限公司

东莞太平洋博高润滑油有限公司润滑脂的主要技术指标、用途与特点以及包装形式等信息详见表Ⅱ-101。

表Ⅱ-101　润滑脂的主要技术指标、用途与特点一览表

产品名称	主要技术指标	用途与特点	包装形式
HERCULES 3238HC 3 高温润滑脂	Q-BG 3-2016 工作锥入度：228(0.1mm)(GB/T 269)； 滴点：280℃(GB/T 3498)； 铜片腐蚀：无绿色或黑色变化(GB/T 7326 乙法)； 四球(P_D)：315kgf(SH/T 0202)	特点：复合锂皂基润滑脂，具有更高的操作温度，更长的使用寿命；高抗水性，机械稳定性及重载负荷性；极佳之氧化稳定性及防锈性；特佳防腐蚀性；与普通锂基酯相比较有更好的耐高温及防磨损性。 用途：适用于-20~160℃下重载轴承、重型机械及各种汽车等；用于各种烧结、轮轨摩擦副之间的润滑	0.8kg、2kg、15kg
Pacoil SI 7 硅脂	Q-BG 3-2016 工作锥入度：270(0.1mm)(GB/T 269)； 钢网分油：1.7%(SH/T 0324)； 铜片腐蚀：无绿色或黑色变化(GB/T 7326 乙法)； 高温蒸发：1.2%(GB/T 7325)	特点：润滑性良好；绝佳密封功能；耐极高低温；排水、防水性好；化学惰性高；良好抗腐蚀性。 用途：主要用于阀门、O 型圈或垫环之密封与润滑及各种绝缘电气润滑，能够在-40~200℃范围工作	4kg、16kg
Pacoil HD2000-2 复合磺酸钙脂	Q-BG 3-2016 工作锥入度：266(0.1mm)(GB/T 269)； 滴点：298℃(GB/T 3498)； 铜片腐蚀：无绿色或黑色变化(GB/T 7326 乙法)； 四球(P_D)：400kgf(SH/T 0202)	特点：优秀的润滑性、热稳定性、防锈性及抗水性。其机械稳定性亦高与一般润滑脂。 适用于高温、重载、水淋工况下的轴承及齿轮润滑；使用温度为：-20~200℃	1kg、16kg

四十四、辽宁臻德化工集团有限公司

辽宁臻德化工集团有限公司润滑脂的主要技术指标、用途与特点以及包装形式等信息详见表Ⅱ-102。

表Ⅱ-102　润滑脂的主要技术指标、用途与特点一览表

产品名称	主要技术指标	用途与特点	包装形式
通用锂基润滑脂	GB 7324—2010	通用锂基脂属于长寿命、多用途的润滑脂，可取代钙基、钠基及钙-钠基脂，是这些润滑脂的换代产品，广泛适用于各种机械设备的滚动轴承和滑动轴承及其他摩擦部位的润滑。1 号适用于集中给脂系统；2 号适用于中转速、中负荷的机械设备，如汽车、拖拉机轮毂轴承，以及中小型电动机、水泵和鼓风机等；3 号适用于矿山机械、汽车、拖拉机的轮毂轴承，以及大中型电动机等设备；使用温度为：-20~120℃	500g、1kg、2kg、18kg、180kg
锂-钙基润滑脂	SH/T 0368—2003	适用于各种类型的电动机、发电机、鼓风机、汽车、拖拉机和其他机械设备滚动轴承的润滑。2 号适合于工作温度在 85℃以下的滚动轴承。3 号适合于工作温度在 100℃以下的滚动轴承	500g、1kg、2kg、18kg、180kg
复合铝基润滑脂	SH/T 0378—2003	适宜冶金、化学、造纸及其其他行业高温、高湿条件下设备的润滑，特别是具有集中润滑系统的机械设备润滑，如大型轧钢机、烧结机等传送系统设备	500g、1kg、2kg、18kg、180kg
复合锂基润滑脂	SH/T 0535—1993	适用于高级轿车轮毂轴承部位的润滑，也适用于钢厂轧钢机、烧结机等高温轴承润滑使用；使用温度为：-20~150℃，短时间可达 180℃	500g、1kg、2kg、18kg、180kg
复合磺酸钙基润滑脂	GC-LB	广泛应用于冶金、采矿、机械等行业。在冶金行业的炼钢连铸轴承的润滑、轧钢机轴承的润滑其优势更加明显，适用于高温、重负荷以及有水的环境下的润滑，如钢铁冶金行业连铸、热轧机工作辊轴承等，也可作为通用脂用于造纸业湿热环境下或其他重工业环境下设备的润滑。此外，还能够有效地对暴露在高温、重负载、水淋以及腐蚀条件下的接合点、凸轴承、连接器、减速机、齿轮等进行润滑；使用温度为：-20~160℃	500g、1kg、2kg、18kg、180kg
膨润土润滑脂	SH/T 0536—2003	高温烘房传动轴承的润滑，如拉伸拉幅机和热定型机链条轴承、半导体工业中真空设备等	500g、1kg、2kg、18kg、180kg
二硫化钼锂基润滑脂	SH/T 0587—1994	适用于压延机、锻造机、减速机等重负荷机械设备以及此轮、轴承润滑	500g、1kg、2kg、18kg、180kg
钢丝绳润滑脂	SH/T 0388—1992	主要适用于钢丝绳麻芯的浸渍和润滑	500g、1kg、2kg、18kg、180kg
HP-R 润滑脂	SH/T 0535—1993	适用于高档轿车轮毂轴承部位润滑；使用温度为：-40~160℃	500g、1kg、2kg、18kg、180kg
方向节润滑脂	SH/T 0535—1993	适用于中高档汽车球笼式等速万向节的润滑和其他球节及滚动轴承的润滑；使用温度为：-35~120℃	500g、1kg、2kg、18kg、180kg
烧结机润滑脂	GB 7323—2008	适用于冶金行业混料机开式齿轮及托辊的低速、重负荷条件下的润滑；使用温度为：H-1 为-10~100℃；H-2 为-20~100℃	500g、1kg、2kg、18kg、180kg
轧辊轴承润滑脂	GB 7323—2008	适用于润滑中小型轧机的轧辊轴承、立式轧机的轧辊轴承、中板轧机和翻板机设备轴承；使用温度为：00 号、0 号为-20~150℃，其他牌号为-20~180℃	500g、1kg、2kg、18kg、180kg

四十五、唐山市天成润滑油脂有限公司

唐山市天成润滑油脂有限公司润滑脂的主要技术指标、用途与特点以及包装形式等信息详见表Ⅱ-103～表Ⅱ-108。

表Ⅱ-103 锂基润滑脂的主要技术指标、用途与特点一览表

产品名称	主要技术指标	用途与特点	包装形式
通用锂基润滑脂 1#、2#、3#	GB/T 7324—2010	具有优良的机械安定性和氧化安定性，良好的抗水淋性和防锈性，可应用在潮湿及与水接触的机械部件上。 适用于汽车轮毂、底盘、电机、水泵和其他机械设备的滚动轴承、滑动轴承等摩擦部位的润滑；使用温度为：-30～120℃	1kg/袋、0.8～2kg盒、12kg/桶、15kg/桶、170kg/桶、175kg/桶
极压锂基润滑脂 00#、0#、1#、2#、3#	GB/T 7323—2008	具有优秀的极压抗磨性以及良好的热稳定性、机械安定性、防锈性、防水性和泵送性，是一种多效长寿命润滑脂。 适用于轧钢机械、矿山机械、建筑机械、重型起重机械、注塑机械等重负荷的齿轮和轴承的润滑，并能使用于有冲击负荷的部件和集中润滑系统；使用温度为：-30～120℃	12kg/桶、15kg/桶、170kg/桶、175kg/桶
二硫化钼极压锂基润滑脂 0#、1#、2#、3#	SH/T 0587—1994	具有优秀的极压抗磨性以及良好的热稳定性、机械安定性、防水性和泵送性。 适用于冶金轧钢轴承、耐火器材窑车轴承、铸造落砂机械、化工焙烧、机械加工热处理、印染焙烧机、造纸干燥机、橡胶、塑料热轧及水泥行业设备各摩擦部位的润滑；使用温度为：-30～150℃	12kg/桶、15kg/桶、170kg/桶、175kg/桶
减速机润滑脂 0#、00#	GB/T 7323—2008	具有优良的极压、抗磨性能，能有效防止齿面的剥落、点蚀，延长减速机使用寿命，优良的抗氧化性、机械安定性以及优良的防锈、防腐蚀性；使用温度为：-30～120℃	12kg/桶、15kg/桶、170kg/桶、175kg/桶
低噪音精密轴承润滑脂 2#、3#	Q/SH PRD338—2010 滴点：不小于 180℃ 钢网分油（100℃，30h）：≤3% 水淋流失量（38℃，1h）：≤5% 蒸发量(99℃，22h)：≥2%	合理的皂纤维，结构稳定，有一定的降噪音功能，在剪切力的作用下能保持较好的润滑脂结构特征；润滑脂的洁净度高，能够有效地降低轴承的振动值；防锈性能良好，能够防止轴承运转过程中的锈蚀，具有优良的降噪性能。 适用于中小型电机的滚动轴承和其他较低负荷设备的滚动轴承的润滑；使用温度为：-30～130℃	12kg/桶、15kg/桶、170kg/桶、175kg/桶
混凝土泵送车专用润滑脂 0#、00#、000#	Q/SH303 352—2004	具有良好的泵送性和优良的润滑性能以及良好的抗水性、防腐蚀性。 适用于建筑行业混凝土泵送车、混凝土搅拌站的润滑；使用温度为：-30～160℃	12kg/桶、15kg/桶、170kg/桶、175kg/桶

续表

产品名称	主要技术指标	用途与特点	包装形式
工程机械专用润滑脂	《工程机械专用润滑脂》	优良的极压抗磨性，能有效防止摩擦副的磨损、点蚀，延长设备的使用寿命；可降低摩擦副的摩擦系数，减小阻力；良好的机械安定性和胶体安定性，可保持较长的换脂周期；优良的高温性能、抗水性和防锈性。 适用于各种进口、国产重型工程机械车辆设备，如挖掘机、推土机、压路机、铲运车、叉车、自卸车、搅拌机、铺路机等；使用温度为：-30～120℃	12kg/桶、15kg/桶、170kg/桶、175kg/桶
汽车通用锂基润滑脂 2#、3#	GB/T 5671—2014	具有良好的机械安定性、氧化安定性、抗水性和防腐蚀性。适用于各种汽车轮毂、底盘、电机、水泵等摩擦部位的润滑，并广泛适用于滚动轴承、滑动轴承及其他摩擦部位的润滑；使用温度为：-30～120℃	12kg/桶、15kg/桶、170kg/桶、175kg/桶

表Ⅱ-104　复合锂基润滑脂的主要技术指标、用途与特点一览表

产品名称	主要技术指标	用途与特点	包装形式
极压复合锂基润滑脂 0#、1#、2#、3#	SH/T 0535 93—2003	具有突出的高、低温性能以及良好的极压抗磨性能，应用于高温、低温和重负荷轴承，有效延长轴承在高温条件下的使用寿命，尤其是潮湿、环境恶劣、并要求长期润滑或终生润滑的全封闭系统。 适用于各种中、重负荷滚珠、滚柱、滑动轴承以及烘烤设备的齿轮、链条托轮等传动部位和联轴节等部位的润滑；使用温度为：-30～200℃	12kg/桶、15kg/桶、170kg/桶、175kg/桶
二硫化钼极压复合锂基润滑脂 0#、1#、2#、3#	Q/SH303 348—2004	具有优良的极压抗磨性，有效降低机械摩擦部位的磨损、点蚀，延长设备使用寿命，耐高温性能优良，可用于温度较高的润滑部位，良好的抗水性、防锈性和防护性以及突出的机械安定性、氧化安定性，可保证较长的换脂周期。 适用于冶金行业大、中型轧机的轧辊轴承、特别是板材轧机设备轴承的润滑以及冶金行业重负荷、高温、潮湿等环境条件下的润滑；使用温度为：-30～200℃	12kg/桶、15kg/桶、170kg/桶、175kg/桶
轧辊轴承润滑脂 2#、3#	Q/SH303-287—2009 滴点：≥300℃ 钢网分油(100℃，30h)：≤3% 水淋流失量(38℃，1h)：≤5% 极压性能(四球机法) P_D 值：≥3089N	具有优良的耐高温性，良好的极压抗磨性，抗水冲刷、抗腐蚀性和优良的机械安定性。 适用于冶金工业轧钢系统各式轧机辊的滚动轴承，特别是热轧机组和连轧机组的轧辊轴承；使用温度为：-30～200℃	12kg/桶、15kg/桶、170kg/桶、175kg/桶

续表

产品名称	主要技术指标	用途与特点	包装形式
SJ－100 烧结机专用润滑脂 0#、T0#、1#、T1#、2#	Q/SH 5012—2009 滴点：≥260℃ 钢网分油(100℃，30h)：≤5% 水淋流失量(38℃，1h)：≤3% 极压性能(四球机法) P_B 值：≥736N 蒸发量(99℃，22h)：≥1%	具有极优异的耐高温性、氧化安定性和热安定性，具有良好的承载能力，能在高温重负荷条件下长期使用。突出的抗水性能，不乳化、不变质。 适用于冶金工业大型烧结机的弹性滑道及台车轮轴承、环冷机滚动轴承、重型给料机轴承、振动冷筛轴承和其他均热炉、退火炉、烘干炉等高温设备的润滑；使用温度为：-30~200℃	12kg/桶、15kg/桶、170kg/桶、175kg/桶
重负荷开式齿轮润滑脂 00#、0#、1#	滴点：≥220℃ 极压性能(四球机法) P_B 值：≥980N P_D 值：≥3089N	具有良好的黏附性、防护性和润滑性，适用于冶金、采矿和工程机械的各种开式齿轮、齿盘、齿条和链条及传动机构的润滑；也适用于各种绞链、滑道和钢丝绳的润滑；使用温度为：-30~180℃	12kg/桶、15kg/桶、170kg/桶、175kg/桶
重型汽车轮毂轴承高温脂 2#、3#	Q/SH 303-317—2010 滴点：≥300℃ 钢网分油(100℃，30h)：≤3% 水淋流失量(38℃，1h)：≤5% 极压性能(四球机法) P_D 值：≥3089N	用于恶劣工作环境下的大中型重载汽车和高速客车轮毂轴承的特种润滑脂，同时也适用于高温、重负荷、潮湿水淋等特殊工作环境下的其他机械轴承。具有突出的耐高温性能，采用进口环保型极压抗磨剂，可充分满足汽车在超载、高速、大吨位、长时间连续行驶中轮毂轴承的安全正常使用；使用温度为：-30~200℃	0.8~2kg/桶、12kg/桶、15kg/桶、170kg/桶、175kg
HP 高温润滑脂 2#、3#	Q/SH PRD131—2008 滴点：≥300℃ 钢网分油(100℃，30h)：≤3% 水淋流失量(38℃，1h)：≤5% 漏失量(104℃，6h)：≤2.5g	具有优良的高温粘附性、极压抗磨性、胶体安定性、机械安定性，还具有良好的抗水性和防护性。 适用于大型重载货车、高速轿车、冶金行业连铸机、连轧机、烧结机、出钢辊道以及印染、大型电动机、橡胶、塑料热轧机、水泥行业、窑车等高温、重负荷机械设备摩擦部位的润滑；使用温度为：-30~200℃	0.8~2kg/桶、12kg/桶、15kg/桶、170kg/桶、175kg

表Ⅱ-105　复合磺酸钙基润滑脂的主要技术指标、用途与特点一览表

产品名称	主要技术指标	用途与特点	包装形式
复合磺酸钙基润滑脂 0#、1#、2#	SH/T 0380—2005 滴点：≥300℃ 钢网分油(100℃，30h)：≤5% 水淋流失量(38℃，1h)：≤2% 极压性能(四球机法) P_B 值：≥785N 蒸发量(99℃，22h)：≥1%	优良的高温可逆性和适宜的黏附性，高温不流失，不变质，确保正常使用；优良的润滑性和极压性，能为承载部位提供有效润滑，减少磨损；优异的抗水淋性能，与大量水接触稠度变化小，性能无明显变化；不含重金属，对人体和环境无害，属绿色环保产品。 适于冶金行业热轧、冷轧辊轴承，连铸设备的大包回转台、结晶器、二冷段、扇形段辊道、拉矫机和摆剪机，输送辊道的润滑和防护；也适于高温条件下重负荷的中、低转速的轴承、齿轮、链条及高速巨型联轴节的润滑及同水、水蒸气或酸、碱接触的一些部位的润滑和防护；使用温度为：-30~200℃	12kg/桶、15kg/桶、170kg/桶、175kg/桶

表Ⅱ-106 复合铝基润滑脂的主要技术指标、用途与特点一览表

产品名称	主要技术指标	用途与特点	包装形式
复合铝基润滑脂 0#、1#、2#、3#	滴点：≥280℃ 钢网分油(100℃，30h)：≤5% 水淋流失量(38℃，1h)：≤2% 极压性能(四球机法) P_B 值：≥785N 蒸发量(99℃，22h)：≥1%	优良的高温性、润滑性、氧化安定性，可满足高温条件下的润滑要求； 独特的热可逆性，在使用部位受高温再冷却后，仍能恢复良好的纤维结构，可在接近其滴点的温度下短期使用； 优良的耐水性能，可在冷却水冲洗条件下使用； 优良的泵送性，满足集中供脂输送要求，脂纤维结构较短，适于长距离管道输送。 适用于冶金企业连轧机、连铸机、出钢辊道及印染、大型电动机等高温设备摩擦部的润滑；使用温度为：-25~180℃	12kg/桶、15kg/桶、170kg/桶、175kg/桶

表Ⅱ-107 聚脲润滑脂的主要技术指标、用途与特点一览表

产品名称	主要技术指标	用途与特点	包装形式
JZ 极压脲基润滑脂 0#、1#、2#、3#	Q/SH PRD-131—2009 滴点：≥260℃ 钢网分油(100℃，30h)：≤5% 水淋流失量(38℃，1h)：≤2% 极压性能(四球机法) P_B 值：≥785N 蒸发量(99℃，22h)：≥1%	优良的高温性能和氧化安定性能，防止润滑脂高温变质，保证在高温下轴承正常运转；优良的润滑性和极压性，保护轴承减少磨损；优良的介质稳定性和抗辐射性，适宜于特殊的工作环境；良好的抗水性能，适用于潮湿环境下的润滑；良好的泵送性能，保证集中系统有效的润滑。 适用于高温潮湿环境下的中、重负荷滚珠、滚柱和滑动轴承的长期润滑；特别适于钢厂设备中载有各种冲击或振动载荷的的中、重负荷轴承、齿轮的润滑与防护，尤其适于操作温度高，传统锂基润滑脂无法适用的润滑场合；使用温度为：-30~200℃	12kg/桶、15kg/桶、170kg/桶、175kg/桶
连铸机尿基润滑脂 0#、1#、T1#、2#、T2#	Q/SH PRD-133—2009 滴点：≥260℃ 钢网分油(100℃，30h)：≤5% 水淋流失量(38℃，1h)：≤2% 极压性能(四球机法) P_B 值：≥785N 蒸发量(99℃，22h)：≥1%	具有突出的耐高温性，不软化流失，保证有效的润滑与防护，优良的抗水性和防锈性，能满足潮湿或水淋条件下设备的防护与润滑，良好的极压抗磨性，满足高负荷或有一定冲击负荷下机械设备的轴承润滑。 适用于冶金行业各型连铸机二冷区及辊道轴承的润滑；使用温度为：-30~200℃	12kg/桶、15kg/桶、170kg/桶、175kg/桶
JT 炉前辊道专用高温脂 0#、1#、T1#、2#、T2#	Q/SH 303-266—2009 滴点：≥280℃ 钢网分油(100℃，30h)：≤2% 水淋流失量(38℃，1h)：≤1% 极压性能(四球机法) P_B 值：≥980N P_D 值：≥3089N	具有较高的滴点和优异的胶体安定性，能满足高温环境下设备的润滑。氧化安定性好，高温下经久耐用，延长了脂的使用寿命。具有突出的抗磨损、抗擦伤性能，有效降低机械摩擦部位磨损。 适用于冶金企业的轧钢系统中各种加热炉前辊道轴承、输送辊、推钢机轴承，也适用于中厚板热轧机组工作辊的重负荷滚柱轴承及其他高温重负荷轴承、齿轮及传动机构的润滑；使用温度为：-30~200℃	12kg/桶、15kg/桶、170kg/桶、175kg/桶

表Ⅱ-108　防护类润滑脂的主要技术指标、用途与特点一览表

产品名称	主要技术指标	用途与特点	包装形式
钢丝绳防护润滑脂 0#、1#、2#	《钢丝绳防护润滑脂》	优良的高低温性能，适应工作环境宽温要求； 良好的润滑性和增摩性，增大摩擦系数，防止钢丝绳打滑，使钢丝、股绳间处于良好润滑状态，减少磨损，延长钢丝绳使用寿命；良好的防锈性有效隔绝钢丝绳与湿气、盐雾的接触，降低钢丝绳外部的腐蚀，延长钢丝绳使用寿命；良好的抗水淋性，能抵抗雨水的冲刷，确保满足各种气候条件下的使用要求；良好的黏附性和渗透性，不易流失和滑落，保持工作环境净洁，满足环保要求。 适于起重机、绞车、吊车、缆车、电梯、提升机的钢丝绳及及绳芯的润滑保护；也适于冶金、矿山、港口、海上和建筑等行业的钢缆、铁索、重载拉索的维保使用及相关设备的导轨、夹条、滑道、链条的润滑与封存；使用温度为：-20~150℃	12kg/桶、15kg/桶、170kg/桶、175kg/桶
JT 7417 钢缆防护专用润滑脂 1#、T1#、2#、T2#	Q/SH3003 222—2007 滴点：≥240℃ 钢网分油(100℃，30h)：≤5% 水淋流失量(38℃，1h)：≤2% 极压性能(四球机法) P_B 值：≥980N 蒸发量(99℃，22h)：≥1%	优异的抗腐蚀性，保障润滑脂本身对钢缆没有腐蚀性。优异的抗水性能保障在长期风吹雨淋的情况下，润滑脂对钢缆提供良好的防护性。优异的防锈性能，保障在潮湿或遇水的情况下，对钢缆提供有效的保护，不产生锈蚀。优异的抗盐雾性能，即使在海洋气候的环境中，也能有效保障对钢缆防护。优异的胶体安定性，长期使用中不会因重力作用或温度作用自然析油，影响外观和使用。 优良的黏附性能保障油脂牢固的粘附在钢缆上，对钢缆提供良好的润滑和防护作用。优异的极压性能，在重负荷情况下能够有效的润滑钢缆。 适用范围：本产品是专门为海上钻井平台钢缆和港口钢缆的润滑和防护而开发的钢缆防护润滑脂，适用于宽温度、潮湿环境的钢缆防护和润滑，也可适用于中、重负荷滚珠、滚柱轴承和齿轮的润滑；使用温度为：-30~180℃	12kg/桶、15kg/桶、170kg/桶、175kg/桶
高温丝扣防黏剂 0#、1#、2#	Q/SH303 395—2007	具有特殊的耐高温性能。以高性能润滑脂为载体，携大量的固体润滑剂于润滑界面，起到高温润滑、防咔咬的作用；优良的润滑性、极压性和螺纹密封性，保证螺栓丝扣在高温下的正常工作；优异的抗烧结性，保证螺栓丝扣在高温反复拆卸拧紧后，仍具有稳定的扭矩；良好的可操作性，容易方便反复涂抹螺栓丝扣。 适用于冶金行业炼钢滑动喷管、加热炉档板轴承及涡轮机、阀门、套管、高温喷头和高温螺栓的防粘连与润滑；也适用于工程施工过程中的风钻杆头施紧，以及部件螺纹和配合部位的润滑和防粘结；使用温度为：-20~1000℃	1kg/桶、15kg/桶、20kg/桶

续表

产品名称	主要技术指标	用途与特点	包装形式
高温高压钻具丝扣油	《高温高压钻具丝扣油》 滴点：≥240℃ 极压性能(四球机法) P_B 值：≥980N P_D 值：≥3089N	优良的高温性能，在高温下防止螺纹粘扣，拆卸、清洗方便。优良的极压性能，且含惰性固态润滑组份，高温、重负荷、大力矩应力下，避免螺纹擦伤和粘扣。优良的密封性能和耐介质性能，防止螺纹连接部位的泄露。优良的氧化安定性、防锈防腐蚀性，使用周期更长。 适用于油气田和地质勘探钻井用的钻铤和钻杆组合件螺纹的密封、润滑和防护；使用温度为：-20~220℃	1kg/桶、15kg/桶、20kg/桶
高温高压螺纹密封脂 1#、2#	SH/T 0595—2005	优良的高温性能；极佳的密封性能；高温、高压下具有优良的耐中等浓度的酸、碱、盐和水等介质。 适用于油气田深井套管螺纹的密封和润滑。以及深井或超深井的井下套管。可承受 59MPa 压力，且能耐中等浓度的酸、碱及盐溶液等化学介质；使用温度为：-20~220℃	1kg/桶、15kg/桶、20kg/桶

四十六、廊坊时讯润滑油脂有限公司

廊坊时讯润滑油脂有限公司润滑脂的主要技术指标、用途与特点以及包装形式等信息详见表Ⅱ-109。

表Ⅱ-109　润滑脂的主要技术指标、用途与特点一览表

产品名称	主要技术指标	用途与特点	包装形式
锂基脂	GB/T 7324—2010	适用于大型电机、矿山机械和汽车、拖拉机等机械设备摩擦部位的润滑，具有良好的抗水性、抗氧化性，和机械安定性	0.8kg、2kg、12kg、14kg、170kg
复合锂基脂(新 HP-2 高温多用途润滑脂)	Q/SXY06—2017 工作锥入度：240~280(0.1mm) 滴点：≥280℃	适用于高温、高速、重载等苛刻条件下机械部件摩擦部位的润滑，具有良好的抗水性、抗氧化性，和机械安定性	0.8kg、2kg、12kg、14kg、170kg
聚脲基润滑脂	Q/SXY10—2016	特别适用于在高温、重载、潮湿、有害介质等恶劣工况下运转的机械润滑及高速运转的轴承润滑，具有良好的氧化安定性和不结焦性	0.8kg、2kg、12kg、14kg、170kg

四十七、抚顺士博特种润滑油脂制造有限公司

抚顺士博特种润滑油脂制造有限公司润滑脂的主要技术指标、用途与特点以及包装形式等信息详见表Ⅱ-110。

表Ⅱ-110　润滑脂的主要技术指标、用途与特点一览表

产品名称	主要技术指标	用途与特点	包装形式
通用锂基润滑脂	GB 7324—2010	适用于各种机械设备的滚动轴承和滑动轴承及其他摩擦部位的润滑；使用温度为：-20~120℃	20L 塑料桶
极压复合锂基润滑脂	SH/T 0535—2010	适用于各种高温高负荷机械设备轴承的润滑；使用温度为：-20~180℃	20L 塑料桶
复合铝基润滑脂	SH/T 0378—2010	适用于冶金、采矿、化工等行业的重负荷高温机械设备的润滑，特别是大型集中润滑系统；使用温度为：-25~160℃	20L 塑料桶
脲基润滑脂	企业标准	适用于高温、水淋、酸气、辐射环境中工作的轴承；高速、承受重载或冲击负荷的轴承；使用温度为：-20~180℃	20L 塑料桶
膨润土润滑脂	SH/T 0536—1993	适用于各种高温设备轴承及中低速机械设备的润滑；使用温度为：-20~180℃	20L 塑料桶
复合磺酸钙润滑脂	GB/T 33585—2017	适用于各种连铸机、连轧机轴承的润滑；使用温度为：-20~200℃	20L 塑料桶
汽车通用锂基润滑脂	GB/T 5671—2010	适用于客车、货车各部轴承、电机、底盘的润滑。使用温度为：-20~120℃	20L 塑料桶
二硫化钼极压锂基润滑脂	SH/T 0587—1994	适用于轧钢机械、矿山机械、重型超重机械等重负荷齿轮和轴承的润滑；使用温度为：-20~120℃	20L 塑料桶
极压锂基润滑脂	GB7323—1994	适用于高负荷机械设备轴承及齿轮的润滑，也可用于集中润滑系统；使用温度为：-20~120℃	20L 塑料桶

四十八、邯郸市大地润滑油脂有限公司

邯郸市大地润滑油脂有限公司润滑脂的主要技术指标、用途与特点以及包装形式等信息详见表Ⅱ-111。

表Ⅱ-111　润滑脂的主要技术指标、用途与特点一览表

产品名称	主要技术指标	用途与特点	包装形式
1#、2#、3#锂基脂、二硫化钼锂基脂、HP 高温脂		(1)锂基润滑脂，特别是12-羟基硬脂酸锂稠化的润滑脂，只有两个相变温度，第一个相变温度(即从伪凝胶态到凝胶态)一般在170℃以上，第二个相变温度(即从凝胶态到溶胶态)一般在200℃以上，因此，当选用适宜的矿油时，可以长期使用在120℃或短期使用到150℃。 (2)锂基润滑脂，特别是12-羟基硬脂酸锂稠化的润滑脂，通过电子显微镜可见其皂纤维形成双股的、缠结在一起的扭带状，因此，具有良好的机械安定性。 (3)通过气相色谱法测定，12-羟基硬脂酸锂和硬脂酸锂对烷烃的吸附热，发现12-羟基硬脂酸锂和硬脂酸锂，对皂纤维表面液相的结合强度，及对晶格内液相结合强度都是较大的，因此，锂基润滑脂具有较好的胶体安定性。 (4)碱金属中的程对水的溶解度较小，因此，锂基润滑脂具有较好的抗水性，可以使用于潮湿和与水接触的机械部位	中桶、箱、大铁桶

四十九、惠州市阿特斯润滑技术有限公司

惠州市阿特斯润滑技术有限公司润滑脂的主要技术指标、用途与特点以及包装形式等信息详见表Ⅱ-112。

表Ⅱ-112 润滑脂的主要技术指标、用途与特点一览表

产品名称	主要技术指标	用途与特点	包装形式
锂基润滑脂	企标	具有良好的抗水性，机械安定性，防腐蚀性和氧化安定性，适用于工作温度-25/-60~120/150摄氏度范围内的各种机械设备的滚动轴承及其他部位的润滑及汽车部件润滑	180kg、17kg、5kg、1kg、400g
复合锂基润滑脂	企标	本产品有良好的高温、抗水、抗氧化及极压性能，适用于宽温、重载等要求高的环境下的部件润滑	180kg、17kg、5kg、1kg、400g
聚脲润滑脂	企标	本产品具有良好的抗水性、极压性、润滑性及长效性，适用于潮湿、宽温、长寿命条件下机械设备润滑	180kg、17kg、5kg、1kg、400g
膨润土润滑脂	企标	本产品有良好的高温、抗水、抗氧化性能及稳定性能，适用于高温及有水环境下的部件润滑	180kg、17kg、5kg、1kg、400g
复合磺酸钙润滑脂	企标	本产品具有良好的抗水性、极压性、润滑性及防腐蚀性能，适用于潮湿、宽温、重载及有腐蚀条件下机械设备润滑	180kg、17kg、5kg、1kg、400g
全氟聚醚润滑脂	企标	本产品具有良好的抗水性、宽温、润滑性、长效性、高真空及化学惰性等特殊性能，适用于潮湿、宽温、长寿命及有化学物质接触等恶劣条件下机械设备润滑	10kg、1kg、800g
复合钡润滑脂	企标	本产品具有良好的抗水性、润滑性、支持高转速及防腐蚀性能，适用于潮湿、宽温、高转速及有腐蚀条件下机械设备、轴承、滑轨等部件润滑	180kg、17kg、5kg、1kg、400g
复合钙润滑脂	企标	本产品有良好的高温、抗水、抗氧化及极压性能，适用于宽温、重载等环境下的设备轴承、滑轨、转轴、丝杆等部件润滑	180kg、17kg、5kg、1kg、400g
复合铝润滑脂	企标	本产品有良好的高温、抗水、抗氧化及极压性能，适用于潮湿、宽温、重载等环境下的设备部件润滑	180kg、17kg、5kg、1kg、400g

五十、路路达润滑油(无锡)有限公司

路路达润滑油(无锡)有限公司润滑脂的主要技术指标、用途与特点以及包装形式等信息详见表Ⅱ-113。

表Ⅱ-113 润滑脂的主要技术指标、用途与特点一览表

产品名称	主要技术指标	用途与特点	包装形式
锂基润滑脂（3#、2#、1#、0#、00#、000#）	GB/T 7324—2010	本系列产品采用十二羟基脂肪酸锂皂稠化精制矿物基础油，并添加抗氧、防锈等添加剂制成。 具有良好的机械安定性和氧化安定性、抗水淋性、防锈性，通用性强。 适用于一般机械设备的滚动轴承、滑动轴承和其他摩擦部位的润滑。产品适用于多种润滑方式，1#以下可用于与集中润滑系统；使用温度为：-20~120℃	15kg塑桶、170kg铁桶

续表

产品名称	主要技术指标	用途与特点	包装形式
极压锂基脂（3#、2#、1#、0#、00#、000#）	GB/T 7323—2008	本系列产品采用12羟基脂肪酸锂皂稠化深度精制矿物基础油，并添加抗氧、极压、防锈等添加剂经特殊工艺制成。 性能优良，能够满足冶金、机械等行业中重负荷润滑部位的润滑。适用于中重负荷的机械设备轴承和齿轮的润滑。1#以下可用于与集中润滑系统；使用温度为：-20~120℃	15kg塑桶、170kg铁桶
二硫化钼锂基脂（3#、2#、1#）	Q/320206EAE63—2017	本系列产品采用12羟基脂肪酸锂皂稠化深度精制矿物基础油，并添加抗氧、极压、防锈、二硫化钼等添加剂经特殊工艺制成。机械安定性、氧化安定性、极压抗磨性能优良。有效降低机械摩擦部位的摩擦阻力和磨损。 适用于冶金、矿山企业的中重负荷设备的轴承和齿轮等部位的润滑；使用温度为：-20~120℃	15kg塑桶、170kg铁桶
MP-3锂基润滑脂	Q/320206EAE65—2017	本产品采用12羟基脂肪酸锂皂稠化深度精制石蜡基基础油，并添加抗氧、极压、防锈、二硫化钼等添加剂经特殊工艺制成。 具有优良的机械安定性和氧化安定性、抗水淋性、防锈性及高低温性能和较长的使用寿命。 适用于中重型汽车的轮毂轴承、电机、水泵、底盘等摩擦，也可用于各种机械设备的滚动及滑动摩擦部位的润滑；使用温度为：-20~120℃	0.8kg铁罐、15kg塑桶、170kg铁桶
HP-2复合锂基脂	Q/320206EAE78—2017	本品采用复合锂皂稠化高黏度指数深度精制矿物基础油，并添加高效极压抗磨剂、防锈、高温抗氧剂等经特殊工艺制成。 优良的极压抗磨性、高温型、抗水性能，使用寿命长，可延长换脂周期。 适用于高速、重型载货等苛刻条件下等车辆的轮毂轴承、电机、水泵、底盘登摩擦部位的润滑；使用温度为：-30~180℃	0.8kg铁罐、1.8kg铁罐、15kg塑桶
高温极压复合锂基脂		本品采用复合锂皂稠化高黏度指数深度精制矿物基础油，并添加高效极压抗磨剂、防锈、高温抗氧剂等经特殊工艺制成。 优良的极压抗磨性、高温型、抗水性、氧化安定性，保证润滑脂在使用过程中有较长的使用寿命。 适用于机械、交通、矿山、冶金等行业设备轴承及其他摩擦部位的润滑；使用温度为：-30~180℃	15kg塑桶、170kg铁桶

五十一、前田化成工业有限公司

前田化成工业有限公司润滑脂的主要技术指标、用途与特点以及包装形式等信息详见表Ⅱ-114。

表Ⅱ-114　润滑脂的主要技术指标、用途与特点一览表

产品名称	主要技术指标	用途与特点	包装形式
前田化成 NIKI 润滑脂 G-154Y	工作针入度 60W 25℃ JIS K 2220 5.3：283； 滴点 JIS K 2220 5.4：274℃； 低温转矩（-20℃）JIS K 2220 5.14： 启动扭矩：31.3N·m 运动扭矩：3.5N·m	特点：本产品润滑性能好，摩擦系数低，耐高温低温性能良好；在润滑膜遭受中负荷、振动冲击负荷或短时高温的情况下，能起到补强作用。 用途：高低温环境下各种中、重负荷齿型联轴节、齿轮、轴承等的润滑＊对封闭式全寿命齿轮箱的润滑更适宜	800g/缶 16kg/缶
前田化成 NIKI 润滑脂 IG-222	工作针入度：234(0.1mm) 离油度(100℃，24h)：5.0% 基础油运动黏度(40℃)：3800mm²/s	特点：不含有任何有毒及刺激性、挥发性的化学物质；以特殊硅稠化所制成，可有效平缓结构零件的运动速度；在塑胶与塑胶，塑胶与金属，金属与金属的齿轮和丝杆等部位具有良好的润滑性；采用高黏度合成油为基础油，降低机构之运转噪音，并有减震之效果。 用途：应用于控制阀、压力阀及龙头等阀门的润滑；用于电气及电子设备中减震器的缓冲介质；用于橡胶及塑胶 O 型环、垫圈、密封垫；用于各环境中塑料件表面的润滑和防护，金属与橡胶、金属与高分子材料滑动件的润滑和密封	800g/缶 16kg/缶
前田化成 NIKI 润滑脂 G-250	密度(25℃)：0.89g/cm³ 工作针入度(25℃)：325(0.1mm) 滴点：206℃ 蒸发量(99℃，22h)：0.1%	特点：消音性；高基油黏度；低启动转矩；低油离度和低蒸发损失。 用途：应用于打印机、CD、DVD 的塑胶齿轮上；车门锁、车天窗；扫描器和打印机的滑动部位	800g/缶 16kg/缶
前田化成 NIKI 润滑脂 G-82L	基础油动黏度(40℃)：420mm²/s 针入度(25℃)：330(0.1mm) 滴点：207℃	特点：非常好的滑动性；优良的降噪性能；优良的高、低温性能；优良的润滑性及附着性；与 POM、PVC、NBR、PA 等塑橡兼容。 用途：汽车拉索、电动座椅、雨刮器、天线等适用于汽车仪表、汽车配件的减振、降噪和润滑；适用于各类小型电机、塑胶齿轮的减振、降噪和润滑	800g/缶 16kg/缶
前田化成 NIKI 润滑脂 DE-602	稠度(25℃)WP：281 滴点：201℃ 铜板腐蚀(100℃，24h)：合格 工作温度：-50~130℃	特点：电器电源接点，中小电流域中，火花放电防止、润滑并用；稳定结构体，增加接点之接触安定性；长效型润滑，耐磨耗性佳，延长接点使用寿命。 用途：适用于各种接点滑动部位；适用于汽车控制系统、汽车开关部位；适用于塑胶部件的润滑	800g/缶 16kg/缶
前田化成 NIKI 润滑脂 FG-107M	工作针入度(25℃)：338(0.1mm) 滴点：218℃ 蒸发量(99℃，22h)：0.18% 四球测试(烧结负荷)：126kgf	特点：消音性；由于高基油黏度而具有阻尼性；低启动转矩、低油离度和低蒸发损失。 用途：适用于打印机，CD，DVD 的塑胶齿轮上；车门锁、汽车上的滑动部位；扫描器和打印机的滑动部位	800g/缶 16kg/缶
前田化成 NIKI 润滑脂 FG-1025	工作针入度(25℃)：317(0.1mm) 滴点：218℃ 工作温度：-40~130℃	特点：消音性；高基油黏度；低啓动转矩；低油离度和低蒸发损失。 用途：适用于打印机，CD，DVD 的塑胶齿轮上；车门锁、车天窗；扫描器和打印机的滑动部位	800g/缶 16kg/缶

续表

产品名称	主要技术指标	用途与特点	包装形式
前田化成 NIKI 润滑油 ME-19B	密度(25℃)(JIS K 2249)：0.83g/cm^3 引火点(JIS K 2265)：220℃ 倾点(JIS K 2220)：-52.5℃	特点：温度相对黏度变少，耐热性佳，性能不易因剪断而引起黏度降低；磨擦系数低，耐磨耗性强；对塑胶、橡胶使用安心，对金属不腐蚀。 用途：马达含油轴承之油含浸、精密滑轨导杆、齿轮中习孔及轴心部润滑等	20L/缶
前田化成 NIKI 润滑剂 FR-910	密度(20℃)(JIS K 5600)：1.48g/cm^3 使用温度为：-60~250℃	特点：容易涂布，非常经济实用；速干及易操作性强，可以薄而均匀的涂布；适用于任何材质(树脂，橡胶，金属表面)而且涂布后不会出现滴落现象；如使用在金属部品上，还具有良好的防锈功效。 用途：OA 机器的驱动部位，DVD 的激光头驱动部位，键盘，电器接点等部位；音响器材的驱动部位，曲别针锁的卡位等，此产品被广泛的应用于各行各业产品的精密部位	1kg/缶
前田化成 NIKI 润滑脂 FG-01Y	工作针入度：266(0.1mm) 滴点：320℃ 蒸发损失(99℃，22h)：0.24% 离油度(100℃，24h)：2.2%	特点：防锈、抗水性和机械稳定性优；优异的极压抗磨性、保证在重负荷下良好的润滑性，保护齿轮，减少磨损；优异的氧化安定性能，防止润滑脂的氧化变质，延长使用寿命；优良的粘附性，避免润滑脂的流失，保证润滑部位的润滑。 用途：适用于汽车各金属与塑胶零部件；儿童玩具行业，小型同步电机塑胶齿轮的减振、降噪和润滑；适用于橡胶、塑胶、金属之间的润滑	800g/缶 16kg/缶
前田化成 NIKI 润滑脂 HD-1000	针入度：325(0.1mm) 滴点：190℃ 蒸发损失(120℃，22h)：1.5% 铜板测试(100℃，24h)：1a	特点：极佳的高温防粘、防烧结性和螺纹密封性，高温不熔化；优异的抗高压能力，摩擦系数与涂油螺栓相同，耐水淋性好；优良的防锈、耐腐蚀性，经反复拆卸、拧紧仍具有稳定的扭矩；在长期高温或酸碱的恶劣条件下，防止部件卡死、腐蚀及表面擦伤。 用途：适用于高温环境，如螺纹、螺母、螺栓、螺杆、套管、铰链、密封件的防卡死和防腐蚀；适用于高温或水、蒸汽及腐蚀环境中的装配润滑及防止卡死；注塑成型或者重负荷环境	800g/缶 16kg/缶
Speoil Dry Coat FDC-20	密度：1.5~1.6g/cm^3 固体润滑剂粒径平均值：0.5~1.0μm 使用温度为：-55~150℃	特点：DVD 的激光头驱动部位，键盘，电器接点等部位；音响器材的驱动部位，曲别针锁的卡位等，此产品被广泛的应用于各行各业产品的精密部位。 用途：速干及易操作性强，可以薄而均匀的涂布；容易涂布，非常经济实用 适用于任何材质(树脂，橡胶，金属表面)而且涂布后不会出现滴落现象；如使用在金属部品上，还具有良好的防锈功效	1kg/缶

五十二、山东万祥润滑科技有限公司

山东万祥润滑科技有限公司润滑脂的主要技术指标、用途与特点以及包装形式等信息详见表Ⅱ-115。

表Ⅱ-115 润滑脂的主要技术指标、用途与特点一览表

产品名称	主要技术指标	用途与特点	包装形式
通用锂基润滑脂	GB/T 7324—2010	通用性强，具有优良的机械安定性和氧化安定性；良好的抗水淋性和防锈性，可应用在潮湿及与水接触的机械部件上。 适用于一般机械设备的滚动轴承和滑动轴承及其他摩擦部位的润滑；使用温度为：-20~120℃	15kg/桶 170kg/桶
极压锂基润滑脂	GB/T 7323—2008	基础油黏度适中，性能优良，能够满足冶金、机械等行业中重负荷润滑部位的润滑。稠化剂的皂纤维结构合理，分布均匀，在剪切力的作用下能保持较好的润滑脂结构特征；有一定的防锈性能，能够防止轴承运转过程中的锈蚀。 中重负荷的机械设备轴承和齿轮的润滑，3 号用于压延机、锻造机等高负荷机械设备轴承	
二硫化钼极压锂基脂	SH/T 0587—1994（2003）	极压抗磨性优良，有效降低机械摩擦部位的磨损；可能降低摩擦副的摩擦系数，减小摩擦阻力；机械安定性、氧化安定性突出，可保证较长的换脂周期。 冶金、矿山企业的中重负荷设备的轴承、联轴节、齿轮等部位的润滑	
极压复合锂基润滑脂	SH/T 0535—1993（2003）	有效防止摩擦副的磨损、点蚀，延长设备的使用寿命；良好的机械安定性和胶体安定性，轴承漏失量少；滴点高，高温流动性好。 适用于船舶、汽车、机械、矿山、钢铁等行业各类重负荷设备高温摩擦部位的润滑	

五十三、山东源根石油化工有限公司

山东源根石油化工有限公司润滑脂的主要技术指标、用途与特点以及包装形式等信息详见表Ⅱ-116。

表Ⅱ-116 润滑脂的主要技术指标、用途与特点一览表

产品名称	主要技术指标	用途与特点	包装形式
通用锂基润滑脂	GB/T 7324—2010	本产品是金属锂皂稠化深度精制基础油并加有效抗磨减摩因子等添加剂精制而成。优良的机械安定性和高温抗剪切性，使用时不易变稀并延长使用寿命。优异的抗腐蚀性能，有效保护润滑部分免遭腐蚀。良好的黏附性，在-20~125℃下与润滑部位有效粘附，不流失，有效保护润滑部位充足润滑。抗磨减摩效果优异，有效延长设备的使用寿命。良好的防水性能，防水冲洗，满足野外作业需要。 适用于各种汽车、工程机械和工业设备的轮毂、轴承、底盘、滚动轴承、滑动轴承等需要润滑脂润滑的部位。同时可完全满足钙基润滑脂的使用性能	8kg、11kg、15kg、200L 钢桶

续表

产品名称	主要技术指标	用途与特点	包装形式
极压锂基润滑脂	GB/T 7323—2008	本产品是锂皂稠化深度精制基础油并加有高效抗磨减摩因子等添加剂精制而成。优良的机械安定性和高温抗剪切性，使用时不易变稀并延长使用寿命。优异的抗腐蚀性能，有效保护润滑部件免遭腐蚀。极强的粘附性，在-20~130℃下与润滑部位有效粘附，不流失，有效保护润滑部位充足润滑。抗磨减摩效果优异，有效延长设备的使用寿命。 良好的防水性能，防水冲洗，满足野外作业需要。 适用于矿山、钢铁等行业中的高温、重负荷设备轴承等部位的润滑，同时可完全满足钙基润滑脂的使用性能	8kg、11kg、15kg、200L 钢桶
极压复合锂基润滑脂	SH/T 0535—1993	优异的极压性能，可用于高负荷机械轴承润滑。具有高的滴点，耐高温性好；纤维结构强，机械安定性好，使用寿命长；有良好的抗水性，适于潮湿环境工作机械的润滑； 广泛应用于轧钢厂炉前辊道轴承、重型机械、各种高温抗磨轴承以及齿轮、蜗轮、蜗杆等润滑部位	8kg、11kg、15kg、200L 钢桶
二硫化钼锂基润滑脂	SH/T 0587—1994	本产品采用脂肪酸锂皂稠化优质矿物润滑油并添加抗氧、防锈、二硫化钼等添加剂调制而成。产品具有良好的高压抗磨性，有效降低机械磨损；具有良好的机械安定性，抗剪切能力强、粘附能力强、防锈性能强，能有效把金属和空气及水份隔开，有效避免金属腐蚀；良好的氧化安定性，使润滑脂在长期使用和贮存时保持性能不变。 广泛适用于轧钢机械、矿山机械、重型起重机械等重负荷齿轮和轴承的润滑，并能使用于有冲击负荷的部件	8kg、11kg、15kg、200L 钢桶
工程机械专用锂基润滑脂	Q/0811JYG019—2016	具有良好的极压、抗磨性能，添加有效的极压、抗磨剂可以有效的延长设备的使用寿命。具有良好的高、低温性能，低温易启动、高温不流失性能，可以很好的保护设备运行。具有良好的剪切稳定性，长时间使用不变软，不流失。具有良好的氧化安定性，长时间存储使用不变色。具有良好的抗水性，在有水环境下工作不易流失。 本品适用于各种工程机械设备，如挖掘机、推土机、装载机等机械设备的滚动轴承、滑动轴承及其他摩擦部位的润滑	8kg、11kg、15kg、200L 钢桶

续表

产品名称	主要技术指标	用途与特点	包装形式
HP 高温润滑脂	Q/0811JYG020—2016	本品是一种耐高温、耐极压、长寿命复合锂基润滑脂，具有优异的耐高温性，可长期在-20~230℃下使用，同时具有优良的耐磨极压性、耐水性及良好的抗氧性、胶体机械安定性和粘附性。 广泛用于各种轿车、大型客车和各种重载货车轮毂轴承以及大型高速电机轴承及要求使用高温脂部位的润滑	8kg、11kg、15kg、200L 钢桶
重卡轮毂专用高温脂	SH/T 0535—1993 滴点：≥280 工作锥入度：220~250(0.1mm)	具有优良的高低温性能、抗属性、防锈性、胶体安定性和机械安定性。是各高档挖掘机工程机械维护保养理想用品	200L 开口铁桶、18L 塑桶、17L 塑桶、16L 塑桶、15L 塑桶、10L 塑桶、5L 塑桶、2L 塑桶、2L 铁桶、1L 铁桶
二硫化钼润滑脂	Q/0305LBT 003—2013 滴点：≥175℃ 工作锥入度：265~295(0.1mm)	具有良好的极压抗磨性、高、温性能、防锈性、胶体安定性和机械安定性。广泛应用于重负荷、低转速通用机械设备的滑动、滚动部位的润滑	200L 开口铁桶、18L 塑桶、17L 塑桶、16L 塑桶、15L 塑桶
聚脲基润滑脂	滴点：≥260 良好的泵送性、抗氧性、机械安定性、胶体安定性和抗水淋性	特别用于高温、高负荷、宽速度范围和不良介质接触的润滑场合。现广泛应用于电器工业、冶金工业、食品工业、造纸工业、汽车工业、飞机工业等	200L 开口铁桶、18L 塑桶、17L 塑桶、16L 塑桶、15L 塑桶
无水钙基通用工程机械润滑脂	Q/0305LBT 003-2013 滴点：≥135℃ 工作锥入度：220~250(0.1mm)	具有极佳的粘附能力，在高温苛刻工况环境下不会软化和流失，极佳的抗高温性能、优良的挤压抗磨性、密封防护特性、良好的防脱抛能力和抗水性性能。以及要求使用高温润滑脂的机械设备	200L 开口铁桶、18L 塑桶、17L 塑桶、16L 塑桶、15L 塑桶、10L 塑桶、5L 塑桶、2L 塑桶
复合铝基润滑脂	滴点：≥260℃ 最高使用温度：200~220℃	性能较好的高温润滑脂，具有较高的滴点(大于 260℃)和优良的胶体安定性、机械安定性、化学安定性和抗水性，尤其具有良好的泵送性，适用于集中润滑系统的输送和润滑	200L 开口铁桶、18L 塑桶、17L 塑桶、16L 塑桶、15L 塑桶、10L 塑桶、5L 塑桶、2L 塑桶
盾构机密封脂		具有好的粘性且不溶于水，具有优异的抗水发性能；合适的稠度和良好的润滑性能，不仅保证运动部件的润滑，同时确保可靠的密封性能；纤维结构确保盾构头部不受杂质侵入，保护轴承等精密部件不被磨损；良好的泵送性能，易于使用。为维护其可泵送性，储存温度应高于 10℃。 适用于盾构头部接触部件的密封，尤其应用于盾构头部接缝润滑和密封是分开的场合或工作环境中存在含颗粒物质的水，可能造成密封磨损的场合	200L 开口铁桶、18L 塑桶、17L 塑桶、16L 塑桶、15L 塑桶、10L 塑桶、5L 塑桶、2L 塑桶

续表

产品名称	主要技术指标	用途与特点	包装形式
超低温润滑脂		优异低温操作性能和润滑性能，低温起动扭矩极小；优良的抗水性能和防腐蚀保护能力，DN数值达40万；极佳的抗磨损性能和承载能力，极低的摩擦系数和蒸发损失；良好的氧化安定性、机械安定性和胶体安定性，轴承使用寿命极长。润滑油膜具有抗水冲失的特性；在高压力下和重载建筑设备中，非常有效地防止磨损；用于解决零下温度运行条件下的各状态的良好润滑要求，倾点温度低达-73℃。 适用于极低温环境下的滚动/滑动轴承、齿轮等机械摩擦部件的终身润滑与防护；适用于严寒区户外工作的机电、低温液体输送泵电机、高负荷冷冻机械、极低温仪表的轴承、凸轮、导轨和齿轮的润滑与防护。应用于所有类型的机械设备、轴承、滑轨、凸轮、导轨等，而且特别适合使用在零下温度的运行条件	200L 开口铁桶、18L塑桶、17L塑桶、16L塑桶、15L塑桶、10L塑桶、5L塑桶、2L塑桶

五十四、山东淄特股份

山东淄特股份润滑脂基本信息详见表Ⅱ-117。

表Ⅱ-117　润滑脂的主要技术指标、用途与特点一览表

产品名称	应　用　说　明
通用锂基润滑脂	适用于各种机械设备的滑动轴承、滚动轴承和各种摩擦部位的润滑；使用温度为：-20～120℃
极压锂基润滑脂	适用于各种类型的滑动和滚动轴承，以及操作温度在使用范围以内的各种类型机器设备的高温、重负荷各摩擦部位的润滑。包括：冶金、矿山、工程机械、风机、纺织机械、发动机、加工工具、纺织、造纸和木工机械和建筑等设备；使用温度为：-20～140℃
复合锂基润滑脂	适用于各种类型的滑动和滚动轴承，以及操作温度在使用范围以内的各种类型机器设备的高温、重负荷摩擦部位的润滑。包括：冶金、矿山、工程机械、风机、纺织机械、发动机、加工工具、纺织、造纸、木工机械和建筑机械等设备；使用温度为：-20～150℃
二硫化钼锂基润滑脂	适用于轧钢机械、矿山机械、建筑机械、重型起重机械、注塑机械等重负荷的齿轮和轴承的润滑，并能使用于有冲击负荷的部件；使用温度为：-20～120℃
中小型电机轴承润滑脂	适用于一般用途的中小型电机轴承的润滑与封密；使用温度为：-30～130℃。性能与长城IM、HSC相当
高温高速电机轴承专用润滑脂	适用于 *DN* 值50万以下的大、中、小各种型号的电机轴承，尤其更适合于H型电机，转速较高的二级电机以及大型电机，或化工行业接触酸、碱气体、水蒸气等恶劣条件下的电机。同样也适用上述条件的泵、风机等机械部位的润滑；使用温度为：20～210℃
高级多效通用高温润滑脂	适用于冶金设备、汽车，电机、化纤、纺织、印染、铁路机车等摩擦部位。如：高温水淋、酸气、辐射环境中工作的轴承；高速、承受重载或冲击负荷的轴承；各类机械设备轴承。适用温度范围：-20～220℃

续表

产品名称	应 用 说 明
高温极压抗磨润滑脂	是一款多性能润滑脂，可广泛应用于冶金、化工、纺织、印染、汽车、矿山、油田、海防、制糖、造纸、塑料等行业高温设备各摩擦部位的润滑。适用温度范围：-20～250℃
齿轮箱高级防漏专用润滑脂	适用于各类齿轮箱、涡轮减速装置和开式齿轮等摩擦部位的润滑与密封。适用温度范围：-20～150℃
烧结机专用润滑脂	专用于烧结机弹性滑道的润滑与密封。也适用于矿山、机械、交通运输等行业处于高温、重负荷、潮湿等恶劣情况下轴承润滑；使用温度为：-30～160℃，短期可达180℃
连铸机高级专用润滑脂	适用于钢铁企业连铸设备各部位的轴承，如：钢水包大包回转台的齿轮及轴承、扇形段轴承、炉前辊道轴承、剪机轴承、炉耳轴承等
轧机轧辊高级专用润滑脂	适用于连轧、冷热轧机设备各部位轴承。也可用于矿山、机械、交通运输等行业处于高温、重负荷、潮湿等恶劣情况下轴承润滑；使用温度为：-30～220℃
挖掘机专用润滑脂	专用于各种工况条件下的挖掘机相关摩擦部位的润滑；使用温度为：-20～120℃
工程机械专用润滑脂	适用于各种挖掘机、装载机等各种野外作业条件苛刻的工程机械及各种建筑机械相关摩擦部位的润滑；使用温度为：-20～120℃
重卡轮毂专用润滑脂	适用于中重型车辆(如：重载卡车、水泥泵车、大型客车和商务车等)轮毂轴承的润滑与密封。也可用于底盘、制动蹄片支点、离合器齿条和水泵等摩擦部位的润滑和密封；使用温度为：-30～200℃
车用润滑脂	适用于各种车辆底盘、轮毂轴承、水泵和发电机等磨擦部件的润滑；使用温度为：-20～120℃
超级车用润滑脂	适用于各种汽车的万向节轴承、传动轴、起动机离合齿轮、转向节、轮毂轴承、底盘、制动蹄片支点、离合器齿条和水泵等摩擦部位的润滑和密封。如：高速行驶的客车、轿车，各种载重超大型车，工程车等；使用温度为：-30～200℃
高温磺化聚合脂	适用范围极其广泛，特别适用于接触水的轴承(如：潮湿和水淋环境里的纺织机械或造纸机械等)，热轧
	辊轴承、研光轴承，高温环境里的低高速轴承(如：拉伸拉幅机、热熔风机、热定型机、高温染缸等)，汽车轮毂轴承，重型机械、拖车转向轮，各种荷刻或重负荷工况条件下的工业设备；使用温度为：-20℃
特高温润滑脂	适用于高温、低速、重负荷等工况条件下的轴承的润滑。如窑车轴承及一些烘烤设备的链条和轴承的润滑，另外在需要润滑的炉门齿轮等其他一些烘干机械装置上亦都适用；使用温度为：-40～600℃
防卡高温润滑脂	适用于慢速运转的摆动或转动滚子、钢丝绳、丝扣、间槽、吊环、箍；使用温度为：-20～1000℃
高温烘箱轴承高级专用润滑脂	适用于各种类型高低温轴承。特别适用于需要长寿命或终身润滑的密封轴承，如：高温烘箱、高温高速电机、高温风机、纺织印染等设备中的滚动轴承；使用温度为：-40～230℃
钢丝绳表面防护脂	适用于钢丝绳表面的防腐、防锈
复合铝基润滑脂	适用于矿山、机械、交通运输等行业处于高温、重负荷、潮湿等恶劣情况下轴承润滑；使用温度为：-30～160℃，短期可达180℃
全合成超低温高速轴承润滑脂	适用于-50～140℃范围内的低温高速轴承的润滑
全合成低温高速轴承润滑脂	适用于-40～135℃范围内的低温高速轴承的润滑

五十五、安阳美兰润滑油有限公司

安阳美兰润滑油有限公司润滑脂的主要技术指标、用途与特点以及包装形式等信息详见表Ⅱ-118。

表Ⅱ-118　润滑脂的主要技术指标、用途与特点一览表

产品名称	主要技术指标	用途与特点	包装形式
CXQN-全能高级润滑脂	工作锥入度/0.1mm：275 滴点/℃：270 钢网分油量(100℃，24h)/%：1.0 腐蚀(T2铜片，100℃，24h)：合格 延长工作锥入度(10万次)/0.1mm：305 防腐蚀性(52℃，48h)/级：1 极压性能(四球机法)P_B值/N：618	用于各种轿车，大型客车及各种载重货车等汽车发动机张紧轮、水泵轴承，底盘，电磁离合器，冶金，建筑等各种设备摩擦部位的润滑，同时可用于高温，重载，水淋等大型工矿设备的润滑	桶装
YJDYMP润滑脂	工作锥入度/0.1mm：281 滴点/℃：260 钢网分油(100℃，24h)/%：2.0 相似黏度(-10℃，$10s^{-1}$)/Pa·s：200 蒸发量(99℃，1h)/%：1.5 水淋流失量(38℃，1h)/%：3.0 延长工作锥入度(10万次)/0.1mm：295 防腐蚀性(52℃，48h)/级：1 极压性能(TimKen法)*OK*值/N：>156 极压性能(四球机法)P_B值/N：>618	用于铸管离心机，高炉，竖炉，连铸，冷轧，热轧机的轧辊轴承，输送扎道轴承，齿轮等摩擦部位的润滑	桶装
轧辊轴承润滑脂	工作锥入度/0.1mm：230 滴点/℃：300 钢网分油(100℃，24h)/%：2 相似黏度(-10℃，$10s^{-1}$)/Pa·s：1280 腐蚀(T2铜片，100℃，24h)：无绿色 蒸发量(99℃，22h)/%：1.5 水淋流失量(38℃，1h)/%：3.0 延长工作锥入度(10万次)/0.1mm：250 防腐蚀性(52℃，48h)/级：1 极压性能(TimKen法)*OK*值/N：>156 极压性能(四球机法)P_B值/N：>618	用于中小型轧机的粗，中，精轧机的轧辊轴承，立式轧机的轧辊轴承；中板轧机和翻板机设备轴承	桶装
CXGWLT-高温润滑脂	工作锥入度/0.1mm：368 滴点/℃：266 钢网分油(100℃，24h)/%：5.0 相似黏度(-10℃，$10s^{-1}$)/Pa·s：120 腐蚀(T2铜片100℃24h)：无绿色 蒸发量(99℃，22h)/%：2.0 水淋流失量(38℃，1h)/%：3.5 延长工作锥入度(10万次)/0.1mm：388 防腐蚀性(52℃，48h)/级：1 极压性能(TimKen法)*OK*值/N：>156 极压性能(四球机法)P_B值/N：>618	用于钢铁行业的炼钢炉，轧机，轧辊滚动轴承的集中润滑以及通常范围内的所有链条和链接件的润滑	桶装

续表

产品名称	主要技术指标	用途与特点	包装形式
YJQNMP 润滑脂	工作锥入度/0.1mm：320 滴点/℃：295 钢网分油(100℃，24h)/%：3.0 相似黏度(-10℃，$10s^{-1}$)/Pa·s：180 腐蚀(T2 铜片，100℃24h)：无绿色 蒸发量(99℃，22h)/%：1.6 水淋流失量(38℃，1h)/%：3.2 延长工作锥入度(10 万次)/0.1mm：350 防腐蚀性(52℃，48h)/级：1 极压性能(TimKen 法)*OK* 值/N：>156 极压性能(四球机法)P_B 值/N：>618	用于化工，矿山，交通运输等行业，特别适用于冶金等行业烧结机，压延机的集中润滑系统	桶装

五十六、哈尔滨紫杉油脂股份有限公司

哈尔滨紫杉油脂股份有限公司润滑脂的主要技术指标、用途与特点以及包装形式等信息详见表Ⅱ-119。

表Ⅱ-119　润滑脂的主要技术指标、用途与特点一览表：

产品名称	主要技术指标	用途与特点	包装形式
通用锂基润滑脂：0#~3# 低温润滑脂(-60℃)：2# 保轮脂(极压复合锂基脂)：2# 膨润土脂：2#	GB 7324—2010 GJB2660—1996 GB/T 0535—1993 SH/T 0535—1993	HP 长效多用途月极压复合锂基脂，它是由高黏度基础油和特殊聚合物、增粘剂、抗磨剂、抗氧添加剂调制而成，具有优异的粘附力，适用于工业行业和汽车行业的苛刻工况，它具有极佳的抗雨水冲刷能力及在冲击载荷下的抗磨损能力。推荐用于汽车轮毂轴承、盘式制动器、转向系统和底盘系统部件的润滑。还适用于诸多中小型及大型农业机械、建筑机械、矿山机械和运输车辆等。也适用于冲击钻、震动筛、油田钻探设备、钻井平台等海洋设备，可推荐用于一些在潮湿并有冲击载荷条件下工作的滑动轴承和滚动轴承的润滑	1kg/袋 2kg/盒 13~20kg/桶 180kg/桶

五十七、邯郸市翔泰润滑脂制造有限公司

邯郸市翔泰润滑脂制造有限公司润滑脂的主要技术指标、用途与特点以及包装形式等信息详见表Ⅱ-120。

表Ⅱ-120　润滑脂的主要技术指标、用途与特点一览表

产品名称	主要技术指标	用途与特点	包装形式
通用锂基脂	国家标准	长寿命多用途润滑脂，适用-20~120℃范围内各种机械设备轴承	15kg，180kg
二硫化钼锂基脂	国家标准	出色的抗冲击能力可以在极端恶劣的条件西安发挥润滑效能，适用于重负荷设备，矿山机械等	15kg，180kg

产品名称	主要技术指标	用途与特点	包装形式
极压锂基脂	国家标准	突出的高低温性能，氧化安定性好，可以有效延长轴承的使用寿命	15kg，180kg
高温锂基脂	国家标准	多用途，高滴点，保证轴承在高温下良好的密封和润滑性能	1kg，2kg，15kg，180kg
低噪音轴承脂	国家标准	能有效降低轴承的振动值，可满足长寿命与低噪音、低起动力矩等润滑要求；使用温度为：-40～180℃	15kg
机电轴承专用脂	国家标准	中小型机电专用脂，出色的高低温性能可以延长轴承的寿命	15kg
混凝土泵车专用脂	国家标准	适用混凝土泵车设备，比采用一般齿轮油能减少泄露，延长换油周期	15kg
汽车轮毂保养脂	国家标准	滴点高，抗水性，适用于-30度以上的汽车轮毂轴承，底盘，水泵，发电机等摩擦润滑	1kg，2kg，15kg，180kg

五十八、保定华润公司

保定华润公司润滑脂的主要技术指标、用途与特点以及包装形式等信息详见表Ⅱ-121。

表Ⅱ-121 润滑脂的主要技术指标、用途与特点一览表

产品名称	主要技术指标	用途与特点	包装形式
3号钙基脂	国标	电机轴承润滑	15kg 中桶
复合钙基脂	企标	电机轴承润滑	15kg 中桶
磺酸盐复合钙	企标	电机轴承润滑	15kg 中桶
锂基脂	国标	汽车轮毂润滑	200L 铁桶
000#～0#减速机润滑脂	国标	减速机齿轮润滑	15kg 塑桶、200L 铁桶
复合锂基脂	国标	汽车轮毂润滑	1～15kg 塑桶装、200L 铁桶装
石墨钙基脂	国标	滑动及有冲击部位润滑	200L 铁桶
二硫化钼锂基脂	企标	轴承及有冲击部位润滑	15kg 塑桶、200L 铁桶
无水钙基脂	国标	轴承润滑	200L 铁桶
汽车通用锂基脂	国标	汽车轮毂润滑	200L 铁桶

五十九、保定富尧油脂公司

保定富尧油脂公司润滑脂的主要技术指标、用途与特点以及包装形式等信息详见表Ⅱ-122。

表Ⅱ-122 润滑脂的主要技术指标、用途与特点一览表

产品名称	主要技术指标	用途与特点	包装形式
通用锂基润滑脂	GB 7324—1994	具有良好的抗水性，机械安定性，防腐蚀性和氧化安定性，适用于工作温度-20～120℃范围内的各种机械设备的滚动轴承及其他部位的润滑	170kg、14kg、350g

续表

产品名称	主要技术指标	用途与特点	包装形式
极压锂基润滑脂	GB 7323—1994	本产品适用于冶金行业冷热轧机及锻造机的轧辊轴承，输送辊道轴承，齿轮等摩擦部位的润滑，并广泛应用于矿山等行业的机械设备及重载车辆各摩擦部位的润滑	170kg、14kg、350g
复合锂基润滑脂	SH/T 0535—1993	本产品有良好的高温性能，适用于高温工作温度的机械设备润滑	170kg、14kg、350g
复合钙基润滑脂	SH/T 0370—1995	本产品具有良好的抗水性，机械安定性和胶体安定性。适用于-10~150摄氏度范围及潮湿条件下机械设备润滑	170kg、14kg、350g

六十、东光县新宇化工有限公司

东光县新宇化工有限公司润滑脂的主要技术指标、用途与特点以及包装形式等信息详见表Ⅱ-123。

表Ⅱ-123　润滑脂的主要技术指标、用途与特点一览表

产品名称	主要技术指标	用途与特点	包装形式
高温抗咬合剂	Q/DXYH02—1997	产品特点：耐高温，防腐蚀，润滑。 用途：煤矿、风电、石化(常减压、催化、加氢、重整、焦化、裂解、动力等系统)，电力(锅炉、汽机)，冶金(烧结，炼铁、炼钢连铸、热轧、焦化等)，化工、化肥(各种反应塔、反应釜、制汽系统、空压机等)，天然气(燃气轮机)，化纤厂、铁路机车、水泥厂、飞机制造与维修、航天飞机、宇宙飞船、轮船、汽车、制药厂等高温高压设备的紧固螺栓，链条，低速转动轴承；使用温度为：-40~1400℃	74701 500g/瓶 74701 230g/瓶 75701 500g/瓶 75701 230g/瓶 CU-5 500g/瓶 CU-5 230g/瓶 76701 500g/瓶 76701 230g/瓶 76702 450mL/罐

六十一、东营市龙海石化有限公司

东营市龙海石化有限公司润滑脂的主要技术指标、用途与特点以及包装形式等信息详见表Ⅱ-124。

表Ⅱ-124　润滑脂的主要技术指标、用途与特点一览表

产品名称	主要技术指标	用途与特点	包装形式
锂基润滑脂、钙基润滑脂、高温脂、钢丝绳表面脂、铁路专用防腐防锈长效脂	GB/T 7324—2010及其他	适用于载重汽车的轮轴承、底盘、电机、水泵等摩擦部位的润滑，也适于各种机械设备的滑动、滚动摩擦部位的润滑。锂基脂使用温度：-20~120℃。高温脂使用温度：-30~220℃瞬间可达250℃	从几升到200L的各种规格的铁桶、塑料桶、纸盒、塑料盒、铁盒、纸管、塑料管、塑料袋纸箱包装

六十二、广州联博科技发展有限公司

广州联博科技发展有限公司润滑脂的主要技术指标、用途与特点以及包装形式等信息详见表Ⅱ-125。

表Ⅱ-125 润滑脂的主要技术指标、用途与特点一览表

产品名称	主要技术指标	用途与特点	包装形式
GP-40X；GP-60X（锂基润滑脂）	GB/T 5671；GB/T 7323；GB/T 7324	通用型与特种型，具有优良的抗水性、机械安定性和氧化安定性；使用温度为：-40~120℃	10g；15g；50g；100g；1kg；4kg；5kg；15kg；16kg；1L；5L；25L；50L
GP-70X；GP-71XX（复合锂基脂）	SH 0535-1993	比一般锂基更加优异的耐高温性能和极压性能；使用温度为：-40~200℃	10g；15g；50g；100g；1kg；4kg；5kg；15kg；16kg；1L；5L；25L；50L
G-100X；SL-1800X；FG-X；FGM；FMG（复合铝基脂）	SH/T 0378—1992；SH/T 0534—1993	具有较好的抗水淋和泵送性。可用作在有水环境下机械部件的润滑；使用温度为：-40~200℃	10g；15g；50g；100g；1kg；4kg；5kg；15kg；16kg；1L；5L；25L；50L
PG系列（聚脲润滑脂）	SH/T 0789—2007	具有优异机械安定性，在高温与高速的最苛刻条件下提供特别保护；使用温度为：-40~180℃	10g；15g；50g；100g；1kg；4kg；5kg；15kg；16kg；1L；5L；25L；50L

六十三、邯郸市宏发油脂化工有限公司

邯郸市宏发油脂化工有限公司润滑脂的主要技术指标、用途与特点以及包装形式等信息详见表Ⅱ-126。

表Ⅱ-126 润滑脂的主要技术指标、用途与特点一览表

产品名称	主要技术指标	用途与特点	包装形式
锂基润滑脂 复合锂基润滑脂	GB/T 7324—2010	具有良好的高低温性能，抗水性、防锈性、胶体安定性和机械安定性	中桶15kg、大桶180kg、铁盒1kg

六十四、河北润捷润滑油脂有限公司

河北润捷润滑油脂有限公司润滑脂的主要技术指标、用途与特点以及包装形式等信息详见表Ⅱ-127。

表Ⅱ-127 润滑脂的主要技术指标、用途与特点一览表

产品名称	主要技术指标	用途与特点	包装形式
产品名称及牌号（恒发锂基脂） 产品名称及牌号（恒发高温脂）	Q/HRJ001-20144 GB/T 2010—2014 SH/T 0535—1994	该产品具备工程机械所需的指标要求	塑料包材与铁质包材相结合

六十五、河南省长城润滑脂有限公司

河南省长城润滑脂有限公司润滑脂的主要技术指标、用途与特点以及包装形式等信息详见表Ⅱ-128。

表Ⅱ-128　润滑脂的主要技术指标、用途与特点一览表

产品名称	主要技术指标	用途与特点	包装形式
复合锂基润滑脂	SH 0535—1993	特点：具有良好的极压抗磨性能，满足重载汽车轮毂轴承的润滑，具有良好的高温性能，高温粘附性强，可保证良好的润滑油膜，具有良好的胶体安定性，润滑脂使用寿命长。 用途：适用于高速、重载等苛刻条件下轿车、大型客车及重载卡车等车辆的轮轴承、底盘、电机水泵等摩擦部位的润滑	180kg 铁桶、15L塑料桶等各种规格

六十六、河南新乡祥云油脂有限公司

河南新乡祥云油脂有限公司润滑脂的主要技术指标、用途与特点以及包装形式等信息详见表Ⅱ-129。

表Ⅱ-129　润滑脂的主要技术指标、用途与特点一览表

产品名称	主要技术指标	用途与特点	包装形式
轧辊轴承润滑脂(明珠牌)复合型锂皂型	Q/XYYZ004—2010	产品主要针对钢铁企业轧机轧辊滚动轴承使用的设备润滑	17~180kg 桶装
烧结机专用润滑脂(明珠牌)复合型锂皂型	Q/XYYZ009—2010	产品主要针对钢铁企业烧结机使用的设备润滑	17~180kg 桶装
极压聚脲脂(明珠牌)	SH/T 0789—2007	产品主要对钢铁企业连铸机集中润滑	17~180kg
极压膨润土脂(明珠牌)	SH/T 0537—1993	适用于高负荷机械设备润滑	17~180kg
极压复合锂基脂	SH/T 0535—1993	适用于高负荷机械设备润滑	17~180kg
复合磺酸钙基润滑脂	Q/XYYZ068—2010	适用于高负荷机械设备润滑	17~180kg

六十七、华北石油华晨化工公司

华北石油华晨化工公司润滑脂的主要技术指标、用途与特点以及包装形式等信息详见表Ⅱ-130。

表Ⅱ-130　润滑脂的主要技术指标、用途与特点一览表

产品名称	主要技术指标	用途与特点	包装形式
锂基润滑脂	GB/T 7324—2010	设备轴承，温度 120℃	塑桶 20L、牙袋 0.8kg×20/箱
复合锂基润滑脂	SH/T 0535—1993	高温高负荷设备，温度 160℃	
二硫化钼极压锂基润滑脂	SH/T 0587—1994	重负荷设备，温度 120℃	
轧辊轴承润滑脂	SH/T 0535—1993	高温重负荷轴承，温度 160℃	
极压聚脲润滑脂	SH/T 0789—2007	冶金高负荷高温，温度 160℃	
钻具螺纹脂 8901	SY/T 5198—1996	油田钻具螺纹，温度 120℃	
套管、油管和管线管用螺纹脂	GB/T 23512—2015	油田套管油管，温度 120℃	
8901-Ⅱ高温型钻具螺纹脂	Q/HHC 029—2015	油田高温钻具螺纹，温度 150℃	
ZN50 型钻具螺纹脂	SY/T 5198—1996	油田高负荷钻具螺纹，温度 120℃	

六十八、山东恒润诺石化有限公司

山东恒润诺石化有限公司润滑脂的主要技术指标、用途与特点以及包装形式等信息详见表Ⅱ-131。

表Ⅱ-131 润滑脂的主要技术指标、用途与特点一览表

产品名称	主要技术指标	用途与特点	包装形式
高温润滑脂		适用于高温环境下各种轴承、齿轮、链条以及其他传动机械部件的润滑；适用于冶金、矿山、油田、机械、交通运输等行业处于高温、重负荷、潮湿等恶劣情况下电机、轴承、齿轮的润滑；特别适用于火焰切割机、压光机、鼓风机、干燥箱、泥芯烘干炉、瓦楞机等机械轴承的润滑脂	500g～180kg，塑料袋，塑料盒，塑料桶，铁桶

六十九、山东军泰化工有限公司

山东军泰化工有限公司润滑脂的主要技术指标、用途与特点以及包装形式等信息详见表Ⅱ-132。

表Ⅱ-132 润滑脂的主要技术指标、用途与特点一览表

产品名称	主要技术指标	用途与特点	包装形式
磺酸盐复合钙基润滑脂	—	滴点大于230℃	—
复合钙基润滑脂	SH/T 053593—2003	滴点大于350℃	5～180kg
锂基润滑脂	GB/T 7324—2010	滴点不小于200℃	5～180kg
复合锂基润滑脂	GB/T 7324—2010	滴点大于350℃	800g～180kg
钠基润滑脂	—	—	—
其他金属皂作为稠化剂的润滑脂	—	滴点大于350℃	—
聚脲基润滑脂	Q/XSH0010—1997	滴点大于350℃	500g～18kg
膨润土润滑脂	—	滴点大于350℃	800g～180kg
其他非皂化稠化剂-除膨润土之外所有非皂稠化剂	—	滴点大于350℃	—

七十、西安石油大佳润实业有限公司

西安石油大佳润实业有限公司润滑脂的主要技术指标、用途与特点以及包装形式等信息详见表Ⅱ-133。

表Ⅱ-133　润滑脂的主要技术指标、用途与特点一览表

产品名称	主要技术指标	用途与特点	包装形式
通用锂基润滑脂1号、2号、3号	GB/T 7324—2010	以脂肪酸锂皂稠化精制基础油，并添加抗氧剂、防锈剂、防腐剂等添加剂，采用先进的工艺调制而成，是长寿命多用途润滑脂。良好的机械、胶体安定性及氧化安定性，有效延长使用寿命； 优异的黏温性能，满足不同环境不同温度范围使用；优良的抗水性，遇水不易乳化变质；良好的防锈防腐蚀性，有效抑制设备锈蚀。 适用于-20～120℃较宽温度范围内各种机械设备的滚动轴承和滑动轴承及其他摩擦部位的润滑	0.8kg/桶，5kg/桶，15kg/桶
极压锂基润滑脂00号、0号、1号、2号	GB/T 7323—2008	本产品采用锂基皂做稠化剂，精制矿物油为基础油，并加有多种极压、防锈、抗氧等添加剂调制而成。是良好的齿轮润滑剂，也是理想的集中润滑材料。0号，00号满足国标GB/T 7323—2008要求。良好的机械安定性、胶体安定性及氧化安定性，有效延长换油周期；优异的抗磨、极压性能和粘附性能，有效防止设备磨损；优良的抗水性，遇水不易乳化变质；高低温性能出色，满足宽温度范围使用；良好的防锈性，有效抑制锈蚀产生。 适用于矿山机械、冶金机械、建筑机械等大型设备的集中润滑系统，以及齿轮、涡轮等装置，如冶金、矿山行业的桥式起重机减速齿轮箱、轧机减速齿轮箱等。适用于-20～120℃温度范围	0.8kg/桶，5kg/桶，15kg/桶
极压锂基润滑脂000号	Q/SYJR 0137—2015	本产品采用锂基皂做稠化剂，精制矿物油为基础油，并加有多种极压、防锈、抗氧等添加剂调制而成。良好的机械安定性、胶体安定性及氧化安定性，有效延长换油周期；优异的抗磨、极压性能和粘附性能，有效防止设备磨损；优良的抗水性，高低温性能出色，满足宽温度范围使用；良好的防锈性。 适用于矿山机械、冶金机械、建筑机械等大型设备的集中润滑系统。特别推荐用于高温、粉尘和铁鳞工作环境下运行的闭式齿轮箱以及使用期限较长，设备老化严重的齿轮箱。适用于-30～120℃温度范围	0.8kg/桶，5kg/桶，15kg/桶
抽油机减速器半流体润滑脂	Q/SYJR C003—2016	以精制矿物油，配以独特的稠化剂与专用添加剂调制而成，是具备防盗、防漏、抗磨、耐寒的特种润滑剂，专门针对油田野外工作抽油机减速器而研制。突出的防盗功能，有效防止抽油机油被盗现象发生；防漏性能显著，满足HSE工作环境要求；卓越的极压抗磨性及粘附性，抗冲击负荷能力强、减震和降低噪音作用明显；卓越的低温性能，工作温度最低可达-35℃，满足严寒区野外作业要求；优异的抗氧化及抗乳化性能，适应野外工况要求。 适用于油田抽油机减速器(箱)齿轮润滑，也可用于环境温度高于相应产品最低使用温度的露天机械及其他有防盗、防漏要求的减速器润滑，某些矿山机械类齿轮传动系统及相关轴承运动的润滑	20升/桶，850kg/箱

续表

产品名称	主要技术指标	用途与特点	包装形式
抽油机集中润滑专用脂	Q/SYJR X005—2015	由复合锂基稠化剂、精制矿物油与合成油的混合油，并加有多种极压、防锈、抗氧等添加剂调制而成。良好的机械安定性、胶体安定性及氧化安定性，有效延长换油周期；优异的抗磨、极压性能和粘附性能，有效防止设备磨损；优良的抗水性，遇水不易乳化变质；良好的泵送性，满足集中润滑要求；良好的防锈性，有效抑制锈蚀产生。 适用于工作温度-20～100℃范围内各种油田钻采、矿石机械、冶金机械、建筑机械、工程机械等大型设备的集中润滑系统，以及齿轮、涡轮等装置	20L/桶，850kg/箱

七十一、新疆阳光一诺能源科技公司

新疆阳光一诺能源科技公司润滑脂的主要技术指标、用途与特点以及包装形式等信息详见表Ⅱ-134。

表Ⅱ-134　润滑脂的主要技术指标、用途与特点一览表

产品名称	主要技术指标	用途与特点	包装形式
锂基润滑脂	GB/T 7324—2010《通用锂基润滑脂》	广泛适用于工作温度在-20～120℃范围的各种机械摩擦部位的润滑	袋装，桶装等
高温复合润滑脂	SH 0535—1993《极压复合锂基润滑脂》	适用于温度在-20～160℃的高负荷机械设备的润滑	袋装，桶装等
无水钙基润滑脂（复合润滑脂）	执行企业标准 Q/XYG 001—2018	适用于温度在-20～120℃范围的各种机械摩擦部位的润滑	袋装，桶装等
特种白色润滑脂	执行企业标准 Q/XYG 001—2018	适用温度在-25～135℃范围的各种机床主轴及主轴滚动轴承的润滑	袋装，桶装等
润滑脂基础油		采用环烷级原料油经减压蒸馏炼制而成，具有良好的低温流动性和氧化安定性等	

七十二、新乡市恒星科技有限责任公司

新乡市恒星科技有限责任公司润滑脂的主要技术指标、用途与特点以及包装形式等信息详见表Ⅱ-135。

表Ⅱ-135　润滑脂的主要技术指标、用途与特点一览表

产品名称	主要技术指标	用途与特点	包装形式
复合极压锂基润滑脂		本产品具有极好的抗高温性、抗水淋性和耐极压性。本产品主要针对钢铁、冶金行业等处于高温、重负荷、强水淋等恶劣工况，尤其是各型连铸机二冷区及辊道轴承的润滑	1kg、2kg、15kg、16kg、17kg、50kg、170kg、175kg、180kg

七十三、新乡市瑞丰新材料股份有限公司

新乡市瑞丰新材料股份有限公司润滑脂的主要技术指标、用途与特点以及包装形式等信

息详见表Ⅱ-136。

表Ⅱ-136　润滑脂的主要技术指标、用途与特点一览表

产品名称	主要技术指标	用途与特点	包装形式	生产厂家
RF1106B 高碱值合成磺酸钙	运动黏度(100℃)：25~60mm^2/s 开口闪点：≥180℃ 总碱值：≥295mgKOH/g Ca：≥11.5% S：≥1.25% 水分：≤0.2% 机杂：≤0.1%	RF1106B 高碱值合成磺酸钙以长链线型烷基苯磺酸为主要原料，通过中和及高碱化反应制成。该产品是金属清净剂的主要品种，具有优异的酸中和能力，又具有很好的防锈性和高温清净性及分水性，因而广泛应用于各种内燃机油和磺酸钙基润滑脂，尤其适用于船用油	200 升铁桶包装，或按用户要求包装	新乡市瑞丰新材料股份有限公司
RF1106D 超高碱值合成磺酸钙	运动黏度(100℃)：≤180mm^2/s 开口闪点：≥180℃ 总碱值：≥395mgKOH/g Ca：≥14.5% S：≥1.20% 水分：≤0.2% 机杂：≤0.1%	RF1106D 超高碱值合成磺酸钙是以长链线型烷基苯磺酸为主要原料，通过中和及超高碱化反应制成。该产品具有优异的碱性储备、良好的油溶性和极强的酸中和能力，能及时中和油品中的有机酸和无机酸，同时还具备优良的高温清净性及热稳定性，适用于磺酸钙基润滑脂，也是调制高碱值船用汽缸油的首选添加剂	200 升铁桶包装，或按用户要求包装	新乡市瑞丰新材料股份有限公司
RF1106E 润滑脂专用超高碱值合成磺酸钙	运动黏度(100℃)：≤300mm^2/s 开口闪点：≥180℃ 总碱值：≥360mgKOH/g Ca：≥13% S：≥1.2% 水分：≤0.2% 机杂：≤0.1%	RF1106E 超高碱值合成磺酸钙是以线型烷基苯磺酸为主要原料，通过中和及超高碱化反应制成。主要用于调制磺酸钙基润滑脂，具有优良的高温性能、机械安定性、极压抗磨性和抗水性	200 升铁桶包装，或按用户要求包装	新乡市瑞丰新材料股份有限公司

七十四、新协同(宁波)油脂有限公司

新协同(宁波)油脂有限公司润滑脂的主要技术指标、用途与特点以及包装形式等信息详见表Ⅱ-137。

表Ⅱ-137　润滑脂的主要技术指标、用途与特点一览表

产品名称	主要技术指标	用途与特点	包装形式
中小型机电轴承润滑脂(锂基脂)	Q/XXT01—2015	适用于微型轴承的润滑	800g、15kg、170kg
白色润滑脂(锂基脂)	GB 7324—2010	适用于塑料部件、玩具部件的润滑	800g、15kg、170kg
高温高速低噪音轴承脂(聚脲脂)	Q/XXT01—2017	适用于水泵、电机轴承的长寿命、高温高速要求的润滑	800g、15kg、170kg
低温低噪音轴承脂(锂基脂)	Q/XXT02—2017	适用于有低温要求的轴承的润滑	800g、15kg、170kg

七十五、信达化工科技有限公司

信达化工科技有限公司润滑脂的主要技术指标、用途与特点以及包装形式等信息详见表Ⅱ-138。

表Ⅱ-138　润滑脂的主要技术指标、用途与特点一览表

产品名称	主要技术指标	用途与特点	包装形式
通用锂基润滑脂 3#		通用性强，具有优良的机械安定性和氧化安定性；良好的抗淋水性和防锈性，可应用在潮湿及与水接触的机械部件上。 适用于一般机械设备的滚动轴承和滑动轴承及其他摩擦部位的润滑；使用温度为：-20～120℃	15kg/桶、175kg/桶
低噪音润滑脂 2#	噪音值 企标(启动异音数不大于 3 个，运转异音数不大于 6 个)	稠化剂的皂纤维结构合理，分布均匀，在剪切力的作用下能够保持较好的润滑脂结构特征；润滑脂洁净度高，能够有效的降低轴承的振动值；防锈性能良好，能够防止轴承运转过程中的锈蚀；具有优良的降噪性能。 适用于小型电机滚动轴承和其他较低负荷设备滚动轴承的润滑；使用温度为：-20～120℃	15kg/桶、175kg/桶
HP-R 高温润滑脂		良好的极压抗磨性能，满足重载汽车轮毂轴承的润滑；良好的高温性能，高温粘附性强，可保证良好的润滑油膜；良好的胶体安定性，润滑脂使用寿命长，可延长换脂周期；良好的抗水性和防护性能。 适用于高速、重载等苛刻条件下轿车、大型客车及重载卡车等车辆的轮轴承、底盘、电机水泵等摩擦部位的润滑；使用温度为：-30～180℃	0. 8kg/桶、1. 8kg/桶、15kg/桶、175kg/桶
白色锂基润滑脂 2T		具有较低的启动和运转力矩，可满足 DN 值为 80 万极高转速条件下的运转要求；对金属具有很强的吸附性能，当受到水污染或轴承空转时，能保证轴承不发生腐蚀及破坏性点蚀；具有极好的润滑性，在相同运转条件下，所形成的润滑油膜厚度大，可降低相对运动元件的疲劳磨损。 适用于各种高速滚动轴承、精密机床轴承、纺织机械轴承及仪器仪表的润滑和防护；使用温度为：-20～120℃。不推荐在低速重负荷下使用	0. 8kg/桶、15kg/桶

七十六、郑州铁维保科技有限公司

郑州铁维保科技有限公司润滑脂的主要技术指标、用途与特点以及包装形式等信息详见表Ⅱ-139。

表Ⅱ-139　润滑脂的主要技术指标、用途与特点一览表

产品名称	主要技术参数	用途与特点	包装形式
1101 全氟聚醚润滑脂	稠化剂：聚四氟乙烯 NLGI 等级：2 颜色：白色 外观：光滑/均匀油脂 针入度(25℃)/0.1mm：265~295 蒸发度(200℃，22h)/%：1.0 钢网分油(99℃，30h)/%：3.0 产品标准：Q/WB1101—2012	1101 是以聚四氟乙烯(PTPE)稠化全氟聚醚油，并添加抗腐蚀添加剂精致而成的高品质润滑脂。 适用于：高温环境里运行的轴承。推荐使用温度-36~280℃	1.0~2kg/桶、12kg/桶、15kg/桶、170kg/桶
1101C 全氟长效轴承润滑脂	稠化剂：聚四氟乙烯 NLGI 等级：2 颜色：白色 外观：光滑/均匀油脂 针入度(25℃)/0.1mm：265~295 蒸发度(200℃，22h)/%：1.0 滴点/℃：≥300 钢网分油(99℃，30h)/%：1.0 焊联载荷/N：3400 产品标准：Q/WB1101C—2012	1101C 是以聚四氟乙烯(PTPE)稠化氟硅油，并添加抗腐蚀添加剂精致而成的高品质润滑脂。 适用于：高温环境里运行的轴承；高温辐射区与强酸强碱区；低至中高速、中等载荷的金属/金属摩擦；使用温度为：-40~200℃	1.0~2kg/桶、12kg/桶、15kg/桶、170kg/桶
1101A 全氟聚醚润滑脂	颜色：白色 工作锥入度(60 次)/0.1mm：265~295 铜片腐蚀(T2 铜片，100℃，24h)：合格 水淋流失量(99℃，1h)/%：0.8 极压性能(四球机法)P_B/kg：400 轴承寿命(200℃)/h：8000+ 产品标准：Q/WB1101A—2012	本品采用 PTFE 稠化高黏度全氟聚醚基础油，并加入精细固体润滑剂与氟防腐剂精制而成。 适用于：高温轴承润滑；使用温度为：-30~260℃	1.0~2kg/桶、12kg/桶、15kg/桶、170kg/桶
1305 高温全氟聚醚润滑脂	稠化剂：聚复合剂 NLGI 等级：2 颜色：灰黑色 外观：光滑/均匀油脂 针入度/0.1mm：265~295 蒸发度(200℃，22h)/%：1.0 钢网分油(99℃，30h)/%：3.0 产品标准：Q/WB11011305—2012	1305 是以特种稠化剂稠化全氟聚醚脂油，并添加抗腐蚀添加剂精致而成的特级润滑脂。 适用于：高低温环境里运行的轴承；航天工业与军工导弹，飞机、坦克中的轴承等部位；其他高负荷高低温轴承；使用温度为：-35~350℃	1.0~2kg/桶、12kg/桶、15kg/桶、170kg/桶

续表

产品名称	主要技术参数	用途与特点	包装形式
1108 全氟聚醚脂	稠化剂：聚四氟乙烯 NLGI 等级：2 针入度(25℃)/0.1mm：265~295 蒸发度(200℃,22h)/%：1.0 钢网分油(99℃，30h)/%：3.0 产品标准：Q/WB1108—2012	1108 是以聚四氟乙烯(PTPE)稠化全氟聚醚油，并添加抗腐蚀添加剂精致而成的高品质润滑脂。 适用于：高温环境里运行的轴承、高温密封阀门、高温辐射区与强酸强碱区；使用温度为：-35~250℃	1.0~2kg/桶、 12kg/桶、 15kg/桶、 170kg/桶
1111 全氟聚醚润滑脂	外观：白色 工作锥入度(60 次)/0.1mm：265~295 铜片腐蚀(T_2 铜片，100℃，24h)：合格 水淋流失量(99℃，1h)/%：1 轴承寿命(200℃)/h：8000+ 轴承极限数：100 产品标准：Q/WB1111—2012	本品采用 PTFE 稠化低温全氟聚醚基础油，并加入精细固体润滑剂与氟防腐剂精制而成适用于：超低温长寿命轴承与齿轮润滑；使用温度为：-80~220℃	1.0~2kg/桶、 12kg/桶、 15kg/桶、 170kg/桶
1118 全氟聚醚高速润滑脂	外观：米白色 工作锥入度(60 次)/0.1mm：265~295 滴点/℃：>300 铜片腐蚀(T2 铜片，100℃，24h)：合格 水淋流失量(99℃，1h)/%：1 极压性能(四球机法)P_B/kg：400 抗磨性能(四球机法)(40kg，60min)/mm：0.5 梯母肯 OK 值/lb：40 轴承寿命(121℃)/h：8000+ 运转极限百分数/%：100 *DN* 值：>1000000 蒸发度(99℃)/%：≤0.2 压力分油/%：≤2.0 相似黏度(-40℃，$10s^{-1}$)/(Pa·s)：≤1500 氧化安定性(压降)/kPa：9 显微镜杂质(黑色) >10μm：≤400 10~25μm：≤100 25~75μm：≤5 产品标准：Q/WB1101A—2012	本品采用有机化合物稠化低温全氟聚醚油，并加入精细固体润滑剂与氟防腐剂精制而成适用于：高速轴承及齿轮润滑；使用温度为：-50~250℃	1.0~2kg/桶、 12kg/桶、 15kg/桶、 170kg/桶

七十七、珠海经济特区顺益发展有限公司

珠海经济特区顺益发展有限公司润滑脂的主要技术指标、用途与特点以及包装形式等信息详见表Ⅱ-140 ~表Ⅱ-142。

表Ⅱ-140　氟素类润滑脂的主要技术指标、用途与特点一览表

产品全称及牌号	主要技术指标	用途与特点	包装形式
太科高性能氟素润滑脂 FL8221	锥入度/0.1mm：245~265 钢网分油：8.0 适用温度范围：-25~280℃ 四球磨痕(1200r/min，40kg，1h，mm)：<0.5	白色膏状的全氟聚醚润滑脂，具有显著的抗氧化性，耐化学腐蚀及且耐高温。抗氧化，抗化学腐蚀及耐高温性能显著，与金属、玻璃、塑料及弹性体相容。高温轴承、汽车配件、食品机械等	1kg、5kg、20kg
太科高性能氟素润滑脂 FL8302	基础油(40℃)运动黏度/(mm^2/s)：30 锥入度/0.1mm：285 钢网分油：8.0 适用温度范围：-55~150℃ 四球磨痕(1200r/min，40kg，1h，mm)：<1.0		
太科高性能氟素润滑脂 FL8502	基础油(40℃)运动黏度/(mm^2/s)：160 锥入度/0.1mm：285 钢网分油：5.0 适用温度范围：-45~200℃ 四球磨痕(1200r/min，40kg，1h，mm)：<0.8		
太科高性能氟素润滑脂 FLUOR 847	基础油(40℃)运动黏度/(mm^2/s)：500 锥入度/0.1mm：235 适用温度范围：-30~260℃ 四球磨痕(1200r/min，40kg，1h，mm)：<0.5		

表Ⅱ-141　磺酸钙基类润滑脂的主要技术指标、用途与特点一览表

产品全称及牌号	主要技术指标	用途与特点	包装形式
太科磺酸钙基润滑脂 ML-150	基础油(40℃)运动黏度/(mm^2/s)：150 锥入度/0.1mm：465 滴点/℃：250 适用温度范围：-30~100℃ 四球磨斑：0.5	改性复合高碱磺酸钙润滑脂，以超常的机械稳定性、高滴点、高承载性能、以及优异的抗水性和防腐性著称。尤其是在露天、雨水冲刷及高温环境下。 适用于铁路用开关设备、铁路道岔滑床板、铁路缓行器、铁路轨道、铁路曲线轨道、滑动装置、高铁轨道	15kg、180kg
太科磺酸钙基润滑脂 KH-800	基础油(40℃)运动黏度/(mm^2/s)：421 锥入度/0.1mm：305 滴点/℃：318 适用温度范围：-18~160℃ 四球磨斑：0.42	采用领先技术制造的高碱值磺酸钙基润滑脂，具有卓越的载荷能力、极好的机械稳定性和优良的抗水性，可满足多种特殊工况下的应用要求。特别适用于港口、码头、造纸、电力、矿山、机械、重工业、野外、建筑及钢铁行业，如：所有高温和重荷应用场合，包括暴露在有水的情况下；轧辊轴颈应用，例如：拧紧螺钉和螺母、机体窗口、转盘轴承和主轴托架轴承；辊颈轴承和推力轴承；齿轮轴轴承；电动机轴承；传送装置轴承	18kg、180kg

表Ⅱ-142 锂基类润滑脂的主要技术指标、用途与特点一览表

产品全称及牌号	主要技术指标	用途与特点	包装形式
优润通用锂基润滑脂 Lith 2	基础油(40℃)运动黏度/(mm^2/s)：100 锥入度/0.1mm：265~295 滴点/℃：180 钢网分油(100℃，24h)：5 延长工作锥入度(10万次)/0.1mm：320 防腐蚀性(52℃，48h)/级：1	本产品具有良好的抗水性，机械安定性，防腐蚀性，氧化安定性。其特点是滴点高，使用温度范围广，对各种高温高转速的润滑尤为适合	15kg 塑桶装，180kg 铁桶装
优润通用锂基润滑脂 Lith 3	基础油(40℃)运动黏度/(mm^2/s)：100 锥入度/0.1mm：220~250 滴点/℃：180 钢网分油(100℃，24h)：5 延长工作锥入度(10万次)/0.1mm：275 防腐蚀性(52℃，48h)/级：1	本产品具有良好的抗水性，机械安定性，防腐蚀性，氧化安定性。其特点是滴点高，使用温度范围广，对各种高温高转速的润滑尤为适合	15kg 塑桶装，180kg 铁桶装
优润极压锂基润滑脂 Lith EP 00	基础油(40℃)运动黏度/(mm^2/s)：100 锥入度/0.1mm：410 滴点/℃：176 腐蚀(T_2 铜片，100℃，24h)：铜片无绿色或黑色变化 防腐蚀性(52℃，48h)：1 极压性能(四球机法)P_B/N：618	本产品具有良好的极压性、抗水性，机械安定性，防腐蚀性，氧化安定性。其特点是滴点高，使用温度范围广，对各种高温高转速的润滑尤为适合．本产品使用在-20~120℃工作温度范围的各种机械设备的滚动轴承、滑动轴承及其他摩擦部位的润滑	15kg 塑桶装，180kg 铁桶装
优润极压锂基润滑脂 Lith EP 0	基础油(40℃)运动黏度/(mm^2/s)：100 锥入度/0.1mm：378 滴点/℃：185 腐蚀(T_2 铜片，100℃，24h)：铜片无绿色或黑色变化 防腐蚀性(52℃，48h)：1 极压性能(四球机法)P_B/N：618	本产品具有良好的极压性、抗水性，机械安定性，防腐蚀性，氧化安定性。其特点是滴点高，使用温度范围广，对各种高温高转速的润滑尤为适合．本产品使用在-20~120℃工作温度范围的各种机械设备的滚动轴承、滑动轴承及其他摩擦部位的润滑	15kg 塑桶装，180kg 铁桶装
优润极压锂基润滑脂 Lith EP 1	基础油(40℃)运动黏度/(mm^2/s)：100 锥入度/0.1mm：325 滴点/℃：189 腐蚀(T_2 铜片，100℃，24h)：铜片无绿色或黑色变化 防腐蚀性(52℃，48h)：1 极压性能(四球机法)P_B/N：785	本产品具有良好的极压性、抗水性，机械安定性，防腐蚀性，氧化安定性。其特点是滴点高，使用温度范围广，对各种高温高转速的润滑尤为适合．本产品使用在-20~120℃工作温度范围的各种机械设备的滚动轴承、滑动轴承及其他摩擦部位的润滑	15kg 塑桶装，180kg 铁桶装
优润极压锂基润滑脂 Lith EP 2	基础油(40℃)运动黏度/(mm^2/s)：100 锥入度/0.1mm：276 滴点/℃：191 腐蚀(T_2 铜片，100℃，24h)：铜片无绿色或黑色变化 防腐蚀性(52℃，48h)：1 极压性能(四球机法)P_B/N：785	本产品具有良好的极压性、抗水性，机械安定性，防腐蚀性，氧化安定性。其特点是滴点高，使用温度范围广，对各种高温高转速的润滑尤为适合．本产品使用在-20~120℃工作温度范围的各种机械设备的滚动轴承、滑动轴承及其他摩擦部位的润滑	15kg 塑桶装，180kg 铁桶装

续表

产品全称及牌号	主要技术指标	用途与特点	包装形式
优润极压锂基润滑脂 Lith EP 3	基础油(40℃)运动黏度/(mm^2/s)：100 锥入度/0.1mm：223 滴点/℃：196 腐蚀(T_2 铜片，100℃，24h)：铜片无绿色或黑色变化 防腐蚀性(52℃，48h)：1 极压性能(四球机法)P_B/N：785	本产品具有良好的极压性、抗水性，机械安定性，防腐蚀性，氧化安定性。其特点是滴点高，使用温度范围广，对各种高温高转速的润滑尤为适合．本产品使用在－20～120℃工作温度范围的各种机械设备的滚动轴承、滑动轴承及其他摩擦部位的润滑	15kg 塑桶装，180kg 铁桶装
优润极压复合锂基脂 Liplex EP 1	基础油(40℃)运动黏度/(mm^2/s)：100 锥入度/0.1mm：325 滴点/℃：300 腐蚀(T_2 铜片，100℃，24h)：铜片无绿色或黑色变化 防腐蚀性(52℃，48h)：1 极压性能(四球机法)P_B/N：785	本产品具有良好的极压性、抗水性、机械安定性、防腐蚀性及氧化安定性。其特点是滴点高，使用温度范围广，对各种高温高转速的润滑尤为适合	15kg 塑桶装，180kg 铁桶装
优润极压复合锂基脂 Liplex EP 2	基础油(40℃)运动黏度/(mm^2/s)：100 锥入度/0.1mm：276 滴点/℃：300 腐蚀(T_2 铜片，100℃，24h)：铜片无绿色或黑色变化 防腐蚀性(52℃，48h)：1 极压性能(四球机法)P_B/N：785	本产品具有良好的极压性、抗水性、机械安定性、防腐蚀性及氧化安定性。其特点是滴点高，使用温度范围广，对各种高温高转速的润滑尤为适合	15kg 塑桶装，180kg 铁桶装
优润极压复合锂基脂 Liplex EP 3	基础油(40℃)运动黏度/(mm^2/s)：100 锥入度/0.1mm：225 滴点/℃：320 腐蚀(T_2 铜片，100℃，24h)：铜片无绿色或黑色变化 防腐蚀性(52℃，48h)：1 极压性能(四球机法)P_B/N：785	本产品具有良好的极压性、抗水性、机械安定性、防腐蚀性及氧化安定性。其特点是滴点高，使用温度范围广，对各种高温高转速的润滑尤为适合	15kg 塑桶装，180kg 铁桶装
优润二硫化钼复合锂基脂 Moly EP 0	基础油(40℃)运动黏度/(mm^2/s)：100 锥入度/0.1mm：363 滴点/℃：182 腐蚀(T_2 铜片，100℃，24h)：铜片无绿色或黑色变化 极压性能(四球机法)P_B/N：588	适用于钢铁、矿山、汽车等行业轻、重负荷设备的轴承及齿轮的润滑。 适用于日晒雨淋苛刻工况设备的润滑。适用工作温度范围：-20~120℃	18kg 塑桶装、180kg 铁桶装

产品全称及牌号	主要技术指标	用途与特点	包装形式
优润二硫化钼复合锂基脂 Moly EP 1	基础油(40℃)运动黏度/(mm^2/s)：100 锥入度/0. 1mm：316 滴点/℃：189 腐蚀(T_2 铜片，100℃，24h)：铜片无绿色或黑色变化 极压性能(四球机法)P_B/N：588	适用于钢铁、矿山、汽车等行业轻、重负荷设备的轴承及齿轮的润滑。 适用于日晒雨淋苛刻工况设备的润滑。适用工作温度范围：-20~120℃	18kg 塑桶装、180kg 铁桶装
优润二硫化钼复合锂基脂 Moly EP 2	基础油(40℃)运动黏度/(mm^2/s)：100 锥入度/0. 1mm：281 滴点/℃：190 腐蚀(T_2 铜片，100℃，24h)：铜片无绿色或黑色变化 极压性能(四球机法)P_B/N：588		
优润二硫化钼复合锂基脂 Moly EP 3	基础油(40℃)运动黏度/(mm^2/s)：100 锥入度/0. 1mm：225 滴点/℃：193 腐蚀(T_2 铜片，100℃，24h)：铜片无绿色或黑色变化 极压性能(四球机法)P_B/N：588		
优润高负载轴承润滑脂 RP 1000	基础油(40℃)运动黏度/(mm^2/s)：1000 锥入度/0. 1mm：2 滴点/℃：260 铜片腐蚀(24h)/100℃：lb 四球焊接载荷：>400kg 四球磨斑直径：<0. 60mm	推荐应用于水泥、矿山、钢铁、电力、化工、造纸等行业的大型设备的轴承，如：干燥机、造粒机、干燥，挖掘机，辊压机，破碎机等	50kg/桶、180kg/桶
优润高负载轴承润滑脂 RP 1500	基础油(40℃)运动黏度/(mm^2/s)：1500 锥入度/0. 1mm：2 滴点/℃：260 铜片腐蚀(24h)/100℃：lb 四球焊接载荷：>400kg 四球磨斑直径：<0. 60mm		
优润开式齿轮操作润滑剂 G-OG C-16M	基础油(40℃)运动黏度/(mm^2/s)：16000 锥入度/0. 1mm：0/00 滴点/℃：>200 钢网分油：>620kg FZG，A/S 76/50 载荷级别：>12 FZG，A/S 76/50 单位磨耗/(mg/kW · h)：<0. 2	推荐应用于水泥、矿山、钢铁、电力、化工、造纸等行业的大型设备的开式齿轮，如：回转窑、球磨机、管磨机、棒磨机、干燥机、造粒机、鼓式碎浆机等	50kg/桶、180kg/桶

续表

产品全称及牌号	主要技术指标	用途与特点	包装形式
优润开式齿轮操作润滑剂 G-OGC-1000	基础油(40℃)运动黏度/(mm^2/s)：1000 锥入度/0.1mm：00/000 滴点/℃：>200 钢网分油：>620kg FZG，A/S 76/50 载荷级别：>12 FZG，A/S 76/50 单位磨耗/(mg/kW·h)：<0.2	推荐应用于水泥、矿山、钢铁、电力、化工、造纸等行业的大型设备的开式齿轮，如：回转窑、球磨机、管磨机、棒磨机、干燥机、造粒机、鼓式碎浆机等	50kg/桶、180kg/桶
优润开式齿轮操作润滑剂 G-OGC-Fluid	基础油(40℃)运动黏度/(mm^2/s)：4950/5100 锥入度/0.1mm：0/000 滴点/℃：>200 钢网分油：>620kg FZG，A/S 76/50 载荷级别：>12 FZG，A/S 76/50 单位磨耗/(mg/kW·h)：<0.2		

附录Ⅲ　润滑脂原材料生产企业产品汇总

润滑脂原材料生产企业产品汇总详见表Ⅲ-1～表Ⅲ-3。

表Ⅲ-1　稠化剂生产企业产品汇总

产品名称	主要技术指标	用途与特点	包装形式	生产厂家
十二羟基硬脂酸	酸值：176～186mgKOH/g 羟基值：≥150mgKOH/g 碘值：小于等于 3.0gI_2/100g 皂化值：180～190mgKOH/g 水分：≤1.0% 色号：≤5g 熔点：≥73℃	天兴健牌十二羟目前在国内被广泛用于石化、印染、日化等领域	塑编袋包装，25kg/袋	山东天兴生物科技有限公司
	企业标准：碘值≤2.5 熔点：≥75 羟基值：≥155 水分及挥发物：≤1.0 颜色：≤5 酸值：178～187mgKOH/g 皂化值：180～190	主要用于润滑脂稠化剂和涂料的添加剂	外编织袋内衬塑料袋，每袋净含量25kg±0.025kg，出口产品按合同约定包装	文水县国华油脂有限公司
易得润预制十二羟锂皂稠化剂	执行标准：Q/0523 SHX092 外观：白色粉末 生产 2#锂基润滑脂主要指标： 稠化剂含量：10% 滴点：192℃	特点：预制十二羟锂皂稠化剂品质稳定，极大的减少了客户的采购、库存、生产、安全和环保等环节的费用和时间消耗。 用途：适用于以锂皂为稠化剂的润滑脂产品的生产	8kg 木桶	山东红星化工有限公司
易得润 DPU-A 预制聚脲稠化剂	执行标准：Q/0523 SHX093 外观：白色粉末 生产 2#聚脲润滑脂主要指标： 稠化剂含量：14% 滴点：321℃	特点：采用专有工艺设备加工而成；不属于管制的危险化学品，具备使用、运输和储存方便，环保，安全的特点。 用途：适用于以聚脲为稠化剂的润滑脂产品的生产	20kg 木桶	
易得润 DPU-AS 预制聚脲稠化剂	执行标准：Q/0523 SHX097 外观：白色粉末 生产 2#聚脲润滑脂主要指标： 稠化剂含量：10% 滴点：306℃	特点：DPU-A 的改进型，稠化剂能力更强。 用途：适用于以聚脲为稠化剂的润滑脂产品的生产	20kg 木桶	
易得润 DPU-B 预制聚脲稠化剂	执行标准：Q/0523 SHX098 外观：白色粉末 生产 2#聚脲润滑脂主要指标： 稠化剂含量：10% 滴点：281℃	特点：比 DPU-A 稠化能力更强，剪切性好，滴点有所降低，剪切性稳定，膨化温度较低。 用途：适用于以聚脲为稠化剂的润滑脂产品的生产	20kg 木桶	

续表

产品名称	主要技术指标	用途与特点	包装形式	生产厂家
HFGEL-301	外观：浅灰白色 水分：≤3.0% 325 目通过率：≥85% 11.5%（酸洗油）锥入度：≤250/0.1mm	高滴点，中高稠化能力有机膨润土稠化剂，性价比高。 可应用于各类回收油、酸洗油、糠醛油、环烷基原油基础油中	25kg/包，也可定制	浙江丰虹新材料股份有限公司
HFGEL-302	外观：浅灰白色 水分：≤3.0% 325 目通过率：≥85% 11.5%（酸洗油）锥入度：≤230（0.1mm）	高滴点，高稠化能力有机膨润土稠化剂，性价比高。 可应用于各类回收油、酸洗油、糠醛油、环烷基原油基础油中	25kg/包，也可定制	
HFGEL-310	外观：浅灰白色或浅黄色 水分：≤3.0% 325 目通过率：≥85% 14%（150SN）锥入度：≤250（0.1mm）	高滴点，高稠化能力有机膨润土稠化剂，性价比高。 可应用于环烷基原油基础油油、中低运动黏度低硫石蜡基原油基础油、部分合成油	25kg/包，也可定制	
HFGEL-321	外观：浅黄色 水分：≤3.0% 325 目通过率：≥85% 10%（150SN）锥入度：≤250（0.1mm）	高滴点，高成脂速率，高稠化能力有机膨润土稠化剂。 可应用于环烷基原油基础油油、中低运动黏度低硫石蜡基原油基础油、部分合成油	25kg/包，也可定制	
HFGEL-327	外观：浅黄色 水分：≤3.0% 325 目通过率：≥85% 10%（150SN）锥入度：≤250（0.1mm）	高滴点，高成脂速率，低固含高稠化能力有机膨润土稠化剂。 可应用于环烷基原油基础油油、中低运动黏度低硫石蜡基原油基础油、部分合成油	25kg/包，也可定制	
HFGEL-328	外观：黄色 水分：≤5.0% 325 目通过率：≥85%	有一定自活化能力，相对低固含下成脂速度快，稠化能力强。 可应用于中高运动黏度低硫石蜡基原油基础油、合成油、植物油等	15kg/包，也可定制	
有机膨润土	理化指标： 外观：淡黄色或灰白色粉末 烧失量：≤40% 细度≤76μm（200 目）：≥95% 水分：0.8%~3.5% 黏度：≥1.5Pa·s	本产品通过特殊工艺有机改性而成，具有自活化、高凝聚效率，高触变性，耐高温，抗腐蚀的增稠流变剂。通过本产品生产的润滑脂具有突出的高温使用上限，优异的抗水能力和极压性能，使该润滑脂能适应高温、高湿、高负荷的工业使用环境。同时在多种基础油中均具有优异的稠化性能，制成的膨润土润滑脂机械安定性好，无滴点，不易结焦	采用牛皮纸外包装袋，聚乙烯薄膜内包装袋的双层包装，或阀口袋包装，重量通常为25kg±0.25kg 或按客户要求包装，干燥、适温条件下，保质期为 36 个月	浙江红宇新材料股份有限公司

续表

产品名称	主要技术指标	用途与特点	包装形式	生产厂家
十八胺 日本花王	含量为 92%，总胺值为 206～212mgKOH/g	胺类含量远高于其他品牌，有助于提高聚脲润滑脂纯度，具有使用寿命长、抗水性好、耐高温、静音等特点	200L 铁桶	南京新化原华颐
辛胺 日本花王	含量为 98%，总胺值为 425～445mgKOH/g	胺类含量远高于其他品牌，有助于提高聚脲润滑脂纯度，具有使用寿命长、抗水性好、耐高温、静音等特点	200L 铁桶	
气相二氧化硅 卡博特	比表面积分别为 $200m^2/g$、$120m^2/g$、$100m^2/g$	稠化方式简单，具有良好的防水密封性、防水、抗溶剂性和抗爬电性能，不腐蚀金属，与橡胶多具有较好的适应性，用于卫浴器材、密封圈、电子电气行业的防水密封及润滑	袋装	
单水氢氧化锂 ≥56.5%	GB/T 8766—2013 $LiOH \cdot H_2O$-1 标准	满足锂基脂生产要求，产品质量稳定	25kg/袋，艾衡锂业包装	艾衡（上海）智能科技有限公司
单水氢氧化锂 美国 FMC	GB/T 8766—2013。LiOH 57.5%、CO_2 0.27%、Na 0.01%、K 0.0024%、CaO 0.01%、Fe_2O_3<0.0001%、SO_4 0.02%、HCl 0.002%	氢氧化锂含量高，其他杂质离子含量远低于国家标准，皂化能力强，适合客户用于生产高标准锂基润滑脂	袋装，净重 20kg/袋	南京新化原华颐
氢氧化锂的油分散液 GT5056	分散粒径 D90<2μm，密度>$1.20g/cm^3$，闪点>210℃，总碱值>676，单水氢氧化锂含量>50%	用于生产锂基润滑脂，具有以下特点：不需要添加水，有效节约人工、管理和能耗费用；在不增加额外设备的条件下，皂化反应大大加快；液体原料易于使用，在避免扬尘的同时，有更好的产品重复性	20kg 塑料桶，210kg 铁桶，1100kg IBC 吨桶	上海灵润化工科技有限公司
氢氧化钙的油分散液 GT5097	分散粒径 D90<2μm，密度>$1.20g/cm^3$，闪点>210℃，总碱值>757，氢氧化钙含量>50%	用于生产钙基润滑脂，具有以下特点：在不增加额外设备的条件下，皂化反应大大加快；液体原料易于使用，在避免扬尘的同时，有更好的产品重复性	20kg 塑料桶，210kg 铁桶，1100kg IBC 吨桶	

表Ⅲ-2　基础油生产企业产品汇总

产品名称	主要技术指标	用途与特点	包装形式	生产厂家
T9	运动黏度(40℃)：8.0~9.0mm²/s 闪点(闭口)：≥140℃ 倾点：≤-45℃ 苯胺点：62~74℃ 色度：≤0.5级	作为润滑脂基础油，溶解性优异，与皂化剂相容性好，可形成更加均匀的空间网络。 低倾点，在某些低温应用领域可部分替代PAO等合成基础油	182kg/桶； 900kg/吨桶 20吨罐	尼纳斯石油
T22	运动黏度(40℃)：20.5~25mm²/s 闪点(闭口)：≥164℃ 倾点：≤-33℃ 苯胺点：68~78℃ 色度：≤1.0级	作为润滑脂基础油，溶解性优异，与皂化剂相容性好，可形成更加均匀的空间网络。 低倾点，在某些低温应用领域可部分替代PAO等合成基础油	182kg/桶； 900kg/吨桶 20吨罐	
T110	运动黏度(40℃)：100~120mm²/s 闪点(闭口)：≥206℃ 倾点：≤-15℃ 苯胺点：82~90℃ 色度：≤1.5级	作为润滑脂基础油，溶解性优异，可大幅度降低皂化剂用量，降低稠化温度。 与皂化剂相容性好，可形成更加均匀的空间网络	182kg/桶； 900kg/吨桶 20吨罐	
T400	运动黏度(40℃)：345~395mm²/s 闪点(闭口)：≥230℃ 倾点：≤-6℃ 苯胺点：92~100℃ 色度：≤3.0级	作为润滑脂基础油，溶解性优异，可大幅度降低皂化剂用量，降低稠化温度。 与皂化剂相容性好，可形成更加均匀的空间网络	182kg/桶； 900kg/吨桶 20吨罐	
NS 100	运动黏度(40℃)：90~110mm²/s 闪点(闭口)：≥204℃ 倾点：≤-15℃ 苯胺点：90~98℃ 色度：≤1.5级	作为润滑脂基础油，采用二次加氢工艺，具有较好的抗氧化性，溶解性优异，可大幅度降低皂化剂用量，降低稠化温度；与皂化剂相容性好，可形成更加均匀的空间网络； 低倾点，在某些低温应用领域可部分替代PAO等合成基础油； 与NBR和CR橡胶，均有很好的相容性	182kg/桶； 900kg/吨桶 20吨罐	
S 100B	运动黏度(40℃)：90~110mm²/s 闪点(闭口)：≥210℃ 倾点：≤-9℃ 苯胺点：99~107℃ 色度：≤1.5级	作为润滑脂基础油，采用三次加氢工艺，具有较好的抗氧化性，溶解性优异； 与皂化剂相容性好，可形成更加均匀的空间网络； 满足FDA B标准，可用于短暂皮肤接触的领域	182kg/桶	
BBT 28	运动黏度(40℃)：630~770mm²/s 闪点(闭口)：≥210℃ 色度：>8.0级	含有沥青成分，在黑色金属表面具有很好的黏附性，可降低摩擦系数，适用于低速重载应用，如开始齿轮等	182kg/桶； 900kg/吨桶 20吨罐	

续表

产品名称	主要技术指标	用途与特点	包装形式	生产厂家
BS 130	运动黏度(40℃)：126~154mm^2/s 闪点(闭口)：≥206℃ 倾点：≤-18℃ 色度：≤2.5 级	作为润滑脂基础油，具有较好的抗氧化性，溶解性优异，可大幅度降低皂化剂用量，降低稠化温度； 与皂化剂相容性好，可形成更加均匀的空间网络	182kg/桶； 900kg/吨桶 20 吨罐	尼纳斯石油
BT 150	运动黏度(40℃)：135~165mm^2/s 闪点(闭口)：≥206℃ 倾点：≤-18℃ 苯胺点：82~90℃ 色度：≤3.0 级	作为润滑脂基础油，溶解性优异，可大幅度降低皂化剂用量，降低稠化温度。 与皂化剂相容性好，可形成更加均匀的空间网络	182kg/桶； 900kg/吨桶 20 吨罐	
SinoSyn ® PAO 6.5	运动黏度(100℃)：6.41mm^2/s 运动黏度(40℃)：33.97mm^2/s 黏度指数：144 闪点(开口)：250℃ 倾点：-51℃	线性α-烯烃聚合而成的合成基础油，具高的黏温性能和润滑性能、优异的抗氧化性能、优异的水解安定性且与矿物油和酯类油的相容性好。主要的用途：工业齿轮油和车用齿轮油、压缩机油、液压油、发动机油和传动油、润滑脂、其他高品质润滑油	170kg/桶	上海纳克润滑技术有限公司
SinoSyn ® PAO 7	运动黏度(100℃)：7mm^2/s 运动黏度(40℃)：38.2mm^2/s 黏度指数：146 闪点(开口)：265℃ 倾点：-45℃	是线性α-烯烃聚合而成的合成基础油，具高的黏温性能和润滑性能、优异的抗氧化性能、优异的水解安定性且与矿物油和酯类油的相容性好。主要的用途：工业齿轮油和车用齿轮油、压缩机油、液压油、发动机油和传动油、润滑脂、其他高品质润滑油	170kg/桶	
SinoSyn ® PAO 8A	运动黏度(100℃)：7.9mm^2/s 运动黏度(40℃)：45mm^2/s 黏度指数：147 闪点(开口)：265℃ 倾点：-45℃	是线性α-烯烃聚合而成的合成基础油，具高的黏温性能和润滑性能、优异的抗氧化性能、优异的水解安定性且与矿物油和酯类油的相容性好。主要的用途：工业齿轮油和车用齿轮油、压缩机油、液压油、发动机油和传动油、润滑脂、其他高品质润滑油	170kg/桶	
SinoSyn ® PAO 10A	运动黏度(100℃)：10mm^2/s 运动黏度(40℃)：62mm^2/s 黏度指数：147 闪点(开口)：265℃ 倾点：-48℃	是线性α-烯烃聚合而成的合成基础油，具高的黏温性能和润滑性能、优异的抗氧化性能、优异的水解安定性且与矿物油和酯类油的相容性好。主要的用途：工业齿轮油和车用齿轮油、压缩机油、液压油、发动机油和传动油、润滑脂、其他高品质润滑油	170kg/桶	

续表

产品名称	主要技术指标	用途与特点	包装形式	生产厂家
SinoSyn® PAO 10	运动黏度（100℃）：9.9mm^2/s 运动黏度（40℃）：63mm^2/s 黏度指数：143 闪点(开口)：260℃ 倾点：-52℃	是线性α-烯烃聚合而成的合成基础油，具高的黏温性能和润滑性能、优异的抗氧化性能、优异的水解安定性且与矿物油和酯类油的相容性好。主要的用途：工业齿轮油和车用齿轮油、压缩机油、液压油、工业/航空/汽车用宽温润滑脂、发动机油和传动油、其他高品质润滑油	170kg/桶	上海纳克润滑技术有限公司
SinoSyn® PAO 20	运动黏度（100℃）：20mm^2/s 运动黏度（40℃）：159.2mm^2/s 黏度指数：147 闪点(开口)：268℃ 倾点：-45℃	是线性α-烯烃聚合而成的合成基础油，具高的黏温性能和润滑性能、优异的抗氧化性能、优异的水解安定性且与矿物油和酯类油的相容性好。主要的用途：工业齿轮油和车用齿轮油、压缩机油、液压油、工业&航空&汽车用宽温润滑脂、发动机油和传动油、其他高品质润滑油	170kg/桶	
SinoSyn® PAO 40	运动黏度（100℃）：40.03mm^2/s 运动黏度（40℃）：386mm^2/s 黏度指数：154 闪点(开口)：295℃ 倾点：-40℃	是线性α-烯烃聚合而成的合成基础油，具高的黏温性能和润滑性能、优异的抗氧化性能、优异的水解安定性且与矿物油和酯类油的相容性好。主要的用途：工业齿轮油和车用齿轮油、压缩机油、液压油、工业&航空&汽车用宽温润滑脂、发动机油和传动油、其他高品质润滑油	170kg/桶	
SinoSyn® PAO 100	运动黏度（100℃）：100.8mm^2/s 运动黏度（40℃）：1258mm^2/s 黏度指数：170 闪点(开口)：300℃ 倾点：-33℃	是线性α-烯烃聚合而成的合成基础油，具高的黏温性能和润滑性能、优异的抗氧化性能、优异的水解安定性且与矿物油和酯类油的相容性好。主要的用途：工业齿轮油和车用齿轮油、压缩机油、液压油、工业&航空&汽车用宽温润滑脂、发动机油和传动油、其他高品质润滑油	170kg/桶	
烷基萘 SynNaph® AN8	运动黏度（100℃）：8mm^2/s 运动黏度（40℃））：63.5mm^2/s 黏度指数：90 闪点(开口)：220℃ 倾点：-45℃	具有卓越的热氧化稳定性、优异的添加剂溶解性、良好的破乳化性能、极好的水解安定性且与密封材料有良好的相容性，属于第V类基础油。主要用途：发动机油和传动油、车用齿轮油和工业齿轮油、润滑脂、压缩机油和冷冻机油	175kg/桶	
烷基萘 SynNaph® AN15	运动黏度（100℃）：15.1mm^2/s 运动黏度（40℃）：140mm^2/s 黏度指数：109 闪点(开口)：260℃ 倾点：-40℃	具有卓越的热氧化稳定性、优异的添加剂溶解性、良好的破乳化性能、极好的水解安定性且与密封材料有良好的相容性，属于第V类基础油。主要用途：发动机油和传动油、车用齿轮油和工业齿轮油、润滑脂、压缩机油和冷冻机油	175kg/桶	

续表

产品名称	主要技术指标	用途与特点	包装形式	生产厂家
烷基萘 SynNaph® AN23	运动黏度（100℃）：20.5mm^2/s 运动黏度（40℃）：206mm^2/s 黏度指数：116 闪点(开口)：288℃ 倾点：-39℃	具有卓越的热氧化稳定性、优异的添加剂溶解性、良好的破乳化性能、极好的水解安定性且与密封材料有良好的相容性，属于第Ⅴ类基础油。主要用途：发动机油和传动油、车用齿轮油和工业齿轮油、润滑脂、压缩机油和冷冻机油	175kg/桶	上海纳克润滑技术有限公司
烷基萘 SynNaph® AN30	运动黏度（100℃）：29.85mm^2/s 运动黏度（40℃）：301mm^2/s 黏度指数：135 闪点(开口)：320℃ 倾点：-20℃	具有卓越的热氧化稳定性、优异的添加剂溶解性、良好的破乳化性能、极好的水解安定性且与密封材料有良好的相容性，属于第Ⅴ类基础油。主要用途：发动机油和传动油、车用齿轮油和工业齿轮油、润滑脂、压缩机油和冷冻机油	175kg/桶	
聚丁烯 PB400 PB680 PB950 PB1300 PB2400	符合韩国大林技术指标	产品具有优秀的黏性强化能力和剪切稳定性、无毒性、无色透明、长期稳定性等特性，可作为要求低废气、低堆积物和低毒性的二冲程循环发动机油，高压聚乙烯润滑油、金属加工润滑油、润滑脂和电缆保护等汽车和工业用润滑油使用	铁桶包装	上海泽骏贸易有限公司 埃克森美孚化工
聚α-烯烃 PAO4 PAO6 PAO8 PAO10 PAO40 PAO100	符合埃克森美孚化工产品COA	产品为氢化烯烃类低聚物，通过线型α-烯烃的聚合反应制成。它们具有规整的无蜡，异构烷烃结构，通常可以提供很好的低温特性、高黏度指数(Ⅵ)、低挥发性和更好的热稳定性。这些API第四类基础油特别适合于在极端运行条件下需要良好稳定性的所有润滑应用	铁桶，吨桶	
茂金属 聚α-烯烃 mPAO65 mPAO150 mPAO300	符合埃克森美孚化工产品COA	产品使用茂金属催化剂技术生产具有排列更加一致的梳形结构的聚α-烯烃，具备较窄的分子量分布，可以提供更高的黏度指数、低温稳定性和剪切稳定性	铁桶，吨桶	
合成酯 A32 A51 NP343 NP451	符合埃克森美孚化工产品COA	醇与酸的化合反应可用于制备具有各种特性的合成酯，这些特性包括良好的热氧化安定性、低挥发性、润滑性、溶解性和生物降解性(取决于特定酯)。这些API第五类油可作为独立的基础油，也可作为辅助基础油，用于所有类型的润滑油	铁桶，吨桶	
烷基萘 SynNaph® AN30	运动黏度（100℃）：29.85mm^2/s 运动黏度（40℃）：301mm^2/s 黏度指数：135 闪点(开口)：320℃ 倾点：-20℃	具有卓越的热氧化稳定性、优异的添加剂溶解性、良好的破乳化性能、极好的水解安定性且与密封材料有良好的相容性，属于第Ⅴ类基础油。主要用途：发动机油和传动油、车用齿轮油和工业齿轮油、润滑脂、压缩机油和冷冻机油	175kg/桶	

续表

产品名称	主要技术指标	用途与特点	包装形式	生产厂家
烷基萘 NA-LUBE KR-019	黏度(40℃)：177mm^2/s 黏度(100℃)：18.7mm^2/s VI：118 密度(25℃)：0.875g/mL 开口闪点：285℃ 倾点：-26℃	合成烷基萘基础油，适用于润滑脂、压缩机油、曲轴箱油、齿轮油、高温透平油、冷冻机油及其他高温条件下使用的润滑油 具有优秀的热稳定性、水解安定性；可改进基础油的溶解性；提高添加剂的感受性	181kg 桶装(400磅)	King Industries, Inc.
雪佛龙(PAO2)	运动黏度/(mm^2/s) 100℃：1.69 40℃：5.0 -40℃：243 倾点：-73℃ 闪点(开杯)/℃：156 密度：0.797kg/m^3	PAO 及茂金属 PAO 具有很好的高、低温性能，工作温度范围大，闪点及燃点高，蒸发率低，结焦少，使用寿命长，黏度指数高，黏温性能好，良好的电气性能和热稳定性及化学稳定性，无毒、无刺激性。适宜于调制高低温润滑脂基础油	200L 铁桶，IBC 吨桶	南京新化原华颐
雪佛龙(PAO4)	运动黏度/(mm^2/s) 100℃：3.98 40℃：17.7 -40℃：2776 黏度指数：124 倾点：-75℃ 闪点(开杯)/℃：222 挥发度：13.1% 密度：0.819kg/m^3			
雪佛龙(PAO6)	运动黏度/(mm^2/s) 100℃：5.9 40℃：30.8 -40℃：7637 黏度指数：138 倾点：-63℃ 闪点(开杯)/℃：248 挥发度：6.6% 密度：0.827kg/m^3			
雪佛龙(PAO8)	运动黏度/(mm^2/s) 100℃：7.8 40℃：46.2 -40℃：17924 黏度指数：138 倾点：-61℃ 闪点(开杯)/℃：263 挥发度：3.8% 密度：0.832kg/m^3			
雪佛龙(PAO65)	运动黏度/(mm^2/s) 100℃：65 40℃：60.5 黏度指数：181 倾点：-45℃ 闪点(开杯)/℃：260 密度：0.874kg/m^3			

续表

产品名称	主要技术指标	用途与特点	包装形式	生产厂家
雪佛龙（PAO100）	运动黏度/(mm²/s) 100℃：101 40℃：1023 黏度指数：192 倾点：-43℃ 闪点（开杯）/℃：265 密度：0.846kg/m³	PAO 及茂金属 PAO 具有很好的高、低温性能，工作温度范围大，闪点及燃点高，蒸发率低，结焦少，使用寿命长，黏度指数高，黏温性能好，良好的电气性能和热稳定性及化学稳定性，无毒、无刺激性。适宜于调制高低温润滑脂基础油	200L 铁桶，IBC 吨桶	南京新化原华颐
雪佛龙（PAO150）	运动黏度/(mm²/s) 100℃：150 40℃：1719 黏度指数：206 倾点：-38℃ 闪点（开杯）/℃：276 密度：0.848kg/m³			
合成酯 Oleon	酸值：0.04mgKOH/g 碘值：0.14gI₂/100g 水分：0.043% 闪点：252℃ 40℃运动黏度：19.7mm²/s 密度（20℃）：0.945g/mL	Oleon 合成酯与矿物油相比，对于改善冷流属性、降低挥发性、提高热稳定性、降低噪音等级、实现良好的气水分离性和生物可降解性方面有很重要的贡献	00L 铁桶	

表Ⅲ-3　添加剂生产企业产品汇总

产品名称	主要技术指标	用途与特点	包装形式	生产厂家
高温抗氧剂 Staradd 5057		丁基辛基二苯胺，中高温场合适用	铁桶 180kg/桶	宏泽化工
高温抗氧剂 Staradd 5115		硫醚酚，极高热稳定性	纸箱 25kg/箱	
高分子酚酯 Staradd 5135		高分子酚酯，高纯度，近乎无色，中等温度适用；不易变色	铁桶 180kg/桶	
高温抗氧剂 Staradd 5201		对，对'-二辛基二苯胺，白色，适用极高温度下；高对位含量	纸箱 20kg/箱	
高碱值磺酸钙 Staronate GF02	总碱值 405 磺酸钙含量 18.5%	专门设计用于生产复合硫酸钙润滑脂	铁桶 235kg/桶	
硫化极压剂 Dailube IS-30	非活性 硫含量 30%	硫化烯烃，颜色浅、味道低，优异的热稳定性和极压性	铁桶 180kg/桶	日本 DIC
硫化极压剂 Dailube IS-35	活性 硫含量 32%	硫化烯烃，颜色浅、味道低，优异的热稳定性和极压性	铁桶 190kg/桶	
硫化极压剂 Dailube S-220	非活性 硫含量 11%	硫化脂肪酸酯，良好的低温流动性，优异的极压性和润滑性	铁桶 190kg/桶	
硫化极压剂 Dailube SLN-315	非活性 硫含量 15%	硫化脂肪酸酯/烯烃，浅颜色、低气味，优异的极压性和润滑性	铁桶 190kg/桶	
硫化极压剂 Dailube GS-440L	活性 硫含量 40%	硫化烯烃，浅颜色、低气味，活性硫含量高，极压性能好	铁桶 200kg/桶	

续表

产品名称	主要技术指标	用途与特点	包装形式	生产厂家
硫化极压剂 Dailube SLN-210	非活性 硫含量：11%	硫化脂肪酸酯，浅颜色、低气味，优异的极压性和润滑性	铁桶 190kg/桶	日本 DIC
硫化极压剂 Dailube SDN-109	非活性 硫含量：10%	硫化脂肪酸酯，气味温和，优异的极压性和润滑性	铁桶 190kg/桶	
金属减活剂 Dailube R-300		噻二唑衍生物，极低味道，极佳油溶性，抑制活性硫的腐蚀	铁桶 200kg/桶	
金属减活剂 Staradd MF439		苯三唑衍生物，液态油溶性金属减活剂，油溶性好，加氢油中表现极佳的性能	塑料桶 20kg/桶	宏泽化工
HOESC2007 硼酸钾油剂	硼含量：8.0%	纯油状液体硼酸钾，优良的极压抗磨性，对金属无腐蚀，用于各种润滑脂	25kg 塑料桶，190kg 铁桶	裕诚化工
HOESC2008 硼酸钾油剂 （T361）	硼含量：8.2%	黏稠悬浮硼酸钾油剂，优良的极压抗磨性，对金属无腐蚀，用于各种极压润滑脂	25kg 塑料桶，250kg 铁桶	
HOESC2009	熔点>200℃	无味，优异的极压性，协同效果好。在特种脂里广泛应用	25kg 纸桶	
HOESC2012 钼盐		极低的摩擦系数，取代二硫化钼应用于润滑脂和干膜剂中减少摩擦损耗	25kg 纸桶	
HOESC2017 抗磨稠化剂		良好的绝缘性，导热性，高温稳定性和抗磨性；可以作为高温脂的稠化剂	25kg 纸桶	
EnableTPPT	纯度：99.7%	无灰，优异的热稳定性和降低摩擦系数。对铜无腐蚀	40kg 纸桶	
Maxwell OC 苯三唑衍生物		油溶性的铜腐蚀抑制剂，使用方便，用途广泛(替汽巴 39)	25kg 塑料桶，200kg 铁桶	
Maxwell N-5 噻二唑衍生物	硫：35%	无灰，含硫—氮，对铜及其合金防腐蚀效果好且有助于提高产品极压抗磨性能	25kg/200kg 铁桶	
Enable1970 三羟丙烷酯	倾点：-45℃ 黏度指数：140	特殊结构的脂肪酸酯，用于车用基础油和特殊要求的润滑脂	190kg 铁桶	
Enable1935 三羟丙烷酯	倾点：-60℃ 黏度指数：130	特殊结构的脂肪酸酯，用于车用基础油和特殊要求的润滑脂	190kg 铁桶	
Enable3945 偏苯三酸酯	倾点：-30℃ 黏度指数：110	用于高温链条油基础油和特种润滑脂基础油	190kg 铁桶	
Enable220 己二酸酯	黏度 40℃：350℃	用于高温密封酯	190kg 铁桶	
HOESC5010 二苯胺抗氧剂	纯度：99%	区别于 L01 抗氧剂，有着相似的结构，但在合成油和特种脂里具有更优异的抗氧化能力。比市售卖的 V81 效果更优异	25kg 纸袋	库帕工业

续表

产品名称	主要技术指标	用途与特点	包装形式	生产厂家
NA-SUL 729 防锈剂	钙含量：2.1% 100℃黏度：77mm²/s 密度(15.6℃)：0.98g/mL 开口闪点：165℃	二壬基萘磺酸钙，适用于润滑脂、防锈油、液压油、造纸机油、循环油、齿轮油等。 具有优秀的防锈性、抗乳化性、过滤性、热稳定性、水解安定性；在高石蜡基础油中具有优秀的溶解性；与其他添加剂相容性很好；对 MoS_2 和 PTFE 等固体添加剂有良好的分散性	200kg 桶装(440 磅)	King Industries, Inc.
NA-SUL ZS 防锈剂	锌含量：2.8% 100℃黏度：30mm²/s 密度(15.6℃)：0.97g/mL 开口闪点：165℃	二壬基萘磺酸锌，适用于润滑脂、防锈油、液压油、循环油、造纸机油、齿轮油等。 具有优秀的防锈性、抗乳化性、过滤性、热稳定性、水解安定性；与 ZnDTP 和抗氧剂有协同效用；在大部分基础油中溶解性良好	191kg 桶装(420 磅)	
NA-SUL CA-1089 防锈剂	钙含量：2.2% 100℃黏度：36mm²/s 密度(15.6℃)：0.96g/mL 开口闪点：165℃	二壬基萘磺酸钙与羧酸盐混合物，适用于润滑脂、液压油、循环油、造纸机油、防锈油等。 具有优秀的防锈和抗污斑特性；优秀的抗乳化性、过滤性、热稳定性、水解安定性；在高石蜡基础油中具有优秀的溶解性；遇水污染时能阻止凝胶生成	191kg 桶装(420 磅)	
NA-SUL CA-50 防锈剂	钙含量：3.2% 总碱值：52mgKOH/g 100℃黏度：23mm²/s 密度(15.6℃)：0.98g/mL 开口闪点：165℃	碱性二壬基萘磺酸钙，适用于润滑脂、齿轮油、防锈油、液压油等。 具有极优秀的抵御盐水侵蚀的性能；优秀的抗乳化性；具有储备碱度，可与酸中和；在酸性氛围中可提供良好的防锈保护	200kg 桶装(440 磅)	
K-CORR G-1086A 防锈剂	锌含量：9% 100℃黏度：130mm²/s 密度(15.6℃)：1.0g/mL 开口闪点：170℃ 矿物油含量：23%	有机酸锌，适用于润滑脂。 具有优秀的防锈性、热稳定性、水解安定性；与极压剂和抗磨剂有协同抗磨效果；在矿物油、合成油和润滑脂中具有优秀的溶解性；低剂量即有良好的表现；与传统的功能剂相容性良好；生产过程中易操作	200kg 桶装(440 磅)	
NA-SUL CA/W1213 防锈剂	钙含量：1.4% 酸值：83mgKOH/g 100℃黏度：350mm²/s 密度(25℃)：0.97g/mL 开口闪点：165℃	含蜡的二壬基萘磺酸钙与羧酸盐混合物，适用于防锈油脂。 具有优秀的防锈性；在石蜡基油中溶解性良好；具有优良的盐雾保护性能	191kg 桶装(420 磅)	

续表

产品名称	主要技术指标	用途与特点	包装形式	生产厂家
NA-SUL CA-1259 防锈剂	钙含量：1.5% 酸值：90mgKOH/g 100℃黏度：62mm²/s 比重(40℃)：0.96 开口闪点：160℃	二壬基萘磺酸钙与羧酸盐混合物(蜡含量<10%)，适用于防锈油脂。 具有优秀的防锈性和水置换性；液态产品，可减少使用前的加热；在大部分溶剂中的溶解性良好；在大量水存在的情况下能阻止凝胶生成 JP	191kg 桶装(420lb)	King Industries, Inc.
NA-SUL CA/W1146 防锈剂	钙含量：2.0% 酸值：48mgKOH/g 100℃黏度：350mm²/s 密度(25℃)：0.97g/mL 开口闪点：>160℃	含蜡的二壬基萘磺酸钙与羧酸盐混合物，适用于防锈油脂。 具有优秀的防锈性；良好的溶解性；具有极其优秀的盐雾保护性能	195kg 桶装(430lb)	
二烷基二硫代磷酸钼 POUPC1001	Mo%：9.5~10.5 S%：10.0~15.0 P%：3.0~4.0	高钼低磷含量，油溶性极佳，低气味，高纯净度；优异的减摩抗磨性能，优异的协同性能	200kg/铁桶	太平洋联合(北京)石油化工有限公司
二烷基二硫代磷酸钼 POUPC1002A	浅黄色粉末 Mo%：26~29 S%：25~28 熔点：>253℃ 纯度：>99%	高纯度，粒径小不团聚，低气味，极佳的减摩性能，优异的极压抗磨损性能，优异的协同性能。另有液体同类产品，在润滑脂中易于操作	25kg/纤维桶	
极压抗磨剂 POUPC2089	白色粉末 P%：8~10 S%：19~22 熔点：>160℃ 纯度：>99%	粒径小不团聚，无气味，极佳的极压性能，对于提高润滑脂 Timken OK 值极为有效，与 MoS_2 复配具有优异的协同效果	25kg/纤维桶	
抗氧抗磨剂 POUPC4002	浅黄色液体 S%：28~32(无灰)	极佳的油溶性，高纯度，浅色低气味，无灰，极佳抗氧化、极压抗磨性能，优异的协同性能	200kg/铁桶	
金属减活剂 POUPC6001-8	浅黄色液体 S%：28~36	高纯度，浅色低气味，对有色金属腐蚀有极强的抑制作用，优异的抗氧抗磨协同性能	200kg/铁桶	
极压抗磨剂 POUPC6002A	黄色粉末 纯度：>97% S%：60~64 熔点：>153℃	浅色低气味，粒径小不团聚，极佳的极压性能，优异的协同性能	25kg/纤维桶	
高纯二硫化钼 技术级 技术细级 超细级	二硫化钼：>98.5% 酸不溶物：<0.5% 铁：<0.20% 三氧化钼：<0.20% 水：<0.15% 油：<0.40% 二氧化硅：<0.20% 具体指标依据客户要求生产	本品色黑稍带银灰色，有金属光泽，触之有滑腻感，不溶于水。具有分散性好，不黏结的优点，能增加油脂的润滑性和极压性。也适用于高温、高压、高转速高负荷的机械工作状态，延长设备寿命。二硫化钼用于摩擦材料主要功能是低温时减摩，高温时增摩，摩擦系数为 0.02~0.09	25kg 纸板桶、50kg 铁通、吨袋等包装形式，打成托盘	嵩县开拓者钼业有限公司

续表

产品名称	主要技术指标	用途与特点	包装形式	生产厂家
二硫化钼	国标：GB/T 23271—2009 企标：Q/JDC 009-2012 公司企业标准高于国家标准。 产品根据用途的不同，产品分为四个规格，按粒度分为五种类型	产品特点：金钼股份化学分公司是亚洲最大的二硫化钼生产商，有稳定的原料供应。由天然钼精矿粉经化学提纯后制成的固体粉剂，含杂低；具有分散性好，不黏结的优点，能增加油脂的润滑性和极压性；同时二硫化钼具有较强的耐磨性和与金属的亲和力，用于摩擦材料可起到低温时减摩，高温时增摩作用	产品采用双层包装，内包装采用聚乙烯塑料薄膜袋，厚度不小于 0.05mm，用 5kg 或 25kg 塑料袋封装。外包装采用铁桶或纤维板桶包装，包装桶口应铅封。每桶净重 25kg	金堆城钼业股份有限公司化学分公司
二硫化钼粉	纯度：98%~99% 粒度：1.5μm 3~6μm 12~16μm 20~30μm	二硫化钼作为添加剂用于耐高温、抗极压的润滑脂中。 洛阳申雨钼业是洛钼集团旗下的专业生产二硫化钼的工厂。有钼矿山，原材料稳定，产品质量有保证。 洛阳栾川钼业集团股份有限公司(简称“洛钼集团”)是香港 H 股和国内 A 股两地上市的矿业公司，拥有一体化的完整产业链条和世界级一体化的采、选矿设施，是国内最大、世界领先的钼生产商之一，拥有全国最大的钼铁、氧化钼生产能力	常规包装：25kg 纸桶。特殊包装可定制	洛阳申雨钼业有限责任公司 公司网址：www.shenyumoly.com 电话：0379-69911868 邮箱：info@shenyumoly. com
二硫化钼 MOLYSULFIDE® 三个型号： 技术级 技术细级 超细级	产品符合 Climax 企业标准 PDS MoS_2 GBL REV03.	Molysulfide® 是 Climax 公司从 1961 年开始注册的国际商标，二硫化钼产品广泛应用于润滑油、脂、膏、分散液等。区别于行业普遍采用氢氟酸酸洗生产工艺，Climax 公司采用纯物理浮选工艺大规模工业化生产的润滑级二硫化钼的公司，最大限度的保留天然二硫化钼的优异性能。Climax 自有世界级优质钼矿山，从源头上保障二硫化钼产品的卓越品质和始终如一的可靠	技术级：100kg 铁桶装，900kg/托盘； 技术细级：100kg 铁桶装，400kg/托盘； 超细级：75kg 铁桶装，300kg/托盘	美国克莱迈克斯钼业公司 （Climax Molybdenum Company）
产品名称及型号 胶体石墨 S-0 胶体石墨 S-00 鳞片石墨粉 F-1 鳞片石墨 325 目 鳞片石墨 600 目	GB/T 3521—2008	胶体石墨、鳞片石墨具有良好的耐高温性、自润滑性、耐腐蚀性、传导性、抗热震性、在高温条件下具有特殊的抗氧化性。主要用于冶金冶炼、粉末冶金、碳刷、电池、铅笔芯、油田、石油化工、橡胶等行业	产品所能提供的包装形式及规格；5kg、10kg、20kg，覆膜编织袋、纸桶、吨包	青岛成珑石墨有限公司

续表

产品名称	主要技术指标	用途与特点	包装形式	生产厂家
RF1106B 高碱值合成磺酸钙	运动黏度（100℃）：25～60mm^2/s 开口闪点：≥180℃ 总碱值：≥295mgKOH/g Ca：≥11.5% S：≥1.25% 水分：≤0.2% 机杂：≤0.1%	RF1106B 高碱值合成磺酸钙以长链线型烷基苯磺酸为主要原料，通过中和及高碱化反应制成。 该产品是金属清净剂的主要品种，具有优异的酸中和能力，又具有很好的防锈性和高温清净性及分水性，因而广泛应用于各种内燃机油和磺酸钙基润滑脂，尤其适用于船用油	200L 铁桶包装，或按用户要求包装	新乡市瑞丰新材料股份有限公司
RF1106D 超高碱值合成磺酸钙	运动黏度（100℃）：≤180mm^2/s 开口闪点：≥180℃ 总碱值：≥395mgKOH/g Ca：≥14.5% S：≥1.20% 水分：≤0.2% 机杂：≤0.1%	RF1106D 超高碱值合成磺酸钙是以长链线型烷基苯磺酸为主要原料，通过中和及超高碱化反应制成。 该产品具有优异的碱性储备、良好的油溶性和极强的酸中和能力，能及时中和油品中的有机酸和无机酸，同时还具备优良的高温清净性及热稳定性，适用于磺酸钙基润滑脂，也是调制高碱值船用汽缸油的首选添加剂	200L 铁桶包装，或按用户要求包装	
RF1106E 润滑脂专用超高碱值合成磺酸钙	运动黏度（100℃）：≤300mm^2/s 开口闪点：≥180℃ 总碱值：≥360mgKOH/g Ca：≥13% S：≥1.2% 水分：≤0.2% 机杂：≤0.1%	RF1106E 超高碱值合成磺酸钙是以线型烷基苯磺酸为主要原料，通过中和及超高碱化反应制成。主要用于调制磺酸钙基润滑脂，具有优良的高温性能、机械安定性、极压抗磨性和抗水性	200L 铁桶包装，或按用户要求包装	
Durakey 9505	Zn：5.5% P：4.0% S：20%	9505 是极压、防锈、抗磨添加剂平衡的复合，所以在生产高极压性能润滑脂时，只需要再加入适合本企业本产品的抗氧剂就可以调合出性能优良的润滑脂。 不含钡铅等重金属； 广泛用于各种皂基润滑脂中	200L 大桶	青岛德润凯化工有限公司
硼酸钾的油分散液 T361	分散粒径 D90：<1μm 密度：>1.20g/cm^3 硼含量：>6.7% 钾含量：>12.2%	用于提高润滑脂的极压抗磨性能，具有以下特点：液体原料，易于使用；避免扬尘；更小、更均一的颗粒粒径；更好的产品重复性	20kg 塑料桶，210kg 铁桶，1100kg IBC 吨桶	上海灵润化工科技有限公司
噻二唑衍生物的油分散液 EP5099	分散粒径 D90：<2μm 密度：>1.15g/cm^3 硫含量：>32.0% 氮含量：>9.0%	用于提高润滑脂的极压性能，具有以下特点：液体原料，易于使用；避免扬尘；更小、更均一的颗粒粒径；更好的产品重复性	20kg 塑料桶，210kg 铁桶，1100kg IBC 吨桶	

续表

产品名称	主要技术指标	用途与特点	包装形式	生产厂家
石墨的油分散液 FM5099	分散粒径 D90：<1μm 密度：>1.15g/cm^3 闪点：>210℃ 石墨含量：>50%	用于产品的减摩，具有以下特点：液体原料易于使用；避免扬尘；更小、更均一的颗粒粒径；更好的产品重复性	20kg 塑料桶，210kg 铁桶，1100kg IBC 吨桶	上海灵润化工科技有限公司
二硫化钼的油分散液 FM5000	分散粒径 D90：<2μm 密度：>1.2g/cm^3 闪点：>210℃ 二硫化钼含量：>50%	用于产品的减摩，具有以下特点：液体原料易于使用；避免扬尘；更小、更均一的颗粒粒径；更好的产品重复性	20kg 塑料桶，210kg 铁桶，1100kg IBC 吨桶	上海灵润化工科技有限公司
T361A 抗磨极压添加剂	颗粒尺寸：≤5μm 硼酸盐含量：≥50% 滴点：≥180℃ 水分含量：≤0.1% 铜片腐蚀：合格	抗磨极压效果好，添加量在 1%~3%时，产品 P_B 值可达 1000N 以上；使用寿命长；对金属材料的适应性比较广；没有毒性、气味，不会造成金属腐蚀；耐高温性能好，在高温 250℃以上，仍具有良好的抗磨极压性能；与其他含磷、硫、氯的活性添加剂具有良好的配伍性能	25kg、250kg 铁桶	杭州新港润滑科技有限公司

附录Ⅳ　润滑脂分析仪器设备汇总

一、大连北方分析仪器有限公司

地址：辽宁省大连市七贤岭高新技术园区学子街2号荣伸工业园4-1，邮编：116023；
联系方式：谭本海，13604284848。

大连北方分析仪器有限公司分析仪器设备汇总详见表Ⅳ-1。

表Ⅳ-1　大连北方分析仪器有限公司分析仪器设备汇总

设备名称	检测方法名称	用途与特点	主要技术参数	符合标准
BF-21润滑脂滴点测定器	润滑脂滴点测定法	适用于在该标准下对润滑脂滴点的测定、双层浴缸，保温性能好，升温速率任意调整	加热功率：0~300W连续可调、搅拌速率：375r/min、工作电压：AC220V 50Hz、照明灯：12V20W射灯	GB/T 4929、ASTM D566
BF-22宽温度范围润滑脂滴点测定器	润滑脂宽温度范围滴点测定法	适用于测定润滑脂宽温度范围滴点。仪器采用金属浴调压升温装置，实验规格达到六孔，是实验室测定润滑脂滴点的有利工具	工作电源：AC220V±10% 50H；金属浴控温：室温~400℃可调；恒温精度：±1℃；加热功率：700W；试验孔数：6孔	GB/T 3498
BF-38润滑脂锥入度测定器	润滑脂和石油脂锥入度测定法	适合对各种润滑脂锥入度的测定，是生产和使用润滑脂企业及质检部门必备的理想仪器。数字显示，自动计时，自动锁定，配工作器	最大量程：70mm；锥入精度：±0.1mm；标准锥：符合GB/T 269要求	GB/T 269 ASTM D217
BF-38B润滑脂万次剪切试验仪	润滑脂和石油脂锥入度测定法	适合对各种润滑脂锥入度的测定，本仪器是一种双作用往复式的试验设备。由电动机、涡轮减速器、偏心机构、工作器和机座等组成	同时做两样，自动计数，定数、停止、数字显示次数，60次/分	GB/T 269
BF-41A润滑脂游离碱和游离有机酸测定器	润滑脂游离碱和游离有机酸测定法	适用于测量液体石油产品、添加剂、润滑脂、石蜡及含蜡组分的水溶性酸及碱。本仪器主要由水浴加热，分液漏斗及固定装置等组成。其中水浴加热部分用优质冷轧钢板制作箱体，内胆和上盖为不锈钢，抗腐蚀耐老化，浸入式U型加热管直接加热，热量损失小，升温速度快，数显式控温仪表，控温精度高	水浴 额定功率：500W 工作电压：220V　50Hz 控温范围：室温~100℃ 控温精度：±0.2℃ 分液漏斗：250mL 量筒：50mL　100mL 试管：ϕ15~20mm H=140~150mm	SH/T 0329

续表

设备名称	检测方法名称	用途与特点	主要技术参数	符合标准
BF-48 润滑脂抗水淋性能测定器	润滑脂抗水淋性能测定法	严格按照标准描述准确进行润滑脂抵抗被水冲出轴承能力的测定	数显控温，白钢浴槽，室温～80℃，转速 600r/min，磁力泵循环	SH/T 0109 ASTM D1264
BF-49 润滑脂防腐蚀测定器	润滑脂防腐蚀性试验法	用于在潮湿条件下用涂有润滑脂的锥形滚柱轴承来测定润滑脂的防腐蚀性能，自动定时，无噪音，体积小，操作方便	工作电源：AC 220V±10% 50 Hz 电机转速：1450r/min±50r/min 电机功率：60W 轴承椎体：LM11949 轴承外圈：LM11910	GB/T 5018—2010 ASTM D1743
BF-55 润滑脂氧化安定性测定器	润滑脂氧化安定性测定法	本仪器适用于提高试验温度条件下，测定润滑脂在静态贮存于氧气密闭系统中的抗氧化性。既将试样放在用金属浴加热到 99℃，并充有 758kPa 氧气的氧弹中氧化，按规定时间间隔观察并纪录压力，经过一定时间周期后，由氧气压力的相应降低来测定润滑脂的氧化程度。智能仪表控温，自动控制，金属浴	工作电源：AC220V±20V 50Hz 加热功率：控温 2000W 控温范围：室温～150℃ 控温精度：±0.2℃ 计时范围：0～312h 试验孔数：2 孔 温度计范围：95～103℃ 温度计分度值：0.1℃	SH/T 0325 ASTM D0942
BF-60 润滑脂蒸发损失测定器	润滑脂和润滑油蒸发损失测定法	润滑脂和润滑油蒸发损失测定器是按照国家标准 GB/T 7325 美国试验与材料协会标准 ASTM D972 设计制造的，适用于在该标准下测定润滑脂和润滑油的蒸发损失。数显控温，白钢浴槽，室温～150℃，油浴，双孔	加热功率：1800W 温调范围：室温～200℃ 控温精度：±0.2℃ 搅拌电机：15W 工作电源：AC220V±20V 50Hz 流量计：0.02～0.25m^3/h	GB/T 7325 ASTM D972
BF-60B 润滑脂宽温度范围蒸发损失测定器	润滑脂宽温度范围蒸发损失测定法	适用于测定在 93～316℃温度范围内润滑脂的蒸发损失。 数显控温，室温～316℃，金属浴，双孔	工作电源：AC220V±20V 50Hz 加热总功率：≤3400W 温调范围：室温～400℃±1℃ 流量计：0.02～0.25m^3/h 计时范围：0～99h	SH/T 0661
BF-62 润滑脂轴承漏失量测定器	汽车轮轴承润滑脂漏失量测定法	汽车轮轴承润滑脂漏失量测定器是按照 SH/T 0326 标准设计制造的，能够严格按照标准描述，准确进行汽车轮轴承润滑脂漏失量的测定。数显控温，白钢内胆，室温～130℃±1.5℃，可调	工作电源：AC 220V±10% 50Hz 电机功率：60W 电机额定转速：1300r/min 加热功率：1000W 轮毂和轴承转速：660r/min 控温范围：室温～130℃（箱温内） 控温精度：±1℃ 计时范围：0～99h	SH/T 0326 ASTM D1263

续表

设备名称	检测方法名称	用途与特点	主要技术参数	符合标准
BF－80A 润滑脂蒸发度测定器	润滑脂蒸发度测定法	润滑脂蒸发度测定法，数显控温，室温~400℃，白钢炉体，压杆式固定钢饼，保证了钢饼均匀地受热	工作电源：AC 220V ±10% 50Hz 控温范围：50~400℃ 控温精度：±1℃ 加热功率：1100W 计时范围：0.01s ~ 99h 99min	SH/T 0337
BF－90 防锈油脂湿热试验箱	防锈油脂湿热试验法	防锈油脂湿热试验箱是按照国家标准 GB/T 2361—92 设计制造的。用湿热试验箱评定防锈油脂对金属防锈性能的方法。标准配置，数显控温，白钢浴槽，室温~90℃±1℃	工作电源：220V 50Hz 试片旋转架转速为 1/3 转/分 试片悬挂处温度 49℃ ±1℃。 箱内相对湿度 95%以上。 空气流入量：标准要求每小时约 3 倍于箱体容积，根据计算空气流量计选择 Q = 0.1 ~ $1m^3/h$，适合标准要求。 箱内蒸馏水深 200mm，PH 值 5.5~7.5。在箱体后面设置补充水箱一个。 湿热箱采用 4 支 500W 不锈钢加热管，采用主加热和辅助加热。 湿热箱环境清洁无污染，环境温度保持在 15~35℃。 箱内升温及稳定时间≤180min，用冷风自动控制温度保持在 49℃±1℃	GB/T 2361
BF－92 防锈油脂盐雾试验箱	防锈油脂盐雾试验法	防锈油脂盐雾试验箱是按照石化行业标准 SH/T 0081 设计制造的。是评定防锈油脂对金属的防锈性能的仪器。数显控温，盐雾箱内温度 35℃ ±1℃，空气饱和器温度 47℃ ±1℃，喷雾塔由耐腐蚀材料制作	工作室温度范围：35 ~ 50℃ 饱和桶温度范围：37 ~ 55℃ 温度均匀度：≤2℃ 温度波动度：±0.5℃ 喷雾方式：塔式喷雾式 喷雾特点：连续、周期任选 电源电压：50Hz 220V/380V 三相四线	SH/T 0081

续表

设备名称	检测方法名称	用途与特点	主要技术参数	符合标准
BF-91 润滑脂相似黏度测定器	润滑脂相似黏度测定法	润滑脂相似黏度测定器，是按照行业标准 SH/T 0048 设计制造的，本仪器适用在该标准下对润滑脂相似黏度的测定。标准黏度计，配白钢低温槽，室温～-70℃，自动升降	1. 输入功率：2000W 2. 工作电源：AC220V/50Hz 3. 控温范围：室温～-70℃ 4. 控温精度：±0.2℃ 5. 记录筒转速及线速度： 1 档 0.0111r/min 0.0054cm/s 2 档 0.195r/min 0.094cm/s 3 档 3.42r/min 1.65cm/s 6. 记录用方格纸：110×300mm 7. 弹簧组最大强度：6MPa 8. 毛细管尺寸(cm)： 1# 内孔半径 0.025±0.005 长度 11.50±0.05 2# 内孔半径 0.05±0.005 长度 11.50±0.05 3# 内孔半径 0.1±0.005 长度 11.50±0.05	SH/T 0048
BF-102C 润滑脂滚筒安定性测定器	润滑脂滚筒安定性测定法	适用于测定润滑脂在滚筒试验机上的工作后的稠度变化，用以判断润滑脂在高温下的机械剪切安定性。数显控温，白钢内胆，两筒	电源：AC220V 50HZ 加热功率：1800W(两根) 控制范围：室温－最高 200℃ 滚筒数量：2 个 转数：一种转数为 165±15 转/分 电动机功率：200W	SH/T 0122
BF-162 润滑脂强度极限测定器	润滑脂强度极限测定法	润滑脂强度极限测定器是按国家标准 SH/T 0323 标准设计制造的．主要是在试验温度下测定润滑脂在塑性计螺纹管内发生位移时的压力，换算成强度极限值，以 Pa 表示	恒温范围：室温～100℃ 恒温精度：±0.1℃ 浴加热功率：1000W 工作电源：AC 220V±10% 50Hz 电炉加热功率：70W	SH/T 0323
BF-28-2 润滑油氧化安定性测定器(旋转氧弹法)	润滑油氧化安定性测定法(旋转氧弹法)	润滑油氧化安定性测定器适用于测定具有相同组成的(基础油和添加剂)新的和使用中汽轮机油的氧化安定性。也可以用来评定含 2,6-二叔丁基对甲酚或 2,6-二叔丁基酚或含有这两者的新矿物绝缘油的新矿物绝缘油，作为其氧化安定性的一种快速评定方法。但不适用于 40℃时黏度大于 12mm²/s 的含抗氧剂的绝缘油	单片机控制，8 寸彩色液晶显示，触摸屏操作，自动充放氧，自动检测，自动氧化曲线显示，自动存储、打印试验结果。可接 LIMS 系统，油浴，两弹。控温精度：±0.1℃	SH/T 0193 ASTM D2272

二、北京富尔邦科技发展有限责任公司

地址：北京市海淀区知春路48号盈都大厦C座4单元19E；
联系人及电话：赵永安，13801013666。

北京富尔邦科技发展有限责任公司分析仪器设备汇总详见表表Ⅳ-2。

表Ⅳ-2 北京富尔邦科技发展有限责任公司分析仪器设备汇总

设备名称	主要技术参数	用途与特点	生产厂家
蒸发损失测试仪	ASTM D972； ASTM D2878； IP 183； FTM 791-351	2个样品测试容量； 蒸发器由不锈钢体、盖子、排出管与通风盖组成； 微处理器PID控制使温度快速稳定； 过热控制安全保护系统； 双行LED显示器显示实际与设定温度值； 充分绝缘双层结构，具有聚亚胺脂釉瓷漆涂层； 样品容量2个润滑油/润滑脂样品测试容量； 最高温度：177℃； 温度稳定性：±0.5℃； 搅拌器：1/20hp循环搅拌器； 空气流速标准温度压力下维持在2L/min； 介质容积：20L高温导热流体	Koehler Instrument Company, Inc.
宽温蒸发损失测定仪	ASTM D2595； ASTM D2878	将测试温度扩展到316℃，温度稳定在±0.1℃； 微电脑PID数显温控器，过热控制安全保护系统； 双LED显示器以℃/℉模式显示实际与设定温度值； 铝板加热炉具有样品温控、空气温度/流速控制； 高温下具有高效反应与安全操作； 独立空气预热控制器与流量计保证了对空气进行精确控制； 测试容量2个测试样品； 温度范围：93~316℃； 温度控制：微处理数字温度控制器； 空气温度控制：2个0~500W可变控制加热器和IC热电偶(K29310数字温度计需单独选购)； 流量控制：标准温度压力下，独立空气流量控制，保持2L/min	
润滑脂滴点测试仪	ASTM D566； ASTM D4950； IP 132； ISO 2176； DIN 51801； FTM 791-1421； NF T 60-102	滴点测定用于润滑脂的鉴定与质量控制，并且可以指定产品用于某些方面的最高温度。将润滑脂装入一个精加工的脂杯中，在规定的条件下对其进行加热，脂杯的侧面向脂杯中心的开口倾斜。第一滴液滴从脂杯里滴落时的温度即为样品的滴点； 最高温度：288℃； 测试浴：400mL Pyrex™测试浴； 加热器：750W可控加热器； 搅拌器：1/40hp搅拌器	
润滑脂宽温滴点测定仪	ASTM D2265； ASTM D4950	可进行比ASTM D566方法温度更高的滴点测定，并采用不同加热方式：将测试器插进一个可恒温的铝板炉里，铝板的温度高于样品滴点的预期值。随后无需操作者进行控制，样品温度上升至滴点； 最高温度为400℃； 6个样品测试容量，包括热控铝板炉与6个测试组件； 宽大观察口，带照明系统便于观测试验； 微处理器PID控制使温度快速稳定，温度稳定在±0.5℃； 具有过热控制安全保护系统； 双行LED显示器以℃/℉格式显示实际与设定温度； 绝缘箱体具有抗腐蚀聚亚胺脂釉瓷漆涂层； 测试容量：6个测试样品； 最高温度：400℃； 温度控制：±0.5℃	

续表

设备名称	主要技术参数	用途与特点	生产厂家
润滑脂氧化安定性测试仪	ASTM D942； IP 142； DIN 51808； FTM 791-3453	测定润滑脂在静态贮存于氧气密封系统中的抗氧化性。将样品放在一个加热到99℃，并充有758kPa氧气的氧弹中氧化。按照规定时间间隔观测和记录压力。经规定时间周期后，根据压力的相应下降来确定润滑脂的氧化程度； 由氧弹、氧化浴、压力电子测量系统等组成； 氧弹依照ASTM标准规定，在99℃下的耐压为1241kPa； 氧化浴采用微处理器PID控制使温度快速稳定； 具有过热控制安全保护系统； 双行LED显示器以℃/℉格式显示实际与设定温度； 绝缘箱体具有抗腐蚀聚亚胺脂釉瓷漆涂层； OxidataTM压力电子测量，在Windows环境运行，专用于氧化安定性试全自动实时监控，测量范围0~1378kPa； 用户友好界面，便捷操作，允许独立操作各个单元； 压力传感器直接连接氧弹，避免压力泄露，确保准确性； 数据曲线可直接显示或输出打印。测试结果无限量直接存储到电脑中，便于后续管理； 测试容量：4个测试样品； 温度范围：室温~135℃； 介质容积：47.3L白矿油	Koehler Instrument Company, Inc.
润滑脂机械安定性测试仪（滚筒）	ASTM D1831； MIL-G-10924SA	用于测定润滑脂在滚筒试验机上，按照规定温度，工作2h后的稠度变化，用以判断润滑脂的机械剪切安定性； 微处理器PID控制使温度快速稳定； 过热控制安全保护系统； 双行LED显示器以℃/℉格式显示实际与设定温度； 绝缘箱体具有抗腐蚀聚亚胺脂釉瓷漆涂层； 在热静态控制，最高温度93.3℃，以10或165rpm的速度进行滚筒测试； 耐用比例驱动马达，便于转换操作速度； 加热器与驱动链装置隔离以确保操作者安全； 高温模式-高温模式提供温度量程可延伸到320℉（160℃）； 超出D1831方法所规定时间/温度条件，采用高温型号	
润滑脂铜片腐蚀测试仪	ASTM D4048； FTM 791-5309	铜片失泽试验评定润滑油腐蚀性的相对程度。将一块已磨光好的铜片浸入样品中，并按产品标准要求加热到指定温度。待试验周期结束后，检查铜片的腐蚀程度，与ASTM腐蚀标准色板进行比较，确定腐蚀级别； 数字微处理温控器，带有显示器与超温保护装置，不锈钢双层结构，充分隔热； 测试容量：16个测试样品； 最高温度：190℃； 温控稳定性：±1℃； 浴内介质：18.9水或者热传导流体	
润滑脂防腐蚀性测试仪润	ASTM D1743； ASTM D4950； ASTM D5969	本标准规定了在潮湿条件下用涂有润滑脂的锥形滚柱轴承来测定润滑脂的防腐蚀性能； 将涂有试样的轴承在轻推力负荷下运行60s，使润滑脂试样像使用情况均匀布于轴承。然后将轴承放入特定温度的水中存放一定时间（48h±0.5h），用合格/不合格来评定，如果轴承外圈出现1mm或更大蚀斑，则表示不合格； 本仪器由变速马达、运转台、轴承支架组件、锭子或推力加载器、机械加脂器与试验轴承组成； 驱动马达：1750r/min	

续表

设备名称	主要技术参数	用途与特点	生产厂家
润滑脂表观黏度（相似黏度）测定仪	ASTM D1092	低温型压力黏度计由带有冷冻测试室的动力、液压与润滑脂系统组成。液压系统包括恒位齿轮驱动计量泵、带有50目筛的液压油池、不锈钢管、高压阀与配件。驱动马达具有可转换的40与64齿轮适用于两种速度下操作。0~60，0~100，0~600与0~5000psi（可选）4种量程的压力计。冷冻测试室可同时装下3个测试管。密封自润滑压缩机提供极佳的冷却效果与长时间零维护操作。常温压力黏度计无冷冻测试室或不锈钢箱体； 测试模式在16个不同的剪切速率下进行表观黏度的测定； 温度范围：室温至-65℉（-54℃）； 可选-100℉冷却量程； 温控稳定性：±0.3℃； 测量室介质：变性酒精	Koehler Instrument Company, Inc.
润滑脂低温扭矩测定仪	ASTMD1478； ASTM D4693； ASTM D4950； FTM 791-334	本试验方法对于润滑脂在低温下使用时设计和参数说明非常重要。低温转矩（扭矩）试验测量在试验温度下试样润滑脂阻滞轴承装备转动的程度； LED数字显示两个样品的测试结果，扭矩和冷冻室温度。对于ASTM D4693模式，同时显示每个驱动装置的锭子温度； 包括含试验架的热静态控制绝缘空气室、驱动轴与传动马达。以1rpm速度旋转驱动轴，在张力指示器测量阻滞测试仪运动所需的转矩； 可以选择线条图纸记录计，记录起动转矩、运转转矩与最大转矩值； 选购数据采集软件，用于ASTM D1478与D4693试验。转矩 & 时间曲线详细描述起动转矩、运转转矩与所用时间； 安全保护功能—在驱动轴转矩超出预设值时，驱动马达会自动关闭以防止损坏仪器； 温度范围：-54℃或-73℃； 温度均匀性：±0.5℃； 制冷系统空气机械复叠式密闭冷却系统； 箱体地面安装，抛光不锈钢材质，脚轮支撑	
汽车轮轴承润滑脂漏失量试验机	ASTM D1263； FTM 791-3454	在一定实验条件下，评价汽车轮轴承润滑脂的漏失特性。在高温条件下进行660RPM的高速运转。收集实验过程中漏失的润滑脂并进行称重； 有改进前轮轴承，1/3HP驱动马达及恒温气室等组成。V型皮带驱动转轮。保持温度恒定在104℃或其他指定温度下，转速660rpm； 微处理器PID控制使温度快速稳定，可精确控制温度。过热控制安全保护系统； 双行LED显示器以℃/℉格式显示实际与设定温度； 不锈钢箱体具有抗腐蚀聚亚胺脂釉瓷漆涂层； 最高温度：121℃	
高温汽车轮轴承润滑脂试验机	ASTM D3527； ASTM D4290； ASTM D4950	全自动操作，所有测试功能均为数字监控，显示马达转矩、rpm、测试室温度、轴温、时间周期等； 操作者也可依据要求设定试验参数以用于当地测试标准； 内装有一个30s时间延迟电路，防止实验开始时马达转矩瞬间出现而引起的错误判断； 绝缘的恒温炉，采用1200W加热器，1/20HP循环扇保证温度的均匀性。控制显示单元为独立设计，便于监控操作； 计时器开关设定和实时时间显示； 转速：0~1725r/min； 寿命限值：9999.9h； 最高温度：177℃	

续表

设备名称	主要技术参数	用途与特点	生产厂家
润滑脂抗水淋性能测定仪	ASTM D1264；ASTM D4950	将润滑脂试样转载球轴承内，并在控制的试验条件下用一定流速的水流冲淋轴承，通过称重来测定 1h 内的水淋流失量(%)； 不锈钢外壳具有抗腐蚀涂层，经久耐用； 由水箱(内置加热器，调温器和温度计插口)、轴承室、循环系统、电机组成； 1/3HP 电机驱动轴承转速为 600r/min； 独特设设计可以不启动测试轴，而单独启动水泵循环系统； 测试温度：38℃和 79℃； 温度精度：±0.5℃； 驱动马达：1/3HP 1725r/min	Koehler Instrument Company, Inc.
润滑脂抗水喷雾性测定仪	ASTM D4049	将润滑脂涂在一块不锈钢板上，用在规定试验温度和压力下的水进行喷雾。经 5min 后，测定润滑脂的重量损失百分数； 包含喷雾室、传输系统与恒温蓄水池； 蓄水池里装入 8L 水，水循环系统确保温度均衡； 将水喷雾调节到 40psi(276kPa)，并在此状态持续 5min； 水喷雾系统包括有 1/3HP 正压泵、缓冲喷嘴、0~60psi 压力表、旁通阀、排液阀以及高压水路； 喷雾室盖凹进式设计，防止漏水； 可以对蓄水池与水喷雾进行独立温度监控； 驱动马达：1/3HP 1725r/min； 温度精度：±0.5℃； 压力范围：0~60psi	
润滑脂分油量测试仪(静态法)	ASTM D1742；FTM 791-322	贮存过程中油从润滑脂中分离标准的试验方法。润滑脂被放置在特制的测量室的过滤网上，在恒温 1.72kPa 气压下，24h 测试期间，所有分离出来的油被收集并称重； 样品测试能力：由带有气压调节系统的压力释放测试盒与恒温空气箱组成。压力释放测试盒包括漏斗，烧杯座，顶盖，200 目不锈钢筛滤网组成。插入式连接与 O 型密封圈确保密封性； 恒温空气箱可放置 4 个压力释放试验盒，可将温度有效地控制在 25℃。压力系统内装有压力释放阀，用于防止压力波动。箱体为双层不锈钢结构，充分隔热； 测试条件：25℃，1.72kPa，24h； 温度精度：±0.5℃	

三、杭州轴承试验研究中心有限公司

地址：杭州市下城区华丰路 123 号；

联系方式：李兴林，13957112006。

杭州轴承试验研究中心有限公司分析仪器设备汇总详见表Ⅳ-3。

表Ⅳ-3　杭州轴承试验研究中心有限公司分析仪器设备汇总

设备名称	主要技术参数	用途与特点	生产厂家
BGT 系列漏脂温升防尘性能试验机	试验轴承尺寸范围： 内径 φ8-120 主轴转速：1200~15000r/min 温升测量精度：±1℃ 径向加载：0~600N 环境温度：10~40℃	可根据 GB/T 32321—2015 滚动轴承 密封深沟球轴承防尘、漏脂及温升性能试验规程，用于密封轴承的漏脂、温升和防尘性能检测试验或者对比试验研究分析等	杭州轴承试验研究中心有限公司

续表

设备名称	主要技术参数	用途与特点	生产厂家
BVT 系列轴承振动测量仪	试验轴承类型：深沟球、角接触球、圆柱滚子、圆锥滚子、调心滚子、汽车轮毂、汽车离合器、汽车水泵等各类轴承 试验轴承尺寸范围： 内径 $\Phi3 \sim \Phi200$，外径 $\leqslant \Phi360$ 转速：900～1800r/min 试验轴承径向载荷：150～1000N 试验轴承轴向载荷：0～2500N 频率范围： 低频：50～300Hz 中频：300～1800Hz 高频：1800～10000Hz	速度型传感器谐振频率在 12kHz 以上；静压主轴旋转精度高，启动温度低；集成电路印刷板，方便维修；设有预置定值电路，可快速测量；备有扬声器，对轴承噪音监控；设有校准电路，对测量放大器进行校准；径向和轴向加载稳定可靠；低、中、高三个频带同步显示；低、中、高及通频带均有输出接口，可与其他仪器对接，对轴承振动噪音作进一步研究分析	杭州轴承试验研究中心有限公司
ABLT 系列轴承寿命及可靠性强化试验机	试验轴承类型：深沟球、角接触球、圆柱滚子、圆锥滚子、滚针、调心滚子、汽车轮毂、汽车水泵等各类轴承。 试验轴承尺寸范围： 内径 $\Phi5 \sim \Phi180$，外径 $\leqslant \Phi260$ 试验轴承转速：50～15000r/min 试验轴承最大径向载荷：400kN 试验轴承最大轴向载荷：200kN	自动稳压加载，试验轴承外圈温度自动显示，试验时间自动累计显示，疲劳剥落自动停机，用计算机控制并将试验结果自动打印、分析、诊断，能与计算机联网进行数据的监控、分析、诊断、研究。采用先进的强化(快速)试验方法，A^2BLT+F^2AST，可比常规试验缩短试验时间，节省能源、实现多快好省	杭州轴承试验研究中心有限公司

四、北京众力合达科技(北京)有限公司

地址：北京市海淀区花园路 13 号汉太华写字楼 263 室，邮编：100088；
联系方式：马美，13911036255。

北京众力合达科技(北京)有限公司分析仪器设备汇总详见表Ⅳ-4。

表Ⅳ-4　北京众力合达科技(北京)有限公司分析仪器设备汇总

设备名称	主要技术参数	用途与特点	生产厂家
FAG FE8	润滑脂/油测试标准：DIN51819-1，DIN51819-2，DIN51819-3	功能：模拟实际工况来检查润滑剂的摩擦磨损特性；测试轴承的运行行为；轴承材料测试，例如轴承材料本身，涂层、热处理性能及滚动轴承的磨损特性	舍弗勒
FAG FE9	润滑脂测试标准：DIN51821	功能：对润滑脂在高温、高速环境下的寿命进行评定	舍弗勒
SKF 滚动轴承润滑脂噪音测试台架 BeQuiet+	润滑脂测试标准：SKF 企业标准 BeQuiet+；FAG 企业标准 MoreQuiet	功能：测量由于颗粒过度碾压造成的特定扰动；通过采取进一步的步骤，还可以确定润滑脂的“阻尼性能”。将未润滑的轴承噪音与润滑轴承的噪音在某一频带内进行对比	SKF
SKF Emcor 动态防锈测试试验机	润滑脂测试标准：ISO 11007；ASTM D6138；DIN 51802 等	功能：测试润滑脂在有水存在的情况下对保护轴承抗防腐蚀的能力	SKF
SKF 润滑脂试验机 ROF+	润滑脂测试标准：SKF 企业标准	功能：检测润滑脂在各种转速、温度和载荷的下的性能。可以模拟低于 230℃ 的 ASTM D 3336 方法	SKF

续表

设备名称	主要技术参数	用途与特点	生产厂家
SKF 润滑脂试验机	润滑脂测试标准：SKF 企业标准	功能：主要用于评测润滑脂在特定条件下大尺寸轴承中的润滑性能	SKF
SKF RHF1 高速润滑脂试验机	标准：SKF 企业标准	功能：测试润滑脂在高速轴承的运行表现。最高速度可高达 75，000rpm	SKF
SKF 铁路润滑脂试验机 V2F	标准：SKF 企业标准	功能：确保铁路车厢在驶过铁轨接头收到常规冲击时没有泄露	SKF
轮毂轴承试验台架	标准：符合绝大多数汽车厂商要求的标准	性能：对轮毂轴承在乘用车上的实际使用情况进行模拟，进而调研相应部件的实际使用性能。包括低温、高温、水淋等功能	IAMT

五、厦门天机自动化有限公司

地址：福建省厦门市火炬高新区火炬园光业楼东二层，邮编：361006；

联系方式：陈东毅，13306004000。

厦门天机自动化有限公司分析仪器设备汇总详见表Ⅳ-5。

表Ⅳ-5　厦门天机自动化有限公司分析仪器设备汇总

设备名称	主要技术参数	用途与特点	生产厂家
MS-10A 四球摩擦试验机 MS-10J 四球摩擦试验机	适用 GB、ASTM、SH/T、ISO、DIN 等，常用如下： ① GB 3142-82 润滑剂承载能力测定法(四球法) ② GB/T 12583—1998 润滑剂承载能力测定法(四球法) ③ SH/T 0189—92 润滑油抗磨损性能测定法(四球机法) ④ SH/T 0202 润滑脂极压性能测定法(四球机法) ⑤ SH/T 0204 润滑脂抗磨性能测定法(四球机法) ⑥ ASTM D2266 润滑油极压性测定法(美国材料与试验协会) ⑦ ASTMD2783 润滑油极压性测定法(美国材料与试验协会)	用途： 四球机主要用来评定各种润滑剂及含添加剂的润滑油、液压油、润滑脂等油品的抗磨损性能。 特点： (1) 一机两用性：即可做重载荷(PD)又可轻载荷(PB、长磨)不会影响精度。为了实现这个功能，需要两个硬件来支持，一是带有预紧力的夹头(专利产品)，它可以不管钢球之间的摩擦有多么激烈，都不会对夹头、主轴、机器等造成损伤，以至影响精度。二是对轻载荷与重载荷实验，分别用轻型与重型传感器来进行检测，这样，既能保证精度高，又能测量重载荷的摩擦力。 (2) 利用摩擦系数快速完成检测结果。传统的检测方式是采用观察磨斑的大小来判定，费时费力。利用摩擦系数来判定 P_B、P_D 值，在运行过程当中，曲线就可以直接观察出油膜是否破裂，快速完成检测结果。当摩擦系数达到 0.20，油性油膜一定破裂；当摩擦系数达到 0.80 时，就进入烧结初始时期。利用这两个特征，能同时快速完成 P_B 值和 P_D 值的检测，对机器的损伤又达到最小。 (3) 该产品具有高精度的摩擦系数曲线，可以体现整个摩擦过程的细微变化，特别是不同添加剂，也会在曲线上体现出来。 (4) 高精度的影像显微镜，在电脑屏幕上面直接观察磨斑，用鼠标直接测量，并保存，方便磨斑原貌的存储、对比、研究、宣传。 (5) 长磨试验的方便性：传统的长磨试验要等温度达到 75℃时再人为启动，就需要等待时间。 MS-10A 四球摩擦试验机，采用自动设置的方式来实现自动加热，而且当试验停止之后机器自动停止加热，保证机器的安全性。 (6) 数据导出功能：每一次试验的存储文件，都是一堆数据源，可以通过我们开发的软件导出数据，方便自行制作曲线图，并进行比对。 (7) 采用松下伺服电机做为主动力，在实验室的运行过程当中声音非常小，不影响实验人员的工作情绪。 (8) 杠杆式四球机作为国际标准的四球机。具有数据客观可靠、故障率低两个重要的特点	厦门天机自动化有限公司

附录V 润滑脂及相关产品包装

包装容器名称	包装容器材质	包装容器形式及规格	主要技术参数	用途与特点	生产厂家
润滑脂包装管	全注塑管XY-03：	原材料：PP 容量：470mL 高度：241mm±1mm 内径：Φ51mm±0.5mm 外径：Φ53mm±0.5mm 壁厚：1mm±0.25mm	密封盖：铝质易拉盖 后盖：各色塑料外盖	圆筒装润滑脂	东光县新宇化工有限公司
润滑脂包装管	注塑管(尾封铝质易拉盖)XY-02：	原材料：PP 容量：470mL 高度：238mm±1mm 内径：Φ52mm±0.5mm 外径：Φ54mm±0.5mm 壁厚：1mm±0.25mm	密封盖：注塑易拉盖 后盖：各色料外盖	圆筒装润滑脂	
10L 润滑脂桶		10L	国标	方便润滑脂的使用	鸡泽县凯浩塑料制品厂
14L 润滑脂桶		14L	国标	方便润滑脂的使用	
15L 润滑脂桶		15L	国标	方便润滑脂的使用	
16L 润滑脂桶		16L	国标	方便润滑脂的使用	
18L 润滑脂桶		18L	国标	方便润滑脂的使用	
塑料桶	聚丙烯(PP)	0.5~20L	Q/WFDS 01—2017	主要用于润滑油、润滑脂包装，特点：桶体抗压力强、不易变形、不易开裂，适合热灌装使用、适合自动化灌装供油使用、适合自动化泵送机使用，且盖子具有易开启优点	廊坊发达塑料制品有限公司
纸质黄油弹	纸质	500g，圆桶	专利产品	内衬薄塑料膜：环保、节能、避免浪费！	郑州铁维保
塑料黄油弹	塑料	500g，出脂口带有丝扣	专利产品：直接拧到(专利)黄油枪上：保证油脂出厂级清洁度，避免油脂二次污染；快捷、省力、环保，携带方便，免除油脂填装黄油枪工序	快速、简捷、方便、环保(方便野外作业、军事、抢修、抢险)	

参 考 文 献

[1] 朱廷彬. 润滑脂技术大全[M]. 3版. 北京：中国石化出版社，2015.

[2] 润滑脂技术交流会论文集编委会. 全国第二十届润滑脂技术交流会论文集[M]. 北京：中国石化出版社，2019.